KUNSTSTOFFE

Technische Daten von Handelsprodukten

Thermoplaste

10

Merkblätter 3601-4000

Herausgegeben vom
Deutschen Kunststoff-Institut

Bearbeitet von
B. Carlowitz und J. Wierer

Springer-Verlag
Berlin Heidelberg GmbH

Deutsches Kunststoff-Institut
Schloßgartenstraße 6R
6100 Darmstadt

Dr.-Ing. Bodo Carlowitz
Am Erdbeerstein 54
6240 Königstein im Taunus

Dipl.-Chem. Jutta Wierer
Deutsches Kunststoff-Institut
Schloßgartenstraße 6R
6100 Darmstadt

Die vorliegende Datensammlung stellt eine Auswahl
aus der Datenbank „Polymat" dar

ISBN 978-3-662-12469-7   ISBN 978-3-662-12468-0 (eBook)
DOI 10.1007/978-3-662-12468-0

Geleitwort

Die für den Forschungs- und Entwicklungsprozeß in Wissenschaft und Praxis benötigten Informationen werden in zunehmendem Maße über Datenbanken zur Verfügung gestellt, die den direkten Zugriff auf Literaturhinweise, auf Fakten oder auch auf den Volltext eines Dokumentes gestatten. Die Bundesregierung fördert den Aufbau derartiger Datenbanken, da sie der Überzeugung ist, hiermit einen Beitrag zur Schaffung optimaler Voraussetzungen für den wissenschaftlichen Fortschritt und den industriellen Innovationsprozeß zu erbringen. Die gerade in der Bundesrepublik auf einer anerkannten Tradition beruhenden gedruckten Informationsdienste verlieren gegenüber elektronischer Fachinformation aber keineswegs an Bedeutung, da sie als preiswerte Nachschlagewerke jederzeit verfügbar sind.

Mit den vorliegenden ersten Bänden der Datensammlung „Kunststoffe – Technische Daten von Handelsprodukten" liegt ein Werk vor, das auf der Datenbank POLYMAT aufbaut. Diese Datenbank des Deutschen Kunststoff-Instituts wird vom Fachinformationszentrum Chemie über das Fachinformationszentrum Karlsruhe im internationalen Verbundsystem Scientific and Technical Information Network (STN) im Online-Zugriff angeboten. Im vorliegenden Werk sehe ich einen wichtigen Beitrag zur Forschung und Entwicklung in einem immer bedeutender werdenden Werkstoffbereich und bin davon überzeugt, daß hiermit allen auf diesem Gebiet Tätigen ein nützliches und gerne genutztes Informationsmittel in die Hand gegeben wird.

Dr. Albert Probst
Parlamentarischer Staatssekretär im
Bundesministerium für Forschung und Technologie

Vorwort

Die vorliegende Sammlung technischer Daten soll Konstrukteuren, Verarbeitern und Anwendern von Kunststoffen den Überblick über das Werkstoffangebot erleichtern. Sie soll bei der Werkstoffauswahl unterstützen und den Zugriff auf die für moderne, rechner-gestützte Fertigungsverfahren erforderlichen Daten vereinfachen.

Wie jede Zusammenstellung von Werkstoffkennwerten auf Merkblättern kann auch diese Sammlung nur die gegenwärtige Situation widerspiegeln. Lücken bei der Verfügbarkeit von Meßwerten und Unzulänglichkeiten bei der Vereinheitlichung der Prüfverfahren werden auf diese Weise deutlicher sichtbar. Aufgabe der für die Kunststoffprüfung und die Normung zuständigen Gremien und der Rohstoff-Hersteller ist es, sich um weitere Verbesserungen zu bemühen. Auch der Fachmann, der die tabellierten Werte zur Lösung seiner konstruktiven Aufgaben verwendet, wird aus der Verantwortung für die Beurteilung und Interpretation der Daten nicht entlassen. Das vorliegende Werk kann und soll weder Fachwissen noch Erfahrung ersetzen, sondern nur von der unproduktiven Arbeit des Suchens entlasten und das bestehende Angebot an Werkstoffen und an Werkstoffdaten transparent machen.

Für das Sammeln, Beurteilen und Auswählen der Daten wie auch für ihre Präsentation auf den Merkblättern zeichnet Herr Dr. B. Carlowitz verantwortlich. Die dokumentarische und organisatorische Betreuung des Werkes oblag Frau Dipl.-Chem. J. Wierer, die dabei von weiteren Mitarbeitern des Deutschen Kunststoff-Instituts unterstützt wurde. Hier sind vor allem die Herren Dipl.-Ing. N. Herrlich und Dipl.-Ing. V. Mauler zu nennen. An der Harmonisierung und Korrektur der chemischen Bezeichnungen und der Datei Chemikalienbeständigkeit haben Frau Dipl.-Chem. G. Klump und Frau Dipl.-Ing. S. Zopf mitgewirkt. Die Fachinformationszentrum Chemie GmbH hat die Programmierung und Datenverarbeitung für die Selektion und Aufbereitung der Daten für den Druck übernommen und die Register erstellt; beteiligt hierbei waren insbesondere Herr Dr. F. Ehrhardt und Herr Dipl.-Chem. U. Klingebiel.

Schließlich sei nicht versäumt, auf die Bemühungen von Herrn Dr. A. Franck, Stuttgart, um die Veröffentlichung des Werkes hinzuweisen.

Die Datensammlung und die ihr zugrunde liegende Datenbank wurde vom Bundesminister für Forschung und Technologie gefördert.

Allen, die am Zustandekommen dieses Werkes mitgewirkt haben, sei an dieser Stelle für Ihren Einsatz, für zahlreiche Anregungen und für wertvolle ideelle und materielle Hilfe gedankt.

Prof. Dr. D. Braun
Leiter des Deutschen Kunststoff-Instituts
Darmstadt, April 1989

Gesamtinhaltsverzeichnis

			PP
Produkt	Polypropylen		
Handelsname	**Finaprop PPH 10080 M**		
Hersteller	FINA		
DIN-Bez 1	16774-PP-H,MG,XX-M400		
DIN-Bez 2			
Zusätze		*Füllstoffe/ Verstärkung*	
Bevorzugte Verarbeitung	Spritzgiessen	*Lieferform*	Granulat
		Farben	Natur; Standard
Besondere Merkmale	Sehr enge Molmasseverteilung; Hervorragende Fliesseigenschaften; Bessere Zaehigkeit, hoehere Flexibilitaet und geringerer Verzug als Finaprop PPH 10060 M	*Bevorzugte Anwendungen*	Duennwandiges Formteil

---

Dichte	g/cm^3	0.905	*Schmelzindex*	g/10 min	35:	230/2.16
Schüttdichte	g/cm^3	0.55–0.60	*Volumenfließindex*	cm^3/10 min	:	
Viskositätszahl	ml/g					

Verarbeitungsbedingungen für Spritzgießen

Massetemp.	°C	200–270	*Schwindung*	%	lgs	1–2, quer 1–2
Werkzeugtemp.	°C		*Bemerkungen*			
Spritzdruck	bar					

Zugversuch 23 °C ASTM D 638;

	Probekörper:	*Form*		*Herstellung*	Spritzgiessen
		Zustand		*Vorbehandlung*	Normalklima

Streckspannung	N/mm^2 35	*Dehnung bei Streckspannung*	%	
Zugfestigkeit	N/mm^2	*Reißdehnung*	%	≥ 200
Reißfestigkeit	N/mm^2 22	*% Dehnspannung*	N/mm^2	
E-Modul	N/mm^2	*Dehnung bei % Dehnspg.*	%	

Kriechmoduln und Zeitstandwerte 23 °C

	Probekörper:	*Form*	*Herstellung*
		Zustand	*Vorbehandlung*

Kriechmodul	1 min N/mm^2	*Zeitstandzugfestigkeit*	h N/mm^2
Kriechmodul	1000 h N/mm^2	*Zeitdehnspg. %*	h N/mm^2
bei Spannung	N/mm^2		

Biegeversuch 23 °C ASTM D 790;

	Probekörper:	*Form*	*Herstellung*	Spritzgiessen
		Zustand	*Vorbehandlung*	Normalklima

Biegefestigkeit	N/mm^2	*E-Modul*	N/mm^2 1200
3,5% Biegespannung	N/mm^2		

Härte 23 °C

	Probekörper:	*Zustand*	*Herstellung*
			Vorbehandlung

Kugeldruckhärte	N/mm^2	bei	N, s	*Shore-Härte* A
Rockwellhärte				*Shore-Härte* D

Schlagversuch

	Probekörper:	*(1)*		
		(2) V-Kerbe	*Herstellung*	Spritzgiessen
		Zustand	*Vorbehandlung*	Normalklima

	°C	°C	°C	*Probekörper-Form*
Schlagzähigkeit	kJ/m^2			
Kerbschlagzähigkeit (1)	kJ/m^2			
IZOD-Kerbschlagzähigkeit (2) J/m	23 30	0 20	-20 $\leq$ 20	
Kerbschlagzugzähigkeit	kJ/m^2			

Abrieb und Reibung

Taber-Abrieb (Reibradverfahren)	mm³/100 U
Abriebfaktor LNP (Thrust washer) Vergleichswert	
Statische Reibungszahl	
Dynamische Reibungszahl	(p·v = N/mm² · m/min)
Zulässiger p · v Wert	N/mm² · (m/min) v = m/min
	v = m/min

Thermische Eigenschaften

Formbeständigkeit in der Wärme	*Verfahren*	A	51 °C
	Verfahren	B	100 °C
Vicat Erweichungstemperatur (VST)	*Verfahren*	A/50	152 °C
	Verfahren	B/50	105 °C
Kristallit-Schmelzpunkt	*Verfahren*	Labofina	160–165 °C
Längenausdehnungskoeffizient	*Bereich*	°C	$\cdot 10^{-4} K^{-1}$
	Temperatur		$\cdot 10^{-4} K^{-1}$
Wärmeleitfähigkeit	*Verfahren*		W/(K · m)
Spezifische Wärmekapazität	*Verfahren*		J/(K · g)
Glasumwandlungstemperatur	*Torsionsschwingungsversuch*		°C
	Differentialkalorimetrie		°C

Brandverhalten

UL-Test vertikal	Dicke	mm, Wert	
	Dicke	mm, Wert	

	Norm	*Bewertung*	*Abmessungen*
Sauerstoff-Index	ASTM D 2863		
Glühstab-Verfahren			
Brandverhalten	DIN 4102		
MVSS			
FAR			

Elektrische Eigenschaften

	Hz	°C	*Probekörper, Form*
Dielektrizitätszahl	50		
	10^3		
	10^6		
Dielektrischer Verlustfaktor tan δ	50		
	10^3		
	10^6		
Spezifischer Durchgangs-widerstand	Ohm · cm		
Durchschlagfestigkeit	kV/mm		mm dick
Oberflächenwiderstand	Ohm		
Kriechstromfestigkeit	KC	KB	KA
Elektrolytische Korrosionswirkung			
Lichtbogenfestigkeit nach DIN			
nach ASTM	s		

Beständigkeit *(Chemische Beständigkeit siehe Anhang)*

Wasseraufnahme

Feuchtigkeitsaufnahme Normalklima   %
Wetterbeständigkeit

Spannungskorrosion

Optische Eigenschaften

Brechungszahl n_D
Transmissionsgrad τ_c %   mm dick
Lichtdurchlässigkeit

			PP

Produkt   Polypropylen

Handelsname   **Finaprop PPH 10041 M**

Hersteller   FINA

DIN-Bez 1   16774-PP-H,MG,XX-M400
DIN-Bez 2

Zusätze   *Füllstoffe/*
                                                 Verstärkung

Bevorzugte   Spritzgiessen   *Lieferform*   Granulat
Verarbeitung
                                                 Farben   Natur; Standard

Besondere   Hervorragende Fliesseigenschaften;   *Bevorzugte*   Duennwandiges Formteil
Merkmale   Gute Entformbarkeit   *Anwendungen*

Dichte   g/cm³   0.905   *Schmelzindex*   g/10 min   35:   230/2.16
Schüttdichte   g/cm³   0.55–0.60   *Volumenfließindex*   cm³/10 min   :
Viskositätszahl   ml/g

Verarbeitungsbedingungen für Spritzgießen

Massetemp.   °C   ≤270   *Schwindung*   %   lgs   1–2, quer 1–2
Werkzeugtemp.   °C   *Bemerkungen*
Spritzdruck   bar

Zugversuch 23 °C   ASTM D 638;
                         Probekörper: *Form*   *Herstellung*   Spritzgiessen
                                         Zustand   *Vorbehandlung*   Normalklima

Streckspannung   N/mm² 37   *Dehnung bei Streckspannung* %   10
Zugfestigkeit   N/mm²   *Reißdehnung*   %
Reißfestigkeit   N/mm²   *% Dehnspannung*   N/mm²
E-Modul   N/mm²   *Dehnung bei*   *% Dehnspg.* %

Kriechmoduln und Zeitstandwerte 23 °C
                         Probekörper: *Form*   *Herstellung*
                                         Zustand   *Vorbehandlung*

Kriechmodul   *1 min* N/mm²   *Zeitstandzugfestigkeit*   h N/mm²
Kriechmodul   *1000 h* N/mm²   *Zeitdehnspg.* %   h N/mm²
bei Spannung   N/mm²

Biegeversuch 23 °C   ASTM D 790;
                         Probekörper: *Form*   *Herstellung*   Spritzgiessen
                                         Zustand   *Vorbehandlung*   Normalklima

Biegefestigkeit   N/mm²   *E-Modul*   N/mm² 1650
3,5% Biegespannung   N/mm²

Härte 23 °C   *Probekörper:* *Zustand*   *Herstellung*
                                                                        Vorbehandlung

Kugeldruckhärte   N/mm²   bei   N, s   *Shore-Härte* A
Rockwellhärte   *Shore-Härte* D

Schlagversuch   *Probekörper:* *(1)*
                                         (2) V-Kerbe   *Herstellung*   Spritzgiessen
                                         Zustand   *Vorbehandlung*   Normalklima

                                         °C   °C   °C   *Probekörper-Form*

Schlagzähigkeit   kJ/m²
Kerbschlagzähigkeit (1)   kJ/m²
IZOD-Kerbschlagzähigkeit (2) J/m   23 22   0 20   -20 ≤20
Kerbschlagzugzähigkeit   kJ/m²

Abrieb und Reibung

Taber-Abrieb (Reibradverfahren) mm³/100 U
Abriebfaktor LNP (Thrust washer) Vergleichswert
Statische Reibungszahl
Dynamische Reibungszahl (p·v = N/mm² · m/min)
Zulässiger p · v Wert N/mm² · (m/min) v = m/min
  v = m/min

Thermische Eigenschaften

Formbeständigkeit in der Wärme	Verfahren	B	100 °C
	Verfahren		°C
Vicat Erweichungstemperatur (VST)	Verfahren	A/50	152 °C
	Verfahren		°C
Kristallit-Schmelzpunkt	Verfahren	Labofina	160–165 °C

Längenausdehnungskoeffizient Bereich °C $10^{-4}K^{-1}$
  Temperatur $10^{-4}K^{-1}$
Wärmeleitfähigkeit Verfahren W/(K · m)

Spezifische Wärmekapazität Verfahren J/(K · g)

Glasumwandlungstemperatur Torsionsschwingungsversuch °C
  Differentialkalorimetrie °C

Brandverhalten

UL-Test vertikal Dicke mm, Wert
  Dicke mm, Wert

	Norm	Bewertung	Abmessungen
Sauerstoff-Index	ASTM D 2863		
Glühstab-Verfahren			
Brandverhalten	DIN 4102		
MVSS			
FAR			

Elektrische Eigenschaften

	Hz	°C	Probekörper, Form
Dielektrizitätszahl	50		
	10^3		
	10^6		
Dielektrischer Verlustfaktor tan δ	50		
	10^3		
	10^6		

Spezifischer Durchgangs-
* widerstand* Ohm · cm
Durchschlagfestigkeit kV/mm mm dick
Oberflächenwiderstand Ohm

Kriechstromfestigkeit KC KB KA
Elektrolytische Korrosionswirkung
Lichtbogenfestigkeit nach DIN
* nach ASTM* s

Beständigkeit *(Chemische Beständigkeit siehe Anhang)*

Wasseraufnahme

Feuchtigkeitsaufnahme Normalklima %
Wetterbeständigkeit

Spannungskorrosion

Optische Eigenschaften

Brechungszahl n_D
Transmissionsgrad τ_c % mm dick
Lichtdurchlässigkeit

			PA
Produkt	Polyamid 12		
Handelsname	**Rilsan AMN**		
Hersteller	ATO		
DIN-Bez 1			
DIN-Bez 2			
Zusätze		*Füllstoffe/ Verstärkung*	
Bevorzugte Verarbeitung	Spritzgiessen	*Lieferform*	Granulat
		Farben	Natur; Standard
Besondere Merkmale	Steif; Besseres Fliessverhalten als AMV	*Bevorzugte Anwendungen*	Duennwandiges Formteil mit gutem Rueckstellvermoegen

Dichte	g/cm^3	1.01–1.02	*Schmelzindex*	g/10 min	
Schüttdichte	g/cm^3		*Volumenfließindex*	cm^3/10 min	
Viskositätszahl	ml/g				

Verarbeitungsbedingungen für Spritzgießen

Massetemp.	°C	$\leq$280	*Schwindung*	%	lgs 0.5–2.0, quer 0.5–2.0
Werkzeugtemp.	°C	30–40	*Bemerkungen*		Bei massiven Teilen auch hoehere
Spritzdruck	bar	400–700			Werkzeugtemperaturen

Zugversuch 23 °C DIN 53455;

			Probekörper:	*Form*	Nr.3	*Herstellung*	Spritzgiessen
				Zustand	Luftfeucht	*Vorbehandlung*	15 d bei 20 C/65 %

Streckspannung	N/mm^2	36	*Dehnung bei Streckspannung*	%	14	
Zugfestigkeit	N/mm^2	62	*Reißdehnung*	%	350	
Reißfestigkeit	N/mm^2		*% Dehnspannung*	N/mm^2		
E-Modul	N/mm^2		*Dehnung bei* *% Dehnspg.*	%		

Kriechmoduln und Zeitstandwerte 23 °C

	Probekörper:	*Form*	*Herstellung*	
		Zustand	*Vorbehandlung*	

Kriechmodul	1 min	N/mm^2	*Zeitstandzugfestigkeit*	h N/mm^2	
Kriechmodul	1000 h	N/mm^2	*Zeitdehnspg.* %	h N/mm^2	
bei Spannung		N/mm^2			

Biegeversuch 23 °C ASTM D 790; DIN 53457

	Probekörper:	*Form*	*Herstellung*	Spritzgiessen
		Zustand Luftfeucht	*Vorbehandlung*	15 d bei 20 C/65 %

Biegefestigkeit	N/mm^2	42	*E-Modul*	N/mm^2 1100
3,5% Biegespannung	N/mm^2			

Härte 23 °C

	Probekörper:	*Zustand* Luftfeucht	*Herstellung*	Spritzgiessen
			Vorbehandlung	15 d bei 20 C/65 %

Kugeldruckhärte	N/mm^2	bei N, s	*Shore-Härte* A	
Rockwellhärte	R 107		*Shore-Härte* D	67

Schlagversuch

	Probekörper:	(1) U-Kerbe		
		(2)	*Herstellung*	Spritzgiessen
		Zustand Luftfeucht	*Vorbehandlung*	15 d bei 20 C/65 %

		°C	°C	°C	*Probekörper-Form*
Schlagzähigkeit	kJ/m^2	23 o.B.	-40 o.B.		NKS
Kerbschlagzähigkeit (1)	kJ/m^2	23 40	-40 28		NKS
IZOD-Kerbschlagzähigkeit (2)	J/m				
Kerbschlagzugzähigkeit	kJ/m^2				

Abrieb und Reibung

Taber-Abrieb (Reibradverfahren) mm³/100 U
Abriebfaktor LNP (Thrust washer) Vergleichswert
Statische Reibungszahl
Dynamische Reibungszahl (p·v =   N/mm² ·   m/min)
Zulässiger p · v Wert N/mm² · (m/min)   v =   m/min
                  v =   m/min

Thermische Eigenschaften

Formbeständigkeit in der Wärme	*Verfahren*	A	55 °C
	Verfahren	B	137 °C
Vicat Erweichungstemperatur (VST)	*Verfahren*	A/50	172 °C
	Verfahren	B/50	138 °C
Kristallit-Schmelzpunkt	*Verfahren*	DIN 53181	174–177 °C

Längenausdehnungskoeffizient *Bereich*   -20–50   °C $1.0 \cdot 10^{-4} \text{K}^{-1}$
            Temperatur °C $\cdot 10^{-4} \text{K}^{-1}$
Wärmeleitfähigkeit *Verfahren*   W/(K · m)

Spezifische Wärmekapazität *Verfahren*   J/(K · g)

Glasumwandlungstemperatur *Torsionsschwingungsversuch*   °C
                    Differentialkalorimetrie   °C

Brandverhalten

UL-Test vertikal Dicke 1.6   mm, Wert HB
            Dicke   mm, Wert

	Norm	Bewertung	Abmessungen
Sauerstoff-Index	ASTM D 2863	22%	
Glühstab-Verfahren			
Brandverhalten	DIN 4102		
MVSS			
FAR			

Elektrische Eigenschaften

		Hz	°C		Probekörper, Form
Dielektrizitätszahl		50			
		10^3			
		10^6			
Dielektrischer Verlustfaktor tan δ		50			
		10^3			
		10^6			
Spezifischer Durchgangs-widerstand	Ohm · cm		23	1.0*10**14	
Durchschlagfestigkeit	kV/mm		23	30	0.5 mm dick
Oberflächenwiderstand	Ohm				
Kriechstromfestigkeit		KC	KB >600	KA	
Elektrolytische Korrosionswirkung					
Lichtbogenfestigkeit nach DIN					
nach ASTM	s				

Beständigkeit *(Chemische Beständigkeit siehe Anhang)*

Wasseraufnahme 20 C/65 %   Bis zur Saettigung   0.8 %
               20 C/100 %   Bis zur Saettigung   1.6 %
Feuchtigkeitsaufnahme Normalklima   %
Wetterbeständigkeit

Spannungskorrosion Bestaendiger als andere Polyamide

Optische Eigenschaften

Brechungszahl n_D
Transmissionsgrad τ_c %   mm dick
Lichtdurchlässigkeit

			PA
Produkt	Polyamid 12		
Handelsname	**Rilsan AMV**		
Hersteller	ATO		
DIN-Bez 1			
DIN-Bez 2			
Zusätze		*Füllstoffe/ Verstärkung*	
Bevorzugte Verarbeitung	Spritzgiessen	*Lieferform*	Granulat
		Farben	Natur; Standard
Besondere Merkmale	Steif; Gute Kaelteschlagzaehigkeit	*Bevorzugte Anwendungen*	Dickwandiges Formteil fuer alle Industriezweige

Dichte	g/cm^3	1.01–1.02	*Schmelzindex*	g/10 min	
Schüttdichte	g/cm^3		*Volumenfließindex*	cm^3/10 min	
Viskositätszahl	ml/g				

Verarbeitungsbedingungen für Spritzgießen

Massetemp.	°C	≦280	*Schwindung*	%	lgs 0.5–2.0, quer 0.5–2.0
Werkzeugtemp.	°C	30–40	*Bemerkungen*		Bei massiven Teilen auch hoehere
Spritzdruck	bar	400–700			Werkzeugtemperaturen

Zugversuch 23 °C   DIN 53455;

	Probekörper:	*Form*	Nr.3	*Herstellung*	Spritzgiessen	
		Zustand	Luftfeucht	*Vorbehandlung*	15 d bei 20 C/65 %	
Streckspannung	N/mm^2	36	*Dehnung bei Streckspannung*	%	14	
Zugfestigkeit	N/mm^2	62	*Reißdehnung*	%	350	
Reißfestigkeit	N/mm^2		*% Dehnspannung*	N/mm^2		
E-Modul	N/mm^2		*Dehnung bei % Dehnspg.*	%		

Kriechmoduln und Zeitstandwerte 23 °C

	Probekörper:	*Form*	*Herstellung*	
		Zustand	*Vorbehandlung*	
Kriechmodul	1 min N/mm^2		*Zeitstandzugfestigkeit*	h N/mm^2
Kriechmodul	1000 h N/mm^2		*Zeitdehnspg. %*	h N/mm^2
bei Spannung	N/mm^2			

Biegeversuch 23 °C   ASTM D 790; DIN 53457

	Probekörper:	*Form*	*Herstellung*	Spritzgiessen
		Zustand	Luftfeucht	*Vorbehandlung*	15 d bei 20 C/65 %
Biegefestigkeit	N/mm^2	43	*E-Modul*	N/mm^2 1100
3,5% Biegespannung	N/mm^2			

Härte 23 °C

	Probekörper:	*Zustand* Luftfeucht	*Herstellung*	Spritzgiessen
			Vorbehandlung	15 d bei 20 C/65 %
Kugeldruckhärte	N/mm^2	bei N, s	*Shore-Härte* A	
Rockwellhärte	R 107		*Shore-Härte* D	67

Schlagversuch

	Probekörper:	*(1)* U-Kerbe		
		(2)	*Herstellung*	Spritzgiessen
		Zustand Luftfeucht	*Vorbehandlung*	15 d bei 20 C/65 %

		°C		°C		°C	*Probekörper-Form*
Schlagzähigkeit	kJ/m^2	23	o.B.	-40	o.B.		NKS
Kerbschlagzähigkeit (1)	kJ/m^2	23	55	-40	41		NKS
IZOD-Kerbschlagzähigkeit (2)	J/m						
Kerbschlagzugzähigkeit	kJ/m^2						

Abrieb und Reibung

Taber-Abrieb (Reibradverfahren)	mm^3/100 U
Abriebfaktor LNP (Thrust washer) Vergleichswert	
Statische Reibungszahl	
Dynamische Reibungszahl	$(p \cdot v =$　　　　$N/mm^2 \cdot$　　　m/min)
Zulässiger $p \cdot v$ Wert	$N/mm^2 \cdot$ (m/min)　$v =$　　m/min
	$v =$　　m/min

Thermische Eigenschaften

Formbeständigkeit in der Wärme	Verfahren	A	55 °C
	Verfahren	B	137 °C
Vicat Erweichungstemperatur (VST)	Verfahren	A/50	172 °C
	Verfahren	B/50	138 °C
Kristallit-Schmelzpunkt	Verfahren	DIN 53181	174–177 °C
Längenausdehnungskoeffizient	Bereich	-20–50　°C	$1.0 \cdot 10^{-4} K^{-1}$
	Temperatur °C		$\cdot 10^{-4} K^{-1}$
Wärmeleitfähigkeit	Verfahren		$W/(K \cdot m)$
Spezifische Wärmekapazität	Verfahren		$J/(K \cdot g)$
Glasumwandlungstemperatur	Torsionsschwingungsversuch		°C
	Differentialkalorimetrie		°C

Brandverhalten

UL-Test vertikal　　　　Dicke 1.6　mm, Wert HB
　　　　　　　　　　　　Dicke　　　mm, Wert

	Norm	Bewertung	Abmessungen
Sauerstoff-Index	ASTM D 2863	22%	
Glühstab-Verfahren			
Brandverhalten	DIN 4102		
MVSS			
FAR			

Elektrische Eigenschaften

		Hz	°C			Probekörper, Form
Dielektrizitätszahl		50				
		10^3				
		10^6				
Dielektrischer Verlustfaktor $\tan \delta$		50				
		10^3				
		10^6				
Spezifischer Durchgangs-widerstand	Ohm · cm		23	$1.0*10**14$		
Durchschlagfestigkeit	kV/mm		23	30		0.5　mm dick
Oberflächenwiderstand	Ohm					
Kriechstromfestigkeit		KC		KB >600	KA	
Elektrolytische Korrosionswirkung						
Lichtbogenfestigkeit nach DIN						
nach ASTM	s					

Beständigkeit (Chemische Beständigkeit siehe Anhang)

Wasseraufnahme 20 C/65 %　Bis zur Saettigung	0.8 %
20 C/100 %　Bis zur Saettigung	1.6 %
Feuchtigkeitsaufnahme Normalklima	
Wetterbeständigkeit	%

Spannungskorrosion Bestaendiger als andere Polyamide

Optische Eigenschaften

Brechungszahl n_D
Transmissionsgrad τ_c　　　%　　　　　　　mm dick
Lichtdurchlässigkeit

Produkt	Polyamid 12		**PA**
Handelsname	**Rilsan AMHV**		
Hersteller	ATO		
DIN-Bez 1			
DIN-Bez 2			
Zusätze		*Füllstoffe/ Verstärkung*	
Bevorzugte Verarbeitung	Spritzgiessen	*Lieferform*	Granulat
		Farben	Natur; Standard
Besondere Merkmale	Steif; Hochviskos; Gute Kaelteschlag-zaehigkeit	*Bevorzugte Anwendungen*	Dickwandiges Formteil

---

Dichte	g/cm³	1.01–1.02	*Schmelzindex*	g/10 min	
Schüttdichte	g/cm³		*Volumenfließindex*	cm³/10 min	
Viskositätszahl	ml/g				

Verarbeitungsbedingungen für Spritzgießen

Massetemp.	°C	≦280	*Schwindung*	%	lgs 0.5–2.0, quer 0.5–2.0
Werkzeugtemp.	°C	30–40	*Bemerkungen*		Bei massiven Teilen auch hoehere
Spritzdruck	bar	400–700			Werkzeugtemperaturen

Zugversuch 23 °C DIN 53455;

				Herstellung	Spritzgiessen
	Probekörper:	Form	Nr.3		
		Zustand	Luftfeucht	*Vorbehandlung*	15 d bei 20 C/65 %

Streckspannung	N/mm²	36	*Dehnung bei Streckspannung*	%	14
Zugfestigkeit	N/mm²	62	*Reißdehnung*	%	350
Reißfestigkeit	N/mm²		*% Dehnspannung*	N/mm²	
E-Modul	N/mm²		*Dehnung bei % Dehnspg.*	%	

Kriechmoduln und Zeitstandwerte 23 °C

				Herstellung	
	Probekörper:	Form			
		Zustand		*Vorbehandlung*	

Kriechmodul	1 min N/mm²		*Zeitstandzugfestigkeit*	h N/mm²	
Kriechmodul	1000 h N/mm²		*Zeitdehnspg. %*	h N/mm²	
bei Spannung	N/mm²				

Biegeversuch 23 °C ASTM D 790; DIN 53457

				Herstellung	Spritzgiessen
	Probekörper:	Form			
		Zustand	Luftfeucht	*Vorbehandlung*	15 d bei 20 C/65 %

Biegefestigkeit	N/mm²	44	*E-Modul*	N/mm²	1100
3,5% Biegespannung	N/mm²				

Härte 23 °C

				Herstellung	Spritzgiessen
	Probekörper:	Zustand	Luftfeucht	*Vorbehandlung*	15 d bei 20 C/65 %

Kugeldruckhärte	N/mm²	bei	N, s	*Shore-Härte* A	
Rockwellhärte	R 107			*Shore-Härte* D	68

Schlagversuch

				Herstellung	Spritzgiessen
	Probekörper:	(1) U-Kerbe			
		(2)			
		Zustand	Luftfeucht	*Vorbehandlung*	15 d bei 20 C/65 %

		°C		°C		°C	*Probekörper-Form*
Schlagzähigkeit	kJ/m²	23 o.B.		-40 o.B.			NKS
Kerbschlagzähigkeit (1)	kJ/m²	23 61		-40 45			NKS
IZOD-Kerbschlagzähigkeit (2)	J/m						
Kerbschlagzugzähigkeit	kJ/m²						

Abrieb und Reibung

Taber-Abrieb (Reibradverfahren)	mm³/100 U	
Abriebfaktor LNP (Thrust washer) Vergleichswert		
Statische Reibungszahl		
Dynamische Reibungszahl	(p·v = N/mm² · m/min)	
Zulässiger p · v Wert	N/mm² · (m/min) v = m/min	
	v = m/min	

Thermische Eigenschaften

Formbeständigkeit in der Wärme	*Verfahren*	A	55 °C
	Verfahren	B	137 °C
Vicat Erweichungstemperatur (VST)	*Verfahren*	A/50	172 °C
	Verfahren	B/50	138 °C
Kristallit-Schmelzpunkt	*Verfahren*	DIN 53181	174–177 °C
Längenausdehnungskoeffizient	*Bereich*	-20–50 °C	$1.0 \cdot 10^{-4} K^{-1}$
	Temperatur °C		$\cdot 10^{-4} K^{-1}$
Wärmeleitfähigkeit	*Verfahren*		W/(K · m)
Spezifische Wärmekapazität	*Verfahren*		J/(K · g)
Glasumwandlungstemperatur	*Torsionsschwingungsversuch*		°C
	Differentialkalorimetrie		°C

Brandverhalten

UL-Test vertikal　　　　Dicke 1.6   mm, Wert HB
　　　　　　　　　　　　Dicke   mm, Wert

	Norm	*Bewertung*	*Abmessungen*
Sauerstoff-Index	ASTM D 2863	22%	
Glühstab-Verfahren			
Brandverhalten	DIN 4102		
MVSS			
FAR			

Elektrische Eigenschaften

		Hz	°C		*Probekörper, Form*
Dielektrizitätszahl		50			
		10^3			
		10^6			
Dielektrischer Verlustfaktor tan δ		50			
		10^3			
		10^6			
Spezifischer Durchgangs-widerstand	Ohm · cm		23	1.0*10**14	
Durchschlagfestigkeit	kV/mm		23	30	0.5 mm dick
Oberflächenwiderstand	Ohm				
Kriechstromfestigkeit	KC		KB > 600	KA	
Elektrolytische Korrosionswirkung					
Lichtbogenfestigkeit nach DIN					
nach ASTM	s				

Beständigkeit *(Chemische Beständigkeit siehe Anhang)*

Wasseraufnahme 20 C/65 % Bis zur Saettigung		0.8 %
20 C/100 % Bis zur Saettigung		1.6 %
Feuchtigkeitsaufnahme Normalklima		%
Wetterbeständigkeit		

Spannungskorrosion Bestaendiger als andere Polyamide

Optische Eigenschaften

Brechungszahl n_D
Transmissionsgrad τ_c %   mm dick
Lichtdurchlässigkeit

PA

Produkt	Polyamid 12
Handelsname	**Rilsan AMN P20**
Hersteller	ATO
DIN-Bez 1	
DIN-Bez 2	

Zusätze	Weichmacher	*Füllstoffe/ Verstärkung*	
Bevorzugte Verarbeitung	Spritzgiessen	*Lieferform*	Granulat
		Farben	Natur; Standard
Besondere Merkmale	Halbflexibel; Schlagfest; Vibrations-daempfend; Gutes Fliessverhalten	*Bevorzugte Anwendungen*	Bedarfsartikel; Technisches Formteil

---

Dichte	g/cm³	1.02	*Schmelzindex*	g/10 min	
Schüttdichte	g/cm³		*Volumenfließindex*	cm³/10 min	
Viskositätszahl	ml/g				

Verarbeitungsbedingungen für Spritzgießen

Massetemp.	°C	≦280	*Schwindung*	%	lgs 0.5–2.0, quer 0.5–2.0
Werkzeugtemp.	°C	30–40	*Bemerkungen*		Bei massiven Teilen auch hoehere
Spritzdruck	bar	400–700			Werkzeugtemperaturen

Zugversuch 23 °C DIN 53455;

	Probekörper: Form	Nr.3	*Herstellung* Spritzgiessen
	Zustand	Luftfeucht	*Vorbehandlung* 15 d bei 20 C/65 %

Streckspannung	N/mm²	26	*Dehnung bei Streckspannung* %	21
Zugfestigkeit	N/mm²	61	*Reißdehnung* %	370
Reißfestigkeit	N/mm²		% *Dehnspannung* N/mm²	
E-Modul	N/mm²		*Dehnung bei* % *Dehnspg.* %	

Kriechmoduln und Zeitstandwerte 23 °C

	Probekörper: Form	*Herstellung*
	Zustand	*Vorbehandlung*

Kriechmodul	1 min N/mm²		*Zeitstandzugfestigkeit*	h N/mm²
Kriechmodul	1000 h N/mm²		*Zeitdehnspg.* %	h N/mm²
bei Spannung	N/mm²			

Biegeversuch 23 °C ASTM D 790; DIN 53457

	Probekörper: Form		*Herstellung* Spritzgiessen
	Zustand	Luftfeucht	*Vorbehandlung* 15 d bei 20 C/65 %

Biegefestigkeit	N/mm²	23	*E-Modul*	N/mm² 500
3,5% Biegespannung	N/mm²			

Härte 23 °C

	Probekörper: Zustand	Luftfeucht	*Herstellung* Spritzgiessen
			Vorbehandlung 15 d bei 20 C/65 %

Kugeldruckhärte	N/mm²	bei N, s	*Shore-Härte* A	
Rockwellhärte	R 84		*Shore-Härte* D	64

Schlagversuch

	Probekörper:	(1) U-Kerbe	
		(2)	*Herstellung* Spritzgiessen
		Zustand Luftfeucht	*Vorbehandlung* 15 d bei 20 C/65 %

	°C	°C	°C	*Probekörper-Form*
Schlagzähigkeit kJ/m²	23 o.B.	-40 o.B.		NKS
Kerbschlagzähigkeit (1) kJ/m²	23 54	-40 43		NKS
IZOD-Kerbschlagzähigkeit (2) J/m				
Kerbschlagzugzähigkeit kJ/m²				

Abrieb und Reibung

Taber-Abrieb (Reibradverfahren)	mm³/100 U	
Abriebfaktor LNP (Thrust washer) Vergleichswert		
Statische Reibungszahl		
Dynamische Reibungszahl	(p · v =	N/mm² ·	m/min)
Zulässiger p · v Wert	N/mm² · (m/min)	v =	m/min
		v =	m/min

Thermische Eigenschaften

Formbeständigkeit in der Wärme	*Verfahren*	A		50 °C
	Verfahren	B		190 °C
Vicat Erweichungstemperatur (VST)	*Verfahren*	A/50		164 °C
	Verfahren	B/50		132 °C
Kristallit-Schmelzpunkt	*Verfahren*	DIN 53181		174–177 °C
Längenausdehnungskoeffizient	*Bereich*	-20–50	°C	$1.3 \cdot 10^{-4} K^{-1}$
	Temperatur °C			$\cdot 10^{-4} K^{-1}$
Wärmeleitfähigkeit	*Verfahren*			W/(K · m)
Spezifische Wärmekapazität	*Verfahren*			J/(K · g)
Glasumwandlungstemperatur	*Torsionsschwingungsversuch*		°C	
	Differentialkalorimetrie		°C	

Brandverhalten

UL-Test vertikal   Dicke 1.6   mm, Wert HB
Dicke   mm, Wert

	Norm	*Bewertung*	*Abmessungen*
Sauerstoff-Index	ASTM D 2863		
Glühstab-Verfahren			
Brandverhalten	DIN 4102		
MVSS			
FAR			

Elektrische Eigenschaften

	Hz	°C			*Probekörper, Form*
Dielektrizitätszahl	50				
	10^3				
	10^6				
Dielektrischer Verlustfaktor tan δ	50				
	10^3				
	10^6				
Spezifischer Durchgangs-widerstand	Ohm · cm	23	1.0*10**12		
Durchschlagfestigkeit	kV/mm				mm dick
Oberflächenwiderstand	Ohm				
Kriechstromfestigkeit	KC	KB >600	KA		
Elektrolytische Korrosionswirkung					
Lichtbogenfestigkeit nach DIN					
nach ASTM	s				

Beständigkeit *(Chemische Beständigkeit siehe Anhang)*

Wasseraufnahme 20 C/65 %	Bis zur Saettigung	0.9 %
20 C/100 %	Bis zur Saettigung	1.7 %
Feuchtigkeitsaufnahme Normalklima		%
Wetterbeständigkeit		

Spannungskorrosion Bestaendiger als andere Polyamide

Optische Eigenschaften

Brechungszahl n_D
Transmissionsgrad τ_c %   mm dick
Lichtdurchlässigkeit

PA

Produkt	Polyamid 12
Handelsname	**Rilsan AMN P30**
Hersteller	ATO
DIN-Bez 1	
DIN-Bez 2	

Zusätze	Weichmacher	*Füllstoffe/ Verstärkung*	
Bevorzugte Verarbeitung	Spritzgiessen	*Lieferform*	Granulat
		Farben	Natur; Standard
Besondere Merkmale	Flexibel; Schlagfest; Vibrationsdaemp- fend; Gutes Fliessverhalten	*Bevorzugte Anwendungen*	Bedarfsartikel; Technisches Formteil

---

Dichte	g/cm³	1.03	*Schmelzindex*	g/10 min	
Schüttdichte	g/cm³		*Volumenfließindex*	cm³/10 min	
Viskositätszahl	ml/g				

Verarbeitungsbedingungen für Spritzgießen

Massetemp.	°C	≦280	*Schwindung*	%	lgs 0.5–2.0, quer 0.5–2.0
Werkzeugtemp.	°C	30–40	*Bemerkungen*		Bei massiven Teilen auch hoehere
Spritzdruck	bar	400–700			Werkzeugtemperaturen

Zugversuch 23 °C DIN 53455;

				Herstellung	Spritzgiessen
Probekörper:	*Form*	Nr.3		*Vorbehandlung*	15 d bei 20 C/65 %
	Zustand	Luftfeucht			

Streckspannung	N/mm²	24	*Dehnung bei Streckspannung*	%	25
Zugfestigkeit	N/mm²	61	*Reißdehnung*	%	370
Reißfestigkeit	N/mm²		*% Dehnspannung*	N/mm²	
E-Modul	N/mm²		*Dehnung bei % Dehnspg.*	%	

Kriechmoduln und Zeitstandwerte 23 °C

				Herstellung	
Probekörper:	*Form*			*Vorbehandlung*	
	Zustand				

Kriechmodul	1 min N/mm²		*Zeitstandzugfestigkeit*	h N/mm²	
Kriechmodul	1000 h N/mm²		*Zeitdehnspg. %*	h N/mm²	
bei Spannung	N/mm²				

Biegeversuch 23 °C ASTM D 790; DIN 53457

			Herstellung	Spritzgiessen
Probekörper:	*Form*		*Vorbehandlung*	15 d bei 20 C/65 %
	Zustand	Luftfeucht		

Biegefestigkeit	N/mm²	20	*E-Modul*	N/mm² 420
3,5% Biegespannung	N/mm²			

Härte 23 °C

			Herstellung	Spritzgiessen
Probekörper:	*Zustand*	Luftfeucht	*Vorbehandlung*	15 d bei 20 C/65 %

Kugeldruckhärte	N/mm²	bei N, s	*Shore-Härte* A	
Rockwellhärte	R 77		*Shore-Härte* D	62

Schlagversuch

			Herstellung	Spritzgiessen
Probekörper:	(1) U-Kerbe			
	(2)		*Vorbehandlung*	15 d bei 20 C/65 %
	Zustand	Luftfeucht		

	°C		°C		°C	*Probekörper-Form*
Schlagzähigkeit	kJ/m²	23 o.B.	-40 o.B.			NKS
Kerbschlagzähigkeit (1)	kJ/m²	23 67	-40 48			NKS
IZOD-Kerbschlagzähigkeit (2)	J/m					
Kerbschlagzugzähigkeit	kJ/m²					

Abrieb und Reibung

Taber-Abrieb (Reibradverfahren)	mm³/100 U
Abriebfaktor LNP (Thrust washer) Vergleichswert	
Statische Reibungszahl	
Dynamische Reibungszahl	$(p \cdot v =$ N/mm² · m/min)
Zulässiger p · v Wert	N/mm² · (m/min) v = m/min
	v = m/min

Thermische Eigenschaften

Formbeständigkeit in der Wärme	*Verfahren*	A	48 °C
	Verfahren	B	127 °C
Vicat Erweichungstemperatur (VST)	*Verfahren*	A/50	162 °C
	Verfahren	B/50	130 °C
Kristallit-Schmelzpunkt	*Verfahren*	DIN 53181	174–177 °C
Längenausdehnungskoeffizient	*Bereich*	-20–50 °C	$1.5 \cdot 10^{-4} K^{-1}$
	Temperatur °C		$\cdot 10^{-4} K^{-1}$
Wärmeleitfähigkeit	*Verfahren*		$W/(K \cdot m)$
Spezifische Wärmekapazität	*Verfahren*		$J/(K \cdot g)$
Glasumwandlungstemperatur	*Torsionsschwingungsversuch*		°C
	Differentialkalorimetrie		°C

Brandverhalten

UL-Test vertikal   Dicke 1.6   mm, Wert HB
Dicke   mm, Wert

	Norm	Bewertung	Abmessungen
Sauerstoff-Index	ASTM D 2863		
Glühstab-Verfahren			
Brandverhalten	DIN 4102		
MVSS			
FAR			

Elektrische Eigenschaften

		Hz	°C	Probekörper, Form
Dielektrizitätszahl		50		
		10^3		
		10^6		
Dielektrischer Verlustfaktor tan δ		50		
		10^3		
		10^6		
Spezifischer Durchgangswiderstand	Ohm · cm		23	1.0*10**11
Durchschlagfestigkeit	kV/mm			mm dick
Oberflächenwiderstand	Ohm			
Kriechstromfestigkeit		KC	KB >600 KA	
Elektrolytische Korrosionswirkung				
Lichtbogenfestigkeit nach DIN				
nach ASTM s				

Beständigkeit *(Chemische Beständigkeit siehe Anhang)*

Wasseraufnahme 20 C/65 % Bis zur Saettigung		0.9 %
20 C/100 % Bis zur Saettigung		1.7 %
Feuchtigkeitsaufnahme Normalklima		%
Wetterbeständigkeit		

Spannungskorrosion Bestaendiger als andere Polyamide

Optische Eigenschaften

Brechungszahl n_D
Transmissionsgrad τ_c %   mm dick
Lichtdurchlässigkeit

PA

Produkt	Polyamid 12
Handelsname	**Rilsan AMN P40**
Hersteller	ATO
DIN-Bez 1	
DIN-Bez 2	

Zusätze	Weichmacher	*Füllstoffe/ Verstärkung*	
Bevorzugte Verarbeitung	Spritzgiessen	*Lieferform*	Granulat
		Farben	Natur; Standard
Besondere Merkmale	Flexibel; Schlagfest; Vibrationsdaemp-fend; Gutes Fliessverhalten	*Bevorzugte Anwendungen*	Bedarfsartikel; Technisches Formteil

---

Dichte	g/cm³	1.03	*Schmelzindex*	g/10 min	
Schüttdichte	g/cm³		*Volumenfließindex*	cm³/10 min	
Viskositätszahl	ml/g				

Verarbeitungsbedingungen für Spritzgießen

Massetemp.	°C	≤ 280	*Schwindung*	%	lgs 0.5–2.0, quer 0.5–2.0
Werkzeugtemp.	°C	30–40	*Bemerkungen*		Bei massiven Teilen auch hoehere
Spritzdruck	bar	400–700			Werkzeugtemperaturen

Zugversuch 23 °C DIN 53455;

Probekörper:	*Form*	Nr.3	*Herstellung* Spritzgiessen
	Zustand	Luftfeucht	*Vorbehandlung* 15 d bei 20 C/65 %

Streckspannung	N/mm²	22	*Dehnung bei Streckspannung*	%	28
Zugfestigkeit	N/mm²	60	*Reißdehnung*	%	385
Reißfestigkeit	N/mm²		*% Dehnspannung*	N/mm²	
E-Modul	N/mm²		*Dehnung bei % Dehnspg.*	%	

Kriechmoduln und Zeitstandwerte 23 °C

Probekörper:	*Form*		*Herstellung*
	Zustand		*Vorbehandlung*

Kriechmodul	1 min	N/mm²	*Zeitstandzugfestigkeit*	h	N/mm²
Kriechmodul	1000 h	N/mm²	*Zeitdehnspg.* %	h	N/mm²
bei Spannung		N/mm²			

Biegeversuch 23 °C ASTM D 790; DIN 53457

Probekörper:	*Form*		*Herstellung* Spritzgiessen
	Zustand	Luftfeucht	*Vorbehandlung* 15 d bei 20 C/65 %

Biegefestigkeit	N/mm²	18	*E-Modul*	N/mm² 360
3,5% Biegespannung	N/mm²			

Härte 23 °C

Probekörper:	*Zustand*	Luftfeucht	*Herstellung* Spritzgiessen
			Vorbehandlung 15 d bei 20 C/65 %

Kugeldruckhärte	N/mm²	bei N, s	*Shore-Härte* A
Rockwellhärte	R 75		*Shore-Härte* D 60

Schlagversuch

Probekörper:	*(1)* U-Kerbe	
	(2)	*Herstellung* Spritzgiessen
	Zustand Luftfeucht	*Vorbehandlung* 15 d bei 20 C/65 %

		°C		°C		°C	*Probekörper-Form*
Schlagzähigkeit	kJ/m²	23	o.B.	-40	o.B.		NKS
Kerbschlagzähigkeit (1)	kJ/m²	23	102	-40	52		NKS
IZOD-Kerbschlagzähigkeit (2)	J/m						
Kerbschlagzugzähigkeit	kJ/m²						

Abrieb und Reibung

Taber-Abrieb (Reibradverfahren)   mm³/100 U
Abriebfaktor LNP (Thrust washer) Vergleichswert
Statische Reibungszahl
Dynamische Reibungszahl   (p·v =   N/mm² ·   m/min)
Zulässiger p · v Wert   N/mm² · (m/min)   v =   m/min
                                                                        v =   m/min

Thermische Eigenschaften

Formbeständigkeit in der Wärme	*Verfahren*	A	48 °C
	Verfahren	B	124 °C
Vicat Erweichungstemperatur (VST)	*Verfahren*	A/50	160 °C
	Verfahren	B/50	126 °C
Kristallit-Schmelzpunkt	*Verfahren*	DIN 53181	174–177 °C

Längenausdehnungskoeffizient   *Bereich*   -20–50   °C $1.7 \cdot 10^{-4} K^{-1}$
                                 Temperatur °C $\cdot 10^{-4} K^{-1}$
Wärmeleitfähigkeit   *Verfahren*   W/(K · m)

Spezifische Wärmekapazität   *Verfahren*   J/(K · g)

Glasumwandlungstemperatur   *Torsionsschwingungsversuch*   °C
                                 Differentialkalorimetrie   °C

Brandverhalten

UL-Test vertikal   Dicke 1.6   mm, Wert HB
                                 Dicke   mm, Wert

	Norm	*Bewertung*	*Abmessungen*
Sauerstoff-Index	ASTM D 2863		
Glühstab-Verfahren			
Brandverhalten	DIN 4102		
MVSS			
FAR			

Elektrische Eigenschaften

		Hz	°C			*Probekörper, Form*
Dielektrizitätszahl		50				
		10^3				
		10^6				
Dielektrischer Verlustfaktor tan δ		50				
		10^3				
		10^6				
Spezifischer Durchgangs-widerstand	Ohm · cm		23	1.0*10**11		
Durchschlagfestigkeit	kV/mm		23	26		0.5 mm dick
Oberflächenwiderstand	Ohm					
Kriechstromfestigkeit		KC		KB >600	KA	
Elektrolytische Korrosionswirkung						
Lichtbogenfestigkeit nach DIN						
nach ASTM	s					

Beständigkeit *(Chemische Beständigkeit siehe Anhang)*

Wasseraufnahme 20 C/65 %   Bis zur Saettigung   0.9 %
              20 C/100 %   Bis zur Saettigung   1.7 %
Feuchtigkeitsaufnahme Normalklima   %
Wetterbeständigkeit

Spannungskorrosion Bestaendiger als andere Polyamide

Optische Eigenschaften

Brechungszahl n_D
Transmissionsgrad τ_c %   mm dick
Lichtdurchlässigkeit

		PA
Produkt	Polyamid 12	
Handelsname	**Rilsan AMV P40**	
Hersteller	ATO	
DIN-Bez 1		
DIN-Bez 2		

Zusätze	Weichmacher	*Füllstoffe/ Verstärkung*	
Bevorzugte Verarbeitung	Spritzgiessen	*Lieferform*	Granulat
		Farben	Natur; Standard
Besondere Merkmale	Flexibel; Sehr gute Schlagfestigkeit	*Bevorzugte Anwendungen*	Bedarfsartikel; Technisches Formteil

Dichte	g/cm^3	1.03	*Schmelzindex*	g/10 min
Schüttdichte	g/cm^3		*Volumenfließindex*	cm^3/10 min
Viskositätszahl	ml/g			

Verarbeitungsbedingungen für Spritzgießen

Massetemp.	°C	$\leq$280	*Schwindung*	% lgs 0.5–2.0, quer 0.5–2.0
Werkzeugtemp.	°C	30–40	*Bemerkungen*	Bei massiven Teilen auch hoehere
Spritzdruck	bar	400–700		Werkzeugtemperaturen

Zugversuch 23 °C DIN 53455;

Probekörper:	*Form*	Nr.3	*Herstellung*	Spritzgiessen
	Zustand	Luftfeucht	*Vorbehandlung*	15 d bei 20 C/65 %

Streckspannung	N/mm^2	22	*Dehnung bei Streckspannung*	%	27
Zugfestigkeit	N/mm^2	60	*Reißdehnung*	%	370
Reißfestigkeit	N/mm^2		*% Dehnspannung*	N/mm^2	
E-Modul	N/mm^2		*Dehnung bei* *% Dehnspg.*	%	

Kriechmoduln und Zeitstandwerte 23 °C

Probekörper:	*Form*	*Herstellung*	
	Zustand	*Vorbehandlung*	

Kriechmodul	1 min N/mm^2	*Zeitstandzugfestigkeit*	h N/mm^2	
Kriechmodul	1000 h N/mm^2	*Zeitdehnspg. %*	h N/mm^2	
bei Spannung	N/mm^2			

Biegeversuch 23 °C ASTM D 790; DIN 53457

Probekörper:	*Form*		*Herstellung*	Spritzgiessen
	Zustand	Luftfeucht	*Vorbehandlung*	15 d bei 20 C/65 %

Biegefestigkeit	N/mm^2	16	*E-Modul*	N/mm^2 360
3,5% Biegespannung	N/mm^2			

Härte 23 °C

Probekörper:	*Zustand*	Luftfeucht	*Herstellung*	Spritzgiessen
			Vorbehandlung	15 d bei 20 C/65 %

Kugeldruckhärte	N/mm^2	bei N, s	*Shore-Härte* A	
Rockwellhärte	R 75		*Shore-Härte* D	60

Schlagversuch

Probekörper:	*(1)* U-Kerbe			
	(2)		*Herstellung*	Spritzgiessen
	Zustand	Luftfeucht	*Vorbehandlung*	15 d bei 20 C/65 %

	°C	°C	°C	*Probekörper-Form*
Schlagzähigkeit	kJ/m^2 23 o.B.	-40 o.B.		NKS
Kerbschlagzähigkeit (1)	kJ/m^2 23 130	-40 56		NKS
IZOD-Kerbschlagzähigkeit (2)	J/m			
Kerbschlagzugzähigkeit	kJ/m^2			

Abrieb und Reibung

Taber-Abrieb (Reibradverfahren)	mm³/100 U	
Abriebfaktor LNP (Thrust washer) Vergleichswert		
Statische Reibungszahl		
Dynamische Reibungszahl	(p·v = N/mm² · m/min)	
Zulässiger p · v Wert	N/mm² · (m/min) v = m/min	
	v = m/min	

Thermische Eigenschaften

Formbeständigkeit in der Wärme	*Verfahren*	A	48 °C
	Verfahren	B	124 °C
Vicat Erweichungstemperatur (VST)	*Verfahren*	A/50	161 °C
	Verfahren	B/50	128 °C
Kristallit-Schmelzpunkt	*Verfahren*	DIN 53181	174–177 °C
Längenausdehnungskoeffizient	*Bereich* -20–50 °C		$1.5 \cdot 10^{-4} \mathrm{K}^{-1}$
	Temperatur °C		$\cdot 10^{-4} \mathrm{K}^{-1}$
Wärmeleitfähigkeit	*Verfahren*		$\mathrm{W/(K \cdot m)}$
Spezifische Wärmekapazität	*Verfahren*		$\mathrm{J/(K \cdot g)}$
Glasumwandlungstemperatur	*Torsionsschwingungsversuch*	°C	
	Differentialkalorimetrie	°C	

Brandverhalten

UL-Test vertikal	Dicke 1.6 mm, Wert HB		
	Dicke mm, Wert		

	Norm	*Bewertung*	*Abmessungen*
Sauerstoff-Index	ASTM D 2863		
Glühstab-Verfahren			
Brandverhalten	DIN 4102		
MVSS			
FAR			

Elektrische Eigenschaften

		Hz	°C			*Probekörper, Form*
Dielektrizitätszahl		50				
		10^3				
		10^6				
Dielektrischer Verlustfaktor tan δ		50				
		10^3				
		10^6				
Spezifischer Durchgangswiderstand	Ohm · cm		23	1.0*10**11		
Durchschlagfestigkeit	kV/mm		23	26		0.5 mm dick
Oberflächenwiderstand	Ohm					
Kriechstromfestigkeit	KC		KB > 600		KA	
Elektrolytische Korrosionswirkung						
Lichtbogenfestigkeit nach DIN						
nach ASTM	s					

Beständigkeit *(Chemische Beständigkeit siehe Anhang)*

Wasseraufnahme 20 C/65 % Bis zur Saettigung		0.9 %
20 C/100 % Bis zur Saettigung		1.5 %
Feuchtigkeitsaufnahme Normalklima		%
Wetterbeständigkeit		

Spannungskorrosion Bestaendiger als andere Polyamide

Optische Eigenschaften

Brechungszahl n_D		
Transmissionsgrad τ_c %		mm dick
Lichtdurchlässigkeit		

Produkt	Polyamid 12		**PA**
Handelsname	**Rilsan AMN G8**		
Hersteller	ATO		
DIN-Bez 1			
DIN-Bez 2			
Zusätze	Graphit	*Füllstoffe/ Verstärkung*	
Bevorzugte Verarbeitung	Spritzgiessen	*Lieferform*	Granulat
		Farben	Grau-Schwarz metallisch
Besondere Merkmale	Sehr niedriger Reibungskoeffizient	*Bevorzugte Anwendungen*	Technisches Formteil; Nockenscheibe; Buchse

Dichte	g/cm³	1.02	*Schmelzindex*	g/10 min	
Schüttdichte	g/cm³		*Volumenfließindex*	cm³/10 min	
Viskositätszahl	ml/g				

Verarbeitungsbedingungen für Spritzgießen

Massetemp.	°C	$\leq$ 280	*Schwindung*	%	lgs 0.5–2.0, quer 0.5–2.0
Werkzeugtemp.	°C	30–40	*Bemerkungen*		Bei massiven Teilen auch hoehere
Spritzdruck	bar	400–700			Werkzeugtemperaturen

Zugversuch 23 °C DIN 53455;

	Probekörper:	*Form* Nr.3	*Herstellung*	Spritzgiessen	
		Zustand Luftfeucht	*Vorbehandlung*	15 d bei 20 C/65 %	
Streckspannung	N/mm²	39	*Dehnung bei Streckspannung*	%	12
Zugfestigkeit	N/mm²	52	*Reißdehnung*	%	330
Reißfestigkeit	N/mm²		% *Dehnspannung*	N/mm²	
E-Modul	N/mm²		*Dehnung bei* % *Dehnspg.*	%	

Kriechmoduln und Zeitstandwerte 23 °C

	Probekörper:	*Form*	*Herstellung*	
		Zustand	*Vorbehandlung*	
Kriechmodul	1 min	N/mm²	*Zeitstandzugfestigkeit*	h N/mm²
Kriechmodul	1000 h	N/mm²	*Zeitdehnspg.* %	h N/mm²
bei Spannung		N/mm²		

Biegeversuch 23 °C ASTM D 790; DIN 53457

	Probekörper:	*Form*	*Herstellung*	Spritzgiessen
		Zustand Luftfeucht	*Vorbehandlung*	15 d bei 20 C/65 %
Biegefestigkeit	N/mm²	46	*E-Modul*	N/mm² 1200
3,5% Biegespannung	N/mm²			

Härte 23 °C

	Probekörper:	*Zustand* Luftfeucht	*Herstellung*	Spritzgiessen
			Vorbehandlung	15 d bei 20 C/65 %
Kugeldruckhärte	N/mm²	bei N, s	*Shore-Härte* A	
Rockwellhärte	R 105		*Shore-Härte* D	

Schlagversuch

	Probekörper:	(1) U-Kerbe		
		(2)	*Herstellung*	Spritzgiessen
		Zustand Luftfeucht	*Vorbehandlung*	15 d bei 20 C/65 %
		°C	°C	°C	*Probekörper-Form*

Schlagzähigkeit	kJ/m²	23 o.B.	-40 o.B.		NKS
Kerbschlagzähigkeit (1)	kJ/m²	23 32	-40 27		NKS
IZOD-Kerbschlagzähigkeit (2)	J/m				
Kerbschlagzugzähigkeit	kJ/m²				

Abrieb und Reibung

Taber-Abrieb (Reibradverfahren)	mm³/100 U
Abriebfaktor LNP (Thrust washer) Vergleichswert	
Statische Reibungszahl	
Dynamische Reibungszahl	(p·v = N/mm² · m/min)
Zulässiger p · v Wert	N/mm² · (m/min) v = m/min
	v = m/min

Thermische Eigenschaften

Formbeständigkeit in der Wärme	*Verfahren*	A	66 °C
	Verfahren	B	146 °C
Vicat Erweichungstemperatur (VST)	*Verfahren*	A/50	173 °C
	Verfahren	B/50	145 °C
Kristallit-Schmelzpunkt	*Verfahren*	DIN 53181	174–177 °C
Längenausdehnungskoeffizient	*Bereich*	-20–50 °C	$0.9 \cdot 10^{-4} \mathrm{K}^{-1}$
	Temperatur °C		$\cdot 10^{-4} \mathrm{K}^{-1}$
Wärmeleitfähigkeit	*Verfahren*		W/(K · m)
Spezifische Wärmekapazität	*Verfahren*		J/(K · g)
Glasumwandlungstemperatur	*Torsionsschwingungsversuch*	°C	
	Differentialkalorimetrie	°C	

Brandverhalten

UL-Test vertikal   Dicke 1.6 mm, Wert HB
                             Dicke   mm, Wert

	Norm	*Bewertung*	*Abmessungen*
Sauerstoff-Index	ASTM D 2863		
Glühstab-Verfahren			
Brandverhalten	DIN 4102		
MVSS			
FAR			

Elektrische Eigenschaften

	Hz	°C		*Probekörper, Form*
Dielektrizitätszahl	50			
	10^3			
	10^6			
Dielektrischer Verlustfaktor tan δ	50			
	10^3			
	10^6			
Spezifischer Durchgangs-widerstand	Ohm · cm	23	1.0*10**14	
Durchschlagfestigkeit	kV/mm			mm dick
Oberflächenwiderstand	Ohm			
Kriechstromfestigkeit	KC	KB >600	KA	
Elektrolytische Korrosionswirkung				
Lichtbogenfestigkeit nach DIN				
nach ASTM	s			

Beständigkeit *(Chemische Beständigkeit siehe Anhang)*

Wasseraufnahme 20 C/65 % Bis zur Saettigung	0.8 %	
20 C/100 % Bis zur Saettigung	1.6 %	
Feuchtigkeitsaufnahme Normalklima		%
Wetterbeständigkeit		

Spannungskorrosion Bestaendiger als andere Polyamide

Optische Eigenschaften

Brechungszahl n$_D$
Transmissionsgrad τ_c %   mm dick
Lichtdurchlässigkeit

Produkt	Polyamid 12	**PA**
Handelsname	**Rilsan AMN Y**	
Hersteller	ATO	
DIN-Bez 1		
DIN-Bez 2		

Zusätze	Molybdaendisulfid	*Füllstoffe/ Verstärkung*	
Bevorzugte Verarbeitung	Spritzgiessen	*Lieferform*	Granulat
		Farben	Grau-Schwarz metallisch
Besondere Merkmale	Extrem niedriger Reibungskoeffizient	*Bevorzugte Anwendungen*	Technisches Formteil; Nockenscheibe; Buchse

Dichte	g/cm³	1.02	*Schmelzindex*	g/10 min	:
Schüttdichte	g/cm³		*Volumenfließindex*	cm³/10 min	:
Viskositätszahl	ml/g				

Verarbeitungsbedingungen für Spritzgießen

Massetemp.	°C	≦ 280	*Schwindung*	%	lgs 0.5–2.0, quer 0.5–2.0
Werkzeugtemp.	°C	30–40	*Bemerkungen*		Bei massiven Teilen auch hoehere
Spritzdruck	bar	400–700			Werkzeugtemperaturen

Zugversuch 23 °C   DIN 53455;

	Probekörper:	*Form*	Nr.3	*Herstellung*	Spritzgiessen
		Zustand	Luftfeucht	*Vorbehandlung*	15 d bei 20 C/65 %

Streckspannung	N/mm²	39	*Dehnung bei Streckspannung*	%	12
Zugfestigkeit	N/mm²	60	*Reißdehnung*	%	330
Reißfestigkeit	N/mm²		*% Dehnspannung*	N/mm²	
E-Modul	N/mm²		*Dehnung bei % Dehnspg.*	%	

Kriechmoduln und Zeitstandwerte 23 °C

	Probekörper:	*Form*	*Herstellung*	
		Zustand	*Vorbehandlung*	

Kriechmodul	1 min N/mm²		*Zeitstandzugfestigkeit*	h N/mm²	
Kriechmodul	1000 h N/mm²		*Zeitdehnspg. %*	h N/mm²	
bei Spannung	N/mm²				

Biegeversuch 23 °C   ASTM D 790; DIN 53457

	Probekörper:	*Form*	*Herstellung*	Spritzgiessen
		Zustand Luftfeucht	*Vorbehandlung*	15 d bei 20 C/65 %

Biegefestigkeit	N/mm²	47	*E-Modul*	N/mm² 1200
3,5% Biegespannung	N/mm²			

Härte 23 °C

	Probekörper:	*Zustand* Luftfeucht	*Herstellung*	Spritzgiessen
			Vorbehandlung	15 d bei 20 C/65 %

Kugeldruckhärte	N/mm²	bei N, s	*Shore-Härte* A	
Rockwellhärte	R 104		*Shore-Härte* D	

Schlagversuch

	Probekörper:	(1) U-Kerbe		
		(2)	*Herstellung*	Spritzgiessen
		Zustand Luftfeucht	*Vorbehandlung*	15 d bei 20 C/65 %

		°C		°C	°C	*Probekörper-Form*

Schlagzähigkeit	kJ/m²	23 o.B.	-40 o.B.	NKS
Kerbschlagzähigkeit (1)	kJ/m²	23 34	-40 29	NKS
IZOD-Kerbschlagzähigkeit (2)	J/m			
Kerbschlagzugzähigkeit	kJ/m²			

Abrieb und Reibung

Taber-Abrieb (Reibradverfahren) mm³/100 U
Abriebfaktor LNP (Thrust washer) Vergleichswert
Statische Reibungszahl
Dynamische Reibungszahl (p·v = N/mm² · m/min)
Zulässiger p · v Wert N/mm² · (m/min) v = m/min
  v = m/min

Thermische Eigenschaften

Formbeständigkeit in der Wärme	*Verfahren*	A	66 °C
	Verfahren	B	143 °C
Vicat Erweichungstemperatur (VST)	*Verfahren*	A/50	173 °C
	Verfahren	B/50	145 °C
Kristallit-Schmelzpunkt	*Verfahren*	DIN 53181	174–177 °C

Längenausdehnungskoeffizient *Bereich* -20–50 °C $0.9 \cdot 10^{-4} \text{K}^{-1}$
  Temperatur °C $\cdot 10^{-4} \text{K}^{-1}$
Wärmeleitfähigkeit *Verfahren* W/(K · m)

Spezifische Wärmekapazität *Verfahren* J/(K · g)

Glasumwandlungstemperatur *Torsionsschwingungsversuch* °C
  Differentialkalorimetrie °C

Brandverhalten

UL-Test vertikal Dicke 1.6 mm, Wert HB
  Dicke mm, Wert

	Norm	Bewertung	Abmessungen
Sauerstoff-Index	ASTM D 2863		
Glühstab-Verfahren			
Brandverhalten	DIN 4102		
MVSS			
FAR			

Elektrische Eigenschaften

		Hz	°C	Probekörper, Form
Dielektrizitätszahl		50		
		10^3		
		10^6		
Dielektrischer Verlustfaktor tan δ		50		
		10^3		
		10^6		
Spezifischer Durchgangs-widerstand	Ohm · cm		23	1.0*10**14
Durchschlagfestigkeit	kV/mm			mm dick
Oberflächenwiderstand	Ohm			

Kriechstromfestigkeit KC KB > 600 KA
Elektrolytische Korrosionswirkung
Lichtbogenfestigkeit nach DIN
  nach ASTM s

Beständigkeit *(Chemische Beständigkeit siehe Anhang)*

Wasseraufnahme 20 C/65 % Bis zur Saettigung 0.8 %
  20 C/100 % Bis zur Saettigung 1.6 %
Feuchtigkeitsaufnahme Normalklima %
Wetterbeständigkeit

Spannungskorrosion Bestaendiger als andere Polyamide

Optische Eigenschaften

Brechungszahl n_D
Transmissionsgrad τ_c % mm dick
Lichtdurchlässigkeit

Datenbank-Nr. **T05051**		*Merkblatt-Nr.* **3612**

		PA
Produkt	Polyamid 12	
Handelsname	**Rilsan AZM 30**	
Hersteller	ATO	
DIN-Bez 1		
DIN-Bez 2		

Zusätze		*Füllstoffe/ Verstärkung*	30.0% Glasfaser
Bevorzugte Verarbeitung	Spritzgiessen	*Lieferform*	Granulat
		Farben	Natur; Standard
Besondere Merkmale	Grosse Steifigkeit; Erhoehte Waermeformbestaendigkeit; Niedriger Ausdehnungskoeffizient	*Bevorzugte Anwendungen*	Technisches Formteil; Luefterfluegel; Spulenkoerper; Gehaeuse

Dichte	g/cm^3	1.22	*Schmelzindex*	g/10 min	:
Schüttdichte	g/cm^3		*Volumenfließindex*	cm^3/10 min	:
Viskositätszahl	ml/g				

Verarbeitungsbedingungen für Spritzgießen

Massetemp.	°C	≦280	*Schwindung*	%	lgs 0.3–1.3, quer
Werkzeugtemp.	°C	30–40	*Bemerkungen*		Eine Verbesserung des Aussehens bei Werkzeugtemperaturen von 90 bis 100 C
Spritzdruck	bar	700–1000			

Zugversuch 23 °C DIN 53455;

	Probekörper:	*Form*	Nr.3	*Herstellung*	Spritzgiessen
		Zustand	Luftfeucht	*Vorbehandlung*	15 d bei 20 C/65 %

Streckspannung	N/mm^2		*Dehnung bei Streckspannung*	%	
Zugfestigkeit	N/mm^2	100	*Reißdehnung*	%	7
Reißfestigkeit	N/mm^2		*% Dehnspannung*	N/mm^2	
E-Modul	N/mm^2		*Dehnung bei % Dehnspg.*	%	

Kriechmoduln und Zeitstandwerte 23 °C

	Probekörper:	*Form*	*Herstellung*	
		Zustand	*Vorbehandlung*	

Kriechmodul	1 min N/mm^2		*Zeitstandzugfestigkeit*	h N/mm^2
Kriechmodul	1000 h N/mm^2		*Zeitdehnspg.* %	h N/mm^2
bei Spannung	N/mm^2			

Biegeversuch 23 °C ASTM D 790; DIN 53457

	Probekörper:	*Form*		*Herstellung*	Spritzgiessen
		Zustand	Luftfeucht	*Vorbehandlung*	15 d bei 20 C/65 %

Biegefestigkeit	N/mm^2 110	*E-Modul*	N/mm^2 3850
3,5% Biegespannung	N/mm^2		

Härte 23 °C

	Probekörper:	*Zustand*	Luftfeucht	*Herstellung*	Spritzgiessen
				Vorbehandlung	15 d bei 20 C/65 %

Kugeldruckhärte	N/mm^2	bei N, s	*Shore-Härte* A	
Rockwellhärte	R 106	M 52	*Shore-Härte* D	

Schlagversuch

	Probekörper:	(1) U-Kerbe			
		(2)		*Herstellung*	Spritzgiessen
		Zustand	Luftfeucht	*Vorbehandlung*	15 d bei 20 C/65 %

	°C		°C	°C	*Probekörper-Form*
Schlagzähigkeit	kJ/m^2	23 320	-40 290		NKS
Kerbschlagzähigkeit (1)	kJ/m^2	23 250	-40 210		NKS
IZOD-Kerbschlagzähigkeit (2)	J/m				
Kerbschlagzugzähigkeit	kJ/m^2				

Abrieb und Reibung

Taber-Abrieb (Reibradverfahren)　　　　　　　　　mm³/100 U
Abriebfaktor LNP (Thrust washer) Vergleichswert
Statische Reibungszahl
Dynamische Reibungszahl　　　　　　　　(p·v =　　　　N/mm² ·　　　m/min)
Zulässiger p · v Wert　　　　　　　　　　N/mm² · (m/min)　v =　　m/min
　　　　　　　　　　　　　　　　　　　　　　　　　　　　　　v =　　m/min

Thermische Eigenschaften

Formbeständigkeit in der Wärme	*Verfahren*	A	170 °C
	Verfahren	B	180 °C
Vicat Erweichungstemperatur (VST)	*Verfahren*	A/50	173 °C
	Verfahren	B/50	168 °C
Kristallit-Schmelzpunkt	*Verfahren*	DIN 53181	174–177 °C
Längenausdehnungskoeffizient	*Bereich*	-20–50　　°C	$0.37 \cdot 10^{-4} K^{-1}$
	Temperatur °C		$\cdot 10^{-4} K^{-1}$
Wärmeleitfähigkeit	*Verfahren*		W/(K · m)
Spezifische Wärmekapazität	*Verfahren*		J/(K · g)
Glasumwandlungstemperatur	*Torsionsschwingungsversuch*		°C
	Differentialkalorimetrie		°C

Brandverhalten

UL-Test vertikal　　　　　　　　　Dicke 1.6　mm, Wert　HB
　　　　　　　　　　　　　　　　　　Dicke　　　mm, Wert

	Norm	*Bewertung*	*Abmessungen*
Sauerstoff-Index	ASTM D 2863		
Glühstab-Verfahren			
Brandverhalten	DIN 4102		
MVSS			
FAR			

Elektrische Eigenschaften

		Hz	°C			*Probekörper, Form*
Dielektrizitätszahl		50				
		10^3				
		10^6				
Dielektrischer Verlustfaktor tan δ		50				
		10^3				
		10^6				
Spezifischer Durchgangs-widerstand	Ohm · cm		23	1.0*10**13		
Durchschlagfestigkeit	kV/mm		23	45		0.5　mm dick
Oberflächenwiderstand	Ohm					
Kriechstromfestigkeit		KC		KB >600	KA	
Elektrolytische Korrosionswirkung						
Lichtbogenfestigkeit nach DIN						
nach ASTM	s					

Beständigkeit *(Chemische Beständigkeit siehe Anhang)*

Wasseraufnahme 20 C/65 %　Bis zur Saettigung　　　　　　　0.55 %
　　　　　　　　20 C/100 %　Bis zur Saettigung　　　　　　　1.2 %
Feuchtigkeitsaufnahme Normalklima　　　　　　　　　　　　　　　　　　　%
Wetterbeständigkeit

Spannungskorrosion Bestaendiger als andere Polyamide

Optische Eigenschaften

Brechungszahl n_D
Transmissionsgrad τ_c　　　%　　　　　　　　mm dick
Lichtdurchlässigkeit

Produkt	Polyamid 12

PA

Handelsname	**Rilsan AZM 23 G9**
Hersteller	ATO
DIN-Bez 1	
DIN-Bez 2	

Zusätze	Graphit	*Füllstoffe/ Verstärkung*	23.0% Glasfaser
Bevorzugte Verarbeitung	Spritzgiessen	*Lieferform*	Granulat
		Farben	Grau-Schwarz metallisch
Besondere Merkmale	Niedriger Reibungskoeffizient; Niedriger Ausdehnungskoeffizient; Grosse Steifigkeit; Hohe Druckfestigkeit	*Bevorzugte Anwendungen*	Technisches Formteil; Nockenscheibe; Buchse; Zahnrad

Dichte	g/cm³	1.20	*Schmelzindex*	g/10 min	:
Schüttdichte	g/cm³		*Volumenfließindex*	cm³/10 min	:
Viskositätszahl	ml/g				

Verarbeitungsbedingungen für Spritzgießen

Massetemp.	°C	≦280	*Schwindung*	%	lgs 0.3–1.3, quer
Werkzeugtemp.	°C	30–40	*Bemerkungen*		Eine Verbesserung des Aussehens bei Werkzeugtemperaturen von 90 bis 100 C
Spritzdruck	bar	700–1000			

Zugversuch 23 °C DIN 53455;

	Probekörper:	*Form* Nr.3		*Herstellung*	Spritzgiessen
		Zustand Luftfeucht		*Vorbehandlung*	15 d bei 20 C/65 %

Streckspannung	N/mm²		*Dehnung bei Streckspannung*	%
Zugfestigkeit	N/mm² 75		*Reißdehnung*	% 4
Reißfestigkeit	N/mm²		*% Dehnspannung*	N/mm²
E-Modul	N/mm²		*Dehnung bei % Dehnspg.*	%

Kriechmoduln und Zeitstandwerte 23 °C

	Probekörper:	*Form*	*Herstellung*	
		Zustand	*Vorbehandlung*	

Kriechmodul	1 min N/mm²		*Zeitstandzugfestigkeit*	h N/mm²
Kriechmodul	1000 h N/mm²		*Zeitdehnspg. %*	h N/mm²
bei Spannung	N/mm²			

Biegeversuch 23 °C ASTM D 790; DIN 53457

	Probekörper:	*Form*	*Herstellung*	Spritzgiessen
		Zustand Luftfeucht	*Vorbehandlung*	15 d bei 20 C/65 %

Biegefestigkeit	N/mm² 93	*E-Modul*	N/mm² 2850
3,5% Biegespannung	N/mm²		

Härte 23 °C

	Probekörper:	*Zustand* Luftfeucht	*Herstellung*	Spritzgiessen
			Vorbehandlung	15 d bei 20 C/65 %

Kugeldruckhärte	N/mm²	bei N, s	*Shore-Härte* A	
Rockwellhärte	R 103	M 46	*Shore-Härte* D	

Schlagversuch

	Probekörper:	(1) U-Kerbe		
		(2)	*Herstellung*	Spritzgiessen
		Zustand Luftfeucht	*Vorbehandlung*	15 d bei 20 C/65 %

		°C		°C		°C	*Probekörper-Form*
Schlagzähigkeit	kJ/m²	23	240	-40	230		NKS
Kerbschlagzähigkeit (1)	kJ/m²	23	150	-40	120		NKS
IZOD-Kerbschlagzähigkeit (2)	J/m						
Kerbschlagzugzähigkeit	kJ/m²						

Abrieb und Reibung

Taber-Abrieb (Reibradverfahren)	mm³/100 U
Abriebfaktor LNP (Thrust washer) Vergleichswert	
Statische Reibungszahl	
Dynamische Reibungszahl	(p · v = N/mm² · m/min)
Zulässiger p · v Wert	N/mm² · (m/min) v = m/min
	v = m/min

Thermische Eigenschaften

Formbeständigkeit in der Wärme	*Verfahren*	A	166 °C
	Verfahren	B	176 °C
Vicat Erweichungstemperatur (VST)	*Verfahren*	A/50	173 °C
	Verfahren	B/50	168 °C
Kristallit-Schmelzpunkt	*Verfahren*	DIN 53181	174–177 °C
Längenausdehnungskoeffizient	*Bereich* -20–50 °C		$0.35 \cdot 10^{-4} \mathrm{K}^{-1}$
	Temperatur °C		$\cdot 10^{-4} \mathrm{K}^{-1}$
Wärmeleitfähigkeit	*Verfahren*		W/(K · m)
Spezifische Wärmekapazität	*Verfahren*		J/(K · g)
Glasumwandlungstemperatur	*Torsionsschwingungsversuch*		°C
	Differentialkalorimetrie		°C

Brandverhalten

UL-Test vertikal   Dicke 1.6   mm, Wert HB
        Dicke   mm, Wert

	Norm	Bewertung	Abmessungen
Sauerstoff-Index	ASTM D 2863		
Glühstab-Verfahren			
Brandverhalten	DIN 4102		
MVSS			
FAR			

Elektrische Eigenschaften

		Hz	°C		Probekörper, Form
Dielektrizitätszahl		50			
		10^3			
		10^6			
Dielektrischer Verlustfaktor tan δ		50			
		10^3			
		10^6			
Spezifischer Durchgangs- widerstand	Ohm · cm		23	1.0*10**12	
Durchschlagfestigkeit	kV/mm				mm dick
Oberflächenwiderstand	Ohm				
Kriechstromfestigkeit		KC	KB 200	KA	
Elektrolytische Korrosionswirkung					
Lichtbogenfestigkeit nach DIN					
nach ASTM	s				

Beständigkeit *(Chemische Beständigkeit siehe Anhang)*

Wasseraufnahme 20 C/65 % Bis zur Saettigung		0.6 %
20 C/100 % Bis zur Saettigung		1.3 %
Feuchtigkeitsaufnahme Normalklima		%
Wetterbeständigkeit		

Spannungskorrosion Bestaendiger als andere Polyamide

Optische Eigenschaften

Brechungszahl n_D		
Transmissionsgrad τ_c	%	mm dick
Lichtdurchlässigkeit		

Datenbank-Nr.	**T05053**		_Merkblatt-Nr._ **3614**

			PA
Produkt	Polyamid 12		
Handelsname	**Rilsan AZM 43 G9**		
Hersteller	ATO		
DIN-Bez 1			
DIN-Bez 2			
Zusätze	Graphit	_Füllstoffe/ Verstärkung_	43.0% Glasfaser
Bevorzugte Verarbeitung	Spritzgiessen	_Lieferform_	Granulat
		Farben	Grau-Schwarz metallisch
Besondere Merkmale	Sehr hohe Steifigkeit; Sehr hohe Waermeformbestaendigkeit	_Bevorzugte Anwendungen_	Technisches Formteil; Nockenscheibe; Buchse; Zahnrad

Dichte	g/cm³	1.39	_Schmelzindex_	g/10 min	:
Schüttdichte	g/cm³		_Volumenfließindex_	cm³/10 min	:
Viskositätszahl	ml/g				

Verarbeitungsbedingungen für Spritzgießen

Massetemp.	°C	$\leq$ 280	_Schwindung_	%	lgs 0.3–1.3, quer
Werkzeugtemp.	°C	30–40	_Bemerkungen_		Eine Verbesserung des Aussehens bei
Spritzdruck	bar	700–1000			Werkzeugtemperaturen von 90 bis 100 C

Zugversuch 23 °C DIN 53455;

	Probekörper:	_Form_	Nr.3	_Herstellung_	Spritzgiessen
		Zustand	Luftfeucht	_Vorbehandlung_	15 d bei 20 C/65 %

Streckspannung	N/mm²		_Dehnung bei Streckspannung_	%	
Zugfestigkeit	N/mm²	110	_Reißdehnung_	%	4
Reißfestigkeit	N/mm²		% _Dehnspannung_	N/mm²	
E-Modul	N/mm²		_Dehnung bei_ % _Dehnspg._	%	

Kriechmoduln und Zeitstandwerte 23 °C

	Probekörper:	_Form_	_Herstellung_
		Zustand	_Vorbehandlung_

Kriechmodul	_1 min_ N/mm²	_Zeitstandzugfestigkeit_	h N/mm²
Kriechmodul	_1000 h_ N/mm²	_Zeitdehnspg._ %	h N/mm²
bei Spannung	N/mm²		

Biegeversuch 23 °C ASTM D 790; DIN 53457

	Probekörper:	_Form_		_Herstellung_	Spritzgiessen
		Zustand	Luftfeucht	_Vorbehandlung_	15 d bei 20 C/65 %

Biegefestigkeit	N/mm² 141	_E-Modul_	N/mm² 5350
3,5% Biegespannung	N/mm²		

Härte 23 °C

	Probekörper:	_Zustand_	Luftfeucht	_Herstellung_	Spritzgiessen
				Vorbehandlung	15 d bei 20 C/65 %

Kugeldruckhärte	N/mm²	bei N, s	_Shore-Härte_ A	
Rockwellhärte	R 107	M 60	_Shore-Härte_ D	

Schlagversuch

	Probekörper:	(1) U-Kerbe		
		(2)	_Herstellung_	Spritzgiessen
		Zustand Luftfeucht	_Vorbehandlung_	15 d bei 20 C/65 %

		°C	°C	°C	_Probekörper-Form_
Schlagzähigkeit	kJ/m²	23 340	-40 320		NKS
Kerbschlagzähigkeit (1)	kJ/m²	23 260	-40 220		NKS
IZOD-Kerbschlagzähigkeit (2)	J/m				
Kerbschlagzugzähigkeit	kJ/m²				

Abrieb und Reibung

Taber-Abrieb (Reibradverfahren)	mm³/100 U
Abriebfaktor LNP (Thrust washer) Vergleichswert	
Statische Reibungszahl	
Dynamische Reibungszahl	(p·v = N/mm² · m/min)
Zulässiger p · v Wert	N/mm² · (m/min) v = m/min
	v = m/min

Thermische Eigenschaften

Formbeständigkeit in der Wärme	*Verfahren*	A	171 °C
	Verfahren	B	181 °C
Vicat Erweichungstemperatur (VST)	*Verfahren*	A/50	174 °C
	Verfahren	B/50	170 °C
Kristallit-Schmelzpunkt	*Verfahren*	DIN 53181	145–173 °C
Längenausdehnungskoeffizient	*Bereich*	-20–50 °C	$0.3 \cdot 10^{-4} K^{-1}$
	Temperatur °C		$\cdot 10^{-4} K^{-1}$
Wärmeleitfähigkeit	*Verfahren*		W/(K · m)
Spezifische Wärmekapazität	*Verfahren*		J/(K · g)
Glasumwandlungstemperatur	*Torsionsschwingungsversuch*		°C
	Differentialkalorimetrie		°C

Brandverhalten

UL-Test vertikal   Dicke 1.6   mm, Wert HB
           Dicke   mm, Wert

	Norm	*Bewertung*	*Abmessungen*
Sauerstoff-Index	ASTM D 2863		
Glühstab-Verfahren			
Brandverhalten	DIN 4102		
MVSS			
FAR			

Elektrische Eigenschaften

	Hz	°C		*Probekörper, Form*
Dielektrizitätszahl	50			
	10^3			
	10^6			
Dielektrischer Verlustfaktor tan δ	50			
	10^3			
	10^6			
Spezifischer Durchgangs- widerstand	Ohm · cm	23	1.0*10**12	
Durchschlagfestigkeit	kV/mm			mm dick
Oberflächenwiderstand	Ohm			
Kriechstromfestigkeit	KC	KB 180	KA	
Elektrolytische Korrosionswirkung				
Lichtbogenfestigkeit nach DIN				
nach ASTM	s			

Beständigkeit *(Chemische Beständigkeit siehe Anhang)*

Wasseraufnahme 20 C/65 % Bis zur Saettigung	0.5 %	
20 C/100 % Bis zur Saettigung	1.1 %	
Feuchtigkeitsaufnahme Normalklima		%
Wetterbeständigkeit		

Spannungskorrosion Bestaendiger als andere Polyamide

Optische Eigenschaften

Brechungszahl n_D		
Transmissionsgrad τ_c	%	mm dick
Lichtdurchlässigkeit		

Produkt	Polyethylen niedriger Dichte	**PE**
Handelsname	**Daplen 1840 D**	
Hersteller	LINZ	
DIN-Bez 1	16776-PE,FG,20-D003	
DIN-Bez 2	16776-PE,BG,20-D003	

Zusätze   *Füllstoffe/*
                                            Verstärkung

Bevorzugte   Extrudieren von Folien; Blasformen   *Lieferform*   Granulat
Verarbeitung

                                            Farben   Natur

Besondere   Geringere Transparenz; Geringere   *Bevorzugte*   Folie; Hohlkoerper
Merkmale   Steifigkeit; Sehr gutes Schlagverhalten   *Anwendungen*

Dichte	g/cm³	0.917–0.920	*Schmelzindex* g/10 min	0.2–0.3: 190/2.16
Schüttdichte	g/cm³		*Volumenfließindex* cm³/10 min	:
Viskositätszahl	ml/g			

Verarbeitungsbedingungen für Spritzgießen

Massetemp. °C   *Schwindung* % lgs , quer
Werkzeugtemp. °C   *Bemerkungen*
Spritzdruck bar

Zugversuch 23 °C
      Probekörper: *Form*   *Herstellung*
                Zustand   *Vorbehandlung*

Streckspannung N/mm²   *Dehnung bei Streckspannung* %
Zugfestigkeit N/mm²   *Reißdehnung* %
Reißfestigkeit N/mm²   *% Dehnspannung* N/mm²
E-Modul N/mm²   *Dehnung bei % Dehnspg.* %

Kriechmoduln und Zeitstandwerte 23 °C
      Probekörper: *Form*   *Herstellung*
                Zustand   *Vorbehandlung*

Kriechmodul 1 min N/mm²   *Zeitstandzugfestigkeit* h N/mm²
Kriechmodul 1000 h N/mm²   *Zeitdehnspg.* % h N/mm²
bei Spannung N/mm²

Biegeversuch 23 °C
      Probekörper: *Form*   *Herstellung*
                Zustand   *Vorbehandlung*

Biegefestigkeit N/mm²   *E-Modul* N/mm²
3,5% Biegespannung N/mm²

Härte 23 °C   *Probekörper:* *Zustand*   *Herstellung*
                                                            Vorbehandlung

Kugeldruckhärte N/mm²   bei N, s   *Shore-Härte* A
Rockwellhärte   *Shore-Härte* D

Schlagversuch   *Probekörper:* *(1)*
                      (2)
                      Zustand   *Herstellung*
                                                             Vorbehandlung
                °C   °C   °C   *Probekörper-Form*

Schlagzähigkeit kJ/m²
Kerbschlagzähigkeit (1) kJ/m²
IZOD-Kerbschlagzähigkeit (2) J/m
Kerbschlagzugzähigkeit kJ/m²

Abrieb und Reibung

Taber-Abrieb (Reibradverfahren)   mm³/100 U
Abriebfaktor LNP (Thrust washer) Vergleichswert
Statische Reibungszahl
Dynamische Reibungszahl   (p·v =   N/mm² ·   m/min)
Zulässiger p · v Wert   N/mm² · (m/min)   v =   m/min
                                                                         v =   m/min

Thermische Eigenschaften

Formbeständigkeit in der Wärme   *Verfahren*   °C
                                          Verfahren   °C
Vicat Erweichungstemperatur (VST)   *Verfahren*   °C
                                          Verfahren   °C
Kristallit-Schmelzpunkt   *Verfahren*

Längenausdehnungskoeffizient   *Bereich*   °C $\cdot 10^{-4}\mathrm{K}^{-1}$
                                          Temperatur $\cdot 10^{-4}\mathrm{K}^{-1}$
Wärmeleitfähigkeit   *Verfahren*   W/(K · m)

Spezifische Wärmekapazität   *Verfahren*   J/(K · g)

Glasumwandlungstemperatur   *Torsionsschwingungsversuch*   °C
                                          Differentialkalorimetrie   °C

Brandverhalten

UL-Test vertikal   Dicke   mm, Wert
                                          Dicke   mm, Wert

                        Norm   *Bewertung*   *Abmessungen*

Sauerstoff-Index   ASTM D 2863
Glühstab-Verfahren
Brandverhalten   DIN 4102
MVSS
FAR

Elektrische Eigenschaften

                                          Hz   °C   *Probekörper, Form*

Dielektrizitätszahl   50
                                          10^3
                                          10^6
Dielektrischer Verlustfaktor tan δ   50
                                          10^3
                                          10^6

Spezifischer Durchgangs-
   widerstand   Ohm · cm
Durchschlagfestigkeit   kV/mm   mm dick
Oberflächenwiderstand   Ohm

Kriechstromfestigkeit   KC   KB   KA
Elektrolytische Korrosionswirkung
Lichtbogenfestigkeit nach DIN
          nach ASTM   s

Beständigkeit *(Chemische Beständigkeit siehe Anhang)*

Wasseraufnahme

Feuchtigkeitsaufnahme Normalklima   %
Wetterbeständigkeit

Spannungskorrosion Gute Bestaendigkeit

Optische Eigenschaften

Brechungszahl n_D
Transmissionsgrad τ_c %   mm dick
Lichtdurchlässigkeit

		PE
Produkt	Polyethylen niedriger Dichte	
Handelsname	**Daplen 1804 H**	
Hersteller	LINZ	
DIN-Bez 1	16776-PE,FG,20-D012	
DIN-Bez 2		

Zusätze	Gleitmittel	*Füllstoffe/ Verstärkung*	
Bevorzugte Verarbeitung	Extrudieren von Folien	*Lieferform*	Granulat
		Farben	Natur
Besondere Merkmale	Mittlere Transparenz; Geringere Steifigkeit; Mittleres Schlagverhalten	*Bevorzugte Anwendungen*	Folie

---

Dichte	g/cm³	0.918–0.921	*Schmelzindex*	g/10 min 1.3–1.8: 190/2.16
Schüttdichte	g/cm³		*Volumenfließindex*	cm³/10 min :
Viskositätszahl	ml/g			

Verarbeitungsbedingungen für Spritzgießen

Massetemp.	°C		*Schwindung*	% lgs , quer
Werkzeugtemp.	°C		*Bemerkungen*	
Spritzdruck	bar			

Zugversuch 23 °C

	Probekörper:	*Form*	*Herstellung*
		Zustand	*Vorbehandlung*

Streckspannung	N/mm²	*Dehnung bei Streckspannung*	%
Zugfestigkeit	N/mm²	*Reißdehnung*	%
Reißfestigkeit	N/mm²	% *Dehnspannung*	N/mm²
E-Modul	N/mm²	*Dehnung bei* % *Dehnspg.*	%

Kriechmoduln und Zeitstandwerte 23 °C

	Probekörper:	*Form*	*Herstellung*
		Zustand	*Vorbehandlung*

Kriechmodul	1 min N/mm²	*Zeitstandzugfestigkeit*	h N/mm²
Kriechmodul	1000 h N/mm²	*Zeitdehnspg.* %	h N/mm²
bei Spannung	N/mm²		

Biegeversuch 23 °C

	Probekörper:	*Form*	*Herstellung*
		Zustand	*Vorbehandlung*

Biegefestigkeit	N/mm²	*E-Modul*	N/mm²
3,5% Biegespannung	N/mm²		

Härte 23 °C

	Probekörper:	*Zustand*	*Herstellung*
			Vorbehandlung

Kugeldruckhärte	N/mm² bei N, s	*Shore-Härte* A
Rockwellhärte		*Shore-Härte* D

Schlagversuch

	Probekörper:	*(1)*	
		(2)	*Herstellung*
		Zustand	*Vorbehandlung*

	°C	°C	°C	*Probekörper-Form*

Schlagzähigkeit	kJ/m²
Kerbschlagzähigkeit (1)	kJ/m²
IZOD-Kerbschlagzähigkeit (2)	J/m
Kerbschlagzugzähigkeit	kJ/m²

Abrieb und Reibung

Taber-Abrieb (Reibradverfahren)   mm³/100 U
Abriebfaktor LNP (Thrust washer) Vergleichswert
Statische Reibungszahl
Dynamische Reibungszahl   (p·v =   N/mm² ·   m/min)
Zulässiger p · v Wert   N/mm² · (m/min)   v =   m/min
                                                                               v =   m/min

Thermische Eigenschaften

Formbeständigkeit in der Wärme   *Verfahren*   °C
                                       Verfahren   °C
Vicat Erweichungstemperatur (VST)   *Verfahren*   °C
                                       Verfahren   °C
Kristallit-Schmelzpunkt   *Verfahren*

Längenausdehnungskoeffizient   *Bereich*   °C   · 10⁻⁴K⁻¹
                                       Temperatur   · 10⁻⁴K⁻¹
Wärmeleitfähigkeit   *Verfahren*   W/(K · m)

Spezifische Wärmekapazität   *Verfahren*   J/(K · g)

Glasumwandlungstemperatur   *Torsionsschwingungsversuch*   °C
                                       Differentialkalorimetrie   °C

Brandverhalten

UL-Test vertikal   Dicke   mm, Wert
                                       Dicke   mm, Wert

                  Norm   Bewertung   Abmessungen

Sauerstoff-Index   ASTM D 2863
Glühstab-Verfahren
Brandverhalten   DIN 4102
MVSS
FAR

Elektrische Eigenschaften

                                       Hz   °C   Probekörper, Form

Dielektrizitätszahl   50
                                       10³
                                       10⁶
Dielektrischer Verlustfaktor tan δ   50
                                       10³
                                       10⁶
Spezifischer Durchgangs-
*   widerstand*   Ohm · cm
Durchschlagfestigkeit kV/mm   mm dick
Oberflächenwiderstand Ohm

Kriechstromfestigkeit   KC   KB   KA
Elektrolytische Korrosionswirkung
Lichtbogenfestigkeit nach DIN
              nach ASTM   s

Beständigkeit *(Chemische Beständigkeit siehe Anhang)*

Wasseraufnahme

Feuchtigkeitsaufnahme Normalklima   %
Wetterbeständigkeit

Spannungskorrosion Mittlere Bestaendigkeit

Optische Eigenschaften

Brechungszahl n_D
Transmissionsgrad τ_c   %   mm dick
Lichtdurchlässigkeit

Produkt	Polyethylen niedriger Dichte		**PE**
Handelsname	**Daplen 2000 H**		
Hersteller	LINZ		
DIN-Bez 1	16776-PE,FG,20-D012		
DIN-Bez 2	16776-PE,MG,20-D012		
Zusätze		*Füllstoffe/ Verstärkung*	
Bevorzugte Verarbeitung	Extrudieren von Folien; Spritzgiessen; Blasformen	*Lieferform*	Granulat
		Farben	Natur; Standard
Besondere Merkmale	Mittlere Transparenz; Geringere Steifigkeit; Mittleres Schlagverhalten	*Bevorzugte Anwendungen*	Folie; Hohlkoerper; Spritzgiessformteil

---

Dichte	g/cm^3	0.918–0.921	*Schmelzindex*	g/10 min 1.3–1.8: 190/2.16
Schüttdichte	g/cm^3		*Volumenfließindex*	cm^3/10 min :
Viskositätszahl	ml/g			

Verarbeitungsbedingungen für Spritzgießen

Massetemp.	°C	*Schwindung*	% lgs , quer
Werkzeugtemp.	°C	*Bemerkungen*	
Spritzdruck	bar		

Zugversuch 23 °C

	Probekörper:	*Form*	*Herstellung*
		Zustand	*Vorbehandlung*
Streckspannung	N/mm^2	*Dehnung bei Streckspannung*	%
Zugfestigkeit	N/mm^2	*Reißdehnung*	%
Reißfestigkeit	N/mm^2	*% Dehnspannung*	N/mm^2
E-Modul	N/mm^2	*Dehnung bei % Dehnspg.*	%

Kriechmoduln und Zeitstandwerte 23 °C

	Probekörper:	*Form*	*Herstellung*
		Zustand	*Vorbehandlung*
Kriechmodul	*1 min* N/mm^2	*Zeitstandzugfestigkeit*	h N/mm^2
Kriechmodul	*1000 h* N/mm^2	*Zeitdehnspg. %*	h N/mm^2
bei Spannung	N/mm^2		

Biegeversuch 23 °C

	Probekörper:	*Form*	*Herstellung*
		Zustand	*Vorbehandlung*
Biegefestigkeit	N/mm^2	*E-Modul*	N/mm^2
3,5% Biegespannung	N/mm^2		

Härte 23 °C

	Probekörper:	*Zustand*	*Herstellung*
			Vorbehandlung
Kugeldruckhärte	N/mm^2 bei N, s	*Shore-Härte* A	
Rockwellhärte		*Shore-Härte* D	

Schlagversuch

	Probekörper:	*(1)*	
		(2)	*Herstellung*
		Zustand	*Vorbehandlung*
	°C	°C °C	*Probekörper-Form*

Schlagzähigkeit	kJ/m^2
Kerbschlagzähigkeit (1)	kJ/m^2
IZOD-Kerbschlagzähigkeit (2)	J/m
Kerbschlagzugzähigkeit	kJ/m^2

Abrieb und Reibung

Taber-Abrieb (Reibradverfahren) mm³/100 U
Abriebfaktor LNP (Thrust washer) Vergleichswert
Statische Reibungszahl
Dynamische Reibungszahl (p · v =   N/mm² ·   m/min)
Zulässiger p · v Wert N/mm² · (m/min) v =   m/min
                                         v =   m/min

Thermische Eigenschaften

Formbeständigkeit in der Wärme *Verfahren* °C
                                  Verfahren °C
Vicat Erweichungstemperatur (VST) *Verfahren* °C
                                     Verfahren °C
Kristallit-Schmelzpunkt *Verfahren*

Längenausdehnungskoeffizient *Bereich* °C $\cdot 10^{-4} K^{-1}$
                                Temperatur $\cdot 10^{-4} K^{-1}$
Wärmeleitfähigkeit *Verfahren* W/(K · m)

Spezifische Wärmekapazität *Verfahren* J/(K · g)

Glasumwandlungstemperatur *Torsionsschwingungsversuch* °C
                             Differentialkalorimetrie °C

Brandverhalten

UL-Test vertikal Dicke mm, Wert
                    Dicke mm, Wert

	Norm	*Bewertung*	*Abmessungen*
Sauerstoff-Index	ASTM D 2863		
Glühstab-Verfahren			
Brandverhalten	DIN 4102		
MVSS			
FAR			

Elektrische Eigenschaften

		Hz	°C	*Probekörper, Form*
Dielektrizitätszahl		50		
		10^3		
		10^6		
Dielektrischer Verlustfaktor tan δ		50		
		10^3		
		10^6		

Spezifischer Durchgangs-
*   widerstand* Ohm · cm
Durchschlagfestigkeit kV/mm   mm dick
Oberflächenwiderstand Ohm

Kriechstromfestigkeit KC   KB   KA
Elektrolytische Korrosionswirkung
Lichtbogenfestigkeit nach DIN
*   nach ASTM* s

Beständigkeit *(Chemische Beständigkeit siehe Anhang)*

Wasseraufnahme

Feuchtigkeitsaufnahme Normalklima   %
Wetterbeständigkeit

Spannungskorrosion Mittlere Bestaendigkeit

Optische Eigenschaften

Brechungszahl n_D
Transmissionsgrad τ_c %   mm dick
Lichtdurchlässigkeit

Produkt	Polyethylen niedriger Dichte		**PE**
Handelsname	**Daplen 2441 D**		
Hersteller	LINZ		
DIN-Bez 1	16776-PE,FG,25-D003		
DIN-Bez 2	16776-PE,BG,25-D003		

Zusätze   *Füllstoffe/ Verstärkung*

Bevorzugte Verarbeitung   Extrudieren von Folien; Blasformen   *Lieferform*   Granulat

Farben   Natur

Besondere Merkmale   Geringere Transparenz; Mittlere Steifigkeit; Gutes Schlagverhalten   *Bevorzugte Anwendungen*   Folie; Hohlkoerper

---

Dichte   g/cm³   0.922–0.924   *Schmelzindex*   g/10 min   0.2–0.3:   190/2.16
Schüttdichte   g/cm³   *Volumenfließindex*   cm³/10 min   :
Viskositätszahl   ml/g

Verarbeitungsbedingungen für Spritzgießen

Massetemp.   °C   *Schwindung*   %   lgs   , quer
Werkzeugtemp.   °C   *Bemerkungen*
Spritzdruck   bar

Zugversuch 23 °C

Probekörper: *Form*   *Herstellung*
                 Zustand   *Vorbehandlung*

Streckspannung   N/mm²   *Dehnung bei Streckspannung*   %
Zugfestigkeit   N/mm²   *Reißdehnung*   %
Reißfestigkeit   N/mm²   *% Dehnspannung*   N/mm²
E-Modul   N/mm²   *Dehnung bei   % Dehnspg.*   %

Kriechmoduln und Zeitstandwerte 23 °C

Probekörper: *Form*   *Herstellung*
                 Zustand   *Vorbehandlung*

Kriechmodul   1 min N/mm²   *Zeitstandzugfestigkeit*   h N/mm²
Kriechmodul   1000 h N/mm²   *Zeitdehnspg. %*   h N/mm²
bei Spannung   N/mm²

Biegeversuch 23 °C

Probekörper: *Form*   *Herstellung*
                 Zustand   *Vorbehandlung*

Biegefestigkeit   N/mm²   *E-Modul*   N/mm²
3,5% Biegespannung   N/mm²

Härte 23 °C   *Probekörper:*   *Zustand*   *Herstellung*
                                                            Vorbehandlung

Kugeldruckhärte   N/mm²   bei   N, s   *Shore-Härte* A
Rockwellhärte   *Shore-Härte* D

Schlagversuch   *Probekörper:*   *(1)*
                                     (2)   *Herstellung*
                                     Zustand   *Vorbehandlung*

                    °C   °C   °C   *Probekörper-Form*

Schlagzähigkeit   kJ/m²
Kerbschlagzähigkeit (1)   kJ/m²
IZOD-Kerbschlagzähigkeit (2) J/m
Kerbschlagzugzähigkeit   kJ/m²

Abrieb und Reibung

Taber-Abrieb (Reibradverfahren) mm³/100 U
Abriebfaktor LNP (Thrust washer) Vergleichswert
Statische Reibungszahl
Dynamische Reibungszahl $(p \cdot v =$ N/mm² · m/min)
Zulässiger p · v Wert N/mm² · (m/min) v = m/min
  v = m/min

Thermische Eigenschaften

Formbeständigkeit in der Wärme *Verfahren* °C
  Verfahren °C
Vicat Erweichungstemperatur (VST) *Verfahren* °C
  Verfahren °C
Kristallit-Schmelzpunkt *Verfahren*

Längenausdehnungskoeffizient *Bereich* °C $\cdot 10^{-4} \mathrm{K}^{-1}$
  Temperatur $\cdot 10^{-4} \mathrm{K}^{-1}$
Wärmeleitfähigkeit *Verfahren* W/(K · m)

Spezifische Wärmekapazität *Verfahren* J/(K · g)

Glasumwandlungstemperatur *Torsionsschwingungsversuch* °C
  Differentialkalorimetrie °C

Brandverhalten

UL-Test vertikal Dicke mm, Wert
  Dicke mm, Wert

  Norm *Bewertung* *Abmessungen*

Sauerstoff-Index ASTM D 2863
Glühstab-Verfahren
Brandverhalten DIN 4102
MVSS
FAR

Elektrische Eigenschaften

  Hz °C *Probekörper, Form*

Dielektrizitätszahl 50
  10^3
  10^6
Dielektrischer Verlustfaktor $\tan \delta$ 50
  10^3
  10^6

Spezifischer Durchgangs-
  widerstand Ohm · cm
Durchschlagfestigkeit kV/mm mm dick
Oberflächenwiderstand Ohm

Kriechstromfestigkeit KC KB KA
Elektrolytische Korrosionswirkung
Lichtbogenfestigkeit nach DIN
  nach ASTM s

Beständigkeit *(Chemische Beständigkeit siehe Anhang)*

Wasseraufnahme

Feuchtigkeitsaufnahme Normalklima %
Wetterbeständigkeit

Spannungskorrosion Mittlere Bestaendigkeit

Optische Eigenschaften

Brechungszahl n_D
Transmissionsgrad τ_c % mm dick
Lichtdurchlässigkeit

PE

Produkt	Polyethylen niedriger Dichte
Handelsname	**Daplen 2414 F**
Hersteller	LINZ
DIN-Bez 1	16776-PE,FG,25-D006
DIN-Bez 2	

Zusätze	Gleitmittel	Füllstoffe/ Verstärkung	
Bevorzugte Verarbeitung	Extrudieren von Folien	Lieferform	Granulat
		Farben	Natur
Besondere Merkmale	Mittlere Transparenz; Mittlere Steifigkeit; Gutes Schlagverhalten	Bevorzugte Anwendungen	Folie

Dichte	g/cm³	0.922–0.924	Schmelzindex	g/10 min	0.6–0.9:	190/2.16
Schüttdichte	g/cm³		Volumenfließindex	cm³/10 min	:	
Viskositätszahl	ml/g					

Verarbeitungsbedingungen für Spritzgießen

Massetemp.	°C		Schwindung	%	lgs	, quer
Werkzeugtemp.	°C		Bemerkungen			
Spritzdruck	bar					

Zugversuch 23 °C

	Probekörper:	Form		Herstellung	
		Zustand		Vorbehandlung	
Streckspannung	N/mm²		Dehnung bei Streckspannung	%	
Zugfestigkeit	N/mm²		Reißdehnung	%	
Reißfestigkeit	N/mm²		% Dehnspannung	N/mm²	
E-Modul	N/mm²		Dehnung bei % Dehnspg.	%	

Kriechmoduln und Zeitstandwerte 23 °C

	Probekörper:	Form		Herstellung	
		Zustand		Vorbehandlung	
Kriechmodul	1 min N/mm²		Zeitstandzugfestigkeit	h N/mm²	
Kriechmodul	1000 h N/mm²		Zeitdehnspg. %	h N/mm²	
bei Spannung	N/mm²				

Biegeversuch 23 °C

	Probekörper:	Form		Herstellung	
		Zustand		Vorbehandlung	
Biegefestigkeit	N/mm²		E-Modul	N/mm²	
3,5% Biegespannung	N/mm²				

Härte 23 °C

	Probekörper:	Zustand		Herstellung	
				Vorbehandlung	
Kugeldruckhärte	N/mm²	bei N, s	Shore-Härte A		
Rockwellhärte			Shore-Härte D		

Schlagversuch

	Probekörper:	(1)			
		(2)		Herstellung	
		Zustand		Vorbehandlung	
	°C	°C	°C		Probekörper-Form

Schlagzähigkeit	kJ/m²
Kerbschlagzähigkeit (1)	kJ/m²
IZOD-Kerbschlagzähigkeit (2)	J/m
Kerbschlagzugzähigkeit	kJ/m²

Abrieb und Reibung

Taber-Abrieb (Reibradverfahren)   mm³/100 U
Abriebfaktor LNP (Thrust washer) Vergleichswert
Statische Reibungszahl
Dynamische Reibungszahl $(p \cdot v =$ N/mm² ·   m/min)
Zulässiger p · v Wert   N/mm² · (m/min)   v =   m/min
      v =   m/min

Thermische Eigenschaften

Formbeständigkeit in der Wärme   Verfahren   °C
    Verfahren   °C
Vicat Erweichungstemperatur (VST)   Verfahren   °C
    Verfahren   °C
Kristallit-Schmelzpunkt   Verfahren

Längenausdehnungskoeffizient   Bereich   °C $\cdot 10^{-4}\mathrm{K}^{-1}$
    Temperatur $\cdot 10^{-4}\mathrm{K}^{-1}$
Wärmeleitfähigkeit   Verfahren $\mathrm{W/(K \cdot m)}$

Spezifische Wärmekapazität   Verfahren $\mathrm{J/(K \cdot g)}$

Glasumwandlungstemperatur   Torsionsschwingungsversuch   °C
    Differentialkalorimetrie   °C

Brandverhalten

UL-Test vertikal   Dicke   mm, Wert
    Dicke   mm, Wert

	Norm	Bewertung	Abmessungen
Sauerstoff-Index	ASTM D 2863		
Glühstab-Verfahren			
Brandverhalten	DIN 4102		
MVSS			
FAR			

Elektrische Eigenschaften

	Hz	°C	Probekörper, Form
Dielektrizitätszahl	50		
	10^3		
	10^6		
Dielektrischer Verlustfaktor tan δ	50		
	10^3		
	10^6		

Spezifischer Durchgangs-
    widerstand   Ohm · cm
Durchschlagfestigkeit   kV/mm   mm dick
Oberflächenwiderstand   Ohm

Kriechstromfestigkeit   KC   KB   KA
Elektrolytische Korrosionswirkung
Lichtbogenfestigkeit nach DIN
    nach ASTM   s

Beständigkeit *(Chemische Beständigkeit siehe Anhang)*

Wasseraufnahme

Feuchtigkeitsaufnahme Normalklima   %
Wetterbeständigkeit

Spannungskorrosion Mittlere Bestaendigkeit

Optische Eigenschaften

Brechungszahl $\mathrm{n_D}$
Transmissionsgrad τ_c %   mm dick
Lichtdurchlässigkeit

Produkt	Polyethylen niedriger Dichte	**PE**
Handelsname	**Daplen 2410 F**	
Hersteller	LINZ	
DIN-Bez 1	16776-PE,FG,25-D006	
DIN-Bez 2		

Zusätze		*Füllstoffe/ Verstärkung*	
Bevorzugte Verarbeitung	Extrudieren von Folien	*Lieferform*	Granulat
		Farben	Natur
Besondere Merkmale	Mittlere Transparenz; Mittlere Steifigkeit; Gutes Schlagverhalten	*Bevorzugte Anwendungen*	Folie

---

Dichte	g/cm³	0.922–0.924	*Schmelzindex*	g/10 min	0.6–0.9:	190/2.16
Schüttdichte	g/cm³		*Volumenfließindex*	cm³/10 min	:	
Viskositätszahl	ml/g					

Verarbeitungsbedingungen für Spritzgießen

Massetemp.	°C		*Schwindung*	%	lgs	, quer
Werkzeugtemp.	°C		*Bemerkungen*			
Spritzdruck	bar					

Zugversuch 23 °C

Probekörper: Form   *Herstellung*
                Zustand   *Vorbehandlung*

Streckspannung	N/mm²		*Dehnung bei Streckspannung*	%
Zugfestigkeit	N/mm²		*Reißdehnung*	%
Reißfestigkeit	N/mm²		% *Dehnspannung*	N/mm²
E-Modul	N/mm²		*Dehnung bei* % *Dehnspg.*	%

Kriechmoduln und Zeitstandwerte 23 °C

Probekörper: Form   *Herstellung*
                Zustand   *Vorbehandlung*

Kriechmodul	1 min	N/mm²	*Zeitstandzugfestigkeit*	h	N/mm²
Kriechmodul	1000 h	N/mm²	*Zeitdehnspg.* %	h	N/mm²
bei Spannung		N/mm²			

Biegeversuch 23 °C

Probekörper: Form   *Herstellung*
                Zustand   *Vorbehandlung*

Biegefestigkeit	N/mm²	*E-Modul*	N/mm²
3,5% Biegespannung	N/mm²		

Härte 23 °C   *Probekörper:* Zustand   *Herstellung*
                                                              Vorbehandlung

Kugeldruckhärte	N/mm²	bei	N, s	*Shore-Härte* A	
Rockwellhärte				*Shore-Härte* D	

Schlagversuch   *Probekörper:* (1)
                                    (2)   *Herstellung*
                                    Zustand   *Vorbehandlung*

	°C	°C	°C	*Probekörper-Form*

Schlagzähigkeit	kJ/m²
Kerbschlagzähigkeit (1)	kJ/m²
IZOD-Kerbschlagzähigkeit (2)	J/m
Kerbschlagzugzähigkeit	kJ/m²

Abrieb und Reibung

Taber-Abrieb (Reibradverfahren)   mm³/100 U
Abriebfaktor LNP (Thrust washer) Vergleichswert
Statische Reibungszahl
Dynamische Reibungszahl   (p·v =   N/mm² ·   m/min)
Zulässiger p · v Wert   N/mm² · (m/min)   v =   m/min
                                                                        v =   m/min

Thermische Eigenschaften

Formbeständigkeit in der Wärme   Verfahren   °C
                                        Verfahren   °C
Vicat Erweichungstemperatur (VST)   Verfahren   °C
                                        Verfahren   °C
Kristallit-Schmelzpunkt   Verfahren

Längenausdehnungskoeffizient   Bereich   °C   ·10⁻⁴K⁻¹
                                        Temperatur   ·10⁻⁴K⁻¹
Wärmeleitfähigkeit   Verfahren   W/(K · m)

Spezifische Wärmekapazität   Verfahren   J/(K · g)

Glasumwandlungstemperatur   Torsionsschwingungsversuch   °C
                                        Differentialkalorimetrie   °C

Brandverhalten

UL-Test vertikal   Dicke   mm, Wert
                                        Dicke   mm, Wert

                Norm   Bewertung   Abmessungen

Sauerstoff-Index   ASTM D 2863
Glühstab-Verfahren
Brandverhalten   DIN 4102
MVSS
FAR

Elektrische Eigenschaften

                                        Hz   °C   Probekörper, Form

Dielektrizitätszahl   50
                                        10³
                                        10⁶
Dielektrischer Verlustfaktor tan δ   50
                                        10³
                                        10⁶
Spezifischer Durchgangs-
  widerstand   Ohm · cm
Durchschlagfestigkeit kV/mm   mm dick
Oberflächenwiderstand Ohm

Kriechstromfestigkeit   KC   KB   KA
Elektrolytische Korrosionswirkung
Lichtbogenfestigkeit nach DIN
          nach ASTM   s

Beständigkeit *(Chemische Beständigkeit siehe Anhang)*

Wasseraufnahme

Feuchtigkeitsaufnahme Normalklima   %
Wetterbeständigkeit

Spannungskorrosion Mittlere Bestaendigkeit

Optische Eigenschaften

Brechungszahl n$_D$
Transmissionsgrad τ$_c$ %   mm dick
Lichtdurchlässigkeit

Produkt	Polyethylen niedriger Dichte		**PE**
Handelsname	**Daplen 2424 H**		
Hersteller	LINZ		
DIN-Bez 1	16776-PE,FG,25-D022		
DIN-Bez 2			

Zusätze	Gleitmittel	*Füllstoffe/ Verstärkung*	
Bevorzugte Verarbeitung	Extrudieren von Folien	*Lieferform*	Granulat
		Farben	Natur
Besondere Merkmale	Mittlere Transparenz; Mittlere Steifigkeit; Gutes Schlagverhalten	*Bevorzugte Anwendungen*	Folie

Dichte	g/cm³	0.923–0.926	*Schmelzindex*	g/10 min	1.7–2.2: 190/2.16
Schüttdichte	g/cm³		*Volumenfließindex*	cm³/10 min	:
Viskositätszahl	ml/g				

Verarbeitungsbedingungen für Spritzgießen

Massetemp.	°C		*Schwindung*	%	lgs , quer
Werkzeugtemp.	°C		*Bemerkungen*		
Spritzdruck	bar				

Zugversuch 23 °C

	Probekörper:	*Form*	*Herstellung*	
		Zustand	*Vorbehandlung*	
Streckspannung	N/mm²		*Dehnung bei Streckspannung*	%
Zugfestigkeit	N/mm²		*Reißdehnung*	%
Reißfestigkeit	N/mm²		*% Dehnspannung*	N/mm²
E-Modul	N/mm²		*Dehnung bei % Dehnspg.*	%

Kriechmoduln und Zeitstandwerte 23 °C

	Probekörper:	*Form*	*Herstellung*	
		Zustand	*Vorbehandlung*	
Kriechmodul	1 min	N/mm²	*Zeitstandzugfestigkeit*	h N/mm²
Kriechmodul	1000 h	N/mm²	*Zeitdehnspg. %*	h N/mm²
bei Spannung		N/mm²		

Biegeversuch 23 °C

	Probekörper:	*Form*	*Herstellung*	
		Zustand	*Vorbehandlung*	
Biegefestigkeit	N/mm²		*E-Modul*	N/mm²
3,5% Biegespannung	N/mm²			

Härte 23 °C

	Probekörper:	*Zustand*	*Herstellung*	
			Vorbehandlung	
Kugeldruckhärte	N/mm²	bei N, s	*Shore-Härte*	A
Rockwellhärte			*Shore-Härte*	D

Schlagversuch

	Probekörper:	*(1)*			
		(2)		*Herstellung*	
		Zustand		*Vorbehandlung*	
	°C		°C	°C	*Probekörper-Form*

Schlagzähigkeit	kJ/m²
Kerbschlagzähigkeit (1)	kJ/m²
IZOD-Kerbschlagzähigkeit (2)	J/m
Kerbschlagzugzähigkeit	kJ/m²

Abrieb und Reibung

Taber-Abrieb (Reibradverfahren) — mm³/100 U
Abriebfaktor LNP (Thrust washer) Vergleichswert
Statische Reibungszahl
Dynamische Reibungszahl — $(p \cdot v = \quad N/mm^2 \cdot \quad m/min)$
Zulässiger p · v Wert — $N/mm^2 \cdot (m/min) \quad v = \quad m/min$
                           $v = \quad m/min$

Thermische Eigenschaften

Formbeständigkeit in der Wärme — Verfahren — °C
                                    Verfahren — °C
Vicat Erweichungstemperatur (VST) — Verfahren — °C
                                       Verfahren — °C
Kristallit-Schmelzpunkt — Verfahren

Längenausdehnungskoeffizient — Bereich °C — $\cdot 10^{-4} K^{-1}$
                                  Temperatur — $\cdot 10^{-4} K^{-1}$
Wärmeleitfähigkeit — Verfahren — $W/(K \cdot m)$

Spezifische Wärmekapazität — Verfahren — $J/(K \cdot g)$

Glasumwandlungstemperatur — Torsionsschwingungsversuch — °C
                               Differentialkalorimetrie — °C

Brandverhalten

UL-Test vertikal — Dicke mm, Wert
                     Dicke mm, Wert

	Norm	Bewertung	Abmessungen
Sauerstoff-Index	ASTM D 2863		
Glühstab-Verfahren			
Brandverhalten	DIN 4102		
MVSS			
FAR			

Elektrische Eigenschaften

	Hz	°C	Probekörper, Form
Dielektrizitätszahl	50		
	10^3		
	10^6		
Dielektrischer Verlustfaktor tan δ	50		
	10^3		
	10^6		

*Spezifischer Durchgangs-
widerstand* — Ohm · cm
Durchschlagfestigkeit — kV/mm — mm dick
Oberflächenwiderstand — Ohm

Kriechstromfestigkeit — KC — KB — KA
Elektrolytische Korrosionswirkung
Lichtbogenfestigkeit nach DIN
                   nach ASTM — s

Beständigkeit *(Chemische Beständigkeit siehe Anhang)*

Wasseraufnahme

Feuchtigkeitsaufnahme Normalklima — %
Wetterbeständigkeit

Spannungskorrosion Geringere Bestaendigkeit

Optische Eigenschaften

Brechungszahl n_D
Transmissionsgrad τ_c — % — mm dick
Lichtdurchlässigkeit

<table>
<tr><td>Datenbank-Nr.</td><td>T05099</td><td>Merkblatt-Nr. 3622</td></tr>
</table>

Produkt	Polyethylen niedriger Dichte	**PE**
Handelsname	**Daplen 2420 H**	
Hersteller	LINZ	
DIN-Bez 1	16776-PE,FG,25-D022	
DIN-Bez 2		
Zusätze		*Füllstoffe/ Verstärkung*
Bevorzugte Verarbeitung	Extrudieren von Folien	*Lieferform* Granulat
		Farben Natur
Besondere Merkmale	Mittlere Transparenz; Mittlere Steifigkeit; Gutes Schlagverhalten	*Bevorzugte Anwendungen* Folie

---

Dichte	g/cm^3	0.923–0.925		*Schmelzindex*	g/10 min	1.7–2.2:	190/2.16
Schüttdichte	g/cm^3			*Volumenfließindex*	cm^3/10 min	:	
Viskositätszahl	ml/g						

Verarbeitungsbedingungen für Spritzgießen

Massetemp.	°C		*Schwindung* % lgs , quer	
Werkzeugtemp.	°C		*Bemerkungen*	
Spritzdruck	bar			

Zugversuch 23 °C

		Probekörper:	Form		*Herstellung*
			Zustand		*Vorbehandlung*

Streckspannung	N/mm^2	*Dehnung bei Streckspannung*	%
Zugfestigkeit	N/mm^2	*Reißdehnung*	%
Reißfestigkeit	N/mm^2	*% Dehnspannung*	N/mm^2
E-Modul	N/mm^2	*Dehnung bei % Dehnspg.*	%

Kriechmoduln und Zeitstandwerte 23 °C

		Probekörper:	Form		*Herstellung*
			Zustand		*Vorbehandlung*

Kriechmodul	1 min	N/mm^2	*Zeitstandzugfestigkeit*	h N/mm^2
Kriechmodul	1000 h	N/mm^2	*Zeitdehnspg. %*	h N/mm^2
bei Spannung		N/mm^2		

Biegeversuch 23 °C

		Probekörper:	Form		*Herstellung*
			Zustand		*Vorbehandlung*

Biegefestigkeit	N/mm^2	*E-Modul*	N/mm^2
3,5% Biegespannung	N/mm^2		

Härte 23 °C   *Probekörper:*   Zustand   *Herstellung* / *Vorbehandlung*

Kugeldruckhärte	N/mm^2	bei N, s	*Shore-Härte* A	
Rockwellhärte			*Shore-Härte* D	

Schlagversuch   *Probekörper:*   (1) / (2) / Zustand   *Herstellung* / *Vorbehandlung*

°C	°C	°C	*Probekörper-Form*

Schlagzähigkeit	kJ/m^2
Kerbschlagzähigkeit (1)	kJ/m^2
IZOD-Kerbschlagzähigkeit (2)	J/m
Kerbschlagzugzähigkeit	kJ/m^2

Abrieb und Reibung

Taber-Abrieb (Reibradverfahren)　　　　　　　　　　mm³/100 U
Abriebfaktor LNP (Thrust washer) Vergleichswert
Statische Reibungszahl
Dynamische Reibungszahl　　　　　　　　　　(p·v = 　　　N/mm² ·　　　m/min)
Zulässiger p · v Wert　　　　　　　　　　N/mm² · (m/min)　v = 　　m/min
　　　　　　　　　　　　　　　　　　　　　　　　　　　　v = 　　m/min

Thermische Eigenschaften

Formbeständigkeit in der Wärme　　　*Verfahren*　　　　　　　　　　°C
　　　　　　　　　　　　　　　　　　Verfahren　　　　　　　　　　°C
Vicat Erweichungstemperatur (VST)　*Verfahren*　　　　　　　　　　°C
　　　　　　　　　　　　　　　　　　Verfahren　　　　　　　　　　°C
Kristallit-Schmelzpunkt　　　　　　*Verfahren*

Längenausdehnungskoeffizient　　　*Bereich*　　　　°C　　　　　　· 10⁻⁴K⁻¹
　　　　　　　　　　　　　　　　　　Temperatur　　　　　　　　　· 10⁻⁴K⁻¹
Wärmeleitfähigkeit　　　　　　　　*Verfahren*　　　　　　　　　　W/(K · m)

Spezifische Wärmekapazität　　　　*Verfahren*　　　　　　　　　　J/(K · g)

Glasumwandlungstemperatur　　　　*Torsionsschwingungsversuch*　　°C
　　　　　　　　　　　　　　　　　　Differentialkalorimetrie　　　　°C

Brandverhalten

UL-Test vertikal　　　　　　　　　Dicke　　mm, Wert
　　　　　　　　　　　　　　　　　　Dicke　　mm, Wert

	Norm	*Bewertung*	*Abmessungen*
Sauerstoff-Index	ASTM D 2863		
Glühstab-Verfahren			
Brandverhalten	DIN 4102		
MVSS			
FAR			

Elektrische Eigenschaften

	Hz	°C	*Probekörper, Form*
Dielektrizitätszahl	50		
	10³		
	10⁶		
Dielektrischer Verlustfaktor tan δ	50		
	10³		
	10⁶		

Spezifischer Durchgangs-
　widerstand　　　　　Ohm · cm
Durchschlagfestigkeit　　kV/mm　　　　　　　　　　　mm dick
. *Oberflächenwiderstand*　Ohm

Kriechstromfestigkeit　　　KC　　　　KB　　　　KA
Elektrolytische Korrosionswirkung
Lichtbogenfestigkeit nach DIN
　　　　　nach ASTM　s

Beständigkeit *(Chemische Beständigkeit siehe Anhang)*

Wasseraufnahme

Feuchtigkeitsaufnahme Normalklima　　　　　　　　　　　　　%
Wetterbeständigkeit

Spannungskorrosion Geringere Bestaendigkeit

Optische Eigenschaften

Brechungszahl n_D
Transmissionsgrad τ_c　　%　　　　　　mm dick
Lichtdurchlässigkeit

		PE
Produkt	Polyethylen niedriger Dichte	
Handelsname	**Daplen 2425 K**	
Hersteller	LINZ	
DIN-Bez 1 *DIN-Bez 2*	16776-PE,FG,25-D045	

Zusätze	Gleitmittel	*Füllstoffe/* *Verstärkung*	
Bevorzugte *Verarbeitung*	Extrudieren von Folien	*Lieferform*	Granulat
		Farben	Natur
Besondere *Merkmale*	Hohe Transparenz; Mittlere Steifigkeit; Gute Fliessfaehigkeit	*Bevorzugte* *Anwendungen*	Folie

---

Dichte	g/cm^3	0.923–0.926	*Schmelzindex*	g/10 min	3.4–4.6: 190/2.16
Schüttdichte	g/cm^3		*Volumenfließindex*	cm^3/10 min	:
Viskositätszahl	ml/g				

Verarbeitungsbedingungen für Spritzgießen

Massetemp.	°C		*Schwindung*	%	lgs , quer
Werkzeugtemp.	°C		*Bemerkungen*		
Spritzdruck	bar				

Zugversuch 23 °C

	Probekörper:	*Form*	*Herstellung*
		Zustand	*Vorbehandlung*
Streckspannung	N/mm^2	*Dehnung bei Streckspannung*	%
Zugfestigkeit	N/mm^2	*Reißdehnung*	%
Reißfestigkeit	N/mm^2	% *Dehnspannung*	N/mm^2
E-Modul	N/mm^2	*Dehnung bei* % *Dehnspg.*	%

Kriechmoduln und Zeitstandwerte 23 °C

	Probekörper:	*Form*	*Herstellung*
		Zustand	*Vorbehandlung*
Kriechmodul	1 min N/mm^2	*Zeitstandzugfestigkeit*	h N/mm^2
Kriechmodul	1000 h N/mm^2	*Zeitdehnspg.* %	h N/mm^2
bei Spannung	N/mm^2		

Biegeversuch 23 °C

	Probekörper:	*Form*	*Herstellung*
		Zustand	*Vorbehandlung*
Biegefestigkeit	N/mm^2	*E-Modul*	N/mm^2
3,5% Biegespannung	N/mm^2		

Härte 23 °C

	Probekörper: *Zustand*		*Herstellung* *Vorbehandlung*
Kugeldruckhärte	N/mm^2 bei N, s	*Shore-Härte* A	
Rockwellhärte		*Shore-Härte* D	

Schlagversuch

	Probekörper:	*(1)*		
		(2)		
		Zustand	*Herstellung* *Vorbehandlung*	
	°C	°C	°C	*Probekörper-Form*

Schlagzähigkeit	kJ/m^2
Kerbschlagzähigkeit (1)	kJ/m^2
IZOD-Kerbschlagzähigkeit (2)	J/m
Kerbschlagzugzähigkeit	kJ/m^2

Abrieb und Reibung

Taber-Abrieb (Reibradverfahren)   mm³/100 U
Abriebfaktor LNP (Thrust washer) Vergleichswert
Statische Reibungszahl
Dynamische Reibungszahl   (p · v =   N/mm² ·   m/min)
Zulässiger p · v Wert   N/mm² · (m/min)   v =   m/min
                                                                      v =   m/min

Thermische Eigenschaften

Formbeständigkeit in der Wärme   *Verfahren*   °C
                                        Verfahren   °C
Vicat Erweichungstemperatur (VST)   *Verfahren*   °C
                                        Verfahren   °C
Kristallit-Schmelzpunkt   *Verfahren*

Längenausdehnungskoeffizient   *Bereich*   °C   · 10⁻⁴K⁻¹
                                        Temperatur   · 10⁻⁴K⁻¹
Wärmeleitfähigkeit   *Verfahren*   W/(K · m)

Spezifische Wärmekapazität   *Verfahren*   J/(K · g)

Glasumwandlungstemperatur   *Torsionsschwingungsversuch*   °C
                                        Differentialkalorimetrie   °C

Brandverhalten

UL-Test vertikal   Dicke   mm, Wert
                                        Dicke   mm, Wert

	Norm	*Bewertung*	*Abmessungen*
Sauerstoff-Index	ASTM D 2863		
Glühstab-Verfahren			
Brandverhalten	DIN 4102		
MVSS			
FAR			

Elektrische Eigenschaften

	Hz	°C	*Probekörper, Form*
Dielektrizitätszahl	50		
	10³		
	10⁶		
Dielektrischer Verlustfaktor tan δ	50		
	10³		
	10⁶		

Spezifischer Durchgangs-
   widerstand   Ohm · cm
Durchschlagfestigkeit   kV/mm   mm dick
Oberflächenwiderstand   Ohm

Kriechstromfestigkeit   KC   KB   KA
Elektrolytische Korrosionswirkung
Lichtbogenfestigkeit nach DIN
                nach ASTM   s

Beständigkeit *(Chemische Beständigkeit siehe Anhang)*

Wasseraufnahme

Feuchtigkeitsaufnahme Normalklima   %
Wetterbeständigkeit

Spannungskorrosion Geringe Bestaendigkeit

Optische Eigenschaften

Brechungszahl n_D
Transmissionsgrad τ_c   %   mm dick
Lichtdurchlässigkeit

Datenbank-Nr.	**T05101**	Merkblatt-Nr. **3624**

PE

Produkt	Polyethylen niedriger Dichte		
Handelsname	**Daplen 3025 K**		
Hersteller	LINZ		
DIN-Bez 1	16776-PE,FG,30-D045		
DIN-Bez 2			
Zusätze	Gleitmittel	Füllstoffe/ Verstärkung	
Bevorzugte Verarbeitung	Extrudieren von Folien	Lieferform	Granulat
		Farben	Natur
Besondere Merkmale	Hohe Transparenz; Hohe Steifigkeit; Gute Fliessfaehigkeit	Bevorzugte Anwendungen	Folie

---

Dichte	g/cm³	0.927–0.930	Schmelzindex	g/10 min	3.4–4.6:	190/2.16
Schüttdichte	g/cm³		Volumenfließindex	cm³/10 min	:	
Viskositätszahl	ml/g					

Verarbeitungsbedingungen für Spritzgießen

Massetemp.	°C	Schwindung	%	lgs	, quer
Werkzeugtemp.	°C	Bemerkungen			
Spritzdruck	bar				

Zugversuch 23 °C

Probekörper:	Form	Herstellung
	Zustand	Vorbehandlung

Streckspannung	N/mm²	Dehnung bei Streckspannung	%
Zugfestigkeit	N/mm²	Reißdehnung	%
Reißfestigkeit	N/mm²	% Dehnspannung	N/mm²
E-Modul	N/mm²	Dehnung bei % Dehnspg.	%

Kriechmoduln und Zeitstandwerte 23 °C

Probekörper:	Form	Herstellung
	Zustand	Vorbehandlung

Kriechmodul	1 min N/mm²	Zeitstandzugfestigkeit	h N/mm²
Kriechmodul	1000 h N/mm²	Zeitdehnspg. %	h N/mm²
bei Spannung	N/mm²		

Biegeversuch 23 °C

Probekörper:	Form	Herstellung
	Zustand	Vorbehandlung

Biegefestigkeit	N/mm²	E-Modul	N/mm²
3,5% Biegespannung	N/mm²		

Härte 23 °C

Probekörper:	Zustand	Herstellung
		Vorbehandlung

Kugeldruckhärte	N/mm²	bei N, s	Shore-Härte A
Rockwellhärte			Shore-Härte D

Schlagversuch

Probekörper:	(1)	
	(2)	Herstellung
	Zustand	Vorbehandlung

°C	°C	°C	Probekörper-Form

Schlagzähigkeit	kJ/m²
Kerbschlagzähigkeit (1)	kJ/m²
IZOD-Kerbschlagzähigkeit (2)	J/m
Kerbschlagzugzähigkeit	kJ/m²

Abrieb und Reibung

Taber-Abrieb (Reibradverfahren) mm³/100 U
Abriebfaktor LNP (Thrust washer) Vergleichswert
Statische Reibungszahl
Dynamische Reibungszahl (p · v = N/mm² · m/min)
Zulässiger p · v Wert N/mm² · (m/min) v = m/min
               v = m/min

Thermische Eigenschaften

Formbeständigkeit in der Wärme *Verfahren* °C
             Verfahren °C
Vicat Erweichungstemperatur (VST) *Verfahren* °C
             Verfahren °C
Kristallit-Schmelzpunkt *Verfahren*

Längenausdehnungskoeffizient *Bereich* °C $\cdot 10^{-4}\mathrm{K}^{-1}$
             Temperatur $\cdot 10^{-4}\mathrm{K}^{-1}$
Wärmeleitfähigkeit *Verfahren* W/(K · m)

Spezifische Wärmekapazität *Verfahren* J/(K · g)

Glasumwandlungstemperatur *Torsionsschwingungsversuch* °C
             Differentialkalorimetrie °C

Brandverhalten

UL-Test vertikal *Dicke* mm, Wert
        Dicke mm, Wert

    Norm *Bewertung*   *Abmessungen*

Sauerstoff-Index ASTM D 2863
Glühstab-Verfahren
Brandverhalten DIN 4102
MVSS
FAR

Elektrische Eigenschaften

        Hz °C   *Probekörper, Form*

Dielektrizitätszahl 50
        10^3
        10^6
Dielektrischer Verlustfaktor tan δ 50
        10^3
        10^6

Spezifischer Durchgangs-
  widerstand Ohm · cm
Durchschlagfestigkeit kV/mm   mm dick
Oberflächenwiderstand Ohm

Kriechstromfestigkeit KC KB KA
Elektrolytische Korrosionswirkung
Lichtbogenfestigkeit nach DIN
    nach ASTM s

Beständigkeit *(Chemische Beständigkeit siehe Anhang)*

Wasseraufnahme

Feuchtigkeitsaufnahme Normalklima %
Wetterbeständigkeit

Spannungskorrosion Geringe Bestaendigkeit

Optische Eigenschaften

Brechungszahl n_D
Transmissionsgrad τ_c % mm dick
Lichtdurchlässigkeit

Produkt	Polyethylen niedriger Dichte	**PE**
Handelsname	**Daplen 3020 K**	
Hersteller	LINZ	
DIN-Bez 1	16776-PE,FG,25-D045	
DIN-Bez 2	16776-PE,MG,25-D045	

Zusätze		*Füllstoffe/ Verstärkung*	
Bevorzugte Verarbeitung	Extrudieren von Folien; Spritzgiessen	*Lieferform*	Granulat
		Farben	Natur; Standard
Besondere Merkmale	Hohe Transparenz; Gute Steifigkeit; Gute Fliessfaehigkeit	*Bevorzugte Anwendungen*	Folie; Spritzgiessformteil

Dichte	g/cm^3	0.926–0.929	*Schmelzindex*	g/10 min	3.4–4.6: 190/2.16
Schüttdichte	g/cm^3		*Volumenfließindex*	cm^3/10 min	:
Viskositätszahl	ml/g				

Verarbeitungsbedingungen für Spritzgießen

Massetemp.	°C		*Schwindung*	%	lgs , quer
Werkzeugtemp.	°C		*Bemerkungen*		
Spritzdruck	bar				

Zugversuch 23 °C

	Probekörper:	*Form*		*Herstellung*
		Zustand		*Vorbehandlung*

Streckspannung	N/mm^2	*Dehnung bei Streckspannung*	%
Zugfestigkeit	N/mm^2	*Reißdehnung*	%
Reißfestigkeit	N/mm^2	% *Dehnspannung*	N/mm^2
E-Modul	N/mm^2	*Dehnung bei* % *Dehnspg.*	%

Kriechmoduln und Zeitstandwerte 23 °C

	Probekörper:	*Form*		*Herstellung*
		Zustand		*Vorbehandlung*

Kriechmodul	1 min	N/mm^2	*Zeitstandzugfestigkeit*	h N/mm^2
Kriechmodul	1000 h	N/mm^2	*Zeitdehnspg.* %	h N/mm^2
bei Spannung		N/mm^2		

Biegeversuch 23 °C

	Probekörper:	*Form*		*Herstellung*
		Zustand		*Vorbehandlung*

Biegefestigkeit	N/mm^2	*E-Modul*	N/mm^2
3,5% Biegespannung	N/mm^2		

Härte 23 °C   *Probekörper:*   *Zustand*   *Herstellung / Vorbehandlung*

Kugeldruckhärte	N/mm^2	bei N, s	*Shore-Härte* A	
Rockwellhärte			*Shore-Härte* D	

Schlagversuch   *Probekörper:*   *(1)*

		(2)	*Herstellung*
		Zustand	*Vorbehandlung*

°C	°C	°C	*Probekörper-Form*

Schlagzähigkeit	kJ/m^2
Kerbschlagzähigkeit (1)	kJ/m^2
IZOD-Kerbschlagzähigkeit (2)	J/m
Kerbschlagzugzähigkeit	kJ/m^2

Abrieb und Reibung

Taber-Abrieb (Reibradverfahren)   mm³/100 U
Abriebfaktor LNP (Thrust washer) Vergleichswert
Statische Reibungszahl
Dynamische Reibungszahl   (p · v =   N/mm² ·   m/min)
Zulässiger p · v Wert   N/mm² · (m/min)   v =   m/min
                                                             v =   m/min

Thermische Eigenschaften

Formbeständigkeit in der Wärme   *Verfahren*   °C
                                     Verfahren   °C
Vicat Erweichungstemperatur (VST) *Verfahren*   °C
                                     Verfahren   °C
Kristallit-Schmelzpunkt   *Verfahren*

Längenausdehnungskoeffizient   *Bereich*   °C $\cdot 10^{-4} K^{-1}$
                                     Temperatur $\cdot 10^{-4} K^{-1}$
Wärmeleitfähigkeit   *Verfahren*   W/(K · m)

Spezifische Wärmekapazität   *Verfahren*   J/(K · g)

Glasumwandlungstemperatur   *Torsionsschwingungsversuch*   °C
                                     Differentialkalorimetrie   °C

Brandverhalten

UL-Test vertikal   Dicke   mm, Wert
                                     Dicke   mm, Wert

                    Norm   *Bewertung*   *Abmessungen*

Sauerstoff-Index   ASTM D 2863
Glühstab-Verfahren
Brandverhalten   DIN 4102
MVSS
FAR

Elektrische Eigenschaften

                                     Hz   °C   *Probekörper, Form*

Dielektrizitätszahl   50
                                     10^3
                                     10^6
Dielektrischer Verlustfaktor tan δ 50
                                     10^3
                                     10^6
Spezifischer Durchgangs-
*   widerstand*   Ohm · cm
Durchschlagfestigkeit   kV/mm   mm dick
Oberflächenwiderstand   Ohm

Kriechstromfestigkeit   KC   KB   KA
Elektrolytische Korrosionswirkung
Lichtbogenfestigkeit nach DIN
             nach ASTM   s

Beständigkeit *(Chemische Beständigkeit siehe Anhang)*

Wasseraufnahme

Feuchtigkeitsaufnahme Normalklima   %
Wetterbeständigkeit

Spannungskorrosion Geringe Bestaendigkeit

Optische Eigenschaften

Brechungszahl n_D
Transmissionsgrad τ_c %   mm dick
Lichtdurchlässigkeit

		PE
Produkt	Polyethylen niedriger Dichte	
Handelsname	**Norsoflex FW 1600**	
Hersteller	CDF	
DIN-Bez 1	16776-PE,FG,15-D012	
DIN-Bez 2		
Zusätze		*Füllstoffe/ Verstärkung*
Bevorzugte Verarbeitung	Extrudieren von Blasfolien	*Lieferform* Granulat
		Farben Natur
Besondere Merkmale	Enge Molmasseverteilung; Sehr niedrige Dichte; Sehr niedrige Kristallinitaet; Sehr gute Haftfaehigkeit auf z. B. PP; Sehr flexibel; Sehr gut vernetzungsfaehig	*Bevorzugte Anwendungen* Schrumpffolie; Stretchfolie; Kaschierfolie; Mehrschichtfolie fuer Verpackungen; Schutzfolie; Skinfolie; Elastische Folie; Rohr; Profil; Tafel

Dichte	g/cm³	0.910	*Schmelzindex* g/10 min	1: 190/2.16
Schüttdichte	g/cm³		*Volumenfließindex* cm³/10 min	:
Viskositätszahl	ml/g			

Verarbeitungsbedingungen für Spritzgießen

Massetemp.	°C	*Schwindung* %	lgs , quer
Werkzeugtemp.	°C	*Bemerkungen*	
Spritzdruck	bar		

Zugversuch 23 °C NF T 54102; DIN 53455

	Probekörper: Form	Folie 0.050 mm dick	*Herstellung* Blasfolienextrusion
	Zustand		*Vorbehandlung* Normalklima
Streckspannung	N/mm²	*Dehnung bei Streckspannung*	%
Zugfestigkeit	N/mm²	*Reißdehnung*	%
Reißfestigkeit	N/mm² 32	% *Dehnspannung*	N/mm²
E-Modul	N/mm² 88	*Dehnung bei* % *Dehnspg.*	%

Kriechmoduln und Zeitstandwerte 23 °C

	Probekörper: Form		*Herstellung*
	Zustand		*Vorbehandlung*
Kriechmodul	1 min N/mm²	*Zeitstandzugfestigkeit*	h N/mm²
Kriechmodul	1000 h N/mm²	*Zeitdehnspg.* %	h N/mm²
bei Spannung	N/mm²		

Biegeversuch 23 °C

	Probekörper: Form		*Herstellung*
	Zustand		*Vorbehandlung*
Biegefestigkeit	N/mm²	*E-Modul*	N/mm²
3,5% Biegespannung	N/mm²		

Härte 23 °C *Probekörper:* Zustand

			Herstellung
			Vorbehandlung
Kugeldruckhärte	N/mm² bei N, s	*Shore-Härte* A	
Rockwellhärte		*Shore-Härte* D	

Schlagversuch *Probekörper:* (1)

	(2)		*Herstellung*
	Zustand		*Vorbehandlung*
°C	°C	°C	*Probekörper-Form*

Schlagzähigkeit	kJ/m²
Kerbschlagzähigkeit (1)	kJ/m²
IZOD-Kerbschlagzähigkeit (2)	J/m
Kerbschlagzugzähigkeit	kJ/m²

Abrieb und Reibung

Taber-Abrieb (Reibradverfahren) — mm^3/100 U
Abriebfaktor LNP (Thrust washer) Vergleichswert
Statische Reibungszahl
Dynamische Reibungszahl — (p · v = N/mm² · m/min)
Zulässiger p · v Wert — N/mm² · (m/min)   v = m/min
   v = m/min

Thermische Eigenschaften

Formbeständigkeit in der Wärme — Verfahren — °C
 — Verfahren — °C
Vicat Erweichungstemperatur (VST) — Verfahren A/50 — 87 °C
 — Verfahren — °C
Kristallit-Schmelzpunkt — Verfahren

Längenausdehnungskoeffizient — Bereich °C — $\cdot 10^{-4} K^{-1}$
 — Temperatur — $\cdot 10^{-4} K^{-1}$
Wärmeleitfähigkeit — Verfahren — W/(K · m)

Spezifische Wärmekapazität — Verfahren — J/(K · g)

Glasumwandlungstemperatur — Torsionsschwingungsversuch — °C
 — Differentialkalorimetrie — °C

Brandverhalten

UL-Test vertikal — Dicke mm, Wert
 — Dicke mm, Wert

	Norm	Bewertung	Abmessungen
Sauerstoff-Index	ASTM D 2863		
Glühstab-Verfahren			
Brandverhalten	DIN 4102		
MVSS			
FAR			

Elektrische Eigenschaften

	Hz	°C	Probekörper, Form
Dielektrizitätszahl	50		
	10^3		
	10^6		
Dielektrischer Verlustfaktor $\tan \delta$	50		
	10^3		
	10^6		

Spezifischer Durchgangs-
  widerstand — Ohm · cm
Durchschlagfestigkeit — kV/mm — mm dick
Oberflächenwiderstand — Ohm

Kriechstromfestigkeit — KC   KB   KA
Elektrolytische Korrosionswirkung
Lichtbogenfestigkeit nach DIN
   nach ASTM — s

Beständigkeit *(Chemische Beständigkeit siehe Anhang)*

Wasseraufnahme

Feuchtigkeitsaufnahme Normalklima — %
Wetterbeständigkeit

Spannungskorrosion

Optische Eigenschaften

Brechungszahl n_D
Transmissionsgrad τ_c — % — mm dick
Lichtdurchlässigkeit

Produkt	Polyethylen niedriger Dichte		**PE**
Handelsname	**Norsoflex FW 1604**		
Hersteller	CDF		
DIN-Bez 1	16776-PE,FG,15-D012		
DIN-Bez 2			
Zusätze	Gleitmittel; Antiblockmittel	*Füllstoffe/ Verstärkung*	
Bevorzugte Verarbeitung	Extrudieren von Blasfolien	*Lieferform*	Granulat
		Farben	Natur
Besondere Merkmale	Enge Molmasseverteilung; Sehr niedrige Dichte; Sehr niedrige Kristallinitaet; Sehr gute Haftfaehigkeit auf z. B. PP; Sehr flexibel; Sehr gut vernetzungsfaehig	*Bevorzugte Anwendungen*	Schrumpffolie; Stretchfolie; Kaschierfolie; Mehrschichtfolie fuer Verpackungen; Schutzfolie; Skinfolie; Elastische Folie; Rohr; Profil; Tafel

Dichte	g/cm³	0.910	*Schmelzindex*	g/10 min	1:　190/2.16
Schüttdichte	g/cm³		*Volumenfließindex*	cm³/10 min	:
Viskositätszahl	ml/g				

Verarbeitungsbedingungen für Spritzgießen

Massetemp.	°C		*Schwindung*	%	lgs　　, quer
Werkzeugtemp.	°C		*Bemerkungen*		
Spritzdruck	bar				

Zugversuch 23 °C　　NF T 54102; DIN 53455

	Probekörper:	*Form*	Folie 0.050 mm dick	*Herstellung*	Blasfolienextrusion
		Zustand		*Vorbehandlung*	Normalklima
Streckspannung	N/mm²		*Dehnung bei Streckspannung*	%	
Zugfestigkeit	N/mm²		*Reißdehnung*	%	
Reißfestigkeit	N/mm² 32		% *Dehnspannung*	N/mm²	
E-Modul	N/mm² 88		*Dehnung bei*　% *Dehnspg.*	%	

Kriechmoduln und Zeitstandwerte 23 °C

	Probekörper:	*Form*		*Herstellung*	
		Zustand		*Vorbehandlung*	
Kriechmodul	1 min N/mm²		*Zeitstandzugfestigkeit*	h N/mm²	
Kriechmodul	1000 h N/mm²		*Zeitdehnspg.* %	h N/mm²	
bei Spannung	N/mm²				

Biegeversuch 23 °C

	Probekörper:	*Form*		*Herstellung*	
		Zustand		*Vorbehandlung*	
Biegefestigkeit	N/mm²		*E-Modul*	N/mm²	
3,5% Biegespannung	N/mm²				

Härte 23 °C

	Probekörper:	*Zustand*	*Herstellung*	
			Vorbehandlung	
Kugeldruckhärte	N/mm²	bei　N, s	*Shore-Härte* A	
Rockwellhärte			*Shore-Härte* D	

Schlagversuch

	Probekörper:	*(1)*		
		(2)	*Herstellung*	
		Zustand	*Vorbehandlung*	
	°C	°C	°C	*Probekörper-Form*

Schlagzähigkeit	kJ/m²	
Kerbschlagzähigkeit (1)	kJ/m²	
IZOD-Kerbschlagzähigkeit (2)	J/m	
Kerbschlagzugzähigkeit	kJ/m²	

Abrieb und Reibung

Taber-Abrieb (Reibradverfahren)   mm³/100 U
Abriebfaktor LNP (Thrust washer) Vergleichswert
Statische Reibungszahl
Dynamische Reibungszahl   ($p \cdot v =$ N/mm² ·   m/min)
Zulässiger p · v Wert   N/mm² · (m/min)   v =   m/min
                                                                                       v =   m/min

Thermische Eigenschaften

Formbeständigkeit in der Wärme   *Verfahren*   °C
                                           Verfahren   °C
Vicat Erweichungstemperatur (VST)   *Verfahren*   A/50   87 °C
                                           Verfahren   °C
Kristallit-Schmelzpunkt   *Verfahren*

Längenausdehnungskoeffizient   *Bereich*   °C $\cdot 10^{-4} K^{-1}$
                                           Temperatur $\cdot 10^{-4} K^{-1}$
Wärmeleitfähigkeit   *Verfahren*   W/(K · m)

Spezifische Wärmekapazität   *Verfahren*   J/(K · g)

Glasumwandlungstemperatur   *Torsionsschwingungsversuch*   °C
                                           Differentialkalorimetrie   °C

Brandverhalten

UL-Test vertikal   Dicke   mm, Wert
                                           Dicke   mm, Wert

	Norm	Bewertung	Abmessungen
Sauerstoff-Index	ASTM D 2863		
Glühstab-Verfahren			
Brandverhalten	DIN 4102		
MVSS			
FAR			

Elektrische Eigenschaften

		Hz	°C	Probekörper, Form
Dielektrizitätszahl		50		
		10^3		
		10^6		
Dielektrischer Verlustfaktor tan δ		50		
		10^3		
		10^6		

Spezifischer Durchgangs-
         widerstand   Ohm · cm
Durchschlagfestigkeit   kV/mm   mm dick
Oberflächenwiderstand   Ohm

Kriechstromfestigkeit   KC   KB   KA
Elektrolytische Korrosionswirkung
Lichtbogenfestigkeit nach DIN
           nach ASTM   s

Beständigkeit *(Chemische Beständigkeit siehe Anhang)*

Wasseraufnahme

Feuchtigkeitsaufnahme Normalklima   %
Wetterbeständigkeit

Spannungskorrosion

Optische Eigenschaften

Brechungszahl n_D
Transmissionsgrad τ_c %   mm dick
Lichtdurchlässigkeit

PE

Produkt	Polyethylen niedriger Dichte
Handelsname	**Norsoflex FW 1900**
Hersteller	CDF
DIN-Bez 1	16776-PE,FG,15-D012
DIN-Bez 2	
Zusätze	

Füllstoffe/ Verstärkung

Bevorzugte Verarbeitung	Extrudieren von Blasfolien	*Lieferform*	Granulat
		Farben	Natur

Besondere Merkmale	Enge Molmasseverteilung; Sehr niedrige Dichte; Sehr niedrige Kristallinitaet; Sehr gute Haftfaehigkeit auf z. B. PP; Sehr flexibel; Sehr gut vernetzungsfaehig; Versuchsprodukt	*Bevorzugte Anwendungen*	Schrumpffolie; Stretchfolie; Kaschierfolie; Mehrschichtfolie fuer Verpackungen; Schutzfolie; Skinfolie; Elastische Folie; Rohr; Profil; Tafel

Dichte	g/cm^3	0.900	*Schmelzindex*	g/10 min	1.1: 190/2.16
Schüttdichte	g/cm^3		*Volumenfließindex*	cm^3/10 min	:
Viskositätszahl	ml/g				

Verarbeitungsbedingungen für Spritzgießen

Massetemp.	°C		*Schwindung*	%	lgs , quer
Werkzeugtemp.	°C		*Bemerkungen*		
Spritzdruck	bar				

Zugversuch 23 °C   NF T 54102; DIN 53455

	Probekörper:	*Form*	Folie 0.050 mm dick	*Herstellung* Blasfolienextrusion
		Zustand		*Vorbehandlung* Normalklima

Streckspannung	N/mm^2		*Dehnung bei Streckspannung*	%
Zugfestigkeit	N/mm^2		*Reißdehnung*	%
Reißfestigkeit	N/mm^2	31	% *Dehnspannung*	N/mm^2
E-Modul	N/mm^2	80	*Dehnung bei* % *Dehnspg.*	%

Kriechmoduln und Zeitstandwerte 23 °C

	Probekörper:	*Form*	*Herstellung*	
		Zustand	*Vorbehandlung*	

Kriechmodul	*1 min*	N/mm^2	*Zeitstandzugfestigkeit*	h N/mm^2
Kriechmodul	*1000 h*	N/mm^2	*Zeitdehnspg.* %	h N/mm^2
bei Spannung		N/mm^2		

Biegeversuch 23 °C

	Probekörper:	*Form*	*Herstellung*	
		Zustand	*Vorbehandlung*	

Biegefestigkeit	N/mm^2	*E-Modul*	N/mm^2
3,5% Biegespannung	N/mm^2		

Härte 23 °C

	Probekörper:	*Zustand*	*Herstellung* / *Vorbehandlung*

Kugeldruckhärte	N/mm^2	bei N, s	*Shore-Härte* A
Rockwellhärte			*Shore-Härte* D

Schlagversuch

	Probekörper:	*(1)*	
		(2)	*Herstellung*
		Zustand	*Vorbehandlung*
	°C	°C °C	*Probekörper-Form*

Schlagzähigkeit	kJ/m^2
Kerbschlagzähigkeit (1)	kJ/m^2
IZOD-Kerbschlagzähigkeit (2)	J/m
Kerbschlagzugzähigkeit	kJ/m^2

Abrieb und Reibung

Taber-Abrieb (Reibradverfahren) $mm^3/100\,U$
Abriebfaktor LNP (Thrust washer) Vergleichswert
Statische Reibungszahl
Dynamische Reibungszahl $(p \cdot v =$ $N/mm^2 \cdot$ m/min
Zulässiger p · v Wert $N/mm^2 \cdot (m/min)$ $v =$ m/min
                                                                          $v =$ m/min

Thermische Eigenschaften

Formbeständigkeit in der Wärme   *Verfahren*   °C
                                     Verfahren   °C
Vicat Erweichungstemperatur (VST) *Verfahren* A/50   74 °C
                                     Verfahren   °C
Kristallit-Schmelzpunkt   *Verfahren*

Längenausdehnungskoeffizient   *Bereich*   °C $\cdot 10^{-4} K^{-1}$
                                     Temperatur $\cdot 10^{-4} K^{-1}$
Wärmeleitfähigkeit   *Verfahren* $W/(K \cdot m)$

Spezifische Wärmekapazität   *Verfahren* $J/(K \cdot g)$

Glasumwandlungstemperatur   *Torsionsschwingungsversuch*   °C
                                     Differentialkalorimetrie   °C

Brandverhalten

UL-Test vertikal   Dicke   mm, Wert
                                     Dicke   mm, Wert

	Norm	*Bewertung*	*Abmessungen*
Sauerstoff-Index	ASTM D 2863		
Glühstab-Verfahren			
Brandverhalten	DIN 4102		
MVSS			
FAR			

Elektrische Eigenschaften

	Hz	°C	*Probekörper, Form*
Dielektrizitätszahl	50		
	10^3		
	10^6		
Dielektrischer Verlustfaktor $\tan\delta$	50		
	10^3		
	10^6		

Spezifischer Durchgangs-
  widerstand   Ohm · cm
Durchschlagfestigkeit   kV/mm   mm dick
Oberflächenwiderstand   Ohm

Kriechstromfestigkeit   KC   KB   KA
Elektrolytische Korrosionswirkung
Lichtbogenfestigkeit nach DIN
          nach ASTM   s

Beständigkeit *(Chemische Beständigkeit siehe Anhang)*

Wasseraufnahme

Feuchtigkeitsaufnahme Normalklima   %
Wetterbeständigkeit

Spannungskorrosion

Optische Eigenschaften

Brechungszahl n_D
Transmissionsgrad τ_c %   mm dick
Lichtdurchlässigkeit

Produkt	Polyethylen niedriger Dichte	**PE**
Handelsname	**Norsoflex LW 2220**	
Hersteller	CDF	
DIN-Bez 1	16776-PE,FG,15-D022	
DIN-Bez 2		

Zusätze		*Füllstoffe/* *Verstärkung*	
Bevorzugte *Verarbeitung*	Extrudieren von Flachfolien	*Lieferform*	Granulat
		Farben	Natur
Besondere *Merkmale*	Enge Molmasseverteilung; Sehr niedrige Dichte; Sehr niedrige Kristallinitaet; Sehr gute Haftfaehigkeit auf z. B. PP; Sehr flexibel; Sehr gut vernetzungsfaehig	*Bevorzugte* *Anwendungen*	Klebende Stretchfolie; Mehrschichtfolie fuer Verpackungen; Schaumfolie; Rohr; Profil, Tafel

Dichte	g/cm^3	0.910	*Schmelzindex*	g/10 min	2.7: 190/2.16
Schüttdichte	g/cm^3		*Volumenfließindex*	cm^3/10 min	:
Viskositätszahl	ml/g				

Verarbeitungsbedingungen für Spritzgießen

Massetemp.	°C		*Schwindung*	%	lgs , quer
Werkzeugtemp.	°C		*Bemerkungen*		
Spritzdruck	bar				

Zugversuch 23 °C NF T 54102; DIN 53455

	Probekörper:	*Form*	Folie 0.050 mm dick	*Herstellung* Flachfolienextrusion
		Zustand		*Vorbehandlung* Normalklima
Streckspannung	N/mm^2		*Dehnung bei Streckspannung*	%
Zugfestigkeit	N/mm^2		*Reißdehnung*	%
Reißfestigkeit	N/mm^2 26		*% Dehnspannung*	N/mm^2
E-Modul	N/mm^2 77		*Dehnung bei % Dehnspg.*	%

Kriechmoduln und Zeitstandwerte 23 °C

	Probekörper:	*Form*	*Herstellung*	
		Zustand	*Vorbehandlung*	
Kriechmodul	1 min N/mm^2		*Zeitstandzugfestigkeit*	h N/mm^2
Kriechmodul	1000 h N/mm^2		*Zeitdehnspg.* %	h N/mm^2
bei Spannung	N/mm^2			

Biegeversuch 23 °C

	Probekörper:	*Form*	*Herstellung*	
		Zustand	*Vorbehandlung*	
Biegefestigkeit	N/mm^2		*E-Modul*	N/mm^2
3,5% Biegespannung	N/mm^2			

Härte 23 °C

	Probekörper:	*Zustand*	*Herstellung*	
			Vorbehandlung	
Kugeldruckhärte	N/mm^2	bei N, s	*Shore-Härte* A	
Rockwellhärte			*Shore-Härte* D	

Schlagversuch

	Probekörper:	*(1)*		
		(2)	*Herstellung*	
		Zustand	*Vorbehandlung*	
	°C	°C	°C	*Probekörper-Form*

Schlagzähigkeit	kJ/m^2
Kerbschlagzähigkeit (1)	kJ/m^2
IZOD-Kerbschlagzähigkeit (2)	J/m
Kerbschlagzugzähigkeit	kJ/m^2

Abrieb und Reibung

Taber-Abrieb (Reibradverfahren)	mm³/100 U	
Abriebfaktor LNP (Thrust washer) Vergleichswert		
Statische Reibungszahl		
Dynamische Reibungszahl	$(p \cdot v =$ N/mm² ·	m/min)
Zulässiger p · v Wert	N/mm² · (m/min) v =	m/min
	v =	m/min

Thermische Eigenschaften

Formbeständigkeit in der Wärme	*Verfahren*		°C
	Verfahren		°C
Vicat Erweichungstemperatur (VST)	*Verfahren* A/50		85 °C
	Verfahren		°C
Kristallit-Schmelzpunkt	*Verfahren*		
Längenausdehnungskoeffizient	*Bereich*	°C	$\cdot 10^{-4} K^{-1}$
	Temperatur		$\cdot 10^{-4} K^{-1}$
Wärmeleitfähigkeit	*Verfahren*		W/(K · m)
Spezifische Wärmekapazität	*Verfahren*		J/(K · g)
Glasumwandlungstemperatur	*Torsionsschwingungsversuch*	°C	
	Differentialkalorimetrie	°C	

Brandverhalten

UL-Test vertikal	*Dicke* mm, *Wert*	
	Dicke mm, *Wert*	

	Norm	*Bewertung*	*Abmessungen*
Sauerstoff-Index	ASTM D 2863		
Glühstab-Verfahren			
Brandverhalten	DIN 4102		
MVSS			
FAR			

Elektrische Eigenschaften

	Hz	°C	*Probekörper, Form*
Dielektrizitätszahl	50		
	10^3		
	10^6		
Dielektrischer Verlustfaktor tan δ	50		
	10^3		
	10^6		
Spezifischer Durchgangs-widerstand	Ohm · cm		
Durchschlagfestigkeit	kV/mm		mm dick
Oberflächenwiderstand	Ohm		

Kriechstromfestigkeit	KC	KB	KA
Elektrolytische Korrosionswirkung			
Lichtbogenfestigkeit nach DIN			
nach ASTM	s		

Beständigkeit *(Chemische Beständigkeit siehe Anhang)*

Wasseraufnahme	
Feuchtigkeitsaufnahme Normalklima	%
Wetterbeständigkeit	
Spannungskorrosion	

Optische Eigenschaften

Brechungszahl n_D		
Transmissionsgrad τ_c	%	mm dick
Lichtdurchlässigkeit		

			PE
Produkt	Polyethylen niedriger Dichte		
Handelsname	**Norsoflex LW 2230**		
Hersteller	CDF		
DIN-Bez 1	16776-PE,FG,15-D022		
DIN-Bez 2			

Zusätze		*Füllstoffe/ Verstärkung*	
Bevorzugte Verarbeitung	Extrudieren von Flachfolien	*Lieferform*	Granulat
		Farben	Natur
Besondere Merkmale	Enge Molmasseverteilung; Sehr niedrige Dichte; Sehr niedrige Kristallinitaet; Sehr gute Haftfaehigkeit auf z. B. PP; Sehr flexibel; Sehr gut vernetzungsfaehig	*Bevorzugte Anwendungen*	Klebende Stretchfolie; Mehrschichtfolie fuer Verpackungen; Schaumfolie; Rohr; Profil, Tafel

Dichte	g/cm³	0.905	*Schmelzindex*	g/10 min	2.8: 190/2.16
Schüttdichte	g/cm³		*Volumenfließindex*	cm³/10 min	:
Viskositätszahl	ml/g				

Verarbeitungsbedingungen für Spritzgießen

Massetemp.	°C		*Schwindung*	% lgs , quer
Werkzeugtemp.	°C		*Bemerkungen*	
Spritzdruck	bar			

Zugversuch 23 °C   NF T 54102; DIN 53455

	Probekörper:	*Form*	Folie 0.050 mm dick	*Herstellung*	Flachfolienextrusion
		Zustand		*Vorbehandlung*	Normalklima
Streckspannung	N/mm²		*Dehnung bei Streckspannung*	%	
Zugfestigkeit	N/mm²		*Reißdehnung*	%	
Reißfestigkeit	N/mm²	25	% *Dehnspannung*	N/mm²	
E-Modul	N/mm²	63	*Dehnung bei* % *Dehnspg.*	%	

Kriechmoduln und Zeitstandwerte 23 °C

	Probekörper:	*Form*	*Herstellung*	
		Zustand	*Vorbehandlung*	
Kriechmodul	1 min N/mm²		*Zeitstandzugfestigkeit*	h N/mm²
Kriechmodul	1000 h N/mm²		*Zeitdehnspg.* %	h N/mm²
bei Spannung	N/mm²			

Biegeversuch 23 °C

	Probekörper:	*Form*	*Herstellung*	
		Zustand	*Vorbehandlung*	
Biegefestigkeit	N/mm²		*E-Modul*	N/mm²
3,5% Biegespannung	N/mm²			

Härte 23 °C

	Probekörper:	*Zustand*	*Herstellung*	
			Vorbehandlung	
Kugeldruckhärte	N/mm²	bei N, s	*Shore-Härte* A	
Rockwellhärte			*Shore-Härte* D	

Schlagversuch

	Probekörper:	(1)		
		(2)	*Herstellung*	
		Zustand	*Vorbehandlung*	
		°C °C °C	*Probekörper-Form*	

Schlagzähigkeit	kJ/m²	
Kerbschlagzähigkeit (1)	kJ/m²	
IZOD-Kerbschlagzähigkeit (2)	J/m	
Kerbschlagzugzähigkeit	kJ/m²	

Abrieb und Reibung

Taber-Abrieb (Reibradverfahren)	mm³/100 U
Abriebfaktor LNP (Thrust washer) Vergleichswert	
Statische Reibungszahl	
Dynamische Reibungszahl	$(p \cdot v =$ ____ N/mm² · ____ m/min)
Zulässiger p · v Wert	N/mm² · (m/min) v = ____ m/min
	v = ____ m/min

Thermische Eigenschaften

Formbeständigkeit in der Wärme	*Verfahren*	°C
	Verfahren	°C
Vicat Erweichungstemperatur (VST)	*Verfahren* A/50	75 °C
	Verfahren	°C
Kristallit-Schmelzpunkt	*Verfahren*	
Längenausdehnungskoeffizient	*Bereich* ____ °C	$\cdot 10^{-4}\mathrm{K}^{-1}$
	Temperatur	$\cdot 10^{-4}\mathrm{K}^{-1}$
Wärmeleitfähigkeit	*Verfahren*	$\mathrm{W/(K \cdot m)}$
Spezifische Wärmekapazität	*Verfahren*	$\mathrm{J/(K \cdot g)}$
Glasumwandlungstemperatur	*Torsionsschwingungsversuch*	°C
	Differentialkalorimetrie	°C

Brandverhalten

UL-Test vertikal	Dicke ____ mm, Wert	
	Dicke ____ mm, Wert	

	Norm	*Bewertung*	*Abmessungen*
Sauerstoff-Index	ASTM D 2863		
Glühstab-Verfahren			
Brandverhalten	DIN 4102		
MVSS			
FAR			

Elektrische Eigenschaften

	Hz	°C	*Probekörper, Form*
Dielektrizitätszahl	50		
	10^3		
	10^6		
Dielektrischer Verlustfaktor tan δ	50		
	10^3		
	10^6		
Spezifischer Durchgangs-widerstand	Ohm · cm		
Durchschlagfestigkeit	kV/mm		mm dick
Oberflächenwiderstand	Ohm		

Kriechstromfestigkeit	KC	KB	KA
Elektrolytische Korrosionswirkung			
Lichtbogenfestigkeit nach DIN			
nach ASTM	s		

Beständigkeit *(Chemische Beständigkeit siehe Anhang)*

Wasseraufnahme

Feuchtigkeitsaufnahme Normalklima   %
Wetterbeständigkeit

Spannungskorrosion

Optische Eigenschaften

Brechungszahl n_D
Transmissionsgrad τ_c %   mm dick
Lichtdurchlässigkeit

Produkt	Polyethylen niedriger Dichte	**PE**
Handelsname	**Norsoflex MW 2260**	
Hersteller	CDF	
DIN-Bez 1	16776-PE,MG,15-D090	
DIN-Bez 2		

Zusätze		*Füllstoffe/ Verstärkung*	
Bevorzugte Verarbeitung	Spritzgiessen	*Lieferform*	Granulat
		Farben	Natur; Standard
Besondere Merkmale	Enge Molmasseverteilung; Sehr niedrige Dichte; Sehr niedrige Kristallinitaet; Sehr flexibel; Sehr gut vernetzungsfaehig; Hohe Spannungsrissbestaendigkeit	*Bevorzugte Anwendungen*	Deckel; Verschluss; Technisches Formteil; Schlagzaehmodifier

Dichte	g/cm³	0.910	*Schmelzindex*	g/10 min	12: 190/2.16
Schüttdichte	g/cm³		*Volumenfließindex*	cm³/10 min	:
Viskositätszahl	ml/g				

Verarbeitungsbedingungen für Spritzgießen

Massetemp.	°C	150–220	*Schwindung*	%	lgs 1–2, quer 1–2
Werkzeugtemp.	°C	10–40	*Bemerkungen*		Werkzeugoberflaeche moeglichst matt
Spritzdruck	bar				

Zugversuch 23 °C NF T 54102;

Probekörper:	*Form* Nr.3	*Herstellung*	Spritzgiessen
	Zustand	*Vorbehandlung*	Normalklima

Streckspannung	N/mm²	*Dehnung bei Streckspannung*	%
Zugfestigkeit	N/mm²	*Reißdehnung*	%
Reißfestigkeit	N/mm²	* % Dehnspannung*	N/mm²
E-Modul	N/mm² 100	*Dehnung bei % Dehnspg.*	%

Kriechmoduln und Zeitstandwerte 23 °C

Probekörper:	*Form*	*Herstellung*	
	Zustand	*Vorbehandlung*	

Kriechmodul	1 min	N/mm²	*Zeitstandzugfestigkeit*	h N/mm²
Kriechmodul	1000 h	N/mm²	*Zeitdehnspg. %*	h N/mm²
bei Spannung		N/mm²		

Biegeversuch 23 °C

Probekörper:	*Form*	*Herstellung*	
	Zustand	*Vorbehandlung*	

Biegefestigkeit	N/mm²	*E-Modul*	N/mm²
3,5% Biegespannung	N/mm²		

Härte 23 °C

Probekörper:	*Zustand*	*Herstellung*	Spritzgiessen
		Vorbehandlung	Normalklima

Kugeldruckhärte	N/mm²	bei N, s	*Shore-Härte* A	
Rockwellhärte			*Shore-Härte* D	40

Schlagversuch

Probekörper:	*(1)*		
	(2)	*Herstellung*	Spritzgiessen
	Zustand	*Vorbehandlung*	Normalklima

	°C	°C	°C	*Probekörper-Form*
Schlagzähigkeit kJ/m²	-40 o.B.	-70 7		NKS
Kerbschlagzähigkeit (1) kJ/m²				
IZOD-Kerbschlagzähigkeit (2) J/m				
Kerbschlagzugzähigkeit kJ/m²				

Abrieb und Reibung

Taber-Abrieb (Reibradverfahren) mm^3/100 U
Abriebfaktor LNP (Thrust washer) Vergleichswert
Statische Reibungszahl
Dynamische Reibungszahl $(p \cdot v =$ $N/mm^2 \cdot$ m/min)
Zulässiger p · v Wert $N/mm^2 \cdot$ (m/min) $v =$ m/min
                                               $v =$ m/min

Thermische Eigenschaften

Formbeständigkeit in der Wärme   *Verfahren*   °C
                                        Verfahren   °C
Vicat Erweichungstemperatur (VST)   *Verfahren*   A/50   74 °C
                                        Verfahren   °C
Kristallit-Schmelzpunkt   *Verfahren*   116 °C

Längenausdehnungskoeffizient   *Bereich*   °C $\cdot 10^{-4} K^{-1}$
                                        Temperatur $\cdot 10^{-4} K^{-1}$
Wärmeleitfähigkeit   *Verfahren*   W/(K · m)

Spezifische Wärmekapazität   *Verfahren*   J/(K · g)

Glasumwandlungstemperatur   *Torsionsschwingungsversuch*   °C
                                        Differentialkalorimetrie   °C

Brandverhalten

UL-Test vertikal   *Dicke*   mm, *Wert*
                                        Dicke   mm, *Wert*

	Norm	*Bewertung*	*Abmessungen*
Sauerstoff-Index	ASTM D 2863		
Glühstab-Verfahren			
Brandverhalten	DIN 4102		
MVSS			
FAR			

Elektrische Eigenschaften

	Hz	°C	*Probekörper, Form*
Dielektrizitätszahl	50		
	10^3		
	10^6		
Dielektrischer Verlustfaktor $\tan \delta$	50		
	10^3		
	10^6		

Spezifischer Durchgangs-
    widerstand   Ohm · cm
Durchschlagfestigkeit   kV/mm   mm dick
Oberflächenwiderstand   Ohm

Kriechstromfestigkeit   KC   KB   KA
Elektrolytische Korrosionswirkung
Lichtbogenfestigkeit nach DIN
              nach ASTM   s

Beständigkeit *(Chemische Beständigkeit siehe Anhang)*

Wasseraufnahme

Feuchtigkeitsaufnahme Normalklima   %
Wetterbeständigkeit

Spannungskorrosion

Optische Eigenschaften

Brechungszahl n_D
Transmissionsgrad τ_c %   mm dick
Lichtdurchlässigkeit

Produkt	Polyethylen niedriger Dichte		**PE**
Handelsname	**Norsoflex MW 1920**		
Hersteller	CDF		
DIN-Bez 1	16776-PE,MG,15-D090		
DIN-Bez 2			
Zusätze		*Füllstoffe/ Verstärkung*	
Bevorzugte Verarbeitung	Spritzgiessen	*Lieferform*	Granulat
		Farben	Natur; Standard
Besondere Merkmale	Enge Molmasseverteilung; Sehr niedrige Dichte; Sehr niedrige Kristallinitaet; Sehr flexibel; Sehr gut vernetzungsfaehig; Hohe Spannungsrissbestaendigkeit	*Bevorzugte Anwendungen*	Deckel; Verschluss; Technisches Formteil; Schlagzaehmodifier

---

Dichte	g/cm³	0.900	*Schmelzindex*	g/10 min	7.5: 190/2.16
Schüttdichte	g/cm³		*Volumenfließindex*	cm³/10 min	:
Viskositätszahl	ml/g				

Verarbeitungsbedingungen für Spritzgießen

Massetemp.	°C	150–220	*Schwindung*	%	lgs 1–2, quer 1–2
Werkzeugtemp.	°C	10–40	*Bemerkungen*		Werkzeugoberflaeche moeglichst matt
Spritzdruck	bar				

Zugversuch 23 °C NF T 54102;

	Probekörper:	Form	Nr.3	*Herstellung*	Spritzgiessen
		Zustand		*Vorbehandlung*	Normalklima
Streckspannung	N/mm²		*Dehnung bei Streckspannung*	%	
Zugfestigkeit	N/mm²		*Reißdehnung*	%	
Reißfestigkeit	N/mm²		% *Dehnspannung*	N/mm²	
E-Modul	N/mm² 70		*Dehnung bei* % *Dehnspg.*	%	

Kriechmoduln und Zeitstandwerte 23 °C

	Probekörper:	Form		*Herstellung*	
		Zustand		*Vorbehandlung*	
Kriechmodul	1 min N/mm²		*Zeitstandzugfestigkeit*	h N/mm²	
Kriechmodul	1000 h N/mm²		*Zeitdehnspg.* %	h N/mm²	
bei Spannung	N/mm²				

Biegeversuch 23 °C

	Probekörper:	Form	*Herstellung*	
		Zustand	*Vorbehandlung*	
Biegefestigkeit	N/mm²		*E-Modul*	N/mm²
3,5% Biegespannung	N/mm²			

Härte 23 °C

	Probekörper:	Zustand	*Herstellung* Spritzgiessen
			Vorbehandlung Normalklima
Kugeldruckhärte	N/mm²	bei N, s	*Shore-Härte* A
Rockwellhärte			*Shore-Härte* D 28

Schlagversuch

	Probekörper:	(1)		
		(2)	*Herstellung*	Spritzgiessen
		Zustand	*Vorbehandlung*	Normalklima
		°C	°C	°C	*Probekörper-Form*

Schlagzähigkeit	kJ/m²	-40 o.B.	-70 10		NKS
Kerbschlagzähigkeit (1)	kJ/m²				
IZOD-Kerbschlagzähigkeit (2)	J/m				
Kerbschlagzugzähigkeit	kJ/m²				

Abrieb und Reibung

Taber-Abrieb (Reibradverfahren)	$mm^3/100\,U$
Abriebfaktor LNP (Thrust washer) Vergleichswert	
Statische Reibungszahl	
Dynamische Reibungszahl	$(p \cdot v = \quad N/mm^2 \cdot \quad m/min)$
Zulässiger p · v Wert	$N/mm^2 \cdot (m/min) \quad v = \quad m/min$
	$v = \quad m/min$

Thermische Eigenschaften

Formbeständigkeit in der Wärme	*Verfahren*		°C
	Verfahren		°C
Vicat Erweichungstemperatur (VST)	*Verfahren*	A/50	60 °C
	Verfahren		°C
Kristallit-Schmelzpunkt	*Verfahren*		115 °C
Längenausdehnungskoeffizient	*Bereich*	°C	$\cdot 10^{-4}K^{-1}$
	Temperatur		$\cdot 10^{-4}K^{-1}$
Wärmeleitfähigkeit	*Verfahren*		$W/(K \cdot m)$
Spezifische Wärmekapazität	*Verfahren*		$J/(K \cdot g)$
Glasumwandlungstemperatur	*Torsionsschwingungsversuch*	°C	
	Differentialkalorimetrie	°C	

Brandverhalten

UL-Test vertikal	*Dicke*	mm, Wert	
	Dicke	mm, Wert	

	Norm	*Bewertung*	*Abmessungen*
Sauerstoff-Index	ASTM D 2863		
Glühstab-Verfahren			
Brandverhalten	DIN 4102		
MVSS			
FAR			

Elektrische Eigenschaften

	Hz	°C	*Probekörper, Form*
Dielektrizitätszahl	50		
	10^3		
	10^6		
Dielektrischer Verlustfaktor $\tan\delta$	50		
	10^3		
	10^6		
Spezifischer Durchgangs-widerstand	$Ohm \cdot cm$		
Durchschlagfestigkeit	kV/mm		mm dick
Oberflächenwiderstand	Ohm		
Kriechstromfestigkeit	KC	KB	KA
Elektrolytische Korrosionswirkung			
Lichtbogenfestigkeit nach DIN			
nach ASTM	s		

Beständigkeit *(Chemische Beständigkeit siehe Anhang)*

Wasseraufnahme	
Feuchtigkeitsaufnahme Normalklima	%
Wetterbeständigkeit	
Spannungskorrosion	

Optische Eigenschaften

Brechungszahl n_D		
Transmissionsgrad τ_c	%	mm dick
Lichtdurchlässigkeit		

Datenbank-Nr.	**T05113**		Merkblatt-Nr. **3633**

PE

Produkt	Polyethylen niedriger Dichte		
Handelsname	**Norsoflex MW 1960**		
Hersteller	CDF		
DIN-Bez 1	16776-PE,MG,15-D090		
DIN-Bez 2			
Zusätze		*Füllstoffe/ Verstärkung*	
Bevorzugte Verarbeitung	Spritzgiessen	*Lieferform*	Granulat
		Farben	Natur; Standard
Besondere Merkmale	Enge Molmasseverteilung; Sehr niedrige Dichte; Sehr niedrige Kristallinitaet; Sehr flexibel; Sehr gut vernetzungsfaehig; Hohe Spannungsrissbestaendigkeit	*Bevorzugte Anwendungen*	Deckel; Verschluss; Technisches Formteil; Schlagzaehmodifier

Dichte	g/cm^3	0.895	*Schmelzindex*	g/10 min	12: 190/2.16
Schüttdichte	g/cm^3		*Volumenfließindex*	cm^3/10 min	:
Viskositätszahl	ml/g				

Verarbeitungsbedingungen für Spritzgießen

Massetemp.	°C	150–220	*Schwindung*	%	lgs 1–2, quer 1–2
Werkzeugtemp.	°C	10–40	*Bemerkungen*		Werkzeugoberflaeche moeglichst matt
Spritzdruck	bar				

Zugversuch 23 °C NF T 54102;

	Probekörper:	*Form*	Nr.3		*Herstellung*	Spritzgiessen	
		Zustand			*Vorbehandlung*	Normalklima	
Streckspannung	N/mm^2			*Dehnung bei Streckspannung*		%	
Zugfestigkeit	N/mm^2			*Reißdehnung*		%	
Reißfestigkeit	N/mm^2			*% Dehnspannung*		N/mm^2	
E-Modul	N/mm^2	65		*Dehnung bei % Dehnspg.*		%	

Kriechmoduln und Zeitstandwerte 23 °C

	Probekörper:	*Form*		*Herstellung*		
		Zustand		*Vorbehandlung*		
Kriechmodul	1 min N/mm^2		*Zeitstandzugfestigkeit*	h N/mm^2		
Kriechmodul	1000 h N/mm^2		*Zeitdehnspg. %*	h N/mm^2		
bei Spannung	N/mm^2					

Biegeversuch 23 °C

	Probekörper:	*Form*		*Herstellung*	
		Zustand		*Vorbehandlung*	
Biegefestigkeit	N/mm^2		*E-Modul*	N/mm^2	
3,5% Biegespannung	N/mm^2				

Härte 23 °C

	Probekörper:	*Zustand*		*Herstellung*	Spritzgiessen
				Vorbehandlung	Normalklima
Kugeldruckhärte	N/mm^2	bei N, s		*Shore-Härte* A	
Rockwellhärte				*Shore-Härte* D	26

Schlagversuch

	Probekörper:	(1)			
		(2)		*Herstellung*	Spritzgiessen
		Zustand		*Vorbehandlung*	Normalklima
	°C	°C	°C		*Probekörper-Form*
Schlagzähigkeit	kJ/m^2	-40 o.B.	-70 8		NKS
Kerbschlagzähigkeit (1)	kJ/m^2				
IZOD-Kerbschlagzähigkeit (2)	J/m				
Kerbschlagzugzähigkeit	kJ/m^2				

Abrieb und Reibung

Taber-Abrieb (Reibradverfahren)　　　　　　　　$mm^3/100\ U$
Abriebfaktor LNP (Thrust washer) Vergleichswert
Statische Reibungszahl
Dynamische Reibungszahl　　　　　　　　$(p \cdot v = \quad N/mm^2 \cdot \quad m/min)$
Zulässiger p · v Wert　　　　　　　　$N/mm^2 \cdot (m/min)$　　$v =$　　m/min
　　　　　　　　　　　　　　　　　　　　$v =$　　m/min

Thermische Eigenschaften

Formbeständigkeit in der Wärme	*Verfahren*		°C
	Verfahren		°C
Vicat Erweichungstemperatur (VST)	*Verfahren*	A/50	51 °C
	Verfahren		°C
Kristallit-Schmelzpunkt	*Verfahren*		115 °C

Längenausdehnungskoeffizient　　　　*Bereich*　　　　°C　　　　　　　$\cdot 10^{-4}K^{-1}$
　　　　　　　　　　　　　　　　　　Temperatur　　　　　　　　　　$\cdot 10^{-4}K^{-1}$
Wärmeleitfähigkeit　　　　　　　　　*Verfahren*　　　　　　　　　　$W/(K \cdot m)$

Spezifische Wärmekapazität　　　　　*Verfahren*　　　　　　　　　　$J/(K \cdot g)$

Glasumwandlungstemperatur　　　　　*Torsionsschwingungsversuch*　　°C
　　　　　　　　　　　　　　　　　　Differentialkalorimetrie　　　　°C

Brandverhalten

UL-Test vertikal　　　　　　　　　　*Dicke*　　mm, *Wert*
　　　　　　　　　　　　　　　　　　Dicke　　mm, *Wert*

	Norm	*Bewertung*	*Abmessungen*
Sauerstoff-Index	ASTM D 2863		
Glühstab-Verfahren			
Brandverhalten	DIN 4102		
MVSS			
FAR			

Elektrische Eigenschaften

	Hz	°C	*Probekörper, Form*
Dielektrizitätszahl	50		
	10^3		
	10^6		
Dielektrischer Verlustfaktor $\tan \delta$	50		
	10^3		
	10^6		

Spezifischer Durchgangs-
　widerstand　　　　　　　$Ohm \cdot cm$
Durchschlagfestigkeit　　　kV/mm　　　　　　　　　　　　　　　mm dick
Oberflächenwiderstand　　　Ohm

Kriechstromfestigkeit　　　　KC　　　　　KB　　　　　KA
Elektrolytische Korrosionswirkung
Lichtbogenfestigkeit nach DIN
　　　　　　　nach ASTM　　s

Beständigkeit *(Chemische Beständigkeit siehe Anhang)*

Wasseraufnahme

Feuchtigkeitsaufnahme Normalklima　　　　　　　　　　　　　　　　%
Wetterbeständigkeit

Spannungskorrosion

Optische Eigenschaften

Brechungszahl n_D
Transmissionsgrad τ_c　　　%　　　　　　　mm dick
Lichtdurchlässigkeit

Produkt	Lineares Polyethylen niedriger Dichte	**PE**
Handelsname	**Lotrex FC 1010**	
Hersteller	CDF	
DIN-Bez 1	16776-PE,FGN,20-D012	
DIN-Bez 2		

Zusätze		*Füllstoffe/ Verstärkung*	
Bevorzugte Verarbeitung	Extrudieren von Blasfolien	*Lieferform*	Granulat
		Farben	Natur
Besondere Merkmale		*Bevorzugte Anwendungen*	Sack; Beutel; Folie fuer die Landwirtschaft; Stretchfolie; Schutzfolie

---

Dichte	g/cm³	0.919	*Schmelzindex*	g/10 min	1:	190/2.16
Schüttdichte	g/cm³		*Volumenfließindex*	cm³/10 min	:	
Viskositätszahl	ml/g				

Verarbeitungsbedingungen für Spritzgießen

Massetemp.	°C		*Schwindung*	%	lgs	, quer
Werkzeugtemp.	°C		*Bemerkungen*		
Spritzdruck	bar				

Zugversuch 23 °C DIN 53455; DIN 53457

	Probekörper:	*Form*	Folie 0.05 mm dick	*Herstellung*	Folienextrusion
		Zustand		*Vorbehandlung*	Normalklima

Streckspannung	N/mm²		*Dehnung bei Streckspannung*	%
Zugfestigkeit	N/mm²		*Reißdehnung*	%
Reißfestigkeit	N/mm² 31		% *Dehnspannung*	N/mm²
E-Modul	N/mm² 200		*Dehnung bei* % *Dehnspg.*	%

Kriechmoduln und Zeitstandwerte 23 °C

	Probekörper:	*Form*	*Herstellung*	
		Zustand	*Vorbehandlung*	

Kriechmodul	1 min N/mm²	*Zeitstandzugfestigkeit*	h N/mm²
Kriechmodul	1000 h N/mm²	*Zeitdehnspg.* %	h N/mm²
bei Spannung	N/mm²		

Biegeversuch 23 °C

	Probekörper:	*Form*	*Herstellung*
		Zustand	*Vorbehandlung*

Biegefestigkeit	N/mm²	*E-Modul*	N/mm²
3,5% Biegespannung	N/mm²		

Härte 23 °C

	Probekörper:	*Zustand*	*Herstellung* / *Vorbehandlung*

Kugeldruckhärte	N/mm²	bei N, s	*Shore-Härte* A
Rockwellhärte			*Shore-Härte* D

Schlagversuch

Probekörper:	(1)	
	(2)	*Herstellung*
	Zustand	*Vorbehandlung*
	°C °C °C	*Probekörper-Form*

Schlagzähigkeit	kJ/m²
Kerbschlagzähigkeit (1)	kJ/m²
IZOD-Kerbschlagzähigkeit (2)	J/m
Kerbschlagzugzähigkeit	kJ/m²

Abrieb und Reibung

Taber-Abrieb (Reibradverfahren)   mm³/100 U
Abriebfaktor LNP (Thrust washer) Vergleichswert
Statische Reibungszahl
Dynamische Reibungszahl   (p·v =   N/mm² ·   m/min)
Zulässiger p · v Wert   N/mm² · (m/min)   v =   m/min
                                                                      v =   m/min

Thermische Eigenschaften

Formbeständigkeit in der Wärme   *Verfahren*   °C
                                        Verfahren   °C
Vicat Erweichungstemperatur (VST)   *Verfahren*   A/50   100 °C
                                        Verfahren   °C
Kristallit-Schmelzpunkt   *Verfahren*

Längenausdehnungskoeffizient   *Bereich*   °C $\cdot 10^{-4} \mathrm{K}^{-1}$
                                        Temperatur $\cdot 10^{-4} \mathrm{K}^{-1}$
Wärmeleitfähigkeit   *Verfahren*   W/(K · m)

Spezifische Wärmekapazität   *Verfahren*   J/(K · g)

Glasumwandlungstemperatur   *Torsionsschwingungsversuch*   °C
                                        Differentialkalorimetrie   °C

Brandverhalten

UL-Test vertikal   Dicke   mm, Wert
                                        Dicke   mm, Wert

                      Norm   *Bewertung*   *Abmessungen*

Sauerstoff-Index   ASTM D 2863
Glühstab-Verfahren
Brandverhalten   DIN 4102
MVSS
FAR

Elektrische Eigenschaften

                                        Hz   °C   *Probekörper, Form*

Dielektrizitätszahl   50
                                        10^3
                                        10^6
Dielektrischer Verlustfaktor tan δ   50
                                        10^3
                                        10^6
Spezifischer Durchgangs-
   widerstand   Ohm · cm
Durchschlagfestigkeit   kV/mm   mm dick
Oberflächenwiderstand   Ohm

Kriechstromfestigkeit   KC   KB   KA
Elektrolytische Korrosionswirkung
Lichtbogenfestigkeit nach DIN
            nach ASTM   s

Beständigkeit *(Chemische Beständigkeit siehe Anhang)*

Wasseraufnahme

Feuchtigkeitsaufnahme Normalklima   %
Wetterbeständigkeit

Spannungskorrosion

Optische Eigenschaften

Brechungszahl n_D
Transmissionsgrad τ_c %   mm dick
Lichtdurchlässigkeit

Datenbank-Nr.	**T05167**		*Merkblatt-Nr.* **3635**

Produkt	Lineares Polyethylen niedriger Dichte		**PE**
Handelsname	**Lotrex FC 1014**		
Hersteller	CDF		
DIN-Bez 1	16776-PE,FGN,20-D012		
DIN-Bez 2			
Zusätze	Gleitmittel; Antiblockmittel	*Füllstoffe/ Verstärkung*	
Bevorzugte Verarbeitung	Extrudieren von Blasfolien	*Lieferform*	Granulat
		Farben	Natur
Besondere Merkmale		*Bevorzugte Anwendungen*	Sack; Beutel; Folie fuer die Landwirtschaft; Stretchfolie; Schutzfolie

Dichte	g/cm³	0.919	*Schmelzindex*	g/10 min	1:	190/2.16
Schüttdichte	g/cm³		*Volumenfließindex*	cm³/10 min	:	
Viskositätszahl	ml/g					

Verarbeitungsbedingungen für Spritzgießen

Massetemp.	°C		*Schwindung*	%	lgs , quer
Werkzeugtemp.	°C		*Bemerkungen*		
Spritzdruck	bar				

Zugversuch 23 °C DIN 53455; DIN 53457

	Probekörper:	*Form*	Folie 0.05 mm dick	*Herstellung*		Folienextrusion
		Zustand		*Vorbehandlung*		Normalklima
Streckspannung	N/mm²		*Dehnung bei Streckspannung*	%		
Zugfestigkeit	N/mm²		*Reißdehnung*	%		
Reißfestigkeit	N/mm²	31	% *Dehnspannung*	N/mm²		
E-Modul	N/mm²	200	*Dehnung bei* % *Dehnspg.*	%		

Kriechmoduln und Zeitstandwerte 23 °C

	Probekörper:	*Form*	*Herstellung*		
		Zustand	*Vorbehandlung*		
Kriechmodul	1 min N/mm²		*Zeitstandzugfestigkeit*	h N/mm²	
Kriechmodul	1000 h N/mm²		*Zeitdehnspg.* %	h N/mm²	
bei Spannung	N/mm²				

Biegeversuch 23 °C

	Probekörper:	*Form*	*Herstellung*	
		Zustand	*Vorbehandlung*	
Biegefestigkeit	N/mm²		*E-Modul*	N/mm²
3,5% Biegespannung	N/mm²			

Härte 23 °C

	Probekörper:	*Zustand*	*Herstellung*	
			Vorbehandlung	
Kugeldruckhärte	N/mm²	bei N, s	*Shore-Härte* A	
Rockwellhärte			*Shore-Härte* D	

Schlagversuch

	Probekörper:	*(1)*		
		(2)	*Herstellung*	
		Zustand	*Vorbehandlung*	
		°C	°C	°C	*Probekörper-Form*

Schlagzähigkeit	kJ/m²	
Kerbschlagzähigkeit (1)	kJ/m²	
IZOD-Kerbschlagzähigkeit (2)	J/m	
Kerbschlagzugzähigkeit	kJ/m²	

Abrieb und Reibung

Taber-Abrieb (Reibradverfahren)   mm³/100 U
Abriebfaktor LNP (Thrust washer) Vergleichswert
Statische Reibungszahl
Dynamische Reibungszahl   (p · v =   N/mm² ·   m/min)
Zulässiger p · v Wert   N/mm² · (m/min)   v =   m/min
                                                                            v =   m/min

Thermische Eigenschaften

Formbeständigkeit in der Wärme   Verfahren   °C
                                          Verfahren   °C
Vicat Erweichungstemperatur (VST)   Verfahren   A/50   100 °C
                                          Verfahren   °C
Kristallit-Schmelzpunkt   Verfahren

Längenausdehnungskoeffizient   Bereich   °C   · 10⁻⁴ K⁻¹
                                          Temperatur   · 10⁻⁴ K⁻¹
Wärmeleitfähigkeit   Verfahren   W/(K · m)

Spezifische Wärmekapazität   Verfahren   J/(K · g)

Glasumwandlungstemperatur   Torsionsschwingungsversuch   °C
                                          Differentialkalorimetrie   °C

Brandverhalten

UL-Test vertikal   Dicke   mm, Wert
                                          Dicke   mm, Wert

                     Norm   Bewertung   Abmessungen

Sauerstoff-Index   ASTM D 2863
Glühstab-Verfahren
Brandverhalten   DIN 4102
MVSS
FAR

Elektrische Eigenschaften

                                          Hz   °C   Probekörper, Form

Dielektrizitätszahl   50
                                          10³
                                          10⁶
Dielektrischer Verlustfaktor tan δ   50
                                          10³
                                          10⁶
Spezifischer Durchgangs-
*   widerstand*   Ohm · cm
Durchschlagfestigkeit   kV/mm   mm dick
Oberflächenwiderstand   Ohm

Kriechstromfestigkeit   KC   KB   KA
Elektrolytische Korrosionswirkung
Lichtbogenfestigkeit nach DIN
*   nach ASTM*   s

Beständigkeit *(Chemische Beständigkeit siehe Anhang)*

Wasseraufnahme

Feuchtigkeitsaufnahme Normalklima   %
Wetterbeständigkeit

Spannungskorrosion

Optische Eigenschaften

Brechungszahl n_D
Transmissionsgrad τ_c   %   mm dick
Lichtdurchlässigkeit

Produkt	Lineares Polyethylen niedriger Dichte	**PE**
Handelsname	**Lotrex FC 1020**	
Hersteller	CDF	
DIN-Bez 1	16776-PE,FGN,20-D012	
DIN-Bez 2		

Zusätze	Verarbeitungshilfsmittel	Füllstoffe/ Verstärkung	
Bevorzugte Verarbeitung	Extrudieren von Blasfolien	Lieferform	Granulat
		Farben	Natur
Besondere Merkmale	Gute optische Eigenschaften	Bevorzugte Anwendungen	Kaschierfolie; Beutel

---

Dichte	g/cm³ 0.919	Schmelzindex	g/10 min	1: 190/2.16
Schüttdichte	g/cm³	Volumenfließindex	cm³/10 min	:
Viskositätszahl	ml/g			

Verarbeitungsbedingungen für Spritzgießen

Massetemp.	°C	Schwindung	% lgs	, quer
Werkzeugtemp.	°C	Bemerkungen		
Spritzdruck	bar			

Zugversuch 23 °C DIN 53455; DIN 53457

	Probekörper: Form	Folie 0.05 mm dick	Herstellung	Folienextrusion
	Zustand		Vorbehandlung	Normalklima
Streckspannung	N/mm²	Dehnung bei Streckspannung	%	
Zugfestigkeit	N/mm²	Reißdehnung	%	
Reißfestigkeit	N/mm² 31	% Dehnspannung	N/mm²	
E-Modul	N/mm² 200	Dehnung bei % Dehnspg.	%	

Kriechmoduln und Zeitstandwerte 23 °C

	Probekörper: Form	Herstellung	
	Zustand	Vorbehandlung	
Kriechmodul	1 min N/mm²	Zeitstandzugfestigkeit	h N/mm²
Kriechmodul	1000 h N/mm²	Zeitdehnspg. %	h N/mm²
bei Spannung	N/mm²		

Biegeversuch 23 °C

	Probekörper: Form	Herstellung	
	Zustand	Vorbehandlung	
Biegefestigkeit	N/mm²	E-Modul	N/mm²
3,5% Biegespannung	N/mm²		

Härte 23 °C

	Probekörper: Zustand	Herstellung	
		Vorbehandlung	
Kugeldruckhärte	N/mm² bei N, s	Shore-Härte A	
Rockwellhärte		Shore-Härte D	

Schlagversuch

	Probekörper: (1)		
	(2)	Herstellung	
	Zustand	Vorbehandlung	
	°C	°C	°C	Probekörper-Form

Schlagzähigkeit	kJ/m²
Kerbschlagzähigkeit (1)	kJ/m²
IZOD-Kerbschlagzähigkeit (2)	J/m
Kerbschlagzugzähigkeit	kJ/m²

Abrieb und Reibung

Taber-Abrieb (Reibradverfahren)	mm³/100 U
Abriebfaktor LNP (Thrust washer) Vergleichswert	
Statische Reibungszahl	
Dynamische Reibungszahl	$(p \cdot v =$ N/mm² · m/min)
Zulässiger p · v Wert	N/mm² · (m/min) v = m/min
	v = m/min

Thermische Eigenschaften

Formbeständigkeit in der Wärme	*Verfahren*		°C
	Verfahren		°C
Vicat Erweichungstemperatur (VST)	*Verfahren*	A/50	100 °C
	Verfahren		°C
Kristallit-Schmelzpunkt	*Verfahren*		
Längenausdehnungskoeffizient	*Bereich*	°C	$\cdot 10^{-4} K^{-1}$
	Temperatur		$\cdot 10^{-4} K^{-1}$
Wärmeleitfähigkeit	*Verfahren*		W/(K · m)
Spezifische Wärmekapazität	*Verfahren*		J/(K · g)
Glasumwandlungstemperatur	*Torsionsschwingungsversuch*	°C	
	Differentialkalorimetrie	°C	

Brandverhalten

UL-Test vertikal		Dicke mm, Wert	
		Dicke mm, Wert	
	Norm	*Bewertung*	*Abmessungen*
Sauerstoff-Index	ASTM D 2863		
Glühstab-Verfahren			
Brandverhalten	DIN 4102		
MVSS			
FAR			

Elektrische Eigenschaften

	Hz	°C	*Probekörper, Form*
Dielektrizitätszahl	50		
	10^3		
	10^6		
Dielektrischer Verlustfaktor tan δ	50		
	10^3		
	10^6		
Spezifischer Durchgangs-widerstand	Ohm · cm		
Durchschlagfestigkeit	kV/mm		mm dick
Oberflächenwiderstand	Ohm		
Kriechstromfestigkeit	KC KB KA		
Elektrolytische Korrosionswirkung			
Lichtbogenfestigkeit nach DIN			
nach ASTM	s		

Beständigkeit *(Chemische Beständigkeit siehe Anhang)*

Wasseraufnahme

Feuchtigkeitsaufnahme Normalklima   %
Wetterbeständigkeit

Spannungskorrosion

Optische Eigenschaften

Brechungszahl n_D
Transmissionsgrad τ_c %   mm dick
Lichtdurchlässigkeit

PE

Produkt	Lineares Polyethylen niedriger Dichte
Handelsname	**Lotrex FC 1024**
Hersteller	CDF
DIN-Bez 1	16776-PE,FGN,20-D012
DIN-Bez 2	

Zusätze	Verarbeitungshilfsm.; Gleitmittel; Anti-blockmittel	*Füllstoffe/ Verstärkung*	
Bevorzugte Verarbeitung	Extrudieren von Blasfolien	*Lieferform*	Granulat
		Farben	Natur
Besondere Merkmale	Gute optische Eigenschaften	*Bevorzugte Anwendungen*	Kaschierfolie; Beutel

Dichte	g/cm³	0.919	*Schmelzindex*	g/10 min	1: 190/2.16
Schüttdichte	g/cm³		*Volumenfließindex*	cm³/10 min	:
Viskositätszahl	ml/g				

Verarbeitungsbedingungen für Spritzgießen

Massetemp.	°C		*Schwindung*	%	lgs , quer
Werkzeugtemp.	°C		*Bemerkungen*		
Spritzdruck	bar				

Zugversuch 23 °C DIN 53455; DIN 53457

	Probekörper:	*Form*	Folie 0.05 mm dick	*Herstellung* Folienextrusion
		Zustand		*Vorbehandlung* Normalklima
Streckspannung	N/mm²		*Dehnung bei Streckspannung*	%
Zugfestigkeit	N/mm²		*Reißdehnung*	%
Reißfestigkeit	N/mm² 31		*% Dehnspannung*	N/mm²
E-Modul	N/mm² 200		*Dehnung bei % Dehnspg.*	%

Kriechmoduln und Zeitstandwerte 23 °C

	Probekörper:	*Form*	*Herstellung*	
		Zustand	*Vorbehandlung*	
Kriechmodul	1 min N/mm²		*Zeitstandzugfestigkeit*	h N/mm²
Kriechmodul	1000 h N/mm²		*Zeitdehnspg. %*	h N/mm²
bei Spannung	N/mm²			

Biegeversuch 23 °C

	Probekörper:	*Form*	*Herstellung*	
		Zustand	*Vorbehandlung*	
Biegefestigkeit	N/mm²		*E-Modul*	N/mm²
3,5% Biegespannung	N/mm²			

Härte 23 °C

	Probekörper:	*Zustand*	*Herstellung*	
			Vorbehandlung	
Kugeldruckhärte	N/mm²	bei N, s	*Shore-Härte* A	
Rockwellhärte			*Shore-Härte* D	

Schlagversuch

	Probekörper:	(1)		
		(2)	*Herstellung*	
		Zustand	*Vorbehandlung*	
		°C °C °C		*Probekörper-Form*

Schlagzähigkeit	kJ/m²
Kerbschlagzähigkeit (1)	kJ/m²
IZOD-Kerbschlagzähigkeit (2)	J/m
Kerbschlagzugzähigkeit	kJ/m²

Abrieb und Reibung

Taber-Abrieb (Reibradverfahren)	mm^3/100 U
Abriebfaktör LNP (Thrust washer) Vergleichswert	
Statische Reibungszahl	
Dynamische Reibungszahl	(p·v = N/mm^2· m/min)
Zulässiger p·v Wert	N/mm^2·(m/min) v = m/min
	v = m/min

Thermische Eigenschaften

Formbeständigkeit in der Wärme	*Verfahren*		°C
	Verfahren		°C
Vicat Erweichungstemperatur (VST)	*Verfahren*	A/50	100 °C
	Verfahren		°C
Kristallit-Schmelzpunkt	*Verfahren*		
Längenausdehnungskoeffizient	*Bereich*	°C	·10^{-4}K^{-1}
	Temperatur		·10^{-4}K^{-1}
Wärmeleitfähigkeit	*Verfahren*		W/(K·m)
Spezifische Wärmekapazität	*Verfahren*		J/(K·g)
Glasumwandlungstemperatur	*Torsionsschwingungsversuch*		°C
	Differentialkalorimetrie		°C

Brandverhalten

UL-Test vertikal   Dicke   mm, Wert
                Dicke   mm, Wert

	Norm	*Bewertung*	*Abmessungen*
Sauerstoff-Index	ASTM D 2863		
Glühstab-Verfahren			
Brandverhalten	DIN 4102		
MVSS			
FAR			

Elektrische Eigenschaften

	Hz	°C	*Probekörper, Form*
Dielektrizitätszahl	50		
	10^3		
	10^6		
Dielektrischer Verlustfaktor tan δ	50		
	10^3		
	10^6		
Spezifischer Durchgangswiderstand	Ohm·cm		
Durchschlagfestigkeit	kV/mm		mm dick
Oberflächenwiderstand	Ohm		
Kriechstromfestigkeit	KC	KB	KA
Elektrolytische Korrosionswirkung			
Lichtbogenfestigkeit nach DIN			
nach ASTM	s		

Beständigkeit *(Chemische Beständigkeit siehe Anhang)*

Wasseraufnahme

Feuchtigkeitsaufnahme Normalklima   %
Wetterbeständigkeit

Spannungskorrosion

Optische Eigenschaften

Brechungszahl n$_D$
Transmissionsgrad τ_c %   mm dick
Lichtdurchlässigkeit

Produkt	Lineares Polyethylen niedriger Dichte	**PE**
Handelsname	**Lotrex FF 0900**	
Hersteller	CDF	
DIN-Bez 1	16776-PE,FGN,25-D012	
DIN-Bez 2		

Zusätze		*Füllstoffe/ Verstärkung*	
Bevorzugte Verarbeitung	Extrudieren von Blasfolien	*Lieferform*	Granulat
		Farben	Natur
Besondere Merkmale		*Bevorzugte Anwendungen*	Sack; Beutel; Mehrschichtfolie; Schutzfolie

---

Dichte	g/cm³	0.925	*Schmelzindex*	g/10 min	0.9: 190/2.16
Schüttdichte	g/cm³		*Volumenfließindex*	cm³/10 min	:
Viskositätszahl	ml/g				

Verarbeitungsbedingungen für Spritzgießen

Massetemp.	°C		*Schwindung*	%	lgs , quer
Werkzeugtemp.	°C		*Bemerkungen*		
Spritzdruck	bar				

Zugversuch 23 °C DIN 53455; DIN 53457

	Probekörper:	*Form*	Folie 0.05 mm dick	*Herstellung* Folienextrusion
		Zustand		*Vorbehandlung* Normalklima

Streckspannung	N/mm²		*Dehnung bei Streckspannung*	%
Zugfestigkeit	N/mm²		*Reißdehnung*	%
Reißfestigkeit	N/mm²	31	% *Dehnspannung*	N/mm²
E-Modul	N/mm²	250	*Dehnung bei* % *Dehnspg.*	%

Kriechmoduln und Zeitstandwerte 23 °C

	Probekörper:	*Form*	*Herstellung*
		Zustand	*Vorbehandlung*

Kriechmodul	1 min N/mm²	*Zeitstandzugfestigkeit*	h N/mm²
Kriechmodul	1000 h N/mm²	*Zeitdehnspg.* %	h N/mm²
bei Spannung	N/mm²		

Biegeversuch 23 °C

	Probekörper:	*Form*	*Herstellung*
		Zustand	*Vorbehandlung*

Biegefestigkeit	N/mm²	*E-Modul*	N/mm²
3,5% Biegespannung	N/mm²		

Härte 23 °C

	Probekörper:	*Zustand*	*Herstellung* *Vorbehandlung*

Kugeldruckhärte	N/mm²	bei N, s	*Shore-Härte* A
Rockwellhärte			*Shore-Härte* D

Schlagversuch

Probekörper:	(1)	
	(2)	*Herstellung*
	Zustand	*Vorbehandlung*

°C	°C	°C	*Probekörper-Form*

Schlagzähigkeit	kJ/m²
Kerbschlagzähigkeit (1)	kJ/m²
IZOD-Kerbschlagzähigkeit (2)	J/m
Kerbschlagzugzähigkeit	kJ/m²

Abrieb und Reibung

Taber-Abrieb (Reibradverfahren)	mm^3/100 U	
Abriebfaktor LNP (Thrust washer) Vergleichswert		
Statische Reibungszahl		
Dynamische Reibungszahl	$(p \cdot v =$ $N/mm^2 \cdot$	$m/min)$
Zulässiger p · v Wert	$N/mm^2 \cdot (m/min)$ $v =$	m/min
	$v =$	m/min

Thermische Eigenschaften

Formbeständigkeit in der Wärme	*Verfahren*		°C
	Verfahren		°C
Vicat Erweichungstemperatur (VST)	*Verfahren*	A/50	110 °C
	Verfahren		°C
Kristallit-Schmelzpunkt	*Verfahren*		
Längenausdehnungskoeffizient	*Bereich*	°C	$\cdot 10^{-4} K^{-1}$
	Temperatur		$\cdot 10^{-4} K^{-1}$
Wärmeleitfähigkeit	*Verfahren*		$W/(K \cdot m)$
Spezifische Wärmekapazität	*Verfahren*		$J/(K \cdot g)$
Glasumwandlungstemperatur	*Torsionsschwingungsversuch*	°C	
	Differentialkalorimetrie	°C	

Brandverhalten

UL-Test vertikal	*Dicke*	mm, Wert	
	Dicke	mm, Wert	

	Norm	*Bewertung*	*Abmessungen*
Sauerstoff-Index	ASTM D 2863		
Glühstab-Verfahren			
Brandverhalten	DIN 4102		
MVSS			
FAR			

Elektrische Eigenschaften

	Hz	°C	*Probekörper, Form*
Dielektrizitätszahl	50		
	10^3		
	10^6		
Dielektrischer Verlustfaktor tan δ	50		
	10^3		
	10^6		
Spezifischer Durchgangs-widerstand	$Ohm \cdot cm$		
Durchschlagfestigkeit	kV/mm		mm dick
Oberflächenwiderstand	Ohm		
Kriechstromfestigkeit	KC	KB	KA
Elektrolytische Korrosionswirkung			
Lichtbogenfestigkeit nach DIN			
nach ASTM	s		

Beständigkeit *(Chemische Beständigkeit siehe Anhang)*

Wasseraufnahme

Feuchtigkeitsaufnahme Normalklima   %
Wetterbeständigkeit

Spannungskorrosion

Optische Eigenschaften

Brechungszahl n_D
Transmissionsgrad τ_c %   mm dick
Lichtdurchlässigkeit

Datenbank-Nr. **T05171**	*Merkblatt-Nr.* **3639**

			PE
Produkt	Lineares Polyethylen niedriger Dichte		
Handelsname	**Lotrex FF 0904**		
Hersteller	CDF		
DIN-Bez 1	16776-PE,FGN,25-D012		
DIN-Bez 2			
Zusätze	Gleitmittel; Antiblockmittel	*Füllstoffe/ Verstärkung*	
Bevorzugte Verarbeitung	Extrudieren von Blasfolien	*Lieferform*	Granulat
		Farben	Natur
Besondere Merkmale		*Bevorzugte Anwendungen*	Sack; Beutel; Mehrschichtfolie; Schutzfolie

---

Dichte	g/cm³	0.925	*Schmelzindex*	g/10 min	0.9:	190/2.16
Schüttdichte	g/cm³		*Volumenfließindex*	cm³/10 min	:	
Viskositätszahl	ml/g					

Verarbeitungsbedingungen für Spritzgießen

Massetemp.	°C		*Schwindung*	%	lgs	quer
Werkzeugtemp.	°C		*Bemerkungen*			
Spritzdruck	bar					

Zugversuch 23 °C DIN 53455; DIN 53457

Probekörper:	Form	Folie 0.05 mm dick	Herstellung	Folienextrusion
	Zustand		Vorbehandlung	Normalklima

Streckspannung	N/mm²		*Dehnung bei Streckspannung*	%	
Zugfestigkeit	N/mm²		*Reißdehnung*	%	
Reißfestigkeit	N/mm²	31	*% Dehnspannung*	N/mm²	
E-Modul	N/mm²	250	*Dehnung bei % Dehnspg.*	%	

Kriechmoduln und Zeitstandwerte 23 °C

Probekörper:	Form	Herstellung
	Zustand	Vorbehandlung

Kriechmodul	1 min	N/mm²	*Zeitstandzugfestigkeit*	h N/mm²
Kriechmodul	1000 h	N/mm²	*Zeitdehnspg. %*	h N/mm²
bei Spannung		N/mm²		

Biegeversuch 23 °C

Probekörper:	Form	Herstellung
	Zustand	Vorbehandlung

Biegefestigkeit	N/mm²	*E-Modul*	N/mm²
3,5% Biegespannung	N/mm²		

Härte 23 °C

Probekörper:	Zustand	Herstellung
		Vorbehandlung

Kugeldruckhärte	N/mm²	bei	N, s	*Shore-Härte* A
Rockwellhärte				*Shore-Härte* D

Schlagversuch

Probekörper:	(1)		
	(2)	Herstellung	
	Zustand	Vorbehandlung	
°C	°C	°C	Probekörper-Form

Schlagzähigkeit	kJ/m²
Kerbschlagzähigkeit (1)	kJ/m²
IZOD-Kerbschlagzähigkeit (2)	J/m
Kerbschlagzugzähigkeit	kJ/m²

Abrieb und Reibung

Taber-Abrieb (Reibradverfahren)   mm³/100 U
Abriebfaktor LNP (Thrust washer) Vergleichswert
Statische Reibungszahl
Dynamische Reibungszahl   (p·v =   N/mm² ·   m/min)
Zulässiger p · v Wert   N/mm² · (m/min) v =   m/min
                                                                                   v =   m/min

Thermische Eigenschaften

Formbeständigkeit in der Wärme   Verfahren   °C
                                      Verfahren   °C
Vicat Erweichungstemperatur (VST)   Verfahren   A/50   110 °C
                                      Verfahren   °C
Kristallit-Schmelzpunkt   Verfahren

Längenausdehnungskoeffizient   Bereich   °C $\cdot 10^{-4} K^{-1}$
                                      Temperatur $\cdot 10^{-4} K^{-1}$
Wärmeleitfähigkeit   Verfahren   W/(K · m)

Spezifische Wärmekapazität   Verfahren   J/(K · g)

Glasumwandlungstemperatur   Torsionsschwingungsversuch   °C
                                      Differentialkalorimetrie   °C

Brandverhalten

UL-Test vertikal   Dicke   mm, Wert
                                      Dicke   mm, Wert

	Norm	Bewertung		Abmessungen
Sauerstoff-Index	ASTM D 2863			
Glühstab-Verfahren				
Brandverhalten	DIN 4102			
MVSS				
FAR				

Elektrische Eigenschaften

	Hz	°C		Probekörper, Form
Dielektrizitätszahl	50			
	10^3			
	10^6			
Dielektrischer Verlustfaktor tan δ	50			
	10^3			
	10^6			

Spezifischer Durchgangs-
   widerstand   Ohm · cm
Durchschlagfestigkeit   kV/mm   mm dick
Oberflächenwiderstand   Ohm

Kriechstromfestigkeit   KC   KB   KA
Elektrolytische Korrosionswirkung
Lichtbogenfestigkeit nach DIN
              nach ASTM   s

Beständigkeit (Chemische Beständigkeit siehe Anhang)

Wasseraufnahme

Feuchtigkeitsaufnahme Normalklima   %
Wetterbeständigkeit

Spannungskorrosion

Optische Eigenschaften

Brechungszahl n_D
Transmissionsgrad τ_c %   mm dick
Lichtdurchlässigkeit

Produkt	Lineares Polyethylen mittlerer Dichte	**PE**
Handelsname	**Lotrex FG 1500**	
Hersteller	CDF	
DIN-Bez 1	16776-PE,FGN,35-D012	
DIN-Bez 2		

Zusätze	Verarbeitungshilfsmittel	*Füllstoffe/ Verstärkung*	
Bevorzugte Verarbeitung	Extrudieren von Blasfolien	*Lieferform*	Granulat
		Farben	Natur
Besondere Merkmale	Hochtemperaturbestaendig	*Bevorzugte Anwendungen*	Beutel; Kochbeutel; Mehrschichtfolie; Netz

---

Dichte	g/cm^3	0.935	*Schmelzindex*	g/10 min	1.5: 190/2.16
Schüttdichte	g/cm^3		*Volumenfließindex*	cm^3/10 min	:
Viskositätszahl	ml/g				

Verarbeitungsbedingungen für Spritzgießen

Massetemp.	°C		*Schwindung*	%	lgs , quer
Werkzeugtemp.	°C		*Bemerkungen*		
Spritzdruck	bar				

Zugversuch 23 °C DIN 53455; DIN 53457

	Probekörper:	*Form*	Folie 0.05 mm dick	*Herstellung* Folienextrusion
		Zustand		*Vorbehandlung* Normalklima

Streckspannung	N/mm^2	*Dehnung bei Streckspannung*	%
Zugfestigkeit	N/mm^2	*Reißdehnung*	%
Reißfestigkeit	N/mm^2 21	% *Dehnspannung*	N/mm^2
E-Modul	N/mm^2 380	*Dehnung bei* % *Dehnspg.*	%

Kriechmoduln und Zeitstandwerte 23 °C

	Probekörper:	*Form*	*Herstellung*
		Zustand	*Vorbehandlung*

Kriechmodul	1 min N/mm^2	*Zeitstandzugfestigkeit*	h N/mm^2
Kriechmodul	1000 h N/mm^2	*Zeitdehnspg.* %	h N/mm^2
bei Spannung	N/mm^2		

Biegeversuch 23 °C

	Probekörper:	*Form*	*Herstellung*
		Zustand	*Vorbehandlung*

Biegefestigkeit	N/mm^2	*E-Modul*	N/mm^2
3,5% Biegespannung	N/mm^2		

Härte 23 °C *Probekörper:* *Zustand*   *Herstellung* *Vorbehandlung*

Kugeldruckhärte	N/mm^2	bei N, s	*Shore-Härte* A	
Rockwellhärte			*Shore-Härte* D	

Schlagversuch *Probekörper:* (1) (2) *Zustand*   *Herstellung* *Vorbehandlung*

°C	°C	°C	*Probekörper-Form*

Schlagzähigkeit	kJ/m^2
Kerbschlagzähigkeit (1)	kJ/m^2
IZOD-Kerbschlagzähigkeit (2)	J/m
Kerbschlagzugzähigkeit	kJ/m^2

Abrieb und Reibung

Taber-Abrieb (Reibradverfahren)	mm^3/100 U	
Abriebfaktor LNP (Thrust washer) Vergleichswert		
Statische Reibungszahl		
Dynamische Reibungszahl	$(p \cdot v =$ $N/mm^2 \cdot$ m/min)	
Zulässiger p · v Wert	$N/mm^2 \cdot$ (m/min) v = m/min	
	v = m/min	

Thermische Eigenschaften

Formbeständigkeit in der Wärme	*Verfahren*	°C
	Verfahren	°C
Vicat Erweichungstemperatur (VST)	*Verfahren* A/50	114 °C
	Verfahren	°C
Kristallit-Schmelzpunkt	*Verfahren*	
Längenausdehnungskoeffizient	*Bereich* °C	$\cdot 10^{-4} K^{-1}$
	Temperatur	$\cdot 10^{-4} K^{-1}$
Wärmeleitfähigkeit	*Verfahren*	$W/(K \cdot m)$
Spezifische Wärmekapazität	*Verfahren*	$J/(K \cdot g)$
Glasumwandlungstemperatur	*Torsionsschwingungsversuch*	°C
	Differentialkalorimetrie	°C

Brandverhalten

UL-Test vertikal	*Dicke* mm, Wert	
	Dicke mm, Wert	

	Norm	*Bewertung*	*Abmessungen*
Sauerstoff-Index	ASTM D 2863		
Glühstab-Verfahren			
Brandverhalten	DIN 4102		
MVSS			
FAR			

Elektrische Eigenschaften

	Hz	°C	*Probekörper, Form*
Dielektrizitätszahl	50		
	10^3		
	10^6		
Dielektrischer Verlustfaktor tan δ	50		
	10^3		
	10^6		
Spezifischer Durchgangs-			
widerstand	Ohm · cm		
Durchschlagfestigkeit	kV/mm		mm dick
Oberflächenwiderstand	Ohm		
Kriechstromfestigkeit	KC	KB	KA
Elektrolytische Korrosionswirkung			
Lichtbogenfestigkeit nach DIN			
nach ASTM s			

Beständigkeit *(Chemische Beständigkeit siehe Anhang)*

Wasseraufnahme	
Feuchtigkeitsaufnahme Normalklima	%
Wetterbeständigkeit	
Spannungskorrosion	

Optische Eigenschaften

Brechungszahl n_D		
Transmissionsgrad τ_c	%	mm dick
Lichtdurchlässigkeit		

		PE
Produkt	Lineares Polyethylen niedriger Dichte	
Handelsname	**Lotrex FG 2510**	
Hersteller	CDF	
DIN-Bez 1	16776-PE,FGN,20-D022	
DIN-Bez 2		

Zusätze		*Füllstoffe/ Verstärkung*	
Bevorzugte Verarbeitung	Extrudieren von Blasfolien	*Lieferform*	Granulat
		Farben	Natur
Besondere Merkmale		*Bevorzugte Anwendungen*	Einstellsack; Beutel; Muellbeutel

Dichte	g/cm^3	0.918	*Schmelzindex*	g/10 min	2:	190/2.16
Schüttdichte	g/cm^3		*Volumenfließindex*	cm^3/10 min	:	
Viskositätszahl	ml/g					

Verarbeitungsbedingungen für Spritzgießen

Massetemp.	°C	*Schwindung*	%	lgs	, quer
Werkzeugtemp.	°C	*Bemerkungen*			
Spritzdruck	bar				

Zugversuch 23 °C DIN 53455; DIN 53457

	Probekörper:	*Form*	Folie 0.05 mm dick	*Herstellung*	Folienextrusion
		Zustand		*Vorbehandlung*	Normalklima

Streckspannung	N/mm^2		*Dehnung bei Streckspannung*	%	
Zugfestigkeit	N/mm^2		*Reißdehnung*	%	
Reißfestigkeit	N/mm^2	26	*% Dehnspannung*	N/mm^2	
E-Modul	N/mm^2	140	*Dehnung bei % Dehnspg.*	%	

Kriechmoduln und Zeitstandwerte 23 °C

	Probekörper:	*Form*	*Herstellung*
		Zustand	*Vorbehandlung*

Kriechmodul	1 min	N/mm^2	*Zeitstandzugfestigkeit*	h	N/mm^2
Kriechmodul	1000 h	N/mm^2	*Zeitdehnspg. %*	h	N/mm^2
bei Spannung		N/mm^2			

Biegeversuch 23 °C

	Probekörper:	*Form*	*Herstellung*
		Zustand	*Vorbehandlung*

Biegefestigkeit	N/mm^2	*E-Modul*	N/mm^2
3,5% Biegespannung	N/mm^2		

Härte 23 °C   *Probekörper:* *Zustand*   *Herstellung* / *Vorbehandlung*

Kugeldruckhärte	N/mm^2	bei	N, s	*Shore-Härte* A
Rockwellhärte				*Shore-Härte* D

Schlagversuch

	Probekörper:	*(1)*	*Herstellung*
		(2)	*Vorbehandlung*
		Zustand	

°C	°C	°C	*Probekörper-Form*

Schlagzähigkeit	kJ/m^2
Kerbschlagzähigkeit (1)	kJ/m^2
IZOD-Kerbschlagzähigkeit (2)	J/m
Kerbschlagzugzähigkeit	kJ/m^2

Abrieb und Reibung

Taber-Abrieb (Reibradverfahren)	mm³/100 U	
Abriebfaktor LNP (Thrust washer) Vergleichswert		
Statische Reibungszahl		
Dynamische Reibungszahl	(p·v = N/mm² · m/min)	
Zulässiger p·v Wert	N/mm² · (m/min) v = m/min	
	v = m/min	

Thermische Eigenschaften

Formbeständigkeit in der Wärme	*Verfahren*		°C
	Verfahren		°C
Vicat Erweichungstemperatur (VST)	*Verfahren*	A/50	95 °C
	Verfahren		°C
Kristallit-Schmelzpunkt	*Verfahren*		
Längenausdehnungskoeffizient	*Bereich* °C		$\cdot 10^{-4}\mathrm{K}^{-1}$
	Temperatur		$\cdot 10^{-4}\mathrm{K}^{-1}$
Wärmeleitfähigkeit	*Verfahren*		W/(K·m)
Spezifische Wärmekapazität	*Verfahren*		J/(K·g)
Glasumwandlungstemperatur	*Torsionsschwingungsversuch*		°C
	Differentialkalorimetrie		°C

Brandverhalten

UL-Test vertikal		*Dicke* mm, Wert	
		Dicke mm, Wert	

	Norm	*Bewertung*	*Abmessungen*
Sauerstoff-Index	ASTM D 2863		
Glühstab-Verfahren			
Brandverhalten	DIN 4102		
MVSS			
FAR			

Elektrische Eigenschaften

	Hz	°C	*Probekörper, Form*
Dielektrizitätszahl	50		
	10^3		
	10^6		
Dielektrischer Verlustfaktor tan δ	50		
	10^3		
	10^6		
Spezifischer Durchgangs-widerstand	Ohm·cm		
Durchschlagfestigkeit	kV/mm		mm dick
Oberflächenwiderstand	Ohm		

Kriechstromfestigkeit	KC	KB	KA
Elektrolytische Korrosionswirkung			
Lichtbogenfestigkeit nach DIN			
nach ASTM s			

Beständigkeit *(Chemische Beständigkeit siehe Anhang)*

Wasseraufnahme	
Feuchtigkeitsaufnahme Normalklima	%
Wetterbeständigkeit	
Spannungskorrosion	

Optische Eigenschaften

Brechungszahl n_D		
Transmissionsgrad τ_c	%	mm dick
Lichtdurchlässigkeit		

Produkt	Lineares Polyethylen niedriger Dichte	**PE**
Handelsname	**Lotrex LC 2500**	
Hersteller	CDF	
DIN-Bez 1	16776-PE,FGN,15-D022	
DIN-Bez 2		

Zusätze		*Füllstoffe/ Verstärkung*	
Bevorzugte Verarbeitung	Extrudieren von Flachfolien	*Lieferform*	Granulat
		Farben	Natur
Besondere Merkmale		*Bevorzugte Anwendungen*	Mehrschichtfolie fuer Verpackung

---

Dichte	g/cm^3	0.917	*Schmelzindex* g/10 min	2.5: 190/2.16
Schüttdichte	g/cm^3		*Volumenfließindex* cm^3/10 min	:
Viskositätszahl	ml/g			

Verarbeitungsbedingungen für Spritzgießen

Massetemp.	°C		*Schwindung* %	lgs , quer
Werkzeugtemp.	°C		*Bemerkungen*	
Spritzdruck	bar			

Zugversuch 23 °C　DIN 53455; DIN 53457

Probekörper:	Form	Folie 0.023 mm dick	*Herstellung*	Folienextrusion
	Zustand		*Vorbehandlung*	Normalklima

Streckspannung	N/mm^2		*Dehnung bei Streckspannung*	%
Zugfestigkeit	N/mm^2		*Reißdehnung*	%
Reißfestigkeit	N/mm^2	25	% *Dehnspannung*	N/mm^2
E-Modul	N/mm^2	130	*Dehnung bei* % *Dehnspg.*	%

Kriechmoduln und Zeitstandwerte 23 °C

Probekörper:	Form	*Herstellung*	
	Zustand	*Vorbehandlung*	

Kriechmodul	1 min N/mm^2	*Zeitstandzugfestigkeit*	h N/mm^2
Kriechmodul	1000 h N/mm^2	*Zeitdehnspg.* %	h N/mm^2
bei Spannung	N/mm^2		

Biegeversuch 23 °C

Probekörper:	Form	*Herstellung*	
	Zustand	*Vorbehandlung*	

Biegefestigkeit	N/mm^2	*E-Modul*	N/mm^2
3,5% Biegespannung	N/mm^2		

Härte 23 °C

Probekörper:	Zustand	*Herstellung*	
		Vorbehandlung	

Kugeldruckhärte	N/mm^2	bei N, s	*Shore-Härte* A
Rockwellhärte			*Shore-Härte* D

Schlagversuch

Probekörper:	(1)		
	(2)	*Herstellung*	
	Zustand	*Vorbehandlung*	
	°C	°C	°C	*Probekörper-Form*

Schlagzähigkeit	kJ/m^2	
Kerbschlagzähigkeit (1)	kJ/m^2	
IZOD-Kerbschlagzähigkeit (2)	J/m	
Kerbschlagzugzähigkeit	kJ/m^2	

Abrieb und Reibung

Taber-Abrieb (Reibradverfahren)   mm³/100 U
Abriebfaktor LNP (Thrust washer) Vergleichswert
Statische Reibungszahl
Dynamische Reibungszahl   (p · v =   N/mm² ·   m/min)
Zulässiger p · v Wert   N/mm² · (m/min)   v =   m/min
                                                                        v =   m/min

Thermische Eigenschaften

Formbeständigkeit in der Wärme   *Verfahren*   °C
                                      Verfahren   °C
Vicat Erweichungstemperatur (VST)   *Verfahren* A/50   95 °C
                                      Verfahren   °C
Kristallit-Schmelzpunkt   *Verfahren*

Längenausdehnungskoeffizient   *Bereich*   °C   · 10⁻⁴K⁻¹
                                      Temperatur   · 10⁻⁴K⁻¹
Wärmeleitfähigkeit   *Verfahren*   W/(K · m)

Spezifische Wärmekapazität   *Verfahren*   J/(K · g)

Glasumwandlungstemperatur   *Torsionsschwingungsversuch*   °C
                                      Differentialkalorimetrie   °C

Brandverhalten

UL-Test vertikal   Dicke   mm, Wert
                                      Dicke   mm, Wert

              Norm   *Bewertung*   *Abmessungen*

Sauerstoff-Index   ASTM D 2863
Glühstab-Verfahren
Brandverhalten   DIN 4102
MVSS
FAR

Elektrische Eigenschaften

                                      Hz   °C   *Probekörper, Form*

Dielektrizitätszahl   50
                                      10³
                                      10⁶
Dielektrischer Verlustfaktor tan δ 50
                                      10³
                                      10⁶
Spezifischer Durchgangs-
*   widerstand*   Ohm · cm
Durchschlagfestigkeit kV/mm   mm dick
Oberflächenwiderstand Ohm

Kriechstromfestigkeit   KC   KB   KA
Elektrolytische Korrosionswirkung
Lichtbogenfestigkeit nach DIN
              nach ASTM   s

Beständigkeit *(Chemische Beständigkeit siehe Anhang)*

Wasseraufnahme

Feuchtigkeitsaufnahme Normalklima   %
Wetterbeständigkeit

Spannungskorrosion

Optische Eigenschaften

Brechungszahl n_D
Transmissionsgrad τ_c   %   mm dick
Lichtdurchlässigkeit

| *Datenbank-Nr.* | **T05175** | *Merkblatt-Nr.* **3643** |

Produkt	Lineares Polyethylen mittlerer Dichte	**PE**
Handelsname	**Lotrex LG 0410**	
Hersteller	CDF	
DIN-Bez 1	16776-PE,FGN,40-D045	
DIN-Bez 2		

Zusätze		*Füllstoffe/ Verstärkung*		
Bevorzugte Verarbeitung	Extrudieren von Flachfolien	*Lieferform*	Granulat	
		Farben	Natur	
Besondere Merkmale	Steif	*Bevorzugte Anwendungen*	Folie fuer Lebensmittelverpackung	

Dichte	g/cm^3	0.939	*Schmelzindex*	g/10 min	4:	190/2.16
Schüttdichte	g/cm^3		*Volumenfließindex*	cm^3/10 min	:	
Viskositätszahl	ml/g					

Verarbeitungsbedingungen für Spritzgießen

Massetemp.	°C		*Schwindung*	%	lgs , quer
Werkzeugtemp.	°C		*Bemerkungen*		
Spritzdruck	bar				

Zugversuch 23 °C DIN 53455; DIN 53457

	Probekörper:	*Form*	Folie 0.023 mm dick	*Herstellung*	Folienextrusion
		Zustand		*Vorbehandlung*	Normalklima
Streckspannung	N/mm^2		*Dehnung bei Streckspannung*	%	
Zugfestigkeit	N/mm^2		*Reißdehnung*	%	
Reißfestigkeit	N/mm^2 22		% *Dehnspannung*	N/mm^2	
E-Modul	N/mm^2 240		*Dehnung bei* % *Dehnspg.*	%	

Kriechmoduln und Zeitstandwerte 23 °C

	Probekörper:	*Form*		*Herstellung*	
		Zustand		*Vorbehandlung*	
Kriechmodul	1 min N/mm^2		*Zeitstandzugfestigkeit*	h N/mm^2	
Kriechmodul	1000 h N/mm^2		*Zeitdehnspg.* %	h N/mm^2	
bei Spannung	N/mm^2				

Biegeversuch 23 °C

	Probekörper:	*Form*	*Herstellung*	
		Zustand	*Vorbehandlung*	
Biegefestigkeit	N/mm^2		*E-Modul*	N/mm^2
3,5% Biegespannung	N/mm^2			

Härte 23 °C

	Probekörper:	*Zustand*	*Herstellung*	
			Vorbehandlung	
Kugeldruckhärte	N/mm^2	bei N, s	*Shore-Härte* A	
Rockwellhärte			*Shore-Härte* D	

Schlagversuch

	Probekörper:	*(1)*		
		(2)	*Herstellung*	
		Zustand	*Vorbehandlung*	
	°C	°C	°C	*Probekörper-Form*
Schlagzähigkeit	kJ/m^2			
Kerbschlagzähigkeit (1)	kJ/m^2			
IZOD-Kerbschlagzähigkeit (2)	J/m			
Kerbschlagzugzähigkeit	kJ/m^2			

Abrieb und Reibung

Taber-Abrieb (Reibradverfahren) mm³/100 U
Abriebfaktor LNP (Thrust washer) Vergleichswert
Statische Reibungszahl
Dynamische Reibungszahl (p · v = N/mm² · m/min)
Zulässiger p · v Wert N/mm² · (m/min) v = m/min
v = m/min

Thermische Eigenschaften

Formbeständigkeit in der Wärme Verfahren °C
Verfahren °C
Vicat Erweichungstemperatur (VST) Verfahren A/50 118 °C
Verfahren °C
Kristallit-Schmelzpunkt Verfahren

Längenausdehnungskoeffizient Bereich °C $\cdot 10^{-4}\,\mathrm{K}^{-1}$
Temperatur $\cdot 10^{-4}\,\mathrm{K}^{-1}$
Wärmeleitfähigkeit Verfahren W/(K · m)

Spezifische Wärmekapazität Verfahren J/(K · g)

Glasumwandlungstemperatur Torsionsschwingungsversuch °C
Differentialkalorimetrie °C

Brandverhalten

UL-Test vertikal Dicke mm, Wert
Dicke mm, Wert

	Norm	Bewertung	Abmessungen
Sauerstoff-Index	ASTM D 2863		
Glühstab-Verfahren			
Brandverhalten	DIN 4102		
MVSS			
FAR			

Elektrische Eigenschaften

	Hz	°C	Probekörper, Form
Dielektrizitätszahl	50		
	10^3		
	10^6		
Dielektrischer Verlustfaktor tan δ	50		
	10^3		
	10^6		

Spezifischer Durchgangs-
widerstand Ohm · cm
Durchschlagfestigkeit kV/mm mm dick
Oberflächenwiderstand Ohm

Kriechstromfestigkeit KC KB KA
Elektrolytische Korrosionswirkung
Lichtbogenfestigkeit nach DIN
nach ASTM s

Beständigkeit *(Chemische Beständigkeit siehe Anhang)*

Wasseraufnahme

Feuchtigkeitsaufnahme Normalklima %
Wetterbeständigkeit

Spannungskorrosion

Optische Eigenschaften

Brechungszahl n_D
Transmissionsgrad τ_c % mm dick
Lichtdurchlässigkeit

PE

Produkt	Lineares Polyethylen niedriger Dichte
Handelsname	**Lotrex LF 0440**
Hersteller	CDF
DIN-Bez 1	16776-PE,FGN,25-D045
DIN-Bez 2	
Zusätze	

Füllstoffe/ Verstärkung

Bevorzugte Verarbeitung	Extrudieren von Flachfolien	*Lieferform*	Granulat
		Farben	Natur
Besondere Merkmale		*Bevorzugte Anwendungen*	Verpackungsfolie

---

Dichte	g/cm³	0.923	*Schmelzindex*	g/10 min	4: 190/2.16
Schüttdichte	g/cm³		*Volumenfließindex*	cm³/10 min	:
Viskositätszahl	ml/g				

Verarbeitungsbedingungen für Spritzgießen

Massetemp.	°C		*Schwindung*	%	lgs , quer
Werkzeugtemp.	°C		*Bemerkungen*		
Spritzdruck	bar				

Zugversuch 23 °C DIN 53455; DIN 53457

Probekörper:	*Form*	Folie 0.023 mm dick	*Herstellung*	Folienextrusion
	Zustand		*Vorbehandlung*	Normalklima

Streckspannung	N/mm²		*Dehnung bei Streckspannung*	%
Zugfestigkeit	N/mm²		*Reißdehnung*	%
Reißfestigkeit	N/mm²	23	*% Dehnspannung*	N/mm²
E-Modul	N/mm²	150	*Dehnung bei % Dehnspg.*	%

Kriechmoduln und Zeitstandwerte 23 °C

Probekörper:	*Form*	*Herstellung*	
	Zustand	*Vorbehandlung*	

Kriechmodul	1 min N/mm²	*Zeitstandzugfestigkeit*	h N/mm²
Kriechmodul	1000 h N/mm²	*Zeitdehnspg. %*	h N/mm²
bei Spannung	N/mm²		

Biegeversuch 23 °C

Probekörper·	*Form*	*Herstellung*	
	Zustand	*Vorbehandlung*	

Biegefestigkeit	N/mm²	*E-Modul*	N/mm²
3,5% Biegespannung	N/mm²		

Härte 23 °C

Probekörper:	*Zustand*	*Herstellung*	
		Vorbehandlung	

Kugeldruckhärte	N/mm²	bei N, s	*Shore-Härte* A
Rockwellhärte			*Shore-Härte* D

Schlagversuch

Probekörper:	*(1)*		
	(2)	*Herstellung*	
	Zustand	*Vorbehandlung*	

°C	°C	°C	*Probekörper-Form*

Schlagzähigkeit	kJ/m²
Kerbschlagzähigkeit (1)	kJ/m²
IZOD-Kerbschlagzähigkeit (2)	J/m
Kerbschlagzugzähigkeit	kJ/m²

Abrieb und Reibung

Taber-Abrieb (Reibradverfahren)   mm³/100 U
Abriebfaktor LNP (Thrust washer) Vergleichswert
Statische Reibungszahl
Dynamische Reibungszahl   (p·v =   N/mm² ·   m/min)
Zulässiger p · v Wert   N/mm² · (m/min)   v =   m/min
                                                                             v =   m/min

Thermische Eigenschaften

Formbeständigkeit in der Wärme   *Verfahren*   °C
                                          Verfahren   °C
Vicat Erweichungstemperatur (VST)   *Verfahren* A/50   104 °C
                                          Verfahren   °C
Kristallit-Schmelzpunkt   *Verfahren*

Längenausdehnungskoeffizient   *Bereich*   °C $\cdot 10^{-4} \mathrm{K}^{-1}$
                                          Temperatur $\cdot 10^{-4} \mathrm{K}^{-1}$
Wärmeleitfähigkeit   *Verfahren*   W/(K · m)

Spezifische Wärmekapazität   *Verfahren*   J/(K · g)

Glasumwandlungstemperatur   *Torsionsschwingungsversuch*   °C
                                          Differentialkalorimetrie   °C

Brandverhalten

UL-Test vertikal   Dicke   mm, Wert
                                          Dicke   mm, Wert

              Norm   *Bewertung*   *Abmessungen*

Sauerstoff-Index   ASTM D 2863
Glühstab-Verfahren
Brandverhalten   DIN 4102
MVSS
FAR

Elektrische Eigenschaften

                                          Hz   °C   *Probekörper, Form*

Dielektrizitätszahl   50
                                          10^3
                                          10^6
Dielektrischer Verlustfaktor tan δ   50
                                          10^3
                                          10^6
Spezifischer Durchgangs-
  widerstand   Ohm · cm
Durchschlagfestigkeit kV/mm   mm dick
Oberflächenwiderstand Ohm

Kriechstromfestigkeit   KC   KB   KA
Elektrolytische Korrosionswirkung
Lichtbogenfestigkeit nach DIN
                nach ASTM   s

Beständigkeit *(Chemische Beständigkeit siehe Anhang)*

Wasseraufnahme

Feuchtigkeitsaufnahme Normalklima   %
Wetterbeständigkeit

Spannungskorrosion

Optische Eigenschaften

Brechungszahl n$_\mathrm{D}$
Transmissionsgrad τ$_\mathrm{c}$ %   mm dick
Lichtdurchlässigkeit

Produkt	Lineares Polyethylen niedriger Dichte	**PE**
Handelsname	**Lotrex LC 2500**	
Hersteller	CDF	
DIN-Bez 1	16776-PE,FGN,15-D022	
DIN-Bez 2		

Zusätze		*Füllstoffe/ Verstärkung*	
Bevorzugte Verarbeitung	Extrudieren von Flachfolien	*Lieferform*	Granulat
		Farben	Natur
Besondere Merkmale		*Bevorzugte Anwendungen*	Flachfolie fuer Palettenumhuellung

Dichte	g/cm^3	0.917	*Schmelzindex*	g/10 min	2.5: 190/2.16
Schüttdichte	g/cm^3		*Volumenfließindex*	cm^3/10 min	:
Viskositätszahl	ml/g				

Verarbeitungsbedingungen für Spritzgießen

Massetemp.	°C		*Schwindung*	%	lgs , quer
Werkzeugtemp.	°C		*Bemerkungen*		
Spritzdruck	bar				

Zugversuch 23 °C   DIN 53455; DIN 53457

	Probekörper:	*Form*	Folie 0.023 mm dick	*Herstellung* Folienextrusion
		Zustand		*Vorbehandlung* Normalklima

Streckspannung	N/mm^2		*Dehnung bei Streckspannung*	%
Zugfestigkeit	N/mm^2		*Reißdehnung*	%
Reißfestigkeit	N/mm^2	25	*% Dehnspannung*	N/mm^2
E-Modul	N/mm^2	130	*Dehnung bei % Dehnspg.*	%

Kriechmoduln und Zeitstandwerte 23 °C

	Probekörper:	*Form*		*Herstellung*
		Zustand		*Vorbehandlung*

Kriechmodul	1 min N/mm^2	*Zeitstandzugfestigkeit*	h N/mm^2
Kriechmodul	1000 h N/mm^2	*Zeitdehnspg. %*	h N/mm^2
bei Spannung	N/mm^2		

Biegeversuch 23 °C

	Probekörper:	*Form*		*Herstellung*
		Zustand		*Vorbehandlung*

Biegefestigkeit	N/mm^2	*E-Modul*	N/mm^2
3,5% Biegespannung	N/mm^2		

Härte 23 °C   *Probekörper:* *Zustand*   *Herstellung* / *Vorbehandlung*

Kugeldruckhärte	N/mm^2 bei N, s	*Shore-Härte*	A
Rockwellhärte		*Shore-Härte*	D

Schlagversuch

Probekörper:	(1)	
	(2)	*Herstellung*
	Zustand	*Vorbehandlung*
°C	°C	°C *Probekörper-Form*

Schlagzähigkeit	kJ/m^2
Kerbschlagzähigkeit (1)	kJ/m^2
IZOD-Kerbschlagzähigkeit (2)	J/m
Kerbschlagzugzähigkeit	kJ/m^2

Abrieb und Reibung

Taber-Abrieb (Reibradverfahren)   mm³/100 U
Abriebfaktor LNP (Thrust washer) Vergleichswert
Statische Reibungszahl
Dynamische Reibungszahl $(p \cdot v = \qquad N/mm^2 \cdot \qquad m/min)$
Zulässiger p · v Wert $N/mm^2 \cdot$ (m/min)   v =   m/min
                                                                                         v =   m/min

Thermische Eigenschaften

Formbeständigkeit in der Wärme   Verfahren   °C
                                            Verfahren   °C
Vicat Erweichungstemperatur (VST)   Verfahren   A/50   95 °C
                                            Verfahren   °C
Kristallit-Schmelzpunkt   Verfahren

Längenausdehnungskoeffizient   Bereich   °C $\cdot 10^{-4} K^{-1}$
                                            Temperatur $\cdot 10^{-4} K^{-1}$
Wärmeleitfähigkeit   Verfahren $W/(K \cdot m)$

Spezifische Wärmekapazität   Verfahren $J/(K \cdot g)$

Glasumwandlungstemperatur   Torsionsschwingungsversuch   °C
                                            Differentialkalorimetrie   °C

Brandverhalten

UL-Test vertikal   Dicke   mm, Wert
                                            Dicke   mm, Wert

                     Norm   Bewertung   Abmessungen

Sauerstoff-Index   ASTM D 2863
Glühstab-Verfahren
Brandverhalten   DIN 4102
MVSS
FAR

Elektrische Eigenschaften

                                            Hz   °C   Probekörper, Form

Dielektrizitätszahl   50
                                            10^3
                                            10^6
Dielektrischer Verlustfaktor tan δ   50
                                            10^3
                                            10^6

Spezifischer Durchgangs-
     widerstand   Ohm · cm
Durchschlagfestigkeit   kV/mm   mm dick
Oberflächenwiderstand   Ohm

Kriechstromfestigkeit   KC   KB   KA
Elektrolytische Korrosionswirkung
Lichtbogenfestigkeit nach DIN
             nach ASTM   s

Beständigkeit (Chemische Beständigkeit siehe Anhang)

Wasseraufnahme

Feuchtigkeitsaufnahme Normalklima   %
Wetterbeständigkeit

Spannungskorrosion

Optische Eigenschaften

Brechungszahl n_D
Transmissionsgrad τ_c %   mm dick
Lichtdurchlässigkeit

Produkt	Lineares Polyethylen niedriger Dichte	**PE**
Handelsname	**Lotrex FC 1219**	
Hersteller	CDF	
DIN-Bez 1	16776-PE,FGN,15-D012	
DIN-Bez 2		

Zusätze Klebemittel   *Füllstoffe/*
                                                    Verstärkung

Bevorzugte Extrudieren von Blasfolien   *Lieferform* Granulat
Verarbeitung
                                                    Farben Natur

Besondere Klebend   *Bevorzugte* Schlauchfolie fuer industrielle Bande-
Merkmale   *Anwendungen* roliermaschinen

Dichte g/cm^3 0.916   *Schmelzindex* g/10 min 1.2: 190/2.16
Schüttdichte g/cm^3 *Volumenfließindex* cm^3/10 min :
Viskositätszahl ml/g

Verarbeitungsbedingungen für Spritzgießen
Massetemp. °C   *Schwindung* % lgs , quer
Werkzeugtemp. °C   *Bemerkungen*
Spritzdruck bar

Zugversuch 23 °C   DIN 53455; DIN 53457
Probekörper: *Form* Folie 0.023 mm dick   *Herstellung* Folienextrusion
                Zustand   *Vorbehandlung* Normalklima

Streckspannung N/mm^2 *Dehnung bei Streckspannung* %
Zugfestigkeit N/mm^2 *Reißdehnung* %
Reißfestigkeit N/mm^2 30   *% Dehnspannung* N/mm^2
E-Modul N/mm^2 160   *Dehnung bei* *% Dehnspg.* %

Kriechmoduln und Zeitstandwerte 23 °C
Probekörper: *Form*   *Herstellung*
                Zustand   *Vorbehandlung*

Kriechmodul *1 min* N/mm^2 *Zeitstandzugfestigkeit* h N/mm^2
Kriechmodul *1000 h* N/mm^2 *Zeitdehnspg.* % h N/mm^2
bei Spannung N/mm^2

Biegeversuch 23 °C
Probekörper: *Form*   *Herstellung*
                Zustand   *Vorbehandlung*

Biegefestigkeit N/mm^2 *E-Modul* N/mm^2
3,5% Biegespannung N/mm^2

Härte 23 °C   *Probekörper:* *Zustand*   *Herstellung*
                                                   Vorbehandlung

Kugeldruckhärte N/mm^2 bei N, s   *Shore-Härte* A
Rockwellhärte   *Shore-Härte* D

Schlagversuch   *Probekörper:* *(1)*
                                    (2)   *Herstellung*
                                    Zustand   *Vorbehandlung*

                    °C   °C   °C   *Probekörper-Form*

Schlagzähigkeit kJ/m^2
Kerbschlagzähigkeit (1) kJ/m^2
IZOD-Kerbschlagzähigkeit (2) J/m
Kerbschlagzugzähigkeit kJ/m^2

Abrieb und Reibung

Taber-Abrieb (Reibradverfahren)　　　　　　　　　　mm³/100 U
Abriebfaktor LNP (Thrust washer) Vergleichswert
Statische Reibungszahl
Dynamische Reibungszahl　　　　　　　　　　　　(p · v =　　　N/mm² ·　　　m/min)
Zulässiger p · v Wert　　　　　　　　　　　　　　N/mm² · (m/min)　v =　　　m/min
　　　　　　　　　　　　　　　　　　　　　　　　　　　　　　　　　v =　　　m/min

Thermische Eigenschaften

Formbeständigkeit in der Wärme　　　*Verfahren*　　　　　　　　　　　　　　　　　°C
　　　　　　　　　　　　　　　　　　　Verfahren　　　　　　　　　　　　　　　　　°C
Vicat Erweichungstemperatur (VST)　*Verfahren*　A/50　　　　　　　　　　　　99 °C
　　　　　　　　　　　　　　　　　　　Verfahren　　　　　　　　　　　　　　　　　°C
Kristallit-Schmelzpunkt　　　　　　　*Verfahren*

Längenausdehnungskoeffizient　　　　*Bereich*　　　　　　°C　　　　　　　　· 10⁻⁴K⁻¹
　　　　　　　　　　　　　　　　　　　Temperatur　　　　　　　　　　　　　· 10⁻⁴K⁻¹
Wärmeleitfähigkeit　　　　　　　　　　*Verfahren*　　　　　　　　　　　　　W/(K · m)

Spezifische Wärmekapazität　　　　　　*Verfahren*　　　　　　　　　　　　　J/(K · g)

Glasumwandlungstemperatur　　　　　　*Torsionsschwingungsversuch*　　　　°C
　　　　　　　　　　　　　　　　　　　Differentialkalorimetrie　　　　　　　　°C

Brandverhalten

UL-Test vertikal　　　　　　　　　　　*Dicke*　　mm, Wert
　　　　　　　　　　　　　　　　　　　Dicke　　mm, Wert

　　　　　　　Norm　　　　　　*Bewertung*　　　　　　　　　　　　*Abmessungen*

Sauerstoff-Index　ASTM D 2863
Glühstab-Verfahren
Brandverhalten　　DIN 4102
MVSS
FAR

Elektrische Eigenschaften

　　　　　　　　　　　　　　　Hz　　　°C　　　　　　　　　　　*Probekörper, Form*

Dielektrizitätszahl　　　　　　50
　　　　　　　　　　　　　　　10³
　　　　　　　　　　　　　　　10⁶
Dielektrischer Verlustfaktor tan δ　50
　　　　　　　　　　　　　　　10³
　　　　　　　　　　　　　　　10⁶
Spezifischer Durchgangs-
　widerstand　　　　　Ohm · cm
Durchschlagfestigkeit　kV/mm　　　　　　　　　　　　　　　mm dick
Oberflächenwiderstand　Ohm

Kriechstromfestigkeit　　　　　KC　　　　　KB　　　　　KA
Elektrolytische Korrosionswirkung
Lichtbogenfestigkeit nach DIN
　　　　　　nach ASTM　　s

Beständigkeit *(Chemische Beständigkeit siehe Anhang)*

Wasseraufnahme

Feuchtigkeitsaufnahme Normalklima　　　　　　　　　　　　　　　　　　　%
Wetterbeständigkeit

Spannungskorrosion

Optische Eigenschaften

Brechungszahl n_D
Transmissionsgrad τ_c　　　%　　　　　　　mm dick
Lichtdurchlässigkeit

Produkt	Lineares Polyethylen niedriger Dichte	**PE**
Handelsname	**Lotrex FC 1029**	
Hersteller	CDF	
DIN-Bez 1	16776-PE,FGN,20-D012	
DIN-Bez 2		

Zusätze	Klebemittel	*Füllstoffe/ Verstärkung*	
Bevorzugte Verarbeitung	Extrudieren von Blasfolien	*Lieferform*	Granulat
		Farben	Natur
Besondere Merkmale	Klebend	*Bevorzugte Anwendungen*	Schlauchfolie fuer Verpackung

Dichte	g/cm³	0.920	*Schmelzindex*	g/10 min	1 : 190/2.16
Schüttdichte	g/cm³		*Volumenfließindex*	cm³/10 min	:
Viskositätszahl	ml/g				

Verarbeitungsbedingungen für Spritzgießen

Massetemp.	°C		*Schwindung*	%	lgs , quer
Werkzeugtemp.	°C		*Bemerkungen*		
Spritzdruck	bar				

Zugversuch 23 °C DIN 53455; DIN 53457

	Probekörper:	*Form*	Folie 0.023 mm dick	*Herstellung* Folienextrusion
		Zustand		*Vorbehandlung* Normalklima
Streckspannung	N/mm²		*Dehnung bei Streckspannung*	%
Zugfestigkeit	N/mm²		*Reißdehnung*	%
Reißfestigkeit	N/mm² 30		*% Dehnspannung*	N/mm²
E-Modul	N/mm² 180		*Dehnung bei % Dehnspg.*	%

Kriechmoduln und Zeitstandwerte 23 °C

	Probekörper:	*Form*		*Herstellung*
		Zustand		*Vorbehandlung*
Kriechmodul	1 min N/mm²		*Zeitstandzugfestigkeit*	h N/mm²
Kriechmodul	1000 h N/mm²		*Zeitdehnspg. %*	h N/mm²
bei Spannung	N/mm²			

Biegeversuch 23 °C

	Probekörper:	*Form*		*Herstellung*
		Zustand		*Vorbehandlung*
Biegefestigkeit	N/mm²		*E-Modul*	N/mm²
3,5% Biegespannung	N/mm²			

Härte 23 °C

	Probekörper:	*Zustand*		*Herstellung*
				Vorbehandlung
Kugeldruckhärte	N/mm²	bei N, s	*Shore-Härte* A
Rockwellhärte			*Shore-Härte* D

Schlagversuch

	Probekörper:	*(1)*		
		(2)		*Herstellung*
		Zustand		*Vorbehandlung*
		°C	°C	°C *Probekörper-Form*

Schlagzähigkeit	kJ/m²
Kerbschlagzähigkeit (1)	kJ/m²
IZOD-Kerbschlagzähigkeit (2)	J/m
Kerbschlagzugzähigkeit	kJ/m²

Abrieb und Reibung

Taber-Abrieb (Reibradverfahren)   mm³/100 U
Abriebfaktor LNP (Thrust washer) Vergleichswert
Statische Reibungszahl
Dynamische Reibungszahl   (p · v =   N/mm² ·   m/min)
Zulässiger p · v Wert   N/mm² · (m/min)   v =   m/min
                                                                    v =   m/min

Thermische Eigenschaften

Formbeständigkeit in der Wärme	*Verfahren*		°C
	Verfahren		°C
Vicat Erweichungstemperatur (VST)	*Verfahren*	A/50	99 °C
	Verfahren		°C
Kristallit-Schmelzpunkt	*Verfahren*		
Längenausdehnungskoeffizient	*Bereich*	°C	$\cdot\,10^{-4}\mathrm{K}^{-1}$
	Temperatur		$\cdot\,10^{-4}\mathrm{K}^{-1}$
Wärmeleitfähigkeit	*Verfahren*		W/(K · m)
Spezifische Wärmekapazität	*Verfahren*		J/(K · g)
Glasumwandlungstemperatur	*Torsionsschwingungsversuch*	°C	
	Differentialkalorimetrie	°C	

Brandverhalten

UL-Test vertikal   Dicke   mm, Wert
                                  Dicke   mm, Wert

	Norm	*Bewertung*	*Abmessungen*
Sauerstoff-Index	ASTM D 2863		
Glühstab-Verfahren			
Brandverhalten	DIN 4102		
MVSS			
FAR			

Elektrische Eigenschaften

	Hz	°C	*Probekörper, Form*
Dielektrizitätszahl	50		
	10^3		
	10^6		
Dielektrischer Verlustfaktor tan δ	50		
	10^3		
	10^6		

Spezifischer Durchgangs-
  widerstand   Ohm · cm
Durchschlagfestigkeit   kV/mm   mm dick
Oberflächenwiderstand   Ohm

Kriechstromfestigkeit   KC   KB   KA
Elektrolytische Korrosionswirkung
Lichtbogenfestigkeit nach DIN
          nach ASTM   s

Beständigkeit *(Chemische Beständigkeit siehe Anhang)*

Wasseraufnahme

Feuchtigkeitsaufnahme Normalklima   %
Wetterbeständigkeit

Spannungskorrosion

Optische Eigenschaften

Brechungszahl n$_\mathrm{D}$
Transmissionsgrad τ_c %   mm dick
Lichtdurchlässigkeit

| *Produkt* | Lineares Polyethylen mittlerer Dichte | | **PE** |

Handelsname   **Lotrex MG 2200**

Hersteller   CDF

DIN-Bez 1   16776-PE,MGN,40-D200
DIN-Bez 2   16776-PE,MCG,40-D200

Zusätze   *Füllstoffe/*
             Verstärkung

Bevorzugte   Spritzgiessen   *Lieferform*   Granulat
Verarbeitung

                               Farben   Natur; Standard

Besondere   Ausgeglichene Eigenschaften   *Bevorzugte*   Eimer; Deckel
Merkmale   *Anwendungen*

Dichte	g/cm^3	0.940		*Schmelzindex*	g/10 min	22:	190/2.16
Schüttdichte	g/cm^3			*Volumenfließindex*	cm^3/10 min	:	
Viskositätszahl	ml/g						

Verarbeitungsbedingungen für Spritzgießen

Massetemp.   °C   *Schwindung*   %   lgs   , quer
Werkzeugtemp.   °C   *Bemerkungen*
Spritzdruck   bar

Zugversuch 23 °C

         Probekörper: *Form*   *Herstellung*
                        Zustand   *Vorbehandlung*

Streckspannung   N/mm^2 *Dehnung bei Streckspannung*   %
Zugfestigkeit   N/mm^2 *Reißdehnung*   %
Reißfestigkeit   N/mm^2 *% Dehnspannung*   N/mm^2
E-Modul   N/mm^2 *Dehnung bei*   *% Dehnspg.*   %

Kriechmoduln und Zeitstandwerte 23 °C

         Probekörper: *Form*   *Herstellung*
                        Zustand   *Vorbehandlung*

Kriechmodul   1 min   N/mm^2 *Zeitstandzugfestigkeit*   h   N/mm^2
Kriechmodul   1000 h   N/mm^2 *Zeitdehnspg. %*   h   N/mm^2
bei Spannung   N/mm^2

Biegeversuch 23 °C   ISO 178;

         Probekörper: *Form*   *Herstellung*   Spritzgiessen
                        Zustand   *Vorbehandlung*   Normalklima

Biegefestigkeit   N/mm^2 *E-Modul*   N/mm^2 550
3,5% Biegespannung   N/mm^2

Härte 23 °C   *Probekörper:*   *Zustand*   *Herstellung*   Spritzgiessen
                                             Vorbehandlung   Normalklima

Kugeldruckhärte   N/mm^2 bei   N, s   *Shore-Härte* A
Rockwellhärte   *Shore-Härte* D   60

Schlagversuch   *Probekörper:*   *(1)*
                                (2)
                                Zustand   *Herstellung*
                                                     Vorbehandlung

                      °C   °C   °C   *Probekörper-Form*

Schlagzähigkeit   kJ/m^2
Kerbschlagzähigkeit (1)   kJ/m^2
IZOD-Kerbschlagzähigkeit (2)   J/m
Kerbschlagzugzähigkeit   kJ/m^2

Abrieb und Reibung

Taber-Abrieb (Reibradverfahren)   mm³/100 U
Abriebfaktor LNP (Thrust washer) Vergleichswert
Statische Reibungszahl
Dynamische Reibungszahl   (p·v =   N/mm² ·   m/min)
Zulässiger p · v Wert   N/mm² · (m/min)   v =   m/min
                                                                       v =   m/min

Thermische Eigenschaften

Formbeständigkeit in der Wärme   Verfahren   °C
                                        Verfahren   °C
Vicat Erweichungstemperatur (VST)   Verfahren   A/50   112 °C
                                        Verfahren   °C
Kristallit-Schmelzpunkt   Verfahren   128 °C

Längenausdehnungskoeffizient   Bereich   °C $\cdot 10^{-4} K^{-1}$
                                        Temperatur $\cdot 10^{-4} K^{-1}$
Wärmeleitfähigkeit   Verfahren   W/(K · m)

Spezifische Wärmekapazität   Verfahren   J/(K · g)

Glasumwandlungstemperatur   Torsionsschwingungsversuch   °C
                                        Differentialkalorimetrie   °C

Brandverhalten

UL-Test vertikal   Dicke   mm, Wert
                                        Dicke   mm, Wert

      Norm   Bewertung   Abmessungen

Sauerstoff-Index   ASTM D 2863
Glühstab-Verfahren
Brandverhalten   DIN 4102
MVSS
FAR

Elektrische Eigenschaften

     Hz   °C   Probekörper, Form

Dielektrizitätszahl   50
                                        10^3
                                        10^6
Dielektrischer Verlustfaktor tan δ   50
                                        10^3
                                        10^6

Spezifischer Durchgangs-
  widerstand   Ohm · cm
Durchschlagfestigkeit kV/mm   mm dick
Oberflächenwiderstand Ohm

Kriechstromfestigkeit   KC   KB   KA
Elektrolytische Korrosionswirkung
Lichtbogenfestigkeit nach DIN
              nach ASTM   s

Beständigkeit *(Chemische Beständigkeit siehe Anhang)*

Wasseraufnahme

Feuchtigkeitsaufnahme Normalklima   %
Wetterbeständigkeit

Spannungskorrosion

Optische Eigenschaften

Brechungszahl n_D
Transmissionsgrad τ_c %   mm dick
Lichtdurchlässigkeit

Produkt	Lineares Polyethylen niedriger Dichte	**PE**
Handelsname	**Lotrex MC 2300**	
Hersteller	CDF	
DIN-Bez 1	16776-PE,MGN,20-D200	
DIN-Bez 2	16776-PE,MCG,20-D200	

Zusätze		*Füllstoffe/ Verstärkung*	
Bevorzugte Verarbeitung	Spritzgiessen	*Lieferform*	Granulat
		Farben	Natur; Standard
Besondere Merkmale	Verbesserte Kaeltebestaendigkeit	*Bevorzugte Anwendungen*	Haushaltsartikel; Verschluss; Dose; Basis fuer Masterbatches

Dichte	g/cm^3	0.920	*Schmelzindex*	g/10 min	20: 190/2.16
Schüttdichte	g/cm^3		*Volumenfließindex*	cm^3/10 min	:
Viskositätszahl	ml/g				

Verarbeitungsbedingungen für Spritzgießen

Massetemp.	°C	*Schwindung*	%	lgs , quer
Werkzeugtemp.	°C	*Bemerkungen*		
Spritzdruck	bar			

Zugversuch 23 °C

		Probekörper: Form		*Herstellung*
		Zustand		*Vorbehandlung*

Streckspannung	N/mm^2	*Dehnung bei Streckspannung*	%
Zugfestigkeit	N/mm^2	*Reißdehnung*	%
Reißfestigkeit	N/mm^2	*% Dehnspannung*	N/mm^2
E-Modul	N/mm^2	*Dehnung bei % Dehnspg.*	%

Kriechmoduln und Zeitstandwerte 23 °C

		Probekörper: Form		*Herstellung*
		Zustand		*Vorbehandlung*

Kriechmodul	1 min N/mm^2	*Zeitstandzugfestigkeit*	h N/mm^2
Kriechmodul	1000 h N/mm^2	*Zeitdehnspg. %*	h N/mm^2
bei Spannung	N/mm^2		

Biegeversuch 23 °C ISO 178;

	Probekörper: Form	*Herstellung*	Spritzgiessen
	Zustand	*Vorbehandlung*	Normalklima

Biegefestigkeit	N/mm^2	*E-Modul*	N/mm^2	210
3,5% Biegespannung	N/mm^2			

Härte 23 °C

	Probekörper: Zustand	*Herstellung*	Spritzgiessen
		Vorbehandlung	Normalklima

Kugeldruckhärte	N/mm^2 bei N, s	*Shore-Härte* A	
Rockwellhärte		*Shore-Härte* D	46

Schlagversuch

	Probekörper: (1)	
	(2)	*Herstellung*
	Zustand	*Vorbehandlung*
	°C °C °C	*Probekörper-Form*

Schlagzähigkeit	kJ/m^2
Kerbschlagzähigkeit (1)	kJ/m^2
IZOD-Kerbschlagzähigkeit (2)	J/m
Kerbschlagzugzähigkeit	kJ/m^2

Abrieb und Reibung

Taber-Abrieb (Reibradverfahren)	mm³/100 U
Abriebfaktor LNP (Thrust washer) Vergleichswert	
Statische Reibungszahl	
Dynamische Reibungszahl	$(p \cdot v =$ N/mm² · m/min)
Zulässiger p · v Wert	N/mm² · (m/min) v = m/min
	v = m/min

Thermische Eigenschaften

Formbeständigkeit in der Wärme	*Verfahren*		°C
	Verfahren		°C
Vicat Erweichungstemperatur (VST)	*Verfahren*	A/50	90 °C
	Verfahren		°C
Kristallit-Schmelzpunkt	*Verfahren*		121 °C
Längenausdehnungskoeffizient	*Bereich*	°C	$\cdot 10^{-4} \mathrm{K}^{-1}$
	Temperatur		$\cdot 10^{-4} \mathrm{K}^{-1}$
Wärmeleitfähigkeit	*Verfahren*		W/(K · m)
Spezifische Wärmekapazität	*Verfahren*		J/(K · g)
Glasumwandlungstemperatur	*Torsionsschwingungsversuch*	°C	
	Differentialkalorimetrie	°C	

Brandverhalten

UL-Test vertikal	*Dicke*	mm, Wert
	Dicke	mm, Wert

	Norm	*Bewertung*	*Abmessungen*
Sauerstoff-Index	ASTM D 2863		
Glühstab-Verfahren			
Brandverhalten	DIN 4102		
MVSS			
FAR			

Elektrische Eigenschaften

	Hz	°C	*Probekörper, Form*
Dielektrizitätszahl	50		
	10^3		
	10^6		
Dielektrischer Verlustfaktor tan δ	50		
	10^3		
	10^6		

Spezifischer Durchgangs-				
widerstand	Ohm · cm			
Durchschlagfestigkeit	kV/mm			mm dick
Oberflächenwiderstand	Ohm			
Kriechstromfestigkeit	KC	KB	KA	
Elektrolytische Korrosionswirkung				
Lichtbogenfestigkeit nach DIN				
nach ASTM	s			

Beständigkeit *(Chemische Beständigkeit siehe Anhang)*

Wasseraufnahme

Feuchtigkeitsaufnahme Normalklima   %
Wetterbeständigkeit

Spannungskorrosion

Optische Eigenschaften

Brechungszahl n_D
Transmissionsgrad τ_c %   mm dick
Lichtdurchlässigkeit

Produkt	Lineares Polyethylen niedriger Dichte	**PE**
Handelsname	**Lotrex MF 5010**	
Hersteller	CDF	
DIN-Bez 1	16776-PE,MGN,25-D400	
DIN-Bez 2	16776-PE,MCG,25-D400	

Zusätze		*Füllstoffe/ Verstärkung*	
Bevorzugte Verarbeitung	Spritzgiessen	*Lieferform*	Granulat
		Farben	Natur; Standard
Besondere Merkmale	Leichtfliessend	*Bevorzugte Anwendungen*	Formteil mit geringer Dicke und langen Fliesswegen; Haushaltsgeraet; Verschluss; Spielzeug

---

Dichte	g/cm³	0.925	*Schmelzindex* g/10 min	50: 190/2.16
Schüttdichte	g/cm³		*Volumenfließindex* cm³/10 min	:
Viskositätszahl	ml/g			

Verarbeitungsbedingungen für Spritzgießen

Massetemp.	°C		*Schwindung* %	lgs , quer
Werkzeugtemp.	°C		*Bemerkungen*	
Spritzdruck	bar			

Zugversuch 23 °C

Probekörper:	Form	*Herstellung*
	Zustand	*Vorbehandlung*

Streckspannung	N/mm²	*Dehnung bei Streckspannung*	%
Zugfestigkeit	N/mm²	*Reißdehnung*	%
Reißfestigkeit	N/mm²	% *Dehnspannung*	N/mm²
E-Modul	N/mm²	*Dehnung bei* % *Dehnspg.*	%

Kriechmoduln und Zeitstandwerte 23 °C

Probekörper:	Form	*Herstellung*
	Zustand	*Vorbehandlung*

Kriechmodul	1 min N/mm²	*Zeitstandzugfestigkeit*	h N/mm²
Kriechmodul	1000 h N/mm²	*Zeitdehnspg.* %	h N/mm²
bei Spannung	N/mm²		

Biegeversuch 23 °C ISO 178;

Probekörper:	Form	*Herstellung*	Spritzgiessen
	Zustand	*Vorbehandlung*	Normalklima

Biegefestigkeit	N/mm²	*E-Modul*	N/mm² 280
3,5% Biegespannung	N/mm²		

Härte 23 °C

Probekörper:	Zustand	*Herstellung*	Spritzgiessen
		Vorbehandlung	Normalklima

Kugeldruckhärte	N/mm²	bei N, s	*Shore-Härte* A
Rockwellhärte			*Shore-Härte* D 50

Schlagversuch

Probekörper:	(1)	
	(2)	*Herstellung*
	Zustand	*Vorbehandlung*

°C	°C	°C	*Probekörper-Form*

Schlagzähigkeit	kJ/m²
Kerbschlagzähigkeit (1)	kJ/m²
IZOD-Kerbschlagzähigkeit (2)	J/m
Kerbschlagzugzähigkeit	kJ/m²

Abrieb und Reibung

Taber-Abrieb (Reibradverfahren)   mm³/100 U
Abriebfaktor LNP (Thrust washer) Vergleichswert
Statische Reibungszahl
Dynamische Reibungszahl   (p·v =   N/mm² ·   m/min)
Zulässiger p · v Wert   N/mm² · (m/min)   v =   m/min
                                                                       v =   m/min

Thermische Eigenschaften

Formbeständigkeit in der Wärme   Verfahren   °C
                                        Verfahren   °C
Vicat Erweichungstemperatur (VST)   Verfahren   A/50   92 °C
                                        Verfahren   °C
Kristallit-Schmelzpunkt   Verfahren   124 °C

Längenausdehnungskoeffizient   Bereich   °C $\cdot 10^{-4} K^{-1}$
                                        Temperatur $\cdot 10^{-4} K^{-1}$
Wärmeleitfähigkeit   Verfahren   W/(K · m)

Spezifische Wärmekapazität   Verfahren   J/(K · g)

Glasumwandlungstemperatur   Torsionsschwingungsversuch   °C
                                        Differentialkalorimetrie   °C

Brandverhalten

UL-Test vertikal   Dicke   mm, Wert
                                        Dicke   mm, Wert

	Norm	Bewertung	Abmessungen
Sauerstoff-Index	ASTM D 2863		
Glühstab-Verfahren			
Brandverhalten	DIN 4102		
MVSS			
FAR			

Elektrische Eigenschaften

		Hz	°C	Probekörper, Form
Dielektrizitätszahl		50		
		10^3		
		10^6		
Dielektrischer Verlustfaktor tan δ		50		
		10^3		
		10^6		

Spezifischer Durchgangs-
    widerstand   Ohm · cm
Durchschlagfestigkeit   kV/mm   mm dick
Oberflächenwiderstand   Ohm

Kriechstromfestigkeit   KC   KB   KA
Elektrolytische Korrosionswirkung
Lichtbogenfestigkeit nach DIN
            nach ASTM   s

Beständigkeit (Chemische Beständigkeit siehe Anhang)

Wasseraufnahme

Feuchtigkeitsaufnahme Normalklima   %
Wetterbeständigkeit

Spannungskorrosion

Optische Eigenschaften

Brechungszahl n_D
Transmissionsgrad τ_c %   mm dick
Lichtdurchlässigkeit

Produkt	Lineares Polyethylen mittlerer Dichte	**PE**
Handelsname	**Lotrex MF 2710**	
Hersteller	CDF	
DIN-Bez 1	16776-PE,MGN,30-D400	
DIN-Bez 2	16776-PE,MCG,30-D400	

Zusätze		*Füllstoffe/ Verstärkung*	
Bevorzugte Verarbeitung	Spritzgiessen	*Lieferform*	Granulat
		Farben	Natur; Standard
Besondere Merkmale	Gute Schlagzaehigkeit in Verbindung mit ausreichender Steifheit	*Bevorzugte Anwendungen*	Formteil mit grossen Abmessungen; Haushaltsartikel; Verschluss; Spielzeug

---

Dichte	g/cm³	0.930	*Schmelzindex* g/10 min	27 : 190/2.16
Schüttdichte	g/cm³		*Volumenfließindex* cm³/10 min	:
Viskositätszahl	ml/g			

Verarbeitungsbedingungen für Spritzgießen

Massetemp.	°C	*Schwindung* % lgs	, quer
Werkzeugtemp.	°C	*Bemerkungen*	
Spritzdruck	bar		

Zugversuch 23 °C

	Probekörper: Form		*Herstellung*
	Zustand		*Vorbehandlung*
Streckspannung	N/mm²	*Dehnung bei Streckspannung*	%
Zugfestigkeit	N/mm²	*Reißdehnung*	%
Reißfestigkeit	N/mm²	*% Dehnspannung*	N/mm²
E-Modul	N/mm²	*Dehnung bei % Dehnspg.*	%

Kriechmoduln und Zeitstandwerte 23 °C

	Probekörper: Form		*Herstellung*
	Zustand		*Vorbehandlung*
Kriechmodul	1 min N/mm²	*Zeitstandzugfestigkeit*	h N/mm²
Kriechmodul	1000 h N/mm²	*Zeitdehnspg.* %	h N/mm²
bei Spannung	N/mm²		

Biegeversuch 23 °C ISO 178;

	Probekörper: Form	*Herstellung*	Spritzgiessen
	Zustand	*Vorbehandlung*	Normalklima
Biegefestigkeit	N/mm²	*E-Modul*	N/mm² 300
3,5% Biegespannung	N/mm²		

Härte 23 °C

	Probekörper: Zustand	*Herstellung*	Spritzgiessen
		Vorbehandlung	Normalklima
Kugeldruckhärte	N/mm² bei N, s	*Shore-Härte* A	
Rockwellhärte		*Shore-Härte* D	52

Schlagversuch

	Probekörper: (1)			
	(2)		*Herstellung*	
	Zustand		*Vorbehandlung*	
	°C	°C	°C	*Probekörper-Form*

Schlagzähigkeit	kJ/m²
Kerbschlagzähigkeit (1)	kJ/m²
IZOD-Kerbschlagzähigkeit (2)	J/m
Kerbschlagzugzähigkeit	kJ/m²

Abrieb und Reibung

Taber-Abrieb (Reibradverfahren)   mm^3/100 U
Abriebfaktor LNP (Thrust washer) Vergleichswert
Statische Reibungszahl
Dynamische Reibungszahl   (p · v =   N/mm^2 ·   m/min)
Zulässiger p · v Wert   N/mm^2 · (m/min)   v =   m/min
                                                            v =   m/min

Thermische Eigenschaften

Formbeständigkeit in der Wärme   *Verfahren*   °C
                                        Verfahren   °C
Vicat Erweichungstemperatur (VST)   *Verfahren*   A/50   103 °C
                                        Verfahren   °C
Kristallit-Schmelzpunkt   *Verfahren*   125 °C

Längenausdehnungskoeffizient   *Bereich*   °C   · 10^{-4}K^{-1}
                                        Temperatur   · 10^{-4}K^{-1}
Wärmeleitfähigkeit   *Verfahren*   W/(K · m)

Spezifische Wärmekapazität   *Verfahren*   J/(K · g)

Glasumwandlungstemperatur   *Torsionsschwingungsversuch*   °C
                                        Differentialkalorimetrie   °C

Brandverhalten

UL-Test vertikal   Dicke   mm, Wert
                                        Dicke   mm, Wert

                        Norm   *Bewertung*   *Abmessungen*

Sauerstoff-Index   ASTM D 2863
Glühstab-Verfahren
Brandverhalten   DIN 4102
MVSS
FAR

Elektrische Eigenschaften

                                        Hz   °C   *Probekörper, Form*

Dielektrizitätszahl   50
                                        10^3
                                        10^6
Dielektrischer Verlustfaktor tan δ 50
                                        10^3
                                        10^6
Spezifischer Durchgangs-
* widerstand*   Ohm · cm
Durchschlagfestigkeit kV/mm   mm dick
Oberflächenwiderstand Ohm

Kriechstromfestigkeit   KC   KB   KA
Elektrolytische Korrosionswirkung
Lichtbogenfestigkeit nach DIN
            nach ASTM   s

Beständigkeit *(Chemische Beständigkeit siehe Anhang)*

Wasseraufnahme

Feuchtigkeitsaufnahme Normalklima   %
Wetterbeständigkeit

Spannungskorrosion

Optische Eigenschaften

Brechungszahl n$_D$
Transmissionsgrad τ_c %   mm dick
Lichtdurchlässigkeit

Produkt	Lineares Polyethylen niedriger Dichte	**PE**
Handelsname	**Lotrex LG 0410**	
Hersteller	CDF	
DIN-Bez 1	16776-PE,MGN,40-D045	
DIN-Bez 2	16776-PE,MCG,40-D045	

Zusätze		*Füllstoffe/ Verstärkung*	
Bevorzugte Verarbeitung	Spritzgiessen	*Lieferform*	Granulat
		Farben	Natur; Standard
Besondere Merkmale	Steif	*Bevorzugte Anwendungen*	Deckel fuer Verpackungseimer; Abdichtung; Verschluss

---

Dichte	g/cm³	0.939	*Schmelzindex*	g/10 min	4: 190/2.16
Schüttdichte	g/cm³		*Volumenfließindex*	cm³/10 min	:
Viskositätszahl	ml/g				

Verarbeitungsbedingungen für Spritzgießen

Massetemp.	°C		*Schwindung*	%	lgs , quer
Werkzeugtemp.	°C		*Bemerkungen*		
Spritzdruck	bar				

Zugversuch 23 °C

		Probekörper: Form	*Herstellung*
		Zustand	*Vorbehandlung*

Streckspannung	N/mm²	*Dehnung bei Streckspannung*	%
Zugfestigkeit	N/mm²	*Reißdehnung*	%
Reißfestigkeit	N/mm²	% *Dehnspannung*	N/mm²
E-Modul	N/mm²	*Dehnung bei* % *Dehnspg.*	%

Kriechmoduln und Zeitstandwerte 23 °C

		Probekörper: Form	*Herstellung*
		Zustand	*Vorbehandlung*

Kriechmodul	1 min N/mm²	*Zeitstandzugfestigkeit*	h N/mm²
Kriechmodul	1000 h N/mm²	*Zeitdehnspg.* %	h N/mm²
bei Spannung	N/mm²		

Biegeversuch 23 °C ISO 178;

		Probekörper: Form	*Herstellung*	Spritzgiessen
		Zustand	*Vorbehandlung*	Normalklima

Biegefestigkeit	N/mm²		*E-Modul*	N/mm² 600
3,5% Biegespannung	N/mm²			

Härte 23 °C   *Probekörper:* Zustand   *Herstellung* Spritzgiessen

Vorbehandlung Normalklima

Kugeldruckhärte	N/mm²	bei N, s	*Shore-Härte* A	
Rockwellhärte			*Shore-Härte* D	60

Schlagversuch   *Probekörper:* (1)

(2)

Zustand   *Herstellung*

Vorbehandlung

°C   °C   °C   *Probekörper-Form*

Schlagzähigkeit	kJ/m²
Kerbschlagzähigkeit (1)	kJ/m²
IZOD-Kerbschlagzähigkeit (2)	J/m
Kerbschlagzugzähigkeit	kJ/m²

Abrieb und Reibung

Taber-Abrieb (Reibradverfahren)   mm³/100 U
Abriebfaktor LNP (Thrust washer) Vergleichswert
Statische Reibungszahl
Dynamische Reibungszahl   (p·v =   N/mm² ·   m/min)
Zulässiger p · v Wert   N/mm² · (m/min)   v =   m/min
                                                                        v =   m/min

Thermische Eigenschaften

Formbeständigkeit in der Wärme   Verfahren   °C
                                      Verfahren   °C
Vicat Erweichungstemperatur (VST)   Verfahren   A/50   118 °C
                                      Verfahren   °C
Kristallit-Schmelzpunkt   Verfahren   129 °C

Längenausdehnungskoeffizient   Bereich   °C $\cdot 10^{-4} \mathrm{K}^{-1}$
                                      Temperatur $\cdot 10^{-4} \mathrm{K}^{-1}$
Wärmeleitfähigkeit   Verfahren   W/(K · m)

Spezifische Wärmekapazität   Verfahren   J/(K · g)

Glasumwandlungstemperatur   Torsionsschwingungsversuch   °C
                                      Differentialkalorimetrie   °C

Brandverhalten

UL-Test vertikal   Dicke   mm, Wert
                                      Dicke   mm, Wert

            Norm   *Bewertung*   *Abmessungen*

Sauerstoff-Index   ASTM D 2863
Glühstab-Verfahren
Brandverhalten   DIN 4102
MVSS
FAR

Elektrische Eigenschaften

                                      Hz   °C   *Probekörper, Form*

Dielektrizitätszahl   50
                                      10³
                                      10⁶
Dielektrischer Verlustfaktor tan δ 50
                                      10³
                                      10⁶
Spezifischer Durchgangs-
    widerstand   Ohm · cm
Durchschlagfestigkeit kV/mm   mm dick
Oberflächenwiderstand Ohm

Kriechstromfestigkeit   KC   KB   KA
Elektrolytische Korrosionswirkung
Lichtbogenfestigkeit nach DIN
            nach ASTM   s

Beständigkeit *(Chemische Beständigkeit siehe Anhang)*

Wasseraufnahme

Feuchtigkeitsaufnahme Normalklima   %
Wetterbeständigkeit

Spannungskorrosion

Optische Eigenschaften

Brechungszahl n_D
Transmissionsgrad τ_c   %   mm dick
Lichtdurchlässigkeit

Produkt	Lineares Polyethylen niedriger Dichte	**PE**
Handelsname	**Lotrex LF 0440**	
Hersteller	CDF	
DIN-Bez 1	16776-PE,MGN,25-D045	
DIN-Bez 2	16776-PE,MCG,25-D045	

Zusätze		*Füllstoffe/ Verstärkung*	
Bevorzugte Verarbeitung	Spritzgiessen	*Lieferform*	Granulat
		Farben	Natur; Standard
Besondere Merkmale	Gute Bestaendigkeit gegen Haushalts-spuelmittel	*Bevorzugte Anwendungen*	Haushaltsartikel; Verschluss; Dose fuer Kuehlraumlagerung

Dichte	g/cm³	0.923	*Schmelzindex*	g/10 min	4: 190/2.16
Schüttdichte	g/cm³		*Volumenfließindex*	cm³/10 min	:
Viskositätszahl	ml/g				

Verarbeitungsbedingungen für Spritzgießen

Massetemp.	°C	*Schwindung*	%	lgs , quer
Werkzeugtemp.	°C	*Bemerkungen*		
Spritzdruck	bar			

Zugversuch 23 °C

	Probekörper:	*Form*	*Herstellung*	
		Zustand	*Vorbehandlung*	
Streckspannung	N/mm²		*Dehnung bei Streckspannung*	%
Zugfestigkeit	N/mm²		*Reißdehnung*	%
Reißfestigkeit	N/mm²		*% Dehnspannung*	N/mm²
E-Modul	N/mm²		*Dehnung bei % Dehnspg.*	%

Kriechmoduln und Zeitstandwerte 23 °C

	Probekörper:	*Form*	*Herstellung*	
		Zustand	*Vorbehandlung*	
Kriechmodul	1 min N/mm²		*Zeitstandzugfestigkeit*	h N/mm²
Kriechmodul	1000 h N/mm²		*Zeitdehnspg. %*	h N/mm²
bei Spannung	N/mm²			

Biegeversuch 23 °C ISO 178;

	Probekörper:	*Form*	*Herstellung*	Spritzgiessen
		Zustand	*Vorbehandlung*	Normalklima
Biegefestigkeit	N/mm²		*E-Modul*	N/mm² 250
3,5% Biegespannung	N/mm²			

Härte 23 °C

	Probekörper:	*Zustand*	*Herstellung*	Spritzgiessen
			Vorbehandlung	Normalklima
Kugeldruckhärte	N/mm²	bei N, s	*Shore-Härte* A	
Rockwellhärte			*Shore-Härte* D	48

Schlagversuch

	Probekörper:	*(1)*		
		(2)	*Herstellung*	
		Zustand	*Vorbehandlung*	
	°C	°C	°C	*Probekörper-Form*

Schlagzähigkeit	kJ/m²
Kerbschlagzähigkeit (1)	kJ/m²
IZOD-Kerbschlagzähigkeit (2)	J/m
Kerbschlagzugzähigkeit	kJ/m²

Abrieb und Reibung

Taber-Abrieb (Reibradverfahren)   mm³/100 U
Abriebfaktor LNP (Thrust washer) Vergleichswert
Statische Reibungszahl
Dynamische Reibungszahl   (p · v =   N/mm² ·   m/min)
Zulässiger p · v Wert   N/mm² · (m/min)   v =   m/min
                                                                                          v =   m/min

Thermische Eigenschaften

Formbeständigkeit in der Wärme	Verfahren	°C
	Verfahren	°C
Vicat Erweichungstemperatur (VST)	Verfahren A/50	104 °C
	Verfahren	°C
Kristallit-Schmelzpunkt	Verfahren	122 °C

Längenausdehnungskoeffizient   Bereich   °C $\cdot 10^{-4} K^{-1}$
                                        Temperatur $\cdot 10^{-4} K^{-1}$
Wärmeleitfähigkeit   Verfahren   W/(K · m)

Spezifische Wärmekapazität   Verfahren   J/(K · g)

Glasumwandlungstemperatur   Torsionsschwingungsversuch   °C
                                        Differentialkalorimetrie   °C

Brandverhalten

UL-Test vertikal   Dicke   mm, Wert
                                        Dicke   mm, Wert

	Norm	Bewertung	Abmessungen
Sauerstoff-Index	ASTM D 2863		
Glühstab-Verfahren			
Brandverhalten	DIN 4102		
MVSS			
FAR			

Elektrische Eigenschaften

	Hz	°C	Probekörper, Form
Dielektrizitätszahl	50		
	10^3		
	10^6		
Dielektrischer Verlustfaktor tan δ	50		
	10^3		
	10^6		

Spezifischer Durchgangs-
    widerstand   Ohm · cm
Durchschlagfestigkeit   kV/mm   mm dick
Oberflächenwiderstand   Ohm

Kriechstromfestigkeit   KC   KB   KA
Elektrolytische Korrosionswirkung
Lichtbogenfestigkeit nach DIN
            nach ASTM   s

Beständigkeit (Chemische Beständigkeit siehe Anhang)

Wasseraufnahme

Feuchtigkeitsaufnahme Normalklima   %
Wetterbeständigkeit

Spannungskorrosion

Optische Eigenschaften

Brechungszahl n_D
Transmissionsgrad τ_c %   mm dick
Lichtdurchlässigkeit

Produkt	Lineares Polyethylen mittlerer Dichte	**PE**
Handelsname	**Lotrex RG 0406**	
Hersteller	CDF	
DIN-Bez 1	16776-PE,RGN,40-D045	
DIN-Bez 2		

Zusätze	UV-Stabilisator	*Füllstoffe/ Verstärkung*	
Bevorzugte Verarbeitung	Rotationsformen	*Lieferform*	Granulat
		Farben	Natur
Besondere Merkmale		*Bevorzugte Anwendungen*	Wanne; Kasten; Behaelter fuer Industrie, Landwirtschaft und Bauwesen

---

Dichte	g/cm³	0.939	*Schmelzindex*	g/10 min	4: 190/2.16
Schüttdichte	g/cm³		*Volumenfließindex*	cm³/10 min	:
Viskositätszahl	ml/g				

Verarbeitungsbedingungen für Spritzgießen

Massetemp.	°C		*Schwindung*	%	lgs , quer
Werkzeugtemp.	°C		*Bemerkungen*		
Spritzdruck	bar				

Zugversuch 23 °C   DIN 53457;

	Probekörper:	*Form*	Folie 0.023 mm dick	*Herstellung* Folienextrusion
		Zustand		*Vorbehandlung* Normalklima
Streckspannung	N/mm²		*Dehnung bei Streckspannung*	%
Zugfestigkeit	N/mm²		*Reißdehnung*	%
Reißfestigkeit	N/mm²		% *Dehnspannung*	N/mm²
E-Modul	N/mm²	600	*Dehnung bei* % *Dehnspg.*	%

Kriechmoduln und Zeitstandwerte 23 °C

	Probekörper:	*Form*	*Herstellung*	
		Zustand	*Vorbehandlung*	
Kriechmodul	*1 min* N/mm²		*Zeitstandzugfestigkeit*	h N/mm²
Kriechmodul	*1000 h* N/mm²		*Zeitdehnspg.* %	h N/mm²
bei Spannung	N/mm²			

Biegeversuch 23 °C

	Probekörper:	*Form*	*Herstellung*	
		Zustand	*Vorbehandlung*	
Biegefestigkeit	N/mm²		*E-Modul*	N/mm²
3,5% Biegespannung	N/mm²			

Härte 23 °C

	Probekörper:	*Zustand*	*Herstellung*	Spritzgiessen
			Vorbehandlung	Normalklima
Kugeldruckhärte	N/mm²	bei N, s	*Shore-Härte* A	
Rockwellhärte			*Shore-Härte* D	60

Schlagversuch

	Probekörper:	*(1)*	
		(2)	*Herstellung*
		Zustand	*Vorbehandlung*
	°C	°C °C	*Probekörper-Form*

Schlagzähigkeit	kJ/m²
Kerbschlagzähigkeit (1)	kJ/m²
IZOD-Kerbschlagzähigkeit (2)	J/m
Kerbschlagzugzähigkeit	kJ/m²

Abrieb und Reibung

Taber-Abrieb (Reibradverfahren)	mm³/100 U
Abriebfaktor LNP (Thrust washer) Vergleichswert	
Statische Reibungszahl	
Dynamische Reibungszahl	(p · v = N/mm² · m/min)
Zulässiger p · v Wert	N/mm² · (m/min) v = m/min
	v = m/min

Thermische Eigenschaften

Formbeständigkeit in der Wärme	*Verfahren*		°C
	Verfahren		°C
Vicat Erweichungstemperatur (VST)	*Verfahren*	A/50	118 °C
	Verfahren		°C
Kristallit-Schmelzpunkt	*Verfahren*		
Längenausdehnungskoeffizient	*Bereich*	°C	$\cdot 10^{-4} K^{-1}$
	Temperatur		$\cdot 10^{-4} K^{-1}$
Wärmeleitfähigkeit	*Verfahren*		W/(K · m)
Spezifische Wärmekapazität	*Verfahren*		J/(K · g)
Glasumwandlungstemperatur	*Torsionsschwingungsversuch*	°C	
	Differentialkalorimetrie	°C	

Brandverhalten

UL-Test vertikal	*Dicke*	mm, Wert	
	Dicke	mm, Wert	

	Norm	*Bewertung*	*Abmessungen*
Sauerstoff-Index	ASTM D 2863		
Glühstab-Verfahren			
Brandverhalten	DIN 4102		
MVSS			
FAR			

Elektrische Eigenschaften

	Hz	*°C*	*Probekörper, Form*
Dielektrizitätszahl	50		
	10^3		
	10^6		
Dielektrischer Verlustfaktor tan δ	50		
	10^3		
	10^6		
Spezifischer Durchgangs-widerstand	Ohm · cm		
Durchschlagfestigkeit	kV/mm		mm dick
Oberflächenwiderstand	Ohm		

Kriechstromfestigkeit	KC	KB	KA
Elektrolytische Korrosionswirkung			
Lichtbogenfestigkeit nach DIN			
nach ASTM	s		

Beständigkeit *(Chemische Beständigkeit siehe Anhang)*

Wasseraufnahme	
Feuchtigkeitsaufnahme Normalklima	%
Wetterbeständigkeit	
Spannungskorrosion	

Optische Eigenschaften

Brechungszahl n_D		
Transmissionsgrad τ_c	%	mm dick
Lichtdurchlässigkeit		

Produkt	Lineares Polyethylen mittlerer Dichte	**PE**
Handelsname	**Lotrex PG 0456**	
Hersteller	CDF	
DIN-Bez 1	16776-PE,RNP,40-D045	
DIN-Bez 2		

Zusätze	UV-Stabilisator	*Füllstoffe/ Verstärkung*	
Bevorzugte Verarbeitung	Rotationsformen	*Lieferform*	Pulver
		Farben	Natur
Besondere Merkmale		*Bevorzugte Anwendungen*	Wanne; Kasten; Behaelter fuer Industrie, Landwirtschaft und Bauwesen

---

Dichte	g/cm³	0.939	*Schmelzindex*	g/10 min	4: 190/2.16
Schüttdichte	g/cm³		*Volumenfließindex*	cm³/10 min	:
Viskositätszahl	ml/g				

Verarbeitungsbedingungen für Spritzgießen

Massetemp.	°C		*Schwindung*	%	lgs , quer
Werkzeugtemp.	°C		*Bemerkungen*		
Spritzdruck	bar				

Zugversuch 23 °C   DIN 53457;

	Probekörper:	*Form*	Folie 0.023 mm dick	*Herstellung* Folienextrusion
		Zustand		*Vorbehandlung* Normalklima

Streckspannung	N/mm²		*Dehnung bei Streckspannung*	%
Zugfestigkeit	N/mm²		*Reißdehnung*	%
Reißfestigkeit	N/mm²		% *Dehnspannung*	N/mm²
E-Modul	N/mm²	600	*Dehnung bei % Dehnspg.*	%

Kriechmoduln und Zeitstandwerte 23 °C

	Probekörper:	*Form*		*Herstellung*
		Zustand		*Vorbehandlung*

Kriechmodul	1 min	N/mm²	*Zeitstandzugfestigkeit*	h N/mm²
Kriechmodul	1000 h	N/mm²	*Zeitdehnspg.* %	h N/mm²
bei Spannung		N/mm²		

Biegeversuch 23 °C

	Probekörper:	*Form*		*Herstellung*
		Zustand		*Vorbehandlung*

Biegefestigkeit	N/mm²	*E-Modul*	N/mm²
3,5% Biegespannung	N/mm²		

Härte 23 °C

	Probekörper:	*Zustand*	*Herstellung* Spritzgiessen
			Vorbehandlung Normalklima

Kugeldruckhärte	N/mm² bei N, s	*Shore-Härte* A	
Rockwellhärte		*Shore-Härte* D	60

Schlagversuch

	Probekörper:	(1)	
		(2)	*Herstellung*
		Zustand	*Vorbehandlung*
	°C	°C	°C *Probekörper-Form*

Schlagzähigkeit	kJ/m²
Kerbschlagzähigkeit (1)	kJ/m²
IZOD-Kerbschlagzähigkeit (2)	J/m
Kerbschlagzugzähigkeit	kJ/m²

Abrieb und Reibung

Taber-Abrieb (Reibradverfahren)   mm³/100 U
Abriebfaktor LNP (Thrust washer) Vergleichswert
Statische Reibungszahl
Dynamische Reibungszahl $(p \cdot v =$ N/mm² ·   m/min)
Zulässiger p · v Wert   N/mm² · (m/min)   v =   m/min
                                                                  v =   m/min

Thermische Eigenschaften

Formbeständigkeit in der Wärme   *Verfahren*   °C
                                         Verfahren   °C
Vicat Erweichungstemperatur (VST)   *Verfahren*   A/50   118 °C
                                         Verfahren   °C
Kristallit-Schmelzpunkt   *Verfahren*

Längenausdehnungskoeffizient   *Bereich*   °C $\cdot 10^{-4}\mathrm{K}^{-1}$
                                         Temperatur $\cdot 10^{-4}\mathrm{K}^{-1}$
Wärmeleitfähigkeit   *Verfahren*   W/(K · m)

Spezifische Wärmekapazität   *Verfahren*   J/(K · g)

Glasumwandlungstemperatur   *Torsionsschwingungsversuch*   °C
                                         Differentialkalorimetrie   °C

Brandverhalten

UL-Test vertikal   Dicke   mm, Wert
                                         Dicke   mm, Wert

	Norm	*Bewertung*	*Abmessungen*
Sauerstoff-Index	ASTM D 2863		
Glühstab-Verfahren			
Brandverhalten	DIN 4102		
MVSS			
FAR			

Elektrische Eigenschaften

	Hz	°C	*Probekörper, Form*
Dielektrizitätszahl	50		
	10^3		
	10^6		
Dielektrischer Verlustfaktor tan δ	50		
	10^3		
	10^6		

Spezifischer Durchgangs-
  widerstand   Ohm · cm
Durchschlagfestigkeit   kV/mm   mm dick
Oberflächenwiderstand   Ohm

Kriechstromfestigkeit   KC   KB   KA
Elektrolytische Korrosionswirkung
Lichtbogenfestigkeit nach DIN
            nach ASTM   s

Beständigkeit *(Chemische Beständigkeit siehe Anhang)*

Wasseraufnahme

Feuchtigkeitsaufnahme Normalklima   %
Wetterbeständigkeit

Spannungskorrosion

Optische Eigenschaften

Brechungszahl n_D
Transmissionsgrad τ_c %   mm dick
Lichtdurchlässigkeit

		PE
Produkt	Lineares Polyethylen niedriger Dichte	
Handelsname	**Lotrex RF 0426**	
Hersteller	CDF	
DIN-Bez 1	16776-PE,RGN,25-D045	
DIN-Bez 2		

Zusätze	UV-Stabilisator	*Füllstoffe/ Verstärkung*	
Bevorzugte Verarbeitung	Rotationsformen	*Lieferform*	Granulat
		Farben	Natur
Besondere Merkmale	Gute Spannungsrissbestaendigkeit; Gute Kaelteschlagzaehigkeit	*Bevorzugte Anwendungen*	Wanne; Kasten; Behaelter fuer Industrie, Landwirtschaft und Bauwesen

---

Dichte	g/cm^3	0.923	*Schmelzindex* g/10 min	4: 190/2.16
Schüttdichte	g/cm^3		*Volumenfließindex* cm^3/10 min	:
Viskositätszahl	ml/g			

Verarbeitungsbedingungen für Spritzgießen

Massetemp.	°C	*Schwindung* %	lgs , quer
Werkzeugtemp.	°C	*Bemerkungen*	
Spritzdruck	bar		

Zugversuch 23 °C DIN 53457;

	Probekörper:	*Form*	Folie 0.023 mm dick	*Herstellung* Folienextrusion
		Zustand		*Vorbehandlung* Normalklima

Streckspannung	N/mm^2	*Dehnung bei Streckspannung*	%
Zugfestigkeit	N/mm^2	*Reißdehnung*	%
Reißfestigkeit	N/mm^2	*% Dehnspannung*	N/mm^2
E-Modul	N/mm^2 250	*Dehnung bei* % *Dehnspg.*	%

Kriechmoduln und Zeitstandwerte 23 °C

	Probekörper: *Form*	*Herstellung*	
	Zustand	*Vorbehandlung*	

Kriechmodul	1 min N/mm^2	*Zeitstandzugfestigkeit*	h N/mm^2
Kriechmodul	1000 h N/mm^2	*Zeitdehnspg.* %	h N/mm^2
bei Spannung	N/mm^2		

Biegeversuch 23 °C

	Probekörper: *Form*	*Herstellung*	
	Zustand	*Vorbehandlung*	

Biegefestigkeit	N/mm^2	*E-Modul*	N/mm^2
3,5% Biegespannung	N/mm^2		

Härte 23 °C

	Probekörper: *Zustand*	*Herstellung* Spritzgiessen	
		Vorbehandlung Normalklima	

Kugeldruckhärte	N/mm^2 bei N, s	*Shore-Härte* A	
Rockwellhärte		*Shore-Härte* D	48

Schlagversuch

	Probekörper: (1)		
	(2)	*Herstellung*	
	Zustand	*Vorbehandlung*	
	°C	°C	°C *Probekörper-Form*

Schlagzähigkeit	kJ/m^2
Kerbschlagzähigkeit (1)	kJ/m^2
IZOD-Kerbschlagzähigkeit (2)	J/m
Kerbschlagzugzähigkeit	kJ/m^2

Abrieb und Reibung

Taber-Abrieb (Reibradverfahren) mm³/100 U
Abriebfaktor LNP (Thrust washer) Vergleichswert
Statische Reibungszahl
Dynamische Reibungszahl (p·v = N/mm^2 · m/min)
Zulässiger p·v Wert N/mm^2 · (m/min) v = m/min
   v = m/min

Thermische Eigenschaften

Formbeständigkeit in der Wärme *Verfahren* °C
   Verfahren °C
Vicat Erweichungstemperatur (VST) *Verfahren* A/50 104 °C
   Verfahren °C
Kristallit-Schmelzpunkt *Verfahren*

Längenausdehnungskoeffizient *Bereich* °C $\cdot 10^{-4} K^{-1}$
   Temperatur $\cdot 10^{-4} K^{-1}$
Wärmeleitfähigkeit *Verfahren* W/(K · m)

Spezifische Wärmekapazität *Verfahren* J/(K · g)

Glasumwandlungstemperatur *Torsionsschwingungsversuch* °C
   Differentialkalorimetrie °C

Brandverhalten

UL-Test vertikal *Dicke* mm, Wert
   Dicke mm, Wert

	Norm	*Bewertung*	*Abmessungen*
Sauerstoff-Index	ASTM D 2863		
Glühstab-Verfahren			
Brandverhalten	DIN 4102		
MVSS			
FAR			

Elektrische Eigenschaften

	Hz	°C	*Probekörper, Form*
Dielektrizitätszahl	50		
	10^3		
	10^6		
Dielektrischer Verlustfaktor tan δ	50		
	10^3		
	10^6		

Spezifischer Durchgangs-
   widerstand Ohm · cm
Durchschlagfestigkeit kV/mm mm dick
Oberflächenwiderstand Ohm

Kriechstromfestigkeit KC KB KA
Elektrolytische Korrosionswirkung
Lichtbogenfestigkeit nach DIN
   nach ASTM s

Beständigkeit *(Chemische Beständigkeit siehe Anhang)*

Wasseraufnahme

Feuchtigkeitsaufnahme Normalklima %
Wetterbeständigkeit

Spannungskorrosion

Optische Eigenschaften

Brechungszahl n_D
Transmissionsgrad τ_c % mm dick
Lichtdurchlässigkeit

		PE

Produkt	Lineares Polyethylen niedriger Dichte
Handelsname	**Lotrex PF 0456**
Hersteller	CDF
DIN-Bez 1	16776-PE,RNP,25-D045
DIN-Bez 2	

Zusätze	UV-Stabilisator	*Füllstoffe/ Verstärkung*	
Bevorzugte Verarbeitung	Rotationsformen	*Lieferform*	Pulver
		Farben	Natur
Besondere Merkmale	Gute Spannungsrissbestaendigkeit; Gute Kaelteschlagzaehigkeit	*Bevorzugte Anwendungen*	Wanne; Kasten; Behaelter fuer Industrie, Landwirtschaft und Bauwesen

Dichte	g/cm³	0.923	*Schmelzindex*	g/10 min	4: 190/2.16
Schüttdichte	g/cm³		*Volumenfließindex*	cm³/10 min	:
Viskositätszahl	ml/g				

Verarbeitungsbedingungen für Spritzgießen

Massetemp.	°C		*Schwindung*	%	lgs , quer
Werkzeugtemp.	°C		*Bemerkungen*		
Spritzdruck	bar				

Zugversuch 23 °C DIN 53457;

Probekörper:	*Form*	Folie 0.023 mm dick	*Herstellung*	Folienextrusion
	Zustand		*Vorbehandlung*	Normalklima

Streckspannung	N/mm²	*Dehnung bei Streckspannung*	%
Zugfestigkeit	N/mm²	*Reißdehnung*	%
Reißfestigkeit	N/mm²	*% Dehnspannung*	N/mm²
E-Modul	N/mm² 250	*Dehnung bei % Dehnspg.*	%

Kriechmoduln und Zeitstandwerte 23 °C

Probekörper:	*Form*	*Herstellung*	
	Zustand	*Vorbehandlung*	

Kriechmodul	1 min N/mm²	*Zeitstandzugfestigkeit*	h N/mm²
Kriechmodul	1000 h N/mm²	*Zeitdehnspg. %*	h N/mm²
bei Spannung	N/mm²		

Biegeversuch 23 °C

Probekörper:	*Form*	*Herstellung*	
	Zustand	*Vorbehandlung*	

Biegefestigkeit	N/mm²	*E-Modul*	N/mm²
3,5% Biegespannung	N/mm²		

Härte 23 °C

Probekörper:	*Zustand*	*Herstellung*	Spritzgiessen
		Vorbehandlung	Normalklima

Kugeldruckhärte	N/mm²	bei N, s	*Shore-Härte* A
Rockwellhärte			*Shore-Härte* D 48

Schlagversuch

Probekörper:	*(1)*		
	(2)	*Herstellung*	
	Zustand	*Vorbehandlung*	

°C	°C	°C	*Probekörper-Form*

Schlagzähigkeit	kJ/m²
Kerbschlagzähigkeit (1)	kJ/m²
IZOD-Kerbschlagzähigkeit (2)	J/m
Kerbschlagzugzähigkeit	kJ/m²

Abrieb und Reibung

Taber-Abrieb (Reibradverfahren)   mm³/100 U
Abriebfaktor LNP (Thrust washer) Vergleichswert
Statische Reibungszahl
Dynamische Reibungszahl $(p \cdot v =$ N/mm² ·   m/min)
Zulässiger p · v Wert   N/mm² · (m/min)   v =   m/min
                                             v =   m/min

Thermische Eigenschaften

Formbeständigkeit in der Wärme   *Verfahren*   °C
                                      Verfahren   °C
Vicat Erweichungstemperatur (VST)   *Verfahren*   A/50   104 °C
                                      Verfahren   °C
Kristallit-Schmelzpunkt   *Verfahren*

Längenausdehnungskoeffizient   *Bereich*   °C $\cdot 10^{-4} \mathrm{K}^{-1}$
                                      Temperatur $\cdot 10^{-4} \mathrm{K}^{-1}$
Wärmeleitfähigkeit   *Verfahren*   W/(K · m)

Spezifische Wärmekapazität   *Verfahren*   J/(K · g)

Glasumwandlungstemperatur   *Torsionsschwingungsversuch*   °C
                                      Differentialkalorimetrie   °C

Brandverhalten

UL-Test vertikal   Dicke   mm, Wert
                                      Dicke   mm, Wert

                 Norm   *Bewertung*   *Abmessungen*

Sauerstoff-Index   ASTM D 2863
Glühstab-Verfahren
Brandverhalten   DIN 4102
MVSS
FAR

Elektrische Eigenschaften

                                      Hz   °C   *Probekörper, Form*

Dielektrizitätszahl   50
                                      10³
                                      10⁶
Dielektrischer Verlustfaktor tan δ 50
                                      10³
                                      10⁶
Spezifischer Durchgangs-
   widerstand   Ohm · cm
Durchschlagfestigkeit kV/mm   mm dick
Oberflächenwiderstand Ohm

Kriechstromfestigkeit   KC   KB   KA
Elektrolytische Korrosionswirkung
Lichtbogenfestigkeit nach DIN
          nach ASTM   s

Beständigkeit *(Chemische Beständigkeit siehe Anhang)*

Wasseraufnahme

Feuchtigkeitsaufnahme Normalklima   %
Wetterbeständigkeit

Spannungskorrosion

Optische Eigenschaften

Brechungszahl n_D
Transmissionsgrad τ_c %   mm dick
Lichtdurchlässigkeit

Produkt	Polyamid 6	**PA**
Handelsname	**Polyloy B 70 LF 3**	
Hersteller	ILLING	
DIN-Bez 1		
DIN-Bez 2		

Zusätze		*Füllstoffe/ Verstärkung*	
Bevorzugte Verarbeitung	Spritzgiessen	*Lieferform*	Granulat
		Farben	Schwarzgrau
Besondere Merkmale	Geringer spezifischer Durchgangswiderstand; Hohe Zugfestigkeit; Hoher Modul; Hohe Waermeformbestaendigkeit; Gutes Gleitreibungsverhalten	*Bevorzugte Anwendungen*	Formteil mit erhoehter elektrischer Leitfaehigkeit; Grubenlampe; Funkgeraet; Transportbehaelter; Elektromagnetische Abschirmung; Instrument mit definierter elektrischer Leitfaehigkeit

Dichte	g/cm³	1.1–1.2	*Schmelzindex*	g/10 min	:
Schüttdichte	g/cm³		*Volumenfließindex*	cm³/10 min	:
Viskositätszahl	ml/g				

Verarbeitungsbedingungen für Spritzgießen

Massetemp.	°C		*Schwindung*	%	lgs , quer
Werkzeugtemp.	°C		*Bemerkungen*		
Spritzdruck	bar				

Zugversuch 23 °C DIN 53455;

	Probekörper:	*Form*	*Herstellung*	Spritzgiessen
		Zustand Spritzfrisch	*Vorbehandlung*	
Streckspannung	N/mm² 115–125		*Dehnung bei Streckspannung*	%
Zugfestigkeit	N/mm²		*Reißdehnung*	% 9–11
Reißfestigkeit	N/mm²		% *Dehnspannung*	N/mm²
E-Modul	N/mm²		*Dehnung bei* % *Dehnspg.*	%

Kriechmoduln und Zeitstandwerte 23 °C

	Probekörper:	*Form*	*Herstellung*	
		Zustand	*Vorbehandlung*	
Kriechmodul	1 min N/mm²		*Zeitstandzugfestigkeit*	h N/mm²
Kriechmodul	1000 h N/mm²		*Zeitdehnspg.* %	h N/mm²
bei Spannung	N/mm²			

Biegeversuch 23 °C DIN 53457;

	Probekörper:	*Form*	*Herstellung*	Spritzgiessen
		Zustand Spritzfrisch	*Vorbehandlung*	
Biegefestigkeit	N/mm²		*E-Modul*	N/mm² 6500–7000
3,5% Biegespannung	N/mm²			

Härte 23 °C

	Probekörper:	*Zustand* Spritzfrisch	*Herstellung*	Spritzgiessen
			Vorbehandlung	
Kugeldruckhärte	N/mm² 115–135	bei N, 30 s	*Shore-Härte* A	
Rockwellhärte			*Shore-Härte* D	

Schlagversuch

	Probekörper:	(1)		
		(2)	*Herstellung*	Spritzgiessen
		Zustand Spritzfrisch	*Vorbehandlung*	
		°C °C °C	*Probekörper-Form*	
Schlagzähigkeit	kJ/m²	23 10–15	NKS	
Kerbschlagzähigkeit (1)	kJ/m²			
IZOD-Kerbschlagzähigkeit (2)	J/m			
Kerbschlagzugzähigkeit	kJ/m²			

Abrieb und Reibung

Taber-Abrieb (Reibradverfahren)	mm³/100 U
Abriebfaktor LNP (Thrust washer) Vergleichswert	
Statische Reibungszahl	
Dynamische Reibungszahl	(p·v = N/mm² · m/min)
Zulässiger p · v Wert	N/mm² · (m/min) v = m/min
	v = m/min

Thermische Eigenschaften

Formbeständigkeit in der Wärme	*Verfahren*	A	150–160 °C
	Verfahren		°C
Vicat Erweichungstemperatur (VST)	*Verfahren*		°C
	Verfahren		°C
Kristallit-Schmelzpunkt	*Verfahren*	Kofler-Methode	215–220 °C
Längenausdehnungskoeffizient	*Bereich*	°C	$\cdot 10^{-4} \mathrm{K}^{-1}$
	Temperatur		$\cdot 10^{-4} \mathrm{K}^{-1}$
Wärmeleitfähigkeit	*Verfahren*		W/(K · m)
Spezifische Wärmekapazität	*Verfahren*		J/(K · g)
Glasumwandlungstemperatur	*Torsionsschwingungsversuch*		°C
	Differentialkalorimetrie		°C

Brandverhalten

UL-Test vertikal   Dicke   mm, Wert
  Dicke   mm, Wert

	Norm	*Bewertung*	*Abmessungen*
Sauerstoff-Index	ASTM D 2863		
Glühstab-Verfahren			
Brandverhalten	DIN 4102		
MVSS			
FAR			

Elektrische Eigenschaften

	Hz	°C			*Probekörper, Form*
Dielektrizitätszahl	50				
	10^3				
	10^6				
Dielektrischer Verlustfaktor tan δ	50				
	10^3				
	10^6				
Spezifischer Durchgangs-widerstand	Ohm · cm	23	1.0*10**5		
Durchschlagfestigkeit	kV/mm				mm dick
Oberflächenwiderstand	Ohm	23	1.0*10**4		
Kriechstromfestigkeit	KC		KB	KA	
Elektrolytische Korrosionswirkung					
Lichtbogenfestigkeit nach DIN					
nach ASTM	s				

Beständigkeit *(Chemische Beständigkeit siehe Anhang)*

Wasseraufnahme

Feuchtigkeitsaufnahme Normalklima   2.5–3.1 %
Wetterbeständigkeit

Spannungskorrosion

Optische Eigenschaften

Brechungszahl n$_D$
Transmissionsgrad τ_c %   mm dick
Lichtdurchlässigkeit

Produkt	Polyamid 6		**PA**
Handelsname	**Polyloy B 70 LF 4**		
Hersteller	ILLING		
DIN-Bez 1			
DIN-Bez 2			
Zusätze		*Füllstoffe/ Verstärkung*	
Bevorzugte Verarbeitung	Spritzgiessen	*Lieferform*	Granulat
		Farben	Schwarzgrau

Besondere Merkmale: Geringer spezifischer Durchgangswiderstand; Hohe Zugfestigkeit; Sehr hoher Modul; Hohe Waermeformbestaendigkeit; Gutes Gleitreibungsverhalten

Bevorzugte Anwendungen: Formteil mit erhoehter elektrischer Leitfaehigkeit; Grubenlampe; Funkgeraet; Transportbehaelter; Elektromagnetische Abschirmung; Instrument mit definierter elektrischer Leitfaehigkeit

---

Dichte	g/cm^3	1.1–1.2	*Schmelzindex*	g/10 min	:
Schüttdichte	g/cm^3		*Volumenfließindex*	cm^3/10 min	:
Viskositätszahl	ml/g				

Verarbeitungsbedingungen für Spritzgießen

Massetemp.	°C		*Schwindung*	%	lgs , quer
Werkzeugtemp.	°C		*Bemerkungen*		
Spritzdruck	bar				

Zugversuch 23 °C   DIN 53455;

Probekörper:	*Form*	*Herstellung*	Spritzgiessen
	Zustand Spritzfrisch	*Vorbehandlung*	

Streckspannung	N/mm^2 130–140	*Dehnung bei Streckspannung*	%	
Zugfestigkeit	N/mm^2	*Reißdehnung*	%	5–8
Reißfestigkeit	N/mm^2	% *Dehnspannung*	N/mm^2	
E-Modul	N/mm^2	*Dehnung bei* % *Dehnspg.*	%	

Kriechmoduln und Zeitstandwerte 23 °C

Probekörper:	*Form*	*Herstellung*	
	Zustand	*Vorbehandlung*	

Kriechmodul	1 min N/mm^2	*Zeitstandzugfestigkeit*	h N/mm^2
Kriechmodul	1000 h N/mm^2	*Zeitdehnspg.* %	h N/mm^2
bei Spannung	N/mm^2		

Biegeversuch 23 °C   DIN 53457;

Probekörper:	*Form*	*Herstellung*	Spritzgiessen
	Zustand Spritzfrisch	*Vorbehandlung*	

Biegefestigkeit	N/mm^2	*E-Modul*	N/mm^2 10000–12000
3,5% Biegespannung	N/mm^2		

Härte 23 °C

Probekörper:	*Zustand* Spritzfrisch	*Herstellung*	Spritzgiessen
		Vorbehandlung	

Kugeldruckhärte	N/mm^2 155–165	bei N, 30 s	*Shore-Härte* A
Rockwellhärte			*Shore-Härte* D

Schlagversuch

Probekörper:	(1)		
	(2)	*Herstellung*	Spritzgiessen
	Zustand Spritzfrisch	*Vorbehandlung*	
	°C	°C	°C	*Probekörper-Form*

Schlagzähigkeit	kJ/m^2	23 10–15	NKS
Kerbschlagzähigkeit (1)	kJ/m^2		
IZOD-Kerbschlagzähigkeit (2)	J/m		
Kerbschlagzugzähigkeit	kJ/m^2		

Abrieb und Reibung

Taber-Abrieb (Reibradverfahren)	mm³/100 U
Abriebfaktor LNP (Thrust washer) Vergleichswert	
Statische Reibungszahl	
Dynamische Reibungszahl	(p·v = N/mm² · m/min)
Zulässiger p · v Wert	N/mm² · (m/min) v = m/min
	v = m/min

Thermische Eigenschaften

Formbeständigkeit in der Wärme	*Verfahren*	A	180–190 °C
	Verfahren		°C
Vicat Erweichungstemperatur (VST)	*Verfahren*		°C
	Verfahren		°C
Kristallit-Schmelzpunkt	*Verfahren*	Kofler-Methode	215–220 °C
Längenausdehnungskoeffizient	*Bereich*	°C	$\cdot 10^{-4}\mathrm{K}^{-1}$
	Temperatur		$\cdot 10^{-4}\mathrm{K}^{-1}$
Wärmeleitfähigkeit	*Verfahren*		W/(K · m)
Spezifische Wärmekapazität	*Verfahren*		J/(K · g)
Glasumwandlungstemperatur	*Torsionsschwingungsversuch*	°C	
	Differentialkalorimetrie	°C	

Brandverhalten

UL-Test vertikal   Dicke   mm, Wert
   Dicke   mm, Wert

	Norm	Bewertung	Abmessungen
Sauerstoff-Index	ASTM D 2863		
Glühstab-Verfahren			
Brandverhalten	DIN 4102		
MVSS			
FAR			

Elektrische Eigenschaften

		Hz	°C			Probekörper, Form
Dielektrizitätszahl		50				
		10^3				
		10^6				
Dielektrischer Verlustfaktor tan δ		50				
		10^3				
		10^6				
Spezifischer Durchgangs- *widerstand*	Ohm · cm		23	1.0*10**4		
Durchschlagfestigkeit	kV/mm					mm dick
Oberflächenwiderstand	Ohm		23	1.0*10**3		
Kriechstromfestigkeit		KC		KB	KA	
Elektrolytische Korrosionswirkung						
Lichtbogenfestigkeit nach DIN						
nach ASTM	s					

Beständigkeit *(Chemische Beständigkeit siehe Anhang)*

Wasseraufnahme

Feuchtigkeitsaufnahme Normalklima   2.5–3.1 %
Wetterbeständigkeit

Spannungskorrosion

Optische Eigenschaften

Brechungszahl n_D
Transmissionsgrad τ_c %   mm dick
Lichtdurchlässigkeit

		PA

Produkt Polyamid 6

Handelsname **Polyloy B 70 LF 5**

Hersteller ILLING

DIN-Bez 1
DIN-Bez 2

Zusätze | *Füllstoffe/ Verstärkung*

Bevorzugte Verarbeitung Spritzgiessen | *Lieferform* Granulat

Farben Schwarzgrau

Besondere Merkmale Geringer spezifischer Durchgangswiderstand; Hohe Zugfestigkeit; Extrem hoher Modul; Hohe Waermeformbestaendigkeit; Gutes Gleitreibungsverhalten

Bevorzugte Anwendungen Formteil mit erhoehter elektrischer Leitfaehigkeit; Grubenlampe; Funkgeraet; Transportbehaelter; Elektromagnetische Abschirmung; Instrument mit definierter elektrischer Leitfaehigkeit

---

Dichte	g/cm³	1.18–1.24	*Schmelzindex*	g/10 min	:
Schüttdichte	g/cm³		*Volumenfließindex*	cm³/10 min	:
Viskositätszahl	ml/g				

Verarbeitungsbedingungen für Spritzgießen

Massetemp.	°C		*Schwindung*	%	lgs	, quer	
Werkzeugtemp.	°C		*Bemerkungen*				
Spritzdruck	bar						

Zugversuch 23 °C DIN 53455;

		Herstellung	Spritzgiessen
Probekörper:	*Form*	*Vorbehandlung*	
	Zustand Spritzfrisch		

Streckspannung	N/mm²	140–150	*Dehnung bei Streckspannung*	%	
Zugfestigkeit	N/mm²		*Reißdehnung*	%	5–8
Reißfestigkeit	N/mm²		% *Dehnspannung*	N/mm²	
E-Modul	N/mm²		*Dehnung bei* % *Dehnspg.*	%	

Kriechmoduln und Zeitstandwerte 23 °C

		Herstellung	
Probekörper:	*Form*	*Vorbehandlung*	
	Zustand		

Kriechmodul	*1 min* N/mm²		*Zeitstandzugfestigkeit*	h N/mm²	
Kriechmodul	*1000 h* N/mm²		*Zeitdehnspg.* %	h N/mm²	
bei Spannung	N/mm²				

Biegeversuch 23 °C DIN 53457;

		Herstellung	Spritzgiessen
Probekörper:	*Form*	*Vorbehandlung*	
	Zustand Spritzfrisch		

Biegefestigkeit	N/mm²	*E-Modul*	N/mm² 12000–17000
3,5% Biegespannung	N/mm²		

Härte 23 °C

		Herstellung	Spritzgiessen
Probekörper:	*Zustand* Spritzfrisch	*Vorbehandlung*	

Kugeldruckhärte	N/mm² 180–200 bei N, 30 s	*Shore-Härte* A	
Rockwellhärte		*Shore-Härte* D	

Schlagversuch

		Herstellung	Spritzgiessen
Probekörper:	*(1)*		
	(2)	*Vorbehandlung*	
	Zustand Spritzfrisch		
	°C °C	°C	*Probekörper-Form*

Schlagzähigkeit	kJ/m²	23 15–20		NKS
Kerbschlagzähigkeit (1)	kJ/m²			
IZOD-Kerbschlagzähigkeit (2)	J/m			
Kerbschlagzugzähigkeit	kJ/m²			

Abrieb und Reibung

Taber-Abrieb (Reibradverfahren)   mm^3/100 U
Abriebfaktor LNP (Thrust washer) Vergleichswert
Statische Reibungszahl
Dynamische Reibungszahl   (p · v =   N/mm^2 ·   m/min)
Zulässiger p · v Wert   N/mm^2 · (m/min)   v =   m/min
                                                                       v =   m/min

Thermische Eigenschaften

Formbeständigkeit in der Wärme   *Verfahren* A   195 °C
                                      Verfahren   °C
Vicat Erweichungstemperatur (VST)   *Verfahren*   °C
                                      Verfahren   °C
Kristallit-Schmelzpunkt   *Verfahren* Kofler-Methode   215–220 °C

Längenausdehnungskoeffizient   *Bereich*   °C   · 10^{-4}K^{-1}
                                      Temperatur   · 10^{-4}K^{-1}
Wärmeleitfähigkeit   *Verfahren*   W/(K · m)

Spezifische Wärmekapazität   *Verfahren*   J/(K · g)

Glasumwandlungstemperatur   *Torsionsschwingungsversuch*   °C
                                      Differentialkalorimetrie   °C

Brandverhalten

UL-Test vertikal   Dicke   mm, Wert
                                      Dicke   mm, Wert

                 Norm   *Bewertung*   *Abmessungen*

Sauerstoff-Index   ASTM D 2863
Glühstab-Verfahren
Brandverhalten   DIN 4102
MVSS
FAR

Elektrische Eigenschaften

                                      Hz   °C   *Probekörper, Form*

Dielektrizitätszahl   50
                                      10^3
                                      10^6
Dielektrischer Verlustfaktor tan δ 50
                                      10^3
                                      10^6
Spezifischer Durchgangs-
  widerstand   Ohm · cm   23   1.0*10**2–1.0*10**3
Durchschlagfestigkeit   kV/mm   mm dick
Oberflächenwiderstand   Ohm   23   1.0*10**1–1.0*10**2
Kriechstromfestigkeit   KC   KB   KA
Elektrolytische Korrosionswirkung
Lichtbogenfestigkeit nach DIN
          nach ASTM   s

Beständigkeit *(Chemische Beständigkeit siehe Anhang)*

Wasseraufnahme

Feuchtigkeitsaufnahme Normalklima   2.3–2.5 %
Wetterbeständigkeit

Spannungskorrosion

Optische Eigenschaften

Brechungszahl n$_D$
Transmissionsgrad τ$_c$ %   mm dick
Lichtdurchlässigkeit

<table>
<tr><td>Datenbank-Nr. T05193</td><td>Merkblatt-Nr. 3661</td></tr>
</table>

			PA

Produkt	Polyamid 6		
Handelsname	**Polyloy BC 804 LF 4**		
Hersteller	ILLING		
DIN-Bez 1			
DIN-Bez 2			
Zusätze		*Füllstoffe/ Verstärkung*	
Bevorzugte Verarbeitung	Spritzgiessen	*Lieferform*	Granulat
		Farben	Schwarzgrau
Besondere Merkmale	Geringer spezifischer Durchgangswiderstand; Hohe Zugfestigkeit; Hoher Modul; Hohe Waermeformbestaendigkeit; Gutes Gleitreibungsverhalten	*Bevorzugte Anwendungen*	Formteil mit erhoehter elektrischer Leitfaehigkeit; Grubenlampe; Funkgeraet; Transportbehaelter; Elektromagnetische Abschirmung; Instrument mit definierter elektrischer Leitfaehigkeit

Dichte	g/cm³	1.11	*Schmelzindex*	g/10 min :
Schüttdichte	g/cm³		*Volumenfließindex*	cm³/10 min :
Viskositätszahl	ml/g			

Verarbeitungsbedingungen für Spritzgießen

Massetemp.	°C		*Schwindung*	% lgs , quer
Werkzeugtemp.	°C		*Bemerkungen*	
Spritzdruck	bar			

Zugversuch 23 °C DIN 53455;

Probekörper:	*Form*	*Herstellung*	Spritzgiessen
	Zustand Spritzfrisch	*Vorbehandlung*	

Streckspannung	N/mm²	110–115	*Dehnung bei Streckspannung*	%
Zugfestigkeit	N/mm²		*Reißdehnung*	% 5–11
Reißfestigkeit	N/mm²		% *Dehnspannung*	N/mm²
E-Modul	N/mm²		*Dehnung bei* % *Dehnspg.*	%

Kriechmoduln und Zeitstandwerte 23 °C

Probekörper:	*Form*	*Herstellung*	
	Zustand	*Vorbehandlung*	

Kriechmodul	1 min	N/mm²	*Zeitstandzugfestigkeit*	h N/mm²
Kriechmodul	1000 h	N/mm²	*Zeitdehnspg.* %	h N/mm²
bei Spannung		N/mm²		

Biegeversuch 23 °C DIN 53457;

Probekörper:	*Form*	*Herstellung*	Spritzgiessen
	Zustand Spritzfrisch	*Vorbehandlung*	

Biegefestigkeit	N/mm²	*E-Modul*	N/mm² 4500–5000
3,5% Biegespannung	N/mm²		

Härte 23 °C

Probekörper:	*Zustand* Spritzfrisch	*Herstellung*	Spritzgiessen
		Vorbehandlung	

Kugeldruckhärte	N/mm² 100–130 bei N, 30 s	*Shore-Härte* A	
Rockwellhärte		*Shore-Härte* D	

Schlagversuch

Probekörper:	(1)		
	(2)	*Herstellung*	Spritzgiessen
	Zustand Spritzfrisch	*Vorbehandlung*	

°C	°C	°C	*Probekörper-Form*

Schlagzähigkeit	kJ/m²	23 10–15		NKS
Kerbschlagzähigkeit (1)	kJ/m²			
IZOD-Kerbschlagzähigkeit (2)	J/m			
Kerbschlagzugzähigkeit	kJ/m²			

Abrieb und Reibung

Taber-Abrieb (Reibradverfahren)   mm³/100 U
Abriebfaktor LNP (Thrust washer) Vergleichswert
Statische Reibungszahl
Dynamische Reibungszahl   (p · v =   N/mm² ·   m/min)
Zulässiger p · v Wert   N/mm² · (m/min)   v =   m/min
                                                    v =   m/min

Thermische Eigenschaften

Formbeständigkeit in der Wärme	*Verfahren*	A	180–190 °C
	Verfahren		°C
Vicat Erweichungstemperatur (VST)	*Verfahren*		°C
	Verfahren		°C
Kristallit-Schmelzpunkt	*Verfahren*	Kofler-Methode	210–215 °C
Längenausdehnungskoeffizient	*Bereich*	°C	$\cdot 10^{-4} K^{-1}$
	Temperatur		$\cdot 10^{-4} K^{-1}$
Wärmeleitfähigkeit	*Verfahren*		W/(K · m)
Spezifische Wärmekapazität	*Verfahren*		J/(K · g)
Glasumwandlungstemperatur	*Torsionsschwingungsversuch*		°C
	Differentialkalorimetrie		°C

Brandverhalten

UL-Test vertikal   Dicke   mm, Wert
                        Dicke   mm, Wert

	Norm	*Bewertung*	*Abmessungen*
Sauerstoff-Index	ASTM D 2863		
Glühstab-Verfahren			
Brandverhalten	DIN 4102		
MVSS			
FAR			

Elektrische Eigenschaften

	Hz	°C		*Probekörper, Form*
Dielektrizitätszahl	50			
	10^3			
	10^6			
Dielektrischer Verlustfaktor tan δ	50			
	10^3			
	10^6			
Spezifischer Durchgangs-widerstand	Ohm · cm	23	1.0*10**4	
Durchschlagfestigkeit	kV/mm			mm dick
Oberflächenwiderstand	Ohm	23	1.0*10**3	
Kriechstromfestigkeit	KC	KB	KA	
Elektrolytische Korrosionswirkung				
Lichtbogenfestigkeit nach DIN				
nach ASTM	s			

Beständigkeit *(Chemische Beständigkeit siehe Anhang)*

Wasseraufnahme

Feuchtigkeitsaufnahme Normalklima   1.8–2.0 %
Wetterbeständigkeit

Spannungskorrosion

Optische Eigenschaften

Brechungszahl n_D
Transmissionsgrad τ_c %   mm dick
Lichtdurchlässigkeit

Datenbank-Nr.	**T05194**		_Merkblatt-Nr._ **3662**

			PA
Produkt	Polyamid 66		
Handelsname	**Polyloy A 70 LF 3**		
Hersteller	ILLING		
DIN-Bez 1			
DIN-Bez 2			
Zusätze		_Füllstoffe/_ _Verstärkung_	
Bevorzugte _Verarbeitung_	Spritzgiessen	_Lieferform_	Granulat
		Farben	Schwarzgrau
Besondere _Merkmale_	Geringer spezifischer Durchgangswiderstand; Hohe Zugfestigkeit; Hoher Modul; Sehr hohe Waermeformbestaendigkeit; Gutes Gleitreibungsverhalten	_Bevorzugte_ _Anwendungen_	Formteil mit erhoehter elektrischer Leitfaehigkeit; Grubenlampe; Funkgeraet; Transportbehaelter; Elektromagnetische Abschirmung; Instrument mit definierter elektrischer Leitfaehigkeit

Dichte	g/cm³	1.12–1.14	_Schmelzindex_	g/10 min	:
Schüttdichte	g/cm³		_Volumenfließindex_	cm³/10 min	:
Viskositätszahl	ml/g				

Verarbeitungsbedingungen für Spritzgießen

Massetemp.	°C	_Schwindung_	%	lgs	, quer ≧ 1.0
Werkzeugtemp.	°C	_Bemerkungen_			
Spritzdruck	bar				

Zugversuch 23 °C DIN 53455;

	Probekörper:	_Form_		_Herstellung_	Spritzgiessen
		Zustand Spritzfrisch		_Vorbehandlung_	

Streckspannung	N/mm² 120–145	_Dehnung bei Streckspannung_	%	
Zugfestigkeit	N/mm²	_Reißdehnung_	%	4–6
Reißfestigkeit	N/mm²	% _Dehnspannung_	N/mm²	
E-Modul	N/mm²	_Dehnung bei_ % _Dehnspg._	%	

Kriechmoduln und Zeitstandwerte 23 °C

	Probekörper:	_Form_	_Herstellung_	
		Zustand	_Vorbehandlung_	

Kriechmodul	_1 min_ N/mm²	_Zeitstandzugfestigkeit_	h N/mm²
Kriechmodul	_1000 h_ N/mm²	_Zeitdehnspg._ %	h N/mm²
bei Spannung	N/mm²		

Biegeversuch 23 °C DIN 53457;

	Probekörper:	_Form_		_Herstellung_	Spritzgiessen
		Zustand Spritzfrisch		_Vorbehandlung_	

Biegefestigkeit	N/mm²	_E-Modul_	N/mm² 6500–7000
3,5% Biegespannung	N/mm²		

Härte 23 °C

	Probekörper:	_Zustand_ Spritzfrisch	_Herstellung_	Spritzgiessen
			Vorbehandlung	

Kugeldruckhärte	N/mm² 150–160	bei N, 30 s	_Shore-Härte_ A	
Rockwellhärte			_Shore-Härte_ D	

Schlagversuch

	Probekörper:	(1)		_Herstellung_	Spritzgiessen
		(2)		_Vorbehandlung_	
		Zustand Spritzfrisch			
		°C	°C	°C	_Probekörper-Form_

Schlagzähigkeit	kJ/m²	23 15–20	NKS
Kerbschlagzähigkeit (1)	kJ/m²		
IZOD-Kerbschlagzähigkeit (2)	J/m		
Kerbschlagzugzähigkeit	kJ/m²		

Abrieb und Reibung

Taber-Abrieb (Reibradverfahren)   mm^3/100 U
Abriebfaktor LNP (Thrust washer) Vergleichswert
Statische Reibungszahl
Dynamische Reibungszahl   (p · v =   N/mm^2 ·   m/min)
Zulässiger p · v Wert   N/mm^2 · (m/min)   v =   m/min
                                                                                 v =   m/min

Thermische Eigenschaften

Formbeständigkeit in der Wärme   *Verfahren* A   200 °C
                                          Verfahren   °C
Vicat Erweichungstemperatur (VST)   *Verfahren*   °C
                                          Verfahren   °C
Kristallit-Schmelzpunkt   *Verfahren* Kofler-Methode   245–250 °C

Längenausdehnungskoeffizient   *Bereich*   °C   · 10^{-4}K^{-1}
                                          Temperatur   · 10^{-4}K^{-1}
Wärmeleitfähigkeit   *Verfahren*   W/(K · m)

Spezifische Wärmekapazität   *Verfahren*   J/(K · g)

Glasumwandlungstemperatur   *Torsionsschwingungsversuch*   °C
                                          Differentialkalorimetrie   °C

Brandverhalten

UL-Test vertikal   Dicke   mm, Wert
                                          Dicke   mm, Wert

	Norm	*Bewertung*	*Abmessungen*

Sauerstoff-Index   ASTM D 2863
Glühstab-Verfahren
Brandverhalten   DIN 4102
MVSS
FAR

Elektrische Eigenschaften

		Hz	°C		*Probekörper, Form*
Dielektrizitätszahl		50			
		10^3			
		10^6			
Dielektrischer Verlustfaktor tan δ		50			
		10^3			
		10^6			

Spezifischer Durchgangs-
  widerstand   Ohm · cm   23   1.0*10**5
Durchschlagfestigkeit   kV/mm   mm dick
Oberflächenwiderstand   Ohm   23   1.0*10**4

Kriechstromfestigkeit   KC   KB   KA
Elektrolytische Korrosionswirkung
Lichtbogenfestigkeit nach DIN
            nach ASTM   s

Beständigkeit *(Chemische Beständigkeit siehe Anhang)*

Wasseraufnahme

Feuchtigkeitsaufnahme Normalklima   1.8–2.3 %
Wetterbeständigkeit

Spannungskorrosion

Optische Eigenschaften

Brechungszahl n$_D$
Transmissionsgrad τ$_c$ %   mm dick
Lichtdurchlässigkeit

Produkt	Polyamid 66		**PA**
Handelsname	**Polyloy A 70 LF 4**		
Hersteller	ILLING		
DIN-Bez 1			
DIN-Bez 2			
Zusätze		*Füllstoffe/ Verstärkung*	
Bevorzugte Verarbeitung	Spritzgiessen	*Lieferform*	Granulat
		Farben	Schwarzgrau
Besondere Merkmale	Geringer spezifischer Durchgangswiderstand; Hohe Zugfestigkeit; Sehr hoher Modul; Sehr hohe Waermeformbestaendigkeit; Gutes Gleitreibungsverhalten	*Bevorzugte Anwendungen*	Formteil mit erhoehter elektrischer Leitfaehigkeit; Grubenlampe; Funkgeraet; Transportbehaelter; Elektromagnetische Abschirmung; Instrument mit definierter elektrischer Leitfaehigkeit

Dichte	g/cm^3	1.12–1.18	*Schmelzindex*	g/10 min	:
Schüttdichte	g/cm^3		*Volumenfließindex*	cm^3/10 min	:
Viskositätszahl	ml/g				

Verarbeitungsbedingungen für Spritzgießen

Massetemp.	°C		*Schwindung*	% lgs	quer
Werkzeugtemp.	°C		*Bemerkungen*		
Spritzdruck	bar				

Zugversuch 23 °C DIN 53455;

	Probekörper:	Form		*Herstellung*	Spritzgiessen
		Zustand	Spritzfrisch	*Vorbehandlung*	
Streckspannung	N/mm^2	175–185	*Dehnung bei Streckspannung*	%	
Zugfestigkeit	N/mm^2		*Reißdehnung*	%	4–6
Reißfestigkeit	N/mm^2		% *Dehnspannung* .	N/mm^2	
E-Modul	N/mm^2		*Dehnung bei* % *Dehnspg.*	%	

Kriechmoduln und Zeitstandwerte 23 °C

	Probekörper:	Form	*Herstellung*	
		Zustand	*Vorbehandlung*	
Kriechmodul	1 min	N/mm^2	*Zeitstandzugfestigkeit*	h N/mm^2
Kriechmodul	1000 h	N/mm^2	*Zeitdehnspg.* %	h N/mm^2
bei Spannung		N/mm^2		

Biegeversuch 23 °C DIN 53457;

	Probekörper:	Form	*Herstellung*	Spritzgiessen
		Zustand Spritzfrisch	*Vorbehandlung*	
Biegefestigkeit	N/mm^2		*E-Modul*	N/mm^2 10000–12000
3,5% Biegespannung	N/mm^2			

Härte 23 °C

	Probekörper: Zustand Spritzfrisch	*Herstellung*	Spritzgiessen
		Vorbehandlung	
Kugeldruckhärte	N/mm^2 170–180 bei N, 30 s	*Shore-Härte* A	
Rockwellhärte		*Shore-Härte* D	

Schlagversuch

	Probekörper:	(1)		
		(2)	*Herstellung*	Spritzgiessen
		Zustand Spritzfrisch	*Vorbehandlung*	
		°C	°C	°C
				Probekörper-Form
Schlagzähigkeit	kJ/m^2	23 19–22		NKS
Kerbschlagzähigkeit (1)	kJ/m^2			
IZOD-Kerbschlagzähigkeit (2)	J/m			
Kerbschlagzugzähigkeit	kJ/m^2			

Abrieb und Reibung

Taber-Abrieb (Reibradverfahren) mm³/100 U
Abriebfaktor LNP (Thrust washer) Vergleichswert
Statische Reibungszahl
Dynamische Reibungszahl $(p \cdot v =$ N/mm² · m/min)
Zulässiger p · v Wert N/mm² · (m/min) v = m/min
                                              v = m/min

Thermische Eigenschaften

Formbeständigkeit in der Wärme Verfahren A 200–220 °C
                                              Verfahren °C
Vicat Erweichungstemperatur (VST) Verfahren °C
                                              Verfahren °C
Kristallit-Schmelzpunkt Verfahren Kofler-Methode 255–265 °C

Längenausdehnungskoeffizient Bereich °C $\cdot 10^{-4}\mathrm{K}^{-1}$
                                              Temperatur $\cdot 10^{-4}\mathrm{K}^{-1}$
Wärmeleitfähigkeit Verfahren W/(K · m)

Spezifische Wärmekapazität Verfahren J/(K · g)

Glasumwandlungstemperatur Torsionsschwingungsversuch °C
                                              Differentialkalorimetrie °C

Brandverhalten

UL-Test vertikal Dicke mm, Wert
                                              Dicke mm, Wert

	Norm	Bewertung	Abmessungen
Sauerstoff-Index	ASTM D 2863		
Glühstab-Verfahren			
Brandverhalten	DIN 4102		
MVSS			
FAR			

Elektrische Eigenschaften

	Hz	°C			Probekörper, Form
Dielektrizitätszahl	50				
	10^3				
	10^6				
Dielektrischer Verlustfaktor $\tan \delta$	50				
	10^3				
	10^6				
Spezifischer Durchgangs- widerstand	Ohm · cm	23	1.0*10**4		
Durchschlagfestigkeit	kV/mm				mm dick
Oberflächenwiderstand	Ohm	23	1.0*10**3		
Kriechstromfestigkeit	KC		KB	KA	
Elektrolytische Korrosionswirkung					
Lichtbogenfestigkeit nach DIN					
nach ASTM	s				

Beständigkeit *(Chemische Beständigkeit siehe Anhang)*

Wasseraufnahme

Feuchtigkeitsaufnahme Normalklima 1.8–2.0 %
Wetterbeständigkeit

Spannungskorrosion

Optische Eigenschaften

Brechungszahl n_D
Transmissionsgrad τ_c % mm dick
Lichtdurchlässigkeit

Produkt	Polyethylen mittlerer Dichte	**PE**
Handelsname	**Lotrene CE 3030**	
Hersteller	CDF	
DIN-Bez 1	16776-PE,KGN,30-D001	
DIN-Bez 2		

Zusätze		*Füllstoffe/ Verstärkung*	
Bevorzugte Verarbeitung	Extrudieren	*Lieferform*	Granulat
		Farben	Natur
Besondere Merkmale		*Bevorzugte Anwendungen*	Kabelisolation; Telefondrahtisolation

---

Dichte	g/cm³	0.929	*Schmelzindex* g/10 min	0.2:　190/2.16
Schüttdichte	g/cm³		*Volumenfließindex* cm³/10 min	:
Viskositätszahl	ml/g			

Verarbeitungsbedingungen für Spritzgießen

Massetemp.	°C		*Schwindung* %	lgs　quer
Werkzeugtemp.	°C		*Bemerkungen*	
Spritzdruck	bar			

Zugversuch 23 °C　　DIN 53455;

	Probekörper: Form		*Herstellung* Spritzgiessen
	Zustand		*Vorbehandlung* Normalklima

Streckspannung	N/mm²		*Dehnung bei Streckspannung*	%
Zugfestigkeit	N/mm²		*Reißdehnung*	% 600
Reißfestigkeit	N/mm² 19		% *Dehnspannung*	N/mm²
E-Modul	N/mm²		*Dehnung bei* % *Dehnspg.*	%

Kriechmoduin und Zeitstandwerte 23 °C

	Probekörper: Form		*Herstellung*
	Zustand		*Vorbehandlung*

Kriechmodul	1 min N/mm²	*Zeitstandzugfestigkeit*	h N/mm²
Kriechmodul	1000 h N/mm²	*Zeitdehnspg.* %	h N/mm²
bei Spannung	N/mm²		

Biegeversuch 23 °C

	Probekörper: Form		*Herstellung*
	Zustand		*Vorbehandlung*

Biegefestigkeit	N/mm²	*E-Modul*	N/mm²
3,5% Biegespannung	N/mm²		

Härte 23 °C　　*Probekörper:* Zustand

			Herstellung Spritzgiessen
			Vorbehandlung Normalklima
Kugeldruckhärte	N/mm²　bei　N, s		*Shore-Härte* A
Rockwellhärte			*Shore-Härte* D 54

Schlagversuch　　*Probekörper:* (1)

	(2)	*Herstellung*
	Zustand	*Vorbehandlung*

°C	°C	°C	*Probekörper-Form*

Schlagzähigkeit	kJ/m²	
Kerbschlagzähigkeit (1)	kJ/m²	
IZOD-Kerbschlagzähigkeit (2)	J/m	
Kerbschlagzugzähigkeit	kJ/m²	

Abrieb und Reibung

Taber-Abrieb (Reibradverfahren) $mm^3/100\ U$
Abriebfaktor LNP (Thrust washer) Vergleichswert
Statische Reibungszahl
Dynamische Reibungszahl $(p \cdot v =$ $N/mm^2 \cdot$ $m/min)$
Zulässiger p · v Wert $N/mm^2 \cdot (m/min)$ $v =$ m/min
                                                                         $v =$ m/min

Thermische Eigenschaften

Formbeständigkeit in der Wärme   *Verfahren*   °C
                                     Verfahren   °C
Vicat Erweichungstemperatur (VST) *Verfahren*   °C
                                     Verfahren   °C
Kristallit-Schmelzpunkt   *Verfahren*

Längenausdehnungskoeffizient   *Bereich*   °C $\cdot 10^{-4}K^{-1}$
                                     Temperatur $\cdot 10^{-4}K^{-1}$
Wärmeleitfähigkeit   *Verfahren* $W/(K \cdot m)$

Spezifische Wärmekapazität   *Verfahren* $J/(K \cdot g)$

Glasumwandlungstemperatur   *Torsionsschwingungsversuch*   °C
                                     Differentialkalorimetrie   °C

Brandverhalten

UL-Test vertikal   Dicke   mm, Wert
                                     Dicke   mm, Wert

	Norm	*Bewertung*	*Abmessungen*
Sauerstoff-Index	ASTM D 2863		
Glühstab-Verfahren			
Brandverhalten	DIN 4102		
MVSS			
FAR			

Elektrische Eigenschaften

		Hz	°C		*Probekörper, Form*
Dielektrizitätszahl		50			
		10^3			
		10^6	23	2.3	
Dielektrischer Verlustfaktor $\tan \delta$		50			
		10^3			
		10^6	23	$\leqq 0.0002$	
Spezifischer Durchgangs-					
widerstand	Ohm · cm		23	7.0*10**16	
Durchschlagfestigkeit	kV/mm		23	22	1 mm dick
Oberflächenwiderstand	Ohm				
Kriechstromfestigkeit		KC	KB	KA	
Elektrolytische Korrosionswirkung					
Lichtbogenfestigkeit nach DIN					
nach ASTM	s				

Beständigkeit *(Chemische Beständigkeit siehe Anhang)*

Wasseraufnahme

Feuchtigkeitsaufnahme Normalklima   %
Wetterbeständigkeit

Spannungskorrosion ASTM D 1693: > 48 h

Optische Eigenschaften

Brechungszahl n_D
Transmissionsgrad τ_c %   mm dick
Lichtdurchlässigkeit

Produkt	Polyethylen mittlerer Dichte	**PE**
Handelsname	**Lotrene CE 3035**	
Hersteller	CDF	
DIN-Bez 1	16776-PE,KGN,30-D001	
DIN-Bez 2		

Zusätze		*Füllstoffe/ Verstärkung*	
Bevorzugte Verarbeitung	Extrudieren	*Lieferform*	Granulat
		Farben	Natur
Besondere Merkmale	Hoch waermestabilisiert	*Bevorzugte Anwendungen*	Kabelisolation; Telefondrahtisolation

---

Dichte	g/cm³	0.929	*Schmelzindex*	g/10 min	0.2 : 190/2.16
Schüttdichte	g/cm³		*Volumenfließindex*	cm³/10 min	:
Viskositätszahl	ml/g				

Verarbeitungsbedingungen für Spritzgießen

Massetemp.	°C		*Schwindung*	%	lgs , quer
Werkzeugtemp.	°C		*Bemerkungen*		
Spritzdruck	bar				

Zugversuch 23 °C   DIN 53455;

	Probekörper: Form		*Herstellung* Spritzgiessen
	Zustand		*Vorbehandlung* Normalklima
Streckspannung	N/mm²	*Dehnung bei Streckspannung*	%
Zugfestigkeit	N/mm²	*Reißdehnung*	% 600
Reißfestigkeit	N/mm² 19	% *Dehnspannung*	N/mm²
E-Modul	N/mm²	*Dehnung bei* % *Dehnspg.*	%

Kriechmoduln und Zeitstandwerte 23 °C

	Probekörper: Form		*Herstellung*
	Zustand		*Vorbehandlung*
Kriechmodul	1 min N/mm²	*Zeitstandzugfestigkeit*	h N/mm²
Kriechmodul	1000 h N/mm²	*Zeitdehnspg.* %	h N/mm²
bei Spannung	N/mm²		

Biegeversuch 23 °C

	Probekörper: Form		*Herstellung*
	Zustand		*Vorbehandlung*
Biegefestigkeit	N/mm²	*E-Modul*	N/mm²
3,5% Biegespannung	N/mm²		

Härte 23 °C   *Probekörper:* Zustand

			Herstellung Spritzgiessen
			Vorbehandlung Normalklima
Kugeldruckhärte	N/mm² bei N, s	*Shore-Härte* A	
Rockwellhärte		*Shore-Härte* D	54

Schlagversuch   *Probekörper:* (1)

	(2)	*Herstellung*
	Zustand	*Vorbehandlung*
°C	°C °C	*Probekörper-Form*

Schlagzähigkeit	kJ/m²
Kerbschlagzähigkeit (1)	kJ/m²
IZOD-Kerbschlagzähigkeit (2)	J/m
Kerbschlagzugzähigkeit	kJ/m²

Abrieb und Reibung

Taber-Abrieb (Reibradverfahren)   mm³/100 U
Abriebfaktor LNP (Thrust washer) Vergleichswert
Statische Reibungszahl
Dynamische Reibungszahl   (p·v =   N/mm² ·   m/min)
Zulässiger p · v Wert   N/mm² · (m/min)   v =   m/min
                                                  v =   m/min

Thermische Eigenschaften

Formbeständigkeit in der Wärme   *Verfahren*   °C
                                          Verfahren   °C
Vicat Erweichungstemperatur (VST)   *Verfahren*   °C
                                          Verfahren   °C
Kristallit-Schmelzpunkt   *Verfahren*

Längenausdehnungskoeffizient   *Bereich*   °C $\cdot 10^{-4} K^{-1}$
                                          Temperatur $\cdot 10^{-4} K^{-1}$
Wärmeleitfähigkeit   *Verfahren*   W/(K·m)

Spezifische Wärmekapazität   *Verfahren*   J/(K·g)

Glasumwandlungstemperatur   *Torsionsschwingungsversuch*   °C
                                          Differentialkalorimetrie   °C

Brandverhalten

UL-Test vertikal   Dicke   mm, Wert
                            Dicke   mm, Wert

	Norm	Bewertung	Abmessungen
Sauerstoff-Index	ASTM D 2863		
Glühstab-Verfahren			
Brandverhalten	DIN 4102		
MVSS			
FAR			

Elektrische Eigenschaften

		Hz	°C		Probekörper, Form
Dielektrizitätszahl		50			
		10^3			
		10^6	23	2.3	
Dielektrischer Verlustfaktor tan δ		50			
		10^3			
		10^6	23	$\leqq 0.0001$	
Spezifischer Durchgangs-widerstand	Ohm · cm		23	$9.0 * 10^{**16}$	
Durchschlagfestigkeit	kV/mm		23	22	1 mm dick
Oberflächenwiderstand	Ohm				

Kriechstromfestigkeit   KC   KB   KA
Elektrolytische Korrosionswirkung
Lichtbogenfestigkeit nach DIN
          nach ASTM   s

Beständigkeit *(Chemische Beständigkeit siehe Anhang)*

Wasseraufnahme

Feuchtigkeitsaufnahme Normalklima   %
Wetterbeständigkeit

Spannungskorrosion ASTM D 1693: > 48 h

Optische Eigenschaften

Brechungszahl n_D
Transmissionsgrad τ_c %   mm dick
Lichtdurchlässigkeit

Produkt	Polyethylen mittlerer Dichte	**PE**
Handelsname	**Lotrene CE 3055**	
Hersteller	CDF	
DIN-Bez 1	16776-PE,KGN,30-D001	
DIN-Bez 2		

Zusätze		*Füllstoffe/ Verstärkung*	
Bevorzugte Verarbeitung	Extrudieren	*Lieferform*	Granulat
		Farben	Natur
Besondere Merkmale	Sehr hoch waermestabilisiert	*Bevorzugte Anwendungen*	Kabelisolation; Telefondrahtisolation

---

Dichte	g/cm^3	0.929	*Schmelzindex*	g/10 min	0.2: 190/2.16
Schüttdichte	g/cm^3		*Volumenfließindex*	cm^3/10 min	:
Viskositätszahl	ml/g				

Verarbeitungsbedingungen für Spritzgießen

Massetemp.	°C		*Schwindung*	%	lgs , quer
Werkzeugtemp.	°C		*Bemerkungen*		
Spritzdruck	bar				

Zugversuch 23 °C   DIN 53455;

	Probekörper:	*Form*	*Herstellung*	Spritzgiessen
		Zustand	*Vorbehandlung*	Normalklima
Streckspannung	N/mm^2		*Dehnung bei Streckspannung*	%
Zugfestigkeit	N/mm^2		*Reißdehnung*	% 600
Reißfestigkeit	N/mm^2 19		% *Dehnspannung*	N/mm^2
E-Modul	N/mm^2		*Dehnung bei* % *Dehnspg.*	%

Kriechmoduln und Zeitstandwerte 23 °C

	Probekörper:	*Form*	*Herstellung*	
		Zustand	*Vorbehandlung*	
Kriechmodul	1 min N/mm^2		*Zeitstandzugfestigkeit*	h N/mm^2
Kriechmodul	1000 h N/mm^2		*Zeitdehnspg.* %	h N/mm^2
bei Spannung	N/mm^2			

Biegeversuch 23 °C

	Probekörper:	*Form*	*Herstellung*	
		Zustand	*Vorbehandlung*	
Biegefestigkeit	N/mm^2		*E-Modul*	N/mm^2
3,5% Biegespannung	N/mm^2			

Härte 23 °C

	Probekörper:	*Zustand*	*Herstellung*	Spritzgiessen
			Vorbehandlung	Normalklima
Kugeldruckhärte	N/mm^2 bei N, s		*Shore-Härte* A	
Rockwellhärte			*Shore-Härte* D	54

Schlagversuch

	Probekörper:	(1)	
		(2)	*Herstellung*
		Zustand	*Vorbehandlung*
	°C	°C °C	*Probekörper-Form*

Schlagzähigkeit	kJ/m^2	
Kerbschlagzähigkeit (1)	kJ/m^2	
IZOD-Kerbschlagzähigkeit (2)	J/m	
Kerbschlagzugzähigkeit	kJ/m^2	

Abrieb und Reibung

Taber-Abrieb (Reibradverfahren)	mm^3/100 U
Abriebfaktor LNP (Thrust washer) Vergleichswert	
Statische Reibungszahl	
Dynamische Reibungszahl	(p·v = N/mm^2 ·
Zulässiger p · v Wert	N/mm^2 · (m/min) v = m/min
	v = m/min

Thermische Eigenschaften

Formbeständigkeit in der Wärme	*Verfahren*	°C
	Verfahren	°C
Vicat Erweichungstemperatur (VST)	*Verfahren*	°C
	Verfahren	°C
Kristallit-Schmelzpunkt	*Verfahren*	
Längenausdehnungskoeffizient	*Bereich* °C	· 10^{-4}K^{-1}
	Temperatur	· 10^{-4}K^{-1}
Wärmeleitfähigkeit	*Verfahren*	W/(K · m)
Spezifische Wärmekapazität	*Verfahren*	J/(K · g)
Glasumwandlungstemperatur	*Torsionsschwingungsversuch*	°C
	Differentialkalorimetrie	°C

Brandverhalten

UL-Test vertikal	Dicke mm, Wert	
	Dicke mm, Wert	

	Norm	*Bewertung*	*Abmessungen*
Sauerstoff-Index	ASTM D 2863		
Glühstab-Verfahren			
Brandverhalten	DIN 4102		
MVSS			
FAR			

Elektrische Eigenschaften

		Hz	°C		*Probekörper, Form*
Dielektrizitätszahl		50			
		10^3			
		10^6	23	2.3	
Dielektrischer Verlustfaktor tan δ		50			
		10^3			
		10^6	23	≦ 0.0002	
Spezifischer Durchgangs-					
widerstand	Ohm · cm		23	7.0*10**16	
Durchschlagfestigkeit	kV/mm		23	22	1 mm dick
Oberflächenwiderstand	Ohm				
Kriechstromfestigkeit		KC		KB	KA
Elektrolytische Korrosionswirkung					
Lichtbogenfestigkeit nach DIN					
nach ASTM s					

Beständigkeit *(Chemische Beständigkeit siehe Anhang)*

Wasseraufnahme

Feuchtigkeitsaufnahme Normalklima	%
Wetterbeständigkeit	

Spannungskorrosion ASTM D 1693: > 48 h

Optische Eigenschaften

Brechungszahl n$_D$		
Transmissionsgrad τ$_c$	%	mm dick
Lichtdurchlässigkeit		

		PE
Produkt	Polyethylen hoher Dichte	
Handelsname	**Lotrene CH 1309**	
Hersteller	CDF	
DIN-Bez 1	16776-PE,KGN,45-D001	
DIN-Bez 2		

Zusätze		*Füllstoffe/ Verstärkung*	
Bevorzugte Verarbeitung	Extrudieren	*Lieferform*	Granulat
		Farben	Natur
Besondere Merkmale		*Bevorzugte Anwendungen*	Kabelisolation geschaeumt; Telefondrahtisolation geschaeumt

Dichte	g/cm^3	0.947	*Schmelzindex*	g/10 min 1.5: 190/2.16
Schüttdichte	g/cm^3		*Volumenfließindex*	cm^3/10 min :
Viskositätszahl	ml/g			

Verarbeitungsbedingungen für Spritzgießen

Massetemp.	°C		*Schwindung*	% lgs , quer
Werkzeugtemp.	°C		*Bemerkungen*	
Spritzdruck	bar			

Zugversuch 23 °C   DIN 53455;

	Probekörper:	*Form*	*Herstellung*	Spritzgiessen
		Zustand	*Vorbehandlung*	Normalklima
Streckspannung	N/mm^2		*Dehnung bei Streckspannung*	%
Zugfestigkeit	N/mm^2		*Reißdehnung*	% 800
Reißfestigkeit	N/mm^2 26		*% Dehnspannung*	N/mm^2
E-Modul	N/mm^2		*Dehnung bei % Dehnspg.*	%

Kriechmoduln und Zeitstandwerte 23 °C

	Probekörper:	*Form*	*Herstellung*	
		Zustand	*Vorbehandlung*	
Kriechmodul	1 min N/mm^2		*Zeitstandzugfestigkeit*	h N/mm^2
Kriechmodul	1000 h N/mm^2		*Zeitdehnspg. %*	h N/mm^2
bei Spannung	N/mm^2			

Biegeversuch 23 °C

	Probekörper:	*Form*	*Herstellung*	
		Zustand	*Vorbehandlung*	
Biegefestigkeit	N/mm^2		*E-Modul*	N/mm^2
3,5% Biegespannung	N/mm^2			

Härte 23 °C

	Probekörper:	*Zustand*	*Herstellung*	Spritzgiessen
			Vorbehandlung	Normalklima
Kugeldruckhärte	N/mm^2	bei N, s	*Shore-Härte* A	
Rockwellhärte			*Shore-Härte* D	61

Schlagversuch

	Probekörper:	(1)	
		(2)	*Herstellung*
		Zustand	*Vorbehandlung*
	°C	°C °C	*Probekörper-Form*

Schlagzähigkeit	kJ/m^2
Kerbschlagzähigkeit (1)	kJ/m^2
IZOD-Kerbschlagzähigkeit (2)	J/m
Kerbschlagzugzähigkeit	kJ/m^2

Abrieb und Reibung

Taber-Abrieb (Reibradverfahren)	mm³/100 U
Abriebfaktor LNP (Thrust washer) Vergleichswert	
Statische Reibungszahl	
Dynamische Reibungszahl	(p · v = N/mm² · m/min)
Zulässiger p · v Wert	N/mm² · (m/min) v = m/min
	v = m/min

Thermische Eigenschaften

Formbeständigkeit in der Wärme	*Verfahren*	°C
	Verfahren	°C
Vicat Erweichungstemperatur (VST)	*Verfahren*	°C
	Verfahren	°C
Kristallit-Schmelzpunkt	*Verfahren*	
Längenausdehnungskoeffizient	*Bereich* °C	$\cdot 10^{-4} K^{-1}$
	Temperatur	$\cdot 10^{-4} K^{-1}$
Wärmeleitfähigkeit	*Verfahren*	W/(K · m)
Spezifische Wärmekapazität	*Verfahren*	J/(K · g)
Glasumwandlungstemperatur	*Torsionsschwingungsversuch*	°C
	Differentialkalorimetrie	°C

Brandverhalten

UL-Test vertikal   Dicke   mm, Wert
        Dicke   mm, Wert

	Norm	*Bewertung*	*Abmessungen*
Sauerstoff-Index	ASTM D 2863		
Glühstab-Verfahren			
Brandverhalten	DIN 4102		
MVSS			
FAR			

Elektrische Eigenschaften

		Hz	°C		*Probekörper, Form*
Dielektrizitätszahl		50			
		10^3			
		10^6	23	2.3	
Dielektrischer Verlustfaktor tan δ		50			
		10^3			
		10^6	23	≤ 0.0002	
Spezifischer Durchgangs-widerstand	Ohm · cm		23	$\geq 1.0 \cdot 10^{16}$	
Durchschlagfestigkeit	kV/mm		23	22	1 mm dick
Oberflächenwiderstand	Ohm				
Kriechstromfestigkeit		KC	KB	KA	
Elektrolytische Korrosionswirkung					
Lichtbogenfestigkeit nach DIN					
nach ASTM s					

Beständigkeit *(Chemische Beständigkeit siehe Anhang)*

Wasseraufnahme

Feuchtigkeitsaufnahme Normalklima   %
Wetterbeständigkeit

Spannungskorrosion ASTM D 1693: > 48 h

Optische Eigenschaften

Brechungszahl n_D
Transmissionsgrad τ_c %   mm dick
Lichtdurchlässigkeit

Produkt	Polyethylen hoher Dichte		**PE**

Produkt   Polyethylen hoher Dichte

Handelsname   **Lotrene CH 1305**

Hersteller   CDF

DIN-Bez 1   16776-PE,KGN,45-D001
DIN-Bez 2

Zusätze   *Füllstoffe/*
                                             Verstärkung

Bevorzugte   Extrudieren   *Lieferform*   Granulat
Verarbeitung
                                             Farben   Natur

Besondere   *Bevorzugte*   Kabelisolation; Telefondrahtisolation
Merkmale   *Anwendungen*

Dichte   g/cm^3 0.947   *Schmelzindex*   g/10 min   1.5:   190/2.16
Schüttdichte   g/cm^3 *Volumenfließindex* cm^3/10 min   :
Viskositätszahl   ml/g

Verarbeitungsbedingungen für Spritzgießen

Massetemp.   °C   *Schwindung*   %   lgs   , quer
Werkzeugtemp.   °C   *Bemerkungen*
Spritzdruck   bar

Zugversuch 23 °C   DIN 53455;
                         Probekörper: *Form*   *Herstellung*   Spritzgiessen
                                         Zustand   *Vorbehandlung*   Normalklima

Streckspannung   N/mm^2 *Dehnung bei Streckspannung*   %
Zugfestigkeit   N/mm^2 *Reißdehnung*   %   800
Reißfestigkeit   N/mm^2 26   *% Dehnspannung*   N/mm^2
E-Modul   N/mm^2 *Dehnung bei*   *% Dehnspg.* %

Kriechmoduln und Zeitstandwerte 23 °C
                         Probekörper: *Form*   *Herstellung*
                                         Zustand   *Vorbehandlung*

Kriechmodul   1 min N/mm^2 *Zeitstandzugfestigkeit*   h N/mm^2
Kriechmodul   1000 h N/mm^2 *Zeitdehnspg.* %   h N/mm^2
bei Spannung   N/mm^2

Biegeversuch 23 °C
                         Probekörper: *Form*   *Herstellung*
                                         Zustand   *Vorbehandlung*

Biegefestigkeit   N/mm^2 *E-Modul*   N/mm^2
3,5% Biegespannung   N/mm^2

Härte 23 °C   *Probekörper:* *Zustand*   *Herstellung*   Spritzgiessen
                                                             Vorbehandlung   Normalklima

Kugeldruckhärte   N/mm^2 bei   N, s   *Shore-Härte* A
Rockwellhärte   *Shore-Härte* D 61

Schlagversuch   *Probekörper:* *(1)*
                                         (2)   *Herstellung*
                                         Zustand   *Vorbehandlung*

                         °C   °C   °C   *Probekörper-Form*

Schlagzähigkeit   kJ/m^2
Kerbschlagzähigkeit (1)   kJ/m^2
IZOD-Kerbschlagzähigkeit (2) J/m
Kerbschlagzugzähigkeit   kJ/m^2

Abrieb und Reibung

Taber-Abrieb (Reibradverfahren)	mm³/100 U
Abriebfaktor LNP (Thrust washer) Vergleichswert	
Statische Reibungszahl	
Dynamische Reibungszahl	(p·v = N/mm² · m/min)
Zulässiger p · v Wert	N/mm² · (m/min) v = m/min
	v = m/min

Thermische Eigenschaften

Formbeständigkeit in der Wärme	*Verfahren*	°C
	Verfahren	°C
Vicat Erweichungstemperatur (VST)	*Verfahren*	°C
	Verfahren	°C
Kristallit-Schmelzpunkt	*Verfahren*	
Längenausdehnungskoeffizient	*Bereich* °C	$\cdot 10^{-4} \mathrm{K}^{-1}$
	Temperatur	$\cdot 10^{-4} \mathrm{K}^{-1}$
Wärmeleitfähigkeit	*Verfahren*	W/(K · m)
Spezifische Wärmekapazität	*Verfahren*	J/(K · g)
Glasumwandlungstemperatur	*Torsionsschwingungsversuch*	°C
	Differentialkalorimetrie	°C

Brandverhalten

UL-Test vertikal	Dicke mm, Wert	
	Dicke mm, Wert	

	Norm	*Bewertung*	*Abmessungen*
Sauerstoff-Index	ASTM D 2863		
Glühstab-Verfahren			
Brandverhalten	DIN 4102		
MVSS			
FAR			

Elektrische Eigenschaften

		Hz	°C		*Probekörper, Form*
Dielektrizitätszahl		50			
		10^3			
		10^6	23	2.3	
Dielektrischer Verlustfaktor tan δ		50			
		10^3			
		10^6	23	≦ 0.0002	
Spezifischer Durchgangs-widerstand	Ohm · cm		23	≧ 1.0*10**16	
Durchschlagfestigkeit	kV/mm		23	22	1 mm dick
Oberflächenwiderstand	Ohm				
Kriechstromfestigkeit		KC	KB	KA	
Elektrolytische Korrosionswirkung					
Lichtbogenfestigkeit nach DIN					
nach ASTM	s				

Beständigkeit *(Chemische Beständigkeit siehe Anhang)*

Wasseraufnahme

Feuchtigkeitsaufnahme Normalklima	%
Wetterbeständigkeit	

Spannungskorrosion ASTM D 1693: > 48 h

Optische Eigenschaften

Brechungszahl n_D		
Transmissionsgrad τ_c	%	mm dick
Lichtdurchlässigkeit		

Datenbank-Nr.	**T05201**	*Merkblatt-Nr.* **3669**

PE

Produkt	Lineares Polyethylen niedriger Dichte		
Handelsname	**Lotrene CB 3087**		
Hersteller	CDF		
DIN-Bez 1	16776-PE,KGC,35-D001		
DIN-Bez 2			
Zusätze	2.5% Russ	*Füllstoffe/ Verstärkung*	
Bevorzugte Verarbeitung	Extrudieren	*Lieferform*	Granulat
		Farben	Schwarz
Besondere Merkmale		*Bevorzugte Anwendungen*	Kabelummantelung; Telefonkabelummantelung

---

Dichte	g/cm³	0.934	*Schmelzindex* g/10 min	0.2 : 190/2.16
Schüttdichte	g/cm³		*Volumenfließindex* cm³/10 min	:
Viskositätszahl	ml/g			

Verarbeitungsbedingungen für Spritzgießen

Massetemp.	°C	*Schwindung* %	lgs , quer
Werkzeugtemp.	°C	*Bemerkungen*	
Spritzdruck	bar		

Zugversuch 23 °C DIN 53455;

Probekörper:	*Form*	*Herstellung*	Spritzgiessen
	Zustand	*Vorbehandlung*	Normalklima

Streckspannung	N/mm²	*Dehnung bei Streckspannung*	%	
Zugfestigkeit	N/mm²	*Reißdehnung*	%	600
Reißfestigkeit	N/mm² 19	*% Dehnspannung*	N/mm²	
E-Modul	N/mm²	*Dehnung bei % Dehnspg.*	%	

Kriechmoduln und Zeitstandwerte 23 °C

Probekörper:	*Form*	*Herstellung*	
	Zustand	*Vorbehandlung*	

Kriechmodul	1 min N/mm²	*Zeitstandzugfestigkeit*	h N/mm²
Kriechmodul	1000 h N/mm²	*Zeitdehnspg. %*	h N/mm²
bei Spannung	N/mm²		

Biegeversuch 23 °C

Probekörper:	*Form*	*Herstellung*	
	Zustand	*Vorbehandlung*	

Biegefestigkeit	N/mm²	*E-Modul*	N/mm²
3,5% Biegespannung	N/mm²		

Härte 23 °C

Probekörper:	*Zustand*	*Herstellung*	Spritzgiessen
		Vorbehandlung	Normalklima

Kugeldruckhärte	N/mm²	bei N, s	*Shore-Härte* A
Rockwellhärte			*Shore-Härte* D 48

Schlagversuch

Probekörper:	(1)
	(2)
	Zustand

	Herstellung	
	Vorbehandlung	

°C	°C	°C	*Probekörper-Form*

Schlagzähigkeit	kJ/m²
Kerbschlagzähigkeit (1)	kJ/m²
IZOD-Kerbschlagzähigkeit (2)	J/m
Kerbschlagzugzähigkeit	kJ/m²

Abrieb und Reibung

Taber-Abrieb (Reibradverfahren)   mm³/100 U
Abriebfaktor LNP (Thrust washer) Vergleichswert
Statische Reibungszahl
Dynamische Reibungszahl $(p \cdot v =$ N/mm² ·   m/min)
Zulässiger p · v Wert   N/mm² · (m/min)   v =   m/min
                                                                   v =   m/min

Thermische Eigenschaften

Formbeständigkeit in der Wärme   Verfahren   °C
                                     Verfahren   °C
Vicat Erweichungstemperatur (VST)   Verfahren   °C
                                     Verfahren   °C
Kristallit-Schmelzpunkt   Verfahren

Längenausdehnungskoeffizient   Bereich   °C $\cdot 10^{-4} \mathrm{K}^{-1}$
                                     Temperatur $\cdot 10^{-4} \mathrm{K}^{-1}$
Wärmeleitfähigkeit   Verfahren   W/(K · m)

Spezifische Wärmekapazität   Verfahren   J/(K · g)

Glasumwandlungstemperatur   Torsionsschwingungsversuch   °C
                                     Differentialkalorimetrie   °C

Brandverhalten

UL-Test vertikal   Dicke   mm, Wert
                                     Dicke   mm, Wert

                        Norm   *Bewertung*   *Abmessungen*

Sauerstoff-Index   ASTM D 2863
Glühstab-Verfahren
Brandverhalten   DIN 4102
MVSS
FAR

Elektrische Eigenschaften

                                     Hz   °C   *Probekörper, Form*

Dielektrizitätszahl   50
                                     10³
                                     10⁶   23   2.7
Dielektrischer Verlustfaktor tan δ 50
                                     10³
                                     10⁶   23   0.005
Spezifischer Durchgangs-
*   widerstand*   Ohm · cm   23 $\geqq 1.0 \ast 10 \ast\ast 16$
Durchschlagfestigkeit kV/mm   23   20   1   mm dick
Oberflächenwiderstand Ohm

Kriechstromfestigkeit   KC   KB   KA
Elektrolytische Korrosionswirkung
Lichtbogenfestigkeit nach DIN
              nach ASTM   s

Beständigkeit *(Chemische Beständigkeit siehe Anhang)*

Wasseraufnahme

Feuchtigkeitsaufnahme Normalklima   %
Wetterbeständigkeit

Spannungskorrosion ASTM D 1693: > 300 h

Optische Eigenschaften

Brechungszahl n_D
Transmissionsgrad τ_c %   mm dick
Lichtdurchlässigkeit

		PE
Produkt	Polyethylen niedriger Dichte	
Handelsname	**Lotrene CB 3217**	
Hersteller	CDF	
DIN-Bez 1	16776-PE,KGC,35-D003	
DIN-Bez 2		

Zusätze	2.5% Russ	Füllstoffe/ Verstärkung	
Bevorzugte Verarbeitung	Extrudieren	Lieferform	Granulat
		Farben	Schwarz
Besondere Merkmale	Gute Spannungsrissbestaendigkeit; Enthaelt LLDPE	Bevorzugte Anwendungen	Kabelummantelung; Telefonkabelum-mantelung

Dichte	g/cm³	0.935	Schmelzindex	g/10 min	0.3: 190/2.16
Schüttdichte	g/cm³		Volumenfließindex	cm³/10 min	:
Viskositätszahl	ml/g				

Verarbeitungsbedingungen für Spritzgießen

Massetemp.	°C		Schwindung	%	lgs , quer
Werkzeugtemp.	°C		Bemerkungen		
Spritzdruck	bar				

Zugversuch 23 °C   DIN 53455;

	Probekörper:	Form	Herstellung	Spritzgiessen
		Zustand	Vorbehandlung	Normalklima
Streckspannung	N/mm²		Dehnung bei Streckspannung	%
Zugfestigkeit	N/mm²		Reißdehnung	% 715
Reißfestigkeit	N/mm² 21		% Dehnspannung	N/mm²
E-Modul	N/mm²		Dehnung bei % Dehnspg.	%

Kriechmoduln und Zeitstandwerte 23 °C

	Probekörper:	Form	Herstellung	
		Zustand	Vorbehandlung	
Kriechmodul	1 min N/mm²		Zeitstandzugfestigkeit	h N/mm²
Kriechmodul	1000 h N/mm²		Zeitdehnspg. %	h N/mm²
bei Spannung	N/mm²			

Biegeversuch 23 °C

	Probekörper:	Form	Herstellung	
		Zustand	Vorbehandlung	
Biegefestigkeit	N/mm²	E-Modul	N/mm²	
3,5% Biegespannung	N/mm²			

Härte 23 °C

	Probekörper:	Zustand	Herstellung	Spritzgiessen
			Vorbehandlung	Normalklima
Kugeldruckhärte	N/mm²	bei N, s	Shore-Härte A	
Rockwellhärte			Shore-Härte D	49

Schlagversuch

	Probekörper:	(1)		
		(2)	Herstellung	
		Zustand	Vorbehandlung	
	°C	°C	°C	Probekörper-Form

Schlagzähigkeit	kJ/m²
Kerbschlagzähigkeit (1)	kJ/m²
IZOD-Kerbschlagzähigkeit (2)	J/m
Kerbschlagzugzähigkeit	kJ/m²

Abrieb und Reibung

Taber-Abrieb (Reibradverfahren)   mm³/100 U
Abriebfaktor LNP (Thrust washer) Vergleichswert
Statische Reibungszahl
Dynamische Reibungszahl   (p·v =   N/mm² ·   m/min)
Zulässiger p · v Wert   N/mm² · (m/min)   v =   m/min
                                                                      v =   m/min

Thermische Eigenschaften

Formbeständigkeit in der Wärme   *Verfahren*   °C
                                         Verfahren   °C
Vicat Erweichungstemperatur (VST)   *Verfahren*   °C
                                         Verfahren   °C
Kristallit-Schmelzpunkt   *Verfahren*

Längenausdehnungskoeffizient   *Bereich*   °C $\cdot 10^{-4} K^{-1}$
                                         Temperatur $\cdot 10^{-4} K^{-1}$
Wärmeleitfähigkeit   *Verfahren*   W/(K · m)

Spezifische Wärmekapazität   *Verfahren*   J/(K · g)

Glasumwandlungstemperatur   *Torsionsschwingungsversuch*   °C
                                         Differentialkalorimetrie   °C

Brandverhalten

UL-Test vertikal   Dicke   mm, Wert
                                         Dicke   mm, Wert

	Norm	*Bewertung*	*Abmessungen*
Sauerstoff-Index	ASTM D 2863		
Glühstab-Verfahren			
Brandverhalten	DIN 4102		
MVSS			
FAR			

Elektrische Eigenschaften

		Hz	°C		*Probekörper, Form*
Dielektrizitätszahl		50			
		10^3			
		10^6	23	2.6	
Dielektrischer Verlustfaktor tan δ		50			
		10^3			
		10^6	23	0.005	
Spezifischer Durchgangs-widerstand	Ohm · cm		23	$\geqq 1.0*10**16$	
Durchschlagfestigkeit	kV/mm		23	20	1 mm dick
Oberflächenwiderstand	Ohm				

Kriechstromfestigkeit   KC   KB   KA
Elektrolytische Korrosionswirkung
Lichtbogenfestigkeit nach DIN
                nach ASTM   s

Beständigkeit *(Chemische Beständigkeit siehe Anhang)*

Wasseraufnahme

Feuchtigkeitsaufnahme Normalklima   %
Wetterbeständigkeit

Spannungskorrosion ASTM D 1693: > 2000 h

Optische Eigenschaften

Brechungszahl n_D
Transmissionsgrad τ_c %   mm dick
Lichtdurchlässigkeit

Produkt	Polyethylen niedriger Dichte	**PE**
Handelsname	**Lotrene CE 3047**	
Hersteller	CDF	
DIN-Bez 1		
DIN-Bez 2		

Zusätze 2.5% Russ   *Füllstoffe/ Verstärkung*

Bevorzugte Verarbeitung Extrudieren   *Lieferform* Granulat

                                                             Farben Schwarz

Besondere Merkmale Ausgezeichnete Spannungsrissbe-staendigkeit   *Bevorzugte Anwendungen* Kabelummantelung; Telefonkabelum-mantelung

---

Dichte g/cm³ 0.935   *Schmelzindex* g/10 min 0.3: 190/2.16
Schüttdichte g/cm³   *Volumenfließindex* cm³/10 min :
Viskositätszahl ml/g

Verarbeitungsbedingungen für Spritzgießen

Massetemp. °C   *Schwindung* % lgs , quer
Werkzeugtemp. °C   *Bemerkungen*
Spritzdruck bar

Zugversuch 23 °C DIN 53455;
Probekörper: Form   *Herstellung* Spritzgiessen
Zustand   *Vorbehandlung* Normalklima

Streckspannung N/mm²   *Dehnung bei Streckspannung* %
Zugfestigkeit N/mm²   *Reißdehnung* % 650
Reißfestigkeit N/mm² 20   *% Dehnspannung* N/mm²
E-Modul N/mm²   *Dehnung bei % Dehnspg.* %

Kriechmoduln und Zeitstandwerte 23 °C
Probekörper: Form   *Herstellung*
Zustand   *Vorbehandlung*

Kriechmodul 1 min N/mm²   *Zeitstandzugfestigkeit* h N/mm²
Kriechmodul 1000 h N/mm²   *Zeitdehnspg. %* h N/mm²
bei Spannung N/mm²

Biegeversuch 23 °C
Probekörper: Form   *Herstellung*
Zustand   *Vorbehandlung*

Biegefestigkeit N/mm²   *E-Modul* N/mm²
3,5% Biegespannung N/mm²

Härte 23 °C *Probekörper:* Zustand   *Herstellung* Spritzgiessen
                                                             Vorbehandlung Normalklima

Kugeldruckhärte N/mm² bei N, s   *Shore-Härte* A
Rockwellhärte   *Shore-Härte* D 43

Schlagversuch *Probekörper:* (1)
                                  (2)   *Herstellung*
                                  Zustand   *Vorbehandlung*

                   °C   °C   °C   *Probekörper-Form*

Schlagzähigkeit kJ/m²
Kerbschlagzähigkeit (1) kJ/m²
IZOD-Kerbschlagzähigkeit (2) J/m
Kerbschlagzugzähigkeit kJ/m²

Abrieb und Reibung

Taber-Abrieb (Reibradverfahren)	mm³/100 U
Abriebfaktor LNP (Thrust washer) Vergleichswert	
Statische Reibungszahl	
Dynamische Reibungszahl	(p·v = N/mm² · m/min)
Zulässiger p · v Wert	N/mm² · (m/min) v = m/min
	v = m/min

Thermische Eigenschaften

Formbeständigkeit in der Wärme	*Verfahren*	°C
	Verfahren	°C
Vicat Erweichungstemperatur (VST)	*Verfahren*	°C
	Verfahren	°C
Kristallit-Schmelzpunkt	*Verfahren*	
Längenausdehnungskoeffizient	*Bereich* °C	$\cdot 10^{-4} K^{-1}$
	Temperatur	$\cdot 10^{-4} K^{-1}$
Wärmeleitfähigkeit	*Verfahren*	W/(K · m)
Spezifische Wärmekapazität	*Verfahren*	J/(K · g)
Glasumwandlungstemperatur	*Torsionsschwingungsversuch*	°C
	Differentialkalorimetrie	°C

Brandverhalten

UL-Test vertikal	Dicke mm, Wert	
	Dicke mm, Wert	

	Norm	Bewertung	Abmessungen
Sauerstoff-Index	ASTM D 2863		
Glühstab-Verfahren			
Brandverhalten	DIN 4102		
MVSS			
FAR			

Elektrische Eigenschaften

	Hz	°C			Probekörper, Form
Dielektrizitätszahl	50				
	10^3				
	10^6	23	2.6		
Dielektrischer Verlustfaktor tan δ	50				
	10^3				
	10^6	23	0.005		
Spezifischer Durchgangs-widerstand	Ohm · cm	23	$\geq$ 1.0*10**16		
Durchschlagfestigkeit	kV/mm	23	20	1 mm dick	
Oberflächenwiderstand	Ohm				
Kriechstromfestigkeit	KC		KB	KA	
Elektrolytische Korrosionswirkung					
Lichtbogenfestigkeit nach DIN					
nach ASTM	s				

Beständigkeit *(Chemische Beständigkeit siehe Anhang)*

Wasseraufnahme

Feuchtigkeitsaufnahme Normalklima   %
Wetterbeständigkeit

Spannungskorrosion ASTM D 1693: > 2000 h

Optische Eigenschaften

Brechungszahl n_D
Transmissionsgrad τ_c %   mm dick
Lichtdurchlässigkeit

Produkt	Polyethylen niedriger Dichte	**PE**
Handelsname	**Lotrene CB 3005**	
Hersteller	CDF	
DIN-Bez 1	16776-PE,KGN,20-D001	
DIN-Bez 2		

Zusätze		*Füllstoffe/ Verstärkung*	
Bevorzugte Verarbeitung	Extrudieren	*Lieferform*	Granulat
		Farben	Natur
Besondere Merkmale	Compound fuer Vernetzung mittels Silan-Verfahren	*Bevorzugte Anwendungen*	Niederspannungsisolation

---

Dichte	g/cm^3	0.922	*Schmelzindex* g/10 min	0.2: 190/2.16
Schüttdichte	g/cm^3		*Volumenfließindex* cm^3/10 min	:
Viskositätszahl	ml/g			

Verarbeitungsbedingungen für Spritzgießen

Massetemp.	°C	*Schwindung* %	lgs , quer
Werkzeugtemp.	°C	*Bemerkungen*	
Spritzdruck	bar		

Zugversuch 23 °C DIN 53455;

	Probekörper: Form		*Herstellung*	Spritzgiessen
	Zustand		*Vorbehandlung*	Normalklima
Streckspannung	N/mm^2	*Dehnung bei Streckspannung*	%	
Zugfestigkeit	N/mm^2	*Reißdehnung*	%	600
Reißfestigkeit	N/mm^2 19	% *Dehnspannung*	N/mm^2	
E-Modul	N/mm^2	*Dehnung bei* % *Dehnspg.*	%	

Kriechmoduln und Zeitstandwerte 23 °C

	Probekörper: Form		*Herstellung*	
	Zustand		*Vorbehandlung*	
Kriechmodul	1 min N/mm^2	*Zeitstandzugfestigkeit*	h N/mm^2	
Kriechmodul	1000 h N/mm^2	*Zeitdehnspg.* %	h N/mm^2	
bei Spannung	N/mm^2			

Biegeversuch 23 °C

	Probekörper: Form	*Herstellung*	
	Zustand	*Vorbehandlung*	
Biegefestigkeit	N/mm^2	*E-Modul*	N/mm^2
3,5% Biegespannung	N/mm^2		

Härte 23 °C

	Probekörper: Zustand	*Herstellung*	Spritzgiessen
		Vorbehandlung	Normalklima
Kugeldruckhärte	N/mm^2 bei N, s	*Shore-Härte* A	
Rockwellhärte		*Shore-Härte* D	47

Schlagversuch

	Probekörper: (1)			
	(2)		*Herstellung*	
	Zustand		*Vorbehandlung*	
	°C	°C	°C	*Probekörper-Form*

Schlagzähigkeit	kJ/m^2
Kerbschlagzähigkeit (1)	kJ/m^2
IZOD-Kerbschlagzähigkeit (2)	J/m
Kerbschlagzugzähigkeit	kJ/m^2

Abrieb und Reibung

Taber-Abrieb (Reibradverfahren)	mm³/100 U
Abriebfaktor LNP (Thrust washer) Vergleichswert	
Statische Reibungszahl	
Dynamische Reibungszahl	(p·v = N/mm² · m/min)
Zulässiger p · v Wert	N/mm² · (m/min) v = m/min
	v = m/min

Thermische Eigenschaften

Formbeständigkeit in der Wärme	*Verfahren*	°C
	Verfahren	°C
Vicat Erweichungstemperatur (VST)	*Verfahren*	°C
	Verfahren	°C
Kristallit-Schmelzpunkt	*Verfahren*	
Längenausdehnungskoeffizient	*Bereich* °C	$\cdot 10^{-4} K^{-1}$
	Temperatur	$\cdot 10^{-4} K^{-1}$
Wärmeleitfähigkeit	*Verfahren*	W/(K · m)
Spezifische Wärmekapazität	*Verfahren*	J/(K · g)
Glasumwandlungstemperatur	*Torsionsschwingungsversuch*	°C
	Differentialkalorimetrie	°C

Brandverhalten

UL-Test vertikal Dicke   mm, Wert
                    Dicke   mm, Wert

	Norm	*Bewertung*	*Abmessungen*
Sauerstoff-Index	ASTM D 2863		
Glühstab-Verfahren			
Brandverhalten	DIN 4102		
MVSS			
FAR			

Elektrische Eigenschaften

		Hz	°C		*Probekörper, Form*
Dielektrizitätszahl		50			
		10^3			
		10^6	23	2.3	
Dielektrischer Verlustfaktor tan δ		50			
		10^3			
		10^6	23	≦ 0.0004	
Spezifischer Durchgangs-widerstand	Ohm · cm		23	≧ 1.0*10**16	
Durchschlagfestigkeit	kV/mm		23	22	1 mm dick
Oberflächenwiderstand	Ohm				
Kriechstromfestigkeit		KC		KB	KA
Elektrolytische Korrosionswirkung					
Lichtbogenfestigkeit nach DIN					
nach ASTM s					

Beständigkeit *(Chemische Beständigkeit siehe Anhang)*

Wasseraufnahme

Feuchtigkeitsaufnahme Normalklima   %
Wetterbeständigkeit

Spannungskorrosion ASTM D 1693: > 500 h

Optische Eigenschaften

Brechungszahl n_D
Transmissionsgrad τ_c %   mm dick
Lichtdurchlässigkeit

		PE
Produkt	Polyethylen niedriger Dichte	
Handelsname	**Lotrene CD 0230**	
Hersteller	CDF	
DIN-Bez 1		
DIN-Bez 2		

Zusätze		Füllstoffe/ Verstärkung	
Bevorzugte Verarbeitung	Extrudieren	Lieferform	Granulat
		Farben	Natur
Besondere Merkmale	Basispolymer fuer Vernetzung	Bevorzugte Anwendungen	Niederspannungsisolation

---

Dichte	g/cm³	0.923	Schmelzindex	g/10 min	2: 190/2.16
Schüttdichte	g/cm³		Volumenfließindex	cm³/10 min	:
Viskositätszahl	ml/g				

Verarbeitungsbedingungen für Spritzgießen

Massetemp.	°C		Schwindung	% lgs , quer
Werkzeugtemp.	°C		Bemerkungen	
Spritzdruck	bar			

Zugversuch 23 °C DIN 53455;

Probekörper:	Form		Herstellung	Spritzgiessen
	Zustand		Vorbehandlung	Normalklima
Streckspannung	N/mm²		Dehnung bei Streckspannung	%
Zugfestigkeit	N/mm²		Reißdehnung	% 500
Reißfestigkeit	N/mm²	15	% Dehnspannung	N/mm²
E-Modul	N/mm²		Dehnung bei % Dehnspg.	%

Kriechmoduln und Zeitstandwerte 23 °C

Probekörper:	Form	Herstellung	
	Zustand	Vorbehandlung	
Kriechmodul	1 min N/mm²	Zeitstandzugfestigkeit	h N/mm²
Kriechmodul	1000 h N/mm²	Zeitdehnspg. %	h N/mm²
bei Spannung	N/mm²		

Biegeversuch 23 °C

Probekörper:	Form	Herstellung	
	Zustand	Vorbehandlung	
Biegefestigkeit	N/mm²	E-Modul	N/mm²
3,5% Biegespannung	N/mm²		

Härte 23 °C

Probekörper:	Zustand	Herstellung	Spritzgiessen
		Vorbehandlung	Normalklima
Kugeldruckhärte	N/mm² bei N, s	Shore-Härte A	
Rockwellhärte		Shore-Härte D	50

Schlagversuch

Probekörper:	(1)		
	(2)	Herstellung	
	Zustand	Vorbehandlung	
	°C °C °C		Probekörper-Form

Schlagzähigkeit	kJ/m²	
Kerbschlagzähigkeit (1)	kJ/m²	
IZOD-Kerbschlagzähigkeit (2)	J/m	
Kerbschlagzugzähigkeit	kJ/m²	

Abrieb und Reibung

Taber-Abrieb (Reibradverfahren)   mm³/100 U
Abriebfaktor LNP (Thrust washer) Vergleichswert
Statische Reibungszahl
Dynamische Reibungszahl   (p·v =   N/mm² ·   m/min)
Zulässiger p · v Wert   N/mm² · (m/min)   v =   m/min
                                                                            v =   m/min

Thermische Eigenschaften

Formbeständigkeit in der Wärme   *Verfahren*   °C
                                        Verfahren   °C
Vicat Erweichungstemperatur (VST)   *Verfahren*   °C
                                        Verfahren   °C
Kristallit-Schmelzpunkt   *Verfahren*

Längenausdehnungskoeffizient   *Bereich*   °C $\cdot 10^{-4} \mathrm{K}^{-1}$
                                        Temperatur $\cdot 10^{-4} \mathrm{K}^{-1}$
Wärmeleitfähigkeit   *Verfahren*   W/(K · m)

Spezifische Wärmekapazität   *Verfahren*   J/(K · g)

Glasumwandlungstemperatur   *Torsionsschwingungsversuch*   °C
                                        Differentialkalorimetrie   °C

Brandverhalten

UL-Test vertikal   Dicke   mm, Wert
                                        Dicke   mm, Wert

	Norm	*Bewertung*	*Abmessungen*
Sauerstoff-Index	ASTM D 2863		
Glühstab-Verfahren			
Brandverhalten	DIN 4102		
MVSS			
FAR			

Elektrische Eigenschaften

		Hz	°C		*Probekörper, Form*
Dielektrizitätszahl		50			
		10^3			
		10^6	23	2.3	
Dielektrischer Verlustfaktor tan δ		50			
		10^3			
		10^6	23	≤ 0.0002	
Spezifischer Durchgangs-widerstand	Ohm · cm		23	$\geq 1.0*10**16$	
Durchschlagfestigkeit	kV/mm		23	22	1 mm dick
Oberflächenwiderstand	Ohm				
Kriechstromfestigkeit		KC		KB	KA
Elektrolytische Korrosionswirkung					
Lichtbogenfestigkeit nach DIN					
nach ASTM s					

Beständigkeit *(Chemische Beständigkeit siehe Anhang)*

Wasseraufnahme

Feuchtigkeitsaufnahme Normalklima   %
Wetterbeständigkeit

Spannungskorrosion ASTM D 1693: > 500 h

Optische Eigenschaften

Brechungszahl n_D
Transmissionsgrad τ_c %   mm dick
Lichtdurchlässigkeit

Produkt	Polyethylen niedriger Dichte	**PE**
Handelsname	**Lotrene CD 0235**	
Hersteller	CDF	
DIN-Bez 1	16776-PE,KGN,25-D022	
DIN-Bez 2		

Zusätze		*Füllstoffe/ Verstärkung*	
Bevorzugte Verarbeitung	Extrudieren	*Lieferform*	Granulat
		Farben	Natur
Besondere Merkmale	Basispolymer fuer Vernetzung mit Peroxid und Silan-Verfahren	*Bevorzugte Anwendungen*	Niederspannungsisolation

---

Dichte	g/cm^3	0.923	*Schmelzindex*	g/10 min	2:	190/2.16
Schüttdichte	g/cm^3		*Volumenfließindex*	cm^3/10 min	:	
Viskositätszahl	ml/g				

Verarbeitungsbedingungen für Spritzgießen

Massetemp.	°C		*Schwindung*	%	lgs	, quer
Werkzeugtemp.	°C		*Bemerkungen*		
Spritzdruck	bar				

Zugversuch 23 °C   DIN 53455;

	Probekörper:	*Form*	*Herstellung*	Spritzgiessen
		Zustand	*Vorbehandlung*	Normalklima
Streckspannung	N/mm^2		*Dehnung bei Streckspannung*	%	
Zugfestigkeit	N/mm^2		*Reißdehnung*	%	500
Reißfestigkeit	N/mm^2	15	% *Dehnspannung*	N/mm^2	
E-Modul	N/mm^2		*Dehnung bei* % *Dehnspg.*	%	

Kriechmoduln und Zeitstandwerte 23 °C

	Probekörper:	*Form*	*Herstellung*	
		Zustand	*Vorbehandlung*	
Kriechmodul	1 min N/mm^2		*Zeitstandzugfestigkeit*	h N/mm^2	
Kriechmodul	1000 h N/mm^2		*Zeitdehnspg.* %	h N/mm^2	
bei Spannung	N/mm^2				

Biegeversuch 23 °C

	Probekörper:	*Form*	*Herstellung*	
		Zustand	*Vorbehandlung*	
Biegefestigkeit	N/mm^2		*E-Modul*	N/mm^2
3,5% Biegespannung	N/mm^2			

Härte 23 °C

	Probekörper:	*Zustand*	*Herstellung*	Spritzgiessen
			Vorbehandlung	Normalklima
Kugeldruckhärte	N/mm^2	bei N, s	*Shore-Härte* A	
Rockwellhärte			*Shore-Härte* D	50

Schlagversuch

Probekörper:	(1)		
	(2)	*Herstellung*	
	Zustand	*Vorbehandlung*	
	°C	°C	°C	*Probekörper-Form*

Schlagzähigkeit	kJ/m^2
Kerbschlagzähigkeit (1)	kJ/m^2
IZOD-Kerbschlagzähigkeit (2)	J/m
Kerbschlagzugzähigkeit	kJ/m^2

Abrieb und Reibung

Taber-Abrieb (Reibradverfahren)   mm³/100 U
Abriebfaktor LNP (Thrust washer) Vergleichswert
Statische Reibungszahl
Dynamische Reibungszahl $(p \cdot v = \quad$ N/mm² · $\quad$ m/min)
Zulässiger p · v Wert   N/mm² · (m/min)   v =   m/min
                                                                      v =   m/min

Thermische Eigenschaften

Formbeständigkeit in der Wärme   *Verfahren*   °C
                                      Verfahren   °C
Vicat Erweichungstemperatur (VST)   *Verfahren*   °C
                                      Verfahren   °C
Kristallit-Schmelzpunkt   *Verfahren*

Längenausdehnungskoeffizient   *Bereich*   °C $\cdot 10^{-4} K^{-1}$
                                      Temperatur $\cdot 10^{-4} K^{-1}$
Wärmeleitfähigkeit   *Verfahren*   W/(K · m)

Spezifische Wärmekapazität   *Verfahren*   J/(K · g)

Glasumwandlungstemperatur   *Torsionsschwingungsversuch*   °C
                                      Differentialkalorimetrie   °C

Brandverhalten

UL-Test vertikal   Dicke   mm, Wert
                                      Dicke   mm, Wert

	Norm	*Bewertung*	*Abmessungen*
Sauerstoff-Index	ASTM D 2863		
Glühstab-Verfahren			
Brandverhalten	DIN 4102		
MVSS			
FAR			

Elektrische Eigenschaften

	Hz	°C		*Probekörper, Form*
Dielektrizitätszahl	50			
	10^3			
	10^6	23	2.3	
Dielektrischer Verlustfaktor tan δ	50			
	10^3			
	10^6	23	$\leqq 0.0004$	
Spezifischer Durchgangs-widerstand Ohm · cm		23	$\geqq 1.0*10**16$	
Durchschlagfestigkeit kV/mm		23	22	1 mm dick
Oberflächenwiderstand Ohm				
Kriechstromfestigkeit	KC		KB	KA
Elektrolytische Korrosionswirkung				
Lichtbogenfestigkeit nach DIN				
nach ASTM s				

Beständigkeit *(Chemische Beständigkeit siehe Anhang)*

Wasseraufnahme

Feuchtigkeitsaufnahme Normalklima   %
Wetterbeständigkeit

Spannungskorrosion ASTM D 1693: > 500 h

Optische Eigenschaften

Brechungszahl n_D
Transmissionsgrad τ_c %   mm dick
Lichtdurchlässigkeit

Produkt	Polyethylen niedriger Dichte	**PE**
Handelsname	**Lotrene CD 0302**	
Hersteller	CDF	
DIN-Bez 1	16776-PE,KGN,25-D022	
DIN-Bez 2		

Zusätze		*Füllstoffe/ Verstärkung*	
Bevorzugte Verarbeitung	Extrudieren	*Lieferform*	Granulat
		Farben	Natur
Besondere Merkmale	Basispolymer fuer Vernetzung	*Bevorzugte Anwendungen*	Niederspannungsisolation

---

Dichte	g/cm^3	0.923	*Schmelzindex*	g/10 min	3: 190/2.16
Schüttdichte	g/cm^3		*Volumenfließindex*	cm^3/10 min	:
Viskositätszahl	ml/g				

Verarbeitungsbedingungen für Spritzgießen

Massetemp.	°C		*Schwindung*	%	lgs , quer
Werkzeugtemp.	°C		*Bemerkungen*		
Spritzdruck	bar				

Zugversuch 23 °C DIN 53455;

		Probekörper: Form	*Herstellung*	Spritzgiessen
		Zustand	*Vorbehandlung*	Normalklima

Streckspannung	N/mm^2	*Dehnung bei Streckspannung*	%	
Zugfestigkeit	N/mm^2	*Reißdehnung*	%	475
Reißfestigkeit	N/mm^2 14	*% Dehnspannung*	N/mm^2	
E-Modul	N/mm^2	*Dehnung bei % Dehnspg.*	%	

Kriechmoduln und Zeitstandwerte 23 °C

		Probekörper: Form	*Herstellung*
		Zustand	*Vorbehandlung*

Kriechmodul	1 min N/mm^2	*Zeitstandzugfestigkeit*	h N/mm^2
Kriechmodul	1000 h N/mm^2	*Zeitdehnspg. %*	h N/mm^2
bei Spannung	N/mm^2		

Biegeversuch 23 °C

		Probekörper: Form	*Herstellung*
		Zustand	*Vorbehandlung*

Biegefestigkeit	N/mm^2	*E-Modul*	N/mm^2
3,5% Biegespannung	N/mm^2		

Härte 23 °C

	Probekörper: Zustand	*Herstellung*	Spritzgiessen
		Vorbehandlung	Normalklima

Kugeldruckhärte	N/mm^2 bei N, s	*Shore-Härte* A	
Rockwellhärte		*Shore-Härte* D	47

Schlagversuch

	Probekörper: (1)	
	(2)	*Herstellung*
	Zustand	*Vorbehandlung*

°C	°C	°C	*Probekörper-Form*

Schlagzähigkeit	kJ/m^2
Kerbschlagzähigkeit (1)	kJ/m^2
IZOD-Kerbschlagzähigkeit (2)	J/m
Kerbschlagzugzähigkeit	kJ/m^2

Abrieb und Reibung

Taber-Abrieb (Reibradverfahren)   mm³/100 U
Abriebfaktor LNP (Thrust washer) Vergleichswert
Statische Reibungszahl
Dynamische Reibungszahl   (p·v =   N/mm² ·   m/min)
Zulässiger p · v Wert   N/mm² · (m/min)   v =   m/min
                                                                      v =   m/min

Thermische Eigenschaften

Formbeständigkeit in der Wärme   *Verfahren*   °C
                                         Verfahren   °C
Vicat Erweichungstemperatur (VST)   *Verfahren*   °C
                                         Verfahren   °C
Kristallit-Schmelzpunkt   *Verfahren*

Längenausdehnungskoeffizient   *Bereich*   °C $\cdot 10^{-4} K^{-1}$
                                         Temperatur $\cdot 10^{-4} K^{-1}$
Wärmeleitfähigkeit   *Verfahren*   W/(K · m)

Spezifische Wärmekapazität   *Verfahren*   J/(K · g)

Glasumwandlungstemperatur   *Torsionsschwingungsversuch*   °C
                                         Differentialkalorimetrie   °C

Brandverhalten

UL-Test vertikal   Dicke   mm, Wert
                                         Dicke   mm, Wert

	Norm	Bewertung		Abmessungen
Sauerstoff-Index	ASTM D 2863			
Glühstab-Verfahren				
Brandverhalten	DIN 4102			
MVSS				
FAR				

Elektrische Eigenschaften

		Hz	°C			Probekörper, Form
Dielektrizitätszahl		50				
		10^3				
		10^6	23	2.3		
Dielektrischer Verlustfaktor tan δ		50				
		10^3				
		10^6	23	≦ 0.0002		
Spezifischer Durchgangs-widerstand	Ohm · cm		23	≧ 1.0*10**16		
Durchschlagfestigkeit	kV/mm		23	22	1	mm dick
Oberflächenwiderstand	Ohm					
Kriechstromfestigkeit		KC		KB	KA	
Elektrolytische Korrosionswirkung						
Lichtbogenfestigkeit nach DIN						
nach ASTM	s					

Beständigkeit *(Chemische Beständigkeit siehe Anhang)*

Wasseraufnahme

Feuchtigkeitsaufnahme Normalklima   %
Wetterbeständigkeit

Spannungskorrosion ASTM D 1693: > 500 h

Optische Eigenschaften

Brechungszahl n_D
Transmissionsgrad τ_c %   mm dick
Lichtdurchlässigkeit

Datenbank-Nr.	**T05208**		Merkblatt-Nr. **3676**

			PE
Produkt	Lineares Polyethylen niedriger Dichte		
Handelsname	**Lotrex CW 1885**		
Hersteller	CDF		
DIN-Bez 1	16776-PE,KGN,20-D090		
DIN-Bez 2			
Zusätze		*Füllstoffe/ Verstärkung*	
Bevorzugte Verarbeitung	Extrudieren	*Lieferform*	Granulat
		Farben	Natur
Besondere Merkmale	Basispolymer fuer Vernetzung mit geringerem Verbrauch an Peroxid oder Silan	*Bevorzugte Anwendungen*	Niederspannungsisolation

Dichte	g/cm³	0.920	*Schmelzindex*	g/10 min	8: 190/2.16
Schüttdichte	g/cm³		*Volumenfließindex*	cm³/10 min	:
Viskositätszahl	ml/g				

Verarbeitungsbedingungen für Spritzgießen

Massetemp.	°C		*Schwindung*	%	lgs	quer
Werkzeugtemp.	°C		*Bemerkungen*			
Spritzdruck	bar					

Zugversuch 23 °C DIN 53455;

	Probekörper:	*Form*		*Herstellung*	Spritzgiessen
		Zustand		*Vorbehandlung*	Normalklima
Streckspannung	N/mm²		*Dehnung bei Streckspannung*	%	
Zugfestigkeit	N/mm²		*Reißdehnung*	%	600
Reißfestigkeit	N/mm²	14	*% Dehnspannung*	N/mm²	
E-Modul	N/mm²		*Dehnung bei % Dehnspg.*	%	

Kriechmoduln und Zeitstandwerte 23 °C

	Probekörper:	*Form*	*Herstellung*	
		Zustand	*Vorbehandlung*	
Kriechmodul	1 min N/mm²		*Zeitstandzugfestigkeit*	h N/mm²
Kriechmodul	1000 h N/mm²		*Zeitdehnspg. %*	h N/mm²
bei Spannung	N/mm²			

Biegeversuch 23 °C

	Probekörper:	*Form*	*Herstellung*	
		Zustand	*Vorbehandlung*	
Biegefestigkeit	N/mm²	*E-Modul*	N/mm²	
3,5% Biegespannung	N/mm²			

Härte 23 °C

	Probekörper:	*Zustand*	*Herstellung*	Spritzgiessen
			Vorbehandlung	Normalklima
Kugeldruckhärte	N/mm²	bei N, s	*Shore-Härte* A	
Rockwellhärte			*Shore-Härte* D	47

Schlagversuch

	Probekörper:	(1)		
		(2)	*Herstellung*	
		Zustand	*Vorbehandlung*	
		°C	°C	°C	*Probekörper-Form*

Schlagzähigkeit	kJ/m²
Kerbschlagzähigkeit (1)	kJ/m²
IZOD-Kerbschlagzähigkeit (2)	J/m
Kerbschlagzugzähigkeit	kJ/m²

Abrieb und Reibung

Taber-Abrieb (Reibradverfahren)	mm^3/100 U		
Abriebfaktor LNP (Thrust washer) Vergleichswert			
Statische Reibungszahl			
Dynamische Reibungszahl	(p·v =	N/mm^2 ·	m/min)
Zulässiger p · v Wert	N/mm^2 · (m/min)	v =	m/min
		v =	m/min

Thermische Eigenschaften

Formbeständigkeit in der Wärme	*Verfahren*		°C
	Verfahren		°C
Vicat Erweichungstemperatur (VST)	*Verfahren*		°C
	Verfahren		°C ·
Kristallit-Schmelzpunkt	*Verfahren*		
Längenausdehnungskoeffizient	*Bereich*	°C	·10^{-4}K^{-1}
	Temperatur		·10^{-4}K^{-1}
Wärmeleitfähigkeit	*Verfahren*		W/(K · m)
Spezifische Wärmekapazität	*Verfahren*		J/(K · g)
Glasumwandlungstemperatur	*Torsionsschwingungsversuch*	°C	
	Differentialkalorimetrie	°C	

Brandverhalten

UL-Test vertikal	*Dicke*	mm, Wert	
	Dicke	mm, Wert	

	Norm	Bewertung	Abmessungen
Sauerstoff-Index	ASTM D 2863		
Glühstab-Verfahren			
Brandverhalten	DIN 4102		
MVSS			
FAR			

Elektrische Eigenschaften

		Hz	°C		Probekörper, Form
Dielektrizitätszahl		50			
		10^3			
		10^6	23	2.3	
Dielektrischer Verlustfaktor tan δ		50			
		10^3			
		10^6	23	≦ 0.0004	
Spezifischer Durchgangs-					
widerstand	Ohm · cm		23	≧ 1.0*10**16	
Durchschlagfestigkeit	kV/mm		23	22	1 mm dick
Oberflächenwiderstand	Ohm				
Kriechstromfestigkeit		KC	KB	KA	
Elektrolytische Korrosionswirkung					
Lichtbogenfestigkeit nach DIN					
nach ASTM	s				

Beständigkeit *(Chemische Beständigkeit siehe Anhang)*

Wasseraufnahme

Feuchtigkeitsaufnahme Normalklima   %
Wetterbeständigkeit

Spannungskorrosion ASTM D 1693: > 500 h

Optische Eigenschaften

Brechungszahl n$_D$
Transmissionsgrad τ$_c$ %   mm dick
Lichtdurchlässigkeit

Datenbank-Nr.	**T05209**	Merkblatt-Nr. **3677**

Produkt	Polyethylen niedriger Dichte	**PE**
Handelsname	**Lotrene CD 0245**	
Hersteller	CDF	
DIN-Bez 1	16776-PE,KGN,25-D022	
DIN-Bez 2		

Zusätze		Füllstoffe/ Verstärkung	
Bevorzugte Verarbeitung	Extrudieren	Lieferform	Granulat
		Farben	Natur
Besondere Merkmale	Basispolymer fuer Vernetzung mittels Peroxid	Bevorzugte Anwendungen	Mittelspannungsisolation fuer den Bereich bis 35 kV

Dichte	g/cm^3	0.923	Schmelzindex	g/10 min	2:	190/2.16
Schüttdichte	g/cm^3		Volumenfließindex	cm^3/10 min	:	
Viskositätszahl	ml/g					

Verarbeitungsbedingungen für Spritzgießen

Massetemp.	°C		Schwindung	%	lgs	, quer
Werkzeugtemp.	°C		Bemerkungen			
Spritzdruck	bar					

Zugversuch 23 °C DIN 53455;

	Probekörper:	Form		Herstellung	Spritzgiessen
		Zustand		Vorbehandlung	Normalklima

Streckspannung	N/mm^2		Dehnung bei Streckspannung	%	
Zugfestigkeit	N/mm^2		Reißdehnung	%	500
Reißfestigkeit	N/mm^2	15	% Dehnspannung	N/mm^2	
E-Modul	N/mm^2		Dehnung bei % Dehnspg.	%	

Kriechmoduln und Zeitstandwerte 23 °C

	Probekörper:	Form		Herstellung
		Zustand		Vorbehandlung

Kriechmodul	1 min N/mm^2		Zeitstandzugfestigkeit	h N/mm^2
Kriechmodul	1000 h N/mm^2		Zeitdehnspg. %	h N/mm^2
bei Spannung	N/mm^2			

Biegeversuch 23 °C

	Probekörper:	Form		Herstellung
		Zustand		Vorbehandlung

Biegefestigkeit	N/mm^2		E-Modul	N/mm^2
3,5% Biegespannung	N/mm^2			

Härte 23 °C

	Probekörper:	Zustand		Herstellung	Spritzgiessen
				Vorbehandlung	Normalklima

Kugeldruckhärte	N/mm^2	bei	N, s	Shore-Härte A	
Rockwellhärte				Shore-Härte D	50

Schlagversuch

	Probekörper:	(1)		
		(2)		Herstellung
		Zustand		Vorbehandlung

	°C	°C	°C	Probekörper-Form

Schlagzähigkeit	kJ/m^2
Kerbschlagzähigkeit (1)	kJ/m^2
IZOD-Kerbschlagzähigkeit (2)	J/m
Kerbschlagzugzähigkeit	kJ/m^2

Abrieb und Reibung

Taber-Abrieb (Reibradverfahren)   mm³/100 U
Abriebfaktor LNP (Thrust washer) Vergleichswert
Statische Reibungszahl
Dynamische Reibungszahl   (p · v =   N/mm² ·   m/min)
Zulässiger p · v Wert   N/mm² · (m/min)   v =   m/min
                                                                       v =   m/min

Thermische Eigenschaften

Formbeständigkeit in der Wärme   *Verfahren*   °C
                                          Verfahren   °C
Vicat Erweichungstemperatur (VST)   *Verfahren*   °C
                                          Verfahren   °C
Kristallit-Schmelzpunkt   *Verfahren*

Längenausdehnungskoeffizient   *Bereich*   °C   · 10⁻⁴K⁻¹
                                          Temperatur   · 10⁻⁴K⁻¹
Wärmeleitfähigkeit   *Verfahren*   W/(K · m)

Spezifische Wärmekapazität   *Verfahren*   J/(K · g)

Glasumwandlungstemperatur   *Torsionsschwingungsversuch*   °C
                                          Differentialkalorimetrie   °C

Brandverhalten

UL-Test vertikal   Dicke   mm, Wert
                                          Dicke   mm, Wert

	Norm	*Bewertung*	*Abmessungen*
Sauerstoff-Index	ASTM D 2863		
Glühstab-Verfahren			
Brandverhalten	DIN 4102		
MVSS			
FAR			

Elektrische Eigenschaften

		Hz	°C		*Probekörper, Form*
Dielektrizitätszahl		50			
		10³			
		10⁶	23	2.3	
Dielektrischer Verlustfaktor tan δ		50			
		10³			
		10⁶	23	≦ 0.0004	
Spezifischer Durchgangs-widerstand	Ohm · cm		23	≧ 1.0*10**16	
Durchschlagfestigkeit	kV/mm		23	22	1 mm dick
Oberflächenwiderstand	Ohm				

Kriechstromfestigkeit   KC   KB   KA
Elektrolytische Korrosionswirkung
Lichtbogenfestigkeit nach DIN
                nach ASTM   s

Beständigkeit *(Chemische Beständigkeit siehe Anhang)*

Wasseraufnahme

Feuchtigkeitsaufnahme Normalklima   %
Wetterbeständigkeit

Spannungskorrosion ASTM D 1693: > 500 h

Optische Eigenschaften

Brechungszahl n_D
Transmissionsgrad τ_c   %   mm dick
Lichtdurchlässigkeit

Produkt	Polyethylen niedriger Dichte	**PE**
Handelsname	**Lotrene CX 4315**	
Hersteller	CDF	
DIN-Bez 1	16776-PE,KGN,25-D022	
DIN-Bez 2		

Zusätze		*Füllstoffe/ Verstärkung*	
Bevorzugte Verarbeitung	Extrudieren	*Lieferform*	Granulat
		Farben	Natur
Besondere Merkmale	Basispolymer fuer Vernetzung mittels Silan	*Bevorzugte Anwendungen*	Mittelspannungsisolation fuer den Bereich bis 35 kV

Dichte	g/cm^3	0.923	*Schmelzindex*	g/10 min	2: 190/2.16
Schüttdichte	g/cm^3		*Volumenfließindex*	cm^3/10 min	:
Viskositätszahl	ml/g				

Verarbeitungsbedingungen für Spritzgießen

Massetemp.	°C		*Schwindung*	%	lgs , quer
Werkzeugtemp.	°C		*Bemerkungen*		
Spritzdruck	bar				

Zugversuch 23 °C DIN 53455;

Probekörper:	*Form*	*Herstellung*	Spritzgiessen
	Zustand	*Vorbehandlung*	Normalklima

Streckspannung	N/mm^2	*Dehnung bei Streckspannung*	%	
Zugfestigkeit	N/mm^2	*Reißdehnung*	%	550
Reißfestigkeit	N/mm^2 15	*% Dehnspannung*	N/mm^2	
E-Modul	N/mm^2	*Dehnung bei % Dehnspg.*	%	

Kriechmoduln und Zeitstandwerte 23 °C

Probekörper:	*Form*	*Herstellung*	
	Zustand	*Vorbehandlung*	

Kriechmodul	1 min N/mm^2	*Zeitstandzugfestigkeit*	h N/mm^2
Kriechmodul	1000 h N/mm^2	*Zeitdehnspg. %*	h N/mm^2
bei Spannung	N/mm^2		

Biegeversuch 23 °C

Probekörper:	*Form*	*Herstellung*	
	Zustand	*Vorbehandlung*	

Biegefestigkeit	N/mm^2	*E-Modul*	N/mm^2
3,5% Biegespannung	N/mm^2		

Härte 23 °C

Probekörper:	*Zustand*	*Herstellung*	Spritzgiessen
		Vorbehandlung	Normalklima

Kugeldruckhärte	N/mm^2 bei N, s	*Shore-Härte* A
Rockwellhärte		*Shore-Härte* D 50

Schlagversuch

Probekörper:	*(1)*		
	(2)	*Herstellung*	
	Zustand	*Vorbehandlung*	
	°C °C °C		*Probekörper-Form*

Schlagzähigkeit	kJ/m^2
Kerbschlagzähigkeit (1)	kJ/m^2
IZOD-Kerbschlagzähigkeit (2)	J/m
Kerbschlagzugzähigkeit	kJ/m^2

Abrieb und Reibung

Taber-Abrieb (Reibradverfahren)	mm³/100 U
Abriebfaktor LNP (Thrust washer) Vergleichswert	
Statische Reibungszahl	
Dynamische Reibungszahl	(p·v = N/mm² · m/min)
Zulässiger p · v Wert	N/mm² · (m/min) v = m/min
	v = m/min

Thermische Eigenschaften

Formbeständigkeit in der Wärme	*Verfahren*	°C
	Verfahren	°C
Vicat Erweichungstemperatur (VST)	*Verfahren*	°C
	Verfahren	°C
Kristallit-Schmelzpunkt	*Verfahren*	
Längenausdehnungskoeffizient	*Bereich* °C	$\cdot 10^{-4} K^{-1}$
	Temperatur	$\cdot 10^{-4} K^{-1}$
Wärmeleitfähigkeit	*Verfahren*	W/(K · m)
Spezifische Wärmekapazität	*Verfahren*	J/(K · g)
Glasumwandlungstemperatur	*Torsionsschwingungsversuch*	°C
	Differentialkalorimetrie	°C

Brandverhalten

UL-Test vertikal	*Dicke* mm, Wert	
	Dicke mm, Wert	

	Norm	*Bewertung*	*Abmessungen*
Sauerstoff-Index	ASTM D 2863		
Glühstab-Verfahren			
Brandverhalten	DIN 4102		
MVSS			
FAR			

Elektrische Eigenschaften

		Hz	°C		*Probekörper, Form*
Dielektrizitätszahl		50			
		10^3			
		10^6	23	2.3	
Dielektrischer Verlustfaktor tan δ		50			
		10^3			
		10^6	23	≦ 0.0004	
Spezifischer Durchgangs- widerstand	Ohm · cm		23	≧ 1.0*10**16	
Durchschlagfestigkeit	kV/mm		23	22	1 mm dick
Oberflächenwiderstand	Ohm				
Kriechstromfestigkeit		KC	KB	KA	
Elektrolytische Korrosionswirkung					
Lichtbogenfestigkeit nach DIN					
nach ASTM	s				

Beständigkeit *(Chemische Beständigkeit siehe Anhang)*

Wasseraufnahme

Feuchtigkeitsaufnahme Normalklima   %
Wetterbeständigkeit

Spannungskorrosion ASTM D 1693: > 500 h

Optische Eigenschaften

Brechungszahl n_D
Transmissionsgrad τ_c %   mm dick
Lichtdurchlässigkeit

Produkt	Polyethylen niedriger Dichte	**PE**
Handelsname	**Lotrene CB 2507**	
Hersteller	CDF	
DIN-Bez 1	16776-PE,KGC,65-D001	
DIN-Bez 2		

Zusätze	12.0% Russ	*Füllstoffe/ Verstärkung*	
Bevorzugte Verarbeitung	Extrudieren	*Lieferform*	Granulat
		Farben	Schwarz
Besondere Merkmale	Basispolymer fuer Vernetzung mittels Silan	*Bevorzugte Anwendungen*	Niederspannungsisolation

---

Dichte	g/cm³ 0.98	*Schmelzindex*	g/10 min 0.2: 190/2.16
Schüttdichte	g/cm³	*Volumenfließindex*	cm³/10 min :
Viskositätszahl	ml/g		

Verarbeitungsbedingungen für Spritzgießen

Massetemp.	°C	*Schwindung*	% lgs , quer
Werkzeugtemp.	°C	*Bemerkungen*	
Spritzdruck	bar		

Zugversuch 23 °C   DIN 53455;

	Probekörper: Form	*Herstellung*	Spritzgiessen
	Zustand	*Vorbehandlung*	Normalklima
Streckspannung	N/mm²	*Dehnung bei Streckspannung*	%
Zugfestigkeit	N/mm²	*Reißdehnung*	% 600
Reißfestigkeit	N/mm² 19	*% Dehnspannung*	N/mm²
E-Modul	N/mm²	*Dehnung bei % Dehnspg.*	%

Kriechmoduln und Zeitstandwerte 23 °C

	Probekörper: Form	*Herstellung*	
	Zustand	*Vorbehandlung*	
Kriechmodul	1 min N/mm²	*Zeitstandzugfestigkeit*	h N/mm²
Kriechmodul	1000 h N/mm²	*Zeitdehnspg. %*	h N/mm²
bei Spannung	N/mm²		

Biegeversuch 23 °C

	Probekörper: Form	*Herstellung*	
	Zustand	*Vorbehandlung*	
Biegefestigkeit	N/mm²	*E-Modul*	N/mm²
3,5% Biegespannung	N/mm²		

Härte 23 °C

	Probekörper: Zustand	*Herstellung*	Spritzgiessen
		Vorbehandlung	Normalklima
Kugeldruckhärte	N/mm² bei N, s	*Shore-Härte* A	
Rockwellhärte		*Shore-Härte* D	49

Schlagversuch

	Probekörper: (1)		
	(2)	*Herstellung*	
	Zustand	*Vorbehandlung*	
	°C °C °C		*Probekörper-Form*

Schlagzähigkeit	kJ/m²
Kerbschlagzähigkeit (1)	kJ/m²
IZOD-Kerbschlagzähigkeit (2)	J/m
Kerbschlagzugzähigkeit	kJ/m²

Abrieb und Reibung

Taber-Abrieb (Reibradverfahren)	mm³/100 U	
Abriebfaktor LNP (Thrust washer) Vergleichswert		
Statische Reibungszahl		
Dynamische Reibungszahl	(p·v = N/mm² m/min)	
Zulässiger p · v Wert	N/mm² · (m/min) v = m/min	
	v = m/min	

Thermische Eigenschaften

Formbeständigkeit in der Wärme	Verfahren	°C
	Verfahren	°C
Vicat Erweichungstemperatur (VST)	Verfahren	°C
	Verfahren	°C
Kristallit-Schmelzpunkt	Verfahren	
Längenausdehnungskoeffizient	Bereich °C	· 10⁻⁴K⁻¹
	Temperatur	· 10⁻⁴K⁻¹
Wärmeleitfähigkeit	Verfahren	W/(K · m)
Spezifische Wärmekapazität	Verfahren	J/(K · g)
Glasumwandlungstemperatur	Torsionsschwingungsversuch °C	
	Differentialkalorimetrie °C	

Brandverhalten

UL-Test vertikal	Dicke mm, Wert	
	Dicke mm, Wert	

	Norm	Bewertung	Abmessungen
Sauerstoff-Index	ASTM D 2863		
Glühstab-Verfahren			
Brandverhalten	DIN 4102		
MVSS			
FAR			

Elektrische Eigenschaften

		Hz	°C			Probekörper, Form
Dielektrizitätszahl		50				
		10³				
		10⁶	23	2.8		
Dielektrischer Verlustfaktor tan δ		50				
		10³				
		10⁶	23	0.003		
Spezifischer Durchgangs- widerstand	Ohm · cm		23	≧ 1.0*10**16		
Durchschlagfestigkeit	kV/mm		23	12	1	mm dick
Oberflächenwiderstand	Ohm					
Kriechstromfestigkeit		KC		KB	KA	
Elektrolytische Korrosionswirkung						
Lichtbogenfestigkeit nach DIN						
nach ASTM	s					

Beständigkeit *(Chemische Beständigkeit siehe Anhang)*

Wasseraufnahme

Feuchtigkeitsaufnahme Normalklima   %
Wetterbeständigkeit

Spannungskorrosion ASTM D 1693: > 48 h

Optische Eigenschaften

Brechungszahl n_D
Transmissionsgrad τ_c   %   mm dick
Lichtdurchlässigkeit

PE

Produkt	Polyethylen niedriger Dichte
Handelsname	**Lotrene CD 0237**
Hersteller	CDF
DIN-Bez 1	16776-PE,KGC,30-D022
DIN-Bez 2	

Zusätze	2.5% Russ	*Füllstoffe/ Verstärkung*	
Bevorzugte Verarbeitung	Extrudieren	*Lieferform*	Granulat
		Farben	Schwarz
Besondere Merkmale	Basispolymer fuer Vernetzung mittels Peroxid oder Silan	*Bevorzugte Anwendungen*	Niederspannungsisolation

---

Dichte	g/cm^3	0.93	*Schmelzindex*	g/10 min	2:	190/2.16
Schüttdichte	g/cm^3		*Volumenfließindex*	cm^3/10 min	:	
Viskositätszahl	ml/g					

Verarbeitungsbedingungen für Spritzgießen

Massetemp.	°C	*Schwindung*	% lgs , quer
Werkzeugtemp.	°C	*Bemerkungen*	
Spritzdruck	bar		

Zugversuch 23 °C   DIN 53455;

	Probekörper: Form	*Herstellung*	Spritzgiessen
	Zustand	*Vorbehandlung*	Normalklima

Streckspannung	N/mm^2	*Dehnung bei Streckspannung*	%	
Zugfestigkeit	N/mm^2	*Reißdehnung*	%	550
Reißfestigkeit	N/mm^2 15	% *Dehnspannung*	N/mm^2	
E-Modul	N/mm^2	*Dehnung bei* % *Dehnspg.*	%	

Kriechmoduln und Zeitstandwerte 23 °C

	Probekörper: Form	*Herstellung*	
	Zustand	*Vorbehandlung*	

Kriechmodul	1 min N/mm^2	*Zeitstandzugfestigkeit*	h N/mm^2
Kriechmodul	1000 h N/mm^2	*Zeitdehnspg.* %	h N/mm^2
bei Spannung	N/mm^2		

Biegeversuch 23 °C

	Probekörper: Form	*Herstellung*	
	Zustand	*Vorbehandlung*	

Biegefestigkeit	N/mm^2	*E-Modul*	N/mm^2
3,5% Biegespannung	N/mm^2		

Härte 23 °C   *Probekörper:* Zustand

		Herstellung Spritzgiessen
		Vorbehandlung Normalklima
Kugeldruckhärte	N/mm^2 bei N, s	*Shore-Härte* A
Rockwellhärte		*Shore-Härte* D 47

Schlagversuch   *Probekörper:* (1)

	(2)	*Herstellung*
	Zustand	*Vorbehandlung*
	°C °C °C	*Probekörper-Form*

Schlagzähigkeit	kJ/m^2	
Kerbschlagzähigkeit (1)	kJ/m^2	
IZOD-Kerbschlagzähigkeit (2)	J/m	
Kerbschlagzugzähigkeit	kJ/m^2	

Abrieb und Reibung

Taber-Abrieb (Reibradverfahren)   mm³/100 U
Abriebfaktor LNP (Thrust washer) Vergleichswert
Statische Reibungszahl
Dynamische Reibungszahl   (p·v =   N/mm² ·   m/min)
Zulässiger p · v Wert   N/mm² · (m/min)   v =   m/min
                                                                      v =   m/min

Thermische Eigenschaften

Formbeständigkeit in der Wärme   *Verfahren*   °C
                                       Verfahren   °C
Vicat Erweichungstemperatur (VST)   *Verfahren*   °C
                                       Verfahren   °C
Kristallit-Schmelzpunkt   *Verfahren*

Längenausdehnungskoeffizient   *Bereich*   °C $\cdot 10^{-4} K^{-1}$
                                       Temperatur $\cdot 10^{-4} K^{-1}$
Wärmeleitfähigkeit   *Verfahren*   W/(K · m)

Spezifische Wärmekapazität   *Verfahren*   J/(K · g)

Glasumwandlungstemperatur   *Torsionsschwingungsversuch*   °C
                                       Differentialkalorimetrie   °C

Brandverhalten

UL-Test vertikal   Dicke   mm, Wert
                                       Dicke   mm, Wert

          Norm   *Bewertung*   *Abmessungen*

Sauerstoff-Index   ASTM D 2863
Glühstab-Verfahren
Brandverhalten   DIN 4102
MVSS
FAR

Elektrische Eigenschaften

                                       Hz   °C   *Probekörper, Form*

Dielektrizitätszahl   50
                                       10³
                                       10⁶   23   2.6
Dielektrischer Verlustfaktor tan δ   50
                                       10³
                                       10⁶   23   0.005
Spezifischer Durchgangs-
*   widerstand*   Ohm · cm   23   ≧ 1.0*10**16
Durchschlagfestigkeit   kV/mm   23   20   1   mm dick
Oberflächenwiderstand   Ohm

Kriechstromfestigkeit   KC   KB   KA
Elektrolytische Korrosionswirkung
Lichtbogenfestigkeit nach DIN
*   nach ASTM*   s

Beständigkeit *(Chemische Beständigkeit siehe Anhang)*

Wasseraufnahme

Feuchtigkeitsaufnahme Normalklima   %
Wetterbeständigkeit

Spannungskorrosion ASTM D 1693: > 48 h

Optische Eigenschaften

Brechungszahl n_D
Transmissionsgrad τ_c %   mm dick
Lichtdurchlässigkeit

Produkt	Polyethylen niedriger Dichte	**PE**
Handelsname	**Lotrene CD 0247**	
Hersteller	CDF	
DIN-Bez 1	16776-PE,KGC,65-D022	
DIN-Bez 2		

Zusätze	12.0% Russ	*Füllstoffe/ Verstärkung*	
Bevorzugte Verarbeitung	Extrudieren	*Lieferform*	Granulat
		Farben	Schwarz
Besondere Merkmale	Basispolymer fuer Vernetzung mittels Peroxid oder Silan	*Bevorzugte Anwendungen*	Niederspannungsisolation

---

Dichte	g/cm^3 0.98	*Schmelzindex*	g/10 min 1.8: 190/2.16
Schüttdichte	g/cm^3	*Volumenfließindex*	cm^3/10 min :
Viskositätszahl	ml/g		

Verarbeitungsbedingungen für Spritzgießen

Massetemp.	°C	*Schwindung*	% lgs , quer
Werkzeugtemp.	°C	*Bemerkungen*	
Spritzdruck	bar		

Zugversuch 23 °C DIN 53455;

	Probekörper: Form	*Herstellung*	Spritzgiessen
	Zustand	*Vorbehandlung*	Normalklima

Streckspannung	N/mm^2	*Dehnung bei Streckspannung*	%
Zugfestigkeit	N/mm^2	*Reißdehnung*	% 500
Reißfestigkeit	N/mm^2 14	*% Dehnspannung*	N/mm^2
E-Modul	N/mm^2	*Dehnung bei % Dehnspg.*	%

Kriechmoduln und Zeitstandwerte 23 °C

	Probekörper: Form	*Herstellung*	
	Zustand	*Vorbehandlung*	

Kriechmodul	1 min N/mm^2	*Zeitstandzugfestigkeit*	h N/mm^2
Kriechmodul	1000 h N/mm^2	*Zeitdehnspg. %*	h N/mm^2
bei Spannung	N/mm^2		

Biegeversuch 23 °C

	Probekörper: Form	*Herstellung*	
	Zustand	*Vorbehandlung*	

Biegefestigkeit	N/mm^2	*E-Modul*	N/mm^2
3,5% Biegespannung	N/mm^2		

Härte 23 °C

Probekörper: Zustand		*Herstellung*	Spritzgiessen
		Vorbehandlung	Normalklima

Kugeldruckhärte	N/mm^2 bei N, s	*Shore-Härte* A	
Rockwellhärte		*Shore-Härte* D 46	

Schlagversuch

Probekörper:	(1)		
	(2)	*Herstellung*	
	Zustand	*Vorbehandlung*	
	°C °C °C		*Probekörper-Form*

Schlagzähigkeit	kJ/m^2
Kerbschlagzähigkeit (1)	kJ/m^2
IZOD-Kerbschlagzähigkeit (2)	J/m
Kerbschlagzugzähigkeit	kJ/m^2

Abrieb und Reibung

Taber-Abrieb (Reibradverfahren)   mm³/100 U
Abriebfaktor LNP (Thrust washer) Vergleichswert
Statische Reibungszahl
Dynamische Reibungszahl   (p · v =   N/mm² ·   m/min)
Zulässiger p · v Wert   N/mm² · (m/min)   v =   m/min
                                                                      v =   m/min

Thermische Eigenschaften

Formbeständigkeit in der Wärme   *Verfahren*   °C
                                          Verfahren   °C
Vicat Erweichungstemperatur (VST)   *Verfahren*   °C
                                          Verfahren   °C
Kristallit-Schmelzpunkt   *Verfahren*

Längenausdehnungskoeffizient   *Bereich*   °C $\cdot 10^{-4} K^{-1}$
                                          Temperatur $\cdot 10^{-4} K^{-1}$
Wärmeleitfähigkeit   *Verfahren*   W/(K · m)

Spezifische Wärmekapazität   *Verfahren*   J/(K · g)

Glasumwandlungstemperatur   *Torsionsschwingungsversuch*   °C
                                          Differentialkalorimetrie   °C

Brandverhalten

UL-Test vertikal   Dicke   mm, Wert
                                          Dicke   mm, Wert

                       Norm   *Bewertung*   *Abmessungen*

Sauerstoff-Index   ASTM D 2863
Glühstab-Verfahren
Brandverhalten   DIN 4102
MVSS
FAR

Elektrische Eigenschaften

                                          Hz   °C   *Probekörper, Form*

Dielektrizitätszahl   50
                                          10^3
                                          10^6 23   3.6
Dielektrischer Verlustfaktor tan δ   50
                                          10^3
                                          10^6 23   0.0003
Spezifischer Durchgangs-
   widerstand   Ohm · cm   23 $\geq 1.0*10**16$
Durchschlagfestigkeit   kV/mm   23   12   1   mm dick
Oberflächenwiderstand   Ohm

Kriechstromfestigkeit   KC   KB   KA
Elektrolytische Korrosionswirkung
Lichtbogenfestigkeit nach DIN
            nach ASTM   s

Beständigkeit *(Chemische Beständigkeit siehe Anhang)*

Wasseraufnahme

Feuchtigkeitsaufnahme Normalklima   %
Wetterbeständigkeit

Spannungskorrosion ASTM D 1693: > 48 h

Optische Eigenschaften

Brechungszahl n_D
Transmissionsgrad τ_c %   mm dick
Lichtdurchlässigkeit

Produkt	Polyethylen niedriger Dichte	**PE**
Handelsname	**Lotrene CD 0307**	
Hersteller	CDF	
DIN-Bez 1	16776-PE,KGC,65-D022	
DIN-Bez 2		

Zusätze	10.0% Russ	*Füllstoffe/ Verstärkung*	
Bevorzugte Verarbeitung	Extrudieren	*Lieferform*	Granulat
		Farben	Schwarz
Besondere Merkmale	Basispolymer fuer Vernetzung mittels Peroxid oder Silan	*Bevorzugte Anwendungen*	Niederspannungsisolation

---

Dichte	g/cm^3	0.97	*Schmelzindex*	g/10 min	2.7 : 190/2.16
Schüttdichte	g/cm^3		*Volumenfließindex*	cm^3/10 min	:
Viskositätszahl	ml/g				

Verarbeitungsbedingungen für Spritzgießen

Massetemp.	°C		*Schwindung*	%	lgs , quer
Werkzeugtemp.	°C		*Bemerkungen*		
Spritzdruck	bar				

Zugversuch 23 °C DIN 53455;

		Probekörper: Form	*Herstellung*	Spritzgiessen
		Zustand	*Vorbehandlung*	Normalklima

Streckspannung	N/mm^2	*Dehnung bei Streckspannung*	%	
Zugfestigkeit	N/mm^2	*Reißdehnung*	%	500
Reißfestigkeit	N/mm^2 14	% *Dehnspannung*	N/mm^2	
E-Modul	N/mm^2	*Dehnung bei* % *Dehnspg.*	%	

Kriechmoduln und Zeitstandwerte 23 °C

	Probekörper: Form	*Herstellung*
	Zustand	*Vorbehandlung*

Kriechmodul	1 min N/mm^2	*Zeitstandzugfestigkeit*	h N/mm^2	
Kriechmodul	1000 h N/mm^2	*Zeitdehnspg.* %	h N/mm^2	
bei Spannung	N/mm^2			

Biegeversuch 23 °C

	Probekörper: Form	*Herstellung*
	Zustand	*Vorbehandlung*

Biegefestigkeit	N/mm^2	*E-Modul*	N/mm^2
3,5% Biegespannung	N/mm^2		

Härte 23 °C

Probekörper: Zustand	*Herstellung*	Spritzgiessen
	Vorbehandlung	Normalklima

Kugeldruckhärte	N/mm^2	bei N, s	*Shore-Härte* A	
Rockwellhärte			*Shore-Härte* D	46

Schlagversuch Probekörper: (1)

	(2)	
	Zustand	*Herstellung*
		Vorbehandlung

°C	°C	°C	Probekörper-Form

Schlagzähigkeit	kJ/m^2	
Kerbschlagzähigkeit (1)	kJ/m^2	
IZOD-Kerbschlagzähigkeit (2)	J/m	
Kerbschlagzugzähigkeit	kJ/m^2	

Abrieb und Reibung

Taber-Abrieb (Reibradverfahren)   mm³/100 U
Abriebfaktor LNP (Thrust washer) Vergleichswert
Statische Reibungszahl
Dynamische Reibungszahl   (p·v =   N/mm² ·   m/min)
Zulässiger p · v Wert   N/mm² · (m/min)   v =   m/min
                                                             v =   m/min

Thermische Eigenschaften

Formbeständigkeit in der Wärme	*Verfahren*	°C
	Verfahren	°C
Vicat Erweichungstemperatur (VST)	*Verfahren*	°C
	Verfahren	°C
Kristallit-Schmelzpunkt	*Verfahren*	

Längenausdehnungskoeffizient   *Bereich*   °C $\cdot 10^{-4}\mathrm{K}^{-1}$
                                        Temperatur $\cdot 10^{-4}\mathrm{K}^{-1}$
Wärmeleitfähigkeit   *Verfahren*   W/(K · m)

Spezifische Wärmekapazität   *Verfahren*   J/(K · g)

Glasumwandlungstemperatur   *Torsionsschwingungsversuch*   °C
                                         Differentialkalorimetrie   °C

Brandverhalten

UL-Test vertikal   Dicke   mm, Wert
                                      Dicke   mm, Wert

	Norm	Bewertung	Abmessungen
Sauerstoff-Index	ASTM D 2863		
Glühstab-Verfahren			
Brandverhalten	DIN 4102		
MVSS			
FAR			

Elektrische Eigenschaften

		Hz	°C		Probekörper, Form
Dielektrizitätszahl		50			
		10³			
		10⁶	23	3.4	
Dielektrischer Verlustfaktor tan δ		50			
		10³			
		10⁶	23	0.003	
Spezifischer Durchgangs-widerstand	Ohm · cm		23	≧ 1.0*10**16	
Durchschlagfestigkeit	kV/mm		23	14	1 mm dick
Oberflächenwiderstand	Ohm				

Kriechstromfestigkeit   KC   KB   KA
Elektrolytische Korrosionswirkung
Lichtbogenfestigkeit nach DIN
                    nach ASTM   s

Beständigkeit *(Chemische Beständigkeit siehe Anhang)*

Wasseraufnahme

Feuchtigkeitsaufnahme Normalklima   %
Wetterbeständigkeit

Spannungskorrosion ASTM D 1693: > 48 h

Optische Eigenschaften

Brechungszahl n_D
Transmissionsgrad τ_c %   mm dick
Lichtdurchlässigkeit

Produkt	Lineares Polyethylen niedriger Dichte	**PE**
Handelsname	**Lotrex CH 7017**	
Hersteller	CDF	
DIN-Bez 1	16776-PE,KGC,65-D090	
DIN-Bez 2		

Zusätze	10.0% Russ		*Füllstoffe/ Verstärkung*	
Bevorzugte Verarbeitung	Extrudieren		*Lieferform*	Granulat
			Farben	Schwarz
Besondere Merkmale	Basispolymer fuer Vernetzung mittels Peroxid oder Silan		*Bevorzugte Anwendungen*	Niederspannungsisolation

---

Dichte	g/cm³	0.97	*Schmelzindex*	g/10 min	8:	190/2.16
Schüttdichte	g/cm³		*Volumenfließindex*	cm³/10 min	:	
Viskositätszahl	ml/g					

Verarbeitungsbedingungen für Spritzgießen

Massetemp.	°C		*Schwindung*	%	lgs , quer
Werkzeugtemp.	°C		*Bemerkungen*		
Spritzdruck	bar				

Zugversuch 23 °C　　DIN 53455;

	Probekörper:	*Form*	*Herstellung*	Spritzgiessen
		Zustand	*Vorbehandlung*	Normalklima

Streckspannung	N/mm²		*Dehnung bei Streckspannung*	%	
Zugfestigkeit	N/mm²		*Reißdehnung*	%	550
Reißfestigkeit	N/mm²	12	*% Dehnspannung*	N/mm²	
E-Modul	N/mm²		*Dehnung bei % Dehnspg.*	%	

Kriechmoduln und Zeitstandwerte 23 °C

	Probekörper:	*Form*	*Herstellung*
		Zustand	*Vorbehandlung*

Kriechmodul	1 min	N/mm²	*Zeitstandzugfestigkeit*	h	N/mm²
Kriechmodul	1000 h	N/mm²	*Zeitdehnspg. %*	h	N/mm²
bei Spannung		N/mm²			

Biegeversuch 23 °C

	Probekörper:	*Form*	*Herstellung*
		Zustand	*Vorbehandlung*

Biegefestigkeit	N/mm²	*E-Modul*	N/mm²
3,5% Biegespannung	N/mm²		

Härte 23 °C

	Probekörper:	*Zustand*	*Herstellung* Spritzgiessen
			Vorbehandlung Normalklima

Kugeldruckhärte	N/mm²	bei N, s	*Shore-Härte* A
Rockwellhärte			*Shore-Härte* D 49

Schlagversuch

Probekörper:	(1)	
	(2)	*Herstellung*
	Zustand	*Vorbehandlung*

°C	°C	°C	*Probekörper-Form*

Schlagzähigkeit	kJ/m²
Kerbschlagzähigkeit (1)	kJ/m²
IZOD-Kerbschlagzähigkeit (2)	J/m
Kerbschlagzugzähigkeit	kJ/m²

Abrieb und Reibung

Taber-Abrieb (Reibradverfahren)   mm^3/100 U
Abriebfaktor LNP (Thrust washer) Vergleichswert
Statische Reibungszahl
Dynamische Reibungszahl   (p · v =   N/mm^2 ·   m/min)
Zulässiger p · v Wert   N/mm^2 · (m/min)   v =   m/min
                                                                      v =   m/min

Thermische Eigenschaften

Formbeständigkeit in der Wärme   *Verfahren*   °C
                                        Verfahren   °C
Vicat Erweichungstemperatur (VST)   *Verfahren*   °C
                                        Verfahren   °C
Kristallit-Schmelzpunkt   *Verfahren*

Längenausdehnungskoeffizient   *Bereich*   °C   · 10^{-4}K^{-1}
                                        Temperatur   · 10^{-4}K^{-1}
Wärmeleitfähigkeit   *Verfahren*   W/(K · m)

Spezifische Wärmekapazität   *Verfahren*   J/(K · g)

Glasumwandlungstemperatur   *Torsionsschwingungsversuch*   °C
                                        Differentialkalorimetrie   °C

Brandverhalten

UL-Test vertikal   Dicke   mm, Wert
                                        Dicke   mm, Wert

                        Norm   *Bewertung*   *Abmessungen*

Sauerstoff-Index   ASTM D 2863
Glühstab-Verfahren
Brandverhalten   DIN 4102
MVSS
FAR

Elektrische Eigenschaften

                                        Hz   °C   *Probekörper, Form*

Dielektrizitätszahl   50
                                        10^3
                                        10^6 23   3.4
Dielektrischer Verlustfaktor tan δ   50
                                        10^3
                                        10^6 23   0.003
Spezifischer Durchgangs-
  widerstand   Ohm · cm   23 $\geq$ 1.0*10**16
Durchschlagfestigkeit kV/mm   23   14   1   mm dick
Oberflächenwiderstand Ohm

Kriechstromfestigkeit   KC   KB   KA
Elektrolytische Korrosionswirkung
Lichtbogenfestigkeit nach DIN
            nach ASTM   s

Beständigkeit *(Chemische Beständigkeit siehe Anhang)*

Wasseraufnahme

Feuchtigkeitsaufnahme Normalklima   %
Wetterbeständigkeit

Spannungskorrosion ASTM D 1693: > 48 h

Optische Eigenschaften

Brechungszahl n$_D$
Transmissionsgrad τ$_c$ %   mm dick
Lichtdurchlässigkeit

			PE

Produkt   Lineares Polyethylen niedriger Dichte

Handelsname   **Lotrex CG 7007**

Hersteller   CDF

DIN-Bez 1   16776-PE,KGC,35-D090
DIN-Bez 2

Zusätze	3.5% Russ	*Füllstoffe/ Verstärkung*	
Bevorzugte Verarbeitung	Extrudieren	*Lieferform*	Granulat
		Farben	Schwarz
Besondere Merkmale	Basispolymer fuer Vernetzung mittels Peroxid oder Silan	*Bevorzugte Anwendungen*	Niederspannungsisolation

---

Dichte	g/cm³	0.937	*Schmelzindex* g/10 min	9: 190/2.16
Schüttdichte	g/cm³		*Volumenfließindex* cm³/10 min	:
Viskositätszahl	ml/g			

Verarbeitungsbedingungen für Spritzgießen

Massetemp.	°C	*Schwindung* %	lgs , quer
Werkzeugtemp.	°C	*Bemerkungen*	
Spritzdruck	bar		

Zugversuch 23 °C   DIN 53455;

	Probekörper:	*Form*	*Herstellung*	Spritzgiessen
		Zustand	*Vorbehandlung*	Normalklima
Streckspannung	N/mm²		*Dehnung bei Streckspannung* %	
Zugfestigkeit	N/mm²		*Reißdehnung* %	600
Reißfestigkeit	N/mm² 13		*% Dehnspannung* N/mm²	
E-Modul	N/mm²		*Dehnung bei % Dehnspg.* %	

Kriechmoduln und Zeitstandwerte 23 °C

	Probekörper:	*Form*	*Herstellung*
		Zustand	*Vorbehandlung*
Kriechmodul	1 min N/mm²	*Zeitstandzugfestigkeit*	h N/mm²
Kriechmodul	1000 h N/mm²	*Zeitdehnspg.* %	h N/mm²
bei Spannung	N/mm²		

Biegeversuch 23 °C

	Probekörper:	*Form*	*Herstellung*
		Zustand	*Vorbehandlung*
Biegefestigkeit	N/mm²	*E-Modul*	N/mm²
3,5% Biegespannung	N/mm²		

Härte 23 °C

	Probekörper: *Zustand*	*Herstellung*	Spritzgiessen
		Vorbehandlung	Normalklima
Kugeldruckhärte	N/mm² bei N, s	*Shore-Härte* A	
Rockwellhärte		*Shore-Härte* D	48

Schlagversuch

	Probekörper:	*(1)*	
		(2)	*Herstellung*
		Zustand	*Vorbehandlung*
	°C	°C °C	*Probekörper-Form*

Schlagzähigkeit	kJ/m²
Kerbschlagzähigkeit (1)	kJ/m²
IZOD-Kerbschlagzähigkeit (2)	J/m
Kerbschlagzugzähigkeit	kJ/m²

Abrieb und Reibung

Taber-Abrieb (Reibradverfahren)	mm^3/100 U	
Abriebfaktor LNP (Thrust washer) Vergleichswert		
Statische Reibungszahl		
Dynamische Reibungszahl	(p·v = N/mm^2 ·	m/min)
Zulässiger p · v Wert	N/mm^2 · (m/min) v =	m/min
	v =	m/min

Thermische Eigenschaften

Formbeständigkeit in der Wärme	*Verfahren*		°C
	Verfahren		°C
Vicat Erweichungstemperatur (VST)	*Verfahren*		°C
	Verfahren		°C
Kristallit-Schmelzpunkt	*Verfahren*		
Längenausdehnungskoeffizient	*Bereich*	°C	· 10^{-4}K^{-1}
	Temperatur		· 10^{-4}K^{-1}
Wärmeleitfähigkeit	*Verfahren*		W/(K · m)
Spezifische Wärmekapazität	*Verfahren*		J/(K · g)
Glasumwandlungstemperatur	*Torsionsschwingungsversuch*	°C	
	Differentialkalorimetrie	°C	

Brandverhalten

UL-Test vertikal	Dicke	mm, Wert	
	Dicke	mm, Wert	

	Norm	*Bewertung*	*Abmessungen*
Sauerstoff-Index	ASTM D 2863		
Glühstab-Verfahren			
Brandverhalten	DIN 4102		
MVSS			
FAR			

Elektrische Eigenschaften

		Hz	°C		*Probekörper, Form*
Dielektrizitätszahl		50			
		10^3			
		10^6	23	2.5	
Dielektrischer Verlustfaktor tan δ		50			
		10^3			
		10^6	23	0.005	
Spezifischer Durchgangs- widerstand	Ohm · cm		23	≧ 1.0*10**16	
Durchschlagfestigkeit	kV/mm		23	19	1 mm dick
Oberflächenwiderstand	Ohm				
Kriechstromfestigkeit		KC		KB	KA
Elektrolytische Korrosionswirkung					
Lichtbogenfestigkeit nach DIN					
nach ASTM	s				

Beständigkeit *(Chemische Beständigkeit siehe Anhang)*

Wasseraufnahme

Feuchtigkeitsaufnahme Normalklima   %
Wetterbeständigkeit

Spannungskorrosion ASTM D 1693: > 48 h

Optische Eigenschaften

Brechungszahl n$_D$
Transmissionsgrad τ$_c$ %   mm dick
Lichtdurchlässigkeit

Datenbank-Nr.	**T05217**		*Merkblatt-Nr.* **3685**

Produkt	Polystyrol		**PS**
Handelsname	**Gedex 1801 GA 100**		
Hersteller	CDF		
DIN-Bez 1	7741-PS,MG,075-20		
DIN-Bez 2			

Zusätze		*Füllstoffe/ Verstärkung*	
Bevorzugte Verarbeitung	Spritzgiessen	*Lieferform*	Granulat
		Farben	Natur; Standard
Besondere Merkmale	Sehr leichtfliessend	*Bevorzugte Anwendungen*	Duennwandiges Formteil mit langen Fliesswegen

Dichte	g/cm^3	*Schmelzindex*	g/10 min	19:	200/5
Schüttdichte	g/cm^3	*Volumenfließindex*	cm^3/10 min	:	
Viskositätszahl	ml/g				

Verarbeitungsbedingungen für Spritzgießen

Massetemp.	°C	*Schwindung*	%	lgs	, quer
Werkzeugtemp.	°C	*Bemerkungen*			
Spritzdruck	bar				

Zugversuch 23 °C DIN 53455; DIN 53457

	Probekörper: *Form*	*Herstellung*	Spritzgiessen
	Zustand	*Vorbehandlung*	Normalklima
Streckspannung	N/mm^2	*Dehnung bei Streckspannung* %	
Zugfestigkeit	N/mm^2	*Reißdehnung* %	1.1
Reißfestigkeit	N/mm^2 41	*% Dehnspannung* N/mm^2	
E-Modul	N/mm^2 3250	*Dehnung bei % Dehnspg.* %	

Kriechmoduln und Zeitstandwerte 23 °C

	Probekörper: *Form*	*Herstellung*	
	Zustand	*Vorbehandlung*	
Kriechmodul	1 min N/mm^2	*Zeitstandzugfestigkeit*	h N/mm^2
Kriechmodul	1000 h N/mm^2	*Zeitdehnspg.* %	h N/mm^2
bei Spannung	N/mm^2		

Biegeversuch 23 °C DIN 53452; DIN 53457

	Probekörper: *Form*	*Herstellung*	Spritzgiessen
	Zustand	*Vorbehandlung*	Normalklima
Biegefestigkeit	N/mm^2 81	*E-Modul*	N/mm^2 3150
3,5% Biegespannung	N/mm^2		

Härte 23 °C

	Probekörper: *Zustand*	*Herstellung*	
		Vorbehandlung	
Kugeldruckhärte	N/mm^2 bei N, s	*Shore-Härte* A	
Rockwellhärte		*Shore-Härte* D	

Schlagversuch

	Probekörper: *(1)*		
	(2)	*Herstellung*	
	Zustand	*Vorbehandlung*	
	°C	°C	°C	*Probekörper-Form*

Schlagzähigkeit	kJ/m^2
Kerbschlagzähigkeit (1)	kJ/m^2
IZOD-Kerbschlagzähigkeit (2)	J/m
Kerbschlagzugzähigkeit	kJ/m^2

Abrieb und Reibung

Taber-Abrieb (Reibradverfahren)	mm³/100 U
Abriebfaktor LNP (Thrust washer) Vergleichswert	
Statische Reibungszahl	
Dynamische Reibungszahl	(p · v = N/mm² · m/min)
Zulässiger p · v Wert	N/mm² · (m/min) v = m/min
	v = m/min

Thermische Eigenschaften

Formbeständigkeit in der Wärme	Verfahren	A	65 °C
	Verfahren		°C
Vicat Erweichungstemperatur (VST)	Verfahren	A/50	85 °C
	Verfahren	B/50	79 °C
Kristallit-Schmelzpunkt	Verfahren		
Längenausdehnungskoeffizient	Bereich	°C	$\cdot 10^{-4} K^{-1}$
	Temperatur		$\cdot 10^{-4} K^{-1}$
Wärmeleitfähigkeit	Verfahren		W/(K · m)
Spezifische Wärmekapazität	Verfahren		J/(K · g)
Glasumwandlungstemperatur	Torsionsschwingungsversuch	°C	
	Differentialkalorimetrie	°C	

Brandverhalten

UL-Test vertikal	Dicke	mm, Wert
	Dicke	mm, Wert

	Norm	Bewertung	Abmessungen
Sauerstoff-Index	ASTM D 2863		
Glühstab-Verfahren			
Brandverhalten	DIN 4102		
MVSS			
FAR			

Elektrische Eigenschaften

	Hz	°C	Probekörper, Form
Dielektrizitätszahl	50		
	10^3		
	10^6		
Dielektrischer Verlustfaktor tan δ	50		
	10^3		
	10^6		

Spezifischer Durchgangs-widerstand	Ohm · cm			
Durchschlagfestigkeit	kV/mm			mm dick
Oberflächenwiderstand	Ohm			
Kriechstromfestigkeit	KC	KB	KA	
Elektrolytische Korrosionswirkung				
Lichtbogenfestigkeit nach DIN				
nach ASTM	s			

Beständigkeit *(Chemische Beständigkeit siehe Anhang)*

Wasseraufnahme	
Feuchtigkeitsaufnahme Normalklima	%
Wetterbeständigkeit	
Spannungskorrosion	

Optische Eigenschaften

Brechungszahl n_D		
Transmissionsgrad τ_c	%	mm dick
Lichtdurchlässigkeit	Glasklar	

PS

Produkt	Polystyrol
Handelsname	**Gedex 1721 GA 100**
Hersteller	CDF
DIN-Bez 1	7741-PS,MG,085-12
DIN-Bez 2	

Zusätze		*Füllstoffe/ Verstärkung*	
Bevorzugte Verarbeitung	Spritzgiessen	*Lieferform*	Granulat
		Farben	Natur; Standard
Besondere Merkmale	Sehr leichtfliessend	*Bevorzugte Anwendungen*	Duennwandiges Formteil

Dichte	g/cm³	*Schmelzindex*	g/10 min	13.5: 200/5
Schüttdichte	g/cm³	*Volumenfließindex*	cm³/10 min	:
Viskositätszahl	ml/g			

Verarbeitungsbedingungen für Spritzgießen

Massetemp.	°C	*Schwindung*	%	lgs , quer
Werkzeugtemp.	°C	*Bemerkungen*		
Spritzdruck	bar			

Zugversuch 23 °C DIN 53455; DIN 53457

Probekörper:	Form	*Herstellung*	Spritzgiessen
	Zustand	*Vorbehandlung*	Normalklima
Streckspannung	N/mm²	*Dehnung bei Streckspannung*	%
Zugfestigkeit	N/mm²	*Reißdehnung*	% 1.1
Reißfestigkeit	N/mm² 41	*% Dehnspannung*	N/mm²
E-Modul	N/mm² 3100	*Dehnung bei % Dehnspg.*	%

Kriechmoduln und Zeitstandwerte 23 °C

Probekörper:	Form	*Herstellung*	
	Zustand	*Vorbehandlung*	
Kriechmodul	1 min N/mm²	*Zeitstandzugfestigkeit*	h N/mm²
Kriechmodul	1000 h N/mm²	*Zeitdehnspg. %*	h N/mm²
bei Spannung	N/mm²		

Biegeversuch 23 °C DIN 53452; DIN 53457

Probekörper:	Form	*Herstellung*	Spritzgiessen
	Zustand	*Vorbehandlung*	Normalklima
Biegefestigkeit	N/mm² 86	*E-Modul*	N/mm² 3200
3,5% Biegespannung	N/mm²		

Härte 23 °C

Probekörper:	Zustand	*Herstellung*	
		Vorbehandlung	
Kugeldruckhärte	N/mm² bei N, s	*Shore-Härte* A	
Rockwellhärte		*Shore-Härte* D	

Schlagversuch

Probekörper:	(1)		
	(2)	*Herstellung*	
	Zustand	*Vorbehandlung*	
	°C °C	°C	*Probekörper-Form*

Schlagzähigkeit	kJ/m²
Kerbschlagzähigkeit (1)	kJ/m²
IZOD-Kerbschlagzähigkeit (2)	J/m
Kerbschlagzugzähigkeit	kJ/m²

Abrieb und Reibung

Taber-Abrieb (Reibradverfahren)	mm³/100 U
Abriebfaktor LNP (Thrust washer) Vergleichswert	
Statische Reibungszahl	
Dynamische Reibungszahl	$(p \cdot v =$ N/mm² · m/min)
Zulässiger p · v Wert	N/mm² · (m/min) v = m/min
	v = m/min

Thermische Eigenschaften

Formbeständigkeit in der Wärme	*Verfahren*	A	71 °C
	Verfahren		°C
Vicat Erweichungstemperatur (VST)	*Verfahren*	A/50	92 °C
	Verfahren	B/50	85 °C
Kristallit-Schmelzpunkt	*Verfahren*		
Längenausdehnungskoeffizient	*Bereich*	°C	$\cdot 10^{-4} K^{-1}$
	Temperatur		$\cdot 10^{-4} K^{-1}$
Wärmeleitfähigkeit	*Verfahren*		W/(K · m)
Spezifische Wärmekapazität	*Verfahren*		J/(K · g)
Glasumwandlungstemperatur	*Torsionsschwingungsversuch*		°C
	Differentialkalorimetrie		°C

Brandverhalten

UL-Test vertikal	*Dicke*	mm, Wert
	Dicke	mm, Wert

	Norm	*Bewertung*	*Abmessungen*
Sauerstoff-Index	ASTM D 2863		
Glühstab-Verfahren			
Brandverhalten	DIN 4102		
MVSS			
FAR			

Elektrische Eigenschaften

	Hz	°C	*Probekörper, Form*
Dielektrizitätszahl	50		
	10^3		
	10^6		
Dielektrischer Verlustfaktor $\tan \delta$	50		
	10^3		
	10^6		
Spezifischer Durchgangs-widerstand	Ohm · cm		
Durchschlagfestigkeit	kV/mm		mm dick
Oberflächenwiderstand	Ohm		
Kriechstromfestigkeit	KC	KB	KA
Elektrolytische Korrosionswirkung			
Lichtbogenfestigkeit nach DIN			
nach ASTM	s		

Beständigkeit *(Chemische Beständigkeit siehe Anhang)*

Wasseraufnahme	
Feuchtigkeitsaufnahme Normalklima	%
Wetterbeständigkeit	
Spannungskorrosion	

Optische Eigenschaften

Brechungszahl n_D		
Transmissionsgrad τ_c	%	mm dick
Lichtdurchlässigkeit	Glasklar	

PS

Produkt	Polystyrol		
Handelsname	**Gedex 1630 GA 100**		
Hersteller	CDF		
DIN-Bez 1 *DIN-Bez 2*	7741-PS,EG,085-12		
Zusätze		*Füllstoffe/* *Verstärkung*	
Bevorzugte *Verarbeitung*	Extrudieren	*Lieferform*	Granulat
		Farben	Natur; Standard
Besondere *Merkmale*	Leichtfliessend	*Bevorzugte* *Anwendungen*	Reduzierung der Schlagfestigkeit von hochschlagfesten Typen durch Abmischen

---

Dichte	g/cm³	*Schmelzindex*	g/10 min	11.5:　200/5
Schüttdichte	g/cm³	*Volumenfließindex*	cm³/10 min	:
Viskositätszahl	ml/g			

Verarbeitungsbedingungen für Spritzgießen

Massetemp.	°C	*Schwindung*	%	lgs　, quer
Werkzeugtemp.	°C	*Bemerkungen*		
Spritzdruck	bar			

Zugversuch 23 °C　DIN 53455; DIN 53457

		Herstellung	Spritzgiessen
Probekörper:	*Form*	*Vorbehandlung*	Normalklima
	Zustand		

Streckspannung	N/mm²	*Dehnung bei Streckspannung*	%	
Zugfestigkeit	N/mm²	*Reißdehnung*	%	1.1
Reißfestigkeit	N/mm² 41	*% Dehnspannung*	N/mm²	
E-Modul	N/mm² 3150	*Dehnung bei　% Dehnspg.*	%	

Kriechmoduln und Zeitstandwerte 23 °C

		Herstellung	
Probekörper:	*Form*	*Vorbehandlung*	
	Zustand		

Kriechmodul	1 min N/mm²	*Zeitstandzugfestigkeit*	h N/mm²	
Kriechmodul	1000 h N/mm²	*Zeitdehnspg. %*	h N/mm²	
bei Spannung	N/mm²			

Biegeversuch 23 °C　DIN 53452; DIN 53457

		Herstellung	Spritzgiessen
Probekörper:	*Form*	*Vorbehandlung*	Normalklima
	Zustand		

Biegefestigkeit	N/mm² 88	*E-Modul*	N/mm² 3300
3,5% Biegespannung	N/mm²		

Härte 23 °C

		Herstellung	
Probekörper:	*Zustand*	*Vorbehandlung*	

Kugeldruckhärte	N/mm²	bei　N, s	*Shore-Härte* A	
Rockwellhärte			*Shore-Härte* D	

Schlagversuch

		Herstellung	
Probekörper:	*(1)*		
	(2)	*Vorbehandlung*	
	Zustand		

°C	°C	°C	*Probekörper-Form*

Schlagzähigkeit	kJ/m²
Kerbschlagzähigkeit (1)	kJ/m²
IZOD-Kerbschlagzähigkeit (2)	J/m
Kerbschlagzugzähigkeit	kJ/m²

Abrieb und Reibung

Taber-Abrieb (Reibradverfahren)	mm³/100 U
Abriebfaktor LNP (Thrust washer) Vergleichswert	
Statische Reibungszahl	
Dynamische Reibungszahl	(p · v = N/mm² · m/min)
Zulässiger p · v Wert	N/mm² · (m/min) v = m/min
	v = m/min

Thermische Eigenschaften

Formbeständigkeit in der Wärme	Verfahren	A	72 °C
	Verfahren		°C
Vicat Erweichungstemperatur (VST)	Verfahren	A/50	93 °C
	Verfahren	B/50	87 °C
Kristallit-Schmelzpunkt	Verfahren		
Längenausdehnungskoeffizient	Bereich	°C	$\cdot 10^{-4} K^{-1}$
	Temperatur		$\cdot 10^{-4} K^{-1}$
Wärmeleitfähigkeit	Verfahren		W/(K · m)
Spezifische Wärmekapazität	Verfahren		J/(K · g)
Glasumwandlungstemperatur	Torsionsschwingungsversuch		°C
	Differentialkalorimetrie		°C

Brandverhalten

UL-Test vertikal	Dicke mm, Wert	
	Dicke mm, Wert	

	Norm	Bewertung	Abmessungen
Sauerstoff-Index	ASTM D 2863		
Glühstab-Verfahren			
Brandverhalten	DIN 4102		
MVSS			
FAR			

Elektrische Eigenschaften

	Hz	°C	Probekörper, Form
Dielektrizitätszahl	50		
	10^3		
	10^6		
Dielektrischer Verlustfaktor tan δ	50		
	10^3		
	10^6		
Spezifischer Durchgangs- widerstand	Ohm · cm		
Durchschlagfestigkeit	kV/mm		mm dick
Oberflächenwiderstand	Ohm		

Kriechstromfestigkeit	KC	KB	KA
Elektrolytische Korrosionswirkung			
Lichtbogenfestigkeit nach DIN			
nach ASTM	s		

Beständigkeit *(Chemische Beständigkeit siehe Anhang)*

Wasseraufnahme	
Feuchtigkeitsaufnahme Normalklima	%
Wetterbeständigkeit	
Spannungskorrosion	

Optische Eigenschaften

Brechungszahl n_D		
Transmissionsgrad τ_c	%	mm dick
Lichtdurchlässigkeit	Glasklar	

		PS
Produkt	Polystyrol	
Handelsname	**Gedex 1540 GA 100**	
Hersteller	CDF	
DIN-Bez 1	7741-PS,EG,095-06	
DIN-Bez 2		

Zusätze		*Füllstoffe/ Verstärkung*	
Bevorzugte Verarbeitung	Extrudieren	*Lieferform*	Granulat
		Farben	Natur; Standard
Besondere Merkmale	Mittlere Fliessfaehigkeit	*Bevorzugte Anwendungen*	Tafel; Koextrusion duenner Oberflaechenschichten; Reduzierung der Schlagzaehigkeit von hochschlagfesten Typen durch Abmischen

Dichte	g/cm^3	*Schmelzindex*	g/10 min	8: 200/5
Schüttdichte	g/cm^3	*Volumenfließindex*	cm^3/10 min	:
Viskositätszahl	ml/g			

Verarbeitungsbedingungen für Spritzgießen

Massetemp.	°C	*Schwindung*	%	lgs , quer
Werkzeugtemp.	°C	*Bemerkungen*		
Spritzdruck	bar			

Zugversuch 23 °C DIN 53455; DIN 53457

Probekörper:	Form	*Herstellung*	Spritzgiessen
	Zustand	*Vorbehandlung*	Normalklima

Streckspannung	N/mm^2	*Dehnung bei Streckspannung*	%	
Zugfestigkeit	N/mm^2	*Reißdehnung*	%	1.2
Reißfestigkeit	N/mm^2 47	*% Dehnspannung*	N/mm^2	
E-Modul	N/mm^2 3200	*Dehnung bei % Dehnspg.*	%	

Kriechmoduln und Zeitstandwerte 23 °C

Probekörper:	Form	*Herstellung*	
	Zustand	*Vorbehandlung*	

Kriechmodul	1 min N/mm^2	*Zeitstandzugfestigkeit*	h N/mm^2
Kriechmodul	1000 h N/mm^2	*Zeitdehnspg. %*	h N/mm^2
bei Spannung	N/mm^2		

Biegeversuch 23 °C DIN 53452; DIN 53457

Probekörper:	Form	*Herstellung*	Spritzgiessen
	Zustand	*Vorbehandlung*	Normalklima

Biegefestigkeit	N/mm^2 91	*E-Modul*	N/mm^2 3350
3,5% Biegespannung	N/mm^2		

Härte 23 °C

Probekörper:	Zustand	*Herstellung*	
		Vorbehandlung	

Kugeldruckhärte	N/mm^2 bei N, s	*Shore-Härte*	A
Rockwellhärte		*Shore-Härte*	D

Schlagversuch

Probekörper:	(1)		
	(2)	*Herstellung*	
	Zustand	*Vorbehandlung*	

°C	°C	°C	*Probekörper-Form*

Schlagzähigkeit	kJ/m^2
Kerbschlagzähigkeit (1)	kJ/m^2
IZOD-Kerbschlagzähigkeit (2)	J/m
Kerbschlagzugzähigkeit	kJ/m^2

Abrieb und Reibung

Taber-Abrieb (Reibradverfahren)	$mm^3/100\,U$	
Abriebfaktor LNP (Thrust washer) Vergleichswert		
Statische Reibungszahl		
Dynamische Reibungszahl	$(p \cdot v =$	$N/mm^2 \cdot$	$m/min)$
Zulässiger p · v Wert	$N/mm^2 \cdot (m/min)$	$v =$	m/min
		$v =$	m/min

Thermische Eigenschaften

Formbeständigkeit in der Wärme   *Verfahren*   A   78 °C
         Verfahren   °C
Vicat Erweichungstemperatur (VST)   *Verfahren*   A/50   96 °C
         Verfahren   B/50   92 °C
Kristallit-Schmelzpunkt   *Verfahren*

Längenausdehnungskoeffizient   *Bereich*   °C $\cdot 10^{-4} K^{-1}$
         Temperatur $\cdot 10^{-4} K^{-1}$
Wärmeleitfähigkeit   *Verfahren* $W/(K \cdot m)$

Spezifische Wärmekapazität   *Verfahren* $J/(K \cdot g)$

Glasumwandlungstemperatur   *Torsionsschwingungsversuch*   °C
         Differentialkalorimetrie   °C

Brandverhalten

UL-Test vertikal   Dicke   mm, Wert
         Dicke   mm, Wert

	Norm	*Bewertung*	*Abmessungen*
Sauerstoff-Index	ASTM D 2863		
Glühstab-Verfahren			
Brandverhalten	DIN 4102		
MVSS			
FAR			

Elektrische Eigenschaften

	Hz	°C	*Probekörper, Form*
Dielektrizitätszahl	50		
	10^3		
	10^6		
Dielektrischer Verlustfaktor tan δ	50		
	10^3		
	10^6		

Spezifischer Durchgangs-
   widerstand   Ohm · cm
Durchschlagfestigkeit   kV/mm   mm dick
Oberflächenwiderstand   Ohm

Kriechstromfestigkeit   KC   KB   KA
Elektrolytische Korrosionswirkung
Lichtbogenfestigkeit nach DIN
       nach ASTM   s

Beständigkeit *(Chemische Beständigkeit siehe Anhang)*

Wasseraufnahme

Feuchtigkeitsaufnahme Normalklima   %
Wetterbeständigkeit

Spannungskorrosion

Optische Eigenschaften

Brechungszahl n_D
Transmissionsgrad τ_c %   mm dick
Lichtdurchlässigkeit   Glasklar

Produkt	Polystyrol

PS

Handelsname	**Gedex 1541 GA 100**
Hersteller	CDF
DIN-Bez 1	7741-PS,MG,095-12
DIN-Bez 2	
Zusätze	

Füllstoffe/ Verstärkung

Bevorzugte Verarbeitung	Spritzgiessen	*Lieferform*	Granulat
		Farben	Natur; Standard
Besondere Merkmale	Mittlere Waermeformbestaendigkeit	*Bevorzugte Anwendungen*	Duennwandiges Formteil

---

Dichte	g/cm^3	*Schmelzindex*	g/10 min	8.5: 200/5
Schüttdichte	g/cm^3	*Volumenfließindex*	cm^3/10 min	:
Viskositätszahl	ml/g			

Verarbeitungsbedingungen für Spritzgießen

Massetemp.	°C	*Schwindung*	%	lgs , quer
Werkzeugtemp.	°C	*Bemerkungen*		
Spritzdruck	bar			

Zugversuch 23 °C DIN 53455; DIN 53457

Probekörper:	*Form*	*Herstellung*	Spritzgiessen
	Zustand	*Vorbehandlung*	Normalklima

Streckspannung	N/mm^2	*Dehnung bei Streckspannung*	%	
Zugfestigkeit	N/mm^2	*Reißdehnung*	%	1.2
Reißfestigkeit	N/mm^2 47	*% Dehnspannung*	N/mm^2	
E-Modul	N/mm^2 3200	*Dehnung bei % Dehnspg.*	%	

Kriechmoduln und Zeitstandwerte 23 °C

Probekörper:	*Form*	*Herstellung*	
	Zustand	*Vorbehandlung*	

Kriechmodul	1 min N/mm^2	*Zeitstandzugfestigkeit*	h N/mm^2	
Kriechmodul	1000 h N/mm^2	*Zeitdehnspg. %*	h N/mm^2	
bei Spannung	N/mm^2			

Biegeversuch 23 °C DIN 53452; DIN 53457

Probekörper:	*Form*	*Herstellung*	Spritzgiessen
	Zustand	*Vorbehandlung*	Normalklima

Biegefestigkeit	N/mm^2 91	*E-Modul*	N/mm^2 3350
3,5% Biegespannung	N/mm^2		

Härte 23 °C

Probekörper:	*Zustand*	*Herstellung*	
		Vorbehandlung	

Kugeldruckhärte	N/mm^2 bei N, s	*Shore-Härte*	A
Rockwellhärte		*Shore-Härte*	D

Schlagversuch

Probekörper:	(1)		
	(2)	*Herstellung*	
	Zustand	*Vorbehandlung*	

°C	°C	°C	*Probekörper-Form*

Schlagzähigkeit	kJ/m^2
Kerbschlagzähigkeit (1)	kJ/m^2
IZOD-Kerbschlagzähigkeit (2)	J/m
Kerbschlagzugzähigkeit	kJ/m^2

Abrieb und Reibung

Taber-Abrieb (Reibradverfahren)   mm³/100 U
Abriebfaktor LNP (Thrust washer) Vergleichswert
Statische Reibungszahl
Dynamische Reibungszahl   (p·v=   N/mm²·   m/min)
Zulässiger p·v Wert   N/mm²·(m/min)   v=   m/min
                                                                         v=   m/min

Thermische Eigenschaften

Formbeständigkeit in der Wärme	Verfahren	A	78 °C
	Verfahren		°C
Vicat Erweichungstemperatur (VST)	Verfahren	A/50	96 °C
	Verfahren	B/50	92 °C
Kristallit-Schmelzpunkt	Verfahren		

Längenausdehnungskoeffizient   Bereich   °C $\cdot 10^{-4} K^{-1}$
                                       Temperatur $\cdot 10^{-4} K^{-1}$
Wärmeleitfähigkeit   Verfahren   W/(K·m)

Spezifische Wärmekapazität   Verfahren   J/(K·g)

Glasumwandlungstemperatur   Torsionsschwingungsversuch   °C
                                       Differentialkalorimetrie   °C

Brandverhalten

UL-Test vertikal   Dicke   mm, Wert
                                       Dicke   mm, Wert

	Norm	Bewertung	Abmessungen
Sauerstoff-Index	ASTM D 2863		
Glühstab-Verfahren			
Brandverhalten	DIN 4102		
MVSS			
FAR			

Elektrische Eigenschaften

	Hz	°C	Probekörper, Form
Dielektrizitätszahl	50		
	10^3		
	10^6		
Dielektrischer Verlustfaktor tan δ	50		
	10^3		
	10^6		

Spezifischer Durchgangs-
   widerstand   Ohm·cm
Durchschlagfestigkeit   kV/mm   mm dick
Oberflächenwiderstand   Ohm

Kriechstromfestigkeit   KC   KB   KA
Elektrolytische Korrosionswirkung
Lichtbogenfestigkeit nach DIN
            nach ASTM   s

Beständigkeit (Chemische Beständigkeit siehe Anhang)

Wasseraufnahme

Feuchtigkeitsaufnahme Normalklima   %
Wetterbeständigkeit

Spannungskorrosion

Optische Eigenschaften

Brechungszahl n_D
Transmissionsgrad τ_c %   mm dick
Lichtdurchlässigkeit   Glasklar

<table>
<tr><td>Datenbank-Nr. T05222</td><td align="right">Merkblatt-Nr. 3690</td></tr>
</table>

Produkt	Polystyrol	**PS**
Handelsname	**Gedex 1461 GA 100**	
Hersteller	CDF	
DIN-Bez 1	7741-PS,MG,095-06	
DIN-Bez 2		

Zusätze		*Füllstoffe/ Verstärkung*	
Bevorzugte Verarbeitung	Spritzgiessen	*Lieferform*	Granulat
		Farben	Natur; Standard
Besondere Merkmale	Gute mechanische Eigenschaften	*Bevorzugte Anwendungen*	Dickwandiges Formteil

---

Dichte	g/cm³	*Schmelzindex*	g/10 min	6: 200/5
Schüttdichte	g/cm³	*Volumenfließindex*	cm³/10 min	:
Viskositätszahl	ml/g			

Verarbeitungsbedingungen für Spritzgießen

Massetemp.	°C	*Schwindung*	%	lgs	, quer
Werkzeugtemp.	°C	*Bemerkungen*			
Spritzdruck	bar				

Zugversuch 23 °C DIN 53455; DIN 53457

Probekörper:	*Form*	*Herstellung*	Spritzgiessen
	Zustand	*Vorbehandlung*	Normalklima

Streckspannung	N/mm²	*Dehnung bei Streckspannung*	%	
Zugfestigkeit	N/mm²	*Reißdehnung*	%	1.5
Reißfestigkeit	N/mm² 54	*% Dehnspannung*	N/mm²	
E-Modul	N/mm² 3300	*Dehnung bei % Dehnspg.*	%	

Kriechmoduln und Zeitstandwerte 23 °C

Probekörper:	*Form*	*Herstellung*	
	Zustand	*Vorbehandlung*	

Kriechmodul	1 min N/mm²	*Zeitstandzugfestigkeit*	h N/mm²
Kriechmodul	1000 h N/mm²	*Zeitdehnspg. %*	h N/mm²
bei Spannung	N/mm²		

Biegeversuch 23 °C DIN 53452; DIN 53457

Probekörper:	*Form*	*Herstellung*	Spritzgiessen
	Zustand	*Vorbehandlung*	Normalklima

Biegefestigkeit	N/mm² 83	*E-Modul*	N/mm² 3350
3,5% Biegespannung	N/mm²		

Härte 23 °C

Probekörper:	*Zustand*	*Herstellung*	
		Vorbehandlung	

Kugeldruckhärte	N/mm² bei N, s	*Shore-Härte* A	
Rockwellhärte		*Shore-Härte* D	

Schlagversuch

Probekörper:	*(1)*		
	(2)	*Herstellung*	
	Zustand	*Vorbehandlung*	

°C	°C	°C	*Probekörper-Form*

Schlagzähigkeit	kJ/m²
Kerbschlagzähigkeit (1)	kJ/m²
IZOD-Kerbschlagzähigkeit (2)	J/m
Kerbschlagzugzähigkeit	kJ/m²

Abrieb und Reibung

Taber-Abrieb (Reibradverfahren)   mm³/100 U
Abriebfaktor LNP (Thrust washer) Vergleichswert
Statische Reibungszahl
Dynamische Reibungszahl   (p · v =   N/mm² ·   m/min)
Zulässiger p · v Wert   N/mm² · (m/min)   v =   m/min
                                                                       v =   m/min

Thermische Eigenschaften

Formbeständigkeit in der Wärme   *Verfahren*   A   83 °C
                                      Verfahren   °C
Vicat Erweichungstemperatur (VST)   *Verfahren*   A/50   103 °C
                                      Verfahren   B/50   99 °C
Kristallit-Schmelzpunkt   *Verfahren*

Längenausdehnungskoeffizient   *Bereich*   °C   · 10^{-4}K^{-1}
                                      Temperatur   · 10^{-4}K^{-1}
Wärmeleitfähigkeit   *Verfahren*   W/(K · m)

Spezifische Wärmekapazität   *Verfahren*   J/(K · g)

Glasumwandlungstemperatur   *Torsionsschwingungsversuch*   °C
                                      Differentialkalorimetrie   °C

Brandverhalten

UL-Test vertikal   Dicke   mm, Wert
                                      Dicke   mm, Wert

                    Norm   *Bewertung*   *Abmessungen*

Sauerstoff-Index   ASTM D 2863
Glühstab-Verfahren
Brandverhalten   DIN 4102
MVSS
FAR

Elektrische Eigenschaften

                                      Hz   °C   *Probekörper, Form*

Dielektrizitätszahl   50
                                      10^3
                                      10^6
Dielektrischer Verlustfaktor tan δ 50
                                      10^3
                                      10^6
Spezifischer Durchgangs-
  widerstand   Ohm · cm
Durchschlagfestigkeit   kV/mm   mm dick
Oberflächenwiderstand   Ohm

Kriechstromfestigkeit   KC   KB   KA
Elektrolytische Korrosionswirkung
Lichtbogenfestigkeit nach DIN
            nach ASTM   s

Beständigkeit *(Chemische Beständigkeit siehe Anhang)*

Wasseraufnahme

Feuchtigkeitsaufnahme Normalklima   %
Wetterbeständigkeit

Spannungskorrosion

Optische Eigenschaften

Brechungszahl n$_D$
Transmissionsgrad τ$_c$ %   mm dick
Lichtdurchlässigkeit Glasklar

		PS

Produkt   Polystyrol

Handelsname   **Gedex 1340 GA 100**

Hersteller   CDF

DIN-Bez 1   7741-PS,EG,095-06
DIN-Bez 2

Zusätze   *Füllstoffe/*
                                                     Verstärkung

Bevorzugte   Extrudieren   *Lieferform*   Granulat
Verarbeitung

                                                     Farben   Natur; Standard

Besondere   *Bevorzugte*   Tafel; Reduzierung der Schlagzaehig-
Merkmale   *Anwendungen*   keit von hochschlagfesten Typen
                                                                       durch Abmischen

---

Dichte   g/cm³   *Schmelzindex*   g/10 min   5:   200/5
Schüttdichte   g/cm³   *Volumenfließindex* cm³/10 min   :
Viskositätszahl   ml/g

Verarbeitungsbedingungen für Spritzgießen

Massetemp.   °C   *Schwindung*   %   lgs   , quer
Werkzeugtemp.   °C   *Bemerkungen*
Spritzdruck   bar

Zugversuch 23 °C   DIN 53455; DIN 53457
                       Probekörper: *Form*   *Herstellung*   Spritzgiessen
                                        Zustand   *Vorbehandlung*   Normalklima

Streckspannung   N/mm²   *Dehnung bei Streckspannung*   %
Zugfestigkeit   N/mm²   *Reißdehnung*   %   1.5
Reißfestigkeit   N/mm² 48   *% Dehnspannung*   N/mm²
E-Modul   N/mm² 3250   *Dehnung bei   % Dehnspg.*   %

Kriechmoduln und Zeitstandwerte 23 °C
                       Probekörper: *Form*   *Herstellung*
                                        Zustand   *Vorbehandlung*

Kriechmodul   1 min   N/mm²   *Zeitstandzugfestigkeit*   h N/mm²
Kriechmodul   1000 h N/mm²   *Zeitdehnspg. %*   h N/mm²
bei Spannung   N/mm²

Biegeversuch 23 °C DIN 53452; DIN 53457
                       Probekörper: *Form*   *Herstellung*   Spritzgiessen
                                        Zustand   *Vorbehandlung*   Normalklima

Biegefestigkeit   N/mm² 90   *E-Modul*   N/mm² 3250
3,5% Biegespannung   N/mm²

Härte 23 °C   *Probekörper:*   *Zustand*   *Herstellung*
                                                                     Vorbehandlung

Kugeldruckhärte   N/mm²   bei   N, s   *Shore-Härte* A
Rockwellhärte   *Shore-Härte* D

Schlagversuch   *Probekörper:*   *(1)*
                                        (2)
                                        Zustand   *Herstellung*
                                                                     Vorbehandlung

                                        °C   °C   °C   *Probekörper-Form*

Schlagzähigkeit   kJ/m²
Kerbschlagzähigkeit (1)   kJ/m²
IZOD-Kerbschlagzähigkeit (2) J/m
Kerbschlagzugzähigkeit   kJ/m²

Abrieb und Reibung

Taber-Abrieb (Reibradverfahren)	mm³/100 U
Abriebfaktor LNP (Thrust washer) Vergleichswert	
Statische Reibungszahl	
Dynamische Reibungszahl	(p·v = N/mm² · m/min)
Zulässiger p · v Wert	N/mm² · (m/min) v = m/min
	v = m/min

Thermische Eigenschaften

Formbeständigkeit in der Wärme	Verfahren	A	80 °C
	Verfahren		°C
Vicat Erweichungstemperatur (VST)	Verfahren	A/50	99 °C
	Verfahren	B/50	95 °C
Kristallit-Schmelzpunkt	Verfahren		
Längenausdehnungskoeffizient	Bereich	°C	$\cdot 10^{-4} K^{-1}$
	Temperatur		$\cdot 10^{-4} K^{-1}$
Wärmeleitfähigkeit	Verfahren		W/(K · m)
Spezifische Wärmekapazität	Verfahren		J/(K · g)
Glasumwandlungstemperatur	Torsionsschwingungsversuch	°C	
	Differentialkalorimetrie	°C	

Brandverhalten

UL-Test vertikal	Dicke	mm, Wert
	Dicke	mm, Wert

	Norm	Bewertung	Abmessungen
Sauerstoff-Index	ASTM D 2863		
Glühstab-Verfahren			
Brandverhalten	DIN 4102		
MVSS			
FAR			

Elektrische Eigenschaften

	Hz	°C	Probekörper, Form
Dielektrizitätszahl	50		
	10^3		
	10^6		
Dielektrischer Verlustfaktor tan δ	50		
	10^3		
	10^6		

Spezifischer Durchgangs-				
widerstand	Ohm · cm			
Durchschlagfestigkeit	kV/mm			mm dick
Oberflächenwiderstand	Ohm			
Kriechstromfestigkeit	·KC	KB	KA	
Elektrolytische Korrosionswirkung				
Lichtbogenfestigkeit nach DIN				
nach ASTM	s			

Beständigkeit *(Chemische Beständigkeit siehe Anhang)*

Wasseraufnahme

Feuchtigkeitsaufnahme Normalklima   %
Wetterbeständigkeit

Spannungskorrosion

Optische Eigenschaften

Brechungszahl n_D
Transmissionsgrad τ_c %   mm dick
Lichtdurchlässigkeit   Glasklar

		PS
Produkt	Polystyrol	
Handelsname	**Gedex 1260 GA 100**	
Hersteller	CDF	
DIN-Bez 1	7741-PS,EG,105-03	
DIN-Bez 2		

Zusätze		*Füllstoffe/ Verstärkung*	
Bevorzugte Verarbeitung	Extrudieren	*Lieferform*	Granulat
		Farben	Natur; Standard
Besondere Merkmale		*Bevorzugte Anwendungen*	Geschaeumtes Halbzeug durch Direktbegasung

---

Dichte	g/cm^3	*Schmelzindex*	g/10 min	2.7 : 200/5
Schüttdichte	g/cm^3	*Volumenfließindex*	cm^3/10 min	:
Viskositätszahl	ml/g			

Verarbeitungsbedingungen für Spritzgießen

Massetemp.	°C	*Schwindung*	%	lgs	quer
Werkzeugtemp.	·°C	*Bemerkungen*			
Spritzdruck	bar				

Zugversuch 23 °C DIN 53455; DIN 53457

Probekörper:	*Form*	*Herstellung*	Spritzgiessen
	Zustand	*Vorbehandlung*	Normalklima

Streckspannung	N/mm^2	*Dehnung bei Streckspannung*	%	
Zugfestigkeit	N/mm^2	*Reißdehnung*	%	2.2
Reißfestigkeit	N/mm^2 59	% *Dehnspannung*	N/mm^2	
E-Modul	N/mm^2 3200	*Dehnung bei* % *Dehnspg.*	%	

Kriechmoduln und Zeitstandwerte 23 °C

Probekörper:	*Form*	*Herstellung*	
	Zustand	*Vorbehandlung*	

Kriechmodul	1 min N/mm^2	*Zeitstandzugfestigkeit*	h	N/mm^2
Kriechmodul	1000 h N/mm^2	*Zeitdehnspg.* %	h	N/mm^2
bei Spannung	N/mm^2			

Biegeversuch 23 °C DIN 53452; DIN 53457

Probekörper:	*Form*	*Herstellung*	Spritzgiessen
	Zustand	*Vorbehandlung*	Normalklima

Biegefestigkeit	N/mm^2 75	*E-Modul*	N/mm^2 3300
3,5% Biegespannung	N/mm^2		

Härte 23 °C

Probekörper:	*Zustand*	*Herstellung*	
		Vorbehandlung	

Kugeldruckhärte	N/mm^2	bei N, s	*Shore-Härte* A	
Rockwellhärte			*Shore-Härte* D	

Schlagversuch

Probekörper:	(1)		
	(2)	*Herstellung*	
	Zustand	*Vorbehandlung*	

°C	°C	°C	*Probekörper-Form*

Schlagzähigkeit	kJ/m^2
Kerbschlagzähigkeit (1)	kJ/m^2
IZOD-Kerbschlagzähigkeit (2)	J/m
Kerbschlagzugzähigkeit	kJ/m^2

Abrieb und Reibung

Taber-Abrieb (Reibradverfahren)   mm^3/100 U
Abriebfaktor LNP (Thrust washer) Vergleichswert
Statische Reibungszahl
Dynamische Reibungszahl   (p·v =   N/mm^2·   m/min)
Zulässiger p · v Wert   N/mm^2 · (m/min)   v =   m/min
                                                                  v =   m/min

Thermische Eigenschaften

Formbeständigkeit in der Wärme	*Verfahren*	A	83 °C
	Verfahren		°C
Vicat Erweichungstemperatur (VST)	*Verfahren*	A/50	106 °C
	Verfahren	B/50	101 °C
Kristallit-Schmelzpunkt	*Verfahren*		

Längenausdehnungskoeffizient   *Bereich*   °C   · 10^{-4}K^{-1}
                                   Temperatur   · 10^{-4}K^{-1}
Wärmeleitfähigkeit   *Verfahren*   W/(K · m)

Spezifische Wärmekapazität   *Verfahren*   J/(K · g)

Glasumwandlungstemperatur   *Torsionsschwingungsversuch*   °C
                                   Differentialkalorimetrie   °C

Brandverhalten

UL-Test vertikal   Dicke   mm, Wert
                                   Dicke   mm, Wert

	Norm	*Bewertung*	*Abmessungen*
Sauerstoff-Index	ASTM D 2863		
Glühstab-Verfahren			
Brandverhalten	DIN 4102		
MVSS			
FAR			

Elektrische Eigenschaften

	Hz	°C	*Probekörper, Form*
Dielektrizitätszahl	50		
	10^3		
	10^6		
Dielektrischer Verlustfaktor tan δ	50		
	10^3		
	10^6		

Spezifischer Durchgangs-
*   widerstand*   Ohm · cm
Durchschlagfestigkeit   kV/mm   mm dick
Oberflächenwiderstand   Ohm

Kriechstromfestigkeit   KC   KB   KA
Elektrolytische Korrosionswirkung
Lichtbogenfestigkeit nach DIN
*   nach ASTM*   s

Beständigkeit *(Chemische Beständigkeit siehe Anhang)*

Wasseraufnahme

Feuchtigkeitsaufnahme Normalklima   %
Wetterbeständigkeit

Spannungskorrosion

Optische Eigenschaften

Brechungszahl n$_D$
Transmissionsgrad τ_c %   mm dick
Lichtdurchlässigkeit Glasklar

			PS

Produkt   Polystyrol

Handelsname   **Gedex 1262 GA 100**

Hersteller   CDF

DIN-Bez 1   7741-PS,MG,105-03
DIN-Bez 2

Zusätze   *Füllstoffe/*
                                             Verstärkung

Bevorzugte   Spritzgiessen   *Lieferform*   Granulat
Verarbeitung
                                             Farben   Natur; Standard

Besondere   Gute Waermeformbestaendigkeit; Gute *Bevorzugte*   Dickwandiges Formteil
Merkmale   mechanische Eigenschaften   *Anwendungen*

Dichte   g/cm³   *Schmelzindex*   g/10 min   3:   200/5
Schüttdichte   g/cm³   *Volumenfließindex*   cm³/10 min   :
Viskositätszahl   ml/g

Verarbeitungsbedingungen für Spritzgießen

Massetemp.   °C   *Schwindung*   %   lgs   , quer
Werkzeugtemp.   °C   *Bemerkungen*
Spritzdruck   bar

Zugversuch 23 °C   DIN 53455; DIN 53457
                       Probekörper: Form   *Herstellung*   Spritzgiessen
                                        Zustand   *Vorbehandlung*   Normalklima

Streckspannung   N/mm²   *Dehnung bei Streckspannung*   %
Zugfestigkeit   N/mm²   *Reißdehnung*   %   3.4
Reißfestigkeit   N/mm² 56   *% Dehnspannung*   N/mm²
E-Modul   N/mm² 3250   *Dehnung bei*   *% Dehnspg.*   %

Kriechmoduln und Zeitstandwerte 23 °C

                       Probekörper: Form   *Herstellung*
                                        Zustand   *Vorbehandlung*

Kriechmodul   1 min   N/mm²   *Zeitstandzugfestigkeit*   h N/mm²
Kriechmodul   1000 h N/mm²   *Zeitdehnspg.* %   h N/mm²
bei Spannung   N/mm²

Biegeversuch 23 °C DIN 53452; DIN 53457
                       Probekörper: Form   *Herstellung*   Spritzgiessen
                                        Zustand   *Vorbehandlung*   Normalklima

Biegefestigkeit   N/mm² 86   *E-Modul*   N/mm² 3300
3,5% Biegespannung   N/mm²

Härte 23 °C   *Probekörper:*   Zustand   *Herstellung*
                                                                 Vorbehandlung

Kugeldruckhärte   N/mm²   bei   N, s   *Shore-Härte* A
Rockwellhärte   *Shore-Härte* D

Schlagversuch   *Probekörper:*   (1)
                                        (2)   *Herstellung*
                                        Zustand   *Vorbehandlung*

                       °C   °C   °C   *Probekörper-Form*

Schlagzähigkeit   kJ/m²
Kerbschlagzähigkeit (1)   kJ/m²
IZOD-Kerbschlagzähigkeit (2) J/m
Kerbschlagzugzähigkeit   kJ/m²

Abrieb und Reibung

Taber-Abrieb (Reibradverfahren)   mm³/100 U
Abriebfaktor LNP (Thrust washer) Vergleichswert
Statische Reibungszahl
Dynamische Reibungszahl   (p·v =   N/mm² ·   m/min)
Zulässiger p · v Wert   N/mm² · (m/min)   v =   m/min
                                                                          v =   m/min

Thermische Eigenschaften

Formbeständigkeit in der Wärme   Verfahren   A   83 °C
                                      Verfahren   °C
Vicat Erweichungstemperatur (VST)   Verfahren   A/50   106 °C
                                      Verfahren   B/50   101 °C
Kristallit-Schmelzpunkt   Verfahren

Längenausdehnungskoeffizient   Bereich   °C $\cdot 10^{-4} \mathrm{K}^{-1}$
                                      Temperatur $\cdot 10^{-4} \mathrm{K}^{-1}$
Wärmeleitfähigkeit   Verfahren   W/(K · m)

Spezifische Wärmekapazität   Verfahren   J/(K · g)

Glasumwandlungstemperatur   Torsionsschwingungsversuch   °C
                                      Differentialkalorimetrie   °C

Brandverhalten

UL-Test vertikal   Dicke   mm, Wert
                                      Dicke   mm, Wert

                          Norm   Bewertung   Abmessungen

Sauerstoff-Index   ASTM D 2863
Glühstab-Verfahren
Brandverhalten   DIN 4102
MVSS
FAR

Elektrische Eigenschaften

                                      Hz   °C   Probekörper, Form

Dielektrizitätszahl   50
                                      10³
                                      10⁶
Dielektrischer Verlustfaktor tan δ 50
                                      10³
                                      10⁶
Spezifischer Durchgangs-
  widerstand   Ohm · cm
Durchschlagfestigkeit   kV/mm   mm dick
Oberflächenwiderstand   Ohm

Kriechstromfestigkeit   KC   KB   KA
Elektrolytische Korrosionswirkung
Lichtbogenfestigkeit nach DIN
          nach ASTM   s

Beständigkeit *(Chemische Beständigkeit siehe Anhang)*

Wasseraufnahme

Feuchtigkeitsaufnahme Normalklima   %
Wetterbeständigkeit

Spannungskorrosion

Optische Eigenschaften

Brechungszahl n_D
Transmissionsgrad τ_c %   mm dick
Lichtdurchlässigkeit   Glasklar

Produkt	Schlagfestes Polystyrol	**SB**
Handelsname	**Gedex 2901 GA 200**	
Hersteller	CDF	
DIN-Bez 1	16771-SB,MG,078-20-04	
DIN-Bez 2		

Zusätze		*Füllstoffe/* *Verstärkung*	
Bevorzugte Verarbeitung	Spritzgiessen	*Lieferform*	Granulat
		Farben	Natur; Standard
Besondere Merkmale	Halbschlagfest; Extrem leicht fliessend	*Bevorzugte Anwendungen*	Duennwandiges Formteil mit langen Fliesswegen

---

Dichte	g/cm^3	*Schmelzindex*	g/10 min	33: 200/5
Schüttdichte	g/cm^3	*Volumenfließindex*	cm^3/10 min	:
Viskositätszahl	ml/g			

Verarbeitungsbedingungen für Spritzgießen

Massetemp.	°C	*Schwindung*	%	lgs	, quer
Werkzeugtemp.	°C	*Bemerkungen*			
Spritzdruck	bar				

Zugversuch 23 °C DIN 53455; DIN 53457

Probekörper:	*Form*	*Herstellung*	Spritzgiessen
	Zustand	*Vorbehandlung*	Normalklima

Streckspannung	N/mm^2	*Dehnung bei Streckspannung*	%	
Zugfestigkeit	N/mm^2	*Reißdehnung*	%	25
Reißfestigkeit	N/mm^2 25	% *Dehnspannung*	N/mm^2	
E-Modul	N/mm^2 2900	*Dehnung bei* % *Dehnspg.*	%	

Kriechmoduln und Zeitstandwerte 23 °C

Probekörper:	*Form*	*Herstellung*	
	Zustand	*Vorbehandlung*	

Kriechmodul	1 min N/mm^2	*Zeitstandzugfestigkeit*	h N/mm^2
Kriechmodul	1000 h N/mm^2	*Zeitdehnspg.* %	h N/mm^2
bei Spannung	N/mm^2		

Biegeversuch 23 °C DIN 53452; DIN 53457

Probekörper:	*Form*	*Herstellung*	Spritzgiessen
	Zustand	*Vorbehandlung*	Normalklima

Biegefestigkeit	N/mm^2	*E-Modul*	N/mm^2 2700
3,5% Biegespannung	N/mm^2 41		

Härte 23 °C

Probekörper:	*Zustand*	*Herstellung*	
		Vorbehandlung	

Kugeldruckhärte	N/mm^2	bei N, s	*Shore-Härte* A	
Rockwellhärte			*Shore-Härte* D	

Schlagversuch

Probekörper:	*(1)*		
	(2) V-Kerbe	*Herstellung*	Spritzgiessen
	Zustand	*Vorbehandlung*	Normalklima
	°C °C °C	*Probekörper-Form*	

Schlagzähigkeit	kJ/m^2	
Kerbschlagzähigkeit (1)	kJ/m^2	
IZOD-Kerbschlagzähigkeit (2)	J/m	23 45
Kerbschlagzugzähigkeit	kJ/m^2	

Abrieb und Reibung

Taber-Abrieb (Reibradverfahren)	mm^3/100 U
Abriebfaktor LNP (Thrust washer) Vergleichswert	
Statische Reibungszahl	
Dynamische Reibungszahl	$(p \cdot v =$　　　　N/mm$^2 \cdot$　　　m/min$)$
Zulässiger p · v Wert	N/mm$^2 \cdot$ (m/min)　v =　　m/min
	v =　　m/min

Thermische Eigenschaften

Formbeständigkeit in der Wärme	*Verfahren*	A	60 °C
	Verfahren		°C
Vicat Erweichungstemperatur (VST)	*Verfahren*	A/50	80 °C
	Verfahren	B/50	74 °C
Kristallit-Schmelzpunkt	*Verfahren*		
Längenausdehnungskoeffizient	*Bereich*	°C	$\cdot 10^{-4}$K^{-1}
	Temperatur		$\cdot 10^{-4}$K^{-1}
Wärmeleitfähigkeit	*Verfahren*		W/(K · m)
Spezifische Wärmekapazität	*Verfahren*		J/(K · g)
Glasumwandlungstemperatur	*Torsionsschwingungsversuch*	°C	
	Differentialkalorimetrie	°C	

Brandverhalten

UL-Test vertikal	Dicke	mm, Wert
	Dicke	mm, Wert

	Norm	*Bewertung*	*Abmessungen*
Sauerstoff-Index	ASTM D 2863		
Glühstab-Verfahren			
Brandverhalten	DIN 4102		
MVSS			
FAR			

Elektrische Eigenschaften

	Hz	°C	*Probekörper, Form*
Dielektrizitätszahl	50		
	10^3		
	10^6		
Dielektrischer Verlustfaktor tan δ	50		
	10^3		
	10^6		
Spezifischer Durchgangs-widerstand	Ohm · cm		
Durchschlagfestigkeit	kV/mm		mm dick
Oberflächenwiderstand	Ohm		

Kriechstromfestigkeit	KC	KB	KA
Elektrolytische Korrosionswirkung			
Lichtbogenfestigkeit nach DIN			
nach ASTM	s		

Beständigkeit *(Chemische Beständigkeit siehe Anhang)*

Wasseraufnahme

Feuchtigkeitsaufnahme Normalklima　　　　　　　　　　%
Wetterbeständigkeit

Spannungskorrosion

Optische Eigenschaften

Brechungszahl n$_D$
Transmissionsgrad τ_c　　%　　　　　mm dick
Lichtdurchlässigkeit

Produkt	Schlagfestes Polystyrol	**SB**
Handelsname	**Gedex 2520 GA 200**	
Hersteller	CDF	
DIN-Bez 1	16771-SB,MG,088-12-07	
DIN-Bez 2	16771-SB,EG,088-12-07	

Zusätze		*Füllstoffe/ Verstärkung*	
Bevorzugte Verarbeitung	Spritzgiessen; Extrudieren	*Lieferform*	Granulat
		Farben	Natur; Standard
Besondere Merkmale	Halbschlagfest; Leicht fliessend; Steif; Transparent; Gute Oberflaeche	*Bevorzugte Anwendungen*	Bedarfsartikel; Tafel

---

Dichte	g/cm³	*Schmelzindex*	g/10 min	8.5: 200/5
Schüttdichte	g/cm³	*Volumenfließindex*	cm³/10 min	:
Viskositätszahl	ml/g			

Verarbeitungsbedingungen für Spritzgießen

Massetemp.	°C	*Schwindung*	%	lgs , quer
Werkzeugtemp.	°C	*Bemerkungen*		
Spritzdruck	bar			

Zugversuch 23 °C DIN 53455; DIN 53457

	Probekörper: Form	*Herstellung*	Spritzgiessen
	Zustand	*Vorbehandlung*	Normalklima
Streckspannung	N/mm²	*Dehnung bei Streckspannung*	%
Zugfestigkeit	N/mm²	*Reißdehnung*	% 22
Reißfestigkeit	N/mm² 34	% *Dehnspannung*	N/mm²
E-Modul	N/mm² 3000	*Dehnung bei* % *Dehnspg.*	%

Kriechmoduln und Zeitstandwerte 23 °C

	Probekörper: Form	*Herstellung*	
	Zustand	*Vorbehandlung*	
Kriechmodul	1 min N/mm²	*Zeitstandzugfestigkeit*	h N/mm²
Kriechmodul	1000 h N/mm²	*Zeitdehnspg.* %	h N/mm²
bei Spannung	N/mm²		

Biegeversuch 23 °C DIN 53452; DIN 53457

	Probekörper: Form	*Herstellung*	Spritzgiessen
	Zustand	*Vorbehandlung*	Normalklima
Biegefestigkeit	N/mm²	*E-Modul*	N/mm² 2900
3,5% Biegespannung	N/mm² 53		

Härte 23 °C

	Probekörper: Zustand	*Herstellung*	
		Vorbehandlung	
Kugeldruckhärte	N/mm² bei N, s	*Shore-Härte* A	
Rockwellhärte		*Shore-Härte* D	

Schlagversuch

	Probekörper: (1) U-Kerbe		
	(2) V-Kerbe	*Herstellung*	Spritzgiessen
	Zustand	*Vorbehandlung*	Normalklima
	°C °C °C		*Probekörper-Form*

Schlagzähigkeit	kJ/m²		
Kerbschlagzähigkeit (1)	kJ/m²	23	3.5
IZOD-Kerbschlagzähigkeit (2)	J/m	23	70
Kerbschlagzugzähigkeit	kJ/m²		

Abrieb und Reibung

Taber-Abrieb (Reibradverfahren)   mm³/100 U
Abriebfaktor LNP (Thrust washer) Vergleichswert
Statische Reibungszahl
Dynamische Reibungszahl   (p · v =   N/mm² ·   m/min)
Zulässiger p · v Wert   N/mm² · (m/min)   v =   m/min
                                                                           v =   m/min

Thermische Eigenschaften

Formbeständigkeit in der Wärme   *Verfahren* A   73 °C
                                          Verfahren   °C
Vicat Erweichungstemperatur (VST)   *Verfahren* A/50   93 °C
                                          Verfahren B/50   88 °C
Kristallit-Schmelzpunkt   *Verfahren*

Längenausdehnungskoeffizient   *Bereich*   °C $\cdot 10^{-4} K^{-1}$
                                          Temperatur $\cdot 10^{-4} K^{-1}$
Wärmeleitfähigkeit   *Verfahren*   W/(K · m)

Spezifische Wärmekapazität   *Verfahren*   J/(K · g)

Glasumwandlungstemperatur   *Torsionsschwingungsversuch*   °C
                                          Differentialkalorimetrie   °C

Brandverhalten

UL-Test vertikal   Dicke   mm, Wert
                                          Dicke   mm, Wert

                        Norm   *Bewertung*   *Abmessungen*

Sauerstoff-Index   ASTM D 2863
Glühstab-Verfahren
Brandverhalten   DIN 4102
MVSS
FAR

Elektrische Eigenschaften

                                          Hz   °C   *Probekörper, Form*

Dielektrizitätszahl   50
                                          10^3
                                          10^6
Dielektrischer Verlustfaktor tan δ   50
                                          10^3
                                          10^6

Spezifischer Durchgangs-
* widerstand*   Ohm · cm
Durchschlagfestigkeit   kV/mm   mm dick
Oberflächenwiderstand   Ohm

Kriechstromfestigkeit   KC   KB   KA
Elektrolytische Korrosionswirkung
Lichtbogenfestigkeit nach DIN
*   nach ASTM*   s

Beständigkeit *(Chemische Beständigkeit siehe Anhang)*

Wasseraufnahme

Feuchtigkeitsaufnahme Normalklima   %
Wetterbeständigkeit

Spannungskorrosion

Optische Eigenschaften

Brechungszahl n_D
Transmissionsgrad τ_c %   mm dick
Lichtdurchlässigkeit

Datenbank-Nr.	**T05228**		*Merkblatt-Nr.* **3696**

SB

Produkt	Schlagfestes Polystyrol		
Handelsname	**Gedex 2351 GA 200**		
Hersteller	CDF		
DIN-Bez 1	16771-SB,MG,098-06-07		
DIN-Bez 2			
Zusätze		*Füllstoffe/ Verstärkung*	
Bevorzugte Verarbeitung	Spritzgiessen	*Lieferform*	Granulat
		Farben	Natur; Standard
Besondere Merkmale	Halbschlagfest; Hohe Waermeformbe- staendigkeit	*Bevorzugte Anwendungen*	Bedarfsartikel

---

Dichte	g/cm^3	*Schmelzindex*	g/10 min	5.5: 200/5
Schüttdichte	g/cm^3	*Volumenfließindex*	cm^3/10 min	:
Viskositätszahl	ml/g			

Verarbeitungsbedingungen für Spritzgießen

Massetemp.	°C	*Schwindung*	%	lgs	, quer
Werkzeugtemp.	°C	*Bemerkungen*			
Spritzdruck	bar				

Zugversuch 23 °C DIN 53455; DIN 53457

Probekörper:	*Form*	*Herstellung*	Spritzgiessen
	Zustand	*Vorbehandlung*	Normalklima

Streckspannung	N/mm^2	*Dehnung bei Streckspannung*	%	
Zugfestigkeit	N/mm^2	*Reißdehnung*	%	10
Reißfestigkeit	N/mm^2 40	*% Dehnspannung*	N/mm^2	
E-Modul	N/mm^2 2800	*Dehnung bei % Dehnspg.*	%	

Kriechmoduln und Zeitstandwerte 23 °C

Probekörper:	*Form*	*Herstellung*	
	Zustand	*Vorbehandlung*	

Kriechmodul	1 min N/mm^2	*Zeitstandzugfestigkeit*	h	N/mm^2
Kriechmodul	1000 h N/mm^2	*Zeitdehnspg. %*	h	N/mm^2
bei Spannung	N/mm^2			

Biegeversuch 23 °C DIN 53452; DIN 53457

Probekörper:	*Form*	*Herstellung*	Spritzgiessen
	Zustand	*Vorbehandlung*	Normalklima

Biegefestigkeit	N/mm^2	*E-Modul*	N/mm^2 2900
3,5% Biegespannung	N/mm^2 62		

Härte 23 °C

Probekörper:	*Zustand*	*Herstellung*	
		Vorbehandlung	

Kugeldruckhärte	N/mm^2 bei N, s	*Shore-Härte* A	
Rockwellhärte		*Shore-Härte* D	

Schlagversuch

Probekörper:	(1) U-Kerbe		
	(2) V-Kerbe	*Herstellung*	Spritzgiessen
	Zustand	*Vorbehandlung*	Normalklima

°C	°C	°C	*Probekörper-Form*

Schlagzähigkeit	kJ/m^2		
Kerbschlagzähigkeit (1)	kJ/m^2	23	4.5
IZOD-Kerbschlagzähigkeit (2)	J/m	23	65
Kerbschlagzugzähigkeit	kJ/m^2		

Abrieb und Reibung

Taber-Abrieb (Reibradverfahren) mm^3/100 U
Abriebfaktor LNP (Thrust washer) Vergleichswert
Statische Reibungszahl
Dynamische Reibungszahl $(p \cdot v =$ $N/mm^2 \cdot$ m/min)
Zulässiger p · v Wert $N/mm^2 \cdot$ (m/min)   v =   m/min
                                                v =   m/min

Thermische Eigenschaften

Formbeständigkeit in der Wärme   *Verfahren*   A   79 °C
                                          Verfahren   °C
Vicat Erweichungstemperatur (VST)   *Verfahren*   A/50   100 °C
                                          Verfahren   B/50   96 °C
Kristallit-Schmelzpunkt   *Verfahren*

Längenausdehnungskoeffizient   *Bereich*   °C $10^{-4} K^{-1}$
                                          Temperatur $10^{-4} K^{-1}$
Wärmeleitfähigkeit   *Verfahren* $W/(K \cdot m)$

Spezifische Wärmekapazität   *Verfahren* $J/(K \cdot g)$

Glasumwandlungstemperatur   *Torsionsschwingungsversuch*   °C
                                          Differentialkalorimetrie   °C

Brandverhalten

UL-Test vertikal   *Dicke*   mm, Wert
                     Dicke   mm, Wert

	Norm	*Bewertung*	*Abmessungen*
Sauerstoff-Index	ASTM D 2863		
Glühstab-Verfahren			
Brandverhalten	DIN 4102		
MVSS			
FAR			

Elektrische Eigenschaften

	Hz	°C	*Probekörper, Form*
Dielektrizitätszahl	50		
	10^3		
	10^6		
Dielektrischer Verlustfaktor $\tan\delta$	50		
	10^3		
	10^6		

Spezifischer Durchgangs-
   widerstand   Ohm · cm
Durchschlagfestigkeit   kV/mm   mm dick
Oberflächenwiderstand   Ohm

Kriechstromfestigkeit   KC   KB   KA
Elektrolytische Korrosionswirkung
Lichtbogenfestigkeit nach DIN
                 nach ASTM   s

Beständigkeit *(Chemische Beständigkeit siehe Anhang)*

Wasseraufnahme

Feuchtigkeitsaufnahme Normalklima   %
Wetterbeständigkeit

Spannungskorrosion

Optische Eigenschaften

Brechungszahl n_D
Transmissionsgrad τ_c %   mm dick
Lichtdurchlässigkeit

		SB
Produkt	Schlagfestes Polystyrol	
Handelsname	**Gedex 3701 GA 200**	
Hersteller	CDF	
DIN-Bez 1	16771-SB,MG,078-12-07	
DIN-Bez 2		

Zusätze		*Füllstoffe/ Verstärkung*	
Bevorzugte Verarbeitung	Spritzgiessen	*Lieferform*	Granulat
		Farben	Natur; Standard
Besondere Merkmale	Schlagfest; Leicht fliessend	*Bevorzugte Anwendungen*	Duennwandiges Formteil mit langen Fliesswegen

Dichte	g/cm³		*Schmelzindex*	g/10 min	13:	200/5
Schüttdichte	g/cm³		*Volumenfließindex*	cm³/10 min	:	
Viskositätszahl	ml/g					

Verarbeitungsbedingungen für Spritzgießen

Massetemp.	°C		*Schwindung*	%	lgs	, quer
Werkzeugtemp.	°C		*Bemerkungen*			
Spritzdruck	bar					

Zugversuch 23 °C DIN 53455; DIN 53457

	Probekörper:	*Form*		*Herstellung*	Spritzgiessen
		Zustand		*Vorbehandlung*	Normalklima

Streckspannung	N/mm²		*Dehnung bei Streckspannung*	%	
Zugfestigkeit	N/mm²		*Reißdehnung*	%	30
Reißfestigkeit	N/mm² 26		*% Dehnspannung*	N/mm²	
E-Modul	N/mm² 2450		*Dehnung bei % Dehnspg.*	%	

Kriechmoduln und Zeitstandwerte 23 °C

	Probekörper:	*Form*	*Herstellung*
		Zustand	*Vorbehandlung*

Kriechmodul	1 min N/mm²		*Zeitstandzugfestigkeit*	h N/mm²
Kriechmodul	1000 h N/mm²		*Zeitdehnspg. %*	h N/mm²
bei Spannung	N/mm²			

Biegeversuch 23 °C DIN 53452; DIN 53457

	Probekörper:	*Form*	*Herstellung*	Spritzgiessen
		Zustand	*Vorbehandlung*	Normalklima

Biegefestigkeit	N/mm²	*E-Modul*	N/mm² 2500
3,5% Biegespannung	N/mm² 42		

Härte 23 °C

	Probekörper:	*Zustand*	*Herstellung*
			Vorbehandlung

Kugeldruckhärte	N/mm²	bei N, s	*Shore-Härte* A
Rockwellhärte			*Shore-Härte* D

Schlagversuch

	Probekörper:	*(1)* U-Kerbe		
		(2) V-Kerbe	*Herstellung*	Spritzgiessen
		Zustand	*Vorbehandlung*	Normalklima
		°C	°C	°C	*Probekörper-Form*

Schlagzähigkeit	kJ/m²		
Kerbschlagzähigkeit (1)	kJ/m²	23	5.0
IZOD-Kerbschlagzähigkeit (2)	J/m	23	90
Kerbschlagzugzähigkeit	kJ/m²		

Abrieb und Reibung

Taber-Abrieb (Reibradverfahren)	mm³/100 U
Abriebfaktor LNP (Thrust washer) Vergleichswert	
Statische Reibungszahl	
Dynamische Reibungszahl	(p · v = $\quad$ N/mm² · $\quad$ m/min)
Zulässiger p · v Wert	N/mm² · (m/min)$\quad$ v = $\quad$ m/min
	$\qquad\qquad\qquad\quad$ v = $\quad$ m/min

Thermische Eigenschaften

Formbeständigkeit in der Wärme	*Verfahren*	A	65 °C
	Verfahren		°C
Vicat Erweichungstemperatur (VST)	*Verfahren*	A/50	86 °C
	Verfahren	B/50	79 °C
Kristallit-Schmelzpunkt	*Verfahren*		
Längenausdehnungskoeffizient	*Bereich*	°C	$\cdot 10^{-4} K^{-1}$
	Temperatur		$\cdot 10^{-4} K^{-1}$
Wärmeleitfähigkeit	*Verfahren*		W/(K · m)
Spezifische Wärmekapazität	*Verfahren*		J/(K · g)
Glasumwandlungstemperatur	*Torsionsschwingungsversuch*	°C	
	Differentialkalorimetrie	°C	

Brandverhalten

UL-Test vertikal $\qquad$ Dicke $\quad$ mm, Wert
$\qquad\qquad\qquad\quad$ Dicke $\quad$ mm, Wert

	Norm	Bewertung	Abmessungen
Sauerstoff-Index	ASTM D 2863		
Glühstab-Verfahren			
Brandverhalten	DIN 4102		
MVSS			
FAR			

Elektrische Eigenschaften

	Hz	°C	Probekörper, Form
Dielektrizitätszahl	50		
	10^3		
	10^6		
Dielektrischer Verlustfaktor tan δ	50		
	10^3		
	10^6		

Spezifischer Durchgangs-widerstand	Ohm · cm			
Durchschlagfestigkeit	kV/mm			mm dick
Oberflächenwiderstand	Ohm			
Kriechstromfestigkeit	KC	KB	KA	
Elektrolytische Korrosionswirkung				
Lichtbogenfestigkeit nach DIN				
nach ASTM	s			

Beständigkeit *(Chemische Beständigkeit siehe Anhang)*

Wasseraufnahme

Feuchtigkeitsaufnahme Normalklima $\qquad\qquad\qquad\qquad\qquad\qquad\qquad\qquad\qquad$ %
Wetterbeständigkeit

Spannungskorrosion

Optische Eigenschaften

Brechungszahl n_D
Transmissionsgrad τ_c $\qquad$ % $\qquad\qquad\qquad$ mm dick
Lichtdurchlässigkeit

SB

Produkt	Schlagfestes Polystyrol	
Handelsname	**Gedex 3521 GA 200**	
Hersteller	CDF	
DIN-Bez 1	16771-SB,MG,088-06-07	
DIN-Bez 2		
Zusätze		*Füllstoffe/ Verstärkung*
Bevorzugte Verarbeitung	Spritzgiessen	*Lieferform* Granulat
		Farben Natur; Standard
Besondere Merkmale	Schlagfest; Hohe Waermeformbe- staendigkeit	*Bevorzugte Anwendungen* Bedarfsartikel

---

Dichte	g/cm^3	*Schmelzindex*	g/10 min 8: 200/5
Schüttdichte	g/cm^3	*Volumenfließindex*	cm^3/10 min :
Viskositätszahl	ml/g		

Verarbeitungsbedingungen für Spritzgießen

Massetemp.	°C	*Schwindung* % lgs , quer	
Werkzeugtemp.	°C	*Bemerkungen*	
Spritzdruck	bar		

Zugversuch 23 °C   DIN 53455; DIN 53457
  Probekörper: Form   *Herstellung* Spritzgiessen
                  Zustand   *Vorbehandlung* Normalklima

Streckspannung	N/mm^2	*Dehnung bei Streckspannung*	%
Zugfestigkeit	N/mm^2	*Reißdehnung*	% 30
Reißfestigkeit	N/mm^2 32	% *Dehnspannung*	N/mm^2
E-Modul	N/mm^2 2700	*Dehnung bei* % *Dehnspg.*	%

Kriechmoduln und Zeitstandwerte 23 °C
  Probekörper: Form   *Herstellung*
                  Zustand   *Vorbehandlung*

Kriechmodul	1 min N/mm^2	*Zeitstandzugfestigkeit*	h N/mm^2
Kriechmodul	1000 h N/mm^2	*Zeitdehnspg.* %	h N/mm^2
bei Spannung	N/mm^2		

Biegeversuch 23 °C   DIN 53452; DIN 53457
  Probekörper: Form   *Herstellung* Spritzgiessen
                  Zustand   *Vorbehandlung* Normalklima

Biegefestigkeit	N/mm^2	*E-Modul*	N/mm^2 2700
3,5% Biegespannung	N/mm^2 46		

Härte 23 °C   *Probekörper:* Zustand   *Herstellung*
                                                 Vorbehandlung

Kugeldruckhärte	N/mm^2 bei N, s	*Shore-Härte* A	
Rockwellhärte		*Shore-Härte* D	

Schlagversuch   *Probekörper:* (1) U-Kerbe
                                    (2) V-Kerbe   *Herstellung* Spritzgiessen
                                    Zustand   *Vorbehandlung* Normalklima

  °C   °C   °C   *Probekörper-Form*

Schlagzähigkeit	kJ/m^2	
Kerbschlagzähigkeit (1)	kJ/m^2 23	4.5
IZOD-Kerbschlagzähigkeit (2)	J/m 23	80
Kerbschlagzugzähigkeit	kJ/m^2	

Abrieb und Reibung

Taber-Abrieb (Reibradverfahren)	mm³/100 U
Abriebfaktor LNP (Thrust washer) Vergleichswert	
Statische Reibungszahl	
Dynamische Reibungszahl	$(p \cdot v =$ N/mm² · m/min$)$
Zulässiger p · v Wert	N/mm² · (m/min) v = m/min
	v = m/min

Thermische Eigenschaften

Formbeständigkeit in der Wärme	*Verfahren*	A	72 °C
	Verfahren		°C
Vicat Erweichungstemperatur (VST)	*Verfahren*	A/50	94 °C
	Verfahren	B/50	87 °C
Kristallit-Schmelzpunkt	*Verfahren*		
Längenausdehnungskoeffizient	*Bereich*	°C	$10^{-4}K^{-1}$
	Temperatur		$10^{-4}K^{-1}$
Wärmeleitfähigkeit	*Verfahren*		W/(K · m)
Spezifische Wärmekapazität	*Verfahren*		J/(K · g)
Glasumwandlungstemperatur	*Torsionsschwingungsversuch*		°C
	Differentialkalorimetrie		°C

Brandverhalten

UL-Test vertikal   Dicke   mm, Wert
Dicke   mm, Wert

	Norm	*Bewertung*	*Abmessungen*
Sauerstoff-Index	ASTM D 2863		
Glühstab-Verfahren			
Brandverhalten	DIN 4102		
MVSS			
FAR			

Elektrische Eigenschaften

	Hz	°C	*Probekörper, Form*
Dielektrizitätszahl	50		
	10^3		
	10^6		
Dielektrischer Verlustfaktor tan δ	50		
	10^3		
	10^6		

Spezifischer Durchgangs-			
widerstand	Ohm · cm		
Durchschlagfestigkeit	kV/mm		mm dick
Oberflächenwiderstand	Ohm		

Kriechstromfestigkeit	KC	KB	KA
Elektrolytische Korrosionswirkung			
Lichtbogenfestigkeit nach DIN			
nach ASTM	s		

Beständigkeit *(Chemische Beständigkeit siehe Anhang)*

Wasseraufnahme

Feuchtigkeitsaufnahme Normalklima   %
Wetterbeständigkeit

Spannungskorrosion

Optische Eigenschaften

Brechungszahl n_D
Transmissionsgrad τ_c %   mm dick
Lichtdurchlässigkeit

Produkt	Schlagfestes Polystyrol	**SB**
Handelsname	**Gedex 3441 GA 200**	
Hersteller	CDF	
DIN-Bez 1	16771-SB,MG,088-06-07	
DIN-Bez 2		

Zusätze		*Füllstoffe/ Verstärkung*		
Bevorzugte Verarbeitung	Spritzgiessen	*Lieferform*	Granulat	
		Farben	Natur; Standard	
Besondere Merkmale	Schlagfest; Hohe Waermeformbe- staendigkeit	*Bevorzugte Anwendungen*	Bedarfsartikel	

Dichte	g/cm³	*Schmelzindex*	g/10 min	6.5:	200/5
Schüttdichte	g/cm³	*Volumenfließindex*	cm³/10 min	:	
Viskositätszahl	ml/g				

Verarbeitungsbedingungen für Spritzgießen

Massetemp.	°C	*Schwindung*	%	lgs	, quer
Werkzeugtemp.	°C	*Bemerkungen*			
Spritzdruck	bar				

Zugversuch 23 °C DIN 53455; DIN 53457

	Probekörper:	*Form*	*Herstellung*	Spritzgiessen	
		Zustand	*Vorbehandlung*	Normalklima	

Streckspannung	N/mm²	*Dehnung bei Streckspannung*	%	
Zugfestigkeit	N/mm²	*Reißdehnung*	%	28
Reißfestigkeit	N/mm² 32	*% Dehnspannung*	N/mm²	
E-Modul	N/mm² 2500	*Dehnung bei % Dehnspg.*	%	

Kriechmoduln und Zeitstandwerte 23 °C

	Probekörper:	*Form*	*Herstellung*	
		Zustand	*Vorbehandlung*	

Kriechmodul	*1 min* N/mm²	*Zeitstandzugfestigkeit*	h N/mm²	
Kriechmodul	*1000 h* N/mm²	*Zeitdehnspg.* %	h N/mm²	
bei Spannung	N/mm²			

Biegeversuch 23 °C DIN 53452; DIN 53457

	Probekörper:	*Form*	*Herstellung*	Spritzgiessen
		Zustand	*Vorbehandlung*	Normalklima

Biegefestigkeit	N/mm²	*E-Modul*	N/mm² 2650
3,5% Biegespannung	N/mm² 50		

Härte 23 °C

	Probekörper:	*Zustand*	*Herstellung*	
			Vorbehandlung	

Kugeldruckhärte	N/mm² bei N, s	*Shore-Härte* A	
Rockwellhärte		*Shore-Härte* D	

Schlagversuch

	Probekörper:	*(1)* U-Kerbe		
		(2) V-Kerbe	*Herstellung*	Spritzgiessen
		Zustand	*Vorbehandlung*	Normalklima
		°C °C °C	*Probekörper-Form*	

Schlagzähigkeit	kJ/m²		
Kerbschlagzähigkeit (1)	kJ/m²	23	5.5
IZOD-Kerbschlagzähigkeit (2)	J/m	23	85
Kerbschlagzugzähigkeit	kJ/m²		

Abrieb und Reibung

Taber-Abrieb (Reibradverfahren)	mm³/100 U
Abriebfaktor LNP (Thrust washer) Vergleichswert	
Statische Reibungszahl	
Dynamische Reibungszahl	(p · v = N/mm² · m/min)
Zulässiger p · v Wert	N/mm² · (m/min) v = m/min
	v = m/min

Thermische Eigenschaften

Formbeständigkeit in der Wärme	*Verfahren*	A	77 °C
	Verfahren		°C
Vicat Erweichungstemperatur (VST)	*Verfahren*	A/50	96 °C
	Verfahren	B/50	90 °C
Kristallit-Schmelzpunkt	*Verfahren*		
Längenausdehnungskoeffizient	*Bereich*	°C	$\cdot 10^{-4} K^{-1}$
	Temperatur		$\cdot 10^{-4} K^{-1}$
Wärmeleitfähigkeit	*Verfahren*		W/(K · m)
Spezifische Wärmekapazität	*Verfahren*		J/(K · g)
Glasumwandlungstemperatur	*Torsionsschwingungsversuch*	°C	
	Differentialkalorimetrie	°C	

Brandverhalten

UL-Test vertikal	Dicke	mm, Wert
	Dicke	mm, Wert

	` Norm	Bewertung	Abmessungen
Sauerstoff-Index	ASTM D 2863		
Glühstab-Verfahren			
Brandverhalten	DIN 4102		
MVSS			
FAR			

Elektrische Eigenschaften

	Hz	°C	*Probekörper, Form*
Dielektrizitätszahl	50		
	10^3		
	10^6		
Dielektrischer Verlustfaktor tan δ	50		
	10^3		
	10^6		
Spezifischer Durchgangs-widerstand	Ohm · cm		
Durchschlagfestigkeit	kV/mm		mm dick
Oberflächenwiderstand	Ohm		

Kriechstromfestigkeit	KC	KB	KA
Elektrolytische Korrosionswirkung			
Lichtbogenfestigkeit nach DIN			
nach ASTM	s		

Beständigkeit *(Chemische Beständigkeit siehe Anhang)*

Wasseraufnahme	
Feuchtigkeitsaufnahme Normalklima	%
Wetterbeständigkeit	
Spannungskorrosion	

Optische Eigenschaften

Brechungszahl n_D		
Transmissionsgrad τ_c	%	mm dick
Lichtdurchlässigkeit		

Produkt	Schlagfestes Polystyrol		**SB**
Handelsname	**Gedex 3241 GA 922**		
Hersteller	CDF		
DIN-Bez 1	16771-SB,MG,093-06-07		
DIN-Bez 2			
Zusätze		*Füllstoffe/ Verstärkung*	
Bevorzugte Verarbeitung	Spritzgiessen	*Lieferform*	Granulat
		Farben	Natur; Standard
Besondere Merkmale	Schlagfest; Hohe Waermeformbe-staendigkeit	*Bevorzugte Anwendungen*	Dickwandiges Formteil

---

Dichte	g/cm³	*Schmelzindex*	g/10 min	4.5: 200/5
Schüttdichte	g/cm³	*Volumenfließindex*	cm³/10 min	:
Viskositätszahl	ml/g			

Verarbeitungsbedingungen für Spritzgießen

Massetemp.	°C	*Schwindung*	%	lgs , quer
Werkzeugtemp.	°C	*Bemerkungen*		
Spritzdruck	bar			

Zugversuch 23 °C   DIN 53455; DIN 53457

Probekörper:	*Form*	*Herstellung*	Spritzgiessen
	Zustand	*Vorbehandlung*	Normalklima

Streckspannung	N/mm²	*Dehnung bei Streckspannung*	%	
Zugfestigkeit	N/mm²	*Reißdehnung*	%	25
Reißfestigkeit	N/mm² 32	*% Dehnspannung*	N/mm²	
E-Modul	N/mm² 2200	*Dehnung bei % Dehnspg.*	%	

Kriechmoduln und Zeitstandwerte 23 °C

Probekörper:	*Form*	*Herstellung*	
	Zustand	*Vorbehandlung*	

Kriechmodul	1 min N/mm²	*Zeitstandzugfestigkeit*	h N/mm²
Kriechmodul	1000 h N/mm²	*Zeitdehnspg. %*	h N/mm²
bei Spannung	N/mm²		

Biegeversuch 23 °C   DIN 53452; DIN 53457

Probekörper:	*Form*	*Herstellung*	Spritzgiessen
	Zustand	*Vorbehandlung*	Normalklima

Biegefestigkeit	N/mm²	*E-Modul*	N/mm² 2500
3,5% Biegespannung	N/mm² 55		

Härte 23 °C   *Probekörper:*   *Zustand*   *Herstellung* / *Vorbehandlung*

Kugeldruckhärte	N/mm²	bei	N, s	*Shore-Härte* A	
Rockwellhärte				*Shore-Härte* D	

Schlagversuch

Probekörper:	*(1)* U-Kerbe		
	(2) V-Kerbe	*Herstellung*	Spritzgiessen
	Zustand	*Vorbehandlung*	Normalklima
	°C °C °C		*Probekörper-Form*

Schlagzähigkeit	kJ/m²	
Kerbschlagzähigkeit (1)	kJ/m²	23 5.5
IZOD-Kerbschlagzähigkeit (2)	J/m	23 90
Kerbschlagzugzähigkeit	kJ/m²	

Abrieb und Reibung

Taber-Abrieb (Reibradverfahren)	mm³/100 U
Abriebfaktor LNP (Thrust washer) Vergleichswert	
Statische Reibungszahl	
Dynamische Reibungszahl	(p·v = 　　　 N/mm² · 　　　 m/min)
Zulässiger p·v Wert	N/mm² · (m/min)　v = 　　m/min
	v = 　　m/min

Thermische Eigenschaften

Formbeständigkeit in der Wärme	*Verfahren*	A	76 °C
	Verfahren		°C
Vicat Erweichungstemperatur (VST)	*Verfahren*	A/50	99 °C
	Verfahren	B/50	91 °C
Kristallit-Schmelzpunkt	*Verfahren*		
Längenausdehnungskoeffizient	*Bereich*	°C	$\cdot 10^{-4}\mathrm{K}^{-1}$
	Temperatur		$\cdot 10^{-4}\mathrm{K}^{-1}$
Wärmeleitfähigkeit	*Verfahren*		W/(K · m)
Spezifische Wärmekapazität	*Verfahren*		J/(K · g)
Glasumwandlungstemperatur	*Torsionsschwingungsversuch*		°C
	Differentialkalorimetrie		°C

Brandverhalten

UL-Test vertikal	*Dicke*	mm, Wert
	Dicke	mm, Wert

	Norm	*Bewertung*	*Abmessungen*
Sauerstoff-Index	ASTM D 2863		
Glühstab-Verfahren			
Brandverhalten	DIN 4102		
MVSS			
FAR			

Elektrische Eigenschaften

	Hz	°C			*Probekörper, Form*
Dielektrizitätszahl	50				
	10^3				
	10^6				
Dielektrischer Verlustfaktor tan δ	50				
	10^3				
	10^6				
Spezifischer Durchgangs-widerstand	Ohm · cm				
Durchschlagfestigkeit	kV/mm				mm dick
Oberflächenwiderstand	Ohm				
Kriechstromfestigkeit	KC		KB	KA	
Elektrolytische Korrosionswirkung					
Lichtbogenfestigkeit nach DIN					
nach ASTM	s				

Beständigkeit *(Chemische Beständigkeit siehe Anhang)*

Wasseraufnahme

Feuchtigkeitsaufnahme Normalklima	%
Wetterbeständigkeit	

Spannungskorrosion

Optische Eigenschaften

Brechungszahl n_D

Transmissionsgrad τ_c	%	mm dick
Lichtdurchlässigkeit		

			SB
Produkt	Schlagfestes Polystyrol		
Handelsname	**Gedex 3251 GA 200**		
Hersteller	CDF		
DIN-Bez 1	16771-SB,MG,093-03-10		
DIN-Bez 2	16771-SB,EG,093-03-10		
Zusätze		*Füllstoffe/ Verstärkung*	
Bevorzugte Verarbeitung	Spritzgiessen; Extrudieren	*Lieferform*	Granulat
		Farben	Natur; Standard
Besondere Merkmale	Schlagfest; Hohe Waermeformbe-staendigkeit	*Bevorzugte Anwendungen*	Bedarfsartikel; Profil

Dichte	g/cm^3	*Schmelzindex*	g/10 min	4: 200/5
Schüttdichte	g/cm^3	*Volumenfließindex*	cm^3/10 min	:
Viskositätszahl	ml/g			

Verarbeitungsbedingungen für Spritzgießen

Massetemp.	°C	*Schwindung*	%	lgs , quer
Werkzeugtemp.	°C	*Bemerkungen*		
Spritzdruck	bar			

Zugversuch 23 °C DIN 53455; DIN 53457

			Herstellung	Spritzgiessen
Probekörper:	*Form*		*Vorbehandlung*	Normalklima
	Zustand			
Streckspannung	N/mm^2	*Dehnung bei Streckspannung*	%	
Zugfestigkeit	N/mm^2	*Reißdehnung*	%	20
Reißfestigkeit	N/mm^2 33	*% Dehnspannung*	N/mm^2	
E-Modul	N/mm^2 2300	*Dehnung bei % Dehnspg.*	%	

Kriechmoduln und Zeitstandwerte 23 °C

			Herstellung	
Probekörper:	*Form*		*Vorbehandlung*	
	Zustand			
Kriechmodul	1 min N/mm^2	*Zeitstandzugfestigkeit*	h N/mm^2	
Kriechmodul	1000 h N/mm^2	*Zeitdehnspg. %*	h N/mm^2	
bei Spannung	N/mm^2			

Biegeversuch 23 °C DIN 53452; DIN 53457

			Herstellung	Spritzgiessen
Probekörper:	*Form*		*Vorbehandlung*	Normalklima
	Zustand			
Biegefestigkeit	N/mm^2	*E-Modul*	N/mm^2 2500	
3,5% Biegespannung	N/mm^2 54			

Härte 23 °C

			Herstellung	
Probekörper:	*Zustand*		*Vorbehandlung*	
Kugeldruckhärte	N/mm^2 bei N, s	*Shore-Härte* A		
Rockwellhärte		*Shore-Härte* D		

Schlagversuch

Probekörper:	*(1)* U-Kerbe			
	(2) V-Kerbe		*Herstellung*	Spritzgiessen
	Zustand		*Vorbehandlung*	Normalklima
	°C	°C	°C	*Probekörper-Form*
Schlagzähigkeit	kJ/m^2			
Kerbschlagzähigkeit (1)	kJ/m^2	23 6.5		
IZOD-Kerbschlagzähigkeit (2)	J/m	23 100		
Kerbschlagzugzähigkeit	kJ/m^2			

Abrieb und Reibung

Taber-Abrieb (Reibradverfahren)　　　　　　　mm³/100 U
Abriebfaktor LNP (Thrust washer) Vergleichswert
Statische Reibungszahl
Dynamische Reibungszahl　　　　　　　　　　$(p \cdot v =$　　　　N/mm² ·　　　　m/min)
Zulässiger p · v Wert　　　　　　　　　　　N/mm² · (m/min)　v =　　m/min
　　　　　　　　　　　　　　　　　　　　　　　　　　　v =　　m/min

Thermische Eigenschaften

Formbeständigkeit in der Wärme　　　*Verfahren*　A　　　　　　　　　　79 °C
　　　　　　　　　　　　　　　　　　　Verfahren　　　　　　　　　　　　°C
Vicat Erweichungstemperatur (VST)　*Verfahren*　A/50　　　　　　　102 °C
　　　　　　　　　　　　　　　　　　　Verfahren　B/50　　　　　　　94 °C
Kristallit-Schmelzpunkt　　　　　　　*Verfahren*

Längenausdehnungskoeffizient　　　*Bereich*　　　　　°C　　　　　$\cdot 10^{-4} K^{-1}$
　　　　　　　　　　　　　　　　　　　Temperatur　　　　　　　　　　$\cdot 10^{-4} K^{-1}$
Wärmeleitfähigkeit　　　　　　　　　*Verfahren*　　　　　　　　　　$W/(K \cdot m)$

Spezifische Wärmekapazität　　　　*Verfahren*　　　　　　　　　　$J/(K \cdot g)$

Glasumwandlungstemperatur　　　　*Torsionsschwingungsversuch*　　°C
　　　　　　　　　　　　　　　　　　　Differentialkalorimetrie　　　　°C

Brandverhalten

UL-Test vertikal　　　　　　　　*Dicke*　　mm, Wert
　　　　　　　　　　　　　　　　Dicke　　mm, Wert

	Norm	*Bewertung*	*Abmessungen*
Sauerstoff-Index	ASTM D 2863		
Glühstab-Verfahren			
Brandverhalten	DIN 4102		
MVSS			
FAR			

Elektrische Eigenschaften

	Hz	°C	*Probekörper, Form*
Dielektrizitätszahl	50		
	10^3		
	10^6		
Dielektrischer Verlustfaktor tan δ	50		
	10^3		
	10^6		

Spezifischer Durchgangs-
　widerstand　　　　　　　Ohm · cm
Durchschlagfestigkeit　　kV/mm　　　　　　　　　　　　　　mm dick
Oberflächenwiderstand　Ohm

Kriechstromfestigkeit　　　　KC　　　　KB　　　　KA
Elektrolytische Korrosionswirkung
Lichtbogenfestigkeit nach DIN
　　　　nach ASTM　s

Beständigkeit *(Chemische Beständigkeit siehe Anhang)*

Wasseraufnahme

Feuchtigkeitsaufnahme Normalklima　　　　　　　　　　　　　　　%
Wetterbeständigkeit

Spannungskorrosion

Optische Eigenschaften

Brechungszahl n_D
Transmissionsgrad τ_c　　%　　　　　mm dick
Lichtdurchlässigkeit

Produkt	Schlagfestes Polystyrol		**SB**
Handelsname	**Gedex 4801 GA 200**		
Hersteller	CDF		
DIN-Bez 1	16771-SB,MG,078-20-15		
DIN-Bez 2			
Zusätze		*Füllstoffe/ Verstärkung*	
Bevorzugte Verarbeitung	Spritzgiessen	*Lieferform*	Granulat
		Farben	Natur; Standard
Besondere Merkmale	Hochschlagfest; Sehr leichtfliessend	*Bevorzugte Anwendungen*	Duennwandiges Formteil mit langen Fliesswegen

---

Dichte	g/cm³	*Schmelzindex*	g/10 min	20: 200/5
Schüttdichte	g/cm³	*Volumenfließindex*	cm³/10 min	:
Viskositätszahl	ml/g			

Verarbeitungsbedingungen für Spritzgießen

Massetemp.	°C	*Schwindung*	%	lgs , quer
Werkzeugtemp.	°C	*Bemerkungen*		
Spritzdruck	bar			

Zugversuch 23 °C   DIN 53455; DIN 53457

Probekörper:	*Form*	*Herstellung* Spritzgiessen
	Zustand	*Vorbehandlung* Normalklima

Streckspannung	N/mm²	*Dehnung bei Streckspannung*	%	
Zugfestigkeit	N/mm²	*Reißdehnung*	%	55
Reißfestigkeit	N/mm² 20	% *Dehnspannung*	N/mm²	
E-Modul	N/mm² 1900	*Dehnung bei* % *Dehnspg.*	%	

Kriechmoduln und Zeitstandwerte 23 °C

Probekörper:	*Form*	*Herstellung*
	Zustand	*Vorbehandlung*

Kriechmodul	1 min N/mm²	*Zeitstandzugfestigkeit*	h N/mm²
Kriechmodul	1000 h N/mm²	*Zeitdehnspg.* %	h N/mm²
bei Spannung	N/mm²		

Biegeversuch 23 °C   DIN 53452; DIN 53457

Probekörper:	*Form*	*Herstellung* Spritzgiessen
	Zustand	*Vorbehandlung* Normalklima

Biegefestigkeit	N/mm²	*E-Modul*	N/mm² 2100
3,5% Biegespannung	N/mm² 29		

Härte 23 °C

Probekörper:	*Zustand*	*Herstellung*
		Vorbehandlung

Kugeldruckhärte	N/mm²	bei N, s	*Shore-Härte* A
Rockwellhärte			*Shore-Härte* D

Schlagversuch

Probekörper:	*(1)* U-Kerbe	
	(2) V-Kerbe	*Herstellung* Spritzgiessen
	Zustand	*Vorbehandlung* Normalklima
	°C °C °C	*Probekörper-Form*

Schlagzähigkeit	kJ/m²	
Kerbschlagzähigkeit (1)	kJ/m²	23 8.5
IZOD-Kerbschlagzähigkeit (2)	J/m	23 130
Kerbschlagzugzähigkeit	kJ/m²	

Abrieb und Reibung

Taber-Abrieb (Reibradverfahren)	mm³/100 U	
Abriebfaktor LNP (Thrust washer) Vergleichswert		
Statische Reibungszahl		
Dynamische Reibungszahl	$(p \cdot v =$ N/mm² · m/min$)$	
Zulässiger p · v Wert	N/mm² · (m/min)　v = m/min	
	v = m/min	

Thermische Eigenschaften

Formbeständigkeit in der Wärme	*Verfahren*	A	69 °C
	Verfahren		°C
Vicat Erweichungstemperatur (VST)	*Verfahren*	A/50	86 °C
	Verfahren	B/50	79 °C
Kristallit-Schmelzpunkt	*Verfahren*		
Längenausdehnungskoeffizient	*Bereich*	°C	$\cdot 10^{-4} \mathrm{K}^{-1}$
	Temperatur		$\cdot 10^{-4} \mathrm{K}^{-1}$
Wärmeleitfähigkeit	*Verfahren*		W/(K · m)
Spezifische Wärmekapazität	*Verfahren*		J/(K · g)
Glasumwandlungstemperatur	*Torsionsschwingungsversuch*	°C	
	Differentialkalorimetrie	°C	

Brandverhalten

UL-Test vertikal	*Dicke*	mm, Wert
	Dicke	mm, Wert

	Norm	*Bewertung*	*Abmessungen*
Sauerstoff-Index	ASTM D 2863		
Glühstab-Verfahren			
Brandverhalten	DIN 4102		
MVSS			
FAR			

Elektrische Eigenschaften

	Hz	°C	*Probekörper, Form*
Dielektrizitätszahl	50		
	10^3		
	10^6		
Dielektrischer Verlustfaktor tan δ	50		
	10^3		
	10^6		
Spezifischer Durchgangs-widerstand	Ohm · cm		
Durchschlagfestigkeit	kV/mm		mm dick
Oberflächenwiderstand	Ohm		
Kriechstromfestigkeit	KC	KB	KA
Elektrolytische Korrosionswirkung			
Lichtbogenfestigkeit nach DIN			
nach ASTM	s		

Beständigkeit *(Chemische Beständigkeit siehe Anhang)*

Wasseraufnahme

Feuchtigkeitsaufnahme Normalklima　　　　　　　　　　　　　　　　　　　　%
Wetterbeständigkeit

Spannungskorrosion

Optische Eigenschaften

Brechungszahl n_D
Transmissionsgrad τ_c　　%　　　　　　mm dick
Lichtdurchlässigkeit

Produkt	Schlagfestes Polystyrol		**SB**
Handelsname	**Gedex 4621 GA 200**		
Hersteller	CDF		
DIN-Bez 1	16771-SB,MG,083-12-15		
DIN-Bez 2			
Zusätze		*Füllstoffe/ Verstärkung*	
Bevorzugte Verarbeitung	Spritzgiessen	*Lieferform*	Granulat
		Farben	Natur; Standard
Besondere Merkmale	Hochschlagfest	*Bevorzugte Anwendungen*	Bedarfsartikel; Technisches Formteil

Dichte	g/cm³	*Schmelzindex*	g/10 min	10:	200/5
Schüttdichte	g/cm³	*Volumenfließindex*	cm³/10 min	:	
Viskositätszahl	ml/g				

Verarbeitungsbedingungen für Spritzgießen

Massetemp.	°C	*Schwindung*	%	lgs	, quer
Werkzeugtemp.	°C	*Bemerkungen*			
Spritzdruck	bar				

Zugversuch 23 °C DIN 53455; DIN 53457

Probekörper:	*Form*		*Herstellung*	Spritzgiessen
	Zustand		*Vorbehandlung*	Normalklima
Streckspannung	N/mm²	*Dehnung bei Streckspannung*	%	
Zugfestigkeit	N/mm²	*Reißdehnung*	%	45
Reißfestigkeit	N/mm² 25	*% Dehnspannung*	N/mm²	
E-Modul	N/mm² 2100	*Dehnung bei % Dehnspg.*	%	

Kriechmoduln und Zeitstandwerte 23 °C

Probekörper:	*Form*		*Herstellung*	
	Zustand		*Vorbehandlung*	
Kriechmodul	1 min N/mm²	*Zeitstandzugfestigkeit*	h N/mm²	
Kriechmodul	1000 h N/mm²	*Zeitdehnspg. %*	h N/mm²	
bei Spannung	N/mm²			

Biegeversuch 23 °C DIN 53452; DIN 53457

Probekörper:	*Form*	*Herstellung*	Spritzgiessen
	Zustand	*Vorbehandlung*	Normalklima
Biegefestigkeit	N/mm²	*E-Modul*	N/mm² 2250
3,5% Biegespannung	N/mm² 35		

Härte 23 °C

Probekörper:	*Zustand*		*Herstellung*	
			Vorbehandlung	
Kugeldruckhärte	N/mm²	bei N, s	*Shore-Härte* A	
Rockwellhärte			*Shore-Härte* D	

Schlagversuch

Probekörper:	*(1)* U-Kerbe		
	(2) V-Kerbe	*Herstellung*	Spritzgiessen
	Zustand	*Vorbehandlung*	Normalklima
	°C	°C	°C	*Probekörper-Form*

Schlagzähigkeit	kJ/m²		
Kerbschlagzähigkeit (1)	kJ/m²	23	7.5
IZOD-Kerbschlagzähigkeit (2)	J/m	23	125
Kerbschlagzugzähigkeit	kJ/m²		

Abrieb und Reibung

Taber-Abrieb (Reibradverfahren)   mm³/100 U
Abriebfaktor LNP (Thrust washer) Vergleichswert
Statische Reibungszahl
Dynamische Reibungszahl   (p · v =   N/mm² ·   m/min)
Zulässiger p · v Wert   N/mm² · (m/min)   v =   m/min
                                                                    v =   m/min

Thermische Eigenschaften

Formbeständigkeit in der Wärme   *Verfahren*   A   69 °C
                                        Verfahren   °C
Vicat Erweichungstemperatur (VST)   *Verfahren*   A/50   88 °C
                                        Verfahren   B/50   82 °C
Kristallit-Schmelzpunkt   *Verfahren*

Längenausdehnungskoeffizient   *Bereich*   °C $\cdot 10^{-4} K^{-1}$
                                        Temperatur $\cdot 10^{-4} K^{-1}$
Wärmeleitfähigkeit   *Verfahren*   W/(K · m)

Spezifische Wärmekapazität   *Verfahren*   J/(K · g)

Glasumwandlungstemperatur   *Torsionsschwingungsversuch*   °C
                                        Differentialkalorimetrie   °C

Brandverhalten

UL-Test vertikal   Dicke   mm, Wert
                                        Dicke   mm, Wert

	Norm	*Bewertung*	*Abmessungen*
Sauerstoff-Index	ASTM D 2863		
Glühstab-Verfahren			
Brandverhalten	DIN 4102		
MVSS			
FAR			

Elektrische Eigenschaften

	Hz	°C	*Probekörper, Form*
Dielektrizitätszahl	50		
	10^3		
	10^6		
Dielektrischer Verlustfaktor tan δ	50		
	10^3		
	10^6		

Spezifischer Durchgangs-
    widerstand   Ohm · cm
Durchschlagfestigkeit   kV/mm   mm dick
Oberflächenwiderstand   Ohm

Kriechstromfestigkeit   KC   KB   KA
Elektrolytische Korrosionswirkung
Lichtbogenfestigkeit nach DIN
            nach ASTM   s

Beständigkeit *(Chemische Beständigkeit siehe Anhang)*

Wasseraufnahme

Feuchtigkeitsaufnahme Normalklima   %
Wetterbeständigkeit

Spannungskorrosion

Optische Eigenschaften

Brechungszahl n_D
Transmissionsgrad τ_c %   mm dick
Lichtdurchlässigkeit

Produkt	Schlagfestes Polystyrol	**SB**
Handelsname	**Gedex 4520 GA 200**	
Hersteller	CDF	
DIN-Bez 1	16771-SB,MG,083-06-15	
DIN-Bez 2		

Zusätze		*Füllstoffe/ Verstärkung*	
Bevorzugte Verarbeitung	Spritzgiessen	*Lieferform*	Granulat
		Farben	Natur; Standard
Besondere Merkmale	Hochschlagfest	*Bevorzugte Anwendungen*	Bedarfsartikel; Technisches Formteil

---

Dichte	g/cm^3	*Schmelzindex*	g/10 min	8: 200/5
Schüttdichte	g/cm^3	*Volumenfließindex*	cm^3/10 min	:
Viskositätszahl	ml/g			

Verarbeitungsbedingungen für Spritzgießen

Massetemp.	°C	*Schwindung*	%	lgs , quer
Werkzeugtemp.	°C	*Bemerkungen*		
Spritzdruck	bar			

Zugversuch 23 °C   DIN 53455; DIN 53457

Probekörper: Form		*Herstellung*	Spritzgiessen
Zustand		*Vorbehandlung*	Normalklima

Streckspannung	N/mm^2	*Dehnung bei Streckspannung*	%	
Zugfestigkeit	N/mm^2	*Reißdehnung*	%	42
Reißfestigkeit	N/mm^2 24	% *Dehnspannung*	N/mm^2	
E-Modul	N/mm^2 2100	*Dehnung bei* % *Dehnspg.*	%	

Kriechmoduln und Zeitstandwerte 23 °C

Probekörper: Form		*Herstellung*
Zustand		*Vorbehandlung*

Kriechmodul	1 min N/mm^2	*Zeitstandzugfestigkeit*	h N/mm^2
Kriechmodul	1000 h N/mm^2	*Zeitdehnspg.* %	h N/mm^2
bei Spannung	N/mm^2		

Biegeversuch 23 °C   DIN 53452; DIN 53457

Probekörper: Form		*Herstellung* Spritzgiessen
Zustand		*Vorbehandlung* Normalklima

Biegefestigkeit	N/mm^2	*E-Modul*	N/mm^2 2250
3,5% Biegespannung	N/mm^2 36		

Härte 23 °C   *Probekörper:* Zustand   *Herstellung*
                                                     Vorbehandlung

Kugeldruckhärte	N/mm^2 bei N, s	*Shore-Härte* A	
Rockwellhärte		*Shore-Härte* D	

Schlagversuch   *Probekörper:*   (1) U-Kerbe

	(2) V-Kerbe	*Herstellung* Spritzgiessen
	Zustand	*Vorbehandlung* Normalklima
	°C °C °C	*Probekörper-Form.*

Schlagzähigkeit	kJ/m^2	
Kerbschlagzähigkeit (1)	kJ/m^2	23 8.0
IZOD-Kerbschlagzähigkeit (2)	J/m	23 140
Kerbschlagzugzähigkeit	kJ/m^2	

Abrieb und Reibung

Taber-Abrieb (Reibradverfahren)   mm³/100 U
Abriebfaktor LNP (Thrust washer) Vergleichswert
Statische Reibungszahl
Dynamische Reibungszahl   (p·v =   N/mm² ·   m/min)
Zulässiger p · v Wert   N/mm² · (m/min)   v =   m/min
                                                                        v =   m/min

Thermische Eigenschaften

Formbeständigkeit in der Wärme   Verfahren   A   68 °C
                                        Verfahren   °C
Vicat Erweichungstemperatur (VST)   Verfahren   A/50   90 °C
                                        Verfahren   B/50   84 °C
Kristallit-Schmelzpunkt   Verfahren

Längenausdehnungskoeffizient   Bereich   °C $\cdot 10^{-4} K^{-1}$
                                        Temperatur $\cdot 10^{-4} K^{-1}$
Wärmeleitfähigkeit   Verfahren   W/(K · m)

Spezifische Wärmekapazität   Verfahren   J/(K · g)

Glasumwandlungstemperatur   Torsionsschwingungsversuch   °C
                                        Differentialkalorimetrie   °C

Brandverhalten

UL-Test vertikal   Dicke   mm, Wert
                                        Dicke   mm, Wert

	Norm	Bewertung	Abmessungen
Sauerstoff-Index	ASTM D 2863		
Glühstab-Verfahren			
Brandverhalten	DIN 4102		
MVSS			
FAR			

Elektrische Eigenschaften

	Hz	°C	Probekörper, Form
Dielektrizitätszahl	50		
	10³		
	10⁶		
Dielektrischer Verlustfaktor tan δ	50		
	10³		
	10⁶		

Spezifischer Durchgangs-
*   widerstand*   Ohm · cm
Durchschlagfestigkeit   kV/mm   mm dick
Oberflächenwiderstand   Ohm

Kriechstromfestigkeit   KC   KB   KA
Elektrolytische Korrosionswirkung
Lichtbogenfestigkeit nach DIN
            nach ASTM   s

Beständigkeit *(Chemische Beständigkeit siehe Anhang)*

Wasseraufnahme

Feuchtigkeitsaufnahme Normalklima   %
Wetterbeständigkeit

Spannungskorrosion

Optische Eigenschaften

Brechungszahl n_D
Transmissionsgrad τ_c   %   mm dick
Lichtdurchlässigkeit

SB

Produkt	Schlagfestes Polystyrol		
Handelsname	**Gedex 4240 GA 200**		
Hersteller	CDF		
DIN-Bez 1	16771-SB,EG,093-03-15		
DIN-Bez 2			
Zusätze		*Füllstoffe/ Verstärkung*	
Bevorzugte Verarbeitung	Extrudieren	*Lieferform*	Granulat
		Farben	Natur; Standard
Besondere Merkmale	Hohe Waermeformbestaendigkeit; Hochschlagfest	*Bevorzugte Anwendungen*	Feinfolie fuer das Tiefziehen von Behaeltern; Tafel

Dichte	g/cm³	*Schmelzindex*	g/10 min	3.5 : 200/5
Schüttdichte	g/cm³	*Volumenfließindex*	cm³/10 min	:
Viskositätszahl	ml/g			

Verarbeitungsbedingungen für Spritzgießen

Massetemp.	°C	*Schwindung*	%	lgs , quer
Werkzeugtemp.	°C	*Bemerkungen*		
Spritzdruck	bar			

Zugversuch 23 °C DIN 53455; DIN 53457

Probekörper:	Form	*Herstellung*	Spritzgiessen
	Zustand	*Vorbehandlung*	Normalklima
Streckspannung	N/mm²	*Dehnung bei Streckspannung*	%
Zugfestigkeit	N/mm²	*Reißdehnung*	% 50
Reißfestigkeit	N/mm² 31	*% Dehnspannung*	N/mm²
E-Modul	N/mm² 2200	*Dehnung bei % Dehnspg.*	%

Kriechmoduln und Zeitstandwerte 23 °C

Probekörper:	Form	*Herstellung*	
	Zustand	*Vorbehandlung*	
Kriechmodul	1 min N/mm²	*Zeitstandzugfestigkeit*	h N/mm²
Kriechmodul	1000 h N/mm²	*Zeitdehnspg. %*	h N/mm²
bei Spannung	N/mm²		

Biegeversuch 23 °C DIN 53452; DIN 53457

Probekörper:	Form	*Herstellung*	Spritzgiessen
	Zustand	*Vorbehandlung*	Normalklima
Biegefestigkeit	N/mm²	*E-Modul*	N/mm² 2250
3,5% Biegespannung	N/mm² 42		

Härte 23 °C

Probekörper:	Zustand	*Herstellung*	
		Vorbehandlung	
Kugeldruckhärte	N/mm² bei N, s	*Shore-Härte*	A
Rockwellhärte		*Shore-Härte*	D

Schlagversuch

Probekörper:	(1) U-Kerbe		
	(2) V-Kerbe	*Herstellung*	Spritzgiessen
	Zustand	*Vorbehandlung*	Normalklima
	°C	°C	°C	*Probekörper-Form*

Schlagzähigkeit	kJ/m²		
Kerbschlagzähigkeit (1)	kJ/m²	23	8.5
IZOD-Kerbschlagzähigkeit (2)	J/m	23	130
Kerbschlagzugzähigkeit	kJ/m²		

Abrieb und Reibung

Taber-Abrieb (Reibradverfahren)   mm³/100 U
Abriebfaktor LNP (Thrust washer) Vergleichswert
Statische Reibungszahl
Dynamische Reibungszahl   (p·v =   N/mm² ·   m/min)
Zulässiger p · v Wert   N/mm² · (m/min)   v =   m/min
                                                                              v =   m/min

Thermische Eigenschaften

Formbeständigkeit in der Wärme   *Verfahren*   A   75 °C
                                          Verfahren   °C
Vicat Erweichungstemperatur (VST)   *Verfahren*   A/50   96 °C
                                          Verfahren   B/50   91 °C
Kristallit-Schmelzpunkt   *Verfahren*

Längenausdehnungskoeffizient   *Bereich*   °C $\cdot 10^{-4} \mathrm{K}^{-1}$
                                          Temperatur $\cdot 10^{-4} \mathrm{K}^{-1}$
Wärmeleitfähigkeit   *Verfahren*   W/(K · m)

Spezifische Wärmekapazität   *Verfahren*   J/(K · g)

Glasumwandlungstemperatur   *Torsionsschwingungsversuch*   °C
                                          Differentialkalorimetrie   °C

Brandverhalten

UL-Test vertikal   Dicke   mm, Wert
                                          Dicke   mm, Wert

	Norm	*Bewertung*	*Abmessungen*
Sauerstoff-Index	ASTM D 2863		
Glühstab-Verfahren			
Brandverhalten	DIN 4102		
MVSS			
FAR			

Elektrische Eigenschaften

	Hz	°C		*Probekörper, Form*
Dielektrizitätszahl	50			
	10^3			
	10^6			
Dielektrischer Verlustfaktor tan δ	50			
	10^3			
	10^6			

Spezifischer Durchgangs-
       widerstand   Ohm · cm
Durchschlagfestigkeit   kV/mm   mm dick
Oberflächenwiderstand   Ohm

Kriechstromfestigkeit   KC   KB   KA
Elektrolytische Korrosionswirkung
Lichtbogenfestigkeit nach DIN
          nach ASTM   s

Beständigkeit *(Chemische Beständigkeit siehe Anhang)*

Wasseraufnahme

Feuchtigkeitsaufnahme Normalklima   %
Wetterbeständigkeit

Spannungskorrosion

Optische Eigenschaften

Brechungszahl n_D
Transmissionsgrad τ_c %   mm dick
Lichtdurchlässigkeit

Produkt	Schlagfestes Polystyrol		**SB**
Handelsname	**Gedex 4241 GA 200**		
Hersteller	CDF		
DIN-Bez 1	16771-SB,MG,093-03-15		
DIN-Bez 2			
Zusätze		Füllstoffe/ Verstärkung	
Bevorzugte Verarbeitung	Spritzgiessen	Lieferform	Granulat
		Farben	Natur; Standard
Besondere Merkmale	Hochschlagfest; Hohe Waermeformbestaendigkeit	Bevorzugte Anwendungen	Dickwandiges Formteil

Dichte	g/cm³		Schmelzindex	g/10 min	3.5:	200/5
Schüttdichte	g/cm³		Volumenfließindex	cm³/10 min	:	
Viskositätszahl	ml/g					

Verarbeitungsbedingungen für Spritzgießen

Massetemp.	°C		Schwindung	%	lgs	, quer
Werkzeugtemp.	°C		Bemerkungen			
Spritzdruck	bar					

Zugversuch 23 °C DIN 53455; DIN 53457

	Probekörper:	Form		Herstellung	Spritzgiessen
		Zustand		Vorbehandlung	Normalklima

Streckspannung	N/mm²		Dehnung bei Streckspannung	%	
Zugfestigkeit	N/mm²		Reißdehnung	%	50
Reißfestigkeit	N/mm² 31		% Dehnspannung	N/mm²	
E-Modul	N/mm² 2200		Dehnung bei % Dehnspg.	%	

Kriechmoduln und Zeitstandwerte 23 °C

	Probekörper:	Form		Herstellung	
		Zustand		Vorbehandlung	

Kriechmodul	1 min N/mm²		Zeitstandzugfestigkeit	h N/mm²
Kriechmodul	1000 h N/mm²		Zeitdehnspg. %	h N/mm²
bei Spannung	N/mm²			

Biegeversuch 23 °C DIN 53452; DIN 53457

	Probekörper:	Form		Herstellung	Spritzgiessen
		Zustand		Vorbehandlung	Normalklima

Biegefestigkeit	N/mm²		E-Modul	N/mm² 2250
3,5% Biegespannung	N/mm² 42			

Härte 23 °C

	Probekörper:	Zustand		Herstellung	
				Vorbehandlung	

Kugeldruckhärte	N/mm²	bei N, s	Shore-Härte A
Rockwellhärte			Shore-Härte D

Schlagversuch

	Probekörper:	(1) U-Kerbe			
		(2) V-Kerbe		Herstellung	Spritzgiessen
		Zustand		Vorbehandlung	Normalklima
		°C	°C	°C	Probekörper-Form

Schlagzähigkeit	kJ/m²		
Kerbschlagzähigkeit (1)	kJ/m²	23	8.5
IZOD-Kerbschlagzähigkeit (2)	J/m	23	130
Kerbschlagzugzähigkeit	kJ/m²		

Abrieb und Reibung

Taber-Abrieb (Reibradverfahren)	mm^3/100 U
Abriebfaktor LNP (Thrust washer) Vergleichswert	
Statische Reibungszahl	
Dynamische Reibungszahl	(p·v = N/mm^2 · m/min)
Zulässiger p · v Wert	N/mm^2 · (m/min) v = m/min
	v = m/min

Thermische Eigenschaften

Formbeständigkeit in der Wärme	*Verfahren*	A	75 °C
	Verfahren		°C
Vicat Erweichungstemperatur (VST)	*Verfahren*	A/50	96 °C
	Verfahren	B/50	91 °C
Kristallit-Schmelzpunkt	*Verfahren*		
Längenausdehnungskoeffizient	*Bereich*	°C	· 10^{-4}K^{-1}
	Temperatur		· 10^{-4}K^{-1}
Wärmeleitfähigkeit	*Verfahren*		W/(K · m)
Spezifische Wärmekapazität	*Verfahren*		J/(K · g)
Glasumwandlungstemperatur	*Torsionsschwingungsversuch*	°C	
	Differentialkalorimetrie	°C	

Brandverhalten

UL-Test vertikal	Dicke	mm, Wert
	Dicke	mm, Wert

	Norm	*Bewertung*	*Abmessungen*
Sauerstoff-Index	ASTM D 2863		
Glühstab-Verfahren			
Brandverhalten	DIN 4102		
MVSS			
FAR			

Elektrische Eigenschaften

	Hz	°C	*Probekörper, Form*
Dielektrizitätszahl	50		
	10^3		
	10^6		
Dielektrischer Verlustfaktor tan δ	50		
	10^3		
	10^6		
Spezifischer Durchgangs- widerstand	Ohm · cm		
Durchschlagfestigkeit	kV/mm		mm dick
Oberflächenwiderstand	Ohm		

Kriechstromfestigkeit	KC	KB	KA
Elektrolytische Korrosionswirkung			
Lichtbogenfestigkeit nach DIN			
nach ASTM	s		

Beständigkeit *(Chemische Beständigkeit siehe Anhang)*

Wasseraufnahme

Feuchtigkeitsaufnahme Normalklima   %
Wetterbeständigkeit

Spannungskorrosion

Optische Eigenschaften

Brechungszahl n$_D$
Transmissionsgrad τ$_c$ %   mm dick
Lichtdurchlässigkeit

			SB
Produkt	Schlagfestes Polystyrol		
Handelsname	**Gedex 5340 GA 200**		
Hersteller	CDF		
DIN-Bez 1	16771-SB,EG,088-06-15		
DIN-Bez 2			

Zusätze		*Füllstoffe/ Verstärkung*	
Bevorzugte Verarbeitung	Extrudieren	*Lieferform*	Granulat
		Farben	Natur; Standard
Besondere Merkmale	Hochschlagfest	*Bevorzugte Anwendungen*	Feinfolie ohne oder mit Reduzierung der Schlagzaehigkeit durch Abmischen fuer das Tiefziehen von Behaeltern; Tafel

Dichte	g/cm^3	*Schmelzindex*	g/10 min	4.5:	200/5
Schüttdichte	g/cm^3	*Volumenfließindex*	cm^3/10 min	:	
Viskositätszahl	ml/g				

Verarbeitungsbedingungen für Spritzgießen

Massetemp.	°C	*Schwindung*	%	lgs	, quer
Werkzeugtemp.	°C	*Bemerkungen*			
Spritzdruck	bar				

Zugversuch 23 °C DIN 53455; DIN 53457

Probekörper:	*Form*	*Herstellung*	Spritzgiessen
	Zustand	*Vorbehandlung*	Normalklima

Streckspannung	N/mm^2	*Dehnung bei Streckspannung*	%	
Zugfestigkeit	N/mm^2	*Reißdehnung*	%	55
Reißfestigkeit	N/mm^2 27	*% Dehnspannung*	N/mm^2	
E-Modul	N/mm^2 1850	*Dehnung bei % Dehnspg.*	%	

Kriechmoduln und Zeitstandwerte 23 °C

Probekörper:	*Form*	*Herstellung*	
	Zustand	*Vorbehandlung*	

Kriechmodul	*1 min* N/mm^2	*Zeitstandzugfestigkeit*	h N/mm^2
Kriechmodul	*1000 h* N/mm^2	*Zeitdehnspg. %*	h N/mm^2
bei Spannung	N/mm^2		

Biegeversuch 23 °C DIN 53452; DIN 53457

Probekörper:	*Form*	*Herstellung*	Spritzgiessen
	Zustand	*Vorbehandlung*	Normalklima

Biegefestigkeit	N/mm^2	*E-Modul*	N/mm^2 1900
3,5% Biegespannung	N/mm^2 35		

Härte 23 °C

Probekörper:	*Zustand*	*Herstellung*	
		Vorbehandlung	

Kugeldruckhärte	N/mm^2 bei N, s	*Shore-Härte* A	
Rockwellhärte		*Shore-Härte* D	

Schlagversuch

Probekörper:	*(1)* U-Kerbe		
	(2) V-Kerbe	*Herstellung*	Spritzgiessen
	Zustand	*Vorbehandlung*	Normalklima
	°C °C	°C	*Probekörper-Form*

Schlagzähigkeit	kJ/m^2		
Kerbschlagzähigkeit (1)	kJ/m^2	23	8.5
IZOD-Kerbschlagzähigkeit (2)	J/m	23	130
Kerbschlagzugzähigkeit	kJ/m^2		

Abrieb und Reibung

Taber-Abrieb (Reibradverfahren)   mm³/100 U
Abriebfaktor LNP (Thrust washer) Vergleichswert
Statische Reibungszahl
Dynamische Reibungszahl   ($p \cdot v =$ N/mm² ·   m/min)
Zulässiger p · v Wert   N/mm² · (m/min)   v =   m/min
                                                         v =   m/min

Thermische Eigenschaften

Formbeständigkeit in der Wärme   *Verfahren*   A   74 °C
                                        Verfahren   °C
Vicat Erweichungstemperatur (VST)   *Verfahren*   A/50   96 °C
                                        Verfahren   B/50   90 °C
Kristallit-Schmelzpunkt   *Verfahren*

Längenausdehnungskoeffizient   *Bereich*   °C $\cdot 10^{-4} K^{-1}$
                                        Temperatur $\cdot 10^{-4} K^{-1}$
Wärmeleitfähigkeit   *Verfahren*   W/(K · m)

Spezifische Wärmekapazität   *Verfahren*   J/(K · g)

Glasumwandlungstemperatur   *Torsionsschwingungsversuch*   °C
                                        Differentialkalorimetrie   °C

Brandverhalten

UL-Test vertikal   Dicke   mm, Wert
                                        Dicke   mm, Wert

	Norm	*Bewertung*	*Abmessungen*
Sauerstoff-Index	ASTM D 2863		
Glühstab-Verfahren			
Brandverhalten	DIN 4102		
MVSS			
FAR			

Elektrische Eigenschaften

	Hz	°C			*Probekörper, Form*
Dielektrizitätszahl	50				
	10^3				
	10^6				
Dielektrischer Verlustfaktor tan δ	50				
	10^3				
	10^6				

Spezifischer Durchgangs-
  widerstand   Ohm · cm
Durchschlagfestigkeit   kV/mm   mm dick
Oberflächenwiderstand   Ohm

Kriechstromfestigkeit   KC   KB   KA
Elektrolytische Korrosionswirkung
Lichtbogenfestigkeit nach DIN
            nach ASTM   s

Beständigkeit *(Chemische Beständigkeit siehe Anhang)*

Wasseraufnahme

Feuchtigkeitsaufnahme Normalklima   %
Wetterbeständigkeit

Spannungskorrosion

Optische Eigenschaften

Brechungszahl n_D
Transmissionsgrad τ_c %   mm dick
Lichtdurchlässigkeit

Produkt	Schlagfestes Polystyrol	**SB**
Handelsname	**Gedex 5330 YA 200**	
Hersteller	CDF	
DIN-Bez 1	16771-SB,EG,088-06-10	
DIN-Bez 2		

Zusätze		*Füllstoffe/ Verstärkung*	
Bevorzugte Verarbeitung	Extrudieren	*Lieferform*	Granulat
		Farben	Natur; Standard
Besondere Merkmale	Schlagfest; Gute Spannungsrissbe- staendigkeit	*Bevorzugte Anwendungen*	Tafel

---

Dichte	g/cm³	*Schmelzindex*	g/10 min	4.5: 200/5
Schüttdichte	g/cm³	*Volumenfließindex*	cm³/10 min	:
Viskositätszahl	ml/g			

Verarbeitungsbedingungen für Spritzgießen

Massetemp.	°C	*Schwindung*	%	lgs , quer
Werkzeugtemp.	°C	*Bemerkungen*		
Spritzdruck	bar			

Zugversuch 23 °C DIN 53455; DIN 53457

	Probekörper: Form	*Herstellung*	Spritzgiessen
	Zustand	*Vorbehandlung*	Normalklima

Streckspannung	N/mm²	*Dehnung bei Streckspannung*	%	
Zugfestigkeit	N/mm²	*Reißdehnung*	%	65
Reißfestigkeit	N/mm² 26	*% Dehnspannung*	N/mm²	
E-Modul	N/mm² 1550	*Dehnung bei % Dehnspg.*	%	

Kriechmoduln und Zeitstandwerte 23 °C

	Probekörper: Form	*Herstellung*	
	Zustand	*Vorbehandlung*	

Kriechmodul	1 min N/mm²	*Zeitstandzugfestigkeit*	h N/mm²
Kriechmodul	1000 h N/mm²	*Zeitdehnspg. %*	h N/mm²
bei Spannung	N/mm²		

Biegeversuch 23 °C DIN 53452; DIN 53457

	Probekörper: Form	*Herstellung*	Spritzgiessen
	Zustand	*Vorbehandlung*	Normalklima

Biegefestigkeit	N/mm²	*E-Modul*	N/mm² 1600
3,5% Biegespannung	N/mm² 32		

Härte 23 °C

	Probekörper: Zustand	*Herstellung*	
		Vorbehandlung	

Kugeldruckhärte	N/mm² bei N, s	*Shore-Härte* A	
Rockwellhärte		*Shore-Härte* D	

Schlagversuch

	Probekörper: (1) U-Kerbe		
	(2) V-Kerbe	*Herstellung*	Spritzgiessen
	Zustand	*Vorbehandlung*	Normalklima
	°C °C °C		*Probekörper-Form*

Schlagzähigkeit	kJ/m²		
Kerbschlagzähigkeit (1)	kJ/m²	23	9.0
IZOD-Kerbschlagzähigkeit (2)	J/m	23	100
Kerbschlagzugzähigkeit	kJ/m²		

Abrieb und Reibung

Taber-Abrieb (Reibradverfahren)   mm³/100 U
Abriebfaktor LNP (Thrust washer) Vergleichswert
Statische Reibungszahl
Dynamische Reibungszahl   (p · v =   N/mm² ·   m/min)
Zulässiger p · v Wert   N/mm² · (m/min)   v =   m/min
                                                                    v =   m/min

Thermische Eigenschaften

Formbeständigkeit in der Wärme   Verfahren   A   73 °C
                                         Verfahren   °C
Vicat Erweichungstemperatur (VST)   Verfahren   A/50   94 °C
                                         Verfahren   B/50   88 °C
Kristallit-Schmelzpunkt   Verfahren

Längenausdehnungskoeffizient   Bereich   °C $\cdot 10^{-4} K^{-1}$
                                         Temperatur $\cdot 10^{-4} K^{-1}$
Wärmeleitfähigkeit   Verfahren   W/(K · m)

Spezifische Wärmekapazität   Verfahren   J/(K · g)

Glasumwandlungstemperatur   Torsionsschwingungsversuch   °C
                                         Differentialkalorimetrie   °C

Brandverhalten

UL-Test vertikal   Dicke   mm, Wert
                                         Dicke   mm, Wert

               Norm   *Bewertung*   *Abmessungen*

Sauerstoff-Index   ASTM D 2863
Glühstab-Verfahren
Brandverhalten   DIN 4102
MVSS
FAR

Elektrische Eigenschaften

                                         Hz   °C   *Probekörper, Form*

Dielektrizitätszahl   50
                                         10^3
                                         10^6
Dielektrischer Verlustfaktor tan δ   50
                                         10^3
                                         10^6
Spezifischer Durchgangs-
   widerstand   Ohm · cm
Durchschlagfestigkeit   kV/mm   mm dick
Oberflächenwiderstand   Ohm

Kriechstromfestigkeit   KC   KB   KA
Elektrolytische Korrosionswirkung
Lichtbogenfestigkeit nach DIN
                nach ASTM   s

Beständigkeit *(Chemische Beständigkeit siehe Anhang)*

Wasseraufnahme

Feuchtigkeitsaufnahme Normalklima   %
Wetterbeständigkeit

Spannungskorrosion

Optische Eigenschaften

Brechungszahl n_D
Transmissionsgrad τ_c %   mm dick
Lichtdurchlässigkeit

			PP
Produkt	Polypropylen		
Handelsname	**Appryl 3030 MN 1**		
Hersteller	ATO		
DIN-Bez 1	16774-PP-H,MGN,XX-M022		
DIN-Bez 2			

Zusätze		*Füllstoffe/ Verstärkung*	
Bevorzugte Verarbeitung	Spritzgiessen	*Lieferform*	Granulat
		Farben	Natur
Besondere Merkmale	Ausgewogene Eigenschaften; Standardtyp	*Bevorzugte Anwendungen*	Bedarfsartikel

---

Dichte	g/cm³	0.905	*Schmelzindex*	g/10 min	3: 230/2.16
Schüttdichte	g/cm³		*Volumenfließindex*	cm³/10 min	:
Viskositätszahl	ml/g				

Verarbeitungsbedingungen für Spritzgießen

Massetemp.	°C		*Schwindung*	%	lgs , quer
Werkzeugtemp.	°C		*Bemerkungen*		
Spritzdruck	bar				

Zugversuch 23 °C DIN 53455;

	Probekörper:	*Form*	*Herstellung*	Spritzgiessen
		Zustand	*Vorbehandlung*	Normalklima
Streckspannung	N/mm² 34		*Dehnung bei Streckspannung*	%
Zugfestigkeit	N/mm²		*Reißdehnung*	% ≧ 600
Reißfestigkeit	N/mm²		*% Dehnspannung*	N/mm²
E-Modul	N/mm²		*Dehnung bei % Dehnspg.*	%

Kriechmoduln und Zeitstandwerte 23 °C

	Probekörper:	*Form*	*Herstellung*	
		Zustand	*Vorbehandlung*	
Kriechmodul	1 min N/mm²		*Zeitstandzugfestigkeit*	h N/mm²
Kriechmodul	1000 h N/mm²		*Zeitdehnspg. %*	h N/mm²
bei Spannung	N/mm²			

Biegeversuch 23 °C ASTM D 790;

	Probekörper:	*Form*	*Herstellung*	Spritzgiessen
		Zustand	*Vorbehandlung*	Normalklima
Biegefestigkeit	N/mm²		*E-Modul*	N/mm² 1300
3,5% Biegespannung	N/mm²			

Härte 23 °C

	Probekörper:	*Zustand*	*Herstellung*	Spritzgiessen
			Vorbehandlung	Normalklima
Kugeldruckhärte	N/mm²	bei N, s	*Shore-Härte* A	
Rockwellhärte			*Shore-Härte* D	74

Schlagversuch

	Probekörper:	(1)		
		(2) V-Kerbe	*Herstellung*	Spritzgiessen
		Zustand	*Vorbehandlung*	Normalklima
		°C	°C	°C	*Probekörper-Form*

Schlagzähigkeit	kJ/m²		
Kerbschlagzähigkeit (1)	kJ/m²		
IZOD-Kerbschlagzähigkeit (2)	J/m	23 58	0 33
Kerbschlagzugzähigkeit	kJ/m²		

Abrieb und Reibung

Taber-Abrieb (Reibradverfahren)   mm³/100 U
Abriebfaktor LNP (Thrust washer) Vergleichswert
Statische Reibungszahl
Dynamische Reibungszahl   (p · v =   N/mm² ·   m/min)
Zulässiger p · v Wert   N/mm² · (m/min)   v =   m/min
                                                                     v =   m/min

Thermische Eigenschaften

Formbeständigkeit in der Wärme	*Verfahren*	A	63 °C
	Verfahren	B	95 °C
Vicat Erweichungstemperatur (VST)	*Verfahren*	A/50	151 °C
	Verfahren	B/50	100 °C
Kristallit-Schmelzpunkt	*Verfahren*	DSC	166 °C

Längenausdehnungskoeffizient   *Bereich*   °C $\cdot 10^{-4} K^{-1}$
                                      Temperatur $\cdot 10^{-4} K^{-1}$
Wärmeleitfähigkeit   *Verfahren*   W/(K · m)

Spezifische Wärmekapazität   *Verfahren*   J/(K · g)

Glasumwandlungstemperatur   *Torsionsschwingungsversuch*   °C
                                      Differentialkalorimetrie   °C

Brandverhalten

UL-Test vertikal   Dicke   mm, Wert
                                      Dicke   mm, Wert

	Norm	*Bewertung*	*Abmessungen*
Sauerstoff-Index	ASTM D 2863		
Glühstab-Verfahren			
Brandverhalten	DIN 4102		
MVSS			
FAR			

Elektrische Eigenschaften

	Hz	°C	*Probekörper, Form*
Dielektrizitätszahl	50		
	10^3		
	10^6		
Dielektrischer Verlustfaktor tan δ	50		
	10^3		
	10^6		

Spezifischer Durchgangs-
  widerstand   Ohm · cm
Durchschlagfestigkeit   kV/mm   mm dick
Oberflächenwiderstand   Ohm

Kriechstromfestigkeit   KC   KB   KA
Elektrolytische Korrosionswirkung
Lichtbogenfestigkeit nach DIN
              nach ASTM   s

Beständigkeit *(Chemische Beständigkeit siehe Anhang)*

Wasseraufnahme

Feuchtigkeitsaufnahme Normalklima   %
Wetterbeständigkeit

Spannungskorrosion

Optische Eigenschaften

Brechungszahl n_D
Transmissionsgrad τ_c %   mm dick
Lichtdurchlässigkeit

Produkt	Polypropylen	**PP**
Handelsname	**Appryl 3050 MN 1**	
Hersteller	ATO	
DIN-Bez 1	16774-PP-H,MGN,XX-M045	
DIN-Bez 2		

Zusätze		*Füllstoffe/ Verstärkung*	
Bevorzugte Verarbeitung	Spritzgiessen	*Lieferform*	Granulat
		Farben	Natur
Besondere Merkmale	Ausgewogene Eigenschaften; Mittlere Fliessfaehigkeit	*Bevorzugte Anwendungen*	Bedarfsartikel; Elektroindustrie

---

Dichte	g/cm^3	0.905	*Schmelzindex*	g/10 min	5: 230/2.16
Schüttdichte	g/cm^3		*Volumenfließindex*	cm^3/10 min	:
Viskositätszahl	ml/g				

Verarbeitungsbedingungen für Spritzgießen

Massetemp.	°C		*Schwindung*	%	lgs , quer
Werkzeugtemp.	°C		*Bemerkungen*		
Spritzdruck	bar				

Zugversuch 23 °C DIN 53455;

	Probekörper: *Form*		*Herstellung* Spritzgiessen
	Zustand		*Vorbehandlung* Normalklima
Streckspannung	N/mm^2 34	*Dehnung bei Streckspannung*	%
Zugfestigkeit	N/mm^2	*Reißdehnung*	% $\geqq$ 600
Reißfestigkeit	N/mm^2	*% Dehnspannung*	N/mm^2
E-Modul	N/mm^2	*Dehnung bei % Dehnspg.*	%

Kriechmoduln und Zeitstandwerte 23 °C

	Probekörper: *Form*		*Herstellung*
	Zustand		*Vorbehandlung*
Kriechmodul	1 min N/mm^2	*Zeitstandzugfestigkeit*	h N/mm^2
Kriechmodul	1000 h N/mm^2	*Zeitdehnspg. %*	h N/mm^2
bei Spannung	N/mm^2		

Biegeversuch 23 °C ASTM D 790;

	Probekörper: *Form*		*Herstellung* Spritzgiessen
	Zustand		*Vorbehandlung* Normalklima
Biegefestigkeit	N/mm^2	*E-Modul*	N/mm^2 1400
3,5% Biegespannung	N/mm^2		

Härte 23 °C

	Probekörper: *Zustand*		*Herstellung* Spritzgiessen
			Vorbehandlung Normalklima
Kugeldruckhärte	N/mm^2 bei N, s	*Shore-Härte* A	
Rockwellhärte		*Shore-Härte* D	74

Schlagversuch

	Probekörper: *(1)*		
	(2) V-Kerbe		*Herstellung* Spritzgiessen
	Zustand		*Vorbehandlung* Normalklima
	°C	°C	°C	*Probekörper-Form*

Schlagzähigkeit	kJ/m^2		
Kerbschlagzähigkeit (1)	kJ/m^2		
IZOD-Kerbschlagzähigkeit (2)	J/m	23 55	0 30
Kerbschlagzugzähigkeit	kJ/m^2		

Abrieb und Reibung

Taber-Abrieb (Reibradverfahren)	mm^3/100 U
Abriebfaktor LNP (Thrust washer) Vergleichswert	
Statische Reibungszahl	
Dynamische Reibungszahl	(p·v = N/mm^2 · m/min)
Zulässiger p · v Wert	N/mm^2 · (m/min) v = m/min
	v = m/min

Thermische Eigenschaften

Formbeständigkeit in der Wärme	*Verfahren*	A	64 °C
	Verfahren	B	96 °C
Vicat Erweichungstemperatur (VST)	*Verfahren*	A/50	151 °C
	Verfahren	B/50	100 °C
Kristallit-Schmelzpunkt	*Verfahren*	DSC	166 °C
Längenausdehnungskoeffizient	*Bereich*	°C	·10^{-4}K^{-1}
	Temperatur		·10^{-4}K^{-1}
Wärmeleitfähigkeit	*Verfahren*		W/(K · m)
Spezifische Wärmekapazität	*Verfahren*		J/(K · g)
Glasumwandlungstemperatur	*Torsionsschwingungsversuch*		°C
	Differentialkalorimetrie		°C

Brandverhalten

UL-Test vertikal	Dicke	mm, Wert
	Dicke	mm, Wert

	Norm	*Bewertung*	*Abmessungen*
Sauerstoff-Index	ASTM D 2863		
Glühstab-Verfahren			
Brandverhalten	DIN 4102		
MVSS			
FAR			

Elektrische Eigenschaften

	Hz	°C	*Probekörper, Form*
Dielektrizitätszahl	50		
	10^3		
	10^6		
Dielektrischer Verlustfaktor tan δ	50		
	10^3		
	10^6		

Spezifischer Durchgangs- *widerstand*	Ohm · cm				
Durchschlagfestigkeit	kV/mm				mm dick
Oberflächenwiderstand	Ohm				
Kriechstromfestigkeit	KC		KB	KA	
Elektrolytische Korrosionswirkung					
Lichtbogenfestigkeit nach DIN					
nach ASTM	s				

Beständigkeit *(Chemische Beständigkeit siehe Anhang)*

Wasseraufnahme	
Feuchtigkeitsaufnahme Normalklima	%
Wetterbeständigkeit	
Spannungskorrosion	

Optische Eigenschaften

Brechungszahl n$_D$		
Transmissionsgrad τ$_c$	%	mm dick
Lichtdurchlässigkeit		

Produkt	Polypropylen	**PP**
Handelsname	**Appryl 3120 MA 1**	
Hersteller	ATO	
DIN-Bez 1	16774-PP-H,MGN,XX-M090	
DIN-Bez 2		

Zusätze		*Füllstoffe/ Verstärkung*		
Bevorzugte Verarbeitung	Spritzgiessen	*Lieferform*	Granulat	
		Farben	Natur	
Besondere Merkmale	Gute mechanische Eigenschaften; Leichtfliessend	*Bevorzugte Anwendungen*	Bedarfsartikel	

Dichte	g/cm³	0.905	*Schmelzindex*	g/10 min	12:	230/2.16
Schüttdichte	g/cm³		*Volumenfließindex*	cm³/10 min	:	
Viskositätszahl	ml/g					

Verarbeitungsbedingungen für Spritzgießen

Massetemp.	°C		*Schwindung*	%	lgs	, quer
Werkzeugtemp.	°C		*Bemerkungen*			
Spritzdruck	bar					

Zugversuch 23 °C DIN 53455;

	Probekörper: *Form*		*Herstellung* Spritzgiessen
	Zustand		*Vorbehandlung* Normalklima
Streckspannung	N/mm² 35	*Dehnung bei Streckspannung*	%
Zugfestigkeit	N/mm²	*Reißdehnung*	% ≧ 600
Reißfestigkeit	N/mm²	% *Dehnspannung*	N/mm²
E-Modul	N/mm²	*Dehnung bei* % *Dehnspg.*	%

Kriechmoduln und Zeitstandwerte 23 °C

	Probekörper: *Form*		*Herstellung*
	Zustand		*Vorbehandlung*
Kriechmodul	1 min N/mm²	*Zeitstandzugfestigkeit*	h N/mm²
Kriechmodul	1000 h N/mm²	*Zeitdehnspg.* %	h N/mm²
bei Spannung	N/mm²		

Biegeversuch 23 °C ASTM D 790;

	Probekörper: *Form*		*Herstellung* Spritzgiessen
	Zustand		*Vorbehandlung* Normalklima
Biegefestigkeit	N/mm²	*E-Modul*	N/mm² 1500
3,5% Biegespannung	N/mm²		

Härte 23 °C

	Probekörper: *Zustand*		*Herstellung* Spritzgiessen
			Vorbehandlung Normalklima
Kugeldruckhärte	N/mm² bei N, s	*Shore-Härte* A	
Rockwellhärte		*Shore-Härte* D	74

Schlagversuch

	Probekörper: (1)		
	(2) V-Kerbe		*Herstellung* Spritzgiessen
	Zustand		*Vorbehandlung* Normalklima
	°C	°C	°C	*Probekörper-Form*

Schlagzähigkeit	kJ/m²			
Kerbschlagzähigkeit (1)	kJ/m²			
IZOD-Kerbschlagzähigkeit (2)	J/m	23 50	0 25	
Kerbschlagzugzähigkeit	kJ/m²			

Abrieb und Reibung

Taber-Abrieb (Reibradverfahren) — $mm^3/100\,U$
Abriebfaktor LNP (Thrust washer) Vergleichswert
Statische Reibungszahl
Dynamische Reibungszahl — $(p \cdot v = \quad N/mm^2 \cdot \quad m/min)$
Zulässiger $p \cdot v$ Wert — $N/mm^2 \cdot (m/min) \quad v = \quad m/min$
$v = \quad m/min$

Thermische Eigenschaften

Formbeständigkeit in der Wärme	*Verfahren*	A	65 °C
	Verfahren	B	97 °C
Vicat Erweichungstemperatur (VST)	*Verfahren*	A/50	152 °C
	Verfahren	B/50	105 °C
Kristallit-Schmelzpunkt	*Verfahren*	DSC	166 °C

Längenausdehnungskoeffizient — *Bereich* °C — $\cdot 10^{-4}K^{-1}$
Temperatur — $\cdot 10^{-4}K^{-1}$
Wärmeleitfähigkeit — *Verfahren* — $W/(K \cdot m)$

Spezifische Wärmekapazität — *Verfahren* — $J/(K \cdot g)$

Glasumwandlungstemperatur — *Torsionsschwingungsversuch* — °C
Differentialkalorimetrie — °C

Brandverhalten

UL-Test vertikal — *Dicke* mm, Wert
Dicke mm, Wert

	Norm	*Bewertung*	*Abmessungen*
Sauerstoff-Index	ASTM D 2863		
Glühstab-Verfahren			
Brandverhalten	DIN 4102		
MVSS			
FAR			

Elektrische Eigenschaften

		Hz	°C	*Probekörper, Form*
Dielektrizitätszahl		50		
		10^3		
		10^6		
Dielektrischer Verlustfaktor $\tan \delta$		50		
		10^3		
		10^6		
Spezifischer Durchgangs-widerstand	$Ohm \cdot cm$			
Durchschlagfestigkeit	kV/mm			mm dick
Oberflächenwiderstand	Ohm			
Kriechstromfestigkeit		KC	KB	KA

Elektrolytische Korrosionswirkung
Lichtbogenfestigkeit nach DIN
nach ASTM s

Beständigkeit *(Chemische Beständigkeit siehe Anhang)*

Wasseraufnahme

Feuchtigkeitsaufnahme Normalklima — %
Wetterbeständigkeit

Spannungskorrosion

Optische Eigenschaften

Brechungszahl n_D
Transmissionsgrad τ_c — % — mm dick
Lichtdurchlässigkeit

Produkt	Polypropylen		**PP**
Handelsname	**Appryl 3160 MR 1**		
Hersteller	ATO		
DIN-Bez 1	16774-PP-H,MGN,XX-M200		
DIN-Bez 2			
Zusätze		*Füllstoffe/ Verstärkung*	
Bevorzugte Verarbeitung	Spritzgiessen	*Lieferform*	Granulat
		Farben	Natur
Besondere Merkmale	Leichtfliessend; Ausgewogene mechanische Eigenschaften	*Bevorzugte Anwendungen*	Bedarfsartikel

Dichte	g/cm^3	0.905	*Schmelzindex*	g/10 min	16: 230/2.16
Schüttdichte	g/cm^3		*Volumenfließindex*	cm^3/10 min	:
Viskositätszahl	ml/g				

Verarbeitungsbedingungen für Spritzgießen

Massetemp.	°C		*Schwindung*	%	lgs , quer
Werkzeugtemp.	°C		*Bemerkungen*		
Spritzdruck	bar				

Zugversuch 23 °C   DIN 53455;

	Probekörper:	*Form*	*Herstellung*	Spritzgiessen
		Zustand	*Vorbehandlung*	Normalklima
Streckspannung	N/mm^2 30		*Dehnung bei Streckspannung*	%
Zugfestigkeit	N/mm^2		*Reißdehnung*	% $\geqq$ 600
Reißfestigkeit	N/mm^2		*% Dehnspannung*	N/mm^2
E-Modul	N/mm^2		*Dehnung bei % Dehnspg.*	%

Kriechmoduln und Zeitstandwerte 23 °C

	Probekörper:	*Form*	*Herstellung*	
		Zustand	*Vorbehandlung*	
Kriechmodul	1 min N/mm^2		*Zeitstandzugfestigkeit*	h N/mm^2
Kriechmodul	1000 h N/mm^2		*Zeitdehnspg. %*	h N/mm^2
bei Spannung	N/mm^2			

Biegeversuch 23 °C ASTM D 790;

	Probekörper:	*Form*	*Herstellung*	Spritzgiessen
		Zustand	*Vorbehandlung*	Normalklima
Biegefestigkeit	N/mm^2		*E-Modul*	N/mm^2 1200
3,5% Biegespannung	N/mm^2			

Härte 23 °C

	Probekörper:	*Zustand*	*Herstellung*	Spritzgiessen
			Vorbehandlung	Normalklima
Kugeldruckhärte	N/mm^2	bei N, s	*Shore-Härte* A	
Rockwellhärte			*Shore-Härte* D	74

Schlagversuch

	Probekörper:	*(1)*		
		(2) V-Kerbe	*Herstellung*	Spritzgiessen
		Zustand	*Vorbehandlung*	Normalklima
		°C	°C	°C *Probekörper-Form*

Schlagzähigkeit	kJ/m^2		
Kerbschlagzähigkeit (1)	kJ/m^2		
IZOD-Kerbschlagzähigkeit (2)	J/m	23 65	0 35
Kerbschlagzugzähigkeit	kJ/m^2		

Abrieb und Reibung

Taber-Abrieb (Reibradverfahren)	mm³/100 U
Abriebfaktor LNP (Thrust washer) Vergleichswert	
Statische Reibungszahl	
Dynamische Reibungszahl	(p · v = N/mm² · m/min)
Zulässiger p · v Wert	N/mm² · (m/min) v = m/min
	v = m/min

Thermische Eigenschaften

Formbeständigkeit in der Wärme	*Verfahren*	A	63 °C
	Verfahren	B	94 °C
Vicat Erweichungstemperatur (VST)	*Verfahren*	A/50	150 °C
	Verfahren	B/50	98 °C
Kristallit-Schmelzpunkt	*Verfahren*	DSC	166 °C
Längenausdehnungskoeffizient	*Bereich*	°C	$\cdot 10^{-4} \mathrm{K}^{-1}$
	Temperatur		$\cdot 10^{-4} \mathrm{K}^{-1}$
Wärmeleitfähigkeit	*Verfahren*		W/(K · m)
Spezifische Wärmekapazität	*Verfahren*		J/(K · g)
Glasumwandlungstemperatur	*Torsionsschwingungsversuch*		°C
	Differentialkalorimetrie		°C

Brandverhalten

UL-Test vertikal	Dicke	mm, Wert
	Dicke	mm, Wert

	Norm	*Bewertung*	*Abmessungen*
Sauerstoff-Index	ASTM D 2863		
Glühstab-Verfahren			
Brandverhalten	DIN 4102		
MVSS			
FAR			

Elektrische Eigenschaften

	Hz	°C	*Probekörper, Form*
Dielektrizitätszahl	50		
	10^3		
	10^6		
Dielektrischer Verlustfaktor tan δ	50		
	10^3		
	10^6		
Spezifischer Durchgangs-widerstand	Ohm · cm		
Durchschlagfestigkeit	kV/mm		mm dick
Oberflächenwiderstand	Ohm		

Kriechstromfestigkeit	KC	KB	KA
Elektrolytische Korrosionswirkung			
Lichtbogenfestigkeit nach DIN			
nach ASTM	s		

Beständigkeit *(Chemische Beständigkeit siehe Anhang)*

Wasseraufnahme

Feuchtigkeitsaufnahme Normalklima   %
Wetterbeständigkeit

Spannungskorrosion

Optische Eigenschaften

Brechungszahl n_D
Transmissionsgrad τ_c %   mm dick
Lichtdurchlässigkeit

Produkt	Polypropylen	**PP**
Handelsname	**Appryl 3400 MA 1**	
Hersteller	ATO	
DIN-Bez 1	16774-PP-H,MGN,XX-M400	
DIN-Bez 2		

Zusätze		*Füllstoffe/ Verstärkung*		
Bevorzugte Verarbeitung	Spritzgiessen	*Lieferform*	Granulat	
		Farben	Natur	
Besondere Merkmale	Sehr leichtfliessend; Eingeschraenkte Kaelteschlagzaehigkeit	*Bevorzugte Anwendungen*	Bedarfsartikel	

Dichte	g/cm³	0.905	*Schmelzindex*	g/10 min	40: 230/2.16
Schüttdichte	g/cm³		*Volumenfließindex*	cm³/10 min	:
Viskositätszahl	ml/g				

Verarbeitungsbedingungen für Spritzgießen

Massetemp.	°C		*Schwindung*	%	lgs , quer
Werkzeugtemp.	°C		*Bemerkungen*		
Spritzdruck	bar				

Zugversuch 23 °C DIN 53455;

	Probekörper:	*Form*	*Herstellung*	Spritzgiessen
		Zustand	*Vorbehandlung*	Normalklima

Streckspannung	N/mm² 32	*Dehnung bei Streckspannung*	%	
Zugfestigkeit	N/mm²	*Reißdehnung*	%	$\geq$ 600
Reißfestigkeit	N/mm²	*% Dehnspannung*	N/mm²	
E-Modul	N/mm²	*Dehnung bei % Dehnspg.*	%	

Kriechmoduln und Zeitstandwerte 23 °C

	Probekörper:	*Form*	*Herstellung*
		Zustand	*Vorbehandlung*

Kriechmodul	1 min N/mm²	*Zeitstandzugfestigkeit*	h N/mm²
Kriechmodul	1000 h N/mm²	*Zeitdehnspg. %*	h N/mm²
bei Spannung	N/mm²		

Biegeversuch 23 °C ASTM D 790;

	Probekörper:	*Form*	*Herstellung*	Spritzgiessen
		Zustand	*Vorbehandlung*	Normalklima

Biegefestigkeit	N/mm²	*E-Modul*	N/mm² 1700
3,5% Biegespannung	N/mm²		

Härte 23 °C

	Probekörper:	*Zustand*	*Herstellung* Spritzgiessen
			Vorbehandlung Normalklima

Kugeldruckhärte	N/mm² bei N, s	*Shore-Härte* A	
Rockwellhärte		*Shore-Härte* D 74	

Schlagversuch

	Probekörper:	*(1)*	
		(2) V-Kerbe	*Herstellung* Spritzgiessen
		Zustand	*Vorbehandlung* Normalklima
		°C °C	°C *Probekörper-Form*

Schlagzähigkeit	kJ/m²		
Kerbschlagzähigkeit (1)	kJ/m²		
IZOD-Kerbschlagzähigkeit (2)	J/m	23 45	0 15
Kerbschlagzugzähigkeit	kJ/m²		

Abrieb und Reibung

Taber-Abrieb (Reibradverfahren)	mm³/100 U
Abriebfaktor LNP (Thrust washer) Vergleichswert	
Statische Reibungszahl	
Dynamische Reibungszahl	(p · v = N/mm² · m/min)
Zulässiger p · v Wert	N/mm² · (m/min) v = m/min
	v = m/min

Thermische Eigenschaften

Formbeständigkeit in der Wärme	*Verfahren*	A	66 °C
	Verfahren	B	98 °C
Vicat Erweichungstemperatur (VST)	*Verfahren*	A/50	151 °C
	Verfahren	B/50	100 °C
Kristallit-Schmelzpunkt	*Verfahren*	DSC	166 °C
Längenausdehnungskoeffizient	*Bereich*	°C	$\cdot 10^{-4} K^{-1}$
	Temperatur		$\cdot 10^{-4} K^{-1}$
Wärmeleitfähigkeit	*Verfahren*		W/(K · m)
Spezifische Wärmekapazität	*Verfahren*		J/(K · g)
Glasumwandlungstemperatur	*Torsionsschwingungsversuch*	°C	
	Differentialkalorimetrie	°C	

Brandverhalten

UL-Test vertikal		Dicke mm, Wert	
		Dicke mm, Wert	

	Norm	*Bewertung*	*Abmessungen*
Sauerstoff-Index	ASTM D 2863		
Glühstab-Verfahren			
Brandverhalten	DIN 4102		
MVSS			
FAR			

Elektrische Eigenschaften

	Hz	°C	*Probekörper, Form*
Dielektrizitätszahl	50		
	10³		
	10⁶		
Dielektrischer Verlustfaktor tan δ	50		
	10³		
	10⁶		
Spezifischer Durchgangs-widerstand	Ohm · cm		
Durchschlagfestigkeit	kV/mm		mm dick
Oberflächenwiderstand	Ohm		
Kriechstromfestigkeit	KC	KB KA	
Elektrolytische Korrosionswirkung			
Lichtbogenfestigkeit nach DIN			
nach ASTM	s		

Beständigkeit *(Chemische Beständigkeit siehe Anhang)*

Wasseraufnahme	
Feuchtigkeitsaufnahme Normalklima	%
Wetterbeständigkeit	
Spannungskorrosion	

Optische Eigenschaften

Brechungszahl n_D	
Transmissionsgrad τ_c %	mm dick
Lichtdurchlässigkeit	

Produkt	Polypropylen	**PP**
Handelsname	**Appryl 3050 MN 4**	
Hersteller	ATO	
DIN-Bez 1	16774-PP-B,MGN,XX-M045	
DIN-Bez 2		

Zusätze		*Füllstoffe/ Verstärkung*	
Bevorzugte Verarbeitung	Spritzgiessen	*Lieferform*	Granulat
		Farben	Natur
Besondere Merkmale	Besseres Schlagverhalten als Homo-polymere	*Bevorzugte Anwendungen*	Technisches Formteil; Kfz-Industrie; Elektroindustrie; Behaelter; Batteriekasten

Dichte	g/cm^3	0.902	*Schmelzindex*	g/10 min	6: 230/2.16
Schüttdichte	g/cm^3		*Volumenfließindex*	cm^3/10 min	:
Viskositätszahl	ml/g				

Verarbeitungsbedingungen für Spritzgießen

Massetemp.	°C		*Schwindung*	%	lgs , quer
Werkzeugtemp.	°C		*Bemerkungen*		
Spritzdruck	bar				

Zugversuch 23 °C DIN 53455;

	Probekörper:	*Form*	*Herstellung*	Spritzgiessen
		Zustand	*Vorbehandlung*	Normalklima
Streckspannung	N/mm^2	29	*Dehnung bei Streckspannung* %	
Zugfestigkeit	N/mm^2		*Reißdehnung* %	$\geqq$600
Reißfestigkeit	N/mm^2		*% Dehnspannung* N/mm^2	
E-Modul	N/mm^2		*Dehnung bei % Dehnspg.* %	

Kriechmoduln und Zeitstandwerte 23 °C

	Probekörper:	*Form*	*Herstellung*	
		Zustand	*Vorbehandlung*	
Kriechmodul	1 min N/mm^2		*Zeitstandzugfestigkeit* h N/mm^2	
Kriechmodul	1000 h N/mm^2		*Zeitdehnspg.* % h N/mm^2	
bei Spannung	N/mm^2			

Biegeversuch 23 °C ASTM D 790;

	Probekörper:	*Form*	*Herstellung*	Spritzgiessen
		Zustand	*Vorbehandlung*	Normalklima
Biegefestigkeit	N/mm^2		*E-Modul*	N/mm^2 1150
3,5% Biegespannung	N/mm^2			

Härte 23 °C

	Probekörper:	*Zustand*	*Herstellung*	Spritzgiessen
			Vorbehandlung	Normalklima
Kugeldruckhärte	N/mm^2	bei N, s	*Shore-Härte* A	
Rockwellhärte			*Shore-Härte* D	68

Schlagversuch

	Probekörper:	(1)		
		(2) V-Kerbe	*Herstellung*	Spritzgiessen
		Zustand	*Vorbehandlung*	Normalklima
		°C	°C	°C	*Probekörper-Form*

Schlagzähigkeit	kJ/m^2				
Kerbschlagzähigkeit (1)	kJ/m^2				
IZOD-Kerbschlagzähigkeit (2)	J/m	23 100	0 50	-20 30	
Kerbschlagzugzähigkeit	kJ/m^2				

Abrieb und Reibung

Taber-Abrieb (Reibradverfahren) mm³/100 U
Abriebfaktor LNP (Thrust washer) Vergleichswert
Statische Reibungszahl
Dynamische Reibungszahl $(p \cdot v =$ N/mm² ·   m/min)
Zulässiger p · v Wert   N/mm² · (m/min)   v =   m/min
                                            v =   m/min

Thermische Eigenschaften

Formbeständigkeit in der Wärme	*Verfahren*	A	55 °C
	Verfahren	B	85 °C
Vicat Erweichungstemperatur (VST)	*Verfahren*	A/50	150 °C
	Verfahren	B/50	85 °C
Kristallit-Schmelzpunkt	*Verfahren*	DSC	163 °C

Längenausdehnungskoeffizient   *Bereich*   °C $\cdot 10^{-4} \mathrm{K}^{-1}$
                                  Temperatur $\cdot 10^{-4} \mathrm{K}^{-1}$
Wärmeleitfähigkeit   *Verfahren*   W/(K · m)

Spezifische Wärmekapazität   *Verfahren*   J/(K · g)

Glasumwandlungstemperatur   *Torsionsschwingungsversuch*   °C
                               Differentialkalorimetrie   °C

Brandverhalten

UL-Test vertikal   Dicke   mm, Wert
                      Dicke   mm, Wert

	Norm	*Bewertung*	*Abmessungen*
Sauerstoff-Index	ASTM D 2863		
Glühstab-Verfahren			
Brandverhalten	DIN 4102		
MVSS			
FAR			

Elektrische Eigenschaften

	Hz	°C	*Probekörper, Form*
Dielektrizitätszahl	50		
	10^3		
	10^6		
Dielektrischer Verlustfaktor tan δ	50		
	10^3		
	10^6		

Spezifischer Durchgangs-
  widerstand   Ohm · cm
Durchschlagfestigkeit   kV/mm   mm dick
Oberflächenwiderstand   Ohm

Kriechstromfestigkeit   KC   KB   KA
Elektrolytische Korrosionswirkung
Lichtbogenfestigkeit nach DIN
          nach ASTM   s

Beständigkeit *(Chemische Beständigkeit siehe Anhang)*

Wasseraufnahme

Feuchtigkeitsaufnahme Normalklima   %
Wetterbeständigkeit

Spannungskorrosion

Optische Eigenschaften

Brechungszahl n_D
Transmissionsgrad τ_c %   mm dick
Lichtdurchlässigkeit

Produkt	Polypropylen	**PP**
Handelsname	**Appryl 3060 MN 5**	
Hersteller	ATO	
DIN-Bez 1	16774-PP-B,MGN,XX-M045	
DIN-Bez 2		

Zusätze		*Füllstoffe/ Verstärkung*		
Bevorzugte Verarbeitung	Spritzgiessen	*Lieferform*	Granulat	
		Farben	Natur	
Besondere Merkmale	Besseres Schlagverhalten als Homo-polymere	*Bevorzugte Anwendungen*	Technisches Formteil	

Dichte	g/cm^3	0.902	*Schmelzindex*	g/10 min	6: 230/2.16
Schüttdichte	g/cm^3		*Volumenfließindex*	cm^3/10 min	:
Viskositätszahl	ml/g				

Verarbeitungsbedingungen für Spritzgießen

Massetemp.	°C		*Schwindung*	%	lgs , quer
Werkzeugtemp.	°C		*Bemerkungen*		
Spritzdruck	bar				

Zugversuch 23 °C DIN 53455;

	Probekörper:	*Form*	*Herstellung*	Spritzgiessen
		Zustand	*Vorbehandlung*	Normalklima
Streckspannung	N/mm^2 28		*Dehnung bei Streckspannung*	%
Zugfestigkeit	N/mm^2		*Reißdehnung*	% $\geqq$ 600
Reißfestigkeit	N/mm^2		*% Dehnspannung*	N/mm^2
E-Modul	N/mm^2		*Dehnung bei % Dehnspg.*	%

Kriechmoduln und Zeitstandwerte 23 °C

	Probekörper:	*Form*	*Herstellung*	
		Zustand	*Vorbehandlung*	
Kriechmodul	1 min N/mm^2		*Zeitstandzugfestigkeit*	h N/mm^2
Kriechmodul	1000 h N/mm^2		*Zeitdehnspg. %*	h N/mm^2
bei Spannung	N/mm^2			

Biegeversuch 23 °C ASTM D 790;

	Probekörper:	*Form*	*Herstellung*	Spritzgiessen
		Zustand	*Vorbehandlung*	Normalklima
Biegefestigkeit	N/mm^2		*E-Modul*	N/mm^2 1050
3,5% Biegespannung	N/mm^2			

Härte 23 °C

	Probekörper:	*Zustand*	*Herstellung*	Spritzgiessen
			Vorbehandlung	Normalklima
Kugeldruckhärte	N/mm^2	bei N, s	*Shore-Härte* A	
Rockwellhärte			*Shore-Härte* D	66

Schlagversuch

	Probekörper:	*(1)*	
		(2) V-Kerbe	*Herstellung* Spritzgiessen
		Zustand	*Vorbehandlung* Normalklima

		°C	°C	°C	*Probekörper-Form*
Schlagzähigkeit	kJ/m^2				
Kerbschlagzähigkeit (1)	kJ/m^2				
IZOD-Kerbschlagzähigkeit (2)	J/m	23 150	0 80	-20 45	
Kerbschlagzugzähigkeit	kJ/m^2				

Abrieb und Reibung

Taber-Abrieb (Reibradverfahren)   mm³/100 U
Abriebfaktor LNP (Thrust washer) Vergleichswert
Statische Reibungszahl
Dynamische Reibungszahl $(p \cdot v =$ N/mm² ·   m/min)
Zulässiger p · v Wert   N/mm² · (m/min)   v =   m/min
    v =   m/min

Thermische Eigenschaften

Formbeständigkeit in der Wärme	*Verfahren*	A	53 °C
	Verfahren	B	82 °C
Vicat Erweichungstemperatur (VST)	*Verfahren*	A/50	142 °C
	Verfahren	B/50	80 °C
Kristallit-Schmelzpunkt	*Verfahren*	DSC	163 °C

Längenausdehnungskoeffizient   *Bereich*   °C $\cdot 10^{-4} \mathrm{K}^{-1}$
    Temperatur $\cdot 10^{-4} \mathrm{K}^{-1}$
Wärmeleitfähigkeit   *Verfahren* $\mathrm{W/(K \cdot m)}$

Spezifische Wärmekapazität   *Verfahren* $\mathrm{J/(K \cdot g)}$

Glasumwandlungstemperatur   *Torsionsschwingungsversuch*   °C
    Differentialkalorimetrie   °C

Brandverhalten

UL-Test vertikal   Dicke   mm, Wert
    Dicke   mm, Wert

	Norm	*Bewertung*	*Abmessungen*
Sauerstoff-Index	ASTM D 2863		
Glühstab-Verfahren			
Brandverhalten	DIN 4102		
MVSS			
FAR			

Elektrische Eigenschaften

	Hz	°C	*Probekörper, Form*
Dielektrizitätszahl	50		
	10^3		
	10^6		
Dielektrischer Verlustfaktor tan δ	50		
	10^3		
	10^6		

Spezifischer Durchgangs-
   widerstand   Ohm · cm
Durchschlagfestigkeit   kV/mm   mm dick
Oberflächenwiderstand   Ohm

Kriechstromfestigkeit   KC   KB   KA
Elektrolytische Korrosionswirkung
Lichtbogenfestigkeit nach DIN
    nach ASTM   s

Beständigkeit *(Chemische Beständigkeit siehe Anhang)*

Wasseraufnahme

Feuchtigkeitsaufnahme Normalklima   %
Wetterbeständigkeit

Spannungskorrosion

Optische Eigenschaften

Brechungszahl n_D
Transmissionsgrad τ_c %   mm dick
Lichtdurchlässigkeit

Produkt	Polypropylen	**PP**
Handelsname	**Appryl 3120 MA 4**	
Hersteller	ATO	
DIN-Bez 1	16774-PP-B,MGN,XX-M090	
DIN-Bez 2		

Zusätze		*Füllstoffe/ Verstärkung*	
Bevorzugte Verarbeitung	Spritzgiessen	*Lieferform*	Granulat
		Farben	Natur
Besondere Merkmale	Besseres Schlagverhalten als Homo-polymere	*Bevorzugte Anwendungen*	Technisches Formteil; Kfz-Industrie; Elektroindustrie; Behaelter

---

Dichte	g/cm³	0.902	*Schmelzindex*	g/10 min	12: 230/2.16
Schüttdichte	g/cm³		*Volumenfließindex*	cm³/10 min	:
Viskositätszahl	ml/g				

Verarbeitungsbedingungen für Spritzgießen

Massetemp.	°C		*Schwindung*	%	lgs , quer
Werkzeugtemp.	°C		*Bemerkungen*		
Spritzdruck	bar				

Zugversuch 23 °C DIN 53455;

	Probekörper:	*Form*	*Herstellung*	Spritzgiessen
		Zustand	*Vorbehandlung*	Normalklima
Streckspannung	N/mm² 28		*Dehnung bei Streckspannung*	%
Zugfestigkeit	N/mm²		*Reißdehnung*	% ≧600
Reißfestigkeit	N/mm²		*% Dehnspannung*	N/mm²
E-Modul	N/mm²		*Dehnung bei % Dehnspg.*	%

Kriechmoduln und Zeitstandwerte 23 °C

	Probekörper:	*Form*	*Herstellung*	
		Zustand	*Vorbehandlung*	
Kriechmodul	1 min N/mm²		*Zeitstandzugfestigkeit*	h N/mm²
Kriechmodul	1000 h N/mm²		*Zeitdehnspg. %*	h N/mm²
bei Spannung	N/mm²			

Biegeversuch 23 °C ASTM D 790;

	Probekörper:	*Form*	*Herstellung*	Spritzgiessen
		Zustand	*Vorbehandlung*	Normalklima
Biegefestigkeit	N/mm²		*E-Modul*	N/mm² 1300
3,5% Biegespannung	N/mm²			

Härte 23 °C

	Probekörper:	*Zustand*	*Herstellung*	Spritzgiessen
			Vorbehandlung	Normalklima
Kugeldruckhärte	N/mm²	bei N, s	*Shore-Härte* A	
Rockwellhärte			*Shore-Härte* D	70

Schlagversuch

	Probekörper:	*(1)*		
		(2) V-Kerbe	*Herstellung*	Spritzgiessen
		Zustand	*Vorbehandlung*	Normalklima

		°C	°C	°C	*Probekörper-Form*
Schlagzähigkeit	kJ/m²				
Kerbschlagzähigkeit (1)	kJ/m²				
IZOD-Kerbschlagzähigkeit (2)	J/m	23 100	0 45	-20 25	
Kerbschlagzugzähigkeit	kJ/m²				

Abrieb und Reibung

Taber-Abrieb (Reibradverfahren)   mm³/100 U
Abriebfaktor LNP (Thrust washer) Vergleichswert
Statische Reibungszahl
Dynamische Reibungszahl   (p·v =   N/mm² ·   m/min)
Zulässiger p · v Wert   N/mm² · (m/min)   v =   m/min
                          v =   m/min

Thermische Eigenschaften

Formbeständigkeit in der Wärme   Verfahren   A   55 °C
                                   Verfahren   B   85 °C
Vicat Erweichungstemperatur (VST)   Verfahren   A/50   151 °C
                                      Verfahren   B/50   85 °C
Kristallit-Schmelzpunkt   Verfahren   DSC   163 °C

Längenausdehnungskoeffizient   Bereich   °C $\cdot 10^{-4} \mathrm{K}^{-1}$
                                 Temperatur $\cdot 10^{-4} \mathrm{K}^{-1}$
Wärmeleitfähigkeit   Verfahren $\mathrm{W/(K \cdot m)}$

Spezifische Wärmekapazität   Verfahren $\mathrm{J/(K \cdot g)}$

Glasumwandlungstemperatur   Torsionsschwingungsversuch   °C
                              Differentialkalorimetrie   °C

Brandverhalten

UL-Test vertikal   Dicke   mm, Wert
                     Dicke   mm, Wert

	Norm	Bewertung	Abmessungen
Sauerstoff-Index	ASTM D 2863		
Glühstab-Verfahren			
Brandverhalten	DIN 4102		
MVSS			
FAR			

Elektrische Eigenschaften

	Hz	°C	Probekörper, Form
Dielektrizitätszahl	50		
	10^3		
	10^6		
Dielektrischer Verlustfaktor $\tan \delta$	50		
	10^3		
	10^6		

Spezifischer Durchgangs-
  widerstand   Ohm · cm
Durchschlagfestigkeit   kV/mm   mm dick
Oberflächenwiderstand   Ohm

Kriechstromfestigkeit   KC   KB   KA
Elektrolytische Korrosionswirkung
Lichtbogenfestigkeit nach DIN
        nach ASTM   s

Beständigkeit *(Chemische Beständigkeit siehe Anhang)*

Wasseraufnahme

Feuchtigkeitsaufnahme Normalklima   %
Wetterbeständigkeit

Spannungskorrosion

Optische Eigenschaften

Brechungszahl n_D
Transmissionsgrad τ_c %   mm dick
Lichtdurchlässigkeit

			PP
Produkt	Polypropylen		
Handelsname	**Appryl 3300 MA 4**		
Hersteller	ATO		
DIN-Bez 1	16774-PP-B,MGN,XX-M400		
DIN-Bez 2			
Zusätze		*Füllstoffe/ Verstärkung*	
Bevorzugte Verarbeitung	Spritzgiessen	*Lieferform*	Granulat
		Farben	Natur
Besondere Merkmale	Besseres Schlagverhalten als Homo-polymere	*Bevorzugte Anwendungen*	Technisches Formteil; Duennwandiges Formteil mit langen Fliesswegen

Dichte	g/cm^3	0.902	*Schmelzindex*	g/10 min	30: 230/2.16
Schüttdichte	g/cm^3		*Volumenfließindex*	cm^3/10 min	:
Viskositätszahl	ml/g				

Verarbeitungsbedingungen für Spritzgießen

Massetemp.	°C		*Schwindung*	%	lgs , quer
Werkzeugtemp.	°C		*Bemerkungen*		
Spritzdruck	bar				

Zugversuch 23 °C DIN 53455;

	Probekörper:	*Form*	*Herstellung*	Spritzgiessen
		Zustand	*Vorbehandlung*	Normalklima
Streckspannung	N/mm^2 28		*Dehnung bei Streckspannung*	%
Zugfestigkeit	N/mm^2		*Reißdehnung*	% $\geq$ 600
Reißfestigkeit	N/mm^2		*% Dehnspannung*	N/mm^2
E-Modul	N/mm^2		*Dehnung bei % Dehnspg.*	%

Kriechmoduln und Zeitstandwerte 23 °C

	Probekörper:	*Form*	*Herstellung*	
		Zustand	*Vorbehandlung*	
Kriechmodul	1 min N/mm^2		*Zeitstandzugfestigkeit*	h N/mm^2
Kriechmodul	1000 h N/mm^2		*Zeitdehnspg. %*	h N/mm^2
bei Spannung	N/mm^2			

Biegeversuch 23 °C ASTM D 790;

	Probekörper:	*Form*	*Herstellung*	Spritzgiessen
		Zustand	*Vorbehandlung*	Normalklima
Biegefestigkeit	N/mm^2		*E-Modul*	N/mm^2 1250
3,5% Biegespannung	N/mm^2			

Härte 23 °C

	Probekörper:	*Zustand*	*Herstellung*	Spritzgiessen
			Vorbehandlung	Normalklima
Kugeldruckhärte	N/mm^2	bei N, s	*Shore-Härte* A	
Rockwellhärte			*Shore-Härte* D	69

Schlagversuch

	Probekörper:	*(1)*		
		(2) V-Kerbe	*Herstellung*	Spritzgiessen
		Zustand	*Vorbehandlung*	Normalklima
		°C	°C	°C	*Probekörper-Form*

Schlagzähigkeit	kJ/m^2				
Kerbschlagzähigkeit (1)	kJ/m^2				
IZOD-Kerbschlagzähigkeit (2)	J/m	23 100	0 50	-20 25	
Kerbschlagzugzähigkeit	kJ/m^2				

Abrieb und Reibung

Taber-Abrieb (Reibradverfahren) mm³/100 U
Abriebfaktor LNP (Thrust washer) Vergleichswert
Statische Reibungszahl
Dynamische Reibungszahl $(p \cdot v =$ N/mm² · m/min)
Zulässiger p · v Wert N/mm² · (m/min) v = m/min
  v = m/min

Thermische Eigenschaften

Formbeständigkeit in der Wärme Verfahren A 56 °C
  Verfahren B 87 °C
Vicat Erweichungstemperatur (VST) Verfahren A/50 151 °C
  Verfahren B/50 85 °C
Kristallit-Schmelzpunkt Verfahren DSC 163 °C

Längenausdehnungskoeffizient Bereich °C $\cdot 10^{-4} K^{-1}$
  Temperatur $\cdot 10^{-4} K^{-1}$
Wärmeleitfähigkeit Verfahren W/(K · m)

Spezifische Wärmekapazität Verfahren J/(K · g)

Glasumwandlungstemperatur Torsionsschwingungsversuch °C
  Differentialkalorimetrie °C

Brandverhalten

UL-Test vertikal Dicke mm, Wert
  Dicke mm, Wert

	Norm	Bewertung		Abmessungen
Sauerstoff-Index	ASTM D 2863			
Glühstab-Verfahren				
Brandverhalten	DIN 4102			
MVSS				
FAR				

Elektrische Eigenschaften

	Hz	°C		Probekörper, Form
Dielektrizitätszahl	50			
	10^3			
	10^6			
Dielektrischer Verlustfaktor tan δ	50			
	10^3			
	10^6			

Spezifischer Durchgangs-
  widerstand Ohm · cm
Durchschlagfestigkeit kV/mm mm dick
Oberflächenwiderstand Ohm

Kriechstromfestigkeit KC KB KA
Elektrolytische Korrosionswirkung
Lichtbogenfestigkeit nach DIN
  nach ASTM s

Beständigkeit *(Chemische Beständigkeit siehe Anhang)*

Wasseraufnahme

Feuchtigkeitsaufnahme Normalklima %
Wetterbeständigkeit

Spannungskorrosion

Optische Eigenschaften

Brechungszahl n_D
Transmissionsgrad τ_c % mm dick
Lichtdurchlässigkeit

			PP
Produkt	Polypropylen		
Handelsname	**Appryl 7163**		
Hersteller	ATO		
DIN-Bez 1	16774-PP-B,MGN,XX-M045		
DIN-Bez 2			
Zusätze		*Füllstoffe/ Verstärkung*	
Bevorzugte Verarbeitung	Spritzgiessen	*Lieferform*	Granulat
		Farben	Natur
Besondere Merkmale	Besseres Schlagverhalten als Homo-polymere	*Bevorzugte Anwendungen*	Bedarfsartikel; Haushaltsartikel

Dichte	g/cm³	0.902	*Schmelzindex*	g/10 min	6:	230/2.16
Schüttdichte	g/cm³		*Volumenfließindex*	cm³/10 min	:	
Viskositätszahl	ml/g					

Verarbeitungsbedingungen für Spritzgießen

Massetemp.	°C		*Schwindung*	%	lgs	, quer
Werkzeugtemp.	°C		*Bemerkungen*			
Spritzdruck	bar					

Zugversuch 23 °C   DIN 53455;

	Probekörper:	*Form*		*Herstellung*	Spritzgiessen
		Zustand		*Vorbehandlung*	Normalklima
Streckspannung	N/mm²	28	*Dehnung bei Streckspannung*	%	
Zugfestigkeit	N/mm²		*Reißdehnung*	%	≧600
Reißfestigkeit	N/mm²		% *Dehnspannung*	N/mm²	
E-Modul	N/mm²		*Dehnung bei* % *Dehnspg.*	%	

Kriechmoduln und Zeitstandwerte 23 °C

	Probekörper:	*Form*	*Herstellung*	
		Zustand	*Vorbehandlung*	
Kriechmodul	1 min N/mm²	*Zeitstandzugfestigkeit*	h N/mm²	
Kriechmodul	1000 h N/mm²	*Zeitdehnspg.* %	h N/mm²	
bei Spannung	N/mm²			

Biegeversuch 23 °C   ASTM D 790;

	Probekörper:	*Form*	*Herstellung*	Spritzgiessen
		Zustand	*Vorbehandlung*	Normalklima
Biegefestigkeit	N/mm²	*E-Modul*	N/mm² 1100	
3,5% Biegespannung	N/mm²			

Härte 23 °C

	Probekörper:	*Zustand*	*Herstellung*	Spritzgiessen
			Vorbehandlung	Normalklima
Kugeldruckhärte	N/mm²	bei N, s	*Shore-Härte* A	
Rockwellhärte			*Shore-Härte* D	68

Schlagversuch

	Probekörper:	*(1)*		
		(2) V-Kerbe	*Herstellung*	Spritzgiessen
		Zustand	*Vorbehandlung*	Normalklima
		°C	°C	°C	*Probekörper-Form*

Schlagzähigkeit	kJ/m²			
Kerbschlagzähigkeit (1)	kJ/m²			
IZOD-Kerbschlagzähigkeit (2)	J/m	23 80	0 40	-20 10
Kerbschlagzugzähigkeit	kJ/m²			

Abrieb und Reibung

Taber-Abrieb (Reibradverfahren) mm³/100 U
Abriebfaktor LNP (Thrust washer) Vergleichswert
Statische Reibungszahl
Dynamische Reibungszahl $(p \cdot v =$ N/mm² · m/min)
Zulässiger p · v Wert N/mm² · (m/min) v = m/min
  v = m/min

Thermische Eigenschaften

Formbeständigkeit in der Wärme	*Verfahren*	A	54 °C
	Verfahren	B	84 °C
Vicat Erweichungstemperatur (VST)	*Verfahren*	A/50	150 °C
	Verfahren	B/50	85 °C
Kristallit-Schmelzpunkt	*Verfahren*	DSC	163 °C

Längenausdehnungskoeffizient *Bereich* °C $\cdot 10^{-4}\text{K}^{-1}$
  Temperatur $\cdot 10^{-4}\text{K}^{-1}$
Wärmeleitfähigkeit *Verfahren* W/(K · m)

Spezifische Wärmekapazität *Verfahren* J/(K · g)

Glasumwandlungstemperatur *Torsionsschwingungsversuch* °C
  Differentialkalorimetrie °C

Brandverhalten

UL-Test vertikal Dicke mm, Wert
  Dicke mm, Wert

	Norm	*Bewertung*	*Abmessungen*
Sauerstoff-Index	ASTM D 2863		
Glühstab-Verfahren			
Brandverhalten	DIN 4102		
MVSS			
FAR			

Elektrische Eigenschaften

	Hz	°C	*Probekörper, Form*
Dielektrizitätszahl	50		
	10^3		
	10^6		
Dielektrischer Verlustfaktor $\tan \delta$	50		
	10^3		
	10^6		

Spezifischer Durchgangs-
  widerstand Ohm · cm
Durchschlagfestigkeit kV/mm mm dick
Oberflächenwiderstand Ohm

Kriechstromfestigkeit KC KB KA
Elektrolytische Korrosionswirkung
Lichtbogenfestigkeit nach DIN
  nach ASTM s

Beständigkeit *(Chemische Beständigkeit siehe Anhang)*

Wasseraufnahme

Feuchtigkeitsaufnahme Normalklima %
Wetterbeständigkeit

Spannungskorrosion

Optische Eigenschaften

Brechungszahl n_D
Transmissionsgrad τ_c % mm dick
Lichtdurchlässigkeit

Produkt	Polypropylen		**PP**
Handelsname	**Appryl 7228**		
Hersteller	ATO		
DIN-Bez 1	16774-PP-B,MGN,XX-M045		
DIN-Bez 2			

Zusätze		*Füllstoffe/ Verstärkung*	
Bevorzugte Verarbeitung	Spritzgiessen	*Lieferform*	Granulat
		Farben	Natur
Besondere Merkmale	Sehr gutes Schlagverhalten	*Bevorzugte Anwendungen*	Technisches Formteil; Kfz-Industrie

---

Dichte	g/cm^3	0.902	*Schmelzindex*	g/10 min	6:	230/2.16
Schüttdichte	g/cm^3		*Volumenfließindex*	cm^3/10 min	:
Viskositätszahl	ml/g				

Verarbeitungsbedingungen für Spritzgießen

Massetemp.	°C	*Schwindung*	%	lgs	, quer
Werkzeugtemp.	°C	*Bemerkungen*		
Spritzdruck	bar			

Zugversuch 23 °C DIN 53455;

	Probekörper: Form	*Herstellung*	Spritzgiessen
	Zustand	*Vorbehandlung*	Normalklima

Streckspannung	N/mm^2 28	*Dehnung bei Streckspannung*	%
Zugfestigkeit	N/mm^2	*Reißdehnung*	% ≧ 600
Reißfestigkeit	N/mm^2	% *Dehnspannung*	N/mm^2
E-Modul	N/mm^2	*Dehnung bei* % *Dehnspg.*	%

Kriechmoduln und Zeitstandwerte 23 °C

	Probekörper: Form	*Herstellung*	
	Zustand	*Vorbehandlung*	

Kriechmodul	1 min N/mm^2	*Zeitstandzugfestigkeit*	h N/mm^2
Kriechmodul	1000 h N/mm^2	*Zeitdehnspg.* %	h N/mm^2
bei Spannung	N/mm^2		

Biegeversuch 23 °C ASTM D 790;

	Probekörper: Form	*Herstellung*	Spritzgiessen
	Zustand	*Vorbehandlung*	Normalklima

Biegefestigkeit	N/mm^2	*E-Modul*	N/mm^2 1100
3,5% Biegespannung	N/mm^2		

Härte 23 °C

	Probekörper: Zustand	*Herstellung*	Spritzgiessen
		Vorbehandlung	Normalklima

Kugeldruckhärte	N/mm^2 bei N, s	*Shore-Härte* A	
Rockwellhärte		*Shore-Härte* D	66

Schlagversuch

	Probekörper: (1)		
	(2) V-Kerbe	*Herstellung*	Spritzgiessen
	Zustand	*Vorbehandlung*	Normalklima

	°C	°C	°C	*Probekörper-Form*
Schlagzähigkeit kJ/m^2				
Kerbschlagzähigkeit (1) kJ/m^2				
IZOD-Kerbschlagzähigkeit (2) J/m	23 200	0 90	-20 50	
Kerbschlagzugzähigkeit kJ/m^2				

Abrieb und Reibung

Taber-Abrieb (Reibradverfahren)   mm³/100 U
Abriebfaktor LNP (Thrust washer) Vergleichswert
Statische Reibungszahl
Dynamische Reibungszahl   (p·v =   N/mm² ·   m/min)
Zulässiger p · v Wert   N/mm² · (m/min)   v =   m/min
                                                                       v =   m/min

Thermische Eigenschaften

Formbeständigkeit in der Wärme   Verfahren A   54 °C
                                        Verfahren B   84 °C
Vicat Erweichungstemperatur (VST)   Verfahren A/50   145 °C
                                        Verfahren B/50   82 °C
Kristallit-Schmelzpunkt   Verfahren DSC   163 °C

Längenausdehnungskoeffizient   Bereich   °C $\cdot 10^{-4} K^{-1}$
                                        Temperatur $\cdot 10^{-4} K^{-1}$
Wärmeleitfähigkeit   Verfahren   W/(K · m)

Spezifische Wärmekapazität   Verfahren   J/(K · g)

Glasumwandlungstemperatur   Torsionsschwingungsversuch   °C
                                        Differentialkalorimetrie   °C

Brandverhalten

UL-Test vertikal   Dicke   mm, Wert
                                        Dicke   mm, Wert

                        Norm   Bewertung   Abmessungen

Sauerstoff-Index   ASTM D 2863
Glühstab-Verfahren
Brandverhalten   DIN 4102
MVSS
FAR

Elektrische Eigenschaften

                                        Hz   °C   Probekörper, Form

Dielektrizitätszahl   50
                                        10^3
                                        10^6
Dielektrischer Verlustfaktor tan δ   50
                                        10^3
                                        10^6
Spezifischer Durchgangs-
  widerstand   Ohm · cm
Durchschlagfestigkeit   kV/mm   mm dick
Oberflächenwiderstand   Ohm
Kriechstromfestigkeit   KC   KB   KA
Elektrolytische Korrosionswirkung
Lichtbogenfestigkeit nach DIN
            nach ASTM   s

Beständigkeit *(Chemische Beständigkeit siehe Anhang)*

Wasseraufnahme

Feuchtigkeitsaufnahme Normalklima   %
Wetterbeständigkeit

Spannungskorrosion

Optische Eigenschaften

Brechungszahl n_D
Transmissionsgrad τ_c %   mm dick
Lichtdurchlässigkeit

			PP
Produkt	Polypropylen		
Handelsname	**Appryl 7230**		
Hersteller	ATO		
DIN-Bez 1	16774-PP-B,MGN,XX-M045		
DIN-Bez 2			
Zusätze		*Füllstoffe/ Verstärkung*	
Bevorzugte Verarbeitung	Spritzgiessen	*Lieferform*	Granulat
		Farben	Natur
Besondere Merkmale	Sehr gutes Schlagverhalten	*Bevorzugte Anwendungen*	Technisches Formteil; Kfz-Industrie

Dichte	g/cm³	0.902	*Schmelzindex*	g/10 min	5:	230/2.16
Schüttdichte	g/cm³		*Volumenfließindex*	cm³/10 min	:	
Viskositätszahl	ml/g					

Verarbeitungsbedingungen für Spritzgießen

Massetemp.	°C		*Schwindung*	%	lgs	, quer
Werkzeugtemp.	°C		*Bemerkungen*			
Spritzdruck	bar					

Zugversuch 23 °C DIN 53455;

	Probekörper:	*Form*		*Herstellung*	Spritzgiessen
		Zustand		*Vorbehandlung*	Normalklima

Streckspannung	N/mm² 28	*Dehnung bei Streckspannung*	%	
Zugfestigkeit	N/mm²	*Reißdehnung*	%	≧ 600
Reißfestigkeit	N/mm²	% *Dehnspannung*	N/mm²	
E-Modul	N/mm²	*Dehnung bei* % *Dehnspg.*	%	

Kriechmoduln und Zeitstandwerte 23 °C

	Probekörper:	*Form*		*Herstellung*
		Zustand		*Vorbehandlung*

Kriechmodul	1 min N/mm²	*Zeitstandzugfestigkeit*	h N/mm²
Kriechmodul	1000 h N/mm²	*Zeitdehnspg.* %	h N/mm²
bei Spannung	N/mm²		

Biegeversuch 23 °C ASTM D 790;

	Probekörper:	*Form*		*Herstellung*	Spritzgiessen
		Zustand		*Vorbehandlung*	Normalklima

Biegefestigkeit	N/mm²	*E-Modul*	N/mm² 950
3,5% Biegespannung	N/mm²		

Härte 23 °C

	Probekörper:	*Zustand*	*Herstellung*	Spritzgiessen
			Vorbehandlung	Normalklima

Kugeldruckhärte	N/mm²	bei N, s	*Shore-Härte* A	
Rockwellhärte			*Shore-Härte* D	66

Schlagversuch

	Probekörper:	*(1)*	*Herstellung*	Spritzgiessen
		(2) V-Kerbe	*Vorbehandlung*	Normalklima
		Zustand		

	°C	°C	°C	*Probekörper-Form*
Schlagzähigkeit	kJ/m²			
Kerbschlagzähigkeit (1)	kJ/m²			
IZOD-Kerbschlagzähigkeit (2)	J/m	23 500	0 110	-20 65
Kerbschlagzugzähigkeit	kJ/m²			

Abrieb und Reibung

Taber-Abrieb (Reibradverfahren)   mm³/100 U
Abriebfaktor LNP (Thrust washer) Vergleichswert
Statische Reibungszahl
Dynamische Reibungszahl   (p·v =   N/mm² ·   m/min)
Zulässiger p · v Wert   N/mm² · (m/min)   v =   m/min
                                                                          v =   m/min

Thermische Eigenschaften

Formbeständigkeit in der Wärme   *Verfahren*   A   52 °C
                                          Verfahren   B   80 °C
Vicat Erweichungstemperatur (VST)   *Verfahren*   A/50   140 °C
                                          Verfahren   B/50   79 °C
Kristallit-Schmelzpunkt   *Verfahren*   DSC   163 °C

Längenausdehnungskoeffizient   *Bereich*   °C $\cdot 10^{-4} \mathrm{K}^{-1}$
                                          Temperatur $\cdot 10^{-4} \mathrm{K}^{-1}$
Wärmeleitfähigkeit   *Verfahren*   W/(K · m)

Spezifische Wärmekapazität   *Verfahren*   J/(K · g)

Glasumwandlungstemperatur   *Torsionsschwingungsversuch*   °C
                                          Differentialkalorimetrie   °C

Brandverhalten

UL-Test vertikal   Dicke   mm, Wert
                                          Dicke   mm, Wert

              Norm   *Bewertung*   *Abmessungen*

Sauerstoff-Index   ASTM D 2863
Glühstab-Verfahren
Brandverhalten   DIN 4102
MVSS
FAR

Elektrische Eigenschaften

                                          Hz   °C   *Probekörper, Form*

Dielektrizitätszahl   50
                                          10³
                                          10⁶
Dielektrischer Verlustfaktor tan δ   50
                                          10³
                                          10⁶
Spezifischer Durchgangs-
*   widerstand*   Ohm · cm
Durchschlagfestigkeit kV/mm   mm dick
Oberflächenwiderstand Ohm

Kriechstromfestigkeit   KC   KB   KA
Elektrolytische Korrosionswirkung
Lichtbogenfestigkeit nach DIN
            nach ASTM   s

Beständigkeit *(Chemische Beständigkeit siehe Anhang)*

Wasseraufnahme

Feuchtigkeitsaufnahme Normalklima   %
Wetterbeständigkeit

Spannungskorrosion

Optische Eigenschaften

Brechungszahl n_D
Transmissionsgrad τ_c %   mm dick
Lichtdurchlässigkeit

Datenbank-Nr.	**T05260**		*Merkblatt-Nr.* **3721**

			PP
Produkt	Polypropylen		
Handelsname	**Appryl 7246**		
Hersteller	ATO		
DIN-Bez 1	16774-PP-B,MGN,XX-M045		
DIN-Bez 2			
Zusätze		*Füllstoffe/ Verstärkung*	
Bevorzugte Verarbeitung	Spritzgiessen	*Lieferform*	Granulat
		Farben	Natur
Besondere Merkmale	Schwach transluzent	*Bevorzugte Anwendungen*	Technisches Formteil; Kfz-Industrie; Batteriekasten

Dichte	g/cm³	0.902	*Schmelzindex*	g/10 min		6:	230/2.16
Schüttdichte	g/cm³		*Volumenfließindex*	cm³/10 min		:	
Viskositätszahl	ml/g						

Verarbeitungsbedingungen für Spritzgießen

Massetemp.	°C		*Schwindung*	%	lgs	, quer
Werkzeugtemp.	°C		*Bemerkungen*			
Spritzdruck	bar					

Zugversuch 23 °C DIN 53455;

	Probekörper:	*Form*	*Herstellung*	Spritzgiessen
		Zustand	*Vorbehandlung*	Normalklima

Streckspannung	N/mm² 29	*Dehnung bei Streckspannung*	%	
Zugfestigkeit	N/mm²	*Reißdehnung*	%	≧ 600
Reißfestigkeit	N/mm²	*% Dehnspannung*	N/mm²	
E-Modul	N/mm²	*Dehnung bei % Dehnspg.*	%	

Kriechmoduln und Zeitstandwerte 23 °C

	Probekörper:	*Form*	*Herstellung*
		Zustand	*Vorbehandlung*

Kriechmodul	1 min N/mm²	*Zeitstandzugfestigkeit*	h N/mm²
Kriechmodul	1000 h N/mm²	*Zeitdehnspg.* %	h N/mm²
bei Spannung	N/mm²		

Biegeversuch 23 °C ASTM D 790;

	Probekörper:	*Form*	*Herstellung*	Spritzgiessen
		Zustand	*Vorbehandlung*	Normalklima

Biegefestigkeit	N/mm²	*E-Modul*	N/mm² 1150
3,5% Biegespannung	N/mm²		

Härte 23 °C

	Probekörper:	*Zustand*	*Herstellung*	Spritzgiessen
			Vorbehandlung	Normalklima

Kugeldruckhärte	N/mm²	bei N, s	*Shore-Härte* A	
Rockwellhärte			*Shore-Härte* D	68

Schlagversuch

	Probekörper:	*(1)*		
		(2) V-Kerbe	*Herstellung*	Spritzgiessen
		Zustand	*Vorbehandlung*	Normalklima

	°C	°C	°C	*Probekörper-Form*

Schlagzähigkeit	kJ/m²			
Kerbschlagzähigkeit (1)	kJ/m²			
IZOD-Kerbschlagzähigkeit (2) J/m	23 100	0 50	-20 30	
Kerbschlagzugzähigkeit	kJ/m²			

Abrieb und Reibung

Taber-Abrieb (Reibradverfahren)   mm³/100 U
Abriebfaktor LNP (Thrust washer) Vergleichswert
Statische Reibungszahl
Dynamische Reibungszahl   (p · v =   N/mm² ·   m/min)
Zulässiger p · v Wert   N/mm² · (m/min)   v =   m/min
                                                                             v =   m/min

Thermische Eigenschaften

Formbeständigkeit in der Wärme   Verfahren   A   54 °C
                                          Verfahren   B   83 °C
Vicat Erweichungstemperatur (VST)   Verfahren   A/50   145 °C
                                          Verfahren   B/50   83 °C
Kristallit-Schmelzpunkt   Verfahren   DSC   163 °C

Längenausdehnungskoeffizient   Bereich   °C $\cdot 10^{-4} \text{K}^{-1}$
                                          Temperatur $\cdot 10^{-4} \text{K}^{-1}$
Wärmeleitfähigkeit   Verfahren   W/(K · m)

Spezifische Wärmekapazität   Verfahren   J/(K · g)

Glasumwandlungstemperatur   Torsionsschwingungsversuch   °C
                                          Differentialkalorimetrie   °C

Brandverhalten

UL-Test vertikal   Dicke   mm, Wert
                                          Dicke   mm, Wert

	Norm	Bewertung		Abmessungen
Sauerstoff-Index	ASTM D 2863			
Glühstab-Verfahren				
Brandverhalten	DIN 4102			
MVSS				
FAR				

Elektrische Eigenschaften

	Hz	°C			Probekörper, Form
Dielektrizitätszahl	50				
	10^3				
	10^6				
Dielektrischer Verlustfaktor tan δ	50				
	10^3				
	10^6				

Spezifischer Durchgangs-
    widerstand   Ohm · cm
Durchschlagfestigkeit   kV/mm   mm dick
Oberflächenwiderstand   Ohm

Kriechstromfestigkeit   KC   KB   KA
Elektrolytische Korrosionswirkung
Lichtbogenfestigkeit nach DIN
          nach ASTM   s

Beständigkeit *(Chemische Beständigkeit siehe Anhang)*

Wasseraufnahme

Feuchtigkeitsaufnahme Normalklima   %
Wetterbeständigkeit

Spannungskorrosion

Optische Eigenschaften

Brechungszahl n_D
Transmissionsgrad τ_c %   mm dick
Lichtdurchlässigkeit

Produkt	Polypropylen	**PP**
Handelsname·	**Appryl 7180**	
Hersteller	ATO	
DIN-Bez 1	16774-PP-R,MGN,XX-M090	
DIN-Bez 2		

Zusätze		Füllstoffe/ Verstärkung		
Bevorzugte Verarbeitung	Spritzgiessen	Lieferform	Granulat	
		Farben	Natur	
Besondere Merkmale	Transluzent	Bevorzugte Anwendungen	Technisches Formteil; Bedarfsartikel	

Dichte	g/cm³ 0.900	Schmelzindex	g/10 min	10: 230/2.16
Schüttdichte	g/cm³	Volumenfließindex	cm³/10 min	:
Viskositätszahl	ml/g			

Verarbeitungsbedingungen für Spritzgießen

Massetemp.	°C	Schwindung	%	lgs , quer
Werkzeugtemp.	°C	Bemerkungen		
Spritzdruck	bar			

Zugversuch 23 °C DIN 53455;

	Probekörper: Form	Herstellung	Spritzgiessen
	Zustand	Vorbehandlung	Normalklima
Streckspannung	N/mm² 29	Dehnung bei Streckspannung	%
Zugfestigkeit	N/mm²	Reißdehnung	% ≧ 600
Reißfestigkeit	N/mm²	% Dehnspannung	N/mm²
E-Modul	N/mm²	Dehnung bei % Dehnspg.	%

Kriechmoduln und Zeitstandwerte 23 °C

	Probekörper: Form	Herstellung	
	Zustand	Vorbehandlung	
Kriechmodul	1 min N/mm²	Zeitstandzugfestigkeit	h N/mm²
Kriechmodul	1000 h N/mm²	Zeitdehnspg. %	h N/mm²
bei Spannung	N/mm²		

Biegeversuch 23 °C ASTM D 790;

	Probekörper: Form	Herstellung	Spritzgiessen
	Zustand	Vorbehandlung	Normalklima
Biegefestigkeit	N/mm²	E-Modul	N/mm² 1050
3,5% Biegespannung	N/mm²		

Härte 23 °C

	Probekörper: Zustand	Herstellung	Spritzgiessen
		Vorbehandlung	Normalklima
Kugeldruckhärte	N/mm² bei N, s	Shore-Härte A	
Rockwellhärte		Shore-Härte D	60

Schlagversuch

	Probekörper: (1)		
	(2) V-Kerbe	Herstellung	Spritzgiessen
	Zustand	Vorbehandlung	Normalklima
	°C	°C	°C	Probekörper-Form

Schlagzähigkeit	kJ/m²		
Kerbschlagzähigkeit (1)	kJ/m²		
IZOD-Kerbschlagzähigkeit (2)	J/m 23 75	0 20	
Kerbschlagzugzähigkeit	kJ/m²		

Abrieb und Reibung

Taber-Abrieb (Reibradverfahren)		mm^3/100 U	
Abriebfaktor LNP (Thrust washer) Vergleichswert			
Statische Reibungszahl			
Dynamische Reibungszahl		$(p \cdot v =$	N/mm$^2 \cdot$	m/min$)$
Zulässiger p · v Wert		N/mm$^2 \cdot$ (m/min)	v $=$	m/min
			v $=$	m/min

Thermische Eigenschaften

Formbeständigkeit in der Wärme	*Verfahren*	B	73 °C
	Verfahren		°C
Vicat Erweichungstemperatur (VST)	*Verfahren*	A/50	125 °C
	Verfahren		°C
Kristallit-Schmelzpunkt	*Verfahren*	DSC	148 °C
Längenausdehnungskoeffizient	*Bereich*	°C	$\cdot 10^{-4}$K^{-1}
	Temperatur		$\cdot 10^{-4}$K^{-1}
Wärmeleitfähigkeit	*Verfahren*		W/(K · m)
Spezifische Wärmekapazität	*Verfahren*		J/(K · g)
Glasumwandlungstemperatur	*Torsionsschwingungsversuch*	°C	
	Differentialkalorimetrie	°C	

Brandverhalten

UL-Test vertikal	Dicke	mm, Wert	
	Dicke	mm, Wert	

	Norm	*Bewertung*	*Abmessungen*
Sauerstoff-Index	ASTM D 2863		
Glühstab-Verfahren			
Brandverhalten	DIN 4102		
MVSS			
FAR			

Elektrische Eigenschaften

	Hz	°C	*Probekörper, Form*
Dielektrizitätszahl	50		
	10^3		
	10^6		
Dielektrischer Verlustfaktor tan δ	50		
	10^3		
	10^6		
Spezifischer Durchgangs- widerstand	Ohm · cm		
Durchschlagfestigkeit	kV/mm		mm dick
Oberflächenwiderstand	Ohm		
Kriechstromfestigkeit	KC	KB	KA
Elektrolytische Korrosionswirkung			
Lichtbogenfestigkeit nach DIN			
nach ASTM	s		

Beständigkeit *(Chemische Beständigkeit siehe Anhang)*

Wasseraufnahme

Feuchtigkeitsaufnahme Normalklima　　　　%
Wetterbeständigkeit

Spannungskorrosion

Optische Eigenschaften

Brechungszahl n$_D$
Transmissionsgrad τ_c　　%　　　　mm dick
Lichtdurchlässigkeit

Produkt	Polypropylen	**PP**
Handelsname	**Appryl 7172**	
Hersteller	ATO	
DIN-Bez 1	16774-PP-R,MGN,XX-M090	
DIN-Bez 2		

Zusätze		*Füllstoffe/ Verstärkung*	
Bevorzugte Verarbeitung	Spritzgiessen	*Lieferform*	Granulat
		Farben	Natur
Besondere Merkmale	Verbesserte Transparenz	*Bevorzugte Anwendungen*	Technisches Formteil; Bedarfsartikel

---

Dichte	g/cm³	0.900	*Schmelzindex* g/10 min	10: 230/2.16
Schüttdichte	g/cm³		*Volumenfließindex* cm³/10 min	:
Viskositätszahl	ml/g			

Verarbeitungsbedingungen für Spritzgießen

Massetemp.	°C	*Schwindung* % lgs	, quer
Werkzeugtemp.	°C	*Bemerkungen*	
Spritzdruck	bar		

Zugversuch 23 °C DIN 53455;

	Probekörper: Form		*Herstellung* Spritzgiessen
	Zustand		*Vorbehandlung* Normalklima
Streckspannung	N/mm² 29	*Dehnung bei Streckspannung* %	
Zugfestigkeit	N/mm²	*Reißdehnung* %	≧ 600
Reißfestigkeit	N/mm²	% *Dehnspannung* N/mm²	
E-Modul	N/mm²	*Dehnung bei* % *Dehnspg.* %	

Kriechmoduln und Zeitstandwerte 23 °C

	Probekörper: Form	*Herstellung*
	Zustand	*Vorbehandlung*
Kriechmodul	1 min N/mm²	*Zeitstandzugfestigkeit* h N/mm²
Kriechmodul	1000 h N/mm²	*Zeitdehnspg.* % h N/mm²
bei Spannung	N/mm²	

Biegeversuch 23 °C ASTM D 790;

	Probekörper: Form	*Herstellung* Spritzgiessen
	Zustand	*Vorbehandlung* Normalklima
Biegefestigkeit	N/mm²	*E-Modul* N/mm² 1200
3,5% Biegespannung	N/mm²	

Härte 23 °C

	Probekörper: Zustand	*Herstellung* Spritzgiessen
		Vorbehandlung Normalklima
Kugeldruckhärte	N/mm² bei N, s	*Shore-Härte* A
Rockwellhärte		*Shore-Härte* D 62

Schlagversuch

	Probekörper: (1)	
	(2) V-Kerbe	*Herstellung* Spritzgiessen
	Zustand	*Vorbehandlung* Normalklima
	°C °C °C	*Probekörper-Form*

Schlagzähigkeit	kJ/m²		
Kerbschlagzähigkeit (1)	kJ/m²		
IZOD-Kerbschlagzähigkeit (2)	J/m	23 75	0 30
Kerbschlagzugzähigkeit	kJ/m²		

Abrieb und Reibung

Taber-Abrieb (Reibradverfahren)   mm³/100 U
Abriebfaktor LNP (Thrust washer) Vergleichswert
Statische Reibungszahl
Dynamische Reibungszahl   (p·v =   N/mm² ·   m/min)
Zulässiger p · v Wert   N/mm² · (m/min)   v =   m/min
                                                                     v =   m/min

Thermische Eigenschaften

Formbeständigkeit in der Wärme   Verfahren   B   80 °C
                                        Verfahren   °C
Vicat Erweichungstemperatur (VST)   Verfahren   A/50   130 °C
                                        Verfahren   °C
Kristallit-Schmelzpunkt   Verfahren   DSC   148 °C

Längenausdehnungskoeffizient   Bereich   °C $\cdot 10^{-4} \mathrm{K}^{-1}$
                                        Temperatur $\cdot 10^{-4} \mathrm{K}^{-1}$
Wärmeleitfähigkeit   Verfahren   W/(K · m)

Spezifische Wärmekapazität   Verfahren   J/(K · g)

Glasumwandlungstemperatur   Torsionsschwingungsversuch   °C
                                        Differentialkalorimetrie   °C

Brandverhalten

UL-Test vertikal   Dicke   mm, Wert
                                        Dicke   mm, Wert

                          Norm   *Bewertung*   *Abmessungen*

Sauerstoff-Index   ASTM D 2863
Glühstab-Verfahren
Brandverhalten   DIN 4102
MVSS
FAR

Elektrische Eigenschaften

                                        Hz   °C   *Probekörper, Form*

Dielektrizitätszahl   50
                                        10^3
                                        10^6
Dielektrischer Verlustfaktor tan δ   50
                                        10^3
                                        10^6
Spezifischer Durchgangs-
widerstand   Ohm · cm
Durchschlagfestigkeit   kV/mm   mm dick
Oberflächenwiderstand   Ohm

Kriechstromfestigkeit   KC   KB   KA
Elektrolytische Korrosionswirkung
Lichtbogenfestigkeit nach DIN
                 nach ASTM   s

Beständigkeit *(Chemische Beständigkeit siehe Anhang)*

Wasseraufnahme

Feuchtigkeitsaufnahme Normalklima   %
Wetterbeständigkeit

Spannungskorrosion

Optische Eigenschaften

Brechungszahl n_D
Transmissionsgrad τ_c %   mm dick
Lichtdurchlässigkeit

			PP
Produkt	Polypropylen		
Handelsname	**Appryl 3004 GN 1**		
Hersteller	ATO		
DIN-Bez 1	16774-PP-H,EGN,XX-M003		
DIN-Bez 2			

Zusätze		*Füllstoffe/ Verstärkung*	
Bevorzugte Verarbeitung	Extrudieren	*Lieferform*	Granulat
		Farben	Natur
Besondere Merkmale		*Bevorzugte Anwendungen*	Tafel; Rohr; Profil; Verpackungsband; Hohlkoerper

---

Dichte	g/cm³	0.905	*Schmelzindex* g/10 min	0.4 : 230/2.16
Schüttdichte	g/cm³		*Volumenfließindex* cm³/10 min	:
Viskositätszahl	ml/g			

Verarbeitungsbedingungen für Spritzgießen

Massetemp.	°C	*Schwindung* %	lgs , quer
Werkzeugtemp.	°C	*Bemerkungen*	
Spritzdruck	bar		

Zugversuch 23 °C DIN 53455;

	Probekörper: Form	*Herstellung*	Spritzgiessen
	Zustand	*Vorbehandlung*	Normalklima

Streckspannung	N/mm² 31	*Dehnung bei Streckspannung* %	
Zugfestigkeit	N/mm²	*Reißdehnung* %	≧ 600
Reißfestigkeit	N/mm²	% *Dehnspannung* N/mm²	
E-Modul	N/mm²	*Dehnung bei* % *Dehnspg.* %	

Kriechmoduln und Zeitstandwerte 23 °C

	Probekörper: Form	*Herstellung*	
	Zustand	*Vorbehandlung*	

Kriechmodul	1 min N/mm²	*Zeitstandzugfestigkeit* h N/mm²	
Kriechmodul	1000 h N/mm²	*Zeitdehnspg.* % h N/mm²	
bei Spannung	N/mm²		

Biegeversuch 23 °C ASTM D 790;

	Probekörper: Form	*Herstellung*	Spritzgiessen
	Zustand	*Vorbehandlung*	Normalklima

Biegefestigkeit	N/mm²	*E-Modul*	N/mm² 1100
3,5% Biegespannung	N/mm²		

Härte 23 °C

	Probekörper: Zustand	*Herstellung*	Spritzgiessen
		Vorbehandlung	Normalklima

Kugeldruckhärte	N/mm² bei N, s	*Shore-Härte* A	
Rockwellhärte		*Shore-Härte* D	71

Schlagversuch

Probekörper:	(1)		
	(2) V-Kerbe	*Herstellung*	Spritzgiessen
	Zustand	*Vorbehandlung*	Normalklima

	°C	°C	°C	*Probekörper-Form*

Schlagzähigkeit	kJ/m²		
Kerbschlagzähigkeit (1)	kJ/m²		
IZOD-Kerbschlagzähigkeit (2)	J/m	23 75	0 40
Kerbschlagzugzähigkeit	kJ/m²		

Abrieb und Reibung

Taber-Abrieb (Reibradverfahren) mm^3/100 U
Abriebfaktor LNP (Thrust washer) Vergleichswert
Statische Reibungszahl
Dynamische Reibungszahl (p · v = N/mm^2 · m/min)
Zulässiger p · v Wert N/mm^2 · (m/min)   v = m/min
v = m/min

Thermische Eigenschaften

Formbeständigkeit in der Wärme	*Verfahren*	A	60 °C
	Verfahren	B	92 °C
Vicat Erweichungstemperatur (VST)	*Verfahren*	A/50	148 °C
	Verfahren	B/50	93 °C
Kristallit-Schmelzpunkt	*Verfahren*	DSC	166 °C

Längenausdehnungskoeffizient *Bereich* °C · 10^{-4}K^{-1}
Temperatur · 10^{-4}K^{-1}
Wärmeleitfähigkeit *Verfahren* W/(K · m)

Spezifische Wärmekapazität *Verfahren* J/(K · g)

Glasumwandlungstemperatur *Torsionsschwingungsversuch* °C
Differentialkalorimetrie °C

Brandverhalten

UL-Test vertikal Dicke mm, Wert
Dicke mm, Wert

	Norm	*Bewertung*	*Abmessungen*
Sauerstoff-Index	ASTM D 2863		
Glühstab-Verfahren			
Brandverhalten	DIN 4102		
MVSS			
FAR			

Elektrische Eigenschaften

	Hz	°C	*Probekörper, Form*
Dielektrizitätszahl	50		
	10^3		
	10^6		
Dielektrischer Verlustfaktor tan δ	50		
	10^3		
	10^6		

Spezifischer Durchgangs-
widerstand Ohm · cm
Durchschlagfestigkeit kV/mm mm dick
Oberflächenwiderstand Ohm

Kriechstromfestigkeit KC KB KA
Elektrolytische Korrosionswirkung
Lichtbogenfestigkeit nach DIN
nach ASTM s

Beständigkeit *(Chemische Beständigkeit siehe Anhang)*

Wasseraufnahme

Feuchtigkeitsaufnahme Normalklima %
Wetterbeständigkeit

Spannungskorrosion

Optische Eigenschaften

Brechungszahl n$_D$
Transmissionsgrad τ$_c$ % mm dick
Lichtdurchlässigkeit

		PP
Produkt	Polypropylen	
Handelsname	**Appryl 3020 BN 1**	
Hersteller	ATO	
DIN-Bez 1	16774-PP-H,EGN,XX-M012	
DIN-Bez 2		

Zusätze		*Füllstoffe/ Verstärkung*	
Bevorzugte Verarbeitung	Extrudieren	*Lieferform*	Granulat
		Farben	Natur
Besondere Merkmale	Sehr hohe Festigkeit	*Bevorzugte Anwendungen*	Band und Baendchen fuer Textilindustrie und Seilerei; Monofilament

---

Dichte	g/cm^3	0.905	*Schmelzindex*	g/10 min	1.5 : 230/2.16
Schüttdichte	g/cm^3		*Volumenfließindex*	cm^3/10 min	:
Viskositätszahl	ml/g				

Verarbeitungsbedingungen für Spritzgießen

Massetemp.	°C		*Schwindung*	%	lgs , quer
Werkzeugtemp.	°C		*Bemerkungen*		
Spritzdruck	bar				

Zugversuch 23 °C DIN 53455;

	Probekörper:	Form	*Herstellung*	Spritzgiessen
		Zustand	*Vorbehandlung*	Normalklima
Streckspannung	N/mm^2 33		*Dehnung bei Streckspannung*	%
Zugfestigkeit	N/mm^2		*Reißdehnung*	% $\geq$ 600
Reißfestigkeit	N/mm^2		% *Dehnspannung*	N/mm^2
E-Modul	N/mm^2		*Dehnung bei* % *Dehnspg.*	%

Kriechmoduln und Zeitstandwerte 23 °C

	Probekörper:	Form	*Herstellung*	
		Zustand	*Vorbehandlung*	
Kriechmodul	1 min N/mm^2		*Zeitstandzugfestigkeit*	h N/mm^2
Kriechmodul	1000 h N/mm^2		*Zeitdehnspg.* %	h N/mm^2
bei Spannung	N/mm^2			

Biegeversuch 23 °C ASTM D 790;

	Probekörper:	Form	*Herstellung*	Spritzgiessen
		Zustand	*Vorbehandlung*	Normalklima
Biegefestigkeit	N/mm^2		*E-Modul*	N/mm^2 1300
3,5% Biegespannung	N/mm^2			

Härte 23 °C

	Probekörper:	Zustand	*Herstellung*	Spritzgiessen
			Vorbehandlung	Normalklima
Kugeldruckhärte	N/mm^2	bei N, s	*Shore-Härte* A	
Rockwellhärte			*Shore-Härte* D	74

Schlagversuch

	Probekörper:	(1)		
		(2) V-Kerbe	*Herstellung*	Spritzgiessen
		Zustand	*Vorbehandlung*	Normalklima
		°C	°C	°C	*Probekörper-Form*

Schlagzähigkeit	kJ/m^2		
Kerbschlagzähigkeit (1)	kJ/m^2		
IZOD-Kerbschlagzähigkeit (2)	J/m	23 60	0 33
Kerbschlagzugzähigkeit	kJ/m^2		

Abrieb und Reibung

Taber-Abrieb (Reibradverfahren) — mm³/100 U
Abriebfaktor LNP (Thrust washer) Vergleichswert
Statische Reibungszahl
Dynamische Reibungszahl — (p·v = N/mm² · m/min)
Zulässiger p · v Wert — N/mm² · (m/min) v = m/min
  v = m/min

Thermische Eigenschaften

Formbeständigkeit in der Wärme	*Verfahren*	A	63 °C
	Verfahren	B	94 °C
Vicat Erweichungstemperatur (VST)	*Verfahren*	A/50	151 °C
	Verfahren	B/50	98 °C
Kristallit-Schmelzpunkt	*Verfahren*	DSC	166 °C

Längenausdehnungskoeffizient — *Bereich* °C — $\cdot 10^{-4} K^{-1}$
  Temperatur — $\cdot 10^{-4} K^{-1}$
Wärmeleitfähigkeit — *Verfahren* — W/(K · m)

Spezifische Wärmekapazität — *Verfahren* — J/(K · g)

Glasumwandlungstemperatur — *Torsionsschwingungsversuch* °C
  Differentialkalorimetrie °C

Brandverhalten

UL-Test vertikal — Dicke mm, Wert
  Dicke mm, Wert

	Norm	Bewertung	Abmessungen
Sauerstoff-Index	ASTM D 2863		
Glühstab-Verfahren			
Brandverhalten	DIN 4102		
MVSS			
FAR			

Elektrische Eigenschaften

	Hz	°C	Probekörper, Form
Dielektrizitätszahl	50		
	10^3		
	10^6		
Dielektrischer Verlustfaktor tan δ	50		
	10^3		
	10^6		

Spezifischer Durchgangs-
  widerstand — Ohm · cm
Durchschlagfestigkeit — kV/mm — mm dick
Oberflächenwiderstand — Ohm

Kriechstromfestigkeit — KC — KB — KA
Elektrolytische Korrosionswirkung
Lichtbogenfestigkeit nach DIN
  nach ASTM s

Beständigkeit *(Chemische Beständigkeit siehe Anhang)*

Wasseraufnahme

Feuchtigkeitsaufnahme Normalklima — %
Wetterbeständigkeit

Spannungskorrosion

Optische Eigenschaften

Brechungszahl n_D
Transmissionsgrad τ_c — % — mm dick
Lichtdurchlässigkeit

Produkt	Polypropylen	**PP**
Handelsname	**Appryl 3030 BN 1**	
Hersteller	ATO	
DIN-Bez 1	16774-PP-H,EGN,XX-M022	
DIN-Bez 2		

Zusätze		*Füllstoffe/ Verstärkung*	
Bevorzugte Verarbeitung	Extrudieren	*Lieferform*	Granulat
		Farben	Natur
Besondere Merkmale		*Bevorzugte Anwendungen*	Band und Baendchen fuer Textilindustrie; Tafel fuer Tiefziehen; Mehrschichtfolie; Monofilament

---

Dichte	g/cm^3	0.905	*Schmelzindex*	g/10 min	3: 230/2.16
Schüttdichte	g/cm^3		*Volumenfließindex*	cm^3/10 min	:
Viskositätszahl	ml/g				

Verarbeitungsbedingungen für Spritzgießen

Massetemp.	°C		*Schwindung*	%	lgs , quer
Werkzeugtemp.	°C		*Bemerkungen*		
Spritzdruck	bar				

Zugversuch 23 °C DIN 53455;

	Probekörper:	*Form*	*Herstellung*	Spritzgiessen
		Zustand	*Vorbehandlung*	Normalklima
Streckspannung	N/mm^2	34	*Dehnung bei Streckspannung* %	
Zugfestigkeit	N/mm^2		*Reißdehnung* %	≥ 600
Reißfestigkeit	N/mm^2		% *Dehnspannung* N/mm^2	
E-Modul	N/mm^2		*Dehnung bei* % *Dehnspg.* %	

Kriechmoduln und Zeitstandwerte 23 °C

	Probekörper:	*Form*	*Herstellung*	
		Zustand	*Vorbehandlung*	
Kriechmodul	1 min N/mm^2		*Zeitstandzugfestigkeit*	h N/mm^2
Kriechmodul	1000 h N/mm^2		*Zeitdehnspg.* %	h N/mm^2
bei Spannung	N/mm^2			

Biegeversuch 23 °C ASTM D 790;

	Probekörper:	*Form*	*Herstellung*	Spritzgiessen
		Zustand	*Vorbehandlung*	Normalklima
Biegefestigkeit	N/mm^2		*E-Modul*	N/mm^2 1300
3,5% Biegespannung	N/mm^2			

Härte 23 °C

	Probekörper:	*Zustand*	*Herstellung* Spritzgiessen
			Vorbehandlung Normalklima
Kugeldruckhärte	N/mm^2 bei N, s		*Shore-Härte* A
Rockwellhärte			*Shore-Härte* D 74

Schlagversuch

	Probekörper:	(1)	
		(2) V-Kerbe	*Herstellung* Spritzgiessen
		Zustand	*Vorbehandlung* Normalklima
		°C °C °C	*Probekörper-Form*

Schlagzähigkeit	kJ/m^2		
Kerbschlagzähigkeit (1)	kJ/m^2		
IZOD-Kerbschlagzähigkeit (2)	J/m	23 58	0 33
Kerbschlagzugzähigkeit	kJ/m^2		

Abrieb und Reibung

Taber-Abrieb (Reibradverfahren)   mm^3/100 U
Abriebfaktor LNP (Thrust washer) Vergleichswert
Statische Reibungszahl
Dynamische Reibungszahl   (p·v =   N/mm^2 ·   m/min)
Zulässiger p · v Wert   N/mm^2 · (m/min)   v =   m/min
                                                                             v =   m/min

Thermische Eigenschaften

Formbeständigkeit in der Wärme	Verfahren	A	63 °C
	Verfahren	B	95 °C
Vicat Erweichungstemperatur (VST)	Verfahren	A/50	151 °C
	Verfahren	B/50	100 °C
Kristallit-Schmelzpunkt	Verfahren	DSC	166 °C

Längenausdehnungskoeffizient   Bereich   °C   · 10^{-4}K^{-1}
                                          Temperatur   · 10^{-4}K^{-1}
Wärmeleitfähigkeit   Verfahren   W/(K · m)

Spezifische Wärmekapazität   Verfahren   J/(K · g)

Glasumwandlungstemperatur   Torsionsschwingungsversuch   °C
                                          Differentialkalorimetrie   °C

Brandverhalten

UL-Test vertikal   Dicke   mm, Wert
                                          Dicke   mm, Wert

	Norm	Bewertung	Abmessungen
Sauerstoff-Index	ASTM D 2863		
Glühstab-Verfahren			
Brandverhalten	DIN 4102		
MVSS			
FAR			

Elektrische Eigenschaften

	Hz	°C	Probekörper, Form
Dielektrizitätszahl	50		
	10^3		
	10^6		
Dielektrischer Verlustfaktor tan δ	50		
	10^3		
	10^6		

Spezifischer Durchgangs-
    widerstand   Ohm · cm
Durchschlagfestigkeit   kV/mm   mm dick
Oberflächenwiderstand   Ohm

Kriechstromfestigkeit   KC   KB   KA
Elektrolytische Korrosionswirkung
Lichtbogenfestigkeit nach DIN
            nach ASTM   s

Beständigkeit (Chemische Beständigkeit siehe Anhang)

Wasseraufnahme

Feuchtigkeitsaufnahme Normalklima   %
Wetterbeständigkeit

Spannungskorrosion

Optische Eigenschaften

Brechungszahl n$_D$
Transmissionsgrad τ_c %   mm dick
Lichtdurchlässigkeit

Produkt	Polypropylen	**PP**
Handelsname	**Appryl 3030 FN 1**	
Hersteller	ATO	
DIN-Bez 1	16774-PP-H,EGN,XX-M022	
DIN-Bez 2		

Zusätze		*Füllstoffe/ Verstärkung*		
Bevorzugte Verarbeitung	Extrudieren	*Lieferform*	Granulat	
		Farben	Natur	
Besondere Merkmale		*Bevorzugte Anwendungen*	Biaxial orientierte Verpackungsfolie	

Dichte	g/cm^3	0.905	*Schmelzindex*	g/10 min	3:	230/2.16
Schüttdichte	g/cm^3		*Volumenfließindex*	cm^3/10 min	:	
Viskositätszahl	ml/g					

Verarbeitungsbedingungen für Spritzgießen

Massetemp.	°C		*Schwindung*	%	lgs , quer
Werkzeugtemp.	°C		*Bemerkungen*		
Spritzdruck	bar				

Zugversuch 23 °C DIN 53455;

	Probekörper:	*Form*		*Herstellung*	Spritzgiessen
		Zustand		*Vorbehandlung*	Normalklima
Streckspannung	N/mm^2 34		*Dehnung bei Streckspannung*	%	
Zugfestigkeit	N/mm^2		*Reißdehnung*	%	$\geqq$ 600
Reißfestigkeit	N/mm^2 .		*% Dehnspannung*	N/mm^2	
E-Modul	N/mm^2		*Dehnung bei % Dehnspg.*	%	

Kriechmoduln und Zeitstandwerte 23 °C

	Probekörper:	*Form*		*Herstellung*	
		Zustand		*Vorbehandlung*	
Kriechmodul	1 min N/mm^2		*Zeitstandzugfestigkeit*	h N/mm^2	
Kriechmodul	1000 h N/mm^2		*Zeitdehnspg. %*	h N/mm^2	
bei Spannung	N/mm^2				

Biegeversuch 23 °C ASTM D 790;

	Probekörper:	*Form*		*Herstellung*	Spritzgiessen
		Zustand		*Vorbehandlung*	Normalklima
Biegefestigkeit	N/mm^2		*E-Modul*	N/mm^2 1300	
3,5% Biegespannung	N/mm^2				

Härte 23 °C

	Probekörper:	*Zustand*		*Herstellung*	Spritzgiessen
				Vorbehandlung	Normalklima
Kugeldruckhärte	N/mm^2	bei N, s	*Shore-Härte* A		
Rockwellhärte			*Shore-Härte* D 74		

Schlagversuch

	Probekörper:	*(1)*		*Herstellung*	Spritzgiessen
		(2) V-Kerbe		*Vorbehandlung*	Normalklima
		Zustand			
		°C	°C	°C	*Probekörper-Form*

Schlagzähigkeit	kJ/m^2			
Kerbschlagzähigkeit (1)	kJ/m^2			
IZOD-Kerbschlagzähigkeit (2)	J/m	23 58	0 33	
Kerbschlagzugzähigkeit	kJ/m^2			

Abrieb und Reibung

Taber-Abrieb (Reibradverfahren)   mm³/100 U
Abriebfaktor LNP (Thrust washer) Vergleichswert
Statische Reibungszahl
Dynamische Reibungszahl $(p \cdot v =$ N/mm² ·   m/min)
Zulässiger p · v Wert   N/mm² · (m/min)   v =   m/min
                                                                                         v =   m/min

Thermische Eigenschaften

Formbeständigkeit in der Wärme	*Verfahren*	A	63 °C
	Verfahren	B	95 °C
Vicat Erweichungstemperatur (VST)	*Verfahren*	A/50	151 °C
	Verfahren	B/50	100 °C
Kristallit-Schmelzpunkt	*Verfahren*	DSC	166 °C

Längenausdehnungskoeffizient   *Bereich*   °C $\cdot 10^{-4} K^{-1}$
                                        Temperatur $\cdot 10^{-4} K^{-1}$
Wärmeleitfähigkeit   *Verfahren*   W/(K · m)

Spezifische Wärmekapazität   *Verfahren*   J/(K · g)

Glasumwandlungstemperatur   *Torsionsschwingungsversuch*   °C
                                        Differentialkalorimetrie   °C

Brandverhalten

UL-Test vertikal   Dicke   mm, Wert
                                        Dicke   mm, Wert

	Norm	*Bewertung*	*Abmessungen*
Sauerstoff-Index	ASTM D 2863		
Glühstab-Verfahren			
Brandverhalten	DIN 4102		
MVSS			
FAR			

Elektrische Eigenschaften

	Hz	°C	*Probekörper, Form*
Dielektrizitätszahl	50		
	10^3		
	10^6		
Dielektrischer Verlustfaktor tan δ	50		
	10^3		
	10^6		

Spezifischer Durchgangs-
   widerstand   Ohm · cm
Durchschlagfestigkeit   kV/mm   mm dick
Oberflächenwiderstand   Ohm

Kriechstromfestigkeit   KC   KB   KA
Elektrolytische Korrosionswirkung
Lichtbogenfestigkeit nach DIN
            nach ASTM   s

Beständigkeit *(Chemische Beständigkeit siehe Anhang)*

Wasseraufnahme

Feuchtigkeitsaufnahme Normalklima   %
Wetterbeständigkeit

Spannungskorrosion

Optische Eigenschaften

Brechungszahl n_D
Transmissionsgrad τ_c %   mm dick
Lichtdurchlässigkeit

| *Datenbank-Nr.* | **T05267** | *Merkblatt-Nr.* **3728** |

Produkt	Polypropylen	**PP**
Handelsname	**Appryl 3035 FD 1**	
Hersteller	ATO	
DIN-Bez 1	16774-PP-H,EGN,XX-M045	
DIN-Bez 2		

Zusätze		*Füllstoffe/ Verstärkung*	
Bevorzugte Verarbeitung	Extrudieren	*Lieferform*	Granulat
		Farben	Natur
Besondere Merkmale		*Bevorzugte Anwendungen*	Biaxial orientierte Folie fuer Kondensatoren

---

Dichte	g/cm³	0.905	*Schmelzindex*	g/10 min	3.5: 230/2.16
Schüttdichte	g/cm³		*Volumenfließindex*	cm³/10 min	:
Viskositätszahl	ml/g				

Verarbeitungsbedingungen für Spritzgießen

Massetemp.	°C		*Schwindung*	% lgs , quer
Werkzeugtemp.	°C		*Bemerkungen*	
Spritzdruck	bar			

Zugversuch 23 °C DIN 53455;

	Probekörper:	Form		*Herstellung*	Spritzgiessen
		Zustand		*Vorbehandlung*	Normalklima

Streckspannung	N/mm²	34	*Dehnung bei Streckspannung*	%	
Zugfestigkeit	N/mm²		*Reißdehnung*	%	600
Reißfestigkeit	N/mm²		% *Dehnspannung*	N/mm²	
E-Modul	N/mm²		*Dehnung bei* % *Dehnspg.*	%	

Kriechmoduln und Zeitstandwerte 23 °C

	Probekörper:	Form		*Herstellung*	
		Zustand		*Vorbehandlung*	

Kriechmodul	1 min N/mm²		*Zeitstandzugfestigkeit*	h N/mm²	
Kriechmodul	1000 h N/mm²		*Zeitdehnspg.* %	h N/mm²	
bei Spannung	N/mm²				

Biegeversuch 23 °C ASTM D 790;

	Probekörper:	Form		*Herstellung*	Spritzgiessen
		Zustand		*Vorbehandlung*	Normalklima

Biegefestigkeit	N/mm²	*E-Modul*	N/mm²	1300
3,5% Biegespannung	N/mm²			

Härte 23 °C

	Probekörper:	Zustand	*Herstellung*	Spritzgiessen
			Vorbehandlung	Normalklima

Kugeldruckhärte	N/mm²	bei	N, s	*Shore-Härte* A	
Rockwellhärte				*Shore-Härte* D	74

Schlagversuch

	Probekörper:	(1)			
		(2) V-Kerbe		*Herstellung*	Spritzgiessen
		Zustand		*Vorbehandlung*	Normalklima

		°C	°C	°C	*Probekörper-Form*

Schlagzähigkeit	kJ/m²			
Kerbschlagzähigkeit (1)	kJ/m²			
IZOD-Kerbschlagzähigkeit (2)	J/m	23 58	0 33	
Kerbschlagzugzähigkeit	kJ/m²			

Abrieb und Reibung

Taber-Abrieb (Reibradverfahren)	mm^3/100 U
Abriebfaktor LNP (Thrust washer) Vergleichswert	
Statische Reibungszahl	
Dynamische Reibungszahl	(p · v = N/mm^2 · m/min)
Zulässiger p · v Wert	N/mm^2 · (m/min) v = m/min
	v = m/min

Thermische Eigenschaften

Formbeständigkeit in der Wärme	*Verfahren*	A	63 °C
	Verfahren	B	95 °C
Vicat Erweichungstemperatur (VST)	*Verfahren*	A/50	151 °C
	Verfahren	B/50	100 °C
Kristallit-Schmelzpunkt	*Verfahren*	DSC	166 °C
Längenausdehnungskoeffizient	*Bereich*	°C	· 10^{-4}K^{-1}
	Temperatur		· 10^{-4}K^{-1}
Wärmeleitfähigkeit	*Verfahren*		W/(K · m)
Spezifische Wärmekapazität	*Verfahren*		J/(K · g)
Glasumwandlungstemperatur	*Torsionsschwingungsversuch*	°C	
	Differentialkalorimetrie	°C	

Brandverhalten

UL-Test vertikal   Dicke   mm, Wert
                       Dicke   mm, Wert

	Norm	*Bewertung*	*Abmessungen*
Sauerstoff-Index	ASTM D 2863		
Glühstab-Verfahren			
Brandverhalten	DIN 4102		
MVSS			
FAR			

Elektrische Eigenschaften

	Hz	°C			*Probekörper, Form*
Dielektrizitätszahl	50				
	10^3				
	10^6				
Dielektrischer Verlustfaktor tan δ	50				
	10^3				
	10^6				
Spezifischer Durchgangs-widerstand	Ohm · cm				
Durchschlagfestigkeit	kV/mm				mm dick
Oberflächenwiderstand	Ohm				
Kriechstromfestigkeit		KC	KB	KA	
Elektrolytische Korrosionswirkung					
Lichtbogenfestigkeit nach DIN					
nach ASTM	s				

Beständigkeit *(Chemische Beständigkeit siehe Anhang)*

Wasseraufnahme

Feuchtigkeitsaufnahme Normalklima   %
Wetterbeständigkeit

Spannungskorrosion

Optische Eigenschaften

Brechungszahl n$_D$
Transmissionsgrad τ_c %   mm dick
Lichtdurchlässigkeit

PP

Produkt	Polypropylen
Handelsname	**Appryl 3050 BN 1**
Hersteller	ATO
DIN-Bez 1	16774-PP-H,EGN,XX-M045
DIN-Bez 2	

Zusätze		*Füllstoffe/ Verstärkung*	
Bevorzugte Verarbeitung	Extrudieren	*Lieferform*	Granulat
		Farben	Natur
Besondere Merkmale	Geeignet fuer hohen Ausstoss	*Bevorzugte Anwendungen*	Baendchen fuer Seilerei

---

Dichte	g/cm³	0.905	*Schmelzindex* g/10 min	4.5: 230/2.16
Schüttdichte	g/cm³		*Volumenfließindex* cm³/10 min	:
Viskositätszahl	ml/g			

Verarbeitungsbedingungen für Spritzgießen

Massetemp.	°C	*Schwindung* %	lgs , quer
Werkzeugtemp.	°C	*Bemerkungen*	
Spritzdruck	bar		

Zugversuch 23 °C DIN 53455;

	Probekörper: Form		*Herstellung* Spritzgiessen
	Zustand		*Vorbehandlung* Normalklima
Streckspannung	N/mm² 34	*Dehnung bei Streckspannung* %	
Zugfestigkeit	N/mm²	*Reißdehnung* %	600
Reißfestigkeit	N/mm²	% *Dehnspannung* N/mm²	
E-Modul	N/mm²	*Dehnung bei* % *Dehnspg.* %	

Kriechmoduln und Zeitstandwerte 23 °C

	Probekörper: Form		*Herstellung*
	Zustand		*Vorbehandlung*
Kriechmodul	1 min N/mm²	*Zeitstandzugfestigkeit* h N/mm²	
Kriechmodul	1000 h N/mm²	*Zeitdehnspg.* % h N/mm²	
bei Spannung	N/mm²		

Biegeversuch 23 °C ASTM D 790;

	Probekörper: Form		*Herstellung* Spritzgiessen
	Zustand		*Vorbehandlung* Normalklima
Biegefestigkeit	N/mm²	*E-Modul*	N/mm² 1400
3,5% Biegespannung	N/mm²		

Härte 23 °C

	Probekörper: Zustand		*Herstellung* Spritzgiessen
			Vorbehandlung Normalklima
Kugeldruckhärte	N/mm² bei N, s	*Shore-Härte* A	
Rockwellhärte		*Shore-Härte* D	74

Schlagversuch

	Probekörper: (1)		
	(2) V-Kerbe		*Herstellung* Spritzgiessen
	Zustand		*Vorbehandlung* Normalklima
	°C	°C	°C *Probekörper-Form*

Schlagzähigkeit	kJ/m²		
Kerbschlagzähigkeit (1)	kJ/m²		
IZOD-Kerbschlagzähigkeit (2)	J/m	23 55	0 30
Kerbschlagzugzähigkeit	kJ/m²		

Abrieb und Reibung

Taber-Abrieb (Reibradverfahren)   mm³/100 U
Abriebfaktor LNP (Thrust washer) Vergleichswert
Statische Reibungszahl
Dynamische Reibungszahl $(p \cdot v =$ N/mm² ·   m/min)
Zulässiger p · v Wert   N/mm² · (m/min)   v =   m/min
                                                                  v =   m/min

Thermische Eigenschaften

Formbeständigkeit in der Wärme   *Verfahren*   A   64 °C
                                     Verfahren   B   96 °C
Vicat Erweichungstemperatur (VST) *Verfahren*   A/50   151 °C
                                     Verfahren   B/50   100 °C
Kristallit-Schmelzpunkt   *Verfahren*   DSC   166 °C

Längenausdehnungskoeffizient   *Bereich*   °C $\cdot 10^{-4} \mathrm{K}^{-1}$
                                     Temperatur $\cdot 10^{-4} \mathrm{K}^{-1}$
Wärmeleitfähigkeit   *Verfahren*   W/(K · m)

Spezifische Wärmekapazität   *Verfahren*   J/(K · g)

Glasumwandlungstemperatur   *Torsionsschwingungsversuch*   °C
                                     Differentialkalorimetrie   °C

Brandverhalten

UL-Test vertikal   Dicke   mm, Wert
                                     Dicke   mm, Wert

	Norm	*Bewertung*	*Abmessungen*
Sauerstoff-Index	ASTM D 2863		
Glühstab-Verfahren			
Brandverhalten	DIN 4102		
MVSS			
FAR			

Elektrische Eigenschaften

	Hz	°C			*Probekörper, Form*
Dielektrizitätszahl	50				
	10^3				
	10^6				
Dielektrischer Verlustfaktor tan δ	50				
	10^3				
	10^6				

Spezifischer Durchgangs-
*   widerstand*   Ohm · cm
Durchschlagfestigkeit   kV/mm   mm dick
Oberflächenwiderstand   Ohm

Kriechstromfestigkeit   KC   KB   KA
Elektrolytische Korrosionswirkung
Lichtbogenfestigkeit nach DIN
*   nach ASTM*   s

Beständigkeit *(Chemische Beständigkeit siehe Anhang)*

Wasseraufnahme

Feuchtigkeitsaufnahme Normalklima   %
Wetterbeständigkeit

Spannungskorrosion

Optische Eigenschaften

Brechungszahl n_D
Transmissionsgrad τ_c %   mm dick
Lichtdurchlässigkeit

Produkt	Polypropylen		**PP**
Handelsname	**Appryl 3100 YN 1**		
Hersteller	ATO		
DIN-Bez 1	16774-PP-H,EGN,XX-M090		
DIN-Bez 2			

Zusätze		*Füllstoffe/ Verstärkung*	
Bevorzugte Verarbeitung	Extrudieren	*Lieferform*	Granulat
		Farben	Natur
Besondere Merkmale		*Bevorzugte Anwendungen*	Multifilament mit feinem Titer

Dichte	g/cm³	0.905	*Schmelzindex*	g/10 min	10:	230/2.16
Schüttdichte	g/cm³		*Volumenfließindex*	cm³/10 min	:	
Viskositätszahl	ml/g					

Verarbeitungsbedingungen für Spritzgießen

Massetemp.	°C		*Schwindung*	%	lgs	, quer
Werkzeugtemp.	°C		*Bemerkungen*			
Spritzdruck	bar					

Zugversuch 23 °C DIN 53455;

	Probekörper:	*Form*		*Herstellung*	Spritzgiessen
		Zustand		*Vorbehandlung*	Normalklima

Streckspannung	N/mm²	35	*Dehnung bei Streckspannung*	%	
Zugfestigkeit	N/mm²		*Reißdehnung*	%	600
Reißfestigkeit	N/mm²		% *Dehnspannung*	N/mm²	
E-Modul	N/mm²		*Dehnung bei* % *Dehnspg.*	%	

Kriechmoduln und Zeitstandwerte 23 °C

	Probekörper:	*Form*		*Herstellung*
		Zustand		*Vorbehandlung*

Kriechmodul	1 min N/mm²	*Zeitstandzugfestigkeit*	h N/mm²
Kriechmodul	1000 h N/mm²	*Zeitdehnspg.* %	h N/mm²
bei Spannung	N/mm²		

Biegeversuch 23 °C ASTM D 790;

	Probekörper:	*Form*		*Herstellung*	Spritzgiessen
		Zustand		*Vorbehandlung*	Normalklima

Biegefestigkeit	N/mm²	*E-Modul*	N/mm² 1500
3,5% Biegespannung	N/mm²		

Härte 23 °C

	Probekörper:	*Zustand*	*Herstellung*	Spritzgiessen
			Vorbehandlung	Normalklima

Kugeldruckhärte	N/mm²	bei	N, s	*Shore-Härte* A	
Rockwellhärte				*Shore-Härte* D	74

Schlagversuch

	Probekörper:	*(1)*			
		(2) V-Kerbe		*Herstellung*	Spritzgiessen
		Zustand		*Vorbehandlung*	Normalklima

	°C	°C	°C	*Probekörper-Form*

Schlagzähigkeit	kJ/m²			
Kerbschlagzähigkeit (1)	kJ/m²			
IZOD-Kerbschlagzähigkeit (2)	J/m	23 50	0 25	
Kerbschlagzugzähigkeit	kJ/m²			

Abrieb und Reibung

Taber-Abrieb (Reibradverfahren)   mm³/100 U
Abriebfaktor LNP (Thrust washer) Vergleichswert
Statische Reibungszahl
Dynamische Reibungszahl   (p·v =   N/mm² ·   m/min)
Zulässiger p · v Wert   N/mm² · (m/min)   v =   m/min
                                                                     v =   m/min

Thermische Eigenschaften

Formbeständigkeit in der Wärme	*Verfahren*	A	65 °C
	Verfahren	B	97 °C
Vicat Erweichungstemperatur (VST)	*Verfahren*	A/50	152 °C
	Verfahren	B/50	105 °C
Kristallit-Schmelzpunkt	*Verfahren*	DSC	166 °C

Längenausdehnungskoeffizient   *Bereich*   °C $\cdot 10^{-4} K^{-1}$
                                       Temperatur $\cdot 10^{-4} K^{-1}$
Wärmeleitfähigkeit   *Verfahren*   W/(K · m)

Spezifische Wärmekapazität   *Verfahren*   J/(K · g)

Glasumwandlungstemperatur   *Torsionsschwingungsversuch*   °C
                                       Differentialkalorimetrie   °C

Brandverhalten

UL-Test vertikal   Dicke   mm, Wert
                                       Dicke   mm, Wert

	Norm	*Bewertung*	*Abmessungen*
Sauerstoff-Index	ASTM D 2863		
Glühstab-Verfahren			
Brandverhalten	DIN 4102		
MVSS			
FAR			

Elektrische Eigenschaften

	Hz	°C	*Probekörper, Form*
Dielektrizitätszahl	50		
	10^3		
	10^6		
Dielektrischer Verlustfaktor tan δ	50		
	10^3		
	10^6		

Spezifischer Durchgangs-
    widerstand   Ohm · cm
Durchschlagfestigkeit   kV/mm   mm dick
Oberflächenwiderstand   Ohm

Kriechstromfestigkeit   KC   KB   KA
Elektrolytische Korrosionswirkung
Lichtbogenfestigkeit nach DIN
            nach ASTM   s

Beständigkeit *(Chemische Beständigkeit siehe Anhang)*

Wasseraufnahme

Feuchtigkeitsaufnahme Normalklima   %
Wetterbeständigkeit

Spannungskorrosion

Optische Eigenschaften

Brechungszahl n_D
Transmissionsgrad τ_c %   mm dick
Lichtdurchlässigkeit

Produkt	Polypropylen	**PP**
Handelsname	**Appryl 3130 YR 1**	
Hersteller	ATO	
DIN-Bez 1	16774-PP-H,EGN,XX-M200	
DIN-Bez 2		

Zusätze		*Füllstoffe/ Verstärkung*	
Bevorzugte Verarbeitung	Extrudieren	*Lieferform*	Granulat
		Farben	Natur
Besondere Merkmale	Hohe Reissfestigkeit	*Bevorzugte Anwendungen*	Multifilament

---

Dichte	g/cm³	0.905	*Schmelzindex* g/10 min	13: 230/2.16
Schüttdichte	g/cm³		*Volumenfließindex* cm³/10 min	:
Viskositätszahl	ml/g			

Verarbeitungsbedingungen für Spritzgießen

Massetemp.	°C	*Schwindung* %	lgs , quer
Werkzeugtemp.	°C	*Bemerkungen*	
Spritzdruck	bar		

Zugversuch 23 °C DIN 53455;

	Probekörper: Form	*Herstellung*	Spritzgiessen
	Zustand	*Vorbehandlung*	Normalklima
Streckspannung	N/mm² 30	*Dehnung bei Streckspannung* %	
Zugfestigkeit	N/mm²	*Reißdehnung* %	600
Reißfestigkeit	N/mm²	% *Dehnspannung* N/mm²	
E-Modul	N/mm²	*Dehnung bei* % *Dehnspg.* %	

Kriechmoduln und Zeitstandwerte 23 °C

	Probekörper: Form	*Herstellung*	
	Zustand	*Vorbehandlung*	
Kriechmodul	1 min N/mm²	*Zeitstandzugfestigkeit* h N/mm²	
Kriechmodul	1000 h N/mm²	*Zeitdehnspg.* % h N/mm²	
bei Spannung	N/mm²		

Biegeversuch 23 °C ASTM D 790;

	Probekörper: Form	*Herstellung*	Spritzgiessen
	Zustand	*Vorbehandlung*	Normalklima
Biegefestigkeit	N/mm²	*E-Modul*	N/mm² 1200
3,5% Biegespannung	N/mm²		

Härte 23 °C

	Probekörper: Zustand	*Herstellung*	Spritzgiessen
		Vorbehandlung	Normalklima
Kugeldruckhärte	N/mm² bei N, s	*Shore-Härte* A	
Rockwellhärte		*Shore-Härte* D	74

Schlagversuch

	Probekörper: (1)		
	(2) V-Kerbe	*Herstellung*	Spritzgiessen
	Zustand	*Vorbehandlung*	Normalklima
	°C	°C	°C *Probekörper-Form*

Schlagzähigkeit	kJ/m²		
Kerbschlagzähigkeit (1)	kJ/m²		
IZOD-Kerbschlagzähigkeit (2)	J/m	23 65	0 35
Kerbschlagzugzähigkeit	kJ/m²		

Abrieb und Reibung

Taber-Abrieb (Reibradverfahren)   mm^3/100 U
Abriebfaktor LNP (Thrust washer) Vergleichswert
Statische Reibungszahl
Dynamische Reibungszahl   ($p \cdot v =$ N/mm$^2 \cdot$ m/min)
Zulässiger p · v Wert   N/mm$^2 \cdot$ (m/min) $v =$ m/min
                                                    $v =$ m/min

Thermische Eigenschaften

Formbeständigkeit in der Wärme   *Verfahren*   A   63 °C
                                     Verfahren   B   94 °C
Vicat Erweichungstemperatur (VST) *Verfahren*   A/50   150 °C
                                     Verfahren   B/50   98 °C
Kristallit-Schmelzpunkt   *Verfahren*   DSC   166 °C

Längenausdehnungskoeffizient   *Bereich*   °C $\cdot 10^{-4} \text{K}^{-1}$
                                     Temperatur $\cdot 10^{-4} \text{K}^{-1}$
Wärmeleitfähigkeit   *Verfahren*   W/(K · m)

Spezifische Wärmekapazität   *Verfahren*   J/(K · g)

Glasumwandlungstemperatur   *Torsionsschwingungsversuch*   °C
                                     Differentialkalorimetrie   °C

Brandverhalten

UL-Test vertikal   Dicke   mm, Wert
                                     Dicke   mm, Wert

                 Norm   *Bewertung*   *Abmessungen*

Sauerstoff-Index   ASTM D 2863
Glühstab-Verfahren
Brandverhalten   DIN 4102
MVSS
FAR

Elektrische Eigenschaften

                                     Hz   °C   *Probekörper, Form*

Dielektrizitätszahl   50
                                     10^3
                                     10^6
Dielektrischer Verlustfaktor tan δ 50
                                     10^3
                                     10^6

*Spezifischer Durchgangs-
  widerstand*   Ohm · cm
Durchschlagfestigkeit   kV/mm   mm dick
Oberflächenwiderstand   Ohm

Kriechstromfestigkeit   KC   KB   KA
Elektrolytische Korrosionswirkung
Lichtbogenfestigkeit nach DIN
              nach ASTM   s

Beständigkeit *(Chemische Beständigkeit siehe Anhang)*

Wasseraufnahme

Feuchtigkeitsaufnahme Normalklima   %
Wetterbeständigkeit

Spannungskorrosion

Optische Eigenschaften

Brechungszahl n$_D$
Transmissionsgrad τ_c %   mm dick
Lichtdurchlässigkeit

Produkt	Polypropylen	**PP**
Handelsname	**Appryl 3180 YR 1**	
Hersteller	ATO	
DIN-Bez 1	16774-PP-H,EGN,XX-M200	
DIN-Bez 2		

Zusätze		*Füllstoffe/ Verstärkung*	
Bevorzugte Verarbeitung	Extrudieren	*Lieferform*	Granulat
		Farben	Natur
Besondere Merkmale	Sehr leichtfliessend	*Bevorzugte Anwendungen*	Faser mit sehr feinem Titer

---

Dichte	g/cm³	0.905	*Schmelzindex*	g/10 min	18: 230/2.16
Schüttdichte	g/cm³		*Volumenfließindex*	cm³/10 min	:
Viskositätszahl	ml/g				

Verarbeitungsbedingungen für Spritzgießen

Massetemp.	°C		*Schwindung*	%	lgs , quer
Werkzeugtemp.	°C		*Bemerkungen*		
Spritzdruck	bar				

Zugversuch 23 °C DIN 53455;

Probekörper:	*Form*	*Herstellung*	Spritzgiessen
	Zustand	*Vorbehandlung*	Normalklima

Streckspannung	N/mm² 28	*Dehnung bei Streckspannung*	%	
Zugfestigkeit	N/mm²	*Reißdehnung*	%	600
Reißfestigkeit	N/mm²	*% Dehnspannung*	N/mm²	
E-Modul	N/mm²	*Dehnung bei % Dehnspg.*	%	

Kriechmoduln und Zeitstandwerte 23 °C

Probekörper:	*Form*	*Herstellung*	
	Zustand	*Vorbehandlung*	

Kriechmodul	1 min N/mm²	*Zeitstandzugfestigkeit*	h N/mm²
Kriechmodul	1000 h N/mm²	*Zeitdehnspg. %*	h N/mm²
bei Spannung	N/mm²		

Biegeversuch 23 °C ASTM D 790;

Probekörper:	*Form*	*Herstellung*	Spritzgiessen
	Zustand	*Vorbehandlung*	Normalklima

Biegefestigkeit	N/mm²	*E-Modul*	N/mm² 1200
3,5% Biegespannung	N/mm²		

Härte 23 °C

Probekörper:	*Zustand*	*Herstellung*	Spritzgiessen
		Vorbehandlung	Normalklima

Kugeldruckhärte	N/mm² bei N, s	*Shore-Härte A*	
Rockwellhärte		*Shore-Härte D*	73

Schlagversuch

Probekörper:	*(1)*		
	(2) V-Kerbe	*Herstellung*	Spritzgiessen
	Zustand	*Vorbehandlung*	Normalklima

	°C	°C	°C	*Probekörper-Form*
Schlagzähigkeit kJ/m²				
Kerbschlagzähigkeit (1) kJ/m²				
IZOD-Kerbschlagzähigkeit (2) J/m	23 65	0 30		
Kerbschlagzugzähigkeit kJ/m²				

Abrieb und Reibung

Taber-Abrieb (Reibradverfahren)   mm³/100 U
Abriebfaktor LNP (Thrust washer) Vergleichswert
Statische Reibungszahl
Dynamische Reibungszahl   ($p \cdot v =$ N/mm² ·   m/min)
Zulässiger p · v Wert   N/mm² · (m/min)   v =   m/min
                                                            v =   m/min

Thermische Eigenschaften

Formbeständigkeit in der Wärme	*Verfahren*	A	63 °C
	Verfahren	B	94 °C
Vicat Erweichungstemperatur (VST)	*Verfahren*	A/50	150 °C
	Verfahren	B/50	98 °C
Kristallit-Schmelzpunkt	*Verfahren*	DSC	166 °C

Längenausdehnungskoeffizient   *Bereich*   °C $\cdot 10^{-4} K^{-1}$
                                                        Temperatur $\cdot 10^{-4} K^{-1}$
Wärmeleitfähigkeit   *Verfahren*   W/(K · m)

Spezifische Wärmekapazität   *Verfahren*   J/(K · g)

Glasumwandlungstemperatur   *Torsionsschwingungsversuch*   °C
                                                            Differentialkalorimetrie   °C

Brandverhalten

UL-Test vertikal   Dicke   mm, Wert
                            Dicke   mm, Wert

	Norm	*Bewertung*	*Abmessungen*
Sauerstoff-Index	ASTM D 2863		
Glühstab-Verfahren			
Brandverhalten	DIN 4102		
MVSS			
FAR			

Elektrische Eigenschaften

	Hz	°C	*Probekörper, Form*
Dielektrizitätszahl	50		
	10^3		
	10^6		
Dielektrischer Verlustfaktor tan δ	50		
	10^3		
	10^6		

*Spezifischer Durchgangs-
  widerstand*   Ohm · cm
Durchschlagfestigkeit   kV/mm   mm dick
Oberflächenwiderstand   Ohm

Kriechstromfestigkeit   KC   KB   KA
Elektrolytische Korrosionswirkung
Lichtbogenfestigkeit nach DIN
                        nach ASTM   s

Beständigkeit *(Chemische Beständigkeit siehe Anhang)*

Wasseraufnahme

Feuchtigkeitsaufnahme Normalklima   %
Wetterbeständigkeit

Spannungskorrosion

Optische Eigenschaften

Brechungszahl n_D
Transmissionsgrad τ_c %   mm dick
Lichtdurchlässigkeit

Produkt	Polypropylen		**PP**
Handelsname	**Appryl 3350 YR 1**		
Hersteller	ATO		
DIN-Bez 1	16774-PP-H,EGN,XX-M400		
DIN-Bez 2			
Zusätze		*Füllstoffe/ Verstärkung*	
Bevorzugte Verarbeitung	Extrudieren	*Lieferform*	Granulat
		Farben	Natur
Besondere Merkmale	Sehr leichtfliessend	*Bevorzugte Anwendungen*	Faser mit sehr feinem Titer; Multifilament mit sehr feinem Titer; Non woven-Produkt

Dichte	g/cm³	0.905	*Schmelzindex* g/10 min	35 : 230/2.16
Schüttdichte	g/cm³		*Volumenfließindex* cm³/10 min	:
Viskositätszahl	ml/g			

Verarbeitungsbedingungen für Spritzgießen

Massetemp.	°C	*Schwindung* % lgs	, quer
Werkzeugtemp.	°C	*Bemerkungen*	
Spritzdruck	bar		

Zugversuch 23 °C　DIN 53455;

	Probekörper:	*Form*	*Herstellung* Spritzgiessen
		Zustand	*Vorbehandlung* Normalklima
Streckspannung	N/mm² 25	*Dehnung bei Streckspannung*	%
Zugfestigkeit	N/mm²	*Reißdehnung*	% 600
Reißfestigkeit	N/mm²	*% Dehnspannung*	N/mm²
E-Modul	N/mm²	*Dehnung bei % Dehnspg.*	%

Kriechmoduln und Zeitstandwerte 23 °C

	Probekörper:	*Form*	*Herstellung*
		Zustand	*Vorbehandlung*
Kriechmodul	1 min N/mm²	*Zeitstandzugfestigkeit*	h N/mm²
Kriechmodul	1000 h N/mm²	*Zeitdehnspg. %*	h N/mm²
bei Spannung	N/mm²		

Biegeversuch 23 °C　ASTM D 790;

	Probekörper:	*Form*	*Herstellung* Spritzgiessen
		Zustand	*Vorbehandlung* Normalklima
Biegefestigkeit	N/mm²	*E-Modul*	N/mm² 1100
3,5% Biegespannung	N/mm²		

Härte 23 °C

	Probekörper: *Zustand*	*Herstellung* Spritzgiessen	
		Vorbehandlung Normalklima	
Kugeldruckhärte	N/mm² bei N, s	*Shore-Härte* A	
Rockwellhärte		*Shore-Härte* D 73	

Schlagversuch

	Probekörper:	(1)	
		(2) V-Kerbe	*Herstellung* Spritzgiessen
		Zustand	*Vorbehandlung* Normalklima
	°C	°C	°C	*Probekörper-Form*

Schlagzähigkeit	kJ/m²		
Kerbschlagzähigkeit (1)	kJ/m²		
IZOD-Kerbschlagzähigkeit (2)	J/m	23 50	0 20
Kerbschlagzugzähigkeit	kJ/m²		

Abrieb und Reibung

Taber-Abrieb (Reibradverfahren) $mm^3/100\ U$
Abriebfaktor LNP (Thrust washer) Vergleichswert
Statische Reibungszahl
Dynamische Reibungszahl $(p \cdot v =$ $N/mm^2 \cdot$ $m/min)$
Zulässiger p · v Wert $N/mm^2 \cdot (m/min)$ $v =$ m/min
               $v =$ m/min

Thermische Eigenschaften

Formbeständigkeit in der Wärme	*Verfahren*	A	60 °C
	Verfahren	B	90 °C
Vicat Erweichungstemperatur (VST)	*Verfahren*	A/50	148 °C
	Verfahren	B/50	95 °C
Kristallit-Schmelzpunkt	*Verfahren*	DSC	166 °C

Längenausdehnungskoeffizient   *Bereich*   °C $\cdot 10^{-4} K^{-1}$
                                      Temperatur $\cdot 10^{-4} K^{-1}$
Wärmeleitfähigkeit   *Verfahren* $W/(K \cdot m)$

Spezifische Wärmekapazität   *Verfahren* $J/(K \cdot g)$

Glasumwandlungstemperatur   *Torsionsschwingungsversuch*   °C
                                       Differentialkalorimetrie   °C

Brandverhalten

UL-Test vertikal   *Dicke*   mm, Wert
                 Dicke   mm, Wert

	Norm	*Bewertung*	*Abmessungen*
Sauerstoff-Index	ASTM D 2863		
Glühstab-Verfahren			
Brandverhalten	DIN 4102		
MVSS			
FAR			

Elektrische Eigenschaften

	Hz	°C	*Probekörper, Form*
Dielektrizitätszahl	50		
	10^3		
	10^6		
Dielektrischer Verlustfaktor $\tan \delta$	50		
	10^3		
	10^6		

Spezifischer Durchgangs-
    widerstand   Ohm · cm
Durchschlagfestigkeit   kV/mm   mm dick
Oberflächenwiderstand   Ohm

Kriechstromfestigkeit   KC   KB   KA
Elektrolytische Korrosionswirkung
Lichtbogenfestigkeit nach DIN
             nach ASTM   s

Beständigkeit *(Chemische Beständigkeit siehe Anhang)*

Wasseraufnahme

Feuchtigkeitsaufnahme Normalklima   %
Wetterbeständigkeit

Spannungskorrosion

Optische Eigenschaften

Brechungszahl n_D
Transmissionsgrad τ_c %   mm dick
Lichtdurchlässigkeit

		PP
Produkt	Polypropylen	
Handelsname	**Appryl 3020 GN 3**	
Hersteller	ATO	
DIN-Bez 1	16774-PP-R,EGN,XX-M022	
DIN-Bez 2		

Zusätze		*Füllstoffe/ Verstärkung*	
Bevorzugte Verarbeitung	Extrudieren; Blasformen	*Lieferform*	Granulat
		Farben	Natur
Besondere Merkmale	Ausgewogene mechanische Eigenschaften	*Bevorzugte Anwendungen*	Halbzeug; Rohr; Profil; Tafel; Coextrudat; Hohlkoerper

Dichte	g/cm³	0.900	*Schmelzindex*	g/10 min	2: 230/2.16
Schüttdichte	g/cm³		*Volumenfließindex*	cm³/10 min	:
Viskositätszahl	ml/g				

Verarbeitungsbedingungen für Spritzgießen

Massetemp.	°C		*Schwindung*	%	lgs , quer
Werkzeugtemp.	°C		*Bemerkungen*		
Spritzdruck	bar				

Zugversuch 23 °C DIN 53455;

	Probekörper: Form		*Herstellung*	Spritzgiessen
	Zustand		*Vorbehandlung*	Normalklima
Streckspannung	N/mm²	26	*Dehnung bei Streckspannung* %	
Zugfestigkeit	N/mm²		*Reißdehnung* %	600
Reißfestigkeit	N/mm²		% *Dehnspannung* N/mm²	
E-Modul	N/mm²		*Dehnung bei* % *Dehnspg.* %	

Kriechmoduln und Zeitstandwerte 23 °C

	Probekörper: Form		*Herstellung*	
	Zustand		*Vorbehandlung*	
Kriechmodul	1 min N/mm²		*Zeitstandzugfestigkeit*	h N/mm²
Kriechmodul	1000 h N/mm²		*Zeitdehnspg.* %	h N/mm²
bei Spannung	N/mm²			

Biegeversuch 23 °C ASTM D 790;

	Probekörper: Form		*Herstellung*	Spritzgiessen
	Zustand		*Vorbehandlung*	Normalklima
Biegefestigkeit	N/mm²		*E-Modul*	N/mm² 900
3,5% Biegespannung	N/mm²			

Härte 23 °C

	Probekörper: Zustand	*Herstellung*	Spritzgiessen
		Vorbehandlung	Normalklima
Kugeldruckhärte	N/mm² bei N, s	*Shore-Härte* A	
Rockwellhärte		*Shore-Härte* D	60

Schlagversuch

	Probekörper: (1)		
	(2) V-Kerbe	*Herstellung*	Spritzgiessen
	Zustand	*Vorbehandlung*	Normalklima

		°C	°C	°C	*Probekörper-Form*
Schlagzähigkeit	kJ/m²				
Kerbschlagzähigkeit (1)	kJ/m²				
IZOD-Kerbschlagzähigkeit (2)	J/m	23 80	0 40		
Kerbschlagzugzähigkeit	kJ/m²				

Abrieb und Reibung

Taber-Abrieb (Reibradverfahren)   mm³/100 U
Abriebfaktor LNP (Thrust washer) Vergleichswert
Statische Reibungszahl
Dynamische Reibungszahl   (p · v =   N/mm² ·   m/min)
Zulässiger p · v Wert   N/mm² · (m/min)   v =   m/min
                                                                     v =   m/min

Thermische Eigenschaften

Formbeständigkeit in der Wärme   *Verfahren* B   69 °C
                                       Verfahren   °C
Vicat Erweichungstemperatur (VST)   *Verfahren* A/50   123 °C
                                       Verfahren   °C
Kristallit-Schmelzpunkt   *Verfahren* DSC   148 °C

Längenausdehnungskoeffizient   *Bereich*   °C $\cdot 10^{-4} \mathrm{K}^{-1}$
                                       Temperatur $\cdot 10^{-4} \mathrm{K}^{-1}$
Wärmeleitfähigkeit   *Verfahren*   W/(K · m)

Spezifische Wärmekapazität   *Verfahren*   J/(K · g)

Glasumwandlungstemperatur   Torsionsschwingungsversuch   °C
                                       Differentialkalorimetrie   °C

Brandverhalten

UL-Test vertikal   Dicke   mm, Wert
                                       Dicke   mm, Wert

	Norm	Bewertung	Abmessungen
Sauerstoff-Index	ASTM D 2863		
Glühstab-Verfahren			
Brandverhalten	DIN 4102		
MVSS			
FAR			

Elektrische Eigenschaften

	Hz	°C		Probekörper, Form
Dielektrizitätszahl	50			
	10^3			
	10^6			
Dielektrischer Verlustfaktor tan δ	50			
	10^3			
	10^6			

Spezifischer Durchgangs-
   widerstand   Ohm · cm
Durchschlagfestigkeit kV/mm   mm dick
Oberflächenwiderstand Ohm

Kriechstromfestigkeit   KC   KB   KA
Elektrolytische Korrosionswirkung
Lichtbogenfestigkeit nach DIN
              nach ASTM   s

Beständigkeit *(Chemische Beständigkeit siehe Anhang)*

Wasseraufnahme

Feuchtigkeitsaufnahme Normalklima   %
Wetterbeständigkeit

Spannungskorrosion

Optische Eigenschaften

Brechungszahl n_D
Transmissionsgrad τ_c %   mm dick
Lichtdurchlässigkeit

		PP
Produkt	Polypropylen	
Handelsname	**Appryl 7188**	
Hersteller	ATO	
DIN-Bez 1	16774-PP-R,EGN,XX-M022	
DIN-Bez 2		

Zusätze		*Füllstoffe/ Verstärkung*	
Bevorzugte Verarbeitung	Extrudieren; Blasformen	*Lieferform*	Granulat
		Farben	Natur
Besondere Merkmale	Ausgewogene mechanische Eigenschaften	*Bevorzugte Anwendungen*	Hohlkoerper; Tafel

Dichte	g/cm^3	0.900	*Schmelzindex*	g/10 min	2:	230/2.16
Schüttdichte	g/cm^3		*Volumenfließindex*	cm^3/10 min	:	
Viskositätszahl	ml/g					

Verarbeitungsbedingungen für Spritzgießen

Massetemp.	°C		*Schwindung*	%	lgs	, quer
Werkzeugtemp.	°C		*Bemerkungen*			
Spritzdruck	bar					

Zugversuch 23 °C DIN 53455;

	Probekörper:	*Form*		*Herstellung*	Spritzgiessen
		Zustand		*Vorbehandlung*	Normalklima
Streckspannung	N/mm^2 28		*Dehnung bei Streckspannung*	%	
Zugfestigkeit	N/mm^2		*Reißdehnung*	%	600
Reißfestigkeit	N/mm^2		% *Dehnspannung*	N/mm^2	
E-Modul	N/mm^2		*Dehnung bei* % *Dehnspg.*	%	

Kriechmoduln und Zeitstandwerte 23 °C

	Probekörper:	*Form*		*Herstellung*	
		Zustand		*Vorbehandlung*	
Kriechmodul	1 min N/mm^2		*Zeitstandzugfestigkeit*	h N/mm^2	
Kriechmodul	1000 h N/mm^2		*Zeitdehnspg.* %	h N/mm^2	
bei Spannung	N/mm^2				

Biegeversuch 23 °C ASTM D 790;

	Probekörper:	*Form*		*Herstellung*	Spritzgiessen
		Zustand		*Vorbehandlung*	Normalklima
Biegefestigkeit	N/mm^2		*E-Modul*	N/mm^2 1000	
3,5% Biegespannung	N/mm^2				

Härte 23 °C

	Probekörper:	*Zustand*	*Herstellung*	Spritzgiessen
			Vorbehandlung	Normalklima
Kugeldruckhärte	N/mm^2	bei N, s	*Shore-Härte* A	
Rockwellhärte			*Shore-Härte* D 62	

Schlagversuch

	Probekörper:	*(1)*			
		(2) V-Kerbe		*Herstellung*	Spritzgiessen
		Zustand		*Vorbehandlung*	Normalklima
		°C	°C	°C	*Probekörper-Form*

Schlagzähigkeit	kJ/m^2			
Kerbschlagzähigkeit (1)	kJ/m^2			
IZOD-Kerbschlagzähigkeit (2)	J/m	23 85	0 40	
Kerbschlagzugzähigkeit	kJ/m^2			

Abrieb und Reibung

Taber-Abrieb (Reibradverfahren)   mm³/100 U
Abriebfaktor LNP (Thrust washer) Vergleichswert
Statische Reibungszahl
Dynamische Reibungszahl $(p \cdot v = \quad N/mm^2 \cdot \quad m/min)$
Zulässiger p · v Wert $N/mm^2 \cdot (m/min)$ v =   m/min
                                                v =   m/min

Thermische Eigenschaften

Formbeständigkeit in der Wärme   *Verfahren*   B   75 °C
                                         Verfahren   °C
Vicat Erweichungstemperatur (VST)   *Verfahren*   A/50   125 °C
                                         Verfahren   °C
Kristallit-Schmelzpunkt   *Verfahren*   DSC   148 °C

Längenausdehnungskoeffizient   *Bereich*   °C $\cdot 10^{-4} K^{-1}$
                                         Temperatur $\cdot 10^{-4} K^{-1}$
Wärmeleitfähigkeit   *Verfahren* $W/(K \cdot m)$

Spezifische Wärmekapazität   *Verfahren* $J/(K \cdot g)$

Glasumwandlungstemperatur   *Torsionsschwingungsversuch*   °C
                                         Differentialkalorimetrie   °C

Brandverhalten

UL-Test vertikal   *Dicke*   mm, *Wert*
                               Dicke   mm, *Wert*

	Norm	*Bewertung*	*Abmessungen*
Sauerstoff-Index	ASTM D 2863		
Glühstab-Verfahren			
Brandverhalten	DIN 4102		
MVSS			
FAR			

Elektrische Eigenschaften

	Hz	°C	*Probekörper, Form*
Dielektrizitätszahl	50		
	10^3		
	10^6		
Dielektrischer Verlustfaktor tan δ	50		
	10^3		
	10^6		

Spezifischer Durchgangs-
     widerstand   Ohm · cm
Durchschlagfestigkeit   kV/mm   mm dick
Oberflächenwiderstand   Ohm

Kriechstromfestigkeit   KC   KB   KA
Elektrolytische Korrosionswirkung
Lichtbogenfestigkeit nach DIN
            nach ASTM   s

Beständigkeit *(Chemische Beständigkeit siehe Anhang)*

Wasseraufnahme

Feuchtigkeitsaufnahme Normalklima   %
Wetterbeständigkeit

Spannungskorrosion

Optische Eigenschaften

Brechungszahl n_D
Transmissionsgrad τ_c %   mm dick
Lichtdurchlässigkeit

		PP
Produkt	Polypropylen	
Handelsname	**Appryl 3020 SM 3**	
Hersteller	ATO	
DIN-Bez 1	16774-PP-R,EGN,XX-M022	
DIN-Bez 2		

Zusätze		*Füllstoffe/ Verstärkung*	
Bevorzugte Verarbeitung	Blasformen	*Lieferform*	Granulat
		Farben	Natur
Besondere Merkmale		*Bevorzugte Anwendungen*	Hohlkoerper fuer pharmazeutische und medizinische Anwendungen

---

Dichte	g/cm³	0.900	*Schmelzindex*	g/10 min	2:	230/2.16
Schüttdichte	g/cm³		*Volumenfließindex*	cm³/10 min	:
Viskositätszahl	ml/g			

Verarbeitungsbedingungen für Spritzgießen

Massetemp.	°C		*Schwindung*	%	lgs	, quer
Werkzeugtemp.	°C		*Bemerkungen*	
Spritzdruck	bar			

Zugversuch 23 °C DIN 53455;

	Probekörper: Form	*Herstellung*	Spritzgiessen
	Zustand	*Vorbehandlung*	Normalklima

Streckspannung	N/mm² 26	*Dehnung bei Streckspannung*	%	
Zugfestigkeit	N/mm²	*Reißdehnung*	%	600
Reißfestigkeit	N/mm²	% *Dehnspannung*	N/mm²	
E-Modul	N/mm²	*Dehnung bei* % *Dehnspg.*	%	

Kriechmoduln und Zeitstandwerte 23 °C

	Probekörper: Form	*Herstellung*	
	Zustand	*Vorbehandlung*	

Kriechmodul	1 min N/mm²	*Zeitstandzugfestigkeit*	h N/mm²
Kriechmodul	1000 h N/mm²	*Zeitdehnspg.* %	h N/mm²
bei Spannung	N/mm²		

Biegeversuch 23 °C ASTM D 790;

	Probekörper: Form	*Herstellung*	Spritzgiessen
	Zustand	*Vorbehandlung*	Normalklima

Biegefestigkeit	N/mm²	*E-Modul*	N/mm² 900
3,5% Biegespannung	N/mm²		

Härte 23 °C

	Probekörper: Zustand	*Herstellung*	Spritzgiessen
		Vorbehandlung	Normalklima

Kugeldruckhärte	N/mm²	bei N, s	*Shore-Härte* A	
Rockwellhärte			*Shore-Härte* D	60

Schlagversuch

	Probekörper: (1)		
	(2) V-Kerbe	*Herstellung*	Spritzgiessen
	Zustand	*Vorbehandlung*	Normalklima
	°C	°C	°C	*Probekörper-Form*

Schlagzähigkeit	kJ/m²			
Kerbschlagzähigkeit (1)	kJ/m²			
IZOD-Kerbschlagzähigkeit (2)	J/m	23 80	0 40	
Kerbschlagzugzähigkeit	kJ/m²			

Abrieb und Reibung

Taber-Abrieb (Reibradverfahren)　　　　　　　　　　　mm³/100 U
Abriebfaktor LNP (Thrust washer) Vergleichswert
Statische Reibungszahl
Dynamische Reibungszahl　　　　　　　　　　　　　　(p·v =　　　　N/mm² ·　　　m/min)
Zulässiger p · v Wert　　　　　　　　　　　　　　　　N/mm² · (m/min)　v =　　　m/min
　　　　　　　　　　　　　　　　　　　　　　　　　　　　　　　　　　　v =　　　m/min

Thermische Eigenschaften

Formbeständigkeit in der Wärme	*Verfahren*	B	69 °C
	Verfahren		°C
Vicat Erweichungstemperatur (VST)	*Verfahren*	A/50	123 °C
	Verfahren		°C
Kristallit-Schmelzpunkt	*Verfahren*	DSC	148 °C
Längenausdehnungskoeffizient	*Bereich*	°C	$\cdot 10^{-4} K^{-1}$
	Temperatur		$\cdot 10^{-4} K^{-1}$
Wärmeleitfähigkeit	*Verfahren*		W/(K · m)
Spezifische Wärmekapazität	*Verfahren*		J/(K · g)
Glasumwandlungstemperatur	*Torsionsschwingungsversuch*	°C	
	Differentialkalorimetrie	°C	

Brandverhalten

UL-Test vertikal　　　　　　　　　　　　Dicke　　mm, Wert
　　　　　　　　　　　　　　　　　　　　　Dicke　　mm, Wert

	Norm	*Bewertung*	*Abmessungen*
Sauerstoff-Index	ASTM D 2863		
Glühstab-Verfahren			
Brandverhalten	DIN 4102		
MVSS			
FAR			

Elektrische Eigenschaften

	Hz	°C	*Probekörper, Form*
Dielektrizitätszahl	50		
	10^3		
	10^6		
Dielektrischer Verlustfaktor tan δ	50		
	10^3		
	10^6		
Spezifischer Durchgangs-widerstand	Ohm · cm		
Durchschlagfestigkeit	kV/mm		mm dick
Oberflächenwiderstand	Ohm		
Kriechstromfestigkeit	KC	KB	KA
Elektrolytische Korrosionswirkung			
Lichtbogenfestigkeit nach DIN			
nach ASTM	s		

Beständigkeit *(Chemische Beständigkeit siehe Anhang)*

Wasseraufnahme

Feuchtigkeitsaufnahme Normalklima　　　　　　　　　　　　　　　　　　　　　　　% .
Wetterbeständigkeit

Spannungskorrosion

Optische Eigenschaften

Brechungszahl n_D
Transmissionsgrad τ_c　　　%　　　　　　　mm dick
Lichtdurchlässigkeit

Produkt	Polypropylen	**PP**
Handelsname	**Appryl X 0320**	
Hersteller	ATO	
DIN-Bez 1	16774-PP-H,MCG,XX-M022,M20	
DIN-Bez 2		

Zusätze		*Füllstoffe/ Verstärkung*	20.0% Mineral
Bevorzugte Verarbeitung	Spritzgiessen	*Lieferform*	Granulat
		Farben	Schwarz
Besondere Merkmale	Gute Waermeformbestaendigkeit; Hoher Modul	*Bevorzugte Anwendungen*	Technisches Formteil; Kfz-Industrie

Dichte	g/cm³	1.04	*Schmelzindex*	g/10 min	3: 230/2.16
Schüttdichte	g/cm³		*Volumenfließindex*	cm³/10 min	:
Viskositätszahl	ml/g				

Verarbeitungsbedingungen für Spritzgießen

Massetemp.	°C		*Schwindung*	%	lgs , quer
Werkzeugtemp.	°C		*Bemerkungen*		
Spritzdruck	bar				

Zugversuch 23 °C   DIN 53455;

	Probekörper:	*Form*	*Herstellung*	Spritzgiessen
		Zustand	*Vorbehandlung*	Normalklima

Streckspannung	N/mm² 34	*Dehnung bei Streckspannung*	%	
Zugfestigkeit	N/mm²	*Reißdehnung*	%	
Reißfestigkeit	N/mm²	*% Dehnspannung*	N/mm²	
E-Modul	N/mm²	*Dehnung bei % Dehnspg.*	%	

Kriechmoduln und Zeitstandwerte 23 °C

	Probekörper:	*Form*	*Herstellung*
		Zustand	*Vorbehandlung*

Kriechmodul	1 min N/mm²	*Zeitstandzugfestigkeit*	h N/mm²
Kriechmodul	1000 h N/mm²	*Zeitdehnspg. %*	h N/mm²
bei Spannung	N/mm²		

Biegeversuch 23 °C   ASTM D 790;

	Probekörper:	*Form*	*Herstellung*	Spritzgiessen
		Zustand	*Vorbehandlung*	Normalklima

Biegefestigkeit	N/mm²	*E-Modul*	N/mm² 2800
3,5% Biegespannung	N/mm²		

Härte 23 °C

	Probekörper:	*Zustand*	*Herstellung*	Spritzgiessen
			Vorbehandlung	Normalklima

Kugeldruckhärte	N/mm² bei N, s	*Shore-Härte A*	
Rockwellhärte		*Shore-Härte D*	76

Schlagversuch

	Probekörper:	(1) U-Kerbe		
		(2) V-Kerbe	*Herstellung*	Spritzgiessen
		Zustand	*Vorbehandlung*	Normalklima

	°C	°C	°C	*Probekörper-Form*
Schlagzähigkeit	kJ/m²			
Kerbschlagzähigkeit (1)	kJ/m²	23 5	0 3	-20 2 NKS
IZOD-Kerbschlagzähigkeit (2)	J/m	23 40	0 20	
Kerbschlagzugzähigkeit	kJ/m²			

Abrieb und Reibung

Taber-Abrieb (Reibradverfahren) mm^3/100 U
Abriebfaktor LNP (Thrust washer) Vergleichswert
Statische Reibungszahl
Dynamische Reibungszahl (p·v = N/mm^2· m/min)
Zulässiger p · v Wert N/mm^2· (m/min) v = m/min
v = m/min

Thermische Eigenschaften

Formbeständigkeit in der Wärme	*Verfahren* B		125 °C
	Verfahren		°C
Vicat Erweichungstemperatur (VST)	*Verfahren* A/50		152 °C
	Verfahren		°C
Kristallit-Schmelzpunkt	*Verfahren* DSC		166 °C
Längenausdehnungskoeffizient	*Bereich*	°C	·10^{-4}K^{-1}
	Temperatur		·10^{-4}K^{-1}
Wärmeleitfähigkeit	*Verfahren*		W/(K·m)
Spezifische Wärmekapazität	*Verfahren*		J/(K·g)
Glasumwandlungstemperatur	*Torsionsschwingungsversuch*	°C	
	Differentialkalorimetrie	°C	

Brandverhalten

UL-Test vertikal Dicke mm, Wert
Dicke mm, Wert

	Norm	*Bewertung*	*Abmessungen*
Sauerstoff-Index	ASTM D 2863		
Glühstab-Verfahren			
Brandverhalten	DIN 4102		
MVSS			
FAR			

Elektrische Eigenschaften

	Hz	°C	*Probekörper, Form*
Dielektrizitätszahl	50		
	10^3		
	10^6		
Dielektrischer Verlustfaktor tan δ	50		
	10^3		
	10^6		

Spezifischer Durchgangs-
*   widerstand* Ohm·cm
Durchschlagfestigkeit kV/mm mm dick
Oberflächenwiderstand Ohm

Kriechstromfestigkeit KC KB KA
Elektrolytische Korrosionswirkung
Lichtbogenfestigkeit nach DIN
nach ASTM s

Beständigkeit *(Chemische Beständigkeit siehe Anhang)*

Wasseraufnahme

Feuchtigkeitsaufnahme Normalklima %
Wetterbeständigkeit

Spannungskorrosion

Optische Eigenschaften

Brechungszahl n$_D$
Transmissionsgrad τ$_c$ % mm dick
Lichtdurchlässigkeit

		PP
Produkt	Polypropylen	
Handelsname	**Appryl X 0340**	
Hersteller	ATO	
DIN-Bez 1	16774-PP-H,MCG,XX-M022,M40	
DIN-Bez 2		

Zusätze		*Füllstoffe/ Verstärkung*	40.0% Mineral
Bevorzugte Verarbeitung	Spritzgiessen	*Lieferform*	Granulat
		Farben	Schwarz; Weiss
Besondere Merkmale	Gute Waermeformbestaendigkeit	*Bevorzugte Anwendungen*	Technisches Formteil; Kfz-Industrie; Elektro-Haushaltsgeraet

Dichte	g/cm³	1.23	*Schmelzindex*	g/10 min	3: 230/2.16
Schüttdichte	g/cm³		*Volumenfließindex*	cm³/10 min	:
Viskositätszahl	ml/g				

Verarbeitungsbedingungen für Spritzgießen

Massetemp.	°C		*Schwindung*	%	lgs , quer
Werkzeugtemp.	°C		*Bemerkungen*		
Spritzdruck	bar				

Zugversuch 23 °C   DIN 53455;

	Probekörper:	*Form*	*Herstellung*	Spritzgiessen
		Zustand	*Vorbehandlung*	Normalklima
Streckspannung	N/mm² 32		*Dehnung bei Streckspannung*	%
Zugfestigkeit	N/mm²		*Reißdehnung*	%
Reißfestigkeit	N/mm²		% *Dehnspannung*	N/mm²
E-Modul	N/mm²		*Dehnung bei* % *Dehnspg.*	%

Kriechmoduln und Zeitstandwerte 23 °C

	Probekörper:	*Form*	*Herstellung*	
		Zustand	*Vorbehandlung*	
Kriechmodul	1 min N/mm²		*Zeitstandzugfestigkeit*	h N/mm²
Kriechmodul	1000 h N/mm²		*Zeitdehnspg.* %	h N/mm²
bei Spannung	N/mm²			

Biegeversuch 23 °C

	Probekörper:	*Form*	*Herstellung*	
		Zustand	*Vorbehandlung*	
Biegefestigkeit	N/mm²	*E-Modul*		N/mm²
3,5% Biegespannung	N/mm²			

Härte 23 °C

	Probekörper:	*Zustand*	*Herstellung*	Spritzgiessen
			Vorbehandlung	Normalklima
Kugeldruckhärte	N/mm²	bei N, s	*Shore-Härte* A	
Rockwellhärte			*Shore-Härte* D	78

Schlagversuch

	Probekörper:	*(1)* U-Kerbe	
		(2) V-Kerbe	*Herstellung* Spritzgiessen
		Zustand	*Vorbehandlung* Normalklima

		°C	°C	°C	*Probekörper-Form*
Schlagzähigkeit	kJ/m²				
Kerbschlagzähigkeit (1)	kJ/m²	23 2.5	0 1.8	-20 0.5	NKS
IZOD-Kerbschlagzähigkeit (2)	J/m	23 20	0 10		
Kerbschlagzugzähigkeit	kJ/m²				

Abrieb und Reibung

Taber-Abrieb (Reibradverfahren)   mm³/100 U
Abriebfaktor LNP (Thrust washer) Vergleichswert
Statische Reibungszahl
Dynamische Reibungszahl   (p·v =   N/mm² ·   m/min)
Zulässiger p · v Wert   N/mm² · (m/min)   v =   m/min
                                                                              v =   m/min

Thermische Eigenschaften

Formbeständigkeit in der Wärme	*Verfahren*	B	130 °C
	Verfahren		°C
Vicat Erweichungstemperatur (VST)	*Verfahren*	A/50	155 °C
	Verfahren	B/50	110 °C
Kristallit-Schmelzpunkt	*Verfahren*	DSC	166 °C

Längenausdehnungskoeffizient   *Bereich*   °C $\cdot 10^{-4} K^{-1}$
                                      Temperatur $\cdot 10^{-4} K^{-1}$
Wärmeleitfähigkeit   *Verfahren*   W/(K · m)

Spezifische Wärmekapazität   *Verfahren*   J/(K · g)

Glasumwandlungstemperatur   *Torsionsschwingungsversuch*   °C
                                      Differentialkalorimetrie   °C

Brandverhalten

UL-Test vertikal   Dicke   mm, Wert
                                      Dicke   mm, Wert

	Norm	*Bewertung*	*Abmessungen*
Sauerstoff-Index	ASTM D 2863		
Glühstab-Verfahren			
Brandverhalten	DIN 4102		
MVSS			
FAR			

Elektrische Eigenschaften

	Hz	°C		*Probekörper, Form*
Dielektrizitätszahl	50			
	10^3			
	10^6			
Dielektrischer Verlustfaktor tan δ	50			
	10^3			
	10^6			

Spezifischer Durchgangs-
  widerstand   Ohm · cm
Durchschlagfestigkeit   kV/mm   mm dick
Oberflächenwiderstand   Ohm

Kriechstromfestigkeit   KC   KB   KA
Elektrolytische Korrosionswirkung
Lichtbogenfestigkeit nach DIN
        nach ASTM   s

Beständigkeit *(Chemische Beständigkeit siehe Anhang)*

Wasseraufnahme

Feuchtigkeitsaufnahme Normalklima   %
Wetterbeständigkeit

Spannungskorrosion

Optische Eigenschaften

Brechungszahl n_D
Transmissionsgrad τ_c %   mm dick
Lichtdurchlässigkeit

		PP

Produkt — Polypropylen

Handelsname — **Appryl X 1220**

Hersteller — ATO

DIN-Bez 1 — 16774-PP-H,MCG,XX-M090,M20
DIN-Bez 2

Zusätze   *Füllstoffe/* — 20.0% Mineral
                                                  Verstärkung

Bevorzugte — Spritzgiessen   *Lieferform* — Granulat
Verarbeitung
                                                  Farben — Schwarz

Besondere — Gute Waermeformbestaendigkeit; Ho- *Bevorzugte* — Technisches Formteil; Kfz-Industrie
Merkmale — her Modul; Leichtfliessend   *Anwendungen*

Dichte — g/cm^3 1.04   *Schmelzindex* — g/10 min   12: 230/2.16
Schüttdichte — g/cm^3 *Volumenfließindex* — cm^3/10 min   :
Viskositätszahl — ml/g

Verarbeitungsbedingungen für Spritzgießen

Massetemp. — °C   *Schwindung* — %   lgs   , quer
Werkzeugtemp. — °C   *Bemerkungen*
Spritzdruck — bar

Zugversuch 23 °C — DIN 53455;
    Probekörper: Form   *Herstellung* — Spritzgiessen
    Zustand   *Vorbehandlung* — Normalklima

Streckspannung — N/mm^2 34   *Dehnung bei Streckspannung* — %
Zugfestigkeit — N/mm^2 *Reißdehnung* — %
Reißfestigkeit — N/mm^2 *% Dehnspannung* — N/mm^2
E-Modul — N/mm^2 *Dehnung bei % Dehnspg.* — %

Kriechmoduln und Zeitstandwerte 23 °C
    Probekörper: Form   *Herstellung*
    Zustand   *Vorbehandlung*

Kriechmodul — 1 min N/mm^2 *Zeitstandzugfestigkeit* — h N/mm^2
Kriechmodul — 1000 h N/mm^2 *Zeitdehnspg.* % — h N/mm^2
bei Spannung — N/mm^2

Biegeversuch 23 °C — ASTM D 790;
    Probekörper: Form   *Herstellung* — Spritzgiessen
    Zustand   *Vorbehandlung* — Normalklima

Biegefestigkeit — N/mm^2 *E-Modul* — N/mm^2 2900
3,5% Biegespannung — N/mm^2

Härte 23 °C — *Probekörper:* Zustand   *Herstellung* — Spritzgiessen
                                                    Vorbehandlung — Normalklima

Kugeldruckhärte — N/mm^2 bei N, s   *Shore-Härte* A
Rockwellhärte   *Shore-Härte* D 76

Schlagversuch — *Probekörper:* (1) U-Kerbe
    (2) V-Kerbe
    Zustand   *Herstellung* — Spritzgiessen
                                                               Vorbehandlung — Normalklima

		°C	°C	°C	*Probekörper-Form*
Schlagzähigkeit	kJ/m^2				
Kerbschlagzähigkeit (1)	kJ/m^2	23 4	0 2	-20 1.5	NKS
IZOD-Kerbschlagzähigkeit (2)	J/m	23 30	0 20		
Kerbschlagzugzähigkeit	kJ/m^2				

Abrieb und Reibung

Taber-Abrieb (Reibradverfahren)	mm³/100 U
Abriebfaktor LNP (Thrust washer) Vergleichswert	
Statische Reibungszahl	
Dynamische Reibungszahl	(p·v = N/mm² · m/min)
Zulässiger p · v Wert	N/mm² · (m/min) v = m/min
	v = m/min

Thermische Eigenschaften

Formbeständigkeit in der Wärme	*Verfahren*	B	125 °C
	Verfahren		°C
Vicat Erweichungstemperatur (VST)	*Verfahren*	A/50	152 °C
	Verfahren		°C
Kristallit-Schmelzpunkt	*Verfahren*	DSC	166 °C
Längenausdehnungskoeffizient	*Bereich*	°C	$\cdot 10^{-4} K^{-1}$
	Temperatur		$\cdot 10^{-4} K^{-1}$
Wärmeleitfähigkeit	*Verfahren*		W/(K · m)
Spezifische Wärmekapazität	*Verfahren*		J/(K · g)
Glasumwandlungstemperatur	*Torsionsschwingungsversuch*	°C	
	Differentialkalorimetrie	°C	

Brandverhalten

UL-Test vertikal	Dicke mm, Wert	
	Dicke mm, Wert	

	Norm	*Bewertung*	*Abmessungen*
Sauerstoff-Index	ASTM D 2863		
Glühstab-Verfahren			
Brandverhalten	DIN 4102		
MVSS			
FAR			

Elektrische Eigenschaften

	Hz	°C	*Probekörper, Form*
Dielektrizitätszahl	50		
	10^3		
	10^6		
Dielektrischer Verlustfaktor tan δ	50		
	10^3		
	10^6		

Spezifischer Durchgangs-				
widerstand	Ohm · cm			
Durchschlagfestigkeit	kV/mm			mm dick
Oberflächenwiderstand	Ohm			
Kriechstromfestigkeit	KC	KB	KA	
Elektrolytische Korrosionswirkung				
Lichtbogenfestigkeit nach DIN				
nach ASTM	s			

Beständigkeit *(Chemische Beständigkeit siehe Anhang)*

Wasseraufnahme	
Feuchtigkeitsaufnahme Normalklima	%
Wetterbeständigkeit	
Spannungskorrosion	

Optische Eigenschaften

Brechungszahl n_D		
Transmissionsgrad τ_c	%	mm dick
Lichtdurchlässigkeit		

Produkt	Polypropylen	**PP**
Handelsname	**Appryl W 1230**	
Hersteller	ATO	
DIN-Bez 1	16774-PP-H,MCG,XX-M090,M30	
DIN-Bez 2		

Zusätze		*Füllstoffe/ Verstärkung*	30.0% Mineral
Bevorzugte Verarbeitung	Spritzgiessen	*Lieferform*	Granulat
		Farben	Standard
Besondere Merkmale	Gute Waermeformbestaendigkeit; Hoher Modul; Leichtfliessend	*Bevorzugte Anwendungen*	Technisches Formteil; Teil fuer Kfz-Innenraum

---

Dichte	g/cm³ 1.15	*Schmelzindex*	g/10 min	12: 230/2.16
Schüttdichte	g/cm³	*Volumenfließindex*	cm³/10 min	:
Viskositätszahl	ml/g			

Verarbeitungsbedingungen für Spritzgießen

Massetemp.	°C	*Schwindung*	%	lgs , quer
Werkzeugtemp.	°C	*Bemerkungen*		
Spritzdruck	bar			

Zugversuch 23 °C DIN 53455;

	Probekörper: Form	*Herstellung*	Spritzgiessen
	Zustand	*Vorbehandlung*	Normalklima
Streckspannung	N/mm² 34	*Dehnung bei Streckspannung*	%
Zugfestigkeit	N/mm²	*Reißdehnung*	%
Reißfestigkeit	N/mm²	% *Dehnspannung*	N/mm²
E-Modul	N/mm²	*Dehnung bei % Dehnspg.*	%

Kriechmoduln und Zeitstandwerte 23 °C

	Probekörper: Form	*Herstellung*	
	Zustand	*Vorbehandlung*	
Kriechmodul	1 min N/mm²	*Zeitstandzugfestigkeit*	h N/mm²
Kriechmodul	1000 h N/mm²	*Zeitdehnspg. %*	h N/mm²
bei Spannung	N/mm²		

Biegeversuch 23 °C ASTM D 790;

	Probekörper: Form	*Herstellung*	Spritzgiessen
	Zustand	*Vorbehandlung*	Normalklima
Biegefestigkeit	N/mm²	*E-Modul*	N/mm² 3200
3,5% Biegespannung	N/mm²		

Härte 23 °C

	Probekörper: Zustand	*Herstellung*	Spritzgiessen
		Vorbehandlung	Normalklima
Kugeldruckhärte	N/mm² bei N, s	*Shore-Härte A*	
Rockwellhärte		*Shore-Härte D*	76

Schlagversuch

Probekörper:	(1) U-Kerbe		
	(2) V-Kerbe	*Herstellung*	Spritzgiessen
	Zustand	*Vorbehandlung*	Normalklima

		°C	°C	°C	*Probekörper-Form*
Schlagzähigkeit	kJ/m²				
Kerbschlagzähigkeit (1)	kJ/m²	23 4	0 1.5	-20 1	NKS
IZOD-Kerbschlagzähigkeit (2)	J/m	23 25	0 15		
Kerbschlagzugzähigkeit	kJ/m²				

Abrieb und Reibung

Taber-Abrieb (Reibradverfahren)   mm³/100 U
Abriebfaktor LNP (Thrust washer) Vergleichswert
Statische Reibungszahl
Dynamische Reibungszahl   (p·v =   N/mm² ·   m/min)
Zulässiger p · v Wert   N/mm² · (m/min)   v =   m/min
                                                                       v =   m/min

Thermische Eigenschaften

Formbeständigkeit in der Wärme   *Verfahren* B   127 °C
                                        Verfahren   °C
Vicat Erweichungstemperatur (VST)   *Verfahren* A/50   152 °C
                                        Verfahren   °C
Kristallit-Schmelzpunkt   *Verfahren* DSC   166 °C

Längenausdehnungskoeffizient   *Bereich*   °C $\cdot 10^{-4} \mathrm{K}^{-1}$
                                        Temperatur $\cdot 10^{-4} \mathrm{K}^{-1}$
Wärmeleitfähigkeit   *Verfahren*   W/(K · m)

Spezifische Wärmekapazität   *Verfahren*   J/(K · g)

Glasumwandlungstemperatur   *Torsionsschwingungsversuch*   °C
                                        Differentialkalorimetrie   °C

Brandverhalten

UL-Test vertikal   Dicke   mm, Wert
                                        Dicke   mm, Wert

               Norm   *Bewertung*   *Abmessungen*

Sauerstoff-Index   ASTM D 2863
Glühstab-Verfahren
Brandverhalten   DIN 4102
MVSS
FAR

Elektrische Eigenschaften

                                        Hz   °C   *Probekörper, Form*

Dielektrizitätszahl   50
                                        10^3
                                        10^6
Dielektrischer Verlustfaktor tan δ   50
                                        10^3
                                        10^6
Spezifischer Durchgangs-
  widerstand   Ohm · cm
Durchschlagfestigkeit   kV/mm   mm dick
Oberflächenwiderstand   Ohm

Kriechstromfestigkeit   KC   KB   KA
Elektrolytische Korrosionswirkung
Lichtbogenfestigkeit nach DIN
              nach ASTM   s

Beständigkeit *(Chemische Beständigkeit siehe Anhang)*

Wasseraufnahme

Feuchtigkeitsaufnahme Normalklima   %
Wetterbeständigkeit

Spannungskorrosion

Optische Eigenschaften

Brechungszahl n_D
Transmissionsgrad τ_c %   mm dick
Lichtdurchlässigkeit

Produkt	Polypropylen	**PP**
Handelsname	**Appryl X 1240**	
Hersteller	ATO	
DIN-Bez 1 *DIN-Bez 2*	16774-PP-H,MCG,XX-M090,M40	

Zusätze		*Füllstoffe/* *Verstärkung*	40.0% Mineral
Bevorzugte *Verarbeitung*	Spritzgiessen	*Lieferform*	Granulat
		Farben	Schwarz
Besondere *Merkmale*	Gute Waermeformbestaendigkeit; Hoher Modul; Leichtfliessend	*Bevorzugte* *Anwendungen*	Technisches Formteil; Kfz-Industrie

Dichte	g/cm^3	1.23	*Schmelzindex*	g/10 min	12: 230/2.16
Schüttdichte	g/cm^3		*Volumenfließindex*	cm^3/10 min	:
Viskositätszahl	ml/g				

Verarbeitungsbedingungen für Spritzgießen

Massetemp.	°C		*Schwindung*	%	lgs , quer
Werkzeugtemp.	°C		*Bemerkungen*		
Spritzdruck	bar				

Zugversuch 23 °C DIN 53455;

Probekörper:	*Form*	*Herstellung*	Spritzgiessen
	Zustand	*Vorbehandlung*	Normalklima

Streckspannung	N/mm^2 34	*Dehnung bei Streckspannung*	%
Zugfestigkeit	N/mm^2	*Reißdehnung*	%
Reißfestigkeit	N/mm^2	% *Dehnspannung*	N/mm^2
E-Modul	N/mm^2	*Dehnung bei* % *Dehnspg.*	%

Kriechmoduln und Zeitstandwerte 23 °C

Probekörper:	*Form*	*Herstellung*	
	Zustand	*Vorbehandlung*	

Kriechmodul	1 min N/mm^2	*Zeitstandzugfestigkeit*	h N/mm^2
Kriechmodul	1000 h N/mm^2	*Zeitdehnspg.* %	h N/mm^2
bei Spannung	N/mm^2		

Biegeversuch 23 °C ASTM D 790;

Probekörper:	*Form*	*Herstellung*	Spritzgiessen
	Zustand	*Vorbehandlung*	Normalklima

Biegefestigkeit	N/mm^2	*E-Modul*	N/mm^2 3400
3,5% Biegespannung	N/mm^2		

Härte 23 °C

Probekörper:	*Zustand*	*Herstellung*	Spritzgiessen
		Vorbehandlung	Normalklima

Kugeldruckhärte	N/mm^2	bei N, s	*Shore-Härte* A
Rockwellhärte			*Shore-Härte* D 78

Schlagversuch

Probekörper:	*(1)* U-Kerbe		
	(2) V-Kerbe	*Herstellung*	Spritzgiessen
	Zustand	*Vorbehandlung*	Normalklima

		°C	°C	°C	*Probekörper-Form*
Schlagzähigkeit	kJ/m^2				
Kerbschlagzähigkeit (1)	kJ/m^2	23 2.5	0 1.7	-20 0.5	NKS
IZOD-Kerbschlagzähigkeit (2)	J/m	23 30	0 15		
Kerbschlagzugzähigkeit	kJ/m^2				

Abrieb und Reibung

Taber-Abrieb (Reibradverfahren)	mm^3/100 U
Abriebfaktor LNP (Thrust washer) Vergleichswert	
Statische Reibungszahl	
Dynamische Reibungszahl	(p·v = N/mm^2 · m/min)
Zulässiger p · v Wert	N/mm^2 · (m/min) v = m/min
	v = m/min

Thermische Eigenschaften

Formbeständigkeit in der Wärme	*Verfahren*	A	82 °C
	Verfahren	B	130 °C
Vicat Erweichungstemperatur (VST)	*Verfahren*	A/50	155 °C
	Verfahren	B/50	110 °C
Kristallit-Schmelzpunkt	*Verfahren*	DSC	166 °C
Längenausdehnungskoeffizient	*Bereich*	°C	· 10^{-4}K^{-1}
	Temperatur		· 10^{-4}K^{-1}
Wärmeleitfähigkeit	*Verfahren*		W/(K · m)
Spezifische Wärmekapazität	*Verfahren*		J/(K · g)
Glasumwandlungstemperatur	*Torsionsschwingungsversuch*	°C	
	Differentialkalorimetrie	°C	

Brandverhalten

UL-Test vertikal		Dicke mm, Wert	
		Dicke mm, Wert	

	Norm	*Bewertung*	*Abmessungen*
Sauerstoff-Index	ASTM D 2863		
Glühstab-Verfahren			
Brandverhalten	DIN 4102		
MVSS			
FAR			

Elektrische Eigenschaften

	Hz	°C	*Probekörper, Form*
Dielektrizitätszahl	50		
	10^3		
	10^6		
Dielektrischer Verlustfaktor tan δ	50		
	10^3		
	10^6		
Spezifischer Durchgangs-widerstand	Ohm · cm		
Durchschlagfestigkeit	kV/mm		mm dick
Oberflächenwiderstand	Ohm		

Kriechstromfestigkeit	KC	KB	KA
Elektrolytische Korrosionswirkung			
Lichtbogenfestigkeit nach DIN			
nach ASTM	s		

Beständigkeit *(Chemische Beständigkeit siehe Anhang)*

Wasseraufnahme

Feuchtigkeitsaufnahme Normalklima   %
Wetterbeständigkeit

Spannungskorrosion

Optische Eigenschaften

Brechungszahl n$_D$
Transmissionsgrad τ$_c$ %   mm dick
Lichtdurchlässigkeit

Produkt	Polypropylen	**PP**
Handelsname	**Appryl Y 0500**	
Hersteller	ATO	
DIN-Bez 1	16774-PP,MCG,XX-M045	
DIN-Bez 2		

Zusätze		*Füllstoffe/ Verstärkung*	
Bevorzugte Verarbeitung	Spritzgiessen	*Lieferform*	Granulat
		Farben	Standard
Besondere Merkmale	Sehr gutes Schlagverhalten auch in der Kaelte; Niedrigerer Modul	*Bevorzugte Anwendungen*	Technisches Formteil; Kfz-Industrie; Stossfaenger; Seitenschutz; Kotfluegel

Dichte	g/cm³	0.9	*Schmelzindex* g/10 min	5: 230/2.16
Schüttdichte	g/cm³		*Volumenfließindex* cm³/10 min	:
Viskositätszahl	ml/g			

Verarbeitungsbedingungen für Spritzgießen

Massetemp.	°C		*Schwindung* %	lgs , quer
Werkzeugtemp.	°C		*Bemerkungen*	
Spritzdruck	bar			

Zugversuch 23 °C   DIN 53455;

Probekörper:	*Form*	*Herstellung*	Spritzgiessen
	Zustand	*Vorbehandlung*	Normalklima

Streckspannung	N/mm² 23	*Dehnung bei Streckspannung*	%
Zugfestigkeit	N/mm²	*Reißdehnung*	%
Reißfestigkeit	N/mm²	% *Dehnspannung*	N/mm²
E-Modul	N/mm²	*Dehnung bei* % *Dehnspg.*	%

Kriechmoduln und Zeitstandwerte 23 °C

Probekörper:	*Form*	*Herstellung*	
	Zustand	*Vorbehandlung*	

Kriechmodul	1 min N/mm²	*Zeitstandzugfestigkeit*	h N/mm²
Kriechmodul	1000 h N/mm²	*Zeitdehnspg.* %	h N/mm²
bei Spannung	N/mm²		

Biegeversuch 23 °C   ASTM D 790;

Probekörper:	*Form*	*Herstellung*	Spritzgiessen
	Zustand	*Vorbehandlung*	Normalklima

Biegefestigkeit	N/mm²	*E-Modul*	N/mm² 900
3,5% Biegespannung	N/mm²		

Härte 23 °C

Probekörper:	*Zustand*	*Herstellung*	Spritzgiessen
		Vorbehandlung	Normalklima

Kugeldruckhärte	N/mm² bei N, s	*Shore-Härte* A	
Rockwellhärte		*Shore-Härte* D	62

Schlagversuch

Probekörper:	(1) U-Kerbe		
	(2) V-Kerbe	*Herstellung*	Spritzgiessen
	Zustand	*Vorbehandlung*	Normalklima

	°C	°C	°C	*Probekörper-Form*
Schlagzähigkeit kJ/m²				
Kerbschlagzähigkeit (1) kJ/m²	23 o.B.	0 o.B.	-20 o.B.	NKS
IZOD-Kerbschlagzähigkeit (2) J/m	23 o.B.	0 250	-20 90	
Kerbschlagzugzähigkeit kJ/m²				

Abrieb und Reibung

Taber-Abrieb (Reibradverfahren) mm^3/100 U
Abriebfaktor LNP (Thrust washer) Vergleichswert
Statische Reibungszahl
Dynamische Reibungszahl $(p \cdot v =$ $N/mm^2 \cdot$ m/min)
Zulässiger p · v Wert $N/mm^2 \cdot$ (m/min)   v =   m/min
                                          v =   m/min

Thermische Eigenschaften

Formbeständigkeit in der Wärme	*Verfahren*	A	50 °C
	Verfahren	B	75 °C
Vicat Erweichungstemperatur (VST)	*Verfahren*	A/50	140 °C
	Verfahren		°C
Kristallit-Schmelzpunkt	*Verfahren*	DSC	163 °C

Längenausdehnungskoeffizient   *Bereich*   °C $\cdot 10^{-4}K^{-1}$
                                   Temperatur $\cdot 10^{-4}K^{-1}$
Wärmeleitfähigkeit   *Verfahren* $W/(K \cdot m)$

Spezifische Wärmekapazität   *Verfahren* $J/(K \cdot g)$

Glasumwandlungstemperatur   *Torsionsschwingungsversuch*   °C
                                   Differentialkalorimetrie   °C

Brandverhalten

UL-Test vertikal   Dicke   mm, Wert
                     Dicke   mm, Wert

	Norm	*Bewertung*	*Abmessungen*
Sauerstoff-Index	ASTM D 2863		
Glühstab-Verfahren			
Brandverhalten	DIN 4102		
MVSS			
FAR			

Elektrische Eigenschaften

	Hz	°C	*Probekörper, Form*
Dielektrizitätszahl	50		
	10^3		
	10^6		
Dielektrischer Verlustfaktor tan δ	50		
	10^3		
	10^6		

Spezifischer Durchgangs-
    widerstand   Ohm · cm
Durchschlagfestigkeit   kV/mm   mm dick
Oberflächenwiderstand   Ohm

Kriechstromfestigkeit   KC   KB   KA
Elektrolytische Korrosionswirkung
Lichtbogenfestigkeit nach DIN
           nach ASTM   s

Beständigkeit *(Chemische Beständigkeit siehe Anhang)*

Wasseraufnahme

Feuchtigkeitsaufnahme Normalklima   %
Wetterbeständigkeit

Spannungskorrosion

Optische Eigenschaften

Brechungszahl n_D
Transmissionsgrad τ_c %   mm dick
Lichtdurchlässigkeit

PP

Produkt	Polypropylen
Handelsname	**Appryl Z 0525**
Hersteller	ATO
DIN-Bez 1	16774-PP,MCG,XX-M045
DIN-Bez 2	

Zusätze		*Füllstoffe/ Verstärkung*	
Bevorzugte Verarbeitung	Spritzgiessen	*Lieferform*	Granulat
		Farben	Standard
Besondere Merkmale	Gutes Schlagverhalten bei gutem Modul	*Bevorzugte Anwendungen*	Technisches Formteil; Kfz-Industrie; Armaturenbrett; Seitenschutzprofil

Dichte	g/cm^3	1.12	*Schmelzindex*	g/10 min	4: 230/2.16
Schüttdichte	g/cm^3		*Volumenfließindex*	cm^3/10 min	:
Viskositätszahl	ml/g				

Verarbeitungsbedingungen für Spritzgießen

Massetemp.	°C		*Schwindung*	%	lgs , quer
Werkzeugtemp.	°C		*Bemerkungen*		
Spritzdruck	bar				

Zugversuch 23 °C DIN 53455;

Probekörper:	*Form*	*Herstellung*	Spritzgiessen
	Zustand	*Vorbehandlung*	Normalklima

Streckspannung	N/mm^2 25	*Dehnung bei Streckspannung*	%
Zugfestigkeit	N/mm^2	*Reißdehnung*	%
Reißfestigkeit	N/mm^2	% *Dehnspannung*	N/mm^2
E-Modul	N/mm^2	*Dehnung bei* % *Dehnspg.*	%

Kriechmoduln und Zeitstandwerte 23 °C

Probekörper:	*Form*	*Herstellung*	
	Zustand	*Vorbehandlung*	

Kriechmodul	1 min N/mm^2	*Zeitstandzugfestigkeit*	h N/mm^2
Kriechmodul	1000 h N/mm^2	*Zeitdehnspg.* %	h N/mm^2
bei Spannung	N/mm^2		

Biegeversuch 23 °C ASTM D 790;

Probekörper:	*Form*	*Herstellung*	Spritzgiessen
	Zustand	*Vorbehandlung*	Normalklima

Biegefestigkeit	N/mm^2	*E-Modul*	N/mm^2 2200
3,5% Biegespannung	N/mm^2		

Härte 23 °C

Probekörper:	*Zustand*	*Herstellung*	Spritzgiessen
		Vorbehandlung	Normalklima

Kugeldruckhärte	N/mm^2 bei N, s	*Shore-Härte* A	
Rockwellhärte		*Shore-Härte* D	64

Schlagversuch

Probekörper:	(1) U-Kerbe		
	(2) V-Kerbe	*Herstellung*	Spritzgiessen
	Zustand	*Vorbehandlung*	Normalklima

	°C	°C	°C	*Probekörper-Form*
Schlagzähigkeit kJ/m^2				
Kerbschlagzähigkeit (1) kJ/m^2	23 30	0 18	-20 9	NKS
IZOD-Kerbschlagzähigkeit (2) J/m	23 150	0 70	-20 40	
Kerbschlagzugzähigkeit kJ/m^2				

Abrieb und Reibung

Taber-Abrieb (Reibradverfahren)	mm³/100 U	
Abriebfaktor LNP (Thrust washer) Vergleichswert		
Statische Reibungszahl		
Dynamische Reibungszahl	$(p \cdot v =$ N/mm² · m/min)	
Zulässiger p · v Wert	N/mm² · (m/min) v = m/min	
	v = m/min	

Thermische Eigenschaften

Formbeständigkeit in der Wärme	*Verfahren*	B	105 °C
	Verfahren		°C
Vicat Erweichungstemperatur (VST)	*Verfahren*	A/50	145 °C
	Verfahren		°C
Kristallit-Schmelzpunkt	*Verfahren*	DSC	163 °C
Längenausdehnungskoeffizient	*Bereich*	°C	$\cdot 10^{-4} K^{-1}$
	Temperatur		$\cdot 10^{-4} K^{-1}$
Wärmeleitfähigkeit	*Verfahren*		W/(K · m)
Spezifische Wärmekapazität	*Verfahren*		J/(K · g)
Glasumwandlungstemperatur	*Torsionsschwingungsversuch*		°C
	Differentialkalorimetrie		°C

Brandverhalten

UL-Test vertikal	Dicke mm, Wert	
	Dicke mm, Wert	

	Norm	*Bewertung*	*Abmessungen*
Sauerstoff-Index	ASTM D 2863		
Glühstab-Verfahren			
Brandverhalten	DIN 4102		
MVSS			
FAR			

Elektrische Eigenschaften

	Hz	°C	*Probekörper, Form*
Dielektrizitätszahl	50		
	10^3		
	10^6		
Dielektrischer Verlustfaktor tan δ	50		
	10^3		
	10^6		
Spezifischer Durchgangs-widerstand	Ohm · cm		
Durchschlagfestigkeit	kV/mm		mm dick
Oberflächenwiderstand	Ohm		
Kriechstromfestigkeit	KC	KB	KA
Elektrolytische Korrosionswirkung			
Lichtbogenfestigkeit nach DIN			
nach ASTM	s		

Beständigkeit *(Chemische Beständigkeit siehe Anhang)*

Wasseraufnahme	
Feuchtigkeitsaufnahme Normalklima	%
Wetterbeständigkeit	
Spannungskorrosion	

Optische Eigenschaften

Brechungszahl n_D		
Transmissionsgrad τ_c	%	mm dick
Lichtdurchlässigkeit		

Produkt	Polypropylen	**PP**
Handelsname	**Appryl W 0530**	
Hersteller	ATO	
DIN-Bez 1	16774-PP,MCG,XX-M045,M30	
DIN-Bez 2		

Zusätze		*Füllstoffe/ Verstärkung*	30.0% Mineral
Bevorzugte Verarbeitung	Spritzgiessen	*Lieferform*	Granulat
		Farben	Standard
Besondere Merkmale	Gute Ausgewogenheit zwischen Modul und Schlagverhalten	*Bevorzugte Anwendungen*	Technisches Formteil; Kfz-Industrie; Armaturenbrett; Seitenschutzprofil

---

Dichte	g/cm³	1.15	*Schmelzindex*	g/10 min	5: 230/2.16
Schüttdichte	g/cm³		*Volumenfließindex*	cm³/10 min	:
Viskositätszahl	ml/g				

Verarbeitungsbedingungen für Spritzgießen

Massetemp.	°C	*Schwindung*	%	lgs , quer
Werkzeugtemp.	°C	*Bemerkungen*		
Spritzdruck	bar			

Zugversuch 23 °C   DIN 53455;

	Probekörper: Form		*Herstellung* Spritzgiessen
	Zustand		*Vorbehandlung* Normalklima

Streckspannung	N/mm² 28	*Dehnung bei Streckspannung*	%
Zugfestigkeit	N/mm²	*Reißdehnung*	%
Reißfestigkeit	N/mm²	% *Dehnspannung*	N/mm²
E-Modul	N/mm²	*Dehnung bei* % *Dehnspg.*	%

Kriechmoduln und Zeitstandwerte 23 °C

	Probekörper: Form		*Herstellung*
	Zustand		*Vorbehandlung*

Kriechmodul	1 min N/mm²	*Zeitstandzugfestigkeit*	h N/mm²
Kriechmodul	1000 h N/mm²	*Zeitdehnspg.* %	h N/mm²
bei Spannung	N/mm²		

Biegeversuch 23 °C   ASTM D 790;

	Probekörper: Form		*Herstellung* Spritzgiessen
	Zustand		*Vorbehandlung* Normalklima

Biegefestigkeit	N/mm²	*E-Modul*	N/mm² 2500
3,5% Biegespannung	N/mm²		

Härte 23 °C

	Probekörper: Zustand		*Herstellung* Spritzgiessen
			Vorbehandlung Normalklima

Kugeldruckhärte	N/mm²	bei N, s	*Shore-Härte* A
Rockwellhärte			*Shore-Härte* D 72

Schlagversuch

Probekörper:	(1) U-Kerbe	
	(2) V-Kerbe	*Herstellung* Spritzgiessen
	Zustand	*Vorbehandlung* Normalklima

	°C	°C	°C	*Probekörper-Form*
Schlagzähigkeit kJ/m²				
Kerbschlagzähigkeit (1) kJ/m²	23 10	0 5	-20 3	NKS
IZOD-Kerbschlagzähigkeit (2) J/m	23 80	0 35	-20 20	
Kerbschlagzugzähigkeit kJ/m²				

Abrieb und Reibung

Taber-Abrieb (Reibradverfahren)	mm^3/100 U	
Abriebfaktor LNP (Thrust washer) Vergleichswert		
Statische Reibungszahl		
Dynamische Reibungszahl	$(p \cdot v =$ $N/mm^2 \cdot$ $m/min)$	
Zulässiger $p \cdot v$ Wert	$N/mm^2 \cdot (m/min)$ $v =$ m/min	
	$v =$ m/min	

Thermische Eigenschaften

Formbeständigkeit in der Wärme	*Verfahren*	B	115 °C
	Verfahren		°C
Vicat Erweichungstemperatur (VST)	*Verfahren*	A/50	150 °C
	Verfahren		°C
Kristallit-Schmelzpunkt	*Verfahren*	DSC	163 °C
Längenausdehnungskoeffizient	*Bereich*	°C	$\cdot 10^{-4} K^{-1}$
	Temperatur		$\cdot 10^{-4} K^{-1}$
Wärmeleitfähigkeit	*Verfahren*		$W/(K \cdot m)$
Spezifische Wärmekapazität	*Verfahren*		$J/(K \cdot g)$
Glasumwandlungstemperatur	*Torsionsschwingungsversuch*	°C	
	Differentialkalorimetrie	°C	

Brandverhalten

UL-Test vertikal	*Dicke*	mm, Wert
	Dicke	mm, Wert

	Norm	*Bewertung*	*Abmessungen*
Sauerstoff-Index	ASTM D 2863		
Glühstab-Verfahren			
Brandverhalten	DIN 4102		
MVSS			
FAR			

Elektrische Eigenschaften

	Hz	°C	*Probekörper, Form*
Dielektrizitätszahl	50		
	10^3		
	10^6		
Dielektrischer Verlustfaktor $\tan \delta$	50		
	10^3		
	10^6		
Spezifischer Durchgangswiderstand	Ohm $\cdot$ cm		
Durchschlagfestigkeit	kV/mm		mm dick
Oberflächenwiderstand	Ohm		

Kriechstromfestigkeit	KC	KB	KA
Elektrolytische Korrosionswirkung			
Lichtbogenfestigkeit nach DIN			
nach ASTM	s		

Beständigkeit *(Chemische Beständigkeit siehe Anhang)*

Wasseraufnahme

Feuchtigkeitsaufnahme Normalklima   %
Wetterbeständigkeit

Spannungskorrosion

Optische Eigenschaften

Brechungszahl n_D
Transmissionsgrad τ_c %   mm dick
Lichtdurchlässigkeit

Produkt	Polypropylen	**PP**
Handelsname	**Shell Polypropylen HY 6100**	
Hersteller	SHELL	
DIN-Bez 1	16774-PP-H,TGN,XX-M012	
DIN-Bez 2		

Zusätze		*Füllstoffe/ Verstärkung*	
Bevorzugte Verarbeitung	Extrudieren	*Lieferform*	Granulat
		Farben	Natur
Besondere Merkmale	Geeignet fuer das Blasfolienverfahren; Hohe Festigkeit; Geringe Spleissneigung	*Bevorzugte Anwendungen*	Hochbeanspruchte Webbaendchen fuer Sack und Einstellbehaelter; Tau; Monofilament, Geotextilien

Dichte	g/cm^3	0.905	*Schmelzindex* g/10 min	1.5: 230/2.16
Schüttdichte	g/cm^3		*Volumenfließindex* cm^3/10 min	:
Viskositätszahl	ml/g			

Verarbeitungsbedingungen für Spritzgießen

Massetemp.	°C	*Schwindung* %	lgs , quer
Werkzeugtemp.	°C	*Bemerkungen*	
Spritzdruck	bar		

Zugversuch 23 °C   ISO 527;

Probekörper:	*Form*	*Herstellung*	Spritzgiessen
	Zustand	*Vorbehandlung*	Normalklima

Streckspannung	N/mm^2	*Dehnung bei Streckspannung*	%
Zugfestigkeit	N/mm^2 35	*Reißdehnung*	%
Reißfestigkeit	N/mm^2	% *Dehnspannung*	N/mm^2
E-Modul	N/mm^2	*Dehnung bei* % *Dehnspg.*	%

Kriechmoduln und Zeitstandwerte 23 °C

Probekörper:	*Form*	*Herstellung*	
	Zustand	*Vorbehandlung*	

Kriechmodul	1 min N/mm^2	*Zeitstandzugfestigkeit*	h N/mm^2
Kriechmodul	1000 h N/mm^2	*Zeitdehnspg.* %	h N/mm^2
bei Spannung	N/mm^2		

Biegeversuch 23 °C   ISO 178;

Probekörper:	*Form* 80x10x4 mm	*Herstellung*	Spritzgiessen
	Zustand	*Vorbehandlung*	Normalklima

Biegefestigkeit	N/mm^2	*E-Modul*	N/mm^2 1360
3,5% Biegespannung	N/mm^2		

Härte 23 °C

Probekörper:	*Zustand*	*Herstellung*	Spritzgiessen
		Vorbehandlung	Normalklima

Kugeldruckhärte	N/mm^2 bei N, s	*Shore-Härte* A	
Rockwellhärte		*Shore-Härte* D	73

Schlagversuch

Probekörper:	*(1)*		
	(2)	*Herstellung*	
	Zustand	*Vorbehandlung*	
	°C	°C	°C	*Probekörper-Form*

Schlagzähigkeit	kJ/m^2
Kerbschlagzähigkeit (1)	kJ/m^2
IZOD-Kerbschlagzähigkeit (2)	J/m
Kerbschlagzugzähigkeit	kJ/m^2

Abrieb und Reibung

Taber-Abrieb (Reibradverfahren)   mm^3/100 U
Abriebfaktor LNP (Thrust washer) Vergleichswert
Statische Reibungszahl
Dynamische Reibungszahl   (p · v =   N/mm^2 ·   m/min)
Zulässiger p · v Wert   N/mm^2 · (m/min)   v =   m/min
                                                                         v =   m/min

Thermische Eigenschaften

Formbeständigkeit in der Wärme   *Verfahren*   A   60 °C
                                          Verfahren   B   108 °C
Vicat Erweichungstemperatur (VST)   *Verfahren*   A/50   153 °C
                                          Verfahren   °C
Kristallit-Schmelzpunkt   *Verfahren*   Heiztischmikroskop   160–170 °C

Längenausdehnungskoeffizient   *Bereich*   20–60   °C   1.0 · 10^{-4}K^{-1}
                                          Temperatur   · 10^{-4}K^{-1}
Wärmeleitfähigkeit   *Verfahren*   23 °C   0.17 W/(K · m)

Spezifische Wärmekapazität   *Verfahren*   23 °C   1.7 J/(K · g)

Glasumwandlungstemperatur   *Torsionsschwingungsversuch*   °C
                                          Differentialkalorimetrie   °C

Brandverhalten

UL-Test vertikal   Dicke   mm, Wert
                                          Dicke   mm, Wert

                    Norm   *Bewertung*   *Abmessungen*

Sauerstoff-Index   ASTM D 2863
Glühstab-Verfahren
Brandverhalten   DIN 4102
MVSS
FAR

Elektrische Eigenschaften

                                          Hz   °C   *Probekörper, Form*

Dielektrizitätszahl   50
                                          10^3 23   2.2–2.3
                                          10^6
Dielektrischer Verlustfaktor tan δ 50
                                          10^3 23   0.0002
                                          10^6
Spezifischer Durchgangs-
  widerstand   Ohm · cm   23 $\geqq$ 1.0*10**16
Durchschlagfestigkeit   kV/mm   23   60   1.0   mm dick
Oberflächenwiderstand   Ohm

Kriechstromfestigkeit   KC   KB   KA
Elektrolytische Korrosionswirkung
Lichtbogenfestigkeit nach DIN
            nach ASTM   s

Beständigkeit *(Chemische Beständigkeit siehe Anhang)*

Wasseraufnahme 23 C   1 d   0.01 %

Feuchtigkeitsaufnahme Normalklima   %
Wetterbeständigkeit

Spannungskorrosion

Optische Eigenschaften

Brechungszahl n$_D$
Transmissionsgrad τ_c %   mm dick
Lichtdurchlässigkeit

PP

Produkt	Polypropylen
Handelsname	**Shell Polypropylen JY 6100**
Hersteller	SHELL
DIN-Bez 1	16774-PP-H,TGN,XX-M022
DIN-Bez 2	
Zusätze	

Füllstoffe/Verstärkung

Bevorzugte Verarbeitung	Extrudieren von Blasfolien; Chill-Roll Verfahren	*Lieferform*	Granulat
		Farben	Natur
Besondere Merkmale	Geeignet fuer Blasfolienverfahren, Kuehlwalzenverfahren oder Wasser-badverfahren; Hohe Zaehigkeit	*Bevorzugte Anwendungen*	Hochbeanspruchte Webbaendchen fuer Sack und Einstellbehaelter; Tau; Monofilament, Geotextilien

---

Dichte	g/cm³	0.905	*Schmelzindex*	g/10 min	2.0:	230/2.16
Schüttdichte	g/cm³		*Volumenfließindex*	cm³/10 min	:	
Viskositätszahl	ml/g					

Verarbeitungsbedingungen für Spritzgießen

Massetemp.	°C		*Schwindung*	%	lgs , quer
Werkzeugtemp.	°C		*Bemerkungen*		
Spritzdruck	bar				

Zugversuch 23 °C   ISO 527;

	Probekörper:	*Form*	*Herstellung*	Spritzgiessen
		Zustand	*Vorbehandlung*	Normalklima
Streckspannung	N/mm²		*Dehnung bei Streckspannung*	%
Zugfestigkeit	N/mm² 35		*Reißdehnung*	%
Reißfestigkeit	N/mm²		% *Dehnspannung*	N/mm²
E-Modul	N/mm²		*Dehnung bei* % *Dehnspg.*	%

Kriechmoduln und Zeitstandwerte 23 °C

	Probekörper:	*Form*	*Herstellung*	
		Zustand	*Vorbehandlung*	
Kriechmodul	1 min N/mm²		*Zeitstandzugfestigkeit*	h N/mm²
Kriechmodul	1000 h N/mm²		*Zeitdehnspg.* %	h N/mm²
bei Spannung	N/mm²			

Biegeversuch 23 °C   ISO 178;

	Probekörper:	*Form* 80x10x4 mm	*Herstellung*	Spritzgiessen
		Zustand	*Vorbehandlung*	Normalklima
Biegefestigkeit	N/mm²		*E-Modul*	N/mm² 1360
3,5% Biegespannung	N/mm²			

Härte 23 °C

	Probekörper:	*Zustand*	*Herstellung*	Spritzgiessen
			Vorbehandlung	Normalklima
Kugeldruckhärte	N/mm²	bei N, s	*Shore-Härte* A	
Rockwellhärte			*Shore-Härte* D	73

Schlagversuch

	Probekörper:	*(1)*	
		(2)	*Herstellung*
		Zustand	*Vorbehandlung*
	°C	°C °C	*Probekörper-Form*

Schlagzähigkeit	kJ/m²
Kerbschlagzähigkeit (1)	kJ/m²
IZOD-Kerbschlagzähigkeit (2)	J/m
Kerbschlagzugzähigkeit	kJ/m²

Abrieb und Reibung

Taber-Abrieb (Reibradverfahren)	mm³/100 U	
Abriebfaktor LNP (Thrust washer) Vergleichswert		
Statische Reibungszahl		
Dynamische Reibungszahl	(p·v =	N/mm² ·	m/min)
Zulässiger p·v Wert	N/mm² · (m/min)	v =	m/min
		v =	m/min

Thermische Eigenschaften

Formbeständigkeit in der Wärme	*Verfahren*	A		60 °C
	Verfahren	B		108 °C
Vicat Erweichungstemperatur (VST)	*Verfahren*	A/50		153 °C
	Verfahren			°C
Kristallit-Schmelzpunkt	*Verfahren*	Heiztischmikroskop		160–170 °C
Längenausdehnungskoeffizient	*Bereich*	20–60	°C	$1.0 \cdot 10^{-4} \mathrm{K}^{-1}$
	Temperatur			$\cdot 10^{-4} \mathrm{K}^{-1}$
Wärmeleitfähigkeit	*Verfahren*		23 °C	0.17 W/(K · m)
Spezifische Wärmekapazität	*Verfahren*		23 °C	1.7 J/(K · g)
Glasumwandlungstemperatur	*Torsionsschwingungsversuch*		°C	
	Differentialkalorimetrie		°C	

Brandverhalten

UL-Test vertikal	Dicke	mm, Wert
	Dicke	mm, Wert

	Norm	*Bewertung*	*Abmessungen*
Sauerstoff-Index	ASTM D 2863		
Glühstab-Verfahren			
Brandverhalten	DIN 4102		
MVSS			
FAR			

Elektrische Eigenschaften

		Hz	°C		*Probekörper, Form*
Dielektrizitätszahl		50			
		10³	23	2.2–2.3	
		10⁶			
Dielektrischer Verlustfaktor tan δ		50			
		10³	23	0.0002	
		10⁶			
Spezifischer Durchgangs-widerstand	Ohm · cm		23	≧ 1.0*10**16	
Durchschlagfestigkeit	kV/mm		23	60	1.0 mm dick
Oberflächenwiderstand	Ohm				
Kriechstromfestigkeit		KC		KB	KA
Elektrolytische Korrosionswirkung					
Lichtbogenfestigkeit nach DIN					
nach ASTM	s				

Beständigkeit *(Chemische Beständigkeit siehe Anhang)*

Wasseraufnahme 23 C		1 d	0.01 %
Feuchtigkeitsaufnahme Normalklima			%
Wetterbeständigkeit			
Spannungskorrosion			

Optische Eigenschaften

Brechungszahl n_D		
Transmissionsgrad τ_c	%	mm dick
Lichtdurchlässigkeit		

Produkt	Polypropylen		**PP**
Handelsname	**Shell Polypropylen KY 6100**		
Hersteller	SHELL		
DIN-Bez 1	16774-PP-H,TGN,XX-M022		
DIN-Bez 2			

Zusätze		*Füllstoffe/ Verstärkung*	
Bevorzugte Verarbeitung	Extrudieren von Blasfolien; Chill-Roll Verfahren	*Lieferform*	Granulat
		Farben	Natur
Besondere Merkmale	Mittlere Fliessfaehigkeit; Ausgewogenheit zwischen Festigkeit und Verarbeitungsverhalten beim Kuehlwalzenverfahren oder Wasserbadverfahren	*Bevorzugte Anwendungen*	Webbaendchen fuer Sack, Teppichruecken oder Industrietextilien; Monofilament

Dichte	g/cm³	0.905	*Schmelzindex*	g/10 min	3.0: 230/2.16
Schüttdichte	g/cm³		*Volumenfließindex*	cm³/10 min	:
Viskositätszahl	ml/g				

Verarbeitungsbedingungen für Spritzgießen

Massetemp.	°C		*Schwindung*	% lgs , quer
Werkzeugtemp.	°C		*Bemerkungen*	
Spritzdruck	bar			

Zugversuch 23 °C ISO 527;

	Probekörper: *Form*	*Herstellung*	Spritzgiessen
	Zustand	*Vorbehandlung*	Normalklima

Streckspannung	N/mm²	*Dehnung bei Streckspannung*	%
Zugfestigkeit	N/mm² 36	*Reißdehnung*	%
Reißfestigkeit	N/mm²	*% Dehnspannung*	N/mm²
E-Modul	N/mm²	*Dehnung bei % Dehnspg.*	%

Kriechmoduln und Zeitstandwerte 23 °C

	Probekörper: *Form*	*Herstellung*	
	Zustand	*Vorbehandlung*	

Kriechmodul	*1 min* N/mm²	*Zeitstandzugfestigkeit*	h N/mm²
Kriechmodul	*1000 h* N/mm²	*Zeitdehnspg. %*	h N/mm²
bei Spannung	N/mm²		

Biegeversuch 23 °C ISO 178;

	Probekörper: *Form* 80x10x4 mm	*Herstellung*	Spritzgiessen
	Zustand	*Vorbehandlung*	Normalklima

Biegefestigkeit	N/mm²	*E-Modul*	N/mm² 1430
3,5% Biegespannung	N/mm²		

Härte 23 °C

	Probekörper: *Zustand*	*Herstellung*	Spritzgiessen
		Vorbehandlung	Normalklima

Kugeldruckhärte	N/mm² bei N, s	*Shore-Härte* A	
Rockwellhärte		*Shore-Härte* D	74

Schlagversuch

Probekörper: *(1)*	
(2)	*Herstellung*
Zustand	*Vorbehandlung*

°C	°C	°C	*Probekörper-Form*

Schlagzähigkeit	kJ/m²
Kerbschlagzähigkeit (1)	kJ/m²
IZOD-Kerbschlagzähigkeit (2)	J/m
Kerbschlagzugzähigkeit	kJ/m²

Abrieb und Reibung

Taber-Abrieb (Reibradverfahren)	mm^3/100 U	
Abriebfaktor LNP (Thrust washer) Vergleichswert		
Statische Reibungszahl		
Dynamische Reibungszahl	(p·v = N/mm^2· m/min)	
Zulässiger p · v Wert	N/mm^2· (m/min) v = m/min	
	v = m/min	

Thermische Eigenschaften

Formbeständigkeit in der Wärme	*Verfahren* A		61 °C
	Verfahren B		111 °C
Vicat Erweichungstemperatur (VST)	*Verfahren* A/50		153 °C
	Verfahren		°C
Kristallit-Schmelzpunkt	*Verfahren* Heiztischmikroskop		160–170 °C
Längenausdehnungskoeffizient	*Bereich* 20–60 °C		$1.0 \cdot 10^{-4}$K^{-1}
	Temperatur		$\cdot 10^{-4}$K^{-1}
Wärmeleitfähigkeit	*Verfahren*	23 °C	0.17 W/(K · m)
Spezifische Wärmekapazität	*Verfahren*	23 °C	1.7 J/(K · g)
Glasumwandlungstemperatur	*Torsionsschwingungsversuch*	°C	
	Differentialkalorimetrie	°C	

Brandverhalten

UL-Test vertikal	*Dicke* mm, Wert	
	Dicke mm, Wert	

	Norm	*Bewertung*	*Abmessungen*
Sauerstoff-Index	ASTM D 2863		
Glühstab-Verfahren			
Brandverhalten	DIN 4102		
MVSS			
FAR			

Elektrische Eigenschaften

	Hz	°C		*Probekörper, Form*
Dielektrizitätszahl	50			
	10^3	23	2.2–2.3	
	10^6			
Dielektrischer Verlustfaktor tan δ	50			
	10^3	23	0.0002	
	10^6			
Spezifischer Durchgangs-widerstand Ohm · cm		23	$\geq$ 1.0*10**16	
Durchschlagfestigkeit kV/mm		23	60	1.0 mm dick
Oberflächenwiderstand Ohm				
Kriechstromfestigkeit	KC	KB	KA	
Elektrolytische Korrosionswirkung				
Lichtbogenfestigkeit nach DIN				
nach ASTM s				

Beständigkeit *(Chemische Beständigkeit siehe Anhang)*

Wasseraufnahme 23 C	1 d	0.01 %
Feuchtigkeitsaufnahme Normalklima		%
Wetterbeständigkeit		
Spannungskorrosion		

Optische Eigenschaften

Brechungszahl n$_D$		
Transmissionsgrad τ$_c$ %		mm dick
Lichtdurchlässigkeit		

Datenbank-Nr.	**T05287**	Merkblatt-Nr. **3748**

Produkt	Polypropylen	**PP**

Handelsname **Shell Polypropylen KY 6203**

Hersteller	SHELL
DIN-Bez 1	16774-PP-H,TGN,XX-M022
DIN-Bez 2	

Zusätze		Füllstoffe/ Verstärkung	
Bevorzugte Verarbeitung	Extrudieren	Lieferform	Granulat
		Farben	Natur
Besondere Merkmale	Mittlere Fliessfaehigkeit; Ausgewogen- heit zwischen Festigkeit und Verarbei- tungsverhalten auf Kuehlwalzenanla- gen oder Wasserbadanlagen	Bevorzugte Anwendungen	Webbaendchen

---

Dichte	g/cm³	0.905	Schmelzindex	g/10 min	3.0:	230/2.16
Schüttdichte	g/cm³		Volumenfließindex	cm³/10 min	:	
Viskositätszahl	ml/g					

Verarbeitungsbedingungen für Spritzgießen

Massetemp.	°C		Schwindung	%	lgs	, quer
Werkzeugtemp.	°C		Bemerkungen			
Spritzdruck	bar					

Zugversuch 23 °C ISO 527;

	Probekörper:	Form		Herstellung	Spritzgiessen
		Zustand		Vorbehandlung	Normalklima

Streckspannung	N/mm²		Dehnung bei Streckspannung	%
Zugfestigkeit	N/mm²	36	Reißdehnung	%
Reißfestigkeit	N/mm²		% Dehnspannung	N/mm²
E-Modul	N/mm²		Dehnung bei % Dehnspg.	%

Kriechmoduln und Zeitstandwerte 23 °C

	Probekörper:	Form		Herstellung
		Zustand		Vorbehandlung

Kriechmodul	1 min N/mm²	Zeitstandzugfestigkeit	h N/mm²
Kriechmodul	1000 h N/mm²	Zeitdehnspg. %	h N/mm²
bei Spannung	N/mm²		

Biegeversuch 23 °C ISO 178;

	Probekörper:	Form	80x10x4 mm	Herstellung	Spritzgiessen
		Zustand		Vorbehandlung	Normalklima

Biegefestigkeit	N/mm²	E-Modul	N/mm² 1430
3,5% Biegespannung	N/mm²		

Härte 23 °C

	Probekörper:	Zustand	Herstellung	Spritzgiessen
			Vorbehandlung	Normalklima

Kugeldruckhärte	N/mm²	bei	N, s	Shore-Härte A	
Rockwellhärte				Shore-Härte D	74

Schlagversuch

	Probekörper:	(1)	
		(2)	Herstellung
		Zustand	Vorbehandlung

	°C	°C	°C	Probekörper-Form

Schlagzähigkeit	kJ/m²
Kerbschlagzähigkeit (1)	kJ/m²
IZOD-Kerbschlagzähigkeit (2)	J/m
Kerbschlagzugzähigkeit	kJ/m²

Abrieb und Reibung

Taber-Abrieb (Reibradverfahren)		mm³/100 U
Abriebfaktor LNP (Thrust washer) Vergleichswert		
Statische Reibungszahl		
Dynamische Reibungszahl		$(p \cdot v =$ N/mm² · m/min)
Zulässiger p · v Wert		N/mm² · (m/min) v = m/min
		v = m/min

Thermische Eigenschaften

Formbeständigkeit in der Wärme   Verfahren   A   61 °C
                                   Verfahren   B   111 °C
Vicat Erweichungstemperatur (VST)   Verfahren   A/50   153 °C
                                   Verfahren   °C
Kristallit-Schmelzpunkt   Verfahren   Heiztischmikroskop   160–170 °C

Längenausdehnungskoeffizient   Bereich   20–60   °C $1.0 \cdot 10^{-4} K^{-1}$
                                 Temperatur $\cdot 10^{-4} K^{-1}$
Wärmeleitfähigkeit   Verfahren   23 °C   0.17 W/(K · m)

Spezifische Wärmekapazität   Verfahren   23 °C   1.7 J/(K · g)

Glasumwandlungstemperatur   Torsionsschwingungsversuch   °C
                              Differentialkalorimetrie   °C

Brandverhalten

UL-Test vertikal   Dicke   mm, Wert
                     Dicke   mm, Wert

	Norm	Bewertung	Abmessungen
Sauerstoff-Index	ASTM D 2863		
Glühstab-Verfahren			
Brandverhalten	DIN 4102		
MVSS			
FAR			

Elektrische Eigenschaften

		Hz	°C		Probekörper, Form
Dielektrizitätszahl		50			
		10³	23	2.2–2.3	
		10⁶			
Dielektrischer Verlustfaktor tan δ		50			
		10³	23	0.0002	
		10⁶			
Spezifischer Durchgangs-widerstand	Ohm · cm		23	$\geqq 1.0*10**16$	
Durchschlagfestigkeit	kV/mm		23	60	1.0 mm dick
Oberflächenwiderstand	Ohm				
Kriechstromfestigkeit		KC	KB	KA	
Elektrolytische Korrosionswirkung					
Lichtbogenfestigkeit nach DIN					
nach ASTM	s				

Beständigkeit *(Chemische Beständigkeit siehe Anhang)*

Wasseraufnahme 23 C   1 d   0.01 %

Feuchtigkeitsaufnahme Normalklima   %
Wetterbeständigkeit

Spannungskorrosion

Optische Eigenschaften

Brechungszahl n_D
Transmissionsgrad τ_c %   mm dick
Lichtdurchlässigkeit

			PP
Produkt	Polypropylen		
Handelsname	**Shell Polypropylen KY 6105**		
Hersteller	SHELL		
DIN-Bez 1	16774-PP-H,TGN,XX-M022		
DIN-Bez 2			

Zusätze		*Füllstoffe/ Verstärkung*	
Bevorzugte Verarbeitung	Extrudieren	*Lieferform*	Granulat
		Farben	Natur
Besondere Merkmale	Mittlere Fliessfaehigkeit; Ausgewogenheit zwischen Festigkeit und Verarbeitungsverhalten auf Kuehlwalzenanlagen oder Wasserbadanlagen; Geringere Wasseruebertragung als bei KY 6100	*Bevorzugte Anwendungen*	Webbaendchen fuer Sack, Teppichruecken, Industrietextilien; Monofilament

Dichte	g/cm³	0.905	*Schmelzindex*	g/10 min	3.0:	230/2.16
Schüttdichte	g/cm³		*Volumenfließindex*	cm³/10 min	:	
Viskositätszahl	ml/g					

Verarbeitungsbedingungen für Spritzgießen

Massetemp.	°C		*Schwindung*	%	lgs , quer
Werkzeugtemp.	°C		*Bemerkungen*		
Spritzdruck	bar				

Zugversuch 23 °C   ISO 527;

	Probekörper:	*Form*		*Herstellung*	Spritzgiessen
		Zustand		*Vorbehandlung*	Normalklima
Streckspannung	N/mm²		*Dehnung bei Streckspannung*	%	
Zugfestigkeit	N/mm² 36		*Reißdehnung*	%	
Reißfestigkeit	N/mm²		*% Dehnspannung*	N/mm²	
E-Modul	N/mm²		*Dehnung bei % Dehnspg.*	%	

Kriechmoduln und Zeitstandwerte 23 °C

	Probekörper:	*Form*		*Herstellung*	
		Zustand		*Vorbehandlung*	
Kriechmodul	1 min N/mm²		*Zeitstandzugfestigkeit*	h N/mm²	
Kriechmodul	1000 h N/mm²		*Zeitdehnspg. %*	h N/mm²	
bei Spannung	N/mm²				

Biegeversuch 23 °C   ISO 178;

	Probekörper:	*Form*	80x10x4 mm	*Herstellung*	Spritzgiessen
		Zustand		*Vorbehandlung*	Normalklima
Biegefestigkeit	N/mm²		*E-Modul*	N/mm² 1430	
3,5% Biegespannung	N/mm²				

Härte 23 °C

	Probekörper:	*Zustand*	*Herstellung*	Spritzgiessen
			Vorbehandlung	Normalklima
Kugeldruckhärte	N/mm²	bei N, s	*Shore-Härte* A	
Rockwellhärte			*Shore-Härte* D	74

Schlagversuch

	Probekörper:	*(1)*		
		(2)	*Herstellung*	
		Zustand	*Vorbehandlung*	
		°C °C °C		*Probekörper-Form*

Schlagzähigkeit	kJ/m²
Kerbschlagzähigkeit (1)	kJ/m²
IZOD-Kerbschlagzähigkeit (2)	J/m
Kerbschlagzugzähigkeit	kJ/m²

Abrieb und Reibung

Taber-Abrieb (Reibradverfahren) mm³/100 U
Abriebfaktor LNP (Thrust washer) Vergleichswert
Statische Reibungszahl
Dynamische Reibungszahl (p·v =   N/mm² ·   m/min)
Zulässiger p · v Wert N/mm² · (m/min) v =   m/min
                                                 v =   m/min

Thermische Eigenschaften

Formbeständigkeit in der Wärme	Verfahren	A	61 °C
	Verfahren	B	111 °C
Vicat Erweichungstemperatur (VST)	Verfahren	A/50	153 °C
	Verfahren		°C
Kristallit-Schmelzpunkt	Verfahren	Heiztischmikroskop	160–170 °C

Längenausdehnungskoeffizient Bereich 20–60   °C $1.0 \cdot 10^{-4} \mathrm{K}^{-1}$
                                          Temperatur $\cdot 10^{-4} \mathrm{K}^{-1}$
Wärmeleitfähigkeit Verfahren   23 °C   0.17 W/(K · m)

Spezifische Wärmekapazität Verfahren   23 °C   1.7 J/(K · g)

Glasumwandlungstemperatur Torsionsschwingungsversuch   °C
                             Differentialkalorimetrie   °C

Brandverhalten

UL-Test vertikal Dicke   mm, Wert
                    Dicke   mm, Wert

	Norm	Bewertung	Abmessungen
Sauerstoff-Index	ASTM D 2863		
Glühstab-Verfahren			
Brandverhalten	DIN 4102		
MVSS			
FAR			

Elektrische Eigenschaften

		Hz	°C			Probekörper, Form
Dielektrizitätszahl		50				
		10^3	23	2.2–2.3		
		10^6				
Dielektrischer Verlustfaktor tan δ		50				
		10^3	23	0.0002		
		10^6				
Spezifischer Durchgangs-						
widerstand	Ohm · cm		23	$\geqq 1.0{*}10{**}16$		
Durchschlagfestigkeit	kV/mm		23	60		1.0 mm dick
Oberflächenwiderstand	Ohm					
Kriechstromfestigkeit		KC		KB	KA	
Elektrolytische Korrosionswirkung						
Lichtbogenfestigkeit nach DIN						
nach ASTM	s					

Beständigkeit *(Chemische Beständigkeit siehe Anhang)*

Wasseraufnahme 23 C   1 d   0.01 %

Feuchtigkeitsaufnahme Normalklima   %
Wetterbeständigkeit

Spannungskorrosion

Optische Eigenschaften

Brechungszahl n_D
Transmissionsgrad τ_c %   mm dick
Lichtdurchlässigkeit

Datenbank-Nr.	**T05289**	*Merkblatt-Nr.* **3750**

		PP
Produkt	Polypropylen	
Handelsname	**Shell Polypropylen LY 6100**	
Hersteller	SHELL	
DIN-Bez 1	16774-PP-H,TGN,XX-M045	
DIN-Bez 2		

Zusätze		*Füllstoffe/ Verstärkung*	
Bevorzugte Verarbeitung	Extrudieren	*Lieferform*	Granulat
		Farben	Natur
Besondere Merkmale	Gute Ausgewogenheit zwischen Schrumpf und Zaehigkeit bei Kuehlwalzenverfahren und Wasserbadverfahren	*Bevorzugte Anwendungen*	Webbaendchen fuer Teppichruecken; Seilereiprodukt; Bindegarn

---

Dichte	g/cm³	0.905	*Schmelzindex* g/10 min	4.0: 230/2.16
Schüttdichte	g/cm³		*Volumenfließindex* cm³/10 min	:
Viskositätszahl	ml/g			

Verarbeitungsbedingungen für Spritzgießen

Massetemp.	°C	*Schwindung* % lgs	, quer
Werkzeugtemp.	°C	*Bemerkungen*	
Spritzdruck	bar		

Zugversuch 23 °C ISO 527;

	Probekörper: Form	*Herstellung*	Spritzgiessen
	Zustand	*Vorbehandlung*	Normalklima

Streckspannung	N/mm²	Dehnung bei Streckspannung	%
Zugfestigkeit	N/mm² 36	Reißdehnung	%
Reißfestigkeit	N/mm²	% Dehnspannung	N/mm²
E-Modul	N/mm²	Dehnung bei % Dehnspg.	%

Kriechmoduln und Zeitstandwerte 23 °C

	Probekörper: Form	*Herstellung*	
	Zustand	*Vorbehandlung*	

Kriechmodul	1 min N/mm²	Zeitstandzugfestigkeit	h N/mm²
Kriechmodul	1000 h N/mm²	Zeitdehnspg. %	h N/mm²
bei Spannung	N/mm²		

Biegeversuch 23 °C ISO 178;

	Probekörper: Form 80x10x4 mm	*Herstellung*	Spritzgiessen
	Zustand	*Vorbehandlung*	Normalklima

Biegefestigkeit	N/mm²	E-Modul	N/mm² 1430
3,5% Biegespannung	N/mm²		

Härte 23 °C

	Probekörper: Zustand	*Herstellung*	Spritzgiessen
		Vorbehandlung	Normalklima

Kugeldruckhärte	N/mm² bei N, s	Shore-Härte A	
Rockwellhärte		Shore-Härte D	74

Schlagversuch

	Probekörper: (1)		
	(2)	*Herstellung*	
	Zustand	*Vorbehandlung*	

°C	°C	°C	*Probekörper-Form*

Schlagzähigkeit	kJ/m²
Kerbschlagzähigkeit (1)	kJ/m²
IZOD-Kerbschlagzähigkeit (2)	J/m
Kerbschlagzugzähigkeit	kJ/m²

Abrieb und Reibung

Taber-Abrieb (Reibradverfahren)	mm^3/100 U
Abriebfaktor LNP (Thrust washer) Vergleichswert	
Statische Reibungszahl	
Dynamische Reibungszahl	(p · v = N/mm^2 · m/min)
Zulässiger p · v Wert	N/mm^2 · (m/min) v = m/min
	v = m/min

Thermische Eigenschaften

Formbeständigkeit in der Wärme	*Verfahren*	A	61 °C
	Verfahren	B	111 °C
Vicat Erweichungstemperatur (VST)	*Verfahren*	A/50	153 °C
	Verfahren		°C
Kristallit-Schmelzpunkt	*Verfahren*	Heiztischmikroskop	160–170 °C
Längenausdehnungskoeffizient	*Bereich*	20–60 °C	1.0 · 10^{-4}K^{-1}
	Temperatur		· 10^{-4}K^{-1}
Wärmeleitfähigkeit	*Verfahren*	23 °C	0.17 W/(K · m)
Spezifische Wärmekapazität	*Verfahren*	23 °C	1.7 J/(K · g)
Glasumwandlungstemperatur	*Torsionsschwingungsversuch*		°C
	Differentialkalorimetrie		°C

Brandverhalten

UL-Test vertikal	Dicke	mm, Wert	
	Dicke	mm, Wert	

	Norm	*Bewertung*	*Abmessungen*
Sauerstoff-Index	ASTM D 2863		
Glühstab-Verfahren			
Brandverhalten	DIN 4102		
MVSS			
FAR			

Elektrische Eigenschaften

		Hz	°C		*Probekörper, Form*
Dielektrizitätszahl		50			
		10^3	23	2.2–2.3	
		10^6			
Dielektrischer Verlustfaktor tan δ		50			
		10^3	23	0.0002	
		10^6			
Spezifischer Durchgangs-widerstand	Ohm · cm		23	$\geqq$ 1.0*10**16	
Durchschlagfestigkeit	kV/mm		23	60	1.0 mm dick
Oberflächenwiderstand	Ohm				
Kriechstromfestigkeit		KC		KB	KA
Elektrolytische Korrosionswirkung					
Lichtbogenfestigkeit nach DIN					
nach ASTM	s				

Beständigkeit *(Chemische Beständigkeit siehe Anhang)*

Wasseraufnahme 23 C	1 d	0.01 %
Feuchtigkeitsaufnahme Normalklima		%
Wetterbeständigkeit		
Spannungskorrosion		

Optische Eigenschaften

Brechungszahl n$_D$		
Transmissionsgrad τ_c	%	mm dick
Lichtdurchlässigkeit		

Produkt	Polypropylen	**PP**
Handelsname	**Shell Polypropylen PY 6100**	
Hersteller	SHELL	
DIN-Bez 1	16774-PP-H,TGN,XX-M045	
DIN-Bez 2		

Zusätze		*Füllstoffe/ Verstärkung*		
Bevorzugte Verarbeitung	Extrudieren	*Lieferform*	Granulat	
		Farben	Natur	
Besondere Merkmale	Fuer hohe Streckverhaeltnisse	*Bevorzugte Anwendungen*	Erntebindegarn	

Dichte	g/cm³	0.905	*Schmelzindex*	g/10 min	5.5:	230/2.16
Schüttdichte	g/cm³		*Volumenfließindex*	cm³/10 min	:	
Viskositätszahl	ml/g					

Verarbeitungsbedingungen für Spritzgießen

Massetemp.	°C		*Schwindung*	%	lgs , quer
Werkzeugtemp.	°C		*Bemerkungen*		
Spritzdruck	bar				

Zugversuch 23 °C   ISO 527;

	Probekörper:	*Form*	*Herstellung*	Spritzgiessen
		Zustand	*Vorbehandlung*	Normalklima
Streckspannung	N/mm²		*Dehnung bei Streckspannung*	%
Zugfestigkeit	N/mm² 36		*Reißdehnung*	%
Reißfestigkeit	N/mm²		% *Dehnspannung*	N/mm²
E-Modul	N/mm²		*Dehnung bei* % *Dehnspg.*	%

Kriechmoduln und Zeitstandwerte 23 °C

	Probekörper:	*Form*	*Herstellung*	
		Zustand	*Vorbehandlung*	
Kriechmodul	1 min N/mm²		*Zeitstandzugfestigkeit*	h N/mm²·
Kriechmodul	1000 h N/mm²		*Zeitdehnspg.* %	h N/mm²
bei Spannung	N/mm²			

Biegeversuch 23 °C   ISO 178;

	Probekörper:	*Form* 80x10x4 mm	*Herstellung*	Spritzgiessen
		Zustand	*Vorbehandlung*	Normalklima
Biegefestigkeit	N/mm²		*E-Modul*	N/mm² 1500
3,5% Biegespannung	N/mm²			

Härte 23 °C

	Probekörper:	*Zustand*	*Herstellung*	Spritzgiessen
			Vorbehandlung	Normalklima
Kugeldruckhärte	N/mm²	bei N, s	*Shore-Härte* A	
Rockwellhärte			*Shore-Härte* D	75

Schlagversuch

	Probekörper:	(1)		
		(2)	*Herstellung*	
		Zustand	*Vorbehandlung*	
	°C	°C	°C	*Probekörper-Form*

Schlagzähigkeit	kJ/m²
Kerbschlagzähigkeit (1)	kJ/m²
IZOD-Kerbschlagzähigkeit (2)	J/m
Kerbschlagzugzähigkeit	kJ/m²

Abrieb und Reibung

Taber-Abrieb (Reibradverfahren) $mm^3/100\,U$
Abriebfaktor LNP (Thrust washer) Vergleichswert
Statische Reibungszahl
Dynamische Reibungszahl $(p \cdot v = \qquad N/mm^2 \cdot \qquad m/min)$
Zulässiger p · v Wert $N/mm^2 \cdot (m/min)$ v =   m/min
                                                                              v =   m/min

Thermische Eigenschaften

Formbeständigkeit in der Wärme   *Verfahren* A   62 °C
                                      Verfahren B   114 °C
Vicat Erweichungstemperatur (VST)   *Verfahren* A/50   153 °C
                                      Verfahren   °C
Kristallit-Schmelzpunkt   *Verfahren* Heiztischmikroskop   160–170 °C

Längenausdehnungskoeffizient   *Bereich* 20–60   °C $1.0 \cdot 10^{-4} K^{-1}$
                                      Temperatur $\cdot 10^{-4} K^{-1}$
Wärmeleitfähigkeit   *Verfahren*   23 °C   0.17 W/(K · m)

Spezifische Wärmekapazität   *Verfahren*   23 °C   1.7 J/(K · g)

Glasumwandlungstemperatur   *Torsionsschwingungsversuch*   °C
                                      Differentialkalorimetrie   °C

Brandverhalten

UL-Test vertikal   Dicke   mm, Wert
                                      Dicke   mm, Wert

	Norm	*Bewertung*	*Abmessungen*

Sauerstoff-Index   ASTM D 2863
Glühstab-Verfahren
Brandverhalten   DIN 4102
MVSS
FAR

Elektrische Eigenschaften

                                      Hz   °C   *Probekörper, Form*

Dielektrizitätszahl   50
                                      10^3 23   2.2–2.3
                                      10^6
Dielektrischer Verlustfaktor tan δ 50
                                      10^3 23   0.0002
                                      10^6

Spezifischer Durchgangs-
* widerstand*   Ohm · cm   23 $\geqq 1.0*10**16$
Durchschlagfestigkeit kV/mm   23   60   1.0   mm dick
Oberflächenwiderstand Ohm

Kriechstromfestigkeit   KC   KB   KA
Elektrolytische Korrosionswirkung
Lichtbogenfestigkeit nach DIN
               nach ASTM   s

Beständigkeit *(Chemische Beständigkeit siehe Anhang)*

Wasseraufnahme 23 C   1 d   0.01 %

Feuchtigkeitsaufnahme Normalklima   %
Wetterbeständigkeit

Spannungskorrosion

Optische Eigenschaften

Brechungszahl n_D
Transmissionsgrad τ_c %   mm dick
Lichtdurchlässigkeit

Produkt	Polypropylen	**PP**
Handelsname	**Shell Polypropylen SY 6100**	
Hersteller	SHELL	
DIN-Bez 1	16774-PP-H,YGN,XX-M090	
DIN-Bez 2		

Zusätze		*Füllstoffe/ Verstärkung*	
Bevorzugte Verarbeitung	Extrudieren	*Lieferform*	Granulat
		Farben	Natur
Besondere Merkmale	Relativ breite Molmasseverteilung; Gute Schmelzefestigkeit; Mittlerer Gas-Fading Widerstand	*Bevorzugte Anwendungen*	Stapelfaser mittleren und groben Titers fuer Teppichflorgarn und Moebelbezug

---

Dichte	g/cm^3	0.905	*Schmelzindex*	g/10 min	11.0:	230/2.16
Schüttdichte	g/cm^3		*Volumenfließindex*	cm^3/10 min	:	
Viskositätszahl	ml/g					

Verarbeitungsbedingungen für Spritzgießen

Massetemp.	°C		*Schwindung*	%	lgs	, quer
Werkzeugtemp.	°C		*Bemerkungen*			
Spritzdruck	bar					

Zugversuch 23 °C ISO 527;

	Probekörper:	*Form*	*Herstellung* Spritzgiessen
		Zustand	*Vorbehandlung* Normalklima

Streckspannung	N/mm^2		*Dehnung bei Streckspannung*	%
Zugfestigkeit	N/mm^2 37		*Reißdehnung*	%
Reißfestigkeit	N/mm^2		% *Dehnspannung*	N/mm^2
E-Modul	N/mm^2		*Dehnung bei* % *Dehnspg.*	%

Kriechmoduln und Zeitstandwerte 23 °C

	Probekörper:	*Form*	*Herstellung*
		Zustand	*Vorbehandlung*

Kriechmodul	1 min N/mm^2	*Zeitstandzugfestigkeit*	h N/mm^2
Kriechmodul	1000 h N/mm^2	*Zeitdehnspg.* %	h N/mm^2
bei Spannung	N/mm^2		

Biegeversuch 23 °C ISO 178;

	Probekörper:	*Form* 80x10x4 mm	*Herstellung* Spritzgiessen
		Zustand	*Vorbehandlung* Normalklima

Biegefestigkeit	N/mm^2	*E-Modul*	N/mm^2 1550
3,5% Biegespannung	N/mm^2		

Härte 23 °C

	Probekörper:	*Zustand*	*Herstellung* Spritzgiessen
			Vorbehandlung Normalklima

Kugeldruckhärte	N/mm^2	bei N, s	*Shore-Härte* A
Rockwellhärte			*Shore-Härte* D 75

Schlagversuch

	Probekörper:	(1)
		(2)
		Zustand	*Herstellung*
			Vorbehandlung

°C	°C	°C	*Probekörper-Form*

Schlagzähigkeit	kJ/m^2
Kerbschlagzähigkeit (1)	kJ/m^2
IZOD-Kerbschlagzähigkeit (2)	J/m
Kerbschlagzugzähigkeit	kJ/m^2

Abrieb und Reibung

Taber-Abrieb (Reibradverfahren)	mm³/100 U	
Abriebfaktor LNP (Thrust washer) Vergleichswert		
Statische Reibungszahl		
Dynamische Reibungszahl	$(p \cdot v =$　　　N/mm² · 　　　m/min)	
Zulässiger p · v Wert	N/mm² · (m/min)　v =　　m/min	
	v =　　m/min	

Thermische Eigenschaften

Formbeständigkeit in der Wärme	*Verfahren* A		64 °C
	Verfahren B		115 °C
Vicat Erweichungstemperatur (VST)	*Verfahren* A/50		153 °C
	Verfahren		°C
Kristallit-Schmelzpunkt	*Verfahren* Heiztischmikroskop		160–170 °C
Längenausdehnungskoeffizient	*Bereich* 20–60　　°C		$1.0 \cdot 10^{-4} \mathrm{K}^{-1}$
	Temperatur		$\cdot 10^{-4} \mathrm{K}^{-1}$
Wärmeleitfähigkeit	*Verfahren*	23 °C	$0.17\ \mathrm{W/(K \cdot m)}$
Spezifische Wärmekapazität	*Verfahren*	23 °C	$1.7\ \mathrm{J/(K \cdot g)}$
Glasumwandlungstemperatur	*Torsionsschwingungsversuch*		°C
	Differentialkalorimetrie		°C

Brandverhalten

UL-Test vertikal	*Dicke*　mm, Wert		
	Dicke　mm, Wert		

	Norm	*Bewertung*	*Abmessungen*
Sauerstoff-Index	ASTM D 2863		
Glühstab-Verfahren			
Brandverhalten	DIN 4102		
MVSS			
FAR			

Elektrische Eigenschaften

	Hz	°C				*Probekörper, Form*
Dielektrizitätszahl	50					
	10^3	23	2.2–2.3			
	10^6					
Dielektrischer Verlustfaktor tan δ	50					
	10^3	23	0.0002			
	10^6					
Spezifischer Durchgangs-widerstand	Ohm · cm	23	$\geqq 1.0*10**16$			
Durchschlagfestigkeit	kV/mm	23	60			1.0　mm dick
Oberflächenwiderstand	Ohm					
Kriechstromfestigkeit	KC		KB	KA		
Elektrolytische Korrosionswirkung						
Lichtbogenfestigkeit nach DIN						
nach ASTM	s					

Beständigkeit *(Chemische Beständigkeit siehe Anhang)*

Wasseraufnahme 23 C		1 d	0.01 %
Feuchtigkeitsaufnahme Normalklima			%
Wetterbeständigkeit			
Spannungskorrosion			

Optische Eigenschaften

Brechungszahl n_D		
Transmissionsgrad τ_c　%	mm dick	
Lichtdurchlässigkeit		

Produkt	Polypropylen	**PP**
Handelsname	**Shell Polypropylen SY 6500**	
Hersteller	SHELL	
DIN-Bez 1	16774-PP-H,YGN,XX-M090	
DIN-Bez 2		

Zusätze		*Füllstoffe/ Verstärkung*	
Bevorzugte Verarbeitung	Extrudieren	*Lieferform*	Granulat
		Farben	Natur
Besondere Merkmale	Relativ breite Molmasseverteilung; Gute Schmelzenfestigkeit; Verbesserter Gas-Fading-Widerstand	*Bevorzugte Anwendungen*	Stapelfaser mittleren bis groben Titers fuer Teppichflorgarn,Polsterung und Decke

Dichte	g/cm³	0.905	*Schmelzindex*	g/10 min	11.0: 230/2.16
Schüttdichte	g/cm³		*Volumenfließindex*	cm³/10 min	:
Viskositätszahl	ml/g				

Verarbeitungsbedingungen für Spritzgießen

Massetemp.	°C		*Schwindung*	%	lgs , quer
Werkzeugtemp.	°C		*Bemerkungen*		
Spritzdruck	bar				

Zugversuch 23 °C   ISO 527;

	Probekörper:	*Form*	*Herstellung*	Spritzgiessen
		Zustand	*Vorbehandlung*	Normalklima
Streckspannung	N/mm²		*Dehnung bei Streckspannung*	%
Zugfestigkeit	N/mm² 37		*Reißdehnung*	%
Reißfestigkeit	N/mm²		*% Dehnspannung*	N/mm²
E-Modul	N/mm²		*Dehnung bei % Dehnspg.*	%

Kriechmoduln und Zeitstandwerte 23 °C

	Probekörper:	*Form*	*Herstellung*	
		Zustand	*Vorbehandlung*	
Kriechmodul	1 min N/mm²		*Zeitstandzugfestigkeit*	h N/mm²
Kriechmodul	1000 h N/mm²		*Zeitdehnspg. %*	h N/mm²
bei Spannung	N/mm²			

Biegeversuch 23 °C   ISO 178;

	Probekörper:	*Form* 80x10x4 mm	*Herstellung*	Spritzgiessen
		Zustand	*Vorbehandlung*	Normalklima
Biegefestigkeit	N/mm²		*E-Modul*	N/mm² 1550
3,5% Biegespannung	N/mm²			

Härte 23 °C

	Probekörper:	*Zustand*	*Herstellung*	Spritzgiessen
			Vorbehandlung	Normalklima
Kugeldruckhärte	N/mm²	bei N, s	*Shore-Härte* A	
Rockwellhärte			*Shore-Härte* D 75	

Schlagversuch

	Probekörper:	*(1)*	
		(2)	*Herstellung*
		Zustand	*Vorbehandlung*
	°C	°C °C	*Probekörper-Form*

Schlagzähigkeit	kJ/m²
Kerbschlagzähigkeit (1)	kJ/m²
IZOD-Kerbschlagzähigkeit (2)	J/m
Kerbschlagzugzähigkeit	kJ/m²

Abrieb und Reibung

Taber-Abrieb (Reibradverfahren)	mm³/100 U
Abriebfaktor LNP (Thrust washer) Vergleichswert	
Statische Reibungszahl	
Dynamische Reibungszahl	$(p \cdot v =$ ___ N/mm² · ___ m/min$)$
Zulässiger p · v Wert	N/mm² · (m/min) v = ___ m/min
	v = ___ m/min

Thermische Eigenschaften

Formbeständigkeit in der Wärme	*Verfahren* A		64 °C
	Verfahren B		115 °C
Vicat Erweichungstemperatur (VST)	*Verfahren* A/50		153 °C
	Verfahren		°C
Kristallit-Schmelzpunkt	*Verfahren* Heiztischmikroskop		160–170 °C
Längenausdehnungskoeffizient	*Bereich* 20–60 °C		$1.0 \cdot 10^{-4} K^{-1}$
	Temperatur		$\cdot 10^{-4} K^{-1}$
Wärmeleitfähigkeit	*Verfahren*	23 °C	0.17 W/(K · m)
Spezifische Wärmekapazität	*Verfahren*	23 °C	1.7 J/(K · g)
Glasumwandlungstemperatur	*Torsionsschwingungsversuch*	°C	
	Differentialkalorimetrie	°C	

Brandverhalten

UL-Test vertikal	Dicke ___ mm, Wert	
	Dicke ___ mm, Wert	

	Norm	*Bewertung*	*Abmessungen*
Sauerstoff-Index	ASTM D 2863		
Glühstab-Verfahren			
Brandverhalten	DIN 4102		
MVSS			
FAR			

Elektrische Eigenschaften

		Hz	°C			*Probekörper, Form*
Dielektrizitätszahl		50				
		10^3	23	2.2–2.3		
		10^6				
Dielektrischer Verlustfaktor $\tan \delta$		50				
		10^3	23	0.0002		
		10^6				
Spezifischer Durchgangs-widerstand	Ohm · cm		23	$\geqq 1.0*10**16$		
Durchschlagfestigkeit	kV/mm		23	60		1.0 mm dick
Oberflächenwiderstand	Ohm					
Kriechstromfestigkeit		KC		KB	KA	
Elektrolytische Korrosionswirkung						
Lichtbogenfestigkeit nach DIN						
nach ASTM	s					

Beständigkeit *(Chemische Beständigkeit siehe Anhang)*

Wasseraufnahme 23 C		1 d	0.01 %
Feuchtigkeitsaufnahme Normalklima			%
Wetterbeständigkeit			
Spannungskorrosion			

Optische Eigenschaften

Brechungszahl n_D		
Transmissionsgrad τ_c	%	mm dick
Lichtdurchlässigkeit		

Produkt	Polypropylen	**PP**
Handelsname	**Shell Polypropylen VY 6100**	
Hersteller	SHELL	
DIN-Bez 1	16774-PP-H,YGN,XX-M200	
DIN-Bez 2		

Zusätze		*Füllstoffe/ Verstärkung*	
Bevorzugte Verarbeitung	Extrudieren	*Lieferform*	Granulat
		Farben	Natur
Besondere Merkmale	Sehr leichtfliessend; Enge Molmasse-verteilung; Gute Schmelzenfestigkeit; Hohe Dehnung; Hohe Produktionsge-schwindigkeit	*Bevorzugte Anwendungen*	Faser feinen bis mittleren Titers; Sta-pelfaser; Texturiertes Garn; Glattes Garn

Dichte	g/cm^3	0.905	*Schmelzindex*	g/10 min	20.0: 230/2.16
Schüttdichte	g/cm^3		*Volumenfließindex*	cm^3/10 min	:
Viskositätszahl	ml/g				

Verarbeitungsbedingungen für Spritzgießen

Massetemp.	°C		*Schwindung*	%	lgs , quer
Werkzeugtemp.	°C		*Bemerkungen*		
Spritzdruck	bar				

Zugversuch 23 °C   ISO 527;

	Probekörper:	*Form*	*Herstellung*	Spritzgiessen
		Zustand	*Vorbehandlung*	Normalklima
Streckspannung	N/mm^2		*Dehnung bei Streckspannung*	%
Zugfestigkeit	N/mm^2 33		*Reißdehnung*	%
Reißfestigkeit	N/mm^2		% *Dehnspannung*	N/mm^2
E-Modul	N/mm^2		*Dehnung bei* % *Dehnspg.*	%

Kriechmoduln und Zeitstandwerte 23 °C

	Probekörper:	*Form*	*Herstellung*	
		Zustand	*Vorbehandlung*	
Kriechmodul	1 min N/mm^2		*Zeitstandzugfestigkeit*	h N/mm^2
Kriechmodul	1000 h N/mm^2		*Zeitdehnspg.* %	h N/mm^2
bei Spannung	N/mm^2			

Biegeversuch 23 °C   ISO 178;

	Probekörper:	*Form* 80x10x4 mm	*Herstellung*	Spritzgiessen
		Zustand	*Vorbehandlung*	Normalklima
Biegefestigkeit	N/mm^2		*E-Modul*	N/mm^2 1300
3,5% Biegespannung	N/mm^2			

Härte 23 °C

	Probekörper:	*Zustand*	*Herstellung*	Spritzgiessen
			Vorbehandlung	Normalklima
Kugeldruckhärte	N/mm^2	bei N, s	*Shore-Härte* A	
Rockwellhärte			*Shore-Härte* D	79

Schlagversuch

	Probekörper:	*(1)*		
		(2)	*Herstellung*	
		Zustand	*Vorbehandlung*	
		°C °C °C		*Probekörper-Form*

Schlagzähigkeit	kJ/m^2
Kerbschlagzähigkeit (1)	kJ/m^2
IZOD-Kerbschlagzähigkeit (2)	J/m
Kerbschlagzugzähigkeit	kJ/m^2

Abrieb und Reibung

Taber-Abrieb (Reibradverfahren)	mm³/100 U
Abriebfaktor LNP (Thrust washer) Vergleichswert	
Statische Reibungszahl	
Dynamische Reibungszahl	(p · v = N/mm² · m/min)
Zulässiger p · v Wert	N/mm² · (m/min) v = m/min
	v = m/min

Thermische Eigenschaften

Formbeständigkeit in der Wärme	*Verfahren*	A	64 °C
	Verfahren	B	115 °C
Vicat Erweichungstemperatur (VST)	*Verfahren*	A/50	153 °C
	Verfahren		°C
Kristallit-Schmelzpunkt	*Verfahren*	Heiztischmikroskop	160–170 °C
Längenausdehnungskoeffizient	*Bereich*	20–60 °C	$1.0 \cdot 10^{-4}\mathrm{K}^{-1}$
	Temperatur		$\cdot\, 10^{-4}\mathrm{K}^{-1}$
Wärmeleitfähigkeit	*Verfahren*	23 °C	0.17 W/(K · m)
Spezifische Wärmekapazität	*Verfahren*	23 °C	1.7 J/(K · g)
Glasumwandlungstemperatur	*Torsionsschwingungsversuch*		°C
	Differentialkalorimetrie		°C

Brandverhalten

UL-Test vertikal	Dicke	mm, Wert
	Dicke	mm, Wert

	Norm	*Bewertung*	*Abmessungen*
Sauerstoff-Index	ASTM D 2863		
Glühstab-Verfahren			
Brandverhalten	DIN 4102		
MVSS			
FAR			

Elektrische Eigenschaften

		Hz	°C		*Probekörper, Form*
Dielektrizitätszahl		50			
		10³	23	2.2–2.3	
		10⁶			
Dielektrischer Verlustfaktor tan δ		50			
		10³	23	0.0002	
		10⁶			
Spezifischer Durchgangs-widerstand	Ohm · cm		23	$\geqq 1.0*10**16$	
Durchschlagfestigkeit	kV/mm		23	60	1.0 mm dick
Oberflächenwiderstand	Ohm				
Kriechstromfestigkeit		KC	KB	KA	
Elektrolytische Korrosionswirkung					
Lichtbogenfestigkeit nach DIN					
nach ASTM	s				

Beständigkeit *(Chemische Beständigkeit siehe Anhang)*

Wasseraufnahme 23 C	1 d	0.01 %
Feuchtigkeitsaufnahme Normalklima		%
Wetterbeständigkeit		
Spannungskorrosion		

Optische Eigenschaften

Brechungszahl n$_D$		
Transmissionsgrad τ$_c$	%	mm dick
Lichtdurchlässigkeit		

Produkt	Polypropylen	**PP**
Handelsname	**Shell Polypropylen HE 6104**	
Hersteller	SHELL	
DIN-Bez 1	16774-PP-H,BGN,XX-M012	
DIN-Bez 2		

Zusätze		*Füllstoffe/ Verstärkung*	
Bevorzugte Verarbeitung	Extrudieren; Blasformen	*Lieferform*	Granulat
		Farben	Natur
Besondere Merkmale	Hohe Festigkeit; Verbesserte Verarbeitungsstabilitaet	*Bevorzugte Anwendungen*	Band; Tafel; Hochbeanspruchtes Profil; Hohlkoerper

Dichte	g/cm^3	0.905	*Schmelzindex*	g/10 min	1.5: 230/2.16
Schüttdichte	g/cm^3		*Volumenfließindex*	cm^3/10 min	:
Viskositätszahl	ml/g				

Verarbeitungsbedingungen für Spritzgießen

Massetemp.	°C		*Schwindung*	%	lgs , quer
Werkzeugtemp.	°C		*Bemerkungen*		
Spritzdruck	bar				

Zugversuch 23 °C ISO 527;

	Probekörper:	*Form*	*Herstellung* Spritzgiessen
		Zustand	*Vorbehandlung* Normalklima

Streckspannung	N/mm^2		*Dehnung bei Streckspannung*	%
Zugfestigkeit	N/mm^2	35	*Reißdehnung*	%
Reißfestigkeit	N/mm^2		% *Dehnspannung*	N/mm^2
E-Modul	N/mm^2		*Dehnung bei* % *Dehnspg.*	%

Kriechmoduln und Zeitstandwerte 23 °C

	Probekörper:	*Form*	*Herstellung*
		Zustand	*Vorbehandlung*

Kriechmodul	1 min	N/mm^2	*Zeitstandzugfestigkeit*	h N/mm^2
Kriechmodul	1000 h	N/mm^2	*Zeitdehnspg.* %	h N/mm^2
bei Spannung		N/mm^2		

Biegeversuch 23 °C ISO 178;

	Probekörper:	*Form* 80x10x4 mm	*Herstellung* Spritzgiessen
		Zustand	*Vorbehandlung* Normalklima

Biegefestigkeit	N/mm^2	*E-Modul*	N/mm^2 1360
3,5% Biegespannung	N/mm^2		

Härte 23 °C

	Probekörper:	*Zustand*	*Herstellung* Spritzgiessen
			Vorbehandlung Normalklima

Kugeldruckhärte	N/mm^2	bei N, s	*Shore-Härte* A
Rockwellhärte			*Shore-Härte* D 73

Schlagversuch

Probekörper:	*(1)*	
	(2)	*Herstellung*
	Zustand	*Vorbehandlung*

°C	°C	°C	*Probekörper-Form*

Schlagzähigkeit	kJ/m^2
Kerbschlagzähigkeit (1)	kJ/m^2
IZOD-Kerbschlagzähigkeit (2)	J/m
Kerbschlagzugzähigkeit	kJ/m^2

Abrieb und Reibung

Taber-Abrieb (Reibradverfahren)	mm³/100 U
Abriebfaktor LNP (Thrust washer) Vergleichswert	
Statische Reibungszahl	
Dynamische Reibungszahl	(p·v = N/mm² · m/min)
Zulässiger p · v Wert	N/mm² · (m/min) v = m/min
	v = m/min

Thermische Eigenschaften

Formbeständigkeit in der Wärme	Verfahren	A		60 °C
	Verfahren	B		108 °C
Vicat Erweichungstemperatur (VST)	Verfahren	A/50		153 °C
	Verfahren			°C
Kristallit-Schmelzpunkt	Verfahren	Heiztischmikroskop		160–170 °C
Längenausdehnungskoeffizient	Bereich	20–60 °C		$1.0 \cdot 10^{-4} \mathrm{K}^{-1}$
	Temperatur			$\cdot 10^{-4} \mathrm{K}^{-1}$
Wärmeleitfähigkeit	Verfahren		23 °C	0.17 W/(K · m)
Spezifische Wärmekapazität	Verfahren		23 °C	1.7 J/(K · g)
Glasumwandlungstemperatur	Torsionsschwingungsversuch		°C	
	Differentialkalorimetrie		°C	

Brandverhalten

UL-Test vertikal		Dicke	mm, Wert
		Dicke	mm, Wert

	Norm	Bewertung	Abmessungen
Sauerstoff-Index	ASTM D 2863		
Glühstab-Verfahren			
Brandverhalten	DIN 4102		
MVSS			
FAR			

Elektrische Eigenschaften

	Hz	°C		Probekörper, Form
Dielektrizitätszahl	50			
	10^3	23	2.2–2.3	
	10^6			
Dielektrischer Verlustfaktor tan δ	50			
	10^3	23	0.0002	
	10^6			
Spezifischer Durchgangs-				
widerstand	Ohm · cm	23	$\geqq 1.0{*}10{**}16$	
Durchschlagfestigkeit	kV/mm	23	60	1.0 mm dick
Oberflächenwiderstand	Ohm			
Kriechstromfestigkeit	KC	KB	KA	
Elektrolytische Korrosionswirkung				
Lichtbogenfestigkeit nach DIN				
nach ASTM	s			

Beständigkeit *(Chemische Beständigkeit siehe Anhang)*

Wasseraufnahme 23 C		1 d	0.01 %
Feuchtigkeitsaufnahme Normalklima			%
Wetterbeständigkeit			
Spannungskorrosion			

Optische Eigenschaften

Brechungszahl n_D			
Transmissionsgrad τ_c	%		mm dick
Lichtdurchlässigkeit			

Datenbank-Nr.	**T05295**		Merkblatt-Nr. **3756**

			PP
Produkt	Polypropylen		
Handelsname	**Shell Polypropylen JE 6100**		
Hersteller	SHELL		
DIN-Bez 1	16774-PP-H,BGN,XX-M022		
DIN-Bez 2			
Zusätze		Füllstoffe/ Verstärkung	
Bevorzugte Verarbeitung	Extrudieren; Blasformen	Lieferform	Granulat
		Farben	Natur
Besondere Merkmale	Ausgezeichnete Orientierbarkeit; Sehr gute Klarheit; Gute Steifheit	Bevorzugte Anwendungen	Tafel fuer Thermoformen zu Behaeltern; Orientierte Hohlkoerper

Dichte	g/cm^3	0.905	Schmelzindex	g/10 min		2.0:	230/2.16
Schüttdichte	g/cm^3		Volumenfließindex	cm^3/10 min		:	
Viskositätszahl	ml/g						

Verarbeitungsbedingungen für Spritzgießen

Massetemp.	°C		Schwindung	%	lgs	, quer
Werkzeugtemp.	°C		Bemerkungen			
Spritzdruck	bar					

Zugversuch 23 °C ISO 527;

	Probekörper:	Form		Herstellung	Spritzgiessen
		Zustand		Vorbehandlung	Normalklima

Streckspannung	N/mm^2		Dehnung bei Streckspannung	%	
Zugfestigkeit	N/mm^2	35	Reißdehnung	%	
Reißfestigkeit	N/mm^2		% Dehnspannung	N/mm^2	
E-Modul	N/mm^2		Dehnung bei % Dehnspg.	%	

Kriechmoduln und Zeitstandwerte 23 °C

	Probekörper:	Form		Herstellung	
		Zustand		Vorbehandlung	

Kriechmodul	1 min N/mm^2	Zeitstandzugfestigkeit	h N/mm^2
Kriechmodul	1000 h N/mm^2	Zeitdehnspg. %	h N/mm^2
bei Spannung	N/mm^2		

Biegeversuch 23 °C ISO 178;

	Probekörper:	Form	80x10x4 mm	Herstellung	Spritzgiessen
		Zustand		Vorbehandlung	Normalklima

Biegefestigkeit	N/mm^2		E-Modul	N/mm^2 1360
3,5% Biegespannung	N/mm^2			

Härte 23 °C

	Probekörper:	Zustand		Herstellung	Spritzgiessen
				Vorbehandlung	Normalklima

Kugeldruckhärte	N/mm^2	bei	N, s	Shore-Härte A	
Rockwellhärte				Shore-Härte D	73

Schlagversuch

	Probekörper:	(1)			
		(2)		Herstellung	
		Zustand		Vorbehandlung	
		°C	°C	°C	Probekörper-Form

Schlagzähigkeit	kJ/m^2
Kerbschlagzähigkeit (1)	kJ/m^2
IZOD-Kerbschlagzähigkeit (2)	J/m
Kerbschlagzugzähigkeit	kJ/m^2

Abrieb und Reibung

Taber-Abrieb (Reibradverfahren)		mm³/100 U
Abriebfaktor LNP (Thrust washer) Vergleichswert		
Statische Reibungszahl		
Dynamische Reibungszahl		(p·v = $\quad$ N/mm² · $\quad$ m/min)
Zulässiger p·v Wert		N/mm² · (m/min) v = $\quad$ m/min
		v = $\quad$ m/min

Thermische Eigenschaften

Formbeständigkeit in der Wärme	*Verfahren*	A	60 °C
	Verfahren	B	108 °C
Vicat Erweichungstemperatur (VST)	*Verfahren*	A/50	153 °C
	Verfahren		°C
Kristallit-Schmelzpunkt	*Verfahren*	Heiztischmikroskop	160–170 °C
Längenausdehnungskoeffizient	*Bereich* 20–60 °C		$1.0 \cdot 10^{-4} \mathrm{K}^{-1}$
	Temperatur		$\cdot 10^{-4} \mathrm{K}^{-1}$
Wärmeleitfähigkeit	*Verfahren*	23 °C	0.17 W/(K·m)
Spezifische Wärmekapazität	*Verfahren*	23 °C	1.7 J/(K·g)
Glasumwandlungstemperatur	*Torsionsschwingungsversuch*		°C
	Differentialkalorimetrie		°C

Brandverhalten

UL-Test vertikal	Dicke	mm, Wert
	Dicke	mm, Wert

	Norm	*Bewertung*	*Abmessungen*
Sauerstoff-Index	ASTM D 2863		
Glühstab-Verfahren			
Brandverhalten	DIN 4102		
MVSS			
FAR			

Elektrische Eigenschaften

	Hz	°C			*Probekörper, Form*
Dielektrizitätszahl	50				
	10^3	23	2.2–2.3		
	10^6				
Dielektrischer Verlustfaktor tan δ	50				
	10^3	23	0.0002		
	10^6				
Spezifischer Durchgangs-widerstand	Ohm·cm	23	$\geqq 1.0*10**16$		
Durchschlagfestigkeit	kV/mm	23	60		1.0 mm dick
Oberflächenwiderstand	Ohm				
Kriechstromfestigkeit	KC	KB	KA		
Elektrolytische Korrosionswirkung					
Lichtbogenfestigkeit nach DIN					
nach ASTM	s				

Beständigkeit *(Chemische Beständigkeit siehe Anhang)*

Wasseraufnahme 23 C	1 d	0.01 %
Feuchtigkeitsaufnahme Normalklima		%
Wetterbeständigkeit		
Spannungskorrosion		

Optische Eigenschaften

Brechungszahl n_D		
Transmissionsgrad τ_c	%	mm dick
Lichtdurchlässigkeit		

Datenbank-Nr.	**T05296**	*Merkblatt-Nr.* **3757**

Produkt	Polypropylen	**PP**
Handelsname	**Shell Polypropylen JF 6101**	
Hersteller	SHELL	
DIN-Bez 1	16774-PP-H,FGN,XX-M022	
DIN-Bez 2		

Zusätze		*Füllstoffe/ Verstärkung*	
Bevorzugte Verarbeitung	Extrudieren	*Lieferform*	Granulat
		Farben	Natur
Besondere Merkmale	Hoher Reinheitsgrad; Spezialtyp fuer elekrische Anwendungen	*Bevorzugte Anwendungen*	Biaxial orientierte Kondensatorfolie

---

Dichte	g/cm^3	0.905	*Schmelzindex*	g/10 min	2.0:	230/2.16
Schüttdichte	g/cm^3		*Volumenfließindex*	cm^3/10 min	:	
Viskositätszahl	ml/g					

Verarbeitungsbedingungen für Spritzgießen

Massetemp.	°C		*Schwindung*	%	lgs	, quer
Werkzeugtemp.	°C		*Bemerkungen*			
Spritzdruck	bar					

Zugversuch 23 °C ISO 527;

	Probekörper:	*Form*		*Herstellung*	Spritzgiessen
		Zustand		*Vorbehandlung*	Normalklima

Streckspannung	N/mm^2		*Dehnung bei Streckspannung*	%
Zugfestigkeit	N/mm^2 35		*Reißdehnung*	%
Reißfestigkeit	N/mm^2		% *Dehnspannung*	N/mm^2
E-Modul	N/mm^2		*Dehnung bei* % *Dehnspg.*	%

Kriechmoduln und Zeitstandwerte 23 °C

	Probekörper:	*Form*		*Herstellung*
		Zustand		*Vorbehandlung*

Kriechmodul	1 min N/mm^2		*Zeitstandzugfestigkeit*	h N/mm^2
Kriechmodul	1000 h N/mm^2		*Zeitdehnspg.* %	h N/mm^2
bei Spannung	N/mm^2			

Biegeversuch 23 °C ISO 178;

	Probekörper:	*Form*	80x10x4 mm	*Herstellung*	Spritzgiessen
		Zustand		*Vorbehandlung*	Normalklima

Biegefestigkeit	N/mm^2	*E-Modul*	N/mm^2 1360
3,5% Biegespannung	N/mm^2		

Härte 23 °C

	Probekörper:	*Zustand*	*Herstellung*	Spritzgiessen
			Vorbehandlung	Normalklima

Kugeldruckhärte	N/mm^2	bei N, s	*Shore-Härte* A	
Rockwellhärte			*Shore-Härte* D	73

Schlagversuch

	Probekörper:	*(1)*		
		(2)		*Herstellung*
		Zustand		*Vorbehandlung*
		°C	°C	°C	*Probekörper-Form*

Schlagzähigkeit	kJ/m^2
Kerbschlagzähigkeit (1)	kJ/m^2
IZOD-Kerbschlagzähigkeit (2)	J/m
Kerbschlagzugzähigkeit	kJ/m^2

Abrieb und Reibung

Taber-Abrieb (Reibradverfahren)	mm^3/100 U
Abriebfaktor LNP (Thrust washer) Vergleichswert	
Statische Reibungszahl	
Dynamische Reibungszahl	(p · v = N/mm^2 · m/min)
Zulässiger p · v Wert	N/mm^2 · (m/min) v = m/min
	v = m/min

Thermische Eigenschaften

Formbeständigkeit in der Wärme	*Verfahren*	A	60 °C
	Verfahren	B	108 °C
Vicat Erweichungstemperatur (VST)	*Verfahren*	A/50	153 °C
	Verfahren		°C
Kristallit-Schmelzpunkt	*Verfahren*	Heiztischmikroskop	160–170 °C
Längenausdehnungskoeffizient	*Bereich* 20–60 °C		$1.0 \cdot 10^{-4} \mathrm{K}^{-1}$
	Temperatur		$\cdot 10^{-4} \mathrm{K}^{-1}$
Wärmeleitfähigkeit	*Verfahren*	23 °C	0.17 W/(K · m)
Spezifische Wärmekapazität	*Verfahren*	23 °C	1.7 J/(K · g)
Glasumwandlungstemperatur	*Torsionsschwingungsversuch*	°C	
	Differentialkalorimetrie	°C	

Brandverhalten

UL-Test vertikal   Dicke   mm, Wert
                                  Dicke   mm, Wert

	Norm	*Bewertung*	*Abmessungen*
Sauerstoff-Index	ASTM D 2863		
Glühstab-Verfahren			
Brandverhalten	DIN 4102		
MVSS			
FAR			

Elektrische Eigenschaften

		Hz	°C		*Probekörper, Form*
Dielektrizitätszahl		50			
		10^3	23	2.2–2.3	
		10^6			
Dielektrischer Verlustfaktor tan δ		50			
		10^3	23	0.0002	
		10^6			
Spezifischer Durchgangs-widerstand	Ohm · cm		23	$\geqq 1.0 * 10^{**}16$	
Durchschlagfestigkeit	kV/mm		23	60	1.0 mm dick
Oberflächenwiderstand	Ohm				
Kriechstromfestigkeit		KC	KB	KA	
Elektrolytische Korrosionswirkung					
Lichtbogenfestigkeit nach DIN					
nach ASTM	s				

Beständigkeit *(Chemische Beständigkeit siehe Anhang)*

Wasseraufnahme 23 C		1 d	0.01 %
Feuchtigkeitsaufnahme Normalklima			%
Wetterbeständigkeit			
Spannungskorrosion			

Optische Eigenschaften

Brechungszahl n_D
Transmissionsgrad τ_c %   mm dick
Lichtdurchlässigkeit

Produkt	Polypropylen	**PP**
Handelsname	**Shell Polypropylen JF 6100**	
Hersteller	SHELL	
DIN-Bez 1	16774-PP-H,FGN,XX-M022	
DIN-Bez 2		

Zusätze		*Füllstoffe/ Verstärkung*	
Bevorzugte Verarbeitung	Extrudieren	*Lieferform*	Granulat
		Farben	Natur
Besondere Merkmale	Geeignet fuer die Verarbeitung auf BOPP-Rahmen-Anlagen und BOPP-Blasfolien-Anlagen	*Bevorzugte Anwendungen*	Klebeband; Verpackungsfolie

---

Dichte	g/cm^3	0.905	*Schmelzindex* g/10 min	2.0: 230/2.16
Schüttdichte	g/cm^3		*Volumenfließindex* cm^3/10 min	:
Viskositätszahl	ml/g			

Verarbeitungsbedingungen für Spritzgießen

Massetemp.	°C	*Schwindung* % lgs , quer	
Werkzeugtemp.	°C	*Bemerkungen*	
Spritzdruck	bar		

Zugversuch 23 °C ISO 527;

	Probekörper: Form		*Herstellung* Spritzgiessen
	Zustand		*Vorbehandlung* Normalklima
Streckspannung	N/mm^2	*Dehnung bei Streckspannung*	%
Zugfestigkeit	N/mm^2 35	*Reißdehnung*	%
Reißfestigkeit	N/mm^2	% *Dehnspannung*	N/mm^2
E-Modul	N/mm^2	*Dehnung bei* % *Dehnspg.*	%

Kriechmoduln und Zeitstandwerte 23 °C

	Probekörper: Form	*Herstellung*
	Zustand	*Vorbehandlung*
Kriechmodul	1 min N/mm^2	*Zeitstandzugfestigkeit* h N/mm^2
Kriechmodul	1000 h N/mm^2	*Zeitdehnspg.* % h N/mm^2
bei Spannung	N/mm^2	

Biegeversuch 23 °C ISO 178;

	Probekörper: Form 80x10x4 mm	*Herstellung* Spritzgiessen
	Zustand	*Vorbehandlung* Normalklima
Biegefestigkeit	N/mm^2	*E-Modul* N/mm^2 1360
3,5% Biegespannung	N/mm^2	

Härte 23 °C

	Probekörper: Zustand	*Herstellung* Spritzgiessen
		Vorbehandlung Normalklima
Kugeldruckhärte	N/mm^2 bei N, s	*Shore-Härte* A
Rockwellhärte		*Shore-Härte* D 73

Schlagversuch

	Probekörper: (1)	
	(2)	*Herstellung*
	Zustand	*Vorbehandlung*
	°C °C °C	*Probekörper-Form*

Schlagzähigkeit	kJ/m^2
Kerbschlagzähigkeit (1)	kJ/m^2
IZOD-Kerbschlagzähigkeit (2)	J/m
Kerbschlagzugzähigkeit	kJ/m^2

Abrieb und Reibung

Taber-Abrieb (Reibradverfahren)	mm³/100 U
Abriebfaktor LNP (Thrust washer) Vergleichswert	
Statische Reibungszahl	
Dynamische Reibungszahl	(p·v = N/mm² · m/min)
Zulässiger p·v Wert	N/mm² · (m/min) v = m/min v = m/min

Thermische Eigenschaften

Formbeständigkeit in der Wärme	*Verfahren*	A	60 °C
	Verfahren	B	108 °C
Vicat Erweichungstemperatur (VST)	*Verfahren*	A/50	153 °C
	Verfahren		°C
Kristallit-Schmelzpunkt	*Verfahren*	Heiztischmikroskop	160–170 °C
Längenausdehnungskoeffizient	*Bereich*	20–60 °C	$1.0 \cdot 10^{-4} \mathrm{K}^{-1}$
	Temperatur		$\cdot 10^{-4} \mathrm{K}^{-1}$
Wärmeleitfähigkeit	*Verfahren*	23 °C	0.17 W/(K · m)
Spezifische Wärmekapazität	*Verfahren*	23 °C	1.7 J/(K · g)
Glasumwandlungstemperatur	*Torsionsschwingungsversuch*	°C	
	Differentialkalorimetrie	°C	

Brandverhalten

UL-Test vertikal		Dicke mm, Wert	
		Dicke mm, Wert	

	Norm	*Bewertung*	*Abmessungen*
Sauerstoff-Index	ASTM D 2863		
Glühstab-Verfahren			
Brandverhalten	DIN 4102		
MVSS			
FAR			

Elektrische Eigenschaften

	Hz	°C		*Probekörper, Form*
Dielektrizitätszahl	50			
	10³	23	2.2–2.3	
	10⁶			
Dielektrischer Verlustfaktor tan δ	50			
	10³	23	0.0002	
	10⁶			
Spezifischer Durchgangs-				
widerstand Ohm · cm		23	$\geqq 1.0 * 10{**}16$	
Durchschlagfestigkeit kV/mm		23	60	1.0 mm dick
Oberflächenwiderstand Ohm				

Kriechstromfestigkeit	KC	KB	KA
Elektrolytische Korrosionswirkung			
Lichtbogenfestigkeit nach DIN			
nach ASTM s			

Beständigkeit *(Chemische Beständigkeit siehe Anhang)*

Wasseraufnahme 23 C	1 d	0.01 %
Feuchtigkeitsaufnahme Normalklima		%
Wetterbeständigkeit		
Spannungskorrosion		

Optische Eigenschaften

Brechungszahl n_D		
Transmissionsgrad τ_c	%	mm dick
Lichtdurchlässigkeit		

Datenbank-Nr.	**T05298**		*Merkblatt-Nr.* **3759**

<table>
<tr><td>*Produkt*</td><td>Polypropylen</td><td></td><td>**PP**</td></tr>
<tr><td>*Handelsname*</td><td colspan="3">**Shell Polypropylen KF 6100**</td></tr>
<tr><td>*Hersteller*</td><td colspan="3">SHELL</td></tr>
<tr><td>*DIN-Bez 1*
DIN-Bez 2</td><td colspan="3">16774-PP-H,FGN,XX-M022</td></tr>
<tr><td>*Zusätze*</td><td></td><td>*Füllstoffe/
Verstärkung*</td><td></td></tr>
<tr><td>*Bevorzugte
Verarbeitung*</td><td>Extrudieren</td><td>*Lieferform*</td><td>Granulat</td></tr>
<tr><td></td><td></td><td>*Farben*</td><td>Natur</td></tr>
<tr><td>*Besondere
Merkmale*</td><td>Hochtransparent; Hochglaenzend;
Ausgezeichnet geeignet fuer BOPP-
Anlagen; Ausgewogene Folieneigen-
schaften</td><td>*Bevorzugte
Anwendungen*</td><td>Hochwertige allgemeine Verpackungs-
folie; Laminat</td></tr>
</table>

Dichte	g/cm^3	0.905	*Schmelzindex*	g/10 min	3.0:	230/2.16
Schüttdichte	g/cm^3		*Volumenfließindex*	cm^3/10 min	:	
Viskositätszahl	ml/g					

Verarbeitungsbedingungen für Spritzgießen

Massetemp.	°C		*Schwindung*	%	lgs , quer
Werkzeugtemp.	°C		*Bemerkungen*		
Spritzdruck	bar				

Zugversuch 23 °C ISO 527;

	Probekörper:	*Form*	*Herstellung*	Spritzgiessen
		Zustand	*Vorbehandlung*	Normalklima
Streckspannung	N/mm^2		*Dehnung bei Streckspannung*	%
Zugfestigkeit	N/mm^2 36		*Reißdehnung*	%
Reißfestigkeit	N/mm^2		% *Dehnspannung*	N/mm^2
E-Modul	N/mm^2		*Dehnung bei* % *Dehnspg.*	%

Kriechmoduln und Zeitstandwerte 23 °C

	Probekörper:	*Form*	*Herstellung*	
		Zustand	*Vorbehandlung*	
Kriechmodul	1 min N/mm^2		*Zeitstandzugfestigkeit*	h N/mm^2
Kriechmodul	1000 h N/mm^2		*Zeitdehnspg.* %	h N/mm^2
bei Spannung	N/mm^2			

Biegeversuch 23 °C ISO 178;

	Probekörper:	*Form* 80x10x4 mm	*Herstellung*	Spritzgiessen
		Zustand	*Vorbehandlung*	Normalklima
Biegefestigkeit	N/mm^2		*E-Modul*	N/mm^2 1430
3,5% Biegespannung	N/mm^2			

Härte 23 °C

	·*Probekörper:*	*Zustand*	*Herstellung*	Spritzgiessen
			Vorbehandlung	Normalklima
Kugeldruckhärte	N/mm^2	bei N, s	*Shore-Härte* A	
Rockwellhärte			*Shore-Härte* D	74

Schlagversuch

	Probekörper:	*(1)*		
		(2)	*Herstellung*	
		Zustand	*Vorbehandlung*	
	°C	°C	°C	*Probekörper-Form*

Schlagzähigkeit	kJ/m^2
Kerbschlagzähigkeit (1)	kJ/m^2
IZOD-Kerbschlagzähigkeit (2)	J/m
Kerbschlagzugzähigkeit	kJ/m^2

Abrieb und Reibung

Taber-Abrieb (Reibradverfahren)   mm^3/100 U
Abriebfaktor LNP (Thrust washer) Vergleichswert
Statische Reibungszahl
Dynamische Reibungszahl   (p·v =   N/mm^2·   m/min)
Zulässiger p · v Wert   N/mm^2 · (m/min)   v =   m/min
                                                                                v =   m/min

Thermische Eigenschaften

Formbeständigkeit in der Wärme	*Verfahren*	A	61 °C
	Verfahren	B	111 °C
Vicat Erweichungstemperatur (VST)	*Verfahren*	A/50	153 °C
	Verfahren		°C
Kristallit-Schmelzpunkt	*Verfahren*	Heiztischmikroskop	160–170 °C

Längenausdehnungskoeffizient   *Bereich* 20–60   °C $1.0 · 10^{-4} K^{-1}$
                                   Temperatur $· 10^{-4} K^{-1}$
Wärmeleitfähigkeit   *Verfahren*   23 °C   0.17 W/(K · m)

Spezifische Wärmekapazität   *Verfahren*   23 °C   1.7 J/(K · g)

Glasumwandlungstemperatur   *Torsionsschwingungsversuch*   °C
                                   Differentialkalorimetrie   °C

Brandverhalten

UL-Test vertikal   Dicke   mm, Wert
                                   Dicke   mm, Wert

	Norm	*Bewertung*	*Abmessungen*
Sauerstoff-Index	ASTM D 2863		
Glühstab-Verfahren			
Brandverhalten	DIN 4102		
MVSS			
FAR			

Elektrische Eigenschaften

		Hz	°C		*Probekörper, Form*
Dielektrizitätszahl		50			
		10^3	23	2.2–2.3	
		10^6			
Dielektrischer Verlustfaktor tan δ		50			
		10^3	23	0.0002	
		10^6			
Spezifischer Durchgangs-					
widerstand	Ohm · cm		23	$\geqq$ 1.0*10**16	
Durchschlagfestigkeit	kV/mm		23	60	1.0 mm dick
Oberflächenwiderstand	Ohm				
Kriechstromfestigkeit		KC	KB	KA	
Elektrolytische Korrosionswirkung					
Lichtbogenfestigkeit nach DIN					
nach ASTM	s				

Beständigkeit *(Chemische Beständigkeit siehe Anhang)*

Wasseraufnahme 23 C   1 d   0.01 %

Feuchtigkeitsaufnahme Normalklima   %
Wetterbeständigkeit

Spannungskorrosion

Optische Eigenschaften

Brechungszahl n$_D$
Transmissionsgrad τ_c %   mm dick
Lichtdurchlässigkeit

		PP
Produkt	Polypropylen	
Handelsname	**Shell Polypropylen PF 6100**	
Hersteller	SHELL	
DIN-Bez 1	16774-PP-H,FGN,XX-M045	
DIN-Bez 2		
Zusätze		*Füllstoffe/ Verstärkung*
Bevorzugte Verarbeitung	Extrudieren	*Lieferform* Granulat
		Farben Natur
Besondere Merkmale	Ausgezeichnet geeignet fuer BOPP-Blasfolienanlagen	*Bevorzugte Anwendungen* Folie fuer allgemeine Verpackung

---

Dichte	g/cm³	0.905	*Schmelzindex* g/10 min	5.5: 230/2.16
Schüttdichte	g/cm³		*Volumenfließindex* cm³/10 min	:
Viskositätszahl	ml/g			

Verarbeitungsbedingungen für Spritzgießen

Massetemp.	°C	*Schwindung* % lgs , quer	
Werkzeugtemp.	°C	*Bemerkungen*	
Spritzdruck	bar		

Zugversuch 23 °C   ISO 527;

Probekörper:	Form		Herstellung	Spritzgiessen
	Zustand		Vorbehandlung	Normalklima

Streckspannung	N/mm²		*Dehnung bei Streckspannung*	%
Zugfestigkeit	N/mm² 36		*Reißdehnung*	%
Reißfestigkeit	N/mm²		*% Dehnspannung*	N/mm²
E-Modul	N/mm²		*Dehnung bei % Dehnspg.*	%

Kriechmoduln und Zeitstandwerte 23 °C

Probekörper:	Form		Herstellung
	Zustand		Vorbehandlung

Kriechmodul	1 min N/mm²		*Zeitstandzugfestigkeit*	h N/mm²
Kriechmodul	1000 h N/mm²		*Zeitdehnspg. %*	h N/mm²
bei Spannung	N/mm²			

Biegeversuch 23 °C   ISO 178;

Probekörper:	Form	80x10x4 mm	Herstellung	Spritzgiessen
	Zustand		Vorbehandlung	Normalklima

Biegefestigkeit	N/mm²		*E-Modul*	N/mm² 1500
3,5% Biegespannung	N/mm²			

Härte 23 °C

Probekörper:	Zustand	Herstellung	Spritzgiessen
		Vorbehandlung	Normalklima

Kugeldruckhärte	N/mm² bei N, s	*Shore-Härte* A	
Rockwellhärte		*Shore-Härte* D 75	

Schlagversuch

Probekörper:	(1)	
	(2)	Herstellung
	Zustand	Vorbehandlung

°C	°C	°C	Probekörper-Form

Schlagzähigkeit	kJ/m²
Kerbschlagzähigkeit (1)	kJ/m²
IZOD-Kerbschlagzähigkeit (2)	J/m
Kerbschlagzugzähigkeit	kJ/m²

Abrieb und Reibung

Taber-Abrieb (Reibradverfahren)	mm^3/100 U
Abriebfaktor LNP (Thrust washer) Vergleichswert	
Statische Reibungszahl	
Dynamische Reibungszahl	(p · v = N/mm^2 · m/min)
Zulässiger p · v Wert	N/mm^2 · (m/min) v = m/min
	v = m/min

Thermische Eigenschaften

Formbeständigkeit in der Wärme	*Verfahren*	A	62 °C
	Verfahren	B	114 °C
Vicat Erweichungstemperatur (VST)	*Verfahren*	A/50	153 °C
	Verfahren		°C
Kristallit-Schmelzpunkt	*Verfahren*	Heiztischmikroskop	160–170 °C
Längenausdehnungskoeffizient	*Bereich*	20–60 °C	$1.0 \cdot 10^{-4} \mathrm{K}^{-1}$
	Temperatur		$\cdot 10^{-4} \mathrm{K}^{-1}$
Wärmeleitfähigkeit	*Verfahren*	23 °C	0.17 W/(K · m)
Spezifische Wärmekapazität	*Verfahren*	23 °C	1.7 J/(K · g)
Glasumwandlungstemperatur	*Torsionsschwingungsversuch*	°C	
	Differentialkalorimetrie	°C	

Brandverhalten

UL-Test vertikal	Dicke	mm, Wert	
	Dicke	mm, Wert	

	Norm	*Bewertung*	*Abmessungen*
Sauerstoff-Index	ASTM D 2863		
Glühstab-Verfahren			
Brandverhalten	DIN 4102		
MVSS			
FAR			

Elektrische Eigenschaften

	Hz	°C			*Probekörper, Form*
Dielektrizitätszahl	50				
	10^3	23	2.2–2.3		
	10^6				
Dielektrischer Verlustfaktor tan δ	50				
	10^3	23	0.0002		
	10^6				
Spezifischer Durchgangs-widerstand	Ohm · cm	23	$\geqq 1.0*10**16$		
Durchschlagfestigkeit	kV/mm	23	60		1.0 mm dick
Oberflächenwiderstand	Ohm				
Kriechstromfestigkeit	KC		KB	KA	
Elektrolytische Korrosionswirkung					
Lichtbogenfestigkeit nach DIN					
nach ASTM	s				

Beständigkeit *(Chemische Beständigkeit siehe Anhang)*

Wasseraufnahme 23 C	1 d	0.01 %
Feuchtigkeitsaufnahme Normalklima		%
Wetterbeständigkeit		
Spannungskorrosion		

Optische Eigenschaften

Brechungszahl n$_D$		
Transmissionsgrad τ_c	%	mm dick
Lichtdurchlässigkeit		

Produkt	Polypropylen	**PP**
Handelsname	**Shell Polypropylen PLZ 715 AS**	
Hersteller	SHELL	
DIN-Bez 1	16774-PP-H,FGN,XX-M090	
DIN-Bez 2		

Zusätze		*Füllstoffe/ Verstärkung*	
Bevorzugte Verarbeitung	Extrudieren	*Lieferform*	Granulat
		Farben	Natur
Besondere Merkmale	Ausgezeichnet geeignet fuer Herstellung nichtorientierter Folien; Hochtransparent	*Bevorzugte Anwendungen*	Folie fuer Huellen und Lebensmittelverpackung

---

Dichte	g/cm³	0.905	*Schmelzindex* g/10 min	10.0: 230/2.16
Schüttdichte	g/cm³		*Volumenfließindex* cm³/10 min	:
Viskositätszahl	ml/g			

Verarbeitungsbedingungen für Spritzgießen

Massetemp.	°C	*Schwindung* % lgs	, quer
Werkzeugtemp.	°C	*Bemerkungen*	
Spritzdruck	bar		

Zugversuch 23 °C ISO 527;

	Probekörper:	*Form*	*Herstellung* Spritzgiessen
		Zustand	*Vorbehandlung* Normalklima
Streckspannung	N/mm²		*Dehnung bei Streckspannung* %
Zugfestigkeit	N/mm² 37		*Reißdehnung* %
Reißfestigkeit	N/mm²		*% Dehnspannung* N/mm²
E-Modul	N/mm²		*Dehnung bei % Dehnspg.* %

Kriechmoduln und Zeitstandwerte 23 °C

	Probekörper:	*Form*	*Herstellung*
		Zustand	*Vorbehandlung*
Kriechmodul	1 min N/mm²		*Zeitstandzugfestigkeit* h N/mm²
Kriechmodul	1000 h N/mm²		*Zeitdehnspg. %* h N/mm²
bei Spannung	N/mm²		

Biegeversuch 23 °C ISO 178;

	Probekörper:	*Form* 80x10x4 mm	*Herstellung* Spritzgiessen
		Zustand	*Vorbehandlung* Normalklima
Biegefestigkeit	N/mm²	*E-Modul*	N/mm² 1550
3,5% Biegespannung	N/mm²		

Härte 23 °C

	Probekörper:	*Zustand*	*Herstellung*
			Vorbehandlung
Kugeldruckhärte	N/mm²	bei N, s	*Shore-Härte* A
Rockwellhärte			*Shore-Härte* D

Schlagversuch

	Probekörper:	*(1)*	
		(2)	*Herstellung*
		Zustand	*Vorbehandlung*
		°C °C	°C *Probekörper-Form*

Schlagzähigkeit	kJ/m²
Kerbschlagzähigkeit (1)	kJ/m²
IZOD-Kerbschlagzähigkeit (2)	J/m
Kerbschlagzugzähigkeit	kJ/m²

Abrieb und Reibung

Taber-Abrieb (Reibradverfahren)	mm³/100 U
Abriebfaktor LNP (Thrust washer) Vergleichswert	
Statische Reibungszahl	
Dynamische Reibungszahl	$(p \cdot v =$　　　N/mm² ·　　　m/min$)$
Zulässiger p · v Wert	N/mm² · (m/min)　v =　　m/min
	v =　　m/min

Thermische Eigenschaften

Formbeständigkeit in der Wärme	*Verfahren*		°C
	Verfahren		°C
Vicat Erweichungstemperatur (VST)	*Verfahren*	A/50	153 °C
	Verfahren		°C
Kristallit-Schmelzpunkt	*Verfahren*	Heiztischmikroskop	160–170 °C
Längenausdehnungskoeffizient	*Bereich*	20–60　　°C	$1.0 \cdot 10^{-4} \mathrm{K}^{-1}$
	Temperatur		$\cdot 10^{-4} \mathrm{K}^{-1}$
Wärmeleitfähigkeit	*Verfahren*	23 °C	0.17 W/(K · m)
Spezifische Wärmekapazität	*Verfahren*	23 °C	1.7 J/(K · g)
Glasumwandlungstemperatur	*Torsionsschwingungsversuch*	°C	
	Differentialkalorimetrie	°C	

Brandverhalten

UL-Test vertikal		Dicke　mm, Wert	
		Dicke　mm, Wert	

	Norm	*Bewertung*	*Abmessungen*
Sauerstoff-Index	ASTM D 2863		
Glühstab-Verfahren			
Brandverhalten	DIN 4102		
MVSS			
FAR			

Elektrische Eigenschaften

		Hz	°C		*Probekörper, Form*
Dielektrizitätszahl		50			
		10^3	23	2.2–2.3	
		10^6			
Dielektrischer Verlustfaktor tan δ		50			
		10^3	23	0.0002	
		10^6			
Spezifischer Durchgangs-widerstand	Ohm · cm		23	$\geqq 1.0*10**16$	
Durchschlagfestigkeit	kV/mm		23	60	1.0　mm dick
Oberflächenwiderstand	Ohm				
Kriechstromfestigkeit		KC	KB	KA	
Elektrolytische Korrosionswirkung					
Lichtbogenfestigkeit nach DIN					
nach ASTM	s				

Beständigkeit *(Chemische Beständigkeit siehe Anhang)*

Wasseraufnahme 23 C		1 d	0.01 %
Feuchtigkeitsaufnahme Normalklima			%
Wetterbeständigkeit			
Spannungskorrosion			

Optische Eigenschaften

Brechungszahl n_D		
Transmissionsgrad τ_c	%	mm dick
Lichtdurchlässigkeit		

Produkt	Polypropylen	**PP**
Handelsname	**Shell Polypropylen HM 6100**	
Hersteller	SHELL	
DIN-Bez 1	16774-PP-H,MCG,XX-M012	
DIN-Bez 2		

Zusätze		*Füllstoffe/ Verstärkung*	
Bevorzugte Verarbeitung	Spritzgiessen	*Lieferform*	Granulat
		Farben	Natur
Besondere Merkmale	Hohe Festigkeit	*Bevorzugte Anwendungen*	Dickwandiges Formteil fuer hohe Beanspruchungen

Dichte	g/cm³	0.905	*Schmelzindex*	g/10 min 1.5: 230/2.16
Schüttdichte	g/cm³		*Volumenfließindex*	cm³/10 min :
Viskositätszahl	ml/g			

Verarbeitungsbedingungen für Spritzgießen

Massetemp.	°C		*Schwindung*	% lgs , quer
Werkzeugtemp.	°C		*Bemerkungen*	
Spritzdruck	bar			

Zugversuch 23 °C   ISO 527;

Probekörper: Form — *Herstellung* Spritzgiessen
Zustand — *Vorbehandlung* Normalklima

Streckspannung	N/mm²	*Dehnung bei Streckspannung*	%
Zugfestigkeit	N/mm² 35	*Reißdehnung*	%
Reißfestigkeit	N/mm²	% *Dehnspannung*	N/mm²
E-Modul	N/mm²	*Dehnung bei* % *Dehnspg.*	%

Kriechmoduln und Zeitstandwerte 23 °C

Probekörper: Form — *Herstellung*
Zustand — *Vorbehandlung*

Kriechmodul	1 min N/mm²	*Zeitstandzugfestigkeit*	h N/mm²
Kriechmodul	1000 h N/mm²	*Zeitdehnspg.* %	h N/mm²
bei Spannung	N/mm²		

Biegeversuch 23 °C   ISO 178;

Probekörper: Form 80x10x4 mm — *Herstellung* Spritzgiessen
Zustand — *Vorbehandlung* Normalklima

Biegefestigkeit	N/mm²	*E-Modul*	N/mm² 1360
3,5% Biegespannung	N/mm²		

Härte 23 °C   *Probekörper:* Zustand — *Herstellung* Spritzgiessen
Vorbehandlung Normalklima

Kugeldruckhärte	N/mm² bei N, s	*Shore-Härte* A	
Rockwellhärte		*Shore-Härte* D	73

Schlagversuch   *Probekörper:* (1)
(2) — *Herstellung*
Zustand — *Vorbehandlung*

°C	°C	°C	*Probekörper-Form*

Schlagzähigkeit	kJ/m²
Kerbschlagzähigkeit (1)	kJ/m²
IZOD-Kerbschlagzähigkeit (2)	J/m
Kerbschlagzugzähigkeit	kJ/m²

Abrieb und Reibung

Taber-Abrieb (Reibradverfahren)	mm³/100 U	
Abriebfaktor LNP (Thrust washer) Vergleichswert		
Statische Reibungszahl		
Dynamische Reibungszahl	(p · v = N/mm² ·	m/min)
Zulässiger p · v Wert	N/mm² · (m/min) v =	m/min
	v =	m/min

Thermische Eigenschaften

Formbeständigkeit in der Wärme	*Verfahren*	A	60 °C
	Verfahren	B	108 °C
Vicat Erweichungstemperatur (VST)	*Verfahren*	A/50	153 °C
	Verfahren		°C
Kristallit-Schmelzpunkt	*Verfahren*	Heiztischmikroskop	160–170 °C
Längenausdehnungskoeffizient	*Bereich*	20–60 °C	$1.0 \cdot 10^{-4} K^{-1}$
	Temperatur		$\cdot 10^{-4} K^{-1}$
Wärmeleitfähigkeit	*Verfahren*	23 °C	0.17 W/(K · m)
Spezifische Wärmekapazität	*Verfahren*	23 °C	1.7 J/(K · g)
Glasumwandlungstemperatur	*Torsionsschwingungsversuch*		°C
	Differentialkalorimetrie		°C

Brandverhalten

UL-Test vertikal	Dicke	mm, Wert
	Dicke	mm, Wert

	Norm	*Bewertung*	*Abmessungen*
Sauerstoff-Index	ASTM D 2863		
Glühstab-Verfahren			
Brandverhalten	DIN 4102		
MVSS			
FAR			

Elektrische Eigenschaften

		Hz	°C		*Probekörper, Form*
Dielektrizitätszahl		50			
		10^3	23	2.2–2.3	
		10^6			
Dielektrischer Verlustfaktor tan δ		50			
		10^3	23	0.0002	
		10^6			
Spezifischer Durchgangs-widerstand	Ohm · cm		23	$\geq 1.0*10**16$	
Durchschlagfestigkeit	kV/mm		23	60	1.0 mm dick
Oberflächenwiderstand	Ohm				
Kriechstromfestigkeit		KC	KB	KA	
Elektrolytische Korrosionswirkung					
Lichtbogenfestigkeit nach DIN					
nach ASTM	s				

Beständigkeit *(Chemische Beständigkeit siehe Anhang)*

Wasseraufnahme 23 C		1 d	0.01 %
Feuchtigkeitsaufnahme Normalklima			%
Wetterbeständigkeit			
Spannungskorrosion			

Optische Eigenschaften

Brechungszahl n_D		
Transmissionsgrad τ_c	%	mm dick
Lichtdurchlässigkeit		

Produkt	Polypropylen	**PP**
Handelsname	**Shell Polypropylen KM 6100**	
Hersteller	SHELL	
DIN-Bez 1		
DIN-Bez 2		

Zusätze		*Füllstoffe/ Verstärkung*	
Bevorzugte Verarbeitung	Spritzgiessen	*Lieferform*	Granulat
		Farben	Natur
Besondere Merkmale	Ausgewogenheit zwischen Verarbeitungseigenschaften und Festigkeit	*Bevorzugte Anwendungen*	Haushaltsware; Formteil fuer Kfz-Bau; Technisches Formteil; Verschluss; Spielzeug; Behaelter

Dichte	g/cm^3	0.905	*Schmelzindex*	g/10 min	3.5: 230/2.16
Schüttdichte	g/cm^3		*Volumenfließindex*	cm^3/10 min	:
Viskositätszahl	ml/g				

Verarbeitungsbedingungen für Spritzgießen

Massetemp.	°C		*Schwindung*	%	lgs , quer
Werkzeugtemp.	°C		*Bemerkungen*		
Spritzdruck	bar				

Zugversuch 23 °C   ISO 527;

	Probekörper:	*Form*		*Herstellung*	Spritzgiessen
		Zustand		*Vorbehandlung*	Normalklima
Streckspannung	N/mm^2		*Dehnung bei Streckspannung*	%	
Zugfestigkeit	N/mm^2 36		*Reißdehnung*	%	
Reißfestigkeit	N/mm^2		% *Dehnspannung*	N/mm^2	
E-Modul	N/mm^2		*Dehnung bei* % *Dehnspg.*	%	

Kriechmoduln und Zeitstandwerte 23 °C

	Probekörper:	*Form*		*Herstellung*	
		Zustand		*Vorbehandlung*	
Kriechmodul	1 min N/mm^2		*Zeitstandzugfestigkeit*	h N/mm^2	
Kriechmodul	1000 h N/mm^2		*Zeitdehnspg.* %	h N/mm^2	
bei Spannung	N/mm^2				

Biegeversuch 23 °C   ISO 178;

	Probekörper:	*Form* 80x10x4 mm		*Herstellung*	Spritzgiessen
		Zustand		*Vorbehandlung*	Normalklima
Biegefestigkeit	N/mm^2		*E-Modul*	N/mm^2 1430	
3,5% Biegespannung	N/mm^2				

Härte 23 °C

	Probekörper:	*Zustand*	*Herstellung*	Spritzgiessen
			Vorbehandlung	Normalklima
Kugeldruckhärte	N/mm^2	bei N, s	*Shore-Härte* A	
Rockwellhärte	.		*Shore-Härte* D 74	

Schlagversuch

	Probekörper:	*(1)*		
		(2)	*Herstellung*	
		Zustand	*Vorbehandlung*	
		°C °C °C		*Probekörper-Form*

Schlagzähigkeit	kJ/m^2
Kerbschlagzähigkeit (1)	kJ/m^2
IZOD-Kerbschlagzähigkeit (2)	J/m
Kerbschlagzugzähigkeit	kJ/m^2

Abrieb und Reibung

Taber-Abrieb (Reibradverfahren) mm^3/100 U
Abriebfaktor LNP (Thrust washer) Vergleichswert
Statische Reibungszahl
Dynamische Reibungszahl $(p \cdot v =$ $N/mm^2 \cdot$ m/min)
Zulässiger p · v Wert $N/mm^2 \cdot$ (m/min)   v =   m/min
                                                v =   m/min

Thermische Eigenschaften

Formbeständigkeit in der Wärme	*Verfahren*	A		60 °C
	Verfahren	B		111 °C
Vicat Erweichungstemperatur (VST)	*Verfahren*	A/50		153 °C
	Verfahren			°C
Kristallit-Schmelzpunkt	*Verfahren*	Heiztischmikroskop		160–170 °C
Längenausdehnungskoeffizient	*Bereich*	20–60 °C		$1.0 \cdot 10^{-4} K^{-1}$
	Temperatur			$\cdot 10^{-4} K^{-1}$
Wärmeleitfähigkeit	*Verfahren*		23 °C	0.17 W/(K · m)
Spezifische Wärmekapazität	*Verfahren*		23 °C	1.7 J/(K · g)
Glasumwandlungstemperatur	*Torsionsschwingungsversuch*		°C	
	Differentialkalorimetrie		°C	

Brandverhalten

UL-Test vertikal   Dicke   mm, Wert
                          Dicke   mm, Wert

	Norm	*Bewertung*	*Abmessungen*
Sauerstoff-Index	ASTM D 2863		
Glühstab-Verfahren			
Brandverhalten	DIN 4102		
MVSS			
FAR			

Elektrische Eigenschaften

		Hz	°C			*Probekörper, Form*
Dielektrizitätszahl		50				
		10^3	23	2.2–2.3		
		10^6				
Dielektrischer Verlustfaktor tan δ		50				
		10^3	23	0.0002		
		10^6				
Spezifischer Durchgangs-widerstand	Ohm · cm		23	$\geqq$ 1.0*10**16		
Durchschlagfestigkeit	kV/mm		23	60		1.0 mm dick
Oberflächenwiderstand	Ohm					
Kriechstromfestigkeit		KC		KB	KA	
Elektrolytische Korrosionswirkung						
Lichtbogenfestigkeit nach DIN						
nach ASTM	s					

Beständigkeit *(Chemische Beständigkeit siehe Anhang)*

Wasseraufnahme 23 C   1 d   0.01 %

Feuchtigkeitsaufnahme Normalklima   %
Wetterbeständigkeit

Spannungskorrosion

Optische Eigenschaften

Brechungszahl n_D
Transmissionsgrad τ_c %   mm dick
Lichtdurchlässigkeit

Produkt	Polypropylen	**PP**
Handelsname	**Shell Polypropylen PM 6100**	
Hersteller	SHELL	
DIN-Bez 1	16774-PP-H,MCG,XX-M045	
DIN-Bez 2		

Zusätze		Füllstoffe/ Verstärkung	
Bevorzugte Verarbeitung	Spritzgiessen	Lieferform	Granulat
		Farben	Natur
Besondere Merkmale	Ausgewogenheit zwischen Verarbeitungseigenschaften und Festigkeit	Bevorzugte Anwendungen	Haushaltsware; Formteil fuer Kfz-Bau; Technisches Formteil; Verschluss; Spielzeug; Behaelter

Dichte	g/cm^3	0.905	Schmelzindex	g/10 min	5.5: 230/2.16
Schüttdichte	g/cm^3		Volumenfließindex	cm^3/10 min	:
Viskositätszahl	ml/g				

Verarbeitungsbedingungen für Spritzgießen

Massetemp.	°C		Schwindung	%	lgs , quer
Werkzeugtemp.	°C		Bemerkungen		
Spritzdruck	bar				

Zugversuch 23 °C ISO 527;

Probekörper:	Form	Herstellung	Spritzgiessen
	Zustand	Vorbehandlung	Normalklima

Streckspannung	N/mm^2	Dehnung bei Streckspannung	%
Zugfestigkeit	N/mm^2 36	Reißdehnung	%
Reißfestigkeit	N/mm^2	% Dehnspannung	N/mm^2
E-Modul	N/mm^2	Dehnung bei % Dehnspg.	%

Kriechmoduln und Zeitstandwerte 23 °C

Probekörper:	Form	Herstellung	
	Zustand	Vorbehandlung	

Kriechmodul	1 min N/mm^2	Zeitstandzugfestigkeit	h N/mm^2
Kriechmodul	1000 h N/mm^2	Zeitdehnspg. %	h N/mm^2
bei Spannung	N/mm^2		

Biegeversuch 23 °C ISO 178;

Probekörper:	Form 80x10x4 mm	Herstellung	Spritzgiessen
	Zustand	Vorbehandlung	Normalklima

Biegefestigkeit	N/mm^2	E-Modul	N/mm^2 1500
3,5% Biegespannung	N/mm^2		

Härte 23 °C

Probekörper:	Zustand	Herstellung	Spritzgiessen
		Vorbehandlung	Normalklima

Kugeldruckhärte	N/mm^2 bei N, s	Shore-Härte A	
Rockwellhärte		Shore-Härte D	75

Schlagversuch

Probekörper:	(1)	
	(2)	Herstellung
	Zustand	Vorbehandlung
	°C °C °C	Probekörper-Form

Schlagzähigkeit	kJ/m^2
Kerbschlagzähigkeit (1)	kJ/m^2
IZOD-Kerbschlagzähigkeit (2)	J/m
Kerbschlagzugzähigkeit	kJ/m^2

Abrieb und Reibung

Taber-Abrieb (Reibradverfahren)		mm³/100 U
Abriebfaktor LNP (Thrust washer) Vergleichswert		
Statische Reibungszahl		
Dynamische Reibungszahl		(p·v = N/mm² · m/min)
Zulässiger p · v Wert		N/mm² · (m/min) v = m/min
		v = m/min

Thermische Eigenschaften

Formbeständigkeit in der Wärme	Verfahren	A		62 °C
	Verfahren	B		114 °C
Vicat Erweichungstemperatur (VST)	Verfahren	A/50		153 °C
	Verfahren			°C
Kristallit-Schmelzpunkt	Verfahren	Heiztischmikroskop		160–170 °C
Längenausdehnungskoeffizient	Bereich	20–60 °C		$1.0 \cdot 10^{-4} \mathrm{K}^{-1}$
	Temperatur			$\cdot 10^{-4} \mathrm{K}^{-1}$
Wärmeleitfähigkeit	Verfahren		23 °C	$0.17\ \mathrm{W/(K \cdot m)}$
Spezifische Wärmekapazität	Verfahren		23 °C	$1.7\ \mathrm{J/(K \cdot g)}$
Glasumwandlungstemperatur	Torsionsschwingungsversuch			°C
	Differentialkalorimetrie			°C

Brandverhalten

UL-Test vertikal		Dicke	mm, Wert
		Dicke	mm, Wert

	Norm	Bewertung	Abmessungen
Sauerstoff-Index	ASTM D 2863		
Glühstab-Verfahren			
Brandverhalten	DIN 4102		
MVSS			
FAR			

Elektrische Eigenschaften

	Hz	°C		Probekörper, Form
Dielektrizitätszahl	50			
	10^3	23	2.2–2.3	
	10^6			
Dielektrischer Verlustfaktor tan δ	50			
	10^3	23	0.0002	
	10^6			
Spezifischer Durchgangs-widerstand	Ohm · cm	23	$\geqq 1.0 \ast 10 \ast\ast 16$	
Durchschlagfestigkeit	kV/mm	23	60	1.0 mm dick
Oberflächenwiderstand	Ohm			

Kriechstromfestigkeit	KC	KB	KA
Elektrolytische Korrosionswirkung			
Lichtbogenfestigkeit nach DIN			
nach ASTM s			

Beständigkeit (Chemische Beständigkeit siehe Anhang)

Wasseraufnahme 23 C	1 d	0.01 %
Feuchtigkeitsaufnahme Normalklima		%
Wetterbeständigkeit		
Spannungskorrosion		

Optische Eigenschaften

Brechungszahl n_D		
Transmissionsgrad τ_c %		mm dick
Lichtdurchlässigkeit		

		PP
Produkt	Polypropylen	
Handelsname	**Shell Polypropylen RM 6100**	
Hersteller	SHELL	
DIN-Bez 1	16774-PP-H,MCG,XX-M090	
DIN-Bez 2		

Zusätze		*Füllstoffe/ Verstärkung*	
Bevorzugte Verarbeitung	Spritzgiessen	*Lieferform*	Granulat
		Farben	Natur
Besondere Merkmale	Leichtfliessend; Ausgewogenheit zwischen Verarbeitungseigenschaften und Festigkeit	*Bevorzugte Anwendungen*	Haushaltsware; Verschluss; Behaelter; Einmal-Injektionsspritze; Duennwandiges Formteil mit langem Fliessweg

---

Dichte	g/cm^3	0.905	*Schmelzindex*	g/10 min	8.0: 230/2.16
Schüttdichte	g/cm^3		*Volumenfließindex*	cm^3/10 min	:
Viskositätszahl	ml/g				

Verarbeitungsbedingungen für Spritzgießen

Massetemp.	°C		*Schwindung*	%　　lgs　　, quer
Werkzeugtemp.	°C		*Bemerkungen*	
Spritzdruck	bar			

Zugversuch 23 °C　ISO 527;

	Probekörper:	Form	*Herstellung*	Spritzgiessen
		Zustand	*Vorbehandlung*	Normalklima

Streckspannung	N/mm^2		*Dehnung bei Streckspannung*	%
Zugfestigkeit	N/mm^2 37		*Reißdehnung*	%
Reißfestigkeit	N/mm^2		% *Dehnspannung*	N/mm^2
E-Modul	N/mm^2		*Dehnung bei* % *Dehnspg.*	%

Kriechmoduln und Zeitstandwerte 23 °C

	Probekörper:	Form	*Herstellung*	
		Zustand	*Vorbehandlung*	

Kriechmodul	1 min N/mm^2		*Zeitstandzugfestigkeit*	h N/mm^2
Kriechmodul	1000 h N/mm^2		*Zeitdehnspg.* %	h N/mm^2
bei Spannung	N/mm^2			

Biegeversuch 23 °C　ISO 178;

	Probekörper:	Form　80x10x4 mm	*Herstellung*	Spritzgiessen
		Zustand	*Vorbehandlung*	Normalklima

Biegefestigkeit	N/mm^2	*E-Modul*	N/mm^2 1500
3,5% Biegespannung	N/mm^2		

Härte 23 °C

	Probekörper:	Zustand	*Herstellung*	Spritzgiessen
			Vorbehandlung	Normalklima

Kugeldruckhärte	N/mm^2　　bei　N, s	*Shore-Härte* A	
Rockwellhärte		*Shore-Härte* D	75

Schlagversuch

	Probekörper:	(1)		
		(2)	*Herstellung*	
		Zustand	*Vorbehandlung*	
	°C	°C	°C	*Probekörper-Form*

Schlagzähigkeit	kJ/m^2
Kerbschlagzähigkeit (1)	kJ/m^2
IZOD-Kerbschlagzähigkeit (2)	J/m
Kerbschlagzugzähigkeit	kJ/m^2

Abrieb und Reibung

Taber-Abrieb (Reibradverfahren)	mm³/100 U
Abriebfaktor LNP (Thrust washer) Vergleichswert	
Statische Reibungszahl	
Dynamische Reibungszahl	(p·v = N/mm² · m/min)
Zulässiger p · v Wert	N/mm² · (m/min) v = m/min
	v = m/min

Thermische Eigenschaften

Formbeständigkeit in der Wärme	Verfahren	A	62 °C
	Verfahren	B	114 °C
Vicat Erweichungstemperatur (VST)	Verfahren	A/50	153 °C
	Verfahren		°C
Kristallit-Schmelzpunkt	Verfahren	Heiztischmikroskop	160–170 °C
Längenausdehnungskoeffizient	Bereich	20–60 °C	$1.0 \cdot 10^{-4} \mathrm{K}^{-1}$
	Temperatur		$\cdot 10^{-4} \mathrm{K}^{-1}$
Wärmeleitfähigkeit	Verfahren	23 °C	0.17 W/(K · m)
Spezifische Wärmekapazität	Verfahren	23 °C	1.7 J/(K · g)
Glasumwandlungstemperatur	Torsionsschwingungsversuch	°C	
	Differentialkalorimetrie	°C	

Brandverhalten

UL-Test vertikal	Dicke	mm, Wert	
	Dicke	mm, Wert	

	Norm	Bewertung	Abmessungen
Sauerstoff-Index	ASTM D 2863		
Glühstab-Verfahren			
Brandverhalten	DIN 4102		
MVSS			
FAR			

Elektrische Eigenschaften

		Hz	°C		Probekörper, Form
Dielektrizitätszahl		50			
		10³	23	2.2–2.3	
		10⁶			
Dielektrischer Verlustfaktor tan δ		50			
		10³	23	0.0002	
		10⁶			
Spezifischer Durchgangs-widerstand	Ohm · cm		23	$\geqq 1.0 \ast 10 \ast\ast 16$	
Durchschlagfestigkeit	kV/mm		23	60	1.0 mm dick
Oberflächenwiderstand	Ohm				
Kriechstromfestigkeit		KC	KB	KA	
Elektrolytische Korrosionswirkung					
Lichtbogenfestigkeit nach DIN					
nach ASTM	s				

Beständigkeit *(Chemische Beständigkeit siehe Anhang)*

Wasseraufnahme 23 C	1 d	0.01 %
Feuchtigkeitsaufnahme Normalklima		%
Wetterbeständigkeit		
Spannungskorrosion		

Optische Eigenschaften

Brechungszahl n_D		
Transmissionsgrad τ_c	%	mm dick
Lichtdurchlässigkeit		

Produkt	Polypropylen	**PP**
Handelsname	**Shell Polypropylen SM 6100**	
Hersteller	SHELL	
DIN-Bez 1	16774-PP-H,MCG,XX-M090	
DIN-Bez 2		

Zusätze		*Füllstoffe/ Verstärkung*	
Bevorzugte Verarbeitung	Spritzgiessen	*Lieferform*	Granulat
		Farben	Natur
Besondere Merkmale	Sehr leichtfliessend	*Bevorzugte Anwendungen*	Haushaltsware; Verschluss; Behaelter; Einmal-Injektionsspritze; Duennwandiges Formteil mit langen Fliesswegen

Dichte	g/cm^3	0.905	*Schmelzindex*	g/10 min	11.0: 230/2.16
Schüttdichte	g/cm^3		*Volumenfließindex*	cm^3/10 min	:
Viskositätszahl	ml/g				

Verarbeitungsbedingungen für Spritzgießen

Massetemp.	°C		*Schwindung*	%	lgs , quer
Werkzeugtemp.	°C		*Bemerkungen*		
Spritzdruck	bar				

Zugversuch 23 °C ISO 527;

	Probekörper:	*Form*	*Herstellung*	Spritzgiessen
		Zustand	*Vorbehandlung*	Normalklima
Streckspannung	N/mm^2		*Dehnung bei Streckspannung*	%
Zugfestigkeit	N/mm^2 37		*Reißdehnung*	%
Reißfestigkeit	N/mm^2		% *Dehnspannung*	N/mm^2
E-Modul	N/mm^2		*Dehnung bei* % *Dehnspg.*	%

Kriechmoduln und Zeitstandwerte 23 °C

	Probekörper:	*Form*	*Herstellung*	
		Zustand	*Vorbehandlung*	
Kriechmodul	1 min N/mm^2		*Zeitstandzugfestigkeit*	h N/mm^2
Kriechmodul	1000 h N/mm^2		*Zeitdehnspg.* %	h N/mm^2
bei Spannung	N/mm^2			

Biegeversuch 23 °C ISO 178;

	Probekörper:	*Form* 80x10x4 mm	*Herstellung*	Spritzgiessen
		Zustand	*Vorbehandlung*	Normalklima
Biegefestigkeit	N/mm^2		*E-Modul*	N/mm^2 1550
3,5% Biegespannung	N/mm^2			

Härte 23 °C

	Probekörper:	*Zustand*	*Herstellung*	Spritzgiessen
			Vorbehandlung	Normalklima
Kugeldruckhärte	N/mm^2	bei N, s	*Shore-Härte* A	
Rockwellhärte			*Shore-Härte* D	75

Schlagversuch

	Probekörper:	(1)	
		(2)	*Herstellung*
		Zustand	*Vorbehandlung*
	°C	°C	°C *Probekörper-Form*

Schlagzähigkeit	kJ/m^2
Kerbschlagzähigkeit (1)	kJ/m^2
IZOD-Kerbschlagzähigkeit (2)	J/m
Kerbschlagzugzähigkeit	kJ/m^2

Abrieb und Reibung

Taber-Abrieb (Reibradverfahren)   mm³/100 U
Abriebfaktor LNP (Thrust washer) Vergleichswert
Statische Reibungszahl
Dynamische Reibungszahl   (p · v =   N/mm² ·   m/min)
Zulässiger p · v Wert   N/mm² · (m/min)   v =   m/min
                                                                      v =   m/min

Thermische Eigenschaften

Formbeständigkeit in der Wärme   Verfahren   A   64 °C
                                     Verfahren   B   115 °C
Vicat Erweichungstemperatur (VST) Verfahren   A/50   153 °C
                                     Verfahren   °C
Kristallit-Schmelzpunkt   Verfahren   Heiztischmikroskop   160–170 °C

Längenausdehnungskoeffizient   Bereich   20–60   °C $1.0 \cdot 10^{-4}\,\mathrm{K}^{-1}$
                                     Temperatur $\cdot 10^{-4}\,\mathrm{K}^{-1}$
Wärmeleitfähigkeit   Verfahren   23 °C   0.17 W/(K · m)

Spezifische Wärmekapazität   Verfahren   23 °C   1.7 J/(K · g)

Glasumwandlungstemperatur   Torsionsschwingungsversuch   °C
                                     Differentialkalorimetrie   °C

Brandverhalten

UL-Test vertikal   Dicke   mm, Wert
                                     Dicke   mm, Wert

	Norm	Bewertung		Abmessungen
Sauerstoff-Index	ASTM D 2863			
Glühstab-Verfahren				
Brandverhalten	DIN 4102			
MVSS				
FAR				

Elektrische Eigenschaften

		Hz	°C			Probekörper, Form
Dielektrizitätszahl		50				
		10³	23	2.2–2.3		
		10⁶				
Dielektrischer Verlustfaktor tan δ		50				
		10³	23	0.0002		
		10⁶				
Spezifischer Durchgangs-						
widerstand	Ohm · cm		23	$\geqq 1.0 \cdot 10^{**16}$		
Durchschlagfestigkeit	kV/mm		23	60		1.0 mm dick
Oberflächenwiderstand	Ohm					
Kriechstromfestigkeit		KC		KB	KA	
Elektrolytische Korrosionswirkung						
Lichtbogenfestigkeit nach DIN						
nach ASTM	s					

Beständigkeit *(Chemische Beständigkeit siehe Anhang)*

Wasseraufnahme 23 C   1 d   0.01 %

Feuchtigkeitsaufnahme Normalklima   %
Wetterbeständigkeit

Spannungskorrosion

Optische Eigenschaften

Brechungszahl n_D
Transmissionsgrad τ_c %   mm dick
Lichtdurchlässigkeit

Produkt	Polypropylen	**PP**
Handelsname	**Shell Polypropylen SM 6300**	
Hersteller	SHELL	
DIN-Bez 1	16774-PP-H,MCG,XX-M090	
DIN-Bez 2		

Zusätze	Antistatikum	*Füllstoffe/ Verstärkung*		
Bevorzugte Verarbeitung	Spritzgiessen	*Lieferform*	Granulat	
		Farben	Natur	
Besondere Merkmale	Sehr leichtfliessend	*Bevorzugte Anwendungen*	Haushaltsware; Verschluss; Behaelter; Einmal-Injektionsspritze; Duennwandiges Formteil mit langen Fliesswegen	

Dichte	g/cm³	0.905	*Schmelzindex*	g/10 min	11.0: 230/2.16
Schüttdichte	g/cm³		*Volumenfließindex*	cm³/10 min	:
Viskositätszahl	ml/g				

Verarbeitungsbedingungen für Spritzgießen

Massetemp.	°C		*Schwindung*	%	lgs , quer
Werkzeugtemp.	°C		*Bemerkungen*		
Spritzdruck	bar				

Zugversuch 23 °C ISO 527;

	Probekörper:	*Form*	*Herstellung*	Spritzgiessen
		Zustand	*Vorbehandlung*	Normalklima
Streckspannung	N/mm²		*Dehnung bei Streckspannung*	%
Zugfestigkeit	N/mm² 37		*Reißdehnung*	%
Reißfestigkeit	N/mm²		*% Dehnspannung*	N/mm²
E-Modul	N/mm²		*Dehnung bei % Dehnspg.*	%

Kriechmoduln und Zeitstandwerte 23 °C

	Probekörper:	*Form*	*Herstellung*	
		Zustand	*Vorbehandlung*	
Kriechmodul	1 min N/mm²		*Zeitstandzugfestigkeit*	h N/mm²
Kriechmodul	1000 h N/mm²		*Zeitdehnspg. %*	h N/mm²
bei Spannung	N/mm²			

Biegeversuch 23 °C ISO 178;

	Probekörper:	*Form* 80x10x4 mm	*Herstellung*	Spritzgiessen
		Zustand	*Vorbehandlung*	Normalklima
Biegefestigkeit	N/mm²		*E-Modul*	N/mm² 1550
3,5% Biegespannung	N/mm²			

Härte 23 °C

	Probekörper:	*Zustand*	*Herstellung*	Spritzgiessen
			Vorbehandlung	Normalklima
Kugeldruckhärte	N/mm²	bei N, s	*Shore-Härte A*	
Rockwellhärte			*Shore-Härte D*	75

Schlagversuch

	Probekörper:	*(1)*	
		(2)	*Herstellung*
		Zustand	*Vorbehandlung*
	°C	°C	°C	*Probekörper-Form*

Schlagzähigkeit	kJ/m²
Kerbschlagzähigkeit (1)	kJ/m²
IZOD-Kerbschlagzähigkeit (2)	J/m
Kerbschlagzugzähigkeit	kJ/m²

Abrieb und Reibung

Taber-Abrieb (Reibradverfahren)	mm^3/100 U
Abriebfaktor LNP (Thrust washer) Vergleichswert	
Statische Reibungszahl	
Dynamische Reibungszahl	(p·v = N/mm^2 · m/min)
Zulässiger p · v Wert	N/mm^2 · (m/min) v = m/min
	v = m/min

Thermische Eigenschaften

Formbeständigkeit in der Wärme	Verfahren	A		64 °C
	Verfahren	B		115 °C
Vicat Erweichungstemperatur (VST)	Verfahren	A/50		153 °C
	Verfahren			°C
Kristallit-Schmelzpunkt	Verfahren	Heiztischmikroskop		160–170 °C
Längenausdehnungskoeffizient	Bereich	20–60 °C		1.0 · 10^{-4}K^{-1}
	Temperatur			· 10^{-4}K^{-1}
Wärmeleitfähigkeit	Verfahren		23 °C	0.17 W/(K · m)
Spezifische Wärmekapazität	Verfahren		23 °C	1.7 J/(K · g)
Glasumwandlungstemperatur	Torsionsschwingungsversuch		°C	
	Differentialkalorimetrie		°C	

Brandverhalten

UL-Test vertikal	Dicke	mm, Wert	
	Dicke	mm, Wert	

	Norm	Bewertung	Abmessungen
Sauerstoff-Index	ASTM D 2863		
Glühstab-Verfahren			
Brandverhalten	DIN 4102		
MVSS			
FAR			

Elektrische Eigenschaften

	Hz	°C		Probekörper, Form
Dielektrizitätszahl	50			
	10^3	23	2.2–2.3	
	10^6			
Dielektrischer Verlustfaktor tan δ	50			
	10^3	23	0.0002	
	10^6			
Spezifischer Durchgangs-widerstand	Ohm · cm	23	$\geqq$ 1.0*10**16	
Durchschlagfestigkeit	kV/mm	23	60	1.0 mm dick
Oberflächenwiderstand	Ohm			
Kriechstromfestigkeit	KC	KB	KA	
Elektrolytische Korrosionswirkung				
Lichtbogenfestigkeit nach DIN				
nach ASTM	s			

Beständigkeit *(Chemische Beständigkeit siehe Anhang)*

Wasseraufnahme 23 C		1 d	0.01 %
Feuchtigkeitsaufnahme Normalklima			%
Wetterbeständigkeit			
Spannungskorrosion			

Optische Eigenschaften

Brechungszahl n$_D$		
Transmissionsgrad τ_c	%	mm dick
Lichtdurchlässigkeit		

Produkt	Polypropylen		**PP**
Handelsname	**Shell Polypropylen TM 6100**		
Hersteller	SHELL		
DIN-Bez 1	16774-PP-H,MCG,XX-M200		
DIN-Bez 2			

Zusätze		Füllstoffe/ Verstärkung	
Bevorzugte Verarbeitung	Spritzgiessen	Lieferform	Granulat
		Farben	Natur
Besondere Merkmale	Sehr leichtfliessend	Bevorzugte Anwendungen	Duennwandige Verpackung; Ver- schluss

Dichte	g/cm³	0.905	Schmelzindex	g/10 min	15.0:	230/2.16
Schüttdichte	g/cm³		Volumenfließindex	cm³/10 min	:	
Viskositätszahl	ml/g					

Verarbeitungsbedingungen für Spritzgießen

Massetemp.	°C		Schwindung	%	lgs	, quer
Werkzeugtemp.	°C		Bemerkungen			
Spritzdruck	bar					

Zugversuch 23 °C ISO 527;

| | Probekörper: | Form | | Herstellung | Spritzgiessen |
| | | Zustand | | Vorbehandlung | Normalklima |

Streckspannung	N/mm²		Dehnung bei Streckspannung	%	
Zugfestigkeit	N/mm² 38		Reißdehnung	%	
Reißfestigkeit	N/mm²		% Dehnspannung	N/mm²	
E-Modul	N/mm²		Dehnung bei % Dehnspg.	%	

Kriechmoduln und Zeitstandwerte 23 °C

| | Probekörper: | Form | | Herstellung | |
| | | Zustand | | Vorbehandlung | |

Kriechmodul	1 min N/mm²		Zeitstandzugfestigkeit	h N/mm²	
Kriechmodul	1000 h N/mm²		Zeitdehnspg. %	h N/mm²	
bei Spannung	N/mm²				

Biegeversuch 23 °C ISO 178;

| | Probekörper: | Form | 80x10x4 mm | Herstellung | Spritzgiessen |
| | | Zustand | | Vorbehandlung | Normalklima |

| Biegefestigkeit | N/mm² | | E-Modul | N/mm² 1600 |
| 3,5% Biegespannung | N/mm² | | | |

Härte 23 °C

| | Probekörper: | Zustand | | Herstellung | Spritzgiessen |
| | | | | Vorbehandlung | Normalklima |

| Kugeldruckhärte | N/mm² | bei N, s | Shore-Härte A | |
| Rockwellhärte | | | Shore-Härte D | 77 |

Schlagversuch

	Probekörper:	(1)			
		(2)		Herstellung	
		Zustand		Vorbehandlung	
		°C	°C	°C	Probekörper-Form

Schlagzähigkeit	kJ/m²			
Kerbschlagzähigkeit (1)	kJ/m²			
IZOD-Kerbschlagzähigkeit (2)	J/m			
Kerbschlagzugzähigkeit	kJ/m²			

Abrieb und Reibung

Taber-Abrieb (Reibradverfahren)   mm³/100 U
Abriebfaktor LNP (Thrust washer) Vergleichswert
Statische Reibungszahl
Dynamische Reibungszahl   (p·v =   N/mm² ·   m/min)
Zulässiger p · v Wert   N/mm² · (m/min)   v =   m/min
                                                                          v =   m/min

Thermische Eigenschaften

Formbeständigkeit in der Wärme   Verfahren   A   64 °C
                                          Verfahren   B   115 °C
Vicat Erweichungstemperatur (VST)   Verfahren   A/50   153 °C
                                          Verfahren   °C
Kristallit-Schmelzpunkt   Verfahren   Heiztischmikroskop   160–170 °C

Längenausdehnungskoeffizient   Bereich   20–60   °C $1.0 \cdot 10^{-4} K^{-1}$
                                          Temperatur $\cdot 10^{-4} K^{-1}$
Wärmeleitfähigkeit   Verfahren   23 °C   0.17 W/(K · m)

Spezifische Wärmekapazität   Verfahren   23 °C   1.7 J/(K · g)

Glasumwandlungstemperatur   Torsionsschwingungsversuch   °C
                                          Differentialkalorimetrie   °C

Brandverhalten

UL-Test vertikal   Dicke   mm, Wert
                                          Dicke   mm, Wert

	Norm	*Bewertung*	*Abmessungen*
Sauerstoff-Index	ASTM D 2863		
Glühstab-Verfahren			
Brandverhalten	DIN 4102		
MVSS			
FAR			

Elektrische Eigenschaften

	Hz	°C		*Probekörper, Form*
Dielektrizitätszahl	50			
	10^3	23	2.2–2.3	
	10^6			
Dielektrischer Verlustfaktor tan δ	50			
	10^3	23	0.0002	
	10^6			

Spezifischer Durchgangs-
widerstand   Ohm · cm   23   ≧ 1.0*10**16
Durchschlagfestigkeit   kV/mm   23   60   1.0   mm dick
Oberflächenwiderstand   Ohm

Kriechstromfestigkeit   KC   KB   KA
Elektrolytische Korrosionswirkung
Lichtbogenfestigkeit nach DIN
            nach ASTM   s

Beständigkeit *(Chemische Beständigkeit siehe Anhang).*

Wasseraufnahme 23 C   1 d   0.01 %

Feuchtigkeitsaufnahme Normalklima   %
Wetterbeständigkeit

Spannungskorrosion

Optische Eigenschaften

Brechungszahl n_D
Transmissionsgrad τ_c %   mm dick
Lichtdurchlässigkeit

<table>
<tr><td>Datenbank-Nr. T05308</td><td>Merkblatt-Nr. 3769</td></tr>
</table>

Produkt	Polypropylen	**PP**
Handelsname	**Shell Polypropylen TM 6300**	
Hersteller	SHELL	
DIN-Bez 1	16774-PP-H,MCG,XX-M200	
DIN-Bez 2		

Zusätze	Antistatikum	*Füllstoffe/ Verstärkung*	
Bevorzugte Verarbeitung	Spritzgiessen	*Lieferform*	Granulat
		Farben	Natur
Besondere Merkmale	Sehr leichtfliessend	*Bevorzugte Anwendungen*	Duennwandige Verpackung; Verschluss

Dichte	g/cm^3	0.905	*Schmelzindex*	g/10 min	15.0: 230/2.16
Schüttdichte	g/cm^3		*Volumenfließindex*	cm^3/10 min	:
Viskositätszahl	ml/g				

Verarbeitungsbedingungen für Spritzgießen

Massetemp.	°C		*Schwindung*	%	lgs , quer
Werkzeugtemp.	°C		*Bemerkungen*		
Spritzdruck	bar				

Zugversuch 23 °C   ISO 527;

	Probekörper:	*Form*	*Herstellung*	Spritzgiessen
		Zustand	*Vorbehandlung*	Normalklima
Streckspannung	N/mm^2		*Dehnung bei Streckspannung*	%
Zugfestigkeit	N/mm^2 38		*Reißdehnung*	%
Reißfestigkeit	N/mm^2		% *Dehnspannung*	N/mm^2
E-Modul	N/mm^2		*Dehnung bei* % *Dehnspg.*	%

Kriechmoduln und Zeitstandwerte 23 °C

	Probekörper:	*Form*	*Herstellung*	
		Zustand	*Vorbehandlung*	
Kriechmodul	*1 min* N/mm^2		*Zeitstandzugfestigkeit*	h N/mm^2
Kriechmodul	*1000 h* N/mm^2		*Zeitdehnspg.* %	h N/mm^2
bei Spannung	N/mm^2			

Biegeversuch 23 °C   ISO 178;

	Probekörper:	*Form* 80x10x4 mm	*Herstellung*	Spritzgiessen
		Zustand	*Vorbehandlung*	Normalklima
Biegefestigkeit	N/mm^2		*E-Modul*	N/mm^2 1600
3,5% Biegespannung	N/mm^2			

Härte 23 °C

	Probekörper:	*Zustand*	*Herstellung*	Spritzgiessen
			Vorbehandlung	Normalklima
Kugeldruckhärte	N/mm^2	bei N, s	*Shore-Härte* A	
Rockwellhärte			*Shore-Härte* D	77

Schlagversuch

	Probekörper:	*(1)*	
		(2)	*Herstellung*
		Zustand	*Vorbehandlung*
	°C	°C °C	*Probekörper-Form*

Schlagzähigkeit	kJ/m^2
Kerbschlagzähigkeit (1)	kJ/m^2
IZOD-Kerbschlagzähigkeit (2)	J/m
Kerbschlagzugzähigkeit	kJ/m^2

Abrieb und Reibung

Taber-Abrieb (Reibradverfahren)	mm³/100 U	
Abriebfaktor LNP (Thrust washer) Vergleichswert		
Statische Reibungszahl		
Dynamische Reibungszahl	(p · v = $\quad$ N/mm² · $\quad$ m/min)	
Zulässiger p · v Wert	N/mm² · (m/min) $\quad$ v = $\quad$ m/min	
	v = $\quad$ m/min	

Thermische Eigenschaften

Formbeständigkeit in der Wärme	*Verfahren*	A	64 °C
	Verfahren	B	115 °C
Vicat Erweichungstemperatur (VST)	*Verfahren*	A/50	153 °C
	Verfahren		°C
Kristallit-Schmelzpunkt	*Verfahren*	Heiztischmikroskop	160–170 °C
Längenausdehnungskoeffizient	*Bereich* 20–60 °C		$1.0 \cdot 10^{-4} K^{-1}$
	Temperatur		$\cdot 10^{-4} K^{-1}$
Wärmeleitfähigkeit	*Verfahren*	23 °C	0.17 W/(K · m)
Spezifische Wärmekapazität	*Verfahren*	23 °C	1.7 J/(K · g)
Glasumwandlungstemperatur	*Torsionsschwingungsversuch*		°C
	Differentialkalorimetrie		°C

Brandverhalten

UL-Test vertikal	*Dicke*	mm, Wert	
	Dicke	mm, Wert	

	Norm	*Bewertung*	*Abmessungen*
Sauerstoff-Index	ASTM D 2863		
Glühstab-Verfahren			
Brandverhalten	DIN 4102		
MVSS			
FAR			

Elektrische Eigenschaften

		Hz	°C		*Probekörper, Form*
Dielektrizitätszahl		50			
		10^3	23	2.2–2.3	
		10^6			
Dielektrischer Verlustfaktor tan δ		50			
		10^3	23	0.0002	
		10^6			
Spezifischer Durchgangs-widerstand	Ohm · cm		23	$\geqq 1.0*10**16$	
Durchschlagfestigkeit	kV/mm		23	60	1.0 $\quad$ mm dick
Oberflächenwiderstand	Ohm				
Kriechstromfestigkeit		KC	KB	KA	
Elektrolytische Korrosionswirkung					
Lichtbogenfestigkeit nach DIN					
nach ASTM	s				

Beständigkeit *(Chemische Beständigkeit siehe Anhang)*

Wasseraufnahme 23 C		1 d	0.01 %
Feuchtigkeitsaufnahme Normalklima			%
Wetterbeständigkeit			
Spannungskorrosion			

Optische Eigenschaften

Brechungszahl n_D			
Transmissionsgrad τ_c	%	mm dick	
Lichtdurchlässigkeit			

Produkt	Polypropylen	**PP**
Handelsname	**Shell Polypropylen VM 6100**	
Hersteller	SHELL	
DIN-Bez 1	16774-PP-H,MCG,XX-M200	
DIN-Bez 2		

Zusätze		*Füllstoffe/ Verstärkung*	
Bevorzugte Verarbeitung	Spritzgiessen	*Lieferform*	Granulat
		Farben	Natur
Besondere Merkmale	Extrem leichtfliessend; Geringer Verzug	*Bevorzugte Anwendungen*	Formteil mit flachen Oberflaechen; Duennwandige Verpackung; Verschluss

---

Dichte	g/cm³	0.905	*Schmelzindex* g/10 min	20.0: 230/2.16
Schüttdichte	g/cm³		*Volumenfließindex* cm³/10 min	:
Viskositätszahl	ml/g			

Verarbeitungsbedingungen für Spritzgießen

Massetemp.	°C	*Schwindung* % lgs , quer	
Werkzeugtemp.	°C	*Bemerkungen*	
Spritzdruck	bar		

Zugversuch 23 °C ISO 527;

	Probekörper: *Form*		*Herstellung* Spritzgiessen
	Zustand		*Vorbehandlung* Normalklima

Streckspannung	N/mm²	*Dehnung bei Streckspannung*	%
Zugfestigkeit	N/mm² 33	*Reißdehnung*	%
Reißfestigkeit	N/mm²	% *Dehnspannung*	N/mm²
E-Modul	N/mm²	*Dehnung bei* % *Dehnspg.*	%

Kriechmoduln und Zeitstandwerte 23 °C

	Probekörper: *Form*		*Herstellung*
	Zustand		*Vorbehandlung*

Kriechmodul	1 min N/mm²	*Zeitstandzugfestigkeit*	h N/mm²
Kriechmodul	1000 h N/mm²	*Zeitdehnspg.* %	h N/mm²
bei Spannung	N/mm²		

Biegeversuch 23 °C ISO 178;

	Probekörper: *Form* 80x10x4 mm		*Herstellung* Spritzgiessen
	Zustand		*Vorbehandlung* Normalklima

Biegefestigkeit	N/mm²	*E-Modul*	N/mm² 1300
3,5% Biegespannung	N/mm²		

Härte 23 °C

Probekörper: *Zustand*		*Herstellung* Spritzgiessen
		Vorbehandlung Normalklima

Kugeldruckhärte	N/mm²	bei N, s	*Shore-Härte* A
Rockwellhärte			*Shore-Härte* D 79

Schlagversuch

Probekörper: (1)		
(2)		*Herstellung*
Zustand		*Vorbehandlung*

°C	°C	°C	*Probekörper-Form*

Schlagzähigkeit	kJ/m²
Kerbschlagzähigkeit (1)	kJ/m²
IZOD-Kerbschlagzähigkeit (2)	J/m
Kerbschlagzugzähigkeit	kJ/m²

Abrieb und Reibung

Taber-Abrieb (Reibradverfahren)	mm^3/100 U	
Abriebfaktor LNP (Thrust washer) Vergleichswert		
Statische Reibungszahl		
Dynamische Reibungszahl	($p \cdot v =$	N/mm$^2 \cdot$	m/min)
Zulässiger p · v Wert	N/mm$^2 \cdot$ (m/min)	$v =$	m/min
		$v =$	m/min

Thermische Eigenschaften

Formbeständigkeit in der Wärme	*Verfahren*	A	64 °C
	Verfahren	B	115 °C
Vicat Erweichungstemperatur (VST)	*Verfahren*	A/50	153 °C
	Verfahren		°C
Kristallit-Schmelzpunkt	*Verfahren*	Heiztischmikroskop	160–170 °C
Längenausdehnungskoeffizient	*Bereich*	20–60 °C	$1.0 \cdot 10^{-4} \mathrm{K}^{-1}$
	Temperatur		$\cdot 10^{-4} \mathrm{K}^{-1}$
Wärmeleitfähigkeit	*Verfahren*	23 °C	0.17 W/(K · m)
Spezifische Wärmekapazität	*Verfahren*	23 °C	1.7 J/(K · g)
Glasumwandlungstemperatur	*Torsionsschwingungsversuch*		°C
	Differentialkalorimetrie		°C

Brandverhalten

UL-Test vertikal — Dicke mm, Wert
Dicke mm, Wert

	Norm	*Bewertung*	*Abmessungen*
Sauerstoff-Index	ASTM D 2863		
Glühstab-Verfahren			
Brandverhalten	DIN 4102		
MVSS			
FAR			

Elektrische Eigenschaften

		Hz	°C		*Probekörper, Form*
Dielektrizitätszahl		50			
		10^3	23	2.2–2.3	
		10^6			
Dielektrischer Verlustfaktor tan δ		50			
		10^3	23	0.0002	
		10^6			
Spezifischer Durchgangswiderstand	Ohm · cm		23	$\geqq 1.0 \ast 10 \ast\ast 16$	
Durchschlagfestigkeit	kV/mm		23	60	1.0 mm dick
Oberflächenwiderstand	Ohm				
Kriechstromfestigkeit		KC	KB	KA	
Elektrolytische Korrosionswirkung					
Lichtbogenfestigkeit nach DIN					
nach ASTM	s				

Beständigkeit *(Chemische Beständigkeit siehe Anhang)*

Wasseraufnahme 23 C	1 d	0.01 %
Feuchtigkeitsaufnahme Normalklima		%
Wetterbeständigkeit		
Spannungskorrosion		

Optische Eigenschaften

Brechungszahl n$_D$
Transmissionsgrad τ_c %   mm dick
Lichtdurchlässigkeit

Produkt	Polypropylen-Elastomerblend	**PP**
Handelsname	**Shell Polypropylen GET 6100**	
Hersteller	SHELL	
DIN-Bez 1	16774-PP-B,EGN,XX-M006	
DIN-Bez 2		

Zusätze		*Füllstoffe/ Verstärkung*	
Bevorzugte Verarbeitung	Extrudieren; Blasformen	*Lieferform*	Granulat
		Farben	Natur
Besondere Merkmale	Hohe Schlagzaehigkeit; Ausgezeichnete Extrudierbarkeit	*Bevorzugte Anwendungen*	Hohlkoerper fuer Verpackung und Kfz-Bau; Profil; Tafel; Rohr; Wellpappe fuer mittlere Beanspruchung

---

Dichte	g/cm^3	0.903	*Schmelzindex*	g/10 min	0.8 : 230/2.16
Schüttdichte	g/cm^3		*Volumenfließindex*	cm^3/10 min	:
Viskositätszahl	ml/g				

Verarbeitungsbedingungen für Spritzgießen

Massetemp.	°C		*Schwindung*	%	lgs , quer
Werkzeugtemp.	°C		*Bemerkungen*		
Spritzdruck	bar				

Zugversuch 23 °C   ISO 527;

	Probekörper:	*Form*	*Herstellung*	Spritzgiessen
		Zustand	*Vorbehandlung*	Normalklima
Streckspannung	N/mm^2		*Dehnung bei Streckspannung*	%
Zugfestigkeit	N/mm^2 28		*Reißdehnung*	%
Reißfestigkeit	N/mm^2		*% Dehnspannung*	N/mm^2
E-Modul	N/mm^2		*Dehnung bei % Dehnspg.*	%

Kriechmoduln und Zeitstandwerte 23 °C

	Probekörper:	*Form*	*Herstellung*	
		Zustand	*Vorbehandlung*	
Kriechmodul	1 min N/mm^2		*Zeitstandzugfestigkeit*	h N/mm^2
Kriechmodul	1000 h N/mm^2		*Zeitdehnspg. %*	h N/mm^2
bei Spannung	N/mm^2			

Biegeversuch 23 °C   ISO 178;

	Probekörper:	*Form* 80x10x4 mm	*Herstellung*	Spritzgiessen
		Zustand	*Vorbehandlung*	Normalklima
Biegefestigkeit	N/mm^2		*E-Modul*	N/mm^2 1050
3,5% Biegespannung	N/mm^2			

Härte 23 °C

	Probekörper:	*Zustand*	*Herstellung*	Spritzgiessen
			Vorbehandlung	Normalklima
Kugeldruckhärte	N/mm^2	bei N, s	*Shore-Härte* A	
Rockwellhärte			*Shore-Härte* D	65

Schlagversuch

	Probekörper:	*(1)*		
		(2)	*Herstellung*	
		Zustand	*Vorbehandlung*	
		°C °C	°C	*Probekörper-Form*

Schlagzähigkeit	kJ/m^2
Kerbschlagzähigkeit (1)	kJ/m^2
IZOD-Kerbschlagzähigkeit (2)	J/m
Kerbschlagzugzähigkeit	kJ/m^2

Abrieb und Reibung

Taber-Abrieb (Reibradverfahren)	mm^3/100 U	
Abriebfaktor LNP (Thrust washer) Vergleichswert		
Statische Reibungszahl		
Dynamische Reibungszahl	(p · v = N/mm^2 · m/min)	
Zulässiger p · v Wert	N/mm^2 · (m/min) v = m/min	
	v = m/min	

Thermische Eigenschaften

Formbeständigkeit in der Wärme	*Verfahren*	A	60 °C
	Verfahren	B	102 °C
Vicat Erweichungstemperatur (VST)	*Verfahren*	A/50	149 °C
	Verfahren		°C
Kristallit-Schmelzpunkt	*Verfahren*	Heiztischmikroskop	160–170 °C
Längenausdehnungskoeffizient	*Bereich* 20–60 °C		1.0 · 10^{-4}K^{-1}
	Temperatur		· 10^{-4}K^{-1}
Wärmeleitfähigkeit	*Verfahren*	23 °C	0.17 W/(K · m)
Spezifische Wärmekapazität	*Verfahren*	23 °C	1.7 J/(K · g)
Glasumwandlungstemperatur	*Torsionsschwingungsversuch*	°C	
	Differentialkalorimetrie	°C	

Brandverhalten

UL-Test vertikal		*Dicke*	mm, Wert	
		Dicke	mm, Wert	
	Norm	*Bewertung*		*Abmessungen*
Sauerstoff-Index	ASTM D 2863			
Glühstab-Verfahren				
Brandverhalten	DIN 4102			
MVSS				
FAR				

Elektrische Eigenschaften

	Hz	°C		*Probekörper, Form*
Dielektrizitätszahl	50			
	10^3	23	2.2–2.3	
	10^6			
Dielektrischer Verlustfaktor tan δ	50			
	10^3	23	0.0002	
	10^6			
Spezifischer Durchgangs-widerstand	Ohm · cm	23	$\geqq$ 1.0*10**16	
Durchschlagfestigkeit	kV/mm	23	60	1.0 mm dick
Oberflächenwiderstand	Ohm			
Kriechstromfestigkeit	KC	KB	KA	
Elektrolytische Korrosionswirkung				
Lichtbogenfestigkeit nach DIN				
nach ASTM	s			

Beständigkeit *(Chemische Beständigkeit siehe Anhang)*

Wasseraufnahme 23 C	1 d	0.01 %
Feuchtigkeitsaufnahme Normalklima		%
Wetterbeständigkeit		
Spannungskorrosion		

Optische Eigenschaften

Brechungszahl n$_D$		
Transmissionsgrad τ_c	%	mm dick
Lichtdurchlässigkeit		

Produkt	Polypropylen-Elastomerblend	**PP**
Handelsname	**Shell Polypropylen HET 6100**	
Hersteller	SHELL	
DIN-Bez 1	16774-PP-B,EGN,XX-M012	
DIN-Bez 2		

Zusätze		*Füllstoffe/ Verstärkung*	
Bevorzugte Verarbeitung	Extrudieren; Blasformen	*Lieferform*	Granulat
		Farben	Natur
Besondere Merkmale	Ausgewogenheit zwischen Verarbeitbarkeit, Schlagzaehigkeit und Steifheit	*Bevorzugte Anwendungen*	Hohlkoerper fuer Verpackung und Kfz-Bau; Profil; Rohr; Wellpappe fuer hohe Beanspruchung

---

Dichte	g/cm³	0.903	*Schmelzindex* g/10 min	1.5: 230/2.16
Schüttdichte	g/cm³		*Volumenfließindex* cm³/10 min	:
Viskositätszahl	ml/g			

Verarbeitungsbedingungen für Spritzgießen

Massetemp.	°C	*Schwindung* % lgs	, quer
Werkzeugtemp.	°C	*Bemerkungen*	
Spritzdruck	bar		

Zugversuch 23 °C   ISO 527;

Probekörper:	*Form*	*Herstellung* Spritzgiessen
	Zustand	*Vorbehandlung* Normalklima

Streckspannung	N/mm²	*Dehnung bei Streckspannung*	%
Zugfestigkeit	N/mm² 28	*Reißdehnung*	%
Reißfestigkeit	N/mm²	% *Dehnspannung*	N/mm²
E-Modul	N/mm²	*Dehnung bei* % *Dehnspg.*	%

Kriechmoduln und Zeitstandwerte 23 °C

Probekörper:	*Form*	*Herstellung*
	Zustand	*Vorbehandlung*

Kriechmodul	1 min N/mm²	*Zeitstandzugfestigkeit*	h N/mm²
Kriechmodul	1000 h N/mm²	*Zeitdehnspg.* %	h N/mm²
bei Spannung	N/mm²		

Biegeversuch 23 °C   ISO 178;

Probekörper:	*Form* 80x10x4 mm	*Herstellung* Spritzgiessen
	Zustand	*Vorbehandlung* Normalklima

Biegefestigkeit	N/mm²	*E-Modul*	N/mm² 1100
3,5% Biegespannung	N/mm²		

Härte 23 °C

Probekörper:	*Zustand*	*Herstellung* Spritzgiessen
		Vorbehandlung Normalklima

Kugeldruckhärte	N/mm²	bei N, s	*Shore-Härte* A
Rockwellhärte			*Shore-Härte* D 67

Schlagversuch

Probekörper:	(1)	
	(2)	*Herstellung*
	Zustand	*Vorbehandlung*

°C	°C	°C	*Probekörper-Form*

Schlagzähigkeit	kJ/m²
Kerbschlagzähigkeit (1)	kJ/m²
IZOD-Kerbschlagzähigkeit (2)	J/m
Kerbschlagzugzähigkeit	kJ/m²

Abrieb und Reibung

Taber-Abrieb (Reibradverfahren)	mm³/100 U
Abriebfaktor LNP (Thrust washer) Vergleichswert	
Statische Reibungszahl	
Dynamische Reibungszahl	(p · v = N/mm² · m/min)
Zulässiger p · v Wert	N/mm² · (m/min) v = m/min
	v = m/min

Thermische Eigenschaften

Formbeständigkeit in der Wärme	Verfahren	A	60 °C
	Verfahren	B	102 °C
Vicat Erweichungstemperatur (VST)	Verfahren	A/50	149 °C
	Verfahren		°C
Kristallit-Schmelzpunkt	Verfahren	Heiztischmikroskop	160–170 °C
Längenausdehnungskoeffizient	Bereich	20–60 °C	$1.0 \cdot 10^{-4} \mathrm{K}^{-1}$
	Temperatur		$\cdot 10^{-4} \mathrm{K}^{-1}$
Wärmeleitfähigkeit	Verfahren	23 °C	0.17 W/(K · m)
Spezifische Wärmekapazität	Verfahren	23 °C	1.7 J/(K · g)
Glasumwandlungstemperatur	Torsionsschwingungsversuch		°C
	Differentialkalorimetrie		°C

Brandverhalten

UL-Test vertikal	Dicke	mm, Wert
	Dicke	mm, Wert

	Norm	Bewertung	Abmessungen
Sauerstoff-Index	ASTM D 2863		
Glühstab-Verfahren			
Brandverhalten	DIN 4102		
MVSS			
FAR			

Elektrische Eigenschaften

		Hz	°C		Probekörper, Form
Dielektrizitätszahl		50			
		10^3	23	2.2–2.3	
		10^6			
Dielektrischer Verlustfaktor tan δ		50			
		10^3	23	0.0002	
		10^6			
Spezifischer Durchgangs-widerstand	Ohm · cm		23	$\geqq 1.0*10**16$	
Durchschlagfestigkeit	kV/mm		23	60	1.0 mm dick
Oberflächenwiderstand	Ohm				
Kriechstromfestigkeit		KC	KB	KA	
Elektrolytische Korrosionswirkung					
Lichtbogenfestigkeit nach DIN					
nach ASTM	s				

Beständigkeit *(Chemische Beständigkeit siehe Anhang)*

Wasseraufnahme 23 C	1 d	0.01 %
Feuchtigkeitsaufnahme Normalklima		%
Wetterbeständigkeit		
Spannungskorrosion		

Optische Eigenschaften

Brechungszahl n_D		
Transmissionsgrad τ_c	%	mm dick
Lichtdurchlässigkeit		

Produkt	Polypropylen-Elastomerblend	**PP**
Handelsname	**Shell Polypropylen HMT 6100**	
Hersteller	SHELL	
DIN-Bez 1	16774-PP-B,MCG,XX-M012	
DIN-Bez 2		

Zusätze		*Füllstoffe/* *Verstärkung*	
Bevorzugte Verarbeitung	Spritzgiessen	*Lieferform*	Granulat
		Farben	Natur
Besondere Merkmale	Ausgewogene mechanische Eigen-schaften	*Bevorzugte Anwendungen*	Hochbeanspruchbare Verpackung; Transportkasten; Koffer; Stadionsitz; Farbeimer; Formteil fuer Kfz-Bau; Haushaltsware

Dichte	g/cm³	0.903	*Schmelzindex*	g/10 min	1.5: 230/2.16
Schüttdichte	g/cm³		*Volumenfließindex*	cm³/10 min	:
Viskositätszahl	ml/g				

Verarbeitungsbedingungen für Spritzgießen

Massetemp.	°C		*Schwindung*	%	lgs , quer
Werkzeugtemp.	°C		*Bemerkungen*		
Spritzdruck	bar				

Zugversuch 23 °C   ISO 527;

	Probekörper:	*Form*	*Herstellung*	Spritzgiessen
		Zustand	*Vorbehandlung*	Normalklima
Streckspannung	N/mm²		*Dehnung bei Streckspannung*	%
Zugfestigkeit	N/mm² 28		*Reißdehnung*	%
Reißfestigkeit	N/mm²		% *Dehnspannung*	N/mm²
E-Modul	N/mm²		*Dehnung bei* % *Dehnspg.*	%

Kriechmoduln und Zeitstandwerte 23 °C

	Probekörper:	*Form*	*Herstellung*	
		Zustand	*Vorbehandlung*	
Kriechmodul	1 min N/mm²		*Zeitstandzugfestigkeit*	h N/mm²
Kriechmodul	1000 h N/mm²		*Zeitdehnspg.* %	h N/mm²
bei Spannung	N/mm²			

Biegeversuch 23 °C   ISO 178;

	Probekörper:	*Form* 80x10x4 mm	*Herstellung*	Spritzgiessen
		Zustand	*Vorbehandlung*	Normalklima
Biegefestigkeit	N/mm²	*E-Modul*	N/mm² 1100	
3,5% Biegespannung	N/mm²			

Härte 23 °C

	Probekörper:	*Zustand*	*Herstellung*	Spritzgiessen
			Vorbehandlung	Normalklima
Kugeldruckhärte	N/mm²	bei N, s	*Shore-Härte* A	
Rockwellhärte			*Shore-Härte* D 67	

Schlagversuch

	Probekörper:	*(1)*	
		(2)	*Herstellung*
		Zustand	*Vorbehandlung*
	°C	°C °C	*Probekörper-Form*

Schlagzähigkeit	kJ/m²
Kerbschlagzähigkeit (1)	kJ/m²
IZOD-Kerbschlagzähigkeit (2)	J/m
Kerbschlagzugzähigkeit	kJ/m²

Abrieb und Reibung

Taber-Abrieb (Reibradverfahren)	mm^3/100 U	
Abriebfaktor LNP (Thrust washer) Vergleichswert		
Statische Reibungszahl		
Dynamische Reibungszahl	$(p \cdot v =$ N/mm$^2 \cdot$ m/min$)$	
Zulässiger p · v Wert	N/mm$^2 \cdot$ (m/min) v = m/min	
	v = m/min	

Thermische Eigenschaften

Formbeständigkeit in der Wärme	*Verfahren*	A	60 °C
	Verfahren	B	102 °C
Vicat Erweichungstemperatur (VST)	*Verfahren*	A/50	149 °C
	Verfahren		°C
Kristallit-Schmelzpunkt	*Verfahren*	Heiztischmikroskop	160–170 °C
Längenausdehnungskoeffizient	*Bereich*	20–60 °C	$1.0 \cdot 10^{-4} \mathrm{K}^{-1}$
	Temperatur		$\cdot 10^{-4} \mathrm{K}^{-1}$
Wärmeleitfähigkeit	*Verfahren*	23 °C	0.17 W/(K · m)
Spezifische Wärmekapazität	*Verfahren*	23 °C	1.7 J/(K · g)
Glasumwandlungstemperatur	*Torsionsschwingungsversuch*	°C	
	Differentialkalorimetrie	°C	

Brandverhalten

UL-Test vertikal		Dicke mm, Wert	
		Dicke mm, Wert	

	Norm	*Bewertung*	*Abmessungen*
Sauerstoff-Index	ASTM D 2863		
Glühstab-Verfahren			
Brandverhalten	DIN 4102		
MVSS			
FAR			

Elektrische Eigenschaften

	Hz	°C		*Probekörper, Form*
Dielektrizitätszahl	50			
	10^3	23	2.2–2.3	
	10^6			
Dielektrischer Verlustfaktor tan δ	50			
	10^3	23	0.0002	
	10^6			
Spezifischer Durchgangs-widerstand	Ohm · cm	23	$\geqq 1.0*10**16$	
Durchschlagfestigkeit	kV/mm	23	60	1.0 mm dick
Oberflächenwiderstand	Ohm			

Kriechstromfestigkeit	KC	KB	KA
Elektrolytische Korrosionswirkung			
Lichtbogenfestigkeit nach DIN			
nach ASTM	s		

Beständigkeit *(Chemische Beständigkeit siehe Anhang)*

Wasseraufnahme 23 C	1 d	0.01 %
Feuchtigkeitsaufnahme Normalklima		%
Wetterbeständigkeit		
Spannungskorrosion		

Optische Eigenschaften

Brechungszahl n$_\mathrm{D}$		
Transmissionsgrad τ_c	%	mm dick
Lichtdurchlässigkeit		

Produkt	Polypropylen-Elastomerblend	**PP**
Handelsname	**Shell Polypropylen HMT 6204**	
Hersteller	SHELL	
DIN-Bez 1	16774-PP-B,MCG,XX-M012	
DIN-Bez 2		

Zusätze	UV-Stabilisator	*Füllstoffe/ Verstärkung*	
Bevorzugte Verarbeitung	Spritzgiessen	*Lieferform*	Granulat
		Farben	Natur
Besondere Merkmale	Ausgewogene mechanische Eigenschaften	*Bevorzugte Anwendungen*	Verpackungssteige; Transportkasten; Gartenmoebel; Stadionsitz; Formteil fuer Kfz-Bau; Anwendung im Bauwesen

---

Dichte	g/cm^3	0.903	*Schmelzindex* g/10 min	1.5: 230/2.16
Schüttdichte	g/cm^3		*Volumenfließindex* cm^3/10 min	:
Viskositätszahl	ml/g			

Verarbeitungsbedingungen für Spritzgießen

Massetemp.	°C	*Schwindung* % lgs	, quer
Werkzeugtemp.	°C	*Bemerkungen*	
Spritzdruck	bar		

Zugversuch 23 °C ISO 527;

	Probekörper: Form		*Herstellung* Spritzgiessen
	Zustand		*Vorbehandlung* Normalklima

Streckspannung	N/mm^2	*Dehnung bei Streckspannung*	%
Zugfestigkeit	N/mm^2 28	*Reißdehnung*	%
Reißfestigkeit	N/mm^2	% *Dehnspannung*	N/mm^2
E-Modul	N/mm^2	*Dehnung bei* % *Dehnspg.*	%

Kriechmoduln und Zeitstandwerte 23 °C

	Probekörper: Form		*Herstellung*
	Zustand		*Vorbehandlung*

Kriechmodul	1 min N/mm^2	*Zeitstandzugfestigkeit*	h N/mm^2
Kriechmodul	1000 h N/mm^2	*Zeitdehnspg.* %	h N/mm^2
bei Spannung	N/mm^2		

Biegeversuch 23 °C ISO 178;

	Probekörper: Form 80x10x4 mm		*Herstellung* Spritzgiessen
	Zustand		*Vorbehandlung* Normalklima

Biegefestigkeit	N/mm^2	*E-Modul* N/mm^2 1100
3,5% Biegespannung	N/mm^2	

Härte 23 °C

	Probekörper: Zustand		*Herstellung* Spritzgiessen
			Vorbehandlung Normalklima

Kugeldruckhärte	N/mm^2 bei N, s	*Shore-Härte* A
Rockwellhärte		*Shore-Härte* D 67

Schlagversuch

	Probekörper: (1)		
	(2)		*Herstellung*
	Zustand		*Vorbehandlung*

°C	°C	°C	*Probekörper-Form*

Schlagzähigkeit	kJ/m^2
Kerbschlagzähigkeit (1)	kJ/m^2
IZOD-Kerbschlagzähigkeit (2)	J/m
Kerbschlagzugzähigkeit	kJ/m^2

Abrieb und Reibung

Taber-Abrieb (Reibradverfahren)	mm³/100 U
Abriebfaktor LNP (Thrust washer) Vergleichswert	
Statische Reibungszahl	
Dynamische Reibungszahl	(p · v = N/mm² · 　　 m/min)
Zulässiger p · v Wert	N/mm² · (m/min) v = m/min
	v = m/min

Thermische Eigenschaften

Formbeständigkeit in der Wärme	Verfahren	A	60 °C
	Verfahren	B	102 °C
Vicat Erweichungstemperatur (VST)	Verfahren	A/50	149 °C
	Verfahren		°C
Kristallit-Schmelzpunkt	Verfahren	Heiztischmikroskop	160–170 °C
Längenausdehnungskoeffizient	Bereich	20–60 °C	$1.0 \cdot 10^{-4} K^{-1}$
	Temperatur		$\cdot 10^{-4} K^{-1}$
Wärmeleitfähigkeit	Verfahren		23 °C 0.17 W/(K · m)
Spezifische Wärmekapazität	Verfahren		23 °C 1.7 J/(K · g)
Glasumwandlungstemperatur	Torsionsschwingungsversuch		°C
	Differentialkalorimetrie		°C

Brandverhalten

UL-Test vertikal	Dicke mm, Wert	
	Dicke mm, Wert	

	Norm	*Bewertung*	*Abmessungen*
Sauerstoff-Index	ASTM D 2863		
Glühstab-Verfahren			
Brandverhalten	DIN 4102		
MVSS			
FAR			

Elektrische Eigenschaften

		Hz	°C		*Probekörper, Form*
Dielektrizitätszahl		50			
		10^3	23	2.2–2.3	
		10^6			
Dielektrischer Verlustfaktor tan δ		50			
		10^3	23	0.0002	
		10^6			
Spezifischer Durchgangswiderstand	Ohm · cm		23	$\geqq 1.0*10**16$	
Durchschlagfestigkeit	kV/mm		23	60	1.0 mm dick
Oberflächenwiderstand	Ohm				
Kriechstromfestigkeit		KC	KB	KA	
Elektrolytische Korrosionswirkung					
Lichtbogenfestigkeit nach DIN					
nach ASTM	s				

Beständigkeit *(Chemische Beständigkeit siehe Anhang)*

Wasseraufnahme 23 C	1 d	0.01 %
Feuchtigkeitsaufnahme Normalklima		%
Wetterbeständigkeit		
Spannungskorrosion		

Optische Eigenschaften

Brechungszahl n_D		
Transmissionsgrad τ_c	%	mm dick
Lichtdurchlässigkeit		

Produkt	Polypropylen	**PP**
Handelsname	**Shell Polypropylen HMA 6100**	
Hersteller	SHELL	
DIN-Bez 1	16774-PP-B,MCG,XX-M012	
DIN-Bez 2		

Zusätze   *Füllstoffe/*
                                             Verstärkung

Bevorzugte   Spritzgiessen   *Lieferform*   Granulat
Verarbeitung
                                             Farben   Natur

Besondere   Verbesserte Schlagzaehigkeit mit aus-   *Bevorzugte*   Hochbeanspruchbare Verpackung;
Merkmale   gezeichnetem Tieftemperaturverhalten   *Anwendungen*   Transportkasten; Koffer; Stadionsitz;
                                                                             Farbeimer; Formteil fuer Kfz-Bau;
                                                                             Haushaltsware

---

Dichte   g/cm³   0.903   *Schmelzindex*   g/10 min   1.5:   230/2.16
Schüttdichte   g/cm³   *Volumenfließindex*   cm³/10 min   :
Viskositätszahl   ml/g

Verarbeitungsbedingungen für Spritzgießen

Massetemp.   °C   *Schwindung*   %   lgs   , quer
Werkzeugtemp.   °C   *Bemerkungen*
Spritzdruck   bar

Zugversuch 23 °C   ISO 527;
                       Probekörper: *Form*   *Herstellung*   Spritzgiessen
                                        Zustand   *Vorbehandlung*   Normalklima

Streckspannung   N/mm²   *Dehnung bei Streckspannung*   %
Zugfestigkeit   N/mm² 27   *Reißdehnung*   %
Reißfestigkeit   N/mm²   *% Dehnspannung*   N/mm²
E-Modul   N/mm²   *Dehnung bei*   *% Dehnspg.* %

Kriechmoduln und Zeitstandwerte 23 °C
                       Probekörper: *Form*   *Herstellung*
                                        Zustand   *Vorbehandlung*

Kriechmodul   1 min N/mm²   *Zeitstandzugfestigkeit*   h N/mm²
Kriechmodul   1000 h N/mm²   *Zeitdehnspg. %*   h N/mm²
bei Spannung   N/mm²

Biegeversuch 23 °C   ISO 178;
                       Probekörper: *Form*   80x10x4 mm   *Herstellung*   Spritzgiessen
                                        Zustand   *Vorbehandlung*   Normalklima

Biegefestigkeit   N/mm²   *E-Modul*   N/mm² 1050
3,5% Biegespannung   N/mm²

Härte 23 °C   *Probekörper:*   *Zustand*   *Herstellung*   Spritzgiessen
                                                                      Vorbehandlung   Normalklima

Kugeldruckhärte   N/mm²   bei   N, s   *Shore-Härte* A
Rockwellhärte   *Shore-Härte* D 66

Schlagversuch   *Probekörper:*   *(1)*
                                        (2)   *Herstellung*
                                        Zustand   *Vorbehandlung*

                                        °C   °C   °C   *Probekörper-Form*

Schlagzähigkeit   kJ/m²
Kerbschlagzähigkeit (1)   kJ/m²
IZOD-Kerbschlagzähigkeit (2)   J/m
Kerbschlagzugzähigkeit   kJ/m²

Abrieb und Reibung

Taber-Abrieb (Reibradverfahren)	mm³/100 U
Abriebfaktor LNP (Thrust washer) Vergleichswert	
Statische Reibungszahl	
Dynamische Reibungszahl	$(p \cdot v =$ N/mm² · m/min)
Zulässiger p · v Wert	N/mm² · (m/min) v = m/min
	v = m/min

Thermische Eigenschaften

Formbeständigkeit in der Wärme	Verfahren	A	59 °C
	Verfahren	B	100 °C
Vicat Erweichungstemperatur (VST)	Verfahren	A/50	148 °C
	Verfahren		°C
Kristallit-Schmelzpunkt	Verfahren	Heiztischmikroskop	160–170 °C
Längenausdehnungskoeffizient	Bereich	20–60 °C	$1.0 \cdot 10^{-4} \mathrm{K}^{-1}$
	Temperatur		$\cdot 10^{-4} \mathrm{K}^{-1}$
Wärmeleitfähigkeit	Verfahren	23 °C	0.17 W/(K · m)
Spezifische Wärmekapazität	Verfahren	23 °C	1.7 J/(K · g)
Glasumwandlungstemperatur	Torsionsschwingungsversuch	°C	
	Differentialkalorimetrie	°C	

Brandverhalten

UL-Test vertikal	Dicke	mm, Wert	
	Dicke	mm, Wert	

	Norm	Bewertung	Abmessungen
Sauerstoff-Index	ASTM D 2863		
Glühstab-Verfahren			
Brandverhalten	DIN 4102		
MVSS			
FAR			

Elektrische Eigenschaften

		Hz	°C		Probekörper, Form
Dielektrizitätszahl		50			
		10^3	23	2.2–2.3	
		10^6			
Dielektrischer Verlustfaktor tan δ		50			
		10^3	23	0.0002	
		10^6			
Spezifischer Durchgangs-widerstand	Ohm · cm		23	$\geqq 1.0*10**16$	
Durchschlagfestigkeit	kV/mm		23	60	1.0 mm dick
Oberflächenwiderstand	Ohm				
Kriechstromfestigkeit		KC	KB	KA	
Elektrolytische Korrosionswirkung					
Lichtbogenfestigkeit nach DIN					
nach ASTM	s				

Beständigkeit *(Chemische Beständigkeit siehe Anhang)*

Wasseraufnahme 23 C	1 d	0.01 %
Feuchtigkeitsaufnahme Normalklima		%
Wetterbeständigkeit		
Spannungskorrosion		

Optische Eigenschaften

Brechungszahl n_D		
Transmissionsgrad τ_c	%	mm dick
Lichtdurchlässigkeit		

		PP
Produkt	Polypropylen	
Handelsname	**Shell Polypropylen HMA 6202**	
Hersteller	SHELL	
DIN-Bez 1	16774-PP-B,MCG,XX-M012	
DIN-Bez 2		

Zusätze	UV-Stabilisator	*Füllstoffe/ Verstärkung*	
Bevorzugte Verarbeitung	Spritzgiessen	*Lieferform*	Granulat
		Farben	Natur
Besondere Merkmale	Verbesserte Schlagzaehigkeit mit ausgezeichnetem Tieftemperaturverhalten	*Bevorzugte Anwendungen*	Verpackungssteige; Transportkasten; Gartenmoebel; Stadionsitz; Formteil fuer Kfz-Bau; Anwendung im Bauwesen

Dichte	g/cm³	0.903	*Schmelzindex*	g/10 min	1.5: 230/2.16
Schüttdichte	g/cm³		*Volumenfließindex*	cm³/10 min	:
Viskositätszahl	ml/g				

Verarbeitungsbedingungen für Spritzgießen

Massetemp.	°C		*Schwindung*	%	lgs , quer
Werkzeugtemp.	°C		*Bemerkungen*		
Spritzdruck	bar				

Zugversuch 23 °C ISO 527;

	Probekörper:	*Form*	*Herstellung*	Spritzgiessen
		Zustand	*Vorbehandlung*	Normalklima
Streckspannung	N/mm²		*Dehnung bei Streckspannung*	%
Zugfestigkeit	N/mm²	27	*Reißdehnung*	%
Reißfestigkeit	N/mm²		*% Dehnspannung*	N/mm²
E-Modul	N/mm²		*Dehnung bei % Dehnspg.*	%

Kriechmoduln und Zeitstandwerte 23 °C

	Probekörper:	*Form*	*Herstellung*	
		Zustand	*Vorbehandlung*	
Kriechmodul	*1 min* N/mm²		*Zeitstandzugfestigkeit*	h N/mm²
Kriechmodul	*1000 h* N/mm²		*Zeitdehnspg.* %	h N/mm²
bei Spannung	N/mm²			

Biegeversuch 23 °C ISO 178;

	Probekörper:	*Form* 80x10x4 mm	*Herstellung*	Spritzgiessen
		Zustand	*Vorbehandlung*	Normalklima
Biegefestigkeit	N/mm²		*E-Modul*	N/mm² 1050
3,5% Biegespannung	N/mm²			

Härte 23 °C

	Probekörper:	*Zustand*	*Herstellung*	Spritzgiessen
			Vorbehandlung	Normalklima
Kugeldruckhärte	N/mm²	bei N, s	*Shore-Härte* A	
Rockwellhärte			*Shore-Härte* D	66

Schlagversuch

	Probekörper:	*(1)*	
		(2)	*Herstellung*
		Zustand	*Vorbehandlung*
	°C	°C	°C	*Probekörper-Form*

Schlagzähigkeit	kJ/m²
Kerbschlagzähigkeit (1)	kJ/m²
IZOD-Kerbschlagzähigkeit (2)	J/m
Kerbschlagzugzähigkeit	kJ/m²

Abrieb und Reibung

Taber-Abrieb (Reibradverfahren)	mm³/100 U
Abriebfaktor LNP (Thrust washer) Vergleichswert	
Statische Reibungszahl	
Dynamische Reibungszahl	(p·v = N/mm² · m/min)
Zulässiger p · v Wert	N/mm² · (m/min) v = m/min
	v = m/min

Thermische Eigenschaften

Formbeständigkeit in der Wärme	*Verfahren*	A	59 °C
	Verfahren	B	100 °C
Vicat Erweichungstemperatur (VST)	*Verfahren*	A/50	148 °C
	Verfahren		°C
Kristallit-Schmelzpunkt	*Verfahren*	Heiztischmikroskop	160–170 °C
Längenausdehnungskoeffizient	*Bereich*	20–60 °C	$1.0 \cdot 10^{-4} K^{-1}$
	Temperatur		$\cdot 10^{-4} K^{-1}$
Wärmeleitfähigkeit	*Verfahren*	23 °C	0.17 W/(K · m)
Spezifische Wärmekapazität	*Verfahren*	23 °C	1.7 J/(K · g)
Glasumwandlungstemperatur	*Torsionsschwingungsversuch*		°C
	Differentialkalorimetrie		°C

Brandverhalten

UL-Test vertikal	Dicke	mm, Wert
	Dicke	mm, Wert

	Norm	*Bewertung*	*Abmessungen*
Sauerstoff-Index	ASTM D 2863		
Glühstab-Verfahren			
Brandverhalten	DIN 4102		
MVSS			
FAR			

Elektrische Eigenschaften

	Hz	°C			*Probekörper, Form*
Dielektrizitätszahl	50				
	10^3	23	2.2–2.3		
	10^6				
Dielektrischer Verlustfaktor tan δ	50				
	10^3	23	0.0002		
	10^6				
Spezifischer Durchgangs-widerstand	Ohm · cm	23	$\geq 1.0*10**16$		
Durchschlagfestigkeit	kV/mm	23	60		1.0 mm dick
Oberflächenwiderstand	Ohm				
Kriechstromfestigkeit	KC		KB	KA	
Elektrolytische Korrosionswirkung					
Lichtbogenfestigkeit nach DIN					
nach ASTM	s				

Beständigkeit *(Chemische Beständigkeit siehe Anhang)*

Wasseraufnahme 23 C	1 d	0.01 %
Feuchtigkeitsaufnahme Normalklima		%
Wetterbeständigkeit		
Spannungskorrosion		

Optische Eigenschaften

Brechungszahl n_D		
Transmissionsgrad τ_c	%	mm dick
Lichtdurchlässigkeit		

Produkt	Polypropylen-Elastomerblend	**PP**
Handelsname	**Shell Polypropylen KMT 6100**	
Hersteller	SHELL	
DIN-Bez 1	16774-PP-B,MCG,XX-M045	
DIN-Bez 2		

Zusätze		*Füllstoffe/ Verstärkung*	
Bevorzugte Verarbeitung	Spritzgiessen	*Lieferform*	Granulat
		Farben	Natur
Besondere Merkmale	Ausgewogenheit zwischen Fliessverhalten und mechanischen Eigenschaften	*Bevorzugte Anwendungen*	Haushaltsware; Verschluss; Bedarfsartikel; Moebel; Spielzeug; Sitzschale

---

Dichte	g/cm^3	0.903	*Schmelzindex*	g/10 min	4.0: 230/2.16
Schüttdichte	g/cm^3		*Volumenfließindex*	cm^3/10 min	:
Viskositätszahl	ml/g				

Verarbeitungsbedingungen für Spritzgießen

Massetemp.	°C		*Schwindung*	%	lgs , quer
Werkzeugtemp.	°C		*Bemerkungen*		
Spritzdruck	bar				

Zugversuch 23 °C ISO 527;

	Probekörper:	*Form*	*Herstellung*	Spritzgiessen
		Zustand	*Vorbehandlung*	Normalklima
Streckspannung	N/mm^2		*Dehnung bei Streckspannung*	%
Zugfestigkeit	N/mm^2 29		*Reißdehnung*	%
Reißfestigkeit	N/mm^2		*% Dehnspannung*	N/mm^2
E-Modul	N/mm^2		*Dehnung bei % Dehnspg.*	%

Kriechmoduln und Zeitstandwerte 23 °C

	Probekörper:	*Form*	*Herstellung*	
		Zustand	*Vorbehandlung*	
Kriechmodul	1 min N/mm^2		*Zeitstandzugfestigkeit*	h N/mm^2
Kriechmodul	1000 h N/mm^2		*Zeitdehnspg. %*	h N/mm^2
bei Spannung	N/mm^2			

Biegeversuch 23 °C ISO 178;

	Probekörper:	*Form* 80x10x4 mm	*Herstellung*	Spritzgiessen
		Zustand	*Vorbehandlung*	Normalklima
Biegefestigkeit	N/mm^2		*E-Modul*	N/mm^2 1175
3,5% Biegespannung	N/mm^2			

Härte 23 °C

	Probekörper:	*Zustand*	*Herstellung*	Spritzgiessen
			Vorbehandlung	Normalklima
Kugeldruckhärte	N/mm^2	bei N, s	*Shore-Härte* A	
Rockwellhärte			*Shore-Härte* D	68

Schlagversuch

	Probekörper:	(1)
		(2)
		Zustand
	Herstellung	
	Vorbehandlung	

	°C	°C	°C	*Probekörper-Form*

Schlagzähigkeit	kJ/m^2
Kerbschlagzähigkeit (1)	kJ/m^2
IZOD-Kerbschlagzähigkeit (2)	J/m
Kerbschlagzugzähigkeit	kJ/m^2

Abrieb und Reibung

Taber-Abrieb (Reibradverfahren)   mm³/100 U
Abriebfaktor LNP (Thrust washer) Vergleichswert
Statische Reibungszahl
Dynamische Reibungszahl $(p \cdot v =$ N/mm² ·   m/min)
Zulässiger p · v Wert   N/mm² · (m/min)   v =   m/min
                                                                         v =   m/min

Thermische Eigenschaften

Formbeständigkeit in der Wärme	*Verfahren*	A		60 °C
	Verfahren	B		102 °C
Vicat Erweichungstemperatur (VST)	*Verfahren*	A/50		149 °C
	Verfahren			°C
Kristallit-Schmelzpunkt	*Verfahren*	Heiztischmikroskop		160–170 °C
Längenausdehnungskoeffizient	*Bereich* 20–60 °C			$1.0 \cdot 10^{-4} \mathrm{K}^{-1}$
	Temperatur			$\cdot 10^{-4} \mathrm{K}^{-1}$
Wärmeleitfähigkeit	*Verfahren*		23 °C	0.17 W/(K · m)
Spezifische Wärmekapazität	*Verfahren*		23 °C	1.7 J/(K · g)
Glasumwandlungstemperatur	*Torsionsschwingungsversuch*		°C	
	Differentialkalorimetrie		°C	

Brandverhalten

UL-Test vertikal   Dicke   mm, Wert
                                   Dicke   mm, Wert

	Norm	*Bewertung*	*Abmessungen*
Sauerstoff-Index	ASTM D 2863		
Glühstab-Verfahren			
Brandverhalten	DIN 4102		
MVSS			
FAR			

Elektrische Eigenschaften

		Hz	°C			*Probekörper, Form*
Dielektrizitätszahl		50				
		10^3	23	2.2–2.3		
		10^6				
Dielektrischer Verlustfaktor tan δ		50				
		10^3	23	0.0002		
		10^6				
Spezifischer Durchgangs-widerstand	Ohm · cm		23	$\geqq 1.0^*10^{**}16$		
Durchschlagfestigkeit	kV/mm		23	60		1.0 mm dick
Oberflächenwiderstand	Ohm					
Kriechstromfestigkeit		KC		KB	KA	
Elektrolytische Korrosionswirkung						
Lichtbogenfestigkeit nach DIN						
nach ASTM s						

Beständigkeit *(Chemische Beständigkeit siehe Anhang)*

Wasseraufnahme 23 C   1 d   0.01 %

Feuchtigkeitsaufnahme Normalklima   %
Wetterbeständigkeit

Spannungskorrosion

Optische Eigenschaften

Brechungszahl n_D
Transmissionsgrad τ_c %   mm dick
Lichtdurchlässigkeit

Produkt	Polypropylen	**PP**
Handelsname	**Shell Polypropylen KMA 6100**	
Hersteller	SHELL	
DIN-Bez 1	16774-PP-B,MCG,XX-M045	
DIN-Bez 2		

Zusätze		*Füllstoffe/ Verstärkung*	
Bevorzugte Verarbeitung	Spritzgiessen	*Lieferform*	Granulat
		Farben	Natur
Besondere Merkmale	Mittlere Fliessfaehigkeit; Ausgezeich- nete Tieftemperaturzaehigkeit	*Bevorzugte Anwendungen*	Bedarfsartikel; Haushaltsware; Kfz- Bau; Moebel

---

Dichte	g/cm³	0.903	*Schmelzindex* g/10 min	4.0: 230/2.16
Schüttdichte	g/cm³		*Volumenfließindex* cm³/10 min	:
Viskositätszahl	ml/g			

Verarbeitungsbedingungen für Spritzgießen

Massetemp.	°C		*Schwindung* % lgs , quer	
Werkzeugtemp.	°C		*Bemerkungen*	
Spritzdruck	bar			

Zugversuch 23 °C   ISO 527;

	Probekörper: *Form*		*Herstellung* Spritzgiessen
	Zustand		*Vorbehandlung* Normalklima
Streckspannung	N/mm²	*Dehnung bei Streckspannung*	%
Zugfestigkeit	N/mm² 28	*Reißdehnung*	%
Reißfestigkeit	N/mm²	% *Dehnspannung*	N/mm²
E-Modul	N/mm²	*Dehnung bei % Dehnspg.*	%

Kriechmoduln und Zeitstandwerte 23 °C

	Probekörper: *Form*		*Herstellung*
	Zustand		*Vorbehandlung*
Kriechmodul	*1 min* N/mm²	*Zeitstandzugfestigkeit*	h N/mm²
Kriechmodul	*1000 h* N/mm²	*Zeitdehnspg.* %	h N/mm²
bei Spannung	N/mm²		

Biegeversuch 23 °C   ISO 178;

	Probekörper: *Form* 80x10x4 mm		*Herstellung* Spritzgiessen
	Zustand		*Vorbehandlung* Normalklima
Biegefestigkeit	N/mm²	*E-Modul*	N/mm² 1100
3,5% Biegespannung	N/mm²		

Härte 23 °C

	Probekörper: *Zustand*		*Herstellung* Spritzgiessen
			Vorbehandlung Normalklima
Kugeldruckhärte	N/mm² bei N, s	*Shore-Härte* A	
Rockwellhärte		*Shore-Härte* D	67

Schlagversuch

	Probekörper: *(1)*		
	(2)		*Herstellung*
	Zustand		*Vorbehandlung*
	°C °C	°C	*Probekörper-Form*

Schlagzähigkeit	kJ/m²
Kerbschlagzähigkeit (1)	kJ/m²
IZOD-Kerbschlagzähigkeit (2)	J/m
Kerbschlagzugzähigkeit	kJ/m²

Abrieb und Reibung

Taber-Abrieb (Reibradverfahren)	mm^3/100 U
Abriebfaktor LNP (Thrust washer) Vergleichswert	
Statische Reibungszahl	
Dynamische Reibungszahl	$(p \cdot v =$ N/mm$^2 \cdot$ m/min)
Zulässiger p · v Wert	N/mm$^2 \cdot$ (m/min) v = m/min
	v = m/min

Thermische Eigenschaften

Formbeständigkeit in der Wärme	*Verfahren*	A	59 °C
	Verfahren	B	100 °C
Vicat Erweichungstemperatur (VST)	*Verfahren*	A/50	148 °C
	Verfahren		°C
Kristallit-Schmelzpunkt	*Verfahren*	Heiztischmikroskop	160–170 °C
Längenausdehnungskoeffizient	*Bereich*	20–60 °C	$1.0 \cdot 10^{-4}$K^{-1}
	Temperatur		$\cdot 10^{-4}$K^{-1}
Wärmeleitfähigkeit	*Verfahren*	23 °C	0.17 W/(K · m)
Spezifische Wärmekapazität	*Verfahren*	23 °C	1.7 J/(K · g)
Glasumwandlungstemperatur	*Torsionsschwingungsversuch*		°C
	Differentialkalorimetrie		°C

Brandverhalten

UL-Test vertikal	Dicke	mm, Wert
	Dicke	mm, Wert

	Norm	*Bewertung*	*Abmessungen*
Sauerstoff-Index	ASTM D 2863		
Glühstab-Verfahren			
Brandverhalten	DIN 4102		
MVSS			
FAR			

Elektrische Eigenschaften

	Hz	°C			*Probekörper, Form*
Dielektrizitätszahl	50				
	10^3	23	2.2–2.3		
	10^6				
Dielektrischer Verlustfaktor tan δ	50				
	10^3	23	0.0002		
	10^6				
Spezifischer Durchgangs-					
widerstand	Ohm · cm	23	$\geq$ 1.0*10**16		
Durchschlagfestigkeit	kV/mm	23	60		1.0 mm dick
Oberflächenwiderstand	Ohm				
Kriechstromfestigkeit	KC		KB	KA	
Elektrolytische Korrosionswirkung					
Lichtbogenfestigkeit nach DIN					
nach ASTM	s				

Beständigkeit *(Chemische Beständigkeit siehe Anhang)*

Wasseraufnahme 23 C		1 d	0.01 %
Feuchtigkeitsaufnahme Normalklima			%
Wetterbeständigkeit			
Spannungskorrosion			

Optische Eigenschaften

Brechungszahl n$_D$		
Transmissionsgrad τ_c	%	mm dick
Lichtdurchlässigkeit		

Produkt	Polypropylen-Elastomerblend	**PP**
Handelsname	**Shell Polypropylen PMT 6100**	
Hersteller	SHELL	
DIN-Bez 1	16774-PP-B,MCG,XX-M090	
DIN-Bez 2		

Zusätze		*Füllstoffe/ Verstärkung*	
Bevorzugte Verarbeitung	Spritzgiessen	*Lieferform*	Granulat
		Farben	Natur
Besondere Merkmale	Leichtfliessend; Gute Tieftemperatur-zaehigkeit	*Bevorzugte Anwendungen*	Batteriekasten; Formteil fuer Kfz-Bau; Haushaltsbehaelter; Farbeimer

---

Dichte	g/cm^3	0.903	*Schmelzindex*	g/10 min	6.5: 230/2.16
Schüttdichte	g/cm^3		*Volumenfließindex*	cm^3/10 min	:
Viskositätszahl	ml/g				

Verarbeitungsbedingungen für Spritzgießen

Massetemp.	°C		*Schwindung*	%	lgs , quer
Werkzeugtemp.	°C		*Bemerkungen*		
Spritzdruck	bar				

Zugversuch 23 °C　ISO 527;

	Probekörper:	*Form*	*Herstellung*	Spritzgiessen
		Zustand	*Vorbehandlung*	Normalklima

Streckspannung	N/mm^2		*Dehnung bei Streckspannung*	%
Zugfestigkeit	N/mm^2	30	*Reißdehnung*	%
Reißfestigkeit	N/mm^2		*% Dehnspannung*	N/mm^2
E-Modul	N/mm^2		*Dehnung bei* *% Dehnspg.*	%

Kriechmoduln und Zeitstandwerte 23 °C

	Probekörper:	*Form*	*Herstellung*
		Zustand	*Vorbehandlung*

Kriechmodul	1 min N/mm^2	*Zeitstandzugfestigkeit*	h N/mm^2
Kriechmodul	1000 h N/mm^2	*Zeitdehnspg. %*	h N/mm^2
bei Spannung	N/mm^2		

Biegeversuch 23 °C　ISO 178;

	Probekörper:	*Form*	80x10x4 mm	*Herstellung* Spritzgiessen
		Zustand		*Vorbehandlung* Normalklima

Biegefestigkeit	N/mm^2	*E-Modul*	N/mm^2 1200
3,5% Biegespannung	N/mm^2		

Härte 23 °C

	Probekörper:	*Zustand*	*Herstellung* Spritzgiessen
			Vorbehandlung Normalklima

Kugeldruckhärte	N/mm^2	bei N, s	*Shore-Härte* A
Rockwellhärte			*Shore-Härte* D 68

Schlagversuch

	Probekörper:	*(1)*	
		(2)	*Herstellung*
		Zustand	*Vorbehandlung*

	°C	°C	°C	*Probekörper-Form*

Schlagzähigkeit	kJ/m^2
Kerbschlagzähigkeit (1)	kJ/m^2
IZOD-Kerbschlagzähigkeit (2)	J/m
Kerbschlagzugzähigkeit	kJ/m^2

Abrieb und Reibung

Taber-Abrieb (Reibradverfahren)   mm³/100 U
Abriebfaktor LNP (Thrust washer) Vergleichswert
Statische Reibungszahl
Dynamische Reibungszahl   (p·v =   N/mm² ·   m/min)
Zulässiger p · v Wert   N/mm² · (m/min)   v =   m/min
                                                                    v =   m/min

Thermische Eigenschaften

Formbeständigkeit in der Wärme	*Verfahren*	A	60 °C
	Verfahren	B	102 °C
Vicat Erweichungstemperatur (VST)	*Verfahren*	A/50	149 °C
	Verfahren		°C
Kristallit-Schmelzpunkt	*Verfahren*	Heiztischmikroskop	160–170 °C

Längenausdehnungskoeffizient   *Bereich*   20–60   °C $1.0 \cdot 10^{-4} K^{-1}$
                                 Temperatur $\cdot 10^{-4} K^{-1}$
Wärmeleitfähigkeit   *Verfahren*   23 °C   0.17 W/(K · m)

Spezifische Wärmekapazität   *Verfahren*   23 °C   1.7 J/(K · g)

Glasumwandlungstemperatur   *Torsionsschwingungsversuch*   °C
                                 Differentialkalorimetrie   °C

Brandverhalten

UL-Test vertikal   Dicke   mm, Wert
                                 Dicke   mm, Wert

	Norm	Bewertung	Abmessungen
Sauerstoff-Index	ASTM D 2863		
Glühstab-Verfahren			
Brandverhalten	DIN 4102		
MVSS			
FAR			

Elektrische Eigenschaften

		Hz	°C		Probekörper, Form
Dielektrizitätszahl		50			
		10³	23	2.2–2.3	
		10⁶			
Dielektrischer Verlustfaktor tan δ		50			
		10³	23	0.0002	
		10⁶			
Spezifischer Durchgangs-widerstand	Ohm · cm		23	≧ 1.0*10**16	
Durchschlagfestigkeit	kV/mm		23	60	1.0 mm dick
Oberflächenwiderstand	Ohm				

Kriechstromfestigkeit   KC   KB   KA
Elektrolytische Korrosionswirkung
Lichtbogenfestigkeit nach DIN
            nach ASTM   s

Beständigkeit *(Chemische Beständigkeit siehe Anhang)*

Wasseraufnahme 23 C   1 d   0.01 %

Feuchtigkeitsaufnahme Normalklima   %
Wetterbeständigkeit

Spannungskorrosion

Optische Eigenschaften

Brechungszahl n_D
Transmissionsgrad τ_c %   mm dick
Lichtdurchlässigkeit

		PP
Produkt	Polypropylen	
Handelsname	**Shell Polypropylen PMA 6100**	
Hersteller	SHELL	
DIN-Bez 1	16774-PP-B,MCG,XX-M090	
DIN-Bez 2		

Zusätze		*Füllstoffe/ Verstärkung*	
Bevorzugte Verarbeitung	Spritzgiessen	*Lieferform*	Granulat
		Farben	Natur
Besondere Merkmale	Leichtfliessend; Ausgezeichnete Tief-temperaturzaehigkeit	*Bevorzugte Anwendungen*	Batteriekasten; Formteil fuer Kfz-Bau; Bedarfsartikel; Haushaltsware

Dichte	g/cm^3	0.903	*Schmelzindex*	g/10 min	6.5:	230/2.16
Schüttdichte	g/cm^3		*Volumenfließindex*	cm^3/10 min	:	
Viskositätszahl	ml/g				

Verarbeitungsbedingungen für Spritzgießen

Massetemp.	°C		*Schwindung*	%	lgs	, quer
Werkzeugtemp.	°C		*Bemerkungen*		
Spritzdruck	bar				

Zugversuch 23 °C ISO 527;

	Probekörper:	*Form*	*Herstellung*	Spritzgiessen
		Zustand	*Vorbehandlung*	Normalklima
Streckspannung	N/mm^2		*Dehnung bei Streckspannung*	%
Zugfestigkeit	N/mm^2	29	*Reißdehnung*	%
Reißfestigkeit	N/mm^2		% *Dehnspannung*	N/mm^2
E-Modul	N/mm^2		*Dehnung bei* % *Dehnspg.*	%

Kriechmoduln und Zeitstandwerte 23 °C

	Probekörper:	*Form*	*Herstellung*	
		Zustand	*Vorbehandlung*	
Kriechmodul	1 min N/mm^2		*Zeitstandzugfestigkeit*	h N/mm^2
Kriechmodul	1000 h N/mm^2		*Zeitdehnspg.* %	h N/mm^2
bei Spannung	N/mm^2			

Biegeversuch 23 °C ISO 178;

	Probekörper:	*Form* 80x10x4 mm	*Herstellung*	Spritzgiessen
		Zustand	*Vorbehandlung*	Normalklima
Biegefestigkeit	N/mm^2		*E-Modul*	N/mm^2 1150
3,5% Biegespannung	N/mm^2			

Härte 23 °C

	Probekörper:	*Zustand*	*Herstellung*	Spritzgiessen
			Vorbehandlung	Normalklima
Kugeldruckhärte	N/mm^2	bei N, s	*Shore-Härte* A	
Rockwellhärte			*Shore-Härte* D	68

Schlagversuch

	Probekörper:	(1)
		(2)
		Zustand
		Herstellung
		Vorbehandlung

°C	°C	°C	*Probekörper-Form*

Schlagzähigkeit	kJ/m^2
Kerbschlagzähigkeit (1)	kJ/m^2
IZOD-Kerbschlagzähigkeit (2)	J/m
Kerbschlagzugzähigkeit	kJ/m^2

Abrieb und Reibung

Taber-Abrieb (Reibradverfahren)	mm³/100 U
Abriebfaktor LNP (Thrust washer) Vergleichswert	
Statische Reibungszahl	
Dynamische Reibungszahl	(p · v =　　　N/mm² ·　　m/min)
Zulässiger p · v Wert	N/mm² · (m/min)　v =　　m/min
	v =　　m/min

Thermische Eigenschaften

Formbeständigkeit in der Wärme	Verfahren	A	59 °C
	Verfahren	B	100 °C
Vicat Erweichungstemperatur (VST)	Verfahren	A/50	148 °C
	Verfahren		°C
Kristallit-Schmelzpunkt	Verfahren	Heiztischmikroskop	160–170 °C
Längenausdehnungskoeffizient	Bereich	20–60　　°C	$1.0 \cdot 10^{-4} \mathrm{K}^{-1}$
	Temperatur		$\cdot 10^{-4} \mathrm{K}^{-1}$
Wärmeleitfähigkeit	Verfahren	23 °C	0.17 W/(K · m)
Spezifische Wärmekapazität	Verfahren	23 °C	1.7 J/(K · g)
Glasumwandlungstemperatur	Torsionsschwingungsversuch		°C
	Differentialkalorimetrie		°C

Brandverhalten

UL-Test vertikal	Dicke　mm, Wert
	Dicke　mm, Wert

	Norm	Bewertung	Abmessungen
Sauerstoff-Index	ASTM D 2863		
Glühstab-Verfahren			
Brandverhalten	DIN 4102		
MVSS			
FAR			

Elektrische Eigenschaften

		Hz	°C		Probekörper, Form
Dielektrizitätszahl		50			
		10³	23	2.2–2.3	
		10⁶			
Dielektrischer Verlustfaktor tan δ		50			
		10³	23	0.0002	
		10⁶			
Spezifischer Durchgangs-widerstand	Ohm · cm		23	$\geqq 1.0 * 10 ** 16$	
Durchschlagfestigkeit	kV/mm		23	60	1.0　mm dick
Oberflächenwiderstand	Ohm				
Kriechstromfestigkeit		KC	KB	KA	
Elektrolytische Korrosionswirkung					
Lichtbogenfestigkeit nach DIN					
nach ASTM　s					

Beständigkeit *(Chemische Beständigkeit siehe Anhang)*

Wasseraufnahme 23 C	1 d	0.01 %
Feuchtigkeitsaufnahme Normalklima		%
Wetterbeständigkeit		
Spannungskorrosion		

Optische Eigenschaften

Brechungszahl n_D		
Transmissionsgrad τ_c	%	mm dick
Lichtdurchlässigkeit		

			PP
Produkt	Polypropylen		
Handelsname	**Shell Polypropylen VMA 6100**		
Hersteller	SHELL		
DIN-Bez 1	16774-PP-B,MCG,XX-M200		
DIN-Bez 2			

Zusätze		*Füllstoffe/ Verstärkung*	
Bevorzugte Verarbeitung	Spritzgiessen	*Lieferform*	Granulat
		Farben	Natur
Besondere Merkmale	Extrem leichtfliessend; Ausgewogenheit zwischen Verarbeitbarkeit und mechanischen Eigenschaften; Verzugsarm	*Bevorzugte Anwendungen*	Duennwandiger Behaelter; Verschluss; Batteriekasten; Formteil fuer Kfz-Bau

Dichte	g/cm³	0.903	*Schmelzindex*	g/10 min	20.0: 230/2.16
Schüttdichte	g/cm³		*Volumenfließindex*	cm³/10 min	:
Viskositätszahl	ml/g				

Verarbeitungsbedingungen für Spritzgießen

Massetemp.	°C		*Schwindung*	%	lgs , quer
Werkzeugtemp.	°C		*Bemerkungen*		
Spritzdruck	bar				

Zugversuch 23 °C   ISO 527;

	Probekörper:	*Form*	*Herstellung*	Spritzgiessen
		Zustand	*Vorbehandlung*	Normalklima
Streckspannung	N/mm²		*Dehnung bei Streckspannung*	%
Zugfestigkeit	N/mm² 20		*Reißdehnung*	%
Reißfestigkeit	N/mm²		*% Dehnspannung*	N/mm²
E-Modul	N/mm²		*Dehnung bei % Dehnspg.*	%

Kriechmoduln und Zeitstandwerte 23 °C

	Probekörper:	*Form*	*Herstellung*	
		Zustand	*Vorbehandlung*	
Kriechmodul	1 min N/mm²		*Zeitstandzugfestigkeit*	h N/mm²
Kriechmodul	1000 h N/mm²		*Zeitdehnspg. %*	h N/mm²
bei Spannung	N/mm²			

Biegeversuch 23 °C   ISO 178;

	Probekörper:	*Form* 80x10x4 mm	*Herstellung*	Spritzgiessen
		Zustand	*Vorbehandlung*	Normalklima
Biegefestigkeit	N/mm²		*E-Modul*	N/mm² 1100
3,5% Biegespannung	N/mm²			

Härte 23 °C

	Probekörper:	*Zustand*	*Herstellung*	
			Vorbehandlung	
Kugeldruckhärte	N/mm²	bei N, s	*Shore-Härte* A	
Rockwellhärte			*Shore-Härte* D	

Schlagversuch

	Probekörper:	*(1)*		
		(2)	*Herstellung*	
		Zustand	*Vorbehandlung*	
	°C	°C	°C	*Probekörper-Form*

Schlagzähigkeit	kJ/m²	
Kerbschlagzähigkeit (1)	kJ/m²	
IZOD-Kerbschlagzähigkeit (2)	J/m	
Kerbschlagzugzähigkeit	kJ/m²	

Abrieb und Reibung

Taber-Abrieb (Reibradverfahren) — mm³/100 U
Abriebfaktor LNP (Thrust washer) Vergleichswert
Statische Reibungszahl
Dynamische Reibungszahl — (p·v =   N/mm² ·   m/min)
Zulässiger p · v Wert — N/mm² · (m/min)   v =   m/min
                                            v =   m/min

Thermische Eigenschaften

Formbeständigkeit in der Wärme	Verfahren		°C
	Verfahren		°C
Vicat Erweichungstemperatur (VST)	Verfahren	A/50	147 °C
	Verfahren		°C
Kristallit-Schmelzpunkt	Verfahren	Heiztischmikroskop	160–170 °C
Längenausdehnungskoeffizient	Bereich 20–60 °C		$1.0 \cdot 10^{-4} \mathrm{K}^{-1}$
	Temperatur		$\cdot 10^{-4} \mathrm{K}^{-1}$
Wärmeleitfähigkeit	Verfahren	23 °C	0.17 W/(K · m)
Spezifische Wärmekapazität	Verfahren	23 °C	1.7 J/(K · g)
Glasumwandlungstemperatur	Torsionsschwingungsversuch	°C	
	Differentialkalorimetrie	°C	

Brandverhalten

UL-Test vertikal — Dicke   mm, Wert
               Dicke   mm, Wert

	Norm	Bewertung	Abmessungen
Sauerstoff-Index	ASTM D 2863		
Glühstab-Verfahren			
Brandverhalten	DIN 4102		
MVSS			
FAR			

Elektrische Eigenschaften

	Hz	°C		Probekörper, Form
Dielektrizitätszahl	50			
	10^3	23	2.2–2.3	
	10^6			
Dielektrischer Verlustfaktor $\tan \delta$	50			
	10^3	23	0.0002	
	10^6			
Spezifischer Durchgangs-widerstand	Ohm · cm	23	$\geqq 1.0*10**16$	
Durchschlagfestigkeit	kV/mm	23	60	1.0 mm dick
Oberflächenwiderstand	Ohm			
Kriechstromfestigkeit	KC	KB	KA	
Elektrolytische Korrosionswirkung				
Lichtbogenfestigkeit nach DIN				
nach ASTM	s			

Beständigkeit *(Chemische Beständigkeit siehe Anhang)*

Wasseraufnahme 23 C —   1 d   0.01 %

Feuchtigkeitsaufnahme Normalklima —   %
Wetterbeständigkeit

Spannungskorrosion

Optische Eigenschaften

Brechungszahl n_D
Transmissionsgrad τ_c %   mm dick
Lichtdurchlässigkeit

Produkt	Polypropylen	**PP**
Handelsname	**Shell Polypropylen VMA 6700**	
Hersteller	SHELL	
DIN-Bez 1	16774-PP-B,MCG,XX-M200	
DIN-Bez 2		

Zusätze		*Füllstoffe/ Verstärkung*		
Bevorzugte Verarbeitung	Spritzgiessen	*Lieferform*	Granulat	
		Farben	Natur	
Besondere Merkmale	Verbesserte Steifheit und hoehere Waermeformbestaendigkeit	*Bevorzugte Anwendungen*	Formteil fuer Waschmaschine; Haushaltsware; Duennwandiger Behaelter; Verschluss; Batteriekasten; Formteil fuer Kfz-Bau	

Dichte	g/cm^3	0.903	*Schmelzindex*	g/10 min	20.0:	230/2.16
Schüttdichte	g/cm^3		*Volumenfließindex*	cm^3/10 min	:	
Viskositätszahl	ml/g					

Verarbeitungsbedingungen für Spritzgießen

Massetemp.	°C		*Schwindung*	%	lgs , quer
Werkzeugtemp.	°C		*Bemerkungen*		
Spritzdruck	bar				

Zugversuch 23 °C ISO 527;

	Probekörper:	*Form*	*Herstellung*	Spritzgiessen
		Zustand	*Vorbehandlung*	Normalklima

Streckspannung	N/mm^2		*Dehnung bei Streckspannung*	%
Zugfestigkeit	N/mm^2 30		*Reißdehnung*	%
Reißfestigkeit	N/mm^2		% *Dehnspannung*	N/mm^2
E-Modul	N/mm^2		*Dehnung bei* % *Dehnspg.*	%

Kriechmoduln und Zeitstandwerte 23 °C

	Probekörper:	*Form*	*Herstellung*	
		Zustand	*Vorbehandlung*	

Kriechmodul	1 min N/mm^2		*Zeitstandzugfestigkeit*	h N/mm^2
Kriechmodul	1000 h N/mm^2		*Zeitdehnspg.* %	h N/mm^2
bei Spannung	N/mm^2			

Biegeversuch 23 °C ISO 178;

	Probekörper:	*Form* 80x10x4 mm	*Herstellung*	Spritzgiessen
		Zustand	*Vorbehandlung*	Normalklima

Biegefestigkeit	N/mm^2		*E-Modul*	N/mm^2 1300
3,5% Biegespannung	N/mm^2			

Härte 23 °C

	Probekörper:	*Zustand*	*Herstellung*	Spritzgiessen
			Vorbehandlung	Normalklima

Kugeldruckhärte	N/mm^2	bei N, s	*Shore-Härte* A	
Rockwellhärte			*Shore-Härte* D 67	

Schlagversuch

	Probekörper:	(1)	
		(2)	*Herstellung*
		Zustand	*Vorbehandlung*

°C	°C	°C	*Probekörper-Form*

Schlagzähigkeit	kJ/m^2
Kerbschlagzähigkeit (1)	kJ/m^2
IZOD-Kerbschlagzähigkeit (2)	J/m
Kerbschlagzugzähigkeit	kJ/m^2

Abrieb und Reibung

Taber-Abrieb (Reibradverfahren)	mm³/100 U	
Abriebfaktor LNP (Thrust washer) Vergleichswert		
Statische Reibungszahl		
Dynamische Reibungszahl	$(p \cdot v =$	N/mm² ·	m/min$)$
Zulässiger p · v Wert	N/mm² · (m/min) v =	m/min
	v =	m/min

Thermische Eigenschaften

Formbeständigkeit in der Wärme	*Verfahren*	A	68 °C
	Verfahren	B	110 °C
Vicat Erweichungstemperatur (VST)	*Verfahren*	A/50	150 °C
	Verfahren		°C
Kristallit-Schmelzpunkt	*Verfahren*	Heiztischmikroskop	160–170 °C
Längenausdehnungskoeffizient	*Bereich*	20–60 °C	$1.0 \cdot 10^{-4} \mathrm{K}^{-1}$
	Temperatur		$\cdot 10^{-4} \mathrm{K}^{-1}$
Wärmeleitfähigkeit	*Verfahren*	23 °C	0.17 W/(K · m)
Spezifische Wärmekapazität	*Verfahren*	23 °C	1.7 J/(K · g)
Glasumwandlungstemperatur	*Torsionsschwingungsversuch*	°C	
	Differentialkalorimetrie	°C	

Brandverhalten

UL-Test vertikal	Dicke mm, Wert	
	Dicke mm, Wert	

	Norm	*Bewertung*	*Abmessungen*
Sauerstoff-Index	ASTM D 2863		
Glühstab-Verfahren			
Brandverhalten	DIN 4102		
MVSS			
FAR			

Elektrische Eigenschaften

		Hz	°C		*Probekörper, Form*
Dielektrizitätszahl		50			
		10^3	23	2.2–2.3	
		10^6			
Dielektrischer Verlustfaktor tan δ		50			
		10^3	23	0.0002	
		10^6			
Spezifischer Durchgangs-widerstand	Ohm · cm		23	$\geqq 1.0*10**16$	
Durchschlagfestigkeit	kV/mm		23	60	1.0 mm dick
Oberflächenwiderstand	Ohm				
Kriechstromfestigkeit	KC		KB	KA	
Elektrolytische Korrosionswirkung					
Lichtbogenfestigkeit nach DIN					
nach ASTM	s				

Beständigkeit *(Chemische Beständigkeit siehe Anhang)*

Wasseraufnahme 23 C		1 d	0.01 %
Feuchtigkeitsaufnahme Normalklima			%
Wetterbeständigkeit			
Spannungskorrosion			

Optische Eigenschaften

Brechungszahl n_D		
Transmissionsgrad τ_c	%	mm dick
Lichtdurchlässigkeit		

Produkt	Polypropylen	**PP**

Handelsname **Shell Polypropylen HER 6100**

Hersteller SHELL

DIN-Bez 1 16774-PP-R,EGC,XX-M012
DIN-Bez 2 16774-PP-R,BGN,XX-M012

Zusätze   *Füllstoffe/*
                                            Verstärkung

Bevorzugte Extrudieren; Blasformen   *Lieferform* Granulat
Verarbeitung

                                            Farben Natur

Besondere Gute Transparenz; Guter Oberflae-   *Bevorzugte* Hohlkoerper; Extrudierte Tafel fuer
Merkmale chenglanz; Gute mechanische Eigen-   *Anwendungen* Videokassettendeckel
            schaften; Ausgezeichnetes Extrusions-
            verhalten

Dichte g/cm^3 0.903   *Schmelzindex* g/10 min 1.5: 230/2.16
Schüttdichte g/cm^3 *Volumenfließindex* cm^3/10 min :
Viskositätszahl ml/g

Verarbeitungsbedingungen für Spritzgießen

Massetemp. °C   *Schwindung* % lgs , quer
Werkzeugtemp. °C   *Bemerkungen*
Spritzdruck bar

Zugversuch 23 °C ISO 527;
                    Probekörper: *Form*   *Herstellung* Spritzgiessen
                                    Zustand   *Vorbehandlung* Normalklima

Streckspannung N/mm^2 *Dehnung bei Streckspannung* %
Zugfestigkeit N/mm^2 23   *Reißdehnung* %
Reißfestigkeit N/mm^2 % *Dehnspannung* N/mm^2
E-Modul N/mm^2 *Dehnung bei* % *Dehnspg.* %

Kriechmoduln und Zeitstandwerte 23 °C
                    Probekörper: *Form*   *Herstellung*
                                    Zustand   *Vorbehandlung*

Kriechmodul 1 min N/mm^2 *Zeitstandzugfestigkeit* h N/mm^2
Kriechmodul 1000 h N/mm^2 *Zeitdehnspg.* % h N/mm^2
bei Spannung N/mm^2

Biegeversuch 23 °C ISO 178;
                    Probekörper: *Form* 80x10x4 mm   *Herstellung* Spritzgiessen
                                    Zustand   *Vorbehandlung* Normalklima

Biegefestigkeit N/mm^2 *E-Modul* N/mm^2 900
3,5% Biegespannung N/mm^2

Härte 23 °C *Probekörper:* *Zustand*   *Herstellung* Spritzgiessen
                                            Vorbehandlung Normalklima

Kugeldruckhärte N/mm^2 bei N, s   *Shore-Härte* A
Rockwellhärte   *Shore-Härte* D 63

Schlagversuch *Probekörper:* *(1)*
                                  (2)   *Herstellung*
                                  Zustand   *Vorbehandlung*

                    °C   °C   °C   *Probekörper-Form*

Schlagzähigkeit kJ/m^2
Kerbschlagzähigkeit (1) kJ/m^2
IZOD-Kerbschlagzähigkeit (2) J/m
Kerbschlagzugzähigkeit kJ/m^2

Abrieb und Reibung

Taber-Abrieb (Reibradverfahren)　　　　　　　　mm³/100 U
Abriebfaktor LNP (Thrust washer) Vergleichswert
Statische Reibungszahl
Dynamische Reibungszahl　　　　　　　　　　　$(p \cdot v =$　　　　N/mm² ·　　　　m/min)
Zulässiger p · v Wert　　　　　　　　　　　　N/mm² · (m/min)　v =　　　m/min
　　　　　　　　　　　　　　　　　　　　　　　　　　　　　　v =　　　m/min

Thermische Eigenschaften

Formbeständigkeit in der Wärme	*Verfahren*	A	50 °C
	Verfahren	B	85 °C
Vicat Erweichungstemperatur (VST)	*Verfahren*		°C
	Verfahren		°C
Kristallit-Schmelzpunkt	*Verfahren*	Heiztischmikroskop	160–170 °C

Längenausdehnungskoeffizient　　*Bereich*　20–60　　°C　　　　　　$1.0 \cdot 10^{-4} \mathrm{K}^{-1}$
　　　　　　　　　　　　　　　　　　Temperatur　　　　　　　　　　　　　$\cdot 10^{-4} \mathrm{K}^{-1}$
Wärmeleitfähigkeit　　　　　　　*Verfahren*　　　　　　　23 °C　　0.17 W/(K · m)

Spezifische Wärmekapazität　　　*Verfahren*　　　　　　　23 °C　　1.7 J/(K · g)

Glasumwandlungstemperatur　　　*Torsionsschwingungsversuch*　　　°C
　　　　　　　　　　　　　　　　　Differentialkalorimetrie　　　　　　°C

Brandverhalten

UL-Test vertikal　　　　　　　　Dicke　　mm, Wert
　　　　　　　　　　　　　　　　　Dicke　　mm, Wert

	Norm	Bewertung	Abmessungen
Sauerstoff-Index	ASTM D 2863		
Glühstab-Verfahren			
Brandverhalten	DIN 4102		
MVSS			
FAR			

Elektrische Eigenschaften

		Hz	°C			Probekörper, Form
Dielektrizitätszahl		50				
		10^3	23	2.2–2.3		
		10^6				
Dielektrischer Verlustfaktor $\tan \delta$		50				
		10^3	23	0.0002		
		10^6				
Spezifischer Durchgangs-widerstand	Ohm · cm		23	$\geqq 1.0 \ast 10 \ast\ast 16$		
Durchschlagfestigkeit	kV/mm		23	60		1.0　mm dick
Oberflächenwiderstand	Ohm					
Kriechstromfestigkeit		KC		KB	KA	
Elektrolytische Korrosionswirkung						
Lichtbogenfestigkeit nach DIN						
nach ASTM	s					

Beständigkeit *(Chemische Beständigkeit siehe Anhang)*

Wasseraufnahme 23 C　　　　　　　　　　　　　　　　1 d　　　0.01 %

Feuchtigkeitsaufnahme Normalklima　　　　　　　　　　　　　　　　　　　　　　　%
Wetterbeständigkeit

Spannungskorrosion

Optische Eigenschaften

Brechungszahl n_D
Transmissionsgrad τ_c　　　%　　　　　　　　　mm dick
Lichtdurchlässigkeit

Produkt	Polypropylen		**PP**

Handelsname **Shell Polypropylen HER 6300**

Hersteller SHELL

DIN-Bez 1 16774-PP-R,EGCZ,XX-M012
DIN-Bez 2 16774-PP-R,BGNZ,XX-M012

Zusätze	Antistatikum	*Füllstoffe/* *Verstärkung*	

Bevorzugte *Verarbeitung*	Extrudieren; Blasformen	*Lieferform*	Granulat
		Farben	Natur

Besondere *Merkmale*	Gute Transparenz; Guter Oberflae-chenglanz; Gute mechanische Eigen-schaften; Ausgezeichnetes Extrusions-verhalten	*Bevorzugte* *Anwendungen*	Hohlkoerper; Extrudierte Tafel fuer Videokassettendeckel

---

Dichte	g/cm³	0.903	*Schmelzindex*	g/10 min	1.5: 230/2.16
Schüttdichte	g/cm³		*Volumenfließindex*	cm³/10 min	:
Viskositätszahl	ml/g				

Verarbeitungsbedingungen für Spritzgießen

Massetemp.	°C		*Schwindung*	%	lgs , quer
Werkzeugtemp.	°C		*Bemerkungen*		
Spritzdruck	bar				

Zugversuch 23 °C ISO 527;

	Probekörper: Form	*Herstellung*	Spritzgiessen
	Zustand	*Vorbehandlung*	Normalklima

Streckspannung	N/mm²	*Dehnung bei Streckspannung*	%
Zugfestigkeit	N/mm² 23	*Reißdehnung*	%
Reißfestigkeit	N/mm²	% *Dehnspannung*	N/mm²
E-Modul	N/mm²	*Dehnung bei* % *Dehnspg.*	%

Kriechmoduln und Zeitstandwerte 23 °C

Probekörper: Form	*Herstellung*	
Zustand	*Vorbehandlung*	

Kriechmodul	1 min N/mm²	*Zeitstandzugfestigkeit*	h N/mm²
Kriechmodul	1000 h N/mm²	*Zeitdehnspg.* %	h N/mm²
bei Spannung	N/mm²		

Biegeversuch 23 °C ISO 178;

	Probekörper: Form 80x10x4 mm	*Herstellung*	Spritzgiessen
	Zustand	*Vorbehandlung*	Normalklima

Biegefestigkeit	N/mm²	*E-Modul*	N/mm² 900
3,5% Biegespannung	N/mm²		

Härte 23 °C

Probekörper: Zustand		*Herstellung*	Spritzgiessen
		Vorbehandlung	Normalklima

Kugeldruckhärte	N/mm²	bei N, s	*Shore-Härte* A
Rockwellhärte			*Shore-Härte* D 63

Schlagversuch

Probekörper: (1)		
(2)	*Herstellung*	
Zustand	*Vorbehandlung*	

°C	°C	°C	*Probekörper-Form*

Schlagzähigkeit	kJ/m²
Kerbschlagzähigkeit (1)	kJ/m²
IZOD-Kerbschlagzähigkeit (2)	J/m
Kerbschlagzugzähigkeit	kJ/m²

Abrieb und Reibung

Taber-Abrieb (Reibradverfahren)		$mm^3/100\ U$			
Abriebfaktor LNP (Thrust washer) Vergleichswert					
Statische Reibungszahl					
Dynamische Reibungszahl		$(p\cdot v=$	$N/mm^2\cdot$		$m/min)$
Zulässiger p · v Wert		$N/mm^2\cdot(m/min)$	$v=$		m/min
			$v=$		m/min

Thermische Eigenschaften

Formbeständigkeit in der Wärme	*Verfahren* A			50 °C
	Verfahren B			85 °C
Vicat Erweichungstemperatur (VST)	*Verfahren*			°C
	Verfahren			°C
Kristallit-Schmelzpunkt	*Verfahren* Heiztischmikroskop			160–170 °C
Längenausdehnungskoeffizient	*Bereich* 20–60 °C			$1.0\cdot10^{-4}K^{-1}$
	Temperatur			$\cdot10^{-4}K^{-1}$
Wärmeleitfähigkeit	*Verfahren*		23 °C	$0.17\ W/(K\cdot m)$
Spezifische Wärmekapazität	*Verfahren*		23 °C	$1.7\ \ J/(K\cdot g)$
Glasumwandlungstemperatur	*Torsionsschwingungsversuch*		°C	
	Differentialkalorimetrie		°C	

Brandverhalten

UL-Test vertikal		Dicke	mm, Wert	
		Dicke	mm, Wert	

	Norm	*Bewertung*	*Abmessungen*
Sauerstoff-Index	ASTM D 2863		
Glühstab-Verfahren			
Brandverhalten	DIN 4102		
MVSS			
FAR			

Elektrische Eigenschaften

		Hz	°C			*Probekörper, Form*
Dielektrizitätszahl		50				
		10^3	23	2.2–2.3		
		10^6				
Dielektrischer Verlustfaktor tan δ		50				
		10^3	23	0.0002		
		10^6				
Spezifischer Durchgangs-widerstand	Ohm · cm		23	$\geqq 1.0*10**16$		
Durchschlagfestigkeit	kV/mm		23	60		1.0 mm dick
Oberflächenwiderstand	Ohm					
Kriechstromfestigkeit		KC		KB	KA	
Elektrolytische Korrosionswirkung						
Lichtbogenfestigkeit nach DIN						
nach ASTM	s					

Beständigkeit *(Chemische Beständigkeit siehe Anhang)*

Wasseraufnahme 23 C		1 d	0.01 %
Feuchtigkeitsaufnahme Normalklima			%
Wetterbeständigkeit			
Spannungskorrosion			

Optische Eigenschaften

Brechungszahl n_D			
Transmissionsgrad τ_c	%		mm dick
Lichtdurchlässigkeit			

PP

Produkt	Polypropylen
Handelsname	**Shell Polypropylen RMR 6701**
Hersteller	SHELL
DIN-Bez 1	16774-PP-R,MCG,XX-M090
DIN-Bez 2	16774-PP-R,MGN,XX-M090
Zusätze	

Füllstoffe/ Verstärkung

Bevorzugte Verarbeitung	Spritzgiessen	*Lieferform*	Granulat
		Farben	Natur

Besondere Merkmale	Sehr gute Transparenz; Sehr guter Glanz; Gute Zaehigkeit; Ausgezeichnete Verarbeitbarkeit	*Bevorzugte Anwendungen*	Haushaltsware; Transparenter Behaelter

---

Dichte	g/cm³	0.903	*Schmelzindex* g/10 min	10.0: 230/2.16
Schüttdichte	g/cm³		*Volumenfließindex* cm³/10 min	:
Viskositätszahl	ml/g			

Verarbeitungsbedingungen für Spritzgießen

Massetemp.	°C	*Schwindung* %	lgs , quer
Werkzeugtemp.	°C	*Bemerkungen*	
Spritzdruck	bar		

Zugversuch 23 °C ISO 527;

	Probekörper: Form		*Herstellung* Spritzgiessen
	Zustand		*Vorbehandlung* Normalklima

Streckspannung	N/mm²	*Dehnung bei Streckspannung*	%
Zugfestigkeit	N/mm² 25	*Reißdehnung*	%
Reißfestigkeit	N/mm²	% *Dehnspannung*	N/mm²
E-Modul	N/mm²	*Dehnung bei* % *Dehnspg.*	%

Kriechmoduln und Zeitstandwerte 23 °C

	Probekörper: Form		*Herstellung*
	Zustand		*Vorbehandlung*

Kriechmodul	1 min N/mm²	*Zeitstandzugfestigkeit*	h N/mm²
Kriechmodul	1000 h N/mm²	*Zeitdehnspg.* %	h N/mm²
bei Spannung	N/mm²		

Biegeversuch 23 °C ISO 178;

	Probekörper: Form	80x10x4 mm	*Herstellung* Spritzgiessen
	Zustand		*Vorbehandlung* Normalklima

Biegefestigkeit	N/mm²	*E-Modul*	N/mm² 1100
3,5% Biegespannung	N/mm²		

Härte 23 °C

	Probekörper: Zustand		*Herstellung* Spritzgiessen
			Vorbehandlung Normalklima

Kugeldruckhärte	N/mm² bei N, s	*Shore-Härte* A	
Rockwellhärte		*Shore-Härte* D	66

Schlagversuch

	Probekörper: (1)		
	(2)		*Herstellung*
	Zustand		*Vorbehandlung*

	°C	°C	°C	*Probekörper-Form*

Schlagzähigkeit	kJ/m²
Kerbschlagzähigkeit (1)	kJ/m²
IZOD-Kerbschlagzähigkeit (2)	J/m
Kerbschlagzugzähigkeit	kJ/m²

Abrieb und Reibung

Taber-Abrieb (Reibradverfahren)   mm³/100 U
Abriebfaktor LNP (Thrust washer) Vergleichswert
Statische Reibungszahl
Dynamische Reibungszahl   (p·v =   N/mm² ·   m/min)
Zulässiger p · v Wert   N/mm² · (m/min)   v =   m/min
                                                                     v =   m/min

Thermische Eigenschaften

Formbeständigkeit in der Wärme   Verfahren   A   50 °C
                                        Verfahren   B   85 °C
Vicat Erweichungstemperatur (VST)   Verfahren   °C
                                        Verfahren   °C
Kristallit-Schmelzpunkt   Verfahren   Heiztischmikroskop   160–170 °C

Längenausdehnungskoeffizient   Bereich   20–60   °C $1.0 \cdot 10^{-4} \mathrm{K}^{-1}$
                                        Temperatur $\cdot 10^{-4} \mathrm{K}^{-1}$
Wärmeleitfähigkeit   Verfahren   23 °C   0.17 W/(K · m)

Spezifische Wärmekapazität   Verfahren   23 °C   1.7 J/(K · g)

Glasumwandlungstemperatur   Torsionsschwingungsversuch   °C
                                        Differentialkalorimetrie   °C

Brandverhalten

UL-Test vertikal   Dicke   mm, Wert
                                        Dicke   mm, Wert

	Norm	*Bewertung*	*Abmessungen*
Sauerstoff-Index	ASTM D 2863		
Glühstab-Verfahren			
Brandverhalten	DIN 4102		
MVSS			
FAR			

Elektrische Eigenschaften

		Hz	°C		*Probekörper, Form*
Dielektrizitätszahl		50			
		10^3	23	2.2–2.3	
		10^6			
Dielektrischer Verlustfaktor tan δ		50			
		10^3	23	0.0002	
		10^6			
Spezifischer Durchgangs-widerstand	Ohm · cm		23	$\geqq 1.0*10**16$	
Durchschlagfestigkeit	kV/mm		23	60	1.0 mm dick
Oberflächenwiderstand	Ohm				

Kriechstromfestigkeit   KC   KB   KA
Elektrolytische Korrosionswirkung
Lichtbogenfestigkeit nach DIN
            nach ASTM   s

Beständigkeit *(Chemische Beständigkeit siehe Anhang)*

Wasseraufnahme 23 C   1 d   0.01 %

Feuchtigkeitsaufnahme Normalklima   %
Wetterbeständigkeit

Spannungskorrosion

Optische Eigenschaften

Brechungszahl n_D
Transmissionsgrad τ_c %   mm dick
Lichtdurchlässigkeit

Produkt	Polyethylen niedriger Dichte	**PE**
Handelsname	**Shell LDPE 47**	
Hersteller	SHELL	
DIN-Bez 1	16776-PE,HGN,25-D022	
DIN-Bez 2		

Zusätze		Füllstoffe/ Verstärkung	
Bevorzugte Verarbeitung	Extrusionsbeschichtung	Lieferform	Granulat
		Farben	Natur
Besondere Merkmale	Exzellente organoleptische Eigenschaften; Gute Fettbestaendigkeit; Verbesserte Haftung; Weiter Siegelbereich; Sehr gute Heissiegelfaehigkeit	Bevorzugte Anwendungen	Beschichtung fuer kritische aseptische Lebensmittelverpackung wie Speiseoel und Trinkwasser; Beschichtung von glatten Oberflaechen wie Aluminiumfolie und Polyesterfilm

Dichte	g/cm³	0.923	Schmelzindex	g/10 min	1.7 : 190/2.16
Schüttdichte	g/cm³		Volumenfließindex	cm³/10 min	:
Viskositätszahl	ml/g				

Verarbeitungsbedingungen für Spritzgießen

Massetemp.	°C		Schwindung	%	lgs , quer
Werkzeugtemp.	°C		Bemerkungen		
Spritzdruck	bar				

Zugversuch 23 °C

Probekörper: Form　　　　　　　　Herstellung
　　　　　　　Zustand　　　　　　　Vorbehandlung

Streckspannung	N/mm²	Dehnung bei Streckspannung	%
Zugfestigkeit	N/mm²	Reißdehnung	%
Reißfestigkeit	N/mm²	% Dehnspannung	N/mm²
E-Modul	N/mm²	Dehnung bei % Dehnspg.	%

Kriechmoduln und Zeitstandwerte 23 °C

Probekörper: Form　　　　　　　　Herstellung
　　　　　　　Zustand　　　　　　　Vorbehandlung

Kriechmodul	1 min N/mm²	Zeitstandzugfestigkeit	h N/mm²
Kriechmodul	1000 h N/mm²	Zeitdehnspg. %	h N/mm²
bei Spannung	N/mm²		

Biegeversuch 23 °C

Probekörper: Form　　　　　　　　Herstellung
　　　　　　　Zustand　　　　　　　Vorbehandlung

Biegefestigkeit	N/mm²	E-Modul	N/mm²
3,5% Biegespannung	N/mm²		

Härte 23 °C

Probekörper: Zustand　　　　　　　Herstellung
　　　　　　　　　　　　　　　　　Vorbehandlung

Kugeldruckhärte	N/mm² bei N, s	Shore-Härte A	
Rockwellhärte		Shore-Härte D	

Schlagversuch

Probekörper: (1)
　　　　　　　(2)　　　　　　　　　Herstellung
　　　　　　　Zustand　　　　　　　Vorbehandlung

　　　　　　　°C　　　　　°C　　　　　°C　　　　　Probekörper-Form

Schlagzähigkeit	kJ/m²
Kerbschlagzähigkeit (1)	kJ/m²
IZOD-Kerbschlagzähigkeit (2)	J/m
Kerbschlagzugzähigkeit	kJ/m²

Abrieb und Reibung

Taber-Abrieb (Reibradverfahren)   mm³/100 U
Abriebfaktor LNP (Thrust washer) Vergleichswert
Statische Reibungszahl
Dynamische Reibungszahl   (p · v =   N/mm² ·   m/min)
Zulässiger p · v Wert   N/mm² · (m/min)   v =   m/min
                                                                       v =   m/min

Thermische Eigenschaften

Formbeständigkeit in der Wärme   Verfahren   °C
                                       Verfahren   °C
Vicat Erweichungstemperatur (VST)   Verfahren   °C
                                       Verfahren   °C
Kristallit-Schmelzpunkt   Verfahren

Längenausdehnungskoeffizient   Bereich   °C $\cdot 10^{-4} \mathrm{K}^{-1}$
                                       Temperatur $\cdot 10^{-4} \mathrm{K}^{-1}$
Wärmeleitfähigkeit   Verfahren   W/(K · m)

Spezifische Wärmekapazität   Verfahren   J/(K · g)

Glasumwandlungstemperatur   Torsionsschwingungsversuch   °C
                                       Differentialkalorimetrie   °C

Brandverhalten

UL-Test vertikal   Dicke   mm, Wert
                                       Dicke   mm, Wert

                   Norm   *Bewertung*   *Abmessungen*

Sauerstoff-Index   ASTM D 2863
Glühstab-Verfahren
Brandverhalten   DIN 4102
MVSS
FAR

Elektrische Eigenschaften

                                       Hz   °C   *Probekörper, Form*

Dielektrizitätszahl   50
                                       10^3
                                       10^6
Dielektrischer Verlustfaktor tan δ   50
                                       10^3
                                       10^6

Spezifischer Durchgangs-
  widerstand   Ohm · cm
Durchschlagfestigkeit   kV/mm   mm dick
Oberflächenwiderstand   Ohm

Kriechstromfestigkeit   KC   KB   KA
Elektrolytische Korrosionswirkung
Lichtbogenfestigkeit nach DIN
            nach ASTM   s

Beständigkeit *(Chemische Beständigkeit siehe Anhang)*

Wasseraufnahme

Feuchtigkeitsaufnahme Normalklima   %
Wetterbeständigkeit

Spannungskorrosion

Optische Eigenschaften

Brechungszahl n_D
Transmissionsgrad τ_c %   mm dick
Lichtdurchlässigkeit

Produkt	Polyethylen niedriger Dichte
Handelsname	**Shell LDPE 68**
Hersteller	SHELL
DIN-Bez 1	16776-PE,HGN,25-D045
DIN-Bez 2	
Zusätze	

PE

		Füllstoffe/	
		Verstärkung	
Bevorzugte	Extrusionsbeschichtung	*Lieferform*	Granulat
Verarbeitung			
		Farben	Natur

Besondere	Niedriges Beschichtungsgewicht;	*Bevorzugte*	Duenne Beschichtung; Hoher Glanz;
Merkmale	Hoechstmass an Haftung; Ausgezeich-	*Anwendungen*	Gute Transparenz; Besonders fuer
	nete Sperrfaehigkeit; Steifere Be-		glatte Schichttraeger wie Cellulosefolie
	schichtung; Mindestbeschichtungs-		und Aluminiumfolie
	staerke 10 g/m2; Geruch sehr schwach		

Dichte	g/cm^3	0.923	*Schmelzindex*	g/10 min	4: 190/2.16
Schüttdichte	g/cm^3		*Volumenfließindex*	cm^3/10 min	:
Viskositätszahl	ml/g				

Verarbeitungsbedingungen für Spritzgießen

Massetemp.	°C		*Schwindung*	%	lgs , quer
Werkzeugtemp.	°C		*Bemerkungen*		
Spritzdruck	bar				

Zugversuch 23 °C

Probekörper:	*Form*	*Herstellung*
	Zustand	*Vorbehandlung*

Streckspannung	N/mm^2	*Dehnung bei Streckspannung*	%
Zugfestigkeit	N/mm^2	*Reißdehnung*	%
Reißfestigkeit	N/mm^2	% *Dehnspannung*	N/mm^2
E-Modul	N/mm^2	*Dehnung bei* % *Dehnspg.*	%

Kriechmoduln und Zeitstandwerte 23 °C

Probekörper:	*Form*	*Herstellung*
	Zustand	*Vorbehandlung*

Kriechmodul	·1 min N/mm^2	*Zeitstandzugfestigkeit*	h N/mm^2
Kriechmodul	1000 h N/mm^2	*Zeitdehnspg.* %	h N/mm^2
bei Spannung	N/mm^2		

Biegeversuch 23 °C

Probekörper:	*Form*	*Herstellung*
	Zustand	*Vorbehandlung*

Biegefestigkeit	N/mm^2	*E-Modul*	N/mm^2
3,5% Biegespannung	N/mm^2		

Härte 23 °C

Probekörper:	*Zustand*	*Herstellung*
		Vorbehandlung

Kugeldruckhärte	N/mm^2	bei N, s	*Shore-Härte* A
Rockwellhärte			*Shore-Härte* D

Schlagversuch

Probekörper:	*(1)*	
	(2)	*Herstellung*
	Zustand	*Vorbehandlung*

°C	°C	°C	*Probekörper-Form*

Schlagzähigkeit	kJ/m^2
Kerbschlagzähigkeit (1)	kJ/m^2
IZOD-Kerbschlagzähigkeit (2)	J/m
Kerbschlagzugzähigkeit	kJ/m^2

Abrieb und Reibung

Taber-Abrieb (Reibradverfahren)   mm³/100 U
Abriebfaktor LNP (Thrust washer) Vergleichswert
Statische Reibungszahl
Dynamische Reibungszahl   (p·v =   N/mm² ·   m/min)
Zulässiger p · v Wert   N/mm² · (m/min)   v =   m/min
                                                                 v =   m/min

Thermische Eigenschaften

Formbeständigkeit in der Wärme   Verfahren   °C
                                      Verfahren   °C
Vicat Erweichungstemperatur (VST)   Verfahren   °C
                                      Verfahren   °C
Kristallit-Schmelzpunkt   Verfahren

Längenausdehnungskoeffizient   Bereich   °C   · 10⁻⁴K⁻¹
                                      Temperatur   · 10⁻⁴K⁻¹
Wärmeleitfähigkeit   Verfahren   W/(K · m)

Spezifische Wärmekapazität   Verfahren   J/(K · g)

Glasumwandlungstemperatur   Torsionsschwingungsversuch   °C
                                      Differentialkalorimetrie   °C

Brandverhalten

UL-Test vertikal   Dicke   mm, Wert
                                      Dicke   mm, Wert

                    Norm   Bewertung   Abmessungen

Sauerstoff-Index   ASTM D 2863
Glühstab-Verfahren
Brandverhalten   DIN 4102
MVSS
FAR

Elektrische Eigenschaften

                                      Hz   °C   Probekörper, Form

Dielektrizitätszahl   50
                                      10³
                                      10⁶
Dielektrischer Verlustfaktor tan δ   50
                                      10³
                                      10⁶

Spezifischer Durchgangs-
  widerstand   Ohm · cm
Durchschlagfestigkeit   kV/mm   mm dick
Oberflächenwiderstand   Ohm

Kriechstromfestigkeit   KC   KB   KA
Elektrolytische Korrosionswirkung
Lichtbogenfestigkeit nach DIN
              nach ASTM   s

Beständigkeit (Chemische Beständigkeit siehe Anhang)

Wasseraufnahme

Feuchtigkeitsaufnahme Normalklima   %
Wetterbeständigkeit

Spannungskorrosion

Optische Eigenschaften

Brechungszahl n_D
Transmissionsgrad τ_c   %   mm dick
Lichtdurchlässigkeit

Produkt	Polyethylen niedriger Dichte	**PE**
Handelsname	**Shell LDPE 71**	
Hersteller	SHELL	
DIN-Bez 1	16776-PE,HGN,15-D090	
DIN-Bez 2		

Zusätze		*Füllstoffe/ Verstärkung*	
Bevorzugte Verarbeitung	Extrusionsbeschichtung	*Lieferform*	Granulat
		Farben	Natur
Besondere Merkmale	Sehr geringe Dampfentwicklung; Sehr schwacher Geruch; Geringe Einschnuerung; Gute Heissiegelfaehigkeit; Sehr gute Transparenz	*Bevorzugte Anwendungen*	Beschichtung von Papier und Karton; Fuer alle Arten von Schichttraegern eingesetzt; Milchverpackung

---

Dichte	g/cm³	0.917	*Schmelzindex* g/10 min	7: 190/2.16
Schüttdichte	g/cm³		*Volumenfließindex* cm³/10 min	:
Viskositätszahl	ml/g			

Verarbeitungsbedingungen für Spritzgießen

Massetemp.	°C		*Schwindung* %	lgs , quer
Werkzeugtemp.	°C		*Bemerkungen*	
Spritzdruck	bar			

Zugversuch 23 °C

	Probekörper:	Form	*Herstellung*
		Zustand	*Vorbehandlung*
Streckspannung	N/mm²	*Dehnung bei Streckspannung*	%
Zugfestigkeit	N/mm²	*Reißdehnung*	%
Reißfestigkeit	N/mm²	*% Dehnspannung*	N/mm²
E-Modul	N/mm²	*Dehnung bei % Dehnspg.*	%

Kriechmoduln und Zeitstandwerte 23 °C

	Probekörper:	Form	*Herstellung*
		Zustand	*Vorbehandlung*
Kriechmodul	1 min N/mm²	*Zeitstandzugfestigkeit*	h N/mm²
Kriechmodul	1000 h N/mm²	*Zeitdehnspg. %*	h N/mm²
bei Spannung	N/mm²		

Biegeversuch 23 °C

	Probekörper:	Form	*Herstellung*
		Zustand	*Vorbehandlung*
Biegefestigkeit	N/mm²	*E-Modul*	N/mm²
3,5% Biegespannung	N/mm²		

Härte 23 °C

	Probekörper:	Zustand	*Herstellung*
			Vorbehandlung
Kugeldruckhärte	N/mm²	bei N, s	*Shore-Härte* A
Rockwellhärte			*Shore-Härte* D

Schlagversuch

	Probekörper:	(1)	
		(2)	*Herstellung*
		Zustand	*Vorbehandlung*
	°C	°C °C	*Probekörper-Form*

Schlagzähigkeit	kJ/m²
Kerbschlagzähigkeit (1)	kJ/m²
IZOD-Kerbschlagzähigkeit (2)	J/m
Kerbschlagzugzähigkeit	kJ/m²

Abrieb und Reibung

Taber-Abrieb (Reibradverfahren)	mm³/100 U
Abriebfaktor LNP (Thrust washer) Vergleichswert	
Statische Reibungszahl	
Dynamische Reibungszahl	(p · v = N/mm² · m/min)
Zulässiger p · v Wert	N/mm² · (m/min) v = m/min
	v = m/min

Thermische Eigenschaften

Formbeständigkeit in der Wärme	*Verfahren*	°C
	Verfahren	°C
Vicat Erweichungstemperatur (VST)	*Verfahren*	°C
	Verfahren	°C
Kristallit-Schmelzpunkt	*Verfahren*	
Längenausdehnungskoeffizient	*Bereich* °C	$\cdot 10^{-4} K^{-1}$
	Temperatur	$\cdot 10^{-4} K^{-1}$
Wärmeleitfähigkeit	*Verfahren*	W/(K · m)
Spezifische Wärmekapazität	*Verfahren*	J/(K · g)
Glasumwandlungstemperatur	*Torsionsschwingungsversuch*	°C
	Differentialkalorimetrie	°C

Brandverhalten

UL-Test vertikal   Dicke   mm, Wert
                      Dicke   mm, Wert

	Norm	*Bewertung*	*Abmessungen*
Sauerstoff-Index	ASTM D 2863		
Glühstab-Verfahren			
Brandverhalten	DIN 4102		
MVSS			
FAR			

Elektrische Eigenschaften

	Hz	°C	*Probekörper, Form*
Dielektrizitätszahl	50		
	10^3		
	10^6		
Dielektrischer Verlustfaktor tan δ	50		
	10^3		
	10^6		
Spezifischer Durchgangs-widerstand	Ohm · cm		
Durchschlagfestigkeit	kV/mm		mm dick
Oberflächenwiderstand	Ohm		

Kriechstromfestigkeit   KC   KB   KA
Elektrolytische Korrosionswirkung
Lichtbogenfestigkeit nach DIN
               nach ASTM   s

Beständigkeit *(Chemische Beständigkeit siehe Anhang)*

Wasseraufnahme

Feuchtigkeitsaufnahme Normalklima   %
Wetterbeständigkeit

Spannungskorrosion

Optische Eigenschaften

Brechungszahl n_D
Transmissionsgrad τ_c %   mm dick
Lichtdurchlässigkeit

Produkt	Polyethylen niedriger Dichte	**PE**
Handelsname	**Shell LDPE 33**	
Hersteller	SHELL	
DIN-Bez 1	16776-PE,FGN,20-D003	
DIN-Bez 2		

Zusätze		*Füllstoffe/* *Verstärkung*	
Bevorzugte *Verarbeitung*	Extrudieren	*Lieferform*	Granulat
		Farben	Natur
Besondere *Merkmale*	Hohe Schlagzaehigkeit; Hohe Weiter- reissfestigkeit; Gute Schmelzestabili- taet	*Bevorzugte* *Anwendungen*	Folie; Dicke Schrumpffolie; Schwergut- sack; Gewaechshausabdeckung; Ein- legesack; Verpackung; Silage; Baufolie

Dichte	g/cm^3	0.922	*Schmelzindex*	g/10 min	0.3: 190/2.16
Schüttdichte	g/cm^3		*Volumenfließindex*	cm^3/10 min	:
Viskositätszahl	ml/g				

Verarbeitungsbedingungen für Spritzgießen

Massetemp.	°C		*Schwindung*	%	lgs , quer
Werkzeugtemp.	°C		*Bemerkungen*		
Spritzdruck	bar				

Zugversuch 23 °C

	Probekörper:	*Form*		*Herstellung*	
		Zustand		*Vorbehandlung*	
Streckspannung	N/mm^2		*Dehnung bei Streckspannung*	%	
Zugfestigkeit	N/mm^2		*Reißdehnung*	%	
Reißfestigkeit	N/mm^2		% *Dehnspannung*	N/mm^2	
E-Modul	N/mm^2		*Dehnung bei* % *Dehnspg.*	%	

Kriechmoduln und Zeitstandwerte 23 °C

	Probekörper:	*Form*		*Herstellung*	
		Zustand		*Vorbehandlung*	
Kriechmodul	1 min N/mm^2		*Zeitstandzugfestigkeit*	h N/mm^2	
Kriechmodul	1000 h N/mm^2		*Zeitdehnspg.* %	h N/mm^2	
bei Spannung	N/mm^2				

Biegeversuch 23 °C

	Probekörper:	*Form*		*Herstellung*	
		Zustand		*Vorbehandlung*	
Biegefestigkeit	N/mm^2		*E-Modul*	N/mm^2	
3,5% Biegespannung	N/mm^2				

Härte 23 °C

	Probekörper:	*Zustand*	*Herstellung*	
			Vorbehandlung	
Kugeldruckhärte	N/mm^2	bei N, s	*Shore-Härte* A	
Rockwellhärte			*Shore-Härte* D	

Schlagversuch

	Probekörper:	*(1)*		
		(2)	*Herstellung*	
		Zustand	*Vorbehandlung*	
		°C °C °C	*Probekörper-Form*	

Schlagzähigkeit	kJ/m^2
Kerbschlagzähigkeit (1)	kJ/m^2
IZOD-Kerbschlagzähigkeit (2)	J/m
Kerbschlagzugzähigkeit	kJ/m^2

Abrieb und Reibung

Taber-Abrieb (Reibradverfahren)   mm³/100 U
Abriebfaktor LNP (Thrust washer) Vergleichswert
Statische Reibungszahl
Dynamische Reibungszahl   (p·v=   N/mm² ·   m/min)
Zulässiger p · v Wert   N/mm² · (m/min)   v=   m/min
                                                                               v=   m/min

Thermische Eigenschaften

Formbeständigkeit in der Wärme   Verfahren   °C
                                          Verfahren   °C
Vicat Erweichungstemperatur (VST)   Verfahren   °C
                                          Verfahren   °C
Kristallit-Schmelzpunkt   Verfahren

Längenausdehnungskoeffizient   Bereich   °C $\cdot 10^{-4} \mathrm{K}^{-1}$
                                          Temperatur $\cdot 10^{-4} \mathrm{K}^{-1}$
Wärmeleitfähigkeit   Verfahren   W/(K · m)

Spezifische Wärmekapazität   Verfahren   J/(K · g)

Glasumwandlungstemperatur   Torsionsschwingungsversuch   °C
                                          Differentialkalorimetrie   °C

Brandverhalten

UL-Test vertikal   Dicke   mm, Wert
                                          Dicke   mm, Wert

                          Norm   Bewertung   Abmessungen

Sauerstoff-Index   ASTM D 2863
Glühstab-Verfahren
Brandverhalten   DIN 4102
MVSS
FAR

Elektrische Eigenschaften

                                          Hz   °C   Probekörper, Form

Dielektrizitätszahl   50
                                          10^3
                                          10^6
Dielektrischer Verlustfaktor tan δ 50
                                          10^3
                                          10^6
Spezifischer Durchgangs-
  widerstand   Ohm · cm
Durchschlagfestigkeit   kV/mm   mm dick
Oberflächenwiderstand   Ohm
Kriechstromfestigkeit   KC   KB   KA
Elektrolytische Korrosionswirkung
Lichtbogenfestigkeit nach DIN
               nach ASTM   s

Beständigkeit *(Chemische Beständigkeit siehe Anhang)*

Wasseraufnahme

Feuchtigkeitsaufnahme Normalklima   %
Wetterbeständigkeit

Spannungskorrosion

Optische Eigenschaften

Brechungszahl n_D
Transmissionsgrad τ_c %   mm dick
Lichtdurchlässigkeit

Produkt	Polyethylen niedriger Dichte	**PE**
Handelsname	**Shell LDPE 48**	
Hersteller	SHELL	
DIN-Bez 1	16776-PE,FGN,20-D006	
DIN-Bez 2		

Zusätze		*Füllstoffe/ Verstärkung*	
Bevorzugte Verarbeitung	Extrudieren	*Lieferform*	Granulat
		Farben	Natur
Besondere Merkmale	Hohe Schlagzaehigkeit; Guter Glanz; Gute mechanische Eigenschaften	*Bevorzugte Anwendungen*	Folie; Kaschierfolie; Milchfolie; Coextrusionsfolie; Formfuellpackung; Aussenumhuellung; Matratzenumhuellung

Dichte	g/cm³	0.922	*Schmelzindex* g/10 min	0.8: 190/2.16
Schüttdichte	g/cm³		*Volumenfließindex* cm³/10 min	:
Viskositätszahl	ml/g			

Verarbeitungsbedingungen für Spritzgießen

Massetemp.	°C	*Schwindung* %	lgs , quer
Werkzeugtemp.	°C	*Bemerkungen*	
Spritzdruck	bar		

Zugversuch 23 °C

	Probekörper: Form	*Herstellung*	
	Zustand	*Vorbehandlung*	
Streckspannung	N/mm²	*Dehnung bei Streckspannung*	%
Zugfestigkeit	N/mm²	*Reißdehnung*	%
Reißfestigkeit	N/mm²	% *Dehnspannung*	N/mm²
E-Modul	N/mm²	*Dehnung bei* % *Dehnspg.*	%

Kriechmoduln und Zeitstandwerte 23 °C

	Probekörper: Form	*Herstellung*	
	Zustand	*Vorbehandlung*	
Kriechmodul	1 min N/mm²	*Zeitstandzugfestigkeit*	h N/mm²
Kriechmodul	1000 h N/mm²	*Zeitdehnspg.* %	h N/mm²
bei Spannung	N/mm²		

Biegeversuch 23 °C

	Probekörper: Form	*Herstellung*	
	Zustand	*Vorbehandlung*	
Biegefestigkeit	N/mm²	*E-Modul*	N/mm²
3,5% Biegespannung	N/mm²		

Härte 23 °C

	Probekörper: Zustand	*Herstellung*	
		Vorbehandlung	
Kugeldruckhärte	N/mm² bei N, s	*Shore-Härte* A	
Rockwellhärte		*Shore-Härte* D	

Schlagversuch

	Probekörper: (1)		
	(2)	*Herstellung*	
	Zustand	*Vorbehandlung*	
	°C °C	°C	*Probekörper-Form*

Schlagzähigkeit	kJ/m²
Kerbschlagzähigkeit (1)	kJ/m²
IZOD-Kerbschlagzähigkeit (2)	J/m
Kerbschlagzugzähigkeit	kJ/m²

Abrieb und Reibung

Taber-Abrieb (Reibradverfahren)   mm³/100 U
Abriebfaktor LNP (Thrust washer) Vergleichswert
Statische Reibungszahl
Dynamische Reibungszahl   (p·v =   N/mm² ·   m/min)
Zulässiger p · v Wert   N/mm² · (m/min)   v =   m/min
                                                                      v =   m/min

---

Thermische Eigenschaften

Formbeständigkeit in der Wärme   *Verfahren*   °C
                                          Verfahren   °C
Vicat Erweichungstemperatur (VST)   *Verfahren*   °C
                                          Verfahren   °C
Kristallit-Schmelzpunkt   *Verfahren*

Längenausdehnungskoeffizient   *Bereich*   °C $\cdot 10^{-4}\mathrm{K}^{-1}$
                                          Temperatur $\cdot 10^{-4}\mathrm{K}^{-1}$
Wärmeleitfähigkeit   *Verfahren*   W/(K · m)

Spezifische Wärmekapazität   *Verfahren*   J/(K · g)

Glasumwandlungstemperatur   *Torsionsschwingungsversuch*   °C
                                          Differentialkalorimetrie   °C

Brandverhalten

UL-Test vertikal   Dicke   mm, Wert
                                          Dicke   mm, Wert

                     Norm   *Bewertung*   *Abmessungen*

Sauerstoff-Index   ASTM D 2863
Glühstab-Verfahren
Brandverhalten   DIN 4102
MVSS
FAR

Elektrische Eigenschaften

                                          Hz   °C   *Probekörper, Form*

Dielektrizitätszahl   50
                                          10^3
                                          10^6
Dielektrischer Verlustfaktor tan δ   50
                                          10^3
                                          10^6

*Spezifischer Durchgangs-
   widerstand*   Ohm · cm
Durchschlagfestigkeit   kV/mm   mm dick
Oberflächenwiderstand   Ohm

Kriechstromfestigkeit   KC   KB   KA
Elektrolytische Korrosionswirkung
Lichtbogenfestigkeit nach DIN
             nach ASTM   s

Beständigkeit *(Chemische Beständigkeit siehe Anhang)*

Wasseraufnahme

Feuchtigkeitsaufnahme Normalklima   %
Wetterbeständigkeit

Spannungskorrosion

Optische Eigenschaften

Brechungszahl n_D
Transmissionsgrad τ_c %   mm dick
Lichtdurchlässigkeit

PS

Produkt	Polystyrol
Handelsname	**BP Polystyrol HF555-LS**
Hersteller	BP
DIN-Bez 1	PS,MGL,075-20
DIN-Bez 2	

Zusätze	UV-Stabilisator	*Füllstoffe/ Verstärkung*	
Bevorzugte Verarbeitung	Spritzgiessen	*Lieferform*	Granulat
		Farben	Natur; Standard
Besondere Merkmale	Glasklar; Gute UV-Stabilitaet; Hohe Haerte; Hohe Steifigkeit; Spannungs-rissempfindlich	*Bevorzugte Anwendungen*	Formteil mit sehr langem Fliessweg; Duennwandiges Formteil

---

Dichte	g/cm^3	1.05	*Schmelzindex*	g/10 min	20: 200/5.00
Schüttdichte	g/cm^3		*Volumenfließindex*	cm^3/10 min	:
Viskositätszahl	ml/g				

Verarbeitungsbedingungen für Spritzgießen

Massetemp.	°C	*Schwindung*	% lgs , quer
Werkzeugtemp.	°C	*Bemerkungen*	
Spritzdruck	bar		

Zugversuch 23 °C   ISO 527;

	Probekörper:	*Form*	*Herstellung*	Spritzgiessen
		Zustand	*Vorbehandlung*	Normalklima

Streckspannung	N/mm^2 34	*Dehnung bei Streckspannung*	%	
Zugfestigkeit	N/mm^2	*Reißdehnung*	%	1.4
Reißfestigkeit	N/mm^2	*% Dehnspannung*	N/mm^2	
E-Modul	N/mm^2 3100	*Dehnung bei % Dehnspg.*	%	

Kriechmoduln und Zeitstandwerte 23 °C

	Probekörper:	*Form*	*Herstellung*
		Zustand	*Vorbehandlung*

Kriechmodul	1 min N/mm^2	*Zeitstandzugfestigkeit*	h N/mm^2
Kriechmodul	1000 h N/mm^2	*Zeitdehnspg. %*	h N/mm^2
bei Spannung	N/mm^2		

Biegeversuch 23 °C   ISO 178;

	Probekörper:	*Form*	80x10x4 mm	*Herstellung* Spritzgiessen
		Zustand		*Vorbehandlung* Normalklima

Biegefestigkeit	N/mm^2 68	*E-Modul*	N/mm^2 3000
3,5% Biegespannung	N/mm^2		

Härte 23 °C

	Probekörper:	*Zustand*	*Herstellung*	
			Vorbehandlung	

Kugeldruckhärte	N/mm^2 bei N, s	*Shore-Härte* A	
Rockwellhärte		*Shore-Härte* D	

Schlagversuch

	Probekörper:	*(1)*		
		(2)	*Herstellung*	Spritzgiessen
		Zustand	*Vorbehandlung*	Normalklima
		°C °C	°C	*Probekörper-Form*

Schlagzähigkeit	kJ/m^2	23 20	NKS
Kerbschlagzähigkeit (1)	kJ/m^2		
IZOD-Kerbschlagzähigkeit (2)	J/m		
Kerbschlagzugzähigkeit	kJ/m^2		

Abrieb und Reibung

Taber-Abrieb (Reibradverfahren)	mm^3/100 U
Abriebfaktor LNP (Thrust washer) Vergleichswert	
Statische Reibungszahl	
Dynamische Reibungszahl	(p · v = N/mm^2 · m/min)
Zulässiger p · v Wert	N/mm^2 · (m/min) v = m/min
	v = m/min

Thermische Eigenschaften

Formbeständigkeit in der Wärme	*Verfahren*	A	72 °C
	Verfahren		°C
Vicat Erweichungstemperatur (VST)	*Verfahren*	B/50	80 °C
	Verfahren		°C
Kristallit-Schmelzpunkt	*Verfahren*		
Längenausdehnungskoeffizient	*Bereich*	°C	· 10^{-4}K^{-1}
	Temperatur		· 10^{-4}K^{-1}
Wärmeleitfähigkeit	*Verfahren*		W/(K · m)
Spezifische Wärmekapazität	*Verfahren*		J/(K · g)
Glasumwandlungstemperatur	*Torsionsschwingungsversuch*		°C
	Differentialkalorimetrie		°C

Brandverhalten

UL-Test vertikal	*Dicke*	mm, Wert
	Dicke	mm, Wert

	Norm	*Bewertung*	*Abmessungen*
Sauerstoff-Index	ASTM D 2863		
Glühstab-Verfahren			
Brandverhalten	DIN 4102		
MVSS			
FAR			

Elektrische Eigenschaften

		Hz	°C		*Probekörper, Form*
Dielektrizitätszahl		50			
		10^3			
		10^6	23	2.6	
Dielektrischer Verlustfaktor tan δ		50			
		10^3			
		10^6	23	0.0001 − 0.0005	
Spezifischer Durchgangs-widerstand	Ohm · cm				
Durchschlagfestigkeit	kV/mm				mm dick
Oberflächenwiderstand	Ohm				
Kriechstromfestigkeit		KC	KB	KA	
Elektrolytische Korrosionswirkung					
Lichtbogenfestigkeit nach DIN					
nach ASTM	s				

Beständigkeit *(Chemische Beständigkeit siehe Anhang)*

Wasseraufnahme	
Feuchtigkeitsaufnahme Normalklima	%
Wetterbeständigkeit	
Spannungskorrosion	

Optische Eigenschaften

Brechungszahl n$_D$		
Transmissionsgrad τ$_c$	%	mm dick
Lichtdurchlässigkeit		

Datenbank-Nr.	**T06146**	*Merkblatt-Nr.*	**3792**

		PS
Produkt	Polystyrol	
Handelsname	**BP Polystyrol HF555-PS**	
Hersteller	BP	
DIN-Bez 1	PS,MGL,075-20	
DIN-Bez 2		

Zusätze	UV-Stabilisator	*Füllstoffe/ Verstärkung*	
Bevorzugte Verarbeitung	Spritzgiessen	*Lieferform*	Granulat
		Farben	Natur; Standard
Besondere Merkmale	Glasklar; Verbesserte UV-Stabilitaet; Hohe Haerte; Hohe Steifigkeit; Spannungsrissempfindlich; Hart; Steif	*Bevorzugte Anwendungen*	Formteil mit sehr langem Fliessweg; Duennwandiges Formteil

---

Dichte	g/cm³ 1.05	*Schmelzindex*	g/10 min	20:	200/5.00
Schüttdichte	g/cm³	*Volumenfließindex*	cm³/10 min	:	
Viskositätszahl	ml/g				

Verarbeitungsbedingungen für Spritzgießen

Massetemp.	°C	*Schwindung*	%	lgs	, quer
Werkzeugtemp.	°C	*Bemerkungen*			
Spritzdruck	bar				

Zugversuch 23 °C ISO 527;

	Probekörper:	*Form*		*Herstellung*	Spritzgiessen
		Zustand		*Vorbehandlung*	Normalklima

Streckspannung	N/mm² 34	*Dehnung bei Streckspannung*	%	
Zugfestigkeit	N/mm²	*Reißdehnung*	%	1.4
Reißfestigkeit	N/mm²	*% Dehnspannung*	N/mm²	
E-Modul	N/mm² 3100	*Dehnung bei % Dehnspg.*	%	

Kriechmoduln und Zeitstandwerte 23 °C

	Probekörper:	*Form*	*Herstellung*
		Zustand	*Vorbehandlung*

Kriechmodul	1 min N/mm²	*Zeitstandzugfestigkeit*	h N/mm²
Kriechmodul	1000 h N/mm²	*Zeitdehnspg. %*	h N/mm²
bei Spannung	N/mm²		

Biegeversuch 23 °C ISO 178;

	Probekörper:	*Form* 80x10x4 mm	*Herstellung*	Spritzgiessen
		Zustand	*Vorbehandlung*	Normalklima

Biegefestigkeit	N/mm² 68	*E-Modul*	N/mm² 3000
3,5% Biegespannung	N/mm²		

Härte 23 °C

	Probekörper:	*Zustand*	*Herstellung*
			Vorbehandlung

Kugeldruckhärte	N/mm²	bei N, s	*Shore-Härte* A
Rockwellhärte			*Shore-Härte* D

Schlagversuch

	Probekörper:	*(1)*		
		(2)	*Herstellung*	Spritzgiessen
		Zustand	*Vorbehandlung*	Normalklima

	°C	°C	°C	*Probekörper-Form*

Schlagzähigkeit	kJ/m²	23 20	NKS
Kerbschlagzähigkeit (1)	kJ/m²		
IZOD-Kerbschlagzähigkeit (2)	J/m		
Kerbschlagzugzähigkeit	kJ/m²		

Abrieb und Reibung

Taber-Abrieb (Reibradverfahren)	mm^3/100 U
Abriebfaktor LNP (Thrust washer) Vergleichswert	
Statische Reibungszahl	
Dynamische Reibungszahl	(p · v = N/mm^2 ·
Zulässiger p · v Wert	N/mm^2 · (m/min) v = m/min
	v = m/min

Thermische Eigenschaften

Formbeständigkeit in der Wärme	*Verfahren*	A	72 °C
	Verfahren		°C
Vicat Erweichungstemperatur (VST)	*Verfahren*	B/50	80 °C
	Verfahren		°C
Kristallit-Schmelzpunkt	*Verfahren*		
Längenausdehnungskoeffizient	*Bereich*	°C	· 10^{-4}K^{-1}
	Temperatur		· 10^{-4}K^{-1}
Wärmeleitfähigkeit	*Verfahren*		W/(K · m)
Spezifische Wärmekapazität	*Verfahren*		J/(K · g)
Glasumwandlungstemperatur	*Torsionsschwingungsversuch*		°C
	Differentialkalorimetrie		°C

Brandverhalten

UL-Test vertikal	*Dicke*	mm, Wert	
	Dicke	mm, Wert	

	Norm	*Bewertung*	*Abmessungen*
Sauerstoff-Index	ASTM D 2863		
Glühstab-Verfahren			
Brandverhalten	DIN 4102		
MVSS			
FAR			

Elektrische Eigenschaften

	Hz	°C		*Probekörper, Form*
Dielektrizitätszahl	50			
	10^3			
	10^6	23	2.6	
Dielektrischer Verlustfaktor tan δ	50			
	10^3			
	10^6	23	0.0001–0.0005	

Spezifischer Durchgangs-widerstand	Ohm · cm	
Durchschlagfestigkeit	kV/mm	mm dick
Oberflächenwiderstand	Ohm	

Kriechstromfestigkeit	KC	KB	KA
Elektrolytische Korrosionswirkung			
Lichtbogenfestigkeit nach DIN			
nach ASTM	s		

Beständigkeit *(Chemische Beständigkeit siehe Anhang)*

Wasseraufnahme

Feuchtigkeitsaufnahme Normalklima   %
Wetterbeständigkeit

Spannungskorrosion

Optische Eigenschaften

Brechungszahl n$_D$
Transmissionsgrad τ_c %   mm dick
Lichtdurchlässigkeit

			PS
Produkt	Polystyrol		
Handelsname	**BP Polystyrol HF666-LS**		
Hersteller	BP		
DIN-Bez 1	PS,MGL,085-12		
DIN-Bez 2			
Zusätze	UV-Stabilisator	*Füllstoffe/ Verstärkung*	
Bevorzugte Verarbeitung	Spritzgiessen; Extrudieren	*Lieferform*	Granulat
		Farben	Natur; Standard
Besondere Merkmale	Glasklar; Hohe Haerte; Hohe Steifigkeit; Spannungsrissempfindlich; Gute UV-Stabilitaet	*Bevorzugte Anwendungen*	Verpackung; Bedarfsartikel; Lichtleiste; Bueromoebel; Badezimmermoebel

Dichte	g/cm³	1.05	*Schmelzindex*	g/10 min	12:	200/5.00
Schüttdichte	g/cm³		*Volumenfließindex*	cm³/10 min	:	
Viskositätszahl	ml/g					

Verarbeitungsbedingungen für Spritzgießen

Massetemp.	°C		*Schwindung*	%	lgs	, quer
Werkzeugtemp.	°C		*Bemerkungen*			
Spritzdruck	bar					

Zugversuch 23 °C   ISO 527;

			Herstellung	Spritzgiessen
	Probekörper:	*Form*	*Vorbehandlung*	Normalklima
		Zustand		

Streckspannung	N/mm² 37	*Dehnung bei Streckspannung*	%	
Zugfestigkeit	N/mm²	*Reißdehnung*	%	1.5
Reißfestigkeit	N/mm²	*% Dehnspannung*	N/mm²	
E-Modul	N/mm² 3100	*Dehnung bei % Dehnspg.*	%	

Kriechmoduln und Zeitstandwerte 23 °C

			Herstellung
	Probekörper:	*Form*	*Vorbehandlung*
		Zustand	

Kriechmodul	1 min N/mm²	*Zeitstandzugfestigkeit*	h N/mm²	
Kriechmodul	1000 h N/mm²	*Zeitdehnspg. %*	h N/mm²	
bei Spannung	N/mm²			

Biegeversuch 23 °C   ISO 178;

				Herstellung	Spritzgiessen
	Probekörper:	*Form*	80x10x4 mm	*Vorbehandlung*	Normalklima
		Zustand			

Biegefestigkeit	N/mm² 73	*E-Modul*	N/mm² 3000
3,5% Biegespannung	N/mm²		

Härte 23 °C

			Herstellung
	Probekörper:	*Zustand*	*Vorbehandlung*

Kugeldruckhärte	N/mm²	bei N, s	*Shore-Härte* A	
Rockwellhärte			*Shore-Härte* D	

Schlagversuch

				Herstellung	Spritzgiessen
	Probekörper:	(1)		*Vorbehandlung*	Normalklima
		(2)			
		Zustand			

	°C	°C	°C	*Probekörper-Form*

Schlagzähigkeit	kJ/m²	23 20	NKS
Kerbschlagzähigkeit (1)	kJ/m²		
IZOD-Kerbschlagzähigkeit (2)	J/m		
Kerbschlagzugzähigkeit	kJ/m²		

Abrieb und Reibung

Taber-Abrieb (Reibradverfahren) mm³/100 U
Abriebfaktor LNP (Thrust washer) Vergleichswert
Statische Reibungszahl
Dynamische Reibungszahl (p · v = N/mm² · m/min)
Zulässiger p · v Wert N/mm² · (m/min) v = m/min
                                              v = m/min

Thermische Eigenschaften

Formbeständigkeit in der Wärme	Verfahren	A	77 °C
	Verfahren		°C
Vicat Erweichungstemperatur (VST)	Verfahren	B/50	85 °C
	Verfahren		°C
Kristallit-Schmelzpunkt	Verfahren		
Längenausdehnungskoeffizient	Bereich	°C	$\cdot 10^{-4} \mathrm{K}^{-1}$
	Temperatur		$\cdot 10^{-4} \mathrm{K}^{-1}$
Wärmeleitfähigkeit	Verfahren		W/(K · m)
Spezifische Wärmekapazität	Verfahren		J/(K · g)
Glasumwandlungstemperatur	Torsionsschwingungsversuch	°C	
	Differentialkalorimetrie	°C	

Brandverhalten

UL-Test vertikal Dicke mm, Wert
                    Dicke mm, Wert

	Norm	Bewertung	Abmessungen
Sauerstoff-Index	ASTM D 2863		
Glühstab-Verfahren			
Brandverhalten	DIN 4102		
MVSS			
FAR			

Elektrische Eigenschaften

	Hz	°C		Probekörper, Form
Dielektrizitätszahl	50			
	10^3			
	10^6	23	2.6	
Dielektrischer Verlustfaktor tan δ	50			
	10^3			
	10^6	23	0.0001–0.0005	
Spezifischer Durchgangs- *widerstand*	Ohm · cm			
Durchschlagfestigkeit	kV/mm			mm dick
Oberflächenwiderstand	Ohm			
Kriechstromfestigkeit	KC	KB	KA	
Elektrolytische Korrosionswirkung				
Lichtbogenfestigkeit nach DIN				
nach ASTM	s			

Beständigkeit *(Chemische Beständigkeit siehe Anhang)*

Wasseraufnahme

Feuchtigkeitsaufnahme Normalklima   %
Wetterbeständigkeit

Spannungskorrosion

Optische Eigenschaften

Brechungszahl n_D
Transmissionsgrad τ_c % mm dick
Lichtdurchlässigkeit

		PS
Produkt	Polystyrol	
Handelsname	**BP Polystyrol HF666-PS**	
Hersteller	BP	
DIN-Bez 1	PS,MGL,085-12	
DIN-Bez 2		

Zusätze	UV-Stabilisator	*Füllstoffe/ Verstärkung*	
Bevorzugte Verarbeitung	Spritzgiessen; Extrudieren	*Lieferform*	Granulat
		Farben	Natur; Standard
Besondere Merkmale	Glasklar; Hohe Haerte; Hohe Steifigkeit; Spannungsrissempfindlich; Verbesserte UV-Stabilitaet	*Bevorzugte Anwendungen*	Verpackung; Bedarfsartikel; Lichtleiste; Bueromoebel; Badezimmermoebel

Dichte	g/cm^3	1.05	*Schmelzindex* g/10 min	12: 200/5.00
Schüttdichte	g/cm^3		*Volumenfließindex* cm^3/10 min	:
Viskositätszahl	ml/g			

Verarbeitungsbedingungen für Spritzgießen

Massetemp.	°C	*Schwindung* %	lgs , quer
Werkzeugtemp.	°C	*Bemerkungen*	
Spritzdruck	bar		

Zugversuch 23 °C ISO 527;

	Probekörper: Form	*Herstellung*	Spritzgiessen
	Zustand	*Vorbehandlung*	Normalklima
Streckspannung	N/mm^2 37	*Dehnung bei Streckspannung* %	
Zugfestigkeit	N/mm^2	*Reißdehnung* %	1.5
Reißfestigkeit	N/mm^2	% *Dehnspannung* N/mm^2	
E-Modul	N/mm^2 3100	*Dehnung bei* % Dehnspg. %	

Kriechmoduln und Zeitstandwerte 23 °C

	Probekörper: Form	*Herstellung*	
	Zustand	*Vorbehandlung*	
Kriechmodul	1 min N/mm^2	*Zeitstandzugfestigkeit*	h N/mm^2
Kriechmodul	1000 h N/mm^2	*Zeitdehnspg.* %	h N/mm^2
bei Spannung	N/mm^2		

Biegeversuch 23 °C ISO 178;

	Probekörper: Form 80x10x4 mm	*Herstellung*	Spritzgiessen
	Zustand	*Vorbehandlung*	Normalklima
Biegefestigkeit	N/mm^2 73	*E-Modul*	N/mm^2 3000
3,5% Biegespannung	N/mm^2		

Härte 23 °C

	Probekörper: Zustand	*Herstellung*	
		Vorbehandlung	
Kugeldruckhärte	N/mm^2 bei N, s	*Shore-Härte* A	
Rockwellhärte		*Shore-Härte* D	

Schlagversuch

	Probekörper: (1)		
	(2)	*Herstellung*	Spritzgiessen
	Zustand	*Vorbehandlung*	Normalklima
	°C °C °C		*Probekörper-Form*
Schlagzähigkeit	kJ/m^2 23 20		NKS
Kerbschlagzähigkeit (1)	kJ/m^2		
IZOD-Kerbschlagzähigkeit (2)	J/m		
Kerbschlagzugzähigkeit	kJ/m^2		

Abrieb und Reibung

Taber-Abrieb (Reibradverfahren)	mm³/100 U	
Abriebfaktor LNP (Thrust·washer) Vergleichswert		
Statische Reibungszahl		
Dynamische Reibungszahl	$(p \cdot v =$ N/mm² · m/min)	
Zulässiger p · v Wert	N/mm² · (m/min) v = m/min	
	v = m/min	

Thermische Eigenschaften

Formbeständigkeit in der Wärme	*Verfahren*	A	77 °C
	Verfahren		°C
Vicat Erweichungstemperatur (VST)	*Verfahren*	B/50	85 °C
	Verfahren		°C
Kristallit-Schmelzpunkt	*Verfahren*		
Längenausdehnungskoeffizient	*Bereich*	°C	$\cdot 10^{-4} \mathrm{K}^{-1}$
	Temperatur		$\cdot 10^{-4} \mathrm{K}^{-1}$
Wärmeleitfähigkeit	*Verfahren*		W/(K · m)
Spezifische Wärmekapazität	*Verfahren*		J/(K · g)
Glasumwandlungstemperatur	*Torsionsschwingungsversuch*		°C
	Differentialkalorimetrie		°C

Brandverhalten

UL-Test vertikal   Dicke   mm, Wert
                            Dicke   mm, Wert

	Norm	*Bewertung*	*Abmessungen*
Sauerstoff-Index	ASTM D 2863		
Glühstab-Verfahren			
Brandverhalten	DIN 4102		
MVSS			
FAR			

Elektrische Eigenschaften

	Hz	°C		*Probekörper, Form*
Dielektrizitätszahl	50			
	10^3			
	10^6	23	2.6	
Dielektrischer Verlustfaktor tan δ	50			
	10^3			
	10^6	23	0.0001−0.0005	
Spezifischer Durchgangs-widerstand	Ohm · cm			
Durchschlagfestigkeit	kV/mm			mm dick
Oberflächenwiderstand	Ohm			
Kriechstromfestigkeit	KC	KB	KA	
Elektrolytische Korrosionswirkung				
Lichtbogenfestigkeit nach DIN				
nach ASTM	s			

Beständigkeit *(Chemische Beständigkeit siehe Anhang)*

Wasseraufnahme

Feuchtigkeitsaufnahme Normalklima   %
Wetterbeständigkeit

Spannungskorrosion

Optische Eigenschaften

Brechungszahl n_D
Transmissionsgrad τ_c %   mm dick
Lichtdurchlässigkeit

Produkt	Polystyrol		**PS**
Handelsname	**BP Polystyrol HF888-LS**		
Hersteller	BP		
DIN-Bez 1	PS,MGL,085-06		
DIN-Bez 2			

Zusätze	UV-Stabilisator	*Füllstoffe/ Verstärkung*	
Bevorzugte Verarbeitung	Spritzgiessen; Extrudieren	*Lieferform*	Granulat
		Farben	Natur; Standard
Besondere Merkmale	Glasklar; Hohe Haerte; Hohe Steifigkeit; Spannungsrissempfindlich; Gute UV-Stabilitaet; Ausgewogene Eigenschaften	*Bevorzugte Anwendungen*	Verpackung; Bedarfsartikel; Lichtleiste; Bueromoebel; Badezimmermoebel

---

Dichte	g/cm^3	1.05	*Schmelzindex*	g/10 min	6: 200/5.00
Schüttdichte	g/cm^3		*Volumenfließindex*	cm^3/10 min	:
Viskositätszahl	ml/g				

Verarbeitungsbedingungen für Spritzgießen

Massetemp.	°C	*Schwindung*	%	lgs , quer
Werkzeugtemp.	°C	*Bemerkungen*		
Spritzdruck	bar			

Zugversuch 23 °C   ISO 527;

	Probekörper: Form	*Herstellung*	Spritzgiessen
	Zustand	*Vorbehandlung*	Normalklima

Streckspannung	N/mm^2 41	*Dehnung bei Streckspannung*	%	
Zugfestigkeit	N/mm^2	*Reißdehnung*	%	1.6
Reißfestigkeit	N/mm^2	*% Dehnspannung*	N/mm^2	
E-Modul	N/mm^2 3100	*Dehnung bei % Dehnspg.*	%	

Kriechmoduln und Zeitstandwerte 23 °C

	Probekörper: Form	*Herstellung*
	Zustand	*Vorbehandlung*

Kriechmodul	1 min N/mm^2	*Zeitstandzugfestigkeit*	h N/mm^2
Kriechmodul	1000 h N/mm^2	*Zeitdehnspg. %*	h N/mm^2
bei Spannung	N/mm^2		

Biegeversuch 23 °C   ISO 178;

	Probekörper: Form	80x10x4 mm	*Herstellung* Spritzgiessen
	Zustand		*Vorbehandlung* Normalklima

Biegefestigkeit	N/mm^2 78	*E-Modul*	N/mm^2 3050
3,5% Biegespannung	N/mm^2		

Härte 23 °C

	Probekörper: Zustand	*Herstellung*
		Vorbehandlung

Kugeldruckhärte	N/mm^2	bei N, s	*Shore-Härte* A
Rockwellhärte			*Shore-Härte* D

Schlagversuch

	Probekörper: (1)	
	(2)	*Herstellung* Spritzgiessen
	Zustand	*Vorbehandlung* Normalklima

	°C	°C	°C	*Probekörper-Form*

Schlagzähigkeit	kJ/m^2	23 20		NKS
Kerbschlagzähigkeit (1)	kJ/m^2			
IZOD-Kerbschlagzähigkeit (2)	J/m			
Kerbschlagzugzähigkeit	kJ/m^2			

Abrieb und Reibung

Taber-Abrieb (Reibradverfahren)	mm^3/100 U
Abriebfaktor LNP (Thrust washer) Vergleichswert	
Statische Reibungszahl	
Dynamische Reibungszahl	(p · v = $\quad$ N/mm^2 · $\quad$ m/min)
Zulässiger p · v Wert	N/mm^2 · (m/min)$\quad$ v = $\quad$ m/min
	$\qquad\qquad\qquad\qquad$ v = $\quad$ m/min

Thermische Eigenschaften

Formbeständigkeit in der Wärme	*Verfahren*	A	82 °C
	Verfahren		°C
Vicat Erweichungstemperatur (VST)	*Verfahren*	B/50	90 °C
	Verfahren		°C
Kristallit-Schmelzpunkt	*Verfahren*		
Längenausdehnungskoeffizient	*Bereich*	°C	· 10^{-4}K^{-1}
	Temperatur		· 10^{-4}K^{-1}
Wärmeleitfähigkeit	*Verfahren*		W/(K · m)
Spezifische Wärmekapazität	*Verfahren*		J/(K · g)
Glasumwandlungstemperatur	*Torsionsschwingungsversuch*	°C	
	Differentialkalorimetrie	°C	

Brandverhalten

UL-Test vertikal	*Dicke*	mm, Wert
	Dicke	mm, Wert

	Norm	*Bewertung*	*Abmessungen*
Sauerstoff-Index	ASTM D 2863		
Glühstab-Verfahren			
Brandverhalten	DIN 4102		
MVSS			
FAR			

Elektrische Eigenschaften

	Hz	°C			*Probekörper, Form*
Dielektrizitätszahl	50				
	10^3				
	10^6	23	2.6		
Dielektrischer Verlustfaktor tan δ	50				
	10^3				
	10^6	23	0.0001–0.0005		
Spezifischer Durchgangs-widerstand	Ohm · cm				
Durchschlagfestigkeit	kV/mm				mm dick
Oberflächenwiderstand	Ohm				
Kriechstromfestigkeit	KC		KB	KA	
Elektrolytische Korrosionswirkung					
Lichtbogenfestigkeit nach DIN					
nach ASTM	s				

Beständigkeit *(Chemische Beständigkeit siehe Anhang)*

Wasseraufnahme	
Feuchtigkeitsaufnahme Normalklima	%
Wetterbeständigkeit	
Spannungskorrosion	

Optische Eigenschaften

Brechungszahl n$_D$		
Transmissionsgrad τ$_c$	%	mm dick
Lichtdurchlässigkeit		

PS

Produkt	Polystyrol
Handelsname	**BP Polystyrol HF888-PS**
Hersteller	BP
DIN-Bez 1	PS,MGL,085-06
DIN-Bez 2	

Zusätze	UV-Stabilisator	*Füllstoffe/ Verstärkung*	
Bevorzugte Verarbeitung	Spritzgiessen; Extrudieren	*Lieferform*	Granulat
		Farben	Natur; Standard
Besondere Merkmale	Glasklar; Hohe Haerte; Hohe Steifigkeit; Spannungsrissempfindlich; Verbesserte UV-Stabilitaet; Ausgewogene Eigenschaften	*Bevorzugte Anwendungen*	Verpackung; Bedarfsartikel; Lichtleiste; Bueromoebel; Badezimmermoebel

Dichte	g/cm^3	1.05	*Schmelzindex*	g/10 min	6: 200/5.00
Schüttdichte	g/cm^3		*Volumenfließindex*	cm^3/10 min	:
Viskositätszahl	ml/g				

Verarbeitungsbedingungen für Spritzgießen

Massetemp.	°C		*Schwindung*	%	lgs , quer
Werkzeugtemp.	°C		*Bemerkungen*		
Spritzdruck	bar				

Zugversuch 23 °C ISO 527;

	Probekörper:	*Form*	*Herstellung*	Spritzgiessen
		Zustand	*Vorbehandlung*	Normalklima
Streckspannung	N/mm^2 41		*Dehnung bei Streckspannung*	%
Zugfestigkeit	N/mm^2		*Reißdehnung*	% 1.6
Reißfestigkeit	N/mm^2		% *Dehnspannung*	N/mm^2
E-Modul	N/mm^2 3100		*Dehnung bei* % *Dehnspg.*	%

Kriechmoduln und Zeitstandwerte 23 °C

	Probekörper:	*Form*	*Herstellung*	
		Zustand	*Vorbehandlung*	
Kriechmodul	1 min N/mm^2		*Zeitstandzugfestigkeit*	h N/mm^2
Kriechmodul	1000 h N/mm^2		*Zeitdehnspg.* %	h N/mm^2
bei Spannung	N/mm^2			

Biegeversuch 23 °C ISO 178;

	Probekörper:	*Form* 80x10x4 mm	*Herstellung*	Spritzgiessen
		Zustand	*Vorbehandlung*	Normalklima
Biegefestigkeit	N/mm^2 78		*E-Modul*	N/mm^2 3050
3,5% Biegespannung	N/mm^2			

Härte 23 °C

	Probekörper:	*Zustand*	*Herstellung*	
			Vorbehandlung	
Kugeldruckhärte	N/mm^2	bei N, s	*Shore-Härte* A	
Rockwellhärte			*Shore-Härte* D	

Schlagversuch

	Probekörper:	(1)		
		(2)	*Herstellung*	Spritzgiessen
		Zustand	*Vorbehandlung*	Normalklima
		°C °C °C	*Probekörper-Form*	
Schlagzähigkeit	kJ/m^2	23 20	NKS	
Kerbschlagzähigkeit (1)	kJ/m^2			
IZOD-Kerbschlagzähigkeit (2)	J/m			
Kerbschlagzugzähigkeit	kJ/m^2			

Abrieb und Reibung

Taber-Abrieb (Reibradverfahren)	mm³/100 U	
Abriebfaktor LNP (Thrust washer) Vergleichswert		
Statische Reibungszahl		
Dynamische Reibungszahl	(p·v = N/mm² · m/min)	
Zulässiger p · v Wert	N/mm² · (m/min) v = m/min	
	v = m/min	

Thermische Eigenschaften

Formbeständigkeit in der Wärme	*Verfahren*	A	82 °C
	Verfahren		°C
Vicat Erweichungstemperatur (VST)	*Verfahren*	B/50	90 °C
	Verfahren		°C
Kristallit-Schmelzpunkt	*Verfahren*		
Längenausdehnungskoeffizient	*Bereich*	°C	$\cdot 10^{-4}\mathrm{K}^{-1}$
	Temperatur		$\cdot 10^{-4}\mathrm{K}^{-1}$
Wärmeleitfähigkeit	*Verfahren*		W/(K · m)
Spezifische Wärmekapazität	*Verfahren*		J/(K · g)
Glasumwandlungstemperatur	*Torsionsschwingungsversuch*		°C
	Differentialkalorimetrie		°C

Brandverhalten

UL-Test vertikal	Dicke	mm, Wert	
	Dicke	mm, Wert	

	Norm	*Bewertung*	*Abmessungen*
Sauerstoff-Index	ASTM D 2863		
Glühstab-Verfahren			
Brandverhalten	DIN 4102		
MVSS			
FAR			

Elektrische Eigenschaften

	Hz	°C		*Probekörper, Form*
Dielektrizitätszahl	50			
	10^3			
	10^6	23	2.6	
Dielektrischer Verlustfaktor tan δ	50			
	10^3			
	10^6	23	0.0001–0.0005	

Spezifischer Durchgangs- *widerstand*	Ohm · cm	
Durchschlagfestigkeit	kV/mm	mm dick
Oberflächenwiderstand	Ohm	

Kriechstromfestigkeit	KC	KB	KA
Elektrolytische Korrosionswirkung			
Lichtbogenfestigkeit nach DIN			
nach ASTM s			

Beständigkeit *(Chemische Beständigkeit siehe Anhang)*

Wasseraufnahme

Feuchtigkeitsaufnahme Normalklima   %
Wetterbeständigkeit

Spannungskorrosion

Optische Eigenschaften

Brechungszahl n_D
Transmissionsgrad τ_c %   mm dick
Lichtdurchlässigkeit

		PS
Produkt	Polystyrol	
Handelsname	**BP Polystyrol HH101-LS**	
Hersteller	BP	
DIN-Bez 1	PS,MGL,105-03	
DIN-Bez 2		

Zusätze	UV-Stabilisator	*Füllstoffe/ Verstärkung*	
Bevorzugte Verarbeitung	Extrudieren geschaeumter Folien; Spritzgiessen	*Lieferform*	Granulat
		Farben	Natur; Standard
Besondere Merkmale	Gute UV-Stabilitaet	*Bevorzugte Anwendungen*	Behaelter; Schaumprofil; Folie

---

Dichte	g/cm^3	1.05	*Schmelzindex*	g/10 min	2.2: 200/5.00
Schüttdichte	g/cm^3		*Volumenfließindex*	cm^3/10 min	:
Viskositätszahl	ml/g				

Verarbeitungsbedingungen für Spritzgießen

Massetemp.	°C		*Schwindung*	%	lgs , quer
Werkzeugtemp.	°C		*Bemerkungen*		
Spritzdruck	bar				

Zugversuch 23 °C ISO 527;

	Probekörper:	*Form*	*Herstellung*	Spritzgiessen
		Zustand	*Vorbehandlung*	Normalklima
Streckspannung	N/mm^2 48		*Dehnung bei Streckspannung*	%
Zugfestigkeit	N/mm^2		*Reißdehnung*	% 1.8
Reißfestigkeit	N/mm^2		*% Dehnspannung*	N/mm^2
E-Modul	N/mm^2 3100		*Dehnung bei % Dehnspg.*	%

Kriechmoduln und Zeitstandwerte 23 °C

	Probekörper:	*Form*	*Herstellung*	
		Zustand	*Vorbehandlung*	
Kriechmodul	1 min N/mm^2		*Zeitstandzugfestigkeit*	h N/mm^2
Kriechmodul	1000 h N/mm^2		*Zeitdehnspg. %*	h N/mm^2
bei Spannung	N/mm^2			

Biegeversuch 23 °C ISO 178;

	Probekörper:	*Form* 80x10x4 mm	*Herstellung*	Spritzgiessen
		Zustand	*Vorbehandlung*	Normalklima
Biegefestigkeit	N/mm^2 96		*E-Modul*	N/mm^2 3100
3,5% Biegespannung	N/mm^2			

Härte 23 °C

	Probekörper:	*Zustand*	*Herstellung*	
			Vorbehandlung	
Kugeldruckhärte	N/mm^2	bei N, s	*Shore-Härte* A	
Rockwellhärte			*Shore-Härte* D	

Schlagversuch

	Probekörper:	(1)		
		(2)	*Herstellung*	Spritzgiessen
		Zustand	*Vorbehandlung*	Normalklima
		°C °C	°C	*Probekörper-Form*
Schlagzähigkeit	kJ/m^2 23 25			NKS
Kerbschlagzähigkeit (1)	kJ/m^2			
IZOD-Kerbschlagzähigkeit (2)	J/m			
Kerbschlagzugzähigkeit	kJ/m^2			

Abrieb und Reibung

Taber-Abrieb (Reibradverfahren)   mm³/100 U
Abriebfaktor LNP (Thrust washer) Vergleichswert
Statische Reibungszahl
Dynamische Reibungszahl   (p·v =   N/mm² ·   m/min)
Zulässiger p · v Wert   N/mm² · (m/min)   v =   m/min
                                                                       v =   m/min

Thermische Eigenschaften

Formbeständigkeit in der Wärme   Verfahren A   93 °C
                                       Verfahren   °C
Vicat Erweichungstemperatur (VST)   Verfahren B/50   101 °C
                                       Verfahren   °C
Kristallit-Schmelzpunkt   Verfahren

Längenausdehnungskoeffizient   Bereich   °C   · 10⁻⁴K⁻¹
                                       Temperatur   · 10⁻⁴K⁻¹
Wärmeleitfähigkeit   Verfahren   W/(K · m)

Spezifische Wärmekapazität   Verfahren   J/(K · g)

Glasumwandlungstemperatur   Torsionsschwingungsversuch   °C
                                       Differentialkalorimetrie   °C

Brandverhalten

UL-Test vertikal   Dicke   mm, Wert
                                       Dicke   mm, Wert

	Norm	Bewertung	Abmessungen
Sauerstoff-Index	ASTM D 2863		
Glühstab-Verfahren			
Brandverhalten	DIN 4102		
MVSS			
FAR			

Elektrische Eigenschaften

	Hz	°C		Probekörper, Form
Dielektrizitätszahl	50			
	10³			
	10⁶	23	2.6	
Dielektrischer Verlustfaktor tan δ	50			
	10³			
	10⁶	23	0.0001−0.0005	

Spezifischer Durchgangs-
  widerstand   Ohm · cm
Durchschlagfestigkeit   kV/mm   mm dick
Oberflächenwiderstand   Ohm

Kriechstromfestigkeit   KC   KB   KA
Elektrolytische Korrosionswirkung
Lichtbogenfestigkeit nach DIN
            nach ASTM   s

Beständigkeit *(Chemische Beständigkeit siehe Anhang)*

Wasseraufnahme

Feuchtigkeitsaufnahme Normalklima   %
Wetterbeständigkeit

Spannungskorrosion

Optische Eigenschaften

Brechungszahl n_D
Transmissionsgrad τ_c   %   mm dick
Lichtdurchlässigkeit

Produkt	Polystyrol	**PS**
Handelsname	**BP Polystyrol HH101-PS**	
Hersteller	BP	
DIN-Bez 1	PS,MGL,105-03	
DIN-Bez 2		

Zusätze	UV-Stabilisator	*Füllstoffe/ Verstärkung*	
Bevorzugte Verarbeitung	Extrudieren geschaeumter Folien; Spritzgiessen	*Lieferform*	Granulat
		Farben	Natur; Standard
Besondere Merkmale	Verbesserte UV-Stabilitaet	*Bevorzugte Anwendungen*	Behaelter; Schaumprofil; Folie

---

Dichte	g/cm³	1.05	*Schmelzindex* g/10 min	2.2: 200/5.00
Schüttdichte	g/cm³		*Volumenfließindex* cm³/10 min	:
Viskositätszahl	ml/g			

Verarbeitungsbedingungen für Spritzgießen

Massetemp.	°C		*Schwindung* %	lgs , quer
Werkzeugtemp.	°C		*Bemerkungen*	
Spritzdruck	bar			

Zugversuch 23 °C ISO 527;

Probekörper:	*Form*	*Herstellung*	Spritzgiessen
	Zustand	*Vorbehandlung*	Normalklima

Streckspannung	N/mm² 48	*Dehnung bei Streckspannung*	%	
Zugfestigkeit	N/mm²	*Reißdehnung*	%	1.8
Reißfestigkeit	N/mm²	*% Dehnspannung*	N/mm²	
E-Modul	N/mm² 3100	*Dehnung bei % Dehnspg.*	%	

Kriechmoduln und Zeitstandwerte 23 °C

Probekörper:	*Form*	*Herstellung*	
	Zustand	*Vorbehandlung*	

Kriechmodul	1 min N/mm²	*Zeitstandzugfestigkeit*	h N/mm²	
Kriechmodul	1000 h N/mm²	*Zeitdehnspg. %*	h N/mm²	
bei Spannung	N/mm²			

Biegeversuch 23 °C ISO 178;

Probekörper:	*Form*	80x10x4 mm	*Herstellung*	Spritzgiessen
	Zustand		*Vorbehandlung*	Normalklima

Biegefestigkeit	N/mm² 96	*E-Modul*	N/mm² 3100
3,5% Biegespannung	N/mm²		

Härte 23 °C

Probekörper:	*Zustand*	*Herstellung*	
		Vorbehandlung	

Kugeldruckhärte	N/mm² bei N, s	*Shore-Härte* A	
Rockwellhärte		*Shore-Härte* D	

Schlagversuch

Probekörper:	(1)		
	(2)	*Herstellung*	Spritzgiessen
	Zustand	*Vorbehandlung*	Normalklima

	°C	°C	°C	*Probekörper-Form*

Schlagzähigkeit	kJ/m²	23 25		NKS
Kerbschlagzähigkeit (1)	kJ/m²			
IZOD-Kerbschlagzähigkeit (2)	J/m			
Kerbschlagzugzähigkeit	kJ/m²			

Abrieb und Reibung

Taber-Abrieb (Reibradverfahren)	mm³/100 U
Abriebfaktor LNP (Thrust washer) Vergleichswert	
Statische Reibungszahl	
Dynamische Reibungszahl	(p·v = N/mm² · m/min)
Zulässiger p · v Wert	N/mm² · (m/min) v = m/min
	v = m/min

Thermische Eigenschaften

Formbeständigkeit in der Wärme	*Verfahren*	A	93 °C
	Verfahren		°C
Vicat Erweichungstemperatur (VST)	*Verfahren*	B/50	101 °C
	Verfahren		°C
Kristallit-Schmelzpunkt	*Verfahren*		
Längenausdehnungskoeffizient	*Bereich*	°C	$\cdot 10^{-4} \mathrm{K}^{-1}$
	Temperatur		$\cdot 10^{-4} \mathrm{K}^{-1}$
Wärmeleitfähigkeit	*Verfahren*		W/(K · m)
Spezifische Wärmekapazität	*Verfahren*		J/(K · g)
Glasumwandlungstemperatur	*Torsionsschwingungsversuch*	°C	
	Differentialkalorimetrie	°C	

Brandverhalten

UL-Test vertikal	*Dicke*	mm, Wert	
	Dicke	mm, Wert	

	Norm	*Bewertung*	*Abmessungen*
Sauerstoff-Index	ASTM D 2863		
Glühstab-Verfahren			
Brandverhalten	DIN 4102		
MVSS			
FAR			

Elektrische Eigenschaften

	Hz	°C		*Probekörper, Form*
Dielektrizitätszahl	50			
	10^3			
	10^6	23	2.6	
Dielektrischer Verlustfaktor tan δ	50			
	10^3			
	10^6	23	0.0001–0.0005	
Spezifischer Durchgangswiderstand	Ohm · cm			
Durchschlagfestigkeit	kV/mm			mm dick
Oberflächenwiderstand	Ohm			
Kriechstromfestigkeit	KC	KB	KA	
Elektrolytische Korrosionswirkung				
Lichtbogenfestigkeit nach DIN				
nach ASTM	s			

Beständigkeit *(Chemische Beständigkeit siehe Anhang)*

Wasseraufnahme

Feuchtigkeitsaufnahme Normalklima   %
Wetterbeständigkeit

Spannungskorrosion

Optische Eigenschaften

Brechungszahl n_D
Transmissionsgrad τ_c %   mm dick
Lichtdurchlässigkeit

Datenbank-Nr.	**T06153**		*Merkblatt-Nr.* **3799**

			PES
Produkt	Polyethersulfon		
Handelsname	**Luvocom 1100/EM**		
Hersteller	LUV		
DIN-Bez 1			
DIN-Bez 2			
Zusätze	Entformungshilfe	*Füllstoffe/ Verstärkung*	
Bevorzugte Verarbeitung	Spritzgiessen	*Lieferform*	Granulat
		Farben	Natur
Besondere Merkmale	Hoher Modul; Hohe Festigkeit; Hohe Waermeformbestaendigkeit	*Bevorzugte Anwendungen*	Technisches Formteil; Komplex gestaltetes Formteil

Dichte	g/cm³	1.36	*Schmelzindex*	g/10 min	:
Schüttdichte	g/cm³	0.84–0.88	*Volumenfließindex*	cm³/10 min	:
Viskositätszahl	ml/g				

Verarbeitungsbedingungen für Spritzgießen

Massetemp.	°C	340–360	*Schwindung*	%	lgs 0.7–0.8, quer 0.7–0.8
Werkzeugtemp.	°C	140–150	*Bemerkungen*		Vortrocknen empfohlen: 3h/150 C
Spritzdruck	bar				

Zugversuch 23 °C DIN 53455; DIN 53457

	Probekörper:	*Form*	Nr.3	*Herstellung*	Spritzgiessen
		Zustand		*Vorbehandlung*	1 d bei 23 C/50 %

Streckspannung	N/mm²		*Dehnung bei Streckspannung*	%	
Zugfestigkeit	N/mm²	90	*Reißdehnung*	%	8
Reißfestigkeit	N/mm²	65	*% Dehnspannung*	N/mm²	
E-Modul	N/mm²	2300	*Dehnung bei % Dehnspg.*	%	

Kriechmoduln und Zeitstandwerte 23 °C

	Probekörper:	*Form*	*Herstellung*	
		Zustand	*Vorbehandlung*	

Kriechmodul	1 min N/mm²	*Zeitstandzugfestigkeit*	h N/mm²
Kriechmodul	1000 h N/mm²	*Zeitdehnspg. %*	h N/mm²
bei Spannung	N/mm²		

Biegeversuch 23 °C DIN 53452;

	Probekörper:	*Form*	80x10x4 mm	*Herstellung*	Spritzgiessen
		Zustand		*Vorbehandlung*	1 d bei 23 C/50 %

Biegefestigkeit	N/mm²	130	*E-Modul*	N/mm²
3,5 % Biegespannung	N/mm²	90		

Härte 23 °C

	Probekörper:	*Zustand*	*Herstellung*	Spritzgiessen
			Vorbehandlung	1 d bei 23 C/50 %

Kugeldruckhärte	N/mm² 150	bei	N, 30 s	*Shore-Härte* A
Rockwellhärte				*Shore-Härte* D

Schlagversuch

	Probekörper:	*(1)*		
		(2)	*Herstellung*	Spritzgiessen
		Zustand	*Vorbehandlung*	1 d bei 23 C/50 %

	°C	°C	°C	*Probekörper-Form*

Schlagzähigkeit	kJ/m²	23 60	NKS
Kerbschlagzähigkeit (1)	kJ/m²		
IZOD-Kerbschlagzähigkeit (2)	J/m		
Kerbschlagzugzähigkeit	kJ/m²		

Abrieb und Reibung

Taber-Abrieb (Reibradverfahren)

$mm^3/100\ U$

Abriebfaktor LNP (Thrust washer) Vergleichswert
Statische Reibungszahl
Dynamische Reibungszahl

$(p \cdot v =$ ⠀⠀$N/mm^2 \cdot$⠀⠀$m/min)$

Zulässiger p · v Wert

$N/mm^2 \cdot (m/min)$⠀⠀$v =$⠀⠀m/min
⠀⠀⠀⠀⠀⠀⠀⠀⠀⠀⠀$v =$⠀⠀m/min

Thermische Eigenschaften

Formbeständigkeit in der Wärme	*Verfahren*	A	210 °C
	Verfahren		°C
Vicat Erweichungstemperatur (VST)	*Verfahren*	B/50	220 °C
	Verfahren		°C
Kristallit-Schmelzpunkt	*Verfahren*		

Längenausdehnungskoeffizient⠀⠀⠀*Bereich*⠀⠀⠀°C⠀⠀⠀$\cdot\,10^{-4} K^{-1}$
⠀⠀⠀⠀⠀⠀⠀⠀⠀⠀⠀⠀⠀⠀⠀⠀⠀*Temperatur*⠀⠀⠀$\cdot\,10^{-4} K^{-1}$

Wärmeleitfähigkeit⠀⠀⠀*Verfahren*⠀⠀⠀$W/(K \cdot m)$

Spezifische Wärmekapazität⠀⠀⠀*Verfahren*⠀⠀⠀$J/(K \cdot g)$

Glasumwandlungstemperatur⠀⠀⠀*Torsionsschwingungsversuch*⠀⠀⠀°C
⠀⠀⠀⠀⠀⠀⠀⠀⠀⠀⠀⠀⠀⠀⠀⠀⠀*Differentialkalorimetrie*⠀⠀⠀°C

Brandverhalten

UL-Test vertikal⠀⠀⠀Dicke 1.2⠀⠀mm, Wert⠀V-0
⠀⠀⠀⠀⠀⠀⠀⠀⠀⠀⠀Dicke⠀⠀mm, Wert

	Norm	*Bewertung*	*Abmessungen*
Sauerstoff-Index	ASTM D 2863		
Glühstab-Verfahren			
Brandverhalten	DIN 4102		
MVSS			
FAR			

Elektrische Eigenschaften

	Hz	°C	*Probekörper, Form*
Dielektrizitätszahl	50		
	10^3		
	10^6		
Dielektrischer Verlustfaktor tan δ	50		
	10^3		
	10^6		

Spezifischer Durchgangs- ⠀⠀*widerstand*	Ohm · cm	
Durchschlagfestigkeit	kV/mm	mm dick
Oberflächenwiderstand	Ohm	

Kriechstromfestigkeit⠀⠀⠀KC⠀⠀⠀KB⠀⠀⠀KA
Elektrolytische Korrosionswirkung
Lichtbogenfestigkeit nach DIN
⠀⠀⠀⠀⠀⠀*nach ASTM*⠀⠀s

Beständigkeit *(Chemische Beständigkeit siehe Anhang)*

Wasseraufnahme

Feuchtigkeitsaufnahme Normalklima⠀⠀⠀%
Wetterbeständigkeit

Spannungskorrosion

Optische Eigenschaften

Brechungszahl n_D
Transmissionsgrad τ_c⠀⠀⠀%⠀⠀⠀mm dick
Lichtdurchlässigkeit

Produkt	Polyethersulfon	**PES**
Handelsname	**Luvocom 1100/GF/5/TF/10**	
Hersteller	LUV	
DIN-Bez 1		
DIN-Bez 2		

Zusätze	10.0% PTFE	*Füllstoffe/ Verstärkung*	5.0% Glasfaser
Bevorzugte Verarbeitung	Spritzgiessen	*Lieferform*	Granulat
		Farben	Natur
Besondere Merkmale	Hoher Modul; Hohe Festigkeit; Verbessertes Gleitverhalten; Gute Verschleissfestigkeit	*Bevorzugte Anwendungen*	Technisches Formteil; Lager; Bauteil fuer Heisswasserzaehler und Waermezaehler

Dichte	g/cm^3	1.45	*Schmelzindex* g/10 min	:
Schüttdichte	g/cm^3	0.80–0.85	*Volumenfließindex* cm^3/10 min	:
Viskositätszahl	ml/g			

Verarbeitungsbedingungen für Spritzgießen

Massetemp.	°C	340–370	*Schwindung* %	lgs 0.5–0.6, quer
Werkzeugtemp.	°C	120–160	*Bemerkungen*	Vortrocknen empfohlen: 3h/150C
Spritzdruck	bar			

Zugversuch 23 °C   DIN 53455; DIN 53457

	Probekörper: *Form*	Nr.3	*Herstellung*	Spritzgiessen
	Zustand		*Vorbehandlung*	1 d bei 23 C/50 %
Streckspannung	N/mm^2		*Dehnung bei Streckspannung* %	
Zugfestigkeit	N/mm^2 90		*Reißdehnung* %	4.1
Reißfestigkeit	N/mm^2 85		*% Dehnspannung* N/mm^2	
E-Modul	N/mm^2 3500		*Dehnung bei % Dehnspg.* %	

Kriechmoduln und Zeitstandwerte 23 °C

	Probekörper: *Form*	*Herstellung*	
	Zustand	*Vorbehandlung*	
Kriechmodul	1 min N/mm^2	*Zeitstandzugfestigkeit* h N/mm^2	
Kriechmodul	1000 h N/mm^2	*Zeitdehnspg.* % h N/mm^2	
bei Spannung	N/mm^2		

Biegeversuch 23 °C   DIN 53452;

	Probekörper: *Form* 80x10x4 mm	*Herstellung*	Spritzgiessen
	Zustand	*Vorbehandlung*	1 d bei 23 C/50 %
Biegefestigkeit	N/mm^2 120	*E-Modul* N/mm^2	
3,5% Biegespannung	N/mm^2 85		

Härte 23 °C

	Probekörper: *Zustand*	*Herstellung*	Spritzgiessen
		Vorbehandlung	1 d bei 23 C/50 %
Kugeldruckhärte	N/mm^2 140 bei N, 30 s	*Shore-Härte* A	
Rockwellhärte		*Shore-Härte* D	

Schlagversuch

	Probekörper: (1)		
	(2)	*Herstellung*	Spritzgiessen
	Zustand	*Vorbehandlung*	1 d bei 23 C/50 %

	°C	°C	°C	*Probekörper-Form*
Schlagzähigkeit kJ/m^2	23 35			NKS
Kerbschlagzähigkeit (1) kJ/m^2				
IZOD-Kerbschlagzähigkeit (2) J/m				
Kerbschlagzugzähigkeit kJ/m^2				

Abrieb und Reibung

Taber-Abrieb (Reibradverfahren)   mm³/100 U
Abriebfaktor LNP (Thrust washer) Vergleichswert
Statische Reibungszahl
Dynamische Reibungszahl $(p \cdot v =$ N/mm² ·   m/min$)$
Zulässiger p · v Wert   N/mm² · (m/min)   v =   m/min
                                                                         v =   m/min

Thermische Eigenschaften

Formbeständigkeit in der Wärme   *Verfahren*   °C
                                        Verfahren   °C
Vicat Erweichungstemperatur (VST)   *Verfahren* B/50   220 °C
                                        Verfahren   °C
Kristallit-Schmelzpunkt   *Verfahren*

Längenausdehnungskoeffizient   *Bereich*   °C $\cdot 10^{-4} K^{-1}$
                                        Temperatur $\cdot 10^{-4} K^{-1}$
Wärmeleitfähigkeit   *Verfahren*   W/(K · m)

Spezifische Wärmekapazität   *Verfahren*   J/(K · g)

Glasumwandlungstemperatur   *Torsionsschwingungsversuch*   °C
                                        Differentialkalorimetrie   °C

Brandverhalten

UL-Test vertikal   Dicke   mm, Wert
                                        Dicke   mm, Wert

	Norm	*Bewertung*		*Abmessungen*
Sauerstoff-Index	ASTM D 2863			
Glühstab-Verfahren				
Brandverhalten	DIN 4102			
MVSS				
FAR				

Elektrische Eigenschaften

	Hz	°C			*Probekörper, Form*
Dielektrizitätszahl	50				
	10^3				
	10^6				
Dielektrischer Verlustfaktor tan δ	50				
	10^3				
	10^6				

Spezifischer Durchgangs-
  widerstand   Ohm · cm
Durchschlagfestigkeit   kV/mm   mm dick
Oberflächenwiderstand   Ohm

Kriechstromfestigkeit   KC   KB   KA
Elektrolytische Korrosionswirkung
Lichtbogenfestigkeit nach DIN
              nach ASTM   s

Beständigkeit *(Chemische Beständigkeit siehe Anhang)*

Wasseraufnahme

Feuchtigkeitsaufnahme Normalklima   %
Wetterbeständigkeit

Spannungskorrosion

Optische Eigenschaften

Brechungszahl n_D
Transmissionsgrad τ_c %   mm dick
Lichtdurchlässigkeit

Produkt	Polyethersulfon	**PES**
Handelsname	**Luvocom 1100/GF/20/EM**	
Hersteller	LUV	
DIN-Bez 1		
DIN-Bez 2		

Zusätze	Entformungshilfe	*Füllstoffe/ Verstärkung*	20.0% Glasfaser	
Bevorzugte Verarbeitung	Spritzgiessen	*Lieferform*	Granulat	
		Farben	Natur	
Besondere Merkmale	Sehr hoher Modul; Hohe Festigkeit; Gute Waermeformbestaendigkeit; Verbessertes Fliessverhalten und Entformverhalten	*Bevorzugte Anwendungen*	Technisches Formteil; Mechanik; Elektrotechnik; Steckerleiste; SMD-Bauteil	

Dichte	g/cm^3	1.49	*Schmelzindex*	g/10 min	:
Schüttdichte	g/cm^3	0.82–0.87	*Volumenfließindex*	cm^3/10 min	:
Viskositätszahl	ml/g				

Verarbeitungsbedingungen für Spritzgießen

Massetemp.	°C	350–380	*Schwindung*	%	lgs 0.2–0.4, quer
Werkzeugtemp.	°C	120–160	*Bemerkungen*		Vortrocknen empfohlen: 3h/150C
Spritzdruck	bar				

Zugversuch 23 °C DIN 53455; DIN 53457

	Probekörper:	*Form* Nr.3	*Herstellung*	Spritzgiessen	
		Zustand	*Vorbehandlung*	1 d bei 23 C/50 %	
Streckspannung	N/mm^2		*Dehnung bei Streckspannung*	%	
Zugfestigkeit	N/mm^2		*Reißdehnung*	%	2.7
Reißfestigkeit	N/mm^2 130		*% Dehnspannung*	N/mm^2	
E-Modul	N/mm^2 7000		*Dehnung bei % Dehnspg.*	%	

Kriechmoduln und Zeitstandwerte 23 °C

	Probekörper:	*Form*	*Herstellung*	
		Zustand	*Vorbehandlung*	
Kriechmodul	1 min N/mm^2		*Zeitstandzugfestigkeit*	h N/mm^2
Kriechmodul	1000 h N/mm^2		*Zeitdehnspg. %*	h N/mm^2
bei Spannung	N/mm^2			

Biegeversuch 23 °C DIN 53452;

	Probekörper:	*Form* 80x10x4 mm	*Herstellung*	Spritzgiessen
		Zustand	*Vorbehandlung*	1 d bei 23 C/50 %
Biegefestigkeit	N/mm^2 165		*E-Modul*	N/mm^2
3,5% Biegespannung	N/mm^2 140			

Härte 23 °C

	Probekörper: Zustand	*Herstellung*	Spritzgiessen
		Vorbehandlung	1 d bei 23 C/50 %
Kugeldruckhärte	N/mm^2 180 bei N, 30 s	*Shore-Härte* A	
Rockwellhärte		*Shore-Härte* D	

Schlagversuch

	Probekörper:	*(1)*		
		(2)	*Herstellung*	Spritzgiessen
		Zustand	*Vorbehandlung*	1 d bei 23 C/50 %
	°C	°C	°C	*Probekörper-Form*
Schlagzähigkeit	kJ/m^2 23 30			NKS
Kerbschlagzähigkeit (1)	kJ/m^2			
IZOD-Kerbschlagzähigkeit (2)	J/m			
Kerbschlagzugzähigkeit	kJ/m^2			

Abrieb und Reibung

Taber-Abrieb (Reibradverfahren)   mm³/100 U
Abriebfaktor LNP (Thrust washer) Vergleichswert
Statische Reibungszahl
Dynamische Reibungszahl $(p \cdot v =$ N/mm² ·   m/min)
Zulässiger p · v Wert   N/mm² · (m/min)   v =   m/min
             v =   m/min

Thermische Eigenschaften

Formbeständigkeit in der Wärme   Verfahren   °C
                                    Verfahren   °C
Vicat Erweichungstemperatur (VST)   Verfahren   B/50   225 °C
                                    Verfahren   °C
Kristallit-Schmelzpunkt   Verfahren

Längenausdehnungskoeffizient   Bereich   °C $\cdot 10^{-4} \mathrm{K}^{-1}$
                                  Temperatur $\cdot 10^{-4} \mathrm{K}^{-1}$
Wärmeleitfähigkeit   Verfahren   W/(K · m)

Spezifische Wärmekapazität   Verfahren   J/(K · g)

Glasumwandlungstemperatur   Torsionsschwingungsversuch   °C
                                  Differentialkalorimetrie   °C

Brandverhalten

UL-Test vertikal   Dicke 1.6   mm,   Wert   V-0
                Dicke   mm,   Wert

	Norm	*Bewertung*	*Abmessungen*
Sauerstoff-Index	ASTM D 2863		
Glühstab-Verfahren			
Brandverhalten	DIN 4102		
MVSS			
FAR			

Elektrische Eigenschaften

	Hz	°C	*Probekörper, Form*
Dielektrizitätszahl	50		
	10^3		
	10^6		
Dielektrischer Verlustfaktor tan δ	50		
	10^3		
	10^6		

Spezifischer Durchgangs-
    widerstand   Ohm · cm
Durchschlagfestigkeit   kV/mm   mm dick
Oberflächenwiderstand   Ohm

Kriechstromfestigkeit   KC   KB   KA
Elektrolytische Korrosionswirkung
Lichtbogenfestigkeit nach DIN
            nach ASTM   s

Beständigkeit *(Chemische Beständigkeit siehe Anhang)*

Wasseraufnahme

Feuchtigkeitsaufnahme Normalklima   %
Wetterbeständigkeit

Spannungskorrosion

Optische Eigenschaften

Brechungszahl n_D
Transmissionsgrad τ_c %   mm dick
Lichtdurchlässigkeit

Produkt	Polyethersulfon	**PES**
Handelsname	**Luvocom 1100/CF/20**	
Hersteller	LUV	
DIN-Bez 1		
DIN-Bez 2		

Zusätze		*Füllstoffe/ Verstärkung*	20.0% Kohlefaser	
Bevorzugte Verarbeitung	Spritzgiessen	*Lieferform*	Granulat	
		Farben	Schwarz	
Besondere Merkmale	Extrem hoher Modul; Hohe Festigkeit; Gute Waermeformbestaendigkeit; Geringer elektrischer Widerstand	*Bevorzugte Anwendungen*	Technisches Formteil	

Dichte	g/cm^3	1.42	*Schmelzindex*	g/10 min	:
Schüttdichte	g/cm^3	0.72–0.77	*Volumenfließindex*	cm^3/10 min	:
Viskositätszahl	ml/g				

Verarbeitungsbedingungen für Spritzgießen

Massetemp.	°C	350–380	*Schwindung*	%	lgs 0.1–0.2, quer
Werkzeugtemp.	°C	120–160	*Bemerkungen*		Vortrocknen empfohlen: 3h/150C
Spritzdruck	bar				

Zugversuch 23 °C DIN 53455; DIN 53457

	Probekörper:	*Form*	Nr.3	*Herstellung*	Spritzgiessen	
		Zustand		*Vorbehandlung*	1 d bei 23 C/50 %	

Streckspannung	N/mm^2		*Dehnung bei Streckspannung*	%	
Zugfestigkeit	N/mm^2		*Reißdehnung*	%	2.1
Reißfestigkeit	N/mm^2	185	% *Dehnspannung*	N/mm^2	
E-Modul	N/mm^2	15000	*Dehnung bei* % *Dehnspg.*	%	

Kriechmoduln und Zeitstandwerte 23 °C

	Probekörper:	*Form*	*Herstellung*	
		Zustand	*Vorbehandlung*	

Kriechmodul	1 min	N/mm^2	*Zeitstandzugfestigkeit*	h	N/mm^2
Kriechmodul	1000 h	N/mm^2	*Zeitdehnspg.* %	h	N/mm^2
bei Spannung		N/mm^2			

Biegeversuch 23 °C DIN 53452;

	Probekörper:	*Form*	80x10x4 mm	*Herstellung*	Spritzgiessen
		Zustand		*Vorbehandlung*	1 d bei 23 C/50 %

Biegefestigkeit	N/mm^2	240	*E-Modul*		N/mm^2
3,5% Biegespannung	N/mm^2				

Härte 23 °C

	Probekörper:	*Zustand*	*Herstellung*	Spritzgiessen
			Vorbehandlung	1 d bei 23 C/50 %

Kugeldruckhärte	N/mm^2 200	bei	N, 30 s	*Shore-Härte* A
Rockwellhärte				*Shore-Härte* D

Schlagversuch

	Probekörper:	(1)		
		(2)	*Herstellung*	Spritzgiessen
		Zustand	*Vorbehandlung*	1 d bei 23 C/50 %

	°C	°C	°C	*Probekörper-Form*

Schlagzähigkeit	kJ/m^2	23 30		NKS
Kerbschlagzähigkeit (1)	kJ/m^2			
IZOD-Kerbschlagzähigkeit (2)	J/m			
Kerbschlagzugzähigkeit	kJ/m^2			

Abrieb und Reibung

Taber-Abrieb (Reibradverfahren)   mm³/100 U
Abriebfaktor LNP (Thrust washer) Vergleichswert
Statische Reibungszahl
Dynamische Reibungszahl   (p·v =   N/mm² ·   m/min)
Zulässiger p · v Wert   N/mm² · (m/min)   v =   m/min
                                                                              v =   m/min

Thermische Eigenschaften

Formbeständigkeit in der Wärme   *Verfahren*   °C
                                       Verfahren   °C
Vicat Erweichungstemperatur (VST)   *Verfahren* B/50   230 °C
                                       Verfahren   °C
Kristallit-Schmelzpunkt   *Verfahren*

Längenausdehnungskoeffizient   *Bereich*   °C $\cdot 10^{-4} K^{-1}$
                                       Temperatur $\cdot 10^{-4} K^{-1}$
Wärmeleitfähigkeit   *Verfahren*   W/(K · m)

Spezifische Wärmekapazität   *Verfahren*   J/(K · g)

Glasumwandlungstemperatur   *Torsionsschwingungsversuch*   °C
                                       Differentialkalorimetrie   °C

Brandverhalten

UL-Test vertikal   Dicke 1.6   mm, Wert V-0
                                       Dicke   mm, Wert

	Norm	*Bewertung*	*Abmessungen*
Sauerstoff-Index	ASTM D 2863		
Glühstab-Verfahren			
Brandverhalten	DIN 4102		
MVSS			
FAR			

Elektrische Eigenschaften

	Hz	°C		*Probekörper, Form*
Dielektrizitätszahl	50			
	10^3			
	10^6			
Dielektrischer Verlustfaktor tan δ	50			
	10^3			
	10^6			

Spezifischer Durchgangs-
*   widerstand*   Ohm · cm
Durchschlagfestigkeit kV/mm   mm dick
Oberflächenwiderstand Ohm   23   ≤ 1.0*10**5

Kriechstromfestigkeit   KC   KB   KA
Elektrolytische Korrosionswirkung
Lichtbogenfestigkeit nach DIN
                 nach ASTM   s

Beständigkeit *(Chemische Beständigkeit siehe Anhang)*

Wasseraufnahme

Feuchtigkeitsaufnahme Normalklima   %
Wetterbeständigkeit

Spannungskorrosion

Optische Eigenschaften

Brechungszahl n_D
Transmissionsgrad τ_c %   mm dick
Lichtdurchlässigkeit

Produkt	Polyetheretherketon	**PEEK**
Handelsname	**Luvocom 1105/GF/30/TF/15**	
Hersteller	LUV	
DIN-Bez 1		
DIN-Bez 2		

Zusätze	15.0% PTFE		*Füllstoffe/ Verstärkung*	30.0% Glasfaser
Bevorzugte Verarbeitung	Spritzgiessen		*Lieferform*	Granulat
			Farben	Natur
Besondere Merkmale	Sehr hoher Modul; Hohe Festigkeit; Verbessertes Gleitverhalten; Gute Verschleissfestigkeit; Hohe Waermeformbestaendigkeit		*Bevorzugte Anwendungen*	Technisches Formteil; Lagerbuchse; Lagerkaefig; Dichtelement; Gleitelement; Getriebeteil

Dichte	g/cm^3	1.59	*Schmelzindex*	g/10 min	:
Schüttdichte	g/cm^3		*Volumenfließindex*	cm^3/10 min	:
Viskositätszahl	ml/g				

Verarbeitungsbedingungen für Spritzgießen

Massetemp.	°C	370–390	*Schwindung*	% lgs	0.50, quer
Werkzeugtemp.	°C	150–180	*Bemerkungen*	Vortrocknen empfohlen: 3h/150C	
Spritzdruck	bar				

Zugversuch 23 °C DIN 53455; DIN 53457

	Probekörper: Form	Nr.3	*Herstellung*	Spritzgiessen
	Zustand		*Vorbehandlung*	1 d bei 23 C/50 %
Streckspannung	N/mm^2		*Dehnung bei Streckspannung*	%
Zugfestigkeit	N/mm^2 150		*Reißdehnung*	% 2.1
Reißfestigkeit	N/mm^2 148		% *Dehnspannung*	N/mm^2
E-Modul	N/mm^2 11000		*Dehnung bei* % *Dehnspg.*	%

Kriechmoduln und Zeitstandwerte 23 °C

	Probekörper: Form	*Herstellung*	
	Zustand	*Vorbehandlung*	
Kriechmodul	1 min N/mm^2	*Zeitstandzugfestigkeit*	h N/mm^2
Kriechmodul	1000 h N/mm^2	*Zeitdehnspg.* %	h N/mm^2
bei Spannung	N/mm^2		

Biegeversuch 23 °C DIN 53452;

	Probekörper: Form	80x10x4 mm	*Herstellung* Spritzgiessen
	Zustand		*Vorbehandlung* 1 d bei 23 C/50 %
Biegefestigkeit	N/mm^2 190	*E-Modul*	N/mm^2
3,5% Biegespannung	N/mm^2		

Härte 23 °C

	Probekörper: Zustand	*Herstellung*	Spritzgiessen
		Vorbehandlung	1 d bei 23 C/50 %
Kugeldruckhärte	N/mm^2 180 bei N, 30 s	*Shore-Härte* A	
Rockwellhärte		*Shore-Härte* D	

Schlagversuch

	Probekörper: (1)		
	(2)	*Herstellung*	Spritzgiessen
	Zustand	*Vorbehandlung*	1 d bei 23 C/50 %
	°C °C	°C	*Probekörper-Form*
Schlagzähigkeit	kJ/m^2 23 30		NKS
Kerbschlagzähigkeit (1)	kJ/m^2		
IZOD-Kerbschlagzähigkeit (2) J/m			
Kerbschlagzugzähigkeit	kJ/m^2		

Abrieb und Reibung

Taber-Abrieb (Reibradverfahren)	mm³/100 U
Abriebfaktor LNP (Thrust washer) Vergleichswert	
Statische Reibungszahl	
Dynamische Reibungszahl	$(p \cdot v = \quad$ N/mm² · $\quad$ m/min)
Zulässiger p · v Wert	N/mm² · (m/min) v = $\quad$ m/min
	v = $\quad$ m/min

Thermische Eigenschaften

Formbeständigkeit in der Wärme	Verfahren		°C
	Verfahren		°C
Vicat Erweichungstemperatur (VST)	Verfahren	B/50	280 °C
	Verfahren		°C
Kristallit-Schmelzpunkt	Verfahren		
Längenausdehnungskoeffizient	Bereich	°C	$\cdot 10^{-4} \mathrm{K}^{-1}$
	Temperatur		$\cdot 10^{-4} \mathrm{K}^{-1}$
Wärmeleitfähigkeit	Verfahren		W/(K · m)
Spezifische Wärmekapazität	Verfahren		J/(K · g)
Glasumwandlungstemperatur	Torsionsschwingungsversuch		°C
	Differentialkalorimetrie		°C

Brandverhalten

UL-Test vertikal Dicke 1.6 mm, Wert V-0
Dicke mm, Wert

	Norm	Bewertung	Abmessungen
Sauerstoff-Index	ASTM D 2863		
Glühstab-Verfahren			
Brandverhalten	DIN 4102		
MVSS			
FAR			

Elektrische Eigenschaften

		Hz	°C	Probekörper, Form
Dielektrizitätszahl		50		
		10^3		
		10^6		
Dielektrischer Verlustfaktor tan δ		50		
		10^3		
		10^6		
Spezifischer Durchgangs-widerstand	Ohm · cm			
Durchschlagfestigkeit	kV/mm			mm dick
Oberflächenwiderstand	Ohm			
Kriechstromfestigkeit		KC	KB	KA
Elektrolytische Korrosionswirkung				
Lichtbogenfestigkeit nach DIN				
nach ASTM	s			

Beständigkeit *(Chemische Beständigkeit siehe Anhang)*

Wasseraufnahme

Feuchtigkeitsaufnahme Normalklima   %
Wetterbeständigkeit

Spannungskorrosion

Optische Eigenschaften

Brechungszahl n_D
Transmissionsgrad τ_c $\quad$ %   mm dick
Lichtdurchlässigkeit

Produkt	Polyetheretherketon	**PEEK**
Handelsname	**Luvocom 1105/GF/40**	
Hersteller	LUV	
DIN-Bez 1		
DIN-Bez 2		

Zusätze		*Füllstoffe/ Verstärkung*	40.0% Glasfaser
Bevorzugte Verarbeitung	Spritzgiessen	*Lieferform*	Granulat
		Farben	Natur
Besondere Merkmale	Sehr hoher Modul; Hohe Festigkeit; Sehr hohe Waermeformbestaendigkeit	*Bevorzugte Anwendungen*	Technisches Formteil; Pumpenlaufrad; Dichtung; Steckverbindung; Spulenkoerper; Wasserzaehlerteil

Dichte	g/cm^3	1.62	*Schmelzindex*	g/10 min	:
Schüttdichte	g/cm^3		*Volumenfließindex*	cm^3/10 min	:
Viskositätszahl	ml/g				

Verarbeitungsbedingungen für Spritzgießen

Massetemp.	°C	370–395	*Schwindung*	%	lgs	0.40, quer
Werkzeugtemp.	°C	150–180	*Bemerkungen*	Vortrocknen empfohlen: 3h/150C		
Spritzdruck	bar					

Zugversuch 23 °C DIN 53455; DIN 53457

	Probekörper:	*Form*	Nr.3	*Herstellung*	Spritzgiessen
		Zustand		*Vorbehandlung*	1 d bei 23 C/50 %

Streckspannung	N/mm^2		*Dehnung bei Streckspannung*	%	
Zugfestigkeit	N/mm^2	180	*Reißdehnung*	%	2.0
Reißfestigkeit	N/mm^2	177	*% Dehnspannung*	N/mm^2	
E-Modul	N/mm^2	13500	*Dehnung bei % Dehnspg.*	%	

Kriechmoduln und Zeitstandwerte 23 °C

	Probekörper:	*Form*	*Herstellung*
		Zustand	*Vorbehandlung*

Kriechmodul	1 min N/mm^2	*Zeitstandzugfestigkeit*	h N/mm^2	
Kriechmodul	1000 h N/mm^2	*Zeitdehnspg. %*	h N/mm^2	
bei Spannung	N/mm^2			

Biegeversuch 23 °C DIN 53452;

	Probekörper:	*Form*	80x10x4 mm	*Herstellung*	Spritzgiessen
		Zustand		*Vorbehandlung*	1 d bei 23 C/50 %

Biegefestigkeit	N/mm^2	230	*E-Modul*	N/mm^2
3,5% Biegespannung	N/mm^2			

Härte 23 °C

	Probekörper:	*Zustand*	*Herstellung*	Spritzgiessen
			Vorbehandlung	1 d bei 23 C/50 %

Kugeldruckhärte	N/mm^2 220	bei	N, 30 s	*Shore-Härte* A	
Rockwellhärte				*Shore-Härte* D	

Schlagversuch

	Probekörper:	(1)		
		(2)	*Herstellung*	Spritzgiessen
		Zustand	*Vorbehandlung*	1 d bei 23 C/50 %

	°C	°C	°C	*Probekörper-Form*

Schlagzähigkeit	kJ/m^2	23 30		NKS
Kerbschlagzähigkeit (1)	kJ/m^2			
IZOD-Kerbschlagzähigkeit (2)	J/m			
Kerbschlagzugzähigkeit	kJ/m^2			

Abrieb und Reibung

Taber-Abrieb (Reibradverfahren)	mm³/100 U
Abriebfaktor LNP (Thrust washer) Vergleichswert	
Statische Reibungszahl	
Dynamische Reibungszahl	(p·v = N/mm² · m/min)
Zulässiger p·v Wert	N/mm² · (m/min) v = m/min
	v = m/min

Thermische Eigenschaften

Formbeständigkeit in der Wärme	*Verfahren*		°C
	Verfahren		°C
Vicat Erweichungstemperatur (VST)	*Verfahren*	B/50	290 °C
	Verfahren		°C
Kristallit-Schmelzpunkt	*Verfahren*		
Längenausdehnungskoeffizient	*Bereich*	°C	$\cdot 10^{-4} K^{-1}$
	Temperatur		$\cdot 10^{-4} K^{-1}$
Wärmeleitfähigkeit	*Verfahren*		W/(K · m)
Spezifische Wärmekapazität	*Verfahren*		J/(K · g)
Glasumwandlungstemperatur	*Torsionsschwingungsversuch*	°C	
	Differentialkalorimetrie	°C	

Brandverhalten

UL-Test vertikal   Dicke 1.6   mm, Wert V-0
                Dicke   mm, Wert

	Norm	*Bewertung*	*Abmessungen*
Sauerstoff-Index	ASTM D 2863		
Glühstab-Verfahren			
Brandverhalten	DIN 4102		
MVSS			
FAR			

Elektrische Eigenschaften

	Hz	°C	*Probekörper, Form*
Dielektrizitätszahl	50		
	10^3		
	10^6		
Dielektrischer Verlustfaktor tan δ	50		
	10^3		
	10^6		
Spezifischer Durchgangs- widerstand	Ohm · cm		
Durchschlagfestigkeit	kV/mm		mm dick
Oberflächenwiderstand	Ohm		
Kriechstromfestigkeit	KC	KB	KA
Elektrolytische Korrosionswirkung			
Lichtbogenfestigkeit nach DIN			
nach ASTM	s		

Beständigkeit *(Chemische Beständigkeit siehe Anhang)*

Wasseraufnahme

Feuchtigkeitsaufnahme Normalklima   %
Wetterbeständigkeit

Spannungskorrosion

Optische Eigenschaften

Brechungszahl n_D
Transmissionsgrad τ_c %   mm dick
Lichtdurchlässigkeit

Produkt	Polyetheretherketon		**PEEK**
Handelsname	**Luvocom 1105/TF/6**		
Hersteller	LUV		
DIN-Bez 1			
DIN-Bez 2			
Zusätze	6.0% PTFE	*Füllstoffe/ Verstärkung*	
Bevorzugte Verarbeitung	Spritzgiessen	*Lieferform*	Granulat
		Farben	Natur
Besondere Merkmale	Hohe Waermeformbestaendigkeit; Verbessertes Gleitverhalten; Gute Verschleissfestigkeit	*Bevorzugte Anwendungen*	Technisches Formteil; Elektrotechnik; Raumfahrt; Kernanlagen; Chemischer Apparatebau; Gleitelement

Dichte	g/cm³	1.34	*Schmelzindex*	g/10 min	:
Schüttdichte	g/cm³	0.80	*Volumenfließindex*	cm³/10 min	:
Viskositätszahl	ml/g				

Verarbeitungsbedingungen für Spritzgießen

Massetemp.	°C	360–390	*Schwindung*	%	lgs 1.40, quer 1.40
Werkzeugtemp.	°C	150–180	*Bemerkungen*		Vortrocknen empfohlen: 3h/150C
Spritzdruck	bar				

Zugversuch 23 °C   DIN 53455; DIN 53457

	Probekörper:	Form Nr.3		*Herstellung*	Spritzgiessen
		Zustand		*Vorbehandlung*	1 d bei 23 C/50 %
Streckspannung	N/mm²		*Dehnung bei Streckspannung*	%	
Zugfestigkeit	N/mm²	90	*Reißdehnung*	%	15.0
Reißfestigkeit	N/mm²	73	*% Dehnspannung*	N/mm²	
E-Modul	N/mm²	3000	*Dehnung bei % Dehnspg.*	%	

Kriechmoduln und Zeitstandwerte 23 °C

	Probekörper:	Form	*Herstellung*	
		Zustand	*Vorbehandlung*	
Kriechmodul	1 min N/mm²		*Zeitstandzugfestigkeit*	h N/mm²
Kriechmodul	1000 h N/mm²		*Zeitdehnspg. %*	h N/mm²
bei Spannung	N/mm²			

Biegeversuch 23 °C   DIN 53452;

	Probekörper:	Form 80x10x4 mm	*Herstellung*	Spritzgiessen
		Zustand	*Vorbehandlung*	1 d bei 23 C/50 %
Biegefestigkeit	N/mm² 115	*E-Modul*		N/mm²
3,5% Biegespannung	N/mm²			

Härte 23 °C

	Probekörper:	Zustand	*Herstellung*	Spritzgiessen
			Vorbehandlung	1 d bei 23 C/50 %
Kugeldruckhärte	N/mm² 130	bei N, 30 s	*Shore-Härte* A	
Rockwellhärte			*Shore-Härte* D	

Schlagversuch

	Probekörper:	(1)		
		(2)	*Herstellung*	Spritzgiessen
		Zustand	*Vorbehandlung*	1 d bei 23 C/50 %
	°C	°C	°C	*Probekörper-Form*
Schlagzähigkeit	kJ/m²	23 ≧50		NKS
Kerbschlagzähigkeit (1)	kJ/m²			
IZOD-Kerbschlagzähigkeit (2)	J/m			
Kerbschlagzugzähigkeit	kJ/m²			

Abrieb und Reibung

Taber-Abrieb (Reibradverfahren)   mm³/100 U
Abriebfaktor LNP (Thrust washer) Vergleichswert
Statische Reibungszahl
Dynamische Reibungszahl   (p · v =   N/mm² ·   m/min)
Zulässiger p · v Wert   N/mm² · (m/min)   v =   m/min
                                                v =   m/min

Thermische Eigenschaften

Formbeständigkeit in der Wärme   Verfahren   °C
                                            Verfahren   °C
Vicat Erweichungstemperatur (VST)   Verfahren   B/50   270 °C
                                              Verfahren   °C
Kristallit-Schmelzpunkt   Verfahren

Längenausdehnungskoeffizient   Bereich   °C $\cdot 10^{-4} K^{-1}$
                                              Temperatur $\cdot 10^{-4} K^{-1}$
Wärmeleitfähigkeit   Verfahren   W/(K · m)

Spezifische Wärmekapazität   Verfahren   J/(K · g)

Glasumwandlungstemperatur   Torsionsschwingungsversuch   °C
                                              Differentialkalorimetrie   °C

Brandverhalten

UL-Test vertikal   Dicke   mm, Wert
                                        Dicke   mm, Wert

	Norm	*Bewertung*	*Abmessungen*
Sauerstoff-Index	ASTM D 2863		
Glühstab-Verfahren			
Brandverhalten	DIN 4102		
MVSS			
FAR			

Elektrische Eigenschaften

	Hz	°C	*Probekörper, Form*
Dielektrizitätszahl	50		
	10^3		
	10^6		
Dielektrischer Verlustfaktor tan δ	50		
	10^3		
	10^6		

Spezifischer Durchgangs-
   widerstand   Ohm · cm
Durchschlagfestigkeit   kV/mm   mm dick
Oberflächenwiderstand   Ohm

Kriechstromfestigkeit   KC   KB   KA
Elektrolytische Korrosionswirkung
Lichtbogenfestigkeit nach DIN
           nach ASTM   s

Beständigkeit *(Chemische Beständigkeit siehe Anhang)*

Wasseraufnahme

Feuchtigkeitsaufnahme Normalklima   %
Wetterbeständigkeit

Spannungskorrosion

Optische Eigenschaften

Brechungszahl n_D
Transmissionsgrad τ_c %   mm dick
Lichtdurchlässigkeit

Produkt	Polyetheretherketon		**PEEK**
Handelsname	**Luvocom 1105/CF/10/MS/15**		
Hersteller	LUV		
DIN-Bez 1			
DIN-Bez 2			

Zusätze	15.0% Molybdaendisulfid	*Füllstoffe/ Verstärkung*	10.0% Kohlefaser
Bevorzugte Verarbeitung	Spritzgiessen	*Lieferform*	Granulat
		Farben	Schwarz
Besondere Merkmale	Sehr hoher Modul; Hohe Festigkeit; Verbessertes Gleitverhalten; Gute Verschleissfestigkeit; Geringer elektrischer Widerstand; Sehr hohe Waermeformbestaendigkeit	*Bevorzugte Anwendungen*	Technisches Formteil; Elektrotechnik; Raumfahrt; Hochvakuumtechnik; Apparatebau

Dichte	g/cm^3	1.47	*Schmelzindex*	g/10 min	:
Schüttdichte	g/cm^3	0.75–0.80	*Volumenfließindex*	cm^3/10 min	:
Viskositätszahl	ml/g				

Verarbeitungsbedingungen für Spritzgießen

Massetemp.	°C	370–400	*Schwindung*	%	lgs 0.3–0.5, quer
Werkzeugtemp.	°C	150–200	*Bemerkungen*		Vortrocknen empfohlen: 3h/150C
Spritzdruck	bar				

Zugversuch 23 °C DIN 53455; DIN 53457

Probekörper:	*Form*	Nr.3	*Herstellung*	Spritzgiessen
	Zustand		*Vorbehandlung*	1 d bei 23 C/50 %

Streckspannung	N/mm^2		*Dehnung bei Streckspannung*	%	
Zugfestigkeit	N/mm^2	175	*Reißdehnung*	%	
Reißfestigkeit	N/mm^2		*% Dehnspannung*	N/mm^2	
E-Modul	N/mm^2	13000	*Dehnung bei % Dehnspg.*	%	

Kriechmoduln und Zeitstandwerte 23 °C

Probekörper:	*Form*		*Herstellung*	
	Zustand		*Vorbehandlung*	

Kriechmodul	1 min N/mm^2		*Zeitstandzugfestigkeit*	h N/mm^2
Kriechmodul	1000 h N/mm^2		*Zeitdehnspg. %*	h N/mm^2
bei Spannung	N/mm^2			

Biegeversuch 23 °C DIN 53452;

Probekörper:	*Form*	80x10x4 mm	*Herstellung*	Spritzgiessen
	Zustand		*Vorbehandlung*	1 d bei 23 C/50 %

Biegefestigkeit	N/mm^2	230	*E-Modul*	N/mm^2
3,5% Biegespannung	N/mm^2	215		

Härte 23 °C

Probekörper:	*Zustand*		*Herstellung*	Spritzgiessen
			Vorbehandlung	1 d bei 23 C/50 %

Kugeldruckhärte	N/mm^2 220	bei N, 30 s	*Shore-Härte* A	
Rockwellhärte			*Shore-Härte* D	

Schlagversuch

Probekörper:	(1)			
	(2)		*Herstellung*	Spritzgiessen
	Zustand		*Vorbehandlung*	1 d bei 23 C/50 %

	°C	°C	°C	*Probekörper-Form*

Schlagzähigkeit	kJ/m^2	23 30		NKS
Kerbschlagzähigkeit (1)	kJ/m^2			
IZOD-Kerbschlagzähigkeit (2)	J/m			
Kerbschlagzugzähigkeit	kJ/m^2			

Abrieb und Reibung

Taber-Abrieb (Reibradverfahren)	mm^3/100 U	
Abriebfaktor LNP (Thrust washer) Vergleichswert		
Statische Reibungszahl		
Dynamische Reibungszahl	(p·v =	N/mm^2 · m/min)
Zulässiger p · v Wert	N/mm^2 · (m/min) v =	m/min
	v =	m/min

Thermische Eigenschaften

Formbeständigkeit in der Wärme	*Verfahren*		°C
	Verfahren		°C
Vicat Erweichungstemperatur (VST)	*Verfahren*	B/50	335 °C
	Verfahren		°C
Kristallit-Schmelzpunkt	*Verfahren*		
Längenausdehnungskoeffizient	*Bereich*	°C	·10^{-4}K^{-1}
	Temperatur		·10^{-4}K^{-1}
Wärmeleitfähigkeit	*Verfahren*		W/(K · m)
Spezifische Wärmekapazität	*Verfahren*		J/(K · g)
Glasumwandlungstemperatur	*Torsionsschwingungsversuch*	°C	
	Differentialkalorimetrie	°C	

Brandverhalten

UL-Test vertikal		Dicke mm, Wert	
		Dicke mm, Wert	

	Norm	*Bewertung*	*Abmessungen*
Sauerstoff-Index	ASTM D 2863		
Glühstab-Verfahren			
Brandverhalten	DIN 4102		
MVSS			
FAR			

Elektrische Eigenschaften

	Hz	°C			*Probekörper, Form*
Dielektrizitätszahl	50				
	10^3				
	10^6				
Dielektrischer Verlustfaktor tan δ	50				
	10^3				
	10^6				
Spezifischer Durchgangs-widerstand	Ohm · cm	23	≦ 1.0*10**7		
Durchschlagfestigkeit	kV/mm				mm dick
Oberflächenwiderstand	Ohm	23	≦ 1.0*10**5		
Kriechstromfestigkeit	KC		KB	KA	
Elektrolytische Korrosionswirkung					
Lichtbogenfestigkeit nach DIN					
nach ASTM	s				

Beständigkeit *(Chemische Beständigkeit siehe Anhang)*

Wasseraufnahme	
Feuchtigkeitsaufnahme Normalklima	%
Wetterbeständigkeit	
Spannungskorrosion	

Optische Eigenschaften

Brechungszahl n$_D$		
Transmissionsgrad τ$_c$	%	mm dick
Lichtdurchlässigkeit		

Produkt	Polyetheretherketon	**PEEK**
Handelsname	**Luvocom 1105/CF/10/GR/10/TF/10**	
Hersteller	LUV	
DIN-Bez 1		
DIN-Bez 2		

Zusätze	20.0% PTFE (10); Graphit (10)	*Füllstoffe/ Verstärkung*	10.0% Kohlefaser
Bevorzugte Verarbeitung	Spritzgiessen	*Lieferform*	Granulat
		Farben	Schwarz
Besondere Merkmale	Extrem hoher Modul; Sehr hohe Festigkeit; Verbessertes Gleitverhalten; Gute Verschleissfestigkeit; Sehr hohe Waermeformbestaendigkeit; Geringer elektrischer Widerstand	*Bevorzugte Anwendungen*	Technisches Formteil; Elektrotechnik; Raumfahrt; Hochvakuumtechnik; Apparatebau

Dichte	g/cm³	1.45	*Schmelzindex*	g/10 min	:
Schüttdichte	g/cm³	0.78	*Volumenfließindex*	cm³/10 min	:
Viskositätszahl	ml/g				

Verarbeitungsbedingungen für Spritzgießen

Massetemp.	°C	370–390	*Schwindung*	% lgs	0.45, quer
Werkzeugtemp.	°C	150–180	*Bemerkungen*	Vortrocknen empfohlen: 3h/150C	
Spritzdruck	bar				

Zugversuch 23 °C   DIN 53455; DIN 53457

Probekörper:	*Form*	Nr.3	*Herstellung*	Spritzgiessen
	Zustand		*Vorbehandlung*	1 d bei 23 C/50 %
Streckspannung	N/mm²		*Dehnung bei Streckspannung*	%
Zugfestigkeit	N/mm²		*Reißdehnung*	% 1.8
Reißfestigkeit	N/mm² 147		*% Dehnspannung*	N/mm²
E-Modul	N/mm² 15000		*Dehnung bei % Dehnspg.*	%

Kriechmoduln und Zeitstandwerte 23 °C

Probekörper:	*Form*	*Herstellung*	
	Zustand	*Vorbehandlung*	
Kriechmodul	1 min N/mm²	*Zeitstandzugfestigkeit*	h N/mm²
Kriechmodul	1000 h N/mm²	*Zeitdehnspg.* %	h N/mm²
bei Spannung	N/mm²		

Biegeversuch 23 °C   DIN 53452;

Probekörper:	*Form*	80x10x4 mm	*Herstellung*	Spritzgiessen
	Zustand		*Vorbehandlung*	1 d bei 23 C/50 %
Biegefestigkeit	N/mm² 200		*E-Modul*	N/mm²
3,5 % Biegespannung	N/mm²			

Härte 23 °C

Probekörper:	*Zustand*	*Herstellung*	Spritzgiessen
		Vorbehandlung	1 d bei 23 C/50 %
Kugeldruckhärte	N/mm² 190 bei N, 30 s	*Shore-Härte* A	
Rockwellhärte		*Shore-Härte* D	

Schlagversuch

Probekörper:	(1)		
	(2)	*Herstellung*	Spritzgiessen
	Zustand	*Vorbehandlung*	1 d bei 23 C/50 %

		°C	°C	°C	*Probekörper-Form*
Schlagzähigkeit	kJ/m²	23 25			NKS
Kerbschlagzähigkeit (1)	kJ/m²				
IZOD-Kerbschlagzähigkeit (2)	J/m				
Kerbschlagzugzähigkeit	kJ/m²				

Abrieb und Reibung

Taber-Abrieb (Reibradverfahren)   mm³/100 U
Abriebfaktor LNP (Thrust washer) Vergleichswert
Statische Reibungszahl
Dynamische Reibungszahl   (p·v = $\quad$ N/mm² · $\quad$ m/min)
Zulässiger p · v Wert   N/mm² · (m/min) v = $\quad$ m/min
$\qquad$ v = $\quad$ m/min

Thermische Eigenschaften

Formbeständigkeit in der Wärme   Verfahren   °C
$\qquad$ Verfahren   °C
Vicat Erweichungstemperatur (VST)   Verfahren   B/50   290 °C
$\qquad$ Verfahren   °C
Kristallit-Schmelzpunkt   Verfahren

Längenausdehnungskoeffizient   Bereich   °C   · 10^{-4}K^{-1}
$\qquad$ Temperatur   · 10^{-4}K^{-1}
Wärmeleitfähigkeit   Verfahren   W/(K · m)

Spezifische Wärmekapazität   Verfahren   J/(K · g)

Glasumwandlungstemperatur   Torsionsschwingungsversuch   °C
$\qquad$ Differentialkalorimetrie   °C

Brandverhalten

UL-Test vertikal   Dicke 1.6   mm, Wert V-0
$\qquad$ Dicke   mm, Wert

	Norm	Bewertung	Abmessungen
Sauerstoff-Index	ASTM D 2863		
Glühstab-Verfahren			
Brandverhalten	DIN 4102		
MVSS			
FAR			

Elektrische Eigenschaften

		Hz	°C			Probekörper, Form
Dielektrizitätszahl		50				
		10^3				
		10^6				
Dielektrischer Verlustfaktor tan δ		50				
		10^3				
		10^6				
Spezifischer Durchgangs-widerstand	Ohm · cm		23	1.0*10**7		
Durchschlagfestigkeit	kV/mm					mm dick
Oberflächenwiderstand	Ohm		23	1.0*10**7		
Kriechstromfestigkeit		KC		KB	KA	
Elektrolytische Korrosionswirkung						
Lichtbogenfestigkeit nach DIN						
nach ASTM	s					

Beständigkeit *(Chemische Beständigkeit siehe Anhang)*

Wasseraufnahme

Feuchtigkeitsaufnahme Normalklima   %
Wetterbeständigkeit

Spannungskorrosion

Optische Eigenschaften

Brechungszahl n$_D$
Transmissionsgrad τ$_c$ %   mm dick
Lichtdurchlässigkeit

Produkt	Polyetheretherketon	**PEEK**
Handelsname	**Luvocom 1105/GF/15**	
Hersteller	LUV	
DIN-Bez 1		
DIN-Bez 2		

Zusätze		*Füllstoffe/ Verstärkung*	15.0% Glasfaser
Bevorzugte Verarbeitung	Spritzgiessen	*Lieferform*	Granulat
		Farben	Natur
Besondere Merkmale	Extrem hohe Waermeformbestaendig- keit	*Bevorzugte Anwendungen*	Technisches Formteil; Lagerkaefig; Pumpenteil

Dichte	g/cm³	1.36	*Schmelzindex*	g/10 min	:
Schüttdichte	g/cm³	0.70–0.75	*Volumenfließindex*	cm³/10 min	:
Viskositätszahl	ml/g				

Verarbeitungsbedingungen für Spritzgießen

Massetemp.	°C	370–400	*Schwindung*	%	lgs 0.6–0.7, quer
Werkzeugtemp.	°C	150–180	*Bemerkungen*		Vortrocknen empfohlen: 3h/150C
Spritzdruck	bar				

Zugversuch 23 °C DIN 53455; DIN 53457

	Probekörper:	*Form* Nr.3	*Herstellung*	Spritzgiessen
		Zustand	*Vorbehandlung*	1 d bei 23 C/50 %
Streckspannung	N/mm²		*Dehnung bei Streckspannung*	%
Zugfestigkeit	N/mm² 120		*Reißdehnung*	% 5
Reißfestigkeit	N/mm² 110		% *Dehnspannung*	N/mm²
E-Modul	N/mm² 6500		*Dehnung bei* % *Dehnspg.*	%

Kriechmoduln und Zeitstandwerte 23 °C

	Probekörper:	*Form*	*Herstellung*	
		Zustand	*Vorbehandlung*	
Kriechmodul	1 min N/mm²		*Zeitstandzugfestigkeit*	h N/mm²
Kriechmodul	1000 h N/mm²		*Zeitdehnspg.* %	h N/mm²
bei Spannung	N/mm²			

Biegeversuch 23 °C DIN 53452;

	Probekörper:	*Form* 80x10x4 mm	*Herstellung*	Spritzgiessen
		Zustand	*Vorbehandlung*	1 d bei 23 C/50 %
Biegefestigkeit	N/mm² 160		*E-Modul*	N/mm²
3,5% Biegespannung	N/mm² 130			

Härte 23 °C

	Probekörper:	*Zustand*	*Herstellung*	Spritzgiessen
			Vorbehandlung	1 d bei 23 C/50 %
Kugeldruckhärte	N/mm² 195	bei N, 30 s	*Shore-Härte* A	
Rockwellhärte			*Shore-Härte* D	

Schlagversuch

	Probekörper:	*(1)*		
		(2)	*Herstellung*	Spritzgiessen
		Zustand	*Vorbehandlung*	1 d bei 23 C/50 %
		°C °C °C		*Probekörper-Form*
Schlagzähigkeit	kJ/m²	23 40		NKS
Kerbschlagzähigkeit (1)	kJ/m²			
IZOD-Kerbschlagzähigkeit (2)	J/m			
Kerbschlagzugzähigkeit	kJ/m²			

Abrieb und Reibung

Taber-Abrieb (Reibradverfahren)   mm³/100 U
Abriebfaktor LNP (Thrust washer) Vergleichswert
Statische Reibungszahl
Dynamische Reibungszahl   (p · v =   N/mm² ·   m/min)
Zulässiger p · v Wert   N/mm² · (m/min)   v =   m/min
                                                                       v =   m/min

Thermische Eigenschaften

Formbeständigkeit in der Wärme   *Verfahren*   °C
                                      Verfahren   °C
Vicat Erweichungstemperatur (VST)   *Verfahren* B/50   310 °C
                                      Verfahren   °C
Kristallit-Schmelzpunkt   *Verfahren*

Längenausdehnungskoeffizient   *Bereich*   °C $\cdot 10^{-4} K^{-1}$
                                      Temperatur $\cdot 10^{-4} K^{-1}$
Wärmeleitfähigkeit   *Verfahren*   W/(K · m)

Spezifische Wärmekapazität   *Verfahren*   J/(K · g)

Glasumwandlungstemperatur   *Torsionsschwingungsversuch*   °C
                                      Differentialkalorimetrie   °C

Brandverhalten

UL-Test vertikal   Dicke 1.6   mm, Wert V-0
                                      Dicke   mm, Wert

              Norm   *Bewertung*   *Abmessungen*

Sauerstoff-Index   ASTM D 2863
Glühstab-Verfahren
Brandverhalten   DIN 4102
MVSS
FAR

Elektrische Eigenschaften

                                Hz   °C   *Probekörper, Form*

Dielektrizitätszahl   50
                                10³
                                10⁶
Dielektrischer Verlustfaktor tan δ   50
                                10³
                                10⁶

Spezifischer Durchgangs-
   widerstand   Ohm · cm
Durchschlagfestigkeit kV/mm   mm dick
Oberflächenwiderstand Ohm

Kriechstromfestigkeit   KC   KB   KA
Elektrolytische Korrosionswirkung
Lichtbogenfestigkeit nach DIN
            nach ASTM   s

Beständigkeit *(Chemische Beständigkeit siehe Anhang)*

Wasseraufnahme

Feuchtigkeitsaufnahme Normalklima   %
Wetterbeständigkeit

Spannungskorrosion

Optische Eigenschaften

Brechungszahl n_D
Transmissionsgrad τ_c %   mm dick
Lichtdurchlässigkeit

Datenbank-Nr.	**T06163**	*Merkblatt-Nr.* **3809**

Produkt	Polyetheretherketon	**PEEK**
Handelsname	**Luvocom 1105/GF/20/EM**	
Hersteller	LUV	
DIN-Bez 1		
DIN-Bez 2		

Zusätze	Entformungshilfe	*Füllstoffe/ Verstärkung*	20.0% Glasfaser
Bevorzugte Verarbeitung	Spritzgiessen	*Lieferform*	Granulat
		Farben	Natur
Besondere Merkmale	Extrem hohe Waermeformbestaendig-keit	*Bevorzugte Anwendungen*	Technisches Formteil; Lagerkaefig; Pumpenteil

Dichte	g/cm^3	1.40	*Schmelzindex*	g/10 min	:
Schüttdichte	g/cm^3	0.78–0.83	*Volumenfließindex*	cm^3/10 min	:
Viskositätszahl	ml/g				

Verarbeitungsbedingungen für Spritzgießen

Massetemp.	°C	370–400	*Schwindung*	%	lgs 0.5–0.6, quer
Werkzeugtemp.	°C	150–180	*Bemerkungen*		Vortrocknen empfohlen: 3h/150C
Spritzdruck	bar				

Zugversuch 23 °C DIN 53455;

	Probekörper:	*Form*	Nr.3	*Herstellung*	Spritzgiessen
		Zustand		*Vorbehandlung*	1 d bei 23 C/50 %
Streckspannung	N/mm^2		*Dehnung bei Streckspannung*	%	
Zugfestigkeit	N/mm^2	135	*Reißdehnung*	%	
Reißfestigkeit	N/mm^2		*% Dehnspannung*	N/mm^2	
E-Modul	N/mm^2		*Dehnung bei % Dehnspg.*	%	

Kriechmoduln und Zeitstandwerte 23 °C

	Probekörper:	*Form*	*Herstellung*	
		Zustand	*Vorbehandlung*	
Kriechmodul	*1 min* N/mm^2		*Zeitstandzugfestigkeit*	h N/mm^2
Kriechmodul	*1000 h* N/mm^2		*Zeitdehnspg.* %	h N/mm^2
bei Spannung	N/mm^2			

Biegeversuch 23 °C DIN 53452;

	Probekörper:	*Form*	80x10x4 mm	*Herstellung*	Spritzgiessen
		Zustand		*Vorbehandlung*	1 d bei 23 C/50 %
Biegefestigkeit	N/mm^2	190	*E-Modul*	N/mm^2	
3,5% Biegespannung	N/mm^2	165			

Härte 23 °C

	Probekörper:	*Zustand*	*Herstellung*	Spritzgiessen
			Vorbehandlung	1 d bei 23 C/50 %
Kugeldruckhärte	N/mm^2 210	bei N, 30 s	*Shore-Härte* A	
Rockwellhärte			*Shore-Härte* D	

Schlagversuch

	Probekörper:	(1)		
		(2)	*Herstellung*	Spritzgiessen
		Zustand	*Vorbehandlung*	1 d bei 23 C/50 %
		°C	°C	°C	*Probekörper-Form*

Schlagzähigkeit	kJ/m^2	23 35		NKS
Kerbschlagzähigkeit (1)	kJ/m^2			
IZOD-Kerbschlagzähigkeit (2)	J/m			
Kerbschlagzugzähigkeit	kJ/m^2			

Abrieb und Reibung

Taber-Abrieb (Reibradverfahren)   mm³/100 U
Abriebfaktor LNP (Thrust washer) Vergleichswert
Statische Reibungszahl
Dynamische Reibungszahl   (p·v =   N/mm² ·   m/min)
Zulässiger p · v Wert   N/mm² · (m/min)   v =   m/min
        v =   m/min

Thermische Eigenschaften

Formbeständigkeit in der Wärme   Verfahren   °C
                                         Verfahren   °C
Vicat Erweichungstemperatur (VST)   Verfahren   B/50   315 °C
                                         Verfahren   °C
Kristallit-Schmelzpunkt   Verfahren

Längenausdehnungskoeffizient   Bereich   °C $\cdot 10^{-4} K^{-1}$
                                         Temperatur $\cdot 10^{-4} K^{-1}$
Wärmeleitfähigkeit   Verfahren   W/(K · m)

Spezifische Wärmekapazität   Verfahren   J/(K · g)

Glasumwandlungstemperatur   Torsionsschwingungsversuch   °C
                                        Differentialkalorimetrie   °C

Brandverhalten

UL-Test vertikal   Dicke 1.6   mm, Wert V-0
                      Dicke   mm, Wert

	Norm	*Bewertung*	*Abmessungen*
Sauerstoff-Index	ASTM D 2863		
Glühstab-Verfahren			
Brandverhalten	DIN 4102		
MVSS			
FAR			

Elektrische Eigenschaften

	Hz	°C	*Probekörper, Form*
Dielektrizitätszahl	50		
	10^3		
	10^6		
Dielektrischer Verlustfaktor tan δ	50		
	10^3		
	10^6 ·		

Spezifischer Durchgangs-
    widerstand   Ohm · cm
Durchschlagfestigkeit   kV/mm   mm dick
Oberflächenwiderstand   Ohm

Kriechstromfestigkeit   KC   KB   KA
Elektrolytische Korrosionswirkung
Lichtbogenfestigkeit nach DIN
                nach ASTM   s

Beständigkeit *(Chemische Beständigkeit siehe Anhang)*

Wasseraufnahme

Feuchtigkeitsaufnahme Normalklima   %
Wetterbeständigkeit

Spannungskorrosion

Optische Eigenschaften

Brechungszahl n_D
Transmissionsgrad τ_c %   mm dick
Lichtdurchlässigkeit

Produkt	Polyetheretherketon	**PEEK**
Handelsname	**Luvocom 1105/GR/12/TF/3**	
Hersteller	LUV	
DIN-Bez 1		
DIN-Bez 2		

Zusätze	15.0% PTFE (3); Graphit (12)	*Füllstoffe/ Verstärkung*	
Bevorzugte Verarbeitung	Spritzgiessen	*Lieferform*	Granulat
		Farben	Schwarz
Besondere Merkmale	Gute mechanische Eigenschaften; Verbessertes Gleitverhalten; Gute Verschleissfestigkeit; Sehr gute Waermeformbestaendigkeit	*Bevorzugte Anwendungen*	Technisches Formteil

---

Dichte	g/cm³	1.37	*Schmelzindex*	g/10 min	:
Schüttdichte	g/cm³		*Volumenfließindex*	cm³/10 min	:
Viskositätszahl	ml/g				

Verarbeitungsbedingungen für Spritzgießen

Massetemp.	°C	370–400	*Schwindung*	%	lgs 1.1–1.3, quer 1.1–1.3
Werkzeugtemp.	°C	150–180	*Bemerkungen*		Vortrocknen empfohlen: 3h/150C
Spritzdruck	bar				

Zugversuch 23 °C DIN 53455; DIN 53457

	Probekörper:	*Form* Nr.3	*Herstellung*	Spritzgiessen	
		Zustand	*Vorbehandlung*	1 d bei 23 C/50 %	

Streckspannung	N/mm²		*Dehnung bei Streckspannung*	%	
Zugfestigkeit	N/mm²	90	*Reißdehnung*	%	8
Reißfestigkeit	N/mm²	75	% *Dehnspannung*	N/mm²	
E-Modul	N/mm²	3500	*Dehnung bei* % *Dehnspg.*	%	

Kriechmoduln und Zeitstandwerte 23 °C

	Probekörper:	*Form*	*Herstellung*	
		Zustand	*Vorbehandlung*	

Kriechmodul	1 min	N/mm²	*Zeitstandzugfestigkeit*	h	N/mm²
Kriechmodul	1000 h	N/mm²	*Zeitdehnspg.* %	h	N/mm²
bei Spannung		N/mm²			

Biegeversuch 23 °C DIN 53452;

	Probekörper:	*Form* 80x10x4 mm	*Herstellung*	Spritzgiessen	
		Zustand	*Vorbehandlung*	1 d bei 23 C/50 %	

Biegefestigkeit	N/mm²	125	*E-Modul*	N/mm²
3,5% Biegespannung	N/mm²			

Härte 23 °C

	Probekörper:	*Zustand*	*Herstellung*	Spritzgiessen	
			Vorbehandlung	1 d bei 23 C/50 %	

Kugeldruckhärte	N/mm² 200	bei	N, 30 s	*Shore-Härte* A	
Rockwellhärte				*Shore-Härte* D	

Schlagversuch

	Probekörper:	(1)		
		(2)	*Herstellung*	Spritzgiessen
		Zustand	*Vorbehandlung*	1 d bei 23 C/50 %

	°C	°C	°C	*Probekörper-Form*

Schlagzähigkeit	kJ/m²	23 75		NKS
Kerbschlagzähigkeit (1)	kJ/m²			
IZOD-Kerbschlagzähigkeit (2)	J/m			
Kerbschlagzugzähigkeit	kJ/m²			

Abrieb und Reibung

Taber-Abrieb (Reibradverfahren)   mm³/100 U
Abriebfaktor LNP (Thrust washer) Vergleichswert
Statische Reibungszahl
Dynamische Reibungszahl   (p·v =   N/mm² ·   m/min)
Zulässiger p · v Wert   N/mm² · (m/min)   v =   m/min
                                                                              v =   m/min

Thermische Eigenschaften

Formbeständigkeit in der Wärme   *Verfahren*   °C
                                        Verfahren   °C
Vicat Erweichungstemperatur (VST)   *Verfahren*   B/50   285 °C
                                        Verfahren   °C
Kristallit-Schmelzpunkt   *Verfahren*

Längenausdehnungskoeffizient   *Bereich*   °C $\cdot 10^{-4} \mathrm{K}^{-1}$
                                        Temperatur $\cdot 10^{-4} \mathrm{K}^{-1}$
Wärmeleitfähigkeit   *Verfahren*   W/(K · m)

Spezifische Wärmekapazität   *Verfahren*   J/(K · g)

Glasumwandlungstemperatur   *Torsionsschwingungsversuch*   °C
                                        Differentialkalorimetrie   °C

Brandverhalten

UL-Test vertikal   Dicke   mm, Wert
                                        Dicke   mm, Wert

	Norm	*Bewertung*	*Abmessungen*
Sauerstoff-Index	ASTM D 2863		
Glühstab-Verfahren			
Brandverhalten	DIN 4102		
MVSS			
FAR			

Elektrische Eigenschaften

	Hz	°C		*Probekörper, Form*
Dielektrizitätszahl	50			
	10³			
	10⁶			
Dielektrischer Verlustfaktor tan δ	50			
	10³			
	10⁶			

Spezifischer Durchgangs-
  widerstand   Ohm · cm
Durchschlagfestigkeit   kV/mm   mm dick
Oberflächenwiderstand   Ohm

Kriechstromfestigkeit   KC   KB   KA
Elektrolytische Korrosionswirkung
Lichtbogenfestigkeit nach DIN
              nach ASTM   s

Beständigkeit *(Chemische Beständigkeit siehe Anhang)*

Wasseraufnahme

Feuchtigkeitsaufnahme Normalklima   %
Wetterbeständigkeit

Spannungskorrosion

Optische Eigenschaften

Brechungszahl n$_D$
Transmissionsgrad τ$_c$ %   mm dick
Lichtdurchlässigkeit

Produkt	Polyetheretherketon		**PEEK**
Handelsname	**Luvocom 1105/GR/15/TF/6**		
Hersteller	LUV		
DIN-Bez 1			
DIN-Bez 2			
Zusätze	21.0% PTFE (6); Graphit (15)	*Füllstoffe/ Verstärkung*	
Bevorzugte Verarbeitung	Spritzgiessen	*Lieferform*	Granulat
		Farben	Schwarz
Besondere Merkmale	Gute mechanische Eigenschaften; Verbessertes Gleitverhalten; Gute Verschleissfestigkeit; Sehr gute Waermeformbestaendigkeit	*Bevorzugte Anwendungen*	Technisches Formteil

Dichte	g/cm^3	1.38	*Schmelzindex*	g/10 min	:
Schüttdichte	g/cm^3	0.85–0.90	*Volumenfließindex*	cm^3/10 min	:
Viskositätszahl	ml/g				

Verarbeitungsbedingungen für Spritzgießen

Massetemp.	°C	370–400	*Schwindung*	%	lgs 0.8–1.0, quer 0.8–1.0
Werkzeugtemp.	°C	150–200	*Bemerkungen*		Vortrocknen empfohlen: 3h/150C
Spritzdruck	bar				

Zugversuch 23 °C　DIN 53455; DIN 53457

Probekörper:	*Form* Nr.3	*Herstellung*	Spritzgiessen
	Zustand	*Vorbehandlung*	1 d bei 23 C/50 %

Streckspannung	N/mm^2		*Dehnung bei Streckspannung*	%
Zugfestigkeit	N/mm^2	85	*Reißdehnung*	% 7.5
Reißfestigkeit	N/mm^2	80	*% Dehnspannung*	N/mm^2
E-Modul	N/mm^2	5000	*Dehnung bei % Dehnspg.*	%

Kriechmoduln und Zeitstandwerte 23 °C

Probekörper:	*Form*	*Herstellung*	
	Zustand	*Vorbehandlung*	

Kriechmodul	*1 min* N/mm^2		*Zeitstandzugfestigkeit*	h N/mm^2
Kriechmodul	*1000 h* N/mm^2		*Zeitdehnspg. %*	h N/mm^2
bei Spannung	N/mm^2			

Biegeversuch 23 °C　DIN 53452;

Probekörper:	*Form* 80x10x4 mm	*Herstellung*	Spritzgiessen
	Zustand	*Vorbehandlung*	1 d bei 23 C/50 %

Biegefestigkeit	N/mm^2	125	*E-Modul*	N/mm^2
3,5% Biegespannung	N/mm^2	105		

Härte 23 °C

Probekörper:	*Zustand*	*Herstellung*	Spritzgiessen
		Vorbehandlung	1 d bei 23 C/50 %

Kugeldruckhärte	N/mm^2 130	bei N, 30 s	*Shore-Härte*	A
Rockwellhärte			*Shore-Härte*	D

Schlagversuch

Probekörper:	*(1)*		
	(2)	*Herstellung*	Spritzgiessen
	Zustand	*Vorbehandlung*	1 d bei 23 C/50 %

	°C	°C	°C	*Probekörper-Form*
Schlagzähigkeit	kJ/m^2 23 55			NKS
Kerbschlagzähigkeit (1)	kJ/m^2			
IZOD-Kerbschlagzähigkeit (2)	J/m			
Kerbschlagzugzähigkeit	kJ/m^2			

Abrieb und Reibung

Taber-Abrieb (Reibradverfahren)	mm³/100 U	
Abriebfaktor LNP (Thrust washer) Vergleichswert		
Statische Reibungszahl		
Dynamische Reibungszahl	(p·v = N/mm² · m/min)	
Zulässiger p·v Wert	N/mm² · (m/min) v = m/min	
	v = m/min	

Thermische Eigenschaften

Formbeständigkeit in der Wärme	Verfahren		°C
	Verfahren		°C
Vicat Erweichungstemperatur (VST)	Verfahren B/50		300 °C
	Verfahren		°C
Kristallit-Schmelzpunkt	Verfahren		
Längenausdehnungskoeffizient	Bereich °C		$\cdot 10^{-4} K^{-1}$
	Temperatur		$\cdot 10^{-4} K^{-1}$
Wärmeleitfähigkeit	Verfahren		W/(K · m)
Spezifische Wärmekapazität	Verfahren		J/(K · g)
Glasumwandlungstemperatur	Torsionsschwingungsversuch	°C	
	Differentialkalorimetrie	°C	

Brandverhalten

UL-Test vertikal	Dicke mm, Wert	
	Dicke mm, Wert	

	Norm	Bewertung	Abmessungen
Sauerstoff-Index	ASTM D 2863		
Glühstab-Verfahren			
Brandverhalten	DIN 4102		
MVSS			
FAR			

Elektrische Eigenschaften

	Hz	°C	Probekörper, Form
Dielektrizitätszahl	50		
	10³		
	10⁶		
Dielektrischer Verlustfaktor tan δ	50		
	10³		
	10⁶		
Spezifischer Durchgangs-widerstand	Ohm · cm		
Durchschlagfestigkeit	kV/mm		mm dick
Oberflächenwiderstand	Ohm		
Kriechstromfestigkeit	KC	KB	KA
Elektrolytische Korrosionswirkung			
Lichtbogenfestigkeit nach DIN			
nach ASTM	s		

Beständigkeit *(Chemische Beständigkeit siehe Anhang)*

Wasseraufnahme	
Feuchtigkeitsaufnahme Normalklima	%
Wetterbeständigkeit	
Spannungskorrosion	

Optische Eigenschaften

Brechungszahl n_D		
Transmissionsgrad τ_c	%	mm dick
Lichtdurchlässigkeit		

Produkt	Polyetheretherketon	**PEEK**
Handelsname	**Luvocom 1105/GR/15/TF/15**	
Hersteller	LUV	
DIN-Bez 1		
DIN-Bez 2		

Zusätze 30.0% PTFE (15); Graphit (15)   *Füllstoffe/ Verstärkung*

Bevorzugte Verarbeitung Spritzgiessen   *Lieferform* Granulat

Farben Schwarz

Besondere Merkmale Sehr gute mechanische Eigenschaften; Sehr gutes Gleitverhalten; Gute Verschleissfestigkeit; Sehr gute Waermeformbestaendigkeit   *Bevorzugte Anwendungen* Technisches Formteil

---

Dichte	g/cm³	1.46	*Schmelzindex*	g/10 min	:
Schüttdichte	g/cm³	0.87–0.92	*Volumenfließindex*	cm³/10 min	:
Viskositätszahl	ml/g				

Verarbeitungsbedingungen für Spritzgießen

Massetemp.	°C	370–400	*Schwindung*	%	lgs 0.8–0.9, quer 0.8–0.9
Werkzeugtemp.	°C	150–180	*Bemerkungen*		Vortrocknen empfohlen: 3h/150C
Spritzdruck	bar				

Zugversuch 23 °C DIN 53455; DIN 53457

Probekörper:	*Form*	Nr.3	*Herstellung*	Spritzgiessen	
	Zustand		*Vorbehandlung*	1 d bei 23 C/50 %	

Streckspannung	N/mm²		*Dehnung bei Streckspannung*	%	
Zugfestigkeit	N/mm²	75	*Reißdehnung*	%	5–6
Reißfestigkeit	N/mm²	70	*% Dehnspannung*	N/mm²	
E-Modul	N/mm²	5000	*Dehnung bei % Dehnspg.*	%	

Kriechmoduln und Zeitstandwerte 23 °C

Probekörper:	*Form*	*Herstellung*	
	Zustand	*Vorbehandlung*	

Kriechmodul	*1 min* N/mm²	*Zeitstandzugfestigkeit*	h N/mm²	
Kriechmodul	*1000 h* N/mm²	*Zeitdehnspg.* %	h N/mm²	
bei Spannung	N/mm²			

Biegeversuch 23 °C DIN 53452;

Probekörper:	*Form*	80x10x4 mm	*Herstellung*	Spritzgiessen
	Zustand		*Vorbehandlung*	1 d bei 23 C/50 %

Biegefestigkeit	N/mm²	110	*E-Modul*	N/mm²
3,5% Biegespannung	N/mm²	95		

Härte 23 °C

Probekörper:	*Zustand*	*Herstellung*	Spritzgiessen
		Vorbehandlung	1 d bei 23 C/50 %

Kugeldruckhärte	N/mm² 160	bei N, 30 s	*Shore-Härte* A	
Rockwellhärte			*Shore-Härte* D	

Schlagversuch

Probekörper:	(1)		
	(2)	*Herstellung*	Spritzgiessen
	Zustand	*Vorbehandlung*	1 d bei 23 C/50 %

	°C	°C	°C	*Probekörper-Form*

Schlagzähigkeit	kJ/m²	23 45		NKS
Kerbschlagzähigkeit (1)	kJ/m²			
IZOD-Kerbschlagzähigkeit (2)	J/m			
Kerbschlagzugzähigkeit	kJ/m²			

Abrieb und Reibung

Taber-Abrieb (Reibradverfahren)	mm³/100 U
Abriebfaktor LNP (Thrust washer) Vergleichswert	
Statische Reibungszahl	
Dynamische Reibungszahl	(p · v = N/mm² · m/min)
Zulässiger p · v Wert	N/mm² · (m/min) v = m/min
	v = m/min

Thermische Eigenschaften

Formbeständigkeit in der Wärme	*Verfahren*		°C
	Verfahren		°C
Vicat Erweichungstemperatur (VST)	*Verfahren*	B/50	295 °C
	Verfahren		°C
Kristallit-Schmelzpunkt	*Verfahren*		
Längenausdehnungskoeffizient	*Bereich*	°C	$\cdot 10^{-4} \text{K}^{-1}$
	Temperatur		$\cdot 10^{-4} \text{K}^{-1}$
Wärmeleitfähigkeit	*Verfahren*		W/(K · m)
Spezifische Wärmekapazität	*Verfahren*		J/(K · g)
Glasumwandlungstemperatur	*Torsionsschwingungsversuch*		°C
	Differentialkalorimetrie		°C

Brandverhalten

UL-Test vertikal		*Dicke*	mm, Wert
		Dicke	mm, Wert

	Norm	*Bewertung*	*Abmessungen*
Sauerstoff-Index	ASTM D 2863		
Glühstab-Verfahren			
Brandverhalten	DIN 4102		
MVSS			
FAR			

Elektrische Eigenschaften

	Hz	°C	*Probekörper, Form*
Dielektrizitätszahl	50		
	10^3		
	10^6		
Dielektrischer Verlustfaktor tan δ	50		
	10^3		
	10^6		

Spezifischer Durchgangs-widerstand	Ohm · cm			
Durchschlagfestigkeit	kV/mm			mm dick
Oberflächenwiderstand	Ohm			
Kriechstromfestigkeit	KC	KB	KA	
Elektrolytische Korrosionswirkung				
Lichtbogenfestigkeit nach DIN				
nach ASTM	s			

Beständigkeit *(Chemische Beständigkeit siehe Anhang)*

Wasseraufnahme

Feuchtigkeitsaufnahme Normalklima   %
Wetterbeständigkeit

Spannungskorrosion

Optische Eigenschaften

Brechungszahl n_D
Transmissionsgrad τ_c %   mm dick
Lichtdurchlässigkeit

Produkt	Polyetheretherketon	**PEEK**
Handelsname	**Luvocom 1105/MS/2**	
Hersteller	LUV	
DIN-Bez 1		
DIN-Bez 2		

Zusätze	2.0% Molybdaendisulfid	*Füllstoffe/ Verstärkung*	
Bevorzugte Verarbeitung	Spritzgiessen	*Lieferform*	Granulat
		Farben	Schwarz
Besondere Merkmale	Gute mechanische Eigenschaften; Verbessertes Gleitverhalten; Gute Verschleissfestigkeit; Sehr gute Waermeformbestaendigkeit	*Bevorzugte Anwendungen*	Technisches Formteil; Dichtring fuer Kugelhaehne

Dichte	g/cm³	1.32	*Schmelzindex*	g/10 min		:
Schüttdichte	g/cm³	0.80–0.85	*Volumenfließindex*	cm³/10 min		:
Viskositätszahl	ml/g					

Verarbeitungsbedingungen für Spritzgießen

Massetemp.	°C	370–400	*Schwindung*	%	lgs 1.5–1.6, quer 1.5–1.6
Werkzeugtemp.	°C	140–200	*Bemerkungen*		Vortrocknen empfohlen: 3h/150C
Spritzdruck	bar				

Zugversuch 23 °C　　DIN 53455; DIN 53457

	Probekörper:	*Form*	Nr.3	*Herstellung*	Spritzgiessen
		Zustand		*Vorbehandlung*	1 d bei 23 C/50 %
Streckspannung	N/mm²			*Dehnung bei Streckspannung*	%
Zugfestigkeit	N/mm²	95		*Reißdehnung*	%
Reißfestigkeit	N/mm²			% *Dehnspannung*	N/mm²
E-Modul	N/mm²	3800		*Dehnung bei % Dehnspg.*	%

Kriechmoduln und Zeitstandwerte 23 °C

	Probekörper:	*Form*		*Herstellung*	
		Zustand		*Vorbehandlung*	
Kriechmodul	*1 min* N/mm²			*Zeitstandzugfestigkeit*	h N/mm²
Kriechmodul	*1000 h* N/mm²			*Zeitdehnspg.* %	h N/mm²
bei Spannung	N/mm²				

Biegeversuch 23 °C　　DIN 53452;

	Probekörper:	*Form*	80x10x4 mm	*Herstellung*	Spritzgiessen
		Zustand		*Vorbehandlung*	1 d bei 23 C/50 %
Biegefestigkeit	N/mm²	125	*E-Modul*		N/mm²
3,5% Biegespannung	N/mm²	95			

Härte 23 °C

	Probekörper:	*Zustand*		*Herstellung*	Spritzgiessen
				Vorbehandlung	1 d bei 23 C/50 %
Kugeldruckhärte	N/mm² 140	bei	N, 30 s	*Shore-Härte* A	
Rockwellhärte				*Shore-Härte* D	

Schlagversuch

	Probekörper:	*(1)*			
		(2)		*Herstellung*	Spritzgiessen
		Zustand		*Vorbehandlung*	1 d bei 23 C/50 %
		°C	°C	°C	*Probekörper-Form*
Schlagzähigkeit	kJ/m²	23 65			NKS
Kerbschlagzähigkeit (1)	kJ/m²				
IZOD-Kerbschlagzähigkeit (2)	J/m				
Kerbschlagzugzähigkeit	kJ/m²				

Abrieb und Reibung

Taber-Abrieb (Reibradverfahren)	mm³/100 U
Abriebfaktor LNP (Thrust washer) Vergleichswert	
Statische Reibungszahl	
Dynamische Reibungszahl	(p·v = N/mm² · m/min)
Zulässiger p · v Wert	N/mm² · (m/min) v = m/min
	v = m/min

Thermische Eigenschaften

Formbeständigkeit in der Wärme	Verfahren		°C
	Verfahren		°C
Vicat Erweichungstemperatur (VST)	Verfahren	B/50	280 °C
	Verfahren		°C
Kristallit-Schmelzpunkt	Verfahren		
Längenausdehnungskoeffizient	Bereich	°C	$\cdot 10^{-4} K^{-1}$
	Temperatur		$\cdot 10^{-4} K^{-1}$
Wärmeleitfähigkeit	Verfahren		W/(K · m)
Spezifische Wärmekapazität	Verfahren		J/(K · g)
Glasumwandlungstemperatur	Torsionsschwingungsversuch	°C	
	Differentialkalorimetrie	°C	

Brandverhalten

UL-Test vertikal	Dicke mm, Wert	
	Dicke mm, Wert	

	Norm	Bewertung	Abmessungen
Sauerstoff-Index	ASTM D 2863		
Glühstab-Verfahren			
Brandverhalten	DIN 4102		
MVSS			
FAR			

Elektrische Eigenschaften

	Hz	°C	Probekörper, Form
Dielektrizitätszahl	50		
	10^3		
	10^6		
Dielektrischer Verlustfaktor tan δ	50		
	10^3		
	10^6		

Spezifischer Durchgangs-		
widerstand	Ohm · cm	
Durchschlagfestigkeit	kV/mm	mm dick
Oberflächenwiderstand	Ohm	

Kriechstromfestigkeit	KC	KB	KA
Elektrolytische Korrosionswirkung			
Lichtbogenfestigkeit nach DIN			
nach ASTM	s		

Beständigkeit *(Chemische Beständigkeit siehe Anhang)*

Wasseraufnahme	
Feuchtigkeitsaufnahme Normalklima	%
Wetterbeständigkeit	
Spannungskorrosion	

Optische Eigenschaften

Brechungszahl n_D		
Transmissionsgrad τ_c	%	mm dick
Lichtdurchlässigkeit		

Produkt	Polyetherimid	**PEI**
Handelsname	**Luvocom 1106/CF/30**	
Hersteller	LUV	
DIN-Bez 1		
DIN-Bez 2		

Zusätze		*Füllstoffe/ Verstärkung*	30.0% Kohlefaser	
Bevorzugte Verarbeitung	Spritzgiessen	*Lieferform*	Granulat	
		Farben	Schwarz	
Besondere Merkmale	Extrem hoher Modul; Extrem hohe Festigkeit; Sehr hohe Haerte; Gute Waermeformbestaendigkeit; Geringer elektrischer Widerstand	*Bevorzugte Anwendungen*	Technisches Formteil; Zahnrad; Zahnriemenrad; Lagerbuchse; Gleitelement	

Dichte	g/cm^3	1.40	*Schmelzindex*	g/10 min		:
Schüttdichte	g/cm^3	0.68	*Volumenfließindex*	cm^3/10 min		:
Viskositätszahl	ml/g					

Verarbeitungsbedingungen für Spritzgießen

Massetemp.	°C	340–370	*Schwindung*	%	lgs	0.02, quer
Werkzeugtemp.	°C	65–180	*Bemerkungen*	Vortrocknen empfohlen: 4h/150C		
Spritzdruck	bar					

Zugversuch 23 °C   DIN 53455; DIN 53457

	Probekörper:	*Form*	Nr.3	*Herstellung*	Spritzgiessen
		Zustand		*Vorbehandlung*	1 d bei 23 C/50 %

Streckspannung	N/mm^2		*Dehnung bei Streckspannung*	%
Zugfestigkeit	N/mm^2 210		*Reißdehnung*	% 1
Reißfestigkeit	N/mm^2 208		*% Dehnspannung*	N/mm^2
E-Modul	N/mm^2 22000		*Dehnung bei % Dehnspg.*	%

Kriechmoduln und Zeitstandwerte 23 °C

	Probekörper:	*Form*	*Herstellung*	
		Zustand	*Vorbehandlung*	

Kriechmodul	1 min N/mm^2		*Zeitstandzugfestigkeit*	h N/mm^2
Kriechmodul	1000 h N/mm^2		*Zeitdehnspg. %*	h N/mm^2
bei Spannung	N/mm^2			

Biegeversuch 23 °C   DIN 53452;

	Probekörper:	*Form*	80x10x4 mm	*Herstellung*	Spritzgiessen
		Zustand		*Vorbehandlung*	1 d bei 23 C/50 %

Biegefestigkeit	N/mm^2 265		*E-Modul*	N/mm^2
3,5% Biegespannung	N/mm^2			

Härte 23 °C

	Probekörper:	*Zustand*	*Herstellung*	Spritzgiessen
			Vorbehandlung	1 d bei 23 C/50 %

Kugeldruckhärte	N/mm^2 260	bei N, 30 s	*Shore-Härte* A	
Rockwellhärte			*Shore-Härte* D	

Schlagversuch

	Probekörper:	(1)		
		(2)	*Herstellung*	Spritzgiessen
		Zustand	*Vorbehandlung*	1 d bei 23 C/50 %

	°C	°C	°C	*Probekörper-Form*

Schlagzähigkeit	kJ/m^2	23 20		NKS
Kerbschlagzähigkeit (1)	kJ/m^2			
IZOD-Kerbschlagzähigkeit (2)	J/m			
Kerbschlagzugzähigkeit	kJ/m^2			

Abrieb und Reibung

Taber-Abrieb (Reibradverfahren) mm^3/100 U
Abriebfaktor LNP (Thrust washer) Vergleichswert
Statische Reibungszahl
Dynamische Reibungszahl (p·v =   N/mm^2 ·   m/min)
Zulässiger p · v Wert N/mm^2 · (m/min)   v =   m/min
                                      v =   m/min

Thermische Eigenschaften

Formbeständigkeit in der Wärme Verfahren   °C
                                  Verfahren   °C
Vicat Erweichungstemperatur (VST) Verfahren B/50   220 °C
                                  Verfahren   °C
Kristallit-Schmelzpunkt Verfahren

Längenausdehnungskoeffizient Bereich   °C   ·10^{-4}K^{-1}
                                Temperatur   ·10^{-4}K^{-1}
Wärmeleitfähigkeit Verfahren   W/(K·m)

Spezifische Wärmekapazität Verfahren   J/(K·g)

Glasumwandlungstemperatur Torsionsschwingungsversuch   °C
                             Differentialkalorimetrie   °C

Brandverhalten

UL-Test vertikal Dicke 1.6 mm, Wert V-0
                    Dicke   mm, Wert

	Norm	*Bewertung*	*Abmessungen*
Sauerstoff-Index	ASTM D 2863		
Glühstab-Verfahren			
Brandverhalten	DIN 4102		
MVSS			
FAR			

Elektrische Eigenschaften

	Hz	°C			*Probekörper, Form*
Dielektrizitätszahl	50				
	10^3				
	10^6				
Dielektrischer Verlustfaktor tan δ	50				
	10^3				
	10^6				
Spezifischer Durchgangswiderstand	Ohm·cm	23	1.0*10**3		
Durchschlagfestigkeit	kV/mm				mm dick
Oberflächenwiderstand	Ohm	23	1.0*10**3		
Kriechstromfestigkeit	KC		KB	KA	
Elektrolytische Korrosionswirkung					
Lichtbogenfestigkeit nach DIN					
nach ASTM	s				

Beständigkeit *(Chemische Beständigkeit siehe Anhang)*

Wasseraufnahme

Feuchtigkeitsaufnahme Normalklima   %
Wetterbeständigkeit

Spannungskorrosion

Optische Eigenschaften

Brechungszahl n$_D$
Transmissionsgrad τ$_c$ %   mm dick
Lichtdurchlässigkeit

Produkt	Polyphenylensulfid	**PPS**
Handelsname	**Luvocom 1300/CF/10/GF/20/GK/20**	
Hersteller	LUV	
DIN-Bez 1		
DIN-Bez 2		

Zusätze		*Füllstoffe/ Verstärkung*	50.0% Glasfaser (20); Glaskugel (20); Kohlefaser (10)
Bevorzugte Verarbeitung	Spritzgiessen	*Lieferform*	Granulat
		Farben	Schwarz
Besondere Merkmale	Extrem hoher Modul; Hohe Festigkeit; Hohe Waermeformbestaendigkeit; Geringer elektrischer Widerstand	*Bevorzugte Anwendungen*	Technisches Formteil

Dichte	g/cm^3	1.69	*Schmelzindex*	g/10 min	:
Schüttdichte	g/cm^3	0.50–0.55	*Volumenfließindex*	cm^3/10 min	:
Viskositätszahl	ml/g				

Verarbeitungsbedingungen für Spritzgießen

Massetemp.	°C	300–340	*Schwindung*	%	lgs 0.2–0.3, quer
Werkzeugtemp.	°C	130–150	*Bemerkungen*		Vortrocknen empfohlen: 2h/120C
Spritzdruck	bar				

Zugversuch 23 °C DIN 53455; DIN 53457

	Probekörper:	*Form* Nr.3	*Herstellung*	Spritzgiessen	
		Zustand	*Vorbehandlung*	1 d bei 23 C/50 %	
Streckspannung	N/mm^2		*Dehnung bei Streckspannung*	%	
Zugfestigkeit	N/mm^2	140	*Reißdehnung*	%	
Reißfestigkeit	N/mm^2		*% Dehnspannung*	N/mm^2	
E-Modul	N/mm^2	20000	*Dehnung bei % Dehnspg.*	%	

Kriechmoduln und Zeitstandwerte 23 °C

	Probekörper:	*Form*	*Herstellung*		
		Zustand	*Vorbehandlung*		
Kriechmodul	1 min N/mm^2		*Zeitstandzugfestigkeit*	h N/mm^2	
Kriechmodul	1000 h N/mm^2		*Zeitdehnspg. %*	h N/mm^2	
bei Spannung	N/mm^2				

Biegeversuch 23 °C DIN 53452;

	Probekörper:	*Form* 80x10x4 mm	*Herstellung*	Spritzgiessen	
		Zustand	*Vorbehandlung*	1 d bei 23 C/50 %	
Biegefestigkeit	N/mm^2	185	*E-Modul*	N/mm^2	
3,5% Biegespannung	N/mm^2				

Härte 23 °C

	Probekörper:	*Zustand*	*Herstellung*	Spritzgiessen
			Vorbehandlung	1 d bei 23 C/50 %
Kugeldruckhärte	N/mm^2 330	bei N, 30 s	*Shore-Härte* A	
Rockwellhärte			*Shore-Härte* D	

Schlagversuch

	Probekörper:	(1)		
		(2)	*Herstellung*	Spritzgiessen
		Zustand	*Vorbehandlung*	1 d bei 23 C/50 %
	°C	°C	°C	*Probekörper-Form*
Schlagzähigkeit	kJ/m^2 23 10			NKS
Kerbschlagzähigkeit (1)	kJ/m^2			
IZOD-Kerbschlagzähigkeit (2)	J/m			
Kerbschlagzugzähigkeit	kJ/m^2			

Abrieb und Reibung

Taber-Abrieb (Reibradverfahren)   mm³/100 U
Abriebfaktor LNP (Thrust washer) Vergleichswert
Statische Reibungszahl
Dynamische Reibungszahl   (p·v =   N/mm² ·   m/min)
Zulässiger p · v Wert   N/mm² · (m/min)   v =   m/min
                                                                         v =   m/min

Thermische Eigenschaften

Formbeständigkeit in der Wärme   *Verfahren*   A   250 °C
                                     Verfahren   °C
Vicat Erweichungstemperatur (VST) *Verfahren*   °C
                                     Verfahren   °C
Kristallit-Schmelzpunkt   *Verfahren*

Längenausdehnungskoeffizient   *Bereich*   °C $\cdot 10^{-4} \mathrm{K}^{-1}$
                                     Temperatur $\cdot 10^{-4} \mathrm{K}^{-1}$
Wärmeleitfähigkeit   *Verfahren*   W/(K · m)

Spezifische Wärmekapazität   *Verfahren*   J/(K · g)

Glasumwandlungstemperatur   *Torsionsschwingungsversuch*   °C
                                     Differentialkalorimetrie   °C

Brandverhalten

UL-Test vertikal   Dicke 1.6   mm, Wert V-0
                                     Dicke   mm, Wert

                Norm   *Bewertung*   *Abmessungen*

Sauerstoff-Index   ASTM D 2863
Glühstab-Verfahren
Brandverhalten   DIN 4102
MVSS
FAR

Elektrische Eigenschaften

                                     Hz   °C   *Probekörper, Form*

Dielektrizitätszahl   50
                                     10^3
                                     10^6
Dielektrischer Verlustfaktor tan δ 50
                                     10^3
                                     10^6
Spezifischer Durchgangs-
  widerstand   Ohm · cm   23 $\leq 1.0*10**4$
Durchschlagfestigkeit kV/mm   mm dick
Oberflächenwiderstand Ohm   23   1.0*10**3
Kriechstromfestigkeit   KC   KB   KA
Elektrolytische Korrosionswirkung
Lichtbogenfestigkeit nach DIN
               nach ASTM   s

Beständigkeit *(Chemische Beständigkeit siehe Anhang)*

Wasseraufnahme

Feuchtigkeitsaufnahme Normalklima   %
Wetterbeständigkeit

Spannungskorrosion

Optische Eigenschaften

Brechungszahl n_D
Transmissionsgrad τ_c %   mm dick
Lichtdurchlässigkeit

Produkt	Polyphenylensulfid	**PPS**
Handelsname	**Luvocom 1300/CF/30/TF/15**	
Hersteller	LUV	
DIN-Bez 1		
DIN-Bez 2		

Zusätze	15.0% PTFE	*Füllstoffe/ Verstärkung*	30.0% Kohlefaser	
Bevorzugte Verarbeitung	Spritzgiessen	*Lieferform*	Granulat	
		Farben	Schwarz	
Besondere Merkmale	Extrem hoher Modul; Sehr hohe Festigkeit; Verbessertes Gleitverhalten; Gute Verschleissfestigkeit; Hohe Waermeformbestaendigkeit; Geringer elektrischer Widerstand	*Bevorzugte Anwendungen*	Technisches Formteil; Lagerbuchse; Ventil; Pumpenteil; Dichtelement; Kontaktplatte	

Dichte	g/cm^3	1.47	*Schmelzindex*	g/10 min	:	
Schüttdichte	g/cm^3	0.45	*Volumenfließindex*	cm^3/10 min	:	
Viskositätszahl	ml/g					

Verarbeitungsbedingungen für Spritzgießen

Massetemp.	°C	300–340	*Schwindung*	%	lgs	0.03, quer	
Werkzeugtemp.	°C	90–130	*Bemerkungen*	Vortrocknen empfohlen: 2h/120C			
Spritzdruck	bar						

Zugversuch 23 °C   DIN 53455; DIN 53457

Probekörper:	Form	Nr.3	*Herstellung*	Spritzgiessen	
	Zustand		*Vorbehandlung*	1 d bei 23 C/50 %	

Streckspannung	N/mm^2		*Dehnung bei Streckspannung*	%		
Zugfestigkeit	N/mm^2		*Reißdehnung*	%	0.6	
Reißfestigkeit	N/mm^2	125	% *Dehnspannung*	N/mm^2		
E-Modul	N/mm^2	25000	*Dehnung bei* % *Dehnspg.*	%		

Kriechmoduln und Zeitstandwerte 23 °C

Probekörper:	Form		*Herstellung*	
	Zustand		*Vorbehandlung*	

Kriechmodul	1 min N/mm^2		*Zeitstandzugfestigkeit*	h N/mm^2	
Kriechmodul	1000 h N/mm^2		*Zeitdehnspg.* %	h N/mm^2	
bei Spannung	N/mm^2				

Biegeversuch 23 °C   DIN 53452;

Probekörper:	Form	80x10x4 mm	*Herstellung*	Spritzgiessen	
	Zustand		*Vorbehandlung*	1 d bei 23 C/50 %	

Biegefestigkeit	N/mm^2	190	*E-Modul*	N/mm^2	
3,5% Biegespannung	N/mm^2				

Härte 23 °C

Probekörper:	Zustand		*Herstellung*	Spritzgiessen
			Vorbehandlung	1 d bei 23 C/50 %

Kugeldruckhärte	N/mm^2 230	bei	N, 30 s	*Shore-Härte* A	
Rockwellhärte				*Shore-Härte* D	

Schlagversuch

Probekörper:	(1)			
	(2)		*Herstellung*	Spritzgiessen
	Zustand		*Vorbehandlung*	1 d bei 23 C/50 %

	°C	°C	°C	*Probekörper-Form*

Schlagzähigkeit	kJ/m^2	23 9		NKS
Kerbschlagzähigkeit (1)	kJ/m^2			
IZOD-Kerbschlagzähigkeit (2)	J/m			
Kerbschlagzugzähigkeit	kJ/m^2			

Abrieb und Reibung

Taber-Abrieb (Reibradverfahren)   mm^3/100 U
Abriebfaktor LNP (Thrust washer) Vergleichswert
Statische Reibungszahl
Dynamische Reibungszahl   (p · v =   N/mm^2 ·   m/min)
Zulässiger p · v Wert   N/mm^2 · (m/min)   v =   m/min
                                                                          v =   m/min

Thermische Eigenschaften

Formbeständigkeit in der Wärme   *Verfahren*   °C
                                      Verfahren   °C
Vicat Erweichungstemperatur (VST)   *Verfahren* B/50   245 °C
                                      Verfahren   °C
Kristallit-Schmelzpunkt   *Verfahren*

Längenausdehnungskoeffizient   *Bereich*   °C   · 10^{-4}K^{-1}
                                      Temperatur   · 10^{-4}K^{-1}
Wärmeleitfähigkeit   *Verfahren*   W/(K · m)

Spezifische Wärmekapazität   *Verfahren*   J/(K · g)

Glasumwandlungstemperatur   *Torsionsschwingungsversuch*   °C
                                      Differentialkalorimetrie   °C

Brandverhalten

UL-Test vertikal   Dicke 1.6   mm, Wert V-0
                                      Dicke   mm, Wert

	Norm	*Bewertung*		*Abmessungen*
Sauerstoff-Index	ASTM D 2863			
Glühstab-Verfahren				
Brandverhalten	DIN 4102			
MVSS				
FAR				

Elektrische Eigenschaften

	Hz	°C			*Probekörper, Form*
Dielektrizitätszahl	50				
	10^3				
	10^6				
Dielektrischer Verlustfaktor tan δ	50				
	10^3				
	10^6				

Spezifischer Durchgangs-
 widerstand   Ohm · cm   23   1.0*10**2
Durchschlagfestigkeit   kV/mm   mm dick
Oberflächenwiderstand   Ohm   23   1.0*10**1

Kriechstromfestigkeit   KC   KB   KA
Elektrolytische Korrosionswirkung
Lichtbogenfestigkeit nach DIN
              nach ASTM   s

Beständigkeit (Chemische Beständigkeit siehe Anhang)

Wasseraufnahme 23 C   1 d   0.06 %

Feuchtigkeitsaufnahme Normalklima   %
Wetterbeständigkeit

Spannungskorrosion

Optische Eigenschaften

Brechungszahl n$_D$
Transmissionsgrad τ$_c$ %   mm dick
Lichtdurchlässigkeit

Produkt	Polyphenylensulfid	**PPS**
Handelsname	**Luvocom 1300/CF/20**	
Hersteller	LUV	
DIN-Bez 1		
DIN-Bez 2		

Zusätze		*Füllstoffe/ Verstärkung*	20.0% Kohlefaser
Bevorzugte Verarbeitung	Spritzgiessen	*Lieferform*	Granulat
		Farben	Schwarz
Besondere Merkmale	Sehr hoher Modul; Hohe Festigkeit; Hohe Waermeformbestaendigkeit; Geringer elektrischer Widerstand	*Bevorzugte Anwendungen*	Technisches Formteil; Pumpenlaufrad; Dichtung; Ventil; Lampenfassung; Spulenkoerper; Greifer; Buchse

Dichte	g/cm^3	1.40	*Schmelzindex*	g/10 min	:
Schüttdichte	g/cm^3	0.42	*Volumenfließindex*	cm^3/10 min	:
Viskositätszahl	ml/g				

Verarbeitungsbedingungen für Spritzgießen

Massetemp.	°C	300–340	*Schwindung*	% lgs	0.07, quer
Werkzeugtemp.	°C	90–130	*Bemerkungen*	Vortrocknen empfohlen: 2h/120C	
Spritzdruck	bar				

Zugversuch 23 °C DIN 53455; DIN 53457

Probekörper:	*Form* Nr.3	*Herstellung*	Spritzgiessen
	Zustand	*Vorbehandlung*	1 d bei 23 C/50 %

Streckspannung	N/mm^2	*Dehnung bei Streckspannung*	%	
Zugfestigkeit	N/mm^2	*Reißdehnung*	%	0.9
Reißfestigkeit	N/mm^2 139	*% Dehnspannung*	N/mm^2	
E-Modul	N/mm^2 18000	*Dehnung bei % Dehnspg.*	%	

Kriechmoduln und Zeitstandwerte 23 °C

Probekörper:	*Form*	*Herstellung*	
	Zustand	*Vorbehandlung*	

Kriechmodul	1 min N/mm^2	*Zeitstandzugfestigkeit*	h N/mm^2
Kriechmodul	1000 h N/mm^2	*Zeitdehnspg. %*	h N/mm^2
bei Spannung	N/mm^2		

Biegeversuch 23 °C DIN 53452;

Probekörper:	*Form* 80x10x4 mm	*Herstellung*	Spritzgiessen
	Zustand	*Vorbehandlung*	1 d bei 23 C/50 %

Biegefestigkeit	N/mm^2 185	*E-Modul*	N/mm^2
3,5% Biegespannung	N/mm^2		

Härte 23 °C

Probekörper:	*Zustand*	*Herstellung*	
		Vorbehandlung	

Kugeldruckhärte	N/mm^2 bei N, s	*Shore-Härte* A	
Rockwellhärte		*Shore-Härte* D	

Schlagversuch

Probekörper:	*(1)*		
	(2)	*Herstellung*	Spritzgiessen
	Zustand	*Vorbehandlung*	1 d bei 23 C/50 %

	°C	°C	°C	*Probekörper-Form*
Schlagzähigkeit	kJ/m^2 23 10			NKS
Kerbschlagzähigkeit (1)	kJ/m^2			
IZOD-Kerbschlagzähigkeit (2)	J/m			
Kerbschlagzugzähigkeit	kJ/m^2			

Abrieb und Reibung

Taber-Abrieb (Reibradverfahren)   mm³/100 U
Abriebfaktor LNP (Thrust washer) Vergleichswert
Statische Reibungszahl
Dynamische Reibungszahl   (p·v =   N/mm² ·   m/min)
Zulässiger p · v Wert   N/mm² · (m/min)   v =   m/min
                                                                          v =   m/min

Thermische Eigenschaften

Formbeständigkeit in der Wärme   Verfahren   °C
                                        Verfahren   °C
Vicat Erweichungstemperatur (VST)   Verfahren   B/50   246 °C
                                        Verfahren   °C
Kristallit-Schmelzpunkt   Verfahren

Längenausdehnungskoeffizient   Bereich   °C   · 10^{-4}K^{-1}
                                        Temperatur   · 10^{-4}K^{-1}
Wärmeleitfähigkeit   Verfahren   W/(K · m)

Spezifische Wärmekapazität   Verfahren   J/(K · g)

Glasumwandlungstemperatur   Torsionsschwingungsversuch   °C
                                        Differentialkalorimetrie   °C

Brandverhalten

UL-Test vertikal   Dicke 1.6   mm, Wert V-0
                                        Dicke   mm, Wert

	Norm	Bewertung		Abmessungen
Sauerstoff-Index	ASTM D 2863			
Glühstab-Verfahren				
Brandverhalten	DIN 4102			
MVSS				
FAR				

Elektrische Eigenschaften

		Hz	°C			Probekörper, Form
Dielektrizitätszahl		50				
		10^3				
		10^6				
Dielektrischer Verlustfaktor tan δ		50				
		10^3				
		10^6				
Spezifischer Durchgangs-widerstand	Ohm · cm		23	1.0*10**2		
Durchschlagfestigkeit	kV/mm					mm dick .
Oberflächenwiderstand	Ohm		23	1.0*10**2		
Kriechstromfestigkeit	KC		KB		KA	
Elektrolytische Korrosionswirkung						
Lichtbogenfestigkeit nach DIN						
nach ASTM	s					

Beständigkeit *(Chemische Beständigkeit siehe Anhang)*

Wasseraufnahme 23 C   1 d   0.03 %

Feuchtigkeitsaufnahme Normalklima   %
Wetterbeständigkeit

Spannungskorrosion

Optische Eigenschaften

Brechungszahl n$_D$
Transmissionsgrad τ$_c$ %   mm dick
Lichtdurchlässigkeit

			PPS
Produkt	Polyphenylensulfid		
Handelsname	**Luvocom 1300/CN/30**		
Hersteller	LUV		
DIN-Bez 1			
DIN-Bez 2			
Zusätze		*Füllstoffe/ Verstärkung*	30.0% Kohlefaser vernickelt
Bevorzugte Verarbeitung	Spritzgiessen	*Lieferform*	Granulat
		Farben	Natur
Besondere Merkmale	Sehr hoher Modul; Hohe Festigkeit; Sehr geringer elektrischer Widerstand; Hohe Waermeformbestaendigkeit	*Bevorzugte Anwendungen*	Technisches Formteil; Abschirm-Element

Dichte	g/cm^3	1.52	*Schmelzindex*	g/10 min	:
Schüttdichte	g/cm^3	0.42–0.48	*Volumenfließindex*	cm^3/10 min	:
Viskositätszahl	ml/g				

Verarbeitungsbedingungen für Spritzgießen

Massetemp.	°C	310–330	*Schwindung*	%	lgs 0.1–0.3, quer
Werkzeugtemp.	°C	130–150	*Bemerkungen*		Vortrocknen empfohlen: 3h/150C
Spritzdruck	bar				

Zugversuch 23 °C DIN 53455; DIN 53457

	Probekörper: Form	Nr.3	*Herstellung*	Spritzgiessen	
	Zustand		*Vorbehandlung*	1 d bei 23 C/50 %	
Streckspannung	N/mm^2		*Dehnung bei Streckspannung*	%	
Zugfestigkeit	N/mm^2		*Reißdehnung*	%	0.7
Reißfestigkeit	N/mm^2	95	% *Dehnspannung*	N/mm^2	
E-Modul	N/mm^2	15000	*Dehnung bei* % *Dehnspg.*	%	

Kriechmoduln und Zeitstandwerte 23 °C

	Probekörper: Form		*Herstellung*	
	Zustand		*Vorbehandlung*	
Kriechmodul	1 min N/mm^2		*Zeitstandzugfestigkeit*	h N/mm^2
Kriechmodul	1000 h N/mm^2		*Zeitdehnspg.* %	h N/mm^2
bei Spannung	N/mm^2			

Biegeversuch 23 °C DIN 53452;

	Probekörper: Form	80x10x4 mm	*Herstellung*	Spritzgiessen
	Zustand		*Vorbehandlung*	1 d bei 23 C/50 %
Biegefestigkeit	N/mm^2 135		*E-Modul*	N/mm^2
3,5% Biegespannung	N/mm^2			

Härte 23 °C

	Probekörper: Zustand		*Herstellung*	Spritzgiessen
			Vorbehandlung	1 d bei 23 C/50 %
Kugeldruckhärte	N/mm^2 200	bei N, 30 s	*Shore-Härte* A	
Rockwellhärte			*Shore-Härte* D	

Schlagversuch

	Probekörper: (1)			
	(2)		*Herstellung*	Spritzgiessen
	Zustand		*Vorbehandlung*	1 d bei 23 C/50 %
	°C	°C	°C	*Probekörper-Form*
Schlagzähigkeit	kJ/m^2 23 10			NKS
Kerbschlagzähigkeit (1)	kJ/m^2			
IZOD-Kerbschlagzähigkeit (2)	J/m			
Kerbschlagzugzähigkeit	kJ/m^2			

Abrieb und Reibung

Taber-Abrieb (Reibradverfahren)	mm³/100 U	
Abriebfaktor LNP (Thrust washer) Vergleichswert		
Statische Reibungszahl		
Dynamische Reibungszahl	$(p \cdot v =$ N/mm² · m/min)	
Zulässiger p · v Wert	N/mm² · (m/min) v = m/min	
	v = m/min	

Thermische Eigenschaften

Formbeständigkeit in der Wärme	*Verfahren*		°C
	Verfahren		°C
Vicat Erweichungstemperatur (VST)	*Verfahren* B/50		240 °C
	Verfahren		°C
Kristallit-Schmelzpunkt	*Verfahren*		
Längenausdehnungskoeffizient	*Bereich*	°C	$\cdot 10^{-4} \mathrm{K}^{-1}$
	Temperatur		$\cdot 10^{-4} \mathrm{K}^{-1}$
Wärmeleitfähigkeit	*Verfahren*		W/(K · m)
Spezifische Wärmekapazität	*Verfahren*		J/(K · g)
Glasumwandlungstemperatur	*Torsionsschwingungsversuch*	°C	
	Differentialkalorimetrie	°C	

Brandverhalten

UL-Test vertikal   Dicke 1.6   mm, Wert V-0
            Dicke   mm, Wert

	Norm	*Bewertung*	*Abmessungen*
Sauerstoff-Index	ASTM D 2863		
Glühstab-Verfahren			
Brandverhalten	DIN 4102		
MVSS			
FAR			

Elektrische Eigenschaften

	Hz	°C			*Probekörper, Form*
Dielektrizitätszahl	50				
	10^3				
	10^6				
Dielektrischer Verlustfaktor tan δ	50				
	10^3				
	10^6				
Spezifischer Durchgangs-widerstand	Ohm · cm	23	$\leq 1.0*10**1$		
Durchschlagfestigkeit	kV/mm				mm dick
Oberflächenwiderstand	Ohm	23	$\leq 1.0*10**0$		
Kriechstromfestigkeit	KC		KB	KA	
Elektrolytische Korrosionswirkung					
Lichtbogenfestigkeit nach DIN					
nach ASTM	s				

Beständigkeit *(Chemische Beständigkeit siehe Anhang)*

Wasseraufnahme

Feuchtigkeitsaufnahme Normalklima   %
Wetterbeständigkeit

Spannungskorrosion

Optische Eigenschaften

Brechungszahl n_D
Transmissionsgrad τ_c %   mm dick
Lichtdurchlässigkeit

Produkt	Polyphenylensulfid	**PPS**
Handelsname	**Luvocom 1300/GF/30/TF/15**	
Hersteller	LUV	
DIN-Bez 1		
DIN-Bez 2		

Zusätze	15.0% PTFE	*Füllstoffe/ Verstärkung*	30.0% Glasfaser
Bevorzugte Verarbeitung	Spritzgiessen	*Lieferform*	Granulat
		Farben	Natur
Besondere Merkmale	Sehr hoher Modul; Hohe Festigkeit; Verbessertes Gleitverhalten; Gute Ver-schleissfestigkeit; Hohe Waermeform-bestaendigkeit	*Bevorzugte Anwendungen*	Technisches Formteil; Lagerbuchse; Gleitelement; Kupplungsteil; Pumpen-teil; Dichtelement

---

Dichte	g/cm^3	1.65		*Schmelzindex*	g/10 min	:
Schüttdichte	g/cm^3	0.70		*Volumenfließindex*	cm^3/10 min	:
Viskositätszahl	ml/g					

Verarbeitungsbedingungen für Spritzgießen

Massetemp.	°C	300–340	*Schwindung*	% lgs	0.20, quer
Werkzeugtemp.	°C	90–130	*Bemerkungen*	Vortrocknen empfohlen: 2h/120C	
Spritzdruck	bar				

Zugversuch 23 °C DIN 53455; DIN 53457

	Probekörper:	Form	Nr.3	*Herstellung*	Spritzgiessen
		Zustand		*Vorbehandlung*	1 d bei 23 C/50 %
Streckspannung	N/mm^2		*Dehnung bei Streckspannung*	%	
Zugfestigkeit	N/mm^2 105		*Reißdehnung*	%	1.0
Reißfestigkeit	N/mm^2 104		% *Dehnspannung*	N/mm^2	
E-Modul	N/mm^2 12500		*Dehnung bei* % *Dehnspg.*	%	

Kriechmoduln und Zeitstandwerte 23 °C

	Probekörper:	Form	*Herstellung*	
		Zustand	*Vorbehandlung*	
Kriechmodul	1 min N/mm^2	*Zeitstandzugfestigkeit*	h N/mm^2	
Kriechmodul	1000 h N/mm^2	*Zeitdehnspg.* %	h N/mm^2	
bei Spannung	N/mm^2			

Biegeversuch 23 °C DIN 53452;

	Probekörper:	Form	80x10x4 mm	*Herstellung*	Spritzgiessen
		Zustand		*Vorbehandlung*	1 d bei 23 C/50 %
Biegefestigkeit	N/mm^2 140		*E-Modul*	N/mm^2	
3,5% Biegespannung	N/mm^2				

Härte 23 °C

	Probekörper:	Zustand	*Herstellung*	Spritzgiessen
			Vorbehandlung	1 d bei 23 C/50 %
Kugeldruckhärte	N/mm^2 180	bei N, 30 s	*Shore-Härte* A	
Rockwellhärte			*Shore-Härte* D	

Schlagversuch

	Probekörper:	(1)	
		(2)	*Herstellung* Spritzgiessen
		Zustand	*Vorbehandlung* 1 d bei 23 C/50 %
	°C	°C	°C	*Probekörper-Form*

Schlagzähigkeit	kJ/m^2	23 10		NKS
Kerbschlagzähigkeit (1)	kJ/m^2			
IZOD-Kerbschlagzähigkeit (2)	J/m			
Kerbschlagzugzähigkeit	kJ/m^2			

Abrieb und Reibung

Taber-Abrieb (Reibradverfahren)   mm³/100 U
Abriebfaktor LNP (Thrust washer) Vergleichswert
Statische Reibungszahl
Dynamische Reibungszahl   (p·v =   N/mm² ·   m/min)
Zulässiger p · v Wert   N/mm² · (m/min)   v =   m/min
                                                                                  v =   m/min

Thermische Eigenschaften

Formbeständigkeit in der Wärme   Verfahren   °C
                                          Verfahren   °C
Vicat Erweichungstemperatur (VST)   Verfahren   B/50   243 °C
                                          Verfahren   °C
Kristallit-Schmelzpunkt   Verfahren

Längenausdehnungskoeffizient   Bereich   °C $\cdot 10^{-4} K^{-1}$
                                          Temperatur $\cdot 10^{-4} K^{-1}$
Wärmeleitfähigkeit   Verfahren   W/(K · m)

Spezifische Wärmekapazität   Verfahren   J/(K · g)

Glasumwandlungstemperatur   Torsionsschwingungsversuch   °C
                                          Differentialkalorimetrie   °C

Brandverhalten

UL-Test vertikal   Dicke 1.6   mm, Wert V-0
                                          Dicke   mm, Wert

                  Norm   Bewertung   Abmessungen

Sauerstoff-Index   ASTM D 2863
Glühstab-Verfahren
Brandverhalten   DIN 4102
MVSS
FAR

Elektrische Eigenschaften

                                          Hz   °C   Probekörper, Form

Dielektrizitätszahl   50
                                          10^3
                                          10^6
Dielektrischer Verlustfaktor tan δ   50
                                          10^3
                                          10^6
Spezifischer Durchgangs-
  widerstand   Ohm · cm
Durchschlagfestigkeit   kV/mm   mm dick
Oberflächenwiderstand   Ohm

Kriechstromfestigkeit   KC   KB   KA
Elektrolytische Korrosionswirkung
Lichtbogenfestigkeit nach DIN
              nach ASTM   s

Beständigkeit *(Chemische Beständigkeit siehe Anhang)*

Wasseraufnahme 23 C   1 d   0.03 %

Feuchtigkeitsaufnahme Normalklima   %
Wetterbeständigkeit

Spannungskorrosion

Optische Eigenschaften

Brechungszahl n_D
Transmissionsgrad τ_c %   mm dick
Lichtdurchlässigkeit

Produkt	Polysulfon	**PSU**
Handelsname	**Luvocom 1500/CF/30**	
Hersteller	LUV	
DIN-Bez 1		
DIN-Bez 2		

Zusätze		*Füllstoffe/ Verstärkung*	30.0% Kohlefaser
Bevorzugte Verarbeitung	Spritzgiessen	*Lieferform*	Granulat
		Farben	Schwarz
Besondere Merkmale	Extrem hoher Modul; Sehr hohe Festigkeit; Geringer elektrischer Widerstand	*Bevorzugte Anwendungen*	Technisches Formteil; Spulenkoerper; Steckerleiste; Klemmleiste; Schalterteil; Relaisteil; Ventil fuer Armaturen; Getriebeteil; Lager; Buchse; Lampenfassung; Teil fuer Medizintechnik

Dichte	g/cm^3	1.37	*Schmelzindex*	g/10 min		:
Schüttdichte	g/cm^3	0.68	*Volumenfließindex*	cm^3/10 min		:
Viskositätszahl	ml/g					

Verarbeitungsbedingungen für Spritzgießen

Massetemp.	°C	315–370	*Schwindung*	%	lgs	0.05, quer
Werkzeugtemp.	°C	100–150	*Bemerkungen*	Vortrocknen empfohlen: 16h/95C		
Spritzdruck	bar					

Zugversuch 23 °C DIN 53455; DIN 53457

Probekörper:	*Form*	Nr.3		*Herstellung*	Spritzgiessen	
	Zustand			*Vorbehandlung*	1 d bei 23 C/50 %	

Streckspannung	N/mm^2		*Dehnung bei Streckspannung*	%	
Zugfestigkeit	N/mm^2		*Reißdehnung*	%	1.5
Reißfestigkeit	N/mm^2	163	% *Dehnspannung*	N/mm^2	
E-Modul	N/mm^2	21000	*Dehnung bei* % *Dehnspg.*	%	

Kriechmoduln und Zeitstandwerte 23 °C

Probekörper:	*Form*		*Herstellung*	
	Zustand		*Vorbehandlung*	

Kriechmodul	1 min N/mm^2	*Zeitstandzugfestigkeit*	h N/mm^2	
Kriechmodul	1000 h N/mm^2	*Zeitdehnspg.* %	h N/mm^2	
bei Spannung	N/mm^2			

Biegeversuch 23 °C DIN 53452;

Probekörper:	*Form*	80x10x4 mm	*Herstellung*	Spritzgiessen
	Zustand		*Vorbehandlung*	1 d bei 23 C/50 %

Biegefestigkeit	N/mm^2 220	*E-Modul*	N/mm^2
3,5% Biegespannung	N/mm^2		

Härte 23 °C

Probekörper:	*Zustand*		*Herstellung*	Spritzgiessen
			Vorbehandlung	1 d bei 23 C/50 %

Kugeldruckhärte	N/mm^2 200 bei N, 30 s	*Shore-Härte* A	
Rockwellhärte		*Shore-Härte* D	

Schlagversuch

Probekörper:	(1)		
	(2)	*Herstellung*	Spritzgiessen
	Zustand	*Vorbehandlung*	1 d bei 23 C/50 %

	°C	°C	°C	*Probekörper-Form*
Schlagzähigkeit kJ/m^2	23 20			NKS
Kerbschlagzähigkeit (1) kJ/m^2				
IZOD-Kerbschlagzähigkeit (2) J/m				
Kerbschlagzugzähigkeit kJ/m^2				

Abrieb und Reibung

Taber-Abrieb (Reibradverfahren) $mm^3/100\ U$
Abriebfaktor LNP (Thrust washer) Vergleichswert
Statische Reibungszahl
Dynamische Reibungszahl $(p \cdot v =$ $N/mm^2 \cdot$ m/min$)$
Zulässiger p · v Wert $N/mm^2 \cdot$ (m/min)   v =   m/min
                        v =   m/min

Thermische Eigenschaften

Formbeständigkeit in der Wärme   *Verfahren*   °C
                                          Verfahren   °C
Vicat Erweichungstemperatur (VST)   *Verfahren*   B/50   196 °C
                                          Verfahren   °C
Kristallit-Schmelzpunkt   *Verfahren*

Längenausdehnungskoeffizient   *Bereich*   °C $\cdot 10^{-4} K^{-1}$
                                          Temperatur $\cdot 10^{-4} K^{-1}$
Wärmeleitfähigkeit   *Verfahren* $W/(K \cdot m)$

Spezifische Wärmekapazität   *Verfahren* $J/(K \cdot g)$

Glasumwandlungstemperatur   *Torsionsschwingungsversuch*   °C
                                          Differentialkalorimetrie   °C

Brandverhalten

UL-Test vertikal   Dicke 1.6   mm, Wert V-1
                     Dicke   mm, Wert

	Norm	*Bewertung*	*Abmessungen*
Sauerstoff-Index	ASTM D 2863		
Glühstab-Verfahren			
Brandverhalten	DIN 4102		
MVSS			
FAR			

Elektrische Eigenschaften

	Hz	°C			*Probekörper, Form*
Dielektrizitätszahl	50				
	10^3				
	10^6				
Dielektrischer Verlustfaktor tan δ	50				
	10^3				
	10^6				
Spezifischer Durchgangswiderstand Ohm · cm		23	1.0*10**3		
Durchschlagfestigkeit kV/mm					mm dick
Oberflächenwiderstand Ohm		23	1.0*10**2		
Kriechstromfestigkeit	KC		KB	KA	
Elektrolytische Korrosionswirkung					
Lichtbogenfestigkeit nach DIN					
nach ASTM s					

Beständigkeit *(Chemische Beständigkeit siehe Anhang)*

Wasseraufnahme 23 C   1 d   0.2 %

Feuchtigkeitsaufnahme Normalklima   %
Wetterbeständigkeit

Spannungskorrosion

Optische Eigenschaften

Brechungszahl n_D
Transmissionsgrad τ_c %   mm dick
Lichtdurchlässigkeit

Produkt	Polysulfon	**PSU**
Handelsname	**Luvocom 1500/GF/10**	
Hersteller	LUV	
DIN-Bez 1		
DIN-Bez 2		

Zusätze		*Füllstoffe/ Verstärkung*	10.0% Glasfaser	
Bevorzugte Verarbeitung	Spritzgiessen	*Lieferform*	Granulat	
		Farben	Natur	
Besondere Merkmale	Ausgewogene mechanische und thermische Eigenschaften; Hydrolysebe-staendig; Spannungsrissempfindlich	*Bevorzugte Anwendungen*	Technisches Formteil; Spulenkoerper; Widerstandstraeger; Schalterteil; Ventil	

Dichte	g/cm³	1.30	*Schmelzindex*	g/10 min	:
Schüttdichte	g/cm³	0.70–0.75	*Volumenfließindex*	cm³/10 min	:
Viskositätszahl	ml/g				

Verarbeitungsbedingungen für Spritzgießen

Massetemp.	°C	300–370	*Schwindung*	%	lgs 0.3–0.5, quer
Werkzeugtemp.	°C	100–150	*Bemerkungen*		Vortrocknen empfohlen: 3h/120C
Spritzdruck	bar				

Zugversuch 23 °C   DIN 53455; DIN 53457

	Probekörper:	*Form*	Nr.3	*Herstellung*	Spritzgiessen
		Zustand		*Vorbehandlung*	1 d bei 23 C/50 %
Streckspannung	N/mm²		*Dehnung bei Streckspannung*	%	
Zugfestigkeit	N/mm² 90		*Reißdehnung*	%	4.5
Reißfestigkeit	N/mm² 86		*% Dehnspannung*	N/mm²	
E-Modul	N/mm² 4000		*Dehnung bei* *% Dehnspg.*	%	

Kriechmoduln und Zeitstandwerte 23 °C

	Probekörper:	*Form*		*Herstellung*	
		Zustand		*Vorbehandlung*	
Kriechmodul	1 min N/mm²		*Zeitstandzugfestigkeit*	h N/mm²	
Kriechmodul	1000 h N/mm²		*Zeitdehnspg. %*	h N/mm²	
bei Spannung	N/mm²				

Biegeversuch 23 °C   DIN 53452;

	Probekörper:	*Form*	80x10x4 mm	*Herstellung*	Spritzgiessen
		Zustand		*Vorbehandlung*	1 d bei 23 C/50 %
Biegefestigkeit	N/mm² 130		*E-Modul*	N/mm²	
3,5% Biegespannung	N/mm² 95				

Härte 23 °C

	Probekörper:	*Zustand*		*Herstellung*	Spritzgiessen
				Vorbehandlung	1 d bei 23 C/50 %
Kugeldruckhärte	N/mm² 135	bei N, 30 s	*Shore-Härte* A		
Rockwellhärte			*Shore-Härte* D		

Schlagversuch

	Probekörper:	(1)			
		(2)		*Herstellung*	Spritzgiessen
		Zustand		*Vorbehandlung*	1 d bei 23 C/50 %
	°C	°C	°C		*Probekörper-Form*
Schlagzähigkeit	kJ/m²	23 35			NKS
Kerbschlagzähigkeit (1)	kJ/m²				
IZOD-Kerbschlagzähigkeit (2)	J/m				
Kerbschlagzugzähigkeit	kJ/m²				

Abrieb und Reibung

Taber-Abrieb (Reibradverfahren)   mm³/100 U
Abriebfaktor LNP (Thrust washer) Vergleichswert
Statische Reibungszahl
Dynamische Reibungszahl   (p·v =   N/mm² ·   m/min)
Zulässiger p · v Wert   N/mm² · (m/min)   v =   m/min
                                                                                   v =   m/min

Thermische Eigenschaften

Formbeständigkeit in der Wärme   *Verfahren*   A   175 °C
                                          Verfahren   °C
Vicat Erweichungstemperatur (VST)   *Verfahren*   B/50   185 °C
                                          Verfahren   °C
Kristallit-Schmelzpunkt   *Verfahren*

Längenausdehnungskoeffizient   *Bereich*   °C $\cdot 10^{-4} \mathrm{K}^{-1}$
                                          Temperatur $\cdot 10^{-4} \mathrm{K}^{-1}$
Wärmeleitfähigkeit   *Verfahren*   W/(K · m)

Spezifische Wärmekapazität   *Verfahren*   J/(K · g)

Glasumwandlungstemperatur   *Torsionsschwingungsversuch*   °C
                                          Differentialkalorimetrie   °C

Brandverhalten

UL-Test vertikal   Dicke   mm, Wert
                                          Dicke   mm, Wert

                      Norm   *Bewertung*   *Abmessungen*

Sauerstoff-Index   ASTM D 2863
Glühstab-Verfahren
Brandverhalten   DIN 4102
MVSS
FAR

Elektrische Eigenschaften

                                          Hz   °C   *Probekörper, Form*

Dielektrizitätszahl   50
                                          10^3
                                          10^6
Dielektrischer Verlustfaktor tan δ   50
                                          10^3
                                          10^6
Spezifischer Durchgangs-
  widerstand   Ohm · cm
Durchschlagfestigkeit   kV/mm   mm dick
Oberflächenwiderstand   Ohm

Kriechstromfestigkeit   KC   KB   KA
Elektrolytische Korrosionswirkung
Lichtbogenfestigkeit nach DIN
               nach ASTM   s

Beständigkeit *(Chemische Beständigkeit siehe Anhang)*

Wasseraufnahme

Feuchtigkeitsaufnahme Normalklima   %
Wetterbeständigkeit

Spannungskorrosion

Optische Eigenschaften

Brechungszahl n_D
Transmissionsgrad τ_c %   mm dick
Lichtdurchlässigkeit

Datenbank-Nr. **T06176**	*Merkblatt-Nr.* **3822**

Produkt	Polysulfon	**PSU**
Handelsname	**Luvocom 1500/GF/10/GK/10**	
Hersteller	LUV	
DIN-Bez 1		
DIN-Bez 2		

Zusätze		*Füllstoffe/ Verstärkung*	20.0% Glasfaser (10); Glaskugel (10)
Bevorzugte Verarbeitung	Spritzgiessen	*Lieferform*	Granulat
		Farben	Natur
Besondere Merkmale	Gute mechanische und thermische Eigenschaften; Verzugsarm; Hydrolysebestaendig; Spannungsrissempfindlich	*Bevorzugte Anwendungen*	Technisches Formteil; Spulenkoerper; Widerstandstraeger; Schalterteil; Ventil

Dichte	g/cm³	1.36	*Schmelzindex*	g/10 min	:
Schüttdichte	g/cm³	0.75–0.80	*Volumenfließindex*	cm³/10 min	:
Viskositätszahl	ml/g				

Verarbeitungsbedingungen für Spritzgießen

Massetemp.	°C	320–370	*Schwindung*	%	lgs 0.2–0.4, quer
Werkzeugtemp.	°C	100–150	*Bemerkungen*		Vortrocknen empfohlen: 3h/120C
Spritzdruck	bar				

Zugversuch 23 °C DIN 53455; DIN 53457

	Probekörper:	Form	Nr.3	*Herstellung*	Spritzgiessen
		Zustand		*Vorbehandlung*	1 d bei 23 C/50 %

Streckspannung	N/mm²		*Dehnung bei Streckspannung*	%	
Zugfestigkeit	N/mm²	85	*Reißdehnung*	%	4.0
Reißfestigkeit	N/mm²	80	% *Dehnspannung*	N/mm²	
E-Modul	N/mm²	4300	*Dehnung bei* % *Dehnspg.*	%	

Kriechmoduln und Zeitstandwerte 23 °C

	Probekörper:	Form	*Herstellung*	
		Zustand	*Vorbehandlung*	

Kriechmodul	1 min N/mm²	*Zeitstandzugfestigkeit*	h N/mm²
Kriechmodul	1000 h N/mm²	*Zeitdehnspg.* %	h N/mm²
bei Spannung	N/mm²		

Biegeversuch 23 °C DIN 53452;

	Probekörper:	Form	80x10x4 mm	*Herstellung*	Spritzgiessen
		Zustand		*Vorbehandlung*	1 d bei 23 C/50 %

Biegefestigkeit	N/mm²	120	*E-Modul*	N/mm²
3,5% Biegespannung	N/mm²	100		

Härte 23 °C

	Probekörper:	Zustand	*Herstellung*	Spritzgiessen
			Vorbehandlung	1 d bei 23 C/50 %

Kugeldruckhärte	N/mm² 140	bei	N, 30 s	*Shore-Härte* A
Rockwellhärte				*Shore-Härte* D

Schlagversuch

	Probekörper:	(1)		
		(2)	*Herstellung*	Spritzgiessen
		Zustand	*Vorbehandlung*	1 d bei 23 C/50 %

	°C	°C	°C	*Probekörper-Form*
Schlagzähigkeit	kJ/m² 23 30			NKS
Kerbschlagzähigkeit (1)	kJ/m²			
IZOD-Kerbschlagzähigkeit (2)	J/m			
Kerbschlagzugzähigkeit	kJ/m²			

Abrieb und Reibung

Taber-Abrieb (Reibradverfahren)	mm³/100 U
Abriebfaktor LNP (Thrust washer) Vergleichswert	
Statische Reibungszahl	
Dynamische Reibungszahl	(p·v = N/mm² · m/min)
Zulässiger p·v Wert	N/mm² · (m/min) v = m/min
	v = m/min

Thermische Eigenschaften

Formbeständigkeit in der Wärme	Verfahren	A	175 °C
	Verfahren		°C
Vicat Erweichungstemperatur (VST)	Verfahren	B/50	185 °C
	Verfahren		°C
Kristallit-Schmelzpunkt	Verfahren		
Längenausdehnungskoeffizient	Bereich	°C	·10⁻⁴K⁻¹
	Temperatur		·10⁻⁴K⁻¹
Wärmeleitfähigkeit	Verfahren		W/(K·m)
Spezifische Wärmekapazität	Verfahren		J/(K·g)
Glasumwandlungstemperatur	Torsionsschwingungsversuch		°C
	Differentialkalorimetrie		°C

Brandverhalten

UL-Test vertikal	Dicke	mm, Wert	
	Dicke	mm, Wert	

	Norm	Bewertung	Abmessungen
Sauerstoff-Index	ASTM D 2863		
Glühstab-Verfahren			
Brandverhalten	DIN 4102		
MVSS			
FAR			

Elektrische Eigenschaften

	Hz	°C	Probekörper, Form
Dielektrizitätszahl	50		
	10³		
	10⁶		
Dielektrischer Verlustfaktor tan δ	50		
	10³		
	10⁶		
Spezifischer Durchgangswiderstand	Ohm·cm		
Durchschlagfestigkeit	kV/mm		mm dick
Oberflächenwiderstand	Ohm		
Kriechstromfestigkeit	KC	KB	KA
Elektrolytische Korrosionswirkung			
Lichtbogenfestigkeit nach DIN			
nach ASTM	s		

Beständigkeit *(Chemische Beständigkeit siehe Anhang)*

Wasseraufnahme

Feuchtigkeitsaufnahme Normalklima	%
Wetterbeständigkeit	

Spannungskorrosion

Optische Eigenschaften

Brechungszahl n_D		
Transmissionsgrad τ_c	%	mm dick
Lichtdurchlässigkeit		

Produkt	Polycarbonat		**PC**
Handelsname	**Luvocom 50/CF/8/GF/10**		
Hersteller	LUV		
DIN-Bez 1			
DIN-Bez 2			
Zusätze		*Füllstoffe/ Verstärkung*	18.0% Glasfaser (10); Kohlefaser (8)
Bevorzugte Verarbeitung	Spritzgiessen	*Lieferform*	Granulat
		Farben	Schwarz
Besondere Merkmale	Gute mechanische Eigenschaften; Geringer elektrischer Widerstand	*Bevorzugte Anwendungen*	Technisches Formteil; Teil fuer Buero-geraet; Teil fuer Datenverarbeitungs-geraete

---

Dichte	g/cm³	1.29	*Schmelzindex*	g/10 min	:
Schüttdichte	g/cm³	0.65–0.70	*Volumenfließindex*	cm³/10 min	:
Viskositätszahl	ml/g				

Verarbeitungsbedingungen für Spritzgießen

Massetemp.	°C	280–300	*Schwindung*	%	lgs 0.2–0.3, quer
Werkzeugtemp.	°C	70–120	*Bemerkungen*		Vortrocknen empfohlen: 4h/120C
Spritzdruck	bar				

Zugversuch 23 °C DIN 53455; DIN 53457

	Probekörper: Form	Nr.3	*Herstellung*	Spritzgiessen
	Zustand		*Vorbehandlung*	1 d bei 23 C/50 %
Streckspannung	N/mm²		*Dehnung bei Streckspannung*	%
Zugfestigkeit	N/mm²		*Reißdehnung*	% 2
Reißfestigkeit	N/mm² 110		*% Dehnspannung*	N/mm²
E-Modul	N/mm² 9000		*Dehnung bei % Dehnspg.*	%

Kriechmoduln und Zeitstandwerte 23 °C

	Probekörper: Form	*Herstellung*	
	Zustand	*Vorbehandlung*	
Kriechmodul	1 min N/mm²	*Zeitstandzugfestigkeit*	h N/mm²
Kriechmodul	1000 h N/mm²	*Zeitdehnspg.* %	h N/mm²
bei Spannung	N/mm²		

Biegeversuch 23 °C DIN 53452;

	Probekörper: Form	80x10x4 mm	*Herstellung*	Spritzgiessen
	Zustand		*Vorbehandlung*	1 d bei 23 C/50 %
Biegefestigkeit	N/mm² 150	*E-Modul*	N/mm²	
3,5% Biegespannung	N/mm²			

Härte 23 °C

	Probekörper: Zustand	*Herstellung*	Spritzgiessen
		Vorbehandlung	1 d bei 23 C/50 %
Kugeldruckhärte	N/mm² 150	bei N, 30 s	*Shore-Härte* A
Rockwellhärte			*Shore-Härte* D

Schlagversuch

	Probekörper: (1)		
	(2)	*Herstellung*	Spritzgiessen
	Zustand	*Vorbehandlung*	1 d bei 23 C/50 %
	°C	°C	°C	*Probekörper-Form*

Schlagzähigkeit	kJ/m²	23 30	NKS
Kerbschlagzähigkeit (1)	kJ/m²		
IZOD-Kerbschlagzähigkeit (2)	J/m		
Kerbschlagzugzähigkeit	kJ/m²		

Abrieb und Reibung

Taber-Abrieb (Reibradverfahren) $mm^3/100$ U
Abriebfaktor LNP (Thrust washer) Vergleichswert
Statische Reibungszahl
Dynamische Reibungszahl $(p \cdot v =$ $N/mm^2 \cdot$ m/min)
Zulässiger $p \cdot v$ *Wert* $N/mm^2 \cdot$ (m/min)   v =   m/min
                                                          v =   m/min

Thermische Eigenschaften

Formbeständigkeit in der Wärme   *Verfahren*   °C
                                            Verfahren   °C
Vicat Erweichungstemperatur (VST)   *Verfahren*   B/50   155 °C
                                            Verfahren   °C
Kristallit-Schmelzpunkt   *Verfahren*

Längenausdehnungskoeffizient   *Bereich*   °C $\cdot 10^{-4} K^{-1}$
                                            Temperatur $\cdot 10^{-4} K^{-1}$
Wärmeleitfähigkeit   *Verfahren* $W/(K \cdot m)$

Spezifische Wärmekapazität   *Verfahren* $J/(K \cdot g)$

Glasumwandlungstemperatur   *Torsionsschwingungsversuch*   °C
                                            Differentialkalorimetrie   °C

Brandverhalten

UL-Test vertikal   *Dicke*   mm, Wert
                                         Dicke   mm, Wert

	Norm	*Bewertung*	*Abmessungen*
Sauerstoff-Index	ASTM D 2863		
Glühstab-Verfahren			
Brandverhalten	DIN 4102		
MVSS			
FAR			

Elektrische Eigenschaften

		Hz	°C			*Probekörper, Form*
Dielektrizitätszahl		50				
		10^3				
		10^6				
Dielektrischer Verlustfaktor $\tan \delta$		50				
		10^3				
		10^6				
Spezifischer Durchgangswiderstand	Ohm · cm		23	1.0*10**5		
Durchschlagfestigkeit	kV/mm					mm dick
Oberflächenwiderstand	Ohm		23	1.0*10**5		
Kriechstromfestigkeit		KC		KB	KA	
Elektrolytische Korrosionswirkung						
Lichtbogenfestigkeit nach DIN						
nach ASTM	s					

Beständigkeit *(Chemische Beständigkeit siehe Anhang)*

Wasseraufnahme

Feuchtigkeitsaufnahme Normalklima   %
Wetterbeständigkeit

Spannungskorrosion

Optische Eigenschaften

Brechungszahl n_D
Transmissionsgrad τ_c %   mm dick
Lichtdurchlässigkeit

Produkt	Polycarbonat	**PC**
Handelsname	**Luvocom 50/CF/10/GF/20**	
Hersteller	LUV	
DIN-Bez 1		
DIN-Bez 2		

Zusätze

Füllstoffe/ Verstärkung 30.0% Glasfaser (20); Kohlefaser (10)

Bevorzugte Verarbeitung Spritzgiessen

Lieferform Granulat

Farben Schwarz

Besondere Merkmale Sehr hoher Modul; Sehr hohe Festigkeit; Geringer elektrischer Widerstand

Bevorzugte Anwendungen Technisches Formteil; Teil fuer Buerogeraet; Teil fuer Datenverarbeitungsgeraet

---

Dichte	g/cm³	1.38	*Schmelzindex*	g/10 min	:
Schüttdichte	g/cm³	0.70–0.75	*Volumenfließindex*	cm³/10 min	:
Viskositätszahl	ml/g				

Verarbeitungsbedingungen für Spritzgießen

Massetemp.	°C	280–320	*Schwindung*	%	lgs 0.1–0.2, quer
Werkzeugtemp.	°C	80–120	*Bemerkungen*		Vortrocknen empfohlen: 4h/120C
Spritzdruck	bar				

Zugversuch 23 °C DIN 53455; DIN 53457

Probekörper: Form Nr.3 Zustand

Herstellung Spritzgiessen
Vorbehandlung 1 d bei 23 C/50 %

Streckspannung	N/mm²		*Dehnung bei Streckspannung*	%	
Zugfestigkeit	N/mm²		*Reißdehnung*	%	2.4
Reißfestigkeit	N/mm²	160	*% Dehnspannung*	N/mm²	
E-Modul	N/mm²	12000	*Dehnung bei % Dehnspg.*	%	

Kriechmoduln und Zeitstandwerte 23 °C

Probekörper: Form Zustand

Herstellung
Vorbehandlung

Kriechmodul	1 min	N/mm²	*Zeitstandzugfestigkeit*	h N/mm²	
Kriechmodul	1000 h	N/mm²	*Zeitdehnspg. %*	h N/mm²	
bei Spannung		N/mm²			

Biegeversuch 23 °C DIN 53452;

Probekörper: Form 80x10x4 mm Zustand

Herstellung Spritzgiessen
Vorbehandlung 1 d bei 23 C/50 %

Biegefestigkeit	N/mm²	215	*E-Modul*	N/mm²
3,5% Biegespannung	N/mm²			

Härte 23 °C *Probekörper:* Zustand

Herstellung Spritzgiessen
Vorbehandlung 1 d bei 23 C/50 %

Kugeldruckhärte	N/mm² 150	bei N, 30 s	*Shore-Härte* A	
Rockwellhärte			*Shore-Härte* D	

Schlagversuch *Probekörper:* (1) (2) Zustand

Herstellung Spritzgiessen
Vorbehandlung 1 d bei 23 C/50 %

	°C	°C	°C	Probekörper-Form
Schlagzähigkeit kJ/m²	23 35			NKS
Kerbschlagzähigkeit (1) kJ/m²				
IZOD-Kerbschlagzähigkeit (2) J/m				
Kerbschlagzugzähigkeit kJ/m²				

Abrieb und Reibung

Taber-Abrieb (Reibradverfahren)	mm³/100 U
Abriebfaktor LNP (Thrust washer) Vergleichswert	
Statische Reibungszahl	
Dynamische Reibungszahl	(p · v = N/mm² · m/min)
Zulässiger p · v Wert	N/mm² · (m/min) v = m/min
	v = m/min

Thermische Eigenschaften

Formbeständigkeit in der Wärme	*Verfahren*	°C
	Verfahren	°C
Vicat Erweichungstemperatur (VST)	*Verfahren* B/50	160 °C
	Verfahren	°C
Kristallit-Schmelzpunkt	*Verfahren*	
Längenausdehnungskoeffizient	*Bereich* °C	$\cdot 10^{-4} K^{-1}$
	Temperatur	$\cdot 10^{-4} K^{-1}$
Wärmeleitfähigkeit	*Verfahren*	W/(K · m)
Spezifische Wärmekapazität	*Verfahren*	J/(K · g)
Glasumwandlungstemperatur	*Torsionsschwingungsversuch*	°C
	Differentialkalorimetrie	°C

Brandverhalten

UL-Test vertikal	*Dicke* mm, Wert	
	Dicke mm, Wert	

	Norm	*Bewertung*	*Abmessungen*
Sauerstoff-Index	ASTM D 2863		
Glühstab-Verfahren			
Brandverhalten	DIN 4102		
MVSS			
FAR			

Elektrische Eigenschaften

	Hz	°C			*Probekörper, Form*
Dielektrizitätszahl	50				
	10^3				
	10^6				
Dielektrischer Verlustfaktor tan δ	50				
	10^3				
	10^6				
Spezifischer Durchgangs- widerstand	Ohm · cm	23	≦ 1.0*10**4		
Durchschlagfestigkeit	kV/mm				mm dick
Oberflächenwiderstand	Ohm	23	≦ 1.0*10**4		
Kriechstromfestigkeit	KC		KB	KA	
Elektrolytische Korrosionswirkung					
Lichtbogenfestigkeit nach DIN					
nach ASTM	s				

Beständigkeit *(Chemische Beständigkeit siehe Anhang)*

Wasseraufnahme

Feuchtigkeitsaufnahme Normalklima   %
Wetterbeständigkeit

Spannungskorrosion

Optische Eigenschaften

Brechungszahl n_D
Transmissionsgrad τ_c %   mm dick
Lichtdurchlässigkeit

Produkt	Polycarbonat		**PC**
Handelsname	**Luvocom 50/CF/10/TF/15/BK100**		
Hersteller	LUV		
DIN-Bez 1			
DIN-Bez 2			
Zusätze	15.0% PTFE	*Füllstoffe/ Verstärkung*	10.0% Kohlefaser
Bevorzugte Verarbeitung	Spritzgiessen	*Lieferform*	Granulat
		Farben	Schwarz
Besondere Merkmale	Hoher Modul; Hohe Festigkeit; Verbessertes Gleitverhalten; Gute Verschleissfestigkeit	*Bevorzugte Anwendungen*	Technisches Formteil; Teil fuer Buerogeraet; Teil fuer Datenverarbeitungsgeraet; Bauteil fuer Filmgeraet und fuer Fotogeraet; Teil fuer Pneumatik; Spulenkoerper; Kontaktleiste

Dichte	g/cm^3	1.38	*Schmelzindex*	g/10 min :
Schüttdichte	g/cm^3	0.71	*Volumenfließindex*	cm^3/10 min :
Viskositätszahl	ml/g			

Verarbeitungsbedingungen für Spritzgießen

Massetemp.	°C	300–340	*Schwindung*	% lgs 0.20, quer
Werkzeugtemp.	°C	70–120	*Bemerkungen*	Vortrocknen empfohlen: 4h/120C
Spritzdruck	bar			

Zugversuch 23 °C DIN 53455; DIN 53457

	Probekörper: Form Nr.3	*Herstellung*	Spritzgiessen
	Zustand	*Vorbehandlung*	1 d bei 23 C/50 %
Streckspannung	N/mm^2	*Dehnung bei Streckspannung*	%
Zugfestigkeit	N/mm^2	*Reißdehnung*	% 2.9
Reißfestigkeit	N/mm^2 107	*% Dehnspannung*	N/mm^2
E-Modul	N/mm^2 8200	*Dehnung bei % Dehnspg.*	%

Kriechmoduln und Zeitstandwerte 23 °C

	Probekörper: Form	*Herstellung*	
	Zustand	*Vorbehandlung*	
Kriechmodul	1 min N/mm^2	*Zeitstandzugfestigkeit*	h N/mm^2
Kriechmodul	1000 h N/mm^2	*Zeitdehnspg. %*	h N/mm^2
bei Spannung	N/mm^2		

Biegeversuch 23 °C DIN 53452;

	Probekörper: Form 80x10x4 mm	*Herstellung*	Spritzgiessen
	Zustand	*Vorbehandlung*	1 d bei 23 C/50 %
Biegefestigkeit	N/mm^2 155	*E-Modul*	N/mm^2
3,5% Biegespannung	N/mm^2		

Härte 23 °C

	Probekörper: Zustand	*Herstellung*	Spritzgiessen
		Vorbehandlung	1 d bei 23 C/50 %
Kugeldruckhärte	N/mm^2 125 bei N, 30 s	*Shore-Härte* A	
Rockwellhärte		*Shore-Härte* D	

Schlagversuch

	Probekörper: (1)		
	(2)	*Herstellung*	Spritzgiessen
	Zustand	*Vorbehandlung*	1 d bei 23 C/50 %
	°C °C °C		*Probekörper-Form*
Schlagzähigkeit	kJ/m^2 23 26		NKS
Kerbschlagzähigkeit (1)	kJ/m^2		
IZOD-Kerbschlagzähigkeit (2)	J/m		
Kerbschlagzugzähigkeit	kJ/m^2		

Abrieb und Reibung

Taber-Abrieb (Reibradverfahren)	mm³/100 U	
Abriebfaktor LNP (Thrust washer) Vergleichswert		
Statische Reibungszahl		
Dynamische Reibungszahl	$(p \cdot v =$ $N/mm^2 \cdot$ $m/min)$	
Zulässiger $p \cdot v$ Wert	$N/mm^2 \cdot (m/min)$ $v =$ m/min	
	$v =$ m/min	

Thermische Eigenschaften

Formbeständigkeit in der Wärme	Verfahren		°C
	Verfahren		°C
Vicat Erweichungstemperatur (VST)	Verfahren	B/50	158 °C
	Verfahren		°C
Kristallit-Schmelzpunkt	Verfahren		
Längenausdehnungskoeffizient	Bereich	°C	$\cdot 10^{-4} K^{-1}$
	Temperatur		$\cdot 10^{-4} K^{-1}$
Wärmeleitfähigkeit	Verfahren		$W/(K \cdot m)$
Spezifische Wärmekapazität	Verfahren		$J/(K \cdot g)$
Glasumwandlungstemperatur	Torsionsschwingungsversuch		°C
	Differentialkalorimetrie		°C

Brandverhalten

UL-Test vertikal		Dicke	mm, Wert
		Dicke	mm, Wert

	Norm	Bewertung	Abmessungen
Sauerstoff-Index	ASTM D 2863		
Glühstab-Verfahren			
Brandverhalten	DIN 4102		
MVSS			
FAR			

Elektrische Eigenschaften

		Hz	°C		Probekörper, Form
Dielektrizitätszahl		50			
		10^3			
		10^6			
Dielektrischer Verlustfaktor tan δ		50			
		10^3			
		10^6			
Spezifischer Durchgangs-widerstand	Ohm · cm		23	1.0*10**6	
Durchschlagfestigkeit	kV/mm				mm dick
Oberflächenwiderstand	Ohm		23	1.0*10**5	
Kriechstromfestigkeit		KC	KB	KA	
Elektrolytische Korrosionswirkung					
Lichtbogenfestigkeit nach DIN					
nach ASTM	s				

Beständigkeit (Chemische Beständigkeit siehe Anhang)

Wasseraufnahme 23 C		1 d	0.25 %
Feuchtigkeitsaufnahme Normalklima			%
Wetterbeständigkeit			
Spannungskorrosion			

Optische Eigenschaften

Brechungszahl n_D		
Transmissionsgrad τ_c	%	mm dick
Lichtdurchlässigkeit		

Produkt	Polycarbonat	**PC**
Handelsname	**Luvocom 50/CF/30**	
Hersteller	LUV	
DIN-Bez 1		
DIN-Bez 2		

Zusätze		*Füllstoffe/ Verstärkung*	30.0% Kohlefaser
Bevorzugte Verarbeitung	Spritzgiessen	*Lieferform*	Granulat
		Farben	Schwarz
Besondere Merkmale	Extrem hoher Modul; Hohe Festigkeit; Geringer elektrischer Widerstand	*Bevorzugte Anwendungen*	Technisches Formteil; Teil fuer optisches Geraet; Feinwerktechnik; Mikrofontechnik

Dichte	g/cm³	1.33	*Schmelzindex*	g/10 min	:
Schüttdichte	g/cm³	0.70–0.75	*Volumenfließindex*	cm³/10 min	:
Viskositätszahl	ml/g				

Verarbeitungsbedingungen für Spritzgießen

Massetemp.	°C	280–320	*Schwindung*	%	lgs ≦ 0.1, quer
Werkzeugtemp.	°C	80–120	*Bemerkungen*		Vortrocknen empfohlen: 4h/120C
Spritzdruck	bar				

Zugversuch 23 °C   DIN 53455; DIN 53457

Probekörper:	*Form*	Nr.3		*Herstellung*	Spritzgiessen	
	Zustand			*Vorbehandlung*	1 d bei 23 C/50 %	
Streckspannung	N/mm²		*Dehnung bei Streckspannung*	%		
Zugfestigkeit	N/mm²		*Reißdehnung*	%	2.1	
Reißfestigkeit	N/mm²	150	% *Dehnspannung*	N/mm²		
E-Modul	N/mm²	18000	*Dehnung bei* % *Dehnspg.*	%		

Kriechmoduln und Zeitstandwerte 23 °C

Probekörper:	*Form*		*Herstellung*	
	Zustand		*Vorbehandlung*	
Kriechmodul	1 min N/mm²		*Zeitstandzugfestigkeit*	h N/mm²
Kriechmodul	1000 h N/mm²		*Zeitdehnspg.* %	h N/mm²
bei Spannung	N/mm²			

Biegeversuch 23 °C   DIN 53452;

Probekörper:	*Form*	80x10x4 mm	*Herstellung*	Spritzgiessen
	Zustand		*Vorbehandlung*	1 d bei 23 C/50 %
Biegefestigkeit	N/mm² 230		*E-Modul*	N/mm²
3,5% Biegespannung	N/mm²			

Härte 23 °C

Probekörper:	*Zustand*			*Herstellung*	Spritzgiessen
				Vorbehandlung	1 d bei 23 C/50 %
Kugeldruckhärte	N/mm² 180	bei	N, 30 s	*Shore-Härte* A	
Rockwellhärte				*Shore-Härte* D	

Schlagversuch

Probekörper:	(1)				
	(2)			*Herstellung*	Spritzgiessen
	Zustand			*Vorbehandlung*	1 d bei 23 C/50 %

	°C	°C	°C	*Probekörper-Form*
Schlagzähigkeit kJ/m²	23	25		NKS
Kerbschlagzähigkeit (1) kJ/m²				
IZOD-Kerbschlagzähigkeit (2) J/m				
Kerbschlagzugzähigkeit kJ/m²				

Abrieb und Reibung

Taber-Abrieb (Reibradverfahren)	mm³/100 U	
Abriebfaktor LNP (Thrust washer) Vergleichswert		
Statische Reibungszahl		
Dynamische Reibungszahl	(p·v = N/mm² · m/min)	
Zulässiger p · v Wert	N/mm² · (m/min) v = m/min	
	v = m/min	

Thermische Eigenschaften

Formbeständigkeit in der Wärme	*Verfahren*	A	146 °C
	Verfahren		°C
Vicat Erweichungstemperatur (VST)	*Verfahren*	B/50	160 °C
	Verfahren		°C
Kristallit-Schmelzpunkt	*Verfahren*		
Längenausdehnungskoeffizient	*Bereich*	°C	$\cdot 10^{-4}\text{K}^{-1}$
	Temperatur		$\cdot 10^{-4}\text{K}^{-1}$
Wärmeleitfähigkeit	*Verfahren*		W/(K · m)
Spezifische Wärmekapazität	*Verfahren*		J/(K · g)
Glasumwandlungstemperatur	*Torsionsschwingungsversuch*	°C	
	Differentialkalorimetrie	°C	

Brandverhalten

UL-Test vertikal	Dicke	mm, Wert
	Dicke	mm, Wert

	Norm	*Bewertung*	*Abmessungen*
Sauerstoff-Index	ASTM D 2863		
Glühstab-Verfahren			
Brandverhalten	DIN 4102		
MVSS			
FAR			

Elektrische Eigenschaften

	Hz	°C			*Probekörper, Form*
Dielektrizitätszahl	50				
	10³				
	10⁶				
Dielektrischer Verlustfaktor tan δ	50				
	10³				
	10⁶				
Spezifischer Durchgangs-					
widerstand	Ohm · cm	23	$\leqq 1.0*10**4$		
Durchschlagfestigkeit	kV/mm				mm dick
Oberflächenwiderstand	Ohm	23	$\leqq 1.0*10**4$		
Kriechstromfestigkeit	KC		KB	KA	
Elektrolytische Korrosionswirkung					
Lichtbogenfestigkeit nach DIN					
nach ASTM	s				

Beständigkeit *(Chemische Beständigkeit siehe Anhang)*

Wasseraufnahme

Feuchtigkeitsaufnahme Normalklima   %
Wetterbeständigkeit

Spannungskorrosion

Optische Eigenschaften

Brechungszahl n_D
Transmissionsgrad τ_c %   mm dick
Lichtdurchlässigkeit

Produkt	Polycarbonat	**PC**
Handelsname	**Luvocom 50/CF/FR/WT**	
Hersteller	LUV	
DIN-Bez 1		
DIN-Bez 2		

Zusätze	Brandschutzmittel	*Füllstoffe/ Verstärkung*	Kohlefaser
Bevorzugte Verarbeitung	Spritzgiessen	*Lieferform*	Granulat
		Farben	Weiss
Besondere Merkmale	Gute mechanische Eigenschaften; Geringer elektrischer Widerstand	*Bevorzugte Anwendungen*	Technisches Formteil; Fuer Reinraum geeigneter Behaelter; Behaelter und Transportsystem fuer elektronische Bauteile bzw. elektrostatisch empfindliche Gueter

Dichte	g/cm³	1.30	*Schmelzindex*	g/10 min	:
Schüttdichte	g/cm³		*Volumenfließindex*	cm³/10 min	:
Viskositätszahl	ml/g				

Verarbeitungsbedingungen für Spritzgießen

Massetemp.	°C	280–310	*Schwindung*	%	lgs 0.1–0.2, quer
Werkzeugtemp.	°C	80–120	*Bemerkungen*		Vortrocknen empfohlen: 4h/120C
Spritzdruck	bar				

Zugversuch 23 °C DIN 53455; DIN 53457

	Probekörper: Form	Nr.3	*Herstellung*	Spritzgiessen
	Zustand		*Vorbehandlung*	1 d bei 23 C/50 %

Streckspannung	N/mm²		*Dehnung bei Streckspannung*	%	
Zugfestigkeit	N/mm²		*Reißdehnung*	%	2.6
Reißfestigkeit	N/mm²	115	% *Dehnspannung*	N/mm²	
E-Modul	N/mm²	6900	*Dehnung bei* % *Dehnspg.*	%	

Kriechmoduln und Zeitstandwerte 23 °C

	Probekörper: Form		*Herstellung*	
	Zustand		*Vorbehandlung*	

Kriechmodul	1 min N/mm²		*Zeitstandzugfestigkeit*	h N/mm²	
Kriechmodul	1000 h N/mm²		*Zeitdehnspg.* %	h N/mm²	
bei Spannung	N/mm²				

Biegeversuch 23 °C DIN 53452;

	Probekörper: Form	80x10x4 mm	*Herstellung*	Spritzgiessen
	Zustand		*Vorbehandlung*	1 d bei 23 C/50 %

Biegefestigkeit	N/mm²	165	*E-Modul*	N/mm²
3,5% Biegespannung	N/mm²			

Härte 23 °C

	Probekörper: Zustand	*Herstellung*	
		Vorbehandlung	

Kugeldruckhärte	N/mm²	bei N, s	*Shore-Härte* A	
Rockwellhärte			*Shore-Härte* D	

Schlagversuch

	Probekörper: (1)		
	(2)	*Herstellung*	Spritzgiessen
	Zustand	*Vorbehandlung*	1 d bei 23 C/50 %

	°C	°C	°C	*Probekörper-Form*

Schlagzähigkeit	kJ/m²	23 25			NKS
Kerbschlagzähigkeit (1)	kJ/m²				
IZOD-Kerbschlagzähigkeit (2)	J/m				
Kerbschlagzugzähigkeit	kJ/m²				

Abrieb und Reibung

Taber-Abrieb (Reibradverfahren)	mm³/100 U
Abriebfaktor LNP (Thrust washer) Vergleichswert	
Statische Reibungszahl	
Dynamische Reibungszahl	(p · v = N/mm² · m/min)
Zulässiger p · v Wert	N/mm² · (m/min) v = m/min
	v = m/min

Thermische Eigenschaften

Formbeständigkeit in der Wärme	Verfahren		°C
	Verfahren		°C
Vicat Erweichungstemperatur (VST)	Verfahren	B/50	150 °C
	Verfahren		°C
Kristallit-Schmelzpunkt	Verfahren		
Längenausdehnungskoeffizient	Bereich	°C	$\cdot\,10^{-4}\,K^{-1}$
	Temperatur		$\cdot\,10^{-4}\,K^{-1}$
Wärmeleitfähigkeit	Verfahren		W/(K · m)
Spezifische Wärmekapazität	Verfahren		J/(K · g)
Glasumwandlungstemperatur	Torsionsschwingungsversuch	°C	
	Differentialkalorimetrie	°C	

Brandverhalten

UL-Test vertikal   Dicke   mm, Wert
                            Dicke   mm, Wert

	Norm	Bewertung	Abmessungen
Sauerstoff-Index	ASTM D 2863		
Glühstab-Verfahren			
Brandverhalten	DIN 4102		
MVSS			
FAR			

Elektrische Eigenschaften

	Hz	°C			Probekörper, Form
Dielektrizitätszahl	50				
	10^3				
	10^6				
Dielektrischer Verlustfaktor tan δ	50				
	10^3				
	10^6				
Spezifischer Durchgangs-widerstand	Ohm · cm	23	≦ 1.0*10**4		
Durchschlagfestigkeit	kV/mm				mm dick
Oberflächenwiderstand	Ohm	23	≦ 1.0*10**4		
Kriechstromfestigkeit	KC		KB	KA	
Elektrolytische Korrosionswirkung					
Lichtbogenfestigkeit nach DIN					
nach ASTM	s				

Beständigkeit *(Chemische Beständigkeit siehe Anhang)*

Wasseraufnahme

Feuchtigkeitsaufnahme Normalklima   %
Wetterbeständigkeit

Spannungskorrosion

Optische Eigenschaften

Brechungszahl n_D
Transmissionsgrad τ_c %   mm dick
Lichtdurchlässigkeit

Datenbank-Nr. **T06182**	*Merkblatt-Nr.* **3828**

		PC
Produkt	Polycarbonat	
Handelsname	**Luvocom 50/CF/5/GF/10**	
Hersteller	LUV	
DIN-Bez 1		
DIN-Bez 2		

Zusätze		*Füllstoffe/ Verstärkung*	15.0% Glasfaser (10); Kohlefaser (5)
Bevorzugte Verarbeitung	Spritzgiessen	*Lieferform*	Granulat
		Farben	Schwarz
Besondere Merkmale	Sehr gute mechanische Eigenschaften; Geringerer elektrischer Widerstand	*Bevorzugte Anwendungen*	Technisches Formteil; Teil fuer Buero-geraet; Teil fuer Datenverarbeitungs-geraet

---

Dichte	g/cm³	1.29	*Schmelzindex*	g/10 min	:
Schüttdichte	g/cm³	0.65–0.70	*Volumenfließindex*	cm³/10 min	:
Viskositätszahl	ml/g				

Verarbeitungsbedingungen für Spritzgießen

Massetemp.	°C	280–300	*Schwindung*	%	lgs 0.2–0.4, quer
Werkzeugtemp.	°C	70–120	*Bemerkungen*		Vortrocknen empfohlen: 4h/120C
Spritzdruck	bar				

Zugversuch 23 °C DIN 53455; DIN 53457

	Probekörper: Form	Nr.3	*Herstellung*		Spritzgiessen
	Zustand		*Vorbehandlung*		1 d bei 23 C/50 %
Streckspannung	N/mm²		*Dehnung bei Streckspannung*	%	
Zugfestigkeit	N/mm²	110	*Reißdehnung*	%	4
Reißfestigkeit	N/mm²	105	% *Dehnspannung*	N/mm²	
E-Modul	N/mm²	6700	*Dehnung bei* % *Dehnspg.*	%	

Kriechmoduln und Zeitstandwerte 23 °C

	Probekörper: Form		*Herstellung*	
	Zustand		*Vorbehandlung*	
Kriechmodul	1 min N/mm²	*Zeitstandzugfestigkeit*	h N/mm²	
Kriechmodul	1000 h N/mm²	*Zeitdehnspg.* %	h N/mm²	
bei Spannung	N/mm²			

Biegeversuch 23 °C DIN 53452;

	Probekörper: Form	80x10x4 mm	*Herstellung*	Spritzgiessen
	Zustand		*Vorbehandlung*	1 d bei 23 C/50 %
Biegefestigkeit	N/mm² 170	*E-Modul*		N/mm²
3,5% Biegespannung	N/mm² 160			

Härte 23 °C

	Probekörper: Zustand	*Herstellung*	Spritzgiessen
		Vorbehandlung	1 d bei 23 C/50 %
Kugeldruckhärte	N/mm² 145 bei N, 30 s	*Shore-Härte* A	
Rockwellhärte		*Shore-Härte* D	

Schlagversuch

	Probekörper: (1)		
	(2)	*Herstellung*	Spritzgiessen
	Zustand	*Vorbehandlung*	1 d bei 23 C/50 %
	°C °C °C		*Probekörper-Form*
Schlagzähigkeit	kJ/m² 23 40		NKS
Kerbschlagzähigkeit (1)	kJ/m²		
IZOD-Kerbschlagzähigkeit (2)	J/m		
Kerbschlagzugzähigkeit	kJ/m²		

Abrieb und Reibung

Taber-Abrieb (Reibradverfahren)   mm³/100 U
Abriebfaktor LNP (Thrust washer) Vergleichswert
Statische Reibungszahl
Dynamische Reibungszahl   (p·v =   N/mm² ·   m/min)
Zulässiger p · v Wert   N/mm² · (m/min)   v =   m/min
                                                                        v =   m/min

Thermische Eigenschaften

Formbeständigkeit in der Wärme	*Verfahren*		°C
	Verfahren		°C
Vicat Erweichungstemperatur (VST)	*Verfahren*	B/50	158 °C
	Verfahren		°C
Kristallit-Schmelzpunkt	*Verfahren*		
Längenausdehnungskoeffizient	*Bereich*	°C	$\cdot 10^{-4} \mathrm{K}^{-1}$
	Temperatur		$\cdot 10^{-4} \mathrm{K}^{-1}$
Wärmeleitfähigkeit	*Verfahren*		W/(K · m)
Spezifische Wärmekapazität	*Verfahren*		J/(K · g)
Glasumwandlungstemperatur	*Torsionsschwingungsversuch*	°C	
	Differentialkalorimetrie	°C	

Brandverhalten

UL-Test vertikal   Dicke   mm, Wert
                                      Dicke   mm, Wert

	Norm	*Bewertung*	*Abmessungen*
Sauerstoff-Index	ASTM D 2863		
Glühstab-Verfahren			
Brandverhalten	DIN 4102		
MVSS			
FAR			

Elektrische Eigenschaften

		Hz	°C		*Probekörper, Form*
Dielektrizitätszahl		50			
		10^3			
		10^6			
Dielektrischer Verlustfaktor tan δ		50			
		10^3			
		10^6			
Spezifischer Durchgangs-widerstand	Ohm · cm		23	≦ 1.0*10**10	
Durchschlagfestigkeit	kV/mm				mm dick
Oberflächenwiderstand	Ohm		23	≦ 1.0*10**10	
Kriechstromfestigkeit		KC		KB	KA
Elektrolytische Korrosionswirkung					
Lichtbogenfestigkeit nach DIN					
nach ASTM	s				

Beständigkeit *(Chemische Beständigkeit siehe Anhang)*

Wasseraufnahme

Feuchtigkeitsaufnahme Normalklima   %
Wetterbeständigkeit

Spannungskorrosion

Optische Eigenschaften

Brechungszahl n_D
Transmissionsgrad τ_c %   mm dick
Lichtdurchlässigkeit

		PC

Produkt	Polycarbonat
Handelsname	**Luvocom 50/GF/5/GK/25/BK**
Hersteller	LUV
DIN-Bez 1	
DIN-Bez 2	

Zusätze		*Füllstoffe/ Verstärkung*	30.0% Glasfaser (5); Glaskugel (25)
Bevorzugte Verarbeitung	Spritzgiessen	*Lieferform*	Granulat
		Farben	Natur
Besondere Merkmale	Ausgewogene Eigenschaften; Verzugsarm	*Bevorzugte Anwendungen*	Technisches Formteil; Buerogeraet; Datenverarbeitungsgeraet; Feinmechanik; Optik; Telekommunikation

---

Dichte	g/cm³	1.41	*Schmelzindex*	g/10 min	:
Schüttdichte	g/cm³	0.70–0.75	*Volumenfließindex*	cm³/10 min	:
Viskositätszahl	ml/g				

Verarbeitungsbedingungen für Spritzgießen

Massetemp.	°C	280–310	*Schwindung*	%	lgs 0.3–0.4, quer
Werkzeugtemp.	°C	80–120	*Bemerkungen*		Vortrocknen empfohlen: 4h/120C
Spritzdruck	bar				

Zugversuch 23 °C DIN 53455; DIN 53457

	Probekörper:	*Form*	Nr.3	*Herstellung*	Spritzgiessen	
		Zustand		*Vorbehandlung*	1 d bei 23 C/50 %	
Streckspannung	N/mm²			*Dehnung bei Streckspannung*	%	
Zugfestigkeit	N/mm²			*Reißdehnung*	%	4
Reißfestigkeit	N/mm² 75			*% Dehnspannung*	N/mm²	
E-Modul	N/mm² 4000			*Dehnung bei % Dehnspg.*	%	

Kriechmoduln und Zeitstandwerte 23 °C

	Probekörper:	*Form*	*Herstellung*	
		Zustand	*Vorbehandlung*	
Kriechmodul	1 min N/mm²		*Zeitstandzugfestigkeit*	h N/mm²
Kriechmodul	1000 h N/mm²		*Zeitdehnspg. %*	h N/mm²
bei Spannung	N/mm²			

Biegeversuch 23 °C DIN 53452;

	Probekörper:	*Form*	80x10x4 mm	*Herstellung*	Spritzgiessen
		Zustand		*Vorbehandlung*	1 d bei 23 C/50 %
Biegefestigkeit	N/mm² 120			*E-Modul*	N/mm²
3,5% Biegespannung	N/mm²				

Härte 23 °C

	Probekörper:	*Zustand*	*Herstellung*	Spritzgiessen
			Vorbehandlung	1 d bei 23 C/50 %
Kugeldruckhärte	N/mm² 160	bei N, 30 s	*Shore-Härte*	A
Rockwellhärte			*Shore-Härte*	D

Schlagversuch

	Probekörper:	(1)	
		(2)	*Herstellung*	Spritzgiessen
		Zustand	*Vorbehandlung*	1 d bei 23 C/50 %

		°C	°C	°C	*Probekörper-Form*
Schlagzähigkeit	kJ/m²	23 25			NKS
Kerbschlagzähigkeit (1)	kJ/m²				
IZOD-Kerbschlagzähigkeit (2)	J/m				
Kerbschlagzugzähigkeit	kJ/m²				

Abrieb und Reibung

Taber-Abrieb (Reibradverfahren)   mm³/100 U
Abriebfaktor LNP (Thrust washer) Vergleichswert
Statische Reibungszahl
Dynamische Reibungszahl $(p \cdot v =$ N/mm² ·   m/min$)$
Zulässiger p · v Wert   N/mm² · (m/min)   v =   m/min
                                                                             v =   m/min

Thermische Eigenschaften

Formbeständigkeit in der Wärme   Verfahren   °C
                                        Verfahren   °C
Vicat Erweichungstemperatur (VST)   Verfahren   B/50   145 °C
                                        Verfahren   °C
Kristallit-Schmelzpunkt   Verfahren

Längenausdehnungskoeffizient   Bereich   °C $\cdot 10^{-4} \mathrm{K}^{-1}$
                                        Temperatur $\cdot 10^{-4} \mathrm{K}^{-1}$
Wärmeleitfähigkeit   Verfahren   W/(K · m)

Spezifische Wärmekapazität   Verfahren   J/(K · g)

Glasumwandlungstemperatur   Torsionsschwingungsversuch   °C
                                        Differentialkalorimetrie   °C

Brandverhalten

UL-Test vertikal   Dicke   mm, Wert
                                        Dicke   mm, Wert

                     Norm   *Bewertung*   *Abmessungen*

Sauerstoff-Index   ASTM D 2863
Glühstab-Verfahren
Brandverhalten   DIN 4102
MVSS
FAR

Elektrische Eigenschaften

                                        Hz   °C   *Probekörper, Form*

Dielektrizitätszahl   50
                                        10^3
                                        10^6
Dielektrischer Verlustfaktor tan δ   50
                                        10^3
                                        10^6

*Spezifischer Durchgangs-
  widerstand*   Ohm · cm
Durchschlagfestigkeit kV/mm   mm dick
Oberflächenwiderstand Ohm

Kriechstromfestigkeit   KC   KB   KA
Elektrolytische Korrosionswirkung
Lichtbogenfestigkeit nach DIN
          nach ASTM   s

Beständigkeit *(Chemische Beständigkeit siehe Anhang)*

Wasseraufnahme

Feuchtigkeitsaufnahme Normalklima   %
Wetterbeständigkeit

Spannungskorrosion

Optische Eigenschaften

Brechungszahl n_D
Transmissionsgrad τ_c %   mm dick
Lichtdurchlässigkeit

Datenbank-Nr.	**T06184**	*Merkblatt-Nr.*	**3830**

PC

Produkt	Polycarbonat		
Handelsname	**Luvocom 50/GF/20/TF/12**		
Hersteller	LUV		
DIN-Bez 1			
DIN-Bez 2			
Zusätze	12.0% PTFE	*Füllstoffe/ Verstärkung*	20.0% Glasfaser
Bevorzugte Verarbeitung	Spritzgiessen	*Lieferform*	Granulat
		Farben	Natur
Besondere Merkmale	Sehr gute mechanische Eigenschaften; Verbessertes Gleitverhalten; Gute Verschleissfestigkeit	*Bevorzugte Anwendungen*	Technisches Formteil; Teil fuer Buerogeraet; Teil fuer Datenverarbeitungsgeraet; Teil fuer Feinmechanik; Optik; Fernsehgeraet; Filmgeraet; Projektionsgeraet

Dichte	g/cm^3	1.42	*Schmelzindex*	g/10 min		:
Schüttdichte	g/cm^3	0.75	*Volumenfließindex*	cm^3/10 min		:
Viskositätszahl	ml/g					

Verarbeitungsbedingungen für Spritzgießen

Massetemp.	°C	300–340	*Schwindung*	%	lgs	0.25, quer
Werkzeugtemp.	°C	70–120	*Bemerkungen*	Vortrocknen empfohlen: 4h/120C		
Spritzdruck	bar					

Zugversuch 23 °C DIN 53455; DIN 53457

	Probekörper:	Form	Nr.3	*Herstellung*	Spritzgiessen	
		Zustand		*Vorbehandlung*	1 d bei 23 C/50 %	
Streckspannung	N/mm^2		*Dehnung bei Streckspannung*	%		
Zugfestigkeit	N/mm^2		*Reißdehnung*	%	2.9	
Reißfestigkeit	N/mm^2 109		% *Dehnspannung*	N/mm^2		
E-Modul	N/mm^2 7000		*Dehnung bei* % *Dehnspg.*	%		

Kriechmoduln und Zeitstandwerte 23 °C

	Probekörper:	Form	*Herstellung*		
		Zustand	*Vorbehandlung*		
Kriechmodul	1 min N/mm^2		*Zeitstandzugfestigkeit*	h	N/mm^2
Kriechmodul	1000 h N/mm^2		*Zeitdehnspg.* %	h	N/mm^2
bei Spannung	N/mm^2				

Biegeversuch 23 °C DIN 53452;

	Probekörper:	Form	80x10x4 mm	*Herstellung*	Spritzgiessen
		Zustand		*Vorbehandlung*	1 d bei 23 C/50 %
Biegefestigkeit	N/mm^2 150		*E-Modul*	N/mm^2	
3,5% Biegespannung	N/mm^2				

Härte 23 °C

	Probekörper:	Zustand	*Herstellung*	Spritzgiessen
			Vorbehandlung	1 d bei 23 C/50 %
Kugeldruckhärte	N/mm^2 130	bei N, 30 s	*Shore-Härte* A	
Rockwellhärte			*Shore-Härte* D	

Schlagversuch

	Probekörper:	(1)		
		(2)	*Herstellung*	Spritzgiessen
		Zustand	*Vorbehandlung*	1 d bei 23 C/50 %

		°C	°C	°C	*Probekörper-Form*
Schlagzähigkeit	kJ/m^2	23 35			NKS
Kerbschlagzähigkeit (1)	kJ/m^2				
IZOD-Kerbschlagzähigkeit (2)	J/m				
Kerbschlagzugzähigkeit	kJ/m^2				

Abrieb und Reibung

Taber-Abrieb (Reibradverfahren)   mm³/100 U
Abriebfaktor LNP (Thrust washer) Vergleichswert
Statische Reibungszahl
Dynamische Reibungszahl   (p · v =   N/mm² ·   m/min)
Zulässiger p · v Wert   N/mm² · (m/min)   v =   m/min
                                                                v =   m/min

Thermische Eigenschaften

Formbeständigkeit in der Wärme   *Verfahren*   °C
                                          Verfahren   °C
Vicat Erweichungstemperatur (VST)   *Verfahren* B/50   158 °C
                                          Verfahren   °C
Kristallit-Schmelzpunkt   *Verfahren*

Längenausdehnungskoeffizient   *Bereich*   °C $\cdot 10^{-4} K^{-1}$
                                          Temperatur $\cdot 10^{-4} K^{-1}$
Wärmeleitfähigkeit   *Verfahren*   W/(K · m)

Spezifische Wärmekapazität   *Verfahren*   J/(K · g)

Glasumwandlungstemperatur   *Torsionsschwingungsversuch*   °C
                                          Differentialkalorimetrie   °C

Brandverhalten

UL-Test vertikal   Dicke   mm, Wert
                                          Dicke   mm, Wert

                        Norm   *Bewertung*   *Abmessungen*

Sauerstoff-Index   ASTM D 2863
Glühstab-Verfahren
Brandverhalten   DIN 4102
MVSS
FAR

Elektrische Eigenschaften

                                          Hz   °C   *Probekörper, Form*

Dielektrizitätszahl   50
                                          10^3
                                          10^6
Dielektrischer Verlustfaktor tan δ   50
                                          10^3
                                          10^6

Spezifischer Durchgangs-
* widerstand*   Ohm · cm
Durchschlagfestigkeit   kV/mm   mm dick
Oberflächenwiderstand   Ohm

Kriechstromfestigkeit   KC   KB   KA
Elektrolytische Korrosionswirkung
Lichtbogenfestigkeit nach DIN
              nach ASTM   s

Beständigkeit *(Chemische Beständigkeit siehe Anhang)*

Wasseraufnahme 23 C   1 d   0.25 %

Feuchtigkeitsaufnahme Normalklima   %
Wetterbeständigkeit

Spannungskorrosion

Optische Eigenschaften

Brechungszahl n_D
Transmissionsgrad τ_c %   mm dick
Lichtdurchlässigkeit

Produkt	Polycarbonat		**PC**
Handelsname	**Luvocom 50/GF/20/TF/12/BK**		
Hersteller	LUV		
DIN-Bez 1			
DIN-Bez 2			
Zusätze	12.0% PTFE	*Füllstoffe/ Verstärkung*	20.0% Glasfaser
Bevorzugte Verarbeitung	Spritzgiessen	*Lieferform*	Granulat
		Farben	Schwarz
Besondere Merkmale	Sehr gute mechanische Eigenschaften; Verbessertes Gleitverhalten; Gute Verschleissfestigkeit	*Bevorzugte Anwendungen*	Technisches Formteil; Bueromaschinenteil; Teil fuer Datenverarbeitungsgeraet; Feinmechanik; Optik; Teil fuer Fernsehgeraet; Filmgeraet; Projektionsgeraet

Dichte	g/cm^3	1.41	*Schmelzindex*	g/10 min	:
Schüttdichte	g/cm^3	0.70–0.76	*Volumenfließindex*	cm^3/10 min	:
Viskositätszahl	ml/g				

Verarbeitungsbedingungen für Spritzgießen

Massetemp.	°C	280–310	*Schwindung*	%	lgs 0.2–0.3, quer
Werkzeugtemp.	°C	80–120	*Bemerkungen*		Vortrocknen empfohlen: 4h/120C
Spritzdruck	bar				

Zugversuch 23 °C DIN 53455; DIN 53457

Probekörper:	*Form*	Nr.3	*Herstellung*		Spritzgiessen
	Zustand		*Vorbehandlung*		1 d bei 23 C/50 %
Streckspannung	N/mm^2		*Dehnung bei Streckspannung*	%	
Zugfestigkeit	N/mm^2		*Reißdehnung*	%	2.5–3.0
Reißfestigkeit	N/mm^2	110	*% Dehnspannung*	N/mm^2	
E-Modul	N/mm^2	7000	*Dehnung bei % Dehnspg.*	%	

Kriechmoduln und Zeitstandwerte 23 °C

Probekörper:	*Form*		*Herstellung*		
	Zustand		*Vorbehandlung*		
Kriechmodul	*1 min* N/mm^2		*Zeitstandzugfestigkeit*	h N/mm^2	
Kriechmodul	*1000 h* N/mm^2		*Zeitdehnspg. %*	h N/mm^2	
bei Spannung	N/mm^2				

Biegeversuch 23 °C DIN 53452;

Probekörper:	*Form*	80x10x4 mm	*Herstellung*		Spritzgiessen
	Zustand		*Vorbehandlung*		1 d bei 23 C/50 %
Biegefestigkeit	N/mm^2	150	*E-Modul*		N/mm^2
3,5% Biegespannung	N/mm^2	130			

Härte 23 °C

Probekörper:	*Zustand*		*Herstellung*		Spritzgiessen
			Vorbehandlung		1 d bei 23 C/50 %
Kugeldruckhärte	N/mm^2 130	bei N, 30 s	*Shore-Härte* A		
Rockwellhärte			*Shore-Härte* D		

Schlagversuch

Probekörper:	*(1)*				
	(2)		*Herstellung*		Spritzgiessen
	Zustand		*Vorbehandlung*		1 d bei 23 C/50 %
	°C	°C	°C		*Probekörper-Form*
Schlagzähigkeit	kJ/m^2	23 35			NKS
Kerbschlagzähigkeit (1)	kJ/m^2				
IZOD-Kerbschlagzähigkeit (2)	J/m				
Kerbschlagzugzähigkeit	kJ/m^2				

Abrieb und Reibung

Taber-Abrieb (Reibradverfahren)	mm³/100 U
Abriebfaktor LNP (Thrust washer) Vergleichswert	
Statische Reibungszahl	
Dynamische Reibungszahl	(p · v = N/mm² · m/min)
Zulässiger p · v Wert	N/mm² · (m/min) v = m/min
	v = m/min

Thermische Eigenschaften

Formbeständigkeit in der Wärme	*Verfahren*		°C
	Verfahren		°C
Vicat Erweichungstemperatur (VST)	*Verfahren*	B/50	155 °C
	Verfahren		°C
Kristallit-Schmelzpunkt	*Verfahren*		
Längenausdehnungskoeffizient	*Bereich* °C		$\cdot 10^{-4} \mathrm{K}^{-1}$
	Temperatur		$\cdot 10^{-4} \mathrm{K}^{-1}$
Wärmeleitfähigkeit	*Verfahren*		W/(K · m)
Spezifische Wärmekapazität	*Verfahren*		J/(K · g)
Glasumwandlungstemperatur	*Torsionsschwingungsversuch*	°C	
	Differentialkalorimetrie	°C	

Brandverhalten

UL-Test vertikal   Dicke   mm, Wert
                            Dicke   mm, Wert

	Norm	Bewertung	Abmessungen
Sauerstoff-Index	ASTM D 2863		
Glühstab-Verfahren			
Brandverhalten	DIN 4102		
MVSS			
FAR			

Elektrische Eigenschaften

	Hz	°C	Probekörper, Form
Dielektrizitätszahl	50		
	10^3		
	10^6		
Dielektrischer Verlustfaktor tan δ	50		
	10^3		
	10^6		
Spezifischer Durchgangs-			
widerstand	Ohm · cm		
Durchschlagfestigkeit	kV/mm		mm dick
Oberflächenwiderstand	Ohm		

Kriechstromfestigkeit   KC   KB   KA
Elektrolytische Korrosionswirkung
Lichtbogenfestigkeit nach DIN
                 nach ASTM   s

Beständigkeit *(Chemische Beständigkeit siehe Anhang)*

Wasseraufnahme

Feuchtigkeitsaufnahme Normalklima   %
Wetterbeständigkeit

Spannungskorrosion

Optische Eigenschaften

Brechungszahl n_D
Transmissionsgrad τ_c %   mm dick
Lichtdurchlässigkeit

Produkt	Polycarbonat	**PC**
Handelsname	**Luvocom 50/GF/20/TF/20/BK100**	
Hersteller	LUV	
DIN-Bez 1		
DIN-Bez 2		

Zusätze	20.0% PTFE	*Füllstoffe/ Verstärkung*	20.0% Glasfaser
Bevorzugte Verarbeitung	Spritzgiessen	*Lieferform*	Granulat
		Farben	Schwarz
Besondere Merkmale	Sehr gute mechanische Eigenschaften; Verbessertes Gleitverhalten; Gute Verschleissfestigkeit	*Bevorzugte Anwendungen*	Technisches Formteil; Bueromaschinenteil; Zahnrad; Greifer; Kupplungsteil; Leaderblock fuer Computerband; Feinmechanik; Optik; Teil fuer Phonogeraet, Filmgeraet, Fernsehgeraet

Dichte	g/cm^3	1.46	*Schmelzindex*	g/10 min	:
Schüttdichte	g/cm^3	0.75	*Volumenfließindex*	cm^3/10 min	:
Viskositätszahl	ml/g				

Verarbeitungsbedingungen für Spritzgießen

Massetemp.	°C	270–310	*Schwindung*	%	lgs 0.2–0.3, quer
Werkzeugtemp.	°C	80–120	*Bemerkungen*		Vortrocknen empfohlen: 4h/120C
Spritzdruck	bar				

Zugversuch 23 °C DIN 53455; DIN 53457

	Probekörper:	*Form*	Nr.3	*Herstellung*	Spritzgiessen	
		Zustand		*Vorbehandlung*	1 d bei 23 C/50 %	
Streckspannung	N/mm^2			*Dehnung bei Streckspannung*	%	
Zugfestigkeit	N/mm^2			*Reißdehnung*	%	2.5–3.0
Reißfestigkeit	N/mm^2	105		% *Dehnspannung*	N/mm^2	
E-Modul	N/mm^2	6500		*Dehnung bei* % *Dehnspg.*	%	

Kriechmoduln und Zeitstandwerte 23 °C

	Probekörper:	*Form*	*Herstellung*		
		Zustand	*Vorbehandlung*		
Kriechmodul	1 min	N/mm^2	*Zeitstandzugfestigkeit*	h N/mm^2	
Kriechmodul	1000 h	N/mm^2	*Zeitdehnspg.* %	h N/mm^2	
bei Spannung		N/mm^2			

Biegeversuch 23 °C DIN 53452;

	Probekörper:	*Form*	80x10x4 mm	*Herstellung*	Spritzgiessen
		Zustand		*Vorbehandlung*	1 d bei 23 C/50 %
Biegefestigkeit	N/mm^2	140	*E-Modul*	N/mm^2	
3,5% Biegespannung	N/mm^2				

Härte 23 °C

	Probekörper:	*Zustand*	*Herstellung*	Spritzgiessen
			Vorbehandlung	1 d bei 23 C/50 %
Kugeldruckhärte	N/mm^2 125	bei N, 30 s	*Shore-Härte* A	
Rockwellhärte			*Shore-Härte* D	

Schlagversuch

	Probekörper:	(1)		
		(2)	*Herstellung*	Spritzgiessen
		Zustand	*Vorbehandlung*	1 d bei 23 C/50 %
		°C °C °C		*Probekörper-Form*

Schlagzähigkeit	kJ/m^2	23 30		NKS
Kerbschlagzähigkeit (1)	kJ/m^2			
IZOD-Kerbschlagzähigkeit (2)	J/m			
Kerbschlagzugzähigkeit	kJ/m^2			

Abrieb und Reibung

Taber-Abrieb (Reibradverfahren)	mm³/100 U
Abriebfaktor LNP (Thrust washer) Vergleichswert	
Statische Reibungszahl	
Dynamische Reibungszahl	$(p \cdot v =$ $N/mm^2 \cdot$ m/min$)$
Zulässiger p · v Wert	$N/mm^2 \cdot$ (m/min) v = m/min
	v = m/min

Thermische Eigenschaften

Formbeständigkeit in der Wärme	*Verfahren*		°C
	Verfahren		°C
Vicat Erweichungstemperatur (VST)	*Verfahren*	B/50	155 °C
	Verfahren		°C
Kristallit-Schmelzpunkt	*Verfahren*		
Längenausdehnungskoeffizient	*Bereich*	°C	$\cdot 10^{-4} K^{-1}$
	Temperatur		$\cdot 10^{-4} K^{-1}$
Wärmeleitfähigkeit	*Verfahren*		$W/(K \cdot m)$
Spezifische Wärmekapazität	*Verfahren*		$J/(K \cdot g)$
Glasumwandlungstemperatur	*Torsionsschwingungsversuch*		°C
	Differentialkalorimetrie		°C

Brandverhalten

UL-Test vertikal   Dicke   mm, Wert
                  Dicke   mm, Wert

	Norm	*Bewertung*	*Abmessungen*
Sauerstoff-Index	ASTM D 2863		
Glühstab-Verfahren			
Brandverhalten	DIN 4102		
MVSS			
FAR			

Elektrische Eigenschaften

	Hz	°C	*Probekörper, Form*
Dielektrizitätszahl	50		
	10^3		
	10^6		
Dielektrischer Verlustfaktor tan δ	50		
	10^3		
	10^6		
Spezifischer Durchgangs-			
widerstand	Ohm · cm		
Durchschlagfestigkeit	kV/mm		mm dick
Oberflächenwiderstand	Ohm		

Kriechstromfestigkeit	KC	KB	KA
Elektrolytische Korrosionswirkung			
Lichtbogenfestigkeit nach DIN			
nach ASTM	s		

Beständigkeit *(Chemische Beständigkeit siehe Anhang)*

Wasseraufnahme

Feuchtigkeitsaufnahme Normalklima   %
Wetterbeständigkeit

Spannungskorrosion

Optische Eigenschaften

Brechungszahl n_D
Transmissionsgrad τ_c %   mm dick
Lichtdurchlässigkeit

Produkt	Polycarbonat	**PC**
Handelsname	**Luvocom 50/GF/30/TF/15**	
Hersteller	LUV	
DIN-Bez 1		
DIN-Bez 2		

Zusätze	15.0% PTFE	*Füllstoffe/ Verstärkung*	30.0% Glasfaser
Bevorzugte Verarbeitung	Spritzgiessen	*Lieferform*	Granulat
		Farben	Natur
Besondere Merkmale	Sehr hoher Modul; Hohe Festigkeit; Verbessertes Gleitverhalten; Gute Verschleissfestigkeit	*Bevorzugte Anwendungen*	Technisches Formteil; Bueromaschinenteil; Teil fuer Datenverarbeitungsgeraet; Feinmechanik; Optik; Bauteil fuer Filmgeraet; Naehmaschinenteil; Teil fuer pneumatische Steuerung

---

Dichte	g/cm^3	1.60	*Schmelzindex*	g/10 min	:
Schüttdichte	g/cm^3	0.71	*Volumenfließindex*	cm^3/10 min	:
Viskositätszahl	ml/g				

Verarbeitungsbedingungen für Spritzgießen

Massetemp.	°C	300–340	*Schwindung*	%	lgs 0.15, quer
Werkzeugtemp.	°C	70–120	*Bemerkungen*		Vortrocknen empfohlen: 4h/120C
Spritzdruck	bar				

Zugversuch 23 °C DIN 53455; DIN 53457

	Probekörper:	Form	Nr.3	
		Zustand		

Herstellung Spritzgiessen
Vorbehandlung 1 d bei 23 C/50 %

Streckspannung	N/mm^2		*Dehnung bei Streckspannung*	%
Zugfestigkeit	N/mm^2		*Reißdehnung*	% 2.6
Reißfestigkeit	N/mm^2 124		*% Dehnspannung*	N/mm^2
E-Modul	N/mm^2 10500		*Dehnung bei % Dehnspg.*	%

Kriechmoduln und Zeitstandwerte 23 °C

	Probekörper:	Form	
		Zustand	

Herstellung
Vorbehandlung

Kriechmodul	1 min N/mm^2	*Zeitstandzugfestigkeit*	h N/mm^2
Kriechmodul	1000 h N/mm^2	*Zeitdehnspg. %*	h N/mm^2
bei Spannung	N/mm^2		

Biegeversuch 23 °C DIN 53452;

	Probekörper:	Form	80x10x4 mm
		Zustand	

Herstellung Spritzgiessen
Vorbehandlung 1 d bei 23 C/50 %

Biegefestigkeit	N/mm^2 165	*E-Modul*	N/mm^2
3,5% Biegespannung	N/mm^2		

Härte 23 °C Probekörper: *Zustand*

Herstellung Spritzgiessen
Vorbehandlung 1 d bei 23 C/50 %

Kugeldruckhärte	N/mm^2 125	bei N, 30 s	*Shore-Härte* A
Rockwellhärte			*Shore-Härte* D

Schlagversuch Probekörper: *(1)* *(2)* *Zustand*

Herstellung Spritzgiessen
Vorbehandlung 1 d bei 23 C/50 %

		°C	°C	°C	*Probekörper-Form*
Schlagzähigkeit	kJ/m^2	23 30			NKS
Kerbschlagzähigkeit (1)	kJ/m^2				
IZOD-Kerbschlagzähigkeit (2)	J/m				
Kerbschlagzugzähigkeit	kJ/m^2				

Abrieb und Reibung

Taber-Abrieb (Reibradverfahren)	mm³/100 U	
Abriebfaktor LNP (Thrust washer) Vergleichswert		
Statische Reibungszahl		
Dynamische Reibungszahl	(p · v =	N/mm² ·	m/min)
Zulässiger p · v Wert	N/mm² · (m/min)	v =	m/min
		v =	m/min

Thermische Eigenschaften

Formbeständigkeit in der Wärme — Verfahren — °C
Verfahren — °C
Vicat Erweichungstemperatur (VST) — Verfahren — B/50 — 158 °C
Verfahren — °C
Kristallit-Schmelzpunkt — Verfahren

Längenausdehnungskoeffizient — Bereich — °C — $\cdot 10^{-4}\mathrm{K}^{-1}$
Temperatur — $\cdot 10^{-4}\mathrm{K}^{-1}$
Wärmeleitfähigkeit — Verfahren — W/(K · m)

Spezifische Wärmekapazität — Verfahren — J/(K · g)

Glasumwandlungstemperatur — Torsionsschwingungsversuch — °C
Differentialkalorimetrie — °C

Brandverhalten

UL-Test vertikal — Dicke mm, Wert
Dicke mm, Wert

	Norm	Bewertung	Abmessungen
Sauerstoff-Index	ASTM D 2863		
Glühstab-Verfahren			
Brandverhalten	DIN 4102		
MVSS			
FAR			

Elektrische Eigenschaften

	Hz	°C	Probekörper, Form
Dielektrizitätszahl	50		
	10³		
	10⁶		
Dielektrischer Verlustfaktor tan δ	50		
	10³		
	10⁶		

Spezifischer Durchgangs-
  widerstand — Ohm · cm
Durchschlagfestigkeit — kV/mm — mm dick
Oberflächenwiderstand — Ohm

Kriechstromfestigkeit — KC — KB — KA
Elektrolytische Korrosionswirkung
Lichtbogenfestigkeit nach DIN
        nach ASTM — s

Beständigkeit *(Chemische Beständigkeit siehe Anhang)*

Wasseraufnahme 23 C — 1 d — 0.21 %

Feuchtigkeitsaufnahme Normalklima — %
Wetterbeständigkeit

Spannungskorrosion

Optische Eigenschaften

Brechungszahl n_D
Transmissionsgrad τ_c — % — mm dick
Lichtdurchlässigkeit

Produkt	Polycarbonat	**PC**
Handelsname	**Luvocom 50/TF/22/BK100**	
Hersteller	LUV	
DIN-Bez 1		
DIN-Bez 2		

Zusätze	22.0% PTFE	*Füllstoffe/ Verstärkung*	
Bevorzugte Verarbeitung	Spritzgiessen	*Lieferform*	Granulat
		Farben	Schwarz
Besondere Merkmale	Gute mechanische Eigenschaften; Verbessertes Gleitverhalten; Gute Verschleissfestigkeit	*Bevorzugte Anwendungen*	Technisches Formteil; Lager; Buchse; Fotogeraet; Optisches Geraet; Teil fuer Blenden; Objektivhalterung; Innenteil fuer Elektrorasierer; Steuerscheibe; Steuernocke

Dichte	g/cm^3	1.31	*Schmelzindex*	g/10 min	:
Schüttdichte	g/cm^3	0.79	*Volumenfließindex*	cm^3/10 min	:
Viskositätszahl	ml/g				

Verarbeitungsbedingungen für Spritzgießen

Massetemp.	°C	300–340	*Schwindung*	%	lgs	0.70, quer
Werkzeugtemp.	°C	70–120	*Bemerkungen*	Vortrocknen empfohlen: 4h/120C		
Spritzdruck	bar					

Zugversuch 23 °C   DIN 53455; DIN 53457

Probekörper:	*Form* Nr.3		*Herstellung*	Spritzgiessen
	Zustand		*Vorbehandlung*	1 d bei 23 C/50 %
Streckspannung	N/mm^2		*Dehnung bei Streckspannung*	%
Zugfestigkeit	N/mm^2 45		*Reißdehnung*	% 10.0
Reißfestigkeit	N/mm^2 42		*% Dehnspannung*	N/mm^2
E-Modul	N/mm^2 2100		*Dehnung bei % Dehnspg.*	%

Kriechmoduln und Zeitstandwerte 23 °C

Probekörper:	*Form*	*Herstellung*	
	Zustand	*Vorbehandlung*	
Kriechmodul	1 min N/mm^2	*Zeitstandzugfestigkeit*	h N/mm^2
Kriechmodul	1000 h N/mm^2	*Zeitdehnspg. %*	h N/mm^2
bei Spannung	N/mm^2		

Biegeversuch 23 °C   DIN 53452;

Probekörper:	*Form* 80x10x4 mm	*Herstellung*	Spritzgiessen
	Zustand	*Vorbehandlung*	1 d bei 23 C/50 %
Biegefestigkeit	N/mm^2 65	*E-Modul*	N/mm^2
3,5% Biegespannung	N/mm^2		

Härte 23 °C

Probekörper:	*Zustand*		*Herstellung*	Spritzgiessen
			Vorbehandlung	1 d bei 23 C/50 %
Kugeldruckhärte	N/mm^2 98	bei N, 30 s	*Shore-Härte A*	
Rockwellhärte			*Shore-Härte D*	

Schlagversuch

Probekörper:	(1)		
	(2)	*Herstellung*	Spritzgiessen
	Zustand	*Vorbehandlung*	1 d bei 23 C/50 %

	°C	°C	°C	*Probekörper-Form*
Schlagzähigkeit	kJ/m^2	23 ≧ 50		NKS
Kerbschlagzähigkeit (1)	kJ/m^2			
IZOD-Kerbschlagzähigkeit (2)	J/m			
Kerbschlagzugzähigkeit	kJ/m^2 ·			

Abrieb und Reibung

Taber-Abrieb (Reibradverfahren)	mm³/100 U
Abriebfaktor LNP (Thrust washer) Vergleichswert	
Statische Reibungszahl	
Dynamische Reibungszahl	$(p \cdot v =$ N/mm² · m/min$)$
Zulässiger p · v Wert	N/mm² · (m/min) v = m/min
	v = m/min

Thermische Eigenschaften

Formbeständigkeit in der Wärme	*Verfahren*		°C
	Verfahren		°C
Vicat Erweichungstemperatur (VST)	*Verfahren*	B/50	150 °C
	Verfahren		°C
Kristallit-Schmelzpunkt	*Verfahren*		
Längenausdehnungskoeffizient	*Bereich*	°C	$\cdot 10^{-4} K^{-1}$
	Temperatur		$\cdot 10^{-4} K^{-1}$
Wärmeleitfähigkeit	*Verfahren*		W/(K · m)
Spezifische Wärmekapazität	*Verfahren*		J/(K · g)
Glasumwandlungstemperatur	*Torsionsschwingungsversuch*	°C	
	Differentialkalorimetrie	°C	

Brandverhalten

UL-Test vertikal	Dicke mm, Wert	
	Dicke mm, Wert	

	Norm	*Bewertung*	*Abmessungen*
Sauerstoff-Index	ASTM D 2863		
Glühstab-Verfahren			
Brandverhalten	DIN 4102		
MVSS			
FAR			

Elektrische Eigenschaften

	Hz	°C	*Probekörper, Form*
Dielektrizitätszahl	50		
	10^3		
	10^6		
Dielektrischer Verlustfaktor tan δ	50		
	10^3		
	10^6		
Spezifischer Durchgangs-widerstand	Ohm · cm		
Durchschlagfestigkeit	kV/mm		mm dick
Oberflächenwiderstand	Ohm		

Kriechstromfestigkeit	KC	KB	KA
Elektrolytische Korrosionswirkung			
Lichtbogenfestigkeit nach DIN			
nach ASTM	s		

Beständigkeit *(Chemische Beständigkeit siehe Anhang)*

Wasseraufnahme 23 C	1 d	0.3 %
Feuchtigkeitsaufnahme Normalklima		%
Wetterbeständigkeit		
Spannungskorrosion		

Optische Eigenschaften

Brechungszahl n_D		
Transmissionsgrad τ_c	%	mm dick
Lichtdurchlässigkeit		

Produkt	Polycarbonat	**PC**
Handelsname	**Luvocom 50/EC1**	
Hersteller	LUV	
DIN-Bez 1		
DIN-Bez 2		

Zusätze	Russ	*Füllstoffe/ Verstärkung*	
Bevorzugte Verarbeitung	Spritzgiessen	*Lieferform*	Granulat
		Farben	Schwarz
Besondere Merkmale	Gute mechanische Eigenschaften; Geringer elektrischer Widerstand	*Bevorzugte Anwendungen*	Technisches Formteil; Behaelter oder Transportsystem fuer elektronische Bauteile bzw. elektrostatisch empfindliche Gueter

---

Dichte	g/cm^3	1.21	*Schmelzindex*	g/10 min	10:	300/5
Schüttdichte	g/cm^3	0.68–0.72	*Volumenfließindex*	cm^3/10 min	:	
Viskositätszahl	ml/g					

Verarbeitungsbedingungen für Spritzgießen

Massetemp.	°C	270–290	*Schwindung*	%	lgs 0.5–0.6, quer 0.5–0.6
Werkzeugtemp.	°C	70–110	*Bemerkungen*		Vortrocknen empfohlen: 4h/120C
Spritzdruck	bar				

Zugversuch 23 °C DIN 53455; DIN 53457

				Herstellung	Spritzgiessen
	Probekörper:	*Form*	Nr.3	*Vorbehandlung*	1 d bei 23 C/50 %
		Zustand			

Streckspannung	N/mm^2		*Dehnung bei Streckspannung*	%	
Zugfestigkeit	N/mm^2	60	*Reißdehnung*	%	
Reißfestigkeit	N/mm^2		% *Dehnspannung*	N/mm^2	
E-Modul	N/mm^2	2000	*Dehnung bei* % *Dehnspg.*	%	

Kriechmoduln und Zeitstandwerte 23 °C

				Herstellung	
	Probekörper:	*Form*		*Vorbehandlung*	
		Zustand			

Kriechmodul	*1 min*	N/mm^2	*Zeitstandzugfestigkeit*	h N/mm^2	
Kriechmodul	*1000 h*	N/mm^2	*Zeitdehnspg.* %	h N/mm^2	
bei Spannung		N/mm^2			

Biegeversuch 23 °C DIN 53452;

				Herstellung	Spritzgiessen
	Probekörper:	*Form*	80x10x4 mm	*Vorbehandlung*	1 d bei 23 C/50 %
		Zustand			

Biegefestigkeit	N/mm^2	85	*E-Modul*	N/mm^2
3,5% Biegespannung	N/mm^2	65		

Härte 23 °C

			Herstellung	
	Probekörper:	*Zustand*	*Vorbehandlung*	

Kugeldruckhärte	N/mm^2	bei	N, s	*Shore-Härte* A	
Rockwellhärte				*Shore-Härte* D	

Schlagversuch

	Probekörper:	*(1)*		
		(2)	*Herstellung*	Spritzgiessen
		Zustand	*Vorbehandlung*	1 d bei 23 C/50 %
		°C	°C	°C	*Probekörper-Form*

Schlagzähigkeit	kJ/m^2	23 60		NKS
Kerbschlagzähigkeit (1)	kJ/m^2			
IZOD-Kerbschlagzähigkeit (2)	J/m			
Kerbschlagzugzähigkeit	kJ/m^2			

Abrieb und Reibung

Taber-Abrieb (Reibradverfahren)	mm³/100 U	
Abriebfaktor LNP (Thrust washer) Vergleichswert		
Statische Reibungszahl		
Dynamische Reibungszahl	$(p \cdot v =$	N/mm² · m/min)
Zulässiger p · v Wert	N/mm² · (m/min) v =	m/min
	v =	m/min

Thermische Eigenschaften

Formbeständigkeit in der Wärme	*Verfahren*		°C
	Verfahren		°C
Vicat Erweichungstemperatur (VST)	*Verfahren*	B/50	155 °C
	Verfahren		°C
Kristallit-Schmelzpunkt	*Verfahren*		
Längenausdehnungskoeffizient	*Bereich*	°C	$\cdot 10^{-4} \mathrm{K}^{-1}$
	Temperatur		$\cdot 10^{-4} \mathrm{K}^{-1}$
Wärmeleitfähigkeit	*Verfahren*		W/(K · m)
Spezifische Wärmekapazität	*Verfahren*		J/(K · g)
Glasumwandlungstemperatur	*Torsionsschwingungsversuch*	°C	
	Differentialkalorimetrie	°C	

Brandverhalten

UL-Test vertikal		Dicke mm, Wert	
		Dicke mm, Wert	
	Norm	*Bewertung*	*Abmessungen*
Sauerstoff-Index	ASTM D 2863		
Glühstab-Verfahren			
Brandverhalten	DIN 4102		
MVSS			
FAR			

Elektrische Eigenschaften

	Hz	°C			*Probekörper, Form*
Dielektrizitätszahl	50				
	10³				
	10⁶				
Dielektrischer Verlustfaktor tan δ	50				
	10³				
	10⁶				
Spezifischer Durchgangs-widerstand	Ohm · cm	23	≦ 1.0*10**3		
Durchschlagfestigkeit	kV/mm				mm dick
Oberflächenwiderstand	Ohm	23	≦ 1.0*10**3		
Kriechstromfestigkeit	KC		KB	KA	
Elektrolytische Korrosionswirkung					
Lichtbogenfestigkeit nach DIN					
nach ASTM	s				

Beständigkeit *(Chemische Beständigkeit siehe Anhang)*

Wasseraufnahme

Feuchtigkeitsaufnahme Normalklima   %
Wetterbeständigkeit

Spannungskorrosion

Optische Eigenschaften

Brechungszahl n_D
Transmissionsgrad τ_c %   mm dick
Lichtdurchlässigkeit

Produkt	Lineares Polyethylen niedriger Dichte	**PE**
Handelsname	**Riblene LX CF 1811**	
Hersteller	ENICHEM	
DIN-Bez 1	16776-PE,GF,20-D022	
DIN-Bez 2		

Zusätze		*Füllstoffe/ Verstärkung*	
Bevorzugte Verarbeitung	Extrudieren	*Lieferform*	Granulat
		Farben	Natur
Besondere Merkmale	Ausgezeichnete Zaehigkeit; Sehr gute Einreissfestigkeit; Gute Heissiegelfaehigkeit; Sehr gute optische Eigenschaften	*Bevorzugte Anwendungen*	Folie; Blasfolie; Flachfolie; Coextrudierte Folie; Abmischung mit LDPE

Dichte	g/cm³	0.918	*Schmelzindex*	g/10 min	2.5: 190/2.16
Schüttdichte	g/cm³		*Volumenfließindex*	cm³/10 min	:
Viskositätszahl	ml/g				

Verarbeitungsbedingungen für Spritzgießen

Massetemp.	°C		*Schwindung*	%	lgs , quer
Werkzeugtemp.	°C		*Bemerkungen*		
Spritzdruck	bar				

Zugversuch 23 °C

		Probekörper:	*Form*	*Herstellung*
			Zustand	*Vorbehandlung*

Streckspannung	N/mm²	*Dehnung bei Streckspannung*	%	
Zugfestigkeit	N/mm²	*Reißdehnung*	%	
Reißfestigkeit	N/mm²	% *Dehnspannung*	N/mm²	
E-Modul	N/mm²	*Dehnung bei* % *Dehnspg.*	%	

Kriechmoduln und Zeitstandwerte 23 °C

		Probekörper:	*Form*	*Herstellung*
			Zustand	*Vorbehandlung*

Kriechmodul	1 min N/mm²		*Zeitstandzugfestigkeit*	h N/mm²	
Kriechmodul	1000 h N/mm²		*Zeitdehnspg.* %	h N/mm²	
bei Spannung	N/mm²				

Biegeversuch 23 °C

		Probekörper:	*Form*	*Herstellung*
			Zustand	*Vorbehandlung*

Biegefestigkeit	N/mm²	*E-Modul*	N/mm²	
3,5% Biegespannung	N/mm²			

Härte 23 °C

	Probekörper:	*Zustand*	*Herstellung*
			Vorbehandlung

Kugeldruckhärte	N/mm²	bei N, s	*Shore-Härte* A	
Rockwellhärte			*Shore-Härte* D	

Schlagversuch

	Probekörper:	(1)	
		(2)	*Herstellung*
		Zustand	*Vorbehandlung*
	°C	°C	°C	*Probekörper-Form*

Schlagzähigkeit	kJ/m²	
Kerbschlagzähigkeit (1)	kJ/m²	
IZOD-Kerbschlagzähigkeit (2)	J/m	
Kerbschlagzugzähigkeit	kJ/m²	

Abrieb und Reibung

Taber-Abrieb (Reibradverfahren)	mm³/100 U
Abriebfaktor LNP (Thrust washer) Vergleichswert	
Statische Reibungszahl	
Dynamische Reibungszahl	(p·v = N/mm² · m/min)
Zulässiger p · v Wert	N/mm² · (m/min) v = m/min
	v = m/min

Thermische Eigenschaften

Formbeständigkeit in der Wärme	*Verfahren*	°C
	Verfahren	°C
Vicat Erweichungstemperatur (VST)	*Verfahren*	°C
	Verfahren	°C
Kristallit-Schmelzpunkt	*Verfahren*	
Längenausdehnungskoeffizient	*Bereich* °C	$\cdot 10^{-4}K^{-1}$
	Temperatur	$\cdot 10^{-4}K^{-1}$
Wärmeleitfähigkeit	*Verfahren*	W/(K · m)
Spezifische Wärmekapazität	*Verfahren*	J/(K · g)
Glasumwandlungstemperatur	*Torsionsschwingungsversuch*	°C
	Differentialkalorimetrie	°C

Brandverhalten

UL-Test vertikal   Dicke   mm, Wert
                         Dicke   mm, Wert

	Norm	*Bewertung*	*Abmessungen*
Sauerstoff-Index	ASTM D 2863		
Glühstab-Verfahren			
Brandverhalten	DIN 4102		
MVSS			
FAR			

Elektrische Eigenschaften

	Hz	°C	*Probekörper, Form*
Dielektrizitätszahl	50		
	10^3		
	10^6		
Dielektrischer Verlustfaktor tan δ	50		
	10^3		
	10^6		
Spezifischer Durchgangs-widerstand	Ohm · cm		
Durchschlagfestigkeit	kV/mm		mm dick
Oberflächenwiderstand	Ohm		
Kriechstromfestigkeit	KC	KB	KA
Elektrolytische Korrosionswirkung			
Lichtbogenfestigkeit nach DIN			
nach ASTM s			

Beständigkeit *(Chemische Beständigkeit siehe Anhang)*

Wasseraufnahme

Feuchtigkeitsaufnahme Normalklima   %
Wetterbeständigkeit

Spannungskorrosion

Optische Eigenschaften

Brechungszahl n_D
Transmissionsgrad τ_c %   mm dick
Lichtdurchlässigkeit

Produkt	Lineares Polyethylen niedriger Dichte		**PE**
Handelsname	**Riblene LX EF 2211**		
Hersteller	ENICHEM		
DIN-Bez 1	16776-PE,GF,20-D006		
DIN-Bez 2			

Zusätze		*Füllstoffe/ Verstärkung*	
Bevorzugte Verarbeitung	Extrudieren	*Lieferform*	Granulat
		Farben	Natur
Besondere Merkmale	Ausgezeichnete Zaehigkeit; Sehr gute Einreissfestigkeit; Gute Schmelzenfestigkeit	*Bevorzugte Anwendungen*	Folie; Blasfolie; Flachfolie; Schwergutsack; Stretchfolie (Blasfolie); Abmischung mit LDPE; Abmischung mit HDPE

Dichte	g/cm^3	0.922	*Schmelzindex*	g/10 min	0.6:	190/2.16
Schüttdichte	g/cm^3		*Volumenfließindex*	cm^3/10 min	:	
Viskositätszahl	ml/g					

Verarbeitungsbedingungen für Spritzgießen

Massetemp.	°C		*Schwindung*	%	lgs , quer
Werkzeugtemp.	°C		*Bemerkungen*		
Spritzdruck	bar				

Zugversuch 23 °C

	Probekörper:	*Form*	*Herstellung*
		Zustand	*Vorbehandlung*
Streckspannung	N/mm^2	*Dehnung bei Streckspannung*	%
Zugfestigkeit	N/mm^2	*Reißdehnung*	%
Reißfestigkeit	N/mm^2	% *Dehnspannung*	N/mm^2
E-Modul	N/mm^2	*Dehnung bei* % *Dehnspg.*	%

Kriechmoduln und Zeitstandwerte 23 °C

	Probekörper:	*Form*	*Herstellung*
		Zustand	*Vorbehandlung*
Kriechmodul	1 min N/mm^2	*Zeitstandzugfestigkeit*	h N/mm^2
Kriechmodul	1000 h N/mm^2	*Zeitdehnspg.* %	h N/mm^2
bei Spannung	N/mm^2		

Biegeversuch 23 °C

	Probekörper:	*Form*	*Herstellung*
		Zustand	*Vorbehandlung*
Biegefestigkeit	N/mm^2	*E-Modul*	N/mm^2
3,5% Biegespannung	N/mm^2		

Härte 23 °C

	Probekörper: *Zustand*		*Herstellung*
			Vorbehandlung
Kugeldruckhärte	N/mm^2 bei N, s		*Shore-Härte* A
Rockwellhärte			*Shore-Härte* D

Schlagversuch

	Probekörper:	*(1)*	
		(2)	*Herstellung*
		Zustand	*Vorbehandlung*
	°C	°C	°C	*Probekörper-Form*

Schlagzähigkeit	kJ/m^2
Kerbschlagzähigkeit (1)	kJ/m^2
IZOD-Kerbschlagzähigkeit (2)	J/m
Kerbschlagzugzähigkeit	kJ/m^2

Abrieb und Reibung

Taber-Abrieb (Reibradverfahren)   mm^3/100 U
Abriebfaktor LNP (Thrust washer) Vergleichswert
Statische Reibungszahl
Dynamische Reibungszahl   (p · v =   N/mm^2 ·   m/min)
Zulässiger p · v Wert   N/mm^2 · (m/min)   v =   m/min
                                                                v =   m/min

Thermische Eigenschaften

Formbeständigkeit in der Wärme   Verfahren   °C
                                          Verfahren   °C
Vicat Erweichungstemperatur (VST)   Verfahren   °C
                                          Verfahren   °C
Kristallit-Schmelzpunkt   Verfahren

Längenausdehnungskoeffizient   Bereich   °C   · 10^{-4}K^{-1}
                                          Temperatur   · 10^{-4}K^{-1}
Wärmeleitfähigkeit   Verfahren   W/(K · m)

Spezifische Wärmekapazität   Verfahren   J/(K · g)

Glasumwandlungstemperatur   Torsionsschwingungsversuch   °C
                                          Differentialkalorimetrie   °C

Brandverhalten

UL-Test vertikal   Dicke   mm, Wert
                                          Dicke   mm, Wert

                      Norm   Bewertung   Abmessungen

Sauerstoff-Index   ASTM D 2863
Glühstab-Verfahren
Brandverhalten   DIN 4102
MVSS
FAR

Elektrische Eigenschaften

                                          Hz   °C   Probekörper, Form

Dielektrizitätszahl   50
                                          10^3
                                          10^6
Dielektrischer Verlustfaktor tan δ   50
                                          10^3
                                          10^6
Spezifischer Durchgangs-
  widerstand   Ohm · cm
Durchschlagfestigkeit   kV/mm   mm dick
Oberflächenwiderstand   Ohm

Kriechstromfestigkeit   KC   KB   KA
Elektrolytische Korrosionswirkung
Lichtbogenfestigkeit nach DIN
              nach ASTM   s

Beständigkeit *(Chemische Beständigkeit siehe Anhang)*

Wasseraufnahme

Feuchtigkeitsaufnahme Normalklima   %
Wetterbeständigkeit

Spannungskorrosion

Optische Eigenschaften

Brechungszahl n$_D$
Transmissionsgrad τ$_c$ %   mm dick
Lichtdurchlässigkeit

Produkt	Lineares Polyethylen niedriger Dichte	**PE**
Handelsname	**Riblene LX BF 2211**	
Hersteller	ENICHEM	
DIN-Bez 1	16776-PE,GF,20-D012	
DIN-Bez 2		

Zusätze		*Füllstoffe/ Verstärkung*	
Bevorzugte Verarbeitung	Extrudieren	*Lieferform*	Granulat
		Farben	Natur
Besondere Merkmale	Gute mechanische Eigenschaften; Mittlere Steifheit; Verbesserte Siegel-faehigkeit; Verbesserte Tiefziehfaehig-keit	*Bevorzugte Anwendungen*	Folie; Blasfolie; Flachfolie; Tragtasche; Verpackungsfolie; Geblasene Stretch-folie (Blasfolie); Schrumpffolie in Abmi-schung mit LDPE; Coextrudat

Dichte	g/cm³	0.922	*Schmelzindex*	g/10 min	1: 190/2.16
Schüttdichte	g/cm³		*Volumenfließindex*	cm³/10 min	:
Viskositätszahl	ml/g				

Verarbeitungsbedingungen für Spritzgießen

Massetemp.	°C		*Schwindung*	%	lgs , quer
Werkzeugtemp.	°C		*Bemerkungen*		
Spritzdruck	bar				

Zugversuch 23 °C

	Probekörper:	*Form*	*Herstellung*	
		Zustand	*Vorbehandlung*	
Streckspannung	N/mm²		*Dehnung bei Streckspannung*	%
Zugfestigkeit	N/mm²		*Reißdehnung*	%
Reißfestigkeit	N/mm²		*% Dehnspannung*	N/mm²
E-Modul	N/mm²		*Dehnung bei % Dehnspg.*	%

Kriechmoduln und Zeitstandwerte 23 °C

	Probekörper:	*Form*	*Herstellung*	
		Zustand	*Vorbehandlung*	
Kriechmodul	1 min N/mm²		*Zeitstandzugfestigkeit*	h N/mm²
Kriechmodul	1000 h N/mm²		*Zeitdehnspg. %*	h N/mm²
bei Spannung	N/mm²			

Biegeversuch 23 °C

	Probekörper:	*Form*	*Herstellung*	
		Zustand	*Vorbehandlung*	
Biegefestigkeit	N/mm²		*E-Modul*	N/mm²
3,5% Biegespannung	N/mm²			

Härte 23 °C

	Probekörper:	*Zustand*	*Herstellung*	
			Vorbehandlung	
Kugeldruckhärte	N/mm²	bei N, s	*Shore-Härte* A	
Rockwellhärte			*Shore-Härte* D	

Schlagversuch

	Probekörper:	*(1)*		
		(2)	*Herstellung*	
		Zustand	*Vorbehandlung*	
		°C °C	°C	*Probekörper-Form*
Schlagzähigkeit	kJ/m²			
Kerbschlagzähigkeit (1)	kJ/m²			
IZOD-Kerbschlagzähigkeit (2)	J/m			
Kerbschlagzugzähigkeit	kJ/m²			

Abrieb und Reibung

Taber-Abrieb (Reibradverfahren) mm^3/100 U
Abriebfaktor LNP (Thrust washer) Vergleichswert
Statische Reibungszahl
Dynamische Reibungszahl (p·v= N/mm^2· m/min)
Zulässiger p · v Wert N/mm^2 · (m/min) v= m/min
  v= m/min

Thermische Eigenschaften

Formbeständigkeit in der Wärme Verfahren °C
  Verfahren °C
Vicat Erweichungstemperatur (VST) Verfahren °C
  Verfahren °C
Kristallit-Schmelzpunkt Verfahren

Längenausdehnungskoeffizient Bereich °C ·10^{-4}K^{-1}
  Temperatur ·10^{-4}K^{-1}
Wärmeleitfähigkeit Verfahren W/(K · m)

Spezifische Wärmekapazität Verfahren J/(K · g)

Glasumwandlungstemperatur Torsionsschwingungsversuch °C
  Differentialkalorimetrie °C

Brandverhalten

UL-Test vertikal Dicke mm, Wert
  Dicke mm, Wert

  Norm Bewertung Abmessungen

Sauerstoff-Index ASTM D 2863
Glühstab-Verfahren
Brandverhalten DIN 4102
MVSS
FAR

Elektrische Eigenschaften

  Hz °C Probekörper, Form

Dielektrizitätszahl 50
  10^3
  10^6
Dielektrischer Verlustfaktor tan δ 50
  10^3
  10^6

Spezifischer Durchgangs-
* widerstand* Ohm · cm
Durchschlagfestigkeit kV/mm mm dick
Oberflächenwiderstand Ohm

Kriechstromfestigkeit KC KB KA
Elektrolytische Korrosionswirkung
Lichtbogenfestigkeit nach DIN
* nach ASTM* s

Beständigkeit *(Chemische Beständigkeit siehe Anhang)*

Wasseraufnahme

Feuchtigkeitsaufnahme Normalklima %
Wetterbeständigkeit

Spannungskorrosion

Optische Eigenschaften

Brechungszahl n$_D$
Transmissionsgrad τ$_c$ % mm dick
Lichtdurchlässigkeit

		PE
Produkt	Lineares Polyethylen niedriger Dichte	
Handelsname	**Riblene LX CF 2211**	
Hersteller	ENICHEM	
DIN-Bez 1	16776-PE,GF,20-D022	
DIN-Bez 2		

Zusätze		*Füllstoffe/ Verstärkung*
Bevorzugte Verarbeitung	Extrudieren	*Lieferform* Granulat
		Farben Natur
Besondere Merkmale	Gute Verarbeitbarkeit; Gute optische Eigenschaften; Tiefziehfaehig; Verbesserte Siegeleigenschaften	*Bevorzugte Anwendungen* Folie; Blasfolie; Flachfolie; Stretchfolie; Verpackungsfolie; Leichte Tragtasche; Coextrudat; Abmischung mit LDPE; Abmischung mit HDPE

Dichte	g/cm^3	0.922	*Schmelzindex*	g/10 min	2: 190/2.16
Schüttdichte	g/cm^3		*Volumenfließindex*	cm^3/10 min	:
Viskositätszahl	ml/g				

Verarbeitungsbedingungen für Spritzgießen

Massetemp.	°C		*Schwindung*	% lgs , quer
Werkzeugtemp.	°C		*Bemerkungen*	
Spritzdruck	bar			

Zugversuch 23 °C

	Probekörper: Form	*Herstellung*	
	Zustand	*Vorbehandlung*	
Streckspannung	N/mm^2	*Dehnung bei Streckspannung*	%
Zugfestigkeit	N/mm^2	*Reißdehnung*	%
Reißfestigkeit	N/mm^2	*% Dehnspannung*	N/mm^2
E-Modul	N/mm^2	*Dehnung bei % Dehnspg.*	%

Kriechmoduln und Zeitstandwerte 23 °C

	Probekörper: Form	*Herstellung*	
	Zustand	*Vorbehandlung*	
Kriechmodul	1 min N/mm^2	*Zeitstandzugfestigkeit*	h N/mm^2
Kriechmodul	1000 h N/mm^2	*Zeitdehnspg.* %	h N/mm^2
bei Spannung	N/mm^2		

Biegeversuch 23 °C

	Probekörper: Form	*Herstellung*	
	Zustand	*Vorbehandlung*	
Biegefestigkeit	N/mm^2	*E-Modul*	N/mm^2
3,5% Biegespannung	N/mm^2		

Härte 23 °C

	Probekörper: Zustand	*Herstellung*	
		Vorbehandlung	
Kugeldruckhärte	N/mm^2 bei N, s	*Shore-Härte* A	
Rockwellhärte		*Shore-Härte* D	

Schlagversuch

	Probekörper: (1)		
	(2)	*Herstellung*	
	Zustand	*Vorbehandlung*	
	°C °C °C	*Probekörper-Form*	

Schlagzähigkeit	kJ/m^2
Kerbschlagzähigkeit (1)	kJ/m^2
IZOD-Kerbschlagzähigkeit (2)	J/m
Kerbschlagzugzähigkeit	kJ/m^2

Abrieb und Reibung

Taber-Abrieb (Reibradverfahren)   mm³/100 U
Abriebfaktor LNP (Thrust washer) Vergleichswert
Statische Reibungszahl
Dynamische Reibungszahl $(p \cdot v =$ N/mm² ·   m/min)
Zulässiger p · v Wert   N/mm² · (m/min) v =   m/min
                                                                       v =   m/min

Thermische Eigenschaften

Formbeständigkeit in der Wärme   Verfahren   °C
                                        Verfahren   °C
Vicat Erweichungstemperatur (VST)   Verfahren   °C
                                        Verfahren   °C
Kristallit-Schmelzpunkt   Verfahren

Längenausdehnungskoeffizient   Bereich   °C $\cdot 10^{-4} \mathrm{K}^{-1}$
                                        Temperatur $\cdot 10^{-4} \mathrm{K}^{-1}$
Wärmeleitfähigkeit   Verfahren   W/(K · m)

Spezifische Wärmekapazität   Verfahren   J/(K · g)

Glasumwandlungstemperatur   Torsionsschwingungsversuch   °C
                                        Differentialkalorimetrie   °C

Brandverhalten

UL-Test vertikal   Dicke   mm, Wert
                                        Dicke   mm, Wert

                        Norm   *Bewertung*   *Abmessungen*

Sauerstoff-Index   ASTM D 2863
Glühstab-Verfahren
Brandverhalten   DIN 4102
MVSS
FAR

Elektrische Eigenschaften

                                        Hz   °C   *Probekörper, Form*

Dielektrizitätszahl   50
                                        10^3
                                        10^6
Dielektrischer Verlustfaktor tan δ   50
                                        10^3
                                        10^6
Spezifischer Durchgangs-
    widerstand   Ohm · cm
Durchschlagfestigkeit   kV/mm   mm dick
Oberflächenwiderstand   Ohm

Kriechstromfestigkeit   KC   KB   KA
Elektrolytische Korrosionswirkung
Lichtbogenfestigkeit nach DIN
            nach ASTM   s

Beständigkeit *(Chemische Beständigkeit siehe Anhang)*

Wasseraufnahme

Feuchtigkeitsaufnahme Normalklima   %
Wetterbeständigkeit

Spannungskorrosion

Optische Eigenschaften

Brechungszahl n_D
Transmissionsgrad τ_c %   mm dick
Lichtdurchlässigkeit

Produkt	Lineares Polyethylen niedriger Dichte	**PE**
Handelsname	**Riblene LX DS 2411**	
Hersteller	ENICHEM	
DIN-Bez 1	16776-PE,GM,25-D200	
DIN-Bez 2		

Zusätze

Füllstoffe/ Verstärkung

Bevorzugte Verarbeitung	Spritzgiessen	*Lieferform*	Granulat
		Farben	Natur; Standard

Besondere Merkmale	Gute Dimensionsstabilitaet; Verzugs-arm; Gute Ausgewogenheit zwischen Zaehigkeit, Spannungsrissbestaendig-keit und Temperaturwechselbestaen-digkeit; Gute Fliessfaehigkeit	*Bevorzugte Anwendungen*	Behaelter fuer Seifen, Reinigungsmit-tel, Pharmazeutika, Kosmetika; Spiel-zeug; Deckel; Verschluss; Kappe

---

Dichte	g/cm^3	0.924	*Schmelzindex*	g/10 min	20: 190/2.16
Schüttdichte	g/cm^3		*Volumenfließindex*	cm^3/10 min	:
Viskositätszahl	ml/g				

Verarbeitungsbedingungen für Spritzgießen

Massetemp.	°C		*Schwindung*	%	lgs	, quer
Werkzeugtemp.	°C		*Bemerkungen*			
Spritzdruck	bar					

Zugversuch 23 °C

	Probekörper:	*Form*	*Herstellung*
		Zustand	*Vorbehandlung*

Streckspannung	N/mm^2	*Dehnung bei Streckspannung*	%	
Zugfestigkeit	N/mm^2	*Reißdehnung*	%	
Reißfestigkeit	N/mm^2	% *Dehnspannung*	N/mm^2	
E-Modul	N/mm^2	*Dehnung bei* % *Dehnspg.*	%	

Kriechmoduln und Zeitstandwerte 23 °C

	Probekörper:	*Form*	*Herstellung*
		Zustand	*Vorbehandlung*

Kriechmodul	*1 min*	N/mm^2	*Zeitstandzugfestigkeit*	h	N/mm^2
Kriechmodul	*1000 h*	N/mm^2	*Zeitdehnspg.* %	h	N/mm^2
bei Spannung		N/mm^2			

Biegeversuch 23 °C

	Probekörper:	*Form*	*Herstellung*
		Zustand	*Vorbehandlung*

Biegefestigkeit	N/mm^2	*E-Modul*	N/mm^2	
3,5% Biegespannung	N/mm^2			

Härte 23 °C

	Probekörper:	*Zustand*	*Herstellung*
			Vorbehandlung

Kugeldruckhärte	N/mm^2	bei	N, s	*Shore-Härte* A	
Rockwellhärte				*Shore-Härte* D	

Schlagversuch

	Probekörper:	*(1)*	
		(2)	*Herstellung*
		Zustand	*Vorbehandlung*

°C	°C	°C	*Probekörper-Form*

Schlagzähigkeit	kJ/m^2	
Kerbschlagzähigkeit (1)	kJ/m^2	
IZOD-Kerbschlagzähigkeit (2)	J/m	
Kerbschlagzugzähigkeit	kJ/m^2	

Abrieb und Reibung

Taber-Abrieb (Reibradverfahren)　　　　　　　　$mm^3/100\ U$
Abriebfaktor LNP (Thrust washer) Vergleichswert
Statische Reibungszahl
Dynamische Reibungszahl　　　　　　　　　$(p \cdot v =$　　　$N/mm^2 \cdot$　　$m/min)$
Zulässiger p · v Wert　　　　　　　　　　　$N/mm^2 \cdot (m/min)$　$v =$　　m/min
　　　　　　　　　　　　　　　　　　　　　　　　　　$v =$　　m/min

Thermische Eigenschaften

Formbeständigkeit in der Wärme　　　*Verfahren*　　　　　　　　　　　　　　°C
　　　　　　　　　　　　　　　　　　　Verfahren　　　　　　　　　　　　　　°C
Vicat Erweichungstemperatur (VST)　*Verfahren*　　　　　　　　　　　　　　°C
　　　　　　　　　　　　　　　　　　　Verfahren　　　　　　　　　　　　　　°C
Kristallit-Schmelzpunkt　　　　　　　*Verfahren*

Längenausdehnungskoeffizient　　　　*Bereich*　　　　　°C　　　　　　　　$\cdot 10^{-4} K^{-1}$
　　　　　　　　　　　　　　　　　　　Temperatur　　　　　　　　　　　　　$\cdot 10^{-4} K^{-1}$
Wärmeleitfähigkeit　　　　　　　　　　*Verfahren*　　　　　　　　　　　　　$W/(K \cdot m)$

Spezifische Wärmekapazität　　　　　*Verfahren*　　　　　　　　　　　　　$J/(K \cdot g)$

Glasumwandlungstemperatur　　　　　*Torsionsschwingungsversuch*　　　°C
　　　　　　　　　　　　　　　　　　　Differentialkalorimetrie　　　　　　°C

Brandverhalten

UL-Test vertikal　　　　　　　　　　　Dicke　　　mm, Wert
　　　　　　　　　　　　　　　　　　　Dicke　　　mm, Wert

	Norm	*Bewertung*	*Abmessungen*
Sauerstoff-Index	ASTM D 2863		
Glühstab-Verfahren			
Brandverhalten	DIN 4102		
MVSS			
FAR			

Elektrische Eigenschaften

	Hz	°C	*Probekörper, Form*
Dielektrizitätszahl	50		
	10^3		
	10^6		
Dielektrischer Verlustfaktor $\tan \delta$	50		
	10^3		
	10^6		

Spezifischer Durchgangs-
　widerstand　　　　　　Ohm · cm
Durchschlagfestigkeit　　kV/mm　　　　　　　　　　　　　　　　　mm dick
Oberflächenwiderstand　　Ohm

Kriechstromfestigkeit　　　　　　　　KC　　　　　　KB　　　　　　KA
Elektrolytische Korrosionswirkung
Lichtbogenfestigkeit nach DIN
　　　　　　　nach ASTM　　s

Beständigkeit *(Chemische Beständigkeit siehe Anhang)*

Wasseraufnahme

Feuchtigkeitsaufnahme Normalklima　　　　　　　　　　　　　　　　　%
Wetterbeständigkeit

Spannungskorrosion

Optische Eigenschaften

Brechungszahl n_D
Transmissionsgrad τ_c　　　%　　　　　　　　mm dick
Lichtdurchlässigkeit

<table>
<tr><td>Datenbank-Nr.</td><td>T06195</td><td></td><td>Merkblatt-Nr. 3841</td></tr>
</table>

Produkt	Lineares Polyethylen niedriger Dichte		**PE**
Handelsname	**Riblene LX VS 2411**		
Hersteller	ENICHEM		
DIN-Bez 1	16776-PE,GM,25-D090		
DIN-Bez 2			

Zusätze		*Füllstoffe/ Verstärkung*	
Bevorzugte Verarbeitung	Spritzgiessen	*Lieferform*	Granulat
		Farben	Natur; Standard
Besondere Merkmale	Sehr gute Dimensionsstabilitaet auch bei hoeheren Temperaturen; Verzugsarm; Gute Spannungsrissbestaendigkeit; Leichtfliessend	*Bevorzugte Anwendungen*	Grosser und flacher Deckel; Duennwandiger Behaelter; Haushaltsgeraet; Spielzeug

Dichte	g/cm³	0.924	*Schmelzindex*	g/10 min	10: 190/2.16
Schüttdichte	g/cm³		*Volumenfließindex*	cm³/10 min	:
Viskositätszahl	ml/g				

Verarbeitungsbedingungen für Spritzgießen

Massetemp.	°C		*Schwindung*	%	lgs , quer
Werkzeugtemp.	°C		*Bemerkungen*		
Spritzdruck	bar				

Zugversuch 23 °C

Probekörper:	Form	*Herstellung*	
	Zustand	*Vorbehandlung*	

Streckspannung	N/mm²	*Dehnung bei Streckspannung*	%
Zugfestigkeit	N/mm²	*Reißdehnung*	%
Reißfestigkeit	N/mm²	*% Dehnspannung*	N/mm²
E-Modul	N/mm²	*Dehnung bei % Dehnspg.*	%

Kriechmoduln und Zeitstandwerte 23 °C

Probekörper:	Form	*Herstellung*	
	Zustand	*Vorbehandlung*	

Kriechmodul	1 min N/mm²	*Zeitstandzugfestigkeit*	h N/mm²
Kriechmodul	1000 h N/mm²	*Zeitdehnspg. %*	h N/mm²
bei Spannung	N/mm²		

Biegeversuch 23 °C

Probekörper:	Form	*Herstellung*	
	Zustand	*Vorbehandlung*	

Biegefestigkeit	N/mm²	*E-Modul*	N/mm²
3,5% Biegespannung	N/mm²		

Härte 23 °C

Probekörper:	Zustand	*Herstellung*	
		Vorbehandlung	

Kugeldruckhärte	N/mm² bei N, s	*Shore-Härte* A	
Rockwellhärte		*Shore-Härte* D	

Schlagversuch

Probekörper:	(1)		
	(2)	*Herstellung*	
	Zustand	*Vorbehandlung*	

°C	°C	°C	*Probekörper-Form*

Schlagzähigkeit	kJ/m²
Kerbschlagzähigkeit (1)	kJ/m²
IZOD-Kerbschlagzähigkeit (2)	J/m
Kerbschlagzugzähigkeit	kJ/m²

Abrieb und Reibung

Taber-Abrieb (Reibradverfahren) mm^3/100 U
Abriebfaktor LNP (Thrust washer) Vergleichswert
Statische Reibungszahl
Dynamische Reibungszahl $(p \cdot v =$ N/mm$^2 \cdot$ m/min$)$
Zulässiger p · v Wert N/mm$^2 \cdot$ (m/min) v = m/min
  v = m/min

Thermische Eigenschaften

Formbeständigkeit in der Wärme *Verfahren* °C
  Verfahren °C
Vicat Erweichungstemperatur (VST) *Verfahren* °C
  Verfahren °C
Kristallit-Schmelzpunkt *Verfahren*

Längenausdehnungskoeffizient *Bereich* °C $\cdot 10^{-4} K^{-1}$
  Temperatur $\cdot 10^{-4} K^{-1}$
Wärmeleitfähigkeit *Verfahren* W/(K · m)

Spezifische Wärmekapazität *Verfahren* J/(K · g)

Glasumwandlungstemperatur *Torsionsschwingungsversuch* °C
  Differentialkalorimetrie °C

Brandverhalten

UL-Test vertikal *Dicke* mm, Wert
  Dicke mm, Wert

	Norm	*Bewertung*	*Abmessungen*
Sauerstoff-Index	ASTM D 2863		
Glühstab-Verfahren			
Brandverhalten	DIN 4102		
MVSS			
FAR			

Elektrische Eigenschaften

	Hz	°C		*Probekörper, Form*
Dielektrizitätszahl	50			
	10^3			
	10^6			
Dielektrischer Verlustfaktor tan δ	50			
	10^3			
	10^6			

Spezifischer Durchgangs-
  widerstand Ohm · cm
Durchschlagfestigkeit kV/mm mm dick
Oberflächenwiderstand Ohm

Kriechstromfestigkeit KC KB KA
Elektrolytische Korrosionswirkung
Lichtbogenfestigkeit nach DIN
  nach ASTM s

Beständigkeit *(Chemische Beständigkeit siehe Anhang)*

Wasseraufnahme

Feuchtigkeitsaufnahme Normalklima %
Wetterbeständigkeit

Spannungskorrosion

Optische Eigenschaften

Brechungszahl n_D
Transmissionsgrad τ_c % mm dick
Lichtdurchlässigkeit

Produkt	Lineares Polyethylen niedriger Dichte	**PE**
Handelsname	**Eraclear 2111**	
Hersteller	ENICHEM	
DIN-Bez 1	16776-PE,GM,25-D200	
DIN-Bez 2		

Zusätze		*Füllstoffe/ Verstärkung*	
Bevorzugte Verarbeitung	Spritzgiessen	*Lieferform*	Granulat
		Farben	Natur; Standard
Besondere Merkmale	Gute mechanische Eigenschaften; Flexibel	*Bevorzugte Anwendungen*	Bedarfsartikel; Haushaltsartikel; Leichter Behaelter

Dichte	g/cm^3	0.924	*Schmelzindex*	g/10 min	20.0: 190/2.16
Schüttdichte	g/cm^3		*Volumenfließindex*	cm^3/10 min	:
Viskositätszahl	ml/g				

Verarbeitungsbedingungen für Spritzgießen

Massetemp.	°C		*Schwindung*	%	lgs , quer
Werkzeugtemp.	°C		*Bemerkungen*		
Spritzdruck	bar				

Zugversuch 23 °C

	Probekörper:	*Form*	*Herstellung*	
		Zustand	*Vorbehandlung*	
Streckspannung	N/mm^2		*Dehnung bei Streckspannung*	%
Zugfestigkeit	N/mm^2		*Reißdehnung*	%
Reißfestigkeit	N/mm^2		% *Dehnspannung*	N/mm^2
E-Modul	N/mm^2		*Dehnung bei* % *Dehnspg.*	%

Kriechmoduln und Zeitstandwerte 23 °C

	Probekörper:	*Form*	*Herstellung*	
		Zustand	*Vorbehandlung*	
Kriechmodul	1 min N/mm^2		*Zeitstandzugfestigkeit*	h N/mm^2
Kriechmodul	1000 h N/mm^2		*Zeitdehnspg.* %	h N/mm^2
bei Spannung	N/mm^2			

Biegeversuch 23 °C

	Probekörper:	*Form*	*Herstellung*	
		Zustand	*Vorbehandlung*	
Biegefestigkeit	N/mm^2		*E-Modul*	N/mm^2
3,5% Biegespannung	N/mm^2			

Härte 23 °C

	Probekörper:	*Zustand*	*Herstellung*	
			Vorbehandlung	
Kugeldruckhärte	N/mm^2	bei N, s	*Shore-Härte* A	
Rockwellhärte			*Shore-Härte* D	

Schlagversuch

	Probekörper:	*(1)*		
		(2)	*Herstellung*	
		Zustand	*Vorbehandlung*	
		°C °C	°C	*Probekörper-Form*

Schlagzähigkeit	kJ/m^2
Kerbschlagzähigkeit (1)	kJ/m^2
IZOD-Kerbschlagzähigkeit (2)	J/m
Kerbschlagzugzähigkeit	kJ/m^2

Abrieb und Reibung

Taber-Abrieb (Reibradverfahren)   mm³/100 U
Abriebfaktor LNP (Thrust washer) Vergleichswert
Statische Reibungszahl
Dynamische Reibungszahl   (p·v =   N/mm²·   m/min)
Zulässiger p·v Wert   N/mm²·(m/min)   v =   m/min
                                                                       v =   m/min

Thermische Eigenschaften

Formbeständigkeit in der Wärme   *Verfahren*   °C
                                          Verfahren   °C
Vicat Erweichungstemperatur (VST)   *Verfahren*   °C
                                          Verfahren   °C
Kristallit-Schmelzpunkt   *Verfahren*

Längenausdehnungskoeffizient   *Bereich*   °C $\cdot 10^{-4}K^{-1}$
                                          Temperatur $\cdot 10^{-4}K^{-1}$
Wärmeleitfähigkeit   *Verfahren*   W/(K·m)

Spezifische Wärmekapazität   *Verfahren*   J/(K·g)

Glasumwandlungstemperatur   *Torsionsschwingungsversuch*   °C
                                          Differentialkalorimetrie   °C

Brandverhalten

UL-Test vertikal   Dicke   mm, Wert
                                          Dicke   mm, Wert

                       Norm   *Bewertung*   *Abmessungen*

Sauerstoff-Index   ASTM D 2863
Glühstab-Verfahren
Brandverhalten   DIN 4102
MVSS
FAR

Elektrische Eigenschaften

                                         Hz   °C   *Probekörper, Form*

Dielektrizitätszahl   50
                                         10³
                                         10⁶
Dielektrischer Verlustfaktor tan δ   50
                                         10³
                                         10⁶
Spezifischer Durchgangs-
  widerstand   Ohm·cm
Durchschlagfestigkeit kV/mm   mm dick
Oberflächenwiderstand Ohm

Kriechstromfestigkeit   KC   KB   KA
Elektrolytische Korrosionswirkung
Lichtbogenfestigkeit nach DIN
              nach ASTM   s

Beständigkeit *(Chemische Beständigkeit siehe Anhang)*

Wasseraufnahme

Feuchtigkeitsaufnahme Normalklima   %
Wetterbeständigkeit

Spannungskorrosion

Optische Eigenschaften

Brechungszahl n_D
Transmissionsgrad τ_c %   mm dick
Lichtdurchlässigkeit

Produkt	Polyethylen hoher Dichte	**PE**
Handelsname	**Eraclear 2711 M3**	
Hersteller	ENICHEM	
DIN-Bez 1	16776-PE,GM,50-D200	
DIN-Bez 2		

Zusätze		*Füllstoffe/ Verstärkung*	
Bevorzugte Verarbeitung	Spritzgiessen	*Lieferform*	Granulat
		Farben	Natur
Besondere Merkmale	Hohe Steifheit; Sehr hohe Zaehigkeit auch bei tiefen Temperaturen; Sehr gute Verarbeitbarkeit	*Bevorzugte Anwendungen*	Behaelter fuer Sahne, Eiscrem, Margarine, Butter und jede Art pastoeser Lebensmittel; Joghurtbecher

---

Dichte	g/cm³	0.948	*Schmelzindex*	g/10 min	20.0:	190/2.16
Schüttdichte	g/cm³		*Volumenfließindex*	cm³/10 min	:	
Viskositätszahl	ml/g					

Verarbeitungsbedingungen für Spritzgießen

Massetemp.	°C		*Schwindung*	%	lgs	, quer
Werkzeugtemp.	°C		*Bemerkungen*			
Spritzdruck	bar					

Zugversuch 23 °C

	Probekörper:	Form		Herstellung
		Zustand		Vorbehandlung

Streckspannung	N/mm²		*Dehnung bei Streckspannung*	%
Zugfestigkeit	N/mm²		*Reißdehnung*	%
Reißfestigkeit	N/mm²		*% Dehnspannung*	N/mm²
E-Modul	N/mm²		*Dehnung bei % Dehnspg.*	%

Kriechmoduln und Zeitstandwerte 23 °C

	Probekörper:	Form		Herstellung
		Zustand		Vorbehandlung

Kriechmodul	1 min N/mm²		*Zeitstandzugfestigkeit*	h N/mm²
Kriechmodul	1000 h N/mm²		*Zeitdehnspg. %*	h N/mm²
bei Spannung	N/mm²			

Biegeversuch 23 °C

	Probekörper:	Form		Herstellung
		Zustand		Vorbehandlung

Biegefestigkeit	N/mm²		*E-Modul*	N/mm²
3,5% Biegespannung	N/mm²			

Härte 23 °C

	Probekörper:	Zustand		Herstellung
				Vorbehandlung

Kugeldruckhärte	N/mm²	bei N, s	*Shore-Härte* A	
Rockwellhärte			*Shore-Härte* D	

Schlagversuch

	Probekörper:	(1)		
		(2)		Herstellung
		Zustand		Vorbehandlung

°C	°C	°C	Probekörper-Form

Schlagzähigkeit	kJ/m²	
Kerbschlagzähigkeit (1)	kJ/m²	
IZOD-Kerbschlagzähigkeit (2)	J/m	
Kerbschlagzugzähigkeit	kJ/m²	

Abrieb und Reibung

Taber-Abrieb (Reibradverfahren)   mm³/100 U
Abriebfaktor LNP (Thrust washer) Vergleichswert
Statische Reibungszahl
Dynamische Reibungszahl $(p \cdot v =$ N/mm² ·   m/min)
Zulässiger p · v Wert   N/mm² · (m/min)   v =   m/min
                                                                          v =   m/min

Thermische Eigenschaften

Formbeständigkeit in der Wärme   Verfahren   °C
                                        Verfahren   °C
Vicat Erweichungstemperatur (VST)   Verfahren   °C
                                        Verfahren   °C
Kristallit-Schmelzpunkt   Verfahren

Längenausdehnungskoeffizient   Bereich   °C   · 10⁻⁴K⁻¹
                                        Temperatur   · 10⁻⁴K⁻¹
Wärmeleitfähigkeit   Verfahren   W/(K · m)

Spezifische Wärmekapazität   Verfahren   J/(K · g)

Glasumwandlungstemperatur   Torsionsschwingungsversuch   °C
                                        Differentialkalorimetrie   °C

Brandverhalten

UL-Test vertikal   Dicke   mm, Wert
                                        Dicke   mm, Wert

                  Norm   *Bewertung*   *Abmessungen*

Sauerstoff-Index   ASTM D 2863
Glühstab-Verfahren
Brandverhalten   DIN 4102
MVSS
FAR

Elektrische Eigenschaften

                                        Hz   °C   *Probekörper, Form*

Dielektrizitätszahl   50
                                        10³
                                        10⁶
Dielektrischer Verlustfaktor tan δ   50
                                        10³
                                        10⁶
Spezifischer Durchgangs-
  widerstand   Ohm · cm
Durchschlagfestigkeit   kV/mm   mm dick
Oberflächenwiderstand   Ohm

Kriechstromfestigkeit   KC   KB   KA
Elektrolytische Korrosionswirkung
Lichtbogenfestigkeit nach DIN
            nach ASTM   s

Beständigkeit *(Chemische Beständigkeit siehe Anhang)*

Wasseraufnahme

Feuchtigkeitsaufnahme Normalklima   %
Wetterbeständigkeit

Spannungskorrosion

Optische Eigenschaften

Brechungszahl n$_D$
Transmissionsgrad τ$_c$ %   mm dick
Lichtdurchlässigkeit

		PE
Produkt	Polyethylen hoher Dichte	
Handelsname	**Eraclear 2714**	
Hersteller	ENICHEM	
DIN-Bez 1	16776-PE,GM,50-D400	
DIN-Bez 2		

Zusätze		*Füllstoffe/ Verstärkung*	
Bevorzugte Verarbeitung	Spritzgiessen	*Lieferform*	Granulat
		Farben	Natur
Besondere Merkmale	Hohe Steifheit; Sehr hohe Zaehigkeit auch bei tiefen Temperaturen; Sehr gute Verarbeitbarkeit	*Bevorzugte Anwendungen*	Behaelter fuer Sahne, Eiscrem, Margarine, Butter und jede Art pastoeser Lebensmittel; Joghurtbecher

---

Dichte	g/cm³	0.950	*Schmelzindex* g/10 min	50.0: 190/2.16
Schüttdichte	g/cm³		*Volumenfließindex* cm³/10 min	:
Viskositätszahl	ml/g			

Verarbeitungsbedingungen für Spritzgießen

Massetemp.	°C		*Schwindung* %	lgs	, quer
Werkzeugtemp.	°C		*Bemerkungen*		
Spritzdruck	bar				

Zugversuch 23 °C

	Probekörper: Form		*Herstellung*
	Zustand		*Vorbehandlung*
Streckspannung	N/mm²	*Dehnung bei Streckspannung*	%
Zugfestigkeit	N/mm²	*Reißdehnung*	%
Reißfestigkeit	N/mm²	*% Dehnspannung*	N/mm²
E-Modul	N/mm²	*Dehnung bei % Dehnspg.*	%

Kriechmoduln und Zeitstandwerte 23 °C

	Probekörper: Form		*Herstellung*
	Zustand		*Vorbehandlung*
Kriechmodul	1 min N/mm²	*Zeitstandzugfestigkeit*	h N/mm²
Kriechmodul	1000 h N/mm²	*Zeitdehnspg.* %	h N/mm²
bei Spannung	N/mm²		

Biegeversuch 23 °C

	Probekörper: Form		*Herstellung*
	Zustand		*Vorbehandlung*
Biegefestigkeit	N/mm²	*E-Modul*	N/mm²
3,5% Biegespannung	N/mm²		

Härte 23 °C

	Probekörper: Zustand		*Herstellung*
			Vorbehandlung
Kugeldruckhärte	N/mm² bei N, s	*Shore-Härte* A	
Rockwellhärte		*Shore-Härte* D	

Schlagversuch

Probekörper:	(1)	
	(2)	*Herstellung*
	Zustand	*Vorbehandlung*
°C	°C	°C *Probekörper-Form*

Schlagzähigkeit	kJ/m²
Kerbschlagzähigkeit (1)	kJ/m²
IZOD-Kerbschlagzähigkeit (2)	J/m
Kerbschlagzugzähigkeit	kJ/m²

Abrieb und Reibung

Taber-Abrieb (Reibradverfahren)   mm³/100 U
Abriebfaktor LNP (Thrust washer) Vergleichswert
Statische Reibungszahl
Dynamische Reibungszahl   (p·v =   N/mm² ·   m/min)
Zulässiger p·v Wert   N/mm² · (m/min)   v =   m/min
                                                                    v =   m/min

Thermische Eigenschaften

Formbeständigkeit in der Wärme   Verfahren   °C
                                        Verfahren   °C
Vicat Erweichungstemperatur (VST)   Verfahren   °C
                                        Verfahren   °C
Kristallit-Schmelzpunkt   Verfahren

Längenausdehnungskoeffizient   Bereich   °C $\cdot 10^{-4} K^{-1}$
                                        Temperatur $\cdot 10^{-4} K^{-1}$
Wärmeleitfähigkeit   Verfahren   W/(K · m)

Spezifische Wärmekapazität   Verfahren   J/(K · g)

Glasumwandlungstemperatur   Torsionsschwingungsversuch   °C
                                        Differentialkalorimetrie   °C

Brandverhalten

UL-Test vertikal   Dicke   mm, Wert
                                        Dicke   mm, Wert

                  Norm   *Bewertung*   *Abmessungen*

Sauerstoff-Index   ASTM D 2863
Glühstab-Verfahren
Brandverhalten   DIN 4102
MVSS
FAR

Elektrische Eigenschaften

                                        Hz   °C   *Probekörper, Form*

Dielektrizitätszahl   50
                                        10^3
                                        10^6
Dielektrischer Verlustfaktor tan δ   50
                                        10^3
                                        10^6

Spezifischer Durchgangs-
   widerstand   Ohm · cm
Durchschlagfestigkeit   kV/mm   mm dick
Oberflächenwiderstand   Ohm

Kriechstromfestigkeit   KC   KB   KA
Elektrolytische Korrosionswirkung
Lichtbogenfestigkeit nach DIN
          nach ASTM   s

Beständigkeit *(Chemische Beständigkeit siehe Anhang)*

Wasseraufnahme

Feuchtigkeitsaufnahme Normalklima   %
Wetterbeständigkeit

Spannungskorrosion

Optische Eigenschaften

Brechungszahl n_D
Transmissionsgrad τ_c %   mm dick
Lichtdurchlässigkeit

Produkt	Polyethylen hoher Dichte	**PE**
Handelsname	**Eraclear 2914**	
Hersteller	ENICHEM	
DIN-Bez 1	16776-PE,GM,65-D400	
DIN-Bez 2		

Zusätze		*Füllstoffe/ Verstärkung*	
Bevorzugte Verarbeitung	Spritzgiessen	*Lieferform*	Granulat
		Farben	Natur
Besondere Merkmale	Hohe Steifheit; Sehr hohe Zaehigkeit auch bei tiefen Temperaturen; Sehr gute Verarbeitbarkeit	*Bevorzugte Anwendungen*	Behaelter fuer Sahne, Eiscrem, Margarine, Butter und jede Art pastoeser Lebensmittel; Joghurtbecher

Dichte	g/cm³	0.964	*Schmelzindex*	g/10 min	50.0: 190/2.16
Schüttdichte	g/cm³		*Volumenfließindex*	cm³/10 min	:
Viskositätszahl	ml/g				

Verarbeitungsbedingungen für Spritzgießen

Massetemp.	°C		*Schwindung* %	lgs , quer
Werkzeugtemp.	°C		*Bemerkungen*	
Spritzdruck	bar			

Zugversuch 23 °C

	Probekörper:	*Form*		*Herstellung*
		Zustand		*Vorbehandlung*

Streckspannung	N/mm²	*Dehnung bei Streckspannung*	%
Zugfestigkeit	N/mm²	*Reißdehnung*	%
Reißfestigkeit	N/mm²	*% Dehnspannung*	N/mm²
E-Modul	N/mm²	*Dehnung bei % Dehnspg.*	%

Kriechmoduln und Zeitstandwerte 23 °C

	Probekörper:	*Form*		*Herstellung*
		Zustand		*Vorbehandlung*

Kriechmodul	1 min N/mm²	*Zeitstandzugfestigkeit*	h N/mm²
Kriechmodul	1000 h N/mm²	*Zeitdehnspg. %*	h N/mm²
bei Spannung	N/mm²		

Biegeversuch 23 °C

	Probekörper:	*Form*		*Herstellung*
		Zustand		*Vorbehandlung*

Biegefestigkeit	N/mm²	*E-Modul*	N/mm²
3,5% Biegespannung	N/mm²		

Härte 23 °C

	Probekörper:	*Zustand*	*Herstellung*
			Vorbehandlung

Kugeldruckhärte	N/mm² bei N, s	*Shore-Härte* A
Rockwellhärte		*Shore-Härte* D

Schlagversuch

	Probekörper:	*(1)*	
		(2)	*Herstellung*
		Zustand	*Vorbehandlung*

°C	°C	°C	*Probekörper-Form*

Schlagzähigkeit	kJ/m²
Kerbschlagzähigkeit (1)	kJ/m²
IZOD-Kerbschlagzähigkeit (2)	J/m
Kerbschlagzugzähigkeit	kJ/m²

Abrieb und Reibung

Taber-Abrieb (Reibradverfahren)   mm³/100 U
Abriebfaktor LNP (Thrust washer) Vergleichswert
Statische Reibungszahl
Dynamische Reibungszahl $(p \cdot v =$ N/mm² ·   m/min$)$
Zulässiger p · v Wert   N/mm² · (m/min)   v =   m/min
                                                                   v =   m/min

Thermische Eigenschaften

Formbeständigkeit in der Wärme   Verfahren   °C
                                          Verfahren   °C
Vicat Erweichungstemperatur (VST)   Verfahren   °C
                                          Verfahren   °C
Kristallit-Schmelzpunkt   Verfahren

Längenausdehnungskoeffizient   Bereich   °C $\cdot 10^{-4} \mathrm{K}^{-1}$
                                          Temperatur $\cdot 10^{-4} \mathrm{K}^{-1}$
Wärmeleitfähigkeit   Verfahren   W/(K · m)

Spezifische Wärmekapazität   Verfahren   J/(K · g)

Glasumwandlungstemperatur   Torsionsschwingungsversuch   °C
                                          Differentialkalorimetrie   °C

Brandverhalten

UL-Test vertikal   Dicke   mm, Wert
                                          Dicke   mm, Wert

                       Norm   *Bewertung*   *Abmessungen*

Sauerstoff-Index   ASTM D 2863
Glühstab-Verfahren
Brandverhalten   DIN 4102
MVSS
FAR

Elektrische Eigenschaften

                                          Hz   °C   *Probekörper, Form*

Dielektrizitätszahl   50
                                          10³
                                          10⁶
Dielektrischer Verlustfaktor tan δ   50
                                          10³
                                          10⁶
Spezifischer Durchgangs-
* widerstand*   Ohm · cm
Durchschlagfestigkeit   kV/mm   mm dick
Oberflächenwiderstand   Ohm

Kriechstromfestigkeit   KC   KB   KA
Elektrolytische Korrosionswirkung
Lichtbogenfestigkeit nach DIN
                 nach ASTM   s

Beständigkeit *(Chemische Beständigkeit siehe Anhang)*

Wasseraufnahme

Feuchtigkeitsaufnahme Normalklima   %
Wetterbeständigkeit

Spannungskorrosion

Optische Eigenschaften

Brechungszahl n_D
Transmissionsgrad τ_c %   mm dick
Lichtdurchlässigkeit

Produkt	Polyethylen hoher Dichte	**PE**
Handelsname·	**Eraclear 2915**	
Hersteller	ENICHEM	
DIN-Bez 1		
DIN-Bez 2		

Zusätze		*Füllstoffe/ Verstärkung*	
Bevorzugte Verarbeitung	Spritzgiessen	*Lieferform*	Granulat
		Farben	Natur
Besondere Merkmale	Hohe Steifheit; Sehr hohe Zaehigkeit auch bei tiefen Temperaturen; Sehr gute Verarbeitbarkeit auch bei sehr schneller Verarbeitung (Zweistufenspritzguss)	*Bevorzugte Anwendungen*	Behaelter fuer Sahne, Eiscrem, Margarine, Butter und jede Art pastoeser Lebensmittel; Joghurtbecher

Dichte	g/cm^3	0.959	*Schmelzindex*	g/10 min	65.0: 190/2.16
Schüttdichte	g/cm^3		*Volumenfließindex*	cm^3/10 min	:
Viskositätszahl	ml/g				

Verarbeitungsbedingungen für Spritzgießen

Massetemp.	°C		*Schwindung*	%	lgs , quer
Werkzeugtemp.	°C		*Bemerkungen*		
Spritzdruck	bar				

Zugversuch 23 °C

	Probekörper:	Form	*Herstellung*
		Zustand	*Vorbehandlung*
Streckspannung	N/mm^2	*Dehnung bei Streckspannung*	%
Zugfestigkeit	N/mm^2	*Reißdehnung*	%
Reißfestigkeit	N/mm^2	*% Dehnspannung*	N/mm^2
E-Modul	N/mm^2	*Dehnung bei % Dehnspg.*	%

Kriechmoduln und Zeitstandwerte 23 °C

	Probekörper:	Form	*Herstellung*
		Zustand	*Vorbehandlung*
Kriechmodul	1 min N/mm^2	*Zeitstandzugfestigkeit*	h N/mm^2
Kriechmodul	1000 h N/mm^2	*Zeitdehnspg.* %	h N/mm^2
bei Spannung	N/mm^2		

Biegeversuch 23 °C

	Probekörper:	Form	*Herstellung*
		Zustand	*Vorbehandlung*
Biegefestigkeit	N/mm^2	*E-Modul*	N/mm^2
3,5% Biegespannung	N/mm^2		

Härte 23 °C

	Probekörper:	Zustand	*Herstellung Vorbehandlung*
Kugeldruckhärte	N/mm^2	bei N, s	*Shore-Härte* A
Rockwellhärte			*Shore-Härte* D

Schlagversuch

	Probekörper:	(1)
		(2)
		Zustand *Herstellung Vorbehandlung*
	°C °C °C	*Probekörper-Form*

Schlagzähigkeit	kJ/m^2
Kerbschlagzähigkeit (1)	kJ/m^2
IZOD-Kerbschlagzähigkeit (2)	J/m
Kerbschlagzugzähigkeit	kJ/m^2

Abrieb und Reibung

Taber-Abrieb (Reibradverfahren) $mm^3/100$ U
Abriebfaktor LNP (Thrust washer) Vergleichswert
Statische Reibungszahl
Dynamische Reibungszahl $(p \cdot v =$ $N/mm^2 \cdot$ m/min$)$
Zulässiger p · v Wert $N/mm^2 \cdot$ (m/min)   v =   m/min
          v =   m/min

Thermische Eigenschaften

Formbeständigkeit in der Wärme   *Verfahren*   °C
           Verfahren   °C
Vicat Erweichungstemperatur (VST)   *Verfahren*   °C
           Verfahren   °C
Kristallit-Schmelzpunkt   *Verfahren*

Längenausdehnungskoeffizient   *Bereich*   °C $\cdot 10^{-4} K^{-1}$
           Temperatur $\cdot 10^{-4} K^{-1}$
Wärmeleitfähigkeit   *Verfahren* $W/(K \cdot m)$

Spezifische Wärmekapazität   *Verfahren* $J/(K \cdot g)$

Glasumwandlungstemperatur   *Torsionsschwingungsversuch*   °C
           Differentialkalorimetrie   °C

Brandverhalten

UL-Test vertikal   Dicke   mm, Wert
           Dicke   mm, Wert

	Norm	*Bewertung*	*Abmessungen*
Sauerstoff-Index	ASTM D 2863		
Glühstab-Verfahren			
Brandverhalten	DIN 4102		
MVSS			
FAR			

Elektrische Eigenschaften

	Hz	°C	*Probekörper, Form*
Dielektrizitätszahl	50		
	10^3		
	10^6		
Dielektrischer Verlustfaktor $\tan\delta$	50		
	10^3		
	10^6		

Spezifischer Durchgangs-
   widerstand $Ohm \cdot cm$
Durchschlagfestigkeit   kV/mm   mm dick
Oberflächenwiderstand   Ohm

Kriechstromfestigkeit   KC   KB   KA
Elektrolytische Korrosionswirkung
Lichtbogenfestigkeit nach DIN
           nach ASTM   s

Beständigkeit *(Chemische Beständigkeit siehe Anhang)*

Wasseraufnahme

Feuchtigkeitsaufnahme Normalklima   %
Wetterbeständigkeit

Spannungskorrosion

Optische Eigenschaften

Brechungszahl n_D
Transmissionsgrad τ_c %   mm dick
Lichtdurchlässigkeit

			PE
Produkt	Polyethylen hoher Dichte		
Handelsname	**Eraclear 2916**		
Hersteller	ENICHEM		
DIN-Bez 1	16776-PE,GM,60-D700		
DIN-Bez 2			

Zusätze		*Füllstoffe/ Verstärkung*	
Bevorzugte Verarbeitung	Spritzgiessen	*Lieferform*	Granulat
		Farben	Natur
Besondere Merkmale	Hohe Steifheit; Sehr hohe Zaehigkeit auch bei tiefen Temperaturen; Sehr gute Verarbeitbarkeit auch bei sehr schneller Verarbeitung (Zweistufen- spritzguss)	*Bevorzugte Anwendungen*	Behaelter fuer Sahne, Eiscrem, Marga- rine, Butter und jede Art pastoeser Lebensmittel; Joghurtbecher

Dichte	g/cm^3	0.959	*Schmelzindex*	g/10 min	85.0:	190/2.16
Schüttdichte	g/cm^3		*Volumenfließindex*	cm^3/10 min	:
Viskositätszahl	ml/g				

Verarbeitungsbedingungen für Spritzgießen

Massetemp.	°C		*Schwindung*	%	lgs	, quer
Werkzeugtemp.	°C		*Bemerkungen*		
Spritzdruck	bar				

Zugversuch 23 °C

	Probekörper: Form	*Herstellung*	
	Zustand	*Vorbehandlung*	
Streckspannung	N/mm^2	*Dehnung bei Streckspannung*	%
Zugfestigkeit	N/mm^2	*Reißdehnung*	%
Reißfestigkeit	N/mm^2	% *Dehnspannung*	N/mm^2
E-Modul	N/mm^2	*Dehnung bei* % *Dehnspg.*	%

Kriechmoduln und Zeitstandwerte 23 °C

	Probekörper: Form	*Herstellung*	
	Zustand	*Vorbehandlung*	
Kriechmodul	1 min N/mm^2	*Zeitstandzugfestigkeit*	h N/mm^2
Kriechmodul	1000 h N/mm^2	*Zeitdehnspg.* %	h N/mm^2
bei Spannung	N/mm^2		

Biegeversuch 23 °C

	Probekörper: Form	*Herstellung*	
	Zustand	*Vorbehandlung*	
Biegefestigkeit	N/mm^2	*E-Modul*	N/mm^2
3,5% Biegespannung	N/mm^2		

Härte 23 °C

	Probekörper: Zustand	*Herstellung*	
		Vorbehandlung	
Kugeldruckhärte	N/mm^2 bei N, s	*Shore-Härte* A	
Rockwellhärte		*Shore-Härte* D	

Schlagversuch

	Probekörper: (1)		
	(2)	*Herstellung*	
	Zustand	*Vorbehandlung*	
	°C	°C	°C	*Probekörper-Form*

Schlagzähigkeit	kJ/m^2
Kerbschlagzähigkeit (1)	kJ/m^2
IZOD-Kerbschlagzähigkeit (2)	J/m
Kerbschlagzugzähigkeit	kJ/m^2

Abrieb und Reibung

Taber-Abrieb (Reibradverfahren)   mm³/100 U
Abriebfaktor LNP (Thrust washer) Vergleichswert
Statische Reibungszahl
Dynamische Reibungszahl   (p · v =   N/mm² ·   m/min)
Zulässiger p · v Wert   N/mm² · (m/min)   v =   m/min
                                                                                  v =   m/min

Thermische Eigenschaften

Formbeständigkeit in der Wärme   *Verfahren*   °C
                                          Verfahren   °C
Vicat Erweichungstemperatur (VST)   *Verfahren*   °C
                                          Verfahren   °C
Kristallit-Schmelzpunkt   *Verfahren*

Längenausdehnungskoeffizient   *Bereich*   °C $\cdot 10^{-4} \mathrm{K}^{-1}$
                                          Temperatur $\cdot 10^{-4} \mathrm{K}^{-1}$
Wärmeleitfähigkeit   *Verfahren*   W/(K · m)

Spezifische Wärmekapazität   *Verfahren*   J/(K · g)

Glasumwandlungstemperatur   *Torsionsschwingungsversuch*   °C
                                          Differentialkalorimetrie   °C

Brandverhalten

UL-Test vertikal   Dicke   mm, Wert
                                          Dicke   mm, Wert

                          Norm   *Bewertung*   *Abmessungen*

Sauerstoff-Index   ASTM D 2863
Glühstab-Verfahren
Brandverhalten   DIN 4102
MVSS
FAR

Elektrische Eigenschaften

                                          Hz   °C   *Probekörper, Form*

Dielektrizitätszahl   50
                                          10^3
                                          10^6
Dielektrischer Verlustfaktor tan δ   50
                                          10^3
                                          10^6
Spezifischer Durchgangs-
  widerstand   Ohm · cm
Durchschlagfestigkeit   kV/mm   mm dick
Oberflächenwiderstand   Ohm

Kriechstromfestigkeit   KC   KB   KA
Elektrolytische Korrosionswirkung
Lichtbogenfestigkeit nach DIN
                nach ASTM   s

Beständigkeit *(Chemische Beständigkeit siehe Anhang)*

Wasseraufnahme

Feuchtigkeitsaufnahme Normalklima   %
Wetterbeständigkeit

Spannungskorrosion

Optische Eigenschaften

Brechungszahl n_D
Transmissionsgrad τ_c %   mm dick
Lichtdurchlässigkeit

		PE

Produkt   Lineares Polyethylen niedriger Dichte

Handelsname   **Eraclear 2114**

Hersteller   ENICHEM

DIN-Bez 1   16776-PE,GM,25-D700
DIN-Bez 2

Zusätze   *Füllstoffe/*
                                           Verstärkung

Bevorzugte   Spritzgiessen   *Lieferform*   Granulat
Verarbeitung

                                           Farben   Natur

Besondere   Sehr flexibel   *Bevorzugte*   Deckel
Merkmale   *Anwendungen*

Dichte   g/cm³   0.924   *Schmelzindex*   g/10 min   53.0:   190/2.16
Schüttdichte   g/cm³   *Volumenfließindex*   cm³/10 min   :
Viskositätszahl   ml/g

Verarbeitungsbedingungen für Spritzgießen

Massetemp.   °C   *Schwindung*   %   lgs   , quer
Werkzeugtemp.   °C   *Bemerkungen*
Spritzdruck   bar

Zugversuch 23 °C

                 Probekörper: *Form*   *Herstellung*
                                 Zustand   *Vorbehandlung*

Streckspannung   N/mm²   *Dehnung bei Streckspannung*   %
Zugfestigkeit   N/mm²   *Reißdehnung*   %
Reißfestigkeit   N/mm²   *% Dehnspannung*   N/mm²
E-Modul   N/mm²   *Dehnung bei   % Dehnspg.*   %

Kriechmoduln und Zeitstandwerte 23 °C

                 Probekörper: *Form*   *Herstellung*
                                 Zustand   *Vorbehandlung*

Kriechmodul   1 min N/mm²   *Zeitstandzugfestigkeit*   h N/mm²
Kriechmodul   1000 h N/mm²   *Zeitdehnspg. %*   h N/mm²
bei Spannung   N/mm²

Biegeversuch 23 °C

                 Probekörper: *Form*   *Herstellung*
                                 Zustand   *Vorbehandlung*

Biegefestigkeit   N/mm²   *E-Modul*   N/mm²
3,5% Biegespannung   N/mm²

Härte 23 °C   *Probekörper:* *Zustand*   *Herstellung*
                                                              Vorbehandlung

Kugeldruckhärte   N/mm²   bei   N, s   *Shore-Härte* A
Rockwellhärte   *Shore-Härte* D

Schlagversuch   *Probekörper:* *(1)*
                                    (2)   *Herstellung*
                                    Zustand   *Vorbehandlung*

                                 °C   °C   °C   *Probekörper-Form*

Schlagzähigkeit   kJ/m²
Kerbschlagzähigkeit (1)   kJ/m²
IZOD-Kerbschlagzähigkeit (2) J/m
Kerbschlagzugzähigkeit   kJ/m²

Abrieb und Reibung

Taber-Abrieb (Reibradverfahren)   mm³/100 U
Abriebfaktor LNP (Thrust washer) Vergleichswert
Statische Reibungszahl
Dynamische Reibungszahl $(p \cdot v =$ N/mm² ·   m/min$)$
Zulässiger p · v Wert   N/mm² · (m/min)   v =   m/min
                                                                               v =   m/min

Thermische Eigenschaften

Formbeständigkeit in der Wärme   *Verfahren*   °C
                                            Verfahren   °C
Vicat Erweichungstemperatur (VST)   *Verfahren*   °C
                                            Verfahren   °C
Kristallit-Schmelzpunkt   *Verfahren*

Längenausdehnungskoeffizient   *Bereich*   °C $\cdot 10^{-4} \mathrm{K}^{-1}$
                                            Temperatur $\cdot 10^{-4} \mathrm{K}^{-1}$
Wärmeleitfähigkeit   *Verfahren*   W/(K · m)

Spezifische Wärmekapazität   *Verfahren*   J/(K · g)

Glasumwandlungstemperatur   *Torsionsschwingungsversuch*   °C
                                            Differentialkalorimetrie   °C

Brandverhalten

UL-Test vertikal   Dicke   mm, Wert
                                            Dicke   mm, Wert

                      Norm   *Bewertung*   *Abmessungen*

Sauerstoff-Index   ASTM D 2863
Glühstab-Verfahren
Brandverhalten   DIN 4102
MVSS
FAR

Elektrische Eigenschaften

                                            Hz   °C   *Probekörper, Form*

Dielektrizitätszahl   50
                                            10³
                                            10⁶
Dielektrischer Verlustfaktor tan δ   50
                                            10³
                                            10⁶
Spezifischer Durchgangs-
  widerstand   Ohm · cm
Durchschlagfestigkeit kV/mm   mm dick
Oberflächenwiderstand Ohm

Kriechstromfestigkeit   KC   KB   KA
Elektrolytische Korrosionswirkung
Lichtbogenfestigkeit nach DIN
              nach ASTM   s

Beständigkeit *(Chemische Beständigkeit siehe Anhang)*

Wasseraufnahme

Feuchtigkeitsaufnahme Normalklima   %
Wetterbeständigkeit

Spannungskorrosion

Optische Eigenschaften

Brechungszahl n_D
Transmissionsgrad τ_c   %   mm dick
Lichtdurchlässigkeit

		PE
Produkt	Polyethylen mittlerer Dichte	
Handelsname	**Eraclear 2316**	
Hersteller	ENICHEM	
DIN-Bez 1	16776-PE,GM,30-D700	
DIN-Bez 2		

Zusätze		*Füllstoffe/ Verstärkung*	
Bevorzugte Verarbeitung	Spritzgiessen	*Lieferform*	Granulat
		Farben	Natur
Besondere Merkmale	Hohe Dimensionsstabilitaet	*Bevorzugte Anwendungen*	Deckel

---

Dichte	g/cm^3	0.930	*Schmelzindex* g/10 min	73.0: 190/2.16
Schüttdichte	g/cm^3		*Volumenfließindex* cm^3/10 min	:
Viskositätszahl	ml/g			

Verarbeitungsbedingungen für Spritzgießen

Massetemp.	°C		*Schwindung* % lgs	, quer
Werkzeugtemp.	°C		*Bemerkungen*	
Spritzdruck	bar			

Zugversuch 23 °C

	Probekörper:	Form		Herstellung
		Zustand		Vorbehandlung

Streckspannung	N/mm^2		*Dehnung bei Streckspannung*	%
Zugfestigkeit	N/mm^2		*Reißdehnung*	%
Reißfestigkeit	N/mm^2		% *Dehnspannung*	N/mm^2
E-Modul	N/mm^2		*Dehnung bei* % *Dehnspg.*	%

Kriechmoduln und Zeitstandwerte 23 °C

	Probekörper:	Form		Herstellung
		Zustand		Vorbehandlung

Kriechmodul	1 min N/mm^2		*Zeitstandzugfestigkeit*	h N/mm^2
Kriechmodul	1000 h N/mm^2		*Zeitdehnspg.* %	h N/mm^2
bei Spannung	N/mm^2			

Biegeversuch 23 °C

	Probekörper:	Form		Herstellung
		Zustand		Vorbehandlung

Biegefestigkeit	N/mm^2	*E-Modul*	N/mm^2
3,5% Biegespannung	N/mm^2		

Härte 23 °C   Probekörper: *Zustand*   *Herstellung*
                                                            Vorbehandlung

Kugeldruckhärte	N/mm^2	bei N, s	*Shore-Härte* A
Rockwellhärte			*Shore-Härte* D

Schlagversuch   Probekörper: *(1)*
                                 (2)   *Herstellung*
                                 Zustand   *Vorbehandlung*

°C	°C	°C	Probekörper-Form

Schlagzähigkeit	kJ/m^2
Kerbschlagzähigkeit (1)	kJ/m^2
IZOD-Kerbschlagzähigkeit (2)	J/m
Kerbschlagzugzähigkeit	kJ/m^2

Abrieb und Reibung

Taber-Abrieb (Reibradverfahren) $mm^3/100\ U$
Abriebfaktor LNP (Thrust washer) Vergleichswert
Statische Reibungszahl
Dynamische Reibungszahl $(p \cdot v =$ $N/mm^2 \cdot$ $m/min)$
Zulässiger p · v Wert $N/mm^2 \cdot (m/min)$ v = m/min
$v =$ m/min

Thermische Eigenschaften

Formbeständigkeit in der Wärme *Verfahren* °C
Verfahren °C
Vicat Erweichungstemperatur (VST) *Verfahren* °C
Verfahren °C
Kristallit-Schmelzpunkt *Verfahren*

Längenausdehnungskoeffizient *Bereich* °C $\cdot 10^{-4} K^{-1}$
Temperatur $\cdot 10^{-4} K^{-1}$
Wärmeleitfähigkeit *Verfahren* $W/(K \cdot m)$

Spezifische Wärmekapazität *Verfahren* $J/(K \cdot g)$

Glasumwandlungstemperatur *Torsionsschwingungsversuch* °C
Differentialkalorimetrie °C

Brandverhalten

UL-Test vertikal *Dicke* mm, Wert
Dicke mm, Wert

Norm *Bewertung* *Abmessungen*

Sauerstoff-Index ASTM D 2863
Glühstab-Verfahren
Brandverhalten DIN 4102
MVSS
FAR

Elektrische Eigenschaften

Hz °C *Probekörper, Form*

Dielektrizitätszahl 50
10^3
10^6
Dielektrischer Verlustfaktor tan δ 50
10^3
10^6
Spezifischer Durchgangs-
  widerstand Ohm · cm
Durchschlagfestigkeit kV/mm mm dick
Oberflächenwiderstand Ohm

Kriechstromfestigkeit KC KB KA
Elektrolytische Korrosionswirkung
Lichtbogenfestigkeit nach DIN
  nach ASTM s

Beständigkeit *(Chemische Beständigkeit siehe Anhang)*

Wasseraufnahme

Feuchtigkeitsaufnahme Normalklima %
Wetterbeständigkeit

Spannungskorrosion

Optische Eigenschaften

Brechungszahl n_D
Transmissionsgrad τ_c % mm dick
Lichtdurchlässigkeit

Produkt	Polyethylen hoher Dichte	**PE**
Handelsname	**Eraclear 2712**	
Hersteller	ENICHEM	
DIN-Bez 1	16776-PE,GM,50-D400	
DIN-Bez 2		

Zusätze		*Füllstoffe/ Verstärkung*	
Bevorzugte Verarbeitung	Spritzgiessen	*Lieferform*	Granulat
		Farben	Natur
Besondere Merkmale	Gute Steifigkeit; Gute mechanische Eigenschaften	*Bevorzugte Anwendungen*	Deckel

Dichte	g/cm^3	0.950	*Schmelzindex* g/10 min	33.0: 190/2.16
Schüttdichte	g/cm^3		*Volumenfließindex* cm^3/10 min	:
Viskositätszahl	ml/g			

Verarbeitungsbedingungen für Spritzgießen

Massetemp.	°C	*Schwindung* %	lgs , quer
Werkzeugtemp.	°C	*Bemerkungen*	
Spritzdruck	bar		

Zugversuch 23 °C

Probekörper: *Form* *Herstellung*
Zustand *Vorbehandlung*

Streckspannung	N/mm^2	*Dehnung bei Streckspannung*	%
Zugfestigkeit	N/mm^2	*Reißdehnung*	%
Reißfestigkeit	N/mm^2	*% Dehnspannung*	N/mm^2
E-Modul	N/mm^2	*Dehnung bei % Dehnspg.*	%

Kriechmoduln und Zeitstandwerte 23 °C

Probekörper: *Form* *Herstellung*
Zustand *Vorbehandlung*

Kriechmodul	1 min N/mm^2	*Zeitstandzugfestigkeit*	h N/mm^2
Kriechmodul	1000 h N/mm^2	*Zeitdehnspg.* %	h N/mm^2
bei Spannung	N/mm^2		

Biegeversuch 23 °C

Probekörper: *Form* *Herstellung*
Zustand *Vorbehandlung*

Biegefestigkeit	N/mm^2	*E-Modul*	N/mm^2
3,5% Biegespannung	N/mm^2		

Härte 23 °C

Probekörper: *Zustand* *Herstellung*
Vorbehandlung

Kugeldruckhärte	N/mm^2 bei N, s	*Shore-Härte* A	
Rockwellhärte		*Shore-Härte* D	

Schlagversuch

Probekörper: *(1)*
(2) *Herstellung*
Zustand *Vorbehandlung*

°C °C °C *Probekörper-Form*

Schlagzähigkeit	kJ/m^2
Kerbschlagzähigkeit (1)	kJ/m^2
IZOD-Kerbschlagzähigkeit (2)	J/m
Kerbschlagzugzähigkeit	kJ/m^2

Abrieb und Reibung

Taber-Abrieb (Reibradverfahren)   mm³/100 U
Abriebfaktor LNP (Thrust washer) Vergleichswert
Statische Reibungszahl
Dynamische Reibungszahl   (p·v =   N/mm² ·   m/min)
Zulässiger p · v Wert   N/mm² · (m/min)   v =   m/min
                                                                        v =   m/min

Thermische Eigenschaften

Formbeständigkeit in der Wärme   Verfahren   °C
                                        Verfahren   °C
Vicat Erweichungstemperatur (VST)   Verfahren   °C
                                        Verfahren   °C
Kristallit-Schmelzpunkt   Verfahren

Längenausdehnungskoeffizient   Bereich   °C   · $10^{-4}\,K^{-1}$
                                        Temperatur   · $10^{-4}\,K^{-1}$
Wärmeleitfähigkeit   Verfahren   W/(K · m)

Spezifische Wärmekapazität   Verfahren   J/(K · g)

Glasumwandlungstemperatur   Torsionsschwingungsversuch   °C
                                        Differentialkalorimetrie   °C

Brandverhalten

UL-Test vertikal   Dicke   mm, Wert
                                        Dicke   mm, Wert

                Norm   Bewertung   Abmessungen

Sauerstoff-Index   ASTM D 2863
Glühstab-Verfahren
Brandverhalten   DIN 4102
MVSS
FAR

Elektrische Eigenschaften

                                        Hz   °C   Probekörper, Form

Dielektrizitätszahl   50
                                        10³
                                        10⁶
Dielektrischer Verlustfaktor tan δ   50
                                        10³
                                        10⁶

Spezifischer Durchgangs-
  widerstand   Ohm · cm
Durchschlagfestigkeit   kV/mm   mm dick
Oberflächenwiderstand   Ohm

Kriechstromfestigkeit   KC   KB   KA
Elektrolytische Korrosionswirkung
Lichtbogenfestigkeit nach DIN
            nach ASTM   s

Beständigkeit *(Chemische Beständigkeit siehe Anhang)*

Wasseraufnahme

Feuchtigkeitsaufnahme Normalklima   %
Wetterbeständigkeit

Spannungskorrosion

Optische Eigenschaften

Brechungszahl n_D
Transmissionsgrad τ_c %   mm dick
Lichtdurchlässigkeit

		PE
Produkt	Polyethylen hoher Dichte	
Handelsname	**Eraclear 2807 M2**	
Hersteller	ENICHEM	
DIN-Bez 1	16776-PE,GM,55-D045	
DIN-Bez 2		

Zusätze		*Füllstoffe/ Verstärkung*	
Bevorzugte Verarbeitung	Spritzgiessen	*Lieferform*	Granulat
		Farben	Natur
Besondere Merkmale	Gute Steifigkeit	*Bevorzugte Anwendungen*	Eimer fuer industrielle Anwendung

---

Dichte	g/cm³	0.954	*Schmelzindex*	g/10 min		6.0:	190/2.16
Schüttdichte	g/cm³		*Volumenfließindex*	cm³/10 min		:	
Viskositätszahl	ml/g						

Verarbeitungsbedingungen für Spritzgießen

Massetemp.	°C		*Schwindung*	%	lgs	, quer
Werkzeugtemp.	°C		*Bemerkungen*			
Spritzdruck	bar					

Zugversuch 23 °C

	Probekörper:	*Form*		*Herstellung*	
		Zustand		*Vorbehandlung*	
Streckspannung	N/mm²		*Dehnung bei Streckspannung*	%	
Zugfestigkeit	N/mm²		*Reißdehnung*	%	
Reißfestigkeit	N/mm²		% *Dehnspannung*	N/mm²	
E-Modul	N/mm²		*Dehnung bei* % *Dehnspg.*	%	

Kriechmoduln und Zeitstandwerte 23 °C

	Probekörper:	*Form*		*Herstellung*	
		Zustand		*Vorbehandlung*	
Kriechmodul	1 min N/mm²		*Zeitstandzugfestigkeit*	h N/mm²	
Kriechmodul	1000 h N/mm²		*Zeitdehnspg.* %	h N/mm²	
bei Spannung	N/mm²				

Biegeversuch 23 °C

	Probekörper:	*Form*		*Herstellung*	
		Zustand		*Vorbehandlung*	
Biegefestigkeit	N/mm²		*E-Modul*	N/mm²	
3,5% Biegespannung	N/mm²				

Härte 23 °C

	Probekörper:	*Zustand*	*Herstellung*	
			Vorbehandlung	
Kugeldruckhärte	N/mm²	bei N, s	*Shore-Härte* A	
Rockwellhärte			*Shore-Härte* D	

Schlagversuch

	Probekörper:	*(1)*			
		(2)		*Herstellung*	
		Zustand		*Vorbehandlung*	
		°C	°C	°C	*Probekörper-Form*

Schlagzähigkeit	kJ/m²
Kerbschlagzähigkeit (1)	kJ/m²
IZOD-Kerbschlagzähigkeit (2)	J/m
Kerbschlagzugzähigkeit	kJ/m²

Abrieb und Reibung

Taber-Abrieb (Reibradverfahren)   mm³/100 U
Abriebfaktor LNP (Thrust washer) Vergleichswert
Statische Reibungszahl
Dynamische Reibungszahl   (p·v =   N/mm² ·   m/min)
Zulässiger p · v Wert   N/mm² · (m/min)   v =   m/min
                                                                           v =   m/min

Thermische Eigenschaften

Formbeständigkeit in der Wärme   *Verfahren*   °C
                                          Verfahren   °C
Vicat Erweichungstemperatur (VST)   *Verfahren*   °C
                                          Verfahren   °C
Kristallit-Schmelzpunkt   *Verfahren*

Längenausdehnungskoeffizient   *Bereich*   °C $\cdot 10^{-4} K^{-1}$
                                          Temperatur $\cdot 10^{-4} K^{-1}$
Wärmeleitfähigkeit   *Verfahren*   W/(K · m)

Spezifische Wärmekapazität   *Verfahren*   J/(K · g)

Glasumwandlungstemperatur   *Torsionsschwingungsversuch*   °C
                                          Differentialkalorimetrie   °C

Brandverhalten

UL-Test vertikal   Dicke   mm, Wert
                                          Dicke   mm, Wert

                        Norm   *Bewertung*   *Abmessungen*

Sauerstoff-Index   ASTM D 2863
Glühstab-Verfahren
Brandverhalten   DIN 4102
MVSS
FAR

Elektrische Eigenschaften

                                          Hz   °C   *Probekörper, Form*

Dielektrizitätszahl   50
                                          10^3
                                          10^6
Dielektrischer Verlustfaktor tan δ   50
                                          10^3
                                          10^6

Spezifischer Durchgangs-
    widerstand   Ohm · cm
Durchschlagfestigkeit   kV/mm   mm dick
Oberflächenwiderstand   Ohm

Kriechstromfestigkeit   KC   KB   KA
Elektrolytische Korrosionswirkung
Lichtbogenfestigkeit nach DIN
          nach ASTM   s

Beständigkeit *(Chemische Beständigkeit siehe Anhang)*

Wasseraufnahme

Feuchtigkeitsaufnahme Normalklima   %
Wetterbeständigkeit

Spannungskorrosion

Optische Eigenschaften

Brechungszahl n_D
Transmissionsgrad τ_c %   mm dick
Lichtdurchlässigkeit

		PE
Produkt	Polyethylen hoher Dichte	
Handelsname	**Eraclear 2807 M2 DE1**	
Hersteller	ENICHEM	
DIN-Bez 1	16776-PE,GM,55-D045	
DIN-Bez 2		

Zusätze		*Füllstoffe/ Verstärkung*	
Bevorzugte Verarbeitung	Spritzgiessen	*Lieferform*	Granulat
		Farben	Natur
Besondere Merkmale	Gute Verarbeitbarkeit	*Bevorzugte Anwendungen*	Eimer fuer industrielle Anwendung

Dichte	g/cm³	0.954	*Schmelzindex*	g/10 min	6.0:	190/2.16
Schüttdichte	g/cm³		*Volumenfließindex*	cm³/10 min	:	
Viskositätszahl	ml/g					

Verarbeitungsbedingungen für Spritzgießen

Massetemp.	°C		*Schwindung*	%	lgs	, quer
Werkzeugtemp.	°C		*Bemerkungen*			
Spritzdruck	bar					

Zugversuch 23 °C

	Probekörper:	*Form*		*Herstellung*
		Zustand		*Vorbehandlung*

Streckspannung	N/mm²	*Dehnung bei Streckspannung*	%
Zugfestigkeit	N/mm²	*Reißdehnung*	%
Reißfestigkeit	N/mm²	% *Dehnspannung*	N/mm²
E-Modul	N/mm²	*Dehnung bei* % *Dehnspg.*	%

Kriechmoduln und Zeitstandwerte 23 °C

	Probekörper:	*Form*		*Herstellung*
		Zustand		*Vorbehandlung*

Kriechmodul	1 min N/mm²	*Zeitstandzugfestigkeit*	h N/mm²
Kriechmodul	1000 h N/mm²	*Zeitdehnspg.* %	h N/mm²
bei Spannung	N/mm²		

Biegeversuch 23 °C

	Probekörper:	*Form*		*Herstellung*
		Zustand		*Vorbehandlung*

Biegefestigkeit	N/mm²	*E-Modul*	N/mm²
3,5% Biegespannung	N/mm²		

Härte 23 °C

	Probekörper:	*Zustand*		*Herstellung*
				Vorbehandlung

Kugeldruckhärte	N/mm²	bei	N, s	*Shore-Härte* A
Rockwellhärte				*Shore-Härte* D

Schlagversuch

	Probekörper:	*(1)*		
		(2)		*Herstellung*
		Zustand		*Vorbehandlung*

°C	°C	°C	*Probekörper-Form*

Schlagzähigkeit	kJ/m²
Kerbschlagzähigkeit (1)	kJ/m²
IZOD-Kerbschlagzähigkeit (2)	J/m
Kerbschlagzugzähigkeit	kJ/m²

Abrieb und Reibung

Taber-Abrieb (Reibradverfahren) mm³/100 U
Abriebfaktor LNP (Thrust washer) Vergleichswert
Statische Reibungszahl
Dynamische Reibungszahl $(p \cdot v =$ N/mm² ·   m/min)
Zulässiger p · v Wert N/mm² · (m/min) v =   m/min
  v =   m/min

Thermische Eigenschaften

Formbeständigkeit in der Wärme *Verfahren* °C
  Verfahren °C
Vicat Erweichungstemperatur (VST) *Verfahren* °C
  Verfahren °C
Kristallit-Schmelzpunkt *Verfahren*

Längenausdehnungskoeffizient *Bereich* °C $\cdot 10^{-4} \text{K}^{-1}$
  Temperatur $\cdot 10^{-4} \text{K}^{-1}$
Wärmeleitfähigkeit *Verfahren* W/(K · m)

Spezifische Wärmekapazität *Verfahren* J/(K · g)

Glasumwandlungstemperatur *Torsionsschwingungsversuch* °C
  Differentialkalorimetrie °C

Brandverhalten

UL-Test vertikal Dicke mm, Wert
  Dicke mm, Wert

  Norm *Bewertung* *Abmessungen*

Sauerstoff-Index ASTM D 2863
Glühstab-Verfahren
Brandverhalten DIN 4102
MVSS
FAR

Elektrische Eigenschaften

  Hz °C *Probekörper, Form*

Dielektrizitätszahl 50
  10^3
  10^6
Dielektrischer Verlustfaktor tan δ 50
  10^3
  10^6
Spezifischer Durchgangs-
  widerstand Ohm · cm
Durchschlagfestigkeit kV/mm mm dick
Oberflächenwiderstand Ohm

Kriechstromfestigkeit KC KB KA
Elektrolytische Korrosionswirkung
Lichtbogenfestigkeit nach DIN
  nach ASTM s

Beständigkeit *(Chemische Beständigkeit siehe Anhang)*

Wasseraufnahme

Feuchtigkeitsaufnahme Normalklima %
Wetterbeständigkeit

Spannungskorrosion

Optische Eigenschaften

Brechungszahl n_D
Transmissionsgrad τ_c % mm dick
Lichtdurchlässigkeit

Produkt	Polyethylen hoher Dichte	**PE**
Handelsname	**Eraclear 2908 UVA**	
Hersteller	ENICHEM	
DIN-Bez 1	16776-PE,GM,60-D090	
DIN-Bez 2		

Zusätze		*Füllstoffe/ Verstärkung*	
Bevorzugte Verarbeitung	Spritzgiessen	*Lieferform*	Granulat
		Farben	Natur
Besondere Merkmale	Hohe Spannungsrissbestaendigkeit	*Bevorzugte Anwendungen*	Behaelter fuer allgemeine und industrielle Anwendung

---

Dichte	g/cm^3	0.960	*Schmelzindex* g/10 min	7.3: 190/2.16
Schüttdichte	g/cm^3		*Volumenfließindex* cm^3/10 min	:
Viskositätszahl	ml/g			

Verarbeitungsbedingungen für Spritzgießen

Massetemp.	°C	*Schwindung* %	lgs , quer
Werkzeugtemp.	°C	*Bemerkungen*	
Spritzdruck	bar		

Zugversuch 23 °C

	Probekörper: Form	*Herstellung*	
	Zustand	*Vorbehandlung*	
Streckspannung	N/mm^2	*Dehnung bei Streckspannung*	%
Zugfestigkeit	N/mm^2	*Reißdehnung*	%
Reißfestigkeit	N/mm^2	*% Dehnspannung*	N/mm^2
E-Modul	N/mm^2	*Dehnung bei % Dehnspg.*	%

Kriechmoduln und Zeitstandwerte 23 °C

	Probekörper: Form	*Herstellung*	
	Zustand	*Vorbehandlung*	
Kriechmodul	1 min N/mm^2	*Zeitstandzugfestigkeit*	h N/mm^2
Kriechmodul	1000 h N/mm^2	*Zeitdehnspg. %*	h N/mm^2
bei Spannung	N/mm^2		

Biegeversuch 23 °C

	Probekörper: Form	*Herstellung*	
	Zustand	*Vorbehandlung*	
Biegefestigkeit	N/mm^2	*E-Modul*	N/mm^2
3,5% Biegespannung	N/mm^2		

Härte 23 °C

	Probekörper: Zustand	*Herstellung*	
		Vorbehandlung	
Kugeldruckhärte	N/mm^2 bei N, s	*Shore-Härte* A	
Rockwellhärte		*Shore-Härte* D	

Schlagversuch

	Probekörper: (1)		
	(2)	*Herstellung*	
	Zustand	*Vorbehandlung*	
	°C °C	°C	*Probekörper-Form*

Schlagzähigkeit	kJ/m^2
Kerbschlagzähigkeit (1)	kJ/m^2
IZOD-Kerbschlagzähigkeit (2)	J/m
Kerbschlagzugzähigkeit	kJ/m^2

Abrieb und Reibung

Taber-Abrieb (Reibradverfahren)   mm³/100 U
Abriebfaktor LNP (Thrust washer) Vergleichswert
Statische Reibungszahl
Dynamische Reibungszahl   (p · v =   N/mm² ·   m/min)
Zulässiger p · v Wert   N/mm² · (m/min)   v =   m/min
                                                                           v =   m/min

Thermische Eigenschaften

Formbeständigkeit in der Wärme   Verfahren   °C
                                          Verfahren   °C
Vicat Erweichungstemperatur (VST)   Verfahren   °C
                                          Verfahren   °C
Kristallit-Schmelzpunkt   Verfahren

Längenausdehnungskoeffizient   Bereich   °C $\cdot 10^{-4}\mathrm{K}^{-1}$
                                          Temperatur $\cdot 10^{-4}\mathrm{K}^{-1}$
Wärmeleitfähigkeit   Verfahren   W/(K · m)

Spezifische Wärmekapazität   Verfahren   J/(K · g)

Glasumwandlungstemperatur   Torsionsschwingungsversuch   °C
                                          Differentialkalorimetrie   °C

Brandverhalten

UL-Test vertikal   Dicke   mm, Wert
                                          Dicke   mm, Wert

              Norm   Bewertung   Abmessungen

Sauerstoff-Index   ASTM D 2863
Glühstab-Verfahren
Brandverhalten   DIN 4102
MVSS
FAR

Elektrische Eigenschaften

                              Hz   °C   *Probekörper, Form*

Dielektrizitätszahl   50
                              10^3
                              10^6
Dielektrischer Verlustfaktor tan δ   50
                              10^3
                              10^6

Spezifischer Durchgangs-
   widerstand   Ohm · cm
Durchschlagfestigkeit   kV/mm   mm dick
Oberflächenwiderstand   Ohm

Kriechstromfestigkeit   KC   KB   KA
Elektrolytische Korrosionswirkung
Lichtbogenfestigkeit nach DIN
              nach ASTM   s

Beständigkeit *(Chemische Beständigkeit siehe Anhang)*

Wasseraufnahme

Feuchtigkeitsaufnahme Normalklima   %
Wetterbeständigkeit

Spannungskorrosion

Optische Eigenschaften

Brechungszahl n_D
Transmissionsgrad τ_c %   mm dick
Lichtdurchlässigkeit

Produkt	Lineares Polyethylen niedriger Dichte	**PE**
Handelsname	**Eraclear 91 A**	
Hersteller	ENICHEM	
DIN-Bez 1	16776-PE,GL,20-D012	
DIN-Bez 2		

Zusätze   Füllstoffe/
                                                 Verstärkung

Bevorzugte   Extrudieren   Lieferform   Granulat
Verarbeitung
                                                  Farben   Natur

Besondere   Hohe Flexibilitaet   Bevorzugte   Draht fuer Netzwerk
Merkmale   Anwendungen

Dichte	g/cm^3	0.920	Schmelzindex	g/10 min	1.4:	190/2.16
Schüttdichte	g/cm^3		Volumenfließindex	cm^3/10 min	:	
Viskositätszahl	ml/g					

Verarbeitungsbedingungen für Spritzgießen

Massetemp.   °C   Schwindung   %   lgs   , quer
Werkzeugtemp.   °C   Bemerkungen
Spritzdruck   bar

Zugversuch 23 °C

                  Probekörper: Form   Herstellung
                                Zustand   Vorbehandlung

Streckspannung   N/mm^2 Dehnung bei Streckspannung   %
Zugfestigkeit   N/mm^2 Reißdehnung   %
Reißfestigkeit   N/mm^2 % Dehnspannung   N/mm^2
E-Modul   N/mm^2 Dehnung bei   % Dehnspg.   %

Kriechmoduln und Zeitstandwerte 23 °C

                  Probekörper: Form   Herstellung
                                Zustand   Vorbehandlung

Kriechmodul   1 min N/mm^2 Zeitstandzugfestigkeit   h N/mm^2
Kriechmodul   1000 h N/mm^2 Zeitdehnspg. %   h N/mm^2
bei Spannung   N/mm^2

Biegeversuch 23 °C

                  Probekörper: Form   Herstellung
                                Zustand   Vorbehandlung

Biegefestigkeit   N/mm^2 E-Modul   N/mm^2
3,5% Biegespannung   N/mm^2

Härte 23 °C   Probekörper: Zustand   Herstellung
                                                            Vorbehandlung

Kugeldruckhärte   N/mm^2 bei   N, s   Shore-Härte A
Rockwellhärte   Shore-Härte D

Schlagversuch   Probekörper: (1)
                                    (2)
                                    Zustand   Herstellung
                                                            Vorbehandlung

                                    °C   °C   °C   Probekörper-Form

Schlagzähigkeit   kJ/m^2
Kerbschlagzähigkeit (1)   kJ/m^2
IZOD-Kerbschlagzähigkeit (2) J/m
Kerbschlagzugzähigkeit   kJ/m^2

Abrieb und Reibung

Taber-Abrieb (Reibradverfahren)	mm³/100 U
Abriebfaktor LNP (Thrust washer) Vergleichswert	
Statische Reibungszahl	
Dynamische Reibungszahl	(p·v = ⠀⠀⠀N/mm² · ⠀⠀⠀m/min)
Zulässiger p · v Wert	N/mm² · (m/min)⠀⠀v = ⠀⠀m/min
	v = ⠀⠀m/min

Thermische Eigenschaften

Formbeständigkeit in der Wärme	*Verfahren*	°C
	Verfahren	°C
Vicat Erweichungstemperatur (VST)	*Verfahren*	°C
	Verfahren	°C
Kristallit-Schmelzpunkt	*Verfahren*	
Längenausdehnungskoeffizient	*Bereich* ⠀⠀°C	$\cdot 10^{-4} \mathrm{K}^{-1}$
	Temperatur	$\cdot 10^{-4} \mathrm{K}^{-1}$
Wärmeleitfähigkeit	*Verfahren*	W/(K · m)
Spezifische Wärmekapazität	*Verfahren*	J/(K · g)
Glasumwandlungstemperatur	*Torsionsschwingungsversuch*	°C
	Differentialkalorimetrie	°C

Brandverhalten

UL-Test vertikal	*Dicke*	mm, Wert
	Dicke	mm, Wert

	Norm	*Bewertung*	*Abmessungen*
Sauerstoff-Index	ASTM D 2863		
Glühstab-Verfahren			
Brandverhalten	DIN 4102		
MVSS			
FAR			

Elektrische Eigenschaften

	Hz	°C	*Probekörper, Form*
Dielektrizitätszahl	50		
	10^3		
	10^6		
Dielektrischer Verlustfaktor tan δ	50		
	10^3		
	10^6		
Spezifischer Durchgangs- widerstand	Ohm · cm		
Durchschlagfestigkeit	kV/mm		mm dick
Oberflächenwiderstand	Ohm		
Kriechstromfestigkeit	KC	KB	KA
Elektrolytische Korrosionswirkung			
Lichtbogenfestigkeit nach DIN			
nach ASTM	s		

Beständigkeit *(Chemische Beständigkeit siehe Anhang)*

Wasseraufnahme

Feuchtigkeitsaufnahme Normalklima ⠀⠀⠀⠀⠀⠀⠀⠀⠀⠀⠀⠀⠀⠀⠀⠀⠀⠀⠀%
Wetterbeständigkeit

Spannungskorrosion

Optische Eigenschaften

Brechungszahl n_D
Transmissionsgrad τ_c ⠀⠀% ⠀⠀⠀⠀⠀⠀⠀⠀⠀⠀mm dick
Lichtdurchlässigkeit

Produkt	Polyethylen mittlerer Dichte	**PE**
Handelsname	**Eraclear 13 J7**	
Hersteller	ENICHEM	
DIN-Bez 1	16776-PE,GL,30-D012	
DIN-Bez 2		

Zusätze		*Füllstoffe/ Verstärkung*		
Bevorzugte Verarbeitung	Extrudieren	*Lieferform*	Granulat	
		Farben	Natur	
Besondere Merkmale	Hohe Zaehigkeit	*Bevorzugte Anwendungen*	Draht fuer Netzwerk	

Dichte	g/cm^3	0.930	*Schmelzindex*	g/10 min	1.0: 190/2.16
Schüttdichte	g/cm^3		*Volumenfließindex*	cm^3/10 min	:
Viskositätszahl	ml/g				

Verarbeitungsbedingungen für Spritzgießen

Massetemp.	°C		*Schwindung*	% lgs , quer
Werkzeugtemp.	°C		*Bemerkungen*	
Spritzdruck	bar			

Zugversuch 23 °C

	Probekörper: Form	*Herstellung*	
	Zustand	*Vorbehandlung*	
Streckspannung	N/mm^2	*Dehnung bei Streckspannung*	%
Zugfestigkeit	N/mm^2	*Reißdehnung*	%
Reißfestigkeit	N/mm^2	*% Dehnspannung*	N/mm^2
E-Modul	N/mm^2	*Dehnung bei % Dehnspg.*	%

Kriechmoduln und Zeitstandwerte 23 °C

	Probekörper: Form	*Herstellung*	
	Zustand	*Vorbehandlung*	
Kriechmodul	1 min N/mm^2	*Zeitstandzugfestigkeit*	h N/mm^2
Kriechmodul	1000 h N/mm^2	*Zeitdehnspg. %*	h N/mm^2
bei Spannung	N/mm^2		

Biegeversuch 23 °C

	Probekörper: Form	*Herstellung*	
	Zustand	*Vorbehandlung*	
Biegefestigkeit	N/mm^2	*E-Modul*	N/mm^2
3,5% Biegespannung	N/mm^2		

Härte 23 °C

	Probekörper: Zustand	*Herstellung*	
		Vorbehandlung	
Kugeldruckhärte	N/mm^2 bei N, s	*Shore-Härte* A	
Rockwellhärte		*Shore-Härte* D	

Schlagversuch

	Probekörper: (1)		
	(2)	*Herstellung*	
	Zustand	*Vorbehandlung*	
	°C °C	°C	*Probekörper-Form*

Schlagzähigkeit	kJ/m^2
Kerbschlagzähigkeit (1)	kJ/m^2
IZOD-Kerbschlagzähigkeit (2)	J/m
Kerbschlagzugzähigkeit	kJ/m^2

Abrieb und Reibung

Taber-Abrieb (Reibradverfahren)   mm³/100 U
Abriebfaktor LNP (Thrust washer) Vergleichswert
Statische Reibungszahl
Dynamische Reibungszahl $(p \cdot v =$ $N/mm^2 \cdot$ m/min)
Zulässiger p · v Wert $N/mm^2 \cdot$ (m/min)   v =   m/min
                                               v =   m/min

Thermische Eigenschaften

Formbeständigkeit in der Wärme	*Verfahren*		°C
	Verfahren		°C
Vicat Erweichungstemperatur (VST)	*Verfahren*		°C
	Verfahren		°C
Kristallit-Schmelzpunkt	*Verfahren*		
Längenausdehnungskoeffizient	*Bereich*	°C	$\cdot 10^{-4} K^{-1}$
	Temperatur		$\cdot 10^{-4} K^{-1}$
Wärmeleitfähigkeit	*Verfahren*		$W/(K \cdot m)$
Spezifische Wärmekapazität	*Verfahren*		$J/(K \cdot g)$
Glasumwandlungstemperatur	*Torsionsschwingungsversuch*	°C	
	Differentialkalorimetrie	°C	

Brandverhalten

UL-Test vertikal   Dicke   mm, Wert
                              Dicke   mm, Wert

	Norm	*Bewertung*	*Abmessungen*
Sauerstoff-Index	ASTM D 2863		
Glühstab-Verfahren			
Brandverhalten	DIN 4102		
MVSS			
FAR			

Elektrische Eigenschaften

	Hz	°C	*Probekörper, Form*
Dielektrizitätszahl	50		
	10^3		
	10^6		
Dielektrischer Verlustfaktor tan δ	50		
	10^3		
	10^6		

Spezifischer Durchgangs-
   widerstand   Ohm · cm
Durchschlagfestigkeit   kV/mm   mm dick
Oberflächenwiderstand   Ohm

Kriechstromfestigkeit   KC   KB   KA
Elektrolytische Korrosionswirkung
Lichtbogenfestigkeit nach DIN
            nach ASTM   s

Beständigkeit *(Chemische Beständigkeit siehe Anhang)*

Wasseraufnahme

Feuchtigkeitsaufnahme Normalklima   %
Wetterbeständigkeit

Spannungskorrosion

Optische Eigenschaften

Brechungszahl n_D
Transmissionsgrad τ_c %   mm dick
Lichtdurchlässigkeit

Produkt	Polyethylen mittlerer Dichte	**PE**
Handelsname	**Eraclear 94 D-1**	
Hersteller	ENICHEM	
DIN-Bez 1	16776-PE,GL,35-D022	
DIN-Bez 2		

Zusätze		*Füllstoffe/ Verstärkung*	
Bevorzugte Verarbeitung	Extrudieren	*Lieferform*	Granulat
		Farben	Natur
Besondere Merkmale	Flexibel; Zaeh	*Bevorzugte Anwendungen*	Draht fuer Netzwerk

---

Dichte	g/cm³	0.935	*Schmelzindex* g/10 min	1.85 : 190/2.16
Schüttdichte	g/cm³		*Volumenfließindex* cm³/10 min	:
Viskositätszahl	ml/g			

Verarbeitungsbedingungen für Spritzgießen

Massetemp.	°C		*Schwindung* %	lgs , quer
Werkzeugtemp.	°C		*Bemerkungen*	
Spritzdruck	bar			

Zugversuch 23 °C

Probekörper: Form Zustand   *Herstellung* *Vorbehandlung*

Streckspannung	N/mm²	*Dehnung bei Streckspannung*	%
Zugfestigkeit	N/mm²	*Reißdehnung*	%
Reißfestigkeit	N/mm²	% *Dehnspannung*	N/mm²
E-Modul	N/mm²	*Dehnung bei* % *Dehnspg.*	%

Kriechmoduln und Zeitstandwerte 23 °C

Probekörper: Form Zustand   *Herstellung* *Vorbehandlung*

Kriechmodul	1 min N/mm²	*Zeitstandzugfestigkeit*	h N/mm²
Kriechmodul	1000 h N/mm²	*Zeitdehnspg.* %	h N/mm²
bei Spannung	N/mm²		

Biegeversuch 23 °C

Probekörper: Form Zustand   *Herstellung* *Vorbehandlung*

Biegefestigkeit	N/mm²	*E-Modul*	N/mm²
3,5% Biegespannung	N/mm²		

Härte 23 °C   *Probekörper:* Zustand   *Herstellung* *Vorbehandlung*

Kugeldruckhärte	N/mm²	bei N, s	*Shore-Härte* A
Rockwellhärte			*Shore-Härte* D

Schlagversuch   *Probekörper:* (1) (2) Zustand   *Herstellung* *Vorbehandlung*

	°C	°C	°C	*Probekörper-Form*

Schlagzähigkeit	kJ/m²
Kerbschlagzähigkeit (1)	kJ/m²
IZOD-Kerbschlagzähigkeit (2)	J/m
Kerbschlagzugzähigkeit	kJ/m²

Abrieb und Reibung

Taber-Abrieb (Reibradverfahren)	mm³/100 U
Abriebfaktor LNP (Thrust washer) Vergleichswert	
Statische Reibungszahl	
Dynamische Reibungszahl	(p·v = N/mm² · m/min)
Zulässiger p · v Wert	N/mm² · (m/min) v = m/min
	v = m/min

Thermische Eigenschaften

Formbeständigkeit in der Wärme	*Verfahren*	°C
	Verfahren	°C
Vicat Erweichungstemperatur (VST)	*Verfahren*	°C
	Verfahren	°C
Kristallit-Schmelzpunkt	*Verfahren*	
Längenausdehnungskoeffizient	*Bereich* °C	$\cdot 10^{-4} K^{-1}$
	Temperatur	$\cdot 10^{-4} K^{-1}$
Wärmeleitfähigkeit	*Verfahren*	W/(K · m)
Spezifische Wärmekapazität	*Verfahren*	J/(K · g)
Glasumwandlungstemperatur	*Torsionsschwingungsversuch*	°C
	Differentialkalorimetrie	°C

Brandverhalten

UL-Test vertikal	*Dicke* mm, Wert	
	Dicke mm, Wert	

	Norm	*Bewertung*	*Abmessungen*
Sauerstoff-Index	ASTM D 2863		
Glühstab-Verfahren			
Brandverhalten	DIN 4102		
MVSS			
FAR			

Elektrische Eigenschaften

	Hz	°C	*Probekörper, Form*
Dielektrizitätszahl	50		
	10^3		
	10^6		
Dielektrischer Verlustfaktor tan δ	50		
	10^3		
	10^6		

Spezifischer Durchgangs-widerstand	Ohm · cm	
Durchschlagfestigkeit	kV/mm	mm dick
Oberflächenwiderstand	Ohm	

Kriechstromfestigkeit	KC	KB	KA
Elektrolytische Korrosionswirkung			
Lichtbogenfestigkeit nach DIN			
nach ASTM	s		

Beständigkeit *(Chemische Beständigkeit siehe Anhang)*

Wasseraufnahme

Feuchtigkeitsaufnahme Normalklima   %
Wetterbeständigkeit

Spannungskorrosion

Optische Eigenschaften

Brechungszahl n_D
Transmissionsgrad τ_c %   mm dick
Lichtdurchlässigkeit

Produkt	Polyethylen hoher Dichte	**PE**
Handelsname	**Eraclear 95 B**	
Hersteller	ENICHEM	
DIN-Bez 1	16776-PE,GL,40-D006	
DIN-Bez 2		

Zusätze		*Füllstoffe/ Verstärkung*	
Bevorzugte Verarbeitung	Extrudieren	*Lieferform*	Granulat
		Farben	Natur
Besondere Merkmale	Hohe Zaehigkeit	*Bevorzugte Anwendungen*	Draht fuer Netzwerk

---

Dichte	g/cm³	0.941	*Schmelzindex*	g/10 min	0.8: 190/2.16
Schüttdichte	g/cm³		*Volumenfließindex*	cm³/10 min	:
Viskositätszahl	ml/g				

Verarbeitungsbedingungen für Spritzgießen

Massetemp.	°C		*Schwindung*	% lgs , quer
Werkzeugtemp.	°C		*Bemerkungen*	
Spritzdruck	bar			

Zugversuch 23 °C

Probekörper: Form — Herstellung
Zustand — Vorbehandlung

Streckspannung	N/mm²	*Dehnung bei Streckspannung*	%	
Zugfestigkeit	N/mm²	*Reißdehnung*	%	
Reißfestigkeit	N/mm²	% *Dehnspannung*	N/mm²	
E-Modul	N/mm²	*Dehnung bei* % *Dehnspg.*	%	

Kriechmoduln und Zeitstandwerte 23 °C

Probekörper: Form — Herstellung
Zustand — Vorbehandlung

Kriechmodul	1 min N/mm²	*Zeitstandzugfestigkeit*	h N/mm²
Kriechmodul	1000 h N/mm²	*Zeitdehnspg.* %	h N/mm²
bei Spannung	N/mm²		

Biegeversuch 23 °C

Probekörper: Form — Herstellung
Zustand — Vorbehandlung

Biegefestigkeit	N/mm²	*E-Modul*	N/mm²
3,5% Biegespannung	N/mm²		

Härte 23 °C Probekörper: Zustand — Herstellung / Vorbehandlung

Kugeldruckhärte	N/mm² bei N, s	*Shore-Härte* A	
Rockwellhärte		*Shore-Härte* D	

Schlagversuch Probekörper: (1) (2) Zustand — Herstellung / Vorbehandlung

°C	°C	°C	Probekörper-Form

Schlagzähigkeit	kJ/m²
Kerbschlagzähigkeit (1)	kJ/m²
IZOD-Kerbschlagzähigkeit (2)	J/m
Kerbschlagzugzähigkeit	kJ/m²

Abrieb und Reibung

Taber-Abrieb (Reibradverfahren)   mm³/100 U
Abriebfaktor LNP (Thrust washer) Vergleichswert
Statische Reibungszahl
Dynamische Reibungszahl $(p \cdot v =$ N/mm² ·   m/min)
Zulässiger p · v Wert   N/mm² · (m/min)   v =   m/min
                                                      v =   m/min

Thermische Eigenschaften

Formbeständigkeit in der Wärme   Verfahren   °C
                                                          Verfahren   °C
Vicat Erweichungstemperatur (VST)   Verfahren   °C
                                                          Verfahren   °C
Kristallit-Schmelzpunkt   Verfahren

Längenausdehnungskoeffizient   Bereich   °C $\cdot 10^{-4} \mathrm{K}^{-1}$
                                                          Temperatur $\cdot 10^{-4} \mathrm{K}^{-1}$
Wärmeleitfähigkeit   Verfahren   W/(K · m)

Spezifische Wärmekapazität   Verfahren   J/(K · g)

Glasumwandlungstemperatur   Torsionsschwingungsversuch   °C
                                                          Differentialkalorimetrie   °C

Brandverhalten

UL-Test vertikal   Dicke   mm, Wert
                                      Dicke   mm, Wert

	Norm	*Bewertung*	*Abmessungen*
Sauerstoff-Index	ASTM D 2863		
Glühstab-Verfahren			
Brandverhalten	DIN 4102		
MVSS			
FAR			

Elektrische Eigenschaften

	Hz	°C	*Probekörper, Form*
Dielektrizitätszahl	50		
	10^3		
	10^6		
Dielektrischer Verlustfaktor tan δ	50		
	10^3		
	10^6		

Spezifischer Durchgangs-
* widerstand*   Ohm · cm
Durchschlagfestigkeit   kV/mm   mm dick
Oberflächenwiderstand   Ohm

Kriechstromfestigkeit   KC   KB   KA
Elektrolytische Korrosionswirkung
Lichtbogenfestigkeit nach DIN
                        nach ASTM   s

Beständigkeit *(Chemische Beständigkeit siehe Anhang)*

Wasseraufnahme

Feuchtigkeitsaufnahme Normalklima   %
Wetterbeständigkeit

Spannungskorrosion

Optische Eigenschaften

Brechungszahl n_D
Transmissionsgrad τ_c %   mm dick
Lichtdurchlässigkeit

Produkt	Polyethylen hoher Dichte	**PE**
Handelsname	**Eraclear 96 A**	
Hersteller	ENICHEM	
DIN-Bez 1	16776-PE,GL,45-D003	
DIN-Bez 2		

Zusätze		*Füllstoffe/ Verstärkung*	
Bevorzugte Verarbeitung	Extrudieren	*Lieferform*	Granulat
		Farben	Natur
Besondere Merkmale	Gute Flexibilitaet und weicher Griff	*Bevorzugte Anwendungen*	Spleissfaser

Dichte	g/cm³	0.945	*Schmelzindex* g/10 min	0.4: 190/2.16
Schüttdichte	g/cm³		*Volumenfließindex* cm³/10 min	:
Viskositätszahl	ml/g			

Verarbeitungsbedingungen für Spritzgießen

Massetemp.	°C	*Schwindung* %	lgs , quer
Werkzeugtemp.	°C	*Bemerkungen*	
Spritzdruck	bar		

Zugversuch 23 °C

	Probekörper:	*Form*	*Herstellung*
		Zustand	*Vorbehandlung*

Streckspannung	N/mm²	*Dehnung bei Streckspannung*	%
Zugfestigkeit	N/mm²	*Reißdehnung*	%
Reißfestigkeit	N/mm²	*% Dehnspannung*	N/mm²
E-Modul	N/mm²	*Dehnung bei % Dehnspg.*	%

Kriechmoduln und Zeitstandwerte 23 °C

	Probekörper:	*Form*	*Herstellung*
		Zustand	*Vorbehandlung*

Kriechmodul	1 min N/mm²	*Zeitstandzugfestigkeit*	h N/mm²
Kriechmodul	1000 h N/mm²	*Zeitdehnspg. %*	h N/mm²
bei Spannung	N/mm²		

Biegeversuch 23 °C

	Probekörper:	*Form*	*Herstellung*
		Zustand	*Vorbehandlung*

Biegefestigkeit	N/mm²	*E-Modul*	N/mm²
3,5% Biegespannung	N/mm²		

Härte 23 °C

	Probekörper:	*Zustand*	*Herstellung*
			Vorbehandlung

Kugeldruckhärte	N/mm²	bei N, s	*Shore-Härte* A
Rockwellhärte			*Shore-Härte* D

Schlagversuch

	Probekörper:	*(1)*	
		(2)	*Herstellung*
		Zustand	*Vorbehandlung*
	°C	°C	°C *Probekörper-Form*

Schlagzähigkeit	kJ/m²
Kerbschlagzähigkeit (1)	kJ/m²
IZOD-Kerbschlagzähigkeit (2)	J/m
Kerbschlagzugzähigkeit	kJ/m²

Abrieb und Reibung

Taber-Abrieb (Reibradverfahren)   mm³/100 U
Abriebfaktor LNP (Thrust washer) Vergleichswert
Statische Reibungszahl
Dynamische Reibungszahl   (p · v =   N/mm² ·   m/min)
Zulässiger p · v Wert   N/mm² · (m/min)   v =   m/min
                                                              v =   m/min

Thermische Eigenschaften

Formbeständigkeit in der Wärme   *Verfahren*   °C
                                          Verfahren   °C
Vicat Erweichungstemperatur (VST)   *Verfahren*   °C
                                          Verfahren   °C
Kristallit-Schmelzpunkt   *Verfahren*

Längenausdehnungskoeffizient   *Bereich*   °C   · 10^{-4}K^{-1}
                                          Temperatur   · 10^{-4}K^{-1}
Wärmeleitfähigkeit   *Verfahren*   W/(K · m)

Spezifische Wärmekapazität   *Verfahren*   J/(K · g)

Glasumwandlungstemperatur   *Torsionsschwingungsversuch*   °C
                                          Differentialkalorimetrie   °C

Brandverhalten

UL-Test vertikal   Dicke   mm, Wert
                                          Dicke   mm, Wert

              Norm   *Bewertung*   *Abmessungen*

Sauerstoff-Index   ASTM D 2863
Glühstab-Verfahren
Brandverhalten   DIN 4102
MVSS
FAR

Elektrische Eigenschaften

                                          Hz   °C   *Probekörper, Form*

Dielektrizitätszahl   50
                                          10^3
                                          10^6
Dielektrischer Verlustfaktor tan δ   50
                                          10^3
                                          10^6
Spezifischer Durchgangs-
  widerstand   Ohm · cm
Durchschlagfestigkeit   kV/mm   mm dick
Oberflächenwiderstand   Ohm

Kriechstromfestigkeit   KC   KB   KA
Elektrolytische Korrosionswirkung
Lichtbogenfestigkeit nach DIN
              nach ASTM   s

Beständigkeit *(Chemische Beständigkeit siehe Anhang)*

Wasseraufnahme

Feuchtigkeitsaufnahme Normalklima   %
Wetterbeständigkeit

Spannungskorrosion

Optische Eigenschaften

Brechungszahl n$_D$
Transmissionsgrad τ$_c$ %   mm dick
Lichtdurchlässigkeit

Produkt	Polyethylen hoher Dichte	**PE**
Handelsname	**Eraclear 97 B**	
Hersteller	ENICHEM	
DIN-Bez 1	16776-PE,GL,50-D006	
DIN-Bez 2		

Zusätze		*Füllstoffe/*	
		Verstärkung	
Bevorzugte	Extrudieren	*Lieferform*	Granulat
Verarbeitung			
		Farben	Natur
Besondere	Gelfrei	*Bevorzugte*	Monofilament
Merkmale		*Anwendungen*	

Dichte	g/cm³	0.950	*Schmelzindex*	g/10 min	0.7:	190/2.16
Schüttdichte	g/cm³		*Volumenfließindex*	cm³/10 min	:	
Viskositätszahl	ml/g				

Verarbeitungsbedingungen für Spritzgießen

Massetemp.	°C		*Schwindung*	%	lgs	, quer
Werkzeugtemp.	°C		*Bemerkungen*		
Spritzdruck	bar				

Zugversuch 23 °C

	Probekörper:	*Form*		*Herstellung*
		Zustand		*Vorbehandlung*

Streckspannung	N/mm²	*Dehnung bei Streckspannung*	%
Zugfestigkeit	N/mm²	*Reißdehnung*	%
Reißfestigkeit	N/mm²	% *Dehnspannung*	N/mm²
E-Modul	N/mm²	*Dehnung bei* % *Dehnspg.*	%

Kriechmoduln und Zeitstandwerte 23 °C

	Probekörper:	*Form*		*Herstellung*
		Zustand		*Vorbehandlung*

Kriechmodul	1 min N/mm²	*Zeitstandzugfestigkeit*	h N/mm²
Kriechmodul	1000 h N/mm²	*Zeitdehnspg.* %	h N/mm²
bei Spannung	N/mm²		

Biegeversuch 23 °C

	Probekörper:	*Form*		*Herstellung*
		Zustand		*Vorbehandlung*

Biegefestigkeit	N/mm²	*E-Modul*	N/mm²
3,5% Biegespannung	N/mm²		

Härte 23 °C

	Probekörper:	*Zustand*	*Herstellung*
			Vorbehandlung

Kugeldruckhärte	N/mm²	bei N, s	*Shore-Härte* A
Rockwellhärte			*Shore-Härte* D

Schlagversuch

	Probekörper:	*(1)*	
		(2)	*Herstellung*
		Zustand	*Vorbehandlung*

	°C	°C	°C	*Probekörper-Form*

Schlagzähigkeit	kJ/m²
Kerbschlagzähigkeit (1)	kJ/m²
IZOD-Kerbschlagzähigkeit (2)	J/m
Kerbschlagzugzähigkeit	kJ/m²

Abrieb und Reibung

Taber-Abrieb (Reibradverfahren)	mm³/100 U
Abriebfaktor LNP (Thrust washer) Vergleichswert	
Statische Reibungszahl	
Dynamische Reibungszahl	(p · v = N/mm² · m/min)
Zulässiger p · v Wert	N/mm² · (m/min) v = m/min
	v = m/min

Thermische Eigenschaften

Formbeständigkeit in der Wärme	*Verfahren*		°C
	Verfahren		°C
Vicat Erweichungstemperatur (VST)	*Verfahren*		°C
	Verfahren		°C
Kristallit-Schmelzpunkt	*Verfahren*		
Längenausdehnungskoeffizient	*Bereich*	°C	$\cdot 10^{-4} K^{-1}$
	Temperatur		$\cdot 10^{-4} K^{-1}$
Wärmeleitfähigkeit	*Verfahren*		W/(K · m)
Spezifische Wärmekapazität	*Verfahren*		J/(K · g)
Glasumwandlungstemperatur	*Torsionsschwingungsversuch*	°C	
	Differentialkalorimetrie	°C	

Brandverhalten

UL-Test vertikal	*Dicke* mm, Wert	
	Dicke mm, Wert	

	Norm	*Bewertung*	*Abmessungen*
Sauerstoff-Index	ASTM D 2863		
Glühstab-Verfahren			
Brandverhalten	DIN 4102		
MVSS			
FAR			

Elektrische Eigenschaften

	Hz	°C	*Probekörper, Form*
Dielektrizitätszahl	50		
	10^3		
	10^6		
Dielektrischer Verlustfaktor tan δ	50		
	10^3		
	10^6		

Spezifischer Durchgangs- *widerstand*	Ohm · cm			
Durchschlagfestigkeit	kV/mm			mm dick
Oberflächenwiderstand	Ohm			
Kriechstromfestigkeit	KC	KB	KA	
Elektrolytische Korrosionswirkung				
Lichtbogenfestigkeit nach DIN				
nach ASTM	s			

Beständigkeit *(Chemische Beständigkeit siehe Anhang)*

Wasseraufnahme	
Feuchtigkeitsaufnahme Normalklima	%
Wetterbeständigkeit	
Spannungskorrosion	

Optische Eigenschaften

Brechungszahl n_D		
Transmissionsgrad τ_c	%	mm dick
Lichtdurchlässigkeit		

Produkt	Polyethylen hoher Dichte	**PE**
Handelsname	**Eraclear 99 C UV8**	
Hersteller	ENICHEM	
DIN-Bez 1	16776-PE,GL,60-D003	
DIN-Bez 2		

Zusätze		*Füllstoffe/ Verstärkung*	
Bevorzugte Verarbeitung	Extrudieren	*Lieferform*	Granulat
		Farben	Natur
Besondere Merkmale	Hohe Haerte; Hohe mechanische Festigkeit	*Bevorzugte Anwendungen*	Spleissfaser

Dichte	g/cm³	0.960	*Schmelzindex*	g/10 min	0.4: 190/2.16
Schüttdichte	g/cm³		*Volumenfließindex*	cm³/10 min	:
Viskositätszahl	ml/g				

Verarbeitungsbedingungen für Spritzgießen

Massetemp.	°C	*Schwindung*	%	lgs , quer
Werkzeugtemp.	°C	*Bemerkungen*		
Spritzdruck	bar			

Zugversuch 23 °C

Probekörper:	*Form*	*Herstellung*	
	Zustand	*Vorbehandlung*	

Streckspannung	N/mm²	*Dehnung bei Streckspannung*	%
Zugfestigkeit	N/mm²	*Reißdehnung*	%
Reißfestigkeit	N/mm²	% *Dehnspannung*	N/mm²
E-Modul	N/mm²	*Dehnung bei* % *Dehnspg.*	%

Kriechmoduln und Zeitstandwerte 23 °C

Probekörper:	*Form*	*Herstellung*	
	Zustand	*Vorbehandlung*	

Kriechmodul	1 min N/mm²	*Zeitstandzugfestigkeit*	h N/mm²
Kriechmodul	1000 h N/mm²	*Zeitdehnspg.* %	h N/mm²
bei Spannung	N/mm²		

Biegeversuch 23 °C

Probekörper:	*Form*	*Herstellung*	
	Zustand	*Vorbehandlung*	

Biegefestigkeit	N/mm²	*E-Modul*	N/mm²
3,5% Biegespannung	N/mm²		

Härte 23 °C

Probekörper:	*Zustand*	*Herstellung*	
		Vorbehandlung	

Kugeldruckhärte	N/mm² bei N, s	*Shore-Härte* A	
Rockwellhärte		*Shore-Härte* D	

Schlagversuch

Probekörper:	*(1)*	
	(2)	*Herstellung*
	Zustand	*Vorbehandlung*

°C	°C	°C	*Probekörper-Form*

Schlagzähigkeit	kJ/m²
Kerbschlagzähigkeit (1)	kJ/m²
IZOD-Kerbschlagzähigkeit (2)	J/m
Kerbschlagzugzähigkeit	kJ/m²

Abrieb und Reibung

Taber-Abrieb (Reibradverfahren)	mm³/100 U
Abriebfaktor LNP (Thrust washer) Vergleichswert	
Statische Reibungszahl	
Dynamische Reibungszahl	$(p \cdot v =$ N/mm² · m/min$)$
Zulässiger p · v Wert	N/mm² · (m/min) v = m/min
	v = m/min

Thermische Eigenschaften

Formbeständigkeit in der Wärme	*Verfahren*	°C
	Verfahren	°C
Vicat Erweichungstemperatur (VST)	*Verfahren*	°C
	Verfahren	°C
Kristallit-Schmelzpunkt	*Verfahren*	
Längenausdehnungskoeffizient	*Bereich* °C	$\cdot 10^{-4} K^{-1}$
	Temperatur	$\cdot 10^{-4} K^{-1}$
Wärmeleitfähigkeit	*Verfahren*	W/(K · m)
Spezifische Wärmekapazität	*Verfahren*	J/(K · g)
Glasumwandlungstemperatur	*Torsionsschwingungsversuch*	°C
	Differentialkalorimetrie	°C

Brandverhalten

UL-Test vertikal   Dicke   mm, Wert
                       Dicke   mm, Wert

	Norm	Bewertung	Abmessungen
Sauerstoff-Index	ASTM D 2863		
Glühstab-Verfahren			
Brandverhalten	DIN 4102		
MVSS			
FAR			

Elektrische Eigenschaften

	Hz	°C	Probekörper, Form
Dielektrizitätszahl	50		
	10^3		
	10^6		
Dielektrischer Verlustfaktor tan δ	50		
	10^3		
	10^6		

Spezifischer Durchgangs-				
widerstand	Ohm · cm			
Durchschlagfestigkeit	kV/mm			mm dick
Oberflächenwiderstand	Ohm			
Kriechstromfestigkeit	KC	KB	KA	
Elektrolytische Korrosionswirkung				
Lichtbogenfestigkeit nach DIN				
nach ASTM	s			

Beständigkeit *(Chemische Beständigkeit siehe Anhang)*

Wasseraufnahme

Feuchtigkeitsaufnahme Normalklima   %
Wetterbeständigkeit

Spannungskorrosion

Optische Eigenschaften

Brechungszahl n_D
Transmissionsgrad τ_c %   mm dick
Lichtdurchlässigkeit

Datenbank-Nr.	**T06215**		Merkblatt-Nr. **3861**

Produkt	Lineares Polyethylen niedriger Dichte		**PE**
Handelsname	**Eraclear 11 F2**		
Hersteller	ENICHEM		
DIN-Bez 1	16776-PE,HG,20-D006		
DIN-Bez 2			
Zusätze		*Füllstoffe/ Verstärkung*	
Bevorzugte Verarbeitung	Coextrudieren; Laminieren	*Lieferform*	Granulat
		Farben	Natur
Besondere Merkmale	Geringer Schlupf; Hohe Einreissfestigkeit; Hohe Weiterreissfestigkeit	*Bevorzugte Anwendungen*	Laminat; Coextrudat mit Polyamid, Polyacetal, Cellulose, Aluminium; Verpackung von Fleisch, Kaese, Kaffee, Fertiggerichten; Verpackung pulverfoermiger und fluessiger Substanzen

Dichte	g/cm^3	0.919	*Schmelzindex*	g/10 min	0.7 : 190/2.16
Schüttdichte	g/cm^3		*Volumenfließindex*	cm^3/10 min	:
Viskositätszahl	ml/g				

Verarbeitungsbedingungen für Spritzgießen

Massetemp.	°C	*Schwindung*	%	lgs , quer
Werkzeugtemp.	°C	*Bemerkungen*		
Spritzdruck	bar			

Zugversuch 23 °C

	Probekörper:	Form	*Herstellung*	
		Zustand	*Vorbehandlung*	
Streckspannung	N/mm^2		*Dehnung bei Streckspannung*	%
Zugfestigkeit	N/mm^2		*Reißdehnung*	%
Reißfestigkeit	N/mm^2		% *Dehnspannung*	N/mm^2
E-Modul	N/mm^2		*Dehnung bei* % *Dehnspg.*	%

Kriechmoduln und Zeitstandwerte 23 °C

	Probekörper:	Form	*Herstellung*	
		Zustand	*Vorbehandlung*	
Kriechmodul	1 min N/mm^2		*Zeitstandzugfestigkeit*	h N/mm^2
Kriechmodul	1000 h N/mm^2		*Zeitdehnspg.* %	h N/mm^2
bei Spannung	N/mm^2			

Biegeversuch 23 °C

	Probekörper:	Form	*Herstellung*	
		Zustand	*Vorbehandlung*	
Biegefestigkeit	N/mm^2		*E-Modul*	N/mm^2
3,5% Biegespannung	N/mm^2			

Härte 23 °C

	Probekörper:	Zustand	*Herstellung*	
			Vorbehandlung	
Kugeldruckhärte	N/mm^2	bei N, s	*Shore-Härte* A	
Rockwellhärte			*Shore-Härte* D	

Schlagversuch

	Probekörper:	(1)		
		(2)	*Herstellung*	
		Zustand	*Vorbehandlung*	
	°C	°C	°C	*Probekörper-Form*

Schlagzähigkeit	kJ/m^2
Kerbschlagzähigkeit (1)	kJ/m^2
IZOD-Kerbschlagzähigkeit (2)	J/m
Kerbschlagzugzähigkeit	kJ/m^2

Abrieb und Reibung

Taber-Abrieb (Reibradverfahren)   mm³/100 U
Abriebfaktor LNP (Thrust washer) Vergleichswert
Statische Reibungszahl
Dynamische Reibungszahl   (p·v =   N/mm² ·   m/min)
Zulässiger p · v Wert   N/mm² · (m/min)   v =   m/min
                                                                        v =   m/min

Thermische Eigenschaften

Formbeständigkeit in der Wärme   *Verfahren*   °C
                                       Verfahren   °C
Vicat Erweichungstemperatur (VST)   *Verfahren*   °C
                                       Verfahren   °C
Kristallit-Schmelzpunkt   *Verfahren*

Längenausdehnungskoeffizient   *Bereich*   °C $\cdot 10^{-4} K^{-1}$
                                       Temperatur $\cdot 10^{-4} K^{-1}$
Wärmeleitfähigkeit   *Verfahren*   W/(K · m)

Spezifische Wärmekapazität   *Verfahren*   J/(K · g)

Glasumwandlungstemperatur   *Torsionsschwingungsversuch*   °C
                                       Differentialkalorimetrie   °C

Brandverhalten

UL-Test vertikal   Dicke   mm, Wert
                                       Dicke   mm, Wert

                    Norm   *Bewertung*   *Abmessungen*

Sauerstoff-Index   ASTM D 2863
Glühstab-Verfahren
Brandverhalten   DIN 4102
MVSS
FAR

Elektrische Eigenschaften

                                       Hz   °C   *Probekörper, Form*

Dielektrizitätszahl   50
                                       10^3
                                       10^6
Dielektrischer Verlustfaktor tan δ   50
                                       10^3
                                       10^6
Spezifischer Durchgangs-
   widerstand   Ohm · cm
Durchschlagfestigkeit kV/mm   mm dick
Oberflächenwiderstand Ohm

Kriechstromfestigkeit   KC   KB   KA
Elektrolytische Korrosionswirkung
Lichtbogenfestigkeit nach DIN
            nach ASTM   s

Beständigkeit *(Chemische Beständigkeit siehe Anhang)*

Wasseraufnahme

Feuchtigkeitsaufnahme Normalklima   %
Wetterbeständigkeit

Spannungskorrosion

Optische Eigenschaften

Brechungszahl n_D
Transmissionsgrad τ_c %   mm dick
Lichtdurchlässigkeit

Produkt	Lineares Polyethylen niedriger Dichte	**PE**
Handelsname	**Eraclear 11 F4**	
Hersteller	ENICHEM	
DIN-Bez 1	16776-PE,HG,20-D006	
DIN-Bez 2		

Zusätze		*Füllstoffe/ Verstärkung*	
Bevorzugte Verarbeitung	Coextrudieren; Laminieren	*Lieferform*	Granulat
		Farben	Natur
Besondere Merkmale	Hoher Schlupf; Hohe Einreissfestigkeit; Hohe Weiterreissfestigkeit	*Bevorzugte Anwendungen*	Laminat; Coextrudat mit Polyamid, Polyacetal, Cellulose, Aluminium; Verpackung von Fleisch, Kaese, Kaffee, Fertiggerichten; Verpackung pulverfoermiger und fluessiger Substanzen

Dichte	g/cm³	0.919	*Schmelzindex*	g/10 min	0.75 : 190/2.16
Schüttdichte	g/cm³		*Volumenfließindex*	cm³/10 min	:
Viskositätszahl	ml/g				

Verarbeitungsbedingungen für Spritzgießen

Massetemp.	°C		*Schwindung*	%	lgs , quer
Werkzeugtemp.	°C		*Bemerkungen*		
Spritzdruck	bar				

Zugversuch 23 °C

Probekörper:	*Form*	*Herstellung*	
	Zustand	*Vorbehandlung*	

Streckspannung	N/mm²	*Dehnung bei Streckspannung*	%
Zugfestigkeit	N/mm²	*Reißdehnung*	%
Reißfestigkeit	N/mm²	% *Dehnspannung*	N/mm²
E-Modul	N/mm²	*Dehnung bei* % *Dehnspg.*	%

Kriechmoduln und Zeitstandwerte 23 °C

Probekörper:	*Form*	*Herstellung*	
	Zustand	*Vorbehandlung*	

Kriechmodul	1 min N/mm²	*Zeitstandzugfestigkeit*	h N/mm²
Kriechmodul	1000 h N/mm²	*Zeitdehnspg.* %	h N/mm²
bei Spannung	N/mm²		

Biegeversuch 23 °C

Probekörper:	*Form*	*Herstellung*	
	Zustand	*Vorbehandlung*	

Biegefestigkeit	N/mm²	*E-Modul*	N/mm²
3,5% Biegespannung	N/mm²		

Härte 23 °C

Probekörper:	*Zustand*	*Herstellung*	
		Vorbehandlung	

Kugeldruckhärte	N/mm²	bei N, s	*Shore-Härte* A
Rockwellhärte			*Shore-Härte* D

Schlagversuch

Probekörper:	*(1)*		
	(2)	*Herstellung*	
	Zustand	*Vorbehandlung*	
	°C	°C	°C *Probekörper-Form*

Schlagzähigkeit	kJ/m²
Kerbschlagzähigkeit (1)	kJ/m²
IZOD-Kerbschlagzähigkeit (2)	J/m
Kerbschlagzugzähigkeit	kJ/m²

Abrieb und Reibung

Taber-Abrieb (Reibradverfahren) mm^3/100 U
Abriebfaktor LNP (Thrust washer) Vergleichswert
Statische Reibungszahl
Dynamische Reibungszahl $(p \cdot v =$ N/mm$^2 \cdot$ m/min)
Zulässiger p · v Wert N/mm$^2 \cdot$ (m/min) $v =$ m/min
  $v =$ m/min

Thermische Eigenschaften

Formbeständigkeit in der Wärme Verfahren °C
  Verfahren °C
Vicat Erweichungstemperatur (VST) Verfahren °C
  Verfahren °C
Kristallit-Schmelzpunkt Verfahren

Längenausdehnungskoeffizient Bereich °C $\cdot 10^{-4}$K^{-1}
  Temperatur $\cdot 10^{-4}$K^{-1}
Wärmeleitfähigkeit Verfahren W/(K · m)

Spezifische Wärmekapazität Verfahren J/(K · g)

Glasumwandlungstemperatur Torsionsschwingungsversuch °C
  Differentialkalorimetrie °C

Brandverhalten

UL-Test vertikal Dicke mm, Wert
  Dicke mm, Wert

	Norm	*Bewertung*	*Abmessungen*
Sauerstoff-Index	ASTM D 2863		
Glühstab-Verfahren			
Brandverhalten	DIN 4102		
MVSS			
FAR			

Elektrische Eigenschaften

	Hz	°C	*Probekörper, Form*
Dielektrizitätszahl	50		
	10^3		
	10^6		
Dielektrischer Verlustfaktor tan δ	50		
	10^3		
	10^6		

Spezifischer Durchgangs-
  widerstand Ohm · cm
Durchschlagfestigkeit kV/mm mm dick
Oberflächenwiderstand Ohm

Kriechstromfestigkeit KC KB KA
Elektrolytische Korrosionswirkung
Lichtbogenfestigkeit nach DIN
  nach ASTM s

Beständigkeit *(Chemische Beständigkeit siehe Anhang)*

Wasseraufnahme

Feuchtigkeitsaufnahme Normalklima %
Wetterbeständigkeit

Spannungskorrosion

Optische Eigenschaften

Brechungszahl n$_D$
Transmissionsgrad τ_c % mm dick
Lichtdurchlässigkeit

Produkt	Lineares Polyethylen niedriger Dichte		**PE**
Handelsname	**Eraclear 11 P2**		
Hersteller	ENICHEM		
DIN-Bez 1	16776-PE,HG,20-D006		
DIN-Bez 2			
Zusätze		*Füllstoffe/ Verstärkung*	
Bevorzugte Verarbeitung	Coextrudieren; Laminieren	*Lieferform*	Granulat
		Farben	Natur
Besondere Merkmale	Geringer Schlupf; Gute Siegelfaehigkeit	*Bevorzugte Anwendungen*	Laminat; Coextrudat mit Polyamid, Polyacetal, Cellulose, Aluminium; Verpackung von Fleisch, Kaese, Kaffee, Fertiggerichten; Verpackung pulverfoermiger und fluessiger Substanzen

Dichte	g/cm^3	0.919	*Schmelzindex*	g/10 min	0.7 : 190/2.16
Schüttdichte	g/cm^3		*Volumenfließindex*	cm^3/10 min	:
Viskositätszahl	ml/g				

Verarbeitungsbedingungen für Spritzgießen

Massetemp.	°C		*Schwindung*	%	lgs , quer
Werkzeugtemp.	°C		*Bemerkungen*		
Spritzdruck	bar				

Zugversuch 23 °C

	Probekörper:	*Form*		*Herstellung*
		Zustand		*Vorbehandlung*

Streckspannung	N/mm^2	*Dehnung bei Streckspannung*	%	
Zugfestigkeit	N/mm^2	*Reißdehnung*	%	
Reißfestigkeit	N/mm^2	% *Dehnspannung*	N/mm^2	
E-Modul	N/mm^2	*Dehnung bei* % *Dehnspg.*	%	

Kriechmoduln und Zeitstandwerte 23 °C

	Probekörper:	*Form*		*Herstellung*
		Zustand		*Vorbehandlung*

Kriechmodul	1 min N/mm^2	*Zeitstandzugfestigkeit*	h N/mm^2	
Kriechmodul	1000 h N/mm^2	*Zeitdehnspg. %*	h N/mm^2	
bei Spannung	N/mm^2			

Biegeversuch 23 °C

	Probekörper:	*Form*		*Herstellung*
		Zustand		*Vorbehandlung*

Biegefestigkeit	N/mm^2	*E-Modul*	N/mm^2
3,5% Biegespannung	N/mm^2		

Härte 23 °C   *Probekörper:*   *Zustand*   *Herstellung* / *Vorbehandlung*

Kugeldruckhärte	N/mm^2	bei N, s	*Shore-Härte* A	
Rockwellhärte			*Shore-Härte* D	

Schlagversuch   *Probekörper:*   *(1)* / *(2)* / *Zustand*   *Herstellung* / *Vorbehandlung*

	°C	°C	°C	*Probekörper-Form*
Schlagzähigkeit	kJ/m^2			
Kerbschlagzähigkeit (1)	kJ/m^2			
IZOD-Kerbschlagzähigkeit (2)	J/m			
Kerbschlagzugzähigkeit	kJ/m^2			

Abrieb und Reibung

Taber-Abrieb (Reibradverfahren)   mm³/100 U
Abriebfaktor LNP (Thrust washer) Vergleichswert
Statische Reibungszahl
Dynamische Reibungszahl   ($p \cdot v =$ N/mm² ·   m/min)
Zulässiger p · v Wert   N/mm² · (m/min) $v =$ m/min
                                                                $v =$ m/min

Thermische Eigenschaften

Formbeständigkeit in der Wärme   *Verfahren*   °C
                                      Verfahren   °C
Vicat Erweichungstemperatur (VST)   *Verfahren*   °C
                                      Verfahren   °C
Kristallit-Schmelzpunkt   *Verfahren*

Längenausdehnungskoeffizient   *Bereich*   °C $\cdot 10^{-4} K^{-1}$
                                      Temperatur $\cdot 10^{-4} K^{-1}$
Wärmeleitfähigkeit   *Verfahren*   W/(K · m)

Spezifische Wärmekapazität   *Verfahren*   J/(K · g)

Glasumwandlungstemperatur   *Torsionsschwingungsversuch*   °C
                                      Differentialkalorimetrie   °C

Brandverhalten

UL-Test vertikal   Dicke   mm, Wert
                                      Dicke   mm, Wert

            Norm   *Bewertung*   *Abmessungen*

Sauerstoff-Index   ASTM D 2863
Glühstab-Verfahren
Brandverhalten   DIN 4102
MVSS
FAR

Elektrische Eigenschaften

                          Hz   °C   *Probekörper, Form*

Dielektrizitätszahl   50
                                  10³
                                  10⁶
Dielektrischer Verlustfaktor tan δ   50
                                  10³
                                  10⁶
Spezifischer Durchgangs-
  widerstand   Ohm · cm
Durchschlagfestigkeit   kV/mm   mm dick
Oberflächenwiderstand   Ohm

Kriechstromfestigkeit   KC   KB   KA
Elektrolytische Korrosionswirkung
Lichtbogenfestigkeit nach DIN
          nach ASTM   s

Beständigkeit *(Chemische Beständigkeit siehe Anhang)*

Wasseraufnahme

Feuchtigkeitsaufnahme Normalklima   %
Wetterbeständigkeit

Spannungskorrosion

Optische Eigenschaften

Brechungszahl n_D
Transmissionsgrad τ_c %   mm dick
Lichtdurchlässigkeit

Produkt	Lineares Polyethylen niedriger Dichte	**PE**
Handelsname	**Eraclear 11 P3**	
Hersteller	ENICHEM	
DIN-Bez 1 *DIN-Bez 2*	16776-PE,HG,20-D006	

Zusätze		*Füllstoffe/* *Verstärkung*	
Bevorzugte *Verarbeitung*	Coextrudieren; Laminieren	*Lieferform*	Granulat
		Farben	Natur
Besondere *Merkmale*	Mittlerer Schlupf; Gute optische Eigen- schaften; Sehr gute Siegelfaehigkeit	*Bevorzugte* *Anwendungen*	Laminat; Coextrudat mit Polyamid, Polyacetal, Cellulose, Aluminium; Ver- packung von Fleisch, Kaese, Kaffee, Fertiggerichten; Verpackung pulver- foermiger und fluessiger Substanzen

Dichte	g/cm^3	0.919	*Schmelzindex*	g/10 min	0.7:	190/2.16
Schüttdichte	g/cm^3		*Volumenfließindex*	cm^3/10 min	:
Viskositätszahl	ml/g				

Verarbeitungsbedingungen für Spritzgießen

Massetemp.	°C		*Schwindung*	%	lgs	, quer
Werkzeugtemp.	°C		*Bemerkungen*		
Spritzdruck	bar				

Zugversuch 23 °C

	Probekörper:	*Form*		*Herstellung*
		Zustand		*Vorbehandlung*
Streckspannung	N/mm^2		*Dehnung bei Streckspannung*	%
Zugfestigkeit	N/mm^2		*Reißdehnung*	%
Reißfestigkeit	N/mm^2		% *Dehnspannung*	N/mm^2
E-Modul	N/mm^2		*Dehnung bei* % *Dehnspg.*	%

Kriechmoduln und Zeitstandwerte 23 °C

	Probekörper:	*Form*		*Herstellung*
		Zustand		*Vorbehandlung*
Kriechmodul	1 min N/mm^2		*Zeitstandzugfestigkeit*	h N/mm^2
Kriechmodul	1000 h N/mm^2		*Zeitdehnspg.* %	h N/mm^2
bei Spannung	N/mm^2			

Biegeversuch 23 °C

	Probekörper:	*Form*		*Herstellung*
		Zustand		*Vorbehandlung*
Biegefestigkeit	N/mm^2		*E-Modul*	N/mm^2
3,5% Biegespannung	N/mm^2			

Härte 23 °C

	Probekörper: *Zustand*		*Herstellung* *Vorbehandlung*
Kugeldruckhärte	N/mm^2 bei N, s		*Shore-Härte* A
Rockwellhärte			*Shore-Härte* D

Schlagversuch

	Probekörper:	(1)	
		(2)	*Herstellung*
		Zustand	*Vorbehandlung*
	°C	°C	°C	*Probekörper-Form*

Schlagzähigkeit	kJ/m^2
Kerbschlagzähigkeit (1)	kJ/m^2
IZOD-Kerbschlagzähigkeit (2)	J/m
Kerbschlagzugzähigkeit	kJ/m^2

Abrieb und Reibung

Taber-Abrieb (Reibradverfahren)   mm³/100 U
Abriebfaktor LNP (Thrust washer) Vergleichswert
Statische Reibungszahl
Dynamische Reibungszahl   (p · v =   N/mm² ·   m/min)
Zulässiger p · v Wert   N/mm² · (m/min)   v =   m/min
                                                              v =   m/min

Thermische Eigenschaften

Formbeständigkeit in der Wärme   Verfahren   °C
                                       Verfahren   °C
Vicat Erweichungstemperatur (VST)   Verfahren   °C
                                       Verfahren   °C
Kristallit-Schmelzpunkt   Verfahren

Längenausdehnungskoeffizient   Bereich   °C   · 10⁻⁴K⁻¹
                                       Temperatur   · 10⁻⁴K⁻¹
Wärmeleitfähigkeit   Verfahren   W/(K · m)

Spezifische Wärmekapazität   Verfahren   J/(K · g)

Glasumwandlungstemperatur   Torsionsschwingungsversuch   °C
                                       Differentialkalorimetrie   °C

Brandverhalten

UL-Test vertikal   Dicke   mm, Wert
                                       Dicke   mm, Wert

                    Norm   *Bewertung*   *Abmessungen*

Sauerstoff-Index ASTM D 2863
Glühstab-Verfahren
Brandverhalten   DIN 4102
MVSS
FAR

Elektrische Eigenschaften

                                       Hz   °C   *Probekörper, Form*

Dielektrizitätszahl   50
                                       10³
                                       10⁶
Dielektrischer Verlustfaktor tan δ   50
                                       10³
                                       10⁶
Spezifischer Durchgangs-
   widerstand   Ohm · cm
Durchschlagfestigkeit   kV/mm   mm dick
Oberflächenwiderstand   Ohm

Kriechstromfestigkeit   KC   KB   KA
Elektrolytische Korrosionswirkung
Lichtbogenfestigkeit nach DIN
                    nach ASTM   s

Beständigkeit *(Chemische Beständigkeit siehe Anhang)*

Wasseraufnahme

Feuchtigkeitsaufnahme Normalklima   %
Wetterbeständigkeit

Spannungskorrosion

Optische Eigenschaften

Brechungszahl n_D
Transmissionsgrad τ_c   %   mm dick
Lichtdurchlässigkeit

Produkt	Lineares Polyethylen niedriger Dichte		**PE**
Handelsname	**Eraclear 11 P4**		
Hersteller	ENICHEM		
DIN-Bez 1	16776-PE,HG,20-D006		
DIN-Bez 2			

Zusätze		*Füllstoffe/ Verstärkung*	
Bevorzugte Verarbeitung	Coextrudieren; Laminieren	*Lieferform*	Granulat
		Farben	Natur
Besondere Merkmale	Hoher Schlupf; Gute optische Eigenschaften; Sehr gute Siegelfaehigkeit	*Bevorzugte Anwendungen*	Laminat; Coextrudat mit Polyamid, Polyacetal, Cellulose, Aluminium; Verpackung von Fleisch, Kaese, Kaffee, Fertiggerichten; Verpackung pulverfoermiger und fluessiger Substanzen

Dichte	g/cm³	0.919	*Schmelzindex*	g/10 min	0.75 : 190/2.16
Schüttdichte	g/cm³		*Volumenfließindex*	cm³/10 min	:
Viskositätszahl	ml/g				

Verarbeitungsbedingungen für Spritzgießen

Massetemp.	°C		*Schwindung*	%	lgs , quer
Werkzeugtemp.	°C		*Bemerkungen*		
Spritzdruck	bar				

Zugversuch 23 °C

	Probekörper:	*Form*	*Herstellung*
		Zustand	*Vorbehandlung*
Streckspannung	N/mm²	*Dehnung bei Streckspannung*	%
Zugfestigkeit	N/mm²	*Reißdehnung*	%
Reißfestigkeit	N/mm²	% *Dehnspannung*	N/mm²
E-Modul	N/mm²	*Dehnung bei* % *Dehnspg.*	%

Kriechmoduln und Zeitstandwerte 23 °C

	Probekörper:	*Form*	*Herstellung*
		Zustand	*Vorbehandlung*
Kriechmodul	1 min N/mm²	*Zeitstandzugfestigkeit*	h N/mm²
Kriechmodul	1000 h N/mm²	*Zeitdehnspg.* %	h N/mm²
bei Spannung	N/mm²		

Biegeversuch 23 °C

	Probekörper:	*Form*	*Herstellung*
		Zustand	*Vorbehandlung*
Biegefestigkeit	N/mm²	*E-Modul*	N/mm²
3,5% Biegespannung	N/mm²		

Härte 23 °C

	Probekörper:	*Zustand*	*Herstellung*
			Vorbehandlung
Kugeldruckhärte	N/mm²	bei N, s	*Shore-Härte* A
Rockwellhärte			*Shore-Härte* D

Schlagversuch

	Probekörper:	*(1)*		
		(2)	*Herstellung*	
		Zustand	*Vorbehandlung*	
	°C	°C	°C	*Probekörper-Form*

Schlagzähigkeit	kJ/m²
Kerbschlagzähigkeit (1)	kJ/m²
IZOD-Kerbschlagzähigkeit (2)	J/m
Kerbschlagzugzähigkeit	kJ/m²

Abrieb und Reibung

Taber-Abrieb (Reibradverfahren)   mm³/100 U
Abriebfaktor LNP (Thrust washer) Vergleichswert
Statische Reibungszahl
Dynamische Reibungszahl   (p · v =   N/mm² ·   m/min)
Zulässiger p · v Wert   N/mm² · (m/min)   v =   m/min
                                                                    v =   m/min

Thermische Eigenschaften

Formbeständigkeit in der Wärme   Verfahren   °C
                                        Verfahren   °C
Vicat Erweichungstemperatur (VST)   Verfahren   °C
                                        Verfahren   °C
Kristallit-Schmelzpunkt   Verfahren

Längenausdehnungskoeffizient   Bereich   °C $\cdot 10^{-4} K^{-1}$
                                        Temperatur $\cdot 10^{-4} K^{-1}$
Wärmeleitfähigkeit   Verfahren   W/(K · m)

Spezifische Wärmekapazität   Verfahren   J/(K · g)

Glasumwandlungstemperatur   Torsionsschwingungsversuch   °C
                                        Differentialkalorimetrie   °C

Brandverhalten

UL-Test vertikal   Dicke   mm, Wert
                                        Dicke   mm, Wert

                        Norm   Bewertung   Abmessungen

Sauerstoff-Index   ASTM D 2863
Glühstab-Verfahren
Brandverhalten   DIN 4102
MVSS
FAR

Elektrische Eigenschaften

                                        Hz   °C   Probekörper, Form

Dielektrizitätszahl   50
                                        10^3
                                        10^6
Dielektrischer Verlustfaktor tan δ 50
                                        10^3
                                        10^6
Spezifischer Durchgangs-
* widerstand*   Ohm · cm
Durchschlagfestigkeit kV/mm   mm dick
Oberflächenwiderstand Ohm
Kriechstromfestigkeit   KC   KB   KA
Elektrolytische Korrosionswirkung
Lichtbogenfestigkeit nach DIN
                 nach ASTM   s

Beständigkeit *(Chemische Beständigkeit siehe Anhang)*

Wasseraufnahme

Feuchtigkeitsaufnahme Normalklima   %
Wetterbeständigkeit

Spannungskorrosion

Optische Eigenschaften

Brechungszahl n_D
Transmissionsgrad τ_c %   mm dick
Lichtdurchlässigkeit

Datenbank-Nr.	**T06220**	*Merkblatt-Nr.* **3866**

		PE
Produkt	Lineares Polyethylen niedriger Dichte	
Handelsname	**Eraclear 12 J1**	
Hersteller	ENICHEM	
DIN-Bez 1	16776-PE,HG,25-D012	
DIN-Bez 2		

Zusätze		*Füllstoffe/ Verstärkung*	
Bevorzugte Verarbeitung	Coextrudieren; Laminieren	*Lieferform*	Granulat
		Farben	Natur
Besondere Merkmale	Ausgezeichnete Zaehigkeit; Sehr gute Heissiegelfaehigkeit	*Bevorzugte Anwendungen*	Laminat; Coextrudat mit Polyamid, Polyacetal, Cellulose, Aluminium; Verpackung von Fleisch, Kaese, Kaffee, Fertiggerichten; Verpackung pulverfoermiger und fluessiger Substanzen

Dichte	g/cm^3	0.923	*Schmelzindex*	g/10 min		1.0:	190/2.16
Schüttdichte	g/cm^3		*Volumenfließindex*	cm^3/10 min		:	
Viskositätszahl	ml/g						

Verarbeitungsbedingungen für Spritzgießen

Massetemp.	°C		*Schwindung*	%	lgs	, quer
Werkzeugtemp.	°C		*Bemerkungen*			
Spritzdruck	bar					

Zugversuch 23 °C

	Probekörper:	*Form*	*Herstellung*
		Zustand	*Vorbehandlung*

Streckspannung	N/mm^2	*Dehnung bei Streckspannung*	%
Zugfestigkeit	N/mm^2	*Reißdehnung*	%
Reißfestigkeit	N/mm^2	% *Dehnspannung*	N/mm^2
E-Modul	N/mm^2	*Dehnung bei* % *Dehnspg.*	%

Kriechmoduln und Zeitstandwerte 23 °C

	Probekörper:	*Form*	*Herstellung*
		Zustand	*Vorbehandlung*

Kriechmodul	1 min N/mm^2	*Zeitstandzugfestigkeit*	h N/mm^2
Kriechmodul	1000 h N/mm^2	*Zeitdehnspg.* %	h N/mm^2
bei Spannung	N/mm^2		

Biegeversuch 23 °C

	Probekörper:	*Form*	*Herstellung*
		Zustand	*Vorbehandlung*

Biegefestigkeit	N/mm^2	*E-Modul*	N/mm^2
3,5% Biegespannung	N/mm^2		

Härte 23 °C

	Probekörper:	*Zustand*	*Herstellung* Vorbehandlung

Kugeldruckhärte	N/mm^2	bei N, s	*Shore-Härte* A
Rockwellhärte			*Shore-Härte* D

Schlagversuch

	Probekörper:	(1)	
		(2)	*Herstellung*
		Zustand	*Vorbehandlung*
		°C °C °C	*Probekörper-Form*

Schlagzähigkeit	kJ/m^2
Kerbschlagzähigkeit (1)	kJ/m^2
IZOD-Kerbschlagzähigkeit (2)	J/m
Kerbschlagzugzähigkeit	kJ/m^2

Abrieb und Reibung

Taber-Abrieb (Reibradverfahren)	mm³/100 U
Abriebfaktor LNP (Thrust washer) Vergleichswert	
Statische Reibungszahl	
Dynamische Reibungszahl	(p·v = N/mm² · m/min)
Zulässiger p · v Wert	N/mm² · (m/min) v = m/min
	v = m/min

Thermische Eigenschaften

Formbeständigkeit in der Wärme	*Verfahren*	°C
	Verfahren	°C
Vicat Erweichungstemperatur (VST)	*Verfahren*	°C
	Verfahren	°C
Kristallit-Schmelzpunkt	*Verfahren*	
Längenausdehnungskoeffizient	*Bereich* °C	$\cdot 10^{-4} K^{-1}$
	Temperatur	$\cdot 10^{-4} K^{-1}$
Wärmeleitfähigkeit	*Verfahren*	W/(K · m)
Spezifische Wärmekapazität	*Verfahren*	J/(K · g)
Glasumwandlungstemperatur	*Torsionsschwingungsversuch*	°C
	Differentialkalorimetrie	°C

Brandverhalten

UL-Test vertikal   Dicke   mm, Wert
                        Dicke   mm, Wert

	Norm	*Bewertung*	*Abmessungen*
Sauerstoff-Index	ASTM D 2863		
Glühstab-Verfahren			
Brandverhalten	DIN 4102		
MVSS			
FAR			

Elektrische Eigenschaften

	Hz	°C	*Probekörper, Form*
Dielektrizitätszahl	50		
	10^3		
	10^6		
Dielektrischer Verlustfaktor tan δ	50		
	10^3		
	10^6		

Spezifischer Durchgangs-widerstand	Ohm · cm	
Durchschlagfestigkeit	kV/mm	mm dick
Oberflächenwiderstand	Ohm	

Kriechstromfestigkeit	KC	KB	KA
Elektrolytische Korrosionswirkung			
Lichtbogenfestigkeit nach DIN			
nach ASTM s			

Beständigkeit *(Chemische Beständigkeit siehe Anhang)*

Wasseraufnahme

Feuchtigkeitsaufnahme Normalklima   %
Wetterbeständigkeit

Spannungskorrosion

Optische Eigenschaften

Brechungszahl n_D
Transmissionsgrad τ_c %   mm dick
Lichtdurchlässigkeit

Produkt	Polyethylen mittlerer Dichte	**PE**
Handelsname	**Eraclear 14 B1**	
Hersteller	ENICHEM	
DIN-Bez 1	16776-PE,HG,35-D022	
DIN-Bez 2		

Zusätze		*Füllstoffe/ Verstärkung*	
Bevorzugte Verarbeitung	Coextrudieren; Laminieren	*Lieferform*	Granulat
		Farben	Natur
Besondere Merkmale	Ausgezeichnete Waermebestaendigkeit; Sehr gute Sperreigenschaften	*Bevorzugte Anwendungen*	Folie fuer Kochbeutel; Verpackung trockener Nahrungsmittel

Dichte	g/cm^3	0.935	*Schmelzindex* g/10 min	1.9: 190/2.16
Schüttdichte	g/cm^3		*Volumenfließindex* cm^3/10 min	:
Viskositätszahl	ml/g			

Verarbeitungsbedingungen für Spritzgießen

Massetemp.	°C		*Schwindung* %	lgs , quer
Werkzeugtemp.	°C		*Bemerkungen*	
Spritzdruck	bar			

Zugversuch 23 °C

	Probekörper: Form		*Herstellung*
	Zustand		*Vorbehandlung*
Streckspannung	N/mm^2	*Dehnung bei Streckspannung*	%
Zugfestigkeit	N/mm^2	*Reißdehnung*	%
Reißfestigkeit	N/mm^2	% *Dehnspannung*	N/mm^2
E-Modul	N/mm^2	*Dehnung bei* % *Dehnspg.*	%

Kriechmoduln und Zeitstandwerte 23 °C

	Probekörper: Form		*Herstellung*
	Zustand		*Vorbehandlung*
Kriechmodul	1 min N/mm^2	*Zeitstandzugfestigkeit*	h N/mm^2
Kriechmodul	1000 h N/mm^2	*Zeitdehnspg.* %	h N/mm^2
bei Spannung	N/mm^2		

Biegeversuch 23 °C

	Probekörper: Form		*Herstellung*
	Zustand		*Vorbehandlung*
Biegefestigkeit	N/mm^2	*E-Modul*	N/mm^2
3,5% Biegespannung	N/mm^2		

Härte 23 °C

	Probekörper: Zustand		*Herstellung*
			Vorbehandlung
Kugeldruckhärte	N/mm^2 bei N, s	*Shore-Härte* A	
Rockwellhärte		*Shore-Härte* D	

Schlagversuch

	Probekörper: (1)		
	(2)		*Herstellung*
	Zustand		*Vorbehandlung*
	°C °C	°C	*Probekörper-Form*
Schlagzähigkeit	kJ/m^2		
Kerbschlagzähigkeit (1)	kJ/m^2		
IZOD-Kerbschlagzähigkeit (2)	J/m		
Kerbschlagzugzähigkeit	kJ/m^2		

Abrieb und Reibung

Taber-Abrieb (Reibradverfahren)   mm^3/100 U
Abriebfaktor LNP (Thrust washer) Vergleichswert
Statische Reibungszahl
Dynamische Reibungszahl   (p · v =   N/mm^2 ·   m/min)
Zulässiger p · v Wert   N/mm^2 · (m/min) v =   m/min
                                          v =   m/min

Thermische Eigenschaften

Formbeständigkeit in der Wärme   Verfahren   °C
                                    Verfahren   °C
Vicat Erweichungstemperatur (VST)   Verfahren   °C
                                       Verfahren   °C
Kristallit-Schmelzpunkt   Verfahren

Längenausdehnungskoeffizient   Bereich   °C   · 10^{-4}K^{-1}
                                  Temperatur   · 10^{-4}K^{-1}
Wärmeleitfähigkeit   Verfahren   W/(K · m)

Spezifische Wärmekapazität   Verfahren   J/(K · g)

Glasumwandlungstemperatur   Torsionsschwingungsversuch   °C
                               Differentialkalorimetrie   °C

Brandverhalten

UL-Test vertikal   Dicke   mm, Wert
                      Dicke   mm, Wert

	Norm	Bewertung	Abmessungen
Sauerstoff-Index	ASTM D 2863		
Glühstab-Verfahren			
Brandverhalten	DIN 4102		
MVSS			
FAR			

Elektrische Eigenschaften

	Hz	°C	Probekörper, Form
Dielektrizitätszahl	50		
	10^3		
	10^6		
Dielektrischer Verlustfaktor tan δ	50		
	10^3		
	10^6		

Spezifischer Durchgangs-
*   widerstand*   Ohm · cm
Durchschlagfestigkeit   kV/mm   mm dick
Oberflächenwiderstand   Ohm

Kriechstromfestigkeit   KC   KB   KA
Elektrolytische Korrosionswirkung
Lichtbogenfestigkeit nach DIN
*   nach ASTM*   s

Beständigkeit *(Chemische Beständigkeit siehe Anhang)*

Wasseraufnahme

Feuchtigkeitsaufnahme Normalklima   %
Wetterbeständigkeit

Spannungskorrosion

Optische Eigenschaften

Brechungszahl n$_D$
Transmissionsgrad τ$_c$ %   mm dick
Lichtdurchlässigkeit

Produkt	Polyethylen hoher Dichte	**PE**
Handelsname	**Eraclear 18 A**	
Hersteller	ENICHEM	
DIN-Bez 1	16776-PE,HG,55-D003	
DIN-Bez 2		

Zusätze		*Füllstoffe/ Verstärkung*	
Bevorzugte Verarbeitung	Coextrudieren; Laminieren	*Lieferform*	Granulat
		Farben	Natur
Besondere Merkmale	Sehr gute Waermebestaendigkeit; Sehr gute Sperreigenschaften	*Bevorzugte Anwendungen*	Folie fuer Kochbeutel; Verpackung trockener Nahrungsmittel

Dichte	g/cm³	0.955	*Schmelzindex*	g/10 min	0.3: 190/2.16
Schüttdichte	g/cm³		*Volumenfließindex*	cm³/10 min	:
Viskositätszahl	ml/g				

Verarbeitungsbedingungen für Spritzgießen

Massetemp.	°C	*Schwindung*	%	lgs , quer
Werkzeugtemp.	°C	*Bemerkungen*		
Spritzdruck	bar			

Zugversuch 23 °C

	Probekörper: Form	*Herstellung*	
	Zustand	*Vorbehandlung*	
Streckspannung	N/mm²	*Dehnung bei Streckspannung*	%
Zugfestigkeit	N/mm²	*Reißdehnung*	%
Reißfestigkeit	N/mm²	% *Dehnspannung*	N/mm²
E-Modul	N/mm²	*Dehnung bei* % *Dehnspg.*	%

Kriechmoduln und Zeitstandwerte 23 °C

	Probekörper: Form	*Herstellung*	
	Zustand	*Vorbehandlung*	
Kriechmodul	1 min N/mm²	*Zeitstandzugfestigkeit*	h N/mm²
Kriechmodul	1000 h N/mm²	*Zeitdehnspg.* %	h N/mm²
bei Spannung	N/mm²		

Biegeversuch 23 °C

	Probekörper: Form	*Herstellung*	
	Zustand	*Vorbehandlung*	
Biegefestigkeit	N/mm²	*E-Modul*	N/mm²
3,5% Biegespannung	N/mm²		

Härte 23 °C

	Probekörper: Zustand	*Herstellung*	
		Vorbehandlung	
Kugeldruckhärte	N/mm² bei N, s	*Shore-Härte* A	
Rockwellhärte		*Shore-Härte* D	

Schlagversuch

	Probekörper: (1)	
	(2)	*Herstellung*
	Zustand	*Vorbehandlung*
	°C °C °C	*Probekörper-Form*

Schlagzähigkeit	kJ/m²
Kerbschlagzähigkeit (1)	kJ/m²
IZOD-Kerbschlagzähigkeit (2)	J/m
Kerbschlagzugzähigkeit	kJ/m²

Abrieb und Reibung

Taber-Abrieb (Reibradverfahren)	mm³/100 U			
Abriebfaktor LNP (Thrust washer) Vergleichswert				
Statische Reibungszahl				
Dynamische Reibungszahl	$(p \cdot v =$	N/mm² ·	m/min)	
Zulässiger p · v Wert	N/mm² · (m/min)	$v =$	m/min	
		$v =$	m/min	

Thermische Eigenschaften

Formbeständigkeit in der Wärme	*Verfahren*		°C
	Verfahren		°C
Vicat Erweichungstemperatur (VST)	*Verfahren*		°C
	Verfahren		°C
Kristallit-Schmelzpunkt	*Verfahren*		
Längenausdehnungskoeffizient	*Bereich*	°C	$\cdot 10^{-4} K^{-1}$
	Temperatur		$\cdot 10^{-4} K^{-1}$
Wärmeleitfähigkeit	*Verfahren*		W/(K · m)
Spezifische Wärmekapazität	*Verfahren*		J/(K · g)
Glasumwandlungstemperatur	*Torsionsschwingungsversuch*	°C	
	Differentialkalorimetrie	°C	

Brandverhalten

UL-Test vertikal	*Dicke*	mm, Wert	
	Dicke	mm, Wert	

	Norm	*Bewertung*	*Abmessungen*
Sauerstoff-Index	ASTM D 2863		
Glühstab-Verfahren			
Brandverhalten	DIN 4102		
MVSS			
FAR			

Elektrische Eigenschaften

	Hz	°C	*Probekörper, Form*
Dielektrizitätszahl	50		
	10^3		
	10^6		
Dielektrischer Verlustfaktor tan δ	50		
	10^3		
	10^6		
Spezifischer Durchgangs-widerstand	Ohm · cm		
Durchschlagfestigkeit	kV/mm		mm dick
Oberflächenwiderstand	Ohm		
Kriechstromfestigkeit	KC	KB	KA
Elektrolytische Korrosionswirkung			
Lichtbogenfestigkeit nach DIN			
nach ASTM	s		

Beständigkeit *(Chemische Beständigkeit siehe Anhang)*

Wasseraufnahme

Feuchtigkeitsaufnahme Normalklima   %
Wetterbeständigkeit

Spannungskorrosion

Optische Eigenschaften

Brechungszahl n_D
Transmissionsgrad τ_c %   mm dick
Lichtdurchlässigkeit

Produkt	Polyethylen hoher Dichte	**PE**
Handelsname	**Eraclear 19 C**	
Hersteller	ENICHEM	
DIN-Bez 1	16776-PE,HG,55-D012	
DIN-Bez 2		

Zusätze		*Füllstoffe/ Verstärkung*	
Bevorzugte Verarbeitung	Coextrudieren; Laminieren	*Lieferform*	Granulat
		Farben	Natur
Besondere Merkmale	Sehr hohe Waermebestaendigkeit; Sehr hohe Sperreigenschaften	*Bevorzugte Anwendungen*	Folie fuer Kochbeutel; Verpackung trockener Nahrungsmittel

Dichte	g/cm^3	0.956	*Schmelzindex*	g/10 min	1.0: 190/2.16
Schüttdichte	g/cm^3		*Volumenfließindex*	cm^3/10 min	:
Viskositätszahl	ml/g				

Verarbeitungsbedingungen für Spritzgießen

Massetemp.	°C	*Schwindung*	%	lgs , quer
Werkzeugtemp.	°C	*Bemerkungen*		
Spritzdruck	bar			

Zugversuch 23 °C

Probekörper: Form   *Herstellung*
            Zustand   *Vorbehandlung*

Streckspannung	N/mm^2	*Dehnung bei Streckspannung*	%	
Zugfestigkeit	N/mm^2	*Reißdehnung*	%	
Reißfestigkeit	N/mm^2	% *Dehnspannung*	N/mm^2	
E-Modul	N/mm^2	*Dehnung bei* % *Dehnspg.*	%	

Kriechmoduln und Zeitstandwerte 23 °C

Probekörper: Form   *Herstellung*
            Zustand   *Vorbehandlung*

Kriechmodul	1 min N/mm^2	*Zeitstandzugfestigkeit*	h N/mm^2	
Kriechmodul	1000 h N/mm^2	*Zeitdehnspg.* %	h N/mm^2	
bei Spannung	N/mm^2			

Biegeversuch 23 °C

Probekörper: Form   *Herstellung*
            Zustand   *Vorbehandlung*

Biegefestigkeit	N/mm^2	*E-Modul*	N/mm^2
3,5% Biegespannung	N/mm^2		

Härte 23 °C   *Probekörper:* Zustand   *Herstellung*
                                            Vorbehandlung

Kugeldruckhärte	N/mm^2	bei N, s	*Shore-Härte* A
Rockwellhärte			*Shore-Härte* D

Schlagversuch   *Probekörper:* (1)
                            (2)
                            Zustand   *Herstellung*
                                            Vorbehandlung

°C	°C	°C	*Probekörper-Form*

Schlagzähigkeit	kJ/m^2
Kerbschlagzähigkeit (1)	kJ/m^2
IZOD-Kerbschlagzähigkeit (2)	J/m
Kerbschlagzugzähigkeit	kJ/m^2

Abrieb und Reibung

Taber-Abrieb (Reibradverfahren)   mm³/100 U
Abriebfaktor LNP (Thrust washer) Vergleichswert
Statische Reibungszahl
Dynamische Reibungszahl   (p·v =   N/mm² ·   m/min)
Zulässiger p · v Wert   N/mm² · (m/min)   v =   m/min
                                                                        v =   m/min

Thermische Eigenschaften

Formbeständigkeit in der Wärme   Verfahren   °C
                                          Verfahren   °C
Vicat Erweichungstemperatur (VST)   Verfahren   °C
                                          Verfahren   °C
Kristallit-Schmelzpunkt   Verfahren

Längenausdehnungskoeffizient   Bereich   °C $\cdot 10^{-4} K^{-1}$
                                          Temperatur $\cdot 10^{-4} K^{-1}$
Wärmeleitfähigkeit   Verfahren   W/(K · m)

Spezifische Wärmekapazität   Verfahren   J/(K · g)

Glasumwandlungstemperatur   Torsionsschwingungsversuch   °C
                                          Differentialkalorimetrie   °C

Brandverhalten

UL-Test vertikal   Dicke   mm, Wert
                                          Dicke   mm, Wert

                    Norm   *Bewertung*   *Abmessungen*

Sauerstoff-Index ASTM D 2863
Glühstab-Verfahren
Brandverhalten   DIN 4102
MVSS
FAR

Elektrische Eigenschaften

                                          Hz   °C   *Probekörper, Form*

Dielektrizitätszahl   50
                                          10³
                                          10⁶
Dielektrischer Verlustfaktor tan δ   50
                                          10³
                                          10⁶
Spezifischer Durchgangs-
  widerstand   Ohm · cm
Durchschlagfestigkeit   kV/mm   mm dick
Oberflächenwiderstand   Ohm

Kriechstromfestigkeit   KC   KB   KA
Elektrolytische Korrosionswirkung
Lichtbogenfestigkeit nach DIN
          nach ASTM   s

Beständigkeit *(Chemische Beständigkeit siehe Anhang)*

Wasseraufnahme

Feuchtigkeitsaufnahme Normalklima   %
Wetterbeständigkeit

Spannungskorrosion

Optische Eigenschaften

Brechungszahl n_D
Transmissionsgrad τ_c   %   mm dick
Lichtdurchlässigkeit

Produkt	Lineares Polyethylen niedriger Dichte	**PE**
Handelsname	**Eraclear 11 D6**	
Hersteller	ENICHEM	
DIN-Bez 1	16776-PE,FG,20-D006	
DIN-Bez 2		

Zusätze		*Füllstoffe/ Verstärkung*	
Bevorzugte Verarbeitung	Extrudieren	*Lieferform*	Granulat
		Farben	Natur
Besondere Merkmale	Ausgezeichnete Elastizitaet; Ausgezeichnete Zaehigkeit; Gelfrei; Einreissfest	*Bevorzugte Anwendungen*	Stretchverpackung

Dichte	g/cm³	0.919	*Schmelzindex*	g/10 min	0.6: 190/2.16
Schüttdichte	g/cm³		*Volumenfließindex*	cm³/10 min	:
Viskositätszahl	ml/g				

Verarbeitungsbedingungen für Spritzgießen

Massetemp.	°C		*Schwindung*	%	lgs , quer
Werkzeugtemp.	°C		*Bemerkungen*		
Spritzdruck	bar				

Zugversuch 23 °C

Probekörper:	*Form*		*Herstellung*	
	Zustand		*Vorbehandlung*	
Streckspannung	N/mm²	*Dehnung bei Streckspannung*	%	
Zugfestigkeit	N/mm²	*Reißdehnung*	%	
Reißfestigkeit	N/mm²	% *Dehnspannung*	N/mm²	
E-Modul	N/mm²	*Dehnung bei* % *Dehnspg.*	%	

Kriechmoduln und Zeitstandwerte 23 °C

Probekörper:	*Form*		*Herstellung*	
	Zustand		*Vorbehandlung*	
Kriechmodul	1 min N/mm²	*Zeitstandzugfestigkeit*	h N/mm²	
Kriechmodul	1000 h N/mm²	*Zeitdehnspg.* %	h N/mm²	
bei Spannung	N/mm²			

Biegeversuch 23 °C

Probekörper:	*Form*		*Herstellung*	
	Zustand		*Vorbehandlung*	
Biegefestigkeit	N/mm²	*E-Modul*	N/mm²	
3,5% Biegespannung	N/mm²			

Härte 23 °C

Probekörper:	*Zustand*	*Herstellung*	
		Vorbehandlung	
Kugeldruckhärte	N/mm² bei N, s	*Shore-Härte* A	
Rockwellhärte		*Shore-Härte* D	

Schlagversuch

Probekörper:	*(1)*		
	(2)	*Herstellung*	
	Zustand	*Vorbehandlung*	
	°C °C	°C	*Probekörper-Form*

Schlagzähigkeit	kJ/m²
Kerbschlagzähigkeit (1)	kJ/m²
IZOD-Kerbschlagzähigkeit (2)	J/m
Kerbschlagzugzähigkeit	kJ/m²

Abrieb und Reibung

Taber-Abrieb (Reibradverfahren)   mm³/100 U
Abriebfaktor LNP (Thrust washer) Vergleichswert
Statische Reibungszahl
Dynamische Reibungszahl   (p · v =   N/mm² ·   m/min)
Zulässiger p · v Wert   N/mm² · (m/min)   v =   m/min
                                                                        v =   m/min

Thermische Eigenschaften

Formbeständigkeit in der Wärme   Verfahren   °C
                                          Verfahren   °C
Vicat Erweichungstemperatur (VST)   Verfahren   °C
                                          Verfahren   °C
Kristallit-Schmelzpunkt   Verfahren

Längenausdehnungskoeffizient   Bereich   °C $\cdot 10^{-4} K^{-1}$
                                          Temperatur $\cdot 10^{-4} K^{-1}$
Wärmeleitfähigkeit   Verfahren   W/(K · m)

Spezifische Wärmekapazität   Verfahren   J/(K · g)

Glasumwandlungstemperatur   Torsionsschwingungsversuch   °C
                                          Differentialkalorimetrie   °C

Brandverhalten

UL-Test vertikal   Dicke   mm, Wert
                                          Dicke   mm, Wert

	Norm	Bewertung		Abmessungen
Sauerstoff-Index	ASTM D 2863			
Glühstab-Verfahren				
Brandverhalten	DIN 4102			
MVSS				
FAR				

Elektrische Eigenschaften

	Hz	°C			Probekörper, Form
Dielektrizitätszahl	50				
	10^3				
	10^6				
Dielektrischer Verlustfaktor tan δ	50				
	10^3				
	10^6				

Spezifischer Durchgangs-
  widerstand   Ohm · cm
Durchschlagfestigkeit kV/mm   mm dick
Oberflächenwiderstand Ohm

Kriechstromfestigkeit   KC   KB   KA
Elektrolytische Korrosionswirkung
Lichtbogenfestigkeit nach DIN
              nach ASTM   s

Beständigkeit *(Chemische Beständigkeit siehe Anhang)*

Wasseraufnahme

Feuchtigkeitsaufnahme Normalklima   %
Wetterbeständigkeit

Spannungskorrosion

Optische Eigenschaften

Brechungszahl n_D
Transmissionsgrad τ_c %   mm dick
Lichtdurchlässigkeit

Datenbank-Nr.	**T06225**			Merkblatt-Nr. **3871**

				PE
Produkt	Lineares Polyethylen niedriger Dichte			
Handelsname	**Eraclear 11 P4**			
Hersteller	ENICHEM			
DIN-Bez 1	16776-PE,FG,20-D006			
DIN-Bez 2				
Zusätze		Füllstoffe/ Verstärkung		
Bevorzugte Verarbeitung	Extrudieren	Lieferform	Granulat	
		Farben	Natur	
Besondere Merkmale	Gelfrei; Hoher Schlupf; Gute optische Eigenschaften	Bevorzugte Anwendungen	Folie fuer Skinverpackung	

Dichte	g/cm^3	0.919	Schmelzindex	g/10 min	0.75:	190/2.16
Schüttdichte	g/cm^3		Volumenfließindex	cm^3/10 min	:	
Viskositätszahl	ml/g					

Verarbeitungsbedingungen für Spritzgießen

Massetemp.	°C	Schwindung	%	lgs	, quer
Werkzeugtemp.	°C	Bemerkungen			
Spritzdruck	bar				

Zugversuch 23 °C

	Probekörper:	Form		Herstellung	
		Zustand		Vorbehandlung	
Streckspannung	N/mm^2		Dehnung bei Streckspannung	%	
Zugfestigkeit	N/mm^2		Reißdehnung	%	
Reißfestigkeit	N/mm^2		% Dehnspannung	N/mm^2	
E-Modul	N/mm^2		Dehnung bei % Dehnspg.	%	

Kriechmoduln und Zeitstandwerte 23 °C

	Probekörper:	Form		Herstellung	
		Zustand		Vorbehandlung	
Kriechmodul	1 min N/mm^2		Zeitstandzugfestigkeit	h N/mm^2	
Kriechmodul	1000 h N/mm^2		Zeitdehnspg. %	h N/mm^2	
bei Spannung	N/mm^2				

Biegeversuch 23 °C

	Probekörper:	Form		Herstellung	
		Zustand		Vorbehandlung	
Biegefestigkeit	N/mm^2		E-Modul	N/mm^2	
3,5% Biegespannung	N/mm^2				

Härte 23 °C

	Probekörper:	Zustand		Herstellung	
				Vorbehandlung	
Kugeldruckhärte	N/mm^2	bei N, s		Shore-Härte A	
Rockwellhärte				Shore-Härte D	

Schlagversuch

	Probekörper:	(1)			
		(2)		Herstellung	
		Zustand		Vorbehandlung	
	°C	°C	°C		Probekörper-Form

Schlagzähigkeit	kJ/m^2
Kerbschlagzähigkeit (1)	kJ/m^2
IZOD-Kerbschlagzähigkeit (2)	J/m
Kerbschlagzugzähigkeit	kJ/m^2

Abrieb und Reibung

Taber-Abrieb (Reibradverfahren)	mm³/100 U
Abriebfaktor LNP (Thrust washer) Vergleichswert	
Statische Reibungszahl	
Dynamische Reibungszahl	(p · v = $\quad$ N/mm² · $\quad$ m/min)
Zulässiger p · v Wert	N/mm² · (m/min) v = $\quad$ m/min
	v = $\quad$ m/min

Thermische Eigenschaften

Formbeständigkeit in der Wärme	*Verfahren*		°C
	Verfahren		°C
Vicat Erweichungstemperatur (VST)	*Verfahren*		°C
	Verfahren		°C
Kristallit-Schmelzpunkt	*Verfahren*		
Längenausdehnungskoeffizient	*Bereich*	°C	$\cdot 10^{-4} \mathrm{K}^{-1}$
	Temperatur		$\cdot 10^{-4} \mathrm{K}^{-1}$
Wärmeleitfähigkeit	*Verfahren*		W/(K · m)
Spezifische Wärmekapazität	*Verfahren*		J/(K · g)
Glasumwandlungstemperatur	*Torsionsschwingungsversuch*	°C	
	Differentialkalorimetrie	°C	

Brandverhalten

UL-Test vertikal	Dicke $\quad$ mm, Wert	
	Dicke $\quad$ mm, Wert	

	Norm	*Bewertung*	*Abmessungen*
Sauerstoff-Index	ASTM D 2863		
Glühstab-Verfahren			
Brandverhalten	DIN 4102		
MVSS			
FAR			

Elektrische Eigenschaften

	Hz	°C	*Probekörper, Form*
Dielektrizitätszahl	50		
	10^3		
	10^6		
Dielektrischer Verlustfaktor tan δ	50		
	10^3		
	10^6		
Spezifischer Durchgangs-widerstand	Ohm · cm		
Durchschlagfestigkeit	kV/mm		mm dick
Oberflächenwiderstand	Ohm		
Kriechstromfestigkeit	KC	KB	KA
Elektrolytische Korrosionswirkung			
Lichtbogenfestigkeit nach DIN			
nach ASTM	s		

Beständigkeit *(Chemische Beständigkeit siehe Anhang)*

Wasseraufnahme	
Feuchtigkeitsaufnahme Normalklima	%
Wetterbeständigkeit	
Spannungskorrosion	

Optische Eigenschaften

Brechungszahl n_D		
Transmissionsgrad τ_c	%	mm dick
Lichtdurchlässigkeit		

Produkt	Lineares Polyethylen niedriger Dichte	**PE**
Handelsname	**Eraclear 11 K1**	
Hersteller	ENICHEM	
DIN-Bez 1	16776-PE,FG,20-D012	
DIN-Bez 2		

Zusätze		*Füllstoffe/ Verstärkung*	
Bevorzugte Verarbeitung	Extrudieren	*Lieferform*	Granulat
		Farben	Natur
Besondere Merkmale	Gelfrei; Kein Schlupf; Gute optische Eigenschaften; Gute Verarbeitbarkeit	*Bevorzugte Anwendungen*	Folie fuer Skinverpackung

Dichte	g/cm^3	0.920	*Schmelzindex*	g/10 min	1.4: 190/2.16
Schüttdichte	g/cm^3		*Volumenfließindex*	cm^3/10 min	:
Viskositätszahl	ml/g				

Verarbeitungsbedingungen für Spritzgießen

Massetemp.	°C		*Schwindung*	%	lgs , quer
Werkzeugtemp.	°C		*Bemerkungen*		
Spritzdruck	bar				

Zugversuch 23 °C

	Probekörper:	*Form*	*Herstellung*
		Zustand	*Vorbehandlung*
Streckspannung	N/mm^2	*Dehnung bei Streckspannung*	%
Zugfestigkeit	N/mm^2	*Reißdehnung*	%
Reißfestigkeit	N/mm^2	% *Dehnspannung*	N/mm^2
E-Modul	N/mm^2	*Dehnung bei* % *Dehnspg.*	%

Kriechmoduln und Zeitstandwerte 23 °C

	Probekörper:	*Form*	*Herstellung*
		Zustand	*Vorbehandlung*
Kriechmodul	1 min N/mm^2	*Zeitstandzugfestigkeit*	h N/mm^2
Kriechmodul	1000 h N/mm^2	*Zeitdehnspg.* %	h N/mm^2
bei Spannung	N/mm^2		

Biegeversuch 23 °C

	Probekörper:	*Form*	*Herstellung*
		Zustand	*Vorbehandlung*
Biegefestigkeit	N/mm^2	*E-Modul*	N/mm^2
3,5% Biegespannung	N/mm^2		

Härte 23 °C

	Probekörper:	*Zustand*	*Herstellung*
			Vorbehandlung
Kugeldruckhärte	N/mm^2	bei N, s	*Shore-Härte* A
Rockwellhärte			*Shore-Härte* D

Schlagversuch

Probekörper:	*(1)*	
	(2)	*Herstellung*
	Zustand	*Vorbehandlung*
°C	°C	°C *Probekörper-Form*

Schlagzähigkeit	kJ/m^2
Kerbschlagzähigkeit (1)	kJ/m^2
IZOD-Kerbschlagzähigkeit (2)	J/m
Kerbschlagzugzähigkeit	kJ/m^2

Abrieb und Reibung

Taber-Abrieb (Reibradverfahren)		mm^3/100 U	
Abriebfaktor LNP (Thrust washer) Vergleichswert			
Statische Reibungszahl			
Dynamische Reibungszahl		$(p \cdot v =$	$N/mm^2 \cdot$	m/min)
Zulässiger $p \cdot v$ Wert		$N/mm^2 \cdot$ (m/min)	$v =$	m/min
			$v =$	m/min

Thermische Eigenschaften

Formbeständigkeit in der Wärme	*Verfahren*		°C
	Verfahren		°C
Vicat Erweichungstemperatur (VST)	*Verfahren*		°C
	Verfahren		°C
Kristallit-Schmelzpunkt	*Verfahren*		
Längenausdehnungskoeffizient	*Bereich*	°C	$\cdot 10^{-4} K^{-1}$
	Temperatur		$\cdot 10^{-4} K^{-1}$
Wärmeleitfähigkeit	*Verfahren*		$W/(K \cdot m)$
Spezifische Wärmekapazität	*Verfahren*		$J/(K \cdot g)$
Glasumwandlungstemperatur	*Torsionsschwingungsversuch*		°C
	Differentialkalorimetrie		°C

Brandverhalten

UL-Test vertikal		*Dicke*	mm, Wert
		Dicke	mm, Wert

	Norm	*Bewertung*	*Abmessungen*
Sauerstoff-Index	ASTM D 2863		
Glühstab-Verfahren			
Brandverhalten	DIN 4102		
MVSS			
FAR			

Elektrische Eigenschaften

	Hz	°C	*Probekörper, Form*
Dielektrizitätszahl	50		
	10^3		
	10^6		
Dielektrischer Verlustfaktor tan δ	50		
	10^3		
	10^6		

Spezifischer Durchgangs-widerstand	Ohm $\cdot$ cm	
Durchschlagfestigkeit	kV/mm	mm dick
Oberflächenwiderstand	Ohm	

Kriechstromfestigkeit	KC	KB	KA
Elektrolytische Korrosionswirkung			
Lichtbogenfestigkeit nach DIN			
nach ASTM	s		

Beständigkeit *(Chemische Beständigkeit siehe Anhang)*

Wasseraufnahme

Feuchtigkeitsaufnahme Normalklima   %
Wetterbeständigkeit

Spannungskorrosion

Optische Eigenschaften

Brechungszahl n_D
Transmissionsgrad τ_c %   mm dick
Lichtdurchlässigkeit

Datenbank-Nr.	**T06227**	*Merkblatt-Nr.* **3873**

Produkt	Polyethylen mittlerer Dichte	**PE**

Handelsname   **Eraclear 14 B3**

Hersteller   ENICHEM

DIN-Bez 1   16776-PE,FG,35-D022
DIN-Bez 2

Zusätze		*Füllstoffe/ Verstärkung*	
Bevorzugte Verarbeitung	Extrudieren	*Lieferform*	Granulat
		Farben	Natur
Besondere Merkmale	Steif; Gute Einreissfestigkeit; Gelfrei	*Bevorzugte Anwendungen*	Flachfolie; Blasfolie; Verpackung von Papiererzeugnissen: Toilettenpapier, Papierhandtuecher, Geschenkpapier, Briefpapier

---

Dichte	g/cm^3	0.935	*Schmelzindex*	g/10 min	1.85:	190/2.16
Schüttdichte	g/cm^3		*Volumenfließindex*	cm^3/10 min	:	
Viskositätszahl	ml/g					

Verarbeitungsbedingungen für Spritzgießen

Massetemp.	°C	*Schwindung*	%	lgs	, quer
Werkzeugtemp.	°C	*Bemerkungen*			
Spritzdruck	bar				

Zugversuch 23 °C

	Probekörper:	*Form*	*Herstellung*
		Zustand	*Vorbehandlung*

Streckspannung	N/mm^2	*Dehnung bei Streckspannung*	%
Zugfestigkeit	N/mm^2	*Reißdehnung*	%
Reißfestigkeit	N/mm^2	% *Dehnspannung*	N/mm^2
E-Modul	N/mm^2	*Dehnung bei* % *Dehnspg.*	%

Kriechmoduln und Zeitstandwerte 23 °C

	Probekörper:	*Form*	*Herstellung*
		Zustand	*Vorbehandlung*

Kriechmodul	1 min N/mm^2	*Zeitstandzugfestigkeit*	h N/mm^2
Kriechmodul	1000 h N/mm^2	*Zeitdehnspg.* %	h N/mm^2
bei Spannung	N/mm^2		

Biegeversuch 23 °C

	Probekörper:	*Form*	*Herstellung*
		Zustand	*Vorbehandlung*

Biegefestigkeit	N/mm^2	*E-Modul*	N/mm^2
3,5% Biegespannung	N/mm^2		

Härte 23 °C   *Probekörper:*   *Zustand*   *Herstellung* / *Vorbehandlung*

Kugeldruckhärte	N/mm^2	bei	N, s	*Shore-Härte* A
Rockwellhärte				*Shore-Härte* D

Schlagversuch   *Probekörper:*   (1) (2) *Zustand*   *Herstellung* / *Vorbehandlung*

	°C	°C	°C	*Probekörper-Form*

Schlagzähigkeit	kJ/m^2
Kerbschlagzähigkeit (1)	kJ/m^2
IZOD-Kerbschlagzähigkeit (2)	J/m
Kerbschlagzugzähigkeit	kJ/m^2

Abrieb und Reibung

Taber-Abrieb (Reibradverfahren)　　　　　　　　mm^3/100 U
Abriebfaktor LNP (Thrust washer) Vergleichswert
Statische Reibungszahl
Dynamische Reibungszahl　　　　　　　　　　$(p \cdot v =$　　　N/mm$^2 \cdot$　　　m/min$)$
Zulässiger p · v Wert　　　　　　　　　N/mm$^2 \cdot$ (m/min)　v =　　m/min
　　　　　　　　　　　　　　　　　　　　　　　v =　　m/min

Thermische Eigenschaften

Formbeständigkeit in der Wärme　　*Verfahren*　　　　　　　　　　　°C
　　　　　　　　　　　　　　　　　Verfahren　　　　　　　　　　　°C
Vicat Erweichungstemperatur (VST)　*Verfahren*　　　　　　　　　　　°C
　　　　　　　　　　　　　　　　　Verfahren　　　　　　　　　　　°C
Kristallit-Schmelzpunkt　　　　　　*Verfahren*

Längenausdehnungskoeffizient　　　*Bereich*　　　　　°C　　　　　　$\cdot 10^{-4} K^{-1}$
　　　　　　　　　　　　　　　　　Temperatur　　　　　　　　　　　$\cdot 10^{-4} K^{-1}$
Wärmeleitfähigkeit　　　　　　　　*Verfahren*　　　　　　　　　　　W/(K · m)

Spezifische Wärmekapazität　　　　*Verfahren*　　　　　　　　　　　J/(K · g)

Glasumwandlungstemperatur　　　　*Torsionsschwingungsversuch*　　°C
　　　　　　　　　　　　　　　　　Differentialkalorimetrie　　　　°C

Brandverhalten

UL-Test vertikal　　　　　　　　　*Dicke*　　mm, *Wert*
　　　　　　　　　　　　　　　　　Dicke　　mm, *Wert*

　　　　　　　　Norm　　　　*Bewertung*　　　　　　　　　　　*Abmessungen*

Sauerstoff-Index　　ASTM D 2863
Glühstab-Verfahren
Brandverhalten　　　DIN 4102
MVSS
FAR

Elektrische Eigenschaften
　　　　　　　　　　　　　　　　Hz　　　　°C　　　　　　　　　　*Probekörper, Form*

Dielektrizitätszahl　　　　　　　　50
　　　　　　　　　　　　　　　　10^3
　　　　　　　　　　　　　　　　10^6
Dielektrischer Verlustfaktor tan δ　50
　　　　　　　　　　　　　　　　10^3
　　　　　　　　　　　　　　　　10^6
Spezifischer Durchgangs-
　widerstand　　　　　Ohm · cm
Durchschlagfestigkeit　　kV/mm　　　　　　　　　　　　　　mm dick
Oberflächenwiderstand　　Ohm

Kriechstromfestigkeit　　　　　　　KC　　　　　KB　　　　　KA
Elektrolytische Korrosionswirkung
Lichtbogenfestigkeit nach DIN
　　　　　　nach ASTM　　s

Beständigkeit *(Chemische Beständigkeit siehe Anhang)*

Wasseraufnahme

Feuchtigkeitsaufnahme Normalklima　　　　　　　　　　　　　　　　　　%
Wetterbeständigkeit

Spannungskorrosion

Optische Eigenschaften

Brechungszahl n$_D$
Transmissionsgrad τ_c　　　%　　　　　　　mm dick
Lichtdurchlässigkeit

Produkt	Polyethylen hoher Dichte	**PE**
Handelsname	**Eraclear 17 B**	
Hersteller	ENICHEM	
DIN-Bez 1	16776-PE,FG,50-D045	
DIN-Bez 2		

Zusätze		*Füllstoffe/ Verstärkung*	
Bevorzugte Verarbeitung	Extrudieren	*Lieferform*	Granulat
		Farben	Natur
Besondere Merkmale	Leicht verarbeitbar; Gelfrei	*Bevorzugte Anwendungen*	Verpackung fuer Papiererzeugnisse: Toilettenpapier, Papierhandtuecher, Geschenkpapier, Briefpapier

Dichte	g/cm³	0.951	*Schmelzindex*	g/10 min	5.5: 190/2.16
Schüttdichte	g/cm³		*Volumenfließindex*	cm³/10 min	:
Viskositätszahl	ml/g				

Verarbeitungsbedingungen für Spritzgießen

Massetemp.	°C	*Schwindung*	%	lgs , quer
Werkzeugtemp.	°C	*Bemerkungen*		
Spritzdruck	bar			

Zugversuch 23 °C

Probekörper:	*Form*	*Herstellung*
	Zustand	*Vorbehandlung*

Streckspannung	N/mm²	*Dehnung bei Streckspannung*	%
Zugfestigkeit	N/mm²	*Reißdehnung*	%
Reißfestigkeit	N/mm²	*% Dehnspannung*	N/mm²
E-Modul	N/mm²	*Dehnung bei % Dehnspg.*	%

Kriechmoduln und Zeitstandwerte 23 °C

Probekörper:	*Form*	*Herstellung*
	Zustand	*Vorbehandlung*

Kriechmodul	1 min N/mm²	*Zeitstandzugfestigkeit*	h N/mm²
Kriechmodul	1000 h N/mm²	*Zeitdehnspg. %*	h N/mm²
bei Spannung	N/mm²		

Biegeversuch 23 °C

Probekörper:	*Form*	*Herstellung*
	Zustand	*Vorbehandlung*

Biegefestigkeit	N/mm²	*E-Modul*	N/mm²
3,5% Biegespannung	N/mm²		

Härte 23 °C

Probekörper:	*Zustand*	*Herstellung*
		Vorbehandlung

Kugeldruckhärte	N/mm²	bei N, s	*Shore-Härte* A
Rockwellhärte			*Shore-Härte* D

Schlagversuch

Probekörper:	*(1)*	
	(2)	*Herstellung*
	Zustand	*Vorbehandlung*
	°C °C °C	*Probekörper-Form*

Schlagzähigkeit	kJ/m²
Kerbschlagzähigkeit (1)	kJ/m²
IZOD-Kerbschlagzähigkeit (2)	J/m
Kerbschlagzugzähigkeit	kJ/m²

Abrieb und Reibung

Taber-Abrieb (Reibradverfahren) mm³/100 U
Abriebfaktor LNP (Thrust washer) Vergleichswert
Statische Reibungszahl
Dynamische Reibungszahl (p·v =　　　N/mm² ·　　　m/min)
Zulässiger p · v Wert N/mm² · (m/min)　v =　　m/min
　　　　　　　　　　　　　　　　　　　　v =　　m/min

Thermische Eigenschaften

Formbeständigkeit in der Wärme Verfahren °C
　　　　　　　　　　　　　　　　　Verfahren °C
Vicat Erweichungstemperatur (VST) Verfahren °C
　　　　　　　　　　　　　　　　　Verfahren °C
Kristallit-Schmelzpunkt Verfahren

Längenausdehnungskoeffizient Bereich °C $\cdot 10^{-4} K^{-1}$
　　　　　　　　　　　　　　　Temperatur $\cdot 10^{-4} K^{-1}$
Wärmeleitfähigkeit Verfahren W/(K · m)

Spezifische Wärmekapazität Verfahren J/(K · g)

Glasumwandlungstemperatur Torsionsschwingungsversuch °C
　　　　　　　　　　　　　　Differentialkalorimetrie °C

Brandverhalten

UL-Test vertikal Dicke mm, Wert
　　　　　　　　　　Dicke mm, Wert

	Norm	Bewertung	Abmessungen
Sauerstoff-Index	ASTM D 2863		
Glühstab-Verfahren			
Brandverhalten	DIN 4102		
MVSS			
FAR			

Elektrische Eigenschaften

	Hz	°C	Probekörper, Form
Dielektrizitätszahl	50		
	10³		
	10⁶		
Dielektrischer Verlustfaktor tan δ	50		
	10³		
	10⁶		

Spezifischer Durchgangs-
　widerstand Ohm · cm
Durchschlagfestigkeit kV/mm mm dick
Oberflächenwiderstand Ohm

Kriechstromfestigkeit KC　　　KB　　　KA
Elektrolytische Korrosionswirkung
Lichtbogenfestigkeit nach DIN
　　　　　　　　　nach ASTM s

Beständigkeit *(Chemische Beständigkeit siehe Anhang)*

Wasseraufnahme

Feuchtigkeitsaufnahme Normalklima %
Wetterbeständigkeit

Spannungskorrosion

Optische Eigenschaften

Brechungszahl n_D
Transmissionsgrad τ_c % mm dick
Lichtdurchlässigkeit

<table>
<tr><td>Datenbank-Nr. T06229</td><td>Merkblatt-Nr. 3875</td></tr>
</table>

Produkt	Lineares Polyethylen niedriger Dichte	**PE**
Handelsname	**Eraclear 11 D1**	
Hersteller	ENICHEM	
DIN-Bez 1	16776-PE,FG,20-D006	
DIN-Bez 2		

Zusätze		*Füllstoffe/ Verstärkung*	
Bevorzugte Verarbeitung	Extrudieren	*Lieferform*	Granulat
		Farben	Natur
Besondere Merkmale	Hohe Zugfestigkeit; Hohe Einreissfestigkeit; Hohe Weiterreissfestigkeit; Hohe Zaehigkeit	*Bevorzugte Anwendungen*	Schwergutsack

Dichte	g/cm³ 0.919	*Schmelzindex*	g/10 min	0.6: 190/2.16
Schüttdichte	g/cm³	*Volumenfließindex*	cm³/10 min	:
Viskositätszahl	ml/g			

Verarbeitungsbedingungen für Spritzgießen

Massetemp.	°C	*Schwindung*	%	lgs , quer
Werkzeugtemp.	°C	*Bemerkungen*		
Spritzdruck	bar			

Zugversuch 23 °C

	Probekörper: Form	*Herstellung*	
	Zustand	*Vorbehandlung*	
Streckspannung	N/mm²	*Dehnung bei Streckspannung*	%
Zugfestigkeit	N/mm²	*Reißdehnung*	%
Reißfestigkeit	N/mm²	*% Dehnspannung*	N/mm²
E-Modul	N/mm²	*Dehnung bei % Dehnspg.*	%

Kriechmoduln und Zeitstandwerte 23 °C

	Probekörper: Form	*Herstellung*	
	Zustand	*Vorbehandlung*	
Kriechmodul	1 min N/mm²	*Zeitstandzugfestigkeit*	h N/mm²
Kriechmodul	1000 h N/mm²	*Zeitdehnspg. %*	h N/mm²
bei Spannung	N/mm²		

Biegeversuch 23 °C

	Probekörper: Form	*Herstellung*	
	Zustand	*Vorbehandlung*	
Biegefestigkeit	N/mm²	*E-Modul*	N/mm²
3,5% Biegespannung	N/mm²		

Härte 23 °C

	Probekörper: Zustand	*Herstellung*	
		Vorbehandlung	
Kugeldruckhärte	N/mm² bei N, s	*Shore-Härte* A	
Rockwellhärte		*Shore-Härte* D	

Schlagversuch

	Probekörper: (1)		
	(2)	*Herstellung*	
	Zustand	*Vorbehandlung*	
	°C °C	°C	*Probekörper-Form*

Schlagzähigkeit	kJ/m²
Kerbschlagzähigkeit (1)	kJ/m²
IZOD-Kerbschlagzähigkeit (2)	J/m
Kerbschlagzugzähigkeit	kJ/m²

Abrieb und Reibung

Taber-Abrieb (Reibradverfahren) $mm^3/100$ U
Abriebfaktor LNP (Thrust washer) Vergleichswert
Statische Reibungszahl
Dynamische Reibungszahl $(p \cdot v =$ $N/mm^2 \cdot$ m/min$)$
Zulässiger p · v Wert $N/mm^2 \cdot$ (m/min)   v =   m/min
                                                      v =   m/min

Thermische Eigenschaften

Formbeständigkeit in der Wärme   *Verfahren*   °C
                                      Verfahren   °C
Vicat Erweichungstemperatur (VST)   *Verfahren*   °C
                                      Verfahren   °C
Kristallit-Schmelzpunkt   *Verfahren*

Längenausdehnungskoeffizient   *Bereich*   °C $\cdot 10^{-4} K^{-1}$
                                      Temperatur $\cdot 10^{-4} K^{-1}$
Wärmeleitfähigkeit   *Verfahren* $W/(K \cdot m)$

Spezifische Wärmekapazität   *Verfahren* $J/(K \cdot g)$

Glasumwandlungstemperatur   *Torsionsschwingungsversuch*   °C
                                      Differentialkalorimetrie   °C

Brandverhalten

UL-Test vertikal   Dicke   mm, Wert
                                      Dicke   mm, Wert

                      Norm   *Bewertung*   *Abmessungen*

Sauerstoff-Index   ASTM D 2863
Glühstab-Verfahren
Brandverhalten   DIN 4102
MVSS
FAR

Elektrische Eigenschaften

                                      Hz   °C   *Probekörper, Form*

Dielektrizitätszahl   50
                                      10^3
                                      10^6
Dielektrischer Verlustfaktor tan δ 50
                                      10^3
                                      10^6
Spezifischer Durchgangs-
   widerstand   Ohm · cm
Durchschlagfestigkeit kV/mm   mm dick
Oberflächenwiderstand Ohm

Kriechstromfestigkeit   KC   KB   KA
Elektrolytische Korrosionswirkung
Lichtbogenfestigkeit nach DIN
              nach ASTM   s

Beständigkeit *(Chemische Beständigkeit siehe Anhang)*

Wasseraufnahme

Feuchtigkeitsaufnahme Normalklima   %
Wetterbeständigkeit

Spannungskorrosion

Optische Eigenschaften

Brechungszahl n_D
Transmissionsgrad τ_c %   mm dick
Lichtdurchlässigkeit

Datenbank-Nr.	**T06230**	Merkblatt-Nr. **3876**

		PE
Produkt	Lineares Polyethylen niedriger Dichte	
Handelsname	**Eraclear 11 D1 UV8B**	
Hersteller	ENICHEM	
DIN-Bez 1	16776-PE,FGL,20-D006	
DIN-Bez 2		

Zusätze	UV-Stabilisator	Füllstoffe/ Verstärkung	
Bevorzugte Verarbeitung	Extrudieren	Lieferform	Granulat
		Farben	Natur
Besondere Merkmale	Hohe Zugfestigkeit; Hohe Einreissfe- stigkeit; Hohe Weiterreissfestigkeit; Hohe Zaehigkeit	Bevorzugte Anwendungen	Schwergutsack

Dichte	g/cm³	0.919	Schmelzindex	g/10 min	0.6:	190/2.16
Schüttdichte	g/cm³		Volumenfließindex	cm³/10 min	:	
Viskositätszahl	ml/g					

Verarbeitungsbedingungen für Spritzgießen

Massetemp.	°C	Schwindung	%	lgs	, quer
Werkzeugtemp.	°C	Bemerkungen			
Spritzdruck	bar				

Zugversuch 23 °C

	Probekörper:	Form		Herstellung	
		Zustand		Vorbehandlung	
Streckspannung	N/mm²		Dehnung bei Streckspannung	%	
Zugfestigkeit	N/mm²		Reißdehnung	%	
Reißfestigkeit	N/mm²		% Dehnspannung	N/mm²	
E-Modul	N/mm²		Dehnung bei % Dehnspg.	%	

Kriechmoduln und Zeitstandwerte 23 °C

	Probekörper:	Form		Herstellung	
		Zustand		Vorbehandlung	
Kriechmodul	1 min N/mm²		Zeitstandzugfestigkeit	h N/mm²	
Kriechmodul	1000 h N/mm²		Zeitdehnspg. %	h N/mm²	
bei Spannung	N/mm²				

Biegeversuch 23 °C

	Probekörper:	Form		Herstellung	
		Zustand		Vorbehandlung	
Biegefestigkeit	N/mm²		E-Modul	N/mm²	
3,5% Biegespannung	N/mm²				

Härte 23 °C

	Probekörper:	Zustand	Herstellung	
			Vorbehandlung	
Kugeldruckhärte	N/mm²	bei N, s	Shore-Härte A	
Rockwellhärte			Shore-Härte D	

Schlagversuch

	Probekörper:	(1)			
		(2)		Herstellung	
		Zustand		Vorbehandlung	
		°C	°C	°C	Probekörper-Form

Schlagzähigkeit	kJ/m²
Kerbschlagzähigkeit (1)	kJ/m²
IZOD-Kerbschlagzähigkeit (2)	J/m
Kerbschlagzugzähigkeit	kJ/m²

Abrieb und Reibung

Taber-Abrieb (Reibradverfahren)   mm³/100 U
Abriebfaktor LNP (Thrust washer) Vergleichswert
Statische Reibungszahl
Dynamische Reibungszahl   (p·v =   N/mm² ·   m/min)
Zulässiger p · v Wert   N/mm² · (m/min)   v =   m/min
                                                                        v =   m/min

Thermische Eigenschaften

Formbeständigkeit in der Wärme   *Verfahren*   °C
                                        Verfahren   °C
Vicat Erweichungstemperatur (VST)   *Verfahren*   °C
                                        Verfahren   °C
Kristallit-Schmelzpunkt   *Verfahren*

Längenausdehnungskoeffizient   *Bereich*   °C $\cdot 10^{-4} K^{-1}$
                                        Temperatur $\cdot 10^{-4} K^{-1}$
Wärmeleitfähigkeit   *Verfahren*   W/(K · m)

Spezifische Wärmekapazität   *Verfahren*   J/(K · g)

Glasumwandlungstemperatur   *Torsionsschwingungsversuch*   °C
                                        Differentialkalorimetrie   °C

Brandverhalten

UL-Test vertikal   Dicke   mm, Wert
                                        Dicke   mm, Wert

	Norm	*Bewertung*	*Abmessungen*
Sauerstoff-Index	ASTM D 2863		
Glühstab-Verfahren			
Brandverhalten	DIN 4102		
MVSS			
FAR			

Elektrische Eigenschaften

	Hz	°C		*Probekörper, Form*
Dielektrizitätszahl	50			
	10³			
	10⁶			
Dielektrischer Verlustfaktor tan δ	50			
	10³			
	10⁶			

Spezifischer Durchgangs-
*   widerstand*   Ohm · cm
Durchschlagfestigkeit   kV/mm   mm dick
Oberflächenwiderstand   Ohm

Kriechstromfestigkeit   KC   KB   KA
Elektrolytische Korrosionswirkung
Lichtbogenfestigkeit nach DIN
*   nach ASTM*   s

Beständigkeit *(Chemische Beständigkeit siehe Anhang)*

Wasseraufnahme

Feuchtigkeitsaufnahme Normalklima   %
Wetterbeständigkeit

Spannungskorrosion

Optische Eigenschaften

Brechungszahl n_D
Transmissionsgrad τ_c %   mm dick
Lichtdurchlässigkeit

Produkt	Lineares Polyethylen niedriger Dichte	**PE**
Handelsname	**Eraclear 12 D1 UV8B**	
Hersteller	ENICHEM	
DIN-Bez 1	16776-PE,FGL,20-D006	
DIN-Bez 2		

Zusätze	UV-Stabilisator	*Füllstoffe/ Verstärkung*	
Bevorzugte Verarbeitung	Extrudieren	*Lieferform*	Granulat
		Farben	Natur
Besondere Merkmale	Sehr hohe Zugfestigkeit; Sehr hohe Einreissfestigkeit; Sehr hohe Weiterreissfestigkeit; Sehr hohe Zaehigkeit	*Bevorzugte Anwendungen*	Schwergutsack

---

Dichte	g/cm^3	0.922	*Schmelzindex*	g/10 min	0.6: 190/2.16
Schüttdichte	g/cm^3		*Volumenfließindex*	cm^3/10 min	:
Viskositätszahl	ml/g				

Verarbeitungsbedingungen für Spritzgießen

Massetemp.	°C		*Schwindung*	%	lgs , quer
Werkzeugtemp.	°C		*Bemerkungen*		
Spritzdruck	bar				

Zugversuch 23 °C

		Probekörper:	*Form*	*Herstellung*
			Zustand	*Vorbehandlung*

Streckspannung	N/mm^2	*Dehnung bei Streckspannung*	%	
Zugfestigkeit	N/mm^2	*Reißdehnung*	%	
Reißfestigkeit	N/mm^2	% *Dehnspannung*	N/mm^2	
E-Modul	N/mm^2	*Dehnung bei* % *Dehnspg.*	%	

Kriechmoduln und Zeitstandwerte 23 °C

		Probekörper:	*Form*	*Herstellung*
			Zustand	*Vorbehandlung*

Kriechmodul	1 min N/mm^2	*Zeitstandzugfestigkeit*	h N/mm^2	
Kriechmodul	1000 h N/mm^2	*Zeitdehnspg.* %	h N/mm^2	
bei Spannung	N/mm^2			

Biegeversuch 23 °C

		Probekörper:	*Form*	*Herstellung*
			Zustand	*Vorbehandlung*

Biegefestigkeit	N/mm^2	*E-Modul*	N/mm^2
3,5% Biegespannung	N/mm^2		

Härte 23 °C

	Probekörper:	*Zustand*	*Herstellung*
			Vorbehandlung

Kugeldruckhärte	N/mm^2 bei N, s	*Shore-Härte* A	
Rockwellhärte		*Shore-Härte* D	

Schlagversuch

	Probekörper:	*(1)*	
		(2)	*Herstellung*
		Zustand	*Vorbehandlung*

°C	°C	°C	*Probekörper-Form*

Schlagzähigkeit	kJ/m^2
Kerbschlagzähigkeit (1)	kJ/m^2
IZOD-Kerbschlagzähigkeit (2)	J/m
Kerbschlagzugzähigkeit	kJ/m^2

Abrieb und Reibung

Taber-Abrieb (Reibradverfahren) mm^3/100 U
Abriebfaktor LNP (Thrust washer) Vergleichswert
Statische Reibungszahl
Dynamische Reibungszahl (p · v = N/mm^2 · m/min)
Zulässiger p · v Wert N/mm^2 · (m/min) v = m/min
 v = m/min

Thermische Eigenschaften

Formbeständigkeit in der Wärme *Verfahren* °C
 Verfahren °C
Vicat Erweichungstemperatur (VST) *Verfahren* °C
 Verfahren °C
Kristallit-Schmelzpunkt *Verfahren*

Längenausdehnungskoeffizient *Bereich* °C $\cdot 10^{-4} K^{-1}$
 Temperatur $\cdot 10^{-4} K^{-1}$
Wärmeleitfähigkeit *Verfahren* W/(K · m)

Spezifische Wärmekapazität *Verfahren* J/(K · g)

Glasumwandlungstemperatur *Torsionsschwingungsversuch* °C
 Differentialkalorimetrie °C

Brandverhalten

UL-Test vertikal Dicke mm, Wert
 Dicke mm, Wert

 Norm *Bewertung* *Abmessungen*

Sauerstoff-Index ASTM D 2863
Glühstab-Verfahren
Brandverhalten DIN 4102
MVSS
FAR

Elektrische Eigenschaften

 Hz °C *Probekörper, Form*

Dielektrizitätszahl 50
 10^3
 10^6
Dielektrischer Verlustfaktor tan δ 50
 10^3
 10^6
Spezifischer Durchgangs-
 widerstand Ohm · cm
Durchschlagfestigkeit kV/mm mm dick
Oberflächenwiderstand Ohm
Kriechstromfestigkeit KC KB KA
Elektrolytische Korrosionswirkung
Lichtbogenfestigkeit nach DIN
 nach ASTM s

Beständigkeit *(Chemische Beständigkeit siehe Anhang)*

Wasseraufnahme

Feuchtigkeitsaufnahme Normalklima %
Wetterbeständigkeit

Spannungskorrosion

Optische Eigenschaften

Brechungszahl n$_D$
Transmissionsgrad τ_c % mm dick
Lichtdurchlässigkeit

Produkt	Lineares Polyethylen niedriger Dichte		**PE**
Handelsname	**Eraclear 11 U4**		
Hersteller	ENICHEM		
DIN-Bez 1	16776-PE,FG,20-D012		
DIN-Bez 2			
Zusätze		*Füllstoffe/ Verstärkung*	
Bevorzugte Verarbeitung	Extrudieren	*Lieferform*	Granulat
		Farben	Natur
Besondere Merkmale	Gute Zaehigkeit; Gute Verarbeitbarkeit	*Bevorzugte Anwendungen*	Tragetasche

Dichte	g/cm³	0.922	*Schmelzindex* g/10 min	1.4: 190/2.16
Schüttdichte	g/cm³		*Volumenfließindex* cm³/10 min	:
Viskositätszahl	ml/g			

Verarbeitungsbedingungen für Spritzgießen

Massetemp.	°C	*Schwindung* %	lgs , quer
Werkzeugtemp.	°C	*Bemerkungen*	
Spritzdruck	bar		

Zugversuch 23 °C

	Probekörper: Form		*Herstellung*
	Zustand		*Vorbehandlung*
Streckspannung	N/mm²	*Dehnung bei Streckspannung*	%
Zugfestigkeit	N/mm²	*Reißdehnung*	%
Reißfestigkeit	N/mm²	% *Dehnspannung*	N/mm²
E-Modul	N/mm²	*Dehnung bei* % *Dehnspg.*	%

Kriechmoduln und Zeitstandwerte 23 °C

	Probekörper: Form		*Herstellung*
	Zustand		*Vorbehandlung*
Kriechmodul	1 min N/mm²	*Zeitstandzugfestigkeit*	h N/mm²
Kriechmodul	1000 h N/mm²	*Zeitdehnspg.* %	h N/mm²
bei Spannung	N/mm²		

Biegeversuch 23 °C

	Probekörper: Form		*Herstellung*
	Zustand		*Vorbehandlung*
Biegefestigkeit	N/mm²	*E-Modul*	N/mm²
3,5% Biegespannung	N/mm²		

Härte 23 °C

	Probekörper: Zustand		*Herstellung*
			Vorbehandlung
Kugeldruckhärte	N/mm² bei N, s	*Shore-Härte* A	
Rockwellhärte		*Shore-Härte* D	

Schlagversuch

	Probekörper: (1)		
	(2)		*Herstellung*
	Zustand		*Vorbehandlung*
	°C °C °C		*Probekörper-Form*

Schlagzähigkeit	kJ/m²
Kerbschlagzähigkeit (1)	kJ/m²
IZOD-Kerbschlagzähigkeit (2)	J/m
Kerbschlagzugzähigkeit	kJ/m²

Abrieb und Reibung

Taber-Abrieb (Reibradverfahren)   mm³/100 U
Abriebfaktor LNP (Thrust washer) Vergleichswert
Statische Reibungszahl
Dynamische Reibungszahl $(p \cdot v =$ $N/mm^2 \cdot$ m/min)
Zulässiger $p \cdot v$ Wert $N/mm^2 \cdot$ (m/min) $v =$ m/min
                                                                              $v =$ m/min

Thermische Eigenschaften

Formbeständigkeit in der Wärme   Verfahren   °C
                                        Verfahren   °C
Vicat Erweichungstemperatur (VST)   Verfahren   °C
                                        Verfahren   °C
Kristallit-Schmelzpunkt   Verfahren

Längenausdehnungskoeffizient   Bereich   °C $\cdot 10^{-4} K^{-1}$
                                        Temperatur $\cdot 10^{-4} K^{-1}$
Wärmeleitfähigkeit   Verfahren $W/(K \cdot m)$

Spezifische Wärmekapazität   Verfahren $J/(K \cdot g)$

Glasumwandlungstemperatur   Torsionsschwingungsversuch   °C
                                        Differentialkalorimetrie   °C

Brandverhalten

UL-Test vertikal   Dicke   mm, Wert
                                        Dicke   mm, Wert

	Norm	Bewertung	Abmessungen
Sauerstoff-Index	ASTM D 2863		
Glühstab-Verfahren			
Brandverhalten	DIN 4102		
MVSS			
FAR			

Elektrische Eigenschaften

	Hz	°C	Probekörper, Form
Dielektrizitätszahl	50		
	10^3		
	10^6		
Dielektrischer Verlustfaktor $\tan \delta$	50		
	10^3		
	10^6		

Spezifischer Durchgangs-
  widerstand   Ohm · cm
Durchschlagfestigkeit   kV/mm   mm dick
Oberflächenwiderstand   Ohm

Kriechstromfestigkeit   KC   KB   KA
Elektrolytische Korrosionswirkung
Lichtbogenfestigkeit nach DIN
              nach ASTM   s

Beständigkeit (Chemische Beständigkeit siehe Anhang)

Wasseraufnahme

Feuchtigkeitsaufnahme Normalklima   %
Wetterbeständigkeit

Spannungskorrosion

Optische Eigenschaften

Brechungszahl n_D
Transmissionsgrad τ_c %   mm dick
Lichtdurchlässigkeit

PE

Produkt	Lineares Polyethylen niedriger Dichte
Handelsname	**Eraclear 12 J1**
Hersteller	ENICHEM
DIN-Bez 1	16776-PE,FG,25-D012
DIN-Bez 2	
Zusätze	

		Füllstoffe/ Verstärkung	
Bevorzugte Verarbeitung	Extrudieren	*Lieferform*	Granulat
		Farben	Natur
Besondere Merkmale	Sehr gute Zaehigkeit; Sehr hohe Zug-festigkeit; Sehr hohe Weiterreissfestig-keit; Hohe Steifigkeit	*Bevorzugte Anwendungen*	Tragetasche

---

			Schmelzindex	g/10 min	1.0:	190/2.16
Dichte	g/cm³	0.923	*Volumenfließindex*	cm³/10 min	:	
Schüttdichte	g/cm³					
Viskositätszahl	ml/g					

Verarbeitungsbedingungen für Spritzgießen

Massetemp.	°C		*Schwindung*	%	lgs , quer
Werkzeugtemp.	°C		*Bemerkungen*		
Spritzdruck	bar				

Zugversuch 23 °C

	Probekörper:	Form	*Herstellung*	
		Zustand	*Vorbehandlung*	

Streckspannung	N/mm²	*Dehnung bei Streckspannung*	%	
Zugfestigkeit	N/mm²	*Reißdehnung*	%	
Reißfestigkeit	N/mm²	% *Dehnspannung*	N/mm²	
E-Modul	N/mm²	*Dehnung bei* % *Dehnspg.*	%	

Kriechmoduln und Zeitstandwerte 23 °C

	Probekörper:	Form	*Herstellung*	
		Zustand	*Vorbehandlung*	

Kriechmodul	1 min N/mm²	*Zeitstandzugfestigkeit*	h N/mm²	
Kriechmodul	1000 h N/mm²	*Zeitdehnspg.* %	h N/mm²	
bei Spannung	N/mm²			

Biegeversuch 23 °C

	Probekörper:	Form	*Herstellung*	
		Zustand	*Vorbehandlung*	

Biegefestigkeit	N/mm²	*E-Modul*	N/mm²	
3,5% Biegespannung	N/mm²			

Härte 23 °C

	Probekörper:	Zustand	*Herstellung*	
			Vorbehandlung	

Kugeldruckhärte	N/mm²	bei N, s	*Shore-Härte* A	
Rockwellhärte			*Shore-Härte* D	

Schlagversuch

	Probekörper:	(1)		
		(2)	*Herstellung*	
		Zustand	*Vorbehandlung*	

°C	°C	°C	*Probekörper-Form*

Schlagzähigkeit	kJ/m²	
Kerbschlagzähigkeit (1)	kJ/m²	
IZOD-Kerbschlagzähigkeit (2)	J/m	
Kerbschlagzugzähigkeit	kJ/m²	

Abrieb und Reibung

Taber-Abrieb (Reibradverfahren)　　　　　　　　　　mm³/100 U
Abriebfaktor LNP (Thrust washer) Vergleichswert
Statische Reibungszahl
Dynamische Reibungszahl　　　　　　　　　　　　$(p \cdot v =$　　　　$N/mm^2 \cdot$　　　　m/min)
Zulässiger p · v Wert　　　　　　　　　　　　　　$N/mm^2 \cdot$ (m/min)　$v =$　　　m/min
　　　　　　　　　　　　　　　　　　　　　　　　　　　　　　　　　　$v =$　　　m/min

Thermische Eigenschaften

Formbeständigkeit in der Wärme　　　*Verfahren*　　　　　　　　　　　　　　　　°C
　　　　　　　　　　　　　　　　　　　　　Verfahren　　　　　　　　　　　　　　　　°C
Vicat Erweichungstemperatur (VST)　*Verfahren*　　　　　　　　　　　　　　　　°C
　　　　　　　　　　　　　　　　　　　　　Verfahren　　　　　　　　　　　　　　　　°C
Kristallit-Schmelzpunkt　　　　　　　　*Verfahren*

Längenausdehnungskoeffizient　　　　*Bereich*　　　　　°C　　　　　　　$\cdot 10^{-4} K^{-1}$
　　　　　　　　　　　　　　　　　　　　　Temperatur　　　　　　　　　　　　$\cdot 10^{-4} K^{-1}$
Wärmeleitfähigkeit　　　　　　　　　　　*Verfahren*　　　　　　　　　　　　　W/(K · m)

Spezifische Wärmekapazität　　　　　　*Verfahren*　　　　　　　　　　　　　J/(K · g)

Glasumwandlungstemperatur　　　　　　*Torsionsschwingungsversuch*　　　°C
　　　　　　　　　　　　　　　　　　　　　Differentialkalorimetrie　　　　　　°C

Brandverhalten

UL-Test vertikal　　　　　　　　　　　*Dicke*　　mm, *Wert*
　　　　　　　　　　　　　　　　　　　　Dicke　　mm, *Wert*

　　　　　　　　Norm　　　　　　*Bewertung*　　　　　　　　　　　　　*Abmessungen*

Sauerstoff-Index　　ASTM D 2863
Glühstab-Verfahren
Brandverhalten　　　DIN 4102
MVSS
FAR

Elektrische Eigenschaften

　　　　　　　　　　　　　　　　　Hz　　　　°C　　　　　　　　　　　*Probekörper, Form*

Dielektrizitätszahl　　　　　　　50
　　　　　　　　　　　　　　　　　10^3
　　　　　　　　　　　　　　　　　10^6
Dielektrischer Verlustfaktor $\tan \delta$　50
　　　　　　　　　　　　　　　　　10^3
　　　　　　　　　　　　　　　　　10^6

Spezifischer Durchgangs-
　　widerstand　　　　Ohm · cm
Durchschlagfestigkeit　　kV/mm　　　　　　　　　　　　　　　　mm dick
Oberflächenwiderstand　　Ohm

Kriechstromfestigkeit　　　　　KC　　　　　KB　　　　　KA
Elektrolytische Korrosionswirkung
Lichtbogenfestigkeit nach DIN
　　　　　　nach ASTM　　s

Beständigkeit *(Chemische Beständigkeit siehe Anhang)*

Wasseraufnahme

Feuchtigkeitsaufnahme Normalklima　　　　　　　　　　　　　　　　　　　%
Wetterbeständigkeit

Spannungskorrosion

Optische Eigenschaften

Brechungszahl n_D
Transmissionsgrad τ_c　　%　　　　　　　　　　mm dick
Lichtdurchlässigkeit

PE

Produkt	Lineares Polyethylen niedriger Dichte
Handelsname	**Eraclear 13 J4**
Hersteller	ENICHEM
DIN-Bez 1	16776-PE,FG,25-D012
DIN-Bez 2	

Zusätze		*Füllstoffe/ Verstärkung*	
Bevorzugte Verarbeitung	Extrudieren	*Lieferform*	Granulat
		Farben	Natur
Besondere Merkmale	Sehr gute Ausgeglichenheit zwischen Steifigkeit und Zaehigkeit	*Bevorzugte Anwendungen*	Tragetasche

Dichte	g/cm³	0.927	*Schmelzindex*	g/10 min	1.0: 190/2.16
Schüttdichte	g/cm³		*Volumenfließindex*	cm³/10 min	:
Viskositätszahl	ml/g				

Verarbeitungsbedingungen für Spritzgießen

Massetemp.	°C		*Schwindung*	%	lgs , quer
Werkzeugtemp.	°C		*Bemerkungen*		
Spritzdruck	bar				

Zugversuch 23 °C

	Probekörper:	*Form*	*Herstellung*
		Zustand	*Vorbehandlung*

Streckspannung	N/mm²	*Dehnung bei Streckspannung*	%
Zugfestigkeit	N/mm²	*Reißdehnung*	%
Reißfestigkeit	N/mm²	% *Dehnspannung*	N/mm²
E-Modul	N/mm²	*Dehnung bei* % *Dehnspg.*	%

Kriechmoduln und Zeitstandwerte 23 °C

	Probekörper:	*Form*	*Herstellung*
		Zustand	*Vorbehandlung*

Kriechmodul	1 min N/mm²	*Zeitstandzugfestigkeit*	h N/mm²
Kriechmodul	1000 h N/mm²	*Zeitdehnspg.* %	h N/mm²
bei Spannung	N/mm²		

Biegeversuch 23 °C

	Probekörper:	*Form*	*Herstellung*
		Zustand	*Vorbehandlung*

Biegefestigkeit	N/mm²	*E-Modul*	N/mm²
3,5% Biegespannung	N/mm²		

Härte 23 °C

	Probekörper:	*Zustand*	*Herstellung*
			Vorbehandlung

Kugeldruckhärte	N/mm²	bei N, s	*Shore-Härte* A
Rockwellhärte			*Shore-Härte* D

Schlagversuch

	Probekörper:	*(1)*	
		(2)	*Herstellung*
		Zustand	*Vorbehandlung*

°C	°C	°C	*Probekörper-Form*

Schlagzähigkeit	kJ/m²
Kerbschlagzähigkeit (1)	kJ/m²
IZOD-Kerbschlagzähigkeit (2)	J/m
Kerbschlagzugzähigkeit	kJ/m²

Abrieb und Reibung

Taber-Abrieb (Reibradverfahren) mm^3/100 U
Abriebfaktor LNP (Thrust washer) Vergleichswert
Statische Reibungszahl
Dynamische Reibungszahl (p · v = N/mm^2 · m/min)
Zulässiger p · v Wert N/mm^2 · (m/min) v = m/min
  v = m/min

Thermische Eigenschaften

Formbeständigkeit in der Wärme Verfahren °C
  Verfahren °C
Vicat Erweichungstemperatur (VST) Verfahren °C
  Verfahren °C
Kristallit-Schmelzpunkt Verfahren

Längenausdehnungskoeffizient Bereich °C · 10^{-4}K^{-1}
  Temperatur · 10^{-4}K^{-1}
Wärmeleitfähigkeit Verfahren W/(K · m)

Spezifische Wärmekapazität Verfahren J/(K · g)

Glasumwandlungstemperatur Torsionsschwingungsversuch °C
  Differentialkalorimetrie °C

Brandverhalten

UL-Test vertikal Dicke mm, Wert
  Dicke mm, Wert

	Norm	*Bewertung*	*Abmessungen*
Sauerstoff-Index	ASTM D 2863		
Glühstab-Verfahren			
Brandverhalten	DIN 4102		
MVSS			
FAR			

Elektrische Eigenschaften

	Hz	°C	*Probekörper, Form*
Dielektrizitätszahl	50		
	10^3		
	10^6		
Dielektrischer Verlustfaktor tan δ	50		
	10^3		
	10^6		

Spezifischer Durchgangs-
* widerstand* Ohm · cm
Durchschlagfestigkeit kV/mm mm dick
Oberflächenwiderstand Ohm

Kriechstromfestigkeit KC KB KA
Elektrolytische Korrosionswirkung
Lichtbogenfestigkeit nach DIN
* nach ASTM* s

Beständigkeit *(Chemische Beständigkeit siehe Anhang)*

Wasseraufnahme

Feuchtigkeitsaufnahme Normalklima %
Wetterbeständigkeit

Spannungskorrosion

Optische Eigenschaften

Brechungszahl n$_D$
Transmissionsgrad τ_c % mm dick
Lichtdurchlässigkeit

Produkt	Polyethylen mittlerer Dichte	**PE**
Handelsname	**Eraclear 14 A**	
Hersteller	ENICHEM	
DIN-Bez 1	16776-PE,FG,35-D003	
DIN-Bez 2		

Zusätze		*Füllstoffe/ Verstärkung*	
Bevorzugte Verarbeitung	Extrudieren	*Lieferform*	Granulat
		Farben	Natur
Besondere Merkmale	Sehr gute Zaehigkeit; Sehr hohe Zug-festigkeit; Sehr hohe Weiterreissfestig-keit; Hohe Steifigkeit	*Bevorzugte Anwendungen*	Tragetasche

---

Dichte	g/cm^3	0.935	*Schmelzindex*	g/10 min	0.28 :	190/2.16
Schüttdichte	g/cm^3		*Volumenfließindex*	cm^3/10 min	:	
Viskositätszahl	ml/g					

Verarbeitungsbedingungen für Spritzgießen

Massetemp.	°C		*Schwindung*	%	lgs	, quer
Werkzeugtemp.	°C		*Bemerkungen*			
Spritzdruck	bar					

Zugversuch 23 °C

	Probekörper:	*Form*	*Herstellung*
		Zustand	*Vorbehandlung*

Streckspannung	N/mm^2	*Dehnung bei Streckspannung*	%
Zugfestigkeit	N/mm^2	*Reißdehnung*	%
Reißfestigkeit	N/mm^2	% *Dehnspannung*	N/mm^2
E-Modul	N/mm^2	*Dehnung bei* % *Dehnspg.*	%

Kriechmoduln und Zeitstandwerte 23 °C

	Probekörper:	*Form*	*Herstellung*
		Zustand	*Vorbehandlung*

Kriechmodul	1 min N/mm^2	*Zeitstandzugfestigkeit*	h N/mm^2
Kriechmodul	1000 h N/mm^2	*Zeitdehnspg.* %	h N/mm^2
bei Spannung	N/mm^2		

Biegeversuch 23 °C

	Probekörper:	*Form*	*Herstellung*
		Zustand	*Vorbehandlung*

Biegefestigkeit	N/mm^2	*E-Modul*	N/mm^2
3,5% Biegespannung	N/mm^2		

Härte 23 °C

	Probekörper:	*Zustand*	*Herstellung*
			Vorbehandlung

Kugeldruckhärte	N/mm^2	bei	N, s	*Shore-Härte* A
Rockwellhärte				*Shore-Härte* D

Schlagversuch

	Probekörper:	(1)	
		(2)	*Herstellung*
		Zustand	*Vorbehandlung*

°C	°C	°C	*Probekörper-Form*

Schlagzähigkeit	kJ/m^2
Kerbschlagzähigkeit (1)	kJ/m^2
IZOD-Kerbschlagzähigkeit (2)	J/m
Kerbschlagzugzähigkeit	kJ/m^2

Abrieb und Reibung

Taber-Abrieb (Reibradverfahren)	mm³/100 U	
Abriebfaktor LNP (Thrust washer) Vergleichswert		
Statische Reibungszahl		
Dynamische Reibungszahl	$(p \cdot v =$	$N/mm^2 \cdot$	m/min)
Zulässiger p · v Wert	$N/mm^2 \cdot$ (m/min)	v =	m/min
		v =	m/min

Thermische Eigenschaften

Formbeständigkeit in der Wärme	*Verfahren*		°C
	Verfahren		°C
Vicat Erweichungstemperatur (VST)	*Verfahren*		°C
	Verfahren		°C
Kristallit-Schmelzpunkt	*Verfahren*		
Längenausdehnungskoeffizient	*Bereich*	°C	$\cdot 10^{-4} K^{-1}$
	Temperatur		$\cdot 10^{-4} K^{-1}$
Wärmeleitfähigkeit	*Verfahren*		$W/(K \cdot m)$
Spezifische Wärmekapazität	*Verfahren*		$J/(K \cdot g)$
Glasumwandlungstemperatur	*Torsionsschwingungsversuch*	°C	
	Differentialkalorimetrie	°C	

Brandverhalten

UL-Test vertikal   Dicke   mm, Wert
Dicke   mm, Wert

	Norm	Bewertung	Abmessungen
Sauerstoff-Index	ASTM D 2863		
Glühstab-Verfahren			
Brandverhalten	DIN 4102		
MVSS			
FAR			

Elektrische Eigenschaften

	Hz	°C	Probekörper, Form
Dielektrizitätszahl	50		
	10^3		
	10^6		
Dielektrischer Verlustfaktor tan δ	50		
	10^3		
	10^6		

Spezifischer Durchgangs-widerstand	Ohm · cm		
Durchschlagfestigkeit	kV/mm		mm dick
Oberflächenwiderstand	Ohm		
Kriechstromfestigkeit	KC	KB	KA
Elektrolytische Korrosionswirkung			
Lichtbogenfestigkeit nach DIN			
nach ASTM	s		

Beständigkeit *(Chemische Beständigkeit siehe Anhang)*

Wasseraufnahme

Feuchtigkeitsaufnahme Normalklima   %
Wetterbeständigkeit

Spannungskorrosion

Optische Eigenschaften

Brechungszahl n_D
Transmissionsgrad τ_c %   mm dick
Lichtdurchlässigkeit

Produkt	Polyethylen hoher Dichte		**PE**
Handelsname	**Eraclear 16 A**		
Hersteller	ENICHEM		
DIN-Bez 1	16776-PE,FG,45-D003		
DIN-Bez 2			

Zusätze		*Füllstoffe/ Verstärkung*	
Bevorzugte Verarbeitung	Extrudieren	*Lieferform*	Granulat
		Farben	Natur
Besondere Merkmale	Sehr gute Zaehigkeit; Sehr hohe Zugfestigkeit; Sehr hohe Weiterreissfestigkeit; Sehr hohe Steifigkeit	*Bevorzugte Anwendungen*	Tragetasche

---

Dichte	g/cm³ 0.945	*Schmelzindex*	g/10 min 0.28: 190/2.16
Schüttdichte	g/cm³	*Volumenfließindex*	cm³/10 min :
Viskositätszahl	ml/g		

Verarbeitungsbedingungen für Spritzgießen

Massetemp.	°C	*Schwindung*	% lgs , quer
Werkzeugtemp.	°C	*Bemerkungen*	
Spritzdruck	bar		

Zugversuch 23 °C

	Probekörper: Form	*Herstellung*	
	Zustand	*Vorbehandlung*	
Streckspannung	N/mm²	*Dehnung bei Streckspannung*	%
Zugfestigkeit	N/mm²	*Reißdehnung*	%
Reißfestigkeit	N/mm²	% *Dehnspannung*	N/mm²
E-Modul	N/mm²	*Dehnung bei* % *Dehnspg.*	%

Kriechmoduln und Zeitstandwerte 23 °C

	Probekörper: Form	*Herstellung*	
	Zustand	*Vorbehandlung*	
Kriechmodul	1 min N/mm²	*Zeitstandzugfestigkeit*	h N/mm²
Kriechmodul	1000 h N/mm²	*Zeitdehnspg.* %	h N/mm²
bei Spannung	N/mm²		

Biegeversuch 23 °C

	Probekörper: Form	*Herstellung*	
	Zustand	*Vorbehandlung*	
Biegefestigkeit	N/mm²	*E-Modul*	N/mm²
3,5% Biegespannung	N/mm²		

Härte 23 °C

	Probekörper: Zustand	*Herstellung*	
		Vorbehandlung	
Kugeldruckhärte	N/mm² bei N, s	*Shore-Härte* A	
Rockwellhärte		*Shore-Härte* D	

Schlagversuch

	Probekörper: (1)		
	(2)	*Herstellung*	
	Zustand	*Vorbehandlung*	
	°C °C	°C	*Probekörper-Form*

Schlagzähigkeit	kJ/m²
Kerbschlagzähigkeit (1)	kJ/m²
IZOD-Kerbschlagzähigkeit (2)	J/m
Kerbschlagzugzähigkeit	kJ/m²

Abrieb und Reibung

Taber-Abrieb (Reibradverfahren)	mm³/100 U
Abriebfaktor LNP (Thrust washer) Vergleichswert	
Statische Reibungszahl	
Dynamische Reibungszahl	(p · v = N/mm² · m/min)
Zulässiger p · v Wert	N/mm² · (m/min) v = m/min
	v = m/min

Thermische Eigenschaften

Formbeständigkeit in der Wärme	*Verfahren*		°C
	Verfahren		°C
Vicat Erweichungstemperatur (VST)	*Verfahren*		°C
	Verfahren		°C
Kristallit-Schmelzpunkt	*Verfahren*		
Längenausdehnungskoeffizient	*Bereich*	°C	$\cdot 10^{-4} K^{-1}$
	Temperatur		$\cdot 10^{-4} K^{-1}$
Wärmeleitfähigkeit	*Verfahren*		W/(K · m)
Spezifische Wärmekapazität	*Verfahren*		J/(K · g)
Glasumwandlungstemperatur	*Torsionsschwingungsversuch*	°C	
	Differentialkalorimetrie	°C	

Brandverhalten

UL-Test vertikal   Dicke   mm, Wert
                          Dicke   mm, Wert

	Norm	*Bewertung*	*Abmessungen*
Sauerstoff-Index	ASTM D 2863		
Glühstab-Verfahren			
Brandverhalten	DIN 4102		
MVSS			
FAR			

Elektrische Eigenschaften

	Hz	°C	*Probekörper, Form*
Dielektrizitätszahl	50		
	10^3		
	10^6		
Dielektrischer Verlustfaktor tan δ	50		
	10^3		
	10^6		
Spezifischer Durchgangs-			
widerstand	Ohm · cm		
Durchschlagfestigkeit	kV/mm		mm dick
Oberflächenwiderstand	Ohm		
Kriechstromfestigkeit	KC	KB	KA
Elektrolytische Korrosionswirkung			
Lichtbogenfestigkeit nach DIN			
nach ASTM	s		

Beständigkeit *(Chemische Beständigkeit siehe Anhang)*

Wasseraufnahme

Feuchtigkeitsaufnahme Normalklima   %
Wetterbeständigkeit

Spannungskorrosion

Optische Eigenschaften

Brechungszahl n_D
Transmissionsgrad τ_c %   mm dick
Lichtdurchlässigkeit

		PE
Produkt	Lineares Polyethylen niedriger Dichte	
Handelsname	**Eraclear 11 L4**	
Hersteller	ENICHEM	
DIN-Bez 1	16776-PE,FG,20-D006	
DIN-Bez 2		

Zusätze		*Füllstoffe/ Verstärkung*	
Bevorzugte Verarbeitung	Extrudieren	*Lieferform*	Granulat
		Farben	Natur
Besondere Merkmale	Sehr gute Zaehigkeit; Sehr gute Siegel-faehigkeit	*Bevorzugte Anwendungen*	Folie fuer die Verpackung von Milch, Shampoo und andere Fluessigkeiten

---

Dichte	g/cm^3	0.919	*Schmelzindex*	g/10 min	0.75:	190/2.16
Schüttdichte	g/cm^3		*Volumenfließindex*	cm^3/10 min	:	
Viskositätszahl	ml/g					

Verarbeitungsbedingungen für Spritzgießen

Massetemp.	°C	*Schwindung*	%	lgs	, quer
Werkzeugtemp.	°C	*Bemerkungen*			
Spritzdruck	bar				

Zugversuch 23 °C

	Probekörper:	Form		*Herstellung*	
		Zustand		*Vorbehandlung*	
Streckspannung	N/mm^2		*Dehnung bei Streckspannung*	%	
Zugfestigkeit	N/mm^2		*Reißdehnung*	%	
Reißfestigkeit	N/mm^2		% *Dehnspannung*	N/mm^2	
E-Modul	N/mm^2		*Dehnung bei* % *Dehnspg.*	%	

Kriechmoduln und Zeitstandwerte 23 °C

	Probekörper:	Form		*Herstellung*	
		Zustand		*Vorbehandlung*	
Kriechmodul	1 min N/mm^2		*Zeitstandzugfestigkeit*	h N/mm^2	
Kriechmodul	1000 h N/mm^2		*Zeitdehnspg.* %	h N/mm^2	
bei Spannung	N/mm^2				

Biegeversuch 23 °C

	Probekörper:	Form		*Herstellung*	
		Zustand		*Vorbehandlung*	
Biegefestigkeit	N/mm^2		*E-Modul*	N/mm^2	
3,5% Biegespannung	N/mm^2				

Härte 23 °C

	Probekörper:	Zustand		*Herstellung*	
				Vorbehandlung	
Kugeldruckhärte	N/mm^2	bei N, s	*Shore-Härte* A	
Rockwellhärte			*Shore-Härte* D	

Schlagversuch

	Probekörper:	(1)			
		(2)		*Herstellung*	
		Zustand		*Vorbehandlung*	
	°C	°C	°C	*Probekörper-Form*	

Schlagzähigkeit	kJ/m^2
Kerbschlagzähigkeit (1)	kJ/m^2
IZOD-Kerbschlagzähigkeit (2)	J/m
Kerbschlagzugzähigkeit	kJ/m^2

Abrieb und Reibung

Taber-Abrieb (Reibradverfahren)   mm³/100 U
Abriebfaktor LNP (Thrust washer) Vergleichswert
Statische Reibungszahl
Dynamische Reibungszahl $(p \cdot v =$ $N/mm^2 \cdot$ m/min)
Zulässiger p · v Wert $N/mm^2 \cdot$ (m/min)   v =   m/min
                        v =   m/min

Thermische Eigenschaften

Formbeständigkeit in der Wärme   *Verfahren*   °C
                                  Verfahren   °C
Vicat Erweichungstemperatur (VST)   *Verfahren*   °C
                                  Verfahren   °C
Kristallit-Schmelzpunkt   *Verfahren*

Längenausdehnungskoeffizient   *Bereich*   °C $\cdot 10^{-4} K^{-1}$
                                Temperatur $\cdot 10^{-4} K^{-1}$
Wärmeleitfähigkeit   *Verfahren* $W/(K \cdot m)$

Spezifische Wärmekapazität   *Verfahren* $J/(K \cdot g)$

Glasumwandlungstemperatur   *Torsionsschwingungsversuch*   °C
                             Differentialkalorimetrie   °C

Brandverhalten

UL-Test vertikal   *Dicke*   mm, *Wert*
                Dicke   mm, *Wert*

	Norm	*Bewertung*	*Abmessungen*
Sauerstoff-Index	ASTM D 2863		
Glühstab-Verfahren			
Brandverhalten	DIN 4102		
MVSS			
FAR			

Elektrische Eigenschaften

                         Hz   °C   *Probekörper, Form*

Dielektrizitätszahl   50
                       10^3
                       10^6
Dielektrischer Verlustfaktor $\tan\delta$ 50
                       10^3
                       10^6
Spezifischer Durchgangs-
   widerstand $Ohm \cdot cm$
Durchschlagfestigkeit   kV/mm   mm dick
Oberflächenwiderstand   Ohm
Kriechstromfestigkeit   KC   KB   KA
Elektrolytische Korrosionswirkung
Lichtbogenfestigkeit nach DIN
            nach ASTM   s

Beständigkeit *(Chemische Beständigkeit siehe Anhang)*

Wasseraufnahme

Feuchtigkeitsaufnahme Normalklima   %
Wetterbeständigkeit

Spannungskorrosion

Optische Eigenschaften

Brechungszahl n_D
Transmissionsgrad τ_c %   mm dick
Lichtdurchlässigkeit

Datenbank-Nr.	**T06238**	*Merkblatt-Nr.* **3884**

Produkt	Lineares Polyethylen niedriger Dichte	**PE**
Handelsname	**Eraclear 11 P4**	
Hersteller	ENICHEM	
DIN-Bez 1	16776-PE,FG,20-D006	
DIN-Bez 2		

Zusätze		*Füllstoffe/ Verstärkung*	
Bevorzugte Verarbeitung	Extrudieren	*Lieferform*	Granulat
		Farben	Natur
Besondere Merkmale	Gute optische Eigenschaften; Bestaendig gegen bestimmte Produktbeanspruchungen	*Bevorzugte Anwendungen*	Folie fuer die Verpackung von Milch, Shampoo und andere Fluessigkeiten

Dichte	g/cm^3	0.919	*Schmelzindex*	g/10 min	0.75:	190/2.16
Schüttdichte	g/cm^3		*Volumenfließindex*	cm^3/10 min	:	
Viskositätszahl	ml/g					

Verarbeitungsbedingungen für Spritzgießen

Massetemp.	°C		*Schwindung*	%	lgs	, quer
Werkzeugtemp.	°C		*Bemerkungen*			
Spritzdruck	bar					

Zugversuch 23 °C

	Probekörper:	*Form*		*Herstellung*
		Zustand		*Vorbehandlung*

Streckspannung	N/mm^2	*Dehnung bei Streckspannung*	%
Zugfestigkeit	N/mm^2	*Reißdehnung*	%
Reißfestigkeit	N/mm^2	% *Dehnspannung*	N/mm^2
E-Modul	N/mm^2	*Dehnung bei* % *Dehnspg.*	%

Kriechmoduln und Zeitstandwerte 23 °C

	Probekörper:	*Form*		*Herstellung*
		Zustand		*Vorbehandlung*

Kriechmodul	1 min N/mm^2	*Zeitstandzugfestigkeit*	h N/mm^2
Kriechmodul	1000 h N/mm^2	*Zeitdehnspg.* %	h N/mm^2
bei Spannung	N/mm^2		

Biegeversuch 23 °C

	Probekörper:	*Form*		*Herstellung*
		Zustand		*Vorbehandlung*

Biegefestigkeit	N/mm^2	*E-Modul*	N/mm^2
3,5% Biegespannung	N/mm^2		

Härte 23 °C

	Probekörper:	*Zustand*		*Herstellung*
				Vorbehandlung

Kugeldruckhärte	N/mm^2	bei N, s	*Shore-Härte* A
Rockwellhärte			*Shore-Härte* D

Schlagversuch

	Probekörper:	*(1)*		
		(2)		*Herstellung*
		Zustand		*Vorbehandlung*
		°C	°C	°C	*Probekörper-Form*

Schlagzähigkeit	kJ/m^2
Kerbschlagzähigkeit (1)	kJ/m^2
IZOD-Kerbschlagzähigkeit (2)	J/m
Kerbschlagzugzähigkeit	kJ/m^2

Abrieb und Reibung

Taber-Abrieb (Reibradverfahren)	mm^3/100 U
Abriebfaktor LNP (Thrust washer) Vergleichswert	
Statische Reibungszahl	
Dynamische Reibungszahl	$(p \cdot v =$ N/mm$^2 \cdot$ m/min$)$
Zulässiger p $\cdot$ v Wert	N/mm$^2 \cdot$ (m/min) v = m/min
	v = m/min

Thermische Eigenschaften

Formbeständigkeit in der Wärme	*Verfahren*	°C
	Verfahren	°C
Vicat Erweichungstemperatur (VST)	*Verfahren*	°C
	Verfahren	°C
Kristallit-Schmelzpunkt	*Verfahren*	
Längenausdehnungskoeffizient	*Bereich* °C	$\cdot 10^{-4}$K^{-1}
	Temperatur	$\cdot 10^{-4}$K^{-1}
Wärmeleitfähigkeit	*Verfahren*	W/(K $\cdot$ m)
Spezifische Wärmekapazität	*Verfahren*	J/(K $\cdot$ g)
Glasumwandlungstemperatur	*Torsionsschwingungsversuch*	°C
	Differentialkalorimetrie	°C

Brandverhalten

UL-Test vertikal	Dicke mm, Wert	
	Dicke mm, Wert	

	Norm	*Bewertung*	*Abmessungen*
Sauerstoff-Index	ASTM D 2863		
Glühstab-Verfahren			
Brandverhalten	DIN 4102		
MVSS			
FAR			

Elektrische Eigenschaften

	Hz	°C	*Probekörper, Form*
Dielektrizitätszahl	50		
	10^3		
	10^6		
Dielektrischer Verlustfaktor tan δ	50		
	10^3		
	10^6		
Spezifischer Durchgangs-widerstand	Ohm cm		
Durchschlagfestigkeit	kV/mm		mm dick
Oberflächenwiderstand	Ohm		
Kriechstromfestigkeit	KC	KB	KA
Elektrolytische Korrosionswirkung			
Lichtbogenfestigkeit nach DIN			
nach ASTM s			

Beständigkeit *(Chemische Beständigkeit siehe Anhang)*

Wasseraufnahme

Feuchtigkeitsaufnahme Normalklima	%
Wetterbeständigkeit	

Spannungskorrosion

Optische Eigenschaften

Brechungszahl n$_D$	
Transmissionsgrad τ_c %	mm dick
Lichtdurchlässigkeit	

Produkt	Lineares Polyethylen niedriger Dichte	**PE**
Handelsname	**Eraclear 11 Q4**	
Hersteller	ENICHEM	
DIN-Bez 1	16776-PE,FG,20-D006	
DIN-Bez 2		

Zusätze		*Füllstoffe/ Verstärkung*		
Bevorzugte Verarbeitung	Extrudieren	*Lieferform*	Granulat	
		Farben	Natur	
Besondere Merkmale	Sehr gute Zaehigkeit	*Bevorzugte Anwendungen*	Folie fuer die Verpackung von Milch, Shampoo und anderen Fluessigkeiten; Abmischung mit LDPE	

Dichte	g/cm³	0.919	*Schmelzindex*	g/10 min	0.75 : 190/2.16
Schüttdichte	g/cm³		*Volumenfließindex*	cm³/10 min	:
Viskositätszahl	ml/g				

Verarbeitungsbedingungen für Spritzgießen

Massetemp.	°C		*Schwindung*	%	lgs , quer
Werkzeugtemp.	°C		*Bemerkungen*		
Spritzdruck	bar				

Zugversuch 23 °C

	Probekörper:	*Form*	*Herstellung*
		Zustand	*Vorbehandlung*
Streckspannung	N/mm²	*Dehnung bei Streckspannung*	%
Zugfestigkeit	N/mm²	*Reißdehnung*	%
Reißfestigkeit	N/mm²	*% Dehnspannung*	N/mm²
E-Modul	N/mm²	*Dehnung bei % Dehnspg.*	%

Kriechmoduln und Zeitstandwerte 23 °C

	Probekörper:	*Form*	*Herstellung*
		Zustand	*Vorbehandlung*
Kriechmodul	1 min N/mm²	*Zeitstandzugfestigkeit*	h N/mm²
Kriechmodul	1000 h N/mm²	*Zeitdehnspg. %*	h N/mm²
bei Spannung	N/mm²		

Biegeversuch 23 °C

	Probekörper:	*Form*	*Herstellung*
		Zustand	*Vorbehandlung*
Biegefestigkeit	N/mm²	*E-Modul*	N/mm²
3,5% Biegespannung	N/mm²		

Härte 23 °C

	Probekörper:	*Zustand*	*Herstellung*
			Vorbehandlung
Kugeldruckhärte	N/mm²	bei N, s	*Shore-Härte* A
Rockwellhärte			*Shore-Härte* D

Schlagversuch

	Probekörper:	*(1)*	
		(2)	*Herstellung*
		Zustand	*Vorbehandlung*
	°C	°C °C	*Probekörper-Form*

Schlagzähigkeit	kJ/m²
Kerbschlagzähigkeit (1)	kJ/m²
IZOD-Kerbschlagzähigkeit (2)	J/m
Kerbschlagzugzähigkeit	kJ/m²

Abrieb und Reibung

Taber-Abrieb (Reibradverfahren)   mm³/100 U
Abriebfaktor LNP (Thrust washer) Vergleichswert
Statische Reibungszahl
Dynamische Reibungszahl   (p · v =   N/mm² ·   m/min)
Zulässiger p · v Wert   N/mm² · (m/min)   v =   m/min
                                                                   v =   m/min

Thermische Eigenschaften

Formbeständigkeit in der Wärme   Verfahren   °C
                                          Verfahren   °C
Vicat Erweichungstemperatur (VST)   Verfahren   °C
                                          Verfahren   °C
Kristallit-Schmelzpunkt   Verfahren

Längenausdehnungskoeffizient   Bereich   °C   · 10⁻⁴K⁻¹
                                          Temperatur   · 10⁻⁴K⁻¹
Wärmeleitfähigkeit   Verfahren   W/(K · m)

Spezifische Wärmekapazität   Verfahren   J/(K · g)

Glasumwandlungstemperatur   Torsionsschwingungsversuch   °C
                                          Differentialkalorimetrie   °C

Brandverhalten

UL-Test vertikal   Dicke   mm, Wert
                                          Dicke   mm, Wert

	Norm	*Bewertung*	*Abmessungen*
Sauerstoff-Index	ASTM D 2863		
Glühstab-Verfahren			
Brandverhalten	DIN 4102		
MVSS			
FAR			

Elektrische Eigenschaften

	Hz	°C	*Probekörper, Form*
Dielektrizitätszahl	50		
	10³		
	10⁶		
Dielektrischer Verlustfaktor tan δ	50		
	10³		
	10⁶		

Spezifischer Durchgangs-
    widerstand   Ohm · cm
Durchschlagfestigkeit   kV/mm   mm dick
Oberflächenwiderstand   Ohm

Kriechstromfestigkeit   KC   KB   KA
Elektrolytische Korrosionswirkung
Lichtbogenfestigkeit nach DIN
                 nach ASTM   s

Beständigkeit *(Chemische Beständigkeit siehe Anhang)*

Wasseraufnahme

Feuchtigkeitsaufnahme Normalklima   %
Wetterbeständigkeit

Spannungskorrosion

Optische Eigenschaften

Brechungszahl n_D
Transmissionsgrad τ_c   %   mm dick
Lichtdurchlässigkeit

Produkt	Polyethylen hoher Dichte	**PE**
Handelsname	**Eraclear 58 D**	
Hersteller	ENICHEM	
DIN-Bez 1	16776-PE,BGN,55-D003	
DIN-Bez 2		

Zusätze		*Füllstoffe/ Verstärkung*	
Bevorzugte Verarbeitung	Blasformen	*Lieferform*	Granulat
		Farben	Natur
Besondere Merkmale	Gute Ausgewogenheit zwischen Haerte, Zaehigkeit und Spannungsrissbestaendigkeit	*Bevorzugte Anwendungen*	Behaelter fuer Reinigungsmittel

Dichte	g/cm^3	0.955	*Schmelzindex*	g/10 min	0.3: 190/2.16
Schüttdichte	g/cm^3		*Volumenfließindex*	cm^3/10 min	:
Viskositätszahl	ml/g				

Verarbeitungsbedingungen für Spritzgießen

Massetemp.	°C		*Schwindung*	%	lgs , quer
Werkzeugtemp.	°C		*Bemerkungen*		
Spritzdruck	bar				

Zugversuch 23 °C

	Probekörper:	*Form*	*Herstellung*
		Zustand	*Vorbehandlung*
Streckspannung	N/mm^2	*Dehnung bei Streckspannung*	%
Zugfestigkeit	N/mm^2	*Reißdehnung*	%
Reißfestigkeit	N/mm^2	% *Dehnspannung*	N/mm^2
E-Modul	N/mm^2	*Dehnung bei % Dehnspg.*	%

Kriechmoduln und Zeitstandwerte 23 °C

	Probekörper:	*Form*	*Herstellung*
		Zustand	*Vorbehandlung*
Kriechmodul	1 min N/mm^2	*Zeitstandzugfestigkeit*	h N/mm^2
Kriechmodul	1000 h N/mm^2	*Zeitdehnspg. %*	h N/mm^2
bei Spannung	N/mm^2		

Biegeversuch 23 °C

	Probekörper:	*Form*	*Herstellung*
		Zustand	*Vorbehandlung*
Biegefestigkeit	N/mm^2	*E-Modul*	N/mm^2
3,5% Biegespannung	N/mm^2		

Härte 23 °C

	Probekörper:	*Zustand*	*Herstellung*
			Vorbehandlung
Kugeldruckhärte	N/mm^2 bei N, s	*Shore-Härte* A	
Rockwellhärte		*Shore-Härte* D	

Schlagversuch

	Probekörper:	*(1)*	
		(2)	*Herstellung*
		Zustand	*Vorbehandlung*
	°C	°C	°C *Probekörper-Form*

Schlagzähigkeit	kJ/m^2
Kerbschlagzähigkeit (1)	kJ/m^2
IZOD-Kerbschlagzähigkeit (2)	J/m
Kerbschlagzugzähigkeit	kJ/m^2

Abrieb und Reibung

Taber-Abrieb (Reibradverfahren)   mm³/100 U
Abriebfaktor LNP (Thrust washer) Vergleichswert
Statische Reibungszahl
Dynamische Reibungszahl   (p·v =   N/mm² ·   m/min)
Zulässiger p · v Wert   N/mm² · (m/min)   v =   m/min
                                                                              v =   m/min

Thermische Eigenschaften

Formbeständigkeit in der Wärme   *Verfahren*   °C
                                           Verfahren   °C
Vicat Erweichungstemperatur (VST)   *Verfahren*   °C
                                           Verfahren   °C
Kristallit-Schmelzpunkt   *Verfahren*

Längenausdehnungskoeffizient   *Bereich*   °C $\cdot 10^{-4} K^{-1}$
                                           Temperatur $\cdot 10^{-4} K^{-1}$
Wärmeleitfähigkeit   *Verfahren*   W/(K · m)

Spezifische Wärmekapazität   *Verfahren*   J/(K · g)

Glasumwandlungstemperatur   *Torsionsschwingungsversuch*   °C
                                           Differentialkalorimetrie   °C

Brandverhalten

UL-Test vertikal   Dicke   mm, Wert
                                           Dicke   mm, Wert

              Norm   *Bewertung*   *Abmessungen*

Sauerstoff-Index   ASTM D 2863
Glühstab-Verfahren
Brandverhalten   DIN 4102
MVSS
FAR

Elektrische Eigenschaften

                                Hz   °C   *Probekörper, Form*

Dielektrizitätszahl   50
                                10^3
                                10^6
Dielektrischer Verlustfaktor tan δ   50
                                10^3
                                10^6

Spezifischer Durchgangs-
*   widerstand*   Ohm · cm
Durchschlagfestigkeit   kV/mm   mm dick
Oberflächenwiderstand   Ohm

Kriechstromfestigkeit   KC   KB   KA
Elektrolytische Korrosionswirkung
Lichtbogenfestigkeit nach DIN
*   nach ASTM*   s

Beständigkeit *(Chemische Beständigkeit siehe Anhang)*

Wasseraufnahme

Feuchtigkeitsaufnahme Normalklima   %
Wetterbeständigkeit

Spannungskorrosion

Optische Eigenschaften

Brechungszahl n_D
Transmissionsgrad τ_c %   mm dick
Lichtdurchlässigkeit

Datenbank-Nr.	**T06241**		Merkblatt-Nr. **3887**

			PE
Produkt	Polyethylen hoher Dichte		
Handelsname	**Eraclear 35 B**		
Hersteller	ENICHEM		
DIN-Bez 1	16776-PE,EGC,50-D003		
DIN-Bez 2			
Zusätze		*Füllstoffe/ Verstärkung*	
Bevorzugte Verarbeitung	Extrudieren	*Lieferform*	Granulat
		Farben	Schwarz
Besondere Merkmale	Gute Verarbeitbarkeit; Ausgezeichnetes Langzeitverhalten	*Bevorzugte Anwendungen*	Rohr fuer Druckwasserleitung; Gasrohr

Dichte	g/cm³	0.951	*Schmelzindex*	g/10 min	0.25 :	190/2.16
Schüttdichte	g/cm³		*Volumenfließindex*	cm³/10 min	:	
Viskositätszahl	ml/g					

Verarbeitungsbedingungen für Spritzgießen

Massetemp.	°C		*Schwindung*	%	lgs	, quer
Werkzeugtemp.	°C		*Bemerkungen*			
Spritzdruck	bar					

Zugversuch 23 °C

	Probekörper:	*Form*		*Herstellung*	
		Zustand		*Vorbehandlung*	
Streckspannung	N/mm²		*Dehnung bei Streckspannung*	%	
Zugfestigkeit	N/mm²		*Reißdehnung*	%	
Reißfestigkeit	N/mm²		% *Dehnspannung*	N/mm²	
E-Modul	N/mm²		*Dehnung bei* % *Dehnspg.*	%	

Kriechmoduln und Zeitstandwerte 23 °C

	Probekörper:	*Form*		*Herstellung*	
		Zustand		*Vorbehandlung*	
Kriechmodul	1 min N/mm²		*Zeitstandzugfestigkeit*	h N/mm²	
Kriechmodul	1000 h N/mm²		*Zeitdehnspg.* %	h N/mm²	
bei Spannung	N/mm²				

Biegeversuch 23 °C

	Probekörper:	*Form*		*Herstellung*	
		Zustand		*Vorbehandlung*	
Biegefestigkeit	N/mm²		*E-Modul*	N/mm²	
3,5% Biegespannung	N/mm²				

Härte 23 °C

	Probekörper:	*Zustand*		*Herstellung*	
				Vorbehandlung	
Kugeldruckhärte	N/mm²	bei N, s		*Shore-Härte* A	
Rockwellhärte				*Shore-Härte* D	

Schlagversuch

	Probekörper:	*(1)*			
		(2)		*Herstellung*	
		Zustand		*Vorbehandlung*	
	°C	°C	°C		*Probekörper-Form*

Schlagzähigkeit	kJ/m²
Kerbschlagzähigkeit (1)	kJ/m²
IZOD-Kerbschlagzähigkeit (2)	J/m
Kerbschlagzugzähigkeit	kJ/m²

Abrieb und Reibung

Taber-Abrieb (Reibradverfahren)	mm³/100 U
Abriebfaktor LNP (Thrust washer) Vergleichswert	
Statische Reibungszahl	
Dynamische Reibungszahl	$(p \cdot v =$ N/mm² · m/min)
Zulässiger p · v Wert	N/mm² · (m/min) v = m/min
	v = m/min

Thermische Eigenschaften

Formbeständigkeit in der Wärme	*Verfahren*		°C
	Verfahren		°C
Vicat Erweichungstemperatur (VST)	*Verfahren*		°C
	Verfahren		°C
Kristallit-Schmelzpunkt	*Verfahren*		
Längenausdehnungskoeffizient	*Bereich*	°C	$\cdot 10^{-4} K^{-1}$
	Temperatur		$\cdot 10^{-4} K^{-1}$
Wärmeleitfähigkeit	*Verfahren*		W/(K · m)
Spezifische Wärmekapazität	*Verfahren*		J/(K · g)
Glasumwandlungstemperatur	*Torsionsschwingungsversuch*	°C	
	Differentialkalorimetrie	°C	

Brandverhalten

UL-Test vertikal		*Dicke* mm, Wert	
		Dicke mm, Wert	
	Norm	*Bewertung*	*Abmessungen*
Sauerstoff-Index	ASTM D 2863		
Glühstab-Verfahren			
Brandverhalten	DIN 4102		
MVSS			
FAR			

Elektrische Eigenschaften

	Hz	°C	*Probekörper, Form*
Dielektrizitätszahl	50		
	10^3		
	10^6		
Dielektrischer Verlustfaktor $\tan \delta$	50		
	10^3		
	10^6		
Spezifischer Durchgangs-widerstand	Ohm · cm		
Durchschlagfestigkeit	kV/mm		mm dick
Oberflächenwiderstand	Ohm		
Kriechstromfestigkeit	KC	KB	KA
Elektrolytische Korrosionswirkung			
Lichtbogenfestigkeit nach DIN			
nach ASTM	s		

Beständigkeit *(Chemische Beständigkeit siehe Anhang)*

Wasseraufnahme

Feuchtigkeitsaufnahme Normalklima   %
Wetterbeständigkeit

Spannungskorrosion

Optische Eigenschaften

Brechungszahl n_D
Transmissionsgrad τ_c %   mm dick
Lichtdurchlässigkeit

Produkt	Polyethylen mittlerer Dichte	**PE**
Handelsname	**Eraclear 44 H**	
Hersteller	ENICHEM	
DIN-Bez 1	16776-PE,KGN,35-D003	
DIN-Bez 2		

Zusätze		*Füllstoffe/ Verstärkung*	
Bevorzugte Verarbeitung	Extrudieren	*Lieferform*	Granulat
		Farben	Natur
Besondere Merkmale	Geeignet fuer Hochgeschwindigkeits-extrusion	*Bevorzugte Anwendungen*	Drahtisolation

Dichte	g/cm³	0.935	*Schmelzindex*	g/10 min	0.4: 190/2.16
Schüttdichte	g/cm³		*Volumenfließindex*	cm³/10 min	:
Viskositätszahl	ml/g				

Verarbeitungsbedingungen für Spritzgießen

Massetemp.	°C	*Schwindung*	%	lgs , quer
Werkzeugtemp.	°C	*Bemerkungen*		
Spritzdruck	bar			

Zugversuch 23 °C

	Probekörper: Form	*Herstellung*	
	Zustand	*Vorbehandlung*	
Streckspannung	N/mm²	*Dehnung bei Streckspannung*	%
Zugfestigkeit	N/mm²	*Reißdehnung*	%
Reißfestigkeit	N/mm²	% *Dehnspannung*	N/mm²
E-Modul	N/mm²	*Dehnung bei* % *Dehnspg.*	%

Kriechmoduln und Zeitstandwerte 23 °C

	Probekörper: Form	*Herstellung*	
	Zustand	*Vorbehandlung*	
Kriechmodul	1 min N/mm²	*Zeitstandzugfestigkeit*	h N/mm²
Kriechmodul	1000 h N/mm²	*Zeitdehnspg.* %	h N/mm²
bei Spannung	N/mm²		

Biegeversuch 23 °C

	Probekörper: Form	*Herstellung*	
	Zustand	*Vorbehandlung*	
Biegefestigkeit	N/mm²	*E-Modul*	N/mm²
3,5% Biegespannung	N/mm²		

Härte 23 °C

	Probekörper: Zustand	*Herstellung*	
		Vorbehandlung	
Kugeldruckhärte	N/mm² bei N, s	*Shore-Härte* A	
Rockwellhärte		*Shore-Härte* D	

Schlagversuch

	Probekörper: (1)	
	(2)	*Herstellung*
	Zustand	*Vorbehandlung*
	°C °C °C	*Probekörper-Form*

Schlagzähigkeit	kJ/m²
Kerbschlagzähigkeit (1)	kJ/m²
IZOD-Kerbschlagzähigkeit (2)	J/m
Kerbschlagzugzähigkeit	kJ/m²

Abrieb und Reibung

Taber-Abrieb (Reibradverfahren)　　　　　　　mm³/100 U
Abriebfaktor LNP (Thrust washer) Vergleichswert
Statische Reibungszahl
Dynamische Reibungszahl　　　　　　　　　　$(p \cdot v =$　　　N/mm² ·　　m/min)
Zulässiger p · v Wert　　　　　　　　　　　　N/mm² · (m/min)　　v =　　m/min
　　　　　　　　　　　　　　　　　　　　　　　　　　　　　　v =　　m/min

Thermische Eigenschaften

Formbeständigkeit in der Wärme　　　*Verfahren*　　　　　　　　　　　　　　　°C
　　　　　　　　　　　　　　　　　　　Verfahren　　　　　　　　　　　　　　　°C
Vicat Erweichungstemperatur (VST)　*Verfahren*　　　　　　　　　　　　　　　°C
　　　　　　　　　　　　　　　　　　　Verfahren　　　　　　　　　　　　　　　°C
Kristallit-Schmelzpunkt　　　　　　　*Verfahren*

Längenausdehnungskoeffizient　　　　*Bereich*　　　　　　°C　　　　　　　　　$\cdot 10^{-4} K^{-1}$
　　　　　　　　　　　　　　　　　　　Temperatur　　　　　　　　　　　　　　$\cdot 10^{-4} K^{-1}$
Wärmeleitfähigkeit　　　　　　　　　　*Verfahren*　　　　　　　　　　　　　　$W/(K \cdot m)$

Spezifische Wärmekapazität　　　　　*Verfahren*　　　　　　　　　　　　　　　$J/(K \cdot g)$

Glasumwandlungstemperatur　　　　　*Torsionsschwingungsversuch*　　　　　°C
　　　　　　　　　　　　　　　　　　　Differentialkalorimetrie　　　　　　　　°C

Brandverhalten

UL-Test vertikal　　　　　　　　　　　*Dicke*　　mm, *Wert*
　　　　　　　　　　　　　　　　　　　Dicke　　mm, *Wert*

	Norm	*Bewertung*	*Abmessungen*
Sauerstoff-Index	ASTM D 2863		
Glühstab-Verfahren			
Brandverhalten	DIN 4102		
MVSS			
FAR			

Elektrische Eigenschaften

	Hz	°C	*Probekörper, Form*
Dielektrizitätszahl	50		
	10^3		
	10^6		
Dielektrischer Verlustfaktor $\tan \delta$	50		
	10^3		
	10^6		

Spezifischer Durchgangs-
　widerstand　　　　　　Ohm · cm
Durchschlagfestigkeit　　kV/mm　　　　　　　　　　　　　　　　　　mm dick
Oberflächenwiderstand　Ohm

Kriechstromfestigkeit　　　　　　　　KC　　　　　　KB　　　　　　KA
Elektrolytische Korrosionswirkung
Lichtbogenfestigkeit nach DIN
　　　　　　nach ASTM　　s

Beständigkeit *(Chemische Beständigkeit siehe Anhang)*

Wasseraufnahme

Feuchtigkeitsaufnahme Normalklima　　　　　　　　　　　　　　　　　　　　　　%
Wetterbeständigkeit

Spannungskorrosion

Optische Eigenschaften

Brechungszahl n_D
Transmissionsgrad τ_c　　　%　　　　　　　mm dick
Lichtdurchlässigkeit

Produkt	Polyethylen hoher Dichte	**PE**
Handelsname	**Eraclear 44 B**	
Hersteller	ENICHEM	
DIN-Bez 1	16776-PE,KGC,50-D006	
DIN-Bez 2		

Zusätze		*Füllstoffe/ Verstärkung*	
Bevorzugte Verarbeitung	Extrudieren	*Lieferform*	Granulat
		Farben	Schwarz
Besondere Merkmale	Sehr gute Spannungsrissbestandig-keit; Gute Zaehigkeit	*Bevorzugte Anwendungen*	Kabelummantelung

---

Dichte	g/cm³	0.948	*Schmelzindex*	g/10 min	0.6: 190/2.16
Schüttdichte	g/cm³		*Volumenfließindex*	cm³/10 min	:
Viskositätszahl	ml/g				

Verarbeitungsbedingungen für Spritzgießen

Massetemp.	°C	*Schwindung*	% lgs , quer
Werkzeugtemp.	°C	*Bemerkungen*	
Spritzdruck	bar		

Zugversuch 23 °C

	Probekörper: Form	*Herstellung*	
	Zustand	*Vorbehandlung*	
Streckspannung	N/mm²	*Dehnung bei Streckspannung*	%
Zugfestigkeit	N/mm²	*Reißdehnung*	%
Reißfestigkeit	N/mm²	*% Dehnspannung*	N/mm²
E-Modul	N/mm²	*Dehnung bei % Dehnspg.*	%

Kriechmoduln und Zeitstandwerte 23 °C

	Probekörper: Form	*Herstellung*	
	Zustand	*Vorbehandlung*	
Kriechmodul	1 min N/mm²	*Zeitstandzugfestigkeit*	h N/mm²
Kriechmodul	1000 h N/mm²	*Zeitdehnspg. %*	h N/mm²
bei Spannung	N/mm²		

Biegeversuch 23 °C

	Probekörper: Form	*Herstellung*	
	Zustand	*Vorbehandlung*	
Biegefestigkeit	N/mm²	*E-Modul*	N/mm²
3,5% Biegespannung	N/mm²		

Härte 23 °C

	Probekörper: Zustand	*Herstellung*	
		Vorbehandlung	
Kugeldruckhärte	N/mm² bei N, s	*Shore-Härte* A	
Rockwellhärte		*Shore-Härte* D	

Schlagversuch

Probekörper:	(1)			
	(2)			
	Zustand	*Herstellung*		
		Vorbehandlung		
°C	°C	°C		*Probekörper-Form*

Schlagzähigkeit	kJ/m²
Kerbschlagzähigkeit (1)	kJ/m²
IZOD-Kerbschlagzähigkeit (2)	J/m
Kerbschlagzugzähigkeit	kJ/m²

Abrieb und Reibung

Taber-Abrieb (Reibradverfahren)	mm^3/100 U
Abriebfaktor LNP (Thrust washer) Vergleichswert	
Statische Reibungszahl	
Dynamische Reibungszahl	(p·v = N/mm^2 · m/min)
Zulässiger p · v Wert	N/mm^2 · (m/min) v = m/min
	v = m/min

Thermische Eigenschaften

Formbeständigkeit in der Wärme	*Verfahren*		°C
	Verfahren		°C
Vicat Erweichungstemperatur (VST)	*Verfahren*		°C
	Verfahren		°C
Kristallit-Schmelzpunkt	*Verfahren*		
Längenausdehnungskoeffizient	*Bereich*	°C	· 10^{-4}K^{-1}
	Temperatur		· 10^{-4}K^{-1}
Wärmeleitfähigkeit	*Verfahren*		W/(K · m)
Spezifische Wärmekapazität	*Verfahren*		J/(K · g)
Glasumwandlungstemperatur	*Torsionsschwingungsversuch*	°C	
	Differentialkalorimetrie	°C	

Brandverhalten

UL-Test vertikal   Dicke   mm, Wert
                          Dicke   mm, Wert

	Norm	*Bewertung*	*Abmessungen*
Sauerstoff-Index	ASTM D 2863		
Glühstab-Verfahren			
Brandverhalten	DIN 4102		
MVSS			
FAR			

Elektrische Eigenschaften

	Hz	°C	*Probekörper, Form*
Dielektrizitätszahl	50		
	10^3		
	10^6		
Dielektrischer Verlustfaktor tan δ	50		
	10^3		
	10^6		

Spezifischer Durchgangs-widerstand	Ohm · cm	
Durchschlagfestigkeit	kV/mm	mm dick
Oberflächenwiderstand	Ohm	

Kriechstromfestigkeit	KC	KB	KA
Elektrolytische Korrosionswirkung			
Lichtbogenfestigkeit nach DIN			
nach ASTM	s		

Beständigkeit *(Chemische Beständigkeit siehe Anhang)*

Wasseraufnahme

Feuchtigkeitsaufnahme Normalklima   %
Wetterbeständigkeit

Spannungskorrosion

Optische Eigenschaften

Brechungszahl n$_D$
Transmissionsgrad τ$_c$ %   mm dick
Lichtdurchlässigkeit

Produkt	Lineares Polyethylen niedriger Dichte	**PE**
Handelsname	**Eraclear 8107 UV 8D**	
Hersteller	ENICHEM	
DIN-Bez 1	16776-PE,RGL,25-D045	
DIN-Bez 2		

Zusätze ·	UV-Stabilisator	*Füllstoffe/ Verstärkung*	
Bevorzugte Verarbeitung	Rotationsformen	*Lieferform*	Granulat
		Farben	Natur
Besondere Merkmale	Gute Verarbeitbarkeit; Zaeh; Ausgezeichnete Wetterbestaendigkeit	*Bevorzugte Anwendungen*	Tank fuer die Landwirtschaft

Dichte	g/cm³	0.924	*Schmelzindex*	g/10 min	5.1: 190/2.16
Schüttdichte	g/cm³		*Volumenfließindex*	cm³/10 min	:
Viskositätszahl	ml/g				

Verarbeitungsbedingungen für Spritzgießen

Massetemp.	°C		*Schwindung*	%	lgs , quer
Werkzeugtemp.	°C		*Bemerkungen*		
Spritzdruck	bar				

Zugversuch 23 °C

	Probekörper:	*Form*		*Herstellung*	
		Zustand		*Vorbehandlung*	

Streckspannung	N/mm²	*Dehnung bei Streckspannung*	%	
Zugfestigkeit	N/mm²	*Reißdehnung*	%	
Reißfestigkeit	N/mm²	% *Dehnspannung*	N/mm²	
E-Modul	N/mm²	*Dehnung bei* % *Dehnspg.*	%	

Kriechmoduln und Zeitstandwerte 23 °C

	Probekörper:	*Form*	*Herstellung*
		Zustand	*Vorbehandlung*

Kriechmodul	1 min N/mm²	*Zeitstandzugfestigkeit*	h N/mm²
Kriechmodul	1000 h N/mm²	*Zeitdehnspg.* %	h N/mm²
bei Spannung	N/mm²		

Biegeversuch 23 °C

	Probekörper:	*Form*	*Herstellung*
		Zustand	*Vorbehandlung*

Biegefestigkeit	N/mm²	*E-Modul*	N/mm²
3,5% Biegespannung	N/mm²		

Härte 23 °C

	Probekörper:	*Zustand*	*Herstellung*
			Vorbehandlung

Kugeldruckhärte	N/mm² bei N, s	*Shore-Härte* A	
Rockwellhärte		*Shore-Härte* D	

Schlagversuch

	Probekörper:	(1)	
		(2)	*Herstellung*
		Zustand	*Vorbehandlung*
		°C °C °C	*Probekörper-Form*

Schlagzähigkeit	kJ/m²
Kerbschlagzähigkeit (1)	kJ/m²
IZOD-Kerbschlagzähigkeit (2)	J/m
Kerbschlagzugzähigkeit	kJ/m²

Abrieb und Reibung

Taber-Abrieb (Reibradverfahren) $mm^3/100$ U
Abriebfaktor LNP (Thrust washer) Vergleichswert
Statische Reibungszahl
Dynamische Reibungszahl $(p \cdot v =$ $N/mm^2 \cdot$ m/min$)$
Zulässiger p · v Wert $N/mm^2 \cdot$ (m/min)   v =   m/min
                                                                                    v =   m/min

Thermische Eigenschaften

Formbeständigkeit in der Wärme   *Verfahren*   °C
                                          Verfahren   °C
Vicat Erweichungstemperatur (VST)   *Verfahren*   °C
                                          Verfahren   °C
Kristallit-Schmelzpunkt   *Verfahren*

Längenausdehnungskoeffizient   *Bereich*   °C $\cdot 10^{-4} K^{-1}$
                                          Temperatur $\cdot 10^{-4} K^{-1}$
Wärmeleitfähigkeit   *Verfahren* $W/(K \cdot m)$

Spezifische Wärmekapazität   *Verfahren* $J/(K \cdot g)$

Glasumwandlungstemperatur   *Torsionsschwingungsversuch*   °C
                                          Differentialkalorimetrie   °C

Brandverhalten

UL-Test vertikal   Dicke   mm, Wert
                                          Dicke   mm, Wert

                 Norm   *Bewertung*   *Abmessungen*

Sauerstoff-Index   ASTM D 2863
Glühstab-Verfahren
Brandverhalten   DIN 4102
MVSS
FAR

Elektrische Eigenschaften

                                          Hz   °C   *Probekörper, Form*

Dielektrizitätszahl   50
                                          10^3
                                          10^6
Dielektrischer Verlustfaktor tan δ   50
                                          10^3
                                          10^6
Spezifischer Durchgangs-
  widerstand   Ohm · cm
Durchschlagfestigkeit   kV/mm   mm dick
Oberflächenwiderstand   Ohm

Kriechstromfestigkeit   KC   KB   KA
Elektrolytische Korrosionswirkung
Lichtbogenfestigkeit nach DIN
              nach ASTM   s

Beständigkeit *(Chemische Beständigkeit siehe Anhang)*

Wasseraufnahme

Feuchtigkeitsaufnahme Normalklima   %
Wetterbeständigkeit

Spannungskorrosion

Optische Eigenschaften

Brechungszahl n_D
Transmissionsgrad τ_c %   mm dick
Lichtdurchlässigkeit

Produkt	Polyethylen mittlerer Dichte		**PE**
Handelsname	**Eraclear 8307 UV 8D**		
Hersteller	ENICHEM		
DIN-Bez 1	16776-PE,RGL,30-D045		
DIN-Bez 2			

Zusätze	UV-Stabilisator	*Füllstoffe/ Verstärkung*	
Bevorzugte Verarbeitung	Rotationsformen	*Lieferform*	Granulat
		Farben	Natur
Besondere Merkmale	Standardtyp; Begrenzte Witterungsbe-staendigkeit	*Bevorzugte Anwendungen*	Chemikalientank

---

Dichte	g/cm³	0.930	*Schmelzindex*	g/10 min	5.0: 190/2.16
Schüttdichte	g/cm³		*Volumenfließindex*	cm³/10 min	:
Viskositätszahl	ml/g				

Verarbeitungsbedingungen für Spritzgießen

Massetemp.	°C		*Schwindung*	%	lgs , quer
Werkzeugtemp.	°C		*Bemerkungen*		
Spritzdruck	bar				

Zugversuch 23 °C

	Probekörper:	*Form*	*Herstellung*
		Zustand	*Vorbehandlung*

Streckspannung	N/mm²	*Dehnung bei Streckspannung*	%
Zugfestigkeit	N/mm²	*Reißdehnung*	%
Reißfestigkeit	N/mm²	*% Dehnspannung*	N/mm²
E-Modul	N/mm²	*Dehnung bei % Dehnspg.*	%

Kriechmoduln und Zeitstandwerte 23 °C

	Probekörper:	*Form*	*Herstellung*
		Zustand	*Vorbehandlung*

Kriechmodul	1 min N/mm²	*Zeitstandzugfestigkeit*	h N/mm²
Kriechmodul	1000 h N/mm²	*Zeitdehnspg. %*	h N/mm²
bei Spannung	N/mm²		

Biegeversuch 23 °C

	Probekörper:	*Form*	*Herstellung*
		Zustand	*Vorbehandlung*

Biegefestigkeit	N/mm²	*E-Modul*	N/mm²
3,5% Biegespannung	N/mm²		

Härte 23 °C

	Probekörper:	*Zustand*	*Herstellung*
			Vorbehandlung

Kugeldruckhärte	N/mm² bei N, s	*Shore-Härte* A	
Rockwellhärte		*Shore-Härte* D	

Schlagversuch

	Probekörper:	*(1)*	
		(2)	*Herstellung*
		Zustand	*Vorbehandlung*

°C	°C	°C	*Probekörper-Form*

Schlagzähigkeit	kJ/m²
Kerbschlagzähigkeit (1)	kJ/m²
IZOD-Kerbschlagzähigkeit (2)	J/m
Kerbschlagzugzähigkeit	kJ/m²

Abrieb und Reibung

Taber-Abrieb (Reibradverfahren)	mm³/100 U
Abriebfaktor LNP (Thrust washer) Vergleichswert	
Statische Reibungszahl	
Dynamische Reibungszahl	$(p \cdot v =$ N/mm² · m/min$)$
Zulässiger p · v Wert	N/mm² · (m/min) v = m/min
	v = m/min

Thermische Eigenschaften

Formbeständigkeit in der Wärme	*Verfahren*		°C
	Verfahren		°C
Vicat Erweichungstemperatur (VST)	*Verfahren*		°C
	Verfahren		°C
Kristallit-Schmelzpunkt	*Verfahren*		
Längenausdehnungskoeffizient	*Bereich*	°C	$\cdot 10^{-4} \mathrm{K}^{-1}$
	Temperatur		$\cdot 10^{-4} \mathrm{K}^{-1}$
Wärmeleitfähigkeit	*Verfahren*		W/(K · m)
Spezifische Wärmekapazität	*Verfahren*		J/(K · g)
Glasumwandlungstemperatur	*Torsionsschwingungsversuch*	°C	
	Differentialkalorimetrie	°C	

Brandverhalten

UL-Test vertikal   Dicke   mm, Wert
     Dicke   mm, Wert

	Norm	*Bewertung*	*Abmessungen*
Sauerstoff-Index	ASTM D 2863		
Glühstab-Verfahren			
Brandverhalten	DIN 4102		
MVSS			
FAR			

Elektrische Eigenschaften

	Hz	°C	*Probekörper, Form*
Dielektrizitätszahl	50		
	10^3		
	10^6		
Dielektrischer Verlustfaktor tan δ	50		
	10^3		
	10^6		
Spezifischer Durchgangswiderstand	Ohm · cm		
Durchschlagfestigkeit	kV/mm		mm dick
Oberflächenwiderstand	Ohm		
Kriechstromfestigkeit	KC	KB	KA
Elektrolytische Korrosionswirkung			
Lichtbogenfestigkeit nach DIN			
nach ASTM	s		

Beständigkeit *(Chemische Beständigkeit siehe Anhang)*

Wasseraufnahme

Feuchtigkeitsaufnahme Normalklima   %
Wetterbeständigkeit

Spannungskorrosion

Optische Eigenschaften

Brechungszahl n_D
Transmissionsgrad τ_c %   mm dick
Lichtdurchlässigkeit

Produkt	Polyethylen mittlerer Dichte		**PE**
Handelsname	**Eraclear 8305 UV 8D**		
Hersteller	ENICHEM		
DIN-Bez 1	16776-PE,RGL,30-D045		
DIN-Bez 2			

Zusätze	UV-Stabilisator	*Füllstoffe/ Verstärkung*	
Bevorzugte Verarbeitung	Rotationsformen	*Lieferform*	Granulat
		Farben	Natur
Besondere Merkmale	Standardtyp mit sehr guter Witterungs-bestaendigkeit	*Bevorzugte Anwendungen*	Chemikalientank; Boot

Dichte	g/cm³	0.932	*Schmelzindex*	g/10 min	5.0:	190/2.16
Schüttdichte	g/cm³		*Volumenfließindex*	cm³/10 min	:	
Viskositätszahl	ml/g					

Verarbeitungsbedingungen für Spritzgießen

Massetemp.	°C	*Schwindung*	%	lgs	, quer
Werkzeugtemp.	°C	*Bemerkungen*			
Spritzdruck	bar				

Zugversuch 23 °C

	Probekörper:	*Form*		*Herstellung*	
		Zustand		*Vorbehandlung*	
Streckspannung	N/mm²		*Dehnung bei Streckspannung*	%	
Zugfestigkeit	N/mm²		*Reißdehnung*	%	
Reißfestigkeit	N/mm²		% *Dehnspannung*	N/mm²	
E-Modul	N/mm²		*Dehnung bei* % *Dehnspg.*	%	

Kriechmoduln und Zeitstandwerte 23 °C

	Probekörper:	*Form*		*Herstellung*	
		Zustand		*Vorbehandlung*	
Kriechmodul	1 min N/mm²		*Zeitstandzugfestigkeit*	h N/mm²	
Kriechmodul	1000 h N/mm²		*Zeitdehnspg.* %	h N/mm²	
bei Spannung	N/mm²				

Biegeversuch 23 °C

	Probekörper:	*Form*		*Herstellung*	
		Zustand		*Vorbehandlung*	
Biegefestigkeit	N/mm²		*E-Modul*	N/mm²	
3,5% Biegespannung	N/mm²				

Härte 23 °C

	Probekörper:	*Zustand*	*Herstellung*	
			Vorbehandlung	
Kugeldruckhärte	N/mm²	bei N, s	*Shore-Härte* A	
Rockwellhärte			*Shore-Härte* D	

Schlagversuch

	Probekörper:	*(1)*			
		(2)		*Herstellung*	
		Zustand		*Vorbehandlung*	
		°C	°C	°C	*Probekörper-Form*

Schlagzähigkeit	kJ/m²
Kerbschlagzähigkeit (1)	kJ/m²
IZOD-Kerbschlagzähigkeit (2)	J/m
Kerbschlagzugzähigkeit	kJ/m²

Abrieb und Reibung

Taber-Abrieb (Reibradverfahren)   mm³/100 U
Abriebfaktor LNP (Thrust washer) Vergleichswert
Statische Reibungszahl
Dynamische Reibungszahl $(p \cdot v =$ N/mm² ·   m/min$)$
Zulässiger p · v Wert   N/mm² · (m/min)   v =   m/min
                                                       v =   m/min

Thermische Eigenschaften

Formbeständigkeit in der Wärme   *Verfahren*   °C
                                          Verfahren   °C
Vicat Erweichungstemperatur (VST)   *Verfahren*   °C
                                          Verfahren   °C
Kristallit-Schmelzpunkt   *Verfahren*

Längenausdehnungskoeffizient   *Bereich*   °C $\cdot 10^{-4} \mathrm{K}^{-1}$
                                          Temperatur $\cdot 10^{-4} \mathrm{K}^{-1}$
Wärmeleitfähigkeit   *Verfahren*   W/(K · m)

Spezifische Wärmekapazität   *Verfahren*   J/(K · g)

Glasumwandlungstemperatur   *Torsionsschwingungsversuch*   °C
                                          Differentialkalorimetrie   °C

Brandverhalten

UL-Test vertikal   Dicke   mm, Wert
                                          Dicke   mm, Wert

	Norm	*Bewertung*	*Abmessungen*
Sauerstoff-Index	ASTM D 2863		
Glühstab-Verfahren			
Brandverhalten	DIN 4102		
MVSS			
FAR			

Elektrische Eigenschaften

	Hz	°C	*Probekörper, Form*
Dielektrizitätszahl	50		
	10^3		
	10^6		
Dielektrischer Verlustfaktor tan δ	50		
	10^3		
	10^6		

Spezifischer Durchgangs-
   widerstand   Ohm · cm
Durchschlagfestigkeit   kV/mm   mm dick
Oberflächenwiderstand   Ohm

Kriechstromfestigkeit   KC   KB   KA
Elektrolytische Korrosionswirkung
Lichtbogenfestigkeit nach DIN
               nach ASTM   s

Beständigkeit *(Chemische Beständigkeit siehe Anhang)*

Wasseraufnahme

Feuchtigkeitsaufnahme Normalklima   %
Wetterbeständigkeit

Spannungskorrosion

Optische Eigenschaften

Brechungszahl n_D
Transmissionsgrad τ_c %   mm dick
Lichtdurchlässigkeit

Produkt	Polyethylen mittlerer Dichte	**PE**
Handelsname	**Eraclear 8405 UV 8A**	
Hersteller	ENICHEM	
DIN-Bez 1	16776-PE,RGL,35-D022	
DIN-Bez 2		

Zusätze	UV-Stabilisator	*Füllstoffe/ Verstärkung*	
Bevorzugte Verarbeitung	Rotationsformen	*Lieferform*	Granulat
		Farben	Natur
Besondere Merkmale	Gute Ausgewogenheit zwischen Steif-heit und Zaehigkeit	*Bevorzugte Anwendungen*	Grosser Tank

---

Dichte	g/cm^3	0.937	*Schmelzindex*	g/10 min	2.7: 190/2.16
Schüttdichte	g/cm^3		*Volumenfließindex*	cm^3/10 min	:
Viskositätszahl	ml/g				

Verarbeitungsbedingungen für Spritzgießen

Massetemp.	°C		*Schwindung*	%	lgs , quer
Werkzeugtemp.	°C		*Bemerkungen*		
Spritzdruck	bar				

Zugversuch 23 °C

	Probekörper:	*Form*	*Herstellung*	
		Zustand	*Vorbehandlung*	
Streckspannung	N/mm^2		*Dehnung bei Streckspannung*	%
Zugfestigkeit	N/mm^2		*Reißdehnung*	%
Reißfestigkeit	N/mm^2		% *Dehnspannung*	N/mm^2
E-Modul	N/mm^2		*Dehnung bei* % *Dehnspg.*	%

Kriechmoduln und Zeitstandwerte 23 °C

	Probekörper:	*Form*	*Herstellung*	
		Zustand	*Vorbehandlung*	
Kriechmodul	1 min N/mm^2		*Zeitstandzugfestigkeit*	h N/mm^2
Kriechmodul	1000 h N/mm^2		*Zeitdehnspg.* %	h N/mm^2
bei Spannung	N/mm^2			

Biegeversuch 23 °C

	Probekörper:	*Form*	*Herstellung*	
		Zustand	*Vorbehandlung*	
Biegefestigkeit	N/mm^2		*E-Modul*	N/mm^2
3,5% Biegespannung	N/mm^2			

Härte 23 °C

	Probekörper:	*Zustand*	*Herstellung*	
			Vorbehandlung	
Kugeldruckhärte	N/mm^2	bei N, s	*Shore-Härte* A	
Rockwellhärte			*Shore-Härte* D	

Schlagversuch

	Probekörper:	*(1)*		
		(2)	*Herstellung*	
		Zustand	*Vorbehandlung*	
		°C	°C	°C *Probekörper-Form*

Schlagzähigkeit	kJ/m^2
Kerbschlagzähigkeit (1)	kJ/m^2
IZOD-Kerbschlagzähigkeit (2)	J/m
Kerbschlagzugzähigkeit	kJ/m^2

Abrieb und Reibung

Taber-Abrieb (Reibradverfahren)   mm³/100 U
Abriebfaktor LNP (Thrust washer) Vergleichswert
Statische Reibungszahl
Dynamische Reibungszahl $(p \cdot v =$ N/mm² ·   m/min)
Zulässiger p · v Wert   N/mm² · (m/min)   v =   m/min
                                                                               v =   m/min

Thermische Eigenschaften

Formbeständigkeit in der Wärme	*Verfahren*	°C
	Verfahren	°C
Vicat Erweichungstemperatur (VST)	*Verfahren*	°C
	Verfahren	°C
Kristallit-Schmelzpunkt	*Verfahren*	

Längenausdehnungskoeffizient   *Bereich*   °C $\cdot 10^{-4} K^{-1}$
                                      Temperatur $\cdot 10^{-4} K^{-1}$
Wärmeleitfähigkeit   *Verfahren*   W/(K · m)

Spezifische Wärmekapazität   *Verfahren*   J/(K · g)

Glasumwandlungstemperatur   *Torsionsschwingungsversuch*   °C
                                      Differentialkalorimetrie   °C

Brandverhalten

UL-Test vertikal   Dicke   mm, Wert
                                      Dicke   mm, Wert

	Norm	*Bewertung*	*Abmessungen*
Sauerstoff-Index	ASTM D 2863		
Glühstab-Verfahren			
Brandverhalten ·	DIN 4102		
MVSS			
FAR			

Elektrische Eigenschaften

	Hz	°C	*Probekörper, Form*
Dielektrizitätszahl	50		
	10^3		
	10^6		
Dielektrischer Verlustfaktor tan δ	50		
	10^3		
	10^6		

Spezifischer Durchgangs-
  widerstand   Ohm · cm
Durchschlagfestigkeit   kV/mm   mm dick
Oberflächenwiderstand   Ohm

Kriechstromfestigkeit   KC   KB   KA
Elektrolytische Korrosionswirkung
Lichtbogenfestigkeit nach DIN
            nach ASTM   s

Beständigkeit *(Chemische Beständigkeit siehe Anhang)*

Wasseraufnahme

Feuchtigkeitsaufnahme Normalklima   %
Wetterbeständigkeit

Spannungskorrosion

Optische Eigenschaften

Brechungszahl n_D
Transmissionsgrad τ_c %   mm dick
Lichtdurchlässigkeit

Produkt	Polyethylen mittlerer Dichte	**PE**
Handelsname	**Eraclear 8405 UV 8D**	
Hersteller	ENICHEM	
DIN-Bez 1	16776-PE,RGL,35-D022	
DIN-Bez 2		

Zusätze	UV-Stabilisator	*Füllstoffe/ Verstärkung*	
Bevorzugte Verarbeitung	Rotationsformen	*Lieferform*	Granulat
		Farben	Natur
Besondere Merkmale	Sehr gute Witterungsbestaendigkeit; Ohne Lebensmittelkontakt	*Bevorzugte Anwendungen*	Grosser Tank

---

Dichte	g/cm³	0.937	*Schmelzindex* g/10 min	2.7: 190/2.16
Schüttdichte	g/cm³		*Volumenfließindex* cm³/10 min	:
Viskositätszahl	ml/g			

Verarbeitungsbedingungen für Spritzgießen

Massetemp.	°C	*Schwindung* %	lgs , quer
Werkzeugtemp.	°C	*Bemerkungen*	
Spritzdruck	bar		

Zugversuch 23 °C

	Probekörper:	Form	*Herstellung*
		Zustand	*Vorbehandlung*
Streckspannung	N/mm²	*Dehnung bei Streckspannung*	%
Zugfestigkeit	N/mm²	*Reißdehnung*	%
Reißfestigkeit	N/mm²	*% Dehnspannung*	N/mm²
E-Modul	N/mm²	*Dehnung bei % Dehnspg.*	%

Kriechmoduln und Zeitstandwerte 23 °C

	Probekörper:	Form	*Herstellung*
		Zustand	*Vorbehandlung*
Kriechmodul	1 min N/mm²	*Zeitstandzugfestigkeit*	h N/mm²
Kriechmodul·	1000 h N/mm²	*Zeitdehnspg. %*	h N/mm²
bei Spannung	N/mm²		

Biegeversuch 23 °C

	Probekörper:	Form	*Herstellung*
		Zustand	*Vorbehandlung*
Biegefestigkeit	N/mm²	*E-Modul*	N/mm²
3,5% Biegespannung	N/mm²		

Härte 23 °C

	Probekörper: Zustand		*Herstellung*
			Vorbehandlung
Kugeldruckhärte	N/mm² bei N, s	*Shore-Härte* A	
Rockwellhärte		*Shore-Härte* D	

Schlagversuch

	Probekörper: (1)	
	(2)	*Herstellung*
	Zustand	*Vorbehandlung*
	°C °C °C	*Probekörper-Form*

Schlagzähigkeit	kJ/m²
Kerbschlagzähigkeit (1)	kJ/m²
IZOD-Kerbschlagzähigkeit (2)	J/m
Kerbschlagzugzähigkeit	kJ/m²

Abrieb und Reibung

Taber-Abrieb (Reibradverfahren) $mm^3/100$ U
Abriebfaktor LNP (Thrust washer) Vergleichswert
Statische Reibungszahl
Dynamische Reibungszahl $(p \cdot v =$ $N/mm^2 \cdot$ m/min)
Zulässiger p · v Wert $N/mm^2 \cdot$ (m/min)   v =   m/min
                 v =   m/min

Thermische Eigenschaften

Formbeständigkeit in der Wärme   *Verfahren*   °C
                           Verfahren   °C
Vicat Erweichungstemperatur (VST)   *Verfahren*   °C
                           Verfahren   °C
Kristallit-Schmelzpunkt   *Verfahren*

Längenausdehnungskoeffizient   *Bereich*   °C $\cdot 10^{-4} K^{-1}$
                           Temperatur $\cdot 10^{-4} K^{-1}$
Wärmeleitfähigkeit   *Verfahren* $W/(K \cdot m)$

Spezifische Wärmekapazität   *Verfahren* $J/(K \cdot g)$

Glasumwandlungstemperatur   *Torsionsschwingungsversuch*   °C
                           Differentialkalorimetrie   °C

Brandverhalten

UL-Test vertikal   *Dicke*   mm, *Wert*
                   Dicke   mm, *Wert*

	Norm	*Bewertung*	*Abmessungen*
Sauerstoff-Index	ASTM D 2863		
Glühstab-Verfahren			
Brandverhalten	DIN 4102		
MVSS			
FAR			

Elektrische Eigenschaften

	Hz	°C	*Probekörper, Form*
Dielektrizitätszahl	50		
	10^3		
	10^6		
Dielektrischer Verlustfaktor $\tan \delta$	50		
	10^3		
	10^6		

Spezifischer Durchgangs-
    widerstand $Ohm \cdot cm$
Durchschlagfestigkeit   kV/mm   mm dick
Oberflächenwiderstand   Ohm

Kriechstromfestigkeit   KC   KB   KA
Elektrolytische Korrosionswirkung
Lichtbogenfestigkeit nach DIN
              nach ASTM   s

Beständigkeit *(Chemische Beständigkeit siehe Anhang)*

Wasseraufnahme

Feuchtigkeitsaufnahme Normalklima   %
Wetterbeständigkeit

Spannungskorrosion

Optische Eigenschaften

Brechungszahl n_D
Transmissionsgrad τ_c %   mm dick
Lichtdurchlässigkeit

Produkt	Polyethylen mittlerer Dichte	**PE**
Handelsname	**Eraclear 8407 UV 8D**	
Hersteller	ENICHEM	
DIN-Bez 1	16776-PE,RGL,35-D045	
DIN-Bez 2		

Zusätze	UV-Stabilisator	*Füllstoffe/ Verstärkung*	
Bevorzugte Verarbeitung	Rotationsformen	*Lieferform*	Granulat
		Farben	Natur
Besondere Merkmale	Gute Verarbeitbarkeit; Sehr gute Witterungsbestaendigkeit	*Bevorzugte Anwendungen*	Grosser Abfallbehaelter

---

Dichte	g/cm^3	0.937	*Schmelzindex*	g/10 min	5.0: 190/2.16
Schüttdichte	g/cm^3		*Volumenfließindex*	cm^3/10 min	:
Viskositätszahl	ml/g				

Verarbeitungsbedingungen für Spritzgießen

Massetemp.	°C	*Schwindung*	%	lgs , quer
Werkzeugtemp.	°C	*Bemerkungen*		
Spritzdruck	bar			

Zugversuch 23 °C

		Probekörper:	Form	*Herstellung*	
			Zustand	*Vorbehandlung*	

Streckspannung	N/mm^2	*Dehnung bei Streckspannung*	%
Zugfestigkeit	N/mm^2	*Reißdehnung*	%
Reißfestigkeit	N/mm^2	*% Dehnspannung*	N/mm^2
E-Modul	N/mm^2	*Dehnung bei* % *Dehnspg.*	%

Kriechmoduln und Zeitstandwerte 23 °C

	Probekörper:	Form	*Herstellung*
		Zustand	*Vorbehandlung*

Kriechmodul	1 min N/mm^2	*Zeitstandzugfestigkeit*	h N/mm^2
Kriechmodul	1000 h N/mm^2	*Zeitdehnspg.* %	h N/mm^2
bei Spannung	N/mm^2		

Biegeversuch 23 °C

	Probekörper:	Form	*Herstellung*
		Zustand	*Vorbehandlung*

Biegefestigkeit	N/mm^2	*E-Modul*	N/mm^2
3,5% Biegespannung	N/mm^2		

Härte 23 °C

	Probekörper:	Zustand	*Herstellung*
			Vorbehandlung

Kugeldruckhärte	N/mm^2	bei N, s	*Shore-Härte* A	
Rockwellhärte			*Shore-Härte* D	

Schlagversuch

	Probekörper:	(1)	
		(2)	*Herstellung*
		Zustand	*Vorbehandlung*

°C	°C	°C	*Probekörper-Form*

Schlagzähigkeit	kJ/m^2
Kerbschlagzähigkeit (1)	kJ/m^2
IZOD-Kerbschlagzähigkeit (2)	J/m
Kerbschlagzugzähigkeit	kJ/m^2

Abrieb und Reibung

Taber-Abrieb (Reibradverfahren)   mm³/100 U
Abriebfaktor LNP (Thrust washer) Vergleichswert
Statische Reibungszahl
Dynamische Reibungszahl   (p·v =   N/mm² ·   m/min)
Zulässiger p · v Wert   N/mm² · (m/min)   v =   m/min
                                                                      v =   m/min

---

Thermische Eigenschaften

Formbeständigkeit in der Wärme   Verfahren   °C
                                          Verfahren   °C
Vicat Erweichungstemperatur (VST)   Verfahren   °C
                                          Verfahren   °C
Kristallit-Schmelzpunkt   Verfahren

Längenausdehnungskoeffizient   Bereich   °C   · 10⁻⁴K⁻¹
                                          Temperatur   · 10⁻⁴K⁻¹
Wärmeleitfähigkeit   Verfahren   W/(K · m)

Spezifische Wärmekapazität   Verfahren   J/(K · g)

Glasumwandlungstemperatur   Torsionsschwingungsversuch   °C
                                          Differentialkalorimetrie   °C

Brandverhalten

UL-Test vertikal   Dicke   mm, Wert
                                          Dicke   mm, Wert

	Norm	Bewertung	Abmessungen
Sauerstoff-Index	ASTM D 2863		
Glühstab-Verfahren			
Brandverhalten	DIN 4102		
MVSS			
FAR			

Elektrische Eigenschaften

	Hz	°C			Probekörper, Form
Dielektrizitätszahl	50				
	10³				
	10⁶				
Dielektrischer Verlustfaktor tan δ	50				
	10³				
	10⁶				

Spezifischer Durchgangs-
   widerstand   Ohm · cm
Durchschlagfestigkeit   kV/mm   mm dick
Oberflächenwiderstand   Ohm

Kriechstromfestigkeit   KC   KB   KA
Elektrolytische Korrosionswirkung
Lichtbogenfestigkeit nach DIN
          nach ASTM   s

Beständigkeit *(Chemische Beständigkeit siehe Anhang)*

Wasseraufnahme

Feuchtigkeitsaufnahme Normalklima   %
Wetterbeständigkeit

Spannungskorrosion

Optische Eigenschaften

Brechungszahl n$_D$
Transmissionsgrad τ$_c$ %   mm dick
Lichtdurchlässigkeit

Produkt	Polyethylen mittlerer Dichte	**PE**
Handelsname	**Eraclear 8504 UV 8D**	
Hersteller	ENICHEM	
DIN-Bez 1	16776-PE,RGL,35-D022	
DIN-Bez 2		

Zusätze	UV-Stabilisator	*Füllstoffe/ Verstärkung*	
Bevorzugte Verarbeitung	Rotationsformen	*Lieferform*	Granulat
		Farben	Natur
Besondere Merkmale	Steif; Zaeh; Herausragende Witterungsbestaendigkeit	*Bevorzugte Anwendungen*	Chemikalientank fuer die Landwirtschaft

---

Dichte	g/cm³	0.937	*Schmelzindex*	g/10 min	1.9:	190/2.16
Schüttdichte	g/cm³		*Volumenfließindex*	cm³/10 min	:	
Viskositätszahl	ml/g				

Verarbeitungsbedingungen für Spritzgießen

Massetemp.	°C		*Schwindung*	%	lgs	, quer
Werkzeugtemp.	°C		*Bemerkungen*		
Spritzdruck	bar				

Zugversuch 23 °C

	Probekörper: Form	*Herstellung*
	Zustand	*Vorbehandlung*

Streckspannung	N/mm²	*Dehnung bei Streckspannung*	%
Zugfestigkeit	N/mm²	*Reißdehnung*	%
Reißfestigkeit	N/mm²	% *Dehnspannung*	N/mm²
E-Modul	N/mm²	*Dehnung bei* % *Dehnspg.*	%

Kriechmoduln und Zeitstandwerte 23 °C

	Probekörper: Form	*Herstellung*
	Zustand	*Vorbehandlung*

Kriechmodul	1 min N/mm²	*Zeitstandzugfestigkeit*	h N/mm²
Kriechmodul	1000 h N/mm²	*Zeitdehnspg.* %	h N/mm²
bei Spannung	N/mm²		

Biegeversuch 23 °C

	Probekörper: Form	*Herstellung*
	Zustand	*Vorbehandlung*

Biegefestigkeit	N/mm²	*E-Modul*	N/mm²
3,5% Biegespannung	N/mm²		

Härte 23 °C

	Probekörper: Zustand	*Herstellung*
		Vorbehandlung

Kugeldruckhärte	N/mm²	bei N, s	*Shore-Härte* A
Rockwellhärte			*Shore-Härte* D

Schlagversuch

	Probekörper: (1)	
	(2)	*Herstellung*
	Zustand	*Vorbehandlung*
	°C	°C	°C	*Probekörper-Form*

Schlagzähigkeit	kJ/m²
Kerbschlagzähigkeit (1)	kJ/m²
IZOD-Kerbschlagzähigkeit (2)	J/m
Kerbschlagzugzähigkeit	kJ/m²

Abrieb und Reibung

Taber-Abrieb (Reibradverfahren) mm³/100 U
Abriebfaktor LNP (Thrust washer) Vergleichswert
Statische Reibungszahl
Dynamische Reibungszahl (p·v =   N/mm² ·   m/min)
Zulässiger p·v Wert N/mm² · (m/min) v =   m/min
  v =   m/min

Thermische Eigenschaften

Formbeständigkeit in der Wärme *Verfahren* °C
  Verfahren °C
Vicat Erweichungstemperatur (VST) *Verfahren* °C
  Verfahren °C
Kristallit-Schmelzpunkt *Verfahren*

Längenausdehnungskoeffizient *Bereich* °C $\cdot 10^{-4} K^{-1}$
  Temperatur $\cdot 10^{-4} K^{-1}$
Wärmeleitfähigkeit *Verfahren* W/(K·m)

Spezifische Wärmekapazität *Verfahren* J/(K·g)

Glasumwandlungstemperatur *Torsionsschwingungsversuch* °C
  Differentialkalorimetrie °C

Brandverhalten

UL-Test vertikal Dicke mm, Wert
  Dicke mm, Wert

  Norm *Bewertung* *Abmessungen*

Sauerstoff-Index ASTM D 2863
Glühstab-Verfahren
Brandverhalten DIN 4102
MVSS
FAR

Elektrische Eigenschaften

  Hz °C *Probekörper, Form*

Dielektrizitätszahl 50
  10^3
  10^6
Dielektrischer Verlustfaktor tan δ 50
  10^3
  10^6

Spezifischer Durchgangs-
  widerstand Ohm·cm
Durchschlagfestigkeit kV/mm mm dick
Oberflächenwiderstand Ohm

Kriechstromfestigkeit KC KB KA
Elektrolytische Korrosionswirkung
Lichtbogenfestigkeit nach DIN
  nach ASTM s

Beständigkeit *(Chemische Beständigkeit siehe Anhang)*

Wasseraufnahme

Feuchtigkeitsaufnahme Normalklima %
Wetterbeständigkeit

Spannungskorrosion

Optische Eigenschaften

Brechungszahl n_D
Transmissionsgrad τ_c % mm dick
Lichtdurchlässigkeit

Produkt	Polyethylen hoher Dichte	**PE**
Handelsname	**Eraclear 8506 UV 8D**	
Hersteller	ENICHEM	
DIN-Bez 1	16776-PE,RGL,40-D045	
DIN-Bez 2		

Zusätze	UV-Stabilisator	*Füllstoffe/ Verstärkung*	
Bevorzugte Verarbeitung	Rotationsformen	*Lieferform*	Granulat
		Farben	Natur
Besondere Merkmale	Steif; Atoxisch	*Bevorzugte Anwendungen*	Wasserbehaelter

---

Dichte	g/cm^3	0.940	*Schmelzindex*	g/10 min	3.8: 190/2.16
Schüttdichte	g/cm^3		*Volumenfließindex*	cm^3/10 min	:
Viskositätszahl	ml/g				

Verarbeitungsbedingungen für Spritzgießen

Massetemp.	°C	*Schwindung*	%	lgs , quer
Werkzeugtemp.	°C	*Bemerkungen*		
Spritzdruck	bar			

Zugversuch 23 °C

		Probekörper:	Form	*Herstellung*	
			Zustand	*Vorbehandlung*	
Streckspannung	N/mm^2			*Dehnung bei Streckspannung*	%
Zugfestigkeit	N/mm^2			*Reißdehnung*	%
Reißfestigkeit	N/mm^2			% *Dehnspannung*	N/mm^2
E-Modul	N/mm^2			*Dehnung bei* % *Dehnspg.*	%

Kriechmoduln und Zeitstandwerte 23 °C

		Probekörper:	Form	*Herstellung*	
			Zustand	*Vorbehandlung*	
Kriechmodul	1 min N/mm^2			*Zeitstandzugfestigkeit*	h N/mm^2
Kriechmodul	1000 h N/mm^2			*Zeitdehnspg.* %	h N/mm^2
bei Spannung	N/mm^2				

Biegeversuch 23 °C

		Probekörper:	Form	*Herstellung*	
			Zustand	*Vorbehandlung*	
Biegefestigkeit	N/mm^2		*E-Modul*	N/mm^2	
3,5% Biegespannung	N/mm^2				

Härte 23 °C   *Probekörper:*   *Zustand*   *Herstellung* / *Vorbehandlung*

Kugeldruckhärte	N/mm^2	bei N, s	*Shore-Härte* A	
Rockwellhärte			*Shore-Härte* D	

Schlagversuch   *Probekörper:* (1) / (2) / *Zustand*   *Herstellung* / *Vorbehandlung*

	°C	°C	°C	*Probekörper-Form*
Schlagzähigkeit kJ/m^2				
Kerbschlagzähigkeit (1) kJ/m^2				
IZOD-Kerbschlagzähigkeit (2) J/m				
Kerbschlagzugzähigkeit kJ/m^2				

Abrieb und Reibung

Taber-Abrieb (Reibradverfahren)	mm³/100 U
Abriebfaktor LNP (Thrust washer) Vergleichswert	
Statische Reibungszahl	
Dynamische Reibungszahl	(p·v = N/mm² · m/min)
Zulässiger p · v Wert	N/mm² · (m/min) v = m/min
	v = m/min

Thermische Eigenschaften

Formbeständigkeit in der Wärme	*Verfahren*	°C
	Verfahren	°C
Vicat Erweichungstemperatur (VST)	*Verfahren*	°C
	Verfahren	°C
Kristallit-Schmelzpunkt	*Verfahren*	
Längenausdehnungskoeffizient	*Bereich* °C	$\cdot 10^{-4} K^{-1}$
	Temperatur	$\cdot 10^{-4} K^{-1}$
Wärmeleitfähigkeit	*Verfahren*	W/(K · m)
Spezifische Wärmekapazität	*Verfahren*	J/(K · g)
Glasumwandlungstemperatur	*Torsionsschwingungsversuch*	°C
	Differentialkalorimetrie	°C

Brandverhalten

UL-Test vertikal	*Dicke* mm, Wert	
	Dicke mm, Wert	

	Norm	*Bewertung*	*Abmessungen*
Sauerstoff-Index	ASTM D 2863		
Glühstab-Verfahren			
Brandverhalten	DIN 4102		
MVSS			
FAR			

Elektrische Eigenschaften

		Hz	°C	*Probekörper, Form*
Dielektrizitätszahl		50		
		10³		
		10⁶		
Dielektrischer Verlustfaktor tan δ		50		
		10³		
		· 10⁶		
Spezifischer Durchgangs-widerstand	Ohm · cm			
Durchschlagfestigkeit	kV/mm			mm dick
Oberflächenwiderstand	Ohm			
Kriechstromfestigkeit		KC	KB	KA
Elektrolytische Korrosionswirkung				
Lichtbogenfestigkeit nach DIN				
nach ASTM	s			

Beständigkeit *(Chemische Beständigkeit siehe Anhang)*

Wasseraufnahme	
Feuchtigkeitsaufnahme Normalklima	%
Wetterbeständigkeit	
Spannungskorrosion	

Optische Eigenschaften

Brechungszahl n_D		
Transmissionsgrad τ_c	%	mm dick
Lichtdurchlässigkeit		

| *Datenbank-Nr.* | **T06252** | *Merkblatt-Nr.* **3898** |

Produkt	Polyethylen hoher Dichte	**PE**
Handelsname	**Eraclear 8507 UV 8A**	
Hersteller	ENICHEM	
DIN-Bez 1	16776-PE,RGL,40-D045	
DIN-Bez 2		

Zusätze	UV-Stabilisator	*Füllstoffe/ Verstärkung*	
Bevorzugte Verarbeitung	Rotationsformen	*Lieferform*	Granulat
		Farben	Natur
Besondere Merkmale	Steif; Zaeh	*Bevorzugte Anwendungen*	Transportkasten

---

Dichte	g/cm³	0.940	*Schmelzindex*	g/10 min	5.0:	190/2.16
Schüttdichte	g/cm³		*Volumenfließindex*	cm³/10 min	:	
Viskositätszahl	ml/g					

Verarbeitungsbedingungen für Spritzgießen

Massetemp.	°C		*Schwindung*	%	lgs	, quer
Werkzeugtemp.	°C		*Bemerkungen*			
Spritzdruck	bar					

Zugversuch 23 °C

	Probekörper:	*Form*		*Herstellung*	
		Zustand		*Vorbehandlung*	
Streckspannung	N/mm²		*Dehnung bei Streckspannung*	%
Zugfestigkeit	N/mm²		*Reißdehnung*	%
Reißfestigkeit	N/mm²		% *Dehnspannung*	N/mm²
E-Modul	N/mm²		*Dehnung bei* % *Dehnspg.*	%

Kriechmoduln und Zeitstandwerte 23 °C

	Probekörper:	*Form*		*Herstellung*	
		Zustand		*Vorbehandlung*	
Kriechmodul	1 min N/mm²		*Zeitstandzugfestigkeit*	h N/mm²
Kriechmodul	1000 h N/mm²		*Zeitdehnspg.* %	h N/mm²
bei Spannung	N/mm²			

Biegeversuch 23 °C

	Probekörper:	*Form*		*Herstellung*	
		Zustand		*Vorbehandlung*	
Biegefestigkeit	N/mm²	*E-Modul*	N/mm²
3,5% Biegespannung	N/mm²		

Härte 23 °C

	Probekörper:	*Zustand*		*Herstellung*	
				Vorbehandlung	
Kugeldruckhärte	N/mm²	bei N, s	*Shore-Härte* A
Rockwellhärte			*Shore-Härte* D

Schlagversuch

	Probekörper:	*(1)*			
		(2)		*Herstellung*	
		Zustand		*Vorbehandlung*	
		°C	°C	°C	*Probekörper-Form*

Schlagzähigkeit	kJ/m²
Kerbschlagzähigkeit (1)	kJ/m²
IZOD-Kerbschlagzähigkeit (2)	J/m
Kerbschlagzugzähigkeit	kJ/m²

Abrieb und Reibung

Taber-Abrieb (Reibradverfahren)   mm^3/100 U
Abriebfaktor LNP (Thrust washer) Vergleichswert
Statische Reibungszahl
Dynamische Reibungszahl   (p·v =   N/mm^2 ·   m/min)
Zulässiger p · v Wert   N/mm^2 · (m/min)   v =   m/min
                                                                          v =   m/min

Thermische Eigenschaften

Formbeständigkeit in der Wärme   *Verfahren*   °C
                                         Verfahren   °C
Vicat Erweichungstemperatur (VST)   *Verfahren*   °C
                                         Verfahren   °C
Kristallit-Schmelzpunkt   *Verfahren*

Längenausdehnungskoeffizient   *Bereich*   °C   · 10^{-4}K^{-1}
                                         Temperatur   · 10^{-4}K^{-1}
Wärmeleitfähigkeit   *Verfahren*   W/(K · m)

Spezifische Wärmekapazität   *Verfahren*   J/(K · g)

Glasumwandlungstemperatur   *Torsionsschwingungsversuch*   °C
                                         Differentialkalorimetrie   °C

Brandverhalten

UL-Test vertikal   Dicke   mm, Wert
                                         Dicke   mm, Wert

	Norm	*Bewertung*	*Abmessungen*
Sauerstoff-Index	ASTM D 2863		
Glühstab-Verfahren			
Brandverhalten	DIN 4102		
MVSS			
FAR			

Elektrische Eigenschaften

	Hz	°C	*Probekörper, Form*
Dielektrizitätszahl	50		
	10^3		
	10^6		
Dielektrischer Verlustfaktor tan δ	50		
	10^3		
	10^6		

Spezifischer Durchgangs-
  widerstand   Ohm · cm
Durchschlagfestigkeit   kV/mm   mm dick
Oberflächenwiderstand   Ohm

Kriechstromfestigkeit   KC   KB   KA
Elektrolytische Korrosionswirkung
Lichtbogenfestigkeit nach DIN
                nach ASTM   s

Beständigkeit *(Chemische Beständigkeit siehe Anhang)*

Wasseraufnahme

Feuchtigkeitsaufnahme Normalklima   %
Wetterbeständigkeit

Spannungskorrosion

Optische Eigenschaften

Brechungszahl n$_D$
Transmissionsgrad τ$_c$ %   mm dick
Lichtdurchlässigkeit

Produkt	Polyethylen hoher Dichte	**PE**
Handelsname	**Eraclear 8507 UV 8D**	
Hersteller	ENICHEM	
DIN-Bez 1	16776-PE,RGL,40-D045	
DIN-Bez 2		

Zusätze	UV-Stabilisator	*Füllstoffe/ Verstärkung*	
Bevorzugte Verarbeitung	Rotationsformen	*Lieferform*	Granulat
		Farben	Natur
Besondere Merkmale	Steif; Zaeh; Sehr gute Witterungsbe- staendigkeit	*Bevorzugte Anwendungen*	Transportkasten

Dichte	g/cm³	0.940	*Schmelzindex* g/10 min	5.0: 190/2.16
Schüttdichte	g/cm³		*Volumenfließindex* cm³/10 min	:
Viskositätszahl	ml/g			

Verarbeitungsbedingungen für Spritzgießen

Massetemp.	°C		*Schwindung* %	lgs , quer
Werkzeugtemp.	°C		*Bemerkungen*	
Spritzdruck	bar			

Zugversuch 23 °C

        Probekörper: Form   *Herstellung*
                                   Zustand   *Vorbehandlung*

Streckspannung	N/mm²	*Dehnung bei Streckspannung*	%
Zugfestigkeit	N/mm²	*Reißdehnung*	%
Reißfestigkeit	N/mm²	% *Dehnspannung*	N/mm²
E-Modul	N/mm²	*Dehnung bei* % *Dehnspg.*	%

Kriechmoduln und Zeitstandwerte 23 °C

        Probekörper: Form   *Herstellung*
                                   Zustand   *Vorbehandlung*

Kriechmodul	1 min	N/mm²	*Zeitstandzugfestigkeit*	h N/mm²
Kriechmodul	1000 h	N/mm²	*Zeitdehnspg.* %	h N/mm²
bei Spannung		N/mm²		

Biegeversuch 23 °C

        Probekörper: Form   *Herstellung*
                                   Zustand   *Vorbehandlung*

Biegefestigkeit	N/mm²	*E-Modul*	N/mm²
3,5% Biegespannung	N/mm²		

Härte 23 °C   *Probekörper:* Zustand   *Herstellung*
                                                                 Vorbehandlung

Kugeldruckhärte	N/mm² bei N, s	*Shore-Härte* A	
Rockwellhärte		*Shore-Härte* D	

Schlagversuch   *Probekörper:* (1)
                                        (2)
                                   Zustand   *Herstellung*
                                                            Vorbehandlung

°C	°C	°C	*Probekörper-Form*

Schlagzähigkeit	kJ/m²	
Kerbschlagzähigkeit (1)	kJ/m²	
IZOD-Kerbschlagzähigkeit (2)	J/m	
Kerbschlagzugzähigkeit	kJ/m²	

Abrieb und Reibung

Taber-Abrieb (Reibradverfahren)	mm³/100 U
Abriebfaktor LNP (Thrust washer) Vergleichswert	
Statische Reibungszahl	
Dynamische Reibungszahl	(p · v = N/mm² · m/min)
Zulässiger p · v Wert	N/mm² · (m/min) v = m/min
	v = m/min

Thermische Eigenschaften

Formbeständigkeit in der Wärme	*Verfahren*	°C
	Verfahren	°C
Vicat Erweichungstemperatur (VST)	*Verfahren*	°C
	Verfahren	°C
Kristallit-Schmelzpunkt	*Verfahren*	
Längenausdehnungskoeffizient	*Bereich* °C	· 10⁻⁴K⁻¹
	Temperatur	· 10⁻⁴K⁻¹
Wärmeleitfähigkeit	*Verfahren*	W/(K · m)
Spezifische Wärmekapazität	*Verfahren*	J/(K · g)
Glasumwandlungstemperatur	*Torsionsschwingungsversuch* °C	
	Differentialkalorimetrie °C	

Brandverhalten

UL-Test vertikal	Dicke mm, Wert
	Dicke mm, Wert

	Norm	*Bewertung*	*Abmessungen*
Sauerstoff-Index	ASTM D 2863		
Glühstab-Verfahren			
Brandverhalten	DIN 4102		
MVSS			
FAR			

Elektrische Eigenschaften

		Hz	°C	*Probekörper, Form*
Dielektrizitätszahl		50		
		10³		
		10⁶		
Dielektrischer Verlustfaktor tan δ		50		
		10³		
		10⁶		
Spezifischer Durchgangs-widerstand	Ohm · cm			
Durchschlagfestigkeit	kV/mm			mm dick
Oberflächenwiderstand	Ohm			
Kriechstromfestigkeit	KC	KB	KA	
Elektrolytische Korrosionswirkung				
Lichtbogenfestigkeit nach DIN				
nach ASTM	s			

Beständigkeit *(Chemische Beständigkeit siehe Anhang)*

Wasseraufnahme	
Feuchtigkeitsaufnahme Normalklima	%
Wetterbeständigkeit	
Spannungskorrosion	

Optische Eigenschaften

Brechungszahl n$_D$		
Transmissionsgrad τ$_c$	%	mm dick
Lichtdurchlässigkeit		

Produkt	Polyethylen hoher Dichte	**PE**
Handelsname	**Eraclear 8705 UV 8A DE**	
Hersteller	ENICHEM	
DIN-Bez 1	16776-PE,RGL,50-D022	
DIN-Bez 2		

Zusätze	UV-Stabilisator	*Füllstoffe/ Verstärkung*	
Bevorzugte Verarbeitung	Rotationsformen	*Lieferform*	Granulat
		Farben	Natur
Besondere Merkmale	Sehr gute Steifheit; Gute Streckspannung	*Bevorzugte Anwendungen*	Lagerbehaelter

---

Dichte	g/cm³	0.949	*Schmelzindex*	g/10 min	2.7: 190/2.16
Schüttdichte	g/cm³		*Volumenfließindex*	cm³/10 min	:
Viskositätszahl	ml/g				

Verarbeitungsbedingungen für Spritzgießen

Massetemp.	°C		*Schwindung*	%	lgs , quer
Werkzeugtemp.	°C		*Bemerkungen*		
Spritzdruck	bar				

Zugversuch 23 °C

	Probekörper:	*Form*	*Herstellung*
		Zustand	*Vorbehandlung*
Streckspannung	N/mm²	*Dehnung bei Streckspannung*	%
Zugfestigkeit	N/mm²	*Reißdehnung*	%
Reißfestigkeit	N/mm²	% *Dehnspannung*	N/mm²
E-Modul	N/mm²	*Dehnung bei* % *Dehnspg.*	%

Kriechmoduln und Zeitstandwerte 23 °C

	Probekörper:	*Form*	*Herstellung*
		Zustand	*Vorbehandlung*
Kriechmodul	1 min N/mm²	*Zeitstandzugfestigkeit*	h N/mm²
Kriechmodul	1000 h N/mm²	*Zeitdehnspg.* %	h N/mm²
bei Spannung	N/mm²		

Biegeversuch 23 °C

	Probekörper:	*Form*	*Herstellung*
		Zustand	*Vorbehandlung*
Biegefestigkeit	N/mm²	*E-Modul*	N/mm²
3,5% Biegespannung	N/mm²		

Härte 23 °C

	Probekörper:	*Zustand*	*Herstellung*
			Vorbehandlung
Kugeldruckhärte	N/mm²	bei N, s	*Shore-Härte* A
Rockwellhärte			*Shore-Härte* D

Schlagversuch

	Probekörper:	*(1)*		
		(2)	*Herstellung*	
		Zustand	*Vorbehandlung*	
	°C	°C	°C	*Probekörper-Form*

Schlagzähigkeit	kJ/m²
Kerbschlagzähigkeit (1)	kJ/m²
IZOD-Kerbschlagzähigkeit (2)	J/m
Kerbschlagzugzähigkeit	kJ/m²

Abrieb und Reibung

Taber-Abrieb (Reibradverfahren)	mm^3/100 U
Abriebfaktor LNP (Thrust washer) Vergleichswert	
Statische Reibungszahl	
Dynamische Reibungszahl	$(p \cdot v =$　　　N/mm$^2 \cdot$　　m/min$)$
Zulässiger p · v Wert	N/mm$^2 \cdot$ (m/min)　v =　　m/min
	v =　　m/min

Thermische Eigenschaften

Formbeständigkeit in der Wärme	*Verfahren*	°C
	Verfahren	°C
Vicat Erweichungstemperatur (VST)	*Verfahren*	°C
	Verfahren	°C
Kristallit-Schmelzpunkt	*Verfahren*	
Längenausdehnungskoeffizient	*Bereich*　　　°C	$\cdot 10^{-4}$K^{-1}
	Temperatur	$\cdot 10^{-4}$K^{-1}
Wärmeleitfähigkeit	*Verfahren*	W/(K · m)
Spezifische Wärmekapazität	*Verfahren*	J/(K · g)
Glasumwandlungstemperatur	*Torsionsschwingungsversuch*	°C
	Differentialkalorimetrie	°C

Brandverhalten

UL-Test vertikal	Dicke　　mm, Wert	
	Dicke　　mm, Wert	

	Norm	*Bewertung*	*Abmessungen*
Sauerstoff-Index	ASTM D 2863		
Glühstab-Verfahren			
Brandverhalten	DIN 4102		
MVSS			
FAR			

Elektrische Eigenschaften

	Hz	°C	*Probekörper, Form*
Dielektrizitätszahl	50		
	10^3		
	10^6		
Dielektrischer Verlustfaktor tan δ	50		
	10^3		
	10^6		

Spezifischer Durchgangs-widerstand	Ohm · cm	
Durchschlagfestigkeit	kV/mm	mm dick
Oberflächenwiderstand	Ohm	

Kriechstromfestigkeit	KC	KB	KA
Elektrolytische Korrosionswirkung			
Lichtbogenfestigkeit nach DIN			
nach ASTM　s			

Beständigkeit *(Chemische Beständigkeit siehe Anhang)*

Wasseraufnahme

Feuchtigkeitsaufnahme Normalklima　　　　　　　　　　　　　　　　%
Wetterbeständigkeit

Spannungskorrosion

Optische Eigenschaften

Brechungszahl n$_D$
Transmissionsgrad τ_c　　%　　　　　mm dick
Lichtdurchlässigkeit

Produkt	Lineares Polyethylen niedriger Dichte	**PE**
Handelsname	**Eraclear 8111**	
Hersteller	ENICHEM	
DIN-Bez 1	16776-PE,RG,25-D200	
DIN-Bez 2		

Zusätze		*Füllstoffe/ Verstärkung*	
Bevorzugte Verarbeitung	Rotationsformen	*Lieferform*	Granulat
		Farben	Natur
Besondere Merkmale	Gute Verarbeitbarkeit; Zaeh; Flexibel	*Bevorzugte Anwendungen*	Spielzeug; Moebel; Bedarfsartikel

---

Dichte	g/cm^3	0.924	*Schmelzindex*	g/10 min 20.0: 190/2.16
Schüttdichte	g/cm^3		*Volumenfließindex*	cm^3/10 min :
Viskositätszahl	ml/g			

Verarbeitungsbedingungen für Spritzgießen

Massetemp.	°C		*Schwindung*	% lgs , quer
Werkzeugtemp.	°C		*Bemerkungen*	
Spritzdruck	bar			

Zugversuch 23 °C

	Probekörper:	*Form*	*Herstellung*
		Zustand	*Vorbehandlung*
Streckspannung	N/mm^2	*Dehnung bei Streckspannung*	%
Zugfestigkeit	N/mm^2	*Reißdehnung*	%
Reißfestigkeit	N/mm^2	% *Dehnspannung*	N/mm^2
E-Modul	N/mm^2	*Dehnung bei % Dehnspg.*	%

Kriechmoduln und Zeitstandwerte 23 °C

	Probekörper:	*Form*	*Herstellung*
		Zustand	*Vorbehandlung*
Kriechmodul	1 min N/mm^2	*Zeitstandzugfestigkeit*	h N/mm^2
Kriechmodul	1000 h N/mm^2	*Zeitdehnspg. %*	h N/mm^2
bei Spannung	N/mm^2		

Biegeversuch 23 °C

	Probekörper:	*Form*	*Herstellung*
		Zustand	*Vorbehandlung*
Biegefestigkeit	N/mm^2	*E-Modul*	N/mm^2
3,5% Biegespannung	N/mm^2		

Härte 23 °C   *Probekörper:*   *Zustand*   *Herstellung Vorbehandlung*

Kugeldruckhärte	N/mm^2	bei N, s	*Shore-Härte* A
Rockwellhärte			*Shore-Härte* D

Schlagversuch   *Probekörper:*   *(1)*

(2)

Zustand   *Herstellung Vorbehandlung*

°C	°C	°C	*Probekörper-Form*

Schlagzähigkeit	kJ/m^2
Kerbschlagzähigkeit (1)	kJ/m^2
IZOD-Kerbschlagzähigkeit (2)	J/m
Kerbschlagzugzähigkeit	kJ/m^2

Abrieb und Reibung

Taber-Abrieb (Reibradverfahren)   mm³/100 U
Abriebfaktor LNP (Thrust washer) Vergleichswert
Statische Reibungszahl
Dynamische Reibungszahl   (p · v =   N/mm² ·   m/min)
Zulässiger p · v Wert   N/mm² · (m/min)   v =   m/min
          v =   m/min

Thermische Eigenschaften

Formbeständigkeit in der Wärme   Verfahren   °C
          Verfahren   °C
Vicat Erweichungstemperatur (VST)   Verfahren   °C
          Verfahren   °C
Kristallit-Schmelzpunkt   Verfahren

Längenausdehnungskoeffizient   Bereich   °C $\cdot 10^{-4} K^{-1}$
          Temperatur $\cdot 10^{-4} K^{-1}$
Wärmeleitfähigkeit   Verfahren   W/(K · m)

Spezifische Wärmekapazität   Verfahren   J/(K · g)

Glasumwandlungstemperatur   Torsionsschwingungsversuch   °C
          Differentialkalorimetrie   °C

Brandverhalten

UL-Test vertikal   Dicke   mm, Wert
          Dicke   mm, Wert

          Norm   Bewertung   Abmessungen

Sauerstoff-Index   ASTM D 2863
Glühstab-Verfahren
Brandverhalten   DIN 4102
MVSS
FAR

Elektrische Eigenschaften

          Hz   °C   Probekörper, Form

Dielektrizitätszahl   50
          10^3
          10^6
Dielektrischer Verlustfaktor tan δ 50
          10^3
          10^6

Spezifischer Durchgangs-
  widerstand   Ohm · cm
Durchschlagfestigkeit   kV/mm   mm dick
Oberflächenwiderstand   Ohm

Kriechstromfestigkeit   KC   KB   KA
Elektrolytische Korrosionswirkung
Lichtbogenfestigkeit nach DIN
          nach ASTM   s

Beständigkeit *(Chemische Beständigkeit siehe Anhang)*

Wasseraufnahme

Feuchtigkeitsaufnahme Normalklima   %
Wetterbeständigkeit

Spannungskorrosion

Optische Eigenschaften

Brechungszahl n_D
Transmissionsgrad τ_c %   mm dick
Lichtdurchlässigkeit

Produkt	Polyethylen mittlerer Dichte	**PE**
Handelsname	**Eraclear 8405 UV 8A**	
Hersteller	ENICHEM	
DIN-Bez 1	16776-PE,RGL,35-D022	
DIN-Bez 2		

Zusätze	UV-Stabilisator	*Füllstoffe/ Verstärkung*	
Bevorzugte Verarbeitung	Rotationsformen	*Lieferform*	Granulat
		Farben	Natur
Besondere Merkmale	Gute Verarbeitbarkeit; Witterungsbe- staendig	*Bevorzugte Anwendungen*	Lebensmittelverpackung

---

Dichte	g/cm^3	0.937	*Schmelzindex* g/10 min	2.7: 190/2.16
Schüttdichte	g/cm^3		*Volumenfließindex* cm^3/10 min	:
Viskositätszahl	ml/g			

Verarbeitungsbedingungen für Spritzgießen

Massetemp.	°C	*Schwindung* %	lgs , quer
Werkzeugtemp.	°C	*Bemerkungen*	
Spritzdruck	bar		

Zugversuch 23 °C

	Probekörper:	Form	*Herstellung*
		Zustand	*Vorbehandlung*

Streckspannung	N/mm^2	*Dehnung bei Streckspannung*	%
Zugfestigkeit	N/mm^2	*Reißdehnung*	%
Reißfestigkeit	N/mm^2	% *Dehnspannung*	N/mm^2
E-Modul	N/mm^2	*Dehnung bei* % *Dehnspg.*	%

Kriechmoduln und Zeitstandwerte 23 °C

	Probekörper:	Form	*Herstellung*
		Zustand	*Vorbehandlung*

Kriechmodul	1 min N/mm^2	*Zeitstandzugfestigkeit*	h N/mm^2
Kriechmodul	1000 h N/mm^2	*Zeitdehnspg.* %	h N/mm^2
bei Spannung	N/mm^2		

Biegeversuch 23 °C

	Probekörper:	Form	*Herstellung*
		Zustand	*Vorbehandlung*

Biegefestigkeit	N/mm^2	*E-Modul*	N/mm^2
3,5% Biegespannung	N/mm^2		

Härte 23 °C

	Probekörper:	Zustand	*Herstellung*
			Vorbehandlung

Kugeldruckhärte	N/mm^2 bei N, s	*Shore-Härte* A	
Rockwellhärte		*Shore-Härte* D	

Schlagversuch

	Probekörper:	(1)	
		(2)	*Herstellung*
		Zustand	*Vorbehandlung*

°C	°C	°C	*Probekörper-Form*

Schlagzähigkeit	kJ/m^2
Kerbschlagzähigkeit (1)	kJ/m^2
IZOD-Kerbschlagzähigkeit (2)	J/m
Kerbschlagzugzähigkeit	kJ/m^2

Abrieb und Reibung

Taber-Abrieb (Reibradverfahren)	mm³/100 U
Abriebfaktor LNP (Thrust washer) Vergleichswert	
Statische Reibungszahl	
Dynamische Reibungszahl	$(p \cdot v =$ N/mm² · m/min$)$
Zulässiger $p \cdot v$ Wert	N/mm² · (m/min) v = m/min
	v = m/min

Thermische Eigenschaften

Formbeständigkeit in der Wärme	*Verfahren*		°C
	Verfahren		°C
Vicat Erweichungstemperatur (VST)	*Verfahren*		°C
	Verfahren		°C
Kristallit-Schmelzpunkt	*Verfahren*		
Längenausdehnungskoeffizient	*Bereich*	°C	$\cdot 10^{-4}\text{K}^{-1}$
	Temperatur		$\cdot 10^{-4}\text{K}^{-1}$
Wärmeleitfähigkeit	*Verfahren*		W/(K · m)
Spezifische Wärmekapazität	*Verfahren*		J/(K · g)
Glasumwandlungstemperatur	*Torsionsschwingungsversuch*	°C	
	Differentialkalorimetrie	°C	

Brandverhalten

UL-Test vertikal	*Dicke*	mm, Wert	
	Dicke	mm, Wert	

	Norm	*Bewertung*	*Abmessungen*
Sauerstoff-Index	ASTM D 2863		
Glühstab-Verfahren			
Brandverhalten	DIN 4102		
MVSS			
FAR			

Elektrische Eigenschaften

	Hz	°C	*Probekörper, Form*
Dielektrizitätszahl	50		
	10^3		
	10^6		
Dielektrischer Verlustfaktor tan δ	50		
	10^3		
	10^6		

Spezifischer Durchgangs-		
widerstand	Ohm · cm	
Durchschlagfestigkeit	kV/mm	mm dick
Oberflächenwiderstand	Ohm	

Kriechstromfestigkeit	KC	KB	KA
Elektrolytische Korrosionswirkung			
Lichtbogenfestigkeit nach DIN			
nach ASTM	s		

Beständigkeit *(Chemische Beständigkeit siehe Anhang)*

Wasseraufnahme

Feuchtigkeitsaufnahme Normalklima   %
Wetterbeständigkeit

Spannungskorrosion

Optische Eigenschaften

Brechungszahl n_D
Transmissionsgrad τ_c %   mm dick
Lichtdurchlässigkeit

Produkt	Polyethylen mittlerer Dichte	**PE**
Handelsname	**Eraclear 8409 UV 8D**	
Hersteller	ENICHEM	
DIN-Bez 1	16776-PE,RGL,35-D200	
DIN-Bez 2		

Zusätze	UV-Stabilisator	*Füllstoffe/* *Verstärkung*	
Bevorzugte *Verarbeitung*	Rotationsformen	*Lieferform*	Granulat
		Farben	Natur
Besondere *Merkmale*	Gute Verarbeitbarkeit; Steif; Gute Witterungsbestaendigkeit	*Bevorzugte* *Anwendungen*	Bedarfsartikel

---

Dichte	g/cm^3	0.937	*Schmelzindex*	g/10 min	12.5:	190/2.16
Schüttdichte	g/cm^3		*Volumenfließindex*	cm^3/10 min	:	
Viskositätszahl	ml/g					

Verarbeitungsbedingungen für Spritzgießen

Massetemp.	°C		*Schwindung*	%	lgs	, quer
Werkzeugtemp.	°C		*Bemerkungen*			
Spritzdruck	bar					

Zugversuch 23 °C

	Probekörper:	*Form*		*Herstellung*
		Zustand		*Vorbehandlung*

Streckspannung	N/mm^2		*Dehnung bei Streckspannung*	%
Zugfestigkeit	N/mm^2		*Reißdehnung*	%
Reißfestigkeit	N/mm^2		% *Dehnspannung*	N/mm^2
E-Modul	N/mm^2		*Dehnung bei* % *Dehnspg.*	%

Kriechmoduln und Zeitstandwerte 23 °C

	Probekörper:	*Form*		*Herstellung*
		Zustand		*Vorbehandlung*

Kriechmodul	1 min N/mm^2		*Zeitstandzugfestigkeit*	h N/mm^2
Kriechmodul	1000 h N/mm^2		*Zeitdehnspg.* %	h N/mm^2
bei Spannung	N/mm^2			

Biegeversuch 23 °C

	Probekörper:	*Form*		*Herstellung*
		Zustand		*Vorbehandlung*

Biegefestigkeit	N/mm^2	*E-Modul*	N/mm^2
3,5% Biegespannung	N/mm^2		

Härte 23 °C

	Probekörper:	*Zustand*	*Herstellung*
			Vorbehandlung

Kugeldruckhärte	N/mm^2	bei N, s	*Shore-Härte* A
Rockwellhärte			*Shore-Härte* D

Schlagversuch

	Probekörper:	*(1)*	
		(2)	*Herstellung*
		Zustand	*Vorbehandlung*

°C	°C	°C	*Probekörper-Form*

Schlagzähigkeit	kJ/m^2
Kerbschlagzähigkeit (1)	kJ/m^2
IZOD-Kerbschlagzähigkeit (2)	J/m
Kerbschlagzugzähigkeit	kJ/m^2

Abrieb und Reibung

Taber-Abrieb (Reibradverfahren)   mm³/100 U
Abriebfaktor LNP (Thrust washer) Vergleichswert
Statische Reibungszahl
Dynamische Reibungszahl   (p · v =   N/mm² ·   m/min)
Zulässiger p · v Wert   N/mm² · (m/min)   v =   m/min
                                                                             v =   m/min

Thermische Eigenschaften

Formbeständigkeit in der Wärme   Verfahren   °C
                                          Verfahren   °C
Vicat Erweichungstemperatur (VST)   Verfahren   °C
                                          Verfahren   °C
Kristallit-Schmelzpunkt   Verfahren

Längenausdehnungskoeffizient   Bereich   °C   · 10^{-4}K^{-1}
                                          Temperatur   · 10^{-4}K^{-1}
Wärmeleitfähigkeit   Verfahren   W/(K · m)

Spezifische Wärmekapazität   Verfahren   J/(K · g)

Glasumwandlungstemperatur   Torsionsschwingungsversuch   °C
                                          Differentialkalorimetrie   °C

Brandverhalten

UL-Test vertikal   Dicke   mm, Wert
                                          Dicke   mm, Wert

	Norm	Bewertung	Abmessungen
Sauerstoff-Index	ASTM D 2863		
Glühstab-Verfahren			
Brandverhalten	DIN 4102		
MVSS			
FAR			

Elektrische Eigenschaften

	Hz	°C			Probekörper, Form
Dielektrizitätszahl	50				
	10^3				
	10^6				
Dielektrischer Verlustfaktor tan δ	50				
	10^3				
	10^6				

Spezifischer Durchgangs-
* widerstand*   Ohm · cm
Durchschlagfestigkeit   kV/mm   mm dick
Oberflächenwiderstand   Ohm

Kriechstromfestigkeit   KC   KB   KA
Elektrolytische Korrosionswirkung
Lichtbogenfestigkeit nach DIN
*   nach ASTM*   s

Beständigkeit *(Chemische Beständigkeit siehe Anhang)*

Wasseraufnahme

Feuchtigkeitsaufnahme Normalklima   %
Wetterbeständigkeit

Spannungskorrosion

Optische Eigenschaften

Brechungszahl n$_D$
Transmissionsgrad τ_c %   mm dick
Lichtdurchlässigkeit

Produkt	Polyethylen mittlerer Dichte	**PE**
Handelsname	**Riblene LX CF 3511**	
Hersteller	ENICHEM	
DIN-Bez 1	16776-PE,FG,35-D022	
DIN-Bez 2		

Zusätze		*Füllstoffe/ Verstärkung*	
Bevorzugte Verarbeitung	Extrudieren	*Lieferform*	Granulat
		Farben	Natur
Besondere Merkmale	Gute Waermebestaendigkeit; Hohe Steifigkeit; Gute optische Eigenschaften	*Bevorzugte Anwendungen*	Blasfolie; Flachfolie; Verpackungsfolie; Tragetasche

---

Dichte	g/cm³	0.935	*Schmelzindex* g/10 min	2: 190/2.16
Schüttdichte	g/cm³		*Volumenfließindex* cm³/10 min	:
Viskositätszahl	ml/g			

Verarbeitungsbedingungen für Spritzgießen

Massetemp.	°C	*Schwindung* %	lgs , quer
Werkzeugtemp.	°C	*Bemerkungen*	
Spritzdruck	bar		

Zugversuch 23 °C

	Probekörper: Form		*Herstellung*
	Zustand		*Vorbehandlung*
Streckspannung	N/mm²	*Dehnung bei Streckspannung*	%
Zugfestigkeit	N/mm²	*Reißdehnung*	%
Reißfestigkeit	N/mm²	% *Dehnspannung*	N/mm²
E-Modul	N/mm²	*Dehnung bei* % *Dehnspg.*	%

Kriechmoduln und Zeitstandwerte 23 °C

	Probekörper: Form		*Herstellung*
	Zustand		*Vorbehandlung*
Kriechmodul	1 min N/mm²	*Zeitstandzugfestigkeit*	h N/mm²
Kriechmodul	1000 h N/mm²	*Zeitdehnspg.* %	h N/mm²
bei Spannung	N/mm²		

Biegeversuch 23 °C

	Probekörper: Form		*Herstellung*
	Zustand		*Vorbehandlung*
Biegefestigkeit	N/mm²	*E-Modul*	N/mm²
3,5% Biegespannung	N/mm²		

Härte 23 °C

	Probekörper: Zustand		*Herstellung*
			Vorbehandlung
Kugeldruckhärte	N/mm² bei N, s	*Shore-Härte* A	
Rockwellhärte		*Shore-Härte* D	

Schlagversuch

Probekörper:	(1)	
	(2)	*Herstellung*
	Zustand	*Vorbehandlung*

°C	°C	°C	*Probekörper-Form*

Schlagzähigkeit	kJ/m²
Kerbschlagzähigkeit (1)	kJ/m²
IZOD-Kerbschlagzähigkeit (2)	J/m
Kerbschlagzugzähigkeit	kJ/m²

Abrieb und Reibung

Taber-Abrieb (Reibradverfahren)   mm³/100 U
Abriebfaktor LNP (Thrust washer) Vergleichswert
Statische Reibungszahl
Dynamische Reibungszahl   (p · v =   N/mm² ·   m/min)
Zulässiger p · v Wert   N/mm² · (m/min)   v =   m/min
                                                                      v =   m/min

Thermische Eigenschaften

Formbeständigkeit in der Wärme   *Verfahren*   °C
                                        Verfahren   °C
Vicat Erweichungstemperatur (VST)   *Verfahren*   °C
                                        Verfahren   °C
Kristallit-Schmelzpunkt   *Verfahren*

Längenausdehnungskoeffizient   *Bereich*   °C   · 10⁻⁴K⁻¹
                                        Temperatur   · 10⁻⁴K⁻¹
Wärmeleitfähigkeit   *Verfahren*   W/(K · m)

Spezifische Wärmekapazität   *Verfahren*   J/(K · g)

Glasumwandlungstemperatur   *Torsionsschwingungsversuch*   °C
                                        Differentialkalorimetrie   °C

Brandverhalten

UL-Test vertikal   Dicke   mm, Wert
                                        Dicke   mm, Wert

                    Norm   *Bewertung*   *Abmessungen*

Sauerstoff-Index   ASTM D 2863
Glühstab-Verfahren
Brandverhalten   DIN 4102
MVSS
FAR

Elektrische Eigenschaften

                                        Hz   °C   *Probekörper, Form*

Dielektrizitätszahl   50
                                        10³
                                        10⁶
Dielektrischer Verlustfaktor tan δ   50
                                        10³
                                        10⁶
Spezifischer Durchgangs-
* widerstand*   Ohm · cm
Durchschlagfestigkeit kV/mm   mm dick
Oberflächenwiderstand Ohm

Kriechstromfestigkeit   KC   KB   KA
Elektrolytische Korrosionswirkung
Lichtbogenfestigkeit nach DIN
            nach ASTM   s

Beständigkeit *(Chemische Beständigkeit siehe Anhang)*

Wasseraufnahme

Feuchtigkeitsaufnahme Normalklima   %
Wetterbeständigkeit

Spannungskorrosion

Optische Eigenschaften

Brechungszahl n$_D$
Transmissionsgrad τ$_c$ %   mm dick
Lichtdurchlässigkeit

Datenbank-Nr.	**T01001**	*Merkblatt-Nr.* **3905**

Produkt	Polybutylenterephthalat	**PBT**
Handelsname	**Celanex 2003**	
Hersteller	HOECHST	
DIN-Bez 1		
DIN-Bez 2		

Zusätze		*Füllstoffe/ Verstärkung*	
Bevorzugte Verarbeitung	Spritzgiessen	*Lieferform*	Granulat
		Farben	Natur; Standard
Besondere Merkmale	Leicht fliessend; Niedrigviskos	*Bevorzugte Anwendungen*	Technisches Formteil; Tastatur

Dichte	g/cm³ 1.31	*Schmelzindex*	g/10 min :
Schüttdichte	g/cm³	*Volumenfließindex*	cm³/10 min :
Viskositätszahl	ml/g		

Verarbeitungsbedingungen für Spritzgießen

Massetemp.	°C	*Schwindung*	% lgs 2.0, quer 2.0
Werkzeugtemp.	°C	*Bemerkungen*	
Spritzdruck	bar		

Zugversuch 23 °C ASTM D638;

Probekörper:	*Form*	*Herstellung*	Spritzgiessen
	Zustand	*Vorbehandlung*	Normalklima
Streckspannung	N/mm²	*Dehnung bei Streckspannung*	%
Zugfestigkeit	N/mm²	*Reißdehnung*	% 60
Reißfestigkeit	N/mm² 57	*% Dehnspannung*	N/mm²
E-Modul	N/mm²	*Dehnung bei % Dehnspg.*	%

Kriechmoduln und Zeitstandwerte 23 °C

Probekörper:	*Form*	*Herstellung*	
	Zustand	*Vorbehandlung*	
Kriechmodul	1 min N/mm²	*Zeitstandzugfestigkeit*	h N/mm²
Kriechmodul	1000 h N/mm²	*Zeitdehnspg. %*	h N/mm²
bei Spannung	N/mm²		

Biegeversuch 23 °C ASTM D790;

Probekörper:	*Form*	*Herstellung*	Spritzgiessen
	Zustand	*Vorbehandlung*	Normalklima
Biegefestigkeit	N/mm²	*E-Modul*	N/mm² 2500
3,5% Biegespannung	N/mm²		

Härte 23 °C

Probekörper:	*Zustand*	*Herstellung*	Spritzgiessen
		Vorbehandlung	Normalklima
Kugeldruckhärte	N/mm² bei N, s	*Shore-Härte* A	
Rockwellhärte	M 75	*Shore-Härte* D	

Schlagversuch

Probekörper:	*(1)*		
	(2) V-Kerbe	*Herstellung*	Spritzgiessen
	Zustand	*Vorbehandlung*	Normalklima
	°C °C	°C	*Probekörper-Form*
Schlagzähigkeit	kJ/m²		
Kerbschlagzähigkeit (1)	kJ/m²		
IZOD-Kerbschlagzähigkeit (2)	J/m 23 37		
Kerbschlagzugzähigkeit	kJ/m²		

Abrieb und Reibung

Taber-Abrieb (Reibradverfahren) mm³/100 U
Abriebfaktor LNP (Thrust washer) Vergleichswert
Statische Reibungszahl
Dynamische Reibungszahl $(p \cdot v =$ N/mm² · m/min$)$
Zulässiger p · v Wert N/mm² · (m/min) v = m/min
  v = m/min

Thermische Eigenschaften

Formbeständigkeit in der Wärme Verfahren B 162 °C
  Verfahren A 51 °C
Vicat Erweichungstemperatur (VST) Verfahren °C
  Verfahren °C
Kristallit-Schmelzpunkt Verfahren

Längenausdehnungskoeffizient Bereich °C $\cdot 10^{-4} \mathrm{K}^{-1}$
  Temperatur $\cdot 10^{-4} \mathrm{K}^{-1}$
Wärmeleitfähigkeit Verfahren W/(K · m)

Spezifische Wärmekapazität Verfahren J/(K · g)

Glasumwandlungstemperatur Torsionsschwingungsversuch °C
  Differentialkalorimetrie °C

Brandverhalten

UL-Test vertikal Dicke mm, Wert HB
  Dicke mm, Wert

	Norm	Bewertung	Abmessungen
Sauerstoff-Index	ASTM D 2863		
Glühstab-Verfahren			
Brandverhalten	DIN 4102		
MVSS			
FAR			

Elektrische Eigenschaften

	Hz	°C		Probekörper, Form
Dielektrizitätszahl	50			
	10³			
	10⁶			
Dielektrischer Verlustfaktor tan δ	50			
	10³			
	10⁶			
Spezifischer Durchgangs-widerstand	Ohm · cm	23	1.0*10**15	
Durchschlagfestigkeit	kV/mm			mm dick
Oberflächenwiderstand	Ohm			
Kriechstromfestigkeit	KC	KB	KA	
Elektrolytische Korrosionswirkung				
Lichtbogenfestigkeit nach DIN				
nach ASTM	s			

Beständigkeit *(Chemische Beständigkeit siehe Anhang)*

Wasseraufnahme 23 C 1 d 0.09 %

Feuchtigkeitsaufnahme Normalklima %
Wetterbeständigkeit

Spannungskorrosion

Optische Eigenschaften

Brechungszahl n_D
Transmissionsgrad τ_c % mm dick
Lichtdurchlässigkeit

Datenbank-Nr.	**T01002**			Merkblatt-Nr. **3906**

Produkt	Polybutylenterephthalat			**PBT**
Handelsname	**Celanex 2500**			
Hersteller	HOECHST			
DIN-Bez 1				
DIN-Bez 2				
Zusätze		Füllstoffe/ Verstärkung		
Bevorzugte Verarbeitung	Spritzgiessen	Lieferform	Granulat	
		Farben	Natur; Standard	
Besondere Merkmale	Hohe Haerte; Gute Zaehigkeit; Standardtyp; Hohe Festigkeit	Bevorzugte Anwendungen	Technisches Formteil	

Dichte	g/cm^3 1.30	Schmelzindex	g/10 min	:
Schüttdichte	g/cm^3	Volumenfließindex	cm^3/10 min	:
Viskositätszahl	ml/g			

Verarbeitungsbedingungen für Spritzgießen

Massetemp.	°C	Schwindung	%	lgs	, quer
Werkzeugtemp.	°C	Bemerkungen			
Spritzdruck	bar				

Zugversuch 23 °C   DIN 53455; DIN 53457

				Herstellung	Spritzgiessen
	Probekörper:	Form		Vorbehandlung	Normalklima
		Zustand			
Streckspannung	N/mm^2		Dehnung bei Streckspannung	%	
Zugfestigkeit	N/mm^2		Reißdehnung	%	$\geqq$ 15
Reißfestigkeit	N/mm^2 50		% Dehnspannung	N/mm^2	
E-Modul	N/mm^2 2600		Dehnung bei % Dehnspg.	%	

Kriechmoduln und Zeitstandwerte 23 °C

				Herstellung	
	Probekörper:	Form		Vorbehandlung	
		Zustand			
Kriechmodul	1 min N/mm^2		Zeitstandzugfestigkeit	h N/mm^2	
Kriechmodul	1000 h N/mm^2		Zeitdehnspg. %	h N/mm^2	
bei Spannung	N/mm^2				

Biegeversuch 23 °C   DIN 53457;

				Herstellung	Spritzgiessen
	Probekörper:	Form		Vorbehandlung	Normalklima
		Zustand			
Biegefestigkeit	N/mm^2		E-Modul	N/mm^2 2600	
3,5% Biegespannung	N/mm^2				

Härte 23 °C

				Herstellung	Spritzgiessen
	Probekörper:	Zustand		Vorbehandlung	Normalklima
Kugeldruckhärte	N/mm^2	bei N, s	Shore-Härte	A	
Rockwellhärte	M 119		Shore-Härte	D	

Schlagversuch

				Herstellung	Spritzgiessen
	Probekörper:	(1)			
		(2) V-Kerbe		Vorbehandlung	Normalklima
		Zustand			

		°C	°C	°C	Probekörper-Form
Schlagzähigkeit	kJ/m^2	23 o.B.	-40 80		
Kerbschlagzähigkeit (1)	kJ/m^2				
IZOD-Kerbschlagzähigkeit (2)	J/m	23 34			
Kerbschlagzugzähigkeit	kJ/m^2				

Abrieb und Reibung

Taber-Abrieb (Reibradverfahren) $mm^3/100\,U$
Abriebfaktor LNP (Thrust washer) Vergleichswert
Statische Reibungszahl
Dynamische Reibungszahl $(p \cdot v =$ $N/mm^2 \cdot$ m/min$)$
Zulässiger p · v Wert $N/mm^2 \cdot$ (m/min)   v =   m/min
                                                                            v =   m/min

Thermische Eigenschaften

Formbeständigkeit in der Wärme   *Verfahren*   B   170 °C
                                         Verfahren   A   67 °C
Vicat Erweichungstemperatur (VST)   *Verfahren*   B/50   180 °C
                                         Verfahren   °C
Kristallit-Schmelzpunkt   *Verfahren*

Längenausdehnungskoeffizient   *Bereich*   °C $\cdot 10^{-4}K^{-1}$
                                         Temperatur $\cdot 10^{-4}K^{-1}$
Wärmeleitfähigkeit   *Verfahren* $W/(K \cdot m)$

Spezifische Wärmekapazität   *Verfahren* $J/(K \cdot g)$

Glasumwandlungstemperatur   *Torsionsschwingungsversuch*   °C
                                         Differentialkalorimetrie   °C

Brandverhalten

UL-Test vertikal   Dicke   mm, Wert HB
                                         Dicke   mm, Wert

	Norm	*Bewertung*	*Abmessungen*
Sauerstoff-Index	ASTM D 2863		
Glühstab-Verfahren			
Brandverhalten	DIN 4102		
MVSS			
FAR			

Elektrische Eigenschaften

		Hz	°C		*Probekörper, Form*
Dielektrizitätszahl		50	23	3.2	
		10^3			
		10^6			
Dielektrischer Verlustfaktor tan δ		50	23	0.0015	
		10^3			
		10^6			
Spezifischer Durchgangs-widerstand	Ohm · cm		23	$\geq 1.0*10**16$	
Durchschlagfestigkeit	kV/mm		23	60	mm dick
Oberflächenwiderstand	Ohm				

Kriechstromfestigkeit   KC   KB   KA
Elektrolytische Korrosionswirkung
Lichtbogenfestigkeit nach DIN
              nach ASTM   s

Beständigkeit *(Chemische Beständigkeit siehe Anhang)*

Wasseraufnahme 23 C   1 d   0.06 %

Feuchtigkeitsaufnahme Normalklima   %
Wetterbeständigkeit

Spannungskorrosion

Optische Eigenschaften

Brechungszahl n_D
Transmissionsgrad τ_c %   mm dick
Lichtdurchlässigkeit

Datenbank-Nr. **T01003**	*Merkblatt-Nr.* **3907**

Produkt	Polybutylenterephthalat		**PBT**
Handelsname	**Celanex 1600 A**		
Hersteller	HOECHST		
DIN-Bez 1			
DIN-Bez 2			
Zusätze		*Füllstoffe/ Verstärkung*	
Bevorzugte Verarbeitung	Extrudieren	*Lieferform*	Granulat
		Farben	Natur; Standard
Besondere Merkmale	Hochmolekular	*Bevorzugte Anwendungen*	Technisches Formteil; Haushaltsgeraet; Kfz-Bau; Elektroindustrie; Elektronikindustrie

---

Dichte	g/cm³	1.31	*Schmelzindex*	g/10 min		:
Schüttdichte	g/cm³		*Volumenfließindex*	cm³/10 min		:
Viskositätszahl	ml/g					

Verarbeitungsbedingungen für Spritzgießen

Massetemp.	°C		*Schwindung*	%	lgs	2.0, quer 2.0
Werkzeugtemp.	°C		*Bemerkungen*			
Spritzdruck	bar					

Zugversuch 23 °C ASTM D638;

	Probekörper:	*Form*	*Herstellung*	Spritzgiessen
		Zustand	*Vorbehandlung*	Normalklima
Streckspannung	N/mm²		*Dehnung bei Streckspannung*	%
Zugfestigkeit	N/mm²		*Reißdehnung*	% ≧ 200·
Reißfestigkeit	N/mm² 55		% *Dehnspannung*	N/mm²
E-Modul	N/mm²		*Dehnung bei* % *Dehnspg.*	%

Kriechmoduln und Zeitstandwerte 23 °C

	Probekörper:	*Form*	*Herstellung*	
		Zustand	*Vorbehandlung*	
Kriechmodul	1 min N/mm²		*Zeitstandzugfestigkeit*	h N/mm²
Kriechmodul	1000 h N/mm²		*Zeitdehnspg.* %	h N/mm²
bei Spannung	N/mm²			

Biegeversuch 23 °C ASTM D790;

	Probekörper:	*Form*	*Herstellung*	Spritzgiessen
		Zustand	*Vorbehandlung*	Normalklima
Biegefestigkeit	N/mm²		*E-Modul*	N/mm² 2250
3,5% Biegespannung	N/mm²			

Härte 23 °C

	Probekörper:	*Zustand*	*Herstellung*	Spritzgiessen
			Vorbehandlung	Normalklima
Kugeldruckhärte	N/mm²	bei N, s	*Shore-Härte* A	
Rockwellhärte	M 72		*Shore-Härte* D	

Schlagversuch

	Probekörper:	(1)		
		(2) V-Kerbe	*Herstellung*	Spritzgiessen
		Zustand	*Vorbehandlung*	Normalklima
		°C	°C	°C	*Probekörper-Form*

Schlagzähigkeit	kJ/m²		
Kerbschlagzähigkeit (1)	kJ/m²		
IZOD-Kerbschlagzähigkeit (2)	J/m	23 60	
Kerbschlagzugzähigkeit	kJ/m²		

Abrieb und Reibung

Taber-Abrieb (Reibradverfahren) mm³/100 U
Abriebfaktor LNP (Thrust washer) Vergleichswert
Statische Reibungszahl
Dynamische Reibungszahl $(p \cdot v =$ N/mm² · m/min)
Zulässiger p · v Wert N/mm² · (m/min) v = m/min
v = m/min

Thermische Eigenschaften

Formbeständigkeit in der Wärme Verfahren B 155 °C
Verfahren A 54 °C
Vicat Erweichungstemperatur (VST) Verfahren °C
Verfahren °C
Kristallit-Schmelzpunkt Verfahren

Längenausdehnungskoeffizient Bereich °C $\cdot 10^{-4} \mathrm{K}^{-1}$
Temperatur $\cdot 10^{-4} \mathrm{K}^{-1}$
Wärmeleitfähigkeit Verfahren W/(K · m)

Spezifische Wärmekapazität Verfahren J/(K · g)

Glasumwandlungstemperatur Torsionsschwingungsversuch °C
Differentialkalorimetrie °C

Brandverhalten

UL-Test vertikal Dicke mm, Wert HB
Dicke mm, Wert

	Norm	Bewertung	Abmessungen
Sauerstoff-Index	ASTM D 2863		
Glühstab-Verfahren			
Brandverhalten	DIN 4102		
MVSS			
FAR			

Elektrische Eigenschaften

		Hz	°C			Probekörper, Form
Dielektrizitätszahl		50				
		10^3				
		10^6				
Dielektrischer Verlustfaktor tan δ		50				
		10^3				
		10^6				
Spezifischer Durchgangs-widerstand	Ohm · cm		23	1.0*10**16		
Durchschlagfestigkeit	kV/mm					mm dick
Oberflächenwiderstand	Ohm					
Kriechstromfestigkeit		KC		KB	KA	
Elektrolytische Korrosionswirkung						
Lichtbogenfestigkeit nach DIN						
nach ASTM	s					

Beständigkeit *(Chemische Beständigkeit siehe Anhang)*

Wasseraufnahme 23 C 1 d 0.08 %

Feuchtigkeitsaufnahme Normalklima %
Wetterbeständigkeit

Spannungskorrosion

Optische Eigenschaften

Brechungszahl n_D
Transmissionsgrad τ_c % mm dick
Lichtdurchlässigkeit

Produkt	Polybutylenterephthalat	**PBT**
Handelsname	**Celanex 1700 A**	
Hersteller	HOECHST	
DIN-Bez 1		
DIN-Bez 2		

Zusätze   *Füllstoffe/ Verstärkung*

Bevorzugte Verarbeitung   Extrudieren   *Lieferform*   Granulat

Farben   Natur; Standard

Besondere Merkmale   *Bevorzugte Anwendungen*   Technisches Formteil; Haushaltsgeraet; Kfz-Bau; Elektroindustrie; Elektronikindustrie

---

Dichte	g/cm³	1.31	*Schmelzindex*	g/10 min	:
Schüttdichte	g/cm³		*Volumenfließindex*	cm³/10 min	:
Viskositätszahl	ml/g				

Verarbeitungsbedingungen für Spritzgießen

Massetemp.	°C		*Schwindung*	%	lgs	2.0, quer 2.0
Werkzeugtemp.	°C		*Bemerkungen*		
Spritzdruck	bar				

Zugversuch 23 °C   ASTM D638;

	Probekörper:	*Form*	*Herstellung* Spritzgiessen
		Zustand	*Vorbehandlung* Normalklima

Streckspannung	N/mm²		*Dehnung bei Streckspannung*	%
Zugfestigkeit	N/mm²		*Reißdehnung*	% $\geq$ 200
Reißfestigkeit	N/mm²	55	*% Dehnspannung*	N/mm²
E-Modul	N/mm²		*Dehnung bei % Dehnspg.*	%

Kriechmoduln und Zeitstandwerte 23 °C

	Probekörper:	*Form*	*Herstellung*
		Zustand	*Vorbehandlung*

Kriechmodul	1 min N/mm²		*Zeitstandzugfestigkeit*	h N/mm²
Kriechmodul	1000 h N/mm²		*Zeitdehnspg.* %	h N/mm²
bei Spannung	N/mm²			

Biegeversuch 23 °C   ASTM D790;

	Probekörper:	*Form*	*Herstellung* Spritzgiessen
		Zustand	*Vorbehandlung* Normalklima

Biegefestigkeit	N/mm²	*E-Modul*	N/mm² 2250
3,5% Biegespannung	N/mm²		

Härte 23 °C   *Probekörper:* *Zustand*   *Herstellung* Spritzgiessen   *Vorbehandlung* Normalklima

Kugeldruckhärte	N/mm²	bei N, s	*Shore-Härte* A	
Rockwellhärte	M 72		*Shore-Härte* D	

Schlagversuch   *Probekörper:* (1)

(2) V-Kerbe	*Herstellung* Spritzgiessen
Zustand	*Vorbehandlung* Normalklima

°C	°C	°C	*Probekörper-Form*

Schlagzähigkeit	kJ/m²		
Kerbschlagzähigkeit (1)	kJ/m²		
IZOD-Kerbschlagzähigkeit (2)	J/m	23 60	
Kerbschlagzugzähigkeit	kJ/m²		

Abrieb und Reibung

Taber-Abrieb (Reibradverfahren)　　　　　　　　mm³/100 U
Abriebfaktor LNP (Thrust washer) Vergleichswert
Statische Reibungszahl
Dynamische Reibungszahl　　　　　　　　　　　(p · v =　　　　N/mm² ·　　　　m/min)
Zulässiger p · v Wert　　　　　　　　　　　　　N/mm² · (m/min)　v =　　　m/min
　　　　　　　　　　　　　　　　　　　　　　　　　　　　　　　v =　　　m/min

Thermische Eigenschaften

Formbeständigkeit in der Wärme　　　Verfahren　B　　　　　　　　155 °C
　　　　　　　　　　　　　　　　　　　Verfahren　A　　　　　　　　54 °C
Vicat Erweichungstemperatur (VST)　Verfahren　　　　　　　　　°C
　　　　　　　　　　　　　　　　　　　Verfahren　　　　　　　　　°C
Kristallit-Schmelzpunkt　　　　　　 Verfahren

Längenausdehnungskoeffizient　　　　Bereich　　　　　°C　　　　· 10⁻⁴K⁻¹
　　　　　　　　　　　　　　　　　　　Temperatur　　　　　　　　 · 10⁻⁴K⁻¹
Wärmeleitfähigkeit　　　　　　　　　Verfahren　　　　　　　　　W/(K · m)

Spezifische Wärmekapazität　　　　　Verfahren　　　　　　　　　J/(K · g)

Glasumwandlungstemperatur　　　　　Torsionsschwingungsversuch　°C
　　　　　　　　　　　　　　　　　　　Differentialkalorimetrie　　　°C

Brandverhalten

UL-Test vertikal　　　　　　　　　　Dicke　　mm, Wert HB
　　　　　　　　　　　　　　　　　　　Dicke　　mm, Wert

	Norm	Bewertung	Abmessungen
Sauerstoff-Index	ASTM D 2863		
Glühstab-Verfahren			
Brandverhalten	DIN 4102		
MVSS			
FAR			

Elektrische Eigenschaften

	Hz	°C		Probekörper, Form
Dielektrizitätszahl	50			
	10³			
	10⁶			
Dielektrischer Verlustfaktor tan δ	50			
	10³			
	10⁶			
Spezifischer Durchgangs-				
widerstand	Ohm · cm	23	1.0*10**16	
Durchschlagfestigkeit	kV/mm			mm dick
Oberflächenwiderstand	Ohm			

Kriechstromfestigkeit　　　　　　　KC　　　　　KB　　　　　KA
Elektrolytische Korrosionswirkung
Lichtbogenfestigkeit nach DIN
　　　　　　　　nach ASTM　s

Beständigkeit *(Chemische Beständigkeit siehe Anhang)*

Wasseraufnahme 23 C　　　　　　　　　　　　　　1 d　　　　0.08 %

Feuchtigkeitsaufnahme Normalklima　　　　　　　　　　　　　　　　%
Wetterbeständigkeit

Spannungskorrosion

Optische Eigenschaften

Brechungszahl n_D
Transmissionsgrad τ_c　　　　%　　　　　　　　mm dick
Lichtdurchlässigkeit

Produkt	Polybutylenterephthalat	**PBT**
Handelsname	**Celanex 2300 GV1/10**	
Hersteller	HOECHST	
DIN-Bez 1		
DIN-Bez 2		

Zusätze		*Füllstoffe/ Verstärkung*	10.0% Glasfaser
Bevorzugte Verarbeitung	Spritzgiessen	*Lieferform*	Granulat
		Farben	Natur; Standard
Besondere Merkmale	Hohe Formbestaendigkeit in der Waerme	*Bevorzugte Anwendungen*	Technisches Formteil

---

Dichte	g/cm³	1.38	*Schmelzindex*	g/10 min	:
Schüttdichte	g/cm³		*Volumenfließindex*	cm³/10 min	:
Viskositätszahl	ml/g				

Verarbeitungsbedingungen für Spritzgießen

Massetemp.	°C	*Schwindung*	%	lgs	, quer
Werkzeugtemp.	°C	*Bemerkungen*			
Spritzdruck	bar				

Zugversuch 23 °C DIN 53455; DIN 53457

		Probekörper: *Form*	*Herstellung*	Spritzgiessen
		Zustand	*Vorbehandlung*	Normalklima

Streckspannung	N/mm²		*Dehnung bei Streckspannung*	%	
Zugfestigkeit	N/mm²		*Reißdehnung*	%	2.5
Reißfestigkeit	N/mm²	90	*% Dehnspannung*	N/mm²	
E-Modul	N/mm²	4800	*Dehnung bei % Dehnspg.*	%	

Kriechmoduln und Zeitstandwerte 23 °C

		Probekörper: *Form*	*Herstellung*
		Zustand	*Vorbehandlung*

Kriechmodul	1 min N/mm²	*Zeitstandzugfestigkeit*	h N/mm²
Kriechmodul	1000 h N/mm²	*Zeitdehnspg. %*	h N/mm²
bei Spannung	N/mm²		

Biegeversuch 23 °C DIN 53457;

	Probekörper: *Form*	*Herstellung*	Spritzgiessen
	Zustand	*Vorbehandlung*	Normalklima

Biegefestigkeit	N/mm²	*E-Modul*	N/mm² 3800
3,5% Biegespannung	N/mm²		

Härte 23 °C   *Probekörper:* *Zustand*   *Herstellung* Spritzgiessen   *Vorbehandlung* Normalklima

Kugeldruckhärte	N/mm²	bei	N, s	*Shore-Härte* A
Rockwellhärte	M 119			*Shore-Härte* D

Schlagversuch   *Probekörper:* (1)   (2) V-Kerbe   *Zustand*   *Herstellung* Spritzgiessen   *Vorbehandlung* Normalklima

		°C	°C	°C	*Probekörper-Form*
Schlagzähigkeit	kJ/m²	23 30	-40 25		
Kerbschlagzähigkeit (1)	kJ/m²				
IZOD-Kerbschlagzähigkeit (2)	J/m	23 45			
Kerbschlagzugzähigkeit	kJ/m²				

Abrieb und Reibung

Taber-Abrieb (Reibradverfahren)	mm³/100 U
Abriebfaktor LNP (Thrust washer) Vergleichswert	
Statische Reibungszahl	
Dynamische Reibungszahl	$(p \cdot v =$　　　　N/mm² ·　　　　m/min)
Zulässiger p · v Wert	N/mm² · (m/min)　　v =　　　　m/min
	v =　　　　m/min

Thermische Eigenschaften

Formbeständigkeit in der Wärme	*Verfahren*	B	210 °C
	Verfahren	A	180 °C
Vicat Erweichungstemperatur (VST)	*Verfahren*	B/50	205 °C
	Verfahren		°C
Kristallit-Schmelzpunkt	*Verfahren*		
Längenausdehnungskoeffizient	*Bereich*	°C	$\cdot 10^{-4} \mathrm{K}^{-1}$
	Temperatur		$\cdot 10^{-4} \mathrm{K}^{-1}$
Wärmeleitfähigkeit	*Verfahren*		W/(K · m)
Spezifische Wärmekapazität	*Verfahren*		J/(K · g)
Glasumwandlungstemperatur	*Torsionsschwingungsversuch*		°C
	Differentialkalorimetrie		°C

Brandverhalten

UL-Test vertikal	*Dicke*	mm, Wert HB	
	Dicke	mm, Wert	

	Norm	*Bewertung*	*Abmessungen*
Sauerstoff-Index	ASTM D 2863		
Glühstab-Verfahren			
Brandverhalten	DIN 4102		
MVSS			
FAR			

Elektrische Eigenschaften

	Hz	°C			*Probekörper, Form*
Dielektrizitätszahl	50				
	10^3				
	10^6				
Dielektrischer Verlustfaktor tan δ	50	23	0.0014		
	10^3				
	10^6				
Spezifischer Durchgangs-widerstand	Ohm · cm	23	$\geqq 1.0*10**16$		
Durchschlagfestigkeit	kV/mm	23	36		mm dick
Oberflächenwiderstand	Ohm				
Kriechstromfestigkeit	KC		KB	KA	
Elektrolytische Korrosionswirkung					
Lichtbogenfestigkeit nach DIN					
nach ASTM	s				

Beständigkeit *(Chemische Beständigkeit siehe Anhang)*

Wasseraufnahme 23 C		1 d	0.05 %
Feuchtigkeitsaufnahme Normalklima			%
Wetterbeständigkeit			
Spannungskorrosion			

Optische Eigenschaften

Brechungszahl n_D			
Transmissionsgrad τ_c	%	mm dick	
Lichtdurchlässigkeit			

Produkt	Polybutylenterephthalat		**PBT**
Handelsname	**Celanex 4100**		
Hersteller	HOECHST		
DIN-Bez 1			
DIN-Bez 2			

Zusätze		*Füllstoffe/ Verstärkung*	10.0% Glasfaser
Bevorzugte Verarbeitung	Spritzgiessen	*Lieferform*	Granulat
		Farben	Natur; Standard
Besondere Merkmale	Hoehere Schlagzaehigkeit	*Bevorzugte Anwendungen*	Technisches Formteil; Elektroindustrie; Elektronikindustrie; Kfz-Bau

---

Dichte	g/cm³ 1.32	*Schmelzindex*	g/10 min	:
Schüttdichte	g/cm³	*Volumenfließindex*	cm³/10 min	:
Viskositätszahl	ml/g			

Verarbeitungsbedingungen für Spritzgießen

Massetemp.	°C	*Schwindung*	% lgs , quer
Werkzeugtemp.	°C	*Bemerkungen*	
Spritzdruck	bar		

Zugversuch 23 °C   ASTM D638;

	Probekörper: *Form*	*Herstellung*	Spritzgiessen
	Zustand	*Vorbehandlung*	Normalklima
Streckspannung	N/mm²	*Dehnung bei Streckspannung*	%
Zugfestigkeit	N/mm²	*Reißdehnung*	% 3.7
Reißfestigkeit	N/mm² 55	*% Dehnspannung*	N/mm²
E-Modul	N/mm²	*Dehnung bei % Dehnspg.*	%

Kriechmoduln und Zeitstandwerte 23 °C

	Probekörper: *Form*	*Herstellung*	
	Zustand	*Vorbehandlung*	
Kriechmodul	1 min N/mm²	*Zeitstandzugfestigkeit*	h N/mm²
Kriechmodul	1000 h N/mm²	*Zeitdehnspg. %*	h N/mm²
bei Spannung	N/mm²		

Biegeversuch 23 °C   ASTM D790;

	Probekörper: *Form*	*Herstellung*	Spritzgiessen
	Zustand	*Vorbehandlung*	Normalklima
Biegefestigkeit	N/mm²	*E-Modul*	N/mm² 3100
3,5% Biegespannung	N/mm²		

Härte 23 °C

	Probekörper: *Zustand*	*Herstellung*	
		Vorbehandlung	
Kugeldruckhärte	N/mm² bei N, s	*Shore-Härte* A	
Rockwellhärte		*Shore-Härte* D	

Schlagversuch

	Probekörper: *(1)*		
	(2) V-Kerbe	*Herstellung*	Spritzgiessen
	Zustand	*Vorbehandlung*	Normalklima
	°C °C	°C	*Probekörper-Form*

Schlagzähigkeit	kJ/m²	
Kerbschlagzähigkeit (1)	kJ/m²	
IZOD-Kerbschlagzähigkeit (2)	J/m	23 63
Kerbschlagzugzähigkeit	kJ/m²	

Abrieb und Reibung

Taber-Abrieb (Reibradverfahren)   mm³/100 U
Abriebfaktor LNP (Thrust washer) Vergleichswert
Statische Reibungszahl
Dynamische Reibungszahl   (p · v =   N/mm² ·   m/min)
Zulässiger p · v Wert   N/mm² · (m/min)   v =   m/min
                                                                                  v =   m/min

Thermische Eigenschaften

Formbeständigkeit in der Wärme	*Verfahren*	B	167 °C
	Verfahren	A	100 °C
Vicat Erweichungstemperatur (VST)	*Verfahren*		°C
	Verfahren		°C
Kristallit-Schmelzpunkt	*Verfahren*		

Längenausdehnungskoeffizient   *Bereich*   °C $\cdot 10^{-4} K^{-1}$
                                      Temperatur $\cdot 10^{-4} K^{-1}$
Wärmeleitfähigkeit   *Verfahren*   W/(K · m)

Spezifische Wärmekapazität   *Verfahren*   J/(K · g)

Glasumwandlungstemperatur   *Torsionsschwingungsversuch*   °C
                                      Differentialkalorimetrie   °C

Brandverhalten

UL-Test vertikal   Dicke   mm, Wert HB
                                      Dicke   mm, Wert

	Norm	*Bewertung*	*Abmessungen*
Sauerstoff-Index	ASTM D 2863		
Glühstab-Verfahren			
Brandverhalten	DIN 4102		
MVSS			
FAR			

Elektrische Eigenschaften

		Hz	°C	*Probekörper, Form*
Dielektrizitätszahl		50		
		10^3		
		10^6		
Dielektrischer Verlustfaktor tan δ		50		
		10^3		
		10^6		
Spezifischer Durchgangs-widerstand	Ohm · cm			
Durchschlagfestigkeit	kV/mm			mm dick
Oberflächenwiderstand	Ohm			

Kriechstromfestigkeit   KC   KB   KA
Elektrolytische Korrosionswirkung
Lichtbogenfestigkeit nach DIN
                nach ASTM   s

Beständigkeit *(Chemische Beständigkeit siehe Anhang)*

Wasseraufnahme

Feuchtigkeitsaufnahme Normalklima   %
Wetterbeständigkeit

Spannungskorrosion

Optische Eigenschaften

Brechungszahl n_D
Transmissionsgrad τ_c %   mm dick
Lichtdurchlässigkeit

Datenbank-Nr.	**T01007**	*Merkblatt-Nr.* **3911**

Produkt	Polybutylenterephthalat	**PBT**
Handelsname	**Celanex 3201**	
Hersteller	HOECHST	
DIN-Bez 1		
DIN-Bez 2		

Zusätze		*Füllstoffe/ Verstärkung*	15.0% Glasfaser
Bevorzugte Verarbeitung	Spritzgiessen	*Lieferform*	Granulat
		Farben	Natur; Standard
Besondere Merkmale	Erhoehte Dehnfaehigkeit; Standardtyp	*Bevorzugte Anwendungen*	Technisches Formteil; Elektroindustrie; Elektronikindustrie; Kfz-Bau

Dichte	g/cm^3	1.41	*Schmelzindex*	g/10 min	:
Schüttdichte	g/cm^3		*Volumenfließindex*	cm^3/10 min	:
Viskositätszahl	ml/g				

Verarbeitungsbedingungen für Spritzgießen

Massetemp.	°C		*Schwindung*	%	lgs , quer
Werkzeugtemp.	°C		*Bemerkungen*		
Spritzdruck	bar				

Zugversuch 23 °C ASTM D638;

	Probekörper:	*Form*	*Herstellung*	Spritzgiessen
		Zustand	*Vorbehandlung*	Normalklima
Streckspannung	N/mm^2		*Dehnung bei Streckspannung*	%
Zugfestigkeit	N/mm^2		*Reißdehnung*	% 4.8
Reißfestigkeit	N/mm^2 93		*% Dehnspannung*	N/mm^2
E-Modul	N/mm^2		*Dehnung bei % Dehnspg.*	%

Kriechmoduln und Zeitstandwerte 23 °C

	Probekörper:	*Form*	*Herstellung*	
		Zustand	*Vorbehandlung*	
Kriechmodul	1 min N/mm^2		*Zeitstandzugfestigkeit*	h N/mm^2
Kriechmodul	1000 h N/mm^2		*Zeitdehnspg. %*	h N/mm^2
bei Spannung	N/mm^2			

Biegeversuch 23 °C ASTM D790;

	Probekörper:	*Form*	*Herstellung*	Spritzgiessen
		Zustand	*Vorbehandlung*	Normalklima
Biegefestigkeit	N/mm^2		*E-Modul*	N/mm^2 5100
3,5% Biegespannung	N/mm^2			

Härte 23 °C

	Probekörper:	*Zustand*	*Herstellung*	
			Vorbehandlung	
Kugeldruckhärte	N/mm^2	bei N, s	*Shore-Härte* A	
Rockwellhärte			*Shore-Härte* D	

Schlagversuch

	Probekörper:	*(1)*		
		(2) V-Kerbe	*Herstellung*	Spritzgiessen
		Zustand	*Vorbehandlung*	Normalklima
		°C	°C	°C	*Probekörper-Form*

Schlagzähigkeit	kJ/m^2		
Kerbschlagzähigkeit (1)	kJ/m^2		
IZOD-Kerbschlagzähigkeit (2)	J/m	23	44
Kerbschlagzugzähigkeit	kJ/m^2		

Abrieb und Reibung

Taber-Abrieb (Reibradverfahren)	mm^3/100 U
Abriebfaktor LNP (Thrust washer) Vergleichswert	
Statische Reibungszahl	
Dynamische Reibungszahl	(p·v = N/mm^2 · m/min)
Zulässiger p · v Wert	N/mm^2 · (m/min) v = m/min
	v = m/min

Thermische Eigenschaften

Formbeständigkeit in der Wärme	Verfahren	A	192 °C
	Verfahren		°C
Vicat Erweichungstemperatur (VST)	Verfahren		°C
	Verfahren		°C
Kristallit-Schmelzpunkt	Verfahren		
Längenausdehnungskoeffizient	Bereich	°C	· 10^{-4}K^{-1}
	Temperatur		· 10^{-4}K^{-1}
Wärmeleitfähigkeit	Verfahren		W/(K · m)
Spezifische Wärmekapazität	Verfahren		J/(K · g)
Glasumwandlungstemperatur	Torsionsschwingungsversuch	°C	
	Differentialkalorimetrie	°C	

Brandverhalten

UL-Test vertikal	Dicke	mm, Wert HB
	Dicke	mm, Wert

	Norm	Bewertung	Abmessungen
Sauerstoff-Index	ASTM D 2863		
Glühstab-Verfahren			
Brandverhalten	DIN 4102		
MVSS			
FAR			

Elektrische Eigenschaften

	Hz	°C	Probekörper, Form
Dielektrizitätszahl	50		
	10^3		
	10^6		
Dielektrischer Verlustfaktor tan δ	50		
	10^3		
	10^6		
Spezifischer Durchgangs- widerstand	Ohm · cm		
Durchschlagfestigkeit	kV/mm		mm dick
Oberflächenwiderstand	Ohm		
Kriechstromfestigkeit	KC	KB	KA
Elektrolytische Korrosionswirkung			
Lichtbogenfestigkeit nach DIN			
nach ASTM	s		

Beständigkeit *(Chemische Beständigkeit siehe Anhang)*

Wasseraufnahme	
Feuchtigkeitsaufnahme Normalklima	%
Wetterbeständigkeit	
Spannungskorrosion	

Optische Eigenschaften

Brechungszahl n$_D$		
Transmissionsgrad τ$_c$	%	mm dick
Lichtdurchlässigkeit		

Produkt	Polybutylenterephthalat	**PBT**
Handelsname	**Celanex 2300 GV1/20**	
Hersteller	HOECHST	
DIN-Bez 1		
DIN-Bez 2		

Zusätze   *Füllstoffe/Verstärkung*   20.0% Glasfaser

Bevorzugte Verarbeitung   Spritzgiessen   *Lieferform*   Granulat

Farben   Natur; Standard

Besondere Merkmale   Hohe Formbestaendigkeit in der Waerme; Angehobene Steifheit; Angehobene Zaehigkeit   *Bevorzugte Anwendungen*   Technisches Formteil

---

Dichte g/cm³ 1.46   *Schmelzindex* g/10 min   :
Schüttdichte g/cm³   *Volumenfließindex* cm³/10 min   :
Viskositätszahl ml/g

Verarbeitungsbedingungen für Spritzgießen

Massetemp. °C   *Schwindung* % lgs , quer
Werkzeugtemp. °C   *Bemerkungen*
Spritzdruck bar

Zugversuch 23 °C   DIN 53455; DIN 53457
  Probekörper: Form   *Herstellung* Spritzgiessen
  Zustand   *Vorbehandlung* Normalklima

Streckspannung N/mm²   *Dehnung bei Streckspannung* %
Zugfestigkeit N/mm²   *Reißdehnung* % 2.5
Reißfestigkeit N/mm² 130   % *Dehnspannung* N/mm²
E-Modul N/mm² 7500   *Dehnung bei* % *Dehnspg.* %

Kriechmoduln und Zeitstandwerte 23 °C
  Probekörper: Form   *Herstellung*
  Zustand   *Vorbehandlung*

Kriechmodul 1 min N/mm²   *Zeitstandzugfestigkeit* h N/mm²
Kriechmodul 1000 h N/mm²   *Zeitdehnspg.* % h N/mm²
bei Spannung N/mm²

Biegeversuch 23 °C   DIN 53457;
  Probekörper: Form   *Herstellung* Spritzgiessen
  Zustand   *Vorbehandlung* Normalklima

Biegefestigkeit N/mm²   *E-Modul* N/mm² 6000
3,5% Biegespannung N/mm²

Härte 23 °C   *Probekörper:* Zustand   *Herstellung* Spritzgiessen
  Vorbehandlung Normalklima

Kugeldruckhärte N/mm² bei N, s   *Shore-Härte* A
Rockwellhärte M 120   *Shore-Härte* D

Schlagversuch   *Probekörper:* (1)
  (2) V-Kerbe   *Herstellung* Spritzgiessen
  Zustand   *Vorbehandlung* Normalklima

	°C	°C	°C	*Probekörper-Form*
Schlagzähigkeit kJ/m²	23 35		-40 30	
Kerbschlagzähigkeit (1) kJ/m²				
IZOD-Kerbschlagzähigkeit (2) J/m	23 75			
Kerbschlagzugzähigkeit kJ/m²				

Abrieb und Reibung

Taber-Abrieb (Reibradverfahren)	mm³/100 U	
Abriebfaktor LNP (Thrust washer) Vergleichswert		
Statische Reibungszahl		
Dynamische Reibungszahl	$(p \cdot v =$ $N/mm^2 \cdot$ m/min)	
Zulässiger p · v Wert	$N/mm^2 \cdot$ (m/min) v = m/min	
	v = m/min	

Thermische Eigenschaften

Formbeständigkeit in der Wärme	Verfahren B	210 °C
	Verfahren A	200 °C
Vicat Erweichungstemperatur (VST)	Verfahren B/50	210 °C
	Verfahren	°C
Kristallit-Schmelzpunkt	Verfahren	
Längenausdehnungskoeffizient	Bereich °C	$\cdot 10^{-4} K^{-1}$
	Temperatur	$\cdot 10^{-4} K^{-1}$
Wärmeleitfähigkeit	Verfahren	$W/(K \cdot m)$
Spezifische Wärmekapazität	Verfahren	$J/(K \cdot g)$
Glasumwandlungstemperatur	Torsionsschwingungsversuch	°C
	Differentialkalorimetrie	°C

Brandverhalten

UL-Test vertikal	Dicke mm, Wert HB	
	Dicke mm, Wert	

	Norm	Bewertung	Abmessungen
Sauerstoff-Index	ASTM D 2863		
Glühstab-Verfahren			
Brandverhalten	DIN 4102		
MVSS			
FAR			

Elektrische Eigenschaften

		Hz	°C		Probekörper, Form
Dielektrizitätszahl		50			
		10^3			
		10^6			
Dielektrischer Verlustfaktor tan δ		50	23	0.0019	
		10^3			
		10^6			
Spezifischer Durchgangs-widerstand	Ohm · cm		23	$\geqq 1.0*10**16$	
Durchschlagfestigkeit	kV/mm		23	33	mm dick
Oberflächenwiderstand	Ohm				
Kriechstromfestigkeit		KC	KB	KA	
Elektrolytische Korrosionswirkung					
Lichtbogenfestigkeit nach DIN					
nach ASTM	s				

Beständigkeit *(Chemische Beständigkeit siehe Anhang)*

Wasseraufnahme 23 C		1 d	0.05 %
Feuchtigkeitsaufnahme Normalklima			%
Wetterbeständigkeit			
Spannungskorrosion			

Optische Eigenschaften

Brechungszahl n_D			
Transmissionsgrad τ_c	%	mm dick	
Lichtdurchlässigkeit			

Datenbank-Nr.	**T01009**	Merkblatt-Nr. **3913**

Produkt	Polybutylenterephthalat	**PBT**
Handelsname	**Celanex 4200**	
Hersteller	HOECHST	
DIN-Bez 1		
DIN-Bez 2		

Zusätze		*Füllstoffe/ Verstärkung*	20.0% Glasfaser
Bevorzugte Verarbeitung	Spritzgiessen	*Lieferform*	Granulat
		Farben	Natur; Standard
Besondere Merkmale	Hoehere Schlagzaehigkeit	*Bevorzugte Anwendungen*	Technisches Formteil; Elektroindustrie; Elektronikindustrie; Kfz-Bau

---

Dichte	g/cm^3	1.42	*Schmelzindex*	g/10 min	:
Schüttdichte	g/cm^3		*Volumenfließindex*	cm^3/10 min	:
Viskositätszahl	ml/g				

Verarbeitungsbedingungen für Spritzgießen

Massetemp.	°C		*Schwindung*	%	lgs 0.4–0.6, quer
Werkzeugtemp.	°C		*Bemerkungen*		
Spritzdruck	bar				

Zugversuch 23 °C   ASTM D638;

	Probekörper:	*Form*	*Herstellung*	Spritzgiessen
		Zustand	*Vorbehandlung*	Normalklima
Streckspannung	N/mm^2		*Dehnung bei Streckspannung*	%
Zugfestigkeit	N/mm^2		*Reißdehnung*	% 3.1
Reißfestigkeit	N/mm^2 85		*% Dehnspannung*	N/mm^2
E-Modul	N/mm^2		*Dehnung bei % Dehnspg.*	%

Kriechmoduln und Zeitstandwerte 23 °C

	Probekörper:	*Form*	*Herstellung*	
		Zustand	*Vorbehandlung*	
Kriechmodul	1 min N/mm^2		*Zeitstandzugfestigkeit*	h N/mm^2
Kriechmodul	1000 h N/mm^2		*Zeitdehnspg. %*	h N/mm^2
bei Spannung	N/mm^2			

Biegeversuch 23 °C   ASTM D790;

	Probekörper:	*Form*	*Herstellung*	Spritzgiessen
		Zustand	*Vorbehandlung*	Normalklima
Biegefestigkeit	N/mm^2		*E-Modul*	N/mm^2 5100
3,5% Biegespannung	N/mm^2			

Härte 23 °C

	Probekörper:	*Zustand*	*Herstellung*	
			Vorbehandlung	
Kugeldruckhärte	N/mm^2	bei N, s	*Shore-Härte* A	
Rockwellhärte			*Shore-Härte* D	

Schlagversuch

	Probekörper:	*(1)*		
		(2) V-Kerbe	*Herstellung*	Spritzgiessen
		Zustand	*Vorbehandlung*	Normalklima

	°C	°C	°C	*Probekörper-Form*
Schlagzähigkeit kJ/m^2				
Kerbschlagzähigkeit (1) kJ/m^2				
IZOD-Kerbschlagzähigkeit (2) J/m	23	90		
Kerbschlagzugzähigkeit kJ/m^2				

Abrieb und Reibung

Taber-Abrieb (Reibradverfahren)   mm³/100 U
Abriebfaktor LNP (Thrust washer) Vergleichswert
Statische Reibungszahl
Dynamische Reibungszahl   (p·v =   N/mm² ·   m/min)
Zulässiger p· v Wert   N/mm² · (m/min)   v =   m/min
                                                                              v =   m/min

Thermische Eigenschaften

Formbeständigkeit in der Wärme   Verfahren   A   175 °C
                                          Verfahren   °C
Vicat Erweichungstemperatur (VST)   Verfahren   °C
                                          Verfahren   °C
Kristallit-Schmelzpunkt   Verfahren

Längenausdehnungskoeffizient   Bereich   °C $\cdot 10^{-4} K^{-1}$
                                          Temperatur $\cdot 10^{-4} K^{-1}$
Wärmeleitfähigkeit   Verfahren   W/(K · m)

Spezifische Wärmekapazität   Verfahren   J/(K · g)

Glasumwandlungstemperatur   Torsionsschwingungsversuch   °C
                                          Differentialkalorimetrie   °C

Brandverhalten

UL-Test vertikal   Dicke   mm, Wert HB
                                          Dicke   mm, Wert

                          Norm   *Bewertung*   *Abmessungen*

Sauerstoff-Index   ASTM D 2863
Glühstab-Verfahren
Brandverhalten   DIN 4102
MVSS
FAR

Elektrische Eigenschaften

                                          Hz   °C   *Probekörper, Form*

Dielektrizitätszahl   50
                                          10³
                                          10⁶
Dielektrischer Verlustfaktor tan δ   50
                                          10³
                                          10⁶

Spezifischer Durchgangs-
    widerstand   Ohm · cm
Durchschlagfestigkeit   kV/mm   mm dick
Oberflächenwiderstand   Ohm

Kriechstromfestigkeit   KC   KB   KA
Elektrolytische Korrosionswirkung
Lichtbogenfestigkeit nach DIN
                nach ASTM   s

Beständigkeit *(Chemische Beständigkeit siehe Anhang)*

Wasseraufnahme

Feuchtigkeitsaufnahme Normalklima   %
Wetterbeständigkeit

Spannungskorrosion

Optische Eigenschaften

Brechungszahl n_D
Transmissionsgrad τ_c   %   mm dick
Lichtdurchlässigkeit

Datenbank-Nr.	**T01010**		*Merkblatt-Nr.* **3914**

Produkt	Polybutylenterephthalat		**PBT**
Handelsname	**Celanex 2300 GV1/30**		
Hersteller	HOECHST		
DIN-Bez 1			
DIN-Bez 2			
Zusätze		*Füllstoffe/ Verstärkung*	30.0% Glasfaser
Bevorzugte Verarbeitung	Spritzgiessen	*Lieferform*	Granulat
		Farben	Natur; Standard
Besondere Merkmale	Hohe Formbestaendigkeit in der Waerme; Erhoehte Steifheit; Erhoehte Zaehigkeit	*Bevorzugte Anwendungen*	Technisches Formteil; Kfz-Bau; Elektroindustrie; Elektronikindustrie

				Schmelzindex	g/10 min	:
Dichte	g/cm^3	1.55		*Schmelzindex*	g/10 min	:
Schüttdichte	g/cm^3			*Volumenfließindex*	cm^3/10 min	:
Viskositätszahl	ml/g					

Verarbeitungsbedingungen für Spritzgießen

Massetemp.	°C		*Schwindung*	%	lgs	, quer
Werkzeugtemp.	°C		*Bemerkungen*			
Spritzdruck	bar					

Zugversuch 23 °C   DIN 53455; DIN 53457

	Probekörper:	*Form*	*Herstellung*	Spritzgiessen
		Zustand	*Vorbehandlung*	Normalklima

Streckspannung	N/mm^2		*Dehnung bei Streckspannung*	%	
Zugfestigkeit	N/mm^2		*Reißdehnung*	%	2.5
Reißfestigkeit	N/mm^2	150	% *Dehnspannung*	N/mm^2	
E-Modul	N/mm^2	10000	*Dehnung bei* % *Dehnspg.*	%	

Kriechmoduln und Zeitstandwerte 23 °C

	Probekörper:	*Form*	*Herstellung*
		Zustand	*Vorbehandlung*

Kriechmodul	1 min N/mm^2	*Zeitstandzugfestigkeit*	h N/mm^2
Kriechmodul	1000 h N/mm^2	*Zeitdehnspg.* %	h N/mm^2
bei Spannung	N/mm^2		

Biegeversuch 23 °C   DIN 53457;

	Probekörper:	*Form*	*Herstellung*	Spritzgiessen
		Zustand	*Vorbehandlung*	Normalklima

Biegefestigkeit	N/mm^2	*E-Modul*	N/mm^2 8000
3,5% Biegespannung	N/mm^2		

Härte 23 °C   *Probekörper:*   *Zustand*

		Herstellung	Spritzgiessen
		Vorbehandlung	Normalklima
Kugeldruckhärte	N/mm^2 bei N, s	*Shore-Härte* A	
Rockwellhärte	M 121	*Shore-Härte* D	

Schlagversuch   *Probekörper:*   (1)

		(2) V-Kerbe	*Herstellung*	Spritzgiessen
		Zustand	*Vorbehandlung*	Normalklima
		°C °C °C		*Probekörper-Form*

Schlagzähigkeit	kJ/m^2	23 40	-40 35	
Kerbschlagzähigkeit (1)	kJ/m^2			
IZOD-Kerbschlagzähigkeit (2)	J/m	23 90		
Kerbschlagzugzähigkeit	kJ/m^2			

Abrieb und Reibung

Taber-Abrieb (Reibradverfahren)	mm³/100 U
Abriebfaktor LNP (Thrust washer) Vergleichswert	
Statische Reibungszahl	
Dynamische Reibungszahl	(p·v = $\quad$ N/mm² · $\quad$ m/min)
Zulässiger p · v Wert	N/mm² · (m/min)$\quad$ v = $\quad$ m/min
	v = $\quad$ m/min

Thermische Eigenschaften

Formbeständigkeit in der Wärme	*Verfahren*	B	220 °C
	Verfahren	A	200 °C
Vicat Erweichungstemperatur (VST)	*Verfahren*	B/50	215 °C
	Verfahren		°C
Kristallit-Schmelzpunkt	*Verfahren*		
Längenausdehnungskoeffizient	*Bereich*	°C	$\cdot 10^{-4} K^{-1}$
	Temperatur		$\cdot 10^{-4} K^{-1}$
Wärmeleitfähigkeit	*Verfahren*		W/(K · m)
Spezifische Wärmekapazität	*Verfahren*		J/(K · g)
Glasumwandlungstemperatur	*Torsionsschwingungsversuch*	°C	
	Differentialkalorimetrie	°C	

Brandverhalten

UL-Test vertikal$\qquad$ Dicke$\quad$ mm, Wert$\quad$ HB
$\qquad$ Dicke$\quad$ mm, Wert

	Norm	*Bewertung*	*Abmessungen*
Sauerstoff-Index	ASTM D 2863		
Glühstab-Verfahren			
Brandverhalten	DIN 4102		
MVSS			
FAR			

Elektrische Eigenschaften

		Hz	°C		*Probekörper, Form*
Dielektrizitätszahl		50			
		10^3			
		10^6			
Dielektrischer Verlustfaktor tan δ		50	23	0.0023	
		10^3			
		10^6			
Spezifischer Durchgangs-					
widerstand	Ohm · cm		23	$\geqq 1.0*10**16$	
Durchschlagfestigkeit	kV/mm		23	33	mm dick
Oberflächenwiderstand	Ohm				
Kriechstromfestigkeit		KC	KB	KA	
Elektrolytische Korrosionswirkung					
Lichtbogenfestigkeit nach DIN					
nach ASTM	s				

Beständigkeit *(Chemische Beständigkeit siehe Anhang)*

Wasseraufnahme 23 C		1 d	0.05 %
Feuchtigkeitsaufnahme Normalklima			%
Wetterbeständigkeit			
Spannungskorrosion			

Optische Eigenschaften

Brechungszahl n_D		
Transmissionsgrad τ_c	%	mm dick
Lichtdurchlässigkeit		

Produkt	Polybutylenterephthalat	**PBT**
Handelsname	**Celanex 2300 GV1/50**	
Hersteller	HOECHST	
DIN-Bez 1		
DIN-Bez 2		

Zusätze		*Füllstoffe/ Verstärkung*	50.0% Glasfaser
Bevorzugte Verarbeitung	Spritzgiessen	*Lieferform*	Granulat
		Farben	Natur; Standard
Besondere Merkmale	Sehr hohe Formbestaendigkeit in der Waerme; Sehr hohe Steifheit	*Bevorzugte Anwendungen*	Technisches Formteil; Kfz-Bau; Elektroindustrie; Elektronikindustrie

Dichte	g/cm^3	1.71		*Schmelzindex*	g/10 min		:
Schüttdichte	g/cm^3			*Volumenfließindex*	cm^3/10 min		:
Viskositätszahl	ml/g						

Verarbeitungsbedingungen für Spritzgießen

Massetemp.	°C		*Schwindung*	%	lgs	, quer
Werkzeugtemp.	°C		*Bemerkungen*			
Spritzdruck	bar					

Zugversuch 23 °C — DIN 53455; DIN 53457

	Probekörper:	Form		*Herstellung*	Spritzgiessen
		Zustand		*Vorbehandlung*	Normalklima
Streckspannung	N/mm^2		*Dehnung bei Streckspannung*	%	
Zugfestigkeit	N/mm^2		*Reißdehnung*	%	2.0
Reißfestigkeit	N/mm^2	180	% *Dehnspannung*	N/mm^2	
E-Modul	N/mm^2	15000	*Dehnung bei* % *Dehnspg.*	%	

Kriechmoduln und Zeitstandwerte 23 °C

	Probekörper:	Form		*Herstellung*	
		Zustand		*Vorbehandlung*	
Kriechmodul	1 min N/mm^2		*Zeitstandzugfestigkeit*	h N/mm^2	
Kriechmodul	1000 h N/mm^2		*Zeitdehnspg.* %	h N/mm^2	
bei Spannung	N/mm^2				

Biegeversuch 23 °C — DIN 53457;

	Probekörper:	Form		*Herstellung*	Spritzgiessen
		Zustand		*Vorbehandlung*	Normalklima
Biegefestigkeit	N/mm^2		*E-Modul*	N/mm^2	12000
3,5% Biegespannung	N/mm^2				

Härte 23 °C

	Probekörper:	Zustand	*Herstellung*	Spritzgiessen
			Vorbehandlung	Normalklima
Kugeldruckhärte	N/mm^2	bei N, s	*Shore-Härte* A	
Rockwellhärte	M 121		*Shore-Härte* D	

Schlagversuch

	Probekörper:	(1)		
		(2)	*Herstellung*	Spritzgiessen
		Zustand	*Vorbehandlung*	Normalklima

		°C	°C	°C	*Probekörper-Form*
Schlagzähigkeit	kJ/m^2	23 33	-40 30		
Kerbschlagzähigkeit (1)	kJ/m^2				
IZOD-Kerbschlagzähigkeit (2)	J/m				
Kerbschlagzugzähigkeit	kJ/m^2				

Abrieb und Reibung

Taber-Abrieb (Reibradverfahren)	mm^3/100 U	
Abriebfaktor LNP (Thrust washer) Vergleichswert		
Statische Reibungszahl		
Dynamische Reibungszahl	(p·v = N/mm^2 · m/min)	
Zulässiger p · v Wert	N/mm^2 · (m/min) v = m/min	
	v = m/min	

Thermische Eigenschaften

Formbeständigkeit in der Wärme	*Verfahren*	B	222 °C
	Verfahren	A	215 °C
Vicat Erweichungstemperatur (VST)	*Verfahren*	B/50	215 °C
	Verfahren		°C
Kristallit-Schmelzpunkt	*Verfahren*		
Längenausdehnungskoeffizient	*Bereich*	°C	· 10^{-4}K^{-1}
	Temperatur		· 10^{-4}K^{-1}
Wärmeleitfähigkeit	*Verfahren*		W/(K · m)
Spezifische Wärmekapazität	*Verfahren*		J/(K · g)
Glasumwandlungstemperatur	*Torsionsschwingungsversuch*		°C
	Differentialkalorimetrie		°C

Brandverhalten

UL-Test vertikal	Dicke mm, Wert HB	
	Dicke mm, Wert	

	Norm	*Bewertung*	*Abmessungen*
Sauerstoff-Index	ASTM D 2863		
Glühstab-Verfahren			
Brandverhalten	DIN 4102		
MVSS			
FAR			

Elektrische Eigenschaften

		Hz	°C		*Probekörper, Form*
Dielektrizitätszahl		50			
		10^3			
		10^6			
Dielektrischer Verlustfaktor tan δ		50	23	0.0023	
		10^3			
		10^6			
Spezifischer Durchgangs- widerstand	Ohm · cm		23	≧ 1.0*10**16	
Durchschlagfestigkeit	kV/mm		23	25	mm dick
Oberflächenwiderstand	Ohm				
Kriechstromfestigkeit		KC	KB	KA	
Elektrolytische Korrosionswirkung					
Lichtbogenfestigkeit nach DIN					
nach ASTM	s				

Beständigkeit *(Chemische Beständigkeit siehe Anhang)*

Wasseraufnahme 23 C		1 d	0.04 %
Feuchtigkeitsaufnahme Normalklima			%
Wetterbeständigkeit			
Spannungskorrosion			

Optische Eigenschaften

Brechungszahl n$_D$		
Transmissionsgrad τ$_c$	%	mm dick
Lichtdurchlässigkeit		

		PBT
Produkt	Polybutylenterephthalat	
Handelsname	**Celanex 2360 FL**	
Hersteller	HOECHST	
DIN-Bez 1		
DIN-Bez 2		

Zusätze	Brandschutzmittel	*Füllstoffe/ Verstärkung*	
Bevorzugte Verarbeitung	Spritzgiessen	*Lieferform*	Granulat
		Farben	Natur; Standard
Besondere Merkmale		*Bevorzugte Anwendungen*	Technisches Formteil; Elektroindustrie; Elektronikindustrie; Kfz-Bau

Dichte	g/cm³	1.49	*Schmelzindex*	g/10 min		:
Schüttdichte	g/cm³		*Volumenfließindex*	cm³/10 min		:
Viskositätszahl	ml/g					

Verarbeitungsbedingungen für Spritzgießen

Massetemp.	°C		*Schwindung*	%	lgs	, quer
Werkzeugtemp.	°C		*Bemerkungen*			
Spritzdruck	bar					

Zugversuch 23 °C DIN 53455; DIN 53457

Probekörper:	Form		*Herstellung*	Spritzgiessen
	Zustand		*Vorbehandlung*	Normalklima

Streckspannung	N/mm²		*Dehnung bei Streckspannung*	%	
Zugfestigkeit	N/mm²		*Reißdehnung*	%	$\geqq 2.5$
Reißfestigkeit	N/mm² 55		% Dehnspannung	N/mm²	
E-Modul	N/mm² 3000		*Dehnung bei*	% Dehnspg.	%

Kriechmoduln und Zeitstandwerte 23 °C

Probekörper:	Form	*Herstellung*	
	Zustand	*Vorbehandlung*	

Kriechmodul	1 min N/mm²	*Zeitstandzugfestigkeit*	h N/mm²	
Kriechmodul	1000 h N/mm²	*Zeitdehnspg. %*	h N/mm²	
bei Spannung	N/mm²			

Biegeversuch 23 °C

Probekörper:	Form	*Herstellung*	
	Zustand	*Vorbehandlung*	

Biegefestigkeit	N/mm²	*E-Modul*	N/mm²
3,5% Biegespannung	N/mm²		

Härte 23 °C

Probekörper:	Zustand	*Herstellung*	
		Vorbehandlung	

Kugeldruckhärte	N/mm²	bei N, s	*Shore-Härte* A	
Rockwellhärte			*Shore-Härte* D	

Schlagversuch

Probekörper:	(1)		
	(2) V-Kerbe	*Herstellung*	Spritzgiessen
	Zustand	*Vorbehandlung*	Normalklima

	°C	°C	°C	*Probekörper-Form*

Schlagzähigkeit	kJ/m²	23	35	
Kerbschlagzähigkeit (1)	kJ/m²			
IZOD-Kerbschlagzähigkeit (2)	J/m	23	30	
Kerbschlagzugzähigkeit	kJ/m²			

Abrieb und Reibung

Taber-Abrieb (Reibradverfahren) $mm^3/100$ U
Abriebfaktor LNP (Thrust washer) Vergleichswert
Statische Reibungszahl
Dynamische Reibungszahl $(p \cdot v = \quad N/mm^2 \cdot \quad m/min)$
Zulässiger $p \cdot v$ Wert $N/mm^2 \cdot$ (m/min)   v =   m/min
                       v =   m/min

Thermische Eigenschaften

Formbeständigkeit in der Wärme   Verfahren   B   180 °C
                                    Verfahren   A   70 °C
Vicat Erweichungstemperatur (VST)   Verfahren   °C
                                    Verfahren   °C
Kristallit-Schmelzpunkt   Verfahren

Längenausdehnungskoeffizient   Bereich   °C $\cdot 10^{-4} K^{-1}$
                                    Temperatur $\cdot 10^{-4} K^{-1}$
Wärmeleitfähigkeit   Verfahren $W/(K \cdot m)$

Spezifische Wärmekapazität   Verfahren $J/(K \cdot g)$

Glasumwandlungstemperatur   Torsionsschwingungsversuch   °C
                                    Differentialkalorimetrie   °C

Brandverhalten

UL-Test vertikal   Dicke 1.2   mm,   Wert   V-0
                 Dicke   mm,   Wert

	Norm	Bewertung	Abmessungen
Sauerstoff-Index	ASTM D 2863		
Glühstab-Verfahren			
Brandverhalten	DIN 4102		
MVSS			
FAR			

Elektrische Eigenschaften

	Hz	°C	Probekörper, Form
Dielektrizitätszahl	50		
	10^3		
	10^6		
Dielektrischer Verlustfaktor tan δ	50		
	10^3		
	10^6		

Spezifischer Durchgangs-
   widerstand   Ohm · cm
Durchschlagfestigkeit   kV/mm   mm dick
Oberflächenwiderstand   Ohm

Kriechstromfestigkeit   KC   KB   KA
Elektrolytische Korrosionswirkung
Lichtbogenfestigkeit nach DIN
                 nach ASTM   s

Beständigkeit *(Chemische Beständigkeit siehe Anhang)*

Wasseraufnahme

Feuchtigkeitsaufnahme Normalklima   %
Wetterbeständigkeit

Spannungskorrosion

Optische Eigenschaften

Brechungszahl n_D
Transmissionsgrad τ_c %   mm dick
Lichtdurchlässigkeit

Datenbank-Nr.	**T01013**	*Merkblatt-Nr.* **3917**

Produkt	Polybutylenterephthalat	**PBT**
Handelsname	**Celanex 2013**	
Hersteller	HOECHST	
DIN-Bez 1		
DIN-Bez 2		

Zusätze	Brandschutzmittel	*Füllstoffe/ Verstärkung*	
Bevorzugte Verarbeitung	Spritzgiessen	*Lieferform*	Granulat
		Farben	Natur; Standard
Besondere Merkmale	Migrationsarmes Flammschutzsystem	*Bevorzugte Anwendungen*	Technisches Formteil; Elektroindustrie; Elektronikindustrie; Kfz-Bau

---

Dichte	g/cm^3	1.42	*Schmelzindex*	g/10 min	:
Schüttdichte	g/cm^3		*Volumenfließindex*	cm^3/10 min	:
Viskositätszahl	ml/g				

Verarbeitungsbedingungen für Spritzgießen

Massetemp.	°C		*Schwindung*	%	lgs	, quer
Werkzeugtemp.	°C		*Bemerkungen*			
Spritzdruck	bar					

Zugversuch 23 °C ASTM D638;

	Probekörper:	*Form*		*Herstellung*	Spritzgiessen
		Zustand		*Vorbehandlung*	Normalklima
Streckspannung	N/mm^2		*Dehnung bei Streckspannung*	%	
Zugfestigkeit	N/mm^2		*Reißdehnung*	%	20
Reißfestigkeit	N/mm^2 54		*% Dehnspannung*	N/mm^2	
E-Modul	N/mm^2		*Dehnung bei % Dehnspg.*	%	

Kriechmoduln und Zeitstandwerte 23 °C

	Probekörper:	*Form*		*Herstellung*	
		Zustand		*Vorbehandlung*	
Kriechmodul	1 min N/mm^2		*Zeitstandzugfestigkeit*	h N/mm^2	
Kriechmodul	1000 h N/mm^2		*Zeitdehnspg. %*	h N/mm^2	
bei Spannung	N/mm^2				

Biegeversuch 23 °C ASTM D790;

	Probekörper:	*Form*		*Herstellung*	Spritzgiessen
		Zustand		*Vorbehandlung*	Normalklima
Biegefestigkeit	N/mm^2		*E-Modul*	N/mm^2 2850	
3,5% Biegespannung	N/mm^2				

Härte 23 °C

	Probekörper:	*Zustand*	*Herstellung*	
			Vorbehandlung	
Kugeldruckhärte	N/mm^2	bei N, s	*Shore-Härte* A	
Rockwellhärte			*Shore-Härte* D	

Schlagversuch

	Probekörper:	*(1)*	
		(2) V-Kerbe	*Herstellung* Spritzgiessen
		Zustand	*Vorbehandlung* Normalklima

	°C	°C	°C	*Probekörper-Form*
Schlagzähigkeit	kJ/m^2			
Kerbschlagzähigkeit (1)	kJ/m^2			
IZOD-Kerbschlagzähigkeit (2)	J/m	23 37		
Kerbschlagzugzähigkeit	kJ/m^2			

Abrieb und Reibung

Taber-Abrieb (Reibradverfahren)　　　　　　　　　　mm^3/100 U
Abriebfaktor LNP (Thrust washer) Vergleichswert
Statische Reibungszahl
Dynamische Reibungszahl　　　　　　　　　　　　　(p·v =　　　　N/mm^2 ·　　　m/min)
Zulässiger p · v Wert　　　　　　　　　　　　　　　N/mm^2 · (m/min)　v =　　　m/min
　　　　　　　　　　　　　　　　　　　　　　　　　　　　　　　　　　　　　　　v =　　　m/min

Thermische Eigenschaften

Formbeständigkeit in der Wärme　　　*Verfahren*　A　　　　　　　　　　　63 °C
　　　　　　　　　　　　　　　　　　　Verfahren　　　　　　　　　　　　　　°C
Vicat Erweichungstemperatur (VST)　*Verfahren*　　　　　　　　　　　　　　°C
　　　　　　　　　　　　　　　　　　　Verfahren　　　　　　　　　　　　　　°C
Kristallit-Schmelzpunkt　　　　　　　*Verfahren*

Längenausdehnungskoeffizient　　　　*Bereich*　　　　　°C　　　　　　　· 10^{-4}K^{-1}
　　　　　　　　　　　　　　　　　　　Temperatur　　　　　　　　　　　　· 10^{-4}K^{-1}
Wärmeleitfähigkeit　　　　　　　　　*Verfahren*　　　　　　　　　　　　　W/(K · m)

Spezifische Wärmekapazität　　　　　*Verfahren*　　　　　　　　　　　　　J/(K · g)

Glasumwandlungstemperatur　　　　　*Torsionsschwingungsversuch*　　　°C
　　　　　　　　　　　　　　　　　　　Differentialkalorimetrie　　　　　°C

Brandverhalten

UL-Test vertikal　　　　　　　　　　Dicke 0.79　mm, Wert　V-0
　　　　　　　　　　　　　　　　　　　Dicke　　　　mm, Wert

	Norm	Bewertung	Abmessungen
Sauerstoff-Index	ASTM D 2863		
Glühstab-Verfahren			
Brandverhalten	DIN 4102		
MVSS			
FAR			

Elektrische Eigenschaften

	Hz	°C	Probekörper, Form
Dielektrizitätszahl	50		
	10^3		
	10^6		
Dielektrischer Verlustfaktor tan δ	50		
	10^3		
	10^6		

Spezifischer Durchgangs-
　widerstand　　　　　　Ohm · cm
Durchschlagfestigkeit　　kV/mm　　　　　　　　　　　　　　　mm dick
Oberflächenwiderstand　　Ohm

Kriechstromfestigkeit　　　　　　KC　　　　KB　　　　KA
Elektrolytische Korrosionswirkung
Lichtbogenfestigkeit nach DIN
　　　　　　nach ASTM　　s

Beständigkeit *(Chemische Beständigkeit siehe Anhang)*

Wasseraufnahme

Feuchtigkeitsaufnahme Normalklima　　　　　　　　　　　　　　　　　　%
Wetterbeständigkeit

Spannungskorrosion

Optische Eigenschaften

Brechungszahl n$_D$
Transmissionsgrad τ$_c$　　　%　　　　　　　　mm dick
Lichtdurchlässigkeit

Produkt	Polybutylenterephthalat		**PBT**
Handelsname	**Celanex 2360 GV 1/10 FL**		
Hersteller	HOECHST		
DIN-Bez 1			
DIN-Bez 2			
Zusätze	Brandschutzmittel	*Füllstoffe/ Verstärkung*	10.0% Glasfaser
Bevorzugte Verarbeitung	Spritzgiessen	*Lieferform*	Granulat
		Farben	Natur; Standard
Besondere Merkmale	Hohe Formbestaendigkeit in der Waerme; Angehobene Steifheit	*Bevorzugte Anwendungen*	Technisches Formteil; Elektroindustrie; Elektronikindustrie; Kfz-Bau

Dichte	g/cm^3	1.55	*Schmelzindex*	g/10 min	:
Schüttdichte	g/cm^3		*Volumenfließindex*	cm^3/10 min	:
Viskositätszahl	ml/g				

Verarbeitungsbedingungen für Spritzgießen

Massetemp.	°C		*Schwindung*	%	lgs	, quer
Werkzeugtemp.	°C		*Bemerkungen*			
Spritzdruck	bar					

Zugversuch 23 °C DIN 53455; DIN 53457

	Probekörper:	*Form*	*Herstellung*	Spritzgiessen
		Zustand	*Vorbehandlung*	Normalklima
Streckspannung	N/mm^2		*Dehnung bei Streckspannung*	%
Zugfestigkeit	N/mm^2		*Reißdehnung*	% $\geqq$ 2.5
Reißfestigkeit	N/mm^2 90		% *Dehnspannung*	N/mm^2
E-Modul	N/mm^2 5000		*Dehnung bei* % *Dehnspg.*	%

Kriechmoduln und Zeitstandwerte 23 °C

	Probekörper:	*Form*	*Herstellung*	
		Zustand	*Vorbehandlung*	
Kriechmodul	1 min N/mm^2		*Zeitstandzugfestigkeit*	h N/mm^2
Kriechmodul	1000 h N/mm^2		*Zeitdehnspg.* %	h N/mm^2
bei Spannung	N/mm^2			

Biegeversuch 23 °C

	Probekörper:	*Form*	*Herstellung*	
		Zustand	*Vorbehandlung*	
Biegefestigkeit	N/mm^2	*E-Modul*		N/mm^2
3,5% Biegespannung	N/mm^2			

Härte 23 °C

	Probekörper:	*Zustand*	*Herstellung*	
			Vorbehandlung	
Kugeldruckhärte	N/mm^2	bei N, s	*Shore-Härte* A	
Rockwellhärte			*Shore-Härte* D	

Schlagversuch

	Probekörper:	*(1)*		
		(2) V-Kerbe	*Herstellung*	Spritzgiessen
		Zustand	*Vorbehandlung*	Normalklima
	°C	°C	°C	*Probekörper-Form*
Schlagzähigkeit	kJ/m^2	23 22		
Kerbschlagzähigkeit (1)	kJ/m^2			
IZOD-Kerbschlagzähigkeit (2)	J/m	23 43		
Kerbschlagzugzähigkeit	kJ/m^2			

Abrieb und Reibung

Taber-Abrieb (Reibradverfahren)   mm³/100 U
Abriebfaktor LNP (Thrust washer) Vergleichswert
Statische Reibungszahl
Dynamische Reibungszahl   (p·v =   N/mm² ·   m/min)
Zulässiger p·v Wert   N/mm² · (m/min)   v =   m/min
                                                                       v =   m/min

Thermische Eigenschaften

Formbeständigkeit in der Wärme	*Verfahren*	B	210 °C
	Verfahren	A	170 °C
Vicat Erweichungstemperatur (VST)	*Verfahren*		°C
	Verfahren		°C
Kristallit-Schmelzpunkt	*Verfahren*		
Längenausdehnungskoeffizient	*Bereich*	°C	$\cdot 10^{-4} \mathrm{K}^{-1}$
	Temperatur		$\cdot 10^{-4} \mathrm{K}^{-1}$
Wärmeleitfähigkeit	*Verfahren*		W/(K · m)
Spezifische Wärmekapazität	*Verfahren*		J/(K · g)
Glasumwandlungstemperatur	*Torsionsschwingungsversuch*	°C	
	Differentialkalorimetrie	°C	

Brandverhalten

UL-Test vertikal   Dicke 1.2   mm, Wert V-0
                                      Dicke   mm, Wert

	Norm	*Bewertung*	*Abmessungen*
Sauerstoff-Index	ASTM D 2863		
Glühstab-Verfahren			
Brandverhalten	DIN 4102		
MVSS			
FAR			

Elektrische Eigenschaften

	Hz	°C	*Probekörper, Form*
Dielektrizitätszahl	50		
	10^3		
	10^6		
Dielektrischer Verlustfaktor tan δ	50		
	10^3		
	10^6		

Spezifischer Durchgangs-
  widerstand   Ohm · cm
Durchschlagfestigkeit   kV/mm   mm dick
Oberflächenwiderstand   Ohm

Kriechstromfestigkeit   KC   KB   KA
Elektrolytische Korrosionswirkung
Lichtbogenfestigkeit nach DIN
     nach ASTM   s

Beständigkeit *(Chemische Beständigkeit siehe Anhang)*

Wasseraufnahme

Feuchtigkeitsaufnahme Normalklima   %
Wetterbeständigkeit

Spannungskorrosion

Optische Eigenschaften

Brechungszahl n_D
Transmissionsgrad τ_c %   mm dick
Lichtdurchlässigkeit

Datenbank-Nr.	**T01015**	*Merkblatt-Nr.* **3919**

		PBT
Produkt	Polybutylenterephthalat	
Handelsname	**Celanex 3215**	
Hersteller	HOECHST	
DIN-Bez 1		
DIN-Bez 2		

Zusätze	Brandschutzmittel	*Füllstoffe/ Verstärkung*	15.0% Glasfaser
Bevorzugte Verarbeitung	Spritzgiessen	*Lieferform*	Granulat
		Farben	Natur; Standard
Besondere Merkmale	Migrationsarmes Flammschutzsystem	*Bevorzugte Anwendungen*	Technisches Formteil; Elektroindustrie; Elektronikindustrie; Kfz-Bau

Dichte	g/cm³	1.58	*Schmelzindex*	g/10 min	:
Schüttdichte	g/cm³		*Volumenfließindex*	cm³/10 min	:
Viskositätszahl	ml/g				

Verarbeitungsbedingungen für Spritzgießen

Massetemp.	°C		*Schwindung*	%	lgs , quer
Werkzeugtemp.	°C		*Bemerkungen*		
Spritzdruck	bar				

Zugversuch 23 °C   ASTM D638;

	Probekörper:	*Form*	*Herstellung*	Spritzgiessen
		Zustand	*Vorbehandlung*	Normalklima
Streckspannung	N/mm²		*Dehnung bei Streckspannung*	%
Zugfestigkeit	N/mm²		*Reißdehnung*	% 2.5
Reißfestigkeit	N/mm² 100		*% Dehnspannung*	N/mm²
E-Modul	N/mm²		*Dehnung bei* % *Dehnspg.*	%

Kriechmoduln und Zeitstandwerte 23 °C

	Probekörper:	*Form*	*Herstellung*	
		Zustand	*Vorbehandlung*	
Kriechmodul	1 min N/mm²		*Zeitstandzugfestigkeit*	h N/mm²
Kriechmodul	1000 h N/mm²		*Zeitdehnspg.* %	h N/mm²
bei Spannung	N/mm²			

Biegeversuch 23 °C   DIN 53457;

	Probekörper:	*Form*	*Herstellung*	Spritzgiessen
		Zustand	*Vorbehandlung*	Normalklima
Biegefestigkeit	N/mm²		*E-Modul*	N/mm² 6050
3,5% Biegespannung	N/mm²			

Härte 23 °C

	Probekörper:	*Zustand*	*Herstellung*	
			Vorbehandlung	
Kugeldruckhärte	N/mm²	bei N, s	*Shore-Härte* A	
Rockwellhärte			*Shore-Härte* D	

Schlagversuch

	Probekörper:	*(1)*		
		(2) V-Kerbe	*Herstellung*	Spritzgiessen
		Zustand	*Vorbehandlung*	Normalklima
	°C	°C	°C	*Probekörper-Form*

Schlagzähigkeit	kJ/m²		
Kerbschlagzähigkeit (1)	kJ/m²		
IZOD-Kerbschlagzähigkeit (2)	J/m	23 43	
Kerbschlagzugzähigkeit	kJ/m²		

Abrieb und Reibung

Taber-Abrieb (Reibradverfahren)	mm³/100 U
Abriebfaktor LNP (Thrust washer) Vergleichswert	
Statische Reibungszahl	
Dynamische Reibungszahl	(p·v = N/mm² · m/min)
Zulässiger p · v Wert	N/mm² · (m/min) v = m/min
	v = m/min

Thermische Eigenschaften

Formbeständigkeit in der Wärme	*Verfahren*	A	185 °C
	Verfahren		°C
Vicat Erweichungstemperatur (VST)	*Verfahren*		°C
	Verfahren		°C
Kristallit-Schmelzpunkt	*Verfahren*		
Längenausdehnungskoeffizient	*Bereich*	°C	$\cdot 10^{-4}\mathrm{K}^{-1}$
	Temperatur		$\cdot 10^{-4}\mathrm{K}^{-1}$
Wärmeleitfähigkeit	*Verfahren*		W/(K · m)
Spezifische Wärmekapazität	*Verfahren*		J/(K · g)
Glasumwandlungstemperatur	*Torsionsschwingungsversuch*	°C	
	Differentialkalorimetrie	°C	

Brandverhalten

UL-Test vertikal   Dicke 0.79 mm, Wert V-0
                    Dicke   mm, Wert

	Norm	*Bewertung*	*Abmessungen*
Sauerstoff-Index	ASTM D 2863		
Glühstab-Verfahren			
Brandverhalten	DIN 4102		
MVSS			
FAR			

Elektrische Eigenschaften

	Hz	°C	*Probekörper, Form*
Dielektrizitätszahl	50		
	10^3		
	10^6		
Dielektrischer Verlustfaktor tan δ	50		
	10^3		
	10^6		
Spezifischer Durchgangs-widerstand	Ohm · cm		
Durchschlagfestigkeit	kV/mm		mm dick
Oberflächenwiderstand	Ohm		
Kriechstromfestigkeit	KC	KB	KA
Elektrolytische Korrosionswirkung			
Lichtbogenfestigkeit nach DIN			
nach ASTM	s		

Beständigkeit *(Chemische Beständigkeit siehe Anhang)*

Wasseraufnahme

Feuchtigkeitsaufnahme Normalklima   %
Wetterbeständigkeit

Spannungskorrosion

Optische Eigenschaften

Brechungszahl n_D
Transmissionsgrad τ_c %   mm dick
Lichtdurchlässigkeit

			PBT
Produkt	Polybutylenterephthalat		
Handelsname	**Celanex 2360 GV 1/20 FL**		
Hersteller	HOECHST		
DIN-Bez 1			
DIN-Bez 2			
Zusätze	Brandschutzmittel	*Füllstoffe/ Verstärkung*	20.0% Glasfaser
Bevorzugte Verarbeitung	Spritzgiessen	*Lieferform*	Granulat
		Farben	Natur; Standard
Besondere Merkmale	Hohe Formbestaendigkeit in der Waerme; Angehobene Steifheit	*Bevorzugte Anwendungen*	Technisches Formteil; Kfz-Bau; Elektroindustrie; Elektronikindustrie

---

Dichte	g/cm^3	1.60	*Schmelzindex*	g/10 min		:
Schüttdichte	g/cm^3		*Volumenfließindex*	cm^3/10 min		:
Viskositätszahl	ml/g					

Verarbeitungsbedingungen für Spritzgießen

Massetemp.	°C		*Schwindung*	%	lgs , quer
Werkzeugtemp.	°C		*Bemerkungen*		
Spritzdruck	bar				

Zugversuch 23 °C   DIN 53455; DIN 53457

	Probekörper:	Form	*Herstellung*	Spritzgiessen
		Zustand	*Vorbehandlung*	Normalklima
Streckspannung	N/mm^2		*Dehnung bei Streckspannung*	%
Zugfestigkeit	N/mm^2		*Reißdehnung*	% 3.0
Reißfestigkeit	N/mm^2 130		% *Dehnspannung*	N/mm^2
E-Modul	N/mm^2 8500		*Dehnung bei* % *Dehnspg.*	%

Kriechmoduln und Zeitstandwerte 23 °C

	Probekörper:	Form	*Herstellung*	
		Zustand	*Vorbehandlung*	
Kriechmodul	1 min N/mm^2		*Zeitstandzugfestigkeit*	h N/mm^2
Kriechmodul	1000 h N/mm^2		*Zeitdehnspg.* %	h N/mm^2
bei Spannung	N/mm^2			

Biegeversuch 23 °C   DIN 53457;

	Probekörper:	Form	*Herstellung*	Spritzgiessen
		Zustand	*Vorbehandlung*	Normalklima
Biegefestigkeit	N/mm^2	*E-Modul*		N/mm^2 7000
3,5% Biegespannung	N/mm^2			

Härte 23 °C

Probekörper:	Zustand	*Herstellung*	Spritzgiessen
		Vorbehandlung	Normalklima
Kugeldruckhärte	N/mm^2 bei N, s	*Shore-Härte* A	
Rockwellhärte	M 120	*Shore-Härte* D	

Schlagversuch

Probekörper:	(1)		
	(2) V-Kerbe	*Herstellung*	Spritzgiessen
	Zustand	*Vorbehandlung*	Normalklima

		°C	°C	°C	*Probekörper-Form*
Schlagzähigkeit	kJ/m^2	23 32	-40 27		
Kerbschlagzähigkeit (1)	kJ/m^2				
IZOD-Kerbschlagzähigkeit (2)	J/m	23 70			
Kerbschlagzugzähigkeit	kJ/m^2				

Abrieb und Reibung

Taber-Abrieb (Reibradverfahren) — mm³/100 U
Abriebfaktor LNP (Thrust washer) Vergleichswert
Statische Reibungszahl
Dynamische Reibungszahl — (p·v = N/mm² · m/min)
Zulässiger p · v Wert — N/mm² · (m/min) v = m/min
v = m/min

Thermische Eigenschaften

Formbeständigkeit in der Wärme	*Verfahren* B		210 °C
	Verfahren A		185 °C
Vicat Erweichungstemperatur (VST)	*Verfahren* B/50		208 °C
	Verfahren		°C
Kristallit-Schmelzpunkt	*Verfahren*		
Längenausdehnungskoeffizient	*Bereich*	°C	·10⁻⁴K⁻¹
	Temperatur		·10⁻⁴K⁻¹
Wärmeleitfähigkeit	*Verfahren*		W/(K · m)
Spezifische Wärmekapazität	*Verfahren*		J/(K · g)
Glasumwandlungstemperatur	*Torsionsschwingungsversuch*		°C
	Differentialkalorimetrie		°C

Brandverhalten

UL-Test vertikal — Dicke 1.6 mm, Wert V-0
Dicke mm, Wert

	Norm	*Bewertung*	*Abmessungen*
Sauerstoff-Index	ASTM D 2863		
Glühstab-Verfahren			
Brandverhalten	DIN 4102		
MVSS			
FAR			

Elektrische Eigenschaften

		Hz	°C			*Probekörper, Form*
Dielektrizitätszahl		50				
		10³				
		10⁶				
Dielektrischer Verlustfaktor tan δ		50	23	0.0024		
		10³				
		10⁶				
Spezifischer Durchgangs-widerstand	Ohm · cm		23	≧ 1.0*10**16		
Durchschlagfestigkeit	kV/mm		23	29		mm dick
Oberflächenwiderstand	Ohm					
Kriechstromfestigkeit		KC		KB	KA	
Elektrolytische Korrosionswirkung						
Lichtbogenfestigkeit nach DIN						
nach ASTM	s					

Beständigkeit *(Chemische Beständigkeit siehe Anhang)*

Wasseraufnahme 23 C — 1 d — 0.04 %

Feuchtigkeitsaufnahme Normalklima — %
Wetterbeständigkeit

Spannungskorrosion

Optische Eigenschaften

Brechungszahl n_D
Transmissionsgrad τ_c — % — mm dick
Lichtdurchlässigkeit

Produkt	Polypropylen	**PP**
Handelsname	**Finaprop PPH 7060 M**	
Hersteller	FINA	
DIN-Bez 1	16774-PP-H,MG,XX-M090	
DIN-Bez 2		

Zusätze		Füllstoffe/ Verstärkung		
Bevorzugte Verarbeitung	Spritzgiessen	Lieferform	Granulat	
		Farben	Natur; Standard	
Besondere Merkmale	Gute Fliesseigenschaften; Gute Reissfestigkeit; Hohe Steifigkeit	Bevorzugte Anwendungen	Haushaltsartikel; Spielzeug; Technisches Formteil	

Dichte	g/cm³	0.905	Schmelzindex	g/10 min	12:	230/2.16
Schüttdichte	g/cm³	0.55–0.60	Volumenfließindex	cm³/10 min	:	
Viskositätszahl	ml/g					

Verarbeitungsbedingungen für Spritzgießen

Massetemp.	°C	180–270	Schwindung	%	lgs	1–2, quer 1–2
Werkzeugtemp.	°C		Bemerkungen			
Spritzdruck	bar					

Zugversuch 23 °C

	Probekörper:	Form	Herstellung	
		Zustand	Vorbehandlung	
Streckspannung	N/mm²		Dehnung bei Streckspannung	%
Zugfestigkeit	N/mm²		Reißdehnung	%
Reißfestigkeit	N/mm²		% Dehnspannung	N/mm²
E-Modul	N/mm²		Dehnung bei % Dehnspg.	%

Kriechmoduln und Zeitstandwerte 23 °C

	Probekörper:	Form	Herstellung	
		Zustand	Vorbehandlung	
Kriechmodul	1 min N/mm²		Zeitstandzugfestigkeit	h N/mm²
Kriechmodul	1000 h N/mm²		Zeitdehnspg. %	h N/mm²
bei Spannung	N/mm²			

Biegeversuch 23 °C

	Probekörper:	Form	Herstellung	
		Zustand	Vorbehandlung	
Biegefestigkeit	N/mm²		E-Modul	N/mm²
3,5% Biegespannung	N/mm²			

Härte 23 °C

	Probekörper:	Zustand	Herstellung	
			Vorbehandlung	
Kugeldruckhärte	N/mm²	bei N, s	Shore-Härte A	
Rockwellhärte			Shore-Härte D	

Schlagversuch

	Probekörper:	(1)		
		(2) V-Kerbe	Herstellung	Spritzgiessen
		Zustand	Vorbehandlung	Normalklima
		°C　　　　°C	°C	Probekörper-Form
Schlagzähigkeit	kJ/m²			
Kerbschlagzähigkeit (1)	kJ/m²			
IZOD-Kerbschlagzähigkeit (2)	J/m	23 25		
Kerbschlagzugzähigkeit	kJ/m²			

Abrieb und Reibung

Taber-Abrieb (Reibradverfahren)　　　　　　　　mm³/100 U
Abriebfaktor LNP (Thrust washer) Vergleichswert
Statische Reibungszahl
Dynamische Reibungszahl　　　　　　　　　(p·v= 　　N/mm² · 　　m/min)
Zulässiger p · v Wert　　　　　　　　　　N/mm² · (m/min)　v = 　　m/min
　　　　　　　　　　　　　　　　　　　　　　　　　　　　v = 　　m/min

Thermische Eigenschaften

Formbeständigkeit in der Wärme	*Verfahren*	A	51 °C
	Verfahren	B	100 °C
Vicat Erweichungstemperatur (VST)	*Verfahren*	A/50	152 °C
	Verfahren	B/50	105 °C
Kristallit-Schmelzpunkt	*Verfahren*	Labofina	160–165 °C

Längenausdehnungskoeffizient　　　*Bereich*　　　　　°C　　　　　　　$\cdot 10^{-4} K^{-1}$
　　　　　　　　　　　　　　　　　　Temperatur　　　　　　　　　　　　　$\cdot 10^{-4} K^{-1}$
Wärmeleitfähigkeit　　　　　　　　*Verfahren*　　　　　　　　　　　　　W/(K · m)

Spezifische Wärmekapazität　　　　*Verfahren*　　　　　　　　　　　　　J/(K · g)

Glasumwandlungstemperatur　　　　*Torsionsschwingungsversuch*　　°C
　　　　　　　　　　　　　　　　　　Differentialkalorimetrie　　　　　　°C

Brandverhalten

UL-Test vertikal　　　　　　　　　　Dicke　　mm, Wert
　　　　　　　　　　　　　　　　　　Dicke　　mm, Wert

	Norm	*Bewertung*	*Abmessungen*
Sauerstoff-Index	ASTM D 2863		
Glühstab-Verfahren			
Brandverhalten	DIN 4102		
MVSS			
FAR			

Elektrische Eigenschaften

	Hz	°C	*Probekörper, Form*
Dielektrizitätszahl	50		
	10^3		
	10^6		
Dielektrischer Verlustfaktor tan δ	50		
	10^3		
	10^6		

Spezifischer Durchgangs-
　widerstand　　　　　　　Ohm · cm
Durchschlagfestigkeit　　kV/mm　　　　　　　　　　　　　　　　　　mm dick
Oberflächenwiderstand　 Ohm

Kriechstromfestigkeit　　　　　KC　　　　　KB　　　　　KA
Elektrolytische Korrosionswirkung
Lichtbogenfestigkeit nach DIN
　　　　　nach ASTM　　s

Beständigkeit *(Chemische Beständigkeit siehe Anhang)*

Wasseraufnahme

Feuchtigkeitsaufnahme Normalklima　　　　　　　　　　　　　　　　　　%
Wetterbeständigkeit

Spannungskorrosion

Optische Eigenschaften

Brechungszahl n_D
Transmissionsgrad τ_c　　%　　　　　　　mm dick
Lichtdurchlässigkeit

Produkt	Polyamid 6	**PA**
Handelsname	**Akulon K222-D**	
Hersteller	AKZO	
DIN-Bez 1		
DIN-Bez 2		

Zusätze		*Füllstoffe/ Verstärkung*	
Bevorzugte Verarbeitung	Spritzgiessen	*Lieferform*	Granulat
		Farben	Natur; Schwarz; Weiss; Standard
Besondere Merkmale	Niedrigviskos; Homogen feinkristalline Struktur	*Bevorzugte Anwendungen*	Duennwandiges Formteil mit langen Fliesswegen

Dichte	g/cm³	1.13	*Schmelzindex*	g/10 min	:
Schüttdichte	g/cm³		*Volumenfließindex*	cm³/10 min	:
Viskositätszahl	ml/g				

Verarbeitungsbedingungen für Spritzgießen

Massetemp.	°C	230–260	*Schwindung*	%	lgs 0.7–1.2, quer 0.7–1.2
Werkzeugtemp.	°C	80–90	*Bemerkungen*		
Spritzdruck	bar				

Zugversuch 23 °C DIN 53455; DIN 53457

	Probekörper:	*Form*		*Herstellung*	Spritzgiessen	
		Zustand	Spritzfrisch	*Vorbehandlung*		
Streckspannung	N/mm²		*Dehnung bei Streckspannung*	%		
Zugfestigkeit	N/mm²	85	*Reißdehnung*	%	15	
Reißfestigkeit	N/mm²		*% Dehnspannung*	N/mm²		
E-Modul	N/mm²	3400	*Dehnung bei* *% Dehnspg.*	%		

Kriechmoduln und Zeitstandwerte 23 °C

	Probekörper:	*Form*		*Herstellung*	
		Zustand		*Vorbehandlung*	
Kriechmodul	1 min N/mm²		*Zeitstandzugfestigkeit*	h N/mm²	
Kriechmodul	1000 h N/mm²		*Zeitdehnspg. %*	h N/mm²	
bei Spannung	N/mm²				

Biegeversuch 23 °C DIN 53457; DIN 53452

	Probekörper:	*Form*		*Herstellung*	Spritzgiessen
		Zustand	Spritzfrisch	*Vorbehandlung*	
Biegefestigkeit	N/mm²	90	*E-Modul*	N/mm²	3000
3,5% Biegespannung	N/mm²				

Härte 23 °C

	Probekörper:	*Zustand*	Spritzfrisch	*Herstellung*	Spritzgiessen
				Vorbehandlung	
Kugeldruckhärte	N/mm² 140	bei 358 N, 30 s		*Shore-Härte* A	
Rockwellhärte	M 84			*Shore-Härte* D	85

Schlagversuch

	Probekörper:	*(1)* U-Kerbe		
		(2) V-Kerbe	*Herstellung*	Spritzgiessen
		Zustand Spritzfrisch	*Vorbehandlung*	

		°C	°C	°C	*Probekörper-Form*
Schlagzähigkeit	kJ/m²	23 o.B.			NKS
Kerbschlagzähigkeit (1)	kJ/m²	23 3.5			
IZOD-Kerbschlagzähigkeit (2)	J/m	23 37			Dicke 3.2 mm
Kerbschlagzugzähigkeit	kJ/m²				

Abrieb und Reibung

Taber-Abrieb (Reibradverfahren)	mm^3/100 U
Abriebfaktor LNP (Thrust washer) Vergleichswert	
Statische Reibungszahl	
Dynamische Reibungszahl	$(p \cdot v = \qquad N/mm^2 \cdot \qquad m/min)$
Zulässiger p · v Wert	$N/mm^2 \cdot$ (m/min) v = m/min
	v = m/min

Thermische Eigenschaften

Formbeständigkeit in der Wärme	*Verfahren*	A	70 °C
	Verfahren	B	190 °C
Vicat Erweichungstemperatur (VST)	*Verfahren*		°C
	Verfahren		°C
Kristallit-Schmelzpunkt	*Verfahren*	ASTM D 2117	218 °C
Längenausdehnungskoeffizient	*Bereich* °C		$\cdot 10^{-4} K^{-1}$
	Temperatur 23 °C		$0.8{-}1.0 \cdot 10^{-4} K^{-1}$
Wärmeleitfähigkeit	*Verfahren* DIN 52612	23 °C	$0.3 \ W/(K \cdot m)$
Spezifische Wärmekapazität	*Verfahren* ASTM C 351	23 °C	$1.7 \ J/(K \cdot g)$
Glasumwandlungstemperatur	*Torsionsschwingungsversuch*		°C
	Differentialkalorimetrie		°C

Brandverhalten

UL-Test vertikal   Dicke 1.5   mm, Wert V-2
                          Dicke   mm, Wert

	Norm	Bewertung	Abmessungen
Sauerstoff-Index	ASTM D 2863	26%	
Glühstab-Verfahren	DIN 53459	2b	
Brandverhalten	DIN 4102		
MVSS			
FAR			

Elektrische Eigenschaften

		Hz	°C		Probekörper, Form
Dielektrizitätszahl		50			
		10^3	23	3.25	
		10^6			
Dielektrischer Verlustfaktor $\tan \delta$		50			
		10^3	23	0.015	
		10^6			
Spezifischer Durchgangs-					
widerstand	Ohm · cm		23	1.0*10**15	
Durchschlagfestigkeit	kV/mm		23	50	1 mm dick
Oberflächenwiderstand	Ohm		23	1.0*10**14	
Kriechstromfestigkeit		KC 600		KB 600 KA 3a	
Elektrolytische Korrosionswirkung					
Lichtbogenfestigkeit nach DIN					
nach ASTM	s				

Beständigkeit *(Chemische Beständigkeit siehe Anhang)*

Wasseraufnahme 23 C Bis zur Saettigung	9.0 %
Feuchtigkeitsaufnahme Normalklima	2.5 %
Wetterbeständigkeit	
Spannungskorrosion	

Optische Eigenschaften

Brechungszahl n_D
Transmissionsgrad τ_c %   mm dick
Lichtdurchlässigkeit

Datenbank-Nr.	**T05242**		*Merkblatt-Nr.* **3923**

			PA
Produkt	Polyamid 6		
Handelsname	**Akulon K222-F**		
Hersteller	AKZO		
DIN-Bez 1			
DIN-Bez 2			
Zusätze		*Füllstoffe/ Verstärkung*	
Bevorzugte Verarbeitung	Spritzgiessen	*Lieferform*	Granulat
		Farben	Natur
Besondere Merkmale	Transparent; Hervorragendes Fliess-verhalten	*Bevorzugte Anwendungen*	Duennwandiges Formteil; Spezialpro-dukt fuer die medizinische Industrie; Tropfkammer fuer Bluttransfusionsge-raete; Teil fuer die Kfz-Industrie; Ben-zinfilter

Dichte	g/cm^3	1.12	*Schmelzindex*	g/10 min	:
Schüttdichte	g/cm^3		*Volumenfließindex*	cm^3/10 min	:
Viskositätszahl	ml/g				

Verarbeitungsbedingungen für Spritzgießen

Massetemp.	°C	230–260	*Schwindung*	%	lgs 0.4–1.0, quer 0.4–1.0
Werkzeugtemp.	°C	$\leqq$ 20	*Bemerkungen*		
Spritzdruck	bar				

Zugversuch 23 °C DIN 53455; DIN 53457

	Probekörper:	*Form*		*Herstellung*	Spritzgiessen
		Zustand	Spritzfrisch	*Vorbehandlung*	

Streckspannung	N/mm^2		*Dehnung bei Streckspannung*	%	
Zugfestigkeit	N/mm^2 78		*Reißdehnung*	%	50
Reißfestigkeit	N/mm^2		% *Dehnspannung*	N/mm^2	
E-Modul	N/mm^2 2700		*Dehnung bei* % *Dehnspg.*	%	

Kriechmoduln und Zeitstandwerte 23 °C

	Probekörper:	*Form*	*Herstellung*
		Zustand	*Vorbehandlung*

Kriechmodul	1 min N/mm^2	*Zeitstandzugfestigkeit*	h N/mm^2
Kriechmodul	1000 h N/mm^2	*Zeitdehnspg.* %	h N/mm^2
bei Spannung	N/mm^2		

Biegeversuch 23 °C DIN 53457; DIN 53452

	Probekörper:	*Form*		*Herstellung*	Spritzgiessen
		Zustand	Spritzfrisch	*Vorbehandlung*	

Biegefestigkeit	N/mm^2 67	*E-Modul*	N/mm^2 2200
3,5% Biegespannung	N/mm^2		

Härte 23 °C

	Probekörper:	*Zustand*	Spritzfrisch	*Herstellung*	Spritzgiessen
				Vorbehandlung	

Kugeldruckhärte	N/mm^2 95	bei 358 N, 30 s	*Shore-Härte* A	
Rockwellhärte	M 60		*Shore-Härte* D	78

Schlagversuch

	Probekörper:	(1) U-Kerbe			
		(2) V-Kerbe		*Herstellung*	Spritzgiessen
		Zustand	Spritzfrisch	*Vorbehandlung*	
		°C	°C	°C	*Probekörper-Form*

Schlagzähigkeit	kJ/m^2	23	o.B.	NKS
Kerbschlagzähigkeit (1)	kJ/m^2	23	4.5	
IZOD-Kerbschlagzähigkeit (2)	J/m	23	40	Dicke 3.2 mm
Kerbschlagzugzähigkeit	kJ/m^2			

Abrieb und Reibung

Taber-Abrieb (Reibradverfahren)	mm³/100 U	
Abriebfaktor LNP (Thrust washer) Vergleichswert		
Statische Reibungszahl		
Dynamische Reibungszahl	$(p \cdot v =$ N/mm² · m/min$)$	
Zulässiger p · v Wert	N/mm² · (m/min) v = m/min	
	v = m/min	

Thermische Eigenschaften

Formbeständigkeit in der Wärme	*Verfahren*	A	50 °C
	Verfahren		°C
Vicat Erweichungstemperatur (VST)	*Verfahren*		°C
	Verfahren		°C
Kristallit-Schmelzpunkt	*Verfahren*	ASTM D 2117	218 °C
Längenausdehnungskoeffizient	*Bereich*	°C	$\cdot 10^{-4} \mathrm{K}^{-1}$
	Temperatur 23 °C		$1.0{-}1.2 \cdot 10^{-4} \mathrm{K}^{-1}$
Wärmeleitfähigkeit	*Verfahren* DIN 52612	23 °C	0.28 W/(K · m)
Spezifische Wärmekapazität	*Verfahren* ASTM C 351	23 °C	1.7 J/(K · g)
Glasumwandlungstemperatur	*Torsionsschwingungsversuch*	°C	
	Differentialkalorimetrie	°C	

Brandverhalten

UL-Test vertikal   Dicke 1.6 mm, Wert HB
Dicke · mm, Wert

	Norm	Bewertung	Abmessungen
Sauerstoff-Index	ASTM D 2863	23%	
Glühstab-Verfahren			
Brandverhalten	DIN 4102		
MVSS			
FAR			

Elektrische Eigenschaften

		Hz	°C		Probekörper, Form
Dielektrizitätszahl		50			
		10³	23	3.3	
		10⁶			
Dielektrischer Verlustfaktor tan δ		50			
		10³	23	0.02	
		10⁶			
Spezifischer Durchgangs-					
widerstand	Ohm · cm		23	1.0*10**15	
Durchschlagfestigkeit	kV/mm		23	≧50	1 mm dick
Oberflächenwiderstand	Ohm		23	1.0*10**14	
Kriechstromfestigkeit		KC 600	KB 600	KA 3a	
Elektrolytische Korrosionswirkung					
Lichtbogenfestigkeit nach DIN					
nach ASTM	s				

Beständigkeit *(Chemische Beständigkeit siehe Anhang)*

Wasseraufnahme 23 C Bis zur Saettigung		10 %
Feuchtigkeitsaufnahme Normalklima		3 %
Wetterbeständigkeit		
Spannungskorrosion		

Optische Eigenschaften

Brechungszahl n_D
Transmissionsgrad τ_c %   mm dick
Lichtdurchlässigkeit

Produkt	Polyamid 6		**PA**
Handelsname	**Akulon M223-D**		
Hersteller	AKZO		
DIN-Bez 1			
DIN-Bez 2			

Zusätze		*Füllstoffe/ Verstärkung*	
Bevorzugte Verarbeitung	Spritzgiessen	*Lieferform*	Granulat
		Farben	Natur; Schwarz; Weiss; Standard
Besondere Merkmale	Mittelviskos; Gutes Fliessverhalten; Homogen feinkristalline Struktur; Gute Schlagfestigkeit	*Bevorzugte Anwendungen*	Technisches Formteil

---

Dichte	g/cm³	1.13	*Schmelzindex*	g/10 min	:
Schüttdichte	g/cm³		*Volumenfließindex*	cm³/10 min	:
Viskositätszahl	ml/g				

Verarbeitungsbedingungen für Spritzgießen

Massetemp.	°C	240–270	*Schwindung*	%	lgs 0.6–1.0, quer 0.6–1.0
Werkzeugtemp.	°C	80–90	*Bemerkungen*		
Spritzdruck	bar				

Zugversuch 23 °C   DIN 53455; DIN 53457

Probekörper: *Form*   *Herstellung*   Spritzgiessen
                 Zustand   Spritzfrisch   *Vorbehandlung*

Streckspannung	N/mm²		*Dehnung bei Streckspannung*	%	
Zugfestigkeit	N/mm²	82	*Reißdehnung*	%	20
Reißfestigkeit	N/mm²		*% Dehnspannung*	N/mm²	
E-Modul	N/mm²	3300	*Dehnung bei % Dehnspg.*	%	

Kriechmoduln und Zeitstandwerte 23 °C

Probekörper: *Form*   *Herstellung*
                 Zustand   *Vorbehandlung*

Kriechmodul	1 min	N/mm²	*Zeitstandzugfestigkeit*	h	N/mm²
Kriechmodul	1000 h	N/mm²	*Zeitdehnspg.* %	h	N/mm²
bei Spannung		N/mm²			

Biegeversuch 23 °C   DIN 53457; DIN 53452

Probekörper: *Form*   *Herstellung*   Spritzgiessen
                 Zustand   Spritzfrisch   *Vorbehandlung*

Biegefestigkeit	N/mm²	90	*E-Modul*	N/mm² 2950
3,5% Biegespannung	N/mm²			

Härte 23 °C   *Probekörper:*   *Zustand*   Spritzfrisch   *Herstellung*   Spritzgiessen
                                                               Vorbehandlung

Kugeldruckhärte	N/mm² 138	bei 358 N, 30 s	*Shore-Härte* A	
Rockwellhärte	M 83		*Shore-Härte* D	84

Schlagversuch   *Probekörper:*   *(1)* U-Kerbe
                                     (2) V-Kerbe   *Herstellung*   Spritzgiessen
                                     Zustand   Spritzfrisch   *Vorbehandlung*

		°C	°C	°C	*Probekörper-Form*
Schlagzähigkeit	kJ/m²	23 o.B.			NKS
Kerbschlagzähigkeit (1)	kJ/m²	23 4			
IZOD-Kerbschlagzähigkeit (2)	J/m	23 40			Dicke 3.2 mm
Kerbschlagzugzähigkeit	kJ/m²				

Abrieb und Reibung

Taber-Abrieb (Reibradverfahren)   mm³/100 U
Abriebfaktor LNP (Thrust washer) Vergleichswert
Statische Reibungszahl
Dynamische Reibungszahl   (p·v =   N/mm² ·   m/min)
Zulässiger p · v Wert   N/mm² · (m/min)   v =   m/min
                                                                    v =   m/min

Thermische Eigenschaften

Formbeständigkeit in der Wärme	*Verfahren*	A	68 °C
	Verfahren	B	185 °C
Vicat Erweichungstemperatur (VST)	*Verfahren*		°C
	Verfahren		°C
Kristallit-Schmelzpunkt	*Verfahren*	ASTM D 2117	218 °C

Längenausdehnungskoeffizient   *Bereich*   °C $\cdot 10^{-4} K^{-1}$
                                 Temperatur 23 °C $0.8 – 1.0 \cdot 10^{-4} K^{-1}$
Wärmeleitfähigkeit   *Verfahren* DIN 52612   23 °C   0.29 W/(K · m)

Spezifische Wärmekapazität   *Verfahren* ASTM C 351   23 °C   1.7 J/(K · g)

Glasumwandlungstemperatur   *Torsionsschwingungsversuch*   °C
                              Differentialkalorimetrie   °C

Brandverhalten

UL-Test vertikal   Dicke 1.5   mm, Wert V-2
                       Dicke   mm, Wert

	Norm	*Bewertung*	*Abmessungen*
Sauerstoff-Index	ASTM D 2863	25%	
Glühstab-Verfahren	DIN 53459	2b	
Brandverhalten	DIN 4102		
MVSS			
FAR			

Elektrische Eigenschaften

		Hz	°C		*Probekörper, Form*
Dielektrizitätszahl		50			
		10^3	23	3.25	
		10^6			
Dielektrischer Verlustfaktor tan δ		50			
		10^3	23	0.015	
		10^6			
Spezifischer Durchgangs-					
widerstand	Ohm · cm		23	1.0*10**15	
Durchschlagfestigkeit	kV/mm		23	50	1 mm dick
Oberflächenwiderstand	Ohm		23	1.0*10**14	
Kriechstromfestigkeit	KC 600		KB 600	KA 3a	
Elektrolytische Korrosionswirkung					
Lichtbogenfestigkeit nach DIN					
nach ASTM	s				

Beständigkeit *(Chemische Beständigkeit siehe Anhang)*

Wasseraufnahme 23 C   Bis zur Saettigung   9.0 %

Feuchtigkeitsaufnahme Normalklima   2.7 %
Wetterbeständigkeit

Spannungskorrosion

Optische Eigenschaften

Brechungszahl n_D
Transmissionsgrad τ_c %   mm dick
Lichtdurchlässigkeit

		PA
Produkt	Polyamid 6	
Handelsname	**Akulon M231-D1**	
Hersteller	AKZO	
DIN-Bez 1		
DIN-Bez 2		

Zusätze		*Füllstoffe/ Verstärkung*
Bevorzugte Verarbeitung	Spritzgiessen	*Lieferform* — Granulat
		Farben — Natur; Schwarz; Weiss; Standard
Besondere Merkmale	Mittelviskos; Homogen feinkristalline Struktur	*Bevorzugte Anwendungen* — Mechanisch hochbeanspruchtes technisches Formteil

Dichte	g/cm^3	1.13	*Schmelzindex* — g/10 min	:
Schüttdichte	g/cm^3		*Volumenfließindex* — cm^3/10 min	:
Viskositätszahl	ml/g			

Verarbeitungsbedingungen für Spritzgießen

Massetemp.	°C	250–280	*Schwindung* — %	lgs 0.4–1.0, quer 0.4–1.0
Werkzeugtemp.	°C	80–90	*Bemerkungen*	
Spritzdruck	bar			

Zugversuch 23 °C DIN 53455; DIN 53457

	Probekörper: Form	*Herstellung*	Spritzgiessen
	Zustand — Spritzfrisch	*Vorbehandlung*	

Streckspannung	N/mm^2		*Dehnung bei Streckspannung*	%
Zugfestigkeit	N/mm^2	81	*Reißdehnung*	% — 40
Reißfestigkeit	N/mm^2		% *Dehnspannung*	N/mm^2
E-Modul	N/mm^2	3200	*Dehnung bei* % *Dehnspg.*	%

Kriechmoduln und Zeitstandwerte 23 °C

	Probekörper: Form	*Herstellung*	
	Zustand	*Vorbehandlung*	

Kriechmodul	1 min N/mm^2	*Zeitstandzugfestigkeit*	h N/mm^2
Kriechmodul	1000 h N/mm^2	*Zeitdehnspg.* %	h N/mm^2
bei Spannung	N/mm^2		

Biegeversuch 23 °C DIN 53457; DIN 53452

	Probekörper: Form	*Herstellung*	Spritzgiessen
	Zustand — Spritzfrisch	*Vorbehandlung*	

Biegefestigkeit	N/mm^2 90	*E-Modul*	N/mm^2 2900
3,5% Biegespannung	N/mm^2		

Härte 23 °C

	Probekörper: Zustand — Spritzfrisch	*Herstellung*	Spritzgiessen
		Vorbehandlung	

Kugeldruckhärte	N/mm^2 132	bei 358 N, 30 s	*Shore-Härte* A
Rockwellhärte	M 82		*Shore-Härte* D — 83

Schlagversuch

	Probekörper: (1) U-Kerbe		
	(2) V-Kerbe	*Herstellung*	Spritzgiessen
	Zustand — Spritzfrisch	*Vorbehandlung*	

	°C	°C	°C	Probekörper-Form
Schlagzähigkeit	kJ/m^2	23 o.B.		NKS
Kerbschlagzähigkeit (1)	kJ/m^2	23 5		
IZOD-Kerbschlagzähigkeit (2)	J/m	23 50		Dicke 3.2 mm
Kerbschlagzugzähigkeit	kJ/m^2			

Abrieb und Reibung

Taber-Abrieb (Reibradverfahren)	mm³/100 U
Abriebfaktor LNP (Thrust washer) Vergleichswert	
Statische Reibungszahl	
Dynamische Reibungszahl	(p·v = N/mm² · m/min)
Zulässiger p · v Wert	N/mm² · (m/min) v = m/min
	v = m/min

Thermische Eigenschaften

Formbeständigkeit in der Wärme	Verfahren A		65 °C
	Verfahren B		180 °C
Vicat Erweichungstemperatur (VST)	Verfahren		°C
	Verfahren		°C
Kristallit-Schmelzpunkt	Verfahren ASTM D 2117		218 °C
Längenausdehnungskoeffizient	Bereich °C		· 10⁻⁴K⁻¹
	Temperatur 23 °C		0.8–1.1 · 10⁻⁴K⁻¹
Wärmeleitfähigkeit	Verfahren DIN 52612	23 °C	0.29 W/(K · m)
Spezifische Wärmekapazität	Verfahren ASTM C 351	23 °C	1.7 J/(K · g)
Glasumwandlungstemperatur	Torsionsschwingungsversuch	°C	
	Differentialkalorimetrie	°C	

Brandverhalten

UL-Test vertikal   Dicke 1.5   mm, Wert HB
                     Dicke   mm, Wert

	Norm	Bewertung	Abmessungen
Sauerstoff-Index	ASTM D 2863	25%	
Glühstab-Verfahren	DIN 53459	2b	
Brandverhalten	DIN 4102		
MVSS			
FAR			

Elektrische Eigenschaften

		Hz	°C		Probekörper, Form
Dielektrizitätszahl		50			
		10³	23	3.3	
		10⁶			
Dielektrischer Verlustfaktor tan δ		50			
		10³	23	0.016	
		10⁶			
Spezifischer Durchgangs-widerstand	Ohm · cm		23	1.0*10**15	
Durchschlagfestigkeit	kV/mm		23	50	1 mm dick
Oberflächenwiderstand	Ohm		23	1.0*10**14	
Kriechstromfestigkeit		KC 600	KB 600	KA 3a	
Elektrolytische Korrosionswirkung					
Lichtbogenfestigkeit nach DIN					
nach ASTM	s				

Beständigkeit *(Chemische Beständigkeit siehe Anhang)*

Wasseraufnahme 23 C Bis zur Saettigung	9.5 %
Feuchtigkeitsaufnahme Normalklima	2.9 %
Wetterbeständigkeit	
Spannungskorrosion	

Optische Eigenschaften

Brechungszahl n_D
Transmissionsgrad τ_c   %   mm dick
Lichtdurchlässigkeit

			PA
Produkt	Polyamid 6		
Handelsname	**Akulon M238-D1**		
Hersteller	AKZO		
DIN-Bez 1			
DIN-Bez 2			
Zusätze		*Füllstoffe/ Verstärkung*	
Bevorzugte Verarbeitung	Spritzgiessen	*Lieferform*	Granulat
		Farben	Natur; Schwarz; Weiss; Standard
Besondere Merkmale	Hochviskos; Homogen feinkristalline Struktur; Hohe Schlagfestigkeit	*Bevorzugte Anwendungen*	Mechanisch hochbeanspruchtes technisches Formteil

Dichte	g/cm^3	1.13	*Schmelzindex*	g/10 min	:
Schüttdichte	g/cm^3		*Volumenfließindex*	cm^3/10 min	:
Viskositätszahl	ml/g				

Verarbeitungsbedingungen für Spritzgießen

Massetemp.	°C	260–280	*Schwindung*	%	lgs 0.4–1.0, quer 0.4–1.0
Werkzeugtemp.	°C	80–90	*Bemerkungen*		
Spritzdruck	bar				

Zugversuch 23 °C DIN 53455; DIN 53457

	Probekörper:			Herstellung	Spritzgiessen
		Form		Vorbehandlung	
		Zustand	Spritzfrisch		

Streckspannung	N/mm^2		*Dehnung bei Streckspannung*	%	
Zugfestigkeit	N/mm^2	80	*Reißdehnung*	%	80
Reißfestigkeit	N/mm^2		% *Dehnspannung*	N/mm^2	
E-Modul	N/mm^2	3100	*Dehnung bei* % *Dehnspg.*	%	

Kriechmoduln und Zeitstandwerte 23 °C

	Probekörper:		Herstellung	
		Form	Vorbehandlung	
		Zustand		

Kriechmodul	1 min N/mm^2		*Zeitstandzugfestigkeit*	h N/mm^2	
Kriechmodul	1000 h N/mm^2		*Zeitdehnspg.* %	h N/mm^2	
bei Spannung	N/mm^2				

Biegeversuch 23 °C DIN 53457; DIN 53452

	Probekörper:			Herstellung	Spritzgiessen
		Form		Vorbehandlung	
		Zustand	Spritzfrisch		

Biegefestigkeit	N/mm^2	90	*E-Modul*	N/mm^2 2800
3,5% Biegespannung	N/mm^2			

Härte 23 °C

	Probekörper:	Zustand	Spritzfrisch	Herstellung	Spritzgiessen
				Vorbehandlung	

Kugeldruckhärte	N/mm^2 130	bei 358 N, 30 s	*Shore-Härte* A	
Rockwellhärte	M 82		*Shore-Härte* D	83

Schlagversuch

	Probekörper:	(1) U-Kerbe			
		(2) V-Kerbe		Herstellung	Spritzgiessen
		Zustand	Spritzfrisch	Vorbehandlung	
		°C	°C	°C	*Probekörper-Form*

Schlagzähigkeit	kJ/m^2	23 o.B.		NKS
Kerbschlagzähigkeit (1)	kJ/m^2	23 5		
IZOD-Kerbschlagzähigkeit (2)	J/m	23 60		Dicke 3.2 mm
Kerbschlagzugzähigkeit	kJ/m^2			

Abrieb und Reibung

Taber-Abrieb (Reibradverfahren)		$mm^3/100$ U	
Abriebfaktor LNP (Thrust washer) Vergleichswert			
Statische Reibungszahl			
Dynamische Reibungszahl		$(p \cdot v =$ $N/mm^2 \cdot$	$m/min)$
Zulässiger p · v Wert		$N/mm^2 \cdot$ (m/min) $v =$	m/min
		$v =$	m/min

Thermische Eigenschaften

Formbeständigkeit in der Wärme	*Verfahren*	A		65 °C
	Verfahren	B		180 °C
Vicat Erweichungstemperatur (VST)	*Verfahren*			°C
	Verfahren			°C
Kristallit-Schmelzpunkt	*Verfahren*	ASTM D 2117		218 °C
Längenausdehnungskoeffizient	*Bereich*	°C		$\cdot 10^{-4} K^{-1}$
	Temperatur 23 °C			$0.8{-}1.1 \cdot 10^{-4} K^{-1}$
Wärmeleitfähigkeit	*Verfahren*	DIN 52612	23 °C	0.28 W/(K · m)
Spezifische Wärmekapazität	*Verfahren*	ASTM C 351	23 °C	1.7 J/(K · g)
Glasumwandlungstemperatur	*Torsionsschwingungsversuch*		°C	
	Differentialkalorimetrie		°C	

Brandverhalten

UL-Test vertikal   Dicke 1.5   mm, Wert HB
                Dicke   mm, Wert

	Norm	*Bewertung*	*Abmessungen*
Sauerstoff-Index	ASTM D 2863	25%	
Glühstab-Verfahren	DIN 53459	2b	
Brandverhalten	DIN 4102		
MVSS			
FAR			

Elektrische Eigenschaften

		Hz	°C		*Probekörper, Form*
Dielektrizitätszahl		50			
		10^3	23	3.4	
		10^6			
Dielektrischer Verlustfaktor tan δ		50			
		10^3	23	0.018	
		10^6			
Spezifischer Durchgangs-widerstand	Ohm · cm		23	1.0*10**15	
Durchschlagfestigkeit	kV/mm		23	50	1 mm dick
Oberflächenwiderstand	Ohm		23	1.0*10**14	
Kriechstromfestigkeit		KC 600	KB 600	KA 3a	
Elektrolytische Korrosionswirkung					
Lichtbogenfestigkeit nach DIN					
nach ASTM	s				

Beständigkeit *(Chemische Beständigkeit siehe Anhang)*

Wasseraufnahme 23 C Bis zur Saettigung		10 %
Feuchtigkeitsaufnahme Normalklima		3.0 %
Wetterbeständigkeit		
Spannungskorrosion		

Optische Eigenschaften

Brechungszahl n_D
Transmissionsgrad τ_c %   mm dick
Lichtdurchlässigkeit

Datenbank-Nr.	**T05246**			*Merkblatt-Nr.* **3927**

Produkt	Polyamid 6			**PA**
Handelsname	**Akulon M921-D**			
Hersteller	AKZO			

DIN-Bez 1
DIN-Bez 2

Zusätze		*Füllstoffe/*	
		Verstärkung	
Bevorzugte	Spritzgiessen	*Lieferform*	Granulat
Verarbeitung			
		Farben	Natur; Schwarz; Weiss; Standard
Besondere	Niedrigviskos; Hoher Monomergehalt;	*Bevorzugte*	Technisches Formteil; Duebel
Merkmale	Sehr gute mechanische Eigenschaften	*Anwendungen*	

Dichte	g/cm^3	1.13	*Schmelzindex*	g/10 min	:
Schüttdichte	g/cm^3		*Volumenfließindex*	cm^3/10 min	:
Viskositätszahl	ml/g				

Verarbeitungsbedingungen für Spritzgießen

Massetemp.	°C	240–270	*Schwindung*	%	lgs 0.6–1.0, quer 0.6–1.0
Werkzeugtemp.	°C	80–90	*Bemerkungen*		
Spritzdruck	bar				

Zugversuch 23 °C DIN 53455; DIN 53457

	Probekörper:	*Form*		*Herstellung*	Spritzgiessen
		Zustand	Spritzfrisch	*Vorbehandlung*	

Streckspannung	N/mm^2		*Dehnung bei Streckspannung*	%	
Zugfestigkeit	N/mm^2	58	*Reißdehnung*	%	200
Reißfestigkeit	N/mm^2		% *Dehnspannung*	N/mm^2	
E-Modul	N/mm^2	1300	*Dehnung bei* % *Dehnspg.*	%	

Kriechmoduln und Zeitstandwerte 23 °C

	Probekörper:	*Form*	*Herstellung*
		Zustand	*Vorbehandlung*

Kriechmodul	*1 min* N/mm^2	*Zeitstandzugfestigkeit*	h N/mm^2
Kriechmodul	*1000 h* N/mm^2	*Zeitdehnspg.* %	h N/mm^2
bei Spannung	N/mm^2		

Biegeversuch 23 °C DIN 53457; DIN 53452

	Probekörper:	*Form*		*Herstellung*	Spritzgiessen
		Zustand	Spritzfrisch	*Vorbehandlung*	

Biegefestigkeit	N/mm^2 45	*E-Modul*	N/mm^2 1100
3,5% Biegespannung	N/mm^2		

Härte 23 °C

	Probekörper:	*Zustand*	Spritzfrisch	*Herstellung*	Spritzgiessen
				Vorbehandlung	

Kugeldruckhärte	N/mm^2 70	bei 358 N, 30 s	*Shore-Härte* A	
Rockwellhärte	M 94		*Shore-Härte* D	75

Schlagversuch

	Probekörper:	*(1)* U-Kerbe		
		(2) V-Kerbe	*Herstellung*	Spritzgiessen
		Zustand Spritzfrisch	*Vorbehandlung*	
		°C	°C	°C	*Probekörper-Form*

Schlagzähigkeit	kJ/m^2	23 o.B.	NKS
Kerbschlagzähigkeit (1)	kJ/m^2	23 10	
IZOD-Kerbschlagzähigkeit (2)	J/m	23 80	Dicke 3.2 mm
Kerbschlagzugzähigkeit	kJ/m^2		

Abrieb und Reibung

Taber-Abrieb (Reibradverfahren) — mm³/100 U
Abriebfaktor LNP (Thrust washer) Vergleichswert
Statische Reibungszahl
Dynamische Reibungszahl — (p·v = N/mm² · m/min)
Zulässiger p·v Wert — N/mm² · (m/min) v = m/min
  v = m/min

Thermische Eigenschaften

Formbeständigkeit in der Wärme	*Verfahren* A		50 °C
	Verfahren B		180 °C
Vicat Erweichungstemperatur (VST)	*Verfahren*		°C
	Verfahren		°C
Kristallit-Schmelzpunkt	*Verfahren* ASTM D 2117		218 °C
Längenausdehnungskoeffizient	*Bereich* °C		$\cdot 10^{-4} \mathrm{K}^{-1}$
	Temperatur 23 °C		$0.8{-}1.0 \cdot 10^{-4} \mathrm{K}^{-1}$
Wärmeleitfähigkeit	*Verfahren* DIN 52612	23 °C	0.3 W/(K · m)
Spezifische Wärmekapazität	*Verfahren* ASTM C 351	23 °C	1.7 J/(K · g)
Glasumwandlungstemperatur	*Torsionsschwingungsversuch*	°C	
	Differentialkalorimetrie	°C	

Brandverhalten

UL-Test vertikal — Dicke 1.6 mm, Wert HB
  Dicke mm, Wert

	Norm	*Bewertung*	*Abmessungen*
Sauerstoff-Index	ASTM D 2863		
Glühstab-Verfahren			
Brandverhalten	DIN 4102		
MVSS			
FAR			

Elektrische Eigenschaften

		Hz	°C		*Probekörper, Form*
Dielektrizitätszahl		50			
		10^3	23	6.3	
		10^6			
Dielektrischer Verlustfaktor tan δ		50			
		10^3	23	0.17	
		10^6			
Spezifischer Durchgangs-					
widerstand	Ohm · cm		23	1.0*10**12	
Durchschlagfestigkeit	kV/mm		23	45	1 mm dick
Oberflächenwiderstand	Ohm		23	1.0*10**13	
Kriechstromfestigkeit		KC 600	KB 575	KA 3c	
Elektrolytische Korrosionswirkung					
Lichtbogenfestigkeit nach DIN					
nach ASTM	s				

Beständigkeit *(Chemische Beständigkeit siehe Anhang)*

Wasseraufnahme 23 C Bis zur Saettigung — 9 %

Feuchtigkeitsaufnahme Normalklima — 3 %
Wetterbeständigkeit

Spannungskorrosion

Optische Eigenschaften

Brechungszahl n_D
Transmissionsgrad τ_c % — mm dick
Lichtdurchlässigkeit

Produkt	Polyamid 6	**PA**
Handelsname	**Akulon K223-B2P1**	
Hersteller	AKZO	
DIN-Bez 1		
DIN-Bez 2		

Zusätze		*Füllstoffe/ Verstärkung*	
Bevorzugte Verarbeitung	Spritzgiessen	*Lieferform*	Granulat
		Farben	Natur; Schwarz; Weiss; Standard
Besondere Merkmale	Modifiziert; Mittelviskos; Gute Fliesseigenschaften; Gute Verschleissfestigkeit	*Bevorzugte Anwendungen*	Technisches Formteil; Bedarfsartikel

Dichte	g/cm³	1.12	*Schmelzindex*	g/10 min	:	
Schüttdichte	g/cm³		*Volumenfließindex*	cm³/10 min	:	
Viskositätszahl	ml/g					

Verarbeitungsbedingungen für Spritzgießen

Massetemp.	°C	240–270	*Schwindung*	%	lgs 0.6–1.0, quer 0.6–1.0
Werkzeugtemp.	°C	80–90	*Bemerkungen*		
Spritzdruck	bar				

Zugversuch 23 °C DIN 53455; DIN 53457

Probekörper: Form		
Zustand Spritzfrisch	*Herstellung*	Spritzgiessen
	Vorbehandlung	

Streckspannung	N/mm²		*Dehnung bei Streckspannung*	%	
Zugfestigkeit	N/mm²	64	*Reißdehnung*	%	150
Reißfestigkeit	N/mm²		% *Dehnspannung*	N/mm²	
E-Modul	N/mm²	2500	*Dehnung bei* % *Dehnspg.*	%	

Kriechmoduln und Zeitstandwerte 23 °C

Probekörper: Form		
Zustand	*Herstellung*	
	Vorbehandlung	

Kriechmodul	1 min	N/mm²	*Zeitstandzugfestigkeit*	h N/mm²	
Kriechmodul	1000 h	N/mm²	*Zeitdehnspg.* %	h N/mm²	
bei Spannung		N/mm²			

Biegeversuch 23 °C DIN 53452; DIN 53457

Probekörper: Form		
Zustand Spritzfrisch	*Herstellung*	Spritzgiessen
	Vorbehandlung	

Biegefestigkeit	N/mm²	75	*E-Modul*	N/mm² 2200
3,5% Biegespannung	N/mm²			

Härte 23 °C

Probekörper: Zustand Spritzfrisch	*Herstellung*	Spritzgiessen
	Vorbehandlung	

Kugeldruckhärte	N/mm² 115	bei 358 N, 30 s	*Shore-Härte* A
Rockwellhärte	M 60		*Shore-Härte* D 81

Schlagversuch

Probekörper:	(1) U-Kerbe	
	(2) V-Kerbe	*Herstellung* Spritzgiessen
	Zustand Spritzfrisch	*Vorbehandlung*

			°C	°C	°C	*Probekörper-Form*
Schlagzähigkeit	kJ/m²	23 o.B.				NKS
Kerbschlagzähigkeit (1)	kJ/m²	23 9				
IZOD-Kerbschlagzähigkeit (2)	J/m	23 80				Dicke 3.2 mm
Kerbschlagzugzähigkeit	kJ/m²					

Abrieb und Reibung

Taber-Abrieb (Reibradverfahren)	mm³/100 U	
Abriebfaktor LNP (Thrust washer) Vergleichswert		
Statische Reibungszahl		
Dynamische Reibungszahl	$(p \cdot v =$ N/mm² · m/min)	
Zulässiger p · v Wert	N/mm² · (m/min) v = m/min	
	v = m/min	

Thermische Eigenschaften

Formbeständigkeit in der Wärme	*Verfahren* A		60 °C
	Verfahren B		150 °C
Vicat Erweichungstemperatur (VST)	*Verfahren*		°C
	Verfahren		°C
Kristallit-Schmelzpunkt	*Verfahren* ASTM D 2117		215 °C
Längenausdehnungskoeffizient	*Bereich* °C		$\cdot 10^{-4} K^{-1}$
	Temperatur 23 °C		$0.8{-}1.1 \cdot 10^{-4} K^{-1}$
Wärmeleitfähigkeit	*Verfahren* DIN 52612	23 °C	0.27 W/(K · m)
Spezifische Wärmekapazität	*Verfahren* ASTM C 351	23 °C	1.7 J/(K · g)
Glasumwandlungstemperatur	*Torsionsschwingungsversuch*	°C	
	Differentialkalorimetrie	°C	

Brandverhalten

UL-Test vertikal   Dicke 1.6   mm, Wert HB
Dicke   mm, Wert

	Norm	*Bewertung*	*Abmessungen*
Sauerstoff-Index	ASTM D 2863	23%	
Glühstab-Verfahren			
Brandverhalten	DIN 4102		
MVSS			
FAR			

Elektrische Eigenschaften

		Hz	°C		*Probekörper, Form*
Dielektrizitätszahl		50			
		10³	23	3.5	
		10⁶			
Dielektrischer Verlustfaktor tan δ		50			
		10³	23	0.02	
		10⁶			
Spezifischer Durchgangs-widerstand	Ohm · cm		23	1.0*10**15	
Durchschlagfestigkeit	kV/mm		23	50	1 mm dick
Oberflächenwiderstand	Ohm		23	1.0*10**14	
Kriechstromfestigkeit		KC 600		KB 600 KA 3b	
Elektrolytische Korrosionswirkung					
Lichtbogenfestigkeit nach DIN					
nach ASTM	s				

Beständigkeit *(Chemische Beständigkeit siehe Anhang)*

Wasseraufnahme 23 C Bis zur Saettigung		10.5 %
Feuchtigkeitsaufnahme Normalklima		2.7 %
Wetterbeständigkeit		
Spannungskorrosion		

Optische Eigenschaften

Brechungszahl n_D
Transmissionsgrad τ_c %   mm dick
Lichtdurchlässigkeit

		PBT
Produkt	Polybutylenterephthalat	
Handelsname	**Arnite T06 200**	
Hersteller	AKZO	
DIN-Bez 1	16779-PBT,MG,XX-03	
DIN-Bez 2		

Zusätze		*Füllstoffe/ Verstärkung*	
Bevorzugte Verarbeitung	Spritzgiessen	*Lieferform*	Granulat
		Farben	Natur; Standard
Besondere Merkmale	Leicht verarbeitbar; Gute mechanische und elektrische Eigenschaften; Niedriger Reibungskoeffizient; Glatte Oberflaeche; Gute Hitzebestaendigkeit	*Bevorzugte Anwendungen*	Technisches Formteil; Praezisionszahnrad; Lagerteil; Gleitteil; Haushaltsgeraet; Knopf fuer Gas- und Elektroherd; Gehaeuse fuer Kaffeemaschine

Dichte	g/cm³	1.30	*Schmelzindex*	g/10 min	:	
Schüttdichte	g/cm³		*Volumenfließindex*	cm³/10 min	:	
Viskositätszahl	ml/g					

Verarbeitungsbedingungen für Spritzgießen

Massetemp.	°C	240–270	*Schwindung*	% lgs 2, quer 2	
Werkzeugtemp.	°C	30–90	*Bemerkungen*	Schneckendrehzahl und Staudruck nicht zu hoch	
Spritzdruck	bar				

Zugversuch 23 °C DIN 53455; DIN 53457

Probekörper:	Form	*Herstellung*	Spritzgiessen
	Zustand	*Vorbehandlung*	Normalklima
Streckspannung	N/mm²	*Dehnung bei Streckspannung*	%
Zugfestigkeit	N/mm² 55	*Reißdehnung*	% 100
Reißfestigkeit	N/mm²	% *Dehnspannung*	N/mm²
E-Modul	N/mm² 2500	*Dehnung bei* % *Dehnspg.*	%

Kriechmoduln und Zeitstandwerte 23 °C

Probekörper:	Form	*Herstellung*	
	Zustand	*Vorbehandlung*	
Kriechmodul	1 min N/mm²	*Zeitstandzugfestigkeit*	h N/mm²
Kriechmodul	1000 h N/mm²	*Zeitdehnspg.* %	h N/mm²
bei Spannung	N/mm²		

Biegeversuch 23 °C DIN 53457;

Probekörper:	Form	*Herstellung*	Spritzgiessen
	Zustand	*Vorbehandlung*	Normalklima
Biegefestigkeit	N/mm²	*E-Modul*	N/mm² 2300
3,5% Biegespannung	N/mm²		

Härte 23 °C

Probekörper:	Zustand	*Herstellung*	Spritzgiessen
		Vorbehandlung	Normalklima
Kugeldruckhärte	N/mm² 120	bei 358 N, 30 s	*Shore-Härte* A
Rockwellhärte	M 80		*Shore-Härte* D 80

Schlagversuch

Probekörper:	(1) U-Kerbe		
	(2) V-Kerbe	*Herstellung*	Spritzgiessen
	Zustand	*Vorbehandlung*	Normalklima

		°C	°C	°C	*Probekörper-Form*
Schlagzähigkeit	kJ/m²	23 o.B.			NKS
Kerbschlagzähigkeit (1)	kJ/m²	23 3.5			NKS
IZOD-Kerbschlagzähigkeit (2)	J/m	23 25			3.2 mm dick
Kerbschlagzugzähigkeit	kJ/m²				

Abrieb und Reibung

Taber-Abrieb (Reibradverfahren)	mm³/100 U	
Abriebfaktor LNP (Thrust washer) Vergleichswert		
Statische Reibungszahl		
Dynamische Reibungszahl	(p·v = ___ N/mm²· ___ m/min)	
Zulässiger p·v Wert	N/mm²·(m/min)　v = ___ m/min	
	v = ___ m/min	

Thermische Eigenschaften

Formbeständigkeit in der Wärme	*Verfahren* A		55 °C
	Verfahren B		170 °C
Vicat Erweichungstemperatur (VST)	*Verfahren*		°C
	Verfahren		°C
Kristallit-Schmelzpunkt	*Verfahren* ASTM D 2117		223 °C
Längenausdehnungskoeffizient	*Bereich* ___ °C		$\cdot 10^{-4} \mathrm{K}^{-1}$
	Temperatur 23 °C		$0.7 \cdot 10^{-4} \mathrm{K}^{-1}$
Wärmeleitfähigkeit	*Verfahren* DIN 52612	23 °C	0.21 W/(K·m)
Spezifische Wärmekapazität	*Verfahren* ASTM C 351	23 °C	1.3 J/(K·g)
Glasumwandlungstemperatur	*Torsionsschwingungsversuch*	°C	
	Differentialkalorimetrie	°C	

Brandverhalten

UL-Test vertikal	Dicke ___ mm, Wert HB	
	Dicke ___ mm, Wert	

	Norm	*Bewertung*	*Abmessungen*
Sauerstoff-Index	ASTM D 2863	23%	
Glühstab-Verfahren	DIN 53459	2c	
Brandverhalten	DIN 4102		
MVSS			
FAR			

Elektrische Eigenschaften

		Hz	°C		*Probekörper, Form*
Dielektrizitätszahl		50			
		10³	23	3.0	
		10⁶			
Dielektrischer Verlustfaktor tan δ		50			
		10³	23	0.002	
		10⁶			
Spezifischer Durchgangs-widerstand	Ohm·cm		23	1.0*10**14	
Durchschlagfestigkeit	kV/mm		23	50	1　mm dick
Oberflächenwiderstand	Ohm		23	1.0*10**13	
Kriechstromfestigkeit		KC 600	KB 400	KA 3a	
Elektrolytische Korrosionswirkung					
Lichtbogenfestigkeit nach DIN					
nach ASTM	s				

Beständigkeit *(Chemische Beständigkeit siehe Anhang)*

Wasseraufnahme 23 C Bis zur Saettigung	0.5 %
Feuchtigkeitsaufnahme Normalklima	0.2 %
Wetterbeständigkeit	
Spannungskorrosion	

Optische Eigenschaften

Brechungszahl n_D		
Transmissionsgrad τ_c	___ %	mm dick
Lichtdurchlässigkeit		

Produkt	Polybutylenterephthalat	**PBT**
Handelsname	**Arnite T06 202**	
Hersteller	AKZO	
DIN-Bez 1	16779-PBT,MG,XX-03	
DIN-Bez 2		

Zusätze		*Füllstoffe/ Verstärkung*	
Bevorzugte Verarbeitung	Spritzgiessen	*Lieferform*	Granulat
		Farben	Natur; Standard
Besondere Merkmale	Sehr leicht verarbeitbar; Gute mechanische und elektrische Eigenschaften; Niedriger Reibungskoeffizient; Glatte Oberflaeche; Gute Hitzebestaendigkeit	*Bevorzugte Anwendungen*	Technisches Formteil; Praezisionszahnrad; Lagerteil; Gleitteil; Haushaltsgeraet; Knopf fuer Gas- und Elektroherd; Gehaeuse fuer Kaffeemaschine

Dichte	g/cm^3	1.30	*Schmelzindex*	g/10 min	:
Schüttdichte	g/cm^3		*Volumenfließindex*	cm^3/10 min	:
Viskositätszahl	ml/g				

Verarbeitungsbedingungen für Spritzgießen

Massetemp.	°C	240–270	*Schwindung*	%	lgs 2, quer 2
Werkzeugtemp.	°C	30–90	*Bemerkungen*		Schneckendrehzahl und Staudruck nicht zu hoch
Spritzdruck	bar				

Zugversuch 23 °C   DIN 53455; DIN 53457

Probekörper:	Form	*Herstellung*	Spritzgiessen
	Zustand	*Vorbehandlung*	Normalklima

Streckspannung	N/mm^2		*Dehnung bei Streckspannung*	%
Zugfestigkeit	N/mm^2	55	*Reißdehnung*	% 100
Reißfestigkeit	N/mm^2		% *Dehnspannung*	N/mm^2
E-Modul	N/mm^2	2600	*Dehnung bei* % *Dehnspg.*	%

Kriechmoduln und Zeitstandwerte 23 °C

Probekörper:	Form	*Herstellung*	
	Zustand	*Vorbehandlung*	

Kriechmodul	1 min	N/mm^2	*Zeitstandzugfestigkeit*	h N/mm^2
Kriechmodul	1000 h	N/mm^2	*Zeitdehnspg.* %	h N/mm^2
bei Spannung		N/mm^2		

Biegeversuch 23 °C   DIN 53457;

Probekörper:	Form	*Herstellung*	Spritzgiessen
	Zustand	*Vorbehandlung*	Normalklima

Biegefestigkeit	N/mm^2	*E-Modul*	N/mm^2 2400
3,5% Biegespannung	N/mm^2		

Härte 23 °C

Probekörper:	Zustand	*Herstellung*	Spritzgiessen
		Vorbehandlung	Normalklima

Kugeldruckhärte	N/mm^2 120	bei 358 N, 30 s	*Shore-Härte* A
Rockwellhärte	M 80		*Shore-Härte* D 80

Schlagversuch

Probekörper:	(1) U-Kerbe		
	(2) V-Kerbe	*Herstellung*	Spritzgiessen
	Zustand	*Vorbehandlung*	Normalklima

	°C	°C	°C	*Probekörper-Form*	

Schlagzähigkeit	kJ/m^2	23 o.B.		NKS
Kerbschlagzähigkeit (1)	kJ/m^2	23 3.5		NKS
IZOD-Kerbschlagzähigkeit (2)	J/m	23 25		3.2 mm dick
Kerbschlagzugzähigkeit	kJ/m^2			

Abrieb und Reibung

Taber-Abrieb (Reibradverfahren)	mm³/100 U
Abriebfaktor LNP (Thrust washer) Vergleichswert	
Statische Reibungszahl	
Dynamische Reibungszahl	$(p \cdot v =$ N/mm² · m/min$)$
Zulässiger p · v Wert	N/mm² · (m/min) v = m/min
	v = m/min

Thermische Eigenschaften

Formbeständigkeit in der Wärme	*Verfahren*	A	65 °C
	Verfahren	B	170 °C
Vicat Erweichungstemperatur (VST)	*Verfahren*		°C
	Verfahren		°C
Kristallit-Schmelzpunkt	*Verfahren*	ASTM D 2117	223 °C
Längenausdehnungskoeffizient	*Bereich* °C		$\cdot 10^{-4} K^{-1}$
	Temperatur 23 °C		$0.7 \cdot 10^{-4} K^{-1}$
Wärmeleitfähigkeit	*Verfahren* DIN 52612	23 °C	0.25 W/(K · m)
Spezifische Wärmekapazität	*Verfahren* ASTM C 351	23 °C	1.35 J/(K · g)
Glasumwandlungstemperatur	*Torsionsschwingungsversuch*	°C	
	Differentialkalorimetrie	°C	

Brandverhalten

UL-Test vertikal	Dicke 1.5 mm, Wert HB	
	Dicke mm, Wert	

	Norm	*Bewertung*		*Abmessungen*
Sauerstoff-Index	ASTM D 2863	23%		
Glühstab-Verfahren	DIN 53459	2c		
Brandverhalten	DIN 4102			
MVSS				
FAR				

Elektrische Eigenschaften

		Hz	°C			*Probekörper Form*
Dielektrizitätszahl		50				
		10^3	23	3.0		
		10^6				
Dielektrischer Verlustfaktor tan δ		50				
		10^3	23	0.002		
		10^6				
Spezifischer Durchgangs-						
widerstand	Ohm · cm		23	1.0*10**14		
Durchschlagfestigkeit	kV/mm		23	50		1 mm dick
Oberflächenwiderstand	Ohm		23	1.0*10**13		
Kriechstromfestigkeit		KC 600		KB 400	KA 3a	
Elektrolytische Korrosionswirkung						
Lichtbogenfestigkeit nach DIN						
nach ASTM s						

Beständigkeit *(Chemische Beständigkeit siehe Anhang)*

Wasseraufnahme 23 C Bis zur Saettigung	0.5 %
Feuchtigkeitsaufnahme Normalklima	0.2 %
Wetterbeständigkeit	
Spannungskorrosion	

Optische Eigenschaften

Brechungszahl n_D		
Transmissionsgrad τ_c	%	mm dick
Lichtdurchlässigkeit		

		PBT
Produkt	Polybutylenterephthalat	
Handelsname	**Arnite T08 200**	
Hersteller	AKZO	
DIN-Bez 1 *DIN-Bez 2*	16779-PBT,MG,XX-03	

Zusätze		*Füllstoffe/* *Verstärkung*	
Bevorzugte *Verarbeitung*	Spritzgiessen	*Lieferform*	Granulat
		Farben	Natur; Standard
Besondere *Merkmale*	Leicht verarbeitbar; Gute mechanische und elektrische Eigenschaften; Niedriger Reibungskoeffizient; Glatte Oberflaeche; Gute Hitzebestaendigkeit; Bessere Schlagfestigkeit	*Bevorzugte* *Anwendungen*	Technisches Formteil in der Automobilindustrie; Technisches Formteil in der Maschinenindustrie

Dichte	g/cm³	1.30	*Schmelzindex*	g/10 min	:
Schüttdichte	g/cm³		*Volumenfließindex*	cm³/10 min	:
Viskositätszahl	ml/g				

Verarbeitungsbedingungen für Spritzgießen

Massetemp.	°C	240–270	*Schwindung*	% lgs	2, quer 2
Werkzeugtemp.	°C	30–90	*Bemerkungen*		Schneckendrehzahl und Staudruck nicht zu hoch
Spritzdruck	bar				

Zugversuch 23 °C DIN 53455; DIN 53457

Probekörper:	*Form*		*Herstellung*	Spritzgiessen
	Zustand		*Vorbehandlung*	Normalklima
Streckspannung	N/mm²		*Dehnung bei Streckspannung*	%
Zugfestigkeit	N/mm² 52		*Reißdehnung*	% 150
Reißfestigkeit	N/mm²		*% Dehnspannung*	N/mm²
E-Modul	N/mm² 2500		*Dehnung bei % Dehnspg.*	%

Kriechmoduln und Zeitstandwerte 23 °C

Probekörper:	*Form*		*Herstellung*	
	Zustand		*Vorbehandlung*	
Kriechmodul	1 min N/mm²		*Zeitstandzugfestigkeit*	h N/mm²
Kriechmodul	1000 h N/mm²		*Zeitdehnspg. %*	h N/mm²
bei Spannung	N/mm²			

Biegeversuch 23 °C DIN 53457;

Probekörper:	*Form*		*Herstellung*	Spritzgiessen
	Zustand		*Vorbehandlung*	Normalklima
Biegefestigkeit	N/mm²		*E-Modul*	N/mm² 2400
3,5% Biegespannung	N/mm²			

Härte 23 °C

Probekörper:	*Zustand*		*Herstellung*	Spritzgiessen
			Vorbehandlung	Normalklima
Kugeldruckhärte	N/mm² 115	bei 358 N, 30 s	*Shore-Härte* A	
Rockwellhärte	M 79		*Shore-Härte* D	79

Schlagversuch

Probekörper:	*(1)* U-Kerbe			
	(2) V-Kerbe		*Herstellung*	Spritzgiessen
	Zustand		*Vorbehandlung*	Normalklima

		°C	°C	°C	*Probekörper-Form*
Schlagzähigkeit	kJ/m²	23 o.B.			NKS
Kerbschlagzähigkeit (1)	kJ/m²	23 4.5			NKS
IZOD-Kerbschlagzähigkeit (2)	J/m	23 30			3.2 mm dick
Kerbschlagzugzähigkeit	kJ/m²				

Abrieb und Reibung

Taber-Abrieb (Reibradverfahren)	mm³/100 U
Abriebfaktor LNP (Thrust washer) Vergleichswert	
Statische Reibungszahl	
Dynamische Reibungszahl	$(p \cdot v =$ N/mm² · m/min)
Zulässiger p · v Wert	N/mm² · (m/min) v = m/min
	v = m/min

Thermische Eigenschaften

Formbeständigkeit in der Wärme	*Verfahren*	A		52 °C
	Verfahren	B		150 °C
Vicat Erweichungstemperatur (VST)	*Verfahren*			°C
	Verfahren			°C
Kristallit-Schmelzpunkt	*Verfahren*	ASTM D 2117		223 °C
Längenausdehnungskoeffizient	*Bereich*	°C		$\cdot 10^{-4} K^{-1}$
	Temperatur 23 °C			$0.7 \cdot 10^{-4} K^{-1}$
Wärmeleitfähigkeit	*Verfahren*	DIN 52612	23 °C	0.21 W/(K · m)
Spezifische Wärmekapazität	*Verfahren*	ASTM C 351	23 °C	1.3 J/(K · g)
Glasumwandlungstemperatur	*Torsionsschwingungsversuch*		°C	
	Differentialkalorimetrie		°C	

Brandverhalten

UL-Test vertikal   Dicke   mm, Wert HB
               Dicke   mm, Wert

	Norm	*Bewertung*	*Abmessungen*
Sauerstoff-Index	ASTM D 2863	23%	
Glühstab-Verfahren	DIN 53459	2c	
Brandverhalten	DIN 4102		
MVSS			
FAR			

Elektrische Eigenschaften

		Hz	°C		*Probekörper, Form*
Dielektrizitätszahl		50			
		10^3	23	3.5	
		10^6			
Dielektrischer Verlustfaktor tan δ		50			
		10^3	23	0.01	
		10^6			
Spezifischer Durchgangswiderstand	Ohm · cm		23	1.0*10**15	
Durchschlagfestigkeit	kV/mm		23	50	1 mm dick
Oberflächenwiderstand	Ohm		23	1.0*10**13	
Kriechstromfestigkeit		KC 600	KB 450	KA 3a	
Elektrolytische Korrosionswirkung					
Lichtbogenfestigkeit nach DIN					
nach ASTM	s				

Beständigkeit *(Chemische Beständigkeit siehe Anhang)*

Wasseraufnahme 23 C Bis zur Saettigung		0.3 %
Feuchtigkeitsaufnahme Normalklima		0.2 %
Wetterbeständigkeit		
Spannungskorrosion		

Optische Eigenschaften

Brechungszahl n_D		
Transmissionsgrad τ_c	%	mm dick
Lichtdurchlässigkeit		

Datenbank-Nr.	**T05330**	Merkblatt-Nr. **3932**

PBT

Produkt	Polybutylenterephthalat
Handelsname	**Arnite T08 201T**
Hersteller	AKZO
DIN-Bez 1	16779-PBT,MG,XX-02
DIN-Bez 2	

Zusätze		*Füllstoffe/ Verstärkung*	
Bevorzugte Verarbeitung	Spritzgiessen	*Lieferform*	Granulat
		Farben	Natur; Standard
Besondere Merkmale	Hochschlagfest	*Bevorzugte Anwendungen*	Technisches Formteil

Dichte	g/cm^3	1.25	*Schmelzindex*	g/10 min	:	
Schüttdichte	g/cm^3		*Volumenfließindex*	cm^3/10 min	:	
Viskositätszahl	ml/g					

Verarbeitungsbedingungen für Spritzgießen

Massetemp.	°C	240–270	*Schwindung*	%	lgs	2, quer 2
Werkzeugtemp.	°C	30–90	*Bemerkungen*	Schneckendrehzahl und Staudruck		
Spritzdruck	bar			nicht zu hoch		

Zugversuch 23 °C DIN 53455; DIN 53457

	Probekörper:	Form	*Herstellung*	Spritzgiessen
		Zustand	*Vorbehandlung*	Normalklima

Streckspannung	N/mm^2		*Dehnung bei Streckspannung*	%	
Zugfestigkeit	N/mm^2	35	*Reißdehnung*	%	50
Reißfestigkeit	N/mm^2		% *Dehnspannung*	N/mm^2	
E-Modul	N/mm^2	1700	*Dehnung bei* % *Dehnspg.*	%	

Kriechmoduln und Zeitstandwerte 23 °C

	Probekörper:	Form	*Herstellung*	
		Zustand	*Vorbehandlung*	

Kriechmodul	1 min	N/mm^2	*Zeitstandzugfestigkeit*	h N/mm^2
Kriechmodul	1000 h	N/mm^2	*Zeitdehnspg.* %	h N/mm^2
bei Spannung		N/mm^2		

Biegeversuch 23 °C DIN 53457;

	Probekörper:	Form	*Herstellung*	Spritzgiessen
		Zustand	*Vorbehandlung*	Normalklima

Biegefestigkeit	N/mm^2		*E-Modul*	N/mm^2 1600
3,5% Biegespannung	N/mm^2			

Härte 23 °C

	Probekörper:	Zustand	*Herstellung*	Spritzgiessen
			Vorbehandlung	Normalklima

Kugeldruckhärte	N/mm^2 95	bei 358 N, 30 s	*Shore-Härte* A	
Rockwellhärte	M 79		*Shore-Härte* D	74

Schlagversuch

	Probekörper:	(1) U-Kerbe		
		(2) V-Kerbe	*Herstellung*	Spritzgiessen
		Zustand	*Vorbehandlung*	Normalklima

	°C	°C	°C	*Probekörper-Form*

Schlagzähigkeit	kJ/m^2	23 o.B.		NKS
Kerbschlagzähigkeit (1)	kJ/m^2	23 18		NKS
IZOD-Kerbschlagzähigkeit (2)	J/m	23 100		3.2 mm dick
Kerbschlagzugzähigkeit	kJ/m^2			

Abrieb und Reibung

Taber-Abrieb (Reibradverfahren)	mm³/100 U	
Abriebfaktor LNP (Thrust washer) Vergleichswert		
Statische Reibungszahl		
Dynamische Reibungszahl	$(p \cdot v =$ N/mm² · m/min)	
Zulässiger p · v Wert	N/mm² · (m/min) $v =$ m/min	
	$v =$ m/min	

Thermische Eigenschaften

Formbeständigkeit in der Wärme	*Verfahren* A		48 °C
	Verfahren B		130 °C
Vicat Erweichungstemperatur (VST)	*Verfahren*		°C
	Verfahren		°C
Kristallit-Schmelzpunkt	*Verfahren* ASTM D 2117		222 °C
Längenausdehnungskoeffizient	*Bereich* °C		$\cdot 10^{-4} \mathrm{K}^{-1}$
	Temperatur 23 °C		$1.0 \cdot 10^{-4} \mathrm{K}^{-1}$
Wärmeleitfähigkeit	*Verfahren* DIN 52612	23 °C	0.24 W/(K · m)
Spezifische Wärmekapazität	*Verfahren* ASTM C 351	23 °C	1.4 J/(K · g)
Glasumwandlungstemperatur	*Torsionsschwingungsversuch*	°C	
	Differentialkalorimetrie	°C	

Brandverhalten

UL-Test vertikal		Dicke 1.6 mm, Wert HB	
		Dicke mm, Wert	

	Norm	*Bewertung*	*Abmessungen*
Sauerstoff-Index	ASTM D 2863	22%	
Glühstab-Verfahren			
Brandverhalten	DIN 4102		
MVSS			
FAR			

Elektrische Eigenschaften

		Hz	°C			*Probekörper, Form*
Dielektrizitätszahl		50				
		10^3	23	2.8		
		10^6	23	2.6		
Dielektrischer Verlustfaktor tan δ		50				
		10^3	23	0.002		
		10^6	23	0.015		
Spezifischer Durchgangs-widerstand	Ohm · cm		23	1.0*10**12		
Durchschlagfestigkeit	kV/mm		23	≧ 55		1 mm dick
Oberflächenwiderstand	Ohm		23	1.0*10**13		
Kriechstromfestigkeit		KC 600		KB 600	KA 3b	
Elektrolytische Korrosionswirkung						
Lichtbogenfestigkeit nach DIN						
nach ASTM	s					

Beständigkeit *(Chemische Beständigkeit siehe Anhang)*

Wasseraufnahme 23 C Bis zur Saettigung		0.5 %
Feuchtigkeitsaufnahme Normalklima		0.2 %
Wetterbeständigkeit		
Spannungskorrosion		

Optische Eigenschaften

Brechungszahl n_D		
Transmissionsgrad τ_c	%	mm dick
Lichtdurchlässigkeit		

Produkt	Polybutylenterephthalat	**PBT**
Handelsname	**Arnite T06 203V**	
Hersteller	AKZO	
DIN-Bez 1	16779-PBT,MG,XX-03	
DIN-Bez 2		

Zusätze	Brandschutzmittel	*Füllstoffe/ Verstärkung*	
Bevorzugte Verarbeitung	Spritzgiessen	*Lieferform*	Granulat
		Farben	Natur; Standard
Besondere Merkmale	Leicht verarbeitbar; Gute mechanische und elektrische Eigenschaften; Niedriger Reibungskoeffizient; Glatte Oberflaeche; Gute Hitzebestaendigkeit	*Bevorzugte Anwendungen*	Technisches Formteil fuer die Elektroindustrie

---

Dichte	g/cm³	1.45	*Schmelzindex*	g/10 min	:
Schüttdichte	g/cm³		*Volumenfließindex*	cm³/10 min	:
Viskositätszahl	ml/g				

Verarbeitungsbedingungen für Spritzgießen

Massetemp.	°C	240–270	*Schwindung*	%	lgs 2, quer 2
Werkzeugtemp.	°C	30–90	*Bemerkungen*		Schneckendrehzahl und Staudruck nicht zu hoch
Spritzdruck	bar				

Zugversuch 23 °C DIN 53455; DIN 53457

			Herstellung	Spritzgiessen
Probekörper:	Form		*Vorbehandlung*	Normalklima
	Zustand			

Streckspannung	N/mm²		*Dehnung bei Streckspannung*	%	
Zugfestigkeit	N/mm²	55	*Reißdehnung*	%	10
Reißfestigkeit	N/mm²		*% Dehnspannung*	N/mm²	
E-Modul	N/mm²	3100	*Dehnung bei % Dehnspg.*	%	

Kriechmoduln und Zeitstandwerte 23 °C

Probekörper:	Form	*Herstellung*	
	Zustand	*Vorbehandlung*	

Kriechmodul	1 min N/mm²	*Zeitstandzugfestigkeit*	h N/mm²
Kriechmodul	1000 h N/mm²	*Zeitdehnspg. %*	h N/mm²
bei Spannung	N/mm²		

Biegeversuch 23 °C DIN 53457;

Probekörper:	Form	*Herstellung*	Spritzgiessen
	Zustand	*Vorbehandlung*	Normalklima

Biegefestigkeit	N/mm²	*E-Modul*	N/mm² 2900
3,5% Biegespannung	N/mm²		

Härte 23 °C

Probekörper:	*Zustand*	*Herstellung*	Spritzgiessen
		Vorbehandlung	Normalklima

Kugeldruckhärte	N/mm² 150	bei 358 N, 30 s	*Shore-Härte* A	
Rockwellhärte	M 80		*Shore-Härte* D	82

Schlagversuch

Probekörper:	(1) U-Kerbe		
	(2) V-Kerbe	*Herstellung*	Spritzgiessen
	Zustand	*Vorbehandlung*	Normalklima

	°C	°C	°C	*Probekörper-Form*
Schlagzähigkeit	kJ/m²	23 70		NKS
Kerbschlagzähigkeit (1)	kJ/m²	23 4		NKS
IZOD-Kerbschlagzähigkeit (2)	J/m	23 20		3.2 mm dick
Kerbschlagzugzähigkeit	kJ/m²			

Abrieb und Reibung

Taber-Abrieb (Reibradverfahren)	mm³/100 U
Abriebfaktor LNP (Thrust washer) Vergleichswert	
Statische Reibungszahl	
Dynamische Reibungszahl	(p·v = N/mm² · m/min)
Zulässiger p · v Wert	N/mm² · (m/min) v = m/min
	v = m/min

Thermische Eigenschaften

Formbeständigkeit in der Wärme	Verfahren	A	65 °C
	Verfahren	B	175 °C
Vicat Erweichungstemperatur (VST)	Verfahren		°C
	Verfahren		°C
Kristallit-Schmelzpunkt	Verfahren	ASTM D 2117	223 °C
Längenausdehnungskoeffizient	Bereich	°C	$\cdot 10^{-4} K^{-1}$
	Temperatur 23 °C		$0.7 \cdot 10^{-4} K^{-1}$
Wärmeleitfähigkeit	Verfahren DIN 52612	23 °C	0.25 W/(K · m)
Spezifische Wärmekapazität	Verfahren ASTM C 351	23 °C	1.4 J/(K · g)
Glasumwandlungstemperatur	Torsionsschwingungsversuch	°C	
	Differentialkalorimetrie	°C	

Brandverhalten

UL-Test vertikal   Dicke 1.6   mm, Wert   V-2
                  Dicke   mm, Wert

	Norm	Bewertung	Abmessungen
Sauerstoff-Index	ASTM D 2863	31%	
Glühstab-Verfahren			
Brandverhalten	DIN 4102		
MVSS			
FAR			

Elektrische Eigenschaften

		Hz	°C		Probekörper, Form
Dielektrizitätszahl		50			
		10^3	23	3.1	
		10^6	23	3.0	
Dielektrischer Verlustfaktor tan δ		50			
		10^3	23	0.002	
		10^6	23	0.02	
Spezifischer Durchgangs- widerstand	Ohm · cm		23	1.0*10**14	
Durchschlagfestigkeit	kV/mm		23	≧ 50	1 mm dick
Oberflächenwiderstand	Ohm		23	1.0*10**13	
Kriechstromfestigkeit		KC 200	KB < 175	KA 1	
Elektrolytische Korrosionswirkung					
Lichtbogenfestigkeit nach DIN					
nach ASTM	s				

Beständigkeit *(Chemische Beständigkeit siehe Anhang)*

Wasseraufnahme 23 C Bis zur Saettigung	0.5 %	
Feuchtigkeitsaufnahme Normalklima		0.2 %
Wetterbeständigkeit		
Spannungskorrosion		

Optische Eigenschaften

Brechungszahl n_D
Transmissionsgrad τ_c %   mm dick
Lichtdurchlässigkeit

Produkt	Polyethylenterephthalat	**PET**
Handelsname	**Arnite AV4 340**	
Hersteller	AKZO	
DIN-Bez 1	16779-PET,MG,XX-07,GF20	
DIN-Bez 2		

Zusätze		*Füllstoffe/ Verstärkung*	20.0% Glasfaser
Bevorzugte Verarbeitung	Spritzgiessen	*Lieferform*	Granulat
		Farben	Natur; Standard; Schwarz
Besondere Merkmale	Hochkristallin; Hohe Steifigkeit; Hohe Waermeformbestaendigkeit	*Bevorzugte Anwendungen*	Technisches Formteil fuer Kfz-Indu-strie; Haushaltsgeraet; Gehaeuse im Elektrobereich

Dichte	g/cm^3	1.50	*Schmelzindex*	g/10 min	:
Schüttdichte	g/cm^3		*Volumenfließindex*	cm^3/10 min	:
Viskositätszahl	ml/g				

Verarbeitungsbedingungen für Spritzgießen

Massetemp.	°C	275–290	*Schwindung*	% lgs	0.2, quer 1.5
Werkzeugtemp.	°C	130	*Bemerkungen*	Schneckendrehzahl und Staudruck nicht zu hoch	
Spritzdruck	bar	1100–1600			

Zugversuch 23 °C   DIN 53455; DIN 53457

	Probekörper:	Form		*Herstellung*	Spritzgiessen
		Zustand		*Vorbehandlung*	Normalklima
Streckspannung	N/mm^2		*Dehnung bei Streckspannung*	%	
Zugfestigkeit	N/mm^2	145	*Reißdehnung*	%	2.5
Reißfestigkeit	N/mm^2		% Dehnspannung	N/mm^2	
E-Modul	N/mm^2	7000	*Dehnung bei* % Dehnspg.	%	

Kriechmoduln und Zeitstandwerte 23 °C

	Probekörper:	Form		*Herstellung*	
		Zustand		*Vorbehandlung*	
Kriechmodul	1 min	N/mm^2	*Zeitstandzugfestigkeit*	h N/mm^2	
Kriechmodul	1000 h	N/mm^2	*Zeitdehnspg.* %	h N/mm^2	
bei Spannung		N/mm^2			

Biegeversuch 23 °C   DIN 53457; DIN 53452

	Probekörper:	Form		*Herstellung*	Spritzgiessen
		Zustand		*Vorbehandlung*	Normalklima
Biegefestigkeit	N/mm^2	200	*E-Modul*	N/mm^2 7000	
3,5% Biegespannung	N/mm^2				

Härte 23 °C

	Probekörper:	Zustand	*Herstellung*	Spritzgiessen
			Vorbehandlung	Normalklima
Kugeldruckhärte	N/mm^2 195	bei 961 N, 30 s	*Shore-Härte* A	
Rockwellhärte	M 105		*Shore-Härte* D	85

Schlagversuch

	Probekörper:	(1) U-Kerbe		
		(2) V-Kerbe	*Herstellung*	Spritzgiessen
		Zustand	*Vorbehandlung*	Normalklima

		°C	°C	°C	*Probekörper-Form*
Schlagzähigkeit	kJ/m^2	23 25			NKS
Kerbschlagzähigkeit (1)	kJ/m^2	23 6.5			NKS
IZOD-Kerbschlagzähigkeit (2)	J/m	23 75			3.2 mm dick
Kerbschlagzugzähigkeit	kJ/m^2				

Abrieb und Reibung

Taber-Abrieb (Reibradverfahren)   mm³/100 U
Abriebfaktor LNP (Thrust washer) Vergleichswert
Statische Reibungszahl
Dynamische Reibungszahl   (p·v =   N/mm² ·   m/min)
Zulässiger p · v Wert   N/mm² · (m/min)   v =   m/min
                                                              v =   m/min

Thermische Eigenschaften

Formbeständigkeit in der Wärme	Verfahren	A	225 °C
	Verfahren	B	240 °C
Vicat Erweichungstemperatur (VST)	Verfahren		°C
	Verfahren		°C
Kristallit-Schmelzpunkt	Verfahren	ASTM D 2117	255 °C

Längenausdehnungskoeffizient Bereich   °C $\cdot 10^{-4}\text{K}^{-1}$
                                Temperatur 23 °C $0.32 \cdot 10^{-4}\text{K}^{-1}$
Wärmeleitfähigkeit   Verfahren DIN 52612   23 °C $0.32 \ \text{W}/(\text{K} \cdot \text{m})$

Spezifische Wärmekapazität   Verfahren ASTM C 351   23 °C $1.05 \ \text{J}/(\text{K} \cdot \text{g})$

Glasumwandlungstemperatur   Torsionsschwingungsversuch   °C
                                Differentialkalorimetrie   °C

Brandverhalten

UL-Test vertikal   Dicke   mm, Wert HB
                               Dicke   mm, Wert

	Norm	Bewertung	Abmessungen
Sauerstoff-Index	ASTM D 2863	20%	
Glühstab-Verfahren			
Brandverhalten	DIN 4102		
MVSS			
FAR			

Elektrische Eigenschaften

		Hz	°C		Probekörper, Form
Dielektrizitätszahl		50			
		10^3	23	3.4	
		10^6			
Dielektrischer Verlustfaktor tan δ		50			
		10^3	23	0.006	
		10^6			
Spezifischer Durchgangs-					
widerstand	Ohm · cm		23	1.0*10**15	
Durchschlagfestigkeit	kV/mm		23	55	1 mm dick
Oberflächenwiderstand	Ohm		23	1.0*10**13	

Kriechstromfestigkeit   KC 175   KB 175   KA 1
Elektrolytische Korrosionswirkung
Lichtbogenfestigkeit nach DIN
                  nach ASTM   s

Beständigkeit *(Chemische Beständigkeit siehe Anhang)*

Wasseraufnahme 23 C   Bis zur Saettigung   0.45 %

Feuchtigkeitsaufnahme Normalklima   0.2 %
Wetterbeständigkeit

Spannungskorrosion

Optische Eigenschaften

Brechungszahl n_D
Transmissionsgrad τ_c %   mm dick
Lichtdurchlässigkeit

Produkt	Polyethylenterephthalat	**PET**
Handelsname	**Arnite AV2 370**	
Hersteller	AKZO	
DIN-Bez 1	16779-PET,MG,XX-11,GF36	
DIN-Bez 2		

Zusätze		*Füllstoffe/ Verstärkung*	36.0% Glasfaser
Bevorzugte Verarbeitung	Spritzgiessen	*Lieferform*	Granulat
		Farben	Natur; Standard; Schwarz
Besondere Merkmale	Gutes Langzeitverhalten; Hoher Modul; Hohe Waermeformbestaendigkeit; Gutes Kerbschlagverhalten	*Bevorzugte Anwendungen*	Technisches Formteil fuer Kfz-Industrie; Haushaltsgeraet; Gehaeuse im Elektrobereich

---

Dichte	g/cm^3	1.63	*Schmelzindex*	g/10 min		:
Schüttdichte	g/cm^3		*Volumenfließindex*	cm^3/10 min		:
Viskositätszahl	ml/g					

Verarbeitungsbedingungen für Spritzgießen

Massetemp.	°C	275–290	*Schwindung*	% lgs	0.2, quer 1.5
Werkzeugtemp.	°C	130	*Bemerkungen*	Schneckendrehzahl und Staudruck	
Spritzdruck	bar	1100–1600		nicht zu hoch	

Zugversuch 23 °C DIN 53455; DIN 53457

	Probekörper: Form		*Herstellung*	Spritzgiessen
	Zustand		*Vorbehandlung*	Normalklima
Streckspannung	N/mm^2		*Dehnung bei Streckspannung*	%
Zugfestigkeit	N/mm^2 185		*Reißdehnung*	% 2
Reißfestigkeit	N/mm^2		% *Dehnspannung*	N/mm^2
E-Modul	N/mm^2 12000		*Dehnung bei* % *Dehnspg.*	%

Kriechmoduln und Zeitstandwerte 23 °C

	Probekörper: Form	*Herstellung*	
	Zustand	*Vorbehandlung*	
Kriechmodul	1 min N/mm^2	*Zeitstandzugfestigkeit*	h N/mm^2
Kriechmodul	1000 h N/mm^2	*Zeitdehnspg.* %	h N/mm^2
bei Spannung	N/mm^2		

Biegeversuch 23 °C DIN 53457; DIN 53452

	Probekörper: Form	*Herstellung*	Spritzgiessen
	Zustand	*Vorbehandlung*	Normalklima
Biegefestigkeit	N/mm^2 250	*E-Modul*	N/mm^2 12000
3,5% Biegespannung	N/mm^2		

Härte 23 °C

	Probekörper: Zustand	*Herstellung*	Spritzgiessen
		Vorbehandlung	Normalklima
Kugeldruckhärte	N/mm^2 230	bei 961 N, 30 s	*Shore-Härte* A
Rockwellhärte	M 103		*Shore-Härte* D 90

Schlagversuch

	Probekörper:	(1) U-Kerbe	
		(2) V-Kerbe	
		Zustand	*Herstellung* Spritzgiessen
			Vorbehandlung Normalklima

		°C	°C	°C	*Probekörper-Form*
Schlagzähigkeit	kJ/m^2	23 35			NKS
Kerbschlagzähigkeit (1)	kJ/m^2	23 9.5			NKS
IZOD-Kerbschlagzähigkeit (2)	J/m	23 85			3.2 mm dick
Kerbschlagzugzähigkeit	kJ/m^2				

Abrieb und Reibung

Taber-Abrieb (Reibradverfahren)	mm³/100 U	
Abriebfaktor LNP (Thrust washer) Vergleichswert		
Statische Reibungszahl		
Dynamische Reibungszahl	$(p \cdot v =$ N/mm² · m/min$)$	
Zulässiger p · v Wert	N/mm² · (m/min) v = m/min	
	v = m/min	

Thermische Eigenschaften

Formbeständigkeit in der Wärme	*Verfahren* A		235 °C
	Verfahren B		$\geqq$ 250 °C
Vicat Erweichungstemperatur (VST)	*Verfahren*		°C
	Verfahren		°C
Kristallit-Schmelzpunkt	*Verfahren* ASTM D 2117		255 °C
Längenausdehnungskoeffizient	*Bereich* °C		$\cdot 10^{-4} K^{-1}$
	Temperatur 23 °C		$0.3 \cdot 10^{-4} K^{-1}$
Wärmeleitfähigkeit	*Verfahren* DIN 52612	23 °C	0.32 W/(K · m)
Spezifische Wärmekapazität	*Verfahren* ASTM C 351	23 °C	1.05 J/(K · g)
Glasumwandlungstemperatur	*Torsionsschwingungsversuch*	°C	
	Differentialkalorimetrie	°C	

Brandverhalten

UL-Test vertikal		*Dicke* mm, Wert HB	
		Dicke mm, Wert	

	Norm	*Bewertung*	*Abmessungen*
Sauerstoff-Index	ASTM D 2863	21 %	
Glühstab-Verfahren	DIN 53459	3a	
Brandverhalten	DIN 4102		
MVSS			
FAR			

Elektrische Eigenschaften

		Hz	°C		*Probekörper, Form*
Dielektrizitätszahl		50			
		10^3	23	3.4	
		10^6			
Dielektrischer Verlustfaktor tan δ		50			
		10^3	23	0.006	
		10^6			
Spezifischer Durchgangs- widerstand	Ohm · cm		23	1.0*10**14	
Durchschlagfestigkeit	kV/mm		23	55	1 mm dick
Oberflächenwiderstand	Ohm		23	1.0*10**14	
Kriechstromfestigkeit		KC 250	KB < 175	KA 1	
Elektrolytische Korrosionswirkung					
Lichtbogenfestigkeit nach DIN					
	nach ASTM s				

Beständigkeit *(Chemische Beständigkeit siehe Anhang)*

Wasseraufnahme 23 C Bis zur Saettigung		0.35 %
Feuchtigkeitsaufnahme Normalklima		0.15 %
Wetterbeständigkeit		
Spannungskorrosion		

Optische Eigenschaften

Brechungszahl n_D		
Transmissionsgrad τ_c %		mm dick
Lichtdurchlässigkeit		

			PET
Produkt	Polyethylenterephthalat		
Handelsname	**Arnite AV2 390**		
Hersteller	AKZO		
DIN-Bez 1	16779-PET,MG,XX-18,GF50		
DIN-Bez 2			
Zusätze		Füllstoffe/ Verstärkung	50.0% Glasfaser
Bevorzugte Verarbeitung	Spritzgiessen	Lieferform	Granulat
		Farben	Natur; Standard; Schwarz
Besondere Merkmale	Sehr gutes Langzeitverhalten; Sehr hoher Modul; Hohe Waermeformbe-staendigkeit; Hoher Glanz; Glatte Oberflaeche	Bevorzugte Anwendungen	Technisches Formteil fuer Kfz-Indu-strie; Haushaltsgeraet; Gehaeuse im Elektrobereich

Dichte	g/cm^3	1.78	Schmelzindex	g/10 min	:
Schüttdichte	g/cm^3		Volumenfließindex	cm^3/10 min	:
Viskositätszahl	ml/g				

Verarbeitungsbedingungen für Spritzgießen

Massetemp.	°C	275–290	Schwindung	%	lgs 0.1, quer 1.5
Werkzeugtemp.	°C	130	Bemerkungen		Schneckendrehzahl und Staudruck nicht zu hoch
Spritzdruck	bar	1100–1600			

Zugversuch 23 °C DIN 53455; DIN 53457

	Probekörper:	Form		Herstellung	Spritzgiessen
		Zustand		Vorbehandlung	Normalklima

Streckspannung	N/mm^2		Dehnung bei Streckspannung	%	
Zugfestigkeit	N/mm^2	205	Reißdehnung	%	2
Reißfestigkeit	N/mm^2		% Dehnspannung	N/mm^2	
E-Modul	N/mm^2	17000	Dehnung bei % Dehnspg.	%	

Kriechmoduln und Zeitstandwerte 23 °C

	Probekörper:	Form		Herstellung	
		Zustand		Vorbehandlung	

Kriechmodul	1 min N/mm^2		Zeitstandzugfestigkeit	h N/mm^2	
Kriechmodul	1000 h N/mm^2		Zeitdehnspg. %	h N/mm^2	
bei Spannung	N/mm^2				

Biegeversuch 23 °C DIN 53457; DIN 53452

	Probekörper:	Form		Herstellung	Spritzgiessen
		Zustand		Vorbehandlung	Normalklima

Biegefestigkeit	N/mm^2 290	E-Modul	N/mm^2 16000
3,5% Biegespannung	N/mm^2		

Härte 23 °C

	Probekörper:	Zustand	Herstellung	Spritzgiessen
			Vorbehandlung	Normalklima

Kugeldruckhärte	N/mm^2 240	bei 961 N, 30 s	Shore-Härte A	
Rockwellhärte	M 105		Shore-Härte D	90

Schlagversuch

	Probekörper:	(1) U-Kerbe			
		(2) V-Kerbe		Herstellung	Spritzgiessen
		Zustand		Vorbehandlung	Normalklima

	°C	°C	°C	Probekörper-Form

Schlagzähigkeit	kJ/m^2	23 40			NKS
Kerbschlagzähigkeit (1)	kJ/m^2	23 11			NKS
IZOD-Kerbschlagzähigkeit (2)	J/m	23 85			3.2 mm dick
Kerbschlagzugzähigkeit	kJ/m^2				

Abrieb und Reibung

Taber-Abrieb (Reibradverfahren)	mm³/100 U	
Abriebfaktor LNP (Thrust washer) Vergleichswert		
Statische Reibungszahl		
Dynamische Reibungszahl	$(p \cdot v =$ N/mm² · m/min$)$	
Zulässiger p · v Wert	N/mm² · (m/min) v = m/min	
	v = m/min	

Thermische Eigenschaften

Formbeständigkeit in der Wärme	*Verfahren*	A	240 °C
	Verfahren	B	≧ 250 °C
Vicat Erweichungstemperatur (VST)	*Verfahren*		°C
	Verfahren		°C
Kristallit-Schmelzpunkt	*Verfahren*	ASTM D 2117	255 °C
Längenausdehnungskoeffizient	*Bereich*	°C	$\cdot 10^{-4} K^{-1}$
	Temperatur 23 °C		$0.18 \cdot 10^{-4} K^{-1}$
Wärmeleitfähigkeit	*Verfahren*	DIN 52612 23 °C	0.35 W/(K · m)
Spezifische Wärmekapazität	*Verfahren*	ASTM C 351 23 °C	0.9 J/(K · g)
Glasumwandlungstemperatur	*Torsionsschwingungsversuch*		°C
	Differentialkalorimetrie		°C

Brandverhalten

UL-Test vertikal   Dicke   mm, Wert HB
                         Dicke   mm, Wert

	Norm	*Bewertung*	*Abmessungen*
Sauerstoff-Index	ASTM D 2863	20%	
Glühstab-Verfahren	DIN 53459	3a	
Brandverhalten	DIN 4102		
MVSS			
FAR			

Elektrische Eigenschaften

	Hz	°C		*Probekörper, Form*
Dielektrizitätszahl	50			
	10^3	23	3.9	
	10^6			
Dielektrischer Verlustfaktor tan δ	50			
	10^3	23	0.005	
	10^6			
Spezifischer Durchgangs-widerstand	Ohm · cm	23	1.0*10**14	
Durchschlagfestigkeit	kV/mm	23	50	1 mm dick
Oberflächenwiderstand	Ohm	23	1.0*10**14	
Kriechstromfestigkeit	KC 225	KB < 175	KA 1	
Elektrolytische Korrosionswirkung				
Lichtbogenfestigkeit nach DIN				
nach ASTM s				

Beständigkeit *(Chemische Beständigkeit siehe Anhang)*

Wasseraufnahme 23 C Bis zur Saettigung	0.3 %	
Feuchtigkeitsaufnahme Normalklima		0.12 %
Wetterbeständigkeit		
Spannungskorrosion		

Optische Eigenschaften

Brechungszahl n_D
Transmissionsgrad τ_c %   mm dick
Lichtdurchlässigkeit

Datenbank-Nr.	**T05335**		Merkblatt-Nr. **3937**

Produkt	Polyethylenterephthalat		**PET**
Handelsname	**Arnite AV2 360S**		
Hersteller	AKZO		
DIN-Bez 1	16779-PET,MFG,XX-11,GF30		
DIN-Bez 2			
Zusätze	Brandschutzmittel	*Füllstoffe/ Verstärkung*	30.0% Glasfaser
Bevorzugte Verarbeitung	Spritzgiessen	*Lieferform*	Granulat
		Farben	Natur; Standard; Schwarz
Besondere Merkmale	Gutes Langzeitverhalten; Hoher Modul; Hohe Waermeformbestaendigkeit; Gutes Kerbschlagverhalten	*Bevorzugte Anwendungen*	Technisches Formteil fuer Kfz-Industrie; Haushaltsgeraet; Gehaeuse im Elektrobereich

Dichte	g/cm³	1.73	*Schmelzindex*	g/10 min	:
Schüttdichte	g/cm³		*Volumenfließindex*	cm³/10 min	:
Viskositätszahl	ml/g				

Verarbeitungsbedingungen für Spritzgießen

Massetemp.	°C	275–290	*Schwindung*	%	lgs 0.15, quer 1.5
Werkzeugtemp.	°C	130	*Bemerkungen*		Schneckendrehzahl und Staudruck
Spritzdruck	bar	1100–1200			nicht zu hoch

Zugversuch 23 °C DIN 53455; DIN 53457

	Probekörper: Form		*Herstellung*	Spritzgiessen
	Zustand		*Vorbehandlung*	Normalklima
Streckspannung	N/mm²		*Dehnung bei Streckspannung*	%
Zugfestigkeit	N/mm² 160		*Reißdehnung*	% 2
Reißfestigkeit	N/mm²		*% Dehnspannung*	N/mm²
E-Modul	N/mm² 11500		*Dehnung bei % Dehnspg.*	%

Kriechmoduln und Zeitstandwerte 23 °C

	Probekörper: Form		*Herstellung*	
	Zustand		*Vorbehandlung*	
Kriechmodul	1 min N/mm²		*Zeitstandzugfestigkeit*	h N/mm²
Kriechmodul	1000 h N/mm²		*Zeitdehnspg. %*	h N/mm²
bei Spannung	N/mm²			

Biegeversuch 23 °C DIN 53457; DIN 53452

	Probekörper: Form		*Herstellung*	Spritzgiessen
	Zustand		*Vorbehandlung*	Normalklima
Biegefestigkeit	N/mm² 240	*E-Modul*		N/mm² 11500
3,5% Biegespannung	N/mm²			

Härte 23 °C

	Probekörper: Zustand		*Herstellung*	Spritzgiessen
			Vorbehandlung	Normalklima
Kugeldruckhärte	N/mm² 240	bei 961 N, 30 s	*Shore-Härte* A	
Rockwellhärte	M 102		*Shore-Härte* D	89

Schlagversuch

	Probekörper:	(1) U-Kerbe		
		(2) V-Kerbe	*Herstellung*	Spritzgiessen
		Zustand	*Vorbehandlung*	Normalklima
	°C	°C	°C	*Probekörper-Form*
Schlagzähigkeit	kJ/m² 23 30			NKS
Kerbschlagzähigkeit (1)	kJ/m² 23 7.5			NKS
IZOD-Kerbschlagzähigkeit (2)	J/m 23 60			3.2 mm dick
Kerbschlagzugzähigkeit	kJ/m²			

Abrieb und Reibung

Taber-Abrieb (Reibradverfahren)	mm³/100 U
Abriebfaktor LNP (Thrust washer) Vergleichswert	
Statische Reibungszahl	
Dynamische Reibungszahl	(p·v = N/mm² · m/min)
Zulässiger p · v Wert	N/mm² · (m/min) v = m/min
	v = m/min

Thermische Eigenschaften

Formbeständigkeit in der Wärme	*Verfahren*	A	235 °C
	Verfahren	B	$\geqq$ 250 °C
Vicat Erweichungstemperatur (VST)	*Verfahren*		°C
	Verfahren		°C
Kristallit-Schmelzpunkt	*Verfahren*	ASTM D 2117	255 °C
Längenausdehnungskoeffizient	*Bereich*	°C	$\cdot 10^{-4} \mathrm{K}^{-1}$
	Temperatur 23 °C		$0.2 \cdot 10^{-4} \mathrm{K}^{-1}$
Wärmeleitfähigkeit	*Verfahren* DIN 52612	23 °C	0.33 W/(K · m)
Spezifische Wärmekapazität	*Verfahren* ASTM C 351	23 °C	0.9 J/(K · g)
Glasumwandlungstemperatur	*Torsionsschwingungsversuch*	°C	
	Differentialkalorimetrie	°C	

Brandverhalten

UL-Test vertikal   Dicke 1.5 mm, Wert V-0
                               Dicke   mm, Wert

	Norm	*Bewertung*	*Abmessungen*
Sauerstoff-Index	ASTM D 2863	31 %	
Glühstab-Verfahren	DIN 53459	2a	
Brandverhalten	DIN 4102		
MVSS			
FAR			

Elektrische Eigenschaften

		Hz	°C		*Probekörper, Form*
Dielektrizitätszahl		50			
		10³	23	4.2	
		10⁶			
Dielektrischer Verlustfaktor tan δ		50			
		10³	23	0.004	
		10⁶			
Spezifischer Durchgangs-widerstand	Ohm · cm		23	1.0*10**14	
Durchschlagfestigkeit	kV/mm		23	45	1 mm dick
Oberflächenwiderstand	Ohm		23	1.0*10**14	
Kriechstromfestigkeit	KC 200		KB 175	KA 1	
Elektrolytische Korrosionswirkung					
Lichtbogenfestigkeit nach DIN					
nach ASTM	s				

Beständigkeit *(Chemische Beständigkeit siehe Anhang)*

Wasseraufnahme 23 C Bis zur Saettigung	0.3 %
Feuchtigkeitsaufnahme Normalklima	0.12 %
Wetterbeständigkeit	
Spannungskorrosion	

Optische Eigenschaften

Brechungszahl n_D
Transmissionsgrad τ_c %   mm dick
Lichtdurchlässigkeit

Datenbank-Nr.	**T05336**		Merkblatt-Nr. **3938**

Produkt	Polybutylenterephthalat		**PBT**
Handelsname	**Arnite TV6 240**		
Hersteller	AKZO		
DIN-Bez 1 DIN-Bez 2	16779-PBT,MG,XX-05,GF20		

Zusätze		Füllstoffe/ Verstärkung	20.0% Glasfaser
Bevorzugte Verarbeitung	Spritzgiessen	Lieferform	Granulat
		Farben	Natur; Standard; Schwarz
Besondere Merkmale	Gutes Langzeitverhalten; Hoher Modul; Hohe Waermeformbestaendigkeit; Gute elektrische Eigenschaften	Bevorzugte Anwendungen	Technisches Formteil; Kfz-Industrie; Elektronikindustrie; Elektroindustrie; Haushaltsgeraet

Dichte	g/cm^3	1.45	Schmelzindex	g/10 min	:
Schüttdichte	g/cm^3		Volumenfließindex	cm^3/10 min	:
Viskositätszahl	ml/g				

Verarbeitungsbedingungen für Spritzgießen

Massetemp.	°C	240–270	Schwindung	%	lgs 0.25, quer 1.5
Werkzeugtemp.	°C	30–90	Bemerkungen		Schneckendrehzahl und Staudruck nicht zu hoch
Spritzdruck	bar	600–1500			

Zugversuch 23 °C   DIN 53455; DIN 53457

	Probekörper:	Form	Herstellung	Spritzgiessen
		Zustand	Vorbehandlung	Normalklima

Streckspannung	N/mm^2		Dehnung bei Streckspannung	%	
Zugfestigkeit	N/mm^2	120	Reißdehnung	%	3.5
Reißfestigkeit	N/mm^2		% Dehnspannung	N/mm^2	
E-Modul	N/mm^2	6000	Dehnung bei % Dehnspg.	%	

Kriechmoduln und Zeitstandwerte 23 °C

	Probekörper:	Form	Herstellung	
		Zustand	Vorbehandlung	

Kriechmodul	1 min N/mm^2		Zeitstandzugfestigkeit	h N/mm^2
Kriechmodul	1000 h N/mm^2		Zeitdehnspg. %	h N/mm^2
bei Spannung	N/mm^2			

Biegeversuch 23 °C   DIN 53457; DIN 53452

	Probekörper:	Form	Herstellung	Spritzgiessen
		Zustand	Vorbehandlung	Normalklima

Biegefestigkeit	N/mm^2 175	E-Modul	N/mm^2 5000
3,5% Biegespannung	N/mm^2		

Härte 23 °C | Probekörper: Zustand | Herstellung Spritzgiessen / Vorbehandlung Normalklima

Kugeldruckhärte	N/mm^2 165	bei 358 N, 30 s	Shore-Härte A	
Rockwellhärte	M 83		Shore-Härte D	86

Schlagversuch   Probekörper: (1) U-Kerbe / (2) V-Kerbe / Zustand   Herstellung Spritzgiessen / Vorbehandlung Normalklima

		°C	°C	°C	Probekörper-Form
Schlagzähigkeit	kJ/m^2	23 40			NKS
Kerbschlagzähigkeit (1)	kJ/m^2	23 8			NKS
IZOD-Kerbschlagzähigkeit (2)	J/m	23 85			3.2 mm dick
Kerbschlagzugzähigkeit	kJ/m^2				

Abrieb und Reibung

Taber-Abrieb (Reibradverfahren)	mm^3/100 U
Abriebfaktor LNP (Thrust washer) Vergleichswert	
Statische Reibungszahl	
Dynamische Reibungszahl	(p·v = N/mm^2 · m/min)
Zulässiger p · v Wert	N/mm^2 · (m/min) v = m/min
	v = m/min

Thermische Eigenschaften

Formbeständigkeit in der Wärme	Verfahren	A	205 °C
	Verfahren	B	220 °C
Vicat Erweichungstemperatur (VST)	Verfahren		°C
	Verfahren		°C
Kristallit-Schmelzpunkt	Verfahren	ASTM D 2117	223 °C
Längenausdehnungskoeffizient	Bereich	°C	· 10^{-4}K^{-1}
	Temperatur 23 °C		0.4–0.5 · 10^{-4}K^{-1}
Wärmeleitfähigkeit	Verfahren	DIN 52612	23 °C 0.23 W/(K · m)
Spezifische Wärmekapazität	Verfahren	ASTM C 351	23 °C 1.25 J/(K · g)
Glasumwandlungstemperatur	Torsionsschwingungsversuch		°C
	Differentialkalorimetrie		°C

Brandverhalten

UL-Test vertikal Dicke 1.6 mm, Wert HB
Dicke   mm, Wert

	Norm	Bewertung	Abmessungen
Sauerstoff-Index	ASTM D 2863	20%	
Glühstab-Verfahren			
Brandverhalten	DIN 4102		
MVSS			
FAR			

Elektrische Eigenschaften

		Hz	°C		Probekörper, Form
Dielektrizitätszahl		50			
		10^3	23	3.4	
		10^6	23	3.3	
Dielektrischer Verlustfaktor tan δ		50			
		10^3	23	0.003	
		10^6	23	0.015	
Spezifischer Durchgangs-					
widerstand	Ohm · cm		23	1.0*10**14	
Durchschlagfestigkeit	kV/mm		23	55	1 mm dick
Oberflächenwiderstand	Ohm		23	1.0*10**13	
Kriechstromfestigkeit	KC 300		KB 140	KA 1	
Elektrolytische Korrosionswirkung					
Lichtbogenfestigkeit nach DIN					
nach ASTM	s				

Beständigkeit *(Chemische Beständigkeit siehe Anhang)*

Wasseraufnahme 23 C Bis zur Saettigung	0.3 %
Feuchtigkeitsaufnahme Normalklima	0.15 %
Wetterbeständigkeit	
Spannungskorrosion	

Optische Eigenschaften

Brechungszahl n$_D$
Transmissionsgrad τ$_c$ %   mm dick
Lichtdurchlässigkeit

		PBT
Produkt	Polybutylenterephthalat	
Handelsname	**Arnite TV4 261**	
Hersteller	AKZO	
DIN-Bez 1	16779-PBT,MG,XX-07,GF30	
DIN-Bez 2		

Zusätze		Füllstoffe/ Verstärkung	30.0% Glasfaser	
Bevorzugte Verarbeitung	Spritzgiessen	Lieferform	Granulat	
		Farben	Natur; Standard; Schwarz	
Besondere Merkmale	Gutes Langzeitverhalten; Sehr hoher Modul; Hohe Waermeformbestaendigkeit; Gute elektrische Eigenschaften	Bevorzugte Anwendungen	Technisches Formteil; Kfz-Industrie; Elektronikindustrie; Elektroindustrie; Haushaltsgeraet	

Dichte	g/cm³	1.52	Schmelzindex	g/10 min	:
Schüttdichte	g/cm³		Volumenfließindex	· cm³/10 min	:
Viskositätszahl	ml/g				

Verarbeitungsbedingungen für Spritzgießen

Massetemp.	°C	240–270	Schwindung	%	lgs 0.25, quer 1.5
Werkzeugtemp.	°C	30–90	Bemerkungen		Schneckendrehzahl und Staudruck
Spritzdruck	bar	600–1500			nicht zu hoch

Zugversuch 23 °C DIN 53455; DIN 53457

		Herstellung	Spritzgiessen
Probekörper: Form		Vorbehandlung	Normalklima
Zustand			

Streckspannung	N/mm²		Dehnung bei Streckspannung	%
Zugfestigkeit	N/mm²	135	Reißdehnung	% 3
Reißfestigkeit	N/mm²		% Dehnspannung	N/mm²
E-Modul	N/mm²	9000	Dehnung bei % Dehnspg.	%

Kriechmoduln und Zeitstandwerte 23 °C

		Herstellung	
Probekörper: Form		Vorbehandlung	
Zustand			

Kriechmodul	1 min N/mm²		Zeitstandzugfestigkeit	h N/mm²
Kriechmodul	1000 h N/mm² ·		Zeitdehnspg. %	h N/mm²
bei Spannung	N/mm²			

Biegeversuch 23 °C DIN 53457; DIN 53452

		Herstellung	Spritzgiessen
Probekörper: Form		Vorbehandlung	Normalklima
Zustand			

Biegefestigkeit	N/mm² 205	E-Modul	N/mm² 8500	
3,5% Biegespannung	N/mm²			

Härte 23 °C Probekörper: Zustand

	Herstellung	Spritzgiessen
	Vorbehandlung	Normalklima

Kugeldruckhärte	N/mm² 170	bei 358 N, 30 s	Shore-Härte A	
Rockwellhärte	M 85		Shore-Härte D 85	

Schlagversuch Probekörper: (1) U-Kerbe / (2) V-Kerbe / Zustand

	Herstellung	Spritzgiessen
	Vorbehandlung	Normalklima

		°C	°C	°C	Probekörper-Form
Schlagzähigkeit	kJ/m²	23 45			NKS
Kerbschlagzähigkeit (1)	kJ/m²	23 9.5			NKS
IZOD-Kerbschlagzähigkeit (2)	J/m	23 100			3.2 mm dick
Kerbschlagzugzähigkeit	kJ/m²				

Abrieb und Reibung

Taber-Abrieb (Reibradverfahren)	mm³/100 U
Abriebfaktor LNP (Thrust washer) Vergleichswert	
Statische Reibungszahl	
Dynamische Reibungszahl	(p·v = $\quad$ N/mm² · $\quad$ m/min)
Zulässiger p · v Wert	N/mm² · (m/min) v = $\quad$ m/min
	v = $\quad$ m/min

Thermische Eigenschaften

Formbeständigkeit in der Wärme	Verfahren	A		205 °C
	Verfahren	B		215 °C
Vicat Erweichungstemperatur (VST)	Verfahren			°C
	Verfahren			°C
Kristallit-Schmelzpunkt	Verfahren	ASTM D 2117		223 °C
Längenausdehnungskoeffizient	Bereich	°C		$\cdot 10^{-4}$K^{-1}
	Temperatur 23 °C			$0.4\text{--}0.5 \cdot 10^{-4}$K^{-1}
Wärmeleitfähigkeit	Verfahren	DIN 52612	23 °C	0.24 W/(K · m)
Spezifische Wärmekapazität	Verfahren	ASTM C 351	23 °C	1.15 J/(K · g)
Glasumwandlungstemperatur	Torsionsschwingungsversuch		°C	
	Differentialkalorimetrie		°C	

Brandverhalten

UL-Test vertikal $\quad$ Dicke 1.6 mm, Wert HB
$\qquad\qquad\qquad\qquad\qquad$ Dicke $\quad$ mm, Wert

	Norm	Bewertung		Abmessungen
Sauerstoff-Index	ASTM D 2863	20%		
Glühstab-Verfahren				
Brandverhalten	DIN 4102			
MVSS				
FAR				

Elektrische Eigenschaften

		Hz	°C		Probekörper, Form
Dielektrizitätszahl		50			
		10³	23	3.4	
		10⁶			
Dielektrischer Verlustfaktor tan δ		50			
		10³	23	0.002	
		10⁶			
Spezifischer Durchgangs-widerstand	Ohm · cm		23	8.0*10**14	
Durchschlagfestigkeit	kV/mm		23	50	1 $\quad$ mm dick
Oberflächenwiderstand	Ohm		23	5.0*10**13	
Kriechstromfestigkeit		KC 400	KB 175	KA 1	
Elektrolytische Korrosionswirkung					
Lichtbogenfestigkeit nach DIN					
nach ASTM	s				

Beständigkeit *(Chemische Beständigkeit siehe Anhang)*

Wasseraufnahme 23 C Bis zur Saettigung		0.4 %
Feuchtigkeitsaufnahme Normalklima		0.15 %
Wetterbeständigkeit		
Spannungskorrosion		

Optische Eigenschaften

Brechungszahl n$_D$		
Transmissionsgrad τ$_c$	%	mm dick
Lichtdurchlässigkeit		

Produkt	Polybutylenterephthalat	**PBT**

Handelsname	**Arnite TV4 270**		
Hersteller	AKZO		
DIN-Bez 1	16779-PBT,MG,XX-11,GF35		
DIN-Bez 2			
Zusätze		*Füllstoffe/ Verstärkung*	35.0% Glasfaser
Bevorzugte Verarbeitung	Spritzgiessen	*Lieferform*	Granulat
		Farben	Natur; Standard; Schwarz
Besondere Merkmale	Gutes Langzeitverhalten; Sehr hoher Modul; Hohe Waermeformbestaendigkeit; Gute elektrische Eigenschaften	*Bevorzugte Anwendungen*	Technisches Formteil; Kfz-Industrie; Elektronikindustrie; Elektroindustrie; Haushaltsgeraet

Dichte	g/cm³ 1.57	*Schmelzindex*	g/10 min :
Schüttdichte	g/cm³	*Volumenfließindex*	cm³/10 min :
Viskositätszahl	ml/g		

Verarbeitungsbedingungen für Spritzgießen

Massetemp.	°C 240–270	*Schwindung*	% lgs 0.25, quer 1.5
Werkzeugtemp.	°C 30–90	*Bemerkungen*	Schneckendrehzahl und Staudruck
Spritzdruck	bar 600–1500		nicht zu hoch

Zugversuch 23 °C DIN 53455; DIN 53457

Probekörper:	Form	*Herstellung*	Spritzgiessen
	Zustand	*Vorbehandlung*	Normalklima
Streckspannung	N/mm²	*Dehnung bei Streckspannung*	%
Zugfestigkeit	N/mm² 150	*Reißdehnung*	% 2.5
Reißfestigkeit	N/mm²	% *Dehnspannung*	N/mm²
E-Modul	N/mm² 10500	*Dehnung bei* % *Dehnspg.*	%

Kriechmoduln und Zeitstandwerte 23 °C

Probekörper:	Form	*Herstellung*	
	Zustand	*Vorbehandlung*	
Kriechmodul	1 min N/mm²	*Zeitstandzugfestigkeit*	h N/mm²
Kriechmodul	1000 h N/mm²	*Zeitdehnspg.* %	h N/mm²
bei Spannung	N/mm²		

Biegeversuch 23 °C DIN 53457; DIN 53452

Probekörper:	Form	*Herstellung*	Spritzgiessen
	Zustand	*Vorbehandlung*	Normalklima
Biegefestigkeit	N/mm² 220	*E-Modul*	N/mm² 9500
3,5% Biegespannung	N/mm²		

Härte 23 °C

Probekörper:	Zustand	*Herstellung*	Spritzgiessen
		Vorbehandlung	Normalklima
Kugeldruckhärte	N/mm² 200 bei 961 N, 30 s	*Shore-Härte* A	
Rockwellhärte	M 86	*Shore-Härte* D	88

Schlagversuch

Probekörper:	(1) U-Kerbe		
	(2) V-Kerbe	*Herstellung*	Spritzgiessen
	Zustand	*Vorbehandlung*	Normalklima

		°C	°C	°C	*Probekörper-Form*
Schlagzähigkeit	kJ/m²	23 50			NKS
Kerbschlagzähigkeit (1)	kJ/m²	23 11			NKS
IZOD-Kerbschlagzähigkeit (2)	J/m	23 110			3.2 mm dick
Kerbschlagzugzähigkeit	kJ/m²				

Abrieb und Reibung

Taber-Abrieb (Reibradverfahren)	mm³/100 U
Abriebfaktor LNP (Thrust washer) Vergleichswert	
Statische Reibungszahl	
Dynamische Reibungszahl	(p · v = N/mm² · m/min)
Zulässiger p · v Wert	N/mm² · (m/min) v = m/min
	v = m/min

Thermische Eigenschaften

Formbeständigkeit in der Wärme	*Verfahren*	A		210 °C
	Verfahren	B		220 °C
Vicat Erweichungstemperatur (VST)	*Verfahren*			°C
	Verfahren			°C
Kristallit-Schmelzpunkt	*Verfahren*	ASTM D 2117		223 °C
Längenausdehnungskoeffizient	*Bereich*	°C		$\cdot 10^{-4} \mathrm{K}^{-1}$
	Temperatur 23 °C			$0.4{-}0.5 \cdot 10^{-4} \mathrm{K}^{-1}$
Wärmeleitfähigkeit	*Verfahren*	DIN 52612	23 °C	0.25 W/(K · m)
Spezifische Wärmekapazität	*Verfahren*	ASTM C 351	23 °C	1.15 J/(K · g)
Glasumwandlungstemperatur	*Torsionsschwingungsversuch*			°C
	Differentialkalorimetrie			°C

Brandverhalten

UL-Test vertikal   Dicke 1.5   mm, Wert HB
                  Dicke   mm, Wert

	Norm	*Bewertung*	*Abmessungen*
Sauerstoff-Index	ASTM D 2863	20%	
Glühstab-Verfahren	DIN 53459	3a	
Brandverhalten	DIN 4102		
MVSS			
FAR			

Elektrische Eigenschaften

		Hz	°C		*Probekörper, Form*
Dielektrizitätszahl		50			
		10^3	23	3.7	
		10^6			
Dielektrischer Verlustfaktor tan δ		50			
		10^3	23	0.003	
		10^6			
Spezifischer Durchgangs-widerstand	Ohm · cm		23	1.0*10**14	
Durchschlagfestigkeit	kV/mm		23	50	1 mm dick
Oberflächenwiderstand	Ohm		23	1.0*10**13	
Kriechstromfestigkeit	KC 400		KB 175	KA 1	
Elektrolytische Korrosionswirkung					
Lichtbogenfestigkeit nach DIN					
nach ASTM	s				

Beständigkeit *(Chemische Beständigkeit siehe Anhang)*

Wasseraufnahme 23 C Bis zur Saettigung	0.26 %
Feuchtigkeitsaufnahme Normalklima	0.14 %
Wetterbeständigkeit	
Spannungskorrosion	

Optische Eigenschaften

Brechungszahl n_D
Transmissionsgrad τ_c %   mm dick
Lichtdurchlässigkeit

Produkt	Polybutylenterephthalat		**PBT**
Handelsname	**Arnite TV8 260**		
Hersteller	AKZO		
DIN-Bez 1	16779-PBT,MG,XX-07,GF30		
DIN-Bez 2			

Zusätze		*Füllstoffe/ Verstärkung*	30.0% Glasfaser
Bevorzugte Verarbeitung	Spritzgiessen	*Lieferform*	Granulat
		Farben	Natur; Standard; Schwarz
Besondere Merkmale	Gutes Langzeitverhalten; Hoher Modul; Hohe Waermeformbestaendigkeit; Gute elektrische Eigenschaften; Hoehere Viskositaet	*Bevorzugte Anwendungen*	Technisches Formteil; Kfz-Industrie; Elektronikindustrie; Elektroindustrie; Haushaltsgeraet

---

Dichte	g/cm^3	1.52	*Schmelzindex*	g/10 min	:
Schüttdichte	g/cm^3		*Volumenfließindex*	cm^3/10 min	:
Viskositätszahl	ml/g				

Verarbeitungsbedingungen für Spritzgießen

Massetemp.	°C	240–270	*Schwindung*	%	lgs 0.25, quer 1.5
Werkzeugtemp.	°C	30–90	*Bemerkungen*		Schneckendrehzahl und Staudruck
Spritzdruck	bar	600–1500			nicht zu hoch

Zugversuch 23 °C DIN 53455; DIN 53457

	Probekörper:	*Form*	*Herstellung*	Spritzgiessen
		Zustand	*Vorbehandlung*	Normalklima
Streckspannung	N/mm^2		*Dehnung bei Streckspannung*	%
Zugfestigkeit	N/mm^2 135		*Reißdehnung*	% 3
Reißfestigkeit	N/mm^2		*% Dehnspannung*	N/mm^2
E-Modul	N/mm^2 9000		*Dehnung bei % Dehnspg.*	%

Kriechmoduln und Zeitstandwerte 23 °C

	Probekörper:	*Form*	*Herstellung*	
		Zustand	*Vorbehandlung*	
Kriechmodul	1 min N/mm^2		*Zeitstandzugfestigkeit*	h N/mm^2
Kriechmodul	1000 h N/mm^2		*Zeitdehnspg. %*	h N/mm^2
bei Spannung	N/mm^2			

Biegeversuch 23 °C DIN 53457; DIN 53452

	Probekörper:	*Form*	*Herstellung*	Spritzgiessen
		Zustand	*Vorbehandlung*	Normalklima
Biegefestigkeit	N/mm^2 205		*E-Modul*	N/mm^2 8500
3,5% Biegespannung	N/mm^2			

Härte 23 °C

	Probekörper:	*Zustand*	*Herstellung*	Spritzgiessen
			Vorbehandlung	Normalklima
Kugeldruckhärte	N/mm^2 170	bei 358 N, 30 s	*Shore-Härte* A	
Rockwellhärte	M 85		*Shore-Härte* D	85

Schlagversuch

	Probekörper:	*(1)* U-Kerbe		
		(2) V-Kerbe	*Herstellung*	Spritzgiessen
		Zustand	*Vorbehandlung*	Normalklima
		°C	°C	°C	*Probekörper-Form*

Schlagzähigkeit	kJ/m^2	23 45		NKS
Kerbschlagzähigkeit (1)	kJ/m^2	23 9.5		NKS
IZOD-Kerbschlagzähigkeit (2)	J/m	23 100		3.2 mm dick
Kerbschlagzugzähigkeit	kJ/m^2			

Abrieb und Reibung

Taber-Abrieb (Reibradverfahren)	mm³/100 U	
Abriebfaktor LNP (Thrust washer) Vergleichswert		
Statische Reibungszahl		
Dynamische Reibungszahl	$(p \cdot v =$ N/mm² ·	m/min$)$
Zulässiger p · v Wert	N/mm² · (m/min) v =	m/min
	v =	m/min

Thermische Eigenschaften

Formbeständigkeit in der Wärme	*Verfahren*	A	205 °C
	Verfahren	B	220 °C
Vicat Erweichungstemperatur (VST)	*Verfahren*		°C
	Verfahren		°C
Kristallit-Schmelzpunkt	*Verfahren*	ASTM D 2117	223 °C
Längenausdehnungskoeffizient	*Bereich*	°C	$\cdot 10^{-4} K^{-1}$
	Temperatur 23 °C		$0.4{-}0.5 \cdot 10^{-4} K^{-1}$
Wärmeleitfähigkeit	*Verfahren* DIN 52612	23 °C	0.24 W/(K · m)
Spezifische Wärmekapazität	*Verfahren* ASTM C 351	23 °C	1.15 J/(K · g)
Glasumwandlungstemperatur	*Torsionsschwingungsversuch*	°C	
	Differentialkalorimetrie	°C	

Brandverhalten

UL-Test vertikal   Dicke 1.6   mm, Wert HB
Dicke   mm, Wert

	Norm	Bewertung	Abmessungen
Sauerstoff-Index	ASTM D 2863	20%	
Glühstab-Verfahren			
Brandverhalten	DIN 4102		
MVSS			
FAR			

Elektrische Eigenschaften

		Hz	°C		Probekörper, Form
Dielektrizitätszahl		50			
		10³	23	3.4	
		10⁶			
Dielektrischer Verlustfaktor tan δ		50			
		10³	23	0.002	
		10⁶			
Spezifischer Durchgangs-widerstand	Ohm · cm		23	8.0*10**14	
Durchschlagfestigkeit	kV/mm		23	50	1 mm dick
Oberflächenwiderstand	Ohm		23	5.0*10**13	
Kriechstromfestigkeit		KC 400	KB 175	KA 1	
Elektrolytische Korrosionswirkung					
Lichtbogenfestigkeit nach DIN					
nach ASTM	s				

Beständigkeit *(Chemische Beständigkeit siehe Anhang)*

Wasseraufnahme 23 C Bis zur Saettigung		0.4 %
Feuchtigkeitsaufnahme Normalklima		0.15 %
Wetterbeständigkeit		
Spannungskorrosion		

Optische Eigenschaften

Brechungszahl n_D
Transmissionsgrad τ_c %   mm dick
Lichtdurchlässigkeit

Produkt	Polybutylenterephthalat	**PBT**
Handelsname	**Arnite TM4 250**	
Hersteller	AKZO	
DIN-Bez 1	16779-PBT,MG,XX-05,M25	
DIN-Bez 2		

Zusätze		*Füllstoffe/ Verstärkung*	25.0% Mineral
Bevorzugte Verarbeitung	Spritzgiessen	*Lieferform*	Granulat
		Farben	Natur; Standard; Schwarz
Besondere Merkmale	Verzugsarm; Schoene mattglaenzende Oberflaeche; Ausgeglichene mechanische Eigenschaften	*Bevorzugte Anwendungen*	Technisches Formteil; Gehaeuse fuer Haushaltsgeraet

Dichte	g/cm³	1.49	*Schmelzindex*	g/10 min	:
Schüttdichte	g/cm³		*Volumenfließindex*	cm³/10 min	:
Viskositätszahl	ml/g				

Verarbeitungsbedingungen für Spritzgießen

Massetemp.	°C	250–270	*Schwindung*	% lgs	1.5, quer 1.30–1.54
Werkzeugtemp.	°C	90	*Bemerkungen*		Schneckendrehzahl und Staudruck nicht zu hoch
Spritzdruck	bar				

Zugversuch 23 °C DIN 53455; DIN 53457

	Probekörper:	Form		*Herstellung*	Spritzgiessen
		Zustand		*Vorbehandlung*	Normalklima
Streckspannung	N/mm²		*Dehnung bei Streckspannung*	%	
Zugfestigkeit	N/mm²	55	*Reißdehnung*	%	2.5
Reißfestigkeit	N/mm²		*% Dehnspannung*	N/mm²	
E-Modul	N/mm²	5000	*Dehnung bei* % *Dehnspg.*	%	

Kriechmoduln und Zeitstandwerte 23 °C

	Probekörper:	Form	*Herstellung*	
		Zustand	*Vorbehandlung*	
Kriechmodul	1 min N/mm²		*Zeitstandzugfestigkeit*	h N/mm²
Kriechmodul	1000 h N/mm²		*Zeitdehnspg.* %	h N/mm²
bei Spannung	N/mm²			

Biegeversuch 23 °C DIN 53457; DIN 53452

	Probekörper:	Form	*Herstellung*	Spritzgiessen
		Zustand	*Vorbehandlung*	Normalklima
Biegefestigkeit	N/mm² 90	*E-Modul*		N/mm² 4200
3,5% Biegespannung	N/mm²			

Härte 23 °C

	Probekörper:	Zustand	*Herstellung*	Spritzgiessen
			Vorbehandlung	Normalklima
Kugeldruckhärte	N/mm² 155	bei 358 N, 30 s	*Shore-Härte* A	
Rockwellhärte	M 72		*Shore-Härte* D	80

Schlagversuch

	Probekörper:	(1) U-Kerbe	
		(2) V-Kerbe	
		Zustand	*Herstellung* Spritzgiessen
			Vorbehandlung Normalklima

			°C	°C	°C	*Probekörper-Form*
Schlagzähigkeit	kJ/m²	23 20				NKS
Kerbschlagzähigkeit (1)	kJ/m²	23 2.7				NKS
IZOD-Kerbschlagzähigkeit (2)	J/m	23 25				3.2 mm dick
Kerbschlagzugzähigkeit	kJ/m²					

Abrieb und Reibung

Taber-Abrieb (Reibradverfahren)	mm³/100 U	
Abriebfaktor LNP (Thrust washer) Vergleichswert		
Statische Reibungszahl		
Dynamische Reibungszahl	$(p \cdot v =$ N/mm² ·	m/min)
Zulässiger p · v Wert	N/mm² · (m/min) v =	m/min
	v =	m/min

Thermische Eigenschaften

Formbeständigkeit in der Wärme	*Verfahren*	A		135 °C
	Verfahren	B		205 °C
Vicat Erweichungstemperatur (VST)	*Verfahren*			°C
	Verfahren			°C
Kristallit-Schmelzpunkt	*Verfahren*	ASTM D 2117		223 °C
Längenausdehnungskoeffizient	*Bereich*	°C		$\cdot 10^{-4} \mathrm{K}^{-1}$
	Temperatur 23 °C			$0.4{-}0.6 \cdot 10^{-4} \mathrm{K}^{-1}$
Wärmeleitfähigkeit	*Verfahren*	DIN 52612	23 °C	2.0 W/(K · m)
Spezifische Wärmekapazität	*Verfahren*	ASTM C 351	23 °C	1.0 J/(K · g)
Glasumwandlungstemperatur	*Torsionsschwingungsversuch*		°C	
	Differentialkalorimetrie		°C	

Brandverhalten

UL-Test vertikal

Dicke 1.6 mm, Wert HB
Dicke   mm, Wert

	Norm	*Bewertung*	*Abmessungen*
Sauerstoff-Index	ASTM D 2863	21%	
Glühstab-Verfahren			
Brandverhalten	DIN 4102		
MVSS			
FAR			

Elektrische Eigenschaften

		Hz	°C				*Probekörper, Form*
Dielektrizitätszahl		50					
		10^3	23	3.1			
		10^6					
Dielektrischer Verlustfaktor tan δ		50					
		10^3	23	0.014			
		10^6					
Spezifischer Durchgangs-							
widerstand	Ohm · cm		23	5.0*10**14			
Durchschlagfestigkeit	kV/mm		23	50		1	mm dick
Oberflächenwiderstand	Ohm		23	5.0*10**13			
Kriechstromfestigkeit		KC 400		KB 175	KA 1		
Elektrolytische Korrosionswirkung							
Lichtbogenfestigkeit nach DIN							
nach ASTM	s						

Beständigkeit *(Chemische Beständigkeit siehe Anhang)*

Wasseraufnahme 23 C Bis zur Saettigung	0.35 %
Feuchtigkeitsaufnahme Normalklima	0.14 %
Wetterbeständigkeit	
Spannungskorrosion	

Optische Eigenschaften

Brechungszahl n_D		
Transmissionsgrad τ_c	%	mm dick
Lichtdurchlässigkeit		

Produkt	Polybutylenterephthalat		**PBT**
Handelsname	**Arnite TV6 241S**		
Hersteller	AKZO		
DIN-Bez 1	16779-PBT,MFG,XX-07,GF20		
DIN-Bez 2			
Zusätze	Brandschutzmittel	*Füllstoffe/ Verstärkung*	20.0% Glasfaser
Bevorzugte Verarbeitung	Spritzgiessen	*Lieferform*	Granulat
		Farben	Natur; Standard; Schwarz
Besondere Merkmale	Gutes Langzeitverhalten; Hoher Modul; Hohe Waermeformbestaendigkeit	*Bevorzugte Anwendungen*	Technisches Formteil; Kfz-Industrie; Elektronikindustrie; Elektroindustrie; Haushaltsgeraet

Dichte	g/cm³	1.60	*Schmelzindex*	g/10 min	:
Schüttdichte	g/cm³		*Volumenfließindex*	cm³/10 min	:
Viskositätszahl	ml/g				

Verarbeitungsbedingungen für Spritzgießen

Massetemp.	°C	240–270	*Schwindung*	% lgs	0.25, quer 1.5
Werkzeugtemp.	°C	30–90	*Bemerkungen*		Schneckendrehzahl und Staudruck
Spritzdruck	bar	600–1500			nicht zu hoch

Zugversuch 23 °C DIN 53455; DIN 53457

	Probekörper:	Form		*Herstellung*	Spritzgiessen
		Zustand		*Vorbehandlung*	Normalklima
Streckspannung	N/mm²		*Dehnung bei Streckspannung*	%	
Zugfestigkeit	N/mm²	110	*Reißdehnung*	%	3
Reißfestigkeit	N/mm²		*% Dehnspannung*	N/mm²	
E-Modul	N/mm²	7500	*Dehnung bei % Dehnspg.*	%	

Kriechmoduln und Zeitstandwerte 23 °C

	Probekörper:	Form		*Herstellung*	
		Zustand		*Vorbehandlung*	
Kriechmodul	1 min N/mm²		*Zeitstandzugfestigkeit*	h N/mm²	
Kriechmodul	1000 h N/mm²		*Zeitdehnspg. %*	h N/mm²	
bei Spannung	N/mm²				

Biegeversuch 23 °C DIN 53457; DIN 53452

	Probekörper:	Form		*Herstellung*	Spritzgiessen
		Zustand		*Vorbehandlung*	Normalklima
Biegefestigkeit	N/mm²	160	*E-Modul*		N/mm² 7000
3,5% Biegespannung	N/mm²				

Härte 23 °C

	Probekörper:	Zustand		*Herstellung*	Spritzgiessen
				Vorbehandlung	Normalklima
Kugeldruckhärte	N/mm² 160	bei 358 N, 30 s	*Shore-Härte* A		
Rockwellhärte	M 84		*Shore-Härte* D	86	

Schlagversuch

	Probekörper:	(1) U-Kerbe		
		(2) V-Kerbe	*Herstellung*	Spritzgiessen
		Zustand	*Vorbehandlung*	Normalklima

		°C	°C	°C	*Probekörper-Form*
Schlagzähigkeit	kJ/m²	23 35			NKS
Kerbschlagzähigkeit (1)	kJ/m²	23 7.5			NKS
IZOD-Kerbschlagzähigkeit (2)	J/m	23 55			3.2 mm dick
Kerbschlagzugzähigkeit	kJ/m²				

Abrieb und Reibung

Taber-Abrieb (Reibradverfahren)	mm³/100 U
Abriebfaktor LNP (Thrust washer) Vergleichswert	
Statische Reibungszahl	
Dynamische Reibungszahl	(p · v = N/mm² · m/min)
Zulässiger p · v Wert	N/mm² · (m/min) v = m/min
	v = m/min

Thermische Eigenschaften

Formbeständigkeit in der Wärme	*Verfahren*	A		210 °C
	Verfahren	B		215 °C
Vicat Erweichungstemperatur (VST)	*Verfahren*			°C
	Verfahren			°C
Kristallit-Schmelzpunkt	*Verfahren*	ASTM D 2117		223 °C
Längenausdehnungskoeffizient	*Bereich*	°C		$\cdot 10^{-4} K^{-1}$
	Temperatur 23 °C			$0.4 \cdot 10^{-4} K^{-1}$
Wärmeleitfähigkeit	*Verfahren*	DIN 52612	23 °C	0.23 W/(K · m)
Spezifische Wärmekapazität	*Verfahren*	ASTM C 351	23 °C	1.2 J/(K · g)
Glasumwandlungstemperatur	*Torsionsschwingungsversuch*		°C	
	Differentialkalorimetrie		°C	

Brandverhalten

UL-Test vertikal   Dicke 1.6   mm, Wert V-0
                      Dicke   mm, Wert

	Norm	*Bewertung*	*Abmessungen*
Sauerstoff-Index	ASTM D 2863	30%	
Glühstab-Verfahren	DIN 53459	2b	
Brandverhalten	DIN 4102		
MVSS			
FAR			

Elektrische Eigenschaften

		Hz	°C		*Probekörper, Form*
Dielektrizitätszahl		50			
		10^3	23	3.7	
		10^6			
Dielektrischer Verlustfaktor tan δ		50			
		10^3	23	0.002	
		10^6			
Spezifischer Durchgangs-widerstand	Ohm · cm		23	1.0*10**14	
Durchschlagfestigkeit	kV/mm		23	45	1 mm dick
Oberflächenwiderstand	Ohm		23	1.0*10**13	
Kriechstromfestigkeit		KC 225	KB < 175	KA 1	
Elektrolytische Korrosionswirkung					
Lichtbogenfestigkeit nach DIN					
nach ASTM	s				

Beständigkeit *(Chemische Beständigkeit siehe Anhang)*

Wasseraufnahme 23 C Bis zur Saettigung	0.3 %
Feuchtigkeitsaufnahme Normalklima	0.14 %
Wetterbeständigkeit	
Spannungskorrosion	

Optische Eigenschaften

Brechungszahl n_D		
Transmissionsgrad τ_c	%	mm dick
Lichtdurchlässigkeit		

Produkt	Polybutylenterephthalat	**PBT**
Handelsname	**Arnite TV4 260S**	
Hersteller	AKZO	
DIN-Bez 1	16779-PBT,MFG,XX-11,GF30	
DIN-Bez 2		

Zusätze	Brandschutzmittel	*Füllstoffe/ Verstärkung*	30.0% Glasfaser
Bevorzugte Verarbeitung	Spritzgiessen	*Lieferform*	Granulat
		Farben	Natur; Standard; Schwarz
Besondere Merkmale	Gutes Langzeitverhalten; Sehr hoher Modul; Hohe Waermeformbestaendigkeit	*Bevorzugte Anwendungen*	Technisches Formteil; Kfz-Industrie; Elektronikindustrie; Elektroindustrie; Haushaltsgeraet

Dichte	g/cm³	1.69	*Schmelzindex*	g/10 min	:
Schüttdichte	g/cm³		*Volumenfließindex*	cm³/10 min	:
Viskositätszahl	ml/g				

Verarbeitungsbedingungen für Spritzgießen

Massetemp.	°C	240–270	*Schwindung*	% lgs 0.25, quer 1.5	
Werkzeugtemp.	°C	30–90	*Bemerkungen*	Schneckendrehzahl und Staudruck nicht zu hoch	
Spritzdruck	bar	600–1500			

Zugversuch 23 °C DIN 53455; DIN 53457

Probekörper:	*Form*	*Herstellung*	Spritzgiessen
	Zustand	*Vorbehandlung*	Normalklima

Streckspannung	N/mm²		*Dehnung bei Streckspannung*	%	
Zugfestigkeit	N/mm²	145	*Reißdehnung*	%	2.5
Reißfestigkeit	N/mm²		*% Dehnspannung*	N/mm²	
E-Modul	N/mm²	10500	*Dehnung bei % Dehnspg.*	%	

Kriechmoduln und Zeitstandwerte 23 °C

Probekörper:	*Form*	*Herstellung*	
	Zustand	*Vorbehandlung*	

Kriechmodul	1 min	N/mm²	*Zeitstandzugfestigkeit*	h N/mm²
Kriechmodul	1000 h	N/mm²	*Zeitdehnspg. %*	h N/mm²
bei Spannung		N/mm²		

Biegeversuch 23 °C DIN 53457; DIN 53452

Probekörper:	*Form*	*Herstellung*	Spritzgiessen
	Zustand	*Vorbehandlung*	Normalklima

Biegefestigkeit	N/mm² 215	*E-Modul*	N/mm² 10000
3,5% Biegespannung	N/mm²		

Härte 23 °C

Probekörper:	*Zustand*	*Herstellung*	Spritzgiessen
		Vorbehandlung	Normalklima

Kugeldruckhärte	N/mm² 210 bei 961 N, 30 s	*Shore-Härte* A	
Rockwellhärte	M 93	*Shore-Härte* D	87

Schlagversuch

Probekörper:	*(1)* U-Kerbe		
	(2) V-Kerbe	*Herstellung*	Spritzgiessen
	Zustand	*Vorbehandlung*	Normalklima

	°C	°C	°C	*Probekörper-Form*
Schlagzähigkeit	kJ/m² 23 40			NKS
Kerbschlagzähigkeit (1)	kJ/m² 23 8.5			NKS
IZOD-Kerbschlagzähigkeit (2)	J/m 23 80			3.2 mm dick
Kerbschlagzugzähigkeit	kJ/m²			

Abrieb und Reibung

Taber-Abrieb (Reibradverfahren)	mm³/100 U	
Abriebfaktor LNP (Thrust washer) Vergleichswert		
Statische Reibungszahl		
Dynamische Reibungszahl	(p · v = N/mm² · m/min)	
Zulässiger p · v Wert	N/mm² · (m/min) v = m/min	
	v = m/min	

Thermische Eigenschaften

Formbeständigkeit in der Wärme	Verfahren	A	210 °C
	Verfahren	B	220 °C
Vicat Erweichungstemperatur (VST)	Verfahren		°C
	Verfahren		°C
Kristallit-Schmelzpunkt	Verfahren	ASTM D 2117	223 °C
Längenausdehnungskoeffizient	Bereich °C		$\cdot 10^{-4} K^{-1}$
	Temperatur 23 °C		$0.4{-}0.5 \cdot 10^{-4} K^{-1}$
Wärmeleitfähigkeit	Verfahren	DIN 52612 23 °C	0.24 W/(K · m)
Spezifische Wärmekapazität	Verfahren	ASTM C 351 23 °C	1.15 J/(K · g)
Glasumwandlungstemperatur	Torsionsschwingungsversuch		°C
	Differentialkalorimetrie		°C

Brandverhalten

UL-Test vertikal   Dicke 1.5   mm, Wert V-0
               Dicke   mm, Wert

	Norm	Bewertung	Abmessungen
Sauerstoff-Index	ASTM D 2863	30%	
Glühstab-Verfahren	DIN 53459	2b	
Brandverhalten	DIN 4102		
MVSS			
FAR			

Elektrische Eigenschaften

		Hz	°C		Probekörper, Form
Dielektrizitätszahl		50			
		10^3	23	3.7	
		10^6	23	3.6	
Dielektrischer Verlustfaktor tan δ		50			
		10^3	23	0.002	
		10^6	23	0.011	
Spezifischer Durchgangs-widerstand	Ohm · cm		23	1.0*10**14	
Durchschlagfestigkeit	kV/mm		23	50	1 mm dick
Oberflächenwiderstand	Ohm		23	1.0*10**13	
Kriechstromfestigkeit	KC 225	KB 175	KA 1		
Elektrolytische Korrosionswirkung					
Lichtbogenfestigkeit nach DIN					
nach ASTM	s				

Beständigkeit *(Chemische Beständigkeit siehe Anhang)*

Wasseraufnahme 23 C Bis zur Saettigung	0.3 %
Feuchtigkeitsaufnahme Normalklima	0.09 %
Wetterbeständigkeit	
Spannungskorrosion	

Optische Eigenschaften

Brechungszahl n_D
Transmissionsgrad τ_c %   mm dick
Lichtdurchlässigkeit

Datenbank-Nr.	**T05343**		Merkblatt-Nr. **3945**

PBT

Produkt	Polybutylenterephthalat		
Handelsname	**Arnite TV6 241SN**		
Hersteller	AKZO		
DIN-Bez 1	16779-PBT,MFG,XX-07,GF20		
DIN-Bez 2			
Zusätze	Brandschutzmittel	*Füllstoffe/ Verstärkung*	20.0% Glasfaser
Bevorzugte Verarbeitung	Spritzgiessen	*Lieferform*	Granulat
		Farben	Natur; Standard; Schwarz
Besondere Merkmale	Gutes Langzeitverhalten; Hoher Modul; Hohe Waermeformbestaendigkeit	*Bevorzugte Anwendungen*	Technisches Formteil dessen Eigenschaften nicht durch die Brandschutzmittel beeintraechtigt werden duerfen

Dichte	g/cm³	1.59	*Schmelzindex*	g/10 min :
Schüttdichte	g/cm³		*Volumenfließindex*	cm³/10 min :
Viskositätszahl	ml/g			

Verarbeitungsbedingungen für Spritzgießen

Massetemp.	°C	240–270	*Schwindung*	% lgs 0.25, quer 1.5
Werkzeugtemp.	°C	30–90	*Bemerkungen*	Schneckendrehzahl und Staudruck
Spritzdruck	bar	600–1500		nicht zu hoch

Zugversuch 23 °C DIN 53455; DIN 53457

	Probekörper:	*Form*	*Herstellung*	Spritzgiessen
		Zustand	*Vorbehandlung*	Normalklima
Streckspannung	N/mm²		*Dehnung bei Streckspannung*	%
Zugfestigkeit	N/mm²	115	*Reißdehnung*	% 2.5
Reißfestigkeit	N/mm²		*% Dehnspannung*	N/mm²
E-Modul	N/mm²	8000	*Dehnung bei % Dehnspg.*	%

Kriechmoduln und Zeitstandwerte 23 °C

	Probekörper:	*Form*	*Herstellung*	
		Zustand	*Vorbehandlung*	
Kriechmodul	1 min	N/mm²	*Zeitstandzugfestigkeit*	h N/mm²
Kriechmodul	1000 h	N/mm²	*Zeitdehnspg. %*	h N/mm²
bei Spannung		N/mm²		

Biegeversuch 23 °C DIN 53457; DIN 53452

	Probekörper:	*Form*	*Herstellung*	Spritzgiessen
		Zustand	*Vorbehandlung*	Normalklima
Biegefestigkeit	N/mm²	180	*E-Modul*	N/mm² 7500
3,5% Biegespannung	N/mm²			

Härte 23 °C

	Probekörper:	*Zustand*	*Herstellung*	Spritzgiessen
			Vorbehandlung	Normalklima
Kugeldruckhärte	N/mm² 160	bei 358 N, 30 s	*Shore-Härte* A	
Rockwellhärte	M 84		*Shore-Härte* D	86

Schlagversuch

Probekörper:	(1) U-Kerbe	
	(2) V-Kerbe	*Herstellung* Spritzgiessen
	Zustand	*Vorbehandlung* Normalklima

		°C	°C	°C	*Probekörper-Form*
Schlagzähigkeit	kJ/m²	23 40			NKS
Kerbschlagzähigkeit (1)	kJ/m²	23 8			NKS
IZOD-Kerbschlagzähigkeit (2)	J/m	23 60			3.2 mm dick
Kerbschlagzugzähigkeit	kJ/m²				

Abrieb und Reibung

Taber-Abrieb (Reibradverfahren)	mm³/100 U
Abriebfaktor LNP (Thrust washer) Vergleichswert	
Statische Reibungszahl	
Dynamische Reibungszahl	(p · v = N/mm² · m/min)
Zulässiger p · v Wert	N/mm² · (m/min) v = m/min
	v = m/min

Thermische Eigenschaften

Formbeständigkeit in der Wärme	*Verfahren*	A	210 °C
	Verfahren	B	215 °C
Vicat Erweichungstemperatur (VST)	*Verfahren*		°C
	Verfahren		°C
Kristallit-Schmelzpunkt	*Verfahren*	ASTM D 2117	223 °C
Längenausdehnungskoeffizient	*Bereich* °C		$\cdot 10^{-4}\mathrm{K}^{-1}$
	Temperatur 23 °C		$0.4 \cdot 10^{-4}\mathrm{K}^{-1}$
Wärmeleitfähigkeit	*Verfahren* DIN 52612	23 °C	0.24 W/(K · m)
Spezifische Wärmekapazität	*Verfahren* ASTM C 351	23 °C	1.2 J/(K · g)
Glasumwandlungstemperatur	*Torsionsschwingungsversuch*	°C	
	Differentialkalorimetrie	°C	

Brandverhalten

UL-Test vertikal   Dicke 1.6   mm, Wert V-0
                       Dicke   mm, Wert

	Norm	Bewertung	Abmessungen
Sauerstoff-Index	ASTM D 2863	30%	
Glühstab-Verfahren			
Brandverhalten	DIN 4102		
MVSS			
FAR			

Elektrische Eigenschaften

		Hz	°C		Probekörper, Form
Dielektrizitätszahl		50			
		10^3	23	3.5	
		10^6	23	3.4	
Dielektrischer Verlustfaktor tan δ		50			
		10^3	23	0.002	
		10^6	23	0.015	
Spezifischer Durchgangs-widerstand	Ohm · cm		23	1.0*10**14	
Durchschlagfestigkeit	kV/mm		23	50	1 mm dick
Oberflächenwiderstand	Ohm		23	1.0*10**13	
Kriechstromfestigkeit		KC 275	KB <175	KA 1	
Elektrolytische Korrosionswirkung					
Lichtbogenfestigkeit nach DIN					
nach ASTM s					

Beständigkeit *(Chemische Beständigkeit siehe Anhang)*

Wasseraufnahme 23 C Bis zur Saettigung	0.4 %
Feuchtigkeitsaufnahme Normalklima	0.2 %
Wetterbeständigkeit	
Spannungskorrosion	

Optische Eigenschaften

Brechungszahl n_D			
Transmissionsgrad τ_c	%		mm dick
Lichtdurchlässigkeit			

Produkt	Polybutylenterephthalat	**PBT**
Handelsname	**Arnite TV4 260SN**	
Hersteller	AKZO	
DIN-Bez 1 *DIN-Bez 2*	16779-PBT,MFG,XX-11,GF30	

Zusätze	Brandschutzmittel	*Füllstoffe/* *Verstärkung*	30.0% Glasfaser
Bevorzugte *Verarbeitung*	Spritzgiessen	*Lieferform*	Granulat
		Farben	Natur; Standard; Schwarz
Besondere *Merkmale*	Gutes Langzeitverhalten; Hoher Modul; Hohe Waermeformbestaendigkeit	*Bevorzugte* *Anwendungen*	Technisches Formteil dessen Eigenschaften nicht durch die Brandschutzmittel beeintraechtigt werden duerfen

---

Dichte	g/cm^3	1.67	*Schmelzindex*	g/10 min	:
Schüttdichte	g/cm^3		*Volumenfließindex*	cm^3/10 min	:
Viskositätszahl	ml/g				

Verarbeitungsbedingungen für Spritzgießen

Massetemp.	°C	240–270	*Schwindung*	%	lgs 0.25, quer 1.5
Werkzeugtemp.	°C	30–90	*Bemerkungen*		Schneckendrehzahl und Staudruck
Spritzdruck	bar	600–1500			nicht zu hoch

Zugversuch 23 °C DIN 53455; DIN 53457

	Probekörper:	Form	*Herstellung*	Spritzgiessen
		Zustand	*Vorbehandlung*	Normalklima
Streckspannung	N/mm^2		*Dehnung bei Streckspannung* %	
Zugfestigkeit	N/mm^2 125		*Reißdehnung* %	1.5
Reißfestigkeit	N/mm^2		% *Dehnspannung* N/mm^2	
E-Modul	N/mm^2 10500		*Dehnung bei* % *Dehnspg.* %	

Kriechmoduln und Zeitstandwerte 23 °C

	Probekörper:	Form	*Herstellung*	
		Zustand	*Vorbehandlung*	
Kriechmodul	1 min N/mm^2		*Zeitstandzugfestigkeit* h N/mm^2	
Kriechmodul	1000 h N/mm^2		*Zeitdehnspg.* % h N/mm^2	
bei Spannung	N/mm^2			

Biegeversuch 23 °C DIN 53457; DIN 53452

	Probekörper:	Form	*Herstellung*	Spritzgiessen
		Zustand	*Vorbehandlung*	Normalklima
Biegefestigkeit	N/mm^2 215		*E-Modul*	N/mm^2 9500
3,5% Biegespannung	N/mm^2			

Härte 23 °C

	Probekörper:	Zustand	*Herstellung*	Spritzgiessen
			Vorbehandlung	Normalklima
Kugeldruckhärte	N/mm^2 210	bei 961 N, 30 s	*Shore-Härte* A	
Rockwellhärte	M 86		*Shore-Härte* D	86

Schlagversuch

Probekörper:	(1) U-Kerbe	
	(2) V-Kerbe	*Herstellung* Spritzgiessen
	Zustand	*Vorbehandlung* Normalklima

		°C	°C	°C	*Probekörper-Form*
Schlagzähigkeit	kJ/m^2	23 38			NKS
Kerbschlagzähigkeit (1)	kJ/m^2	23 9			NKS
IZOD-Kerbschlagzähigkeit (2)	J/m	23 65			3.2 mm dick
Kerbschlagzugzähigkeit	kJ/m^2				

Abrieb und Reibung

Taber-Abrieb (Reibradverfahren)	mm³/100 U
Abriebfaktor LNP (Thrust washer) Vergleichswert	
Statische Reibungszahl	
Dynamische Reibungszahl	(p·v = N/mm² ·
Zulässiger p · v Wert	N/mm² · (m/min) v = m/min
	v = m/min

Thermische Eigenschaften

Formbeständigkeit in der Wärme	*Verfahren*	A		210 °C
	Verfahren	B		220 °C
Vicat Erweichungstemperatur (VST)	*Verfahren*			°C
	Verfahren			°C
Kristallit-Schmelzpunkt	*Verfahren*	ASTM D 2117		223 °C
Längenausdehnungskoeffizient	*Bereich*	°C		$\cdot 10^{-4} \mathrm{K}^{-1}$
	Temperatur 23 °C			$0.4 \cdot 10^{-4} \mathrm{K}^{-1}$
Wärmeleitfähigkeit	*Verfahren*	DIN 52612	23 °C	0.28 W/(K · m)
Spezifische Wärmekapazität	*Verfahren*	ASTM C 351	23 °C	1.2 J/(K · g)
Glasumwandlungstemperatur	*Torsionsschwingungsversuch*		°C	
	Differentialkalorimetrie		°C	

Brandverhalten

UL-Test vertikal   Dicke 1.6   mm, Wert V-0
                       Dicke   mm, Wert

	Norm	*Bewertung*	*Abmessungen*
Sauerstoff-Index	ASTM D 2863	31 %	
Glühstab-Verfahren			
Brandverhalten	DIN 4102		
MVSS			
FAR			

Elektrische Eigenschaften

		Hz	°C		*Probekörper, Form*
Dielektrizitätszahl		50			
		10^3	23	3.5	
		10^6	23	3.4	
Dielektrischer Verlustfaktor tan δ		50			
		10^3	23	0.002	
		10^6	23	0.015	
Spezifischer Durchgangs-					
widerstand	Ohm · cm		23	1.0*10**14	
Durchschlagfestigkeit	kV/mm		23	55	1 mm dick
Oberflächenwiderstand	Ohm		23	1.0*10**13	
Kriechstromfestigkeit		KC 275	KB < 175	KA 1	
Elektrolytische Korrosionswirkung					
Lichtbogenfestigkeit nach DIN					
nach ASTM	s				

Beständigkeit *(Chemische Beständigkeit siehe Anhang)*

Wasseraufnahme 23 C Bis zur Saettigung	0.6 %	
Feuchtigkeitsaufnahme Normalklima		0.2 %
Wetterbeständigkeit		
Spannungskorrosion		

Optische Eigenschaften

Brechungszahl n_D
Transmissionsgrad τ_c %   mm dick
Lichtdurchlässigkeit

Datenbank-Nr.	**T05345**		*Merkblatt-Nr.* **3947**

Produkt	Polybutylenterephthalat		**PBT**
Handelsname	**Arnite TV8 260SY**		
Hersteller	AKZO		
DIN-Bez 1 *DIN-Bez 2*	16779-PBT,MFG,XX-07,GF30		
Zusätze	Brandschutzmittel	*Füllstoffe/ Verstärkung*	30.0% Glasfaser
Bevorzugte Verarbeitung	Spritzgiessen	*Lieferform*	Granulat
		Farben	Natur; Standard; Schwarz
Besondere Merkmale	Gutes Langzeitverhalten; Sehr hoher Modul; Hohe Waermeformbestaendigkeit; Hoehere Schlagfestigkeit und hoehere Kriechstromfestigkeit als Arnite TV4 260S	*Bevorzugte Anwendungen*	Technisches Formteil dessen Eigenschaften nicht durch die Brandschutzmittel beeintraechtigt werden duerfen

Dichte	g/cm³	1.66	*Schmelzindex*	g/10 min	:
Schüttdichte	g/cm³		*Volumenfließindex*	cm³/10 min	:
Viskositätszahl	ml/g				

Verarbeitungsbedingungen für Spritzgießen

Massetemp.	°C	240–250	*Schwindung*	%	lgs 0.25, quer 1.5
Werkzeugtemp.	°C	30–90	*Bemerkungen*		Schneckendrehzahl und Staudruck nicht zu hoch
Spritzdruck	bar	600–1500			

Zugversuch 23 °C DIN 53455; DIN 53457

	Probekörper:	Form		*Herstellung*	Spritzgiessen
		Zustand		*Vorbehandlung*	Normalklima
Streckspannung	N/mm²		*Dehnung bei Streckspannung*	%	
Zugfestigkeit	N/mm²	130	*Reißdehnung*	%	1.5
Reißfestigkeit	N/mm²		*% Dehnspannung*	N/mm²	
E-Modul	N/mm²	9500	*Dehnung bei % Dehnspg.*	%	

Kriechmoduln und Zeitstandwerte 23 °C

	Probekörper:	Form		*Herstellung*	
		Zustand		*Vorbehandlung*	
Kriechmodul	1 min N/mm²		*Zeitstandzugfestigkeit*	h N/mm²	
Kriechmodul	1000 h N/mm²		*Zeitdehnspg. %*	h N/mm²	
bei Spannung	N/mm²				

Biegeversuch 23 °C DIN 53457; DIN 53452

	Probekörper:	Form		*Herstellung*	Spritzgiessen
		Zustand		*Vorbehandlung*	Normalklima
Biegefestigkeit	N/mm²	190	*E-Modul*	N/mm²	9000
3,5% Biegespannung	N/mm²				

Härte 23 °C

	Probekörper:	Zustand		*Herstellung*	Spritzgiessen
				Vorbehandlung	Normalklima
Kugeldruckhärte	N/mm² 190	bei 961 N, 30 s	*Shore-Härte* A		
Rockwellhärte	M 82		*Shore-Härte* D	84	

Schlagversuch

	Probekörper:	(1) U-Kerbe		
		(2) V-Kerbe	*Herstellung*	Spritzgiessen
		Zustand	*Vorbehandlung*	Normalklima

		°C	°C	°C	*Probekörper-Form*
Schlagzähigkeit	kJ/m²	23 40			NKS
Kerbschlagzähigkeit (1)	kJ/m²	23 12			NKS
IZOD-Kerbschlagzähigkeit (2)	J/m	23 90			3.2 mm dick
Kerbschlagzugzähigkeit	kJ/m²				

Abrieb und Reibung

Taber-Abrieb (Reibradverfahren)	mm^3/100 U	
Abriebfaktor LNP (Thrust washer) Vergleichswert		
Statische Reibungszahl		
Dynamische Reibungszahl	(p·v =	N/mm^2 ·	m/min)
Zulässiger p · v Wert	N/mm^2 · (m/min)	v =	m/min
		v =	m/min

Thermische Eigenschaften

Formbeständigkeit in der Wärme	*Verfahren* A		210 °C
	Verfahren B		220 °C
Vicat Erweichungstemperatur (VST)	*Verfahren*		°C
	Verfahren		°C
Kristallit-Schmelzpunkt	*Verfahren* ASTM D 2117		223 °C
Längenausdehnungskoeffizient	*Bereich* °C		· 10^{-4}K^{-1}
	Temperatur 23 °C		0.3 · 10^{-4}K^{-1}
Wärmeleitfähigkeit	*Verfahren* DIN 52612	23 °C	0.28 W/(K · m)
Spezifische Wärmekapazität	*Verfahren* ASTM C 351	23 °C	1.2 J/(K · g)
Glasumwandlungstemperatur	*Torsionsschwingungsversuch*	°C	
	Differentialkalorimetrie	°C	

Brandverhalten

UL-Test vertikal	Dicke 1.6 mm, Wert V-0	
	Dicke mm, Wert	

	Norm	*Bewertung*	*Abmessungen*
Sauerstoff-Index	ASTM D 2863	35 %	
Glühstab-Verfahren			
Brandverhalten	DIN 4102		
MVSS			
FAR			

Elektrische Eigenschaften

		Hz	°C		*Probekörper, Form*
Dielektrizitätszahl		50			
		10^3	23	3.5	
		10^6	23	3.4	
Dielektrischer Verlustfaktor tan δ		50			
		10^3	23	0.002	
		10^6	23	0.015	
Spezifischer Durchgangs-widerstand	Ohm · cm		23	1.0*10**14	
Durchschlagfestigkeit	kV/mm		23	60	1 mm dick
Oberflächenwiderstand	Ohm		23	1.0*10**13	
Kriechstromfestigkeit	KC 375		KB <175	KA 1	
Elektrolytische Korrosionswirkung					
Lichtbogenfestigkeit nach DIN					
nach ASTM	s				

Beständigkeit *(Chemische Beständigkeit siehe Anhang)*

Wasseraufnahme 23 C Bis zur Saettigung		0.7 %
Feuchtigkeitsaufnahme Normalklima		0.2 %
Wetterbeständigkeit		
Spannungskorrosion		

Optische Eigenschaften

Brechungszahl n$_D$		
Transmissionsgrad τ$_c$	%	mm dick
Lichtdurchlässigkeit		

Produkt	Polybutylenterephthalat	**PBT**
Handelsname	**Arnite TZ6 260SY**	
Hersteller	AKZO	
DIN-Bez 1	16779-PBT,MFG,XX-05,M25 + GF5	
DIN-Bez 2		

Zusätze	Brandschutzmittel	*Füllstoffe/ Verstärkung*	30.0% Glasfaser (25); Mineral (5)
Bevorzugte Verarbeitung	Spritzgiessen	*Lieferform*	Granulat
		Farben	Natur; Standard; Schwarz
Besondere Merkmale	Gutes Langzeitverhalten; Hoher Modul; Hohe Waermeformbestaendigkeit; Verzugsarm; Gute Schlagfestigkeit; Hohe Kriechstromfestigkeit	*Bevorzugte Anwendungen*	Technisches Formteil fuer Elektroindustrie; Gehaeuse

Dichte	g/cm³	1.66	*Schmelzindex*	g/10 min	:
Schüttdichte	g/cm³		*Volumenfließindex*	cm³/10 min	:
Viskositätszahl	ml/g				

Verarbeitungsbedingungen für Spritzgießen

Massetemp.	°C	240–250	*Schwindung*	% lgs	1.5, quer 1.30–1.54
Werkzeugtemp.	°C	30–90	*Bemerkungen*	Schneckendrehzahl und Staudruck nicht zu hoch	
Spritzdruck	bar	600–1500			

Zugversuch 23 °C DIN 53455; DIN 53457

Probekörper:	Form	*Herstellung*	Spritzgiessen
	Zustand	*Vorbehandlung*	Normalklima

Streckspannung	N/mm²	*Dehnung bei Streckspannung*	%	
Zugfestigkeit	N/mm² 55	*Reißdehnung*	%	2
Reißfestigkeit	N/mm²	% Dehnspannung	N/mm²	
E-Modul	N/mm² 6200	*Dehnung bei* % Dehnspg.	%	

Kriechmoduln und Zeitstandwerte 23 °C

Probekörper:	Form	*Herstellung*	
	Zustand	*Vorbehandlung*	

Kriechmodul	1 min N/mm²	*Zeitstandzugfestigkeit*	h N/mm²
Kriechmodul	1000 h N/mm²	*Zeitdehnspg.* %	h N/mm²
bei Spannung	N/mm²		

Biegeversuch 23 °C DIN 53457; DIN 53452

Probekörper:	Form	*Herstellung*	Spritzgiessen
	Zustand	*Vorbehandlung*	Normalklima

Biegefestigkeit	N/mm² 90	*E-Modul*	N/mm² 6000
3,5% Biegespannung	N/mm²		

Härte 23 °C

Probekörper:	Zustand	*Herstellung*	Spritzgiessen
		Vorbehandlung	Normalklima

Kugeldruckhärte	N/mm² 160	bei 358 N, 30 s	*Shore-Härte* A
Rockwellhärte	M 78		*Shore-Härte* D 80

Schlagversuch

Probekörper:	(1) U-Kerbe		
	(2) V-Kerbe	*Herstellung*	Spritzgiessen
	Zustand	*Vorbehandlung*	Normalklima

	°C	°C	°C		*Probekörper-Form*
Schlagzähigkeit	kJ/m²	23 18			NKS
Kerbschlagzähigkeit (1)	kJ/m²	23 4			NKS
IZOD-Kerbschlagzähigkeit (2)	J/m	23 20			3.2 mm dick
Kerbschlagzugzähigkeit	kJ/m²				

Abrieb und Reibung

Taber-Abrieb (Reibradverfahren) mm³/100 U
Abriebfaktor LNP (Thrust washer) Vergleichswert
Statische Reibungszahl
Dynamische Reibungszahl $(p \cdot v =$ N/mm² · m/min)
Zulässiger p · v Wert N/mm² · (m/min) v = m/min
v = m/min

Thermische Eigenschaften

Formbeständigkeit in der Wärme	Verfahren A		180 °C
	Verfahren B		215 °C
Vicat Erweichungstemperatur (VST)	Verfahren		°C
	Verfahren		°C
Kristallit-Schmelzpunkt	Verfahren ASTM D 2117		223 °C

Längenausdehnungskoeffizient Bereich °C $\cdot 10^{-4} K^{-1}$
Temperatur 23 °C $0.4 \cdot 10^{-4} K^{-1}$
Wärmeleitfähigkeit Verfahren DIN 52612 23 °C 0.28 W/(K · m)

Spezifische Wärmekapazität Verfahren ASTM C 351 23 °C 1.2 J/(K · g)

Glasumwandlungstemperatur Torsionsschwingungsversuch °C
Differentialkalorimetrie °C

Brandverhalten

UL-Test vertikal Dicke 1.6 mm, Wert V-0
Dicke mm, Wert

	Norm	Bewertung	Abmessungen
Sauerstoff-Index	ASTM D 2863	36%	
Glühstab-Verfahren			
Brandverhalten	DIN 4102		
MVSS			
FAR			

Elektrische Eigenschaften

		Hz	°C		Probekörper, Form
Dielektrizitätszahl		50			
		10³	23	3.3	
		10⁶	23	3.2	
Dielektrischer Verlustfaktor tan δ		50			
		10³	23	0.005	
		10⁶	23	0.03	
Spezifischer Durchgangs-					
widerstand	Ohm · cm		23	1.0*10**14	
Durchschlagfestigkeit	kV/mm		23	50	1 mm dick
Oberflächenwiderstand	Ohm		23	1.0*10**13	

Kriechstromfestigkeit KC 450 KB 225 KA 1
Elektrolytische Korrosionswirkung
Lichtbogenfestigkeit nach DIN
nach ASTM s

Beständigkeit *(Chemische Beständigkeit siehe Anhang)*

Wasseraufnahme 23 C Bis zur Saettigung 0.35 %

Feuchtigkeitsaufnahme Normalklima 0.15 %
Wetterbeständigkeit

Spannungskorrosion

Optische Eigenschaften

Brechungszahl n_D
Transmissionsgrad τ_c % mm dick
Lichtdurchlässigkeit

Produkt	Thermoplastisches Polyurethan-Elastomer		**TPE**
Handelsname	**Elastollan C 78 A**		
Hersteller	ELASTOGRAN		
DIN-Bez 1			
DIN-Bez 2			
Zusätze		*Füllstoffe/ Verstärkung*	
Bevorzugte Verarbeitung	Spritzgiessen; Extrudieren	*Lieferform*	Granulat
		Farben	Natur
Besondere Merkmale	Abriebfest; Knickbestaendig; Elastisch; Geringe bleibende Verformung nach Langzeitbelastung; Flexibel in der Kaelte	*Bevorzugte Anwendungen*	Technisches Formteil; Profil; Schlauch

Dichte	g/cm³	1.18	*Schmelzindex*	g/10 min	:
Schüttdichte	g/cm³		*Volumenfließindex*	cm³/10 min	:
Viskositätszahl	ml/g				

Verarbeitungsbedingungen für Spritzgießen

Massetemp.	°C	185–205	*Schwindung*	%	lgs 1–2, quer 1–2
Werkzeugtemp.	°C	15–70	*Bemerkungen*		Schwindungswerte bedeuten Gesamt-schwindung
Spritzdruck	bar	30–180			

Zugversuch 23 °C DIN 53504;

	Probekörper:	*Form* Normstab S 2	*Herstellung*	Spritzgiessen
		Zustand	*Vorbehandlung*	20 h bei 100 C
Streckspannung	N/mm²		*Dehnung bei Streckspannung*	%
Zugfestigkeit	N/mm² 55		*Reißdehnung*	% 600
Reißfestigkeit	N/mm²		*% Dehnspannung*	N/mm²
E-Modul	N/mm²		*Dehnung bei % Dehnspg.*	%

Kriechmoduln und Zeitstandwerte 23 °C

	Probekörper:	*Form*	*Herstellung*	
		Zustand	*Vorbehandlung*	
Kriechmodul	1 min N/mm²		*Zeitstandzugfestigkeit*	h N/mm²
Kriechmodul	1000 h N/mm²		*Zeitdehnspg. %*	h N/mm²
bei Spannung	N/mm²			

Biegeversuch 23 °C

	Probekörper:	*Form*	*Herstellung*	
		Zustand	*Vorbehandlung*	
Biegefestigkeit	N/mm²		*E-Modul*	N/mm²
3,5% Biegespannung	N/mm²			

Härte 23 °C

	Probekörper:	*Zustand*	*Herstellung*	Spritzgiessen
			Vorbehandlung	20 h bei 100 C
Kugeldruckhärte	N/mm²	bei N, s	*Shore-Härte A*	78–82
Rockwellhärte			*Shore-Härte D*	25–29

Schlagversuch

	Probekörper:	*(1)*		
		(2)	*Herstellung*	
		Zustand	*Vorbehandlung*	
	°C	°C	°C	*Probekörper-Form*

Schlagzähigkeit	kJ/m²
Kerbschlagzähigkeit (1)	kJ/m²
IZOD-Kerbschlagzähigkeit (2)	J/m
Kerbschlagzugzähigkeit	kJ/m²

Abrieb und Reibung

Taber-Abrieb (Reibradverfahren)	mm³/100 U
Abriebfaktor LNP (Thrust washer) Vergleichswert	
Statische Reibungszahl	
Dynamische Reibungszahl	(p·v = N/mm² · m/min)
Zulässiger p · v Wert	N/mm² · (m/min) v = m/min
	v = m/min

Thermische Eigenschaften

Formbeständigkeit in der Wärme	*Verfahren*		°C
	Verfahren		°C
Vicat Erweichungstemperatur (VST)	*Verfahren*		°C
	Verfahren		°C
Kristallit-Schmelzpunkt	*Verfahren*		
Längenausdehnungskoeffizient	*Bereich*	°C	$\cdot 10^{-4} K^{-1}$
	Temperatur		$\cdot 10^{-4} K^{-1}$
Wärmeleitfähigkeit	*Verfahren*		W/(K · m)
Spezifische Wärmekapazität	*Verfahren*		J/(K · g)
Glasumwandlungstemperatur	*Torsionsschwingungsversuch*	°C	
	Differentialkalorimetrie	°C	

Brandverhalten

UL-Test vertikal		Dicke	mm, Wert
		Dicke	mm, Wert

	Norm	*Bewertung*	*Abmessungen*
Sauerstoff-Index	ASTM D 2863		
Glühstab-Verfahren			
Brandverhalten	DIN 4102		
MVSS			
FAR			

Elektrische Eigenschaften

		Hz	°C		*Probekörper, Form*
Dielektrizitätszahl		50	23	7.4	2 mm dick
		10^3	23	6.9	2 mm dick
		10^6	23	6.3	2 mm dick
Dielektrischer Verlustfaktor tan δ		50	23	0.22	2 mm dick
		10^3	23	0.028	2 mm dick
		10^6	23	0.053	2 mm dick
Spezifischer Durchgangs- *widerstand*	Ohm · cm		23	$\geqq$ 1.0*10**10	
Durchschlagfestigkeit	kV/mm		23	33	2 mm dick
Oberflächenwiderstand	Ohm		23	$\geqq$ 1.0*10**9	
Kriechstromfestigkeit		KC	KB	KA	
Elektrolytische Korrosionswirkung					
Lichtbogenfestigkeit nach DIN					
nach ASTM	s				

Beständigkeit *(Chemische Beständigkeit siehe Anhang)*

Wasseraufnahme

Feuchtigkeitsaufnahme Normalklima   %
Wetterbeständigkeit

Spannungskorrosion

Optische Eigenschaften

Brechungszahl n_D
Transmissionsgrad τ_c %   mm dick
Lichtdurchlässigkeit

Datenbank-Nr.	**T05348**	*Merkblatt-Nr.* **3950**

Produkt	Thermoplastisches Polyurethan-Elastomer	**TPE**
Handelsname	**Elastollan C 80 A**	
Hersteller	ELASTOGRAN	
DIN-Bez 1		
DIN-Bez 2		

Zusätze		*Füllstoffe/ Verstärkung*	
Bevorzugte Verarbeitung	Spritzgiessen; Extrudieren	*Lieferform*	Granulat
		Farben	Natur
Besondere Merkmale	Abriebfest; Knickbestaendig; Elastisch; Geringe bleibende Verformung nach Langzeitbelastung; Flexibel in der Kaelte	*Bevorzugte Anwendungen*	Technisches Formteil; Profil; Schlauch

---

Dichte	g/cm³	1.19	*Schmelzindex*	g/10 min	:
Schüttdichte	g/cm³		*Volumenfließindex*	cm³/10 min	:
Viskositätszahl	ml/g				

Verarbeitungsbedingungen für Spritzgießen

Massetemp.	°C	185–205	*Schwindung*	%	lgs 1–1.6, quer 1–1.6
Werkzeugtemp.	°C	15–70	*Bemerkungen*		Schwindungswerte bedeuten Gesamt-schwindung
Spritzdruck	bar	30–180			

Zugversuch 23 °C   DIN 53504;

	Probekörper:	*Form*	Normstab S 2	*Herstellung*	Spritzgiessen
		Zustand		*Vorbehandlung*	20 h bei 100 C

Streckspannung	N/mm²		*Dehnung bei Streckspannung*	%	
Zugfestigkeit	N/mm²	55	*Reißdehnung*	%	600
Reißfestigkeit	N/mm²		*% Dehnspannung*	N/mm²	
E-Modul	N/mm²		*Dehnung bei % Dehnspg.*	%	

Kriechmoduln und Zeitstandwerte 23 °C

	Probekörper:	*Form*	*Herstellung*
		Zustand	*Vorbehandlung*

Kriechmodul	1 min N/mm²	*Zeitstandzugfestigkeit*	h N/mm²
Kriechmodul	1000 h N/mm²	*Zeitdehnspg. %*	h N/mm²
bei Spannung	N/mm²		

Biegeversuch 23 °C

	Probekörper:	*Form*	*Herstellung*
		Zustand	*Vorbehandlung*

Biegefestigkeit	N/mm²	*E-Modul*	N/mm²
3,5% Biegespannung	N/mm²		

Härte 23 °C   *Probekörper:* *Zustand*

		Herstellung	Spritzgiessen
		Vorbehandlung	20 h bei 100 C

Kugeldruckhärte	N/mm²	bei N, s	*Shore-Härte* A	82–86
Rockwellhärte			*Shore-Härte* D	28–32

Schlagversuch   *Probekörper:*

	(1)	
	(2)	*Herstellung*
	Zustand	*Vorbehandlung*

°C	°C	°C	*Probekörper-Form*

Schlagzähigkeit	kJ/m²
Kerbschlagzähigkeit (1)	kJ/m²
IZOD-Kerbschlagzähigkeit (2)	J/m
Kerbschlagzugzähigkeit	kJ/m²

Abrieb und Reibung

Taber-Abrieb (Reibradverfahren)	mm³/100 U
Abriebfaktor LNP (Thrust washer) Vergleichswert	
Statische Reibungszahl	
Dynamische Reibungszahl	$(p \cdot v =$　　　N/mm² ·　　　m/min$)$
Zulässiger p · v Wert	N/mm² · (m/min)　　v =　　m/min
	v =　　m/min

Thermische Eigenschaften

Formbeständigkeit in der Wärme	*Verfahren*	°C
	Verfahren	°C
Vicat Erweichungstemperatur (VST)	*Verfahren*	°C
	Verfahren	°C
Kristallit-Schmelzpunkt	*Verfahren*	
Längenausdehnungskoeffizient	*Bereich*　　　°C	$\cdot 10^{-4} \mathrm{K}^{-1}$
	Temperatur	$\cdot 10^{-4} \mathrm{K}^{-1}$
Wärmeleitfähigkeit	*Verfahren*	W/(K · m)
Spezifische Wärmekapazität	*Verfahren*	J/(K · g)
Glasumwandlungstemperatur	*Torsionsschwingungsversuch*	°C
	Differentialkalorimetrie	°C

Brandverhalten

UL-Test vertikal	Dicke　　mm, Wert	
	Dicke　　mm, Wert	

	Norm	*Bewertung*	*Abmessungen*
Sauerstoff-Index	ASTM D 2863		
Glühstab-Verfahren			
Brandverhalten	DIN 4102		
MVSS			
FAR			

Elektrische Eigenschaften

		Hz	°C		*Probekörper, Form*
Dielektrizitätszahl		50	23	7.1	2 mm dick
		10^3	23	6.6	2 mm dick
		10^6	23	6.1	2 mm dick
Dielektrischer Verlustfaktor tan δ		50	23	0.20	2 mm dick
		10^3	23	0.024	2 mm dick
		10^6	23	0.053	2 mm dick
Spezifischer Durchgangs-widerstand	Ohm · cm		23	≧ 1.0*10**10	
Durchschlagfestigkeit	kV/mm		23	31	2　　mm dick
Oberflächenwiderstand	Ohm		23	≧ 1.0*10**10	
Kriechstromfestigkeit	KC		KB		KA
Elektrolytische Korrosionswirkung					
Lichtbogenfestigkeit nach DIN					
nach ASTM　　s					

Beständigkeit *(Chemische Beständigkeit siehe Anhang)*

Wasseraufnahme	
Feuchtigkeitsaufnahme Normalklima	%
Wetterbeständigkeit	
Spannungskorrosion	

Optische Eigenschaften

Brechungszahl n_D		
Transmissionsgrad τ_c	%	mm dick
Lichtdurchlässigkeit		

Produkt	Thermoplastisches Polyurethan-Elastomer	**TPE**
Handelsname	**Elastollan C 85 A**	
Hersteller	ELASTOGRAN	
DIN-Bez 1		
DIN-Bez 2		

Zusätze		*Füllstoffe/ Verstärkung*	
Bevorzugte Verarbeitung	Spritzgiessen; Extrudieren	*Lieferform*	Granulat
		Farben	Natur
Besondere Merkmale	Abriebfest; Knickbestaendig; Elastisch; Geringe bleibende Verformung nach Langzeitbelastung; Flexibel in der Kaelte	*Bevorzugte Anwendungen*	Technisches Formteil; Folie; Hohlkoerper; Kabel; Leitung; Profil; Schlauch

---

Dichte	g/cm^3	1.19	*Schmelzindex*	g/10 min	:
Schüttdichte	g/cm^3		*Volumenfließindex*	cm^3/10 min	:
Viskositätszahl	ml/g				

Verarbeitungsbedingungen für Spritzgießen

Massetemp.	°C	185–205	*Schwindung*	%	lgs 1–1.5, quer 1–1.5
Werkzeugtemp.	°C	15–70	*Bemerkungen*		Schwindungswerte bedeuten Gesamtschwindung
Spritzdruck	bar	30–180			

Zugversuch 23 °C   DIN 53504;

	Probekörper: Form	Normstab S 2	*Herstellung*	Spritzgiessen
	Zustand		*Vorbehandlung*	20 h bei 100 C

Streckspannung	N/mm^2		*Dehnung bei Streckspannung*	%	
Zugfestigkeit	N/mm^2	55	*Reißdehnung*	%	550
Reißfestigkeit	N/mm^2		% *Dehnspannung*	N/mm^2	
E-Modul	N/mm^2		*Dehnung bei* % *Dehnspg.*	%	

Kriechmoduln und Zeitstandwerte 23 °C

	Probekörper: Form	*Herstellung*	
	Zustand	*Vorbehandlung*	

Kriechmodul	1 min N/mm^2	*Zeitstandzugfestigkeit*	h N/mm^2	
Kriechmodul	1000 h N/mm^2	*Zeitdehnspg.* %	h N/mm^2	
bei Spannung	N/mm^2			

Biegeversuch 23 °C

	Probekörper: Form	*Herstellung*	
	Zustand	*Vorbehandlung*	

Biegefestigkeit	N/mm^2	*E-Modul*	N/mm^2
3,5% Biegespannung	N/mm^2		

Härte 23 °C

	Probekörper: Zustand	*Herstellung*	Spritzgiessen
		Vorbehandlung	20 h bei 100 C

Kugeldruckhärte	N/mm^2	bei N, s	*Shore-Härte* A	85–89
Rockwellhärte			*Shore-Härte* D	32–36

Schlagversuch

	Probekörper: (1)		
	(2)	*Herstellung*	
	Zustand	*Vorbehandlung*	

°C	°C	°C	*Probekörper-Form*

Schlagzähigkeit	kJ/m^2	
Kerbschlagzähigkeit (1)	kJ/m^2	
IZOD-Kerbschlagzähigkeit (2)	J/m	
Kerbschlagzugzähigkeit	kJ/m^2	

Abrieb und Reibung

Taber-Abrieb (Reibradverfahren)   mm^3/100 U
Abriebfaktor LNP (Thrust washer) Vergleichswert
Statische Reibungszahl
Dynamische Reibungszahl $(p \cdot v =$ N/mm$^2 \cdot$ m/min)
Zulässiger p · v Wert   N/mm$^2 \cdot$ (m/min)   v =   m/min
                                                                      v =   m/min

Thermische Eigenschaften

Formbeständigkeit in der Wärme   *Verfahren*   °C
                                            Verfahren   °C
Vicat Erweichungstemperatur (VST)   *Verfahren*   °C
                                            Verfahren   °C
Kristallit-Schmelzpunkt   *Verfahren*

Längenausdehnungskoeffizient   *Bereich*   °C $\cdot 10^{-4}$K^{-1}
                                            Temperatur $\cdot 10^{-4}$K^{-1}
Wärmeleitfähigkeit   *Verfahren*   W/(K · m)

Spezifische Wärmekapazität   *Verfahren*   J/(K · g)

Glasumwandlungstemperatur   *Torsionsschwingungsversuch*   °C
                                            Differentialkalorimetrie   °C

Brandverhalten

UL-Test vertikal   Dicke   mm, Wert
                                            Dicke   mm, Wert

	Norm	*Bewertung*	*Abmessungen*
Sauerstoff-Index	ASTM D 2863		
Glühstab-Verfahren			
Brandverhalten	DIN 4102		
MVSS			
FAR			

Elektrische Eigenschaften

	Hz	°C				*Probekörper, Form*
Dielektrizitätszahl	50	23	6.7			2 mm dick
	10^3	23	6.4			2 mm dick
	10^6	23	5.9			2 mm dick
Dielektrischer Verlustfaktor tan δ	50	23	0.083			2 mm dick
	10^3	23	0.019			2 mm dick
	10^6	23	0.048			2 mm dick
Spezifischer Durchgangs-widerstand	Ohm · cm		23	$\geqq$ 1.0*10**10		
Durchschlagfestigkeit	kV/mm		23	39		2 mm dick
Oberflächenwiderstand	Ohm		23	$\geqq$ 1.0*10**9		
Kriechstromfestigkeit	KC			KB	KA	

Elektrolytische Korrosionswirkung
Lichtbogenfestigkeit nach DIN
            nach ASTM   s

Beständigkeit *(Chemische Beständigkeit siehe Anhang)*

Wasseraufnahme

Feuchtigkeitsaufnahme Normalklima   %
Wetterbeständigkeit

Spannungskorrosion

Optische Eigenschaften

Brechungszahl n$_D$
Transmissionsgrad τ_c %   mm dick
Lichtdurchlässigkeit

Datenbank-Nr.	**T05350**	*Merkblatt-Nr.* **3952**

Produkt	Thermoplastisches Polyurethan-Elastomer	**TPE**
Handelsname	**Elastollan C 90 A**	
Hersteller	ELASTOGRAN	

DIN-Bez 1
DIN-Bez 2

Zusätze		*Füllstoffe/ Verstärkung*	
Bevorzugte Verarbeitung	Spritzgiessen; Extrudieren	*Lieferform*	Granulat
		Farben	Natur
Besondere Merkmale	Abriebfest; Knickbestaendig; Elastisch; Geringe bleibende Verformung nach Langzeitbelastung; Flexibel in der Kaelte	*Bevorzugte Anwendungen*	Technisches Formteil; Absatzfleck; Hohlkoerper; Kabel; Leitung; Profil; Schlauch

---

Dichte	g/cm³	1.20	*Schmelzindex*	g/10 min	:
Schüttdichte	g/cm³		*Volumenfließindex*	cm³/10 min	:
Viskositätszahl	ml/g				

Verarbeitungsbedingungen für Spritzgießen

Massetemp.	°C	195–220	*Schwindung*	%	lgs 0.9–1.3, quer 0.9–1.3
Werkzeugtemp.	°C	15–70	*Bemerkungen*		Schwindungswerte bedeuten Gesamt- schwindung
Spritzdruck	bar	30–180			

Zugversuch 23 °C — DIN 53504;

Probekörper:	*Form*	Normstab S 2	*Herstellung*	Spritzgiessen
	Zustand		*Vorbehandlung*	20 h bei 100 C

Streckspannung	N/mm²		*Dehnung bei Streckspannung*	%	
Zugfestigkeit	N/mm²	55	*Reißdehnung*	%	500
Reißfestigkeit	N/mm²		*% Dehnspannung*	N/mm²	
E-Modul	N/mm²		*Dehnung bei % Dehnspg.*	%	

Kriechmoduln und Zeitstandwerte 23 °C

Probekörper:	*Form*	*Herstellung*
	Zustand	*Vorbehandlung*

Kriechmodul	1 min N/mm²	*Zeitstandzugfestigkeit*	h N/mm²
Kriechmodul	1000 h N/mm²	*Zeitdehnspg. %*	h N/mm²
bei Spannung	N/mm²		

Biegeversuch 23 °C

Probekörper:	*Form*	*Herstellung*
	Zustand	*Vorbehandlung*

Biegefestigkeit	N/mm²	*E-Modul*	N/mm²
3,5% Biegespannung	N/mm²		

Härte 23 °C

Probekörper:	*Zustand*	*Herstellung*	Spritzgiessen
		Vorbehandlung	20 h bei 100 C

Kugeldruckhärte	N/mm²	bei	N, s	*Shore-Härte* A	90–94
Rockwellhärte				*Shore-Härte* D	39–43

Schlagversuch

Probekörper:	(1)		
	(2)	*Herstellung*	
	Zustand	*Vorbehandlung*	

°C	°C	°C	*Probekörper-Form*

Schlagzähigkeit	kJ/m²
Kerbschlagzähigkeit (1)	kJ/m²
IZOD-Kerbschlagzähigkeit (2)	J/m
Kerbschlagzugzähigkeit	kJ/m²

Abrieb und Reibung

Taber-Abrieb (Reibradverfahren)	mm^3/100 U
Abriebfaktor LNP (Thrust washer) Vergleichswert	
Statische Reibungszahl	
Dynamische Reibungszahl	$(p \cdot v =$ N/mm$^2 \cdot$ m/min)
Zulässiger p · v Wert	N/mm$^2 \cdot$ (m/min) v = m/min
	v = m/min

Thermische Eigenschaften

Formbeständigkeit in der Wärme	*Verfahren*	°C
	Verfahren	°C
Vicat Erweichungstemperatur (VST)	*Verfahren*	°C
	Verfahren	°C
Kristallit-Schmelzpunkt	*Verfahren*	
Längenausdehnungskoeffizient	*Bereich* °C	$\cdot 10^{-4}$K^{-1}
	Temperatur	$\cdot 10^{-4}$K^{-1}
Wärmeleitfähigkeit	*Verfahren*	W/(K · m)
Spezifische Wärmekapazität	*Verfahren*	J/(K · g)
Glasumwandlungstemperatur	*Torsionsschwingungsversuch*	°C
	Differentialkalorimetrie	°C

Brandverhalten

UL-Test vertikal	*Dicke* mm, Wert	
	Dicke mm, Wert	

	Norm	*Bewertung*	*Abmessungen*
Sauerstoff-Index	ASTM D 2863		
Glühstab-Verfahren			
Brandverhalten	DIN 4102		
MVSS			
FAR			

Elektrische Eigenschaften

		Hz	°C		*Probekörper, Form*
Dielektrizitätszahl		50	23	6.5	2 mm dick
		10^3	23	6.1	2 mm dick
		10^6	23	5.4	2 mm dick
Dielektrischer Verlustfaktor tan δ		50	23	0.048	2 mm dick
		10^3	23	0.022	2 mm dick
		10^6	23	0.051	2 mm dick
Spezifischer Durchgangs-					
widerstand	Ohm · cm		23	$\geqq$ 1.0*10**10	
Durchschlagfestigkeit	kV/mm		23	47	2 mm dick
Oberflächenwiderstand	Ohm		23	$\geqq$ 1.0*10**10	
Kriechstromfestigkeit	KC		KB		KA
Elektrolytische Korrosionswirkung					
Lichtbogenfestigkeit nach DIN					
nach ASTM s					

Beständigkeit *(Chemische Beständigkeit siehe Anhang)*

Wasseraufnahme

Feuchtigkeitsaufnahme Normalklima	%
Wetterbeständigkeit	

Spannungskorrosion

Optische Eigenschaften

Brechungszahl n$_D$
Transmissionsgrad τ$_c$ %   mm dick
Lichtdurchlässigkeit

Produkt	Thermoplastisches Polyurethan-Elastomer	**TPE**
Handelsname	**Elastollan C 95 A**	
Hersteller	ELASTOGRAN	
DIN-Bez 1		
DIN-Bez 2		

Zusätze		*Füllstoffe/ Verstärkung*	
Bevorzugte Verarbeitung	Spritzgiessen; Extrudieren	*Lieferform*	Granulat
		Farben	Natur
Besondere Merkmale	Abriebfest; Knickbestaendig; Elastisch; Geringe bleibende Verformung nach Langzeitbelastung; Flexibel in der Kaelte	*Bevorzugte Anwendungen*	Technisches Formteil; Absatzfleck; Profil; Schlauch

---

Dichte	g/cm^3	1.21	*Schmelzindex*	g/10 min	:
Schüttdichte	g/cm^3		*Volumenfließindex*	cm^3/10 min	:
Viskositätszahl	ml/g				

Verarbeitungsbedingungen für Spritzgießen

Massetemp.	°C	195–220	*Schwindung*	%	lgs 1.2–1.4, quer 1.2–1.4
Werkzeugtemp.	°C	15–70	*Bemerkungen*		Schwindungswerte bedeuten Gesamtschwindung
Spritzdruck	bar	30–180			

Zugversuch 23 °C DIN 53504;

	Probekörper:	*Form*	Normstab S 2	*Herstellung*	Spritzgiessen
		Zustand		*Vorbehandlung*	20 h bei 100 C
Streckspannung	N/mm^2			*Dehnung bei Streckspannung*	%
Zugfestigkeit	N/mm^2	55		*Reißdehnung*	% 500
Reißfestigkeit	N/mm^2			*% Dehnspannung*	N/mm^2
E-Modul	N/mm^2			*Dehnung bei % Dehnspg.*	%

Kriechmoduln und Zeitstandwerte 23 °C

	Probekörper:	*Form*	*Herstellung*	
		Zustand	*Vorbehandlung*	
Kriechmodul	1 min N/mm^2		*Zeitstandzugfestigkeit*	h N/mm^2
Kriechmodul	1000 h N/mm^2		*Zeitdehnspg. %*	h N/mm^2
bei Spannung	N/mm^2			

Biegeversuch 23 °C

	Probekörper:	*Form*	*Herstellung*	
		Zustand	*Vorbehandlung*	
Biegefestigkeit	N/mm^2		*E-Modul*	N/mm^2
3,5% Biegespannung	N/mm^2			

Härte 23 °C

	Probekörper:	*Zustand*	*Herstellung*	Spritzgiessen
			Vorbehandlung	20 h bei 100 C
Kugeldruckhärte	N/mm^2	bei N, s	*Shore-Härte* A	94–98
Rockwellhärte			*Shore-Härte* D	43–49

Schlagversuch

	Probekörper:	(1)		
		(2)	*Herstellung*	
		Zustand	*Vorbehandlung*	
	°C	°C	°C	*Probekörper-Form*

Schlagzähigkeit	kJ/m^2
Kerbschlagzähigkeit (1)	kJ/m^2
IZOD-Kerbschlagzähigkeit (2)	J/m
Kerbschlagzugzähigkeit	kJ/m^2

Abrieb und Reibung

Taber-Abrieb (Reibradverfahren)   mm³/100 U
Abriebfaktor LNP (Thrust washer) Vergleichswert
Statische Reibungszahl
Dynamische Reibungszahl   (p·v =   N/mm² ·   m/min)
Zulässiger p · v Wert   N/mm² · (m/min)   v =   m/min
                                                                          v =   m/min

Thermische Eigenschaften

Formbeständigkeit in der Wärme   *Verfahren*   °C
                                          Verfahren   °C
Vicat Erweichungstemperatur (VST)   *Verfahren*   °C
                                          Verfahren   °C
Kristallit-Schmelzpunkt   *Verfahren*

Längenausdehnungskoeffizient   *Bereich*   °C $\cdot 10^{-4}K^{-1}$
                                          Temperatur $\cdot 10^{-4}K^{-1}$
Wärmeleitfähigkeit   *Verfahren*   W/(K · m)

Spezifische Wärmekapazität   *Verfahren*   J/(K · g)

Glasumwandlungstemperatur   *Torsionsschwingungsversuch*   °C
                                          Differentialkalorimetrie   °C

Brandverhalten

UL-Test vertikal   Dicke   mm, Wert
                                          Dicke   mm, Wert

	Norm	*Bewertung*	*Abmessungen*
Sauerstoff-Index	ASTM D 2863		
Glühstab-Verfahren			
Brandverhalten	DIN 4102		
MVSS			
FAR			

Elektrische Eigenschaften

	Hz	°C		*Probekörper, Form*
Dielektrizitätszahl	50	23	6.4	2 mm dick
	10^3	23	6.1	2 mm dick
	10^6	23	5.3	2 mm dick
Dielektrischer Verlustfaktor tan δ	50	23	0.036	2 mm dick
	10^3	23	0.024	2 mm dick
	10^6	23	0.054	2 mm dick

Spezifischer Durchgangs-
  widerstand   Ohm · cm   23   ≧ 1.0*10**11
Durchschlagfestigkeit   kV/mm   23   48   2   mm dick
Oberflächenwiderstand   Ohm   23   ≧ 1.0*10**11

Kriechstromfestigkeit   KC   KB   KA
Elektrolytische Korrosionswirkung
Lichtbogenfestigkeit nach DIN
    nach ASTM   s

Beständigkeit *(Chemische Beständigkeit siehe Anhang)*

Wasseraufnahme

Feuchtigkeitsaufnahme Normalklima   %
Wetterbeständigkeit

Spannungskorrosion

Optische Eigenschaften

Brechungszahl n_D
Transmissionsgrad τ_c %   mm dick
Lichtdurchlässigkeit

Datenbank-Nr. **T05352**		*Merkblatt-Nr.* **3954**

Produkt	Thermoplastisches Polyurethan-Elastomer	**TPE**
Handelsname	**Elastollan C 59 D**	
Hersteller	ELASTOGRAN	
DIN-Bez 1		
DIN-Bez 2		

Zusätze		*Füllstoffe/ Verstärkung*	
Bevorzugte Verarbeitung	Spritzgiessen	*Lieferform*	Granulat
		Farben	Natur
Besondere Merkmale	Abriebfest; Knickbestaendig; Elastisch; Geringe bleibende Verformung nach Langzeitbelastung; Flexibel in der Kaelte	*Bevorzugte Anwendungen*	Technisches Formteil; Absatzfleck

Dichte	g/cm³	1.22	*Schmelzindex*	g/10 min	:
Schüttdichte	g/cm³		*Volumenfließindex*	cm³/10 min	:
Viskositätszahl	ml/g				

Verarbeitungsbedingungen für Spritzgießen

Massetemp.	°C	210–230	*Schwindung*	%	lgs 1–1.2, quer 1–1.2
Werkzeugtemp.	°C	15–70	*Bemerkungen*		Schwindungswerte bedeuten Gesamt- schwindung
Spritzdruck	bar	30–180			

Zugversuch 23 °C DIN 53504;

	Probekörper:	*Form*	Normstab S 2	*Herstellung*	Spritzgiessen
		Zustand		*Vorbehandlung*	20 h bei 100 C

Streckspannung	N/mm²		*Dehnung bei Streckspannung*	%	
Zugfestigkeit	N/mm²	55	*Reißdehnung*	%	450
Reißfestigkeit	N/mm²		*% Dehnspannung*	N/mm²	
E-Modul	N/mm²		*Dehnung bei % Dehnspg.*	%	

Kriechmoduln und Zeitstandwerte 23 °C

	Probekörper:	*Form*		*Herstellung*	
		Zustand		*Vorbehandlung*	

Kriechmodul	*1 min*	N/mm²	*Zeitstandzugfestigkeit*	h N/mm²	
Kriechmodul	*1000 h*	N/mm²	*Zeitdehnspg.* %	h N/mm²	
bei Spannung		N/mm²			

Biegeversuch 23 °C

	Probekörper:	*Form*		*Herstellung*	
		Zustand		*Vorbehandlung*	

Biegefestigkeit	N/mm²	*E-Modul*	N/mm²
3,5% Biegespannung	N/mm²		

Härte 23 °C

	Probekörper:	*Zustand*	*Herstellung*	Spritzgiessen
			Vorbehandlung	20 h bei 100 C

Kugeldruckhärte	N/mm²	bei N, s	*Shore-Härte* A	
Rockwellhärte			*Shore-Härte* D	54–60

Schlagversuch

	Probekörper:	*(1)*		
		(2)	*Herstellung*	
		Zustand	*Vorbehandlung*	
		°C	°C	°C	*Probekörper-Form*

Schlagzähigkeit	kJ/m²
Kerbschlagzähigkeit (1)	kJ/m²
IZOD-Kerbschlagzähigkeit (2)	J/m
Kerbschlagzugzähigkeit	kJ/m²

Abrieb und Reibung

Taber-Abrieb (Reibradverfahren)   mm³/100 U
Abriebfaktor LNP (Thrust washer) Vergleichswert
Statische Reibungszahl
Dynamische Reibungszahl   (p·v =   N/mm² ·   m/min)
Zulässiger p · v Wert   N/mm² · (m/min)   v =   m/min
   v =   m/min

Thermische Eigenschaften

Formbeständigkeit in der Wärme   Verfahren   °C
   Verfahren   °C
Vicat Erweichungstemperatur (VST)   Verfahren   °C
   Verfahren   °C
Kristallit-Schmelzpunkt   Verfahren

Längenausdehnungskoeffizient   Bereich   °C $\cdot 10^{-4}\mathrm{K}^{-1}$
   Temperatur $\cdot 10^{-4}\mathrm{K}^{-1}$
Wärmeleitfähigkeit   Verfahren   W/(K · m)

Spezifische Wärmekapazität   Verfahren   J/(K · g)

Glasumwandlungstemperatur   Torsionsschwingungsversuch   °C
   Differentialkalorimetrie   °C

Brandverhalten

UL-Test vertikal   Dicke   mm, Wert
   Dicke   mm, Wert

	Norm	Bewertung	Abmessungen
Sauerstoff-Index	ASTM D 2863		
Glühstab-Verfahren			
Brandverhalten	DIN 4102		
MVSS			
FAR			

Elektrische Eigenschaften

	Hz	°C		Probekörper, Form
Dielektrizitätszahl	50	23	6.2	2 mm dick
	10^3	23	5.8	2 mm dick
	10^6	23	4.9	2 mm dick
Dielektrischer Verlustfaktor tan δ	50	23	0.028	2 mm dick
	10^3	23	0.030	2 mm dick
	10^6	23	0.055	2 mm dick

Spezifischer Durchgangs-
   widerstand   Ohm · cm   23   ≧ 1.0*10**12
Durchschlagfestigkeit   kV/mm   23   ≧ 49   2   mm dick
Oberflächenwiderstand   Ohm   23   ≧ 1.0*10**12

Kriechstromfestigkeit   KC   KB   KA
Elektrolytische Korrosionswirkung
Lichtbogenfestigkeit nach DIN
   nach ASTM   s

Beständigkeit *(Chemische Beständigkeit siehe Anhang)*

Wasseraufnahme

Feuchtigkeitsaufnahme Normalklima   ·%
Wetterbeständigkeit

Spannungskorrosion

Optische Eigenschaften

Brechungszahl n_D
Transmissionsgrad τ_c %   mm dick
Lichtdurchlässigkeit

Produkt	Thermoplastisches Polyurethan-Elastomer	**TPE**
Handelsname	**Elastollan C 60 D**	
Hersteller	ELASTOGRAN	
DIN-Bez 1		
DIN-Bez 2		

Zusätze		*Füllstoffe/* *Verstärkung*	
Bevorzugte *Verarbeitung*	Spritzgiessen	*Lieferform*	Granulat
		Farben	Natur
Besondere *Merkmale*	Abriebfest; Knickbestaendig; Elastisch; Geringe bleibende Verformung nach Langzeitbelastung; Flexibel in der Kaelte	*Bevorzugte* *Anwendungen*	Technisches Formteil; Absatzfleck

Dichte	g/cm^3	1.23	*Schmelzindex*	g/10 min	:
Schüttdichte	g/cm^3		*Volumenfließindex*	cm^3/10 min	:
Viskositätszahl	ml/g				

Verarbeitungsbedingungen für Spritzgießen

Massetemp.	°C	210–230	*Schwindung*	%	lgs 1–1.2, quer 1–1.2
Werkzeugtemp.	°C	15–70	*Bemerkungen*		Schwindungswerte bedeuten Gesamt-schwindung
Spritzdruck	bar	30–180			

Zugversuch 23 °C   DIN 53504;

	Probekörper:	*Form*	Normstab S 2	*Herstellung*	Spritzgiessen
		Zustand		*Vorbehandlung*	20 h bei 100 C
Streckspannung	N/mm^2		*Dehnung bei Streckspannung*	%	
Zugfestigkeit	N/mm^2	55	*Reißdehnung*	%	400
Reißfestigkeit	N/mm^2		*% Dehnspannung*	N/mm^2	
E-Modul	N/mm^2		*Dehnung bei % Dehnspg.*	%	

Kriechmoduln und Zeitstandwerte 23 °C

	Probekörper:	*Form*	*Herstellung*	
		Zustand	*Vorbehandlung*	
Kriechmodul	1 min N/mm^2		*Zeitstandzugfestigkeit*	h N/mm^2
Kriechmodul	1000 h N/mm^2		*Zeitdehnspg. %*	h N/mm^2
bei Spannung	N/mm^2			

Biegeversuch 23 °C

	Probekörper:	*Form*	*Herstellung*	
		Zustand	*Vorbehandlung*	
Biegefestigkeit	N/mm^2		*E-Modul*	N/mm^2
3,5% Biegespannung	N/mm^2			

Härte 23 °C

	Probekörper:	*Zustand*	*Herstellung*	Spritzgiessen
			Vorbehandlung	20 h bei 100 C
Kugeldruckhärte	N/mm^2	bei N, s	*Shore-Härte* A	
Rockwellhärte			*Shore-Härte* D	57–63

Schlagversuch

	Probekörper:	*(1)*	
		(2)	*Herstellung*
		Zustand	*Vorbehandlung*
	°C	°C °C	*Probekörper-Form*

Schlagzähigkeit	kJ/m^2
Kerbschlagzähigkeit (1)	kJ/m^2
IZOD-Kerbschlagzähigkeit (2)	J/m
Kerbschlagzugzähigkeit	kJ/m^2

Abrieb und Reibung

Taber-Abrieb (Reibradverfahren) mm^3/100 U
Abriebfaktor LNP (Thrust washer) Vergleichswert
Statische Reibungszahl
Dynamische Reibungszahl (p·v =   N/mm^2 ·   m/min)
Zulässiger p · v Wert N/mm^2 · (m/min)   v =   m/min
                                      v =   m/min

Thermische Eigenschaften

Formbeständigkeit in der Wärme Verfahren °C
                                            Verfahren °C
Vicat Erweichungstemperatur (VST) Verfahren °C
                                            Verfahren °C
Kristallit-Schmelzpunkt Verfahren

Längenausdehnungskoeffizient Bereich   °C · 10^{-4}K^{-1}
                                            Temperatur · 10^{-4}K^{-1}
Wärmeleitfähigkeit Verfahren W/(K · m)

Spezifische Wärmekapazität Verfahren J/(K · g)

Glasumwandlungstemperatur Torsionsschwingungsversuch °C
                                            Differentialkalorimetrie °C

Brandverhalten

UL-Test vertikal Dicke   mm, Wert
                   Dicke   mm, Wert

	Norm	*Bewertung*	*Abmessungen*
Sauerstoff-Index	ASTM D 2863		
Glühstab-Verfahren			
Brandverhalten	DIN 4102		
MVSS			
FAR			

Elektrische Eigenschaften

		Hz	°C		*Probekörper, Form*
Dielektrizitätszahl		50	23	5.9	2 mm dick
		10^3	23	5.6	2 mm dick
		10^6	23	4.8	2 mm dick
Dielektrischer Verlustfaktor tan δ		50	23	0.028	2 mm dick
		10^3	23	0.030	2 mm dick
		10^6	23	0.051	2 mm dick
Spezifischer Durchgangs-widerstand	Ohm · cm		23	$\geqq$ 1.0*10**12	
Durchschlagfestigkeit	kV/mm		23	$\geqq$ 48	2 mm dick
Oberflächenwiderstand	Ohm		23	$\geqq$ 1.0*10**12	

Kriechstromfestigkeit   KC   KB   KA
Elektrolytische Korrosionswirkung
Lichtbogenfestigkeit nach DIN
               nach ASTM   s

Beständigkeit *(Chemische Beständigkeit siehe Anhang)*

Wasseraufnahme

Feuchtigkeitsaufnahme Normalklima %
Wetterbeständigkeit

Spannungskorrosion

Optische Eigenschaften

Brechungszahl n$_D$
Transmissionsgrad τ_c %   mm dick
Lichtdurchlässigkeit

Produkt	Thermoplastisches Polyurethan-Elastomer	**TPE**
Handelsname	**Elastollan C 64 D**	
Hersteller	ELASTOGRAN	
DIN-Bez 1		
DIN-Bez 2		

Zusätze		*Füllstoffe/ Verstärkung*	
Bevorzugte Verarbeitung	Spritzgiessen	*Lieferform*	Granulat
		Farben	Natur
Besondere Merkmale	Abriebfest; Knickbestaendig; Elastisch; Geringe bleibende Verformung nach Langzeitbelastung; Flexibel in der Kaelte	*Bevorzugte Anwendungen*	Technisches Formteil; Absatzfleck

---

Dichte	g/cm³	1.23	*Schmelzindex*	g/10 min	:
Schüttdichte	g/cm³		*Volumenfließindex*	cm³/10 min	:
Viskositätszahl	ml/g				

Verarbeitungsbedingungen für Spritzgießen

Massetemp.	°C	210–230	*Schwindung*	%	lgs 1–1.2, quer 1–1.2
Werkzeugtemp.	°C	15–70	*Bemerkungen*		Schwindungswerte bedeuten Gesamt- schwindung
Spritzdruck	bar	30–180			

Zugversuch 23 °C DIN 53504;

	Probekörper:	*Form* Normstab S 2	*Herstellung*	Spritzgiessen
		Zustand	*Vorbehandlung*	20 h bei 100 C
Streckspannung	N/mm²		*Dehnung bei Streckspannung*	%
Zugfestigkeit	N/mm² 55		*Reißdehnung*	% 400
Reißfestigkeit	N/mm²		% *Dehnspannung*	N/mm²
E-Modul	N/mm²		*Dehnung bei* % *Dehnspg.*	%

Kriechmoduln und Zeitstandwerte 23 °C

	Probekörper:	*Form*	*Herstellung*
		Zustand	*Vorbehandlung*
Kriechmodul	1 min N/mm²	*Zeitstandzugfestigkeit*	h N/mm²
Kriechmodul	1000 h N/mm²	*Zeitdehnspg.* %	h N/mm²
bei Spannung	N/mm²		

Biegeversuch 23 °C

	Probekörper:	*Form*	*Herstellung*
		Zustand	*Vorbehandlung*
Biegefestigkeit	N/mm²	*E-Modul*	N/mm²
3,5% Biegespannung	N/mm²		

Härte 23 °C

	Probekörper: *Zustand*	*Herstellung*	Spritzgiessen
		Vorbehandlung	20 h bei 100 C
Kugeldruckhärte	N/mm² bei N, s	*Shore-Härte* A	
Rockwellhärte		*Shore-Härte* D	61–67

Schlagversuch

	Probekörper:	*(1)*	
		(2)	*Herstellung*
		Zustand	*Vorbehandlung*
	°C	°C	°C	*Probekörper-Form*

Schlagzähigkeit	kJ/m²
Kerbschlagzähigkeit (1)	kJ/m²
IZOD-Kerbschlagzähigkeit (2)	J/m
Kerbschlagzugzähigkeit	kJ/m²

Abrieb und Reibung

Taber-Abrieb (Reibradverfahren)   mm³/100 U
Abriebfaktor LNP (Thrust washer) Vergleichswert
Statische Reibungszahl
Dynamische Reibungszahl   (p·v =   N/mm² ·   m/min)
Zulässiger p · v Wert   N/mm² · (m/min)   v =   m/min
                                                                        v =   m/min

Thermische Eigenschaften

Formbeständigkeit in der Wärme   *Verfahren*   °C
                                          Verfahren   °C
Vicat Erweichungstemperatur (VST)   *Verfahren*   °C
                                          Verfahren   °C
Kristallit-Schmelzpunkt   *Verfahren*

Längenausdehnungskoeffizient   *Bereich*   °C $\cdot 10^{-4} K^{-1}$
                                          Temperatur $\cdot 10^{-4} K^{-1}$
Wärmeleitfähigkeit   *Verfahren*   W/(K · m)

Spezifische Wärmekapazität   *Verfahren*   J/(K · g)

Glasumwandlungstemperatur   *Torsionsschwingungsversuch*   °C
                                          Differentialkalorimetrie   °C

Brandverhalten

UL-Test vertikal   Dicke   mm, Wert
                                          Dicke   mm, Wert

	Norm	*Bewertung*	*Abmessungen*
Sauerstoff-Index	ASTM D 2863		
Glühstab-Verfahren			
Brandverhalten	DIN 4102		
MVSS			
FAR			

Elektrische Eigenschaften

	Hz	°C		*Probekörper, Form*
Dielektrizitätszahl	50	23	5.6	2 mm dick
	10³	23	5.3	2 mm dick
	10⁶	23	4.5	2 mm dick
Dielektrischer Verlustfaktor tan δ	50	23	0.032	2 mm dick
	10³	23	0.031	2 mm dick
	10⁶	23	0.050	2 mm dick

Spezifischer Durchgangs-
   widerstand   Ohm · cm   23 $\geqq 1.0 * 10^{**}13$
Durchschlagfestigkeit kV/mm   23 $\geqq$ 49   2   mm dick
Oberflächenwiderstand Ohm   23 $\geqq 1.0 * 10^{**}12$

Kriechstromfestigkeit   KC   KB   KA
Elektrolytische Korrosionswirkung
Lichtbogenfestigkeit nach DIN
                 nach ASTM   s

Beständigkeit *(Chemische Beständigkeit siehe Anhang)*

Wasseraufnahme

Feuchtigkeitsaufnahme Normalklima   %
Wetterbeständigkeit

Spannungskorrosion

Optische Eigenschaften

Brechungszahl n_D
Transmissionsgrad τ_c %   mm dick
Lichtdurchlässigkeit

Datenbank-Nr. **T05355**	*Merkblatt-Nr.* **3957**

Produkt	Thermoplastisches Polyurethan-Elastomer	**TPE**
Handelsname	**Elastollan C 74 D**	
Hersteller	ELASTOGRAN	
DIN-Bez 1		
DIN-Bez 2		

Zusätze		*Füllstoffe/ Verstärkung*	
Bevorzugte Verarbeitung	Spritzgiessen	*Lieferform*	Granulat
		Farben	Natur
Besondere Merkmale	Abriebfest; Knickbestaendig; Elastisch; Geringe bleibende Verformung nach Langzeitbelastung; Flexibel in der Kaelte	*Bevorzugte Anwendungen*	Technisches Formteil; Absatzfleck

Dichte	g/cm^3	1.24	*Schmelzindex*	g/10 min	:
Schüttdichte	g/cm^3		*Volumenfließindex*	cm^3/10 min	:
Viskositätszahl	ml/g				

Verarbeitungsbedingungen für Spritzgießen

Massetemp.	°C	210–230	*Schwindung*	%	lgs 1–1.2, quer 1–1.2
Werkzeugtemp.	°C	15–70	*Bemerkungen*		Schwindungswerte bedeuten Gesamt-
Spritzdruck	bar	30–180			schwindung

Zugversuch 23 °C DIN 53504;

	Probekörper:	*Form* Normstab S 2	*Herstellung*	Spritzgiessen	
		Zustand	*Vorbehandlung*	20 h bei 100 C	
Streckspannung	N/mm^2		*Dehnung bei Streckspannung*	%	
Zugfestigkeit	N/mm^2	55	*Reißdehnung*	%	350
Reißfestigkeit	N/mm^2		*% Dehnspannung*	N/mm^2	
E-Modul	N/mm^2		*Dehnung bei % Dehnspg.*	%	

Kriechmoduln und Zeitstandwerte 23 °C

	Probekörper:	*Form*	*Herstellung*	
		Zustand	*Vorbehandlung*	
Kriechmodul	1 min N/mm^2		*Zeitstandzugfestigkeit*	h N/mm^2
Kriechmodul	1000 h N/mm^2		*Zeitdehnspg. %*	h N/mm^2
bei Spannung	N/mm^2			

Biegeversuch 23 °C

	Probekörper:	*Form*	*Herstellung*	
		Zustand	*Vorbehandlung*	
Biegefestigkeit	N/mm^2		*E-Modul*	N/mm^2
3,5% Biegespannung	N/mm^2			

Härte 23 °C

	Probekörper:	*Zustand*	*Herstellung*	Spritzgiessen
			Vorbehandlung	20 h bei 100 C
Kugeldruckhärte	N/mm^2	bei N, s	*Shore-Härte* A	
Rockwellhärte			*Shore-Härte* D	70–76

Schlagversuch

	Probekörper:	*(1)*		
		(2)	*Herstellung*	
		Zustand	*Vorbehandlung*	
	°C	°C	°C	*Probekörper-Form*

Schlagzähigkeit	kJ/m^2	
Kerbschlagzähigkeit (1)	kJ/m^2	
IZOD-Kerbschlagzähigkeit (2)	J/m	
Kerbschlagzugzähigkeit	kJ/m^2	

Abrieb und Reibung

Taber-Abrieb (Reibradverfahren)   mm³/100 U
Abriebfaktor LNP (Thrust washer) Vergleichswert
Statische Reibungszahl
Dynamische Reibungszahl   (p · v =   N/mm² ·   m/min)
Zulässiger p · v Wert   N/mm² · (m/min)   v =   m/min
    v =   m/min

Thermische Eigenschaften

Formbeständigkeit in der Wärme   Verfahren   °C
    Verfahren   °C
Vicat Erweichungstemperatur (VST)   Verfahren   °C
    Verfahren   °C
Kristallit-Schmelzpunkt   Verfahren

Längenausdehnungskoeffizient   Bereich   °C $\cdot 10^{-4} \mathrm{K}^{-1}$
    Temperatur $\cdot 10^{-4} \mathrm{K}^{-1}$
Wärmeleitfähigkeit   Verfahren   W/(K · m)

Spezifische Wärmekapazität   Verfahren   J/(K · g)

Glasumwandlungstemperatur   Torsionsschwingungsversuch   °C
    Differentialkalorimetrie   °C

Brandverhalten

UL-Test vertikal   Dicke   mm, Wert
    Dicke   mm, Wert

	Norm	Bewertung	Abmessungen
Sauerstoff-Index	ASTM D 2863		
Glühstab-Verfahren			
Brandverhalten	DIN 4102		
MVSS			
FAR			

Elektrische Eigenschaften

	Hz	°C		Probekörper, Form
Dielektrizitätszahl	50	23	5.1	2 mm dick
	10^3	23	4.8	2 mm dick
	10^6	23	4.1	2 mm dick
Dielektrischer Verlustfaktor tan δ	50	23	0.034	2 mm dick
	10^3	23	0.031	2 mm dick
	10^6	23	0.045	2 mm dick

Spezifischer Durchgangs-
  widerstand   Ohm · cm   23 $\geqq 1.0*10**13$
Durchschlagfestigkeit   kV/mm   23 $\geqq 49$ 2   mm dick
Oberflächenwiderstand   Ohm   23 $\geqq 1.0*10**13$

Kriechstromfestigkeit   KC   KB   KA
Elektrolytische Korrosionswirkung
Lichtbogenfestigkeit nach DIN
    nach ASTM   s

Beständigkeit *(Chemische Beständigkeit siehe Anhang)*

Wasseraufnahme

Feuchtigkeitsaufnahme Normalklima   %
Wetterbeständigkeit

Spannungskorrosion

Optische Eigenschaften

Brechungszahl n_D
Transmissionsgrad τ_c %   mm dick
Lichtdurchlässigkeit

Produkt	Polyamid 6	**PA**
Handelsname	**Akulon K224-G3**	
Hersteller	AKZO	
DIN-Bez 1		
DIN-Bez 2		

Zusätze		*Füllstoffe/ Verstärkung*	15.0% Glasfaser
Bevorzugte Verarbeitung	Spritzgiessen	*Lieferform*	Granulat
		Farben	Natur; Schwarz; Standard
Besondere Merkmale	Ausgewogene Kombination von Eigenschaften; Hervorragende Verarbeitbarkeit; Hohe mechanische Festigkeit und Steifigkeit; Hohe Waermeformbestaendigkeit; Hohe Kriechstromfestigkeit	*Bevorzugte Anwendungen*	Technisches Formteil; Gehaeuse fuer Elektrogeraete und Werkzeuge; Automobilbau; Maschinenbau; Apparatebau

---

Dichte	g/cm^3	1.23	*Schmelzindex*	g/10 min		:
Schüttdichte	g/cm^3		*Volumenfließindex*	cm^3/10 min		:
Viskositätszahl	ml/g					

Verarbeitungsbedingungen für Spritzgießen

Massetemp.	°C	260–290	*Schwindung*	% lgs 0.2, quer 1	
Werkzeugtemp.	°C	80–90	*Bemerkungen*	Schneckendrehzahl und Staudruck moeglichst niedrig	
Spritzdruck	bar				

Zugversuch 23 °C　ISO 527;

	Probekörper:	*Form*	*Herstellung*	Spritzgiessen
		Zustand Spritzfrisch	*Vorbehandlung*	

Streckspannung	N/mm^2		*Dehnung bei Streckspannung*	%
Zugfestigkeit	N/mm^2 115		*Reißdehnung*	% 3
Reißfestigkeit	N/mm^2		*% Dehnspannung*	N/mm^2
E-Modul	N/mm^2 5000		*Dehnung bei % Dehnspg.*	%

Kriechmoduln und Zeitstandwerte 23 °C

	Probekörper:	*Form*	*Herstellung*
		Zustand	*Vorbehandlung*

Kriechmodul	1 min N/mm^2	*Zeitstandzugfestigkeit*	h N/mm^2
Kriechmodul	1000 h N/mm^2	*Zeitdehnspg. %*	h N/mm^2
bei Spannung	N/mm^2		

Biegeversuch 23 °C　ISO 178;

	Probekörper:	*Form*	*Herstellung*	Spritzgiessen
		Zustand Spritzfrisch	*Vorbehandlung*	

Biegefestigkeit	N/mm^2 160	*E-Modul*	N/mm^2 4700
3,5% Biegespannung	N/mm^2		

Härte 23 °C

	Probekörper:	*Zustand* Spritzfrisch	*Herstellung*	Spritzgiessen
			Vorbehandlung	

Kugeldruckhärte	N/mm^2 155	bei 358 N, 30 s	*Shore-Härte* A
Rockwellhärte	M 88		*Shore-Härte* D 82

Schlagversuch

	Probekörper:	(1) U-Kerbe	
		(2) V-Kerbe	*Herstellung* Spritzgiessen
		Zustand Spritzfrisch	*Vorbehandlung*

		°C	°C	°C	*Probekörper-Form*
Schlagzähigkeit	kJ/m^2	23 28			NKS
Kerbschlagzähigkeit (1)	kJ/m^2	23 6			NKS
IZOD-Kerbschlagzähigkeit (2)	J/m	23 45			Dicke 3.2 mm
Kerbschlagzugzähigkeit	kJ/m^2				

Abrieb und Reibung

Taber-Abrieb (Reibradverfahren)	mm³/100 U
Abriebfaktor LNP (Thrust washer) Vergleichswert	
Statische Reibungszahl	
Dynamische Reibungszahl	(p·v = N/mm² · m/min)
Zulässiger p · v Wert	N/mm² · (m/min) v = m/min
	v = m/min

Thermische Eigenschaften

Formbeständigkeit in der Wärme	Verfahren	A		195 °C
	Verfahren	B		215 °C
Vicat Erweichungstemperatur (VST)	Verfahren			°C
	Verfahren			°C
Kristallit-Schmelzpunkt	Verfahren	ISO 3146		218 °C
Längenausdehnungskoeffizient	Bereich	°C		$\cdot 10^{-4} K^{-1}$
	Temperatur 23 °C			$0.35 \cdot 10^{-4} K^{-1}$
Wärmeleitfähigkeit	Verfahren	ASTM C 177	23 °C	0.35 W/(K · m)
Spezifische Wärmekapazität	Verfahren	ASTM C 351	23 °C	1.6 J/(K · g)
Glasumwandlungstemperatur	Torsionsschwingungsversuch		°C	
	Differentialkalorimetrie		°C	

Brandverhalten

UL-Test vertikal Dicke 1.6 mm, Wert HB
Dicke mm, Wert

	Norm	Bewertung	Abmessungen
Sauerstoff-Index	ASTM D 2863	21 %	
Glühstab-Verfahren			
Brandverhalten	DIN 4102		
MVSS			
FAR			

Elektrische Eigenschaften

		Hz	°C		Probekörper, Form
Dielektrizitätszahl		50			
		10^3	23	4.7	
		10^6			
Dielektrischer Verlustfaktor tan δ		50			
		10^3	23	0.08	
		10^6			
Spezifischer Durchgangs-widerstand	Ohm · cm		23	1.0*10**14	
Durchschlagfestigkeit	kV/mm		23	≧ 55	1 mm dick
Oberflächenwiderstand	Ohm		23	1.0*10**13	
Kriechstromfestigkeit		KC 425		KB 325 KA 3a	
Elektrolytische Korrosionswirkung					
Lichtbogenfestigkeit nach DIN					
nach ASTM	s				

Beständigkeit *(Chemische Beständigkeit siehe Anhang)*

Wasseraufnahme 23 C Bis zur Saettigung	7.7 %
Feuchtigkeitsaufnahme Normalklima	2.3 %
Wetterbeständigkeit	
Spannungskorrosion	

Optische Eigenschaften

Brechungszahl n_D			
Transmissionsgrad τ_c	%	mm dick	
Lichtdurchlässigkeit			

Produkt	Polyamid 6		**PA**
Handelsname	**Akulon K224-G5**		
Hersteller	AKZO		
DIN-Bez 1			
DIN-Bez 2			

Zusätze   **·**   *Füllstoffe/Verstärkung*   25.0% Glasfaser

Bevorzugte Verarbeitung   Spritzgiessen

Lieferform   Granulat

Farben   Natur; Schwarz; Standard

Besondere Merkmale   Ausgewogene Kombination von Eigenschaften; Hervorragende Verarbeitbarkeit; Hohe mechanische Festigkeit und Steifigkeit; Hohe Waermeformbestaendigkeit; Hohe Kriechstromfestigkeit

Bevorzugte Anwendungen   Technisches Formteil; Gehaeuse fuer Elektrogeraete und Werkzeuge; Automobilbau; Maschinenbau; Apparatebau

---

Dichte	g/cm^3	1.30	
Schüttdichte	g/cm^3		
Viskositätszahl	ml/g		

Schmelzindex   g/10 min   :
Volumenfließindex   cm^3/10 min   :

Verarbeitungsbedingungen für Spritzgießen

Massetemp.	°C	260–290
Werkzeugtemp.	°C	80–90
Spritzdruck	bar	

Schwindung   %   lgs   0.2, quer   1
Bemerkungen   Schneckendrehzahl und Staudruck moeglichst niedrig

---

Zugversuch 23 °C   ISO 527;

Probekörper: *Form*
Zustand   Spritzfrisch

Herstellung   Spritzgiessen
Vorbehandlung

Streckspannung	N/mm^2	
Zugfestigkeit	N/mm^2	155
Reißfestigkeit	N/mm^2	
E-Modul	N/mm^2	7000

Dehnung bei Streckspannung	%	
Reißdehnung	%	3.5
% Dehnspannung	N/mm^2	
Dehnung bei % Dehnspg.	%	

Kriechmoduln und Zeitstandwerte 23 °C

Probekörper: *Form*
Zustand

Herstellung
Vorbehandlung

Kriechmodul	1 min	N/mm^2
Kriechmodul	1000 h	N/mm^2
bei Spannung		N/mm^2

Zeitstandzugfestigkeit	h	N/mm^2
Zeitdehnspg. %	h	N/mm^2

Biegeversuch 23 °C   ISO 178;

Probekörper: *Form*
Zustand   Spritzfrisch

Herstellung   Spritzgiessen
Vorbehandlung

Biegefestigkeit   N/mm^2 220
3,5% Biegespannung   N/mm^2

E-Modul   N/mm^2 6800

Härte 23 °C   *Probekörper:*   *Zustand*   Spritzfrisch

Herstellung   Spritzgiessen
Vorbehandlung

Kugeldruckhärte   N/mm^2 185   bei 961 N, 30 s
Rockwellhärte   M 90

Shore-Härte A
Shore-Härte D   84

Schlagversuch   *Probekörper:*   (1) U-Kerbe
(2) V-Kerbe
Zustand   Spritzfrisch

Herstellung   Spritzgiessen
Vorbehandlung

	°C	°C	°C	*Probekörper-Form*

Schlagzähigkeit	kJ/m^2	23	47	NKS
Kerbschlagzähigkeit (1)	kJ/m^2	23	11	NKS
IZOD-Kerbschlagzähigkeit (2)	J/m	23	85	Dicke 3.2 mm
Kerbschlagzugzähigkeit	kJ/m^2			

Abrieb und Reibung

Taber-Abrieb (Reibradverfahren)	mm³/100 U	
Abriebfaktor LNP (Thrust washer) Vergleichswert		
Statische Reibungszahl		
Dynamische Reibungszahl	(p·v = N/mm² ·	m/min)
Zulässiger p · v Wert	N/mm² · (m/min) v =	m/min
	v =	m/min

Thermische Eigenschaften

Formbeständigkeit in der Wärme	*Verfahren* A		205 °C
	Verfahren B		215 °C
Vicat Erweichungstemperatur (VST)	*Verfahren*		°C
	Verfahren		°C
Kristallit-Schmelzpunkt	*Verfahren* ISO 3146		218 °C
Längenausdehnungskoeffizient	*Bereich* °C		$\cdot 10^{-4} \mathrm{K}^{-1}$
	Temperatur 23 °C		$0.3 \cdot 10^{-4} \mathrm{K}^{-1}$
Wärmeleitfähigkeit	*Verfahren* ASTM C 177	23 °C	$0.4 \mathrm{W}/(\mathrm{K}\cdot\mathrm{m})$
Spezifische Wärmekapazität	*Verfahren* ASTM C 351	23 °C	$1.5 \mathrm{J}/(\mathrm{K}\cdot\mathrm{g})$
Glasumwandlungstemperatur	*Torsionsschwingungsversuch*	°C	
	Differentialkalorimetrie	°C	

Brandverhalten

UL-Test vertikal   Dicke 1.6 mm, Wert HB
            Dicke   mm, Wert

	Norm	*Bewertung*	*Abmessungen*
Sauerstoff-Index	ASTM D 2863	22%	
Glühstab-Verfahren			
Brandverhalten	DIN 4102		
MVSS			
FAR			

Elektrische Eigenschaften

	Hz	°C		*Probekörper, Form*
Dielektrizitätszahl	50			
	10^3	23	5.0	
	10^6			
Dielektrischer Verlustfaktor tan δ	50			
	10^3	23	0.09	
	10^6			
Spezifischer Durchgangs-widerstand	Ohm · cm	23	1.0*10**14	
Durchschlagfestigkeit	kV/mm	23	$\geqq$ 55	1 mm dick
Oberflächenwiderstand	Ohm	23	1.0*10**13	
Kriechstromfestigkeit	KC 525	KB 350	KA 3a	
Elektrolytische Korrosionswirkung				
Lichtbogenfestigkeit nach DIN				
nach ASTM	s			

Beständigkeit *(Chemische Beständigkeit siehe Anhang)*

Wasseraufnahme 23 C Bis zur Saettigung		6.8 %
Feuchtigkeitsaufnahme Normalklima		2.0 %
Wetterbeständigkeit		
Spannungskorrosion		

Optische Eigenschaften

Brechungszahl n_D
Transmissionsgrad τ_c %   mm dick
Lichtdurchlässigkeit

Datenbank-Nr.	**T05358**	Merkblatt-Nr. **3960**

		PA
Produkt	Polyamid 6	
Handelsname	**Akulon K224-G6**	
Hersteller	AKZO	
DIN-Bez 1		
DIN-Bez 2		

Zusätze		*Füllstoffe/ Verstärkung*	30.0% Glasfaser
Bevorzugte Verarbeitung	Spritzgiessen	*Lieferform*	Granulat
		Farben	Natur; Schwarz; Standard
Besondere Merkmale	Ausgewogene Kombination von Eigenschaften; Hervorragende Verarbeitbarkeit; Hohe mechanische Festigkeit und Steifigkeit; Hohe Waermeformbestaendigkeit; Hohe Kriechstromfestigkeit	*Bevorzugte Anwendungen*	Technisches Formteil; Gehaeuse fuer Elektrogeraete und Werkzeuge; Automobilbau; Maschinenbau; Apparatebau

---

Dichte	g/cm³	1.35	*Schmelzindex*	g/10 min	:
Schüttdichte	g/cm³		*Volumenfließindex*	cm³/10 min	:
Viskositätszahl	ml/g				

Verarbeitungsbedingungen für Spritzgießen

Massetemp.	°C	260–290	*Schwindung*	%	lgs	0.2, quer 1
Werkzeugtemp.	°C	80–90	*Bemerkungen*	Schneckendrehzahl und Staudruck moeglichst niedrig		
Spritzdruck	bar					

Zugversuch 23 °C ISO 527;

		Probekörper:	Form		Herstellung	Spritzgiessen
			Zustand	Spritzfrisch	Vorbehandlung	

Streckspannung	N/mm²		*Dehnung bei Streckspannung*	%	
Zugfestigkeit	N/mm²	170	*Reißdehnung*	%	3.5
Reißfestigkeit	N/mm²		*% Dehnspannung*	N/mm²	
E-Modul	N/mm²	8000	*Dehnung bei % Dehnspg.*	%	

Kriechmoduln und Zeitstandwerte 23 °C

		Probekörper:	Form	Herstellung	
			Zustand	Vorbehandlung	

Kriechmodul	1 min N/mm²		*Zeitstandzugfestigkeit*	h N/mm²
Kriechmodul	1000 h N/mm²		*Zeitdehnspg. %*	h N/mm²
bei Spannung	N/mm²			

Biegeversuch 23 °C ISO 178;

		Probekörper:	Form		Herstellung	Spritzgiessen
			Zustand	Spritzfrisch	Vorbehandlung	

Biegefestigkeit	N/mm²	245	*E-Modul*	N/mm²	8000
3,5% Biegespannung	N/mm²				

Härte 23 °C

	Probekörper:	Zustand	Spritzfrisch	Herstellung	Spritzgiessen
				Vorbehandlung	

Kugeldruckhärte	N/mm² 195	bei 961 N, 30 s	*Shore-Härte* A	
Rockwellhärte	M 92		*Shore-Härte* D	86

Schlagversuch

	Probekörper:	(1) U-Kerbe			
		(2) V-Kerbe		Herstellung	Spritzgiessen
		Zustand	Spritzfrisch	Vorbehandlung	

		°C	°C	°C	Probekörper-Form
Schlagzähigkeit	kJ/m²	23 54			NKS
Kerbschlagzähigkeit (1)	kJ/m²	23 13			NKS
IZOD-Kerbschlagzähigkeit (2)	J/m	23 120			Dicke 3.2 mm
Kerbschlagzugzähigkeit	kJ/m²				

Abrieb und Reibung

Taber-Abrieb (Reibradverfahren)	mm³/100 U	
Abriebfaktor LNP (Thrust washer) Vergleichswert		
Statische Reibungszahl		
Dynamische Reibungszahl	(p·v = $\quad$ N/mm² · $\quad$ m/min)	
Zulässiger p · v Wert	N/mm² · (m/min) v = $\quad$ m/min	
	v = $\quad$ m/min	

Thermische Eigenschaften

Formbeständigkeit in der Wärme	Verfahren A		210 °C
	Verfahren B		220 °C
Vicat Erweichungstemperatur (VST)	Verfahren		°C
	Verfahren		°C
Kristallit-Schmelzpunkt	Verfahren ASTM D 2117		218 °C
Längenausdehnungskoeffizient	Bereich $\quad$ °C		$\cdot 10^{-4} K^{-1}$
	Temperatur 23 °C		$0.25 \cdot 10^{-4} K^{-1}$
Wärmeleitfähigkeit	Verfahren ASTM C 177	23 °C	0.45 W/(K · m)
Spezifische Wärmekapazität	Verfahren ASTM C 351	23 °C	1.4 J/(K · g)
Glasumwandlungstemperatur	Torsionsschwingungsversuch	°C	
	Differentialkalorimetrie	°C	

Brandverhalten

UL-Test vertikal

Dicke 1.6 mm, Wert HB
Dicke $\quad$ mm, Wert

	Norm	Bewertung	Abmessungen
Sauerstoff-Index	ASTM D 2863	23%	
Glühstab-Verfahren	DIN 53459	3a	
Brandverhalten	DIN 4102		
MVSS			
FAR			

Elektrische Eigenschaften

		Hz	°C		Probekörper, Form
Dielektrizitätszahl		50			
		10^3	23	5.1	
		10^6			
Dielektrischer Verlustfaktor tan δ		50			
		10^3	23	0.10	
		10^6			
Spezifischer Durchgangs-widerstand	Ohm · cm		23	1.0*10**14	
Durchschlagfestigkeit	kV/mm		23	≧ 55	1 $\quad$ mm dick
Oberflächenwiderstand	Ohm		23	1.0*10**13	
Kriechstromfestigkeit		KC 575	KB 425	KA 3b	
Elektrolytische Korrosionswirkung					
Lichtbogenfestigkeit nach DIN					
nach ASTM	s				

Beständigkeit *(Chemische Beständigkeit siehe Anhang)*

Wasseraufnahme 23 C Bis zur Saettigung		6.3 %
Feuchtigkeitsaufnahme Normalklima		1.9 %
Wetterbeständigkeit		
Spannungskorrosion		

Optische Eigenschaften

Brechungszahl n_D
Transmissionsgrad τ_c $\quad$ % $\qquad$ mm dick
Lichtdurchlässigkeit

Produkt	Polyamid 6	**PA**
Handelsname	**Akulon K224-G7**	
Hersteller	AKZO	
DIN-Bez 1		
DIN-Bez 2		

Zusätze		Füllstoffe/ Verstärkung	35.0% Glasfaser	
Bevorzugte Verarbeitung	Spritzgiessen	Lieferform	Granulat	
		Farben	Natur; Schwarz; Standard	
Besondere Merkmale	Ausgewogene Kombination von Eigenschaften; Hervorragende Verarbeitbarkeit; Hohe mechanische Festigkeit und Steifigkeit; Hohe Waermeformbestaendigkeit; Hohe Kriechstromfestigkeit	Bevorzugte Anwendungen	Technisches Formteil; Gehaeuse fuer Elektrogeraete und Werkzeuge; Automobilbau; Maschinenbau; Apparatebau	

Dichte	g/cm^3	1.39	Schmelzindex	g/10 min	:
Schüttdichte	g/cm^3		Volumenfließindex	cm^3/10 min	:
Viskositätszahl	ml/g				

Verarbeitungsbedingungen für Spritzgießen

Massetemp.	°C	260–290	Schwindung	% lgs	0.2, quer 1
Werkzeugtemp.	°C	80–90	Bemerkungen		Schneckendrehzahl und Staudruck moeglichst niedrig
Spritzdruck	bar				

Zugversuch 23 °C   ISO 527;

	Probekörper:	Form	Herstellung	Spritzgiessen
		Zustand Spritzfrisch	Vorbehandlung	

Streckspannung	N/mm^2		Dehnung bei Streckspannung	%	
Zugfestigkeit	N/mm^2	180	Reißdehnung	%	3.5
Reißfestigkeit	N/mm^2		% Dehnspannung	N/mm^2	
E-Modul	N/mm^2	9500	Dehnung bei % Dehnspg.	%	

Kriechmoduln und Zeitstandwerte 23 °C

	Probekörper:	Form	Herstellung	
		Zustand	Vorbehandlung	

Kriechmodul	1 min	N/mm^2	Zeitstandzugfestigkeit	h	N/mm^2
Kriechmodul	1000 h	N/mm^2	Zeitdehnspg. %	h	N/mm^2
bei Spannung		N/mm^2			

Biegeversuch 23 °C   ISO 178;

	Probekörper:	Form	Herstellung	Spritzgiessen
		Zustand Spritzfrisch	Vorbehandlung	

Biegefestigkeit	N/mm^2	270	E-Modul	N/mm^2 9500
3,5% Biegespannung	N/mm^2			

Härte 23 °C

	Probekörper:	Zustand Spritzfrisch	Herstellung	Spritzgiessen
			Vorbehandlung	

Kugeldruckhärte	N/mm^2 205	bei 961 N, 30 s	Shore-Härte A	
Rockwellhärte	M 92		Shore-Härte D	86

Schlagversuch

	Probekörper:	(1) U-Kerbe		
		(2) V-Kerbe	Herstellung	Spritzgiessen
		Zustand Spritzfrisch	Vorbehandlung	
		°C °C	°C	Probekörper-Form

Schlagzähigkeit	kJ/m^2	23	56	NKS
Kerbschlagzähigkeit (1)	kJ/m^2	23	14	NKS
IZOD-Kerbschlagzähigkeit (2)	J/m	23	130	Dicke 3.2 mm
Kerbschlagzugzähigkeit	kJ/m^2			

Abrieb und Reibung

Taber-Abrieb (Reibradverfahren)	mm³/100 U	
Abriebfaktor LNP (Thrust washer) Vergleichswert		
Statische Reibungszahl		
Dynamische Reibungszahl	(p·v = N/mm² · m/min)	
Zulässiger p · v Wert	N/mm² · (m/min) v = m/min	
	v = m/min	

Thermische Eigenschaften

Formbeständigkeit in der Wärme	Verfahren	A	210 °C
	Verfahren	B	220 °C
Vicat Erweichungstemperatur (VST)	Verfahren		°C
	Verfahren		°C
Kristallit-Schmelzpunkt	Verfahren	ISO 3146	218 °C
Längenausdehnungskoeffizient	Bereich	°C	$\cdot 10^{-4} K^{-1}$
	Temperatur 23 °C		$0.25 \cdot 10^{-4} K^{-1}$
Wärmeleitfähigkeit	Verfahren ASTM C 177	23 °C	0.45 W/(K · m)
Spezifische Wärmekapazität	Verfahren ASTM C 351	23 °C	1.4 J/(K · g)
Glasumwandlungstemperatur	Torsionsschwingungsversuch	°C	
	Differentialkalorimetrie	°C	

Brandverhalten

UL-Test vertikal   Dicke 1.6   mm, Wert HB
              Dicke   mm, Wert

	Norm	Bewertung	Abmessungen
Sauerstoff-Index	ASTM D 2863	22%	
Glühstab-Verfahren	VDE 0304	3a	
Brandverhalten	DIN 4102		
MVSS			
FAR			

Elektrische Eigenschaften

		Hz	°C		Probekörper, Form
Dielektrizitätszahl		50			
		10^3	23	5.1	
		10^6			
Dielektrischer Verlustfaktor tan δ		50			
		10^3	23	0.10	
		10^6			
Spezifischer Durchgangs-					
widerstand	Ohm · cm		23	1.0*10**14	
Durchschlagfestigkeit	kV/mm		23	$\geq$ 55	1 mm dick
Oberflächenwiderstand	Ohm		23	1.0*10**13	
Kriechstromfestigkeit		KC 600	KB 475	KA 3c	
Elektrolytische Korrosionswirkung					
Lichtbogenfestigkeit nach DIN					
nach ASTM	s				

Beständigkeit *(Chemische Beständigkeit siehe Anhang)*

Wasseraufnahme 23 C Bis zur Saettigung	5.9 %	
Feuchtigkeitsaufnahme Normalklima		1.8 %
Wetterbeständigkeit		
Spannungskorrosion		

Optische Eigenschaften

Brechungszahl n_D
Transmissionsgrad τ_c %   mm dick
Lichtdurchlässigkeit

Datenbank-Nr. **T05360**	*Merkblatt-Nr.* **3962**

		PA
Produkt	Polyamid 6	
Handelsname	**Akulon K224-G0**	
Hersteller	AKZO	
DIN-Bez 1		
DIN-Bez 2		

Zusätze		*Füllstoffe/ Verstärkung*	50.0% Glasfaser
Bevorzugte Verarbeitung	Spritzgiessen	*Lieferform*	Granulat
		Farben	Natur; Schwarz; Standard
Besondere Merkmale	Aussergewoehnliche Steifigkeit sowohl in trockenem als auch im Feuchtigkeitsgleichgewichtszustand; Mechanische Festigkeit, Haerte und Schlagzaehigkeit	*Bevorzugte Anwendungen*	Technisches Formteil; Gehaeuse fuer Elektrogeraete und Werkzeuge; Automobilbau; Maschinenbau; Apparatebau

Dichte	g/cm^3	1.56	*Schmelzindex*	g/10 min	:
Schüttdichte	g/cm^3		*Volumenfließindex*	cm^3/10 min	:
Viskositätszahl	ml/g				

Verarbeitungsbedingungen für Spritzgießen

Massetemp.	°C	260–290	*Schwindung*	%	lgs	0.1, quer 1
Werkzeugtemp.	°C	80–90	*Bemerkungen*	Schneckendrehzahl und Staudruck moeglichst niedrig		
Spritzdruck	bar					

Zugversuch 23 °C   ISO 527;

	Probekörper:	Form		*Herstellung*	Spritzgiessen
		Zustand	Spritzfrisch	*Vorbehandlung*	

Streckspannung	N/mm^2		*Dehnung bei Streckspannung*	%	
Zugfestigkeit	N/mm^2	205	*Reißdehnung*	%	3
Reißfestigkeit	N/mm^2		*% Dehnspannung*	N/mm^2	
E-Modul	N/mm^2	14000	*Dehnung bei % Dehnspg.*	%	

Kriechmoduln und Zeitstandwerte 23 °C

	Probekörper:	Form	*Herstellung*	
		Zustand	*Vorbehandlung*	

Kriechmodul	1 min N/mm^2	*Zeitstandzugfestigkeit*	h N/mm^2
Kriechmodul	1000 h N/mm^2	*Zeitdehnspg. %*	h N/mm^2
bei Spannung	N/mm^2		

Biegeversuch 23 °C   ISO 178;

	Probekörper:	Form		*Herstellung*	Spritzgiessen
		Zustand	Spritzfrisch	*Vorbehandlung*	

Biegefestigkeit	N/mm^2	310	*E-Modul*	N/mm^2	14500
3,5% Biegespannung	N/mm^2				

Härte 23 °C

	Probekörper:	Zustand	Spritzfrisch	*Herstellung*	Spritzgiessen
				Vorbehandlung	

Kugeldruckhärte	N/mm^2 235	bei 961 N, 30 s	*Shore-Härte* A	
Rockwellhärte	M 94		*Shore-Härte* D	88

Schlagversuch

	Probekörper:	(1) U-Kerbe		
		(2) V-Kerbe	*Herstellung*	Spritzgiessen
		Zustand Spritzfrisch	*Vorbehandlung*	

		°C		°C		°C		*Probekörper-Form*
Schlagzähigkeit	kJ/m^2	23	58					NKS
Kerbschlagzähigkeit (1)	kJ/m^2	23	15					NKS
IZOD-Kerbschlagzähigkeit (2)	J/m	23	135					Dicke 3.2 mm
Kerbschlagzugzähigkeit	kJ/m^2							

Abrieb und Reibung

Taber-Abrieb (Reibradverfahren)	mm³/100 U	
Abriebfaktor LNP (Thrust washer) Vergleichswert		
Statische Reibungszahl		
Dynamische Reibungszahl	$(p \cdot v =$	N/mm² · m/min)
Zulässiger p · v Wert	N/mm² · (m/min)	$v =$ m/min
		$v =$ m/min

Thermische Eigenschaften

Formbeständigkeit in der Wärme	*Verfahren*	A		215 °C
	Verfahren	B		220 °C
Vicat Erweichungstemperatur (VST)	*Verfahren*			°C
	Verfahren			°C
Kristallit-Schmelzpunkt	*Verfahren*	ASTM D 2117		218 °C
Längenausdehnungskoeffizient	*Bereich*	°C		$\cdot 10^{-4} K^{-1}$
	Temperatur 23 °C			$0.15 \cdot 10^{-4} K^{-1}$
Wärmeleitfähigkeit	*Verfahren*	ASTM C 177	23 °C	0.5 W/(K · m)
Spezifische Wärmekapazität	*Verfahren*	ASTM C 351	23 °C	1.3 J/(K · g)
Glasumwandlungstemperatur	*Torsionsschwingungsversuch*		°C	
	Differentialkalorimetrie		°C	

Brandverhalten

UL-Test vertikal Dicke 1.6 mm, Wert HB
Dicke mm, Wert

	Norm	*Bewertung*	*Abmessungen*
Sauerstoff-Index	ASTM D 2863	25%	
Glühstab-Verfahren	DIN 53459	3a	
Brandverhalten	DIN 4102		
MVSS			
FAR			

Elektrische Eigenschaften

		Hz	°C		*Probekörper, Form*
Dielektrizitätszahl		50			
		10^3	23	5.2	
		10^6			
Dielektrischer Verlustfaktor tan δ		50			
		10^3	23	0.08	
		10^6			
Spezifischer Durchgangs-widerstand	Ohm · cm		23	1.0*10**14	
Durchschlagfestigkeit	kV/mm		23	≥ 55	1 mm dick
Oberflächenwiderstand	Ohm		23	1.0*10**13	
Kriechstromfestigkeit		KC 550	KB 350	KA 3b	
Elektrolytische Korrosionswirkung					
Lichtbogenfestigkeit nach DIN					
nach ASTM	s				

Beständigkeit *(Chemische Beständigkeit siehe Anhang)*

Wasseraufnahme 23 C Bis zur Saettigung		4.5 %
Feuchtigkeitsaufnahme Normalklima		1.4 %
Wetterbeständigkeit		
Spannungskorrosion		

Optische Eigenschaften

Brechungszahl n_D
Transmissionsgrad τ_c % mm dick
Lichtdurchlässigkeit

Produkt	Polyamid 6	**PA**
Handelsname	**Akulon K223-HM6**	

Hersteller	AKZO
DIN-Bez 1	
DIN-Bez 2	

Zusätze	Waermestabilisator	*Füllstoffe/ Verstärkung*	30.0% Mineral
Bevorzugte Verarbeitung	Spritzgiessen	*Lieferform*	Granulat
		Farben	Natur; Schwarz; Standard
Besondere Merkmale	Verzugsarm; Hoher Modul; Hohe Gebrauchstemperatur; Leichte Verarbeitbarkeit	*Bevorzugte Anwendungen*	Technisches Formteil; Elektrotechnik; Elektronik; Automobilbau; Maschinenbau; Apparatebau

---

Dichte	g/cm^3	1.36	*Schmelzindex*	g/10 min	:
Schüttdichte	g/cm^3		*Volumenfließindex*	cm^3/10 min	:
Viskositätszahl	ml/g				

Verarbeitungsbedingungen für Spritzgießen

Massetemp.	°C	250–270	*Schwindung*	%	lgs 0.4–0.5, quer 0.4–0.5
Werkzeugtemp.	°C	80–90	*Bemerkungen*		Schneckendrehzahl und Staudruck
Spritzdruck	bar				moeglichst niedrig

Zugversuch 23 °C ISO 527;

	Probekörper:	*Form*		*Herstellung*	Spritzgiessen
		Zustand Spritzfrisch		*Vorbehandlung*	

Streckspannung	N/mm^2		*Dehnung bei Streckspannung*	%
Zugfestigkeit	N/mm^2 83		*Reißdehnung*	% 2.5
Reißfestigkeit	N/mm^2		% *Dehnspannung*	N/mm^2
E-Modul	N/mm^2 6000		*Dehnung bei* % *Dehnspg.*	%

Kriechmoduln und Zeitstandwerte 23 °C

	Probekörper:	*Form*	*Herstellung*	
		Zustand	*Vorbehandlung*	

Kriechmodul	1 min N/mm^2	*Zeitstandzugfestigkeit*	h N/mm^2	
Kriechmodul	1000 h N/mm^2	*Zeitdehnspg.* %	h N/mm^2	
bei Spannung	N/mm^2			

Biegeversuch 23 °C ISO 178;

	Probekörper:	*Form*	*Herstellung*	Spritzgiessen
		Zustand Spritzfrisch	*Vorbehandlung*	

Biegefestigkeit	N/mm^2 130	*E-Modul*	N/mm^2 6000	
3,5% Biegespannung	N/mm^2			

Härte 23 °C

	Probekörper:	*Zustand* Spritzfrisch	*Herstellung*	Spritzgiessen
			Vorbehandlung	

Kugeldruckhärte	N/mm^2 200	bei 961 N, 30 s	*Shore-Härte* A	
Rockwellhärte	M 80		*Shore-Härte* D 85	

Schlagversuch

	Probekörper:	(1) U-Kerbe	
		(2) V-Kerbe	*Herstellung* Spritzgiessen
		Zustand Spritzfrisch	*Vorbehandlung*

		°C	°C	°C	*Probekörper-Form*
Schlagzähigkeit	kJ/m^2	23 30			NKS
Kerbschlagzähigkeit (1)	kJ/m^2	23 3			NKS
IZOD-Kerbschlagzähigkeit (2)	J/m	23 40			Dicke 3.2 mm
Kerbschlagzugzähigkeit	kJ/m^2				

Abrieb und Reibung

Taber-Abrieb (Reibradverfahren)	mm³/100 U	
Abriebfaktor LNP (Thrust washer) Vergleichswert		
Statische Reibungszahl		
Dynamische Reibungszahl	$(p \cdot v =$ $N/mm^2 \cdot$ m/min)	
Zulässiger p · v Wert	$N/mm^2 \cdot$ (m/min) v = m/min	
	v = m/min	

Thermische Eigenschaften

Formbeständigkeit in der Wärme	*Verfahren*	A	130 °C
	Verfahren	B	205 °C
Vicat Erweichungstemperatur (VST)	*Verfahren*		°C
	Verfahren		°C
Kristallit-Schmelzpunkt	*Verfahren*	ASTM D 2117	218 °C
Längenausdehnungskoeffizient	*Bereich*	°C	$\cdot 10^{-4} K^{-1}$
	Temperatur 23 °C		$0.4{-}0.5 \cdot 10^{-4} K^{-1}$
Wärmeleitfähigkeit	*Verfahren* ASTM C 177	23 °C	0.22 W/(K · m)
Spezifische Wärmekapazität	*Verfahren* ASTM C 351	23 °C	1.4 J/(K · g)
Glasumwandlungstemperatur	*Torsionsschwingungsversuch*	°C	
	Differentialkalorimetrie	°C	

Brandverhalten

UL-Test vertikal   Dicke 1.6   mm, Wert HB
                 Dicke   mm, Wert

	Norm	*Bewertung*	*Abmessungen*
Sauerstoff-Index	ASTM D 2863	27 %	
Glühstab-Verfahren	DIN 53459	2b	
Brandverhalten	DIN 4102		
MVSS			
FAR			

Elektrische Eigenschaften

		Hz	°C		*Probekörper, Form*
Dielektrizitätszahl		50			
		10^3	23	3.4	
		10^6			
Dielektrischer Verlustfaktor tan δ		50			
		10^3	23	0.014	
		10^6			
Spezifischer Durchgangs-widerstand	Ohm · cm		23	1.0*10**19	
Durchschlagfestigkeit	kV/mm		23	50	1 mm dick
Oberflächenwiderstand	Ohm		23	1.0*10**14	
Kriechstromfestigkeit	KC 600		KB 325	KA 2	
Elektrolytische Korrosionswirkung					
Lichtbogenfestigkeit nach DIN					
nach ASTM	s				

Beständigkeit *(Chemische Beständigkeit siehe Anhang)*

Wasseraufnahme 23 C Bis zur Saettigung	6.6 %	
Feuchtigkeitsaufnahme Normalklima		1.9 %
Wetterbeständigkeit		
Spannungskorrosion		

Optische Eigenschaften

Brechungszahl n_D
Transmissionsgrad τ_c %   mm dick
Lichtdurchlässigkeit

Produkt	Polyamid 6	**PA**
Handelsname	**Akulon K223-HMS6**	
Hersteller	AKZO	
DIN-Bez 1		
DIN-Bez 2		

Zusätze	Waermestabilisator; Brandschutzmittel	*Füllstoffe/ Verstärkung*	30.0% Mineral
Bevorzugte Verarbeitung	Spritzgiessen	*Lieferform*	Granulat
		Farben	Natur; Schwarz; Standard
Besondere Merkmale	Verzugsarm; Hoher Modul; Hohe Gebrauchstemperatur; Leichte Verarbeitbarkeit	*Bevorzugte Anwendungen*	Technisches Formteil; Elektrotechnik; Elektronik

---

Dichte	g/cm³	1.56	*Schmelzindex*	g/10 min	:
Schüttdichte	g/cm³		*Volumenfließindex*	cm³/10 min	:
Viskositätszahl	ml/g				

Verarbeitungsbedingungen für Spritzgießen

Massetemp.	°C	235–250	*Schwindung*	%	lgs 0.4, quer 0.4
Werkzeugtemp.	°C	80–90	*Bemerkungen*		Schneckendrehzahl und Staudruck moeglichst niedrig
Spritzdruck	bar				

Zugversuch 23 °C ISO 527;

	Probekörper:	*Form*	*Herstellung*	Spritzgiessen
		Zustand Spritzfrisch	*Vorbehandlung*	

Streckspannung	N/mm²		*Dehnung bei Streckspannung*	%
Zugfestigkeit	N/mm²	80	*Reißdehnung*	% 2.5
Reißfestigkeit	N/mm²		*% Dehnspannung*	N/mm²
E-Modul	N/mm²	7300	*Dehnung bei* *% Dehnspg.*	%

Kriechmoduln und Zeitstandwerte 23 °C

	Probekörper:	*Form*	*Herstellung*
		Zustand	*Vorbehandlung*

Kriechmodul	1 min N/mm²		*Zeitstandzugfestigkeit*	h N/mm²
Kriechmodul	1000 h N/mm²		*Zeitdehnspg. %*	h N/mm²
bei Spannung	N/mm²			

Biegeversuch 23 °C ISO 178;

	Probekörper:	*Form*	*Herstellung*	Spritzgiessen
		Zustand Spritzfrisch	*Vorbehandlung*	

Biegefestigkeit	N/mm² 130	*E-Modul*	N/mm² 7000
3,5% Biegespannung	N/mm²		

Härte 23 °C

	Probekörper:	*Zustand* Spritzfrisch	*Herstellung*	Spritzgiessen
			Vorbehandlung	

Kugeldruckhärte	N/mm² 200	bei 961 N, 30 s	*Shore-Härte* A	
Rockwellhärte	M 85		*Shore-Härte* D	82

Schlagversuch

	Probekörper:	*(1)* U-Kerbe		
		(2) V-Kerbe	*Herstellung*	Spritzgiessen
		Zustand Spritzfrisch	*Vorbehandlung*	

	°C	°C	°C	*Probekörper-Form*
Schlagzähigkeit	kJ/m²	23 23		NKS
Kerbschlagzähigkeit (1)	kJ/m²	23 2.6		NKS
IZOD-Kerbschlagzähigkeit (2)	J/m	23 28		Dicke 3.2 mm
Kerbschlagzugzähigkeit	kJ/m²			

Abrieb und Reibung

Taber-Abrieb (Reibradverfahren)	mm³/100 U
Abriebfaktor LNP (Thrust washer) Vergleichswert	
Statische Reibungszahl	
Dynamische Reibungszahl	(p·v = N/mm² · m/min)
Zulässiger p · v Wert	N/mm² · (m/min) v = m/min
	v = m/min

Thermische Eigenschaften

Formbeständigkeit in der Wärme	Verfahren	A		160 °C
	Verfahren	B		205 °C
Vicat Erweichungstemperatur (VST)	Verfahren			°C
	Verfahren			°C
Kristallit-Schmelzpunkt	Verfahren	ASTM D 2117		218 °C
Längenausdehnungskoeffizient	Bereich	°C		$\cdot 10^{-4} K^{-1}$
	Temperatur 23 °C			$0.4 - 0.5 \cdot 10^{-4} K^{-1}$
Wärmeleitfähigkeit	Verfahren	ASTM C 177	23 °C	0.21 W/(K · m)
Spezifische Wärmekapazität	Verfahren	ASTM C 351	23 °C	1.4 J/(K · g)
Glasumwandlungstemperatur	Torsionsschwingungsversuch		°C	
	Differentialkalorimetrie		°C	

Brandverhalten

UL-Test vertikal		Dicke 1.6	mm, Wert V-0	
		Dicke	mm, Wert	

	Norm	Bewertung		Abmessungen
Sauerstoff-Index	ASTM D 2863	33%		
Glühstab-Verfahren	DIN 53459	2a		
Brandverhalten	DIN 4102			
MVSS				
FAR				

Elektrische Eigenschaften

		Hz	°C			Probekörper, Form
Dielektrizitätszahl		50				
		10^3	23	3.4		
		10^6				
Dielektrischer Verlustfaktor tan δ		50				
		10^3	23	0.010		
		10^6				
Spezifischer Durchgangs-widerstand	Ohm · cm		23	1.0*10**15		
Durchschlagfestigkeit	kV/mm		23	50		1 mm dick
Oberflächenwiderstand	Ohm		23	1.0*10**14		
Kriechstromfestigkeit		KC 325		KB 250	KA 1	
Elektrolytische Korrosionswirkung						
Lichtbogenfestigkeit nach DIN						
nach ASTM	s					

Beständigkeit (Chemische Beständigkeit siehe Anhang)

Wasseraufnahme 23 C Bis zur Saettigung		6 %
Feuchtigkeitsaufnahme Normalklima		1.6 %
Wetterbeständigkeit		
Spannungskorrosion		

Optische Eigenschaften

Brechungszahl n_D		
Transmissionsgrad τ_c	%	mm dick
Lichtdurchlässigkeit		

Datenbank-Nr.	**T05363**		Merkblatt-Nr. **3965**

			PA
Produkt	Polyamid 6		
Handelsname	**Akulon K223-M6**		
Hersteller	AKZO		
DIN-Bez 1			
DIN-Bez 2			
Zusätze		*Füllstoffe/ Verstärkung*	30.0% Mineral
Bevorzugte Verarbeitung	Spritzgiessen	*Lieferform*	Granulat
		Farben	Natur; Schwarz; Standard
Besondere Merkmale	Verzugsarm; Hoher Modul; Fuer helle Farben; Einsatz nicht bei Temperaturen ueber 80 C	*Bevorzugte Anwendungen*	Technisches Formteil; Bedarfsartikel

Dichte	g/cm³	1.36	*Schmelzindex*	g/10 min	:
Schüttdichte	g/cm³		*Volumenfließindex*	cm³/10 min	:
Viskositätszahl	ml/g				

Verarbeitungsbedingungen für Spritzgießen

Massetemp.	°C	250–270	*Schwindung*	%	lgs 0.4–0.5, quer 0.4–0.5
Werkzeugtemp.	°C	80–90	*Bemerkungen*		Schneckendrehzahl und Staudruck
Spritzdruck	bar				moeglichst niedrig

Zugversuch 23 °C ISO 527;

	Probekörper:	Form		Herstellung	Spritzgiessen
		Zustand	Spritzfrisch	Vorbehandlung	

Streckspannung	N/mm²		*Dehnung bei Streckspannung*	%	
Zugfestigkeit	N/mm²	83	*Reißdehnung*	%	2.5
Reißfestigkeit	N/mm²		% *Dehnspannung*	N/mm²	
E-Modul	N/mm²	6000	*Dehnung bei* % *Dehnspg.*	%	

Kriechmoduln und Zeitstandwerte 23 °C

	Probekörper:	Form	Herstellung	
		Zustand	Vorbehandlung	

Kriechmodul	1 min N/mm²	*Zeitstandzugfestigkeit*	h N/mm²
Kriechmodul	1000 h N/mm²	*Zeitdehnspg.* %	h N/mm²
bei Spannung	N/mm²		

Biegeversuch 23 °C ISO 178;

	Probekörper:	Form		Herstellung	Spritzgiessen
		Zustand	Spritzfrisch	Vorbehandlung	

Biegefestigkeit	N/mm² 130	*E-Modul*	N/mm² 6000
3,5% Biegespannung	N/mm²		

Härte 23 °C

	Probekörper:	Zustand	Spritzfrisch	Herstellung	Spritzgiessen
				Vorbehandlung	

Kugeldruckhärte	N/mm² 200	bei 961 N, 30 s	*Shore-Härte* A	
Rockwellhärte	M 80		*Shore-Härte* D	85

Schlagversuch

	Probekörper:	(1) U-Kerbe			
		(2) V-Kerbe		Herstellung	Spritzgiessen
		Zustand	Spritzfrisch	Vorbehandlung	

		°C	°C	°C	Probekörper-Form
Schlagzähigkeit	kJ/m²	23 30			NKS
Kerbschlagzähigkeit (1)	kJ/m²	23 3			NKS
IZOD-Kerbschlagzähigkeit (2)	J/m	23 40			Dicke 3.2 mm
Kerbschlagzugzähigkeit	kJ/m²				

Abrieb und Reibung

Taber-Abrieb (Reibradverfahren)   mm³/100 U
Abriebfaktor LNP (Thrust washer) Vergleichswert
Statische Reibungszahl
Dynamische Reibungszahl   (p · v =   N/mm² ·   m/min)
Zulässiger p · v Wert   N/mm² · (m/min)   v =   m/min
                                                                     v =   m/min

Thermische Eigenschaften

Formbeständigkeit in der Wärme	*Verfahren*	A		130 °C
	Verfahren	B		205 °C
Vicat Erweichungstemperatur (VST)	*Verfahren*			°C
	Verfahren			°C
Kristallit-Schmelzpunkt	*Verfahren*	ASTM D 2117		218 °C
Längenausdehnungskoeffizient	*Bereich*	°C		$\cdot\,10^{-4}\,K^{-1}$
	Temperatur 23 °C			$0.4{-}0.5 \cdot 10^{-4}\,K^{-1}$
Wärmeleitfähigkeit	*Verfahren*	ASTM C 177	23 °C	0.22 W/(K · m)
Spezifische Wärmekapazität	*Verfahren*	ASTM C 351	23 °C	1.4 J/(K · g)
Glasumwandlungstemperatur	*Torsionsschwingungsversuch*			°C
	Differentialkalorimetrie			°C

Brandverhalten

UL-Test vertikal   Dicke 1.6   mm, Wert HB
                                   Dicke   mm, Wert

	Norm	Bewertung		Abmessungen
Sauerstoff-Index	ASTM D 2863	27%		
Glühstab-Verfahren	DIN 53459	2b		
Brandverhalten	DIN 4102			
MVSS				
FAR				

Elektrische Eigenschaften

		Hz	°C		Probekörper, Form
Dielektrizitätszahl		50			
		10^3	23	3.4	
		10^6			
Dielektrischer Verlustfaktor $\tan\delta$		50			
		10^3	23	0.014	
		10^6			
Spezifischer Durchgangswiderstand	Ohm · cm		23	1.0*10**19	
Durchschlagfestigkeit	kV/mm		23	50	1 mm dick
Oberflächenwiderstand	Ohm		23	1.0*10**14	
Kriechstromfestigkeit		KC 600	KB 325	KA 2	
Elektrolytische Korrosionswirkung					
Lichtbogenfestigkeit nach DIN					
nach ASTM	s				

Beständigkeit *(Chemische Beständigkeit siehe Anhang)*

Wasseraufnahme 23 C   Bis zur Saettigung   6.6 %

Feuchtigkeitsaufnahme Normalklima   1.9 %
Wetterbeständigkeit

Spannungskorrosion

Optische Eigenschaften

Brechungszahl n_D
Transmissionsgrad τ_c %   mm dick
Lichtdurchlässigkeit

Produkt	Polyamid 66	**PA**
Handelsname	**Akulon S223-D**	
Hersteller	AKZO	
DIN-Bez 1		
DIN-Bez 2		

Zusätze		*Füllstoffe/ Verstärkung*	
Bevorzugte Verarbeitung	Spritzgiessen	*Lieferform*	Granulat
		Farben	Natur; Schwarz; Standard
Besondere Merkmale	Hohe Kristallisationsgeschwindigkeit; Feine, homogene, kristalline Struktur; Mittelviskos; Sehr kurze Verarbeitungszeit; Hohe Steifigkeit; Hohe Haerte	*Bevorzugte Anwendungen*	Technisches Formteil; Elektrotechnik; Elektronik; Automobilbau; Maschinenbau; Apparatebau

Dichte	g/cm^3	1.14	*Schmelzindex*	g/10 min	:
Schüttdichte	g/cm^3		*Volumenfließindex*	cm^3/10 min	:
Viskositätszahl	ml/g				

Verarbeitungsbedingungen für Spritzgießen

Massetemp.	°C	270–290	*Schwindung*	%	lgs 0.85, quer 0.85
Werkzeugtemp.	°C	80–90	*Bemerkungen*		Einspritzgeschwindigkeit mittelhoch bis hoch; Staudruck maessig
Spritzdruck	bar				

Zugversuch 23 °C ISO 527;

	Probekörper:	*Form*		*Herstellung*	Spritzgiessen
		Zustand Spritzfrisch		*Vorbehandlung*	
Streckspannung	N/mm^2		*Dehnung bei Streckspannung*	%	
Zugfestigkeit	N/mm^2	85	*Reißdehnung*	%	20
Reißfestigkeit	N/mm^2		*% Dehnspannung*	N/mm^2	
E-Modul	N/mm^2	3400	*Dehnung bei % Dehnspg.*	%	

Kriechmoduln und Zeitstandwerte 23 °C

	Probekörper:	*Form*		*Herstellung*	
		Zustand		*Vorbehandlung*	
Kriechmodul	1 min N/mm^2		*Zeitstandzugfestigkeit*	h N/mm^2	
Kriechmodul	1000 h N/mm^2		*Zeitdehnspg. %*	h N/mm^2	
bei Spannung	N/mm^2				

Biegeversuch 23 °C ISO 178;

	Probekörper:	*Form*		*Herstellung*	Spritzgiessen
		Zustand Spritzfrisch		*Vorbehandlung*	
Biegefestigkeit	N/mm^2	115	*E-Modul*	N/mm^2	3100
3,5% Biegespannung	N/mm^2				

Härte 23 °C

	Probekörper:	*Zustand* Spritzfrisch	*Herstellung*	Spritzgiessen
			Vorbehandlung	
Kugeldruckhärte	N/mm^2 155	bei 358 N, 30 s	*Shore-Härte* A	
Rockwellhärte	M 92		*Shore-Härte* D	84

Schlagversuch

	Probekörper:	(1) U-Kerbe		
		(2) V-Kerbe	*Herstellung*	Spritzgiessen
		Zustand Spritzfrisch	*Vorbehandlung*	

		°C	°C	°C	*Probekörper-Form*
Schlagzähigkeit	kJ/m^2	23 o.B.			NKS
Kerbschlagzähigkeit (1)	kJ/m^2	23 4.5			NKS
IZOD-Kerbschlagzähigkeit (2)	J/m	23 40			Dicke 3.2 mm
Kerbschlagzugzähigkeit	kJ/m^2				

Abrieb und Reibung

Taber-Abrieb (Reibradverfahren)	mm³/100 U	
Abriebfaktor LNP (Thrust washer) Vergleichswert		
Statische Reibungszahl		
Dynamische Reibungszahl	(p·v = N/mm² · m/min)	
Zulässiger p · v Wert	N/mm² · (m/min) v = m/min	
	v = m/min	

Thermische Eigenschaften

Formbeständigkeit in der Wärme	Verfahren	A		82 °C
	Verfahren	B		235 °C
Vicat Erweichungstemperatur (VST)	Verfahren			°C
	Verfahren			°C
Kristallit-Schmelzpunkt	Verfahren	ISO 3146		256 °C
Längenausdehnungskoeffizient	Bereich	°C		$\cdot 10^{-4}\mathrm{K}^{-1}$
	Temperatur 23°C			$0.7\text{--}1.0 \cdot 10^{-4}\mathrm{K}^{-1}$
Wärmeleitfähigkeit	Verfahren	ASTM C 177	23°C	0.29 W/(K · m)
Spezifische Wärmekapazität	Verfahren	ASTM C 351	23°C	1.7 J/(K · g)
Glasumwandlungstemperatur	Torsionsschwingungsversuch		°C	
	Differentialkalorimetrie		°C	

Brandverhalten

UL-Test vertikal   Dicke 1.5 mm, Wert V-2
                 Dicke   mm, Wert

	Norm	Bewertung	Abmessungen
Sauerstoff-Index	ASTM D 2863	28%	
Glühstab-Verfahren	DIN VDE 0304	2b	
Brandverhalten	DIN 4102		
MVSS			
FAR			

Elektrische Eigenschaften

		Hz	°C		Probekörper, Form
Dielektrizitätszahl		50			
		10^3	23	3.3	
		10^6	23	3.0	
Dielektrischer Verlustfaktor tan δ		50			
		10^3	23	0.015	
		10^6	23	0.020	
Spezifischer Durchgangs-widerstand	Ohm · cm		23	1.0*10**14	
Durchschlagfestigkeit	kV/mm		23	≧ 50	1 mm dick
Oberflächenwiderstand	Ohm		23	1.0*10**13	
Kriechstromfestigkeit		KC 600		KB 550 KA 3b	
Elektrolytische Korrosionswirkung					
Lichtbogenfestigkeit nach DIN					
nach ASTM	s				

Beständigkeit *(Chemische Beständigkeit siehe Anhang)*

Wasseraufnahme 23 C Bis zur Saettigung	8.5 %	
Feuchtigkeitsaufnahme Normalklima		2.3 %
Wetterbeständigkeit		
Spannungskorrosion		

Optische Eigenschaften

Brechungszahl n_D
Transmissionsgrad τ_c %   mm dick
Lichtdurchlässigkeit

Produkt	Polyamid 66		**PA**
Handelsname	**Akulon S223-E**		
Hersteller	AKZO		
DIN-Bez 1			
DIN-Bez 2			
Zusätze		*Füllstoffe/ Verstärkung*	
Bevorzugte Verarbeitung	Spritzgiessen	*Lieferform*	Granulat
		Farben	Natur; Schwarz; Standard
Besondere Merkmale	Schnelle Verarbeitung; Gutes Fliess-verhalten; Mittelviskos; Gute Waerme-formbestaendigkeit	*Bevorzugte Anwendungen*	Technisches Formteil; Elektrotechnik; Elektronik; Automobilbau; Maschinen-bau; Apparatebau

Dichte	g/cm^3	1.14	*Schmelzindex*	g/10 min	:
Schüttdichte	g/cm^3		*Volumenfließindex*	cm^3/10 min	:
Viskositätszahl	ml/g				

Verarbeitungsbedingungen für Spritzgießen

Massetemp.	°C	270–290	*Schwindung*	% lgs	1.0, quer 1.0
Werkzeugtemp.	°C	80–90	*Bemerkungen*		Einspritzgeschwindigkeit mittelhoch bis hoch; Staudruck maessig
Spritzdruck	bar				

Zugversuch 23 °C ISO 527;

	Probekörper:	*Form*		*Herstellung*	Spritzgiessen
		Zustand Spritzfrisch		*Vorbehandlung*	
Streckspannung	N/mm^2		*Dehnung bei Streckspannung*	%	
Zugfestigkeit	N/mm^2 85		*Reißdehnung*	%	30
Reißfestigkeit	N/mm^2		% *Dehnspannung*	N/mm^2	
E-Modul	N/mm^2 3300		*Dehnung bei* % *Dehnspg.*	%	

Kriechmoduln und Zeitstandwerte 23 °C

	Probekörper:	*Form*		*Herstellung*	
		Zustand		*Vorbehandlung*	
Kriechmodul	1 min N/mm^2		*Zeitstandzugfestigkeit*	h N/mm^2	
Kriechmodul	1000 h N/mm^2		*Zeitdehnspg.* %	h N/mm^2	
bei Spannung	N/mm^2				

Biegeversuch 23 °C ISO 178;

	Probekörper:	*Form*		*Herstellung*	Spritzgiessen
		Zustand Spritzfrisch		*Vorbehandlung*	
Biegefestigkeit	N/mm^2 115		*E-Modul*	N/mm^2 3000	
3,5% Biegespannung	N/mm^2				

Härte 23 °C

	Probekörper:	*Zustand* Spritzfrisch	*Herstellung*	Spritzgiessen
			Vorbehandlung	
Kugeldruckhärte	N/mm^2 150	bei 358 N, 30 s	*Shore-Härte* A	
Rockwellhärte	M 90		*Shore-Härte* D	83

Schlagversuch

	Probekörper:	(1) U-Kerbe		
		(2) V-Kerbe	*Herstellung*	Spritzgiessen
		Zustand Spritzfrisch	*Vorbehandlung*	
		°C	°C	°C	*Probekörper-Form*
Schlagzähigkeit	kJ/m^2	23 o.B.		NKS
Kerbschlagzähigkeit (1)	kJ/m^2	23 4.5		NKS
IZOD-Kerbschlagzähigkeit (2) J/m		23 40		Dicke 3.2 mm
Kerbschlagzugzähigkeit	kJ/m^2			

Abrieb und Reibung

Taber-Abrieb (Reibradverfahren) $mm^3/100\,U$
Abriebfaktor LNP (Thrust washer) Vergleichswert
Statische Reibungszahl
Dynamische Reibungszahl $(p \cdot v =$ $N/mm^2 \cdot$ m/min)
Zulässiger p · v Wert $N/mm^2 \cdot$ (m/min) v = m/min
  v = m/min

Thermische Eigenschaften

Formbeständigkeit in der Wärme	*Verfahren*	A		80 °C
	Verfahren	B		230 °C
Vicat Erweichungstemperatur (VST)	*Verfahren*			°C
	Verfahren			°C
Kristallit-Schmelzpunkt	*Verfahren*	ISO 3146		256 °C

Längenausdehnungskoeffizient *Bereich* °C $\cdot 10^{-4}K^{-1}$
  Temperatur 23 °C $0.7{-}1.0 \cdot 10^{-4}K^{-1}$
Wärmeleitfähigkeit *Verfahren* ASTM C 177 23 °C 0.29 W/(K · m)

Spezifische Wärmekapazität *Verfahren* ASTM C 351 23 °C 1.7 J/(K · g)

Glasumwandlungstemperatur *Torsionsschwingungsversuch* °C
  Differentialkalorimetrie °C

Brandverhalten

UL-Test vertikal Dicke 1.5 mm, Wert HB
  Dicke mm, Wert

	Norm	*Bewertung*	*Abmessungen*
Sauerstoff-Index	ASTM D 2863	28%	
Glühstab-Verfahren	DIN VDE 0304	2b	
Brandverhalten	DIN 4102		
MVSS			
FAR			

Elektrische Eigenschaften

		Hz	°C		*Probekörper, Form*
Dielektrizitätszahl		50			
		10^3	23	3.3	
		10^6	23	3.0	
Dielektrischer Verlustfaktor tan δ		50			
		10^3	23	0.015	
		10^6	23	0.020	
Spezifischer Durchgangs-widerstand	Ohm · cm		23	1.0*10**14	
Durchschlagfestigkeit	kV/mm		23	≥ 50	1 mm dick
Oberflächenwiderstand	Ohm		23	1.0*10**13	

Kriechstromfestigkeit KC 600 KB 550 KA 3b
Elektrolytische Korrosionswirkung
Lichtbogenfestigkeit nach DIN
  nach ASTM s

Beständigkeit *(Chemische Beständigkeit siehe Anhang)*

Wasseraufnahme 23 C Bis zur Saettigung 8.5 %

Feuchtigkeitsaufnahme Normalklima 2.3 %
Wetterbeständigkeit

Spannungskorrosion

Optische Eigenschaften

Brechungszahl n_D
Transmissionsgrad τ_c % mm dick
Lichtdurchlässigkeit

Produkt	Polyamid 66	**PA**
Handelsname	**Akulon S223-F**	
Hersteller	AKZO	
DIN-Bez 1		
DIN-Bez 2		

Zusätze		*Füllstoffe/ Verstärkung*	
Bevorzugte Verarbeitung	Spritzgiessen	*Lieferform*	Granulat
		Farben	Natur; Schwarz; Standard
Besondere Merkmale	Schnelle Verarbeitung; Gutes Fliess-verhalten; Mittelviskos; Gute Waerme-formbestaendigkeit; Hoehere Schlag-festigkeit	*Bevorzugte Anwendungen*	Technisches Formteil; Elektrotechnik; Elektronik; Automobilbau; Maschinen-bau; Apparatebau

---

Dichte	g/cm^3	1.14	*Schmelzindex*	g/10 min	:
Schüttdichte	g/cm^3		*Volumenfließindex*	cm^3/10 min	:
Viskositätszahl	ml/g				

Verarbeitungsbedingungen für Spritzgießen

Massetemp.	°C	270–290	*Schwindung*	%	lgs 1.0, quer 1.0
Werkzeugtemp.	°C	80–90	*Bemerkungen*		Einspritzgeschwindigkeit mittelhoch bis hoch; Staudruck maessig
Spritzdruck	bar				

Zugversuch 23 °C ISO 527;

	Probekörper:	*Form*		*Herstellung*	Spritzgiessen
		Zustand Spritzfrisch		*Vorbehandlung*	
Streckspannung	N/mm^2		*Dehnung bei Streckspannung*	%	
Zugfestigkeit	N/mm^2 80		*Reißdehnung*	%	80
Reißfestigkeit	N/mm^2		*% Dehnspannung*	N/mm^2	
E-Modul	N/mm^2 3000		*Dehnung bei % Dehnspg.*	%	

Kriechmoduln und Zeitstandwerte 23 °C

	Probekörper:	*Form*	*Herstellung*	
		Zustand	*Vorbehandlung*	
Kriechmodul	1 min N/mm^2		*Zeitstandzugfestigkeit*	h N/mm^2
Kriechmodul	1000 h N/mm^2		*Zeitdehnspg. %*	h N/mm^2
bei Spannung	N/mm^2			

Biegeversuch 23 °C ISO 178;

	Probekörper:	*Form*	*Herstellung*	Spritzgiessen
		Zustand Spritzfrisch	*Vorbehandlung*	
Biegefestigkeit	N/mm^2 110		*E-Modul*	N/mm^2 2800
3,5% Biegespannung	N/mm^2			

Härte 23 °C

	Probekörper:	*Zustand* Spritzfrisch	*Herstellung*	Spritzgiessen
			Vorbehandlung	
Kugeldruckhärte	N/mm^2 140	bei 358 N, 30 s	*Shore-Härte* A	
Rockwellhärte	M 83		*Shore-Härte* D	82

Schlagversuch

	Probekörper:	*(1)* U-Kerbe		
		(2) V-Kerbe	*Herstellung*	Spritzgiessen
		Zustand Spritzfrisch	*Vorbehandlung*	
		°C	°C	°C	*Probekörper-Form*

Schlagzähigkeit	kJ/m^2	23 o.B.		NKS
Kerbschlagzähigkeit (1)	kJ/m^2	23 4		NKS
IZOD-Kerbschlagzähigkeit (2)	J/m	23 35		Dicke 3.2 mm
Kerbschlagzugzähigkeit	kJ/m^2			

Abrieb und Reibung

Taber-Abrieb (Reibradverfahren)	mm³/100 U
Abriebfaktor LNP (Thrust washer) Vergleichswert	
Statische Reibungszahl	
Dynamische Reibungszahl	(p·v = N/mm² · m/min)
Zulässiger p · v Wert	N/mm² · (m/min) v = m/min
	v = m/min

Thermische Eigenschaften

Formbeständigkeit in der Wärme	*Verfahren*	A		75 °C
	Verfahren	B		220 °C
Vicat Erweichungstemperatur (VST)	*Verfahren*			°C
	Verfahren			°C
Kristallit-Schmelzpunkt	*Verfahren*	ISO 3146		256 °C
Längenausdehnungskoeffizient	*Bereich*	°C		$\cdot 10^{-4}\mathrm{K}^{-1}$
	Temperatur 23 °C			$0.7{-}1.1 \cdot 10^{-4}\mathrm{K}^{-1}$
Wärmeleitfähigkeit	*Verfahren*	ASTM C 177	23 °C	0.28 W/(K · m)
Spezifische Wärmekapazität	*Verfahren*	ASTM C 351	23 °C	1.7 J/(K · g)
Glasumwandlungstemperatur	*Torsionsschwingungsversuch*			°C
	Differentialkalorimetrie			°C

Brandverhalten

UL-Test vertikal	Dicke 1.5	mm, Wert V-2
	Dicke	mm, Wert

	Norm	*Bewertung*	*Abmessungen*
Sauerstoff-Index	ASTM D 2863	27%	
Glühstab-Verfahren	DIN VDE 0304	2b	
Brandverhalten	DIN 4102		
MVSS			
FAR			

Elektrische Eigenschaften

		Hz	°C		*Probekörper, Form*
Dielektrizitätszahl		50			
		10³	23	3.2	
		10⁶	23	2.9	
Dielektrischer Verlustfaktor tan δ		50			
		10³	23	0.015	
		10⁶	23	0.020	
Spezifischer Durchgangs-widerstand	Ohm · cm		23	1.0*10**14	
Durchschlagfestigkeit	kV/mm		23	≧ 50	1 mm dick
Oberflächenwiderstand	Ohm		23	1.0*10**13	

Kriechstromfestigkeit	KC 600	KB 550	KA 3b
Elektrolytische Korrosionswirkung			
Lichtbogenfestigkeit nach DIN			
nach ASTM	s		

Beständigkeit *(Chemische Beständigkeit siehe Anhang)*

Wasseraufnahme 23 C Bis zur Saettigung	9 %
Feuchtigkeitsaufnahme Normalklima	2.4 %
Wetterbeständigkeit	
Spannungskorrosion	

Optische Eigenschaften

Brechungszahl n_D		
Transmissionsgrad τ_c	%	mm dick
Lichtdurchlässigkeit		

Datenbank-Nr.	**T05367**	*Merkblatt-Nr.* **3969**

		PA
Produkt	Polyamid 66	
Handelsname	**Akulon S240-C**	
Hersteller	AKZO	
DIN-Bez 1		
DIN-Bez 2		

Zusätze		*Füllstoffe/ Verstärkung*	
Bevorzugte Verarbeitung	Spritzgiessen	*Lieferform*	Granulat
		Farben	Natur; Schwarz; Standard
Besondere Merkmale	Gute Verarbeitung; Gutes Fliessverhalten; Hochviskos; Gute Waermeformbestaendigkeit; Hohe Zaehigkeit; Hohe Schlagfestigkeit	*Bevorzugte Anwendungen*	Technisches Formteil; Elektrotechnik; Elektronik; Automobilbau; Maschinenbau; Apparatebau

Dichte	g/cm^3	1.14	*Schmelzindex*	g/10 min	:
Schüttdichte	g/cm^3		*Volumenfließindex*	cm^3/10 min	:
Viskositätszahl	ml/g				

Verarbeitungsbedingungen für Spritzgießen

Massetemp.	°C	270–290	*Schwindung*	%	lgs 1.5, quer 1.5
Werkzeugtemp.	°C	80–90	*Bemerkungen*		Einspritzgeschwindigkeit mittelhoch bis hoch; Staudruck maessig
Spritzdruck	bar				

Zugversuch 23 °C ISO 527;

			Probekörper:	Form		*Herstellung*	Spritzgiessen
				Zustand Spritzfrisch		*Vorbehandlung*	

Streckspannung	N/mm^2		*Dehnung bei Streckspannung*	%	
Zugfestigkeit	N/mm^2	75	*Reißdehnung*	%	60
Reißfestigkeit	N/mm^2		% *Dehnspannung*	N/mm^2	
E-Modul	N/mm^2	2900	*Dehnung bei* % *Dehnspg.*	%	

Kriechmoduln und Zeitstandwerte 23 °C

		Probekörper:	Form	*Herstellung*	
			Zustand	*Vorbehandlung*	

Kriechmodul	1 min N/mm^2	*Zeitstandzugfestigkeit*	h N/mm^2
Kriechmodul	1000 h N/mm^2	*Zeitdehnspg.* %	h N/mm^2
bei Spannung	N/mm^2		

Biegeversuch 23 °C ISO 178;

		Probekörper:	Form	*Herstellung*	Spritzgiessen
			Zustand Spritzfrisch	*Vorbehandlung*	

Biegefestigkeit	N/mm^2 85	*E-Modul*	N/mm^2 2800
3,5% Biegespannung	N/mm^2		

Härte 23 °C

	Probekörper:	Zustand Spritzfrisch	*Herstellung*	Spritzgiessen
			Vorbehandlung	

Kugeldruckhärte	N/mm^2 140	bei 358 N, 30 s	*Shore-Härte* A	
Rockwellhärte	M 81		*Shore-Härte* D	82

Schlagversuch

	Probekörper:	(1) U-Kerbe		
		(2)	*Herstellung*	Spritzgiessen
		Zustand Spritzfrisch	*Vorbehandlung*	

		°C	°C	°C	*Probekörper-Form*
Schlagzähigkeit	kJ/m^2	23 o.B.			NKS
Kerbschlagzähigkeit (1)	kJ/m^2	23 6			NKS
IZOD-Kerbschlagzähigkeit (2)	J/m				
Kerbschlagzugzähigkeit	kJ/m^2				

Abrieb und Reibung

Taber-Abrieb (Reibradverfahren)	mm³/100 U
Abriebfaktor LNP (Thrust washer) Vergleichswert	
Statische Reibungszahl	
Dynamische Reibungszahl	(p·v = N/mm² · m/min)
Zulässiger p · v Wert	N/mm² · (m/min) v = m/min
	v = m/min

Thermische Eigenschaften

Formbeständigkeit in der Wärme	*Verfahren*	A	75 °C
	Verfahren	B	210 °C
Vicat Erweichungstemperatur (VST)	*Verfahren*		°C
	Verfahren		°C
Kristallit-Schmelzpunkt	*Verfahren*	ASTM D 2117	256 °C
Längenausdehnungskoeffizient	*Bereich* °C		$\cdot 10^{-4} K^{-1}$
	Temperatur 23 °C		$0.7-1.1 \cdot 10^{-4} K^{-1}$
Wärmeleitfähigkeit	*Verfahren* ASTM C 177	23 °C	0.28 W/(K · m)
Spezifische Wärmekapazität	*Verfahren* ASTM C 351	23 °C	1.7 J/(K · g)
Glasumwandlungstemperatur	*Torsionsschwingungsversuch*		°C
	Differentialkalorimetrie		°C

Brandverhalten

UL-Test vertikal   Dicke 1.5   mm, Wert V-2
                 Dicke   mm, Wert

	Norm	Bewertung	Abmessungen
Sauerstoff-Index	ASTM D 2863	27 %	
Glühstab-Verfahren	DIN 53459	2b	
Brandverhalten	DIN 4102		
MVSS			
FAR			

Elektrische Eigenschaften

		Hz	°C		Probekörper, Form
Dielektrizitätszahl		50			
		10^3	23	3.4	
		10^6			
Dielektrischer Verlustfaktor tan δ		50			
		10^3	23	0.018	
		10^6			
Spezifischer Durchgangs-widerstand	Ohm · cm		23	1.0*10**15	
Durchschlagfestigkeit	kV/mm		23	$\geq$ 45	1 mm dick
Oberflächenwiderstand	Ohm		23	1.0*10**14	
Kriechstromfestigkeit		KC 600	KB 550	KA 3b	
Elektrolytische Korrosionswirkung					
Lichtbogenfestigkeit nach DIN					
nach ASTM s					

Beständigkeit *(Chemische Beständigkeit siehe Anhang)*

Wasseraufnahme 23 C Bis zur Saettigung		9 %
Feuchtigkeitsaufnahme Normalklima		2.4 %
Wetterbeständigkeit		
Spannungskorrosion		

Optische Eigenschaften

Brechungszahl n_D
Transmissionsgrad τ_c %   mm dick
Lichtdurchlässigkeit

		PA
Produkt	Polyamid 66	
Handelsname	**Akulon S223-G3**	
Hersteller	AKZO	
DIN-Bez 1		
DIN-Bez 2		

Zusätze		*Füllstoffe/ Verstärkung*	15.0% Glasfaser
Bevorzugte Verarbeitung	Spritzgiessen	*Lieferform*	Granulat
		Farben	Natur; Schwarz; Standard
Besondere Merkmale	Hervorragende Verarbeitbarkeit; Hohe mechanische Festigkeit; Hohe Steifigkeit; Hohe Haerte; Hohe Abriebfestigkeit; Hohe Waermeformbestaendigkeit; Geringe Schwindung	*Bevorzugte Anwendungen*	Technisches Formteil; Elektrotechnik; Elektronik; Automobilbau; Maschinenbau; Apparatebau

---

Dichte	g/cm³	1.24	*Schmelzindex*	g/10 min		:
Schüttdichte	g/cm³		*Volumenfließindex*	cm³/10 min		:
Viskositätszahl	ml/g					

Verarbeitungsbedingungen für Spritzgießen

Massetemp.	°C	280–290	*Schwindung*	% lgs	0.2, quer 1.1
Werkzeugtemp.	°C	80–90	*Bemerkungen*	Schneckendrehzahl und Staudruck	
Spritzdruck	bar			moeglichst niedrig	

Zugversuch 23 °C ISO 527;

	Probekörper:	*Form*		*Herstellung*	Spritzgiessen
		Zustand Spritzfrisch		*Vorbehandlung*	

Streckspannung	N/mm²		*Dehnung bei Streckspannung*	%	
Zugfestigkeit	N/mm²	125	*Reißdehnung*	%	3
Reißfestigkeit	N/mm²		*% Dehnspannung*	N/mm²	
E-Modul	N/mm²	5200	*Dehnung bei % Dehnspg.*	%	

Kriechmoduln und Zeitstandwerte 23 °C

	Probekörper:	*Form*		*Herstellung*
		Zustand		*Vorbehandlung*

Kriechmodul	1 min N/mm²		*Zeitstandzugfestigkeit*	h N/mm²	
Kriechmodul	1000 h N/mm²		*Zeitdehnspg. %*	h N/mm²	
bei Spannung	N/mm²				

Biegeversuch 23 °C ISO 178;

	Probekörper:	*Form*		*Herstellung*	Spritzgiessen
		Zustand Spritzfrisch		*Vorbehandlung*	

Biegefestigkeit	N/mm²	180	*E-Modul*	N/mm² 5000
3,5% Biegespannung	N/mm²			

Härte 23 °C

	Probekörper:	*Zustand* Spritzfrisch	*Herstellung*	Spritzgiessen
			Vorbehandlung	

Kugeldruckhärte	N/mm² 195	bei 961 N, 30 s	*Shore-Härte* A	
Rockwellhärte	M 92		*Shore-Härte* D	84

Schlagversuch

	Probekörper:	*(1)* U-Kerbe		
		(2) V-Kerbe	*Herstellung*	Spritzgiessen
		Zustand Spritzfrisch	*Vorbehandlung*	

		°C	°C	°C	*Probekörper-Form*
Schlagzähigkeit	kJ/m²	23 28			NKS
Kerbschlagzähigkeit (1)	kJ/m²	23 5			NKS
IZOD-Kerbschlagzähigkeit (2)	J/m	23 45			Dicke 3.2 mm
Kerbschlagzugzähigkeit	kJ/m²				

Abrieb und Reibung

Taber-Abrieb (Reibradverfahren)	mm³/100 U
Abriebfaktor LNP (Thrust washer) Vergleichswert	
Statische Reibungszahl	
Dynamische Reibungszahl	$(p \cdot v =$ N/mm² · m/min)
Zulässiger p · v Wert	N/mm² · (m/min) v = m/min
	v = m/min

Thermische Eigenschaften

Formbeständigkeit in der Wärme	Verfahren	A		240 °C
	Verfahren	B		250 °C
Vicat Erweichungstemperatur (VST)	Verfahren			°C
	Verfahren			°C
Kristallit-Schmelzpunkt	Verfahren	ISO 3146		256 °C
Längenausdehnungskoeffizient	Bereich	°C		$\cdot 10^{-4} K^{-1}$
	Temperatur 23 °C			$0.3 \cdot 10^{-4} K^{-1}$
Wärmeleitfähigkeit	Verfahren	ASTM C 177	23 °C	0.35 W/(K · m)
Spezifische Wärmekapazität	Verfahren	ASTM C 351	23 °C	1.6 J/(K · g)
Glasumwandlungstemperatur	Torsionsschwingungsversuch		°C	
	Differentialkalorimetrie		°C	

Brandverhalten

UL-Test vertikal   Dicke 1.6   mm, Wert HB
     Dicke   mm, Wert

	Norm	Bewertung	Abmessungen
Sauerstoff-Index	ASTM D 2863	22%	
Glühstab-Verfahren			
Brandverhalten	DIN 4102		
MVSS			
FAR			

Elektrische Eigenschaften

		Hz	°C		Probekörper, Form
Dielektrizitätszahl		50			
		10^3	23	4.2	
		10^6			
Dielektrischer Verlustfaktor tan δ		50			
		10^3	23	0.05	
		10^6			
Spezifischer Durchgangs-widerstand	Ohm · cm		23	1.0*10**14	
Durchschlagfestigkeit	kV/mm		23	≥ 55	1 mm dick
Oberflächenwiderstand	Ohm		23	1.0*10**13	
Kriechstromfestigkeit		KC 600	KB 375	KA 3a	
Elektrolytische Korrosionswirkung					
Lichtbogenfestigkeit nach DIN					
nach ASTM	s				

Beständigkeit *(Chemische Beständigkeit siehe Anhang)*

Wasseraufnahme 23 C Bis zur Saettigung	7.2 %
Feuchtigkeitsaufnahme Normalklima	2.0 %
Wetterbeständigkeit	
Spannungskorrosion	

Optische Eigenschaften

Brechungszahl n_D
Transmissionsgrad τ_c %   mm dick
Lichtdurchlässigkeit

Produkt	Polyamid 66	**PA**
Handelsname	**Akulon S223-G5**	
Hersteller	AKZO	
DIN-Bez 1		
DIN-Bez 2		

Zusätze		*Füllstoffe/ Verstärkung*	25.0% Glasfaser
Bevorzugte Verarbeitung	Spritzgiessen	*Lieferform*	Granulat
		Farben	Natur; Schwarz; Standard
Besondere Merkmale	Hervorragende Verarbeitbarkeit; Hohe mechanische Festigkeit; Hohe Steifigkeit; Hohe Haerte; Hohe Abriebfestigkeit; Hohe Waermeformbestaendigkeit; Geringe Schwindung	*Bevorzugte Anwendungen*	Technisches Formteil; Elektrotechnik; Elektronik; Automobilbau; Maschinenbau; Apparatebau

Dichte	g/cm^3	1.31	*Schmelzindex*	g/10 min		:
Schüttdichte	g/cm^3		*Volumenfließindex*	cm^3/10 min		:
Viskositätszahl	ml/g					

Verarbeitungsbedingungen für Spritzgießen

Massetemp.	°C	280–290	*Schwindung*	%	lgs 0.2, quer 1.1
Werkzeugtemp.	°C	80–90	*Bemerkungen*		Schneckendrehzahl und Staudruck
Spritzdruck	bar				moeglichst niedrig

Zugversuch 23 °C ISO 527;

	Probekörper:	Form	*Herstellung*	Spritzgiessen
		Zustand Spritzfrisch	*Vorbehandlung*	
Streckspannung	N/mm^2		*Dehnung bei Streckspannung*	%
Zugfestigkeit	N/mm^2 165		*Reißdehnung*	% 3
Reißfestigkeit	N/mm^2		% Dehnspannung	N/mm^2
E-Modul	N/mm^2 7300		*Dehnung bei* % Dehnspg.	%

Kriechmoduln und Zeitstandwerte 23 °C

	Probekörper:	Form	*Herstellung*	
		Zustand	*Vorbehandlung*	
Kriechmodul	1 min N/mm^2		*Zeitstandzugfestigkeit*	h N/mm^2
Kriechmodul	1000 h N/mm^2		*Zeitdehnspg.* %	h N/mm^2
bei Spannung	N/mm^2			

Biegeversuch 23 °C ISO 178;

	Probekörper:	Form	*Herstellung*	Spritzgiessen
		Zustand Spritzfrisch	*Vorbehandlung*	
Biegefestigkeit	N/mm^2 240		*E-Modul*	N/mm^2 7300
3,5% Biegespannung	N/mm^2			

Härte 23 °C

	Probekörper:	Zustand Spritzfrisch	*Herstellung*	Spritzgiessen
			Vorbehandlung	
Kugeldruckhärte	N/mm^2 205	bei 961 N, 30 s	*Shore-Härte* A	
Rockwellhärte	M 94		*Shore-Härte* D	86

Schlagversuch

	Probekörper:	(1) U-Kerbe		
		(2) V-Kerbe	*Herstellung*	Spritzgiessen
		Zustand Spritzfrisch	*Vorbehandlung*	
		°C °C	°C	*Probekörper-Form*
Schlagzähigkeit	kJ/m^2	23 44		NKS
Kerbschlagzähigkeit (1)	kJ/m^2	23 8		NKS
IZOD-Kerbschlagzähigkeit (2)	J/m	23 90		Dicke 3.2 mm
Kerbschlagzugzähigkeit	kJ/m^2			

Abrieb und Reibung

Taber-Abrieb (Reibradverfahren)   mm³/100 U
Abriebfaktor LNP (Thrust washer) Vergleichswert
Statische Reibungszahl
Dynamische Reibungszahl   (p·v =   N/mm² ·   m/min)
Zulässiger p · v Wert   N/mm² · (m/min)   v =   m/min
                                                                        v =   m/min

Thermische Eigenschaften

Formbeständigkeit in der Wärme	*Verfahren*	A	245 °C
	Verfahren	B	255 °C
Vicat Erweichungstemperatur (VST)	*Verfahren*		°C
	Verfahren		°C
Kristallit-Schmelzpunkt	*Verfahren*	ISO 3146	256 °C

Längenausdehnungskoeffizient   Bereich   °C $\cdot 10^{-4} K^{-1}$
                                    Temperatur 23 °C $0.25 \cdot 10^{-4} K^{-1}$
Wärmeleitfähigkeit   Verfahren ASTM C 177   23 °C   0.4 W/(K · m)

Spezifische Wärmekapazität   Verfahren ASTM C 351   23 °C   1.5 J/(K · g)

Glasumwandlungstemperatur   Torsionsschwingungsversuch   °C
                                    Differentialkalorimetrie   °C

Brandverhalten

UL-Test vertikal   Dicke 1.6   mm, Wert HB
                                   Dicke   mm, Wert

	Norm	Bewertung	Abmessungen
Sauerstoff-Index	ASTM D 2863	23%	
Glühstab-Verfahren			
Brandverhalten	DIN 4102		
MVSS			
FAR			

Elektrische Eigenschaften

		Hz	°C		Probekörper, Form
Dielektrizitätszahl		50			
		10³	23	4.5	
		10⁶			
Dielektrischer Verlustfaktor tan δ		50			
		10³	23	0.06	
		10⁶			
Spezifischer Durchgangs-					
widerstand	Ohm · cm		23	1.0*10**14	
Durchschlagfestigkeit	kV/mm		23	≧ 55	1 mm dick
Oberflächenwiderstand	Ohm		23	1.0*10**13	
Kriechstromfestigkeit		KC 600	KB 450	KA 3b	
Elektrolytische Korrosionswirkung					
Lichtbogenfestigkeit nach DIN					
nach ASTM	s				

Beständigkeit *(Chemische Beständigkeit siehe Anhang)*

Wasseraufnahme 23 C   Bis zur Saettigung   6.4 %

Feuchtigkeitsaufnahme Normalklima   1.7 %
Wetterbeständigkeit

Spannungskorrosion

Optische Eigenschaften

Brechungszahl n_D
Transmissionsgrad τ_c %   mm dick
Lichtdurchlässigkeit

Produkt	Polyamid 66
Handelsname	**Akulon S223-G6**
Hersteller	AKZO
DIN-Bez 1	
DIN-Bez 2	

PA

Zusätze		*Füllstoffe/ Verstärkung*	30.0% Glasfaser
Bevorzugte Verarbeitung	Spritzgiessen	*Lieferform*	Granulat
		Farben	Natur; Schwarz; Standard
Besondere Merkmale	Hervorragende Verarbeitbarkeit; Hohe mechanische Festigkeit; Hohe Steifigkeit; Hohe Haerte; Hohe Abriebfestigkeit; Hohe Waermeformbestaendigkeit; Geringe Schwindung	*Bevorzugte Anwendungen*	Technisches Formteil; Elektrotechnik; Elektronik; Automobilbau; Maschinenbau; Apparatebau

---

Dichte	g/cm^3	1.36	*Schmelzindex*	g/10 min		:
Schüttdichte	g/cm^3		*Volumenfließindex*	cm^3/10 min		:
Viskositätszahl	ml/g					

Verarbeitungsbedingungen für Spritzgießen

Massetemp.	°C	280–290	*Schwindung*	% lgs 0.2, quer 1.1	
Werkzeugtemp.	°C	80–90	*Bemerkungen*	Schneckendrehzahl und Staudruck	
Spritzdruck	bar			moeglichst niedrig	

Zugversuch 23 °C ISO 527;

	Probekörper:	*Form*	*Herstellung*	Spritzgiessen
		Zustand Spritzfrisch	*Vorbehandlung*	

Streckspannung	N/mm^2		*Dehnung bei Streckspannung*	%	
Zugfestigkeit	N/mm^2	180	*Reißdehnung*	%	3
Reißfestigkeit	N/mm^2		*% Dehnspannung*	N/mm^2	
E-Modul	N/mm^2	8500	*Dehnung bei % Dehnspg.*	%	

Kriechmoduln und Zeitstandwerte 23 °C

	Probekörper:	*Form*	*Herstellung*	
		Zustand	*Vorbehandlung*	

Kriechmodul	*1 min* N/mm^2		*Zeitstandzugfestigkeit*	h N/mm^2	
Kriechmodul	*1000 h* N/mm^2		*Zeitdehnspg. %*	h N/mm^2	
bei Spannung	N/mm^2				

Biegeversuch 23 °C ISO 178;

	Probekörper:	*Form*	*Herstellung*	Spritzgiessen
		Zustand Spritzfrisch	*Vorbehandlung*	

Biegefestigkeit	N/mm^2 265	*E-Modul*	N/mm^2 8500
3,5% Biegespannung	N/mm^2		

Härte 23 °C

	Probekörper:	*Zustand* Spritzfrisch	*Herstellung*	Spritzgiessen
			Vorbehandlung	

Kugeldruckhärte	N/mm^2 210	bei 961 N, 30 s	*Shore-Härte* A	
Rockwellhärte	M 96		*Shore-Härte* D	87

Schlagversuch

	Probekörper:	*(1)* U-Kerbe		
		(2) V-Kerbe	*Herstellung*	Spritzgiessen
		Zustand Spritzfrisch	*Vorbehandlung*	

	°C	°C	°C	*Probekörper-Form*
Schlagzähigkeit	kJ/m^2	23 51		NKS
Kerbschlagzähigkeit (1)	kJ/m^2	23 9		NKS
IZOD-Kerbschlagzähigkeit (2)	J/m	23 105		Dicke 3.2 mm
Kerbschlagzugzähigkeit	kJ/m^2			

Abrieb und Reibung

Taber-Abrieb (Reibradverfahren)   mm³/100 U
Abriebfaktor LNP (Thrust washer) Vergleichswert
Statische Reibungszahl
Dynamische Reibungszahl $(p \cdot v =$ N/mm² ·   m/min)
Zulässiger p · v Wert   N/mm² · (m/min)   v =   m/min
    v =   m/min

Thermische Eigenschaften

Formbeständigkeit in der Wärme	*Verfahren* A		250 °C
	Verfahren B		255 °C
Vicat Erweichungstemperatur (VST)	*Verfahren*		°C
	Verfahren		°C
Kristallit-Schmelzpunkt	*Verfahren* ASTM D 2117		256 °C

Längenausdehnungskoeffizient   *Bereich*   °C $\cdot 10^{-4} K^{-1}$
    Temperatur 23 °C $0.2 \cdot 10^{-4} K^{-1}$
Wärmeleitfähigkeit   *Verfahren* ASTM C 177   23 °C   0.45 W/(K · m)

Spezifische Wärmekapazität   *Verfahren* ASTM C 351   23 °C   1.4 J/(K · g)

Glasumwandlungstemperatur   *Torsionsschwingungsversuch*   °C
    Differentialkalorimetrie   °C

Brandverhalten

UL-Test vertikal   Dicke 1.6   mm, Wert HB
    Dicke   mm, Wert

	Norm	*Bewertung*	*Abmessungen*
Sauerstoff-Index	ASTM D 2863	24%	
Glühstab-Verfahren	DIN 53459	3a	
Brandverhalten	DIN 4102		
MVSS			
FAR			

Elektrische Eigenschaften

		Hz	°C		*Probekörper, Form*
Dielektrizitätszahl		50			
		10³	23	4.6	
		10⁶			
Dielektrischer Verlustfaktor tan δ		50			
		10³	23	0.06	
		10⁶			
Spezifischer Durchgangs-widerstand	Ohm · cm		23	1.0*10**14	
Durchschlagfestigkeit	kV/mm		23	≧ 55	1 mm dick
Oberflächenwiderstand	Ohm		23	1.0*10**13	

Kriechstromfestigkeit   KC 600   KB 475   KA 3c
Elektrolytische Korrosionswirkung
Lichtbogenfestigkeit nach DIN
    nach ASTM   s

Beständigkeit *(Chemische Beständigkeit siehe Anhang)*

Wasseraufnahme 23 C   Bis zur Saettigung   6.0 %

Feuchtigkeitsaufnahme Normalklima   1.6 %
Wetterbeständigkeit

Spannungskorrosion

Optische Eigenschaften

Brechungszahl n_D
Transmissionsgrad τ_c %   mm dick
Lichtdurchlässigkeit

Produkt	Polyamid 66
Handelsname	**Akulon S223-G7**
Hersteller	AKZO
DIN-Bez 1	
DIN-Bez 2	

PA

Zusätze		*Füllstoffe/ Verstärkung*	35.0% Glasfaser
Bevorzugte Verarbeitung	Spritzgiessen	*Lieferform*	Granulat
		Farben	Natur; Schwarz; Standard
Besondere Merkmale	Hervorragende Verarbeitbarkeit; Hohe mechanische Festigkeit; Hohe Steifigkeit; Hohe Haerte; Hohe Abriebfestigkeit; Hohe Waermeformbestaendigkeit; Geringe Schwindung	*Bevorzugte Anwendungen*	Technisches Formteil; Elektrotechnik; Elektronik; Automobilbau; Maschinenbau; Apparatebau

---

Dichte	g/cm^3	1.40		*Schmelzindex*	g/10 min	:
Schüttdichte	g/cm^3			*Volumenfließindex*	cm^3/10 min	:
Viskositätszahl	ml/g					

Verarbeitungsbedingungen für Spritzgießen

Massetemp.	°C	280–290	*Schwindung*	%	lgs 0.2, quer 1
Werkzeugtemp.	°C	80–90	*Bemerkungen*		Schneckendrehzahl und Staudruck
Spritzdruck	bar				moeglichst niedrig

Zugversuch 23 °C ISO 527;

	Probekörper:	*Form*		*Herstellung*	Spritzgiessen
		Zustand Spritzfrisch		*Vorbehandlung*	
Streckspannung	N/mm^2		*Dehnung bei Streckspannung*	%	
Zugfestigkeit	N/mm^2 195		*Reißdehnung*	%	3
Reißfestigkeit	N/mm^2		*% Dehnspannung*	N/mm^2	
E-Modul	N/mm^2 10000		*Dehnung bei % Dehnspg.*	%	

Kriechmoduln und Zeitstandwerte 23 °C

	Probekörper:	*Form*		*Herstellung*	
		Zustand		*Vorbehandlung*	
Kriechmodul	1 min N/mm^2		*Zeitstandzugfestigkeit*	h N/mm^2	
Kriechmodul	1000 h N/mm^2		*Zeitdehnspg. %*	h N/mm^2	
bei Spannung	N/mm^2				

Biegeversuch 23 °C ISO 178;

	Probekörper:	*Form*		*Herstellung*	Spritzgiessen
		Zustand Spritzfrisch		*Vorbehandlung*	
Biegefestigkeit	N/mm^2 290		*E-Modul*	N/mm^2 10000	
3,5% Biegespannung	N/mm^2				

Härte 23 °C

	Probekörper:	*Zustand* Spritzfrisch	*Herstellung*	Spritzgiessen
			Vorbehandlung	
Kugeldruckhärte	N/mm^2 215	bei 961 N, 30 s	*Shore-Härte* A	
Rockwellhärte	M 96		*Shore-Härte* D	88

Schlagversuch

	Probekörper:	(1) U-Kerbe		
		(2) V-Kerbe	*Herstellung*	Spritzgiessen
		Zustand Spritzfrisch	*Vorbehandlung*	

		°C	°C	°C	*Probekörper-Form*
Schlagzähigkeit	kJ/m^2	23 55			NKS
Kerbschlagzähigkeit (1)	kJ/m^2	23 11			NKS
IZOD-Kerbschlagzähigkeit (2)	J/m	23 110			Dicke 3.2 mm
Kerbschlagzugzähigkeit	kJ/m^2				

Abrieb und Reibung

Taber-Abrieb (Reibradverfahren)	mm^3/100 U
Abriebfaktor LNP (Thrust washer) Vergleichswert	
Statische Reibungszahl	
Dynamische Reibungszahl	$(p \cdot v = \quad N/mm^2 \cdot \quad m/min)$
Zulässiger $p \cdot v$ Wert	$N/mm^2 \cdot (m/min) \quad v = \quad m/min$
	$v = \quad m/min$

Thermische Eigenschaften

Formbeständigkeit in der Wärme	*Verfahren* A		250 °C
	Verfahren B		255 °C
Vicat Erweichungstemperatur (VST)	*Verfahren*		°C
	Verfahren		°C
Kristallit-Schmelzpunkt	*Verfahren* ASTM D 2117		256 °C
Längenausdehnungskoeffizient	*Bereich* °C		$\cdot 10^{-4} K^{-1}$
	Temperatur 23 °C		$0.2 \cdot 10^{-4} K^{-1}$
Wärmeleitfähigkeit	*Verfahren* ASTM C 177	23 °C	$0.45\ W/(K \cdot m)$
Spezifische Wärmekapazität	*Verfahren* ASTM C 351	23 °C	$1.4\ J/(K \cdot g)$
Glasumwandlungstemperatur	*Torsionsschwingungsversuch*	°C	
	Differentialkalorimetrie	°C	

Brandverhalten

UL-Test vertikal　　　　　　Dicke 1.6　mm, Wert HB
　　　　　　　　　　　　　　Dicke　　mm, Wert

	Norm	Bewertung	Abmessungen
Sauerstoff-Index	ASTM D 2863	25%	
Glühstab-Verfahren	DIN 53459	3a	
Brandverhalten	DIN 4102		
MVSS			
FAR			

Elektrische Eigenschaften

		Hz	°C		Probekörper, Form
Dielektrizitätszahl		50			
		10^3	23	4.7	
		10^6			
Dielektrischer Verlustfaktor $\tan \delta$		50			
		10^3	23	0.06	
		10^6			
Spezifischer Durchgangs-widerstand	Ohm · cm		23	1.0*10**14	
Durchschlagfestigkeit	kV/mm		23	$\geqq$ 55	1　mm dick
Oberflächenwiderstand	Ohm		23	1.0*10**13	
Kriechstromfestigkeit		KC 600		KB 450	KA 3c
Elektrolytische Korrosionswirkung					
Lichtbogenfestigkeit nach DIN					
nach ASTM	s				

Beständigkeit *(Chemische Beständigkeit siehe Anhang)*

Wasseraufnahme 23 C　Bis zur Saettigung	5.5 %
Feuchtigkeitsaufnahme Normalklima	1.5 %
Wetterbeständigkeit	
Spannungskorrosion	

Optische Eigenschaften

Brechungszahl n_D
Transmissionsgrad τ_c　　　%　　　　　　　mm dick
Lichtdurchlässigkeit

			PA
Produkt	Polyamid 66		
Handelsname	**Akulon S223-G0**		
Hersteller	AKZO		
DIN-Bez 1			
DIN-Bez 2			
Zusätze		*Füllstoffe/ Verstärkung*	50.0% Glasfaser
Bevorzugte Verarbeitung	Spritzgiessen	*Lieferform*	Granulat
		Farben	Natur; Schwarz; Standard
Besondere Merkmale	Sehr hohe Steifigkeit; Sehr gute Mass-stabilitaet; Sehr gute Dauerwaermebe-staendigkeit	*Bevorzugte Anwendungen*	Technisches Formteil; Elektrotechnik; Elektronik; Automobilbau; Maschinen-bau; Apparatebau

Dichte	g/cm³	1.57	*Schmelzindex*	g/10 min	:
Schüttdichte	g/cm³		*Volumenfließindex*	cm³/10 min	:
Viskositätszahl	ml/g				

Verarbeitungsbedingungen für Spritzgießen

Massetemp.	°C	280–290	*Schwindung*	%	lgs 0.2, quer 0.9
Werkzeugtemp.	°C	80–90	*Bemerkungen*		Schneckendrehzahl und Staudruck
Spritzdruck	bar				moeglichst niedrig

Zugversuch 23 °C ISO 527;

				Herstellung	Spritzgiessen
	Probekörper:	*Form*		*Vorbehandlung*	
		Zustand	Spritzfrisch		

Streckspannung	N/mm²		*Dehnung bei Streckspannung*	%		
Zugfestigkeit	N/mm²	220	*Reißdehnung*	%	3	
Reißfestigkeit	N/mm²		% *Dehnspannung*	N/mm²		
E-Modul	N/mm²	14500	*Dehnung bei*	% *Dehnspg.*	%	

Kriechmoduln und Zeitstandwerte 23 °C

	Probekörper:	*Form*		*Herstellung*	
		Zustand		*Vorbehandlung*	

Kriechmodul	1 min N/mm²		*Zeitstandzugfestigkeit*	h N/mm²	
Kriechmodul	1000 h N/mm²		*Zeitdehnspg.* %	h N/mm²	
bei Spannung	N/mm²				

Biegeversuch 23 °C ISO 178;

	Probekörper:	*Form*		*Herstellung*	Spritzgiessen
		Zustand	Spritzfrisch	*Vorbehandlung*	

Biegefestigkeit	N/mm² 340	*E-Modul*		N/mm² 15000
3,5% Biegespannung	N/mm²			

Härte 23 °C

	Probekörper:	*Zustand*	Spritzfrisch	*Herstellung*	Spritzgiessen
				Vorbehandlung	

Kugeldruckhärte	N/mm² 240	bei 961 N, 30 s	*Shore-Härte* A	
Rockwellhärte	M 98		*Shore-Härte* D	89

Schlagversuch

	Probekörper:	(1) U-Kerbe			
		(2) V-Kerbe		*Herstellung*	Spritzgiessen
		Zustand	Spritzfrisch	*Vorbehandlung*	

		°C	°C	°C	*Probekörper-Form*
Schlagzähigkeit	kJ/m²	23 58			NKS
Kerbschlagzähigkeit (1)	kJ/m²	23 13			NKS
IZOD-Kerbschlagzähigkeit (2)	J/m	23 115			Dicke 3.2 mm
Kerbschlagzugzähigkeit	kJ/m²				

Abrieb und Reibung

Taber-Abrieb (Reibradverfahren)	mm³/100 U	
Abriebfaktor LNP (Thrust washer) Vergleichswert		
Statische Reibungszahl		
Dynamische Reibungszahl	(p · v = N/mm² · m/min)	
Zulässiger p · v Wert	N/mm² · (m/min) v = m/min	
	v = m/min	

Thermische Eigenschaften

Formbeständigkeit in der Wärme	Verfahren	A		255 °C
	Verfahren	B		260 °C
Vicat Erweichungstemperatur (VST)	Verfahren			°C
	Verfahren			°C
Kristallit-Schmelzpunkt	Verfahren	ASTM D 2117		256 °C
Längenausdehnungskoeffizient	Bereich	°C		$\cdot 10^{-4} K^{-1}$
	Temperatur 23 °C			$0.15 \cdot 10^{-4} K^{-1}$
Wärmeleitfähigkeit	Verfahren	ASTM C 177	23 °C	0.5 W/(K · m)
Spezifische Wärmekapazität	Verfahren	ASTM C 351	23 °C	1.3 J/(K · g)
Glasumwandlungstemperatur	Torsionsschwingungsversuch			°C
	Differentialkalorimetrie			°C

Brandverhalten

UL-Test vertikal	Dicke 1.6	mm, Wert HB	
	Dicke	mm, Wert	

	Norm	Bewertung		Abmessungen
Sauerstoff-Index	ASTM D 2863	26%		
Glühstab-Verfahren	DIN 53459	3a		
Brandverhalten	DIN 4102			
MVSS				
FAR				

Elektrische Eigenschaften

		Hz	°C		Probekörper, Form
Dielektrizitätszahl		50			
		10^3	23	4.7	
		10^6			
Dielektrischer Verlustfaktor tan δ		50			
		10^3	23	0.04	
		10^6			
Spezifischer Durchgangs-					
widerstand	Ohm · cm		23	1.0*10**14	
Durchschlagfestigkeit	kV/mm		23	≧ 55	1 mm dick
Oberflächenwiderstand	Ohm		23	1.0*10**13	
Kriechstromfestigkeit	KC 600		KB 375	KA 3a	
Elektrolytische Korrosionswirkung					
Lichtbogenfestigkeit nach DIN					
nach ASTM	s				

Beständigkeit *(Chemische Beständigkeit siehe Anhang)*

Wasseraufnahme 23 C Bis zur Saettigung		4.3 %
Feuchtigkeitsaufnahme Normalklima		1.2 %
Wetterbeständigkeit		
Spannungskorrosion		

Optische Eigenschaften

Brechungszahl n_D			
Transmissionsgrad τ_c	%	mm dick	
Lichtdurchlässigkeit			

Produkt	Polyamid 66	**PA**
Handelsname	**Akulon S223-H2G6**	
Hersteller	AKZO	
DIN-Bez 1		
DIN-Bez 2		

Zusätze	Waermestabilisator; Hydrolysestabilisator	*Füllstoffe/ Verstärkung*	30.0% Glasfaser
Bevorzugte Verarbeitung	Spritzgiessen	*Lieferform*	Granulat
		Farben	Natur; Schwarz
Besondere Merkmale	Waermebestaendig; Hydrolysebestaendig; Hohe Festigkeit; Hohe Steifigkeit; Sehr gute Bestaendigkeit gegen Wasser-Glykol-Mischungen bei hohen Temperaturen; Masshaltig	*Bevorzugte Anwendungen*	Technisches Formteil im Kuehlwassersystem von Kraftfahrzeugen

---

Dichte	g/cm^3	1.36	*Schmelzindex*	g/10 min	:
Schüttdichte	g/cm^3		*Volumenfließindex*	cm^3/10 min	:
Viskositätszahl	ml/g				

Verarbeitungsbedingungen für Spritzgießen

Massetemp.	°C	280–290	*Schwindung*	%	lgs 0.2, quer 1.1
Werkzeugtemp.	°C	80–90	*Bemerkungen*		Schneckendrehzahl und Staudruck moeglichst niedrig
Spritzdruck	bar				

Zugversuch 23 °C ISO 527;

	Probekörper:	*Form*		*Herstellung*	Spritzgiessen
		Zustand Spritzfrisch		*Vorbehandlung*	
Streckspannung	N/mm^2		*Dehnung bei Streckspannung*	%	
Zugfestigkeit	N/mm^2	180	*Reißdehnung*	%	3
Reißfestigkeit	N/mm^2		*% Dehnspannung*	N/mm^2	
E-Modul	N/mm^2	9500	*Dehnung bei % Dehnspg.*	%	

Kriechmoduln und Zeitstandwerte 23 °C

	Probekörper:	*Form*	*Herstellung*	
		Zustand	*Vorbehandlung*	
Kriechmodul	1 min N/mm^2		*Zeitstandzugfestigkeit*	h N/mm^2
Kriechmodul	1000 h N/mm^2		*Zeitdehnspg. %*	h N/mm^2
bei Spannung	N/mm^2			

Biegeversuch 23 °C ISO 178;

	Probekörper:	*Form*	*Herstellung*	Spritzgiessen
		Zustand Spritzfrisch	*Vorbehandlung*	
Biegefestigkeit	N/mm^2 250		*E-Modul*	N/mm^2 7800
3,5% Biegespannung	N/mm^2			

Härte 23 °C

	Probekörper:	*Zustand* Spritzfrisch	*Herstellung*	Spritzgiessen
			Vorbehandlung	
Kugeldruckhärte	N/mm^2 215	bei 961 N, 30 s	*Shore-Härte* A	
Rockwellhärte	M 95		*Shore-Härte* D	87

Schlagversuch

	Probekörper:	*(1)* U-Kerbe		
		(2) V-Kerbe	*Herstellung*	Spritzgiessen
		Zustand Spritzfrisch	*Vorbehandlung*	
		°C	°C	°C	*Probekörper-Form*

Schlagzähigkeit	kJ/m^2	23 50		NKS
Kerbschlagzähigkeit (1)	kJ/m^2	23 10		NKS
IZOD-Kerbschlagzähigkeit (2)	J/m	23 110		Dicke 3.2 mm
Kerbschlagzugzähigkeit	kJ/m^2			

Abrieb und Reibung

Taber-Abrieb (Reibradverfahren)　　　　　　　　　mm^3/100 U
Abriebfaktor LNP (Thrust washer) Vergleichswert
Statische Reibungszahl
Dynamische Reibungszahl　　　　　　　　　　$(p \cdot v = $　　　N/mm$^2 \cdot$　　　m/min)
Zulässiger p · v Wert　　　　　　　　　　　　N/mm$^2 \cdot$ (m/min)　v =　　m/min
　　　　　　　　　　　　　　　　　　　　　　　　　　　　　v =　　m/min

Thermische Eigenschaften

Formbeständigkeit in der Wärme	*Verfahren*	A	245 °C
	Verfahren	B	255 °C
Vicat Erweichungstemperatur (VST)	*Verfahren*		°C
	Verfahren		°C
Kristallit-Schmelzpunkt	*Verfahren*	ASTM D 2117	256 °C

Längenausdehnungskoeffizient　　　*Bereich*　　　　°C　　　　　　　　　　　· 10^{-4}K^{-1}
　　　　　　　　　　　　　　　　　　Temperatur 23 °C　　　　　　　　　0.2 · 10^{-4}K^{-1}
Wärmeleitfähigkeit　　　　　*Verfahren*　ASTM C 177　　　　23 °C　　0.45 W/(K · m)

Spezifische Wärmekapazität　　*Verfahren*　ASTM C 351　　　23 °C　　1.4 J/(K · g)

Glasumwandlungstemperatur　　*Torsionsschwingungsversuch*　　°C
　　　　　　　　　　　　　　　　Differentialkalorimetrie　　　　　°C

Brandverhalten

UL-Test vertikal　　　　　　　　Dicke 1.6　mm, Wert HB
　　　　　　　　　　　　　　　　Dicke　　mm, Wert

	Norm	*Bewertung*	*Abmessungen*
Sauerstoff-Index	ASTM D 2863	24%	
Glühstab-Verfahren	DIN 53459	3a	
Brandverhalten	DIN 4102		
MVSS			
FAR			

Elektrische Eigenschaften

		Hz	°C		*Probekörper, Form*
Dielektrizitätszahl		50			
		10^3	23	3.6	
		10^6	23	3.4	
Dielektrischer Verlustfaktor tan δ		50			
		10^3	23	0.02	
		10^6	23	0.02	
Spezifischer Durchgangs-					
widerstand	Ohm · cm		23	1.0*10**15	
Durchschlagfestigkeit	kV/mm		23	50	1　mm dick
Oberflächenwiderstand	Ohm		23	1.0*10**13	

Kriechstromfestigkeit　　　　　　KC 525　　　　KB 375　　　　KA 3b
Elektrolytische Korrosionswirkung
Lichtbogenfestigkeit nach DIN
　　　　　　　nach ASTM　s

Beständigkeit *(Chemische Beständigkeit siehe Anhang)*

Wasseraufnahme 23 C　Bis zur Saettigung　　　　　　　　　　　6.0 %

Feuchtigkeitsaufnahme Normalklima　　　　　　　　　　　　　　　　　　1.6 %
Wetterbeständigkeit

Spannungskorrosion

Optische Eigenschaften

Brechungszahl n$_D$
Transmissionsgrad τ_c　　　%　　　　　　　　　mm dick
Lichtdurchlässigkeit

Produkt	Polyamid 66		**PA**
Handelsname	**Akulon S223-HM6**		
Hersteller	AKZO		
DIN-Bez 1			
DIN-Bez 2			
Zusätze	Waermestabilisator	*Füllstoffe/ Verstärkung*	30.0% Mineral
Bevorzugte Verarbeitung	Spritzgiessen	*Lieferform*	Granulat
		Farben	Standard
Besondere Merkmale	Verzugsarm; Gute Massbestaendigkeit; Gute Steifheit; Gegen hohe Gebrauchstemperaturen bestaendig	*Bevorzugte Anwendungen*	Technisches Formteil; Elektrotechnik; Elektronik; Automobilbau; Maschinenbau; Apparatebau

---

Dichte	g/cm^3	1.38	*Schmelzindex*	g/10 min	:
Schüttdichte	g/cm^3		*Volumenfließindex*	cm^3/10 min	:
Viskositätszahl	ml/g				

Verarbeitungsbedingungen für Spritzgießen

Massetemp.	°C	270–290	*Schwindung*	%	lgs 0.3–0.5, quer 0.3–0.5
Werkzeugtemp.	°C	80–90	*Bemerkungen*		Schneckendrehzahl und Staudruck
Spritzdruck	bar				moeglichst niedrig

Zugversuch 23 °C   ISO 527;

	Probekörper:	Form		*Herstellung*	Spritzgiessen
		Zustand	Spritzfrisch	*Vorbehandlung*	
Streckspannung	N/mm^2		*Dehnung bei Streckspannung*	%	
Zugfestigkeit	N/mm^2 80		*Reißdehnung*	%	2
Reißfestigkeit	N/mm^2		% *Dehnspannung*	N/mm^2	
E-Modul	N/mm^2 6300		*Dehnung bei* % *Dehnspg.*	%	

Kriechmoduln und Zeitstandwerte 23 °C

	Probekörper:	Form	*Herstellung*	
		Zustand	*Vorbehandlung*	
Kriechmodul	1 min N/mm^2		*Zeitstandzugfestigkeit*	h N/mm^2
Kriechmodul	1000 h N/mm^2		*Zeitdehnspg.* %	h N/mm^2
bei Spannung	N/mm^2			

Biegeversuch 23 °C   ISO 178;

	Probekörper:	Form		*Herstellung*	Spritzgiessen
		Zustand	Spritzfrisch	*Vorbehandlung*	
Biegefestigkeit	N/mm^2 130		*E-Modul*		N/mm^2 6300
3,5% Biegespannung	N/mm^2				

Härte 23 °C

	Probekörper:	Zustand	Spritzfrisch	*Herstellung*	Spritzgiessen
				Vorbehandlung	
Kugeldruckhärte	N/mm^2 220	bei 961 N, 30 s		*Shore-Härte* A	
Rockwellhärte	M 90			*Shore-Härte* D	85

Schlagversuch

	Probekörper:	(1) U-Kerbe			
		(2) V-Kerbe		*Herstellung*	Spritzgiessen
		Zustand	Spritzfrisch	*Vorbehandlung*	
		°C	°C	°C	*Probekörper-Form*

Schlagzähigkeit	kJ/m^2	23 30			NKS
Kerbschlagzähigkeit (1)	kJ/m^2	23 3			NKS
IZOD-Kerbschlagzähigkeit (2)	J/m	23 30			Dicke 3.2 mm
Kerbschlagzugzähigkeit	kJ/m^2				

Abrieb und Reibung

Taber-Abrieb (Reibradverfahren)	mm^3/100 U	
Abriebfaktor LNP (Thrust washer) Vergleichswert		
Statische Reibungszahl		
Dynamische Reibungszahl	(p·v = N/mm^2 ·	m/min)
Zulässiger p · v Wert	N/mm^2 · (m/min) v =	m/min
	v =	m/min

Thermische Eigenschaften

Formbeständigkeit in der Wärme	*Verfahren* A		185 °C
	Verfahren B		240 °C
Vicat Erweichungstemperatur (VST)	*Verfahren*		°C
	Verfahren		°C
Kristallit-Schmelzpunkt ·	*Verfahren* ISO 3146		256 °C
Längenausdehnungskoeffizient	*Bereich* °C		· 10^{-4}K^{-1}
	Temperatur 23 °C		0.5–0.6 · 10^{-4}K^{-1}
Wärmeleitfähigkeit	*Verfahren* ASTM C 177	23 °C	0.22 W/(K · m)
Spezifische Wärmekapazität	*Verfahren* ASTM C 351	23 °C	1.4 J/(K · g)
Glasumwandlungstemperatur	*Torsionsschwingungsversuch*		°C
	Differentialkalorimetrie		°C

Brandverhalten

UL-Test vertikal   Dicke 1.6   mm, Wert HB
              Dicke   mm, Wert

	Norm	*Bewertung*	*Abmessungen*
Sauerstoff-Index	ASTM D 2863	30%	
Glühstab-Verfahren	VDE 0304	2c	
Brandverhalten	DIN 4102		
MVSS			
FAR			

Elektrische Eigenschaften

	Hz	°C		*Probekörper, Form*
Dielektrizitätszahl	50			
	10^3	23	3.3	
	10^6	23	3.2	
Dielektrischer Verlustfaktor tan δ	50			
	10^3	23	0.01	
	10^6	23	0.015	
Spezifischer Durchgangs-widerstand Ohm · cm		23	1.0*10**15	
Durchschlagfestigkeit kV/mm		23	≧ 50	1 mm dick
Oberflächenwiderstand Ohm		23	1.0*10**12	
Kriechstromfestigkeit	KC 600	KB 500	KA 3c	
Elektrolytische Korrosionswirkung				
Lichtbogenfestigkeit nach DIN				
nach ASTM s				

Beständigkeit *(Chemische Beständigkeit siehe Anhang)*

Wasseraufnahme 23 C Bis zur Saettigung	6 %	
Feuchtigkeitsaufnahme Normalklima		1.6 %
Wetterbeständigkeit		
Spannungskorrosion		

Optische Eigenschaften

Brechungszahl n$_D$
Transmissionsgrad τ_c %   mm dick
Lichtdurchlässigkeit

Produkt	Polyamid 66	**PA**
Handelsname	**Akulon S223-HM8**	
Hersteller	AKZO	
DIN-Bez 1		
DIN-Bez 2		

Zusätze	Waermestabilisator	*Füllstoffe/ Verstärkung*	40.0% Mineral
Bevorzugte Verarbeitung	Spritzgiessen	*Lieferform*	Granulat
		Farben	Standard
Besondere Merkmale	Verzugsarm; Gute Massbestaendigkeit; Gute Steifheit; Bestaendig gegen hohe Gebrauchstemperaturen	*Bevorzugte Anwendungen*	Technisches Formteil; Elektrotechnik; Elektronik; Automobilbau; Maschinenbau; Apparatebau

Dichte	g/cm^3	1.48	*Schmelzindex*	g/10 min	:
Schüttdichte	g/cm^3		*Volumenfließindex*	cm^3/10 min	:
Viskositätszahl	ml/g				

Verarbeitungsbedingungen für Spritzgießen

Massetemp.	°C	270–290	*Schwindung*	%	lgs 0.3–0.5, quer 0.3–0.5
Werkzeugtemp.	°C	80–90	*Bemerkungen*		Schneckendrehzahl und Staudruck
Spritzdruck	bar				moeglichst niedrig

Zugversuch 23 °C   ISO 527;

	Probekörper:	*Form*		*Herstellung*	Spritzgiessen
		Zustand Spritzfrisch		*Vorbehandlung*	
Streckspannung	N/mm^2		*Dehnung bei Streckspannung*	%	
Zugfestigkeit	N/mm^2 83		*Reißdehnung*	%	2
Reißfestigkeit	N/mm^2		% *Dehnspannung*	N/mm^2	
E-Modul	N/mm^2 7500		*Dehnung bei* % *Dehnspg.*	%	

Kriechmoduln und Zeitstandwerte 23 °C

	Probekörper:	*Form*	*Herstellung*	
		Zustand	*Vorbehandlung*	
Kriechmodul	1 min N/mm^2		*Zeitstandzugfestigkeit*	h N/mm^2
Kriechmodul	1000 h N/mm^2		*Zeitdehnspg.* %	h N/mm^2
bei Spannung	N/mm^2			

Biegeversuch 23 °C   ISO 178;

	Probekörper:	*Form*	*Herstellung*	Spritzgiessen
		Zustand Spritzfrisch	*Vorbehandlung*	
Biegefestigkeit	N/mm^2 135	*E-Modul*	N/mm^2 7500	
3,5% Biegespannung	N/mm^2			

Härte 23 °C

	Probekörper:	*Zustand* Spritzfrisch	*Herstellung*	Spritzgiessen
			Vorbehandlung	
Kugeldruckhärte	N/mm^2 250	bei 961 N, 30 s	*Shore-Härte* A	
Rockwellhärte	M 90		*Shore-Härte* D	88

Schlagversuch

	Probekörper:	(1) U-Kerbe	
		(2) V-Kerbe	*Herstellung* Spritzgiessen
		Zustand Spritzfrisch	*Vorbehandlung*

		°C	°C	°C	*Probekörper-Form*
Schlagzähigkeit	kJ/m^2	23 22			NKS
Kerbschlagzähigkeit (1)	kJ/m^2	23 2			NKS
IZOD-Kerbschlagzähigkeit (2)	J/m	23 30			Dicke 3.2 mm
Kerbschlagzugzähigkeit	kJ/m^2				

Abrieb und Reibung

Taber-Abrieb (Reibradverfahren)	mm³/100 U	
Abriebfaktor LNP (Thrust washer) Vergleichswert		
Statische Reibungszahl		
Dynamische Reibungszahl	(p·v = N/mm² · m/min)	
Zulässiger p·v Wert	N/mm² · (m/min) v = m/min	
	v = m/min	

Thermische Eigenschaften

Formbeständigkeit in der Wärme	Verfahren A		195 °C
	Verfahren B		245 °C
Vicat Erweichungstemperatur (VST)	Verfahren		°C
	Verfahren		°C
Kristallit-Schmelzpunkt	Verfahren ASTM D 2117		256 °C
Längenausdehnungskoeffizient	Bereich °C		$\cdot 10^{-4} K^{-1}$
	Temperatur 23 °C		$0.4{-}0.5 \cdot 10^{-4} K^{-1}$
Wärmeleitfähigkeit	Verfahren ASTM C 177	23 °C	0.2 W/(K · m)
Spezifische Wärmekapazität	Verfahren ASTM C 351	23 °C	1.3 J/(K · g)
Glasumwandlungstemperatur	Torsionsschwingungsversuch	°C	
	Differentialkalorimetrie	°C	

Brandverhalten

UL-Test vertikal	Dicke 1.6 mm, Wert HB	
	Dicke mm, Wert	

	Norm	Bewertung	Abmessungen
Sauerstoff-Index	ASTM D 2863	31 %	
Glühstab-Verfahren	DIN 53459	2c	
Brandverhalten	DIN 4102		
MVSS			
FAR			

Elektrische Eigenschaften

		Hz	°C		Probekörper, Form
Dielektrizitätszahl		50			
		10^3	23	3.5	
		10^6			
Dielektrischer Verlustfaktor tan δ		50			
		10^3	23	0.011	
		10^6			
Spezifischer Durchgangs-widerstand	Ohm · cm		23	1.0*10**19	
Durchschlagfestigkeit	kV/mm		23	50	1 mm dick
Oberflächenwiderstand	Ohm		23	1.0*10**14	
Kriechstromfestigkeit		KC 600	KB 450	KA 3a	
Elektrolytische Korrosionswirkung					
Lichtbogenfestigkeit nach DIN					
nach ASTM	s				

Beständigkeit *(Chemische Beständigkeit siehe Anhang)*

Wasseraufnahme 23 C Bis zur Saettigung	5.3 %
Feuchtigkeitsaufnahme Normalklima	1.4 %
Wetterbeständigkeit	
Spannungskorrosion	

Optische Eigenschaften

Brechungszahl n_D		
Transmissionsgrad τ_c	%	mm dick
Lichtdurchlässigkeit		

Produkt	Polyamid 66		**PA**
Handelsname	**Akulon S223-HMV7**		
Hersteller	AKZO		
DIN-Bez 1			
DIN-Bez 2			
Zusätze	Waermestabilisator; Brandschutzmittel	*Füllstoffe/ Verstärkung*	35.0% Mineral
Bevorzugte Verarbeitung	Spritzgiessen	*Lieferform*	Granulat
		Farben	Grau RAL 7035
Besondere Merkmale	Verzugsarm; Gute Massbestaendigkeit; Gute Steifheit; Bestaendig gegen hohe Gebrauchstemperaturen	*Bevorzugte Anwendungen*	Technisches Formteil; Elektrotechnik; Elektronik; Automobilbau; Maschinenbau; Apparatebau

---

Dichte	g/cm³	1.54	*Schmelzindex*	g/10 min	:
Schüttdichte	g/cm³		*Volumenfließindex*	cm³/10 min	:
Viskositätszahl	ml/g				

Verarbeitungsbedingungen für Spritzgießen

Massetemp.	°C	265–280	*Schwindung*	%	lgs 0.4, quer 0.4
Werkzeugtemp.	°C	80–90	*Bemerkungen*		Schneckendrehzahl und Staudruck
Spritzdruck	bar				moeglichst niedrig

Zugversuch 23 °C ISO 527;

	Probekörper:	*Form*		*Herstellung*	Spritzgiessen
		Zustand Spritzfrisch		*Vorbehandlung*	

Streckspannung	N/mm²		*Dehnung bei Streckspannung*	%	
Zugfestigkeit	N/mm²	72	*Reißdehnung*	%	1.2
Reißfestigkeit	N/mm²		*% Dehnspannung*	N/mm²	
E-Modul	N/mm²	8400	*Dehnung bei % Dehnspg.*	%	

Kriechmoduln und Zeitstandwerte 23 °C

	Probekörper:	*Form*		*Herstellung*	
		Zustand		*Vorbehandlung*	

Kriechmodul	1 min N/mm²		*Zeitstandzugfestigkeit*	h N/mm²	
Kriechmodul	1000 h N/mm²		*Zeitdehnspg. %*	h N/mm²	
bei Spannung	N/mm²				

Biegeversuch 23 °C ISO 178;

	Probekörper:	*Form*		*Herstellung*	Spritzgiessen
		Zustand Spritzfrisch		*Vorbehandlung*	

Biegefestigkeit	N/mm² 125	*E-Modul*	N/mm² 7800
3,5% Biegespannung	N/mm²		

Härte 23 °C

	Probekörper:	*Zustand* Spritzfrisch	*Herstellung*	Spritzgiessen
			Vorbehandlung	

Kugeldruckhärte	N/mm² 180	bei 961 N, 30 s	*Shore-Härte* A	
Rockwellhärte	M 76		*Shore-Härte* D	85

Schlagversuch

	Probekörper:	*(1)* U-Kerbe		
		(2) V-Kerbe	*Herstellung*	Spritzgiessen
		Zustand Spritzfrisch	*Vorbehandlung*	

	°C	°C	°C	*Probekörper-Form*
Schlagzähigkeit	kJ/m²	23 17		NKS
Kerbschlagzähigkeit (1)	kJ/m²	23 2.2		NKS
IZOD-Kerbschlagzähigkeit (2)	J/m	23 25		Dicke 3.2 mm
Kerbschlagzugzähigkeit	kJ/m²			

Abrieb und Reibung

Taber-Abrieb (Reibradverfahren)	mm^3/100 U
Abriebfaktor LNP (Thrust washer) Vergleichswert	
Statische Reibungszahl	
Dynamische Reibungszahl	(p·v = N/mm^2 · m/min)
Zulässiger p · v Wert	N/mm^2 · (m/min) v = m/min
	v = m/min

Thermische Eigenschaften

Formbeständigkeit in der Wärme	Verfahren	A	190 °C
	Verfahren	B	240 °C
Vicat Erweichungstemperatur (VST)	Verfahren	A/50	245 °C
	Verfahren	B/50	225 °C
Kristallit-Schmelzpunkt	Verfahren	ASTM D 2117	256 °C
Längenausdehnungskoeffizient	Bereich	°C	$\cdot 10^{-4}$K^{-1}
	Temperatur 23 °C		$0.4{-}0.5 \cdot 10^{-4}$K^{-1}
Wärmeleitfähigkeit	Verfahren ASTM C 177	23 °C	0.2 W/(K · m)
Spezifische Wärmekapazität	Verfahren ASTM C 351	23 °C	1.2 J/(K · g)
Glasumwandlungstemperatur	Torsionsschwingungsversuch		°C
	Differentialkalorimetrie		°C

Brandverhalten

UL-Test vertikal   Dicke 1.6   mm, Wert V-2
Dicke   mm, Wert

	Norm	Bewertung		Abmessungen
Sauerstoff-Index	ASTM D 2863	30%		
Glühstab-Verfahren	DIN 53459	2b		
Brandverhalten	DIN 4102			
MVSS				
FAR				

Elektrische Eigenschaften

	Hz	°C			Probekörper, Form
Dielektrizitätszahl	50				
	10^3	23	3.6		
	10^6				
Dielektrischer Verlustfaktor tan δ	50				
	10^3	23	0.011		
	10^6				
Spezifischer Durchgangs-					
widerstand	Ohm · cm	23	1.0*10**15		
Durchschlagfestigkeit	kV/mm	23	55		1 mm dick
Oberflächenwiderstand	Ohm	23	1.0*10**11		
Kriechstromfestigkeit	KC 400		KB 300	KA 1	
Elektrolytische Korrosionswirkung					
Lichtbogenfestigkeit nach DIN					
nach ASTM	s				

Beständigkeit *(Chemische Beständigkeit siehe Anhang)*

Wasseraufnahme 23 C Bis zur Saettigung	5.5 %
Feuchtigkeitsaufnahme Normalklima	1.5 %
Wetterbeständigkeit	
Spannungskorrosion	

Optische Eigenschaften

Brechungszahl n$_D$
Transmissionsgrad τ_c %   mm dick
Lichtdurchlässigkeit

Produkt	Thermoplastisches Polyurethan-Elastomer	**TPE**
Handelsname	**Elastollan C 60 AW**	
Hersteller	ELASTOGRAN	
DIN-Bez 1		
DIN-Bez 2		

Zusätze		*Füllstoffe/ Verstärkung*	
Bevorzugte Verarbeitung	Spritzgiessen; Extrudieren	*Lieferform*	Granulat
		Farben	Natur
Besondere Merkmale	Abriebfest; Knickbestaendig; Elastisch; Geringe bleibende Verformung nach Langzeitbelastung; Flexibel in der Kaelte	*Bevorzugte Anwendungen*	Technisches Formteil; Profil; Schlauch

---

Dichte	g/cm³	1.18	*Schmelzindex*	g/10 min	:
Schüttdichte	g/cm³		*Volumenfließindex*	cm³/10 min	:
Viskositätszahl	ml/g				

Verarbeitungsbedingungen für Spritzgießen

Massetemp.	°C		*Schwindung*	%	lgs	, quer
Werkzeugtemp.	°C		*Bemerkungen*			
Spritzdruck	bar					

Zugversuch 23 °C DIN 53504;

| *Probekörper:* | *Form* | Normstab S 2 | *Herstellung* | Spritzgiessen |
| | *Zustand* | | *Vorbehandlung* | 20 h bei 100 C |

Streckspannung	N/mm²		*Dehnung bei Streckspannung*	%	
Zugfestigkeit	N/mm²	25	*Reißdehnung*	%	850
Reißfestigkeit	N/mm²		*% Dehnspannung*	N/mm²	
E-Modul	N/mm²		*Dehnung bei % Dehnspg.*	%	

Kriechmoduln und Zeitstandwerte 23 °C

| *Probekörper:* | *Form* | *Herstellung* |
| | *Zustand* | *Vorbehandlung* |

Kriechmodul	1 min N/mm²	*Zeitstandzugfestigkeit*	h N/mm²
Kriechmodul	1000 h N/mm²	*Zeitdehnspg. %*	h N/mm²
bei Spannung	N/mm²		

Biegeversuch 23 °C

| *Probekörper:* | *Form* | *Herstellung* |
| | *Zustand* | *Vorbehandlung* |

| *Biegefestigkeit* | N/mm² | *E-Modul* | N/mm² |
| *3,5% Biegespannung* | N/mm² | | |

Härte 23 °C

| *Probekörper:* | *Zustand* | *Herstellung* | Spritzgiessen |
| | | *Vorbehandlung* | 20 h bei 100 C |

| *Kugeldruckhärte* | N/mm² | bei | N, s | *Shore-Härte* A | 57–63 |
| *Rockwellhärte* | | | | *Shore-Härte* D | |

Schlagversuch

Probekörper:	(1)		
	(2)	*Herstellung*	
	Zustand	*Vorbehandlung*	
	°C	°C	°C	*Probekörper-Form*

Schlagzähigkeit	kJ/m²
Kerbschlagzähigkeit (1)	kJ/m²
IZOD-Kerbschlagzähigkeit (2)	J/m
Kerbschlagzugzähigkeit	kJ/m²

Abrieb und Reibung

Taber-Abrieb (Reibradverfahren)   mm³/100 U
Abriebfaktor LNP (Thrust washer) Vergleichswert
Statische Reibungszahl
Dynamische Reibungszahl   (p·v =   N/mm² ·   m/min)
Zulässiger p · v Wert   N/mm² · (m/min)   v =   m/min
                                                                        v =   m/min

Thermische Eigenschaften

Formbeständigkeit in der Wärme   Verfahren   °C
                                     Verfahren   °C
Vicat Erweichungstemperatur (VST) Verfahren   °C
                                     Verfahren   °C
Kristallit-Schmelzpunkt   Verfahren

Längenausdehnungskoeffizient   Bereich   °C $\cdot 10^{-4} K^{-1}$
                                     Temperatur $\cdot 10^{-4} K^{-1}$
Wärmeleitfähigkeit   Verfahren   W/(K · m)

Spezifische Wärmekapazität   Verfahren   J/(K · g)

Glasumwandlungstemperatur   Torsionsschwingungsversuch   °C
                                     Differentialkalorimetrie   °C

Brandverhalten

UL-Test vertikal   Dicke   mm, Wert
                                     Dicke   mm, Wert

              Norm   Bewertung   Abmessungen

Sauerstoff-Index   ASTM D 2863
Glühstab-Verfahren
Brandverhalten   DIN 4102
MVSS
FAR

Elektrische Eigenschaften

                                     Hz   °C   Probekörper, Form

Dielektrizitätszahl   50
                                     10^3
                                     10^6
Dielektrischer Verlustfaktor tan δ 50
                                     10^3
                                     10^6
Spezifischer Durchgangs-
  widerstand   Ohm · cm
Durchschlagfestigkeit   kV/mm   mm dick
Oberflächenwiderstand   Ohm

Kriechstromfestigkeit   KC   KB   KA
Elektrolytische Korrosionswirkung
Lichtbogenfestigkeit nach DIN
            nach ASTM   s

Beständigkeit *(Chemische Beständigkeit siehe Anhang)*

Wasseraufnahme

Feuchtigkeitsaufnahme Normalklima   %
Wetterbeständigkeit

Spannungskorrosion

Optische Eigenschaften

Brechungszahl n_D
Transmissionsgrad τ_c %   mm dick
Lichtdurchlässigkeit

Produkt	Thermoplastisches Polyurethan-Elastomer	**TPE**
Handelsname	**Elastollan C 70 AW**	
Hersteller	ELASTOGRAN	
DIN-Bez 1		
DIN-Bez 2		

Zusätze		*Füllstoffe/* *Verstärkung*	
Bevorzugte *Verarbeitung*	Spritzgiessen; Extrudieren	*Lieferform*	Granulat
		Farben	Natur
Besondere *Merkmale*	Abriebfest; Knickbestaendig; Elastisch; Geringe bleibende Verformung nach Langzeitbelastung; Flexibel in der Kaelte	*Bevorzugte* *Anwendungen*	Technisches Formteil; Profil; Schlauch

---

Dichte	g/cm³	1.18	*Schmelzindex*	g/10 min :
Schüttdichte	g/cm³		*Volumenfließindex*	cm³/10 min :
Viskositätszahl	ml/g			

Verarbeitungsbedingungen für Spritzgießen

Massetemp.	°C		*Schwindung* %	lgs , quer
Werkzeugtemp.	°C		*Bemerkungen*	
Spritzdruck	bar			

Zugversuch 23 °C DIN 53504;

	Probekörper:	*Form*	Normstab S 2	*Herstellung* Spritzgiessen
		Zustand		*Vorbehandlung* 20 h bei 100 C

Streckspannung	N/mm²		*Dehnung bei Streckspannung*	%
Zugfestigkeit	N/mm²	35	*Reißdehnung*	% 800
Reißfestigkeit	N/mm²		% *Dehnspannung*	N/mm²
E-Modul	N/mm²		*Dehnung bei* % *Dehnspg.*	%

Kriechmoduln und Zeitstandwerte 23 °C

	Probekörper: *Form*	*Herstellung*
	Zustand	*Vorbehandlung*

Kriechmodul	1 min N/mm²	*Zeitstandzugfestigkeit*	h N/mm²
Kriechmodul	1000 h N/mm²	*Zeitdehnspg.* %	h N/mm²
bei Spannung	N/mm²		

Biegeversuch 23 °C

	Probekörper: *Form*	*Herstellung*
	Zustand	*Vorbehandlung*

Biegefestigkeit	N/mm²	*E-Modul*	N/mm²
3,5% Biegespannung	N/mm²		

Härte 23 °C *Probekörper:* *Zustand*   *Herstellung* Spritzgiessen   *Vorbehandlung* 20 h bei 100 C

Kugeldruckhärte	N/mm² bei N, s	*Shore-Härte* A	67–73
Rockwellhärte		*Shore-Härte* D	

Schlagversuch

	Probekörper: (1)	
	(2)	*Herstellung*
	Zustand	*Vorbehandlung*

°C	°C	°C	*Probekörper-Form*

Schlagzähigkeit	kJ/m²
Kerbschlagzähigkeit (1)	kJ/m²
IZOD-Kerbschlagzähigkeit (2)	J/m
Kerbschlagzugzähigkeit	kJ/m²

Abrieb und Reibung

Taber-Abrieb (Reibradverfahren)	mm³/100 U
Abriebfaktor LNP (Thrust washer) Vergleichswert	
Statische Reibungszahl	
Dynamische Reibungszahl	$(p \cdot v =$ N/mm² · m/min)
Zulässiger p · v Wert	N/mm² · (m/min) v = m/min
	v = m/min

Thermische Eigenschaften

Formbeständigkeit in der Wärme	*Verfahren*	°C
	Verfahren	°C
Vicat Erweichungstemperatur (VST)	*Verfahren*	°C
	Verfahren	°C
Kristallit-Schmelzpunkt	*Verfahren*	
Längenausdehnungskoeffizient	*Bereich* °C	$\cdot 10^{-4} \mathrm{K}^{-1}$
	Temperatur	$\cdot 10^{-4} \mathrm{K}^{-1}$
Wärmeleitfähigkeit	*Verfahren*	W/(K · m)
Spezifische Wärmekapazität	*Verfahren*	J/(K · g)
Glasumwandlungstemperatur	*Torsionsschwingungsversuch*	°C
	Differentialkalorimetrie	°C

Brandverhalten

UL-Test vertikal	*Dicke*	mm, Wert
	Dicke	mm, Wert

	Norm	*Bewertung*	*Abmessungen*
Sauerstoff-Index	ASTM D 2863		
Glühstab-Verfahren			
Brandverhalten	DIN 4102		
MVSS			
FAR			

Elektrische Eigenschaften

	Hz	°C	*Probekörper, Form*
Dielektrizitätszahl	50		
	10^3		
	10^6		
Dielektrischer Verlustfaktor tan δ	50		
	10^3		
	10^6		

Spezifischer Durchgangs-widerstand	Ohm · cm	
Durchschlagfestigkeit	kV/mm	mm dick
Oberflächenwiderstand	Ohm	

Kriechstromfestigkeit	KC	KB	KA
Elektrolytische Korrosionswirkung			
Lichtbogenfestigkeit nach DIN			
nach ASTM	s		

Beständigkeit *(Chemische Beständigkeit siehe Anhang)*

Wasseraufnahme

Feuchtigkeitsaufnahme Normalklima   %
Wetterbeständigkeit

Spannungskorrosion

Optische Eigenschaften

Brechungszahl n_D
Transmissionsgrad τ_c %   mm dick
Lichtdurchlässigkeit

			TPE

Produkt　　　　　Thermoplastisches Polyurethan-Elastomer

Handelsname　　**Elastollan S 80 A**

Hersteller　　　　ELASTOGRAN

DIN-Bez 1
DIN-Bez 2

Zusätze　　　　　　　　　　　　　　　　　　*Füllstoffe/*
　　　　　　　　　　　　　　　　　　　　　　Verstärkung

Bevorzugte　　　　Spritzgiessen; Extrudieren　　　*Lieferform*　　　Granulat
Verarbeitung

　　　　　　　　　　　　　　　　　　　　　　Farben　　　　　Natur

Besondere　　　　Abriebfest; Knickbestaendig; Elastisch;　*Bevorzugte*　　Schuhsohle; Skistiefel; Technisches
Merkmale　　　　Geringe bleibende Verformung nach　　*Anwendungen*　Formteil; Profil; Schlauch
　　　　　　　　　Langzeitbelastung; Flexibel in der
　　　　　　　　　Kaelte

Dichte　　　　　　g/cm³　1.22　　　　　　　*Schmelzindex*　　　g/10 min　　　　　　:
Schüttdichte　　　g/cm³　　　　　　　　　　*Volumenfließindex*　cm³/10 min　　　　　:
Viskositätszahl　　ml/g

Verarbeitungsbedingungen für Spritzgießen

Massetemp.　　　　°C　　　　　　　　　　　*Schwindung*　　　　%　　　lgs　　　, quer
Werkzeugtemp.　　°C　　　　　　　　　　　*Bemerkungen*
Spritzdruck　　　　bar

Zugversuch 23 °C　　DIN 53504;
　　　　　　　　　　Probekörper:　Form　　Normstab S 2　　　*Herstellung*　　　Spritzgiessen
　　　　　　　　　　　　　　　　　Zustand　　　　　　　　　　*Vorbehandlung*　20 h bei 100 C

Streckspannung　　N/mm²　　　　　　　　　*Dehnung bei Streckspannung*　%
Zugfestigkeit　　　N/mm²　55　　　　　　　*Reißdehnung*　　　　　　　%　　700
Reißfestigkeit　　　N/mm²　　　　　　　　　　% Dehnspannung　　　N/mm²
E-Modul　　　　　N/mm²　　　　　　　　*Dehnung bei*　% Dehnspg.　%

Kriechmoduln und Zeitstandwerte 23 °C
　　　　　　　　　　Probekörper:　Form　　　　　　　　　*Herstellung*
　　　　　　　　　　　　　　　　　Zustand　　　　　　　　　　*Vorbehandlung*

Kriechmodul　　　*1 min* N/mm²　　　　　　*Zeitstandzugfestigkeit*　　h　N/mm²
Kriechmodul　　　*1000 h* N/mm²　　　　　*Zeitdehnspg. %*　　　　　h　N/mm²
bei Spannung　　　　　　N/mm²

Biegeversuch 23 °C
　　　　　　　　　　Probekörper:　Form　　　　　　　　　*Herstellung*
　　　　　　　　　　　　　　　　　Zustand　　　　　　　　　　*Vorbehandlung*

Biegefestigkeit　　　　N/mm²　　　　　*E-Modul*　　　　　　N/mm²
3,5% Biegespannung　　N/mm²

Härte 23 °C　　*Probekörper:*　Zustand　　　　　　　*Herstellung*　　　Spritzgiessen
　　　　　　　　　　　　　　　　　　　　　　　　　　Vorbehandlung　20 h bei 100 C

Kugeldruckhärte　　N/mm²　　　　　bei　　N, s　　　*Shore-Härte* A　78–82
Rockwellhärte　　　　　　　　　　　　　　　　　*Shore-Härte* D　28–32

Schlagversuch　　*Probekörper:*　(1)
　　　　　　　　　　　　　　　　　(2)　　　　　　　　*Herstellung*
　　　　　　　　　　　　　　　　　Zustand　　　　　　　*Vorbehandlung*

　　　　　　　　　　　　　°C　　　　　　°C　　　　　　°C　　　　　　*Probekörper-Form*

Schlagzähigkeit　　　　　　kJ/m²
Kerbschlagzähigkeit (1)　　kJ/m²
IZOD-Kerbschlagzähigkeit (2)　J/m
Kerbschlagzugzähigkeit　　kJ/m²

Abrieb und Reibung

Taber-Abrieb (Reibradverfahren)	mm^3/100 U
Abriebfaktor LNP (Thrust washer) Vergleichswert	
Statische Reibungszahl	
Dynamische Reibungszahl	(p · v = N/mm^2 · m/min)
Zulässiger p · v Wert	N/mm^2 · (m/min) v = m/min
	v = m/min

Thermische Eigenschaften

Formbeständigkeit in der Wärme	Verfahren		°C
	Verfahren		°C
Vicat Erweichungstemperatur (VST)	Verfahren		°C
	Verfahren		°C
Kristallit-Schmelzpunkt	Verfahren		
Längenausdehnungskoeffizient	Bereich	°C	· 10^{-4}K^{-1}
	Temperatur		· 10^{-4}K^{-1}
Wärmeleitfähigkeit	Verfahren		W/(K · m)
Spezifische Wärmekapazität	Verfahren		J/(K · g)
Glasumwandlungstemperatur	Torsionsschwingungsversuch	°C	
	Differentialkalorimetrie	°C	

Brandverhalten

UL-Test vertikal   Dicke   mm, Wert
                       Dicke   mm, Wert

	Norm	Bewertung	Abmessungen
Sauerstoff-Index	ASTM D 2863		
Glühstab-Verfahren			
Brandverhalten	DIN 4102		
MVSS			
FAR			

Elektrische Eigenschaften

	Hz	°C	Probekörper, Form
Dielektrizitätszahl	50		
	10^3		
	10^6		
Dielektrischer Verlustfaktor tan δ	50		
	10^3		
	10^6		
Spezifischer Durchgangs- widerstand	Ohm · cm		
Durchschlagfestigkeit	kV/mm		mm dick
Oberflächenwiderstand	Ohm		

Kriechstromfestigkeit	KC	KB	KA
Elektrolytische Korrosionswirkung			
Lichtbogenfestigkeit nach DIN			
nach ASTM	s		

Beständigkeit *(Chemische Beständigkeit siehe Anhang)*

Wasseraufnahme

Feuchtigkeitsaufnahme Normalklima   %
Wetterbeständigkeit

Spannungskorrosion

Optische Eigenschaften

Brechungszahl n$_D$
Transmissionsgrad τ_c %   mm dick
Lichtdurchlässigkeit

Produkt	Thermoplastisches Polyurethan-Elastomer	**TPE**
Handelsname	**Elastollan S 85 A**	
Hersteller	ELASTOGRAN	
DIN-Bez 1		
DIN-Bez 2		

Zusätze		*Füllstoffe/ Verstärkung*	
Bevorzugte Verarbeitung	Spritzgiessen; Extrudieren	*Lieferform*	Granulat
		Farben	Natur
Besondere Merkmale	Abriebfest; Knickbestaendig; Elastisch; Geringe bleibende Verformung nach Langzeitbelastung; Flexibel in der Kaelte	*Bevorzugte Anwendungen*	Schuhsohle; Skistiefel; Technisches Formteil; Profil; Schlauch

---

Dichte	g/cm^3	1.22	*Schmelzindex*	g/10 min	:
Schüttdichte	g/cm^3		*Volumenfließindex*	cm^3/10 min	:
Viskositätszahl	ml/g				

Verarbeitungsbedingungen für Spritzgießen

Massetemp.	°C		*Schwindung*	%	lgs , quer
Werkzeugtemp.	°C		*Bemerkungen*		
Spritzdruck	bar				

Zugversuch 23 °C   DIN 53504;

Probekörper:	*Form*	Normstab S 2	*Herstellung* Spritzgiessen
	Zustand		*Vorbehandlung* 20 h bei 100 C

Streckspannung	N/mm^2		*Dehnung bei Streckspannung*	%	
Zugfestigkeit	N/mm^2	55	*Reißdehnung*	%	650
Reißfestigkeit	N/mm^2		% *Dehnspannung*	N/mm^2	
E-Modul	N/mm^2		*Dehnung bei* % *Dehnspg.*	%	

Kriechmoduln und Zeitstandwerte 23 °C

Probekörper:	*Form*	*Herstellung*
	Zustand	*Vorbehandlung*

Kriechmodul	1 min	N/mm^2	*Zeitstandzugfestigkeit*	h N/mm^2
Kriechmodul	1000 h	N/mm^2	*Zeitdehnspg.* %	h N/mm^2
bei Spannung		N/mm^2		

Biegeversuch 23 °C

Probekörper:	*Form*	*Herstellung*
	Zustand	*Vorbehandlung*

Biegefestigkeit	N/mm^2	*E-Modul*	N/mm^2
3,5% Biegespannung	N/mm^2		

Härte 23 °C

Probekörper:	*Zustand*	*Herstellung* Spritzgiessen
		Vorbehandlung 20 h bei 100 C

Kugeldruckhärte	N/mm^2 bei N, s	*Shore-Härte* A	82–86
Rockwellhärte		*Shore-Härte* D	30–34

Schlagversuch

Probekörper:	(1)	
	(2)	*Herstellung*
	Zustand	*Vorbehandlung*

°C	°C	°C	*Probekörper-Form*

Schlagzähigkeit	kJ/m^2
Kerbschlagzähigkeit (1)	kJ/m^2
IZOD-Kerbschlagzähigkeit (2)	J/m
Kerbschlagzugzähigkeit	kJ/m^2

Abrieb und Reibung

Taber-Abrieb (Reibradverfahren)   mm³/100 U
Abriebfaktor LNP (Thrust washer) Vergleichswert
Statische Reibungszahl
Dynamische Reibungszahl   (p·v =   N/mm² ·   m/min)
Zulässiger p·v Wert   N/mm² · (m/min)   v =   m/min
                                                                       v =   m/min

Thermische Eigenschaften

Formbeständigkeit in der Wärme   *Verfahren*   °C
                                        Verfahren   °C
Vicat Erweichungstemperatur (VST)   *Verfahren*   °C
                                        Verfahren   °C
Kristallit-Schmelzpunkt   *Verfahren*

Längenausdehnungskoeffizient   *Bereich*   °C $\cdot 10^{-4} \mathrm{K}^{-1}$
                                        Temperatur $\cdot 10^{-4} \mathrm{K}^{-1}$
Wärmeleitfähigkeit   *Verfahren*   W/(K·m)

Spezifische Wärmekapazität   *Verfahren*   J/(K·g)

Glasumwandlungstemperatur   *Torsionsschwingungsversuch*   °C
                                        Differentialkalorimetrie   °C

Brandverhalten

UL-Test vertikal   Dicke   mm, Wert
                                        Dicke   mm, Wert

                          Norm   *Bewertung*   *Abmessungen*

Sauerstoff-Index   ASTM D 2863
Glühstab-Verfahren
Brandverhalten   DIN 4102
MVSS
FAR

Elektrische Eigenschaften

                                        Hz   °C   *Probekörper, Form*

Dielektrizitätszahl   50
                                        10^3
                                        10^6
Dielektrischer Verlustfaktor tan δ   50
                                        10^3
                                        10^6
Spezifischer Durchgangs-
*   widerstand*   Ohm·cm
Durchschlagfestigkeit   kV/mm   mm dick
Oberflächenwiderstand   Ohm

Kriechstromfestigkeit   KC   KB   KA
Elektrolytische Korrosionswirkung
Lichtbogenfestigkeit nach DIN
            nach ASTM   s

Beständigkeit *(Chemische Beständigkeit siehe Anhang)*

Wasseraufnahme

Feuchtigkeitsaufnahme Normalklima   %
Wetterbeständigkeit

Spannungskorrosion

Optische Eigenschaften

Brechungszahl n$_D$
Transmissionsgrad τ$_c$ %   mm dick
Lichtdurchlässigkeit

Produkt	Thermoplastisches Polyurethan-Elastomer		**TPE**
Handelsname	**Elastollan S 88 A**		
Hersteller	ELASTOGRAN		
DIN-Bez 1			
DIN-Bez 2			
Zusätze		*Füllstoffe/ Verstärkung*	
Bevorzugte Verarbeitung	Spritzgiessen; Extrudieren	*Lieferform*	Granulat
		Farben	Natur
Besondere Merkmale	Abriebfest; Knickbestaendig; Elastisch; Geringe bleibende Verformung nach Langzeitbelastung; Flexibel in der Kaelte	*Bevorzugte Anwendungen*	Schuhsohle; Skistiefel; Technisches Formteil; Profil; Schlauch

Dichte	g/cm^3	1.22	*Schmelzindex*	$g/10\ min$	:
Schüttdichte	g/cm^3		*Volumenfließindex*	$cm^3/10\ min$	:
Viskositätszahl	ml/g				

Verarbeitungsbedingungen für Spritzgießen

Massetemp.	°C		*Schwindung*	%	lgs , quer
Werkzeugtemp.	°C		*Bemerkungen*		
Spritzdruck	bar				

Zugversuch 23 °C DIN 53504;

Probekörper:	*Form*	Normstab S 2	*Herstellung*	Spritzgiessen
	Zustand		*Vorbehandlung*	20 h bei 100 C

Streckspannung	N/mm^2		*Dehnung bei Streckspannung*	%	
Zugfestigkeit	N/mm^2	55	*Reißdehnung*	%	650
Reißfestigkeit	N/mm^2		*% Dehnspannung*	N/mm^2	
E-Modul	N/mm^2		*Dehnung bei % Dehnspg.*	%	

Kriechmoduln und Zeitstandwerte 23 °C

Probekörper:	*Form*		*Herstellung*	
	Zustand		*Vorbehandlung*	

Kriechmodul	1 min	N/mm^2	*Zeitstandzugfestigkeit*	h	N/mm^2
Kriechmodul	1000 h	N/mm^2	*Zeitdehnspg. %*	h	N/mm^2
bei Spannung		N/mm^2			

Biegeversuch 23 °C

Probekörper:	*Form*		*Herstellung*	
	Zustand		*Vorbehandlung*	

Biegefestigkeit	N/mm^2	*E-Modul*	N/mm^2
3,5% Biegespannung	N/mm^2		

Härte 23 °C

Probekörper:	*Zustand*		*Herstellung*	Spritzgiessen
			Vorbehandlung	20 h bei 100 C

Kugeldruckhärte	N/mm^2	bei N, s	*Shore-Härte A*	86–90
Rockwellhärte			*Shore-Härte D*	34–38

Schlagversuch

Probekörper:	*(1)*			
	(2)		*Herstellung*	
	Zustand		*Vorbehandlung*	
	°C	°C	°C	*Probekörper-Form*

Schlagzähigkeit	kJ/m^2
Kerbschlagzähigkeit (1)	kJ/m^2
IZOD-Kerbschlagzähigkeit (2)	J/m
Kerbschlagzugzähigkeit	kJ/m^2

Abrieb und Reibung

Taber-Abrieb (Reibradverfahren)   mm³/100 U
Abriebfaktor LNP (Thrust washer) Vergleichswert
Statische Reibungszahl
Dynamische Reibungszahl   (p·v =   N/mm² ·   m/min)
Zulässiger p · v Wert   N/mm² · (m/min) v =   m/min
                                                                 v =   m/min

Thermische Eigenschaften

Formbeständigkeit in der Wärme   Verfahren   °C
                                      Verfahren   °C
Vicat Erweichungstemperatur (VST)   Verfahren   °C
                                      Verfahren   °C
Kristallit-Schmelzpunkt   Verfahren

Längenausdehnungskoeffizient   Bereich   °C $\cdot 10^{-4} K^{-1}$
                                      Temperatur $\cdot 10^{-4} K^{-1}$
Wärmeleitfähigkeit   Verfahren   W/(K · m)

Spezifische Wärmekapazität   Verfahren   J/(K · g)

Glasumwandlungstemperatur   Torsionsschwingungsversuch   °C
                                      Differentialkalorimetrie   °C

Brandverhalten

UL-Test vertikal   Dicke   mm, Wert
                                      Dicke   mm, Wert

                   Norm   Bewertung   Abmessungen

Sauerstoff-Index   ASTM D 2863
Glühstab-Verfahren
Brandverhalten   DIN 4102
MVSS
FAR

Elektrische Eigenschaften

                                      Hz   °C   Probekörper, Form

Dielektrizitätszahl   50
                                      10^3
                                      10^6
Dielektrischer Verlustfaktor tan δ   50
                                      10^3
                                      10^6
Spezifischer Durchgangs-
   widerstand   Ohm · cm
Durchschlagfestigkeit   kV/mm   mm dick
Oberflächenwiderstand   Ohm

Kriechstromfestigkeit   KC   KB   KA
Elektrolytische Korrosionswirkung
Lichtbogenfestigkeit nach DIN
            nach ASTM   s

Beständigkeit (Chemische Beständigkeit siehe Anhang)

Wasseraufnahme

Feuchtigkeitsaufnahme Normalklima   %
Wetterbeständigkeit

Spannungskorrosion

Optische Eigenschaften

Brechungszahl n_D
Transmissionsgrad τ_c %   mm dick
Lichtdurchlässigkeit

Produkt	Thermoplastisches Polyurethan-Elastomer		**TPE**
Handelsname	**Elastollan S 90 A**		
Hersteller	ELASTOGRAN		
DIN-Bez 1			
DIN-Bez 2			
Zusätze		*Füllstoffe/ Verstärkung*	
Bevorzugte Verarbeitung	Spritzgiessen; Extrudieren	*Lieferform*	Granulat
		Farben	Natur
Besondere Merkmale	Abriebfest; Knickbestaendig; Elastisch; Geringe bleibende Verformung nach Langzeitbelastung; Flexibel in der Kaelte	*Bevorzugte Anwendungen*	Schuhsohle; Skistiefel; Technisches Formteil; Profil; Schlauch

---

Dichte	g/cm³	1.23	*Schmelzindex*	g/10 min	:
Schüttdichte	g/cm³		*Volumenfließindex*	cm³/10 min	:
Viskositätszahl	ml/g				

Verarbeitungsbedingungen für Spritzgießen

Massetemp.	°C		*Schwindung*	%	lgs , quer
Werkzeugtemp.	°C		*Bemerkungen*		
Spritzdruck	bar				

Zugversuch 23 °C   DIN 53504;

	Probekörper:	*Form*	Normstab S 2	*Herstellung*	Spritzgiessen
		Zustand		*Vorbehandlung*	20 h bei 100 C

Streckspannung	N/mm²		*Dehnung bei Streckspannung*	%
Zugfestigkeit	N/mm² 55		*Reißdehnung*	% 550
Reißfestigkeit	N/mm²		% *Dehnspannung*	N/mm²
E-Modul	N/mm²		*Dehnung bei* % *Dehnspg.*	%

Kriechmoduln und Zeitstandwerte 23 °C

	Probekörper:	*Form*	*Herstellung*	
		Zustand	*Vorbehandlung*	

Kriechmodul	1 min N/mm²		*Zeitstandzugfestigkeit*	h N/mm²
Kriechmodul	1000 h N/mm²		*Zeitdehnspg.* %	h N/mm²
bei Spannung	N/mm²			

Biegeversuch 23 °C

	Probekörper:	*Form*	*Herstellung*	
		Zustand	*Vorbehandlung*	

Biegefestigkeit	N/mm²	*E-Modul*	N/mm²
3,5% Biegespannung	N/mm²		

Härte 23 °C

	Probekörper:	*Zustand*	*Herstellung*	Spritzgiessen
			Vorbehandlung	20 h bei 100 C

Kugeldruckhärte	N/mm²	bei N, s	*Shore-Härte* A	90–94
Rockwellhärte			*Shore-Härte* D	39–43

Schlagversuch

	Probekörper:	(1)		
		(2)	*Herstellung*	
		Zustand	*Vorbehandlung*	
	°C	°C	°C	*Probekörper-Form*

Schlagzähigkeit	kJ/m²
Kerbschlagzähigkeit (1)	kJ/m²
IZOD-Kerbschlagzähigkeit (2)	J/m
Kerbschlagzugzähigkeit	kJ/m²

Abrieb und Reibung

Taber-Abrieb (Reibradverfahren)   mm³/100 U
Abriebfaktor LNP (Thrust washer) Vergleichswert
Statische Reibungszahl
Dynamische Reibungszahl   (p · v =   N/mm² ·   m/min)
Zulässiger p · v Wert   N/mm² · (m/min)   v =   m/min
                                                                           v =   m/min

Thermische Eigenschaften

Formbeständigkeit in der Wärme   Verfahren   °C
                                         Verfahren   °C
Vicat Erweichungstemperatur (VST)   Verfahren   °C
                                         Verfahren   °C
Kristallit-Schmelzpunkt   Verfahren

Längenausdehnungskoeffizient   Bereich   °C $\cdot 10^{-4} \mathrm{K}^{-1}$
                                         Temperatur $\cdot 10^{-4} \mathrm{K}^{-1}$
Wärmeleitfähigkeit   Verfahren   W/(K · m)

Spezifische Wärmekapazität   Verfahren   J/(K · g)

Glasumwandlungstemperatur   Torsionsschwingungsversuch   °C
                                         Differentialkalorimetrie   °C

Brandverhalten

UL-Test vertikal   Dicke   mm, Wert
                                                 Dicke   mm, Wert

                          Norm   Bewertung   Abmessungen

Sauerstoff-Index   ASTM D 2863
Glühstab-Verfahren
Brandverhalten   DIN 4102
MVSS
FAR

Elektrische Eigenschaften

                                         Hz   °C   Probekörper, Form

Dielektrizitätszahl   50
                                         10^3
                                         10^6
Dielektrischer Verlustfaktor tan δ   50
                                         10^3
                                         10^6
Spezifischer Durchgangs-
   widerstand   Ohm · cm
Durchschlagfestigkeit   kV/mm   mm dick
Oberflächenwiderstand   Ohm

Kriechstromfestigkeit   KC   KB   KA
Elektrolytische Korrosionswirkung
Lichtbogenfestigkeit nach DIN
              nach ASTM   s

Beständigkeit (Chemische Beständigkeit siehe Anhang)

Wasseraufnahme

Feuchtigkeitsaufnahme Normalklima   %
Wetterbeständigkeit

Spannungskorrosion

Optische Eigenschaften

Brechungszahl n_D
Transmissionsgrad τ_c %   mm dick
Lichtdurchlässigkeit

Produkt	Thermoplastisches Polyurethan-Elastomer	**TPE**
Handelsname	**Elastollan S 95 A**	
Hersteller	ELASTOGRAN	
DIN-Bez 1		
DIN-Bez 2		

Zusätze		*Füllstoffe/ Verstärkung*	
Bevorzugte Verarbeitung	Spritzgiessen	*Lieferform*	Granulat
		Farben	Natur
Besondere Merkmale	Abriebfest; Knickbestaendig; Elastisch; Geringe bleibende Verformung nach Langzeitbelastung; Flexibel in der Kaelte	*Bevorzugte Anwendungen*	Schuhsohle; Skistiefel; Technisches Formteil

---

Dichte	g/cm³	1.24	*Schmelzindex*	g/10 min	:
Schüttdichte	g/cm³		*Volumenfließindex*	cm³/10 min	:
Viskositätszahl	ml/g				

Verarbeitungsbedingungen für Spritzgießen

Massetemp.	°C		*Schwindung*	%	lgs	, quer
Werkzeugtemp.	°C		*Bemerkungen*			
Spritzdruck	bar					

Zugversuch 23 °C   DIN 53504;

	Probekörper:	*Form*	Normstab S 2	*Herstellung*	Spritzgiessen
		Zustand		*Vorbehandlung*	20 h bei 100 C

Streckspannung	N/mm²		*Dehnung bei Streckspannung*	%
Zugfestigkeit	N/mm² 55		*Reißdehnung*	% 500
Reißfestigkeit	N/mm²		% *Dehnspannung*	N/mm²
E-Modul	N/mm²		*Dehnung bei* % *Dehnspg.*	%

Kriechmoduln und Zeitstandwerte 23 °C

	Probekörper:	*Form*	*Herstellung*	
		Zustand	*Vorbehandlung*	

Kriechmodul	1 min N/mm²	*Zeitstandzugfestigkeit*	h N/mm²
Kriechmodul	1000 h N/mm²	*Zeitdehnspg.* %	h N/mm²
bei Spannung	N/mm²		

Biegeversuch 23 °C

	Probekörper:	*Form*	*Herstellung*	
		Zustand	*Vorbehandlung*	

Biegefestigkeit	N/mm²	*E-Modul*	N/mm²
3,5% Biegespannung	N/mm²		

Härte 23 °C

	Probekörper:	*Zustand*	*Herstellung*	Spritzgiessen
			Vorbehandlung	20 h bei 100 C

Kugeldruckhärte	N/mm²	bei N, s	*Shore-Härte* A	94–98
Rockwellhärte			*Shore-Härte* D	43–49

Schlagversuch

	Probekörper:	*(1)*		
		(2)	*Herstellung*	
		Zustand	*Vorbehandlung*	

°C		°C	°C	*Probekörper-Form*

Schlagzähigkeit	kJ/m²
Kerbschlagzähigkeit (1)	kJ/m²
IZOD-Kerbschlagzähigkeit (2)	J/m
Kerbschlagzugzähigkeit	kJ/m²

Abrieb und Reibung

Taber-Abrieb (Reibradverfahren)   mm³/100 U
Abriebfaktor LNP (Thrust washer) Vergleichswert
Statische Reibungszahl
Dynamische Reibungszahl   (p·v =   N/mm² ·   m/min)
Zulässiger p · v Wert   N/mm² · (m/min)   v =   m/min
                                                    v =   m/min

Thermische Eigenschaften

Formbeständigkeit in der Wärme	Verfahren		°C
	Verfahren		°C
Vicat Erweichungstemperatur (VST)	Verfahren		°C
	Verfahren		°C
Kristallit-Schmelzpunkt	Verfahren		
Längenausdehnungskoeffizient	Bereich	°C	$\cdot 10^{-4} \mathrm{K}^{-1}$
	Temperatur		$\cdot 10^{-4} \mathrm{K}^{-1}$
Wärmeleitfähigkeit	Verfahren		W/(K · m)
Spezifische Wärmekapazität	Verfahren		J/(K · g)
Glasumwandlungstemperatur	Torsionsschwingungsversuch	°C	
	Differentialkalorimetrie	°C	

Brandverhalten

UL-Test vertikal   Dicke   mm, Wert
                                    Dicke   mm, Wert

	Norm	Bewertung	Abmessungen
Sauerstoff-Index	ASTM D 2863		
Glühstab-Verfahren			
Brandverhalten	DIN 4102		
MVSS			
FAR			

Elektrische Eigenschaften

	Hz	°C	Probekörper, Form
Dielektrizitätszahl	50		
	10^3		
	10^6		
Dielektrischer Verlustfaktor tan δ	50		
	10^3		
	10^6		
Spezifischer Durchgangs-widerstand	Ohm · cm		
Durchschlagfestigkeit	kV/mm		mm dick
Oberflächenwiderstand	Ohm		
Kriechstromfestigkeit	KC	KB	KA
Elektrolytische Korrosionswirkung			
Lichtbogenfestigkeit nach DIN			
nach ASTM	s		

Beständigkeit (Chemische Beständigkeit siehe Anhang)

Wasseraufnahme

Feuchtigkeitsaufnahme Normalklima   %
Wetterbeständigkeit

Spannungskorrosion

Optische Eigenschaften

Brechungszahl n_D
Transmissionsgrad τ_c %   mm dick
Lichtdurchlässigkeit

Produkt	Thermoplastisches Polyurethan-Elastomer	**TPE**
Handelsname	**Elastollan S 98 A**	
Hersteller	ELASTOGRAN	
DIN-Bez 1		
DIN-Bez 2		

Zusätze		*Füllstoffe/ Verstärkung*	
Bevorzugte Verarbeitung	Spritzgiessen	*Lieferform*	Granulat
		Farben	Natur
Besondere Merkmale	Abriebfest; Knickbestaendig; Elastisch; Geringe bleibende Verformung nach Langzeitbelastung; Flexibel in der Kaelte	*Bevorzugte Anwendungen*	Schuhsohle; Skistiefel; Technisches Formteil

---

Dichte	g/cm³	1.25	*Schmelzindex*	g/10 min	:
Schüttdichte	g/cm³		*Volumenfließindex*	cm³/10 min	:
Viskositätszahl	ml/g				

Verarbeitungsbedingungen für Spritzgießen

Massetemp.	°C		*Schwindung*	%	lgs , quer
Werkzeugtemp.	°C		*Bemerkungen*		
Spritzdruck	bar				

Zugversuch 23 °C DIN 53504;

	Probekörper:	*Form* Normstab S 2	*Herstellung*	Spritzgiessen
		Zustand	*Vorbehandlung*	20 h bei 100 C

Streckspannung	N/mm²		*Dehnung bei Streckspannung*	%
Zugfestigkeit	N/mm²	55	*Reißdehnung*	% 450
Reißfestigkeit	N/mm²		*% Dehnspannung*	N/mm²
E-Modul	N/mm²		*Dehnung bei % Dehnspg.*	%

Kriechmoduln und Zeitstandwerte 23 °C

	Probekörper:	*Form*	*Herstellung*
		Zustand	*Vorbehandlung*

Kriechmodul	1 min N/mm²	*Zeitstandzugfestigkeit*	h N/mm²
Kriechmodul	1000 h N/mm²	*Zeitdehnspg.* %	h N/mm²
bei Spannung	N/mm²		

Biegeversuch 23 °C

	Probekörper:	*Form*	*Herstellung*
		Zustand	*Vorbehandlung*

Biegefestigkeit	N/mm²	*E-Modul*	N/mm²
3,5% Biegespannung	N/mm²		

Härte 23 °C

	Probekörper: *Zustand*	*Herstellung*	Spritzgiessen
		Vorbehandlung	20 h bei 100 C

Kugeldruckhärte	N/mm² bei N, s	*Shore-Härte* A	
Rockwellhärte		*Shore-Härte* D	50–56

Schlagversuch

	Probekörper:	(1)	
		(2)	*Herstellung*
		Zustand	*Vorbehandlung*

°C	°C	°C	*Probekörper-Form*

Schlagzähigkeit	kJ/m²
Kerbschlagzähigkeit (1)	kJ/m²
IZOD-Kerbschlagzähigkeit (2)	J/m
Kerbschlagzugzähigkeit	kJ/m²

Abrieb und Reibung

Taber-Abrieb (Reibradverfahren)   mm³/100 U
Abriebfaktor LNP (Thrust washer) Vergleichswert
Statische Reibungszahl
Dynamische Reibungszahl   (p · v =   N/mm² ·   m/min)
Zulässiger p · v Wert   N/mm² · (m/min)   v =   m/min
                                                                       v =   m/min

Thermische Eigenschaften

Formbeständigkeit in der Wärme   Verfahren   °C
                                        Verfahren   °C
Vicat Erweichungstemperatur (VST)   Verfahren   °C
                                        Verfahren   °C
Kristallit-Schmelzpunkt   Verfahren

Längenausdehnungskoeffizient   Bereich   °C   · 10⁻⁴K⁻¹
                                        Temperatur   · 10⁻⁴K⁻¹
Wärmeleitfähigkeit   Verfahren   W/(K · m)

Spezifische Wärmekapazität   Verfahren   J/(K · g)

Glasumwandlungstemperatur   Torsionsschwingungsversuch   °C
                                        Differentialkalorimetrie   °C

Brandverhalten

UL-Test vertikal   Dicke   mm, Wert
                                        Dicke   mm, Wert

                    Norm   *Bewertung*   *Abmessungen*

Sauerstoff-Index ASTM D 2863
Glühstab-Verfahren
Brandverhalten   DIN 4102
MVSS
FAR

Elektrische Eigenschaften

                                        Hz   °C   *Probekörper, Form*

Dielektrizitätszahl   50
                                        10³
                                        10⁶
Dielektrischer Verlustfaktor tan δ   50
                                        10³
                                        10⁶
Spezifischer Durchgangs-
   widerstand   Ohm · cm
Durchschlagfestigkeit kV/mm   mm dick
Oberflächenwiderstand Ohm

Kriechstromfestigkeit   KC   KB   KA
Elektrolytische Korrosionswirkung
Lichtbogenfestigkeit nach DIN
            nach ASTM   s

Beständigkeit *(Chemische Beständigkeit siehe Anhang)*

Wasseraufnahme

Feuchtigkeitsaufnahme Normalklima   %
Wetterbeständigkeit

Spannungskorrosion

Optische Eigenschaften

Brechungszahl n_D
Transmissionsgrad τ_c   %   mm dick
Lichtdurchlässigkeit

Produkt	Thermoplastisches Polyurethan-Elastomer	**TPE**
Handelsname	**Elastolan S 60 D**	
Hersteller	ELASTOGRAN	
DIN-Bez 1		
DIN-Bez 2		

Zusätze		*Füllstoffe/ Verstärkung*	
Bevorzugte Verarbeitung	Spritzgiessen	*Lieferform*	Granulat
		Farben	Natur
Besondere Merkmale	Abriebfest; Knickbestaendig; Elastisch; Geringe bleibende Verformung nach Langzeitbelastung; Flexibel in der Kaelte	*Bevorzugte Anwendungen*	Schuhsohle; Skistiefel; Technisches Formteil

---

Dichte	g/cm³	1.25	*Schmelzindex*	g/10 min	:
Schüttdichte	g/cm³		*Volumenfließindex*	cm³/10 min	:
Viskositätszahl	ml/g				

Verarbeitungsbedingungen für Spritzgießen

Massetemp.	°C		*Schwindung*	%	lgs , quer
Werkzeugtemp.	°C		*Bemerkungen*		
Spritzdruck	bar				

Zugversuch 23 °C　　DIN 53504;

	Probekörper:	*Form* Normstab S 2	*Herstellung*	Spritzgiessen
		Zustand	*Vorbehandlung*	20 h bei 100 C

Streckspannung	N/mm²		*Dehnung bei Streckspannung*	%
Zugfestigkeit	N/mm²	55	*Reißdehnung*	% 450
Reißfestigkeit	N/mm²		*% Dehnspannung*	N/mm²
E-Modul	N/mm²		*Dehnung bei % Dehnspg.*	%

Kriechmoduln und Zeitstandwerte 23 °C

	Probekörper:	*Form*	*Herstellung*
		Zustand	*Vorbehandlung*

Kriechmodul	1 min N/mm²	*Zeitstandzugfestigkeit*	h N/mm²
Kriechmodul	1000 h N/mm²	*Zeitdehnspg. %*	h N/mm²
bei Spannung	N/mm²		

Biegeversuch 23 °C

	Probekörper:	*Form*	*Herstellung*
		Zustand	*Vorbehandlung*

Biegefestigkeit	N/mm²	*E-Modul*	N/mm²
3,5% Biegespannung	N/mm²		

Härte 23 °C

	Probekörper: *Zustand*	*Herstellung*	Spritzgiessen
		Vorbehandlung	20 h bei 100 C

Kugeldruckhärte	N/mm² bei N, s	*Shore-Härte* A	
Rockwellhärte		*Shore-Härte* D	57–63

Schlagversuch

	Probekörper: (1)		
	(2)	*Herstellung*	
	Zustand	*Vorbehandlung*	

°C	°C	°C	*Probekörper-Form*

Schlagzähigkeit	kJ/m²
Kerbschlagzähigkeit (1)	kJ/m²
IZOD-Kerbschlagzähigkeit (2)	J/m
Kerbschlagzugzähigkeit	kJ/m²

Abrieb und Reibung

Taber-Abrieb (Reibradverfahren)	mm³/100 U
Abriebfaktor LNP (Thrust washer) Vergleichswert	
Statische Reibungszahl	
Dynamische Reibungszahl	$(p \cdot v =$ N/mm² · m/min)
Zulässiger p · v Wert	N/mm² · (m/min) v = m/min
	v = m/min

Thermische Eigenschaften

Formbeständigkeit in der Wärme	*Verfahren*	°C
	Verfahren	°C
Vicat Erweichungstemperatur (VST)	*Verfahren*	°C
	Verfahren	°C
Kristallit-Schmelzpunkt	*Verfahren*	
Längenausdehnungskoeffizient	*Bereich* °C	$\cdot 10^{-4} K^{-1}$
	Temperatur	$\cdot 10^{-4} K^{-1}$
Wärmeleitfähigkeit	*Verfahren*	W/(K · m)
Spezifische Wärmekapazität	*Verfahren*	J/(K · g)
Glasumwandlungstemperatur	*Torsionsschwingungsversuch*	°C
	Differentialkalorimetrie	°C

Brandverhalten

UL-Test vertikal   Dicke   mm, Wert
Dicke   mm, Wert

	Norm	Bewertung	Abmessungen
Sauerstoff-Index	ASTM D 2863		
Glühstab-Verfahren			
Brandverhalten	DIN 4102		
MVSS			
FAR			

Elektrische Eigenschaften

	Hz	°C	Probekörper, Form
Dielektrizitätszahl	50		
	10^3		
	10^6		
Dielektrischer Verlustfaktor tan δ	50		
	10^3		
	10^6		

Spezifischer Durchgangs- widerstand	Ohm · cm	
Durchschlagfestigkeit	kV/mm	mm dick
Oberflächenwiderstand	Ohm	

Kriechstromfestigkeit	KC	KB	KA
Elektrolytische Korrosionswirkung			
Lichtbogenfestigkeit nach DIN			
nach ASTM s			

Beständigkeit *(Chemische Beständigkeit siehe Anhang)*

Wasseraufnahme

Feuchtigkeitsaufnahme Normalklima   %
Wetterbeständigkeit

Spannungskorrosion

Optische Eigenschaften

Brechungszahl n_D
Transmissionsgrad τ_c %   mm dick
Lichtdurchlässigkeit

Produkt	Thermoplastisches Polyurethan-Elastomer	**TPE**
Handelsname	**Elastollan S 64 D**	
Hersteller	ELASTOGRAN	
DIN-Bez 1		
DIN-Bez 2		

Zusätze		*Füllstoffe/ Verstärkung*	
Bevorzugte Verarbeitung	Spritzgiessen	*Lieferform*	Granulat
		Farben	Natur
Besondere Merkmale	Abriebfest; Knickbestaendig; Elastisch; Geringe bleibende Verformung nach Langzeitbelastung; Flexibel in der Kaelte	*Bevorzugte Anwendungen*	Schuhsohle; Skistiefel; Technisches Formteil

Dichte	g/cm³	1.26	*Schmelzindex*	g/10 min	:
Schüttdichte	g/cm³		*Volumenfließindex*	cm³/10 min	:
Viskositätszahl	ml/g				

Verarbeitungsbedingungen für Spritzgießen

Massetemp.	°C		*Schwindung*	%	lgs	, quer
Werkzeugtemp.	°C		*Bemerkungen*			
Spritzdruck	bar					

Zugversuch 23 °C DIN 53504;

| | *Probekörper:* | *Form* | Normstab S 2 | *Herstellung* | Spritzgiessen |
| | | *Zustand* | | *Vorbehandlung* | 20 h bei 100 C |

Streckspannung	N/mm²		*Dehnung bei Streckspannung*	%	
Zugfestigkeit	N/mm²	50	*Reißdehnung*	%	400
Reißfestigkeit	N/mm²		*% Dehnspannung*	N/mm²	
E-Modul	N/mm²		*Dehnung bei % Dehnspg.*	%	

Kriechmoduln und Zeitstandwerte 23 °C

| | *Probekörper:* | *Form* | *Herstellung* |
| | | *Zustand* | *Vorbehandlung* |

Kriechmodul	1 min N/mm²	*Zeitstandzugfestigkeit*	h N/mm²
Kriechmodul	1000 h N/mm²	*Zeitdehnspg. %*	h N/mm²
bei Spannung	N/mm²		

Biegeversuch 23 °C

| | *Probekörper:* | *Form* | *Herstellung* |
| | | *Zustand* | *Vorbehandlung* |

| *Biegefestigkeit* | N/mm² | *E-Modul* | N/mm² |
| *3,5% Biegespannung* | N/mm² | | |

Härte 23 °C

| | *Probekörper:* | *Zustand* | *Herstellung* | Spritzgiessen |
| | | | *Vorbehandlung* | 20 h bei 100 C |

| *Kugeldruckhärte* | N/mm² | bei N, s | *Shore-Härte* A | |
| *Rockwellhärte* | | | *Shore-Härte* D | 61–67 |

Schlagversuch

	Probekörper:	*(1)*	
		(2)	*Herstellung*
		Zustand	*Vorbehandlung*

| | °C | °C | °C | *Probekörper-Form* |

Schlagzähigkeit	kJ/m²
Kerbschlagzähigkeit (1)	kJ/m²
IZOD-Kerbschlagzähigkeit (2)	J/m
Kerbschlagzugzähigkeit	kJ/m²

Abrieb und Reibung

Taber-Abrieb (Reibradverfahren)   mm³/100 U
Abriebfaktor LNP (Thrust washer) Vergleichswert
Statische Reibungszahl
Dynamische Reibungszahl   (p · v =   N/mm² ·   m/min)
Zulässiger p · v Wert   N/mm² · (m/min)   v =   m/min
                                                                       v =   m/min

Thermische Eigenschaften

Formbeständigkeit in der Wärme   Verfahren   °C
                                      Verfahren   °C
Vicat Erweichungstemperatur (VST)   Verfahren   °C
                                      Verfahren   °C
Kristallit-Schmelzpunkt   Verfahren

Längenausdehnungskoeffizient   Bereich   °C $\cdot 10^{-4} \mathrm{K}^{-1}$
                                      Temperatur $\cdot 10^{-4} \mathrm{K}^{-1}$
Wärmeleitfähigkeit   Verfahren   W/(K · m)

Spezifische Wärmekapazität   Verfahren   J/(K · g)

Glasumwandlungstemperatur   Torsionsschwingungsversuch   °C
                                      Differentialkalorimetrie   °C

Brandverhalten

UL-Test vertikal   Dicke   mm, Wert
                                      Dicke   mm, Wert

                       Norm   Bewertung   Abmessungen

Sauerstoff-Index   ASTM D 2863
Glühstab-Verfahren
Brandverhalten   DIN 4102
MVSS
FAR

Elektrische Eigenschaften

                                      Hz   °C   Probekörper, Form

Dielektrizitätszahl   50
                                      10³
                                      10⁶
Dielektrischer Verlustfaktor tan δ 50
                                      10³
                                      10⁶
Spezifischer Durchgangs-
  widerstand   Ohm · cm
Durchschlagfestigkeit   kV/mm   mm dick
Oberflächenwiderstand   Ohm

Kriechstromfestigkeit   KC   KB   KA
Elektrolytische Korrosionswirkung
Lichtbogenfestigkeit nach DIN
            nach ASTM   s

Beständigkeit *(Chemische Beständigkeit siehe Anhang)*

Wasseraufnahme

Feuchtigkeitsaufnahme Normalklima   %
Wetterbeständigkeit

Spannungskorrosion

Optische Eigenschaften

Brechungszahl n_D
Transmissionsgrad τ_c   %   mm dick
Lichtdurchlässigkeit

Produkt	Thermoplastisches Polyurethan-Elastomer	**TPE**
Handelsname	**Elastollan S 74 D**	
Hersteller	ELASTOGRAN	
DIN-Bez 1		
DIN-Bez 2		

Zusätze		*Füllstoffe/* *Verstärkung*	
Bevorzugte *Verarbeitung*	Spritzgiessen	*Lieferform*	Granulat
		Farben	Natur
Besondere *Merkmale*	Abriebfest; Knickbestaendig; Elastisch; Geringe bleibende Verformung nach Langzeitbelastung; Flexibel in der Kaelte	*Bevorzugte* *Anwendungen*	Schuhsohle; Skistiefel; Technisches Formteil

Dichte	g/cm^3	1.26	*Schmelzindex*	g/10 min	:
Schüttdichte	g/cm^3		*Volumenfließindex*	cm^3/10 min	:
Viskositätszahl	ml/g				

Verarbeitungsbedingungen für Spritzgießen

Massetemp.	°C		*Schwindung*	%	lgs , quer
Werkzeugtemp.	°C		*Bemerkungen*		
Spritzdruck	bar				

Zugversuch 23 °C   DIN 53504;

	Probekörper:	*Form* Normstab S 2	*Herstellung*	Spritzgiessen
		Zustand	*Vorbehandlung*	20 h bei 100 C
Streckspannung	N/mm^2		*Dehnung bei Streckspannung*	%
Zugfestigkeit	N/mm^2 45		*Reißdehnung*	% 300
Reißfestigkeit	N/mm^2		*% Dehnspannung*	N/mm^2
E-Modul	N/mm^2		*Dehnung bei % Dehnspg.*	%

Kriechmoduln und Zeitstandwerte 23 °C

	Probekörper:	*Form*	*Herstellung*	
		Zustand	*Vorbehandlung*	
Kriechmodul	1 min N/mm^2		*Zeitstandzugfestigkeit*	h N/mm^2
Kriechmodul	1000 h N/mm^2		*Zeitdehnspg. %*	h N/mm^2
bei Spannung	N/mm^2			

Biegeversuch 23 °C

	Probekörper:	*Form*	*Herstellung*	
		Zustand	*Vorbehandlung*	
Biegefestigkeit	N/mm^2		*E-Modul*	N/mm^2
3,5% Biegespannung	N/mm^2			

Härte 23 °C

	Probekörper: *Zustand*	*Herstellung*	Spritzgiessen
		Vorbehandlung	20 h bei 100 C
Kugeldruckhärte	N/mm^2 bei N, s	*Shore-Härte* A	
Rockwellhärte		*Shore-Härte* D	70–76

Schlagversuch

	Probekörper:	(1)	
		(2)	*Herstellung*
		Zustand	*Vorbehandlung*
	°C	°C	°C	*Probekörper-Form*

Schlagzähigkeit	kJ/m^2
Kerbschlagzähigkeit (1)	kJ/m^2
IZOD-Kerbschlagzähigkeit (2)	J/m
Kerbschlagzugzähigkeit	kJ/m^2

Abrieb und Reibung

Taber-Abrieb (Reibradverfahren) mm³/100 U
Abriebfaktor LNP (Thrust washer) Vergleichswert
Statische Reibungszahl
Dynamische Reibungszahl (p · v = N/mm² · m/min)
Zulässiger p · v Wert N/mm² · (m/min) v = m/min
  v = m/min

Thermische Eigenschaften

Formbeständigkeit in der Wärme Verfahren °C
  Verfahren °C
Vicat Erweichungstemperatur (VST) Verfahren °C
  Verfahren °C
Kristallit-Schmelzpunkt Verfahren

Längenausdehnungskoeffizient Bereich °C · 10⁻⁴K⁻¹
  Temperatur · 10⁻⁴K⁻¹
Wärmeleitfähigkeit Verfahren W/(K · m)

Spezifische Wärmekapazität Verfahren J/(K · g)

Glasumwandlungstemperatur Torsionsschwingungsversuch °C
  Differentialkalorimetrie °C

Brandverhalten

UL-Test vertikal Dicke mm, Wert
  Dicke mm, Wert

	Norm	Bewertung	Abmessungen
Sauerstoff-Index	ASTM D 2863		
Glühstab-Verfahren			
Brandverhalten	DIN 4102		
MVSS			
FAR			

Elektrische Eigenschaften

	Hz	°C	Probekörper, Form
Dielektrizitätszahl	50		
	10³		
	10⁶		
Dielektrischer Verlustfaktor tan δ	50		
	10³		
	10⁶		

Spezifischer Durchgangs-
  widerstand Ohm · cm
Durchschlagfestigkeit kV/mm mm dick
Oberflächenwiderstand Ohm

Kriechstromfestigkeit KC KB KA
Elektrolytische Korrosionswirkung
Lichtbogenfestigkeit nach DIN
  nach ASTM s

Beständigkeit *(Chemische Beständigkeit siehe Anhang)*

Wasseraufnahme

Feuchtigkeitsaufnahme Normalklima %
Wetterbeständigkeit

Spannungskorrosion

Optische Eigenschaften

Brechungszahl n_D
Transmissionsgrad τ_c % mm dick
Lichtdurchlässigkeit

		PE
Produkt	Polyethylen niedriger Dichte	
Handelsname	**Eraclear 8107 8D**	
Hersteller	ENICHEM	
DIN-Bez 1	16776-PE,RG,25-D045	
DIN-Bez 2		

Zusätze		*Füllstoffe/ Verstärkung*	
Bevorzugte Verarbeitung	Rotationsformen	*Lieferform*	Granulat
		Farben	Natur
Besondere Merkmale	Gute Verarbeitbarkeit; Zaeh	*Bevorzugte Anwendungen*	Tank fuer Landwirtschaft

Dichte	g/cm³	0.924	*Schmelzindex*	g/10 min	5.1:	190/2.16
Schüttdichte	g/cm³		*Volumenfließindex*	cm³/10 min	:	
Viskositätszahl	ml/g					

Verarbeitungsbedingungen für Spritzgießen

Massetemp.	°C		*Schwindung*	%	lgs	, quer
Werkzeugtemp.	°C		*Bemerkungen*			
Spritzdruck	bar					

Zugversuch 23 °C

	Probekörper:	*Form*		*Herstellung*	
		Zustand		*Vorbehandlung*	
Streckspannung	N/mm²		*Dehnung bei Streckspannung*	%	
Zugfestigkeit	N/mm²		*Reißdehnung*	%	
Reißfestigkeit	N/mm²		% *Dehnspannung*	N/mm²	
E-Modul	N/mm²		*Dehnung bei* % *Dehnspg.*	%	

Kriechmoduln und Zeitstandwerte 23 °C

	Probekörper:	*Form*		*Herstellung*	
		Zustand		*Vorbehandlung*	
Kriechmodul	1 min	N/mm²	*Zeitstandzugfestigkeit*	h N/mm²	
Kriechmodul	1000 h	N/mm²	*Zeitdehnspg.* %	h N/mm²	
bei Spannung		N/mm²			

Biegeversuch 23 °C

	Probekörper:	*Form*		*Herstellung*	
		Zustand		*Vorbehandlung*	
Biegefestigkeit	N/mm²		*E-Modul*	N/mm²	
3,5% Biegespannung	N/mm²				

Härte 23 °C

	Probekörper:	*Zustand*	*Herstellung*	
			Vorbehandlung	
Kugeldruckhärte	N/mm²	bei N, s	*Shore-Härte* A	
Rockwellhärte			*Shore-Härte* D	

Schlagversuch

	Probekörper:	*(1)*			
		(2)		*Herstellung*	
		Zustand		*Vorbehandlung*	
		°C	°C	°C	*Probekörper-Form*

Schlagzähigkeit	kJ/m²
Kerbschlagzähigkeit (1)	kJ/m²
IZOD-Kerbschlagzähigkeit (2)	J/m
Kerbschlagzugzähigkeit	kJ/m²

Abrieb und Reibung

Taber-Abrieb (Reibradverfahren)	mm³/100 U
Abriebfaktor LNP (Thrust washer) Vergleichswert	
Statische Reibungszahl	
Dynamische Reibungszahl	(p·v =　　　N/mm² ·　　　m/min)
Zulässiger p · v Wert	N/mm² · (m/min)　v =　　　m/min
	v =　　　m/min

Thermische Eigenschaften

Formbeständigkeit in der Wärme	*Verfahren*	°C
	Verfahren	°C
Vicat Erweichungstemperatur (VST)	*Verfahren*	°C
	Verfahren	°C
Kristallit-Schmelzpunkt	*Verfahren*	
Längenausdehnungskoeffizient	*Bereich*　　　°C	$\cdot 10^{-4}\,K^{-1}$
	Temperatur	$\cdot 10^{-4}\,K^{-1}$
Wärmeleitfähigkeit	*Verfahren*	W/(K · m)
Spezifische Wärmekapazität	*Verfahren*	J/(K · g)
Glasumwandlungstemperatur	*Torsionsschwingungsversuch*	°C
	Differentialkalorimetrie	°C

Brandverhalten

UL-Test vertikal	Dicke　　mm, Wert	
	Dicke　　mm, Wert	

	Norm	*Bewertung*	*Abmessungen*
Sauerstoff-Index	ASTM D 2863		
Glühstab-Verfahren			
Brandverhalten	DIN 4102		
MVSS			
FAR			

Elektrische Eigenschaften

	Hz	°C	*Probekörper, Form*
Dielektrizitätszahl	50		
	10^3		
	10^6		
Dielektrischer Verlustfaktor tan δ	50		
	10^3		
	10^6		
Spezifischer Durchgangs-			
widerstand	Ohm · cm		
Durchschlagfestigkeit	kV/mm		mm dick
Oberflächenwiderstand	Ohm		

Kriechstromfestigkeit	KC	KB	KA
Elektrolytische Korrosionswirkung			
Lichtbogenfestigkeit nach DIN			
nach ASTM　s			

Beständigkeit *(Chemische Beständigkeit siehe Anhang)*

Wasseraufnahme

Feuchtigkeitsaufnahme Normalklima	%
Wetterbeständigkeit	

Spannungskorrosion

Optische Eigenschaften

Brechungszahl n_D		
Transmissionsgrad τ_c	%	mm dick
Lichtdurchlässigkeit		

Produkt	Polyethylen mittlerer Dichte	**PE**
Handelsname	**Eraclear 8405 8A**	
Hersteller	ENICHEM	
DIN-Bez 1	16776-PE,RG,35-D022	
DIN-Bez 2		

Zusätze		*Füllstoffe/ Verstärkung*	
Bevorzugte Verarbeitung	Rotationsformen	*Lieferform*	Granulat
		Farben	Natur
Besondere Merkmale	Gute Ausgeglichenheit zwischen Steifheit und Zaehigkeit	*Bevorzugte Anwendungen*	Grosser Tank

---

Dichte	g/cm^3	0.937	*Schmelzindex* g/10 min	2.7 : 190/2.16
Schüttdichte	g/cm^3		*Volumenfließindex* cm^3/10 min	:
Viskositätszahl	ml/g			

Verarbeitungsbedingungen für Spritzgießen

Massetemp.	°C	*Schwindung* % lgs	, quer
Werkzeugtemp.	°C	*Bemerkungen*	
Spritzdruck	bar		

Zugversuch 23 °C

Probekörper: Form / Zustand   *Herstellung* / *Vorbehandlung*

Streckspannung	N/mm^2	*Dehnung bei Streckspannung*	%
Zugfestigkeit	N/mm^2	*Reißdehnung*	%
Reißfestigkeit	N/mm^2	*% Dehnspannung*	N/mm^2
E-Modul	N/mm^2	*Dehnung bei % Dehnspg.*	%

Kriechmoduln und Zeitstandwerte 23 °C

Probekörper: Form / Zustand   *Herstellung* / *Vorbehandlung*

Kriechmodul	1 min N/mm^2	*Zeitstandzugfestigkeit*	h N/mm^2
Kriechmodul	1000 h N/mm^2	*Zeitdehnspg.* %	h N/mm^2
bei Spannung	N/mm^2		

Biegeversuch 23 °C

Probekörper: Form / Zustand   *Herstellung* / *Vorbehandlung*

Biegefestigkeit	N/mm^2	*E-Modul*	N/mm^2
3,5% Biegespannung	N/mm^2		

Härte 23 °C   *Probekörper:* Zustand   *Herstellung* / *Vorbehandlung*

Kugeldruckhärte	N/mm^2 bei N, s	*Shore-Härte* A	
Rockwellhärte		*Shore-Härte* D	

Schlagversuch   *Probekörper:* (1) / (2) / Zustand   *Herstellung* / *Vorbehandlung*

	°C	°C	°C	*Probekörper-Form*

Schlagzähigkeit	kJ/m^2
Kerbschlagzähigkeit (1)	kJ/m^2
IZOD-Kerbschlagzähigkeit (2)	J/m
Kerbschlagzugzähigkeit	kJ/m^2

Abrieb und Reibung

Taber-Abrieb (Reibradverfahren)	mm³/100 U
Abriebfaktor LNP (Thrust washer) Vergleichswert	
Statische Reibungszahl	
Dynamische Reibungszahl	(p·v = $\quad$ N/mm² · $\quad$ m/min)
Zulässiger p · v Wert	N/mm² · (m/min) $\quad$ v = $\quad$ m/min
	v = $\quad$ m/min

Thermische Eigenschaften

Formbeständigkeit in der Wärme	*Verfahren*	°C
	Verfahren	°C
Vicat Erweichungstemperatur (VST)	*Verfahren*	°C
	Verfahren	°C
Kristallit-Schmelzpunkt	*Verfahren*	
Längenausdehnungskoeffizient	*Bereich* $\quad$ °C	$\cdot 10^{-4} \mathrm{K}^{-1}$
	Temperatur	$\cdot 10^{-4} \mathrm{K}^{-1}$
Wärmeleitfähigkeit	*Verfahren*	W/(K · m)
Spezifische Wärmekapazität	*Verfahren*	J/(K · g)
Glasumwandlungstemperatur	*Torsionsschwingungsversuch*	°C
	Differentialkalorimetrie	°C

Brandverhalten

UL-Test vertikal	Dicke $\quad$ mm, Wert	
	Dicke $\quad$ mm, Wert	

	Norm	*Bewertung*	*Abmessungen*
Sauerstoff-Index	ASTM D 2863		
Glühstab-Verfahren			
Brandverhalten	DIN 4102		
MVSS			
FAR			

Elektrische Eigenschaften

	Hz	°C	*Probekörper, Form*
Dielektrizitätszahl	50		
	10^3		
	10^6		
Dielektrischer Verlustfaktor tan δ	50		
	10^3		
	10^6		
Spezifischer Durchgangs-widerstand	Ohm · cm		
Durchschlagfestigkeit	kV/mm		mm dick
Oberflächenwiderstand	Ohm		
Kriechstromfestigkeit	KC	KB	KA
Elektrolytische Korrosionswirkung			
Lichtbogenfestigkeit nach DIN			
nach ASTM	s		

Beständigkeit *(Chemische Beständigkeit siehe Anhang)*

Wasseraufnahme	
Feuchtigkeitsaufnahme Normalklima	%
Wetterbeständigkeit	
Spannungskorrosion	

Optische Eigenschaften

Brechungszahl n_D		
Transmissionsgrad τ_c	%	mm dick
Lichtdurchlässigkeit		

Produkt	Polyethylen mittlerer Dichte	**PE**
Handelsname	**Eraclear 8405 8D**	
Hersteller	ENICHEM	
DIN-Bez 1	16776-PE,RG,35-D022	
DIN-Bez 2		

Zusätze		*Füllstoffe/ Verstärkung*	
Bevorzugte Verarbeitung	Rotationsformen	*Lieferform*	Granulat
		Farben	Natur
Besondere Merkmale	Kein Kontakt mit Lebensmitteln	*Bevorzugte Anwendungen*	Grosser Tank

---

Dichte	g/cm³	0.937	*Schmelzindex*	g/10 min	2.7:	190/2.16
Schüttdichte	g/cm³		*Volumenfließindex*	cm³/10 min	:	
Viskositätszahl	ml/g					

Verarbeitungsbedingungen für Spritzgießen

Massetemp.	°C		*Schwindung*	%	lgs	, quer
Werkzeugtemp.	°C		*Bemerkungen*			
Spritzdruck	bar					

Zugversuch 23 °C

	Probekörper:	Form		*Herstellung*
		Zustand		*Vorbehandlung*

Streckspannung	N/mm²	*Dehnung bei Streckspannung*	%
Zugfestigkeit	N/mm²	*Reißdehnung*	%
Reißfestigkeit	N/mm²	% *Dehnspannung*	N/mm²
E-Modul	N/mm²	*Dehnung bei* % *Dehnspg.*	%

Kriechmoduln und Zeitstandwerte 23 °C

	Probekörper:	Form		*Herstellung*
		Zustand		*Vorbehandlung*

Kriechmodul	1 min N/mm²	*Zeitstandzugfestigkeit*	h N/mm²
Kriechmodul	1000 h N/mm²	*Zeitdehnspg.* %	h N/mm²
bei Spannung	N/mm²		

Biegeversuch 23 °C

	Probekörper:	Form		*Herstellung*
		Zustand		*Vorbehandlung*

Biegefestigkeit	N/mm²	*E-Modul*	N/mm²
3,5% Biegespannung	N/mm²		

Härte 23 °C   *Probekörper:*   Zustand   *Herstellung* / *Vorbehandlung*

Kugeldruckhärte	N/mm²	bei N, s	*Shore-Härte* A
Rockwellhärte			*Shore-Härte* D

Schlagversuch   *Probekörper:*   (1) / (2) / Zustand   *Herstellung* / *Vorbehandlung*

°C	°C	°C	*Probekörper-Form*

Schlagzähigkeit	kJ/m²	
Kerbschlagzähigkeit (1)	kJ/m²	
IZOD-Kerbschlagzähigkeit (2)	J/m	
Kerbschlagzugzähigkeit	kJ/m²	

Abrieb und Reibung

Taber-Abrieb (Reibradverfahren)   mm^3/100 U
Abriebfaktor LNP (Thrust washer) Vergleichswert
Statische Reibungszahl
Dynamische Reibungszahl   (p · v =   N/mm^2 ·   m/min)
Zulässiger p · v Wert   N/mm^2 · (m/min)   v =   m/min
                                                                                      v =   m/min

Thermische Eigenschaften

Formbeständigkeit in der Wärme   *Verfahren*   °C
                                           Verfahren   °C
Vicat Erweichungstemperatur (VST)   *Verfahren*   °C
                                           Verfahren   °C
Kristallit-Schmelzpunkt   *Verfahren*

Längenausdehnungskoeffizient   *Bereich*   °C   · 10^{-4}K^{-1}
                                           Temperatur   · 10^{-4}K^{-1}
Wärmeleitfähigkeit   *Verfahren*   W/(K · m)

Spezifische Wärmekapazität   *Verfahren*   J/(K · g)

Glasumwandlungstemperatur   *Torsionsschwingungsversuch*   °C
                                           Differentialkalorimetrie   °C

Brandverhalten

UL-Test vertikal   Dicke   mm, Wert
                                           Dicke   mm, Wert

                    Norm   *Bewertung*   *Abmessungen*

Sauerstoff-Index ASTM D 2863
Glühstab-Verfahren
Brandverhalten   DIN 4102
MVSS
FAR

Elektrische Eigenschaften

                                           Hz   °C   *Probekörper, Form*

Dielektrizitätszahl   50
                                           10^3
                                           10^6
Dielektrischer Verlustfaktor tan δ 50
                                           10^3
                                           10^6
Spezifischer Durchgangs-
*   widerstand*   Ohm · cm
Durchschlagfestigkeit   kV/mm   mm dick
Oberflächenwiderstand   Ohm

Kriechstromfestigkeit   KC   KB   KA
Elektrolytische Korrosionswirkung
Lichtbogenfestigkeit nach DIN
*   nach ASTM*   s

Beständigkeit *(Chemische Beständigkeit siehe Anhang)*

Wasseraufnahme

Feuchtigkeitsaufnahme Normalklima   %
Wetterbeständigkeit

Spannungskorrosion

Optische Eigenschaften

Brechungszahl n$_D$
Transmissionsgrad τ_c %   mm dick
Lichtdurchlässigkeit

TPE

Produkt	Thermoplastisches Polyurethan-Elastomer		
Handelsname	**Fabeltan 80C**		
Hersteller	TUBIZE		
DIN-Bez 1			
DIN-Bez 2			
Zusätze		*Füllstoffe/ Verstärkung*	
Bevorzugte Verarbeitung	Spritzgiessen; Extrudieren	*Lieferform*	Granulat
		Farben	Natur; Translucent
Besondere Merkmale	Abriebfest; Elastisch; Geringe bleibende Verformung nach Langzeitbelastung; Gute Rueckstellkraft	*Bevorzugte Anwendungen*	Technisches Formteil; Kfz-Bau; Faltenbalg; Dichtungsring; Membran; Kabelummantelung; Reifen; Rolle; Drucklager; Hammerkopf; Schlauch; Rohr; Kabel; Absatz; Sohle; Skischuh; Kappe

Dichte	g/cm³	1.24	*Schmelzindex*	g/10 min :
Schüttdichte	g/cm³		*Volumenfließindex*	cm³/10 min :
Viskositätszahl	ml/g			

Verarbeitungsbedingungen für Spritzgießen

Massetemp.	°C	180–210	*Schwindung*	% lgs 0.8–2.0, quer 0.8–2.0
Werkzeugtemp.	°C	≦ 20	*Bemerkungen*	Verteilerkanaele in den Querschnitten
Spritzdruck	bar	600–1000		groesser als bei Thermoplasten

Zugversuch 23 °C DIN 53504;

Probekörper:	*Form*	*Herstellung*	Spritzgiessen
	Zustand	*Vorbehandlung*	Normalklima
Streckspannung	N/mm²	*Dehnung bei Streckspannung* %	
Zugfestigkeit	N/mm²	*Reißdehnung* %	550–650
Reißfestigkeit	N/mm² 35	*% Dehnspannung* N/mm²	
E-Modul	N/mm²	*Dehnung bei % Dehnspg.* %	

Kriechmoduln und Zeitstandwerte 23 °C

Probekörper:	*Form*	*Herstellung*	
	Zustand	*Vorbehandlung*	
Kriechmodul	1 min N/mm²	*Zeitstandzugfestigkeit*	h N/mm²
Kriechmodul	1000 h N/mm²	*Zeitdehnspg. %*	h N/mm²
bei Spannung	N/mm²		

Biegeversuch 23 °C

Probekörper:	*Form*	*Herstellung*	
	Zustand	*Vorbehandlung*	
Biegefestigkeit	N/mm²	*E-Modul*	N/mm²
3,5% Biegespannung	N/mm²		

Härte 23 °C

Probekörper:	*Zustand*	*Herstellung*	Spritzgiessen
		Vorbehandlung	Normalklima
Kugeldruckhärte	N/mm² bei N, s	*Shore-Härte* A	80
Rockwellhärte		*Shore-Härte* D	30

Schlagversuch

Probekörper:	(1)		
	(2)	*Herstellung*	
	Zustand	*Vorbehandlung*	
	°C °C	°C	*Probekörper-Form*

Schlagzähigkeit	kJ/m²
Kerbschlagzähigkeit (1)	kJ/m²
IZOD-Kerbschlagzähigkeit (2)	J/m
Kerbschlagzugzähigkeit	kJ/m²

Abrieb und Reibung

Taber-Abrieb (Reibradverfahren)　　　　　　　　mm³/100 U
Abriebfaktor LNP (Thrust washer) Vergleichswert
Statische Reibungszahl
Dynamische Reibungszahl　　　　　　　　　　　$(p \cdot v =$　　　N/mm² ·　　　m/min$)$
Zulässiger p · v Wert　　　　　　　　　　　　　N/mm² · (m/min)　v =　　m/min
　　　　　　　　　　　　　　　　　　　　　　　　　　　　　　　v =　　m/min

Thermische Eigenschaften

Formbeständigkeit in der Wärme　　　*Verfahren*　　　　　　　　　　　　　　°C
　　　　　　　　　　　　　　　　　　　Verfahren　　　　　　　　　　　　　　°C
Vicat Erweichungstemperatur (VST)　*Verfahren*　　　　　　　　　　　　　　°C
　　　　　　　　　　　　　　　　　　　Verfahren　　　　　　　　　　　　　　°C
Kristallit-Schmelzpunkt　　　　　　　*Verfahren*

Längenausdehnungskoeffizient　　　　*Bereich*　　　　°C　　　　　　　$\cdot 10^{-4} \mathrm{K}^{-1}$
　　　　　　　　　　　　　　　　　　　Temperatur　　　　　　　　　　　　$\cdot 10^{-4} \mathrm{K}^{-1}$
Wärmeleitfähigkeit　　　　　　　　　　*Verfahren*　　　　　　　　　　　　　$W/(K \cdot m)$

Spezifische Wärmekapazität　　　　　　*Verfahren*　　　　　　　　　　　　　$J/(K \cdot g)$

Glasumwandlungstemperatur　　　　　　*Torsionsschwingungsversuch*　　　°C
　　　　　　　　　　　　　　　　　　　Differentialkalorimetrie　　　　　　°C

Brandverhalten

UL-Test vertikal　　　　　　　　　　　*Dicke*　　mm, Wert
　　　　　　　　　　　　　　　　　　　Dicke　　mm, Wert

　　　　　　　　　Norm　　　　*Bewertung*　　　　　　　　　　*Abmessungen*

Sauerstoff-Index　　ASTM D 2863
Glühstab-Verfahren
Brandverhalten　　　DIN 4102
MVSS
FAR

Elektrische Eigenschaften

　　　　　　　　　　　　　　　　Hz　　　°C　　　　　　　　　　*Probekörper, Form*

Dielektrizitätszahl　　　　　　50
　　　　　　　　　　　　　　　　10^3
　　　　　　　　　　　　　　　　10^6
Dielektrischer Verlustfaktor $\tan \delta$　50
　　　　　　　　　　　　　　　　10^3
　　　　　　　　　　　　　　　　10^6

Spezifischer Durchgangs-
　widerstand　　　　Ohm · cm
Durchschlagfestigkeit　kV/mm　　　　　　　　　　　　mm dick
Oberflächenwiderstand　Ohm

Kriechstromfestigkeit　　　　KC > 600　　　KB　　　　　KA
Elektrolytische Korrosionswirkung
Lichtbogenfestigkeit nach DIN
　　　　　nach ASTM　　s

Beständigkeit *(Chemische Beständigkeit siehe Anhang)*

Wasseraufnahme

Feuchtigkeitsaufnahme Normalklima　　　　　　　　　　　　　　　　　　%
Wetterbeständigkeit

Spannungskorrosion

Optische Eigenschaften

Brechungszahl n_D
Transmissionsgrad τ_c　　%　　　　　　　mm dick
Lichtdurchlässigkeit

Produkt	Thermoplastisches Polyurethan-Elastomer		**TPE**
Handelsname	**Fabeltan 85C**		
Hersteller	TUBIZE		
DIN-Bez 1			
DIN-Bez 2			
Zusätze		*Füllstoffe/ Verstärkung*	
Bevorzugte Verarbeitung	Spritzgiessen; Extrudieren	*Lieferform*	Granulat
		Farben	Natur; Translucent
Besondere Merkmale	Abriebfest; Elastisch; Geringe bleibende Verformung nach Langzeitbelastung; Gute Rueckstellkraft	*Bevorzugte Anwendungen*	Technisches Formteil; Kfz-Bau; Faltenbalg; Dichtungsring; Membran; Kabelummantelung; Reifen; Rolle; Drucklager; Hammerkopf; Schlauch; Rohr; Kabel; Absatz; Sohle; Skischuh; Kappe

Dichte	g/cm^3	1.25	*Schmelzindex*	g/10 min	:
Schüttdichte	g/cm^3		*Volumenfließindex*	cm^3/10 min	:
Viskositätszahl	ml/g				

Verarbeitungsbedingungen für Spritzgießen

Massetemp.	°C	180–210	*Schwindung*	%	lgs 0.8–2.0, quer 0.8–2.0
Werkzeugtemp.	°C	≦20	*Bemerkungen*		Verteilerkanaele in den Querschnitten
Spritzdruck	bar	600–1000			groesser als bei Thermoplasten

Zugversuch 23 °C DIN 53504;

	Probekörper:	*Form*		*Herstellung*	Spritzgiessen
		Zustand		*Vorbehandlung*	Normalklima
Streckspannung	N/mm^2		*Dehnung bei Streckspannung*	%	
Zugfestigkeit	N/mm^2		*Reißdehnung*	%	500–550
Reißfestigkeit	N/mm^2	40	% *Dehnspannung*	N/mm^2	
E-Modul	N/mm^2		*Dehnung bei* % *Dehnspg.*	%	

Kriechmoduln und Zeitstandwerte 23 °C

	Probekörper:	*Form*		*Herstellung*	
		Zustand		*Vorbehandlung*	
Kriechmodul	1 min N/mm^2		*Zeitstandzugfestigkeit*	h N/mm^2	
Kriechmodul	1000 h N/mm^2		*Zeitdehnspg.* %	h N/mm^2	
bei Spannung	N/mm^2				

Biegeversuch 23 °C

	Probekörper:	*Form*	*Herstellung*	
		Zustand	*Vorbehandlung*	
Biegefestigkeit	N/mm^2		*E-Modul*	N/mm^2
3,5% Biegespannung	N/mm^2			

Härte 23 °C

	Probekörper:	*Zustand*	*Herstellung*	Spritzgiessen
			Vorbehandlung	Normalklima
Kugeldruckhärte	N/mm^2	bei N, s	*Shore-Härte* A	85
Rockwellhärte			*Shore-Härte* D	37

Schlagversuch

	Probekörper:	(1)	
		(2)	*Herstellung*
		Zustand	*Vorbehandlung*
	°C	°C	°C	*Probekörper-Form*

Schlagzähigkeit	kJ/m^2
Kerbschlagzähigkeit (1)	kJ/m^2
IZOD-Kerbschlagzähigkeit (2)	J/m
Kerbschlagzugzähigkeit	kJ/m^2

Abrieb und Reibung

Taber-Abrieb (Reibradverfahren)   mm³/100 U
Abriebfaktor LNP (Thrust washer) Vergleichswert
Statische Reibungszahl
Dynamische Reibungszahl   (p · v =   N/mm² ·   m/min)
Zulässiger p · v Wert   N/mm² · (m/min)   v =   m/min
                                                                     v =   m/min

Thermische Eigenschaften

Formbeständigkeit in der Wärme   *Verfahren*   °C
                                        Verfahren   °C
Vicat Erweichungstemperatur (VST)   *Verfahren*   °C
                                        Verfahren   °C
Kristallit-Schmelzpunkt   *Verfahren*

Längenausdehnungskoeffizient   *Bereich*   °C $\cdot 10^{-4} K^{-1}$
                                        Temperatur $\cdot 10^{-4} K^{-1}$
Wärmeleitfähigkeit   *Verfahren*   W/(K · m)

Spezifische Wärmekapazität   *Verfahren*   J/(K · g)

Glasumwandlungstemperatur   *Torsionsschwingungsversuch*   °C
                                        Differentialkalorimetrie   °C

Brandverhalten

UL-Test vertikal   Dicke   mm, Wert
                                        Dicke   mm, Wert

              Norm   *Bewertung*   *Abmessungen*

Sauerstoff-Index   ASTM D 2863
Glühstab-Verfahren
Brandverhalten   DIN 4102
MVSS
FAR

Elektrische Eigenschaften

                                  Hz   °C   *Probekörper, Form*

Dielektrizitätszahl   50
                                  10^3
                                  10^6
Dielektrischer Verlustfaktor tan δ   50
                                  10^3
                                  10^6
Spezifischer Durchgangs-
* widerstand*   Ohm · cm
Durchschlagfestigkeit   kV/mm   mm dick
Oberflächenwiderstand   Ohm

Kriechstromfestigkeit   KC > 600   KB   KA
Elektrolytische Korrosionswirkung
Lichtbogenfestigkeit nach DIN
            nach ASTM   s

Beständigkeit *(Chemische Beständigkeit siehe Anhang)*

Wasseraufnahme

Feuchtigkeitsaufnahme Normalklima   %
Wetterbeständigkeit

Spannungskorrosion

Optische Eigenschaften

Brechungszahl n_D
Transmissionsgrad τ_c %   mm dick
Lichtdurchlässigkeit

Produkt	Thermoplastisches Polyurethan-Elastomer	**TPE**
Handelsname	**Fabeltan 90C**	
Hersteller	TUBIZE	
DIN-Bez 1		
DIN-Bez 2		

Zusätze		*Füllstoffe/ Verstärkung*	
Bevorzugte Verarbeitung	Spritzgiessen; Extrudieren	*Lieferform*	Granulat
		Farben	Natur; Translucent
Besondere Merkmale	Abriebfest; Elastisch; Geringe bleibende Verformung nach Langzeitbelastung; Gute Rueckstellkraft	*Bevorzugte Anwendungen*	Technisches Formteil; Kfz-Bau; Faltenbalg; Dichtungsring; Membran; Kabelummantelung; Reifen; Rolle; Drucklager; Hammerkopf; Schlauch; Rohr; Kabel; Absatz; Sohle; Skischuh; Kappe

Dichte	g/cm^3	1.25	*Schmelzindex*	$g/10\ min$	:
Schüttdichte	g/cm^3		*Volumenfließindex*	$cm^3/10\ min$	:
Viskositätszahl	ml/g				

Verarbeitungsbedingungen für Spritzgießen

Massetemp.	°C	180–210	*Schwindung*	%	lgs 0.8–2.0, quer 0.8–2.0
Werkzeugtemp.	°C	≤ 20	*Bemerkungen*		Verteilerkanaele in den Querschnitten
Spritzdruck	bar	600–1000			groesser als bei Thermoplasten

Zugversuch 23 °C   DIN 53504;

	Probekörper:	*Form*		*Herstellung*	Spritzgiessen
		Zustand		*Vorbehandlung*	Normalklima
Streckspannung	N/mm^2		*Dehnung bei Streckspannung*	%	
Zugfestigkeit	N/mm^2		*Reißdehnung*	%	450–500
Reißfestigkeit	N/mm^2 43		*% Dehnspannung*	N/mm^2	
E-Modul	N/mm^2		*Dehnung bei % Dehnspg.*	%	

Kriechmoduln und Zeitstandwerte 23 °C

	Probekörper:	*Form*		*Herstellung*	
		Zustand		*Vorbehandlung*	
Kriechmodul	1 min N/mm^2		*Zeitstandzugfestigkeit*	h N/mm^2	
Kriechmodul	1000 h N/mm^2		*Zeitdehnspg. %*	h N/mm^2	
bei Spannung	N/mm^2				

Biegeversuch 23 °C

	Probekörper:	*Form*		*Herstellung*	
		Zustand		*Vorbehandlung*	
Biegefestigkeit	N/mm^2		*E-Modul*	N/mm^2	
3,5% Biegespannung	N/mm^2				

Härte 23 °C

	Probekörper:	*Zustand*		*Herstellung*	Spritzgiessen
				Vorbehandlung	Normalklima
Kugeldruckhärte	N/mm^2	bei N, s	*Shore-Härte* A	90	
Rockwellhärte			*Shore-Härte* D	45	

Schlagversuch

	Probekörper:	*(1)*			
		(2)		*Herstellung*	
		Zustand		*Vorbehandlung*	
	°C	°C	°C		*Probekörper-Form*

Schlagzähigkeit	kJ/m^2
Kerbschlagzähigkeit (1)	kJ/m^2
IZOD-Kerbschlagzähigkeit (2)	J/m
Kerbschlagzugzähigkeit	kJ/m^2

Abrieb und Reibung

Taber-Abrieb (Reibradverfahren) mm³/100 U
Abriebfaktor LNP (Thrust washer) Vergleichswert
Statische Reibungszahl
Dynamische Reibungszahl $(p \cdot v =$ N/mm² · m/min$)$
Zulässiger p · v Wert N/mm² · (m/min) v = m/min
  v = m/min

Thermische Eigenschaften

Formbeständigkeit in der Wärme Verfahren °C
  Verfahren °C
Vicat Erweichungstemperatur (VST) Verfahren °C
  Verfahren °C
Kristallit-Schmelzpunkt Verfahren

Längenausdehnungskoeffizient Bereich °C $\cdot 10^{-4} K^{-1}$
  Temperatur $\cdot 10^{-4} K^{-1}$
Wärmeleitfähigkeit Verfahren W/(K · m)

Spezifische Wärmekapazität Verfahren J/(K · g)

Glasumwandlungstemperatur Torsionsschwingungsversuch °C
  Differentialkalorimetrie °C

Brandverhalten

UL-Test vertikal Dicke mm, Wert
  Dicke mm, Wert

  Norm Bewertung Abmessungen

Sauerstoff-Index ASTM D 2863
Glühstab-Verfahren
Brandverhalten DIN 4102
MVSS
FAR

Elektrische Eigenschaften

  Hz °C Probekörper, Form

Dielektrizitätszahl 50
  10³
  10⁶
Dielektrischer Verlustfaktor tan δ 50
  10³
  10⁶
Spezifischer Durchgangs-
  widerstand Ohm · cm
Durchschlagfestigkeit kV/mm mm dick
Oberflächenwiderstand Ohm

Kriechstromfestigkeit KC > 600 KB KA
Elektrolytische Korrosionswirkung
Lichtbogenfestigkeit nach DIN
  nach ASTM s

Beständigkeit *(Chemische Beständigkeit siehe Anhang)*

Wasseraufnahme

Feuchtigkeitsaufnahme Normalklima %
Wetterbeständigkeit

Spannungskorrosion

Optische Eigenschaften

Brechungszahl n_D
Transmissionsgrad τ_c % mm dick
Lichtdurchlässigkeit

Produkt	Thermoplastisches Polyurethan-Elastomer	**TPE**
Handelsname	**Fabeltan 94C**	
Hersteller	TUBIZE	
DIN-Bez 1		
DIN-Bez 2		

Zusätze		*Füllstoffe/ Verstärkung*	
Bevorzugte Verarbeitung	Spritzgiessen; Extrudieren	*Lieferform*	Granulat
		Farben	Natur; Translucent
Besondere Merkmale	Abriebfest; Elastisch; Geringe bleibende Verformung nach Langzeitbelastung; Gute Rueckstellkraft	*Bevorzugte Anwendungen*	Technisches Formteil; Kfz-Bau; Faltenbalg; Dichtungsring; Membran; Kabelummantelung; Reifen; Rolle; Drucklager; Hammerkopf; Schlauch; Rohr; Kabel; Absatz; Sohle; Skischuh; Kappe

Dichte	g/cm^3	1.25	*Schmelzindex*	g/10 min		:
Schüttdichte	g/cm^3		*Volumenfließindex*	cm^3/10 min		:
Viskositätszahl	ml/g					

Verarbeitungsbedingungen für Spritzgießen

Massetemp.	°C	190–225	*Schwindung*	%	lgs 0.8–2.0, quer 0.8–2.0
Werkzeugtemp.	°C	≦40	*Bemerkungen*		Verteilerkanaele in den Querschnitten groesser als bei Thermoplasten
Spritzdruck	bar	600–1000			

Zugversuch 23 °C DIN 53504;

	Probekörper:	*Form*		*Herstellung*	Spritzgiessen
		Zustand		*Vorbehandlung*	Normalklima
Streckspannung	N/mm^2		*Dehnung bei Streckspannung*	%	
Zugfestigkeit	N/mm^2		*Reißdehnung*	%	400–450
Reißfestigkeit	N/mm^2 43		% *Dehnspannung*	N/mm^2	
E-Modul	N/mm^2		*Dehnung bei* % *Dehnspg.*	%	

Kriechmoduln und Zeitstandwerte 23 °C

	Probekörper:	*Form*		*Herstellung*	
		Zustand		*Vorbehandlung*	
Kriechmodul	1 min N/mm^2		*Zeitstandzugfestigkeit*	h N/mm^2	
Kriechmodul	1000 h N/mm^2		*Zeitdehnspg.* %	h N/mm^2	
bei Spannung	N/mm^2				

Biegeversuch 23 °C

	Probekörper:	*Form*		*Herstellung*	
		Zustand		*Vorbehandlung*	
Biegefestigkeit	N/mm^2		*E-Modul*	N/mm^2	
3,5% Biegespannung	N/mm^2				

Härte 23 °C

	Probekörper:	*Zustand*		*Herstellung*	Spritzgiessen
				Vorbehandlung	Normalklima
Kugeldruckhärte	N/mm^2	bei N, s	*Shore-Härte* A	94	
Rockwellhärte			*Shore-Härte* D	55	

Schlagversuch

	Probekörper:	*(1)*			
		(2)		*Herstellung*	
		Zustand		*Vorbehandlung*	
		°C	°C	°C	*Probekörper-Form*

Schlagzähigkeit	kJ/m^2
Kerbschlagzähigkeit (1)	kJ/m^2
IZOD-Kerbschlagzähigkeit (2)	J/m
Kerbschlagzugzähigkeit	kJ/m^2

Abrieb und Reibung

Taber-Abrieb (Reibradverfahren)	mm³/100 U	
Abriebfaktor LNP (Thrust washer) Vergleichswert		
Statische Reibungszahl		
Dynamische Reibungszahl	(p·v = N/mm² ·	m/min)
Zulässiger p · v Wert	N/mm² · (m/min) v =	m/min
	v =	m/min

Thermische Eigenschaften

Formbeständigkeit in der Wärme	*Verfahren*		°C
	Verfahren		°C
Vicat Erweichungstemperatur (VST)	*Verfahren*		°C
	Verfahren		°C
Kristallit-Schmelzpunkt	*Verfahren*		
Längenausdehnungskoeffizient	*Bereich*	°C	·10⁻⁴K⁻¹
	Temperatur		·10⁻⁴K⁻¹
Wärmeleitfähigkeit	*Verfahren*		W/(K · m)
Spezifische Wärmekapazität	*Verfahren*		J/(K · g)
Glasumwandlungstemperatur	*Torsionsschwingungsversuch*		°C
	Differentialkalorimetrie		°C

Brandverhalten

UL-Test vertikal		Dicke mm, Wert	
		Dicke mm, Wert	

	Norm	*Bewertung*	*Abmessungen*
Sauerstoff-Index	ASTM D 2863		
Glühstab-Verfahren			
Brandverhalten	DIN 4102		
MVSS			
FAR			

Elektrische Eigenschaften

	Hz	°C	*Probekörper, Form*
Dielektrizitätszahl	50		
	10³		
	10⁶		
Dielektrischer Verlustfaktor tan δ	50		
	10³		
	10⁶		
Spezifischer Durchgangs-widerstand	Ohm · cm		
Durchschlagfestigkeit	kV/mm		mm dick
Oberflächenwiderstand	Ohm		
Kriechstromfestigkeit	KC >600	KB	KA
Elektrolytische Korrosionswirkung			
Lichtbogenfestigkeit nach DIN			
nach ASTM	s		

Beständigkeit *(Chemische Beständigkeit siehe Anhang)*

Wasseraufnahme	
Feuchtigkeitsaufnahme Normalklima	%
Wetterbeständigkeit	
Spannungskorrosion	

Optische Eigenschaften

Brechungszahl n_D		
Transmissionsgrad τ_c	%	mm dick
Lichtdurchlässigkeit		

Produkt	Thermoplastisches Polyurethan-Elastomer	**TPE**
Handelsname	**Fabeltan D60C**	
Hersteller	TUBIZE	
DIN-Bez 1		
DIN-Bez 2		

Zusätze		*Füllstoffe/ Verstärkung*	
Bevorzugte Verarbeitung	Spritzgiessen; Extrudieren	*Lieferform*	Granulat
		Farben	Natur; Translucent
Besondere Merkmale	Abriebfest; Elastisch; Geringe bleibende Verformung nach Langzeitbelastung; Gute Rueckstellkraft	*Bevorzugte Anwendungen*	Technisches Formteil; Kfz-Bau; Faltenbalg; Dichtungsring; Membran; Kabelummantelung; Reifen; Rolle; Drucklager; Hammerkopf; Schlauch; Rohr; Kabel; Absatz; Sohle; Skischuh; Kappe

Dichte	g/cm³	1.26	*Schmelzindex*	g/10 min	:
Schüttdichte	g/cm³		*Volumenfließindex*	cm³/10 min	:
Viskositätszahl	ml/g				

Verarbeitungsbedingungen für Spritzgießen

Massetemp.	°C	190–225	*Schwindung*	%	lgs 0.8–2.0, quer 0.8–2.0
Werkzeugtemp.	°C	≤ 40	*Bemerkungen*		Verteilerkanaele in den Querschnitten
Spritzdruck	bar	600–1000			groesser als bei Thermoplasten

Zugversuch 23 °C — DIN 53504;

	Probekörper:	Form		*Herstellung*	Spritzgiessen
		Zustand		*Vorbehandlung*	Normalklima
Streckspannung	N/mm²		*Dehnung bei Streckspannung*	%	
Zugfestigkeit	N/mm²		*Reißdehnung*	%	375–425
Reißfestigkeit	N/mm²	45	*% Dehnspannung*	N/mm²	
E-Modul	N/mm²		*Dehnung bei % Dehnspg.*	%	

Kriechmoduln und Zeitstandwerte 23 °C

	Probekörper:	Form	*Herstellung*	
		Zustand	*Vorbehandlung*	
Kriechmodul	1 min N/mm²		*Zeitstandzugfestigkeit*	h N/mm²
Kriechmodul	1000 h N/mm²		*Zeitdehnspg. %*	h N/mm²
bei Spannung	N/mm²			

Biegeversuch 23 °C

	Probekörper:	Form	*Herstellung*	
		Zustand	*Vorbehandlung*	
Biegefestigkeit	N/mm²		*E-Modul*	N/mm²
3,5 % Biegespannung	N/mm²			

Härte 23 °C

	Probekörper:	Zustand	*Herstellung*	Spritzgiessen
			Vorbehandlung	Normalklima
Kugeldruckhärte	N/mm²	bei N, s	*Shore-Härte* A	96
Rockwellhärte			*Shore-Härte* D	60

Schlagversuch

	Probekörper:	(1)	
		(2)	*Herstellung*
		Zustand	*Vorbehandlung*
	°C	°C	°C *Probekörper-Form*

Schlagzähigkeit	kJ/m²
Kerbschlagzähigkeit (1)	kJ/m²
IZOD-Kerbschlagzähigkeit (2)	J/m
Kerbschlagzugzähigkeit	kJ/m²

Abrieb und Reibung

Taber-Abrieb (Reibradverfahren) mm³/100 U
Abriebfaktor LNP (Thrust washer) Vergleichswert
Statische Reibungszahl
Dynamische Reibungszahl $(p \cdot v =$ N/mm² · m/min$)$
Zulässiger p · v Wert N/mm² · (m/min) v = m/min
  v = m/min

Thermische Eigenschaften

Formbeständigkeit in der Wärme *Verfahren* °C
  Verfahren °C
Vicat Erweichungstemperatur (VST) *Verfahren* °C
  Verfahren °C
Kristallit-Schmelzpunkt *Verfahren*

Längenausdehnungskoeffizient *Bereich* °C $\cdot 10^{-4} \mathrm{K}^{-1}$
  Temperatur $\cdot 10^{-4} \mathrm{K}^{-1}$
Wärmeleitfähigkeit *Verfahren* W/(K · m)

Spezifische Wärmekapazität *Verfahren* J/(K · g)

Glasumwandlungstemperatur *Torsionsschwingungsversuch* °C
  Differentialkalorimetrie °C

Brandverhalten

UL-Test vertikal Dicke mm, Wert
  Dicke mm, Wert

	Norm	*Bewertung*	*Abmessungen*
Sauerstoff-Index	ASTM D 2863		
Glühstab-Verfahren			
Brandverhalten	DIN 4102		
MVSS			
FAR			

Elektrische Eigenschaften

	Hz	°C	*Probekörper, Form*
Dielektrizitätszahl	50		
	10^3		
	10^6		
Dielektrischer Verlustfaktor tan δ	50		
	10^3		
	10^6		

Spezifischer Durchgangs-
  widerstand Ohm · cm
Durchschlagfestigkeit kV/mm mm dick
Oberflächenwiderstand Ohm

Kriechstromfestigkeit KC >600 KB KA
Elektrolytische Korrosionswirkung
Lichtbogenfestigkeit nach DIN
  nach ASTM s

Beständigkeit *(Chemische Beständigkeit siehe Anhang)*

Wasseraufnahme

Feuchtigkeitsaufnahme Normalklima %
Wetterbeständigkeit

Spannungskorrosion

Optische Eigenschaften

Brechungszahl n_D
Transmissionsgrad τ_c % mm dick
Lichtdurchlässigkeit

Produkt	Thermoplastisches Polyurethan-Elastomer		**TPE**
Handelsname	**Fabeltan D64C**		
Hersteller	TUBIZE		
DIN-Bez 1			
DIN-Bez 2			
Zusätze		*Füllstoffe/ Verstärkung*	
Bevorzugte Verarbeitung	Spritzgiessen; Extrudieren	*Lieferform*	Granulat
		Farben	Natur; Translucent
Besondere Merkmale	Abriebfest; Elastisch; Geringe bleibende Verformung nach Langzeitbelastung; Gute Rueckstellkraft	*Bevorzugte Anwendungen*	Technisches Formteil; Kfz-Bau; Faltenbalg; Dichtungsring; Membran; Kabelummantelung; Reifen; Rolle; Drucklager; Hammerkopf; Schlauch; Rohr; Kabel; Absatz; Sohle; Skischuh; Kappe

Dichte	g/cm^3	1.26	*Schmelzindex*	g/10 min	:
Schüttdichte	g/cm^3		*Volumenfließindex*	cm^3/10 min	:
Viskositätszahl	ml/g				

Verarbeitungsbedingungen für Spritzgießen

Massetemp.	°C	190–225	*Schwindung*	%	lgs 0.8–2.0, quer 0.8–2.0
Werkzeugtemp.	°C	≤ 40	*Bemerkungen*		Verteilerkanaele in den Querschnitten
Spritzdruck	bar	600–1000			groesser als bei Thermoplasten

Zugversuch 23 °C   DIN 53504;

	Probekörper:	Form		*Herstellung*	Spritzgiessen
		Zustand		*Vorbehandlung*	Normalklima
Streckspannung	N/mm^2		*Dehnung bei Streckspannung*	%	
Zugfestigkeit	N/mm^2		*Reißdehnung*	%	350–400
Reißfestigkeit	N/mm^2 55		% *Dehnspannung*	N/mm^2	
E-Modul	N/mm^2		*Dehnung bei* % *Dehnspg.*	%	

Kriechmoduln und Zeitstandwerte 23 °C

	Probekörper:	Form	*Herstellung*	
		Zustand	*Vorbehandlung*	
Kriechmodul	1 min N/mm^2		*Zeitstandzugfestigkeit*	h N/mm^2
Kriechmodul	1000 h N/mm^2		*Zeitdehnspg.* %	h N/mm^2
bei Spannung	N/mm^2			

Biegeversuch 23 °C

	Probekörper:	Form	*Herstellung*	
		Zustand	*Vorbehandlung*	
Biegefestigkeit	N/mm^2	*E-Modul*		N/mm^2
3,5% Biegespannung	N/mm^2			

Härte 23 °C

	Probekörper:	Zustand	*Herstellung*	Spritzgiessen
			Vorbehandlung	Normalklima
Kugeldruckhärte	N/mm^2	bei N, s	*Shore-Härte* A	97
Rockwellhärte			*Shore-Härte* D	64

Schlagversuch

	Probekörper:	(1)		
		(2)	*Herstellung*	
		Zustand	*Vorbehandlung*	
		°C °C	°C	*Probekörper-Form*

Schlagzähigkeit	kJ/m^2
Kerbschlagzähigkeit (1)	kJ/m^2
IZOD-Kerbschlagzähigkeit (2)	J/m
Kerbschlagzugzähigkeit	kJ/m^2

Abrieb und Reibung

Taber-Abrieb (Reibradverfahren) $\qquad$ mm³/100 U
Abriebfaktor LNP (Thrust washer) Vergleichswert
Statische Reibungszahl
Dynamische Reibungszahl $\qquad$ (p · v = $\quad$ N/mm² · $\quad$ m/min)
Zulässiger p · v Wert $\qquad$ N/mm² · (m/min) $\quad$ v = $\quad$ m/min
$\qquad$ v = $\quad$ m/min

Thermische Eigenschaften

Formbeständigkeit in der Wärme $\qquad$ Verfahren $\qquad$ °C
$\qquad$ Verfahren $\qquad$ °C
Vicat Erweichungstemperatur (VST) $\qquad$ Verfahren $\qquad$ °C
$\qquad$ Verfahren $\qquad$ °C
Kristallit-Schmelzpunkt $\qquad$ Verfahren

Längenausdehnungskoeffizient $\qquad$ Bereich $\qquad$ °C $\qquad$ $\cdot 10^{-4} K^{-1}$
$\qquad$ Temperatur $\qquad$ $\cdot 10^{-4} K^{-1}$
Wärmeleitfähigkeit $\qquad$ Verfahren $\qquad$ W/(K · m)

Spezifische Wärmekapazität $\qquad$ Verfahren $\qquad$ J/(K · g)

Glasumwandlungstemperatur $\qquad$ Torsionsschwingungsversuch $\qquad$ °C
$\qquad$ Differentialkalorimetrie $\qquad$ °C

Brandverhalten

UL-Test vertikal $\qquad$ Dicke $\quad$ mm, Wert
$\qquad$ Dicke $\quad$ mm, Wert

	Norm	Bewertung	Abmessungen
Sauerstoff-Index	ASTM D 2863		
Glühstab-Verfahren			
Brandverhalten	DIN 4102		
MVSS			
FAR			

Elektrische Eigenschaften

	Hz	°C	Probekörper, Form
Dielektrizitätszahl	50		
	10³		
	10⁶		
Dielektrischer Verlustfaktor tan δ	50		
	10³		
	10⁶		

Spezifischer Durchgangs-
$\quad$ *widerstand* $\qquad$ Ohm · cm
Durchschlagfestigkeit $\qquad$ kV/mm $\qquad$ mm dick
Oberflächenwiderstand $\qquad$ Ohm

Kriechstromfestigkeit $\qquad$ KC > 600 $\qquad$ KB $\qquad$ KA
Elektrolytische Korrosionswirkung
Lichtbogenfestigkeit nach DIN
$\qquad$ *nach ASTM* $\quad$ s

Beständigkeit *(Chemische Beständigkeit siehe Anhang)*

Wasseraufnahme

Feuchtigkeitsaufnahme Normalklima $\qquad$ %
Wetterbeständigkeit

Spannungskorrosion

Optische Eigenschaften

Brechungszahl n_D
Transmissionsgrad τ_c $\qquad$ % $\qquad$ mm dick
Lichtdurchlässigkeit

			TPE

Produkt   Thermoplastisches Polyurethan-Elastomer

Handelsname   **Fabeltan 78S**

Hersteller   TUBIZE

DIN-Bez 1
DIN-Bez 2

Zusätze   *Füllstoffe/*
                                                       Verstärkung

Bevorzugte   Beschichten   *Lieferform*   Granulat
Verarbeitung
                                                       Farben   Natur; Translucent

Besondere   Abriebfest; Elastisch auch in der Kael-   *Bevorzugte*   Kunstleder
Merkmale   te; Reissfest   *Anwendungen*

Dichte   g/cm^3 1.24   *Schmelzindex*   g/10 min   :
Schüttdichte   g/cm^3 *Volumenfließindex*   cm^3/10 min   :
Viskositätszahl ml/g

Verarbeitungsbedingungen für Spritzgießen

Massetemp.   °C   *Schwindung*   %   lgs   , quer
Werkzeugtemp.   °C   *Bemerkungen*
Spritzdruck   bar

Zugversuch 23 °C   DIN 53504;
                       Probekörper: *Form*   *Herstellung*   Spritzgiessen
                                        Zustand   *Vorbehandlung*   Normalklima

Streckspannung   N/mm^2 *Dehnung bei Streckspannung*   %
Zugfestigkeit   N/mm^2 *Reißdehnung*   %   550–650
Reißfestigkeit   N/mm^2 35   *% Dehnspannung*   N/mm^2
E-Modul   N/mm^2 *Dehnung bei*   *% Dehnspg.* %

Kriechmoduln und Zeitstandwerte 23 °C
                       Probekörper: *Form*   *Herstellung*
                                        Zustand   *Vorbehandlung*

Kriechmodul   1 min N/mm^2 *Zeitstandzugfestigkeit*   h N/mm^2
Kriechmodul   1000 h N/mm^2 *Zeitdehnspg. %*   h N/mm^2
bei Spannung   N/mm^2

Biegeversuch 23 °C
                       Probekörper: *Form*   *Herstellung*
                                        Zustand   *Vorbehandlung*

Biegefestigkeit   N/mm^2 *E-Modul*   N/mm^2
3,5% Biegespannung   N/mm^2

Härte 23 °C   *Probekörper:*   *Zustand*   *Herstellung*   Spritzgiessen
                                                                        Vorbehandlung   Normalklima

Kugeldruckhärte   N/mm^2 bei   N, s   *Shore-Härte* A 80
Rockwellhärte   *Shore-Härte* D 30

Schlagversuch   *Probekörper:*   *(1)*
                                        (2)   *Herstellung*
                                        Zustand   *Vorbehandlung*

                                        °C   °C   °C   *Probekörper-Form*

Schlagzähigkeit   kJ/m^2
Kerbschlagzähigkeit (1)   kJ/m^2
IZOD-Kerbschlagzähigkeit (2)   J/m
Kerbschlagzugzähigkeit   kJ/m^2

Abrieb und Reibung

Taber-Abrieb (Reibradverfahren)	mm^3/100 U	
Abriebfaktor LNP (Thrust washer) Vergleichswert		
Statische Reibungszahl		
Dynamische Reibungszahl	(p·v =	N/mm^2 ·	m/min)
Zulässiger p · v Wert	N/mm^2 · (m/min)	v =	m/min
		v =	m/min

Thermische Eigenschaften

Formbeständigkeit in der Wärme	*Verfahren*		°C
	Verfahren		°C
Vicat Erweichungstemperatur (VST)	*Verfahren*		°C
	Verfahren		°C
Kristallit-Schmelzpunkt	*Verfahren*		
Längenausdehnungskoeffizient	*Bereich*	°C	· 10^{-4}K^{-1}
	Temperatur		· 10^{-4}K^{-1}
Wärmeleitfähigkeit	*Verfahren*		W/(K · m)
Spezifische Wärmekapazität	*Verfahren*		J/(K · g)
Glasumwandlungstemperatur	*Torsionsschwingungsversuch*	°C	
	Differentialkalorimetrie	°C	

Brandverhalten

UL-Test vertikal	*Dicke*	mm, Wert	
	Dicke	mm, Wert	

	Norm	*Bewertung*	*Abmessungen*
Sauerstoff-Index	ASTM D 2863		
Glühstab-Verfahren			
Brandverhalten	DIN 4102		
MVSS			
FAR			

Elektrische Eigenschaften

	Hz	°C	*Probekörper, Form*
Dielektrizitätszahl	50		
	10^3		
	10^6		
Dielektrischer Verlustfaktor tan δ	50		
	10^3		
	10^6		
Spezifischer Durchgangs- widerstand	Ohm · cm		
Durchschlagfestigkeit	kV/mm		mm dick
Oberflächenwiderstand	Ohm		
Kriechstromfestigkeit	KC	KB	KA
Elektrolytische Korrosionswirkung			
Lichtbogenfestigkeit nach DIN			
nach ASTM	s		

Beständigkeit *(Chemische Beständigkeit siehe Anhang)*

Wasseraufnahme

Feuchtigkeitsaufnahme Normalklima   %
Wetterbeständigkeit

Spannungskorrosion

Optische Eigenschaften

Brechungszahl n$_D$
Transmissionsgrad τ$_c$ %   mm dick
Lichtdurchlässigkeit

Produkt	Thermoplastisches Polyurethan-Elastomer	**TPE**
Handelsname	**Fabeltan 88S**	
Hersteller	TUBIZE	
DIN-Bez 1		
DIN-Bez 2		

Zusätze		*Füllstoffe/ Verstärkung*	
Bevorzugte Verarbeitung	Beschichten	*Lieferform*	Granulat
		Farben	Natur; Translucent
Besondere Merkmale	Abriebfest; Elastisch auch in der Kaelte; Reissfest	*Bevorzugte Anwendungen*	Kunstleder

---

Dichte	g/cm³	1.25	*Schmelzindex*	g/10 min	:
Schüttdichte	g/cm³		*Volumenfließindex*	cm³/10 min	:
Viskositätszahl	ml/g				

Verarbeitungsbedingungen für Spritzgießen

Massetemp.	°C		*Schwindung*	%	lgs	, quer
Werkzeugtemp.	°C		*Bemerkungen*			
Spritzdruck	bar					

Zugversuch 23 °C DIN 53504;

	Probekörper:	Form	*Herstellung*	Spritzgiessen
		Zustand	*Vorbehandlung*	Normalklima
Streckspannung	N/mm²		*Dehnung bei Streckspannung*	%
Zugfestigkeit	N/mm²		*Reißdehnung*	% 475–525
Reißfestigkeit	N/mm² 45		*% Dehnspannung*	N/mm²
E-Modul	N/mm²		*Dehnung bei* % Dehnspg.	%

Kriechmoduln und Zeitstandwerte 23 °C

	Probekörper:	Form	*Herstellung*	
		Zustand	*Vorbehandlung*	
Kriechmodul	1 min N/mm²		*Zeitstandzugfestigkeit*	h N/mm²
Kriechmodul	1000 h N/mm²		*Zeitdehnspg.* %	h N/mm²
bei Spannung	N/mm²			

Biegeversuch 23 °C

	Probekörper:	Form	*Herstellung*	
		Zustand	*Vorbehandlung*	
Biegefestigkeit	N/mm²		*E-Modul*	N/mm²
3,5% Biegespannung	N/mm²			

Härte 23 °C

	Probekörper:	Zustand	*Herstellung*	Spritzgiessen
			Vorbehandlung	Normalklima
Kugeldruckhärte	N/mm²	bei N, s	*Shore-Härte* A	90
Rockwellhärte			*Shore-Härte* D	45

Schlagversuch

	Probekörper:	(1)		
		(2)	*Herstellung*	
		Zustand	*Vorbehandlung*	
	°C	°C	°C	*Probekörper-Form*

Schlagzähigkeit	kJ/m²
Kerbschlagzähigkeit (1)	kJ/m²
IZOD-Kerbschlagzähigkeit (2)	J/m
Kerbschlagzugzähigkeit	kJ/m²

Abrieb und Reibung

Taber-Abrieb (Reibradverfahren)	mm³/100 U
Abriebfaktor LNP (Thrust washer) Vergleichswert	
Statische Reibungszahl	
Dynamische Reibungszahl	$(p \cdot v =$ N/mm² · m/min)
Zulässiger p · v Wert	N/mm² · (m/min) v = m/min
	v = m/min

Thermische Eigenschaften

Formbeständigkeit in der Wärme	*Verfahren*		°C
	Verfahren		°C
Vicat Erweichungstemperatur (VST)	*Verfahren*		°C
	Verfahren		°C
Kristallit-Schmelzpunkt	*Verfahren*		
Längenausdehnungskoeffizient	*Bereich*	°C	$\cdot 10^{-4} K^{-1}$
	Temperatur		$\cdot 10^{-4} K^{-1}$
Wärmeleitfähigkeit	*Verfahren*		W/(K · m)
Spezifische Wärmekapazität	*Verfahren*		J/(K · g)
Glasumwandlungstemperatur	*Torsionsschwingungsversuch*	°C	
	Differentialkalorimetrie	°C	

Brandverhalten

UL-Test vertikal	*Dicke*	mm, Wert
	Dicke	mm, Wert

	Norm	*Bewertung*	*Abmessungen*
Sauerstoff-Index	ASTM D 2863		
Glühstab-Verfahren			
Brandverhalten	DIN 4102		
MVSS			
FAR			

Elektrische Eigenschaften

	Hz	*°C*	*Probekörper, Form*
Dielektrizitätszahl	50		
	10^3		
	10^6		
Dielektrischer Verlustfaktor tan δ	50		
	10^3		
	10^6		

Spezifischer Durchgangs-widerstand	Ohm · cm	
Durchschlagfestigkeit	kV/mm	mm dick
Oberflächenwiderstand	Ohm	

Kriechstromfestigkeit	KC	KB	KA
Elektrolytische Korrosionswirkung			
Lichtbogenfestigkeit nach DIN			
nach ASTM	s		

Beständigkeit *(Chemische Beständigkeit siehe Anhang)*

Wasseraufnahme

Feuchtigkeitsaufnahme Normalklima	%
Wetterbeständigkeit	

Spannungskorrosion

Optische Eigenschaften

Brechungszahl n_D		
Transmissionsgrad τ_c	%	mm dick
Lichtdurchlässigkeit